Springer-Lehrbuch

Springer
Berlin
Heidelberg
New York
Barcelona
Budapest
Hong Kong
London
Mailand
Paris
Tokyo

Walter Eschrich

Funktionelle Pflanzenanatomie

Mit 425 Abbildungen

Springer

Professor WALTER ESCHRICH

Institut für Forstbotanik
Büsgenweg 2
37077 Göttingen

ISBN-13:978-3-642-79685-2 e-ISBN-13:978-3-642-79684-5
DOI: 10.1007/978-3-642-79684-5

Die Deutsche Bibliothek – CIP-Einheitsaufnahme

Eschrich, Walter:
Funktionelle Pflanzenanatomie / Walter Eschrich. – Heidelberg;
New York, Barcelona; Budapest; Hong Kong; London;
Mailand; Paris; Tokyo: Springer 1995
(Springer-Lehrbuch)
ISBN-13:978-3-642-79685-2

Datenkonvertierung: K & V Fotosatz GmbH, Beerfelden
Einbandgestaltung: Meta Design, Berlin
SPIN 10493093 29/3137-5 4 3 2 1 0 – Gedruckt auf säurefreiem Papier

Für
Berthilde und Ivo

Vorwort

In diesem Lehrbuch der Funktionellen Pflanzenanatomie werden die anatomischen Strukturen der Pflanzen im Zusammenhang mit ihren Funktionen beschrieben. Die Funktionseinheit ist dabei die lebende Pflanze. Das Ordnungsprinzip der systematisch-morphologischen Organbeschreibung wird aufgegeben und durch Funktionsbeschreibungen ersetzt. Diese beziehen sich zum einen auf die Umweltelemente, die für das Pflanzenleben notwendig sind, zum anderen befassen sie sich mit Einrichtungen und Strukturen, die Pflanzen entwickelt haben, um Wachstum und Vermehrung zu ermöglichen. Die funktionelle Pflanzenanatomie verwendet die in Lehrbüchern der Botanik üblichen Begriffe der Anatomie und Physiologie, deren Kenntnis vorausgesetzt wird.

Eine große Zahl von Fachkollegen hat Bildmaterial aus Veröffentlichungen oder Originalphotos zur Verfügung gestellt. Allen sei für ihre Hilfe herzlich gedankt. Besonders wertvoll war die Sammlung mikroskopischer Präparate, die mir Herr Prof. Dr. Maximilian Steiner († 1988) überlassen hat.

Den Mitarbeitern des Springer-Verlags danke ich sehr herzlich für die unkomplizierte, einfühlsame und rasche Durchführung der vielfältigen Arbeiten, die mit der Herausgabe des Buches verbunden waren.

WALTER ESCHRICH

Zur Einteilung

Pflanzen haben im Verlauf ihrer Entstehung Strukturen entwickelt, die zur Ausübung lebenswichtiger Funktionen notwendig sind. Dabei ist rationell verfahren worden. Blätter zum Beispiel dienen sowohl der Lichtaufnahme (Photosynthese) als auch der Wasserabgabe (Transpiration). Die mikroskopische Untersuchung zeigt aber, daß im Blatt Photosynthese und Transpiration von verschiedenen Geweben, Zellen oder Zellorganellen vorgenommen werden.

Morphologisch erscheint ein Blatt zwar als ein einheitliches Organ, anatomisch besteht es jedoch aus mehreren bis vielen verschiedenen Geweben und Zellen. Der Endpunkt dieser Reihe liegt theoretisch beim Atom, da sich dieses nicht mehr (anatomisch) zerschneiden läßt. Im vorliegenden Buch werden die anatomischen Strukturen der Pflanzen nach ihren Funktionen beschrieben. Da solche Strukturen während der Evolution der Pflanzen entwickelt, verändert, verfeinert oder auch eliminiert wurden, wird es als sinnvoll betrachtet, auf ursprüngliche Einrichtungen nur dann einzugehen, wenn sie sich bewährt und erhalten haben.

Bestimmend für die Gliederung dieses Buches ist die Tatsache, daß der Bau- und Betriebsstoffwechsel aller Pflanzen gleichartig ist. Alle Synthesen werden mit Lichtenergie, Stickstoff und Wasser und den darin gelösten Mineralstoffen, vor allem Carbonat durchgeführt. Alle Makromoleküle entstehen unter Wasseraustritt als kettenförmige Kondensationsprodukte. Um sie wieder aufzulösen, ist eine Hydrolyse, der Einbau von Wasser, erforderlich. Als Beispiele können Nucleinsäuren, Proteine, Polysaccharide und Fettsäuren, aber auch Lignin, Suberin und Cutin angeführt werden. Folglich müssen die mikroskopisch erkennbaren anatomischen Strukturen aus kettenförmigen Makromolekülen aufgebaut sein.

Untergetaucht lebende Pflanzen unterscheiden sich von den Landpflanzen vor allem darin, daß sie Wasser mit ihrer gesamten Oberfläche aufnehmen. Getrennte Darstellungen von Wasser- und Landpflanzen würden sich jedoch überlappen, wenn Sumpf- oder Schwimmblattpflanzen einbezogen werden. Die Ausgliederung der Blüte als Funktionseinheit für die sexuelle Fortpflanzung erfolgt aus Gründen der Rationalität und Verständlichkeit. Da funktionelle Einrichtungen in vielfach abgewandelter Form für die Ökonomie der Reproduktionsorgane entwickelt worden sind, würde ihre Einflechtung in die entsprechenden Funktionsbeschreibungen des vegetativen Pflanzenkörpers die Übersichtlichkeit beeinträchtigen.

Da Wasser, Luft und Licht die Voraussetzungen für Lebensvorgänge in den Pflanzen schaffen, wurden Einrichtungen, die für die Assimilation dieser Außenfaktoren entwickelt wurden, vorangestellt. Das grüne Blatt liefert die Primärprodukte des pflanzlichen Stoffwechsels. Es produziert die Saccharose, die auf osmotischem Wege Wasser aufnimmt und im Symplasten in einem Massenstrom verteilt wird, wodurch alle Organe der Pflanze mit Saccharose versorgt werden.

Sekretion kann als Mitteilung der Pflanze an die Umwelt aufgefaßt werden; Reizreaktionen sind dagegen Manifestationen von Umweltsignalen.
Das Cambium ist eine ausgefeilte Einrichtung, die mit ihren xylogenen und leptogenen Derivaten sowohl den Wasser- als auch den Stofftransport über große Strecken ermöglicht.

Die Elemente der Statik sind beim Grashalm wie beim Fichtenstamm unentbehrliche Einrichtungen; sie sind allerdings in ihrem Zusammenspiel mit den anderen Elementen des Pflanzenkörpers noch kaum untersucht worden.
Der Blüte gebührt – wie oben angedeutet – eine eigene Darstellung. Die Einrichtungen zur sexuellen Reproduktion der Arten sind verblüffend vielgestaltig, und sie erscheinen oft extravagant.

In diesem Buch ist die bildliche Darstellung vorrangig. Die Legenden zu den Abbildungen ergänzen den Text, der bewußt knapp gehalten wurde.

Inhaltsverzeichnis*

* Die Schreibweise der Pflanzennamen richtet sich nach Zanders Handwörterbuch der Pflanzennamen.

1 Wasserversorgung

1.1 Wasseraufnahme über Rhizoiden oder Wurzeln

Bei den Landpflanzen genügt es, wenn nur die Wurzeln mit Wasser in Berührung kommen, um ein Vertrocknen zu verhindern. Einige Kryptogamen, die dem Landleben angepaßt sind, haben jedoch keine Wurzeln; sie nehmen Wasser und darin gelöste Ionen mit der gesamten Oberfläche auf. Die Luftalge *Trentepohlia* (Abb. 1.1) sitzt dem Substrat lose auf oder durchsetzt es mit fädigen Ausstülpungen der basalen Zellen. *Botrydium granulatum* (Abb. 1.2), eine erdbewohnende Xanthophycee, durchdringt das Substrat mit fein verästelten schlauchartigen Ausstülpungen des einzelligen Körpers. Laub- und Strauchflechten bilden Rhizinen (Abb. 1.3), die aber vermutlich weniger der Wasseraufnahme, als der Befestigung am Substrat dienen. Flechten nehmen Wasser vorzugsweise mit der Thallusoberfläche auf (Blum 1973).

Pilze durchdringen den Boden mit ihrem Mycel und können auch oberflächlich wachsende Rhizomorphen bilden. Als Ort der Wasserabsorption läßt sich bei Pilzen kein spezifisches Organ oder Gewebe angeben.

Bei den untergetaucht lebenden (aquatischen) Pflanzen besteht kein Zweifel, daß sie Wasser

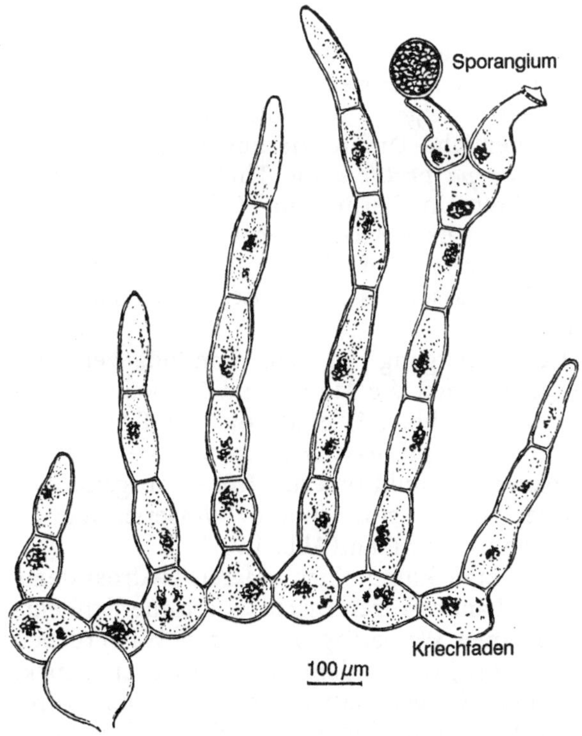

Abb. 1.1. Mit Kriechfäden haftet die Luftalge *Trentepohlia aurea* (Chaetophorales) am Substrat, an Felsen oder feuchter Erde, aus dem sie Wasser und Ionen entnimmt. (Strasburger 1991)

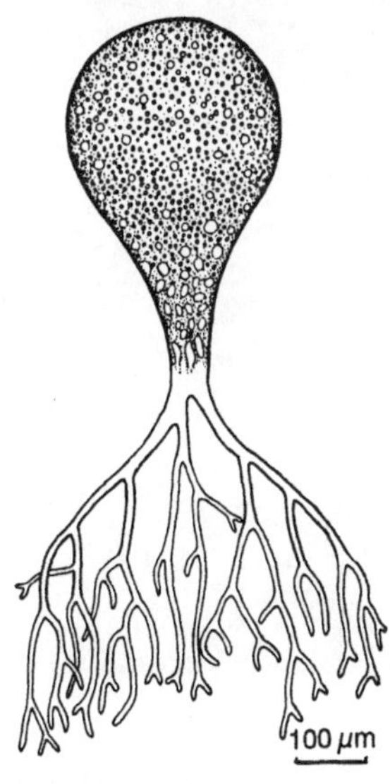

Abb. 1.2. Das verzweigte Rhizoid der einzelligen Heterosiphonale *Botrydium granulatum* dient sowohl der Befestigung auf feuchtem Boden, als auch der Wasseraufnahme. (Strasburger 1991)

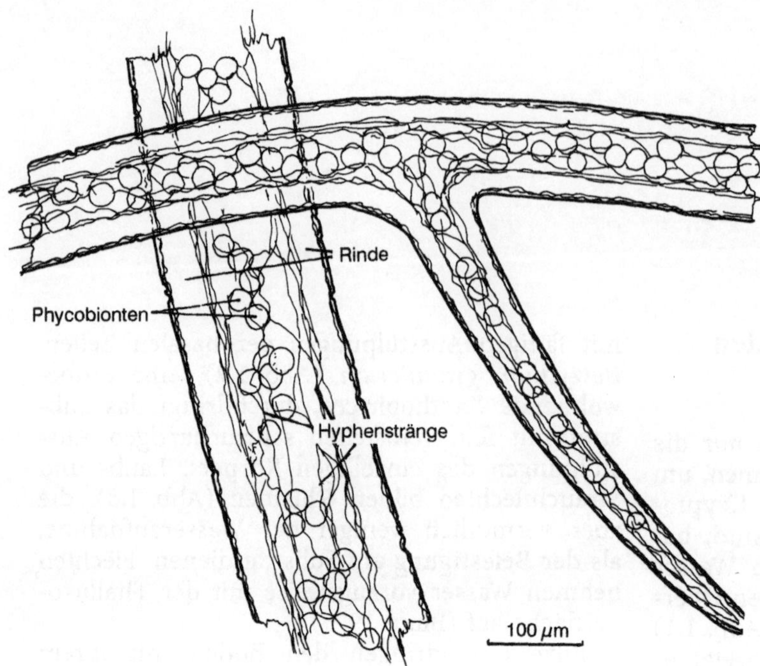

Abb. 1.3. Die Flechtenrhizinen von *Parmelia obscurata* (Lecanorales) haften nur mit ihren Enden am Substrat. Sie sind, wie der übrige Thallus, berindet, mit Phycobionten ausgestattet und permeabel für Wasser

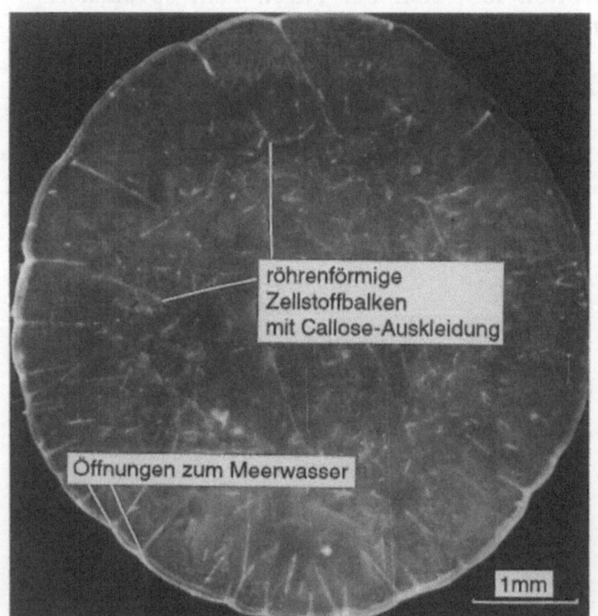

Abb. 1.4. Ein anderes Prinzip der Wasseraufnahme ist bei den Riesenzellen der Schlauchalgen wirksam. Die Zellstoffbalken von *Caulerpa prolifera* (Siphonales) durchziehen den Thallus wie Stützbalken, sind aber hohl. Sie stehen mit dem Meerwasser in Verbindung (Anilinblau-Callosefluoreszenz)

mit der gesamten Oberfläche aufnehmen. Die polyenergiden, einzelligen Schlauchalgen (Siphonales) zeigen für die Wasseraufnahme zweckdienliche Differenzierungen. So setzt sich bei *Caulerpa prolifera* die Thallusoberfläche im Zellinneren in Form von Zellstoffbalken fort (Abb. 1.4). Diese Balken stehen untereinander in Verbindung; sie sind hohl (Abb. 1.5) und können Meerwasser ins Innere des Organismus leiten.

Den Übergang zu den Landpflanzen mit Wurzeln bilden die Moose und Psilotales, deren Rhizoiden (Abb. 1.6) einen dichten Filz bilden, der als Absorptionsschicht, manchmal auch als Haftgewebe funktioniert. Höher organisierte Moose zeigen eine innere Wasserleitung in Form von Hydroiden (Abb. 1.7).

Die Entwicklung eines inneren Hydrosystems bei den Landpflanzen macht es erforderlich, entweder einen Wassersog oder einen Wasserdruck zu erzeugen, womit dem hydrostatischen Druck, also der Schwerkraftwirkung, begegnet wird. Beide Verfahren sind entwickelt worden, nämlich in Form der Transpiration und des Wurzeldrucks. Ermöglicht wird der Wasserhub durch die besonderen Eigenschaften des Wassers.

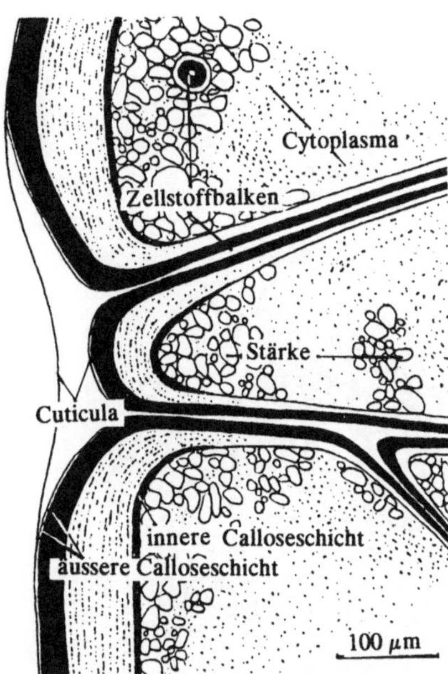

Abb. 1.5. Die Auskleidung der Zellstoffbalken mit Callose-ähnlichem Material könnte als Regulativ für die Wasserbewegung dienen. Die Permeabilität der Cuticula von *Caulerpa prolifera* ist nicht untersucht worden. (Thallus quer)

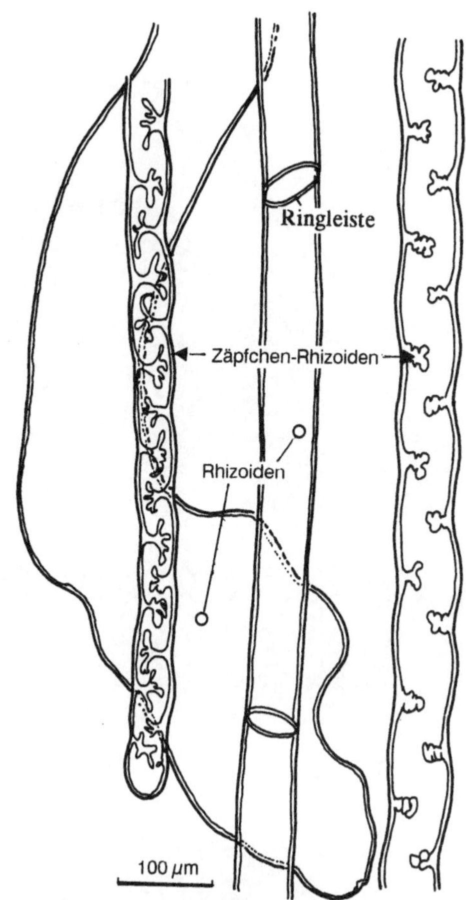

Abb. 1.6. Die Rhizoiden von *Marchantia polymorpha* (Marchantiales) sind einzellig, jedoch vielgestaltig. Ihre Zellwand kann innen glatt, mit Ringleisten, Wandzäpfchen oder -büscheln ausgestattet sein

1.2 Die Epidermis der Primärwurzel

Die wichtigste Funktion der Primärwurzel ist die Wasserabsorption. Damit ist die Aufnahme durch die Außenwand und die Akkumulation im Cytoplasma der Epidermis gemeint. Der dichte Wurzelhaarpelz (Abb. 1.8) einer in feuchter Atmosphäre gewachsenen Keimlingswurzel (beim Maiskeimling 420 Haare/mm^2) nimmt einen Tropfen Wasser begierig auf, so als wäre es ein aktiver Saugprozeß. Im Experiment dringt Neutralrotlösung in Sekundenschnelle bis ins Cytoplasma der Wurzelhaarbasis ein, auch dann, wenn die Wurzel vom Keimling abgeschnitten wurde, ein Transpirationssog also fehlt.

Wurzelhaare sind Ausstülpungen der Wurzelepidermiszellen. Bei Wurzeln von Gräsern (*Zea mays*), *Lycopodium* und vielen anderen Landpflanzen, besonders aber bei Wasserpflanzen wie *Najas* und *Nymphaea* teilen sich die meristematischen Wurzelepidermis- (Protoderm-)zellen inäqual. Nur die kurze Trichoblastenzelle wächst zum Wurzelhaar aus; die verbleibende Atrichoblastenzelle kann sich weiter teilen. Bei *Hydrocharis morsus-ranae* entwickeln sich die Trichoblasten bereits unter der Wurzelhaube (Abb. 1.9) (Cutter u. Feldmann 1970). Im Längsverlauf der Wurzel sind die Trichoblasten durch 2 bis 4 Atrichoblastenzellen voneinander getrennt (Abb. 1.9, 1.10). Die Trichoblastenkerne können Endomitosen durchlaufen, wonach sich manchmal Büschel von Wurzelhaaren aus einer Trichoblastenzelle entwickeln.

Wurzelhaare sind kurzlebig, auch bei den Wurzeln von Farnpflanzen und Monocotylen, bei denen der Wurzelcortex erhalten bleibt. Die abgestorbene Wurzelepidermis wird bei Monocotylen durch die Exodermis (Abb. 1.25, 1.31) ersetzt.

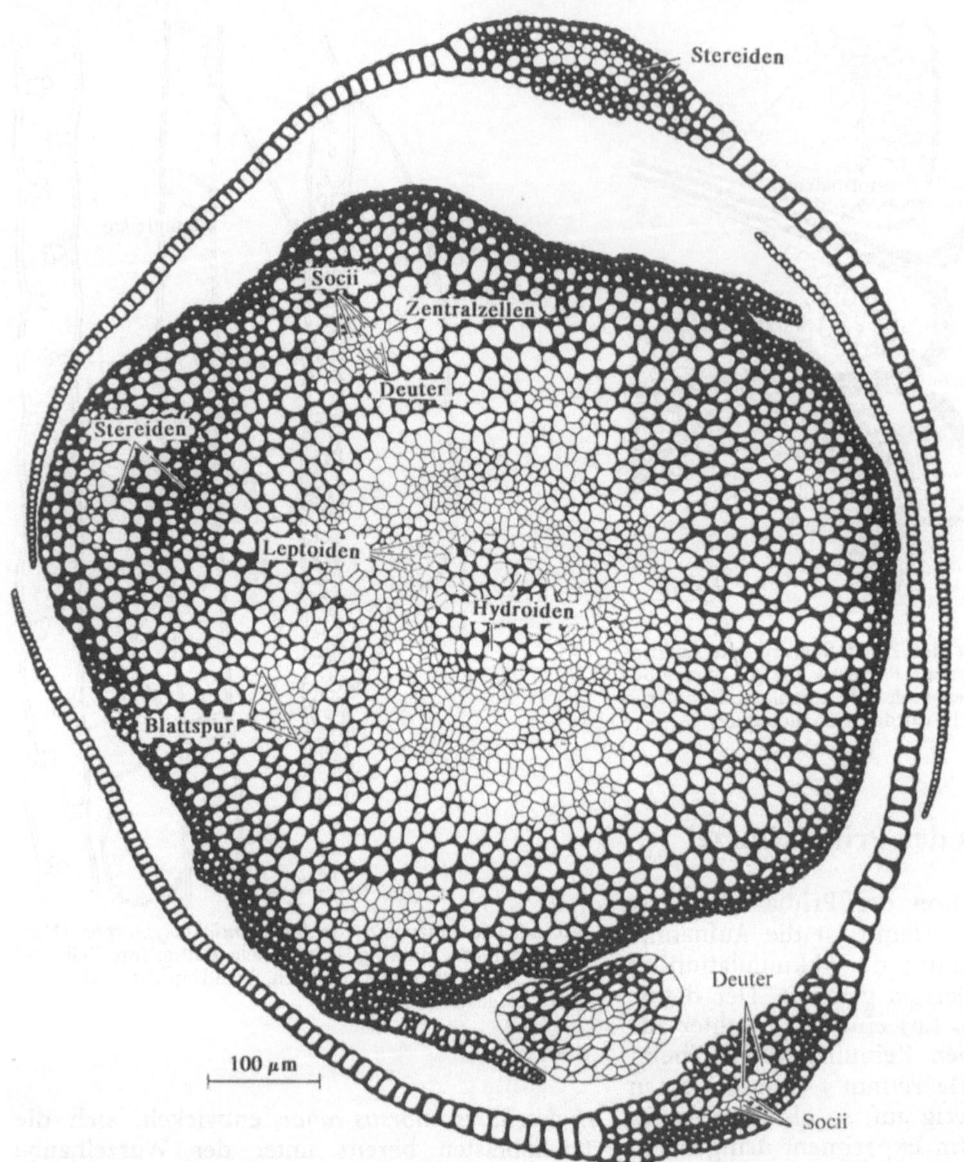

Abb 1.7. Der Zentralstrang im Gametophyten von *Polytrichum commune* (Polytrichaceae) besteht aus Hydroiden, gestreckten dick- oder dünnwandigen Zellen mit schräg gestellten Endwänden. Mit Fluoreszenzfarbstoffen wurde der Transport wässriger Lösungen in den Hydroiden nachgewiesen (Zacherl 1956). Der Assimilattransport in den Leptoiden wurde nach Applikation von ^{14}C-Bicarbonat in die Achsel eines Blättchens durch Mikroautoradiographie nachgewiesen. Socii, Zentralzellen und Deuter bilden eine Blattspur. Die Stereiden sind dickwandige Stabilisierungselemente. (Eschrich u. Steiner 1967)

Bei Luftwurzeln können Wurzelhaare fehlen, solange sie in normaler Luft wachsen. Läßt man die Spitze einer *Monstera*-Luftwurzel in einen Behälter mit sehr feuchter Luft wachsen, so bildet sich ein dichter Pelz kurzer, aber gleich langer Wurzelhaare (Abb. 1.11), der ausbleibt, wenn die Wurzelspitze in normaler Atmosphäre weiterwächst. Bei der Dicotylen *Cissus gongyloides* treten an den Luftwurzeln ebenfalls nur dann Wurzelhaare auf, wenn sie in sehr feuchter

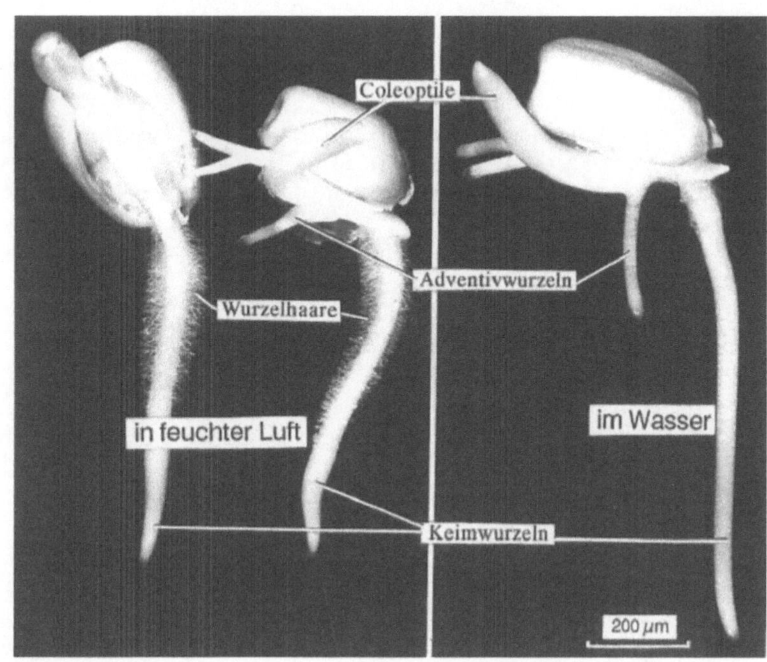

Abb. 1.8. In feuchter Luft haben Keimwurzeln einen dichten Haarpelz. Läßt man die Keimwurzel in Wasser wachsen, so werden keine Wurzelhaare gebildet. (*Zea mays*)

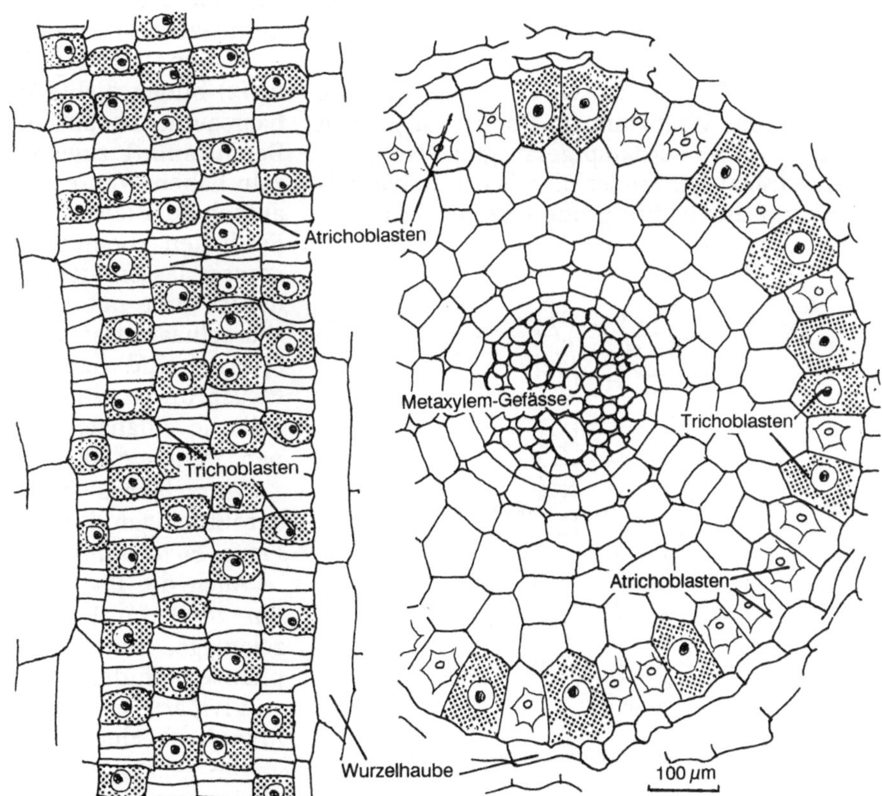

Abb. 1.9. Inäquale Teilungen der Wurzelepidermis führen im Oberflächenschnitt (links) zu einem Muster aus Trichoblasten, das bereits unter der Calyptra (rechts) auftreten kann. Die Trichoblasten strecken sich früher, als die Atrichoblasten. *Hydrocharis morsus-ranae.* (Cutter u. Feldman 1970)

EXKURS 1: H_2O

Zwei mit Wasser verklebte Glasplatten lassen sich nur schwer auseinanderreißen, obwohl sie leicht gegeneinander verschiebbar sind. Es ist die Adhäsion des Wassers an den Glasplatten, und da die Wassermoleküle durch Kohäsion aneinander festhalten, wirkt der Wasserfilm wie ein kraftvoller Klebstoff.

Die hohen Kohäsionskräfte verleihen dem Wasser seine Oberflächenspannung. Diese erkennt man an der Gestalt, die ein Tropfen Wasser auf einer eingefetteten Glasplatte annimmt: Reines Wasser erscheint kuppelförmig, auch Zuckerwasser verhält sich so; „entspanntes" Seifenwasser zerfließt jedoch.

Reines Wasser hat gegenüber Luft eine hohe Oberflächenspannung (bei 25°C = 0,072 J m^{-2}), die zustande kommt, weil Wassermoleküle durch Wasserstoffbrücken zusammengehalten werden. Dies wird dadurch begünstigt, daß H_2O ein Dipol ist: Die H-Atome sind in einem Winkel von 105° zueinander am O-Atom befestigt. Die gepaarten Elektronen werden vom O-Kern angezogen, so daß eine negative Teilladung am O-Atom und positive Teilladungen an den beiden H-Atomen entstehen. Dies führt zur elektrostatischen Anziehung zwischen einem Wasserstoff und dem Sauerstoff eines benachbarten Wassermoleküls.

Im gefrorenen Zustand sind alle Wassermoleküle miteinander durch Wasserstoffbrücken verbunden. Wenn das Eis schmilzt verkürzt sich die Existenzdauer einer Wasserstoffbrücke mit steigender Temperatur, gleichzeitig werden aber immer wieder neue Brücken gebildet. Deshalb existieren bei 25°C immer noch 80% der Wasserstoffbrücken; flüssiges Wasser ist semikristallin.

Luft wachsen. Die Bildung von Wurzelhaaren unterbleibt meistens auch, wenn sich die Wurzeln im Wasser entwickeln.

Diese Anpassungen lassen erkennen, daß die Wurzel für das Wachstum im Boden vorgesehen ist, der von wasserdampfgesättigten Hohlräumen durchsetzt ist. Epidermiszellen mit Wurzelhaaren sind durch ihre große Oberfläche in bezug auf die Dampfabsorption den glatten Epidermiszellen überlegen.

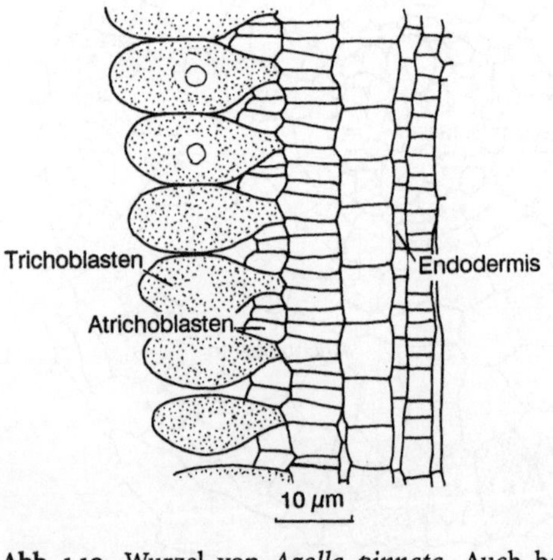

Abb. 1.10. Wurzel von *Azolla pinnata*. Auch bei Schwimmblattpflanzen werden an den Wasserwurzeln Trichoblasten und Wurzelhaare gebildet. (Gunning et al. 1978)

Manche Kletterpflanzen wie der Efeu (*Hedera helix*) bilden dichte Wurzelbürsten oder Wurzelhaarsäume am Sproß, die der Unterlage (Mauer, Baumstamm) zugekehrt sind. Auch diese Wurzeln haben Wurzelhaare, die primär der Wasseraufnahme dienen. Erst später werden sie zum Festhalten benutzt (Abb. 1.12). Junge Efeusprosse lassen sich leicht von der Unterlage abheben. Erst mit zunehmendem Alter sind ihre Wurzelhaare fest mit der Unterlage verklebt. Die Sprosse sind dann abgeplattet. Der kletternde Efeusproß ist ein Beispiel dafür, daß auch oberirdische Pflanzenteile Wasser aufnehmen können, wenn sie Absorptionshaare entwickeln.

Wurzelhaare befinden sich auch an den sproßbürtigen, kurzen Haltewurzeln des Kletter-Ficus, *Ficus pumila*.

Auch die Blattrandpflänzchen von *Kalanchoe pinnata* (Abb. 1.13) besitzen bereits eine Wurzelanlage, wenn sie sich noch an der Mutterpflanze befinden. Die gleiche Art von

Viviparie ist auch bei *Poa alpina* var. *vivipara* zu beobachten.

Das Velamen radicum der epiphytischen Orchideen ist funktionell ein Wasserspeicher (Abb.

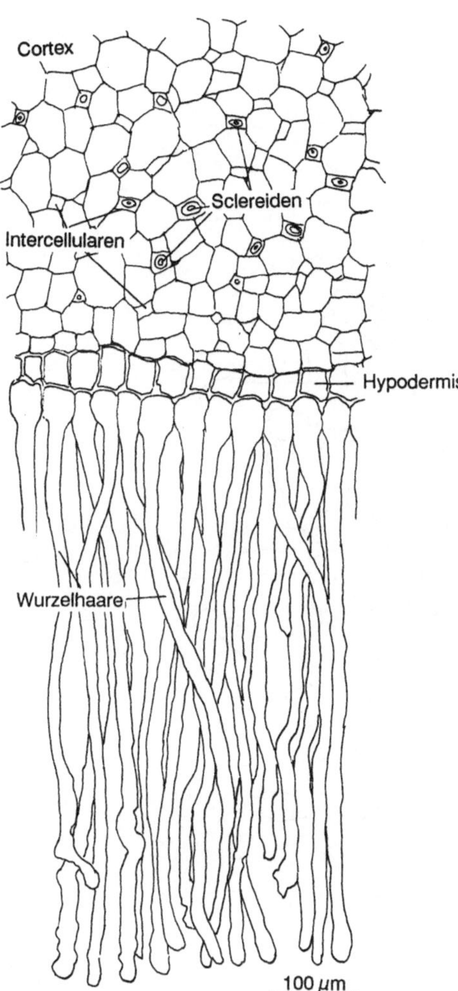

Abb. 1.11. Luftwurzeln von *Monstera deliciosa* (Araceae) bilden keine Wurzelhaare. Wachsen sie aber durch einen Behälter mit feuchter Luft, so entwickelt sich jede Epidermiszelle zu einem Wurzelhaar. Der im Cortex erkennbare Intercellulareninhalt stellt Querschnitte der H-förmigen steifen Sclereiden dar. Querschnitt. (s. Abb. 1.33)

1.14), anatomisch eine multiple Epidermis, deren Zellen kurzlebig sind. In das Velamen wird extern zugeführtes Wasser ebenso schnell eingesogen wie in einen Wurzelhaarpelz. Die Funktion der Luftwurzeln epiphytischer Orchideen beschränkt sich nicht auf die Wasseraufnahme, denn die Wurzeln sind im feuchten Zustand grün und können im Cortex Photosynthese durchführen. Manche Arten haben sogar Pneumatoden für die CO_2-Versorgung entwickelt (Abb. 3.23).

1.3 Wasseraufnahme durch oberirdische Pflanzenorgane

Die genannten Beispiele von Efeu, Kletter-Ficus, *Kalanchoe*, viviparen Gräsern und den epiphytischen Orchideen zeigen, daß der Wurzelkontakt mit dem Boden nicht immer die Voraussetzung zur Wasseraufnahme über die Primärwurzel bei einer Landpflanze ist.

Gibt es außer der Primärwurzel noch andere Pflanzenorgane, die Wasser absorbieren können?

Die Blätter fast aller Landpflanzen nehmen kein Wasser auf. Eine Pflanze, mit ihren Blättern ins Wasser getaucht, wird vertrocknen, wenn ihre Wurzeln nicht benetzt werden.

Es gibt jedoch Ausnahmen:

Torfmoose (*Sphagnum*-Gametophyten) können mit ihren Blättern Wasser sehr rasch aufnehmen. Ihre Hyalinzellen (Wasserzellen) (Abb. 1.15) sind mit Wandporen versehen, durch die Wasser eintritt, das dann an die angrenzenden Chlorophyllzellen weitergegeben wird. Die rasch absterbenden Hyalinzellen gehen aus inäqualen Teilungen in den Derivaten der zweischneidigen Scheitelzelle an der Spitze des Blättchens hervor. Bei dem Polstermoos *Leucobryum glaucum* wird ebenfalls das Regenwasser rasch in die toten Zellen der beiden Hyalinzellschichten aufgenommen, die durch Wandporen miteinander in Verbindung stehen und die schmalen Chlorophyllzellen vollständig umschließen.

Bei anderen Laubmoosen z.B. *Polytrichum attenuatum* und *P. commune*, wird ein Tropfen Wasser von den Blättern des Gametophyten begierig aufgenommen. Die Blätter besitzen lamellenförmige Assimilationsleisten auf der Oberseite (Abb. 1.16), zwischen denen der Wasserfilm kapillar festgehalten wird. Setzt man dem Wasser Neutralrot zu, so tritt dieser Vitalfarbstoff nach einigen Minuten im Stengel des Gametophyten auf. Auf diesem Wege wird auch HCO_3^--Lösung für die Photosynthese aufgenommen (Eschrich u. Steiner 1967). Eine poröse Cuticula, wie sie an Moosblättchen (*Rhacocarpus*; Abb. 1.17) gefunden wurde, dürfte für die Absorption von HCO_3^--Lösung sehr geeignet sein (Barthlott 1990).

Verschiedene Verfahren zur Wasseraufnahme sind bei epiphytischen Bromeliaceen zu finden.

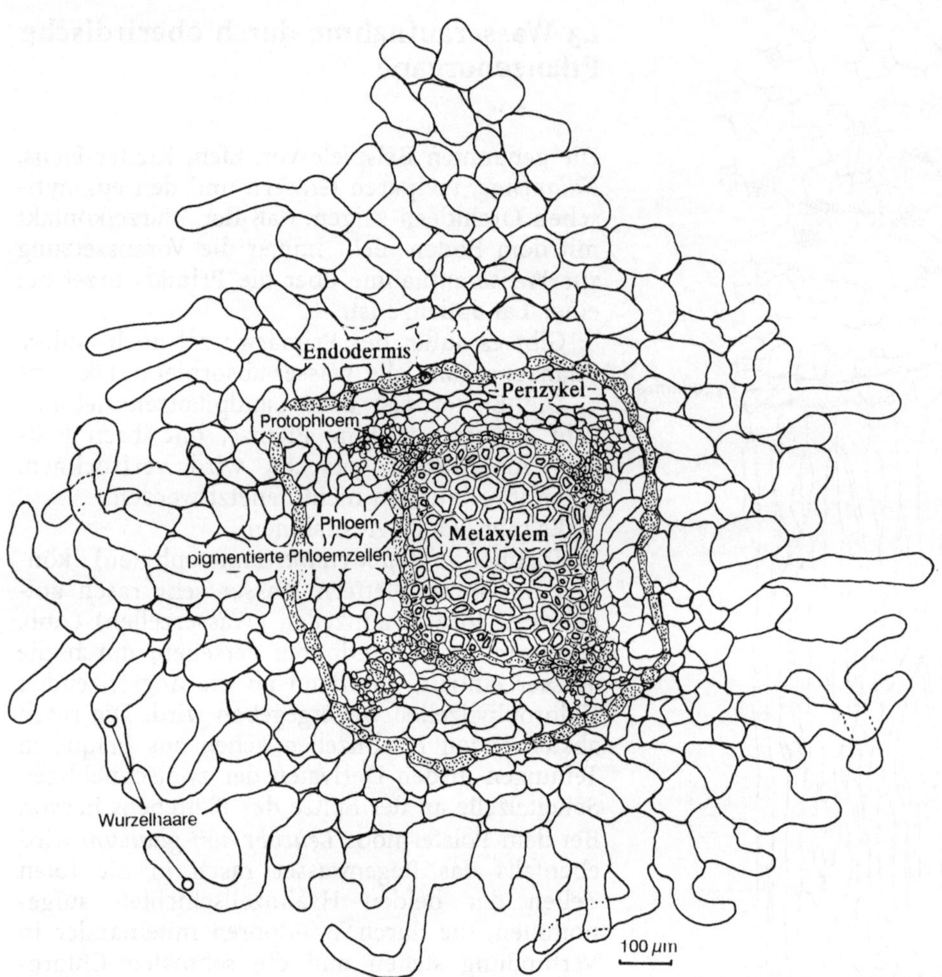

Abb. 1.12. Bei den Haftwurzeln des Efeus (*Hedera helix*, Araliaceae) ist die Mehrzahl der Epidermiszellen zu kurzen Wurzelhaaren ausgewachsen. Die sproßbürtigen Haftwurzeln sind diarch, sie bilden kein sekundäres Leitgewebe. Aus dem Perizykel entwickelt sich jedoch später ein Periderm

Die wurzellose Art *Tillandsia usneoides* (Abb. 1.18) besitzt an den kurzen Sprossen Absorptionsschuppen, mit denen sie Tau und Regenwasser kapillar aufsaugt und in die dünnwandigen Domzellen aufnehmen kann (Abb. 1.19). Hingegen haben alle anderen epiphytischen Bromeliaceen außer den Regenwasserzisternen (*Vriesea*) (Abb. 1.20) auch Wurzeln, die aber wohl hauptsächlich zum festhalten dienen.

Die Blattkannen von epiphytischen *Nepenthes*-Arten (Nepenthaceae) sind im jungen Zustand geschlossen. Die im Inneren geschlossener Kannen bereits vorhandene Flüssigkeit ist Sekret, es enthält Enzyme (β-1,3-Glucanase, Eschrich 1961) und das Alkaloid Coniin (Brondegaard 1992). Ob Regenwasser, das in die offene Kanne tropft oder von der Blattspreite in die Kanne laufen könnte, einen wesentlichen Beitrag zur Wasserversorgung der Pflanze liefert, ist nicht bekannt.

Dischidia rafflesiana (Asclepiadaceae) bildet Urnenblätter, in die eine sich verzweigende, sproßbürtige Wurzel wächst. In solchen Urnenblättern sammeln sich Humus und Wasser. Wahrscheinlich kann die Wurzel dieses Substrat nutzen.

Bei den epiphytischen, heterophyllen Polypodiaceen (*Platycerium*, *Drynaria*) sammelt sich

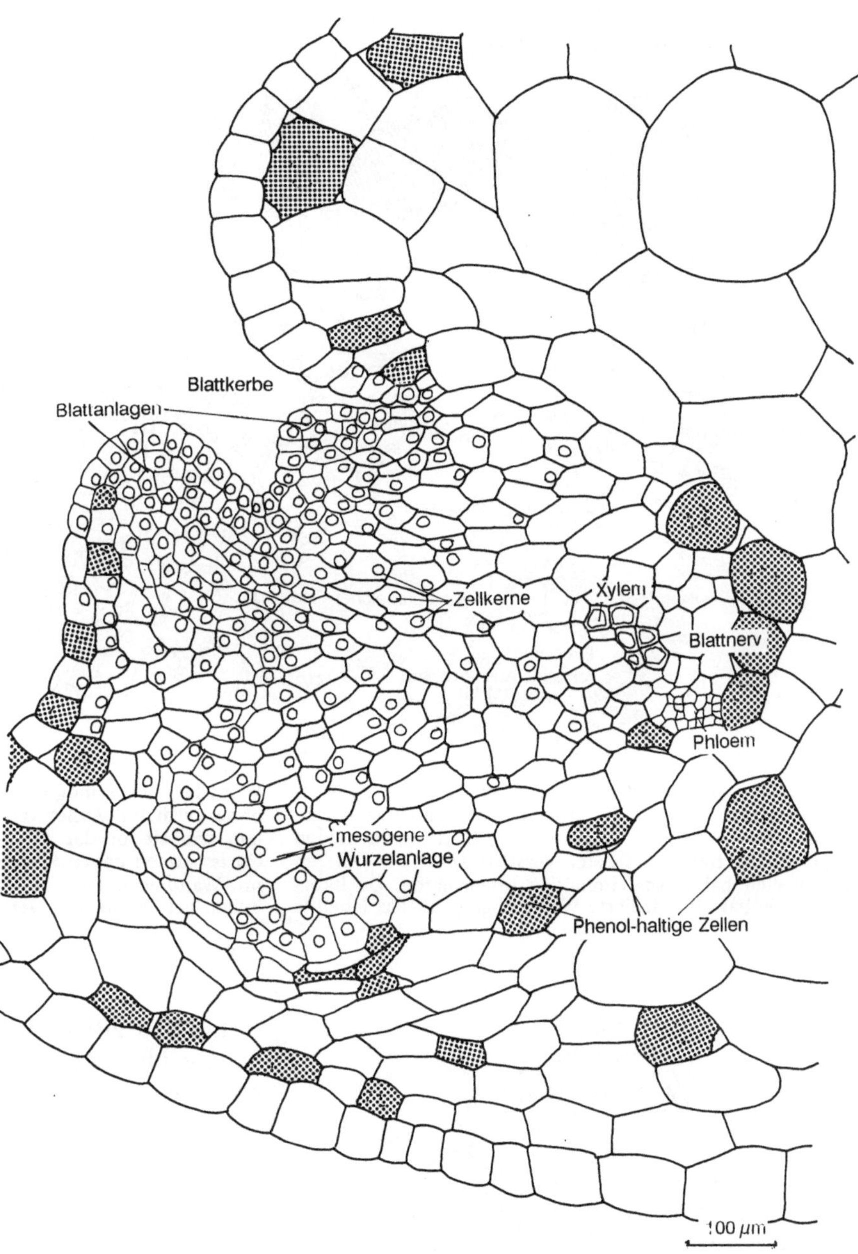

Abb. 1.13. Die Brutknospen am Blattrand von *Kalanchoe pinnata* (Crassulaceae) zeigen die Anlagen von Sproß, Blättern und einer mesogenen Wurzel. (Naylor 1932)

ebenfalls Humus in der Tasche, die von den ganzrandigen Blättern mit der Unterlage gebildet wird. Es ist jedoch anzunehmen, daß diese Tasche als Wasser- und Nährstoffreservoir genutzt wird, denn sie ist von zahlreichen Wurzeln durchzogen.

Die Frage der Wasseraufnahme durch Blattoberflächen ist ausführlich und kritisch von Rundel (1982) behandelt worden. Für die höheren Landpflanzen stehen keine experimentellen Daten zur Verfügung, die eine solche Wasseraufnahme bestätigen, obwohl in einigen Fällen auch Versuche mit tritiiertem Wasser durchgeführt wurden (Vaadia u. Waisel 1963; Barthlott und Capesius 1974).

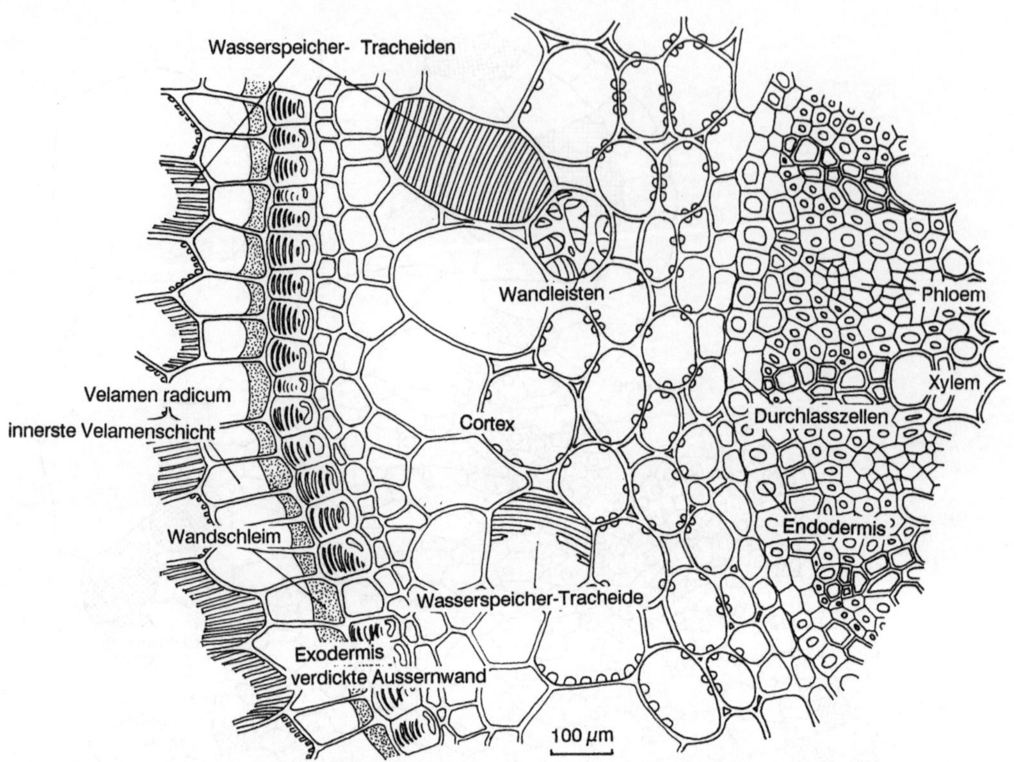

Abb. 1.14. Vom Velamen der Orchideenwurzel (*Pholidota camelostalyx*) sind hier nur die innersten Zellschichten dargestellt. Das Tau- und Regenwasser wird in Speichertracheiden gesammelt, die mit Wandleisten versteift sind. Die inneren Velamenzellen haben schleimhaltige Innenwände, Quellkörper, die offenbar eine dosierte Wasserabgabe an das lebende Wurzelgewebe ermöglichen. Vereinzelt sind Exodermiszellen ohne verdickte Außenwand zu sehen; es sind Durchlaßzellen, wie sie in der Endodermis vorkommen. Im inneren Cortex treten neben Speichertracheiden auch lebende Zellen mit Wandleisten auf, die möglicherweise ein Kollabieren der Zellen bei Trockenheit verhindern. (Wiesner 1927/28)

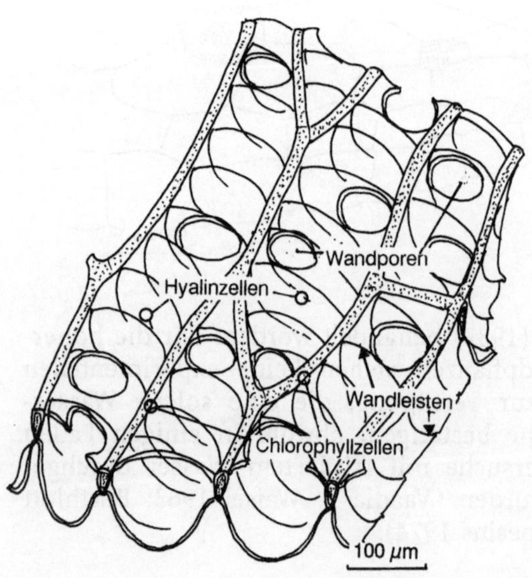

Ein viel zitiertes Beispiel für eine Wasseraufnahme über das Blatt ist *Welwitschia mirabilis*, eine Gymnosperme, der die Fähigkeit zugeschrieben wird, kondensierenden Nebel von der Oberfläche der beiden bandförmigen Blätter zu absorbieren. Im SEM unterscheiden sich die Stomatareihen von *Welwitschia* (Abb. 1.21) in keiner Weise von denen anderer Gymnospermenblätter. Blätter anderer Gymnospermen, z.B. Kiefernnadeln, nehmen Neutralrotlösung nicht durch die Oberfläche auf, weder bei extremem

◄
Abb. 1.15. Die rasche Wasseraufnahme durch Torfmoosspreu beruht darauf, dass die toten Hyalinzellen der Blättchen von Wandporen durchlöchert sind, durch die Wasser wie in einen Schwamm eindringen kann. Blattfragment von *Sphagnum nemoreum*

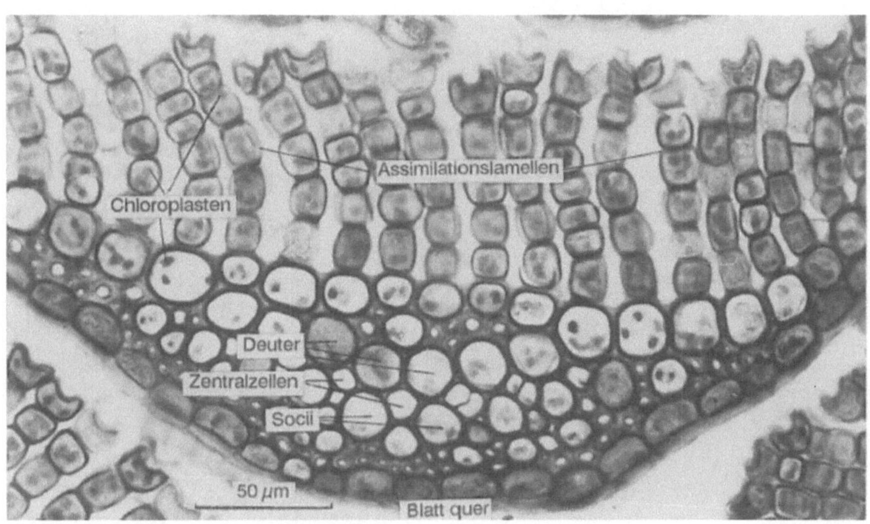

Abb. 1.16. Die in Querschnitten des Gametophyten erkennbaren Assimilationslamellen von *Polytrichum commune* können kapillar Wasser festhalten, aus dem das Bicarbonat für die Photosynthese entnommen wird. Die Zentralzellen der Blattrippe transportieren wässrige Lösungen; sie gehen in die Leptoiden des Moosstämmchens über (s. Abb. 1.7). Die adaxialen Deuter und die abaxialen Socii bilden mit den Zentralzellen die Funktionseinheiten von Blattrippe und Blattspuren, ihre Bedeutung ist nicht geklärt (Eschrich u. Steiner 1967)

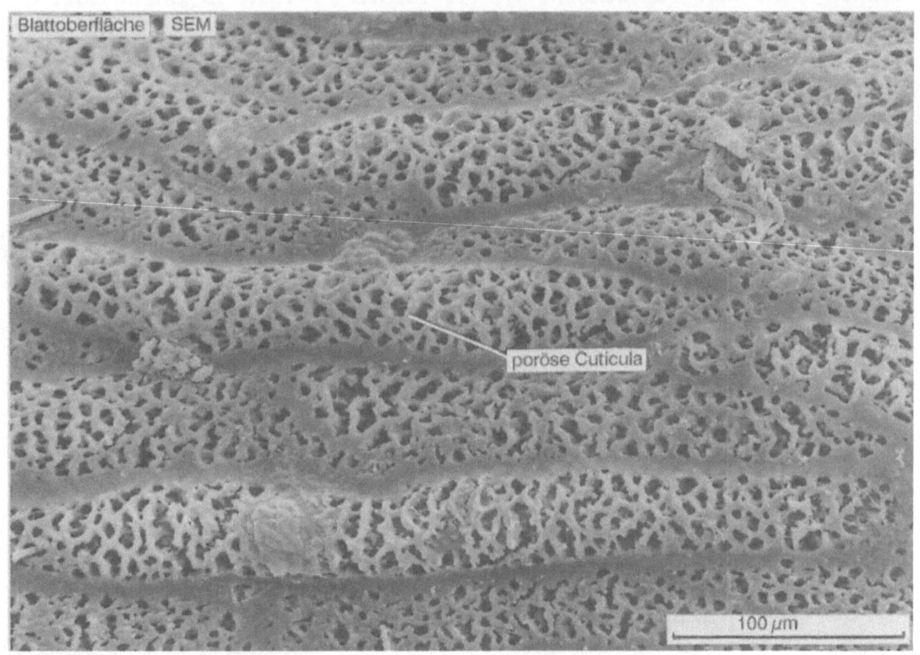

Abb. 1.17. Im SEM erscheint die Außenwand des Moosblättchens (*Rhacocarpus purpurascens*, Hedwigiaceae) porös. Die Aufnahme von in Wasser gelöstem Bicarbonat für die Photosynthese wird dadurch begünstigt. (Barthlott 1990)

Wasserdefizit der Pflanze, noch bei hoher Luftfeuchtigkeit (Abb. 1.22).

Wenn Tau und Nebel für die Erhaltung von Coniferenwäldern in ariden Gebieten notwendig sind, so dürfte die Feuchtigkeit ausschließlich über den Boden verfügbar sein. Die atmosphärische Feuchtigkeit kann jedoch vor zu starker Transpiration und damit vor Austrocknung schützen. Mehrblättrige Kurztriebe von *Pinus*-Arten können – vergleichbar mit den Rosetten-

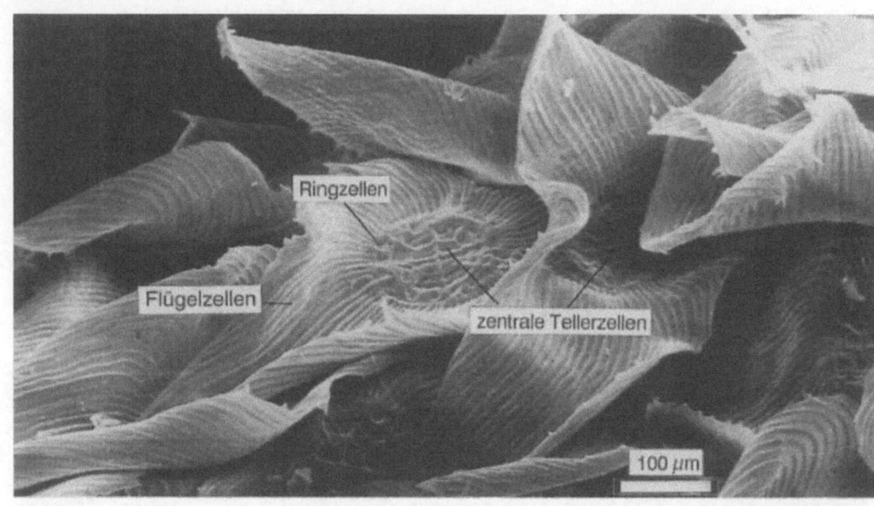

Abb. 1.18. Die einzellschichtigen blattartigen Saugschuppen von *Tillandsia usneoides* (Bromeliaceae) leiten Tau- und Regenwasser zu den zentralen Tellerzellen. (SEM)

pflanzen – in den Blattachseln Wasser festhalten. Sie besitzen jedoch keine Absorptions-Trichome mit benetzbarer Oberfläche. Vermutlich kann Wasser bis an die Zellen des Apikalmeristems vordringen. Da diese noch keine Cuticula haben, kann Kapillarwasser möglicherweise in Meristemzellen eindringen.

Ein häufig zitiertes Objekt für eine Wasseraufnahme durch Blätter ist *Prosopis tamarugo*, eine strauchförmige Fabacee aus der Atacama-Wüste in Chile. Aber auch an diesem Mesquite-Strauch sind keine speziellen Einrichtungen für eine Wasserabsorption über das Blatt gefunden worden.

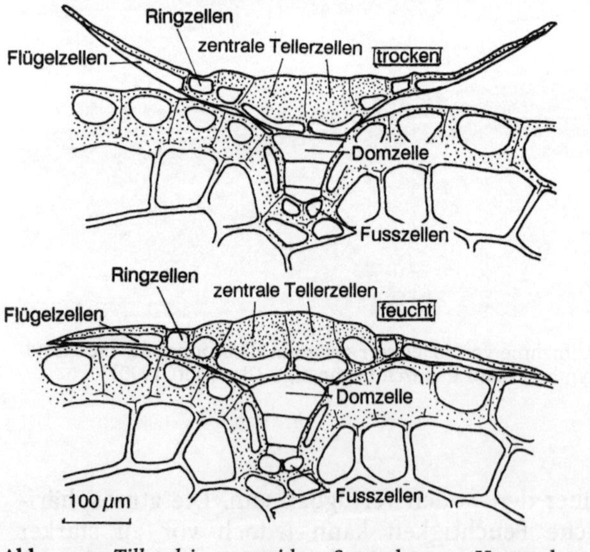

Abb 1.19. *Tillandsia usneoides*, Saugschuppe. Unter dem Schuppenrand wird das Wasser kapillar festgehalten; es kann durch die dünnwandigen Domzellen aufgenommen werden (Benzing et al. 1978)

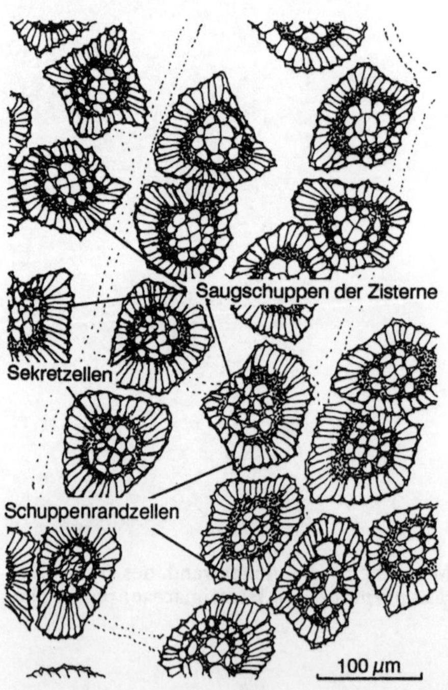

Abb. 1.20. Die Innenwand der Bromeliaceenzisterne (*Vriesea* spec.) ist mit Saugschuppen bedeckt. Im Zentrum jeder Schuppe befinden sich cytoplasmareiche Sekretzellen. Da in der Zisternenflüssigkeit Kadaver von kleinen Tieren zu finden sind und hydrolytische Enzyme vorkommen, scheint verdautes Eiweiß der epiphytisch lebenden Pflanze als Stickstoffquelle nutzbar gemacht zu werden

Abb. 1.21. Die in Reihen angeordneten Spaltöffnungen der Welwitschia-Blätter *(Welwitschia mirabilis)* entsprechen in ihrem Bau den Spaltöffnungen der Coniferen SEM

Die Spaltöffnungen der Kormophyten sind nur für Aufnahme und Abgabe von Gasen geeignet. Transpirationswasserdampf kann austreten, aber nicht wieder eintreten. Für den Austritt flüssigen Wassers (Guttation) durch modifizierte Spalten (Wasserspalten, Abb. 2.22, 2.25) ist ein Wasserdruck erforderlich.

Die bulliformen Zellen der Gräser (Abb 2.29, 2.31) sind keine Absorptionseinrichtungen, sondern epidermale Wasserspeicher, die bei Turgeszenzverlust durch Wasserabgabe als Gelenkzellen funktionieren können. Bei Wasserverlust wird die Blattspreite längs eingerollt und damit die Transpiration reduziert (Rollblätter).

Bei Fels- und Mauerfarnen, die lange Trokkenperioden aushalten können, sich nach Regen aber sogleich wieder entfalten, ist der Ort der Wasseraufnahme nicht bekannt. Das Vorhandensein von verdickten Zellkanten in den Palisadenzellen von *Ceterach officinarum* (Rouschal, 1938) (Abb. 1.23) weist darauf hin, daß diese als mechanische Stützen dem Kollabieren der Zellen bei Austrocknung entgegenwirken; es könnte sich aber auch um Wände mit Quellsubstanzen handeln, die ödotisch eine zu starke Wasserabgabe verhindern.

Bei Schwimmblättern (*Nymphaea, Nuphar, Nymphoides, Trapa*) ist die Unterseite mit Hydropoten ausgestattet, die geeignet sind, wässrige Lösungen aufzunehmen (Mayr, 1915). Bei

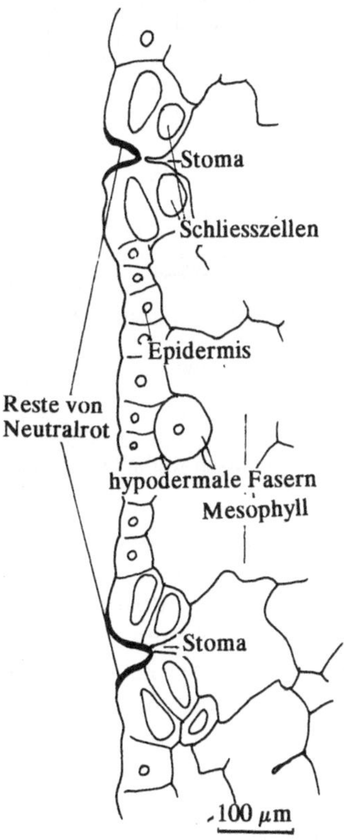

Abb. 1.22. Werden unverletzte Kiefernnadeln (*Pinus sylvestris*) 18 h lang in Neutralrotlösung getaucht, so wird keine Farblösung, also anscheinend auch kein Wasser, ins Nadelinnere aufgenommen. Farbstoffniederschläge finden sich nur außen in den Spaltöffnungsrinnen

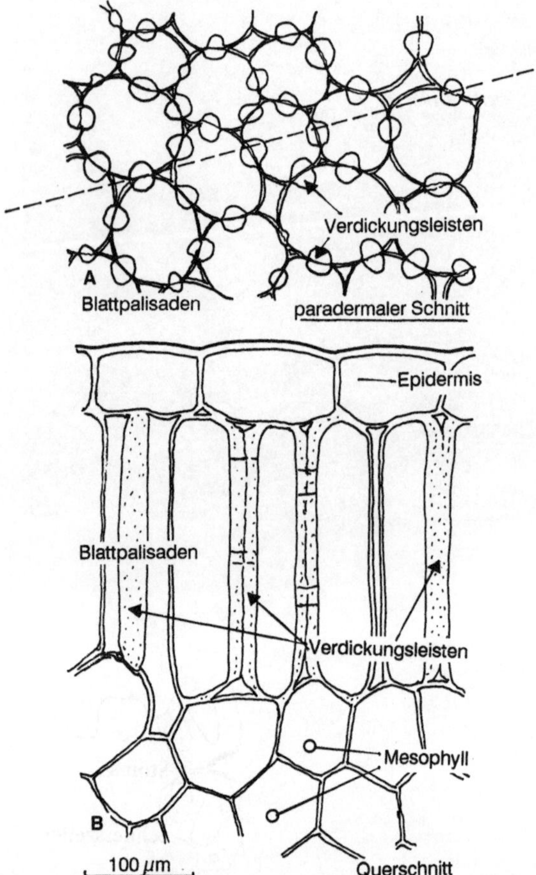

Abb. 1.23. Die Palisadenzellen im Blatt des Mauerfarns *Ceterach officinarum* haben ungleichmäßig verdickte Längswände. Im paradermalen Schnitt erkennt man die Verdickungen. Sie liegen aber nicht in den Zellecken, wie beim Kantencollenchym, sondern in der Mitte der Wandfläche. Vermutlich handelt es sich um Quellkörper, die bei Trockenperioden Wasser ödotisch festhalten. (Rouschal 1938)

Nelumbo nucifera nehmen nur die Schwimmblätter, nicht aber die Luftblätter, mit der Unterseite Neutralrotlösung auf. Aus einer Tuschesuspension nehmen Hydropoten das Wasser auf, die Tuschepartikeln bleiben außen an den Hydropoten haften; sie markieren den Ort des Wassereinstroms (Gessner, 1956). Begasung von Schwimmblättern mit $^{14}CO_2$ hat in Mikroautoradiographien (Abb. 1.24) gezeigt, daß sich die Markierung auf bestimmte Zellen der Hydropote beschränkt, die demnach stoffwechselaktiv sein müssen.

Die parasitischen Misteln (*Viscum, Loranthus, Arceuthobium, Phoradendron*) besitzen außer den verkümmernden Wurzeln Haustorien oder Senker, die sich im Cambium des Wirtes entwickeln und nach und nach von neuen Xyleminkrementen umhüllt werden. Es ist nicht bekannt, ob nur das dem funktionellen Xylem des Wirtes benachbarte Haustorialgewebe Wasser aufnehmen kann (Kuijt 1969; Sallé 1983). Die Senker von *Viscum album* enthalten Chlorophyllgewebe, können also mit Hilfe ihrer Photosyntheseprodukte auf osmotischem Wege Wasser dem Wirtsgewebe entziehen (Blechschmidt-Schneider, persönl. Mitteilung).

Da Schnittblumen Wasser aufnehmen, oder Blätter, die für Experimente mit Carborundpulver aufgerauht wurden, Lösungen aufnehmen können, scheint nur die Cuticula der Epidermis den Wassereintritt in oberirdische Pflanzenorgane zu behindern. Unter natürlichen Bedingungen treten solche Verletzungen nicht auf.

1.4 Struktur der Absorptionszone der Primärwurzel

Es ist nicht genau bekannt, welche Teile der Primärwurzel Wasser und Salze absorbieren und wie weit Zellschichten aus dem Inneren der Wurzel am Absorptionsvorgang beteiligt sind. Man nimmt an, daß die Absorptionszone in proximaler[1] Richtung nicht über die Zone der Wurzelhaare hinausreicht.

Der experimentelle Nachweis stößt auf Schwierigkeiten.

Da die Wurzelspitze von der Calyptra bedeckt ist, und die Epidermis nach dem Absterben der Wurzelhaare nicht mehr funktionsfähig ist, kann man aufgrund der anatomischen Gegebenheiten vermuten, daß nur in einem kurzen Abschnitt der Wurzelspitze Wasser aufgenommen wird. Es wurde schon erwähnt, daß extern angebotene 0,1%-ige Neutralrotlösung nach einer Sekunde bereits in den Wurzelhaaren zu finden ist. Die Absorption von Tritium-(^{3}H-)markiertem Wasser würde zwar eindeutig die Zone der Wasserabsorption anzeigen, doch nur, wenn

[1] „Proximal" und „distal" beziehen sich immer auf das Hypocotyl bzw. dessen ursprüngliche Position als „Zentrum" der Pflanze.

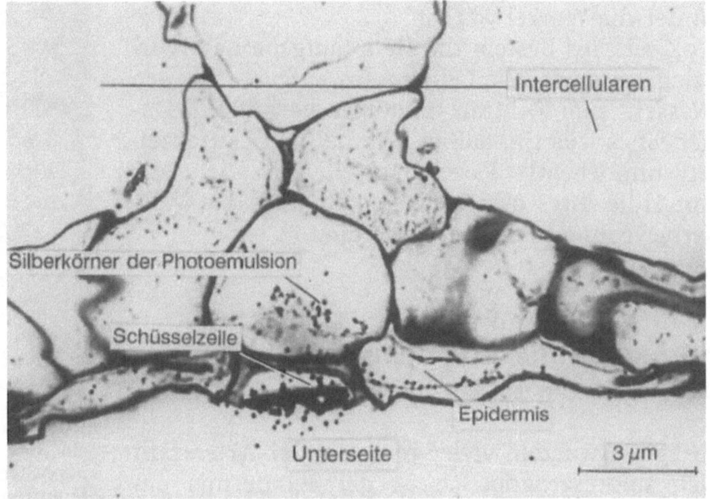

Abb. 1.24. Ein abgeschnittenes Schwimmblatt der Seerose (*Nymphaea alba*) wurde mit $^{14}CO_2$ begast. Die Mikroautoradiographie des Blattquerschnitts zeigt eine Hydropote der Blattunterseite. Der Einbau von radioaktiven Assimilaten ist durch die dichte Anordnung von Silberkörnern der Photoemulsion in den Epidermis- und Schüsselzellen angezeigt. Wasser wird von den Hydropoten anscheinend aktiv aufgenommen (Präparat von Karin Pall, München)

man das Isotop am Ort seines Eindringens festhalten und diese Strahlungsquelle lokalisieren könnte. Mikroautoradiographien sind dafür nicht geeignet, da bei der unumgänglichen Gefriertrocknung oder Gefriersubstitution der Wurzeln auch das tritiierte Wasser sublimieren bzw. ausgetauscht würde.

Die Auszählung von Wurzelsektoren mit einem Szintillationszähler nach bestimmten Absorptionszeiten berücksichtigt nicht, daß ein Teil des ^{3}H-markierten Wassers als Quellungswasser oberflächlich an Kolloide gebunden sein kann, oder bereits akropetal in Richtung Sproß transportiert worden ist. Schneidet man die Wurzel ab, um die Menge des aufgenommenen radioaktiv markierten Wassers zu messen, so wird der akropetale Transport unterbunden. Dabei würde sich die Absorptionsrate ändern, da Wasseraufnahme, Wassertransport und Wasserabgabe voneinander abhängig sind, also nur bei der intakten Pflanze gemessen werden können.

In Richtung zur Wurzelspitze zeigen fast alle Arten im Wurzelcortex ein dichtes System gasgefüllter Intercellularen, was annehmen läßt, daß dort keine Wasseraufnahme stattfindet. Noch weiter zur Wurzelspitze hin folgt aber bereits Meristemgewebe, das außen mit der verschleimenden Calyptra bedeckt, also für eine effektive Wasseraufnahme ungünstig gestaltet ist.

1.5 Wurzelcortex

Der Cortex der Primärwurzel liegt zwischen Epidermis und Perizykel, er geht aus dem Periblem der Wurzelspitze hervor.

In proximaler Richtung verändert sich der Cortex auf verschiedene Weise, je nachdem, ob die Pflanze Cambium bildet oder nicht. Bei Wurzeln, deren Zentralzylinder sich durch cambiale Tätigkeit erweitert, zerreißt der Cortex und seine Zellen lösen sich früher oder später ab. Gleichzeitig bildet sich Periderm, das jedoch seinen Ursprung im Perizykel des Zentralzylinders hat.

Der Wurzelcortex von Pflanzen, die kein sekundäres Dickenwachstum aufweisen (die meisten Pteridophyten, Monocotylen), bleibt erhalten. Ist das Streckungswachstum beendet, so hat der Wurzelcortex bei diesen Pflanzen seine maximale Dicke erreicht. Deshalb sind zum Beispiel die Wurzeln der Gräser fadenförmig (Abb. 1.44).

Oft wird nach dem Querschnittsbild der Wurzelcortex in Außen- und Innencortex unterteilt. Das äußere Cortexgewebe kann ergrünen und Stärke speichern; das innere Cortexgewebe besteht vor allem bei Schwimmpflanzen aus radial angeordneten Zellreihen, die von Intercellularen unterbrochen werden (Abb. 1.36). Der Außencortex kann collenchymatisch oder sclerenchymatisch ausgebildet sein (Abb. 1.30, 1.31), offensichtlich Anpassungen an die Umgebung, in der die Wurzel wächst.

Zweifellos besteht die Hauptaufgabe des Wurzelcortex darin, die Leitung des aufgenommenen Wassers zum Zentralzylinder zu vermitteln. Daher ist es wichtig, daß es sich bei den Cortexzellen um lebende Parenchymzellen handelt, die mit Hilfe ihres osmotischen Potentials die Wasserbewegung beeinflussen können.

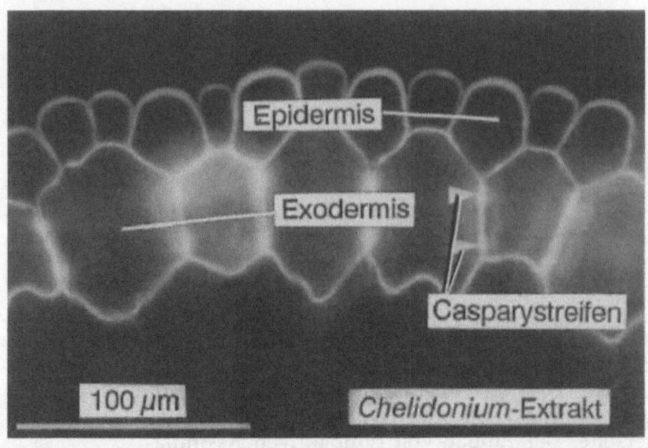

Abb. 1.25. Mit fluoreszenzmikroskopischen Methoden sind in den Radialwänden der Hypodermis von jungen Maiswurzeln (*Zea mays*) Verdickungen gefunden worden, die als Caspary-Streifen gedeutet werden (Peterson 1988). Da gleiche Strukturen auch in Wurzeln vieler anderer Angiospermen auftreten (Perumalla et al. 1990), wird der Wurzelhypodermis eine Kontrollfunktion bei der Stoffbewegung durch die Radialwände zugeschrieben

1.6 Exodermis, Hypodermis und Kork der Primärwurzel

In Primärwurzeln vieler monocotyler Arten läßt sich fluoreszenzoptisch in der Exodermis ein Caspary-Streifen nachweisen (Abb. 1.25) (Peterson u. Perumalla 1984; Peterson 1988; Perumalla et al. 1990). Damit rückt diese Zellschicht als physiologische Scheide in funktioneller Hinsicht in den Vordergrund. Über ihre Fähigkeit, bestimmte Stoffgruppen auszuschließen, ist noch nichts bekannt. Die Exodermis liegt peripherisch, sie ersetzt die durch den Verfall der Wurzelhaare zerstörte Epidermis.

Bei manchen Arten mit cambialer Aktivität treten im Cortex Phi-Scheiden auf, so benannt, weil sie in den quer geschnittenen Radialwänden paarige, bauchige Verdickungen in Form des griechischen großen Phi (Φ) zeigen. Sie finden sich bei Dicotylen (*Pelargonium, Koehlreuteria, Mahonia*) (Abb. 1.26). Ihre Funktion ist unbekannt. Die Phi-Verdickungen der Radialwände sind meist, aber nicht immer (Abb. 1.27) paarig in den benachbarten Zellen angeordnet. Es handelt sich um lebende Zellen (Haas et al.1976). Phi-Scheiden gibt es auch bei den Primärwurzeln vieler Gymnospermen. Dort liegen sie im inneren Cortex, oft dicht an der Endodermis [*Thuja occidentalis; Podocarpus falcatus* (Abb. 1.28)*; Ginkgo biloba* (Abb. 1.29)*; Taxus baccata*].

Bei Wurzeln von *Eucalyptus*-Arten zeigt die großzellige Exodermis in den Wänden Eigenfluoreszenz, die auf Suberineinlagerung schließen läßt (Tippett u. O'Brien 1976).

Anstelle der Exodermis können auch peripherische Zellagen mit rundum verdickten Wänden vorkommen. Bilden diese Zellen eine lückenlose Schicht, so nennt man sie Hypodermis oder – wenn mehrschichtig – Hypoderm. Ein solches Hypoderm findet sich bei Luftwurzeln mancher Lianen. Im mehrschichtigen Hypoderm von *Smilax regelii* (Liliaceae) sind die Zellwände stark, oft ungleichmäßig, verdickt und getüpfelt (Eschrich 1988).

In der Exodermis der Maiswurzel wurden Suberinlamellen in den peri- und antiklinen Wänden beobachtet. Diese haben Eigenfluoreszenz und sie färben sich mit dem Fettfarbstoff Sudanschwarz (Clarkson et al. 1987). Nichts spricht dagegen, diese Zellschicht Hypodermis zu nennen.

Eine Anpassung des Wurzelcortex an äußere Gegebenheiten ist bei älteren Maispflanzen zu beobachten, die an den basalen Knoten kranzförmig angeordnet Adventivwurzeln bilden. Solange die Wurzeln in der Luft wachsen, entwikkeln sie einen sclerenchymatischen Außencortex (Abb. 1.30). Reste von zusammengedrückten Epidermiszellen sind zu erkennen. Haben sie den Boden erreicht, so fungieren die Adventivwurzeln als Stütz- oder Stelzwurzeln. Nachdem die Wurzelspitzen in den Boden eingedrungen sind, entwickeln sie dort Wurzelhaare (Abb. 1.31), es entstehen Absorptionswurzeln, die nicht sclerifiziert sind. Die subepidermalen Zel-

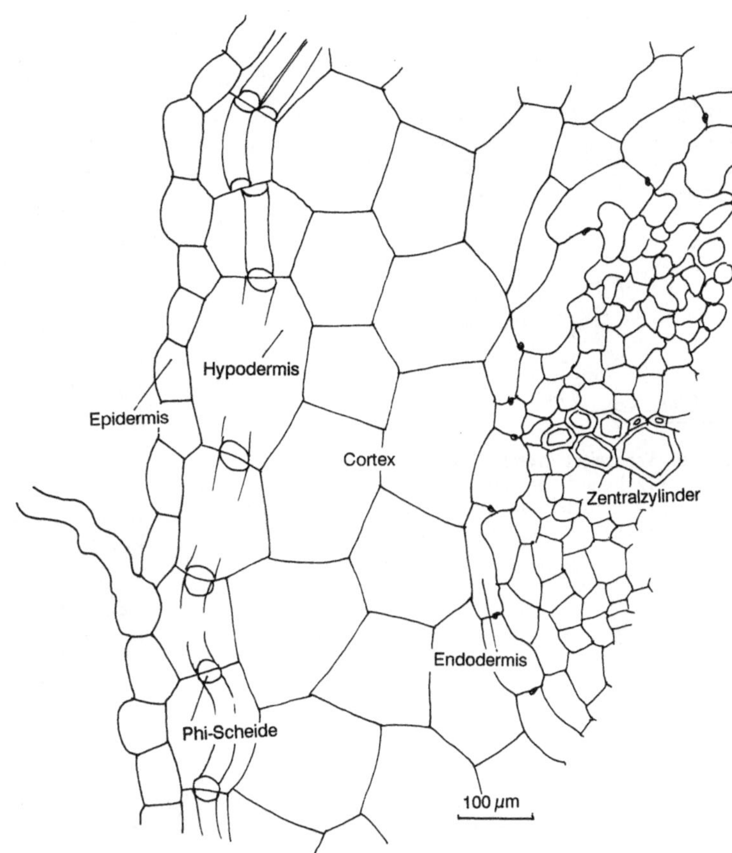

Abb. 1.26. Die hypodermale Phi-Scheide der Pelargonienwurzel (*Pelargonium radula*) stellt eine lokale Wandverdickung dar, die nicht verholzt. Es ist aber keine collenchymatische Wand, denn sie schrumpft nicht durch Entquellung, wenn man sie in Glycerin legt

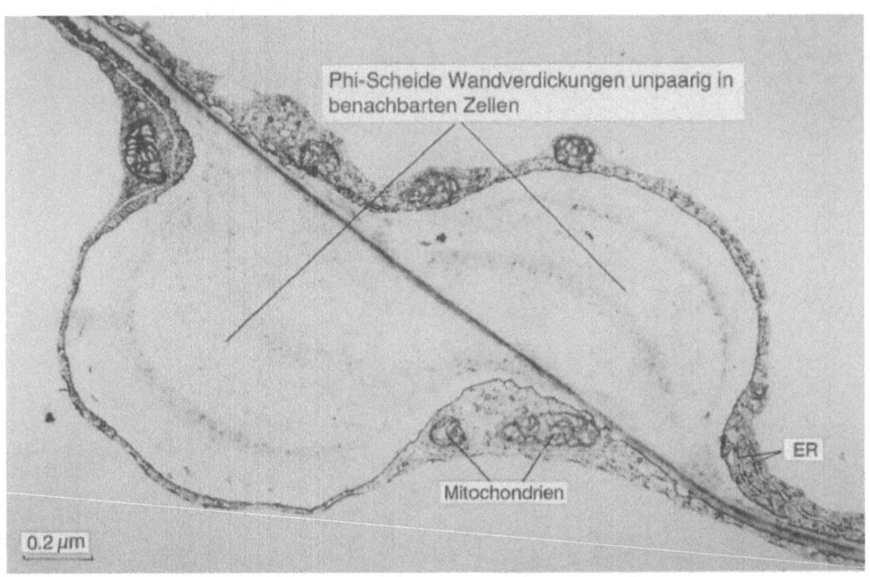

Abb. 1.27. *Pelargonium* spec., Wurzel quer. Im EM erkennt man die Primärwandnatur der Phi-Verdickung. Die Zellen leben, sie enthalten Cytoplasma und viele Mitochondrien. Die Phi-Verdickungen aneinander grenzender Zellen liegen nicht immer paarig gegenüber. (Haas et al. 1976)

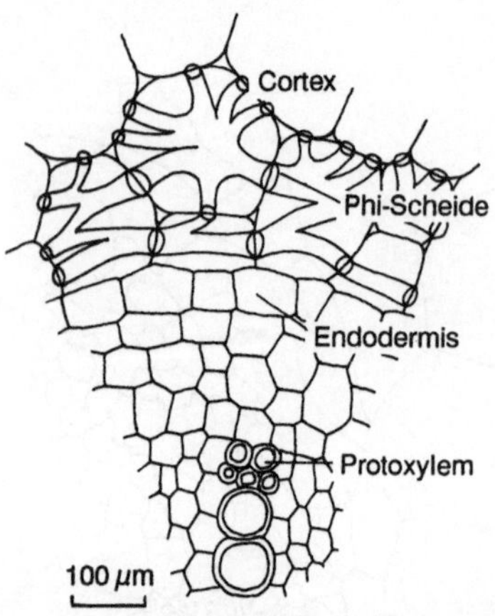

Abb. 1.28. Verbreitet treten Phi-Scheiden bei den Gymnospermenwurzeln auf. Bei *Podocarpus falcatus* sind die Phi-Verdickungen verästelt. Diese Phi-Scheide liegt im inneren Cortex, sie grenzt an die Endodermis

len sind kastenförmig gebaut, man bezeichnet diese Zellschicht als Exodermis. Der Ausdruck Hypodermis ließe sich jedoch ebensogut anwenden.

Die äußeren Zellen des Wurzelcortex können nicht nur sclerenchymatisch verdickt, sondern auch durch Ablagerung von Suberinlamellen verkorkt werden. Da kein Zusammenhang mit einem Phellogen besteht, läßt sich für diesen primären Kork der Begriff Metacutis verwenden. Durch Metacutisierung (Esau 1977) entsteht bei ausdauernden Monocotylenrhizomen der Etagenkork (Philipp 1923). Bei diesem haben sich Gruppen oder einzelne Zellen des Cortexparenchyms mehrfach tangential geteilt. Es entstehen kurze, im Querschnitt radial leiterförmig angeordnete Zellgruppen, die untereinander keinen Zusammenhang zeigen. Die Zellen verkorken und können auch verholzen. Da diese Zellgruppen oft übereinander im äußeren Cortex angeordnet sind, ist der Ausdruck Etagenkork eingeführt worden.

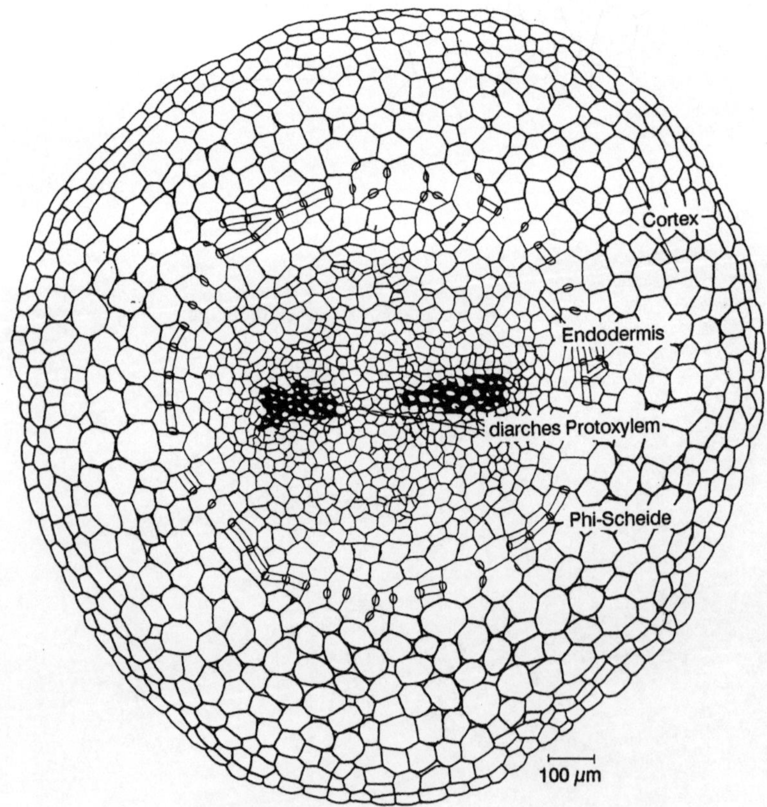

Abb. 1.29. Ähnlich wie bei *Podocarpus* erscheint die Phi-Scheide der Primärwurzel von *Ginkgo biloba* streckenweise verzweigt oder verdoppelt. Wie bei anderen Gymnospermen grenzt die Phi-Scheide an die Endodermis

Abb. 1.30. Die Adventivwurzeln der Maispflanze (*Zea mays*), die in der Luft wachsen, bilden einen sclerenchymatischen, verholzenden Außencortex, ein Metaderm, auch wenn sie noch keine Stützfunktion haben

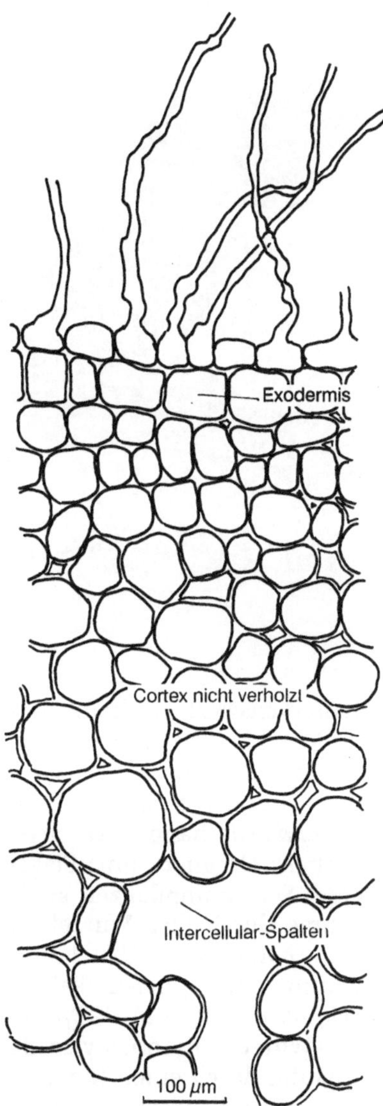

Abb 1.31. Hat die Adventivwurzel der Maispflanze (*Zea mays*) den Boden erreicht, werden nur noch dünnwandige Cortexzellen gebildet. Im Cortex entstehen große Intercellularen, und die Epidermis bildet Wurzelhaare

Analog entsteht Etagenkork auch bei ausdauernden Monocotylenstämmen (*Yucca brevifolia*). Auch hier verkorken und verholzen die Zellen. Solche Schichten werden als sclerifizierte Geweschuppen vom verbleibenden Cortex abgeteilt (Abb. 1.32). Sie trocknen später aus und können abfallen. Funktionell gleichen sie den Borkenschuppen der Bäume, die aus einem Korkcambium hervorgehen, also sekundärer Natur sind.

Auf das Periderm der sekundär verdickten Wurzeln (Dicotylen-und Gymnospermenwurzeln) wird im Zusammenhang mit den Einrichtungen zur Gasbewegung eingegangen.

Bei Luftwurzeln werden im Cortex gelegentlich einzelne Sclereiden eingebaut (Abb. 1.33); in Erd- und Wasserwurzeln sind sclerenchymatische Elemente im Cortex selten (*Urtica*, Abb. 2.18). Funktionell vergleichbar ist der sclerifizierte Perizykel mancher Farnwurzeln (*Adiantum*), die als Luftwurzeln ein dichtes Geflecht bilden können und meist schwärzlich gefärbt sind (Abb. 1.34).

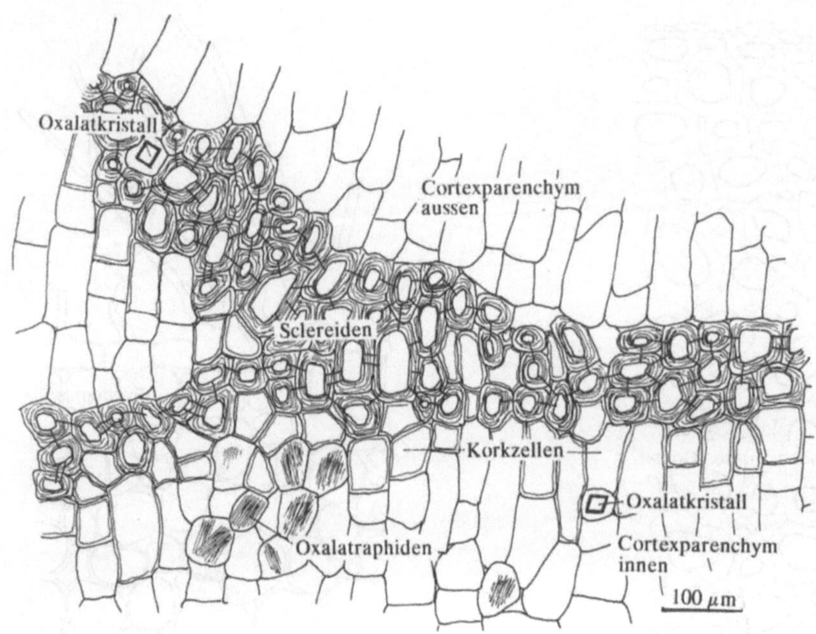

Abb. 1.32. Baumförmige Monocotylen ohne Cambium bilden im Cortex oft Etagenkork ohne zusammenhängendes Phellogen. Bei *Yucca brevifolia* besteht die rauhe Stammoberfläche aus „Borken"-Schichten, die durch Sclerifizierung von Etagenkork entstanden sind

Bemerkenswert erscheint, daß viele untergetaucht lebende Pflanzen wurzelähnliche Adventivorgane haben, obwohl sie Wasser mit der gesamten Oberfläche aufnehmen können. Bei *Elodea canadensis* handelt es sich bei den wurzelähnlichen Organen um Flagellenzweige, also Sprosse. Schwimmpflanzen sind auf die Wasseraufnahme durch ihre Wurzeln angewiesen (*Spirodela polyrhiza*, Abb. 1.35). Nur wenige Schwimmpflanzen haben keine Wurzeln (*Ceratophyllum, Utricularia, Wolffia arrhiza*).

Die Wurzeln monocotyler Schwimmpflanzen sind häufig durch einen Innencortex ausgezeichnet, dessen Zellen exakt in radialen Reihen angeordnet sind, die durch Intercellulargänge voneinander getrennt sind (*Spirodela polyrhiza* Abb. 1.35); *Stratiotes aloides*, Abb. 1.36). Die Intercellularenluft verleiht der Pflanze Auftrieb. Ein gleicher Radialcortex tritt aber auch in Wurzeln von *Musa*-Arten auf, wo Auftrieb durch Luftsäcke nicht erforderlich ist, da die Wurzeln im Boden wachsen. Diese Intercellularen haben offenbar andere, noch nicht bekannte Funktionen.

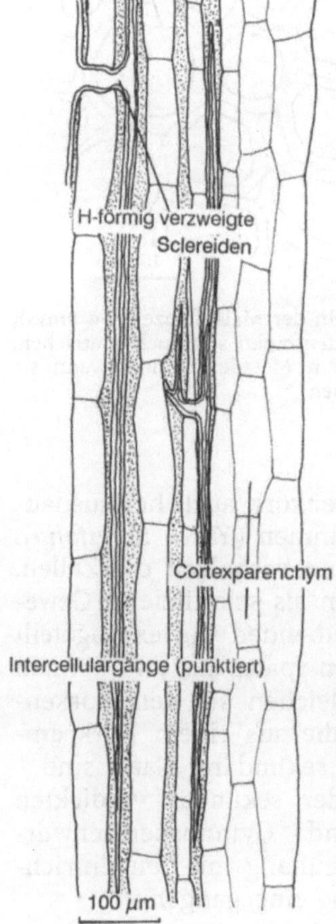

Abb. 1.33. Der Wurzelcortex der Monocotylen ist meist frei von sclerenchymatischen Elementen. In den Luftwurzeln von *Monstera deliciosa* kommen jedoch H-förmige Sclereiden vor, die in die Intercellularen hineinwachsen. Sie geben der Luftwurzel Halt, denn sie wird in ähnlicher Weise beansprucht, wie ein Sproß (s. Abb. 1.11)

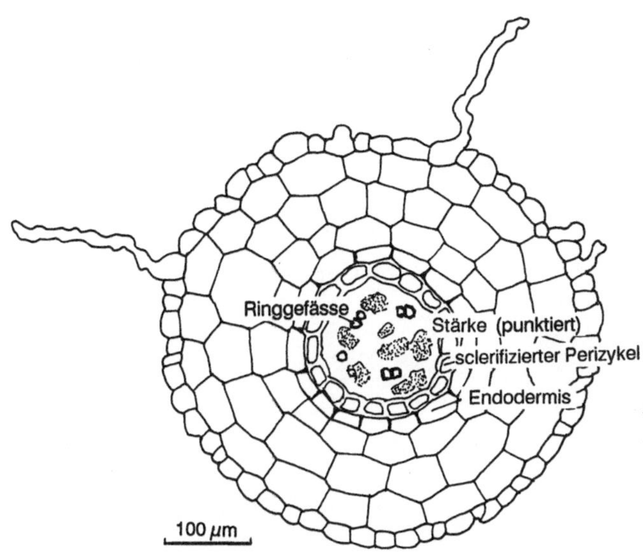

Abb. 1.34. Bei den Wurzeln vieler Farnpflanzen, zum Beispiel *Nephrolepis exaltata*, wird die Absorptionsfunktion später durch eine Haltefunktion ersetzt. Oft wachsen die Haltewurzeln frei in den Luftraum und sind (zum Schutz gegen Licht ?) schwarz pigmentiert. Weil cambiales Dickenwachstum fehlt, bleibt der Cortex der Primärstruktur erhalten. Der Zentralzylinder wird durch einen dickwandigen Perizykel geschützt, der in Position und Aussehen an die Mestomscheide mancher Gräser erinnert

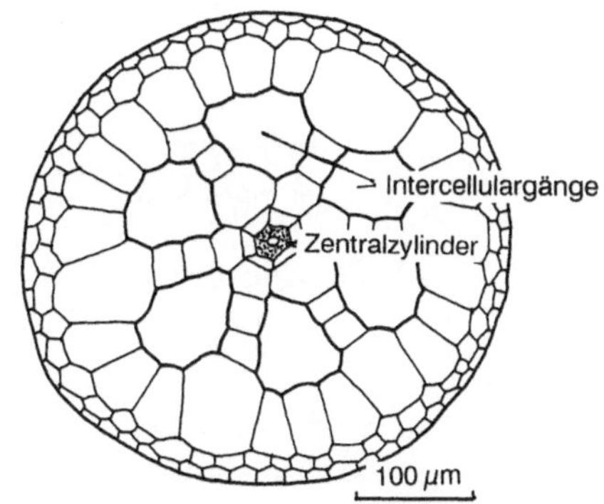

Abb. 1.35. Wasserlinsen wie *Spirodela (Lemna) polyrhiza* haben eine unbenetzbare Blattoberfläche; wenn sie untergetaucht werden, kommen sie stets wieder trocken an die Oberfläche. Der Auftrieb der Pflanze wird durch große Luftintercellularen ermöglicht, die im Cortex der Wurzeln besonders auffällig sind. (Nach Schenk aus Troll 1959)

1.7 Endodermis der Primärwurzel

Die Endodermis mit Caspary-Streifen ist eine physiologische Scheide der Primärwurzel. Sie ist ebenso wie der Cortex Abkömmling des Periblems. Die Funktion der Wurzelendodermis wird im Zusammenhang mit der Wasserbewegung und der Salzaufnahme gesehen.

Bei den Monocotylen und Farnpflanzen, bei denen der Cortex erhalten bleibt, geht die primäre Endodermis (Abb. 1.37) in einen Sekundär- oder Tertiärzustand über. Solche Formen kommen durch Ablagerung von Suberinlamellen und Wandverdickungen mit Lignineinlagerung zustande. Im Tertiärzustand sind die Endodermiswände oft asymmetrisch verdickt und getüpfelt, obwohl bei der Primärendodermis keine primären Tüpfelfelder zu erkennen waren. Als Durchlaßzellen bezeichnet man Endodermiszellen, die längere Zeit im primären Zustand verharren (Abb. 1.38). Solche Strukturänderungen fallen offenbar mit einem Entwicklungsstadium

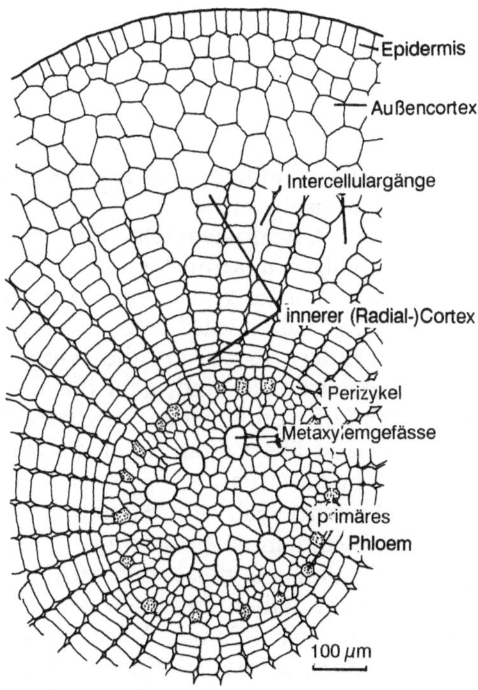

Abb. 1.36. Die ins Wasser hängenden Wurzeln von Schwimmblattpflanzen (*Stratiotes aloides*, Hydrocharitaceae)haben einen regelmäßigen, durch radial ausgerichtete Zellreihen charakterisierten inneren Cortex. Zwischen den Zellreihen bilden sich große Intercellularen. Die gleiche Struktur tritt auch im Wurzelcortex von Sumpfpflanzen auf. (*Musa* spec.) (Nach Janczewski aus Troll 1959)

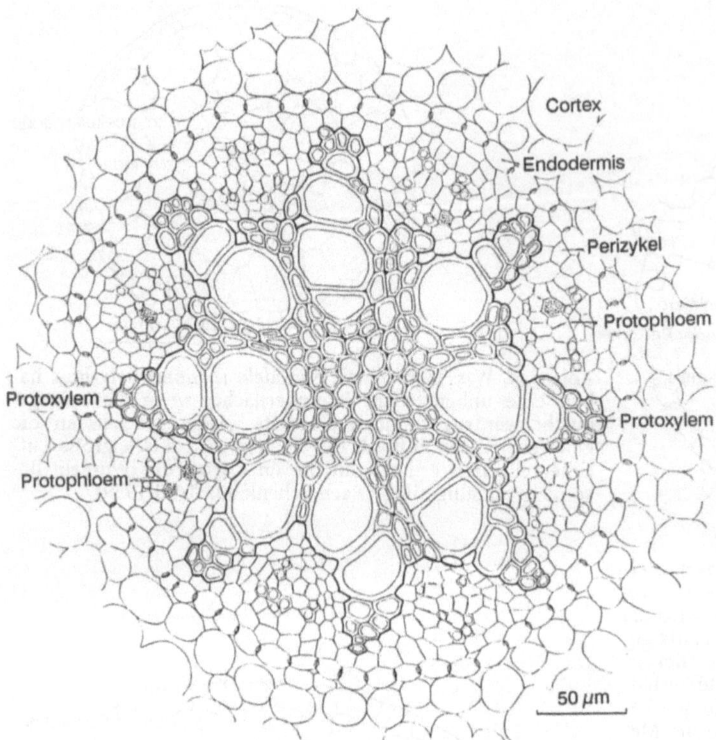

Abb. 1.37. Die primäre Endodermis trennt als physiologische Scheide den Zentralzylinder lückenlos vom Wurzelcortex. Bei monocotylen Sumpfpflanzen (*Acorus calamus*) wird damit auch das corticale Intercellularensystem vom Zentralzylinder abgetrennt

der Wurzel zusammen, das für die Wasseraufnahme nicht geeignet ist.

Bei den Adventivwurzeln der Maispflanze tritt eine Folge funktionsbedingter Strukturänderungen ein. Solange sie den Erdboden noch nicht berührt haben, bleibt die Primär-endodermis unverändert. Erst wenn die Wurzeln in den Boden eingedrungen sind, geht die Endodermis der in der Luft verbliebenen Stelzwurzeln in den Tertiärzustand über; dann ist eine verholzte Endodermis nachweisbar.

Ein ähnlicher Fall von Strukturveränderung ist bei Luftwurzeln zu beobachten (*Ficus, Cissus, Monstera*). Solange diese den Erdboden noch nicht erreicht haben beziehen sie ihr Wasser vom Stamm der Pflanze. Diese Wasserversorgung von oben würde bei einer Endodermis mit sekundär oder tertiär verdickten Wänden unkontrolliert ablaufen, weil die Endodermiszellen tot sind; oder sie würde kaum effizient sein, wenn die Zellwände stark verdickt sind.

Ein indirekter Beweis einer solchen Kontrollfunktion der lebenden, primären Endodermis ergibt sich daraus, daß die wachsende *Monstera*-Luftwurzel über ihre gesamte Länge von vier und mehr Metern ausschließlich primäre Endodermisstruktur besitzt. Die Radialwände der Endodermis, ausgenommen der Caspary-Streifen, geben auch in den älteren Wurzelabschnitten positive Peroxidasereaktion (Van Fleet 1959) (Abb. 1.39), bleiben jedoch unverholzt (Eschrich 1983).

Diese Wasserbewegung von innen nach außen könnte auch bei anderen Pflanzen auftreten, solange die primäre Endodermis intakt ist. Damit würde in trockenem Boden ein „Ausfließen“ von Wasser gehemmt werden.

Auffällig, jedoch in ihrer Bedeutung noch unbekannt, sind die Stab- oder Faserkörper (Abb. 1.40) der Velamenwurzeln epiphytischer Orchideen. Sie liegen im inneren Cortex gegenüber besonders kleinen, dünnwandigen Endodermiszellen (Durchlaßzellen?) (Meineke 1894).

Bei Pflanzen mit sekundärem Dickenwachstum existiert die primäre Endodermis mit Caspary-Streifen nur solange, wie Wasser und Mi-

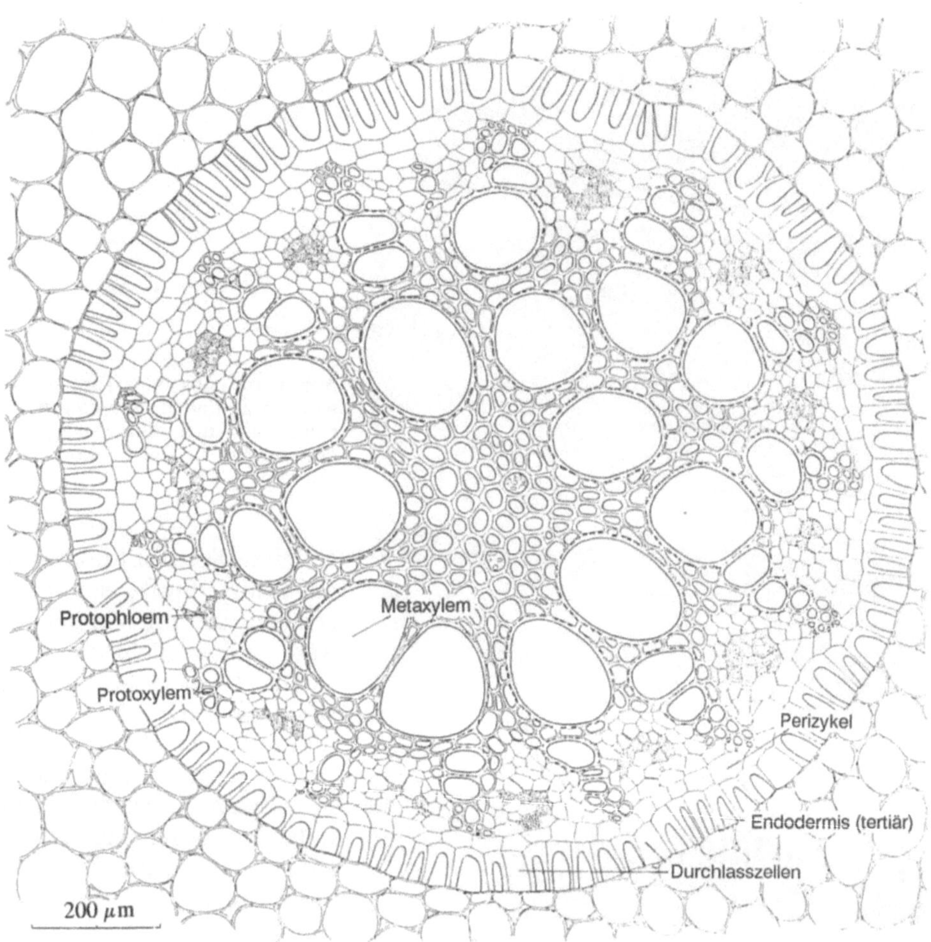

Abb. 1.38. Oberhalb des Wurzelabschnitts, der zur Wasseraufnahme dient, ist die Endodermis der Monocotylenwurzel sekundär und tertiär verdickt. Bei *Iris germanica*, wie bei vielen anderen Arten bleibt die äußere Tangentialwand der Endodermis unverdickt; es entstehen Zellen, deren Wände je nach Füllung des Zellumens seitlich auseinander oder zueinander bewegt werden können; dadurch sind es mechanische Bauelemente geworden. Die Durchlaßzellen verharren im Zustand der primären Endodermis

neralstoffe aufgenommen werden. Sobald sekundäres Gewebe eine Dilatation des frischen Wurzelbastes verursacht, wird der Cortex verdrängt, wobei auch die Endodermis verdrängt und funktionslos wird. Meist ist aber vorher aus dem Perizykel ein Periderm entstanden, das Epidermis und Cortex in ihren Schutzfunktionen ersetzt.

Eine gleiche Entwicklung tritt auch bei den Seitenwurzeln ein, denn diese verfügen zuerst über eine Primärwurzel-Struktur, also auch eine primäre Endodermis (Abb. 1.56).

Ausnahmsweise kann auch bei Dicotylen eine sekundäre Wurzelendodermis mit eingelagerter Suberinlamelle auftreten, wenn nämlich bei geringem sekundären Dickenwachstum der Cortex funktionsfähig bleibt (*Helleborus niger, Vincetoxicum hirundinaria*) (Kroemer 1903/04).

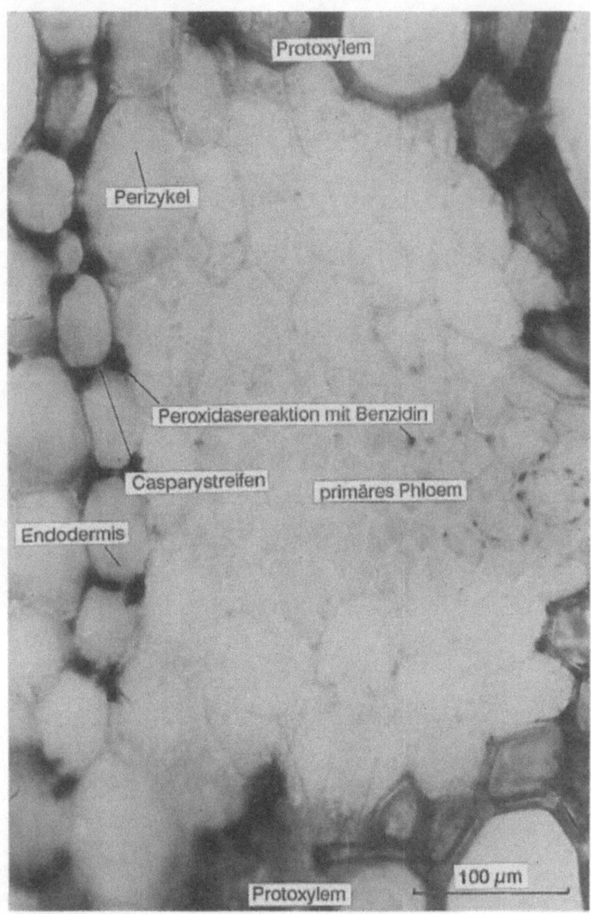

Abb. 1.39. Mit Benzidin und H_2O_2 läßt sich in den Radialwänden der Wurzelendodermis von Monocotylen (*Monstera deliciosa*) histochemisch Peroxidase nachweisen (Eschrich 1976). Im Caspary-Streifen selbst ist das Enzym nicht vorhanden. Auffallend ist, daß bei diesen mehrere Meter langen Luftwurzeln keine sekundären und tertiären Endodermiswände abgelagert werden. Funktionell läßt sich dieser Ausfall damit erklären, daß die Wurzel, solange sie in der Luft wächst, ihr gesamtes Wasser von der epiphytisch wachsenden Pflanze, also von oben erhält. Das Wasser muß also vom Zentralzylinder auch in den Cortex geleitet werden können

1.8 Kontrollfunktion der Primärendodermis

Die Funktion der primären Wurzelendodermis besteht darin, gelöste Stoffe zu zwingen, vor dem Eintritt in den Zentralzylinder eine Plasmamembran zu passieren.

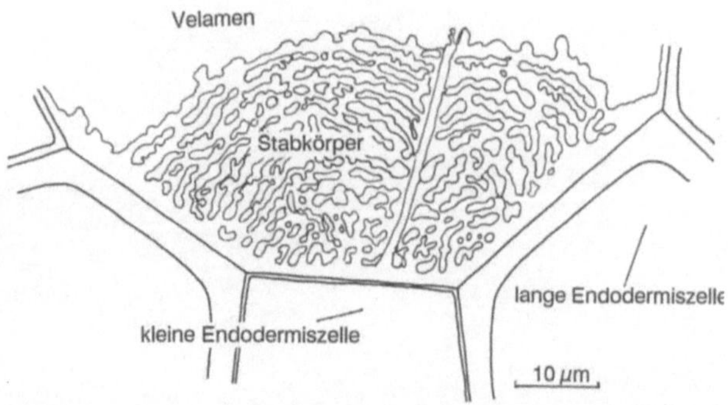

Abb. 1.40. Stab- oder Faserkörper sind bei Orchideen-luftwurzeln zu finden (*Sobralia macrantha*). Es sind Wandlabyrinthe, die einer dünnwandigen Endodermiszelle außen gegenüber liegen. Die Funktion dieser Körper ist unbekannt. (Meineke 1894)

Diese Kontrollfunktion bezieht sich nicht nur auf gelöste Stoffe, sondern auch auf reines Wasser, das die mit Caspary-Streifen ausgestatteten Radialwände nicht durchdringen kann.

Der Caspary-Streifen besteht aus submikroskopisch feinen Suberinlamellen (auch „Endoderminlamellen“ genannt), welche die Radialwände impermeabel machen. Mit der gleichen Einrichtung kann der Caspary-Streifen auch den unkontrollierten Austritt von Wasser und Lösungen aus dem Zentralzylinder unterbinden. Die Primärendodermis bietet die Grundlage für das Selektionsvermögen der Pflanze gegenüber der Bodenlösung. Nur solche Stoffe, die durch das Plasmalemma und Cytoplasma der Endodermiszellen transportiert werden, finden Eingang in oder Ausgang aus dem Zentralzylinder. Der Stoff-(Ionen-)Transport durch Cortex und Endodermis in den Zentralzylinder ist in der klassischen Arbeit von Ursprung u. Blum (1921) auf einen Gradienten des osmotischen Potentials zurückgeführt worden. Die plasmometrischen Messungen ergaben osmotische Potentiale von 71 kPa (entspricht 0,03 Mol) in der Epidermis und 304 kPa (entspricht 0,12 Mol) in der sechsten Cortexzellschicht. Die Endodermis zeigte einen osmotischen Wert von 172 kPa (entspricht 0,07 Mol) aber der Perizykel hatte nur 81 kPa (entspricht 0,03 Mol) (*Phaseolus vulgaris*). Dieser „Endodermissprung“ ist jedoch bisher kaum befriedigend gedeutet worden.

Beläßt man eine Primärwurzel für einige Zeit (ca. 30 Minuten) in verdünnter $FeSO_4$-Lösung, so kann man nach gründlichem Abspülen das eingedrungene Eisen mit rotem Blutlaugensalz $K_3[Fe(CN)_6]$ als Berliner Blau $K[Fe^{III}Fe^{II}(CN)_6]$ sichtbar machen (Ziegenspeck, 1921). Dabei hat es sich gezeigt, daß durch die intakte Endodermis keine Eisenionen eindringen.

In alkoholfixierten Präparaten erkennt man, daß das Cytoplasma der Endodermiszellen am Caspary-Streifen haften bleibt. Dies deutet auf eine enge Verbindung zwischen Plasmalemma und Zellwand hin, womit eine Lösungsbewegung zwischen der Oberfläche der Zellwand und dem Plasmalemma behindert wird.

Außerhalb der Primärendodermis können in der Absorptionszone der Wurzel die Zellwände des gesamten Wurzelcortex mit gelösten Stoffen der Bodenlösung durchtränkt werden, vorausgesetzt, die Stoffe sind so kleinmolekular, daß sie sich in den Intermicellarräumen der Zellwand bewegen können (Abb. 1.41).

In den von einer Primärendodermis umschlossenen Zentralzylinder können also nur solche Stoffe eindringen, die das Cytoplasma der Endodermiszellen passiert haben. Selbst wenn im Cytoplasma der Cortexzellen Stoffe der Bodenlösung akkumuliert oder verarbeitet werden, bleibt die Endkontrolle der Aufnahme in den Pflanzenkörper der Primärendodermis vorbehalten.

Obwohl Beweise fehlen, liegt es nahe, den Wurzelabschnitt, in dem die Primärendodermis

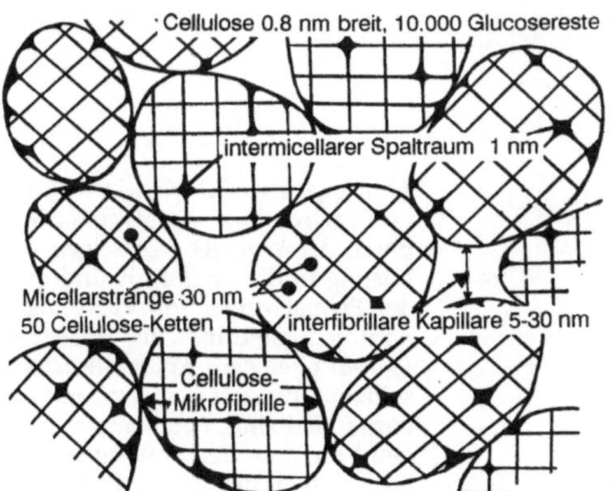

Abb. 1.41. Hohlräume und Kapillaren der Zellwände sind für den Wasserhub in der Pflanze von entscheidender Bedeutung. Ihr Durchmesser reicht von 1 nm (intermicellarer Spaltraum) bis zu 30 nm (interfibrillare Kapillare). (Frey-Wyssling 1976)

funktioniert, mit der Zone der Wasseraufnahme gleichzusetzen. Die Funktion des Caspary-Streifens als apoplastische Barriere kann sowohl für den EINSTROM des Wassers (Kontrolle durch das Cytoplasma der Endodermiszellen) als auch für den AUSSTROM (osmotische Bremse gegen ein Ausfließen des Wassers aus dem Zentralzylinder bei Bodentrockenheit) gesehen werden. Über die Orte der Stoffabgabe aus intakten Primärwurzeln ist – außer bei Mycorrhizen (Bauer et al.1991) – nichts berichtet worden.

Wasseraufnahme und Wasserabgabe werden osmotisch kontrolliert; sie sind von Membrantransportprozessen abhängig.

Ein Zusammenhang zwischen Wasseraufnahme und der wiederholt beobachteten Protonenextrusion (Abb. 7.1) an Wurzelspitzen (Weisenseel et al.1979; Marschner u. Römheld 1983) ist nicht festgestellt worden. Vorerst kann die Bedeutung dieser Erscheinung nur damit erklärt werden, daß die Ansäuerung der Rhizosphäre von der Pflanze „beabsichtigt" ist, vielleicht, weil sie den Aufschluß von Mineralstoffen fördert. Es konnte aber auch nachgewiesen werden, daß die entstehenden elektrischen Felder Mikroorganismen des Bodens anlocken (Morris et al. 1992).

Es gibt Hinweise, daß auch organische Verbindungen (manche Aminosäuren) aus der Bodenlösung in den Wurzelcortex aufgenommen werden können (Abb. 1.42), andere Stoffe (Saccharose) dagegen nicht (Schella 1995). Dies zwingt zur Annahme, daß spezifische Membrantransportproteine vorhanden sind oder bei Bedarf gebildet werden. Ein Saccharose- Protonen-Cotransport zur Aufnahme der elektrisch neutralen Saccharose scheint jedoch in der Primärwurzel nicht zu existieren.

Für den Wasser- und Stofftransport in der Wurzel stehen zwei Wege zur Verfügung, der symplastische und der apoplastische (Abb. 5.27 A,B).

Diese Transportwege sind jedoch nur in der Primärwurzel sinnvoll nutzbar, denn bei Dicotylen und Gymnospermen tritt der Cortex proximal zur Absorptionszone außer Funktion, und bei den Monocotylen wird an dieser Stelle der Weg in den Zentralzylinder durch sekundäre oder tertiäre Veränderungen in der Endodermis behindert.

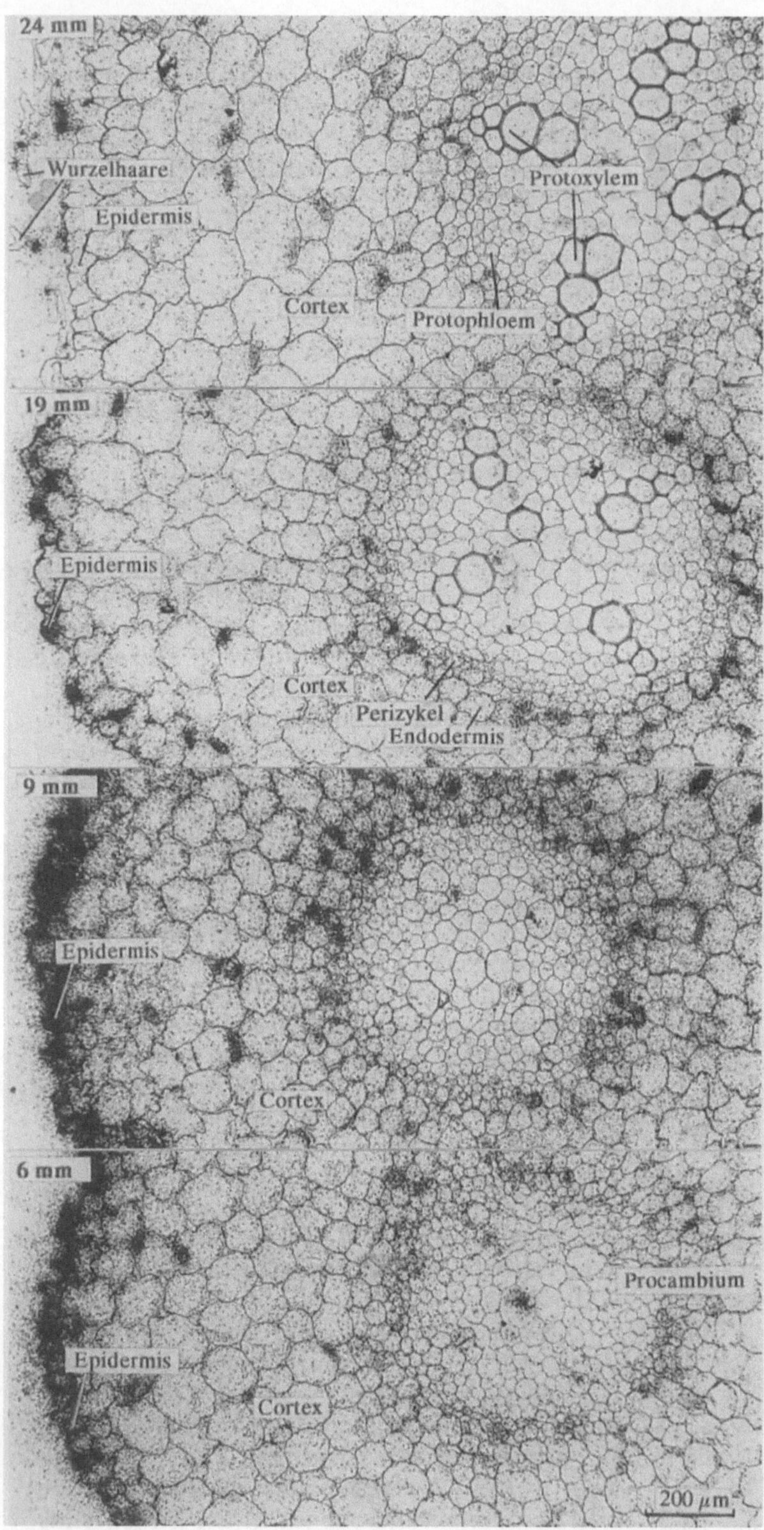

Abb. 1.42. Die ^{14}C-markierte Aminosäure Lysin wird – wie die Mikroautoradiographien der Wurzelspitze zeigen – aus einer Lösung in die Epidermis und den Cortex der Primärwurzel von *Vicia faba* aufgenommen, allerdings nur im Bereich bis zu 19 mm über dem Apikalmeristem. Wurzelhaare, die erst weiter oben (24 mm) vorhanden sind, beteiligen sich anscheinend nicht an der Aufnahme organischer Stoffe. Noch bevor eine Endodermis zu erkennen ist (9 mm), scheint bereits ein Aufnahme-„Zaun" um den Zentralzylinder vorhanden zu sein. Von etlichen geprüften organischen Substanzen fanden nur wenige Eingang in die Primärwurzel. (Schella 1995)

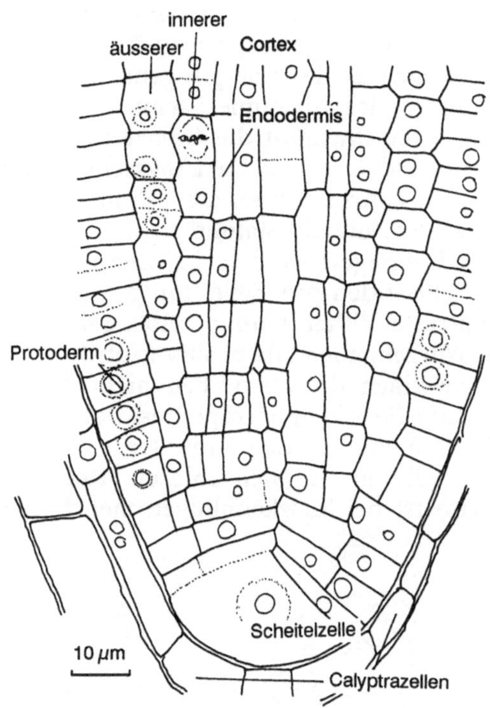

Abb. 1.43. Bei Farnpflanzen (*Azolla pinnata*) entstehen auch die Calyptrazellen aus der Scheitelzelle, sie werden jedoch bald dickwandig und unterscheiden sich dadurch von den Zellen der primären Wurzelmeristeme. (Mager 1932)

Aus diesen anatomischen Gegebenheiten ist zu folgern, daß der Wasser-, Ionen- und Stofftransport in den Zentralzylinder auch bei Monocotylen nur im Aufnahme-bereich durchgeführt wird.

Damit ist festgelegt, daß Wasser- und Stoffaufnahme bei allen Landpflanzen nur im Bereich der Absorptionszone der Primärwurzel möglich ist.

1.9 Wurzelentwicklung

Wurzel- und Sproßentwicklung sind funktionell für die Pflanze die wichtigsten Prozesse. Die Wurzel tritt während ihres Wachstums kontinuierlich in eine kurze Phase, die für die gesamte Wasser- und Mineralstoffversorgung der Pflanze entscheidend ist: Die Phase der absorbierenden Primärwurzel[2].

Bei der Keimung erscheint die Wurzel immer als erstes Organ einer Pflanze. Ihre Wurzelhaube (Calyptra) ist, wie auch bei den später entstehenden Seiten- und Adventivwurzeln, als Schutzkappe für das Spitzen-(Apikal-)meristem zu verstehen. Die Calyptrazellen, die während des Wurzelwachstums im Boden abgestreift werden, regenerieren sich kontinuierlich aus dem Calyptrogen. Bei Pteridophyten-Wurzeln mit vierschneidiger Scheitelzelle entsteht die Calyptra aus den distalen Scheitelzellsegmenten (Gifford 1983) (Abb. 1.43).

Die Abgrenzung des Calyptrogens und der Calyptra von den übrigen Wurzelgeweben ist bei vielen Monocotylen eindeutig und klar zu

[2] Der Begriff Primärwurzel läßt die Existenz von Sekundär- und Tertiärwurzeln erwarten. Dies sind jedoch morphologische Begriffe. In der Anatomie ist jede Wurzelspitze Primärwurzel. Sekundär- und Tertiär- beziehen sich allein auf die Struktur der Wurzelendodermis. Außer der Primärwurzel gibt es nur noch die sich sekundär verdickende Wurzel der Gymnospermen und Dicotyledonen.

EXKURS 2: Epidermisaußenwand

Ontogenetisch geht die Außenwand der Epidermis einer Pflanze auf die Eizellwand zurück. Bei der Embryonal-entwicklung entsteht durch das Abreißen des Suspensors und später vor allem durch das Ablösen von Calyptrazellen ein „Loch" in der ursprünglichen Eizellwand. Das Protoderm der Wurzel teilt sich nicht nur antiklin sondern gegen die Calyptra hin auch periklin. Somit ist die Außenwand der Wurzelepidermis eine Teilungswand wie alle anderen Zellwände und nicht eine Dehnungswand wie bei der Epidermis der oberirdischen Pflanzenorgane. Offenbar ist nur die Dehnungswand für die Ausbildung einer Cuticula vorgesehen, denn diese fehlt bei der Wurzelepidermis (Abb. 1.46).

Wird intercalar eine neue Epidermis gebildet (Abb. 6.27), so tritt damit eine weitere Lücke in der embryonalen Dehnungswand auf.

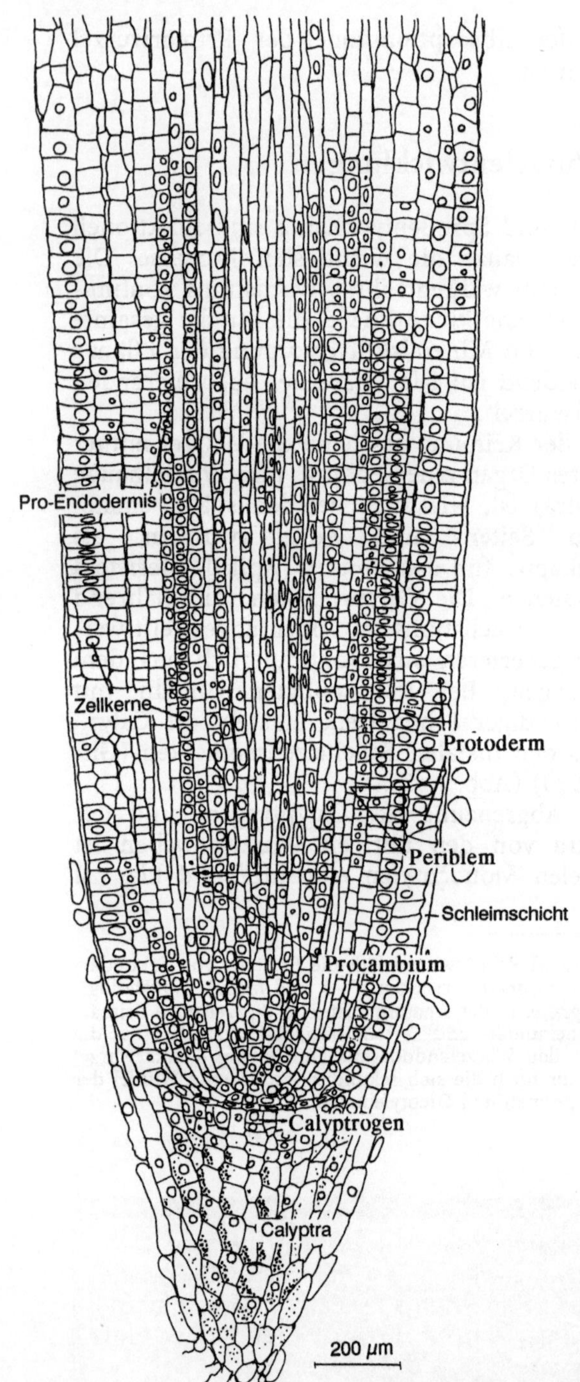

Abb. 1.44. Dieser Längsschnitt durch eine Weizenwurzel (*Triticum aestivum*) wurde nach einer Photographie von E.P. Eleftheriou, Tessaloniki, gezeichnet. Die Abgrenzung der Calyptra vom übrigen Apikalmeristem ist klar zu erkennen. Zellkerne sind nur dort eingezeichnet, wo sie im Schnitt deutlich zu erkennen waren. Vertikalreihen von Zellen mit gleichartig geringer Zell- und Kerngröße sind vermutlich aus einer einzigen Periblemzelle entstanden. Teilungsaktive Zellreihen dieser Art sind mosaikartig verteilt

erkennen (Abb. 1.44) (*Triticum aestivum*). Bei Dicotylen und Gymnospermen ist eine eindeutige Abgrenzung des Calyptrogens von den übrigen Teilen des Apikalmeristems nicht möglich, deshalb verschwimmt die Grenze zwischen Protoderm und Calyptra im Längsschnitt. Bei den meisten Pflanzen führen die Calyptrazellen Stärkeplastiden, die als Statolithen dem Schwerereiz folgend verlagert werden, bei *Zea mays* sind es ca. 20 Plastiden pro Zelle. Einigen Arten fehlen Calyptrastatolithen (*Allium*, Abb. 1.45), doch da ihre Wurzeln ebenfalls positiv geotropisch wachsen, scheinen die Statolithen nicht das einzige Regulativ für die gravitrope Reaktion zu sein.

Die äußeren Calyptrazellen verschleimen meist während sie sich ablösen. Der Calyptraschleim ist bei Maiskeimlingen mehrfach analy-

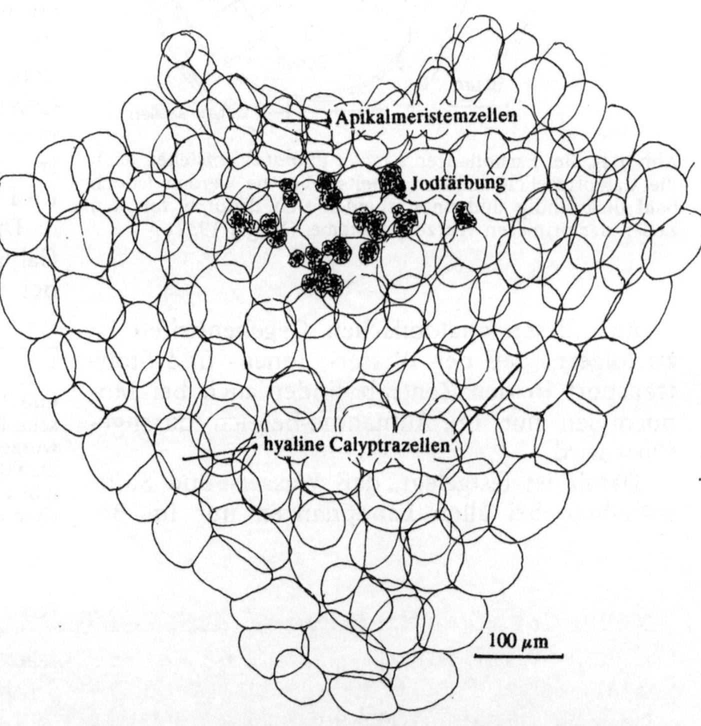

Abb. 1.45. In den Wurzelhaubenzellen von *Allium cepa* (Liliaceae) fehlen Stärkestatolithen. Mit Jodlösung färben sich wenige, unregelmäßig geformte Körper magentarot: sie zeigen keine gravitropische Verlagerung. Möglicherweise handelt es sich um Reste (Amylopektin ?) embryonaler Stärke

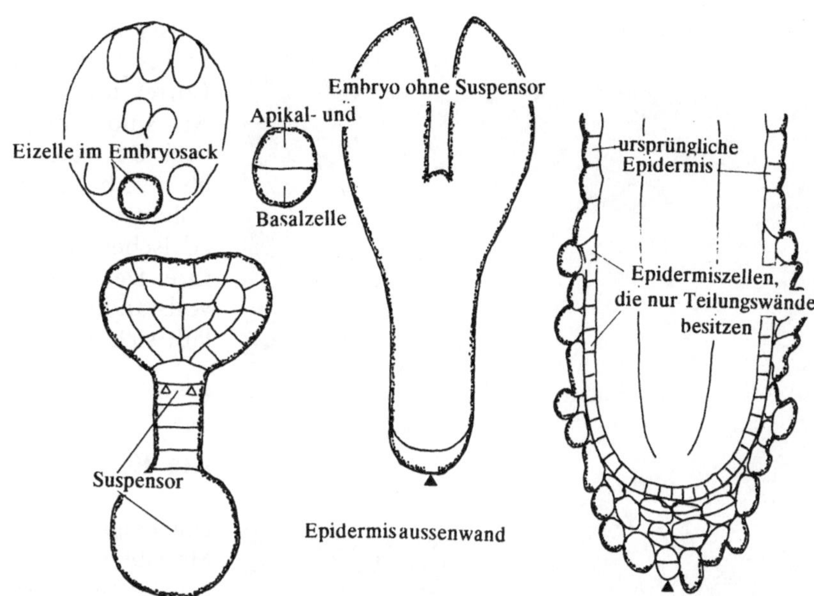

Abb. 1.46. Illustration der Dehnung der Epidermis-aussenwand. Beim Abreißen des Suspensors reißt die embryonale Epidermisaußenwand auf, und durch das Wachstum der Wurzelspitze werden auch diejenigen Calyptrazellen, an denen noch Reste der embryonalen Epidermis haften, nach und nach abgestoßen. Die neue, aus dem Protoderm hervorgehende Epidermis der Wurzelspitze besitzt Außenwände, die Teilungswände sind

siert worden. Er besteht im wesentlichen aus (sauren) Kohlenhydraten, die nach Hydrolyse wechselnde Mengen von Uronsäuren (Glucuronsäure, Galakturonsäure), Galaktose, Glucose, Mannose, Fucose (bis zu 33%), Rhamnose, Arabinose, Xylose und Fructose lieferten (Barlow 1975).

An die Stelle der verschleimenden Zellen treten die weiter innen liegenden Calyptrazellen. In den abgelösten Calyptrazellen finden sich gelegentlich noch Statolithen.

1.10 Apikalmeristem der Wurzelspitze

Die kontinuierliche Ergänzung der Calyptrazellen durch das intercalare Calyptrogen entspricht einer Sproßung oder Strobilation wie sie von Füllzellen der Lenticellen oder von Pilzkonidien her bekannt ist.

Der eigentliche Wurzelkörper entsteht durch Zellteilungen im Apikalmeristem, das nur bei Monocotylenwurzeln klar abgegrenzt ist (Abb. 1.44).

Ergänzend vorgeschlagene Bezeichnungen, wie Dermocalyptrogen und Transversalmeristem sind topographische Begriffe, sie sind funktionell ohne Bedeutung.

Die Derivate der Initialen des Apikalmeristems liefern die primären Meristeme: Protoderm, Periblem (Grundmeristem) und Procambium. Im zentral liegenden Procambium befindet sich das ruhende Zentrum (*quiescent center*, Clowes 1954) in dem nur selten Zellteilungen zu beobachten sind. ^{3}H-markiertes Thymidin wird dort nicht in die DNA der Zellkerne eingebaut (Abb. 1.47). Es wird vermutet, daß dort der Mitosezyklus gegenüber der DNA-Synthesephase (S-Phase) verschoben ist.

Der Ausdruck „Apikalmeristem" bezieht sich auf die Arbeitsweise des Meristems. Apikalmeristeme treten auch bei Sprossen, Blatt- und Blütenanlagen auf. Topographisch ist das Apikalmeristem der Wurzel die Wurzelspitze und dasjenige des Sprosses die Sproßspitze. Diese Bezeichnung ersetzt Ausdrücke wie Vegetationskegel, Vegetationsspitze, Vegetationspunkt.

1.11 Primäre Wurzelmeristeme

Beim Übergang der Derivate des Apikalmeristems in die primären Wurzelmeristeme Protoderm, Periblem und Procambium tritt eine Differenzierung ein. Aus elektronenmikroskopischen Untersuchungen geht hervor, daß in diesen Meristemzellen alle Organellen stoffwechsel-

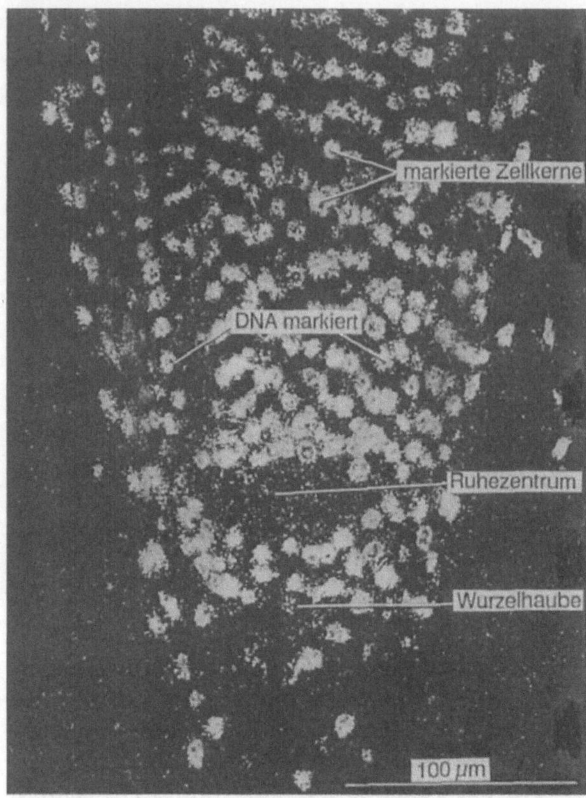

Abb. 1.47. Dieses Negativ einer Mikroautoradiographie zeigt, dass sich das Ruhezentrum mitten im aktiv wachsenden Apikalmeristem der *Sinapis*-Wurzel befindet. Das Fehlen radioaktiv markierter Zellkerne zeigt dort an, daß nach der 48 h-langen Inkubation mit ^{3}H-markiertem Thymidin in den Zellkernen des Ruhezentrums keine DNA-Synthese stattgefunden hat. (Clowes u. Juniper 1968)

aktiver Zellen vertreten sind. Zusätzlich treten Amyloplasten mit Stärke und Cytoplasmavesikel (Golgi-Vesikel) mit färbbarem Inhalt auf (Abb. 1.48) (Kiss et al. 1990).

Von allen primären Meristemen führt das Protoderm ausschließlich antikline Teilungen durch, Periblem und Procambium können sich auch periklin teilen, womit erreicht wird, daß die Wurzel dicker wird (primäres Dickenwachstum, radiale Erweiterung).

Die Histologie der Wurzel wird gewöhnlich anhand eines medianen Längsschnitts beschrieben (Abb. 1.44). Die mediane Lage ist am sichersten bei Wurzeln mit Scheitelzelle (Pteridophyten) zu beurteilen (Abb. 1.43). Die Scheitelzellsegmente teilen sich weiter und tragen zur Bildung aller drei Wurzelteile bei, Epidermis, Cortex und Zentralzylinder. Scheitelzellen dieser Art sind vierschneidig. Sie teilen nacheinander drei Derivate proximal zum Wurzelkörper hin ab und beliefern mit einem vierten Segment die Calyptra. Die Scheitelzelle selbst ist von tetraedrischer Gestalt. Weder die Scheitelzelle, noch ihre Derivate sind im medianen Längsschnitt vollständig sichtbar. Die räumliche Anordnung läßt sich aus Schnittserien rekonstruieren.

1.12 Koordiniertes Wurzelwachstum

Die Folge von Zellteilung und Zellstreckung im Meristem führt bei allen Primärwurzeln zu gleichartigem Aufbau.

Versieht man eine junge Wurzel mit einer Millimetereinteilung, so kann man am nächsten Tag sehen, wo sich die Wurzel gestreckt hat (Abb. 1.49). Im mikroskopischen Längsschnitt der Wurzelspitze (Abb. 1.44) ist zu erkennen, daß die drei primären Meristeme ihre eigenen Teilungs- und Streckungs-Rhythmen haben. Die Folge von Meristemzellteilung und -streckung kann sehr rasch ablaufen. Oft werden die gemeinsamen Teilungswände zwischen Schwesterzellen zunächst nur aus Callose angefertigt, die dann nach der Zellstreckung durch Cellulose ersetzt wird (Abb 1.50) (Waterkeyn 1967).

In den Grenzschichten Protoderm/Periblem sowie Endodermis/Perizykel unterscheidet sich die Rhythmik von Teilung und Streckung. Es ist, als könnten in einem fertigen Haus nachträglich manche Räume vergrößert werden, ohne das Haus zum bersten zu bringen. Ein Aufreißen, Schrumpfen oder Aneinander-vorbei-Gleiten der Zellwände ist nicht zu beobachten. Die Zellen wachsen intrusiv und konzertiert, so wie in einem zähen Marmorkuchenteig die gelben und braunen Massen aneinander haften bleiben und sich nur unterschiedlich stark dehnen, wenn der Teig gerührt wird (Abb. 1.51).

Intercellularräume scheinen dort zu entstehen, wo Gewebs- spannungen auftreten. Dies könnte der Grund für das verbreitete Auftreten von Intercellularen im distalen Wurzelcortex sein (Abb. 1.35, 1.36).

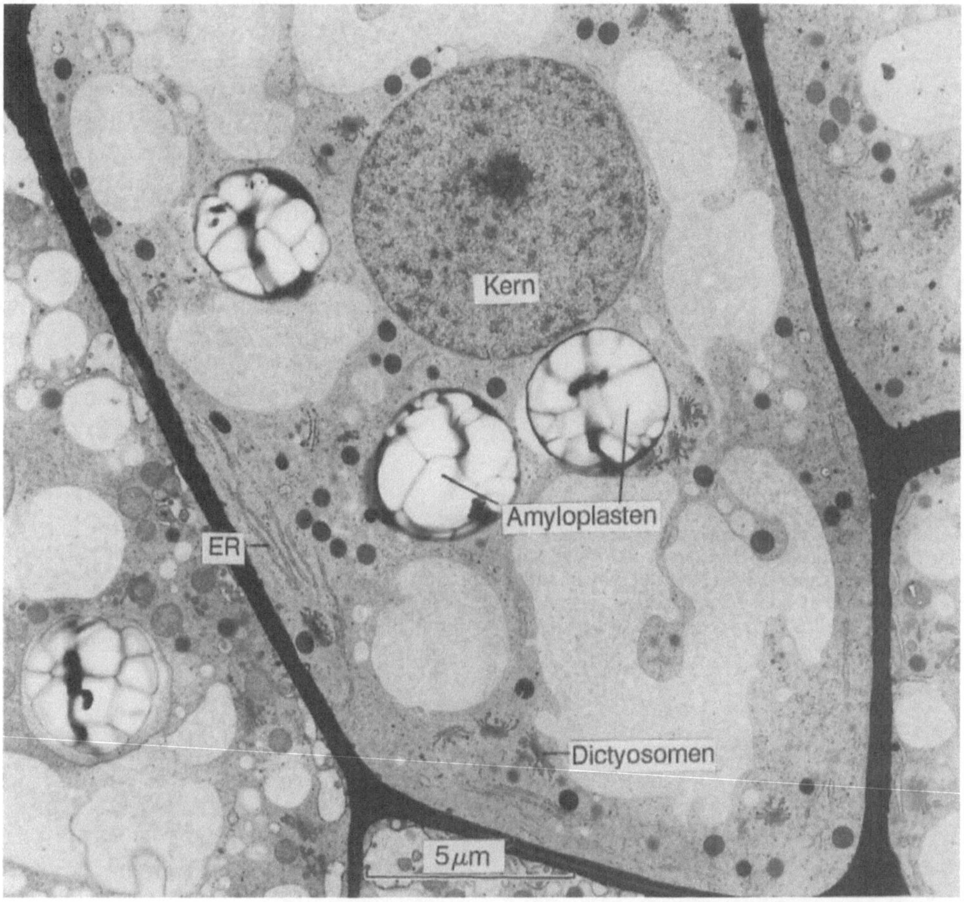

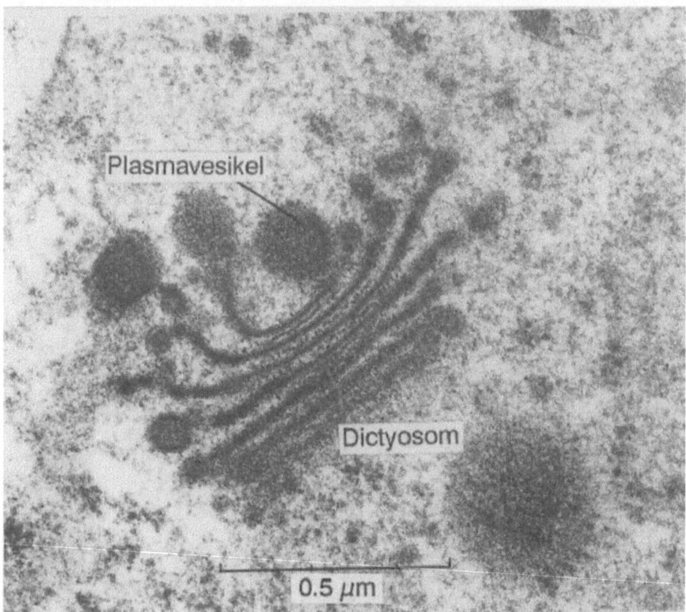

Abb. 1.48. Das Apikalmeristem der *Nicotiana*-Wurzelspitze ist cytologisch für Synthesefunktionen ausgerüstet. Die zahlreichen Plasmavesikel, die von Dictyosomen abstammen, gelten als Zeichen für aktives Zellwandwachstum. Trotz des ständigen Verbrauchs von Kohlenhydraten für das Wachstum treten viele gefüllte Amyloplasten auf. (Kiss et al. 1990)

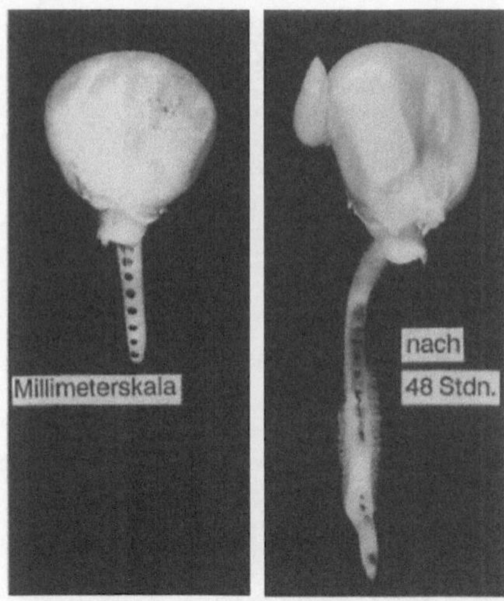

Abb 1.49. Das Streckungswachstum der Keimwurzel (*Zea mays*) tritt zwischen der Spitze, in der die Zellteilungen stattfinden, und dem Niveau, in dem sich die Wurzelhaare differenzieren, auf. Die mit Stempelfarbe aufgedrückten Millimetermarken rücken hauptsächlich zwischen der 2., 3. und 4. distalen Millimetermarke durch Streckungswachstum auseinander

Auffällige Intrusionen treten im Zentralzylinder auf, da bestimmte Procambiumzellen, die späteren Sieb- und Gefäßelemente, länger werden und zum Teil auch früher ausgewachsen sind als diejenigen, aus denen sich die umgebenden Parenchymzellen entwickeln. Eine Auflösung oder Neubildung von Plasmodesmenverbindungen in der Streckungszone der Primärwurzel ist nicht beobachtet worden. Die bei der Teilungswand angelegten Cytoplasmabrücken (primäre Tüpfelfelder, Einzelplasmodesmen) bleiben hüben wie drüben intakt, beide Primärwände werden einheitlich (konzertiert) gestreckt. Die molekularen Vorgänge bei der Primärwandstreckung sind nur fragmentarisch bekannt. Die Struktur der Primärwand läßt sich abstrakt (Abb. 1.52) und phantasievoll (Abb. 1.53) darstellen, ist aber in jedem Fall hypothetisch. Da Hormone (Auxin) bei der Zellstrekkung aktiv beteiligt sind, könnten sie eine Synthese oder Aktivierung extracellularer Cellulasen (Glucanasen) auslösen. Hemicelluloseketten, die

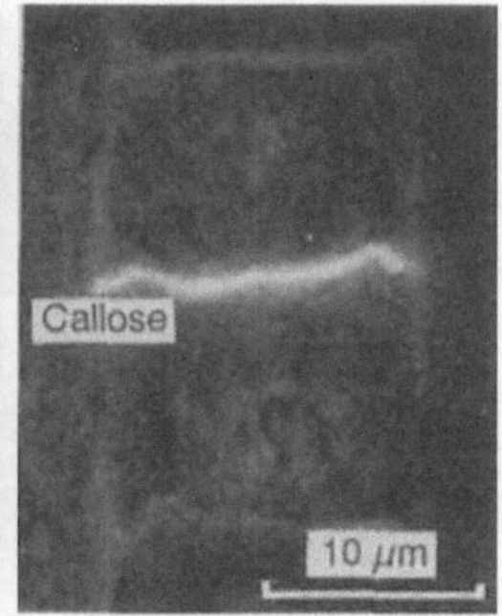

Abb. 1.50. Bei den rasch aufeinander folgenden Zellteilungen in der Wurzelspitze (*Hyacinthus orientalis*) werden die Primordialwände im Zellplattenstadium mit einem calloseähnlichen Polysaccharid gefestigt, das bald wieder aufgelöst wird. Da Callose außerhalb des Plasmalemmas abgelagert wird, scheint bereits im Zellplattenstadium eine Aufteilung in Symplast und Apoplast vorzuliegen. (Waterkeyn 1967)

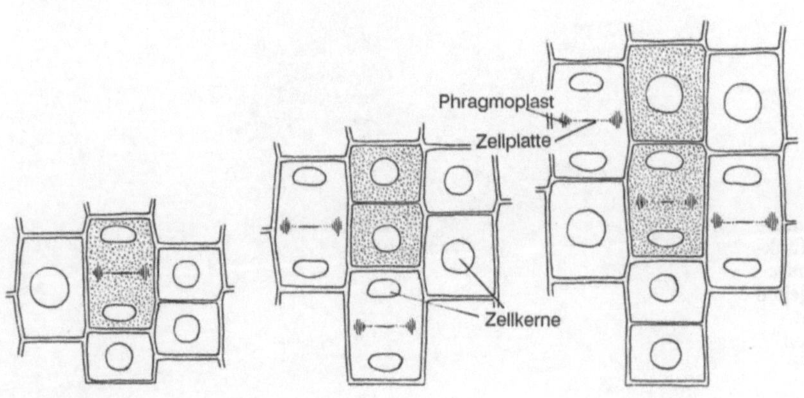

Abb. 1.51. Schematische, zweidimensionale Darstellung des konzertierten Wachstums. Zellteilungen und Wandstreckung sind so abgeglichen, daß keine Risse auftreten

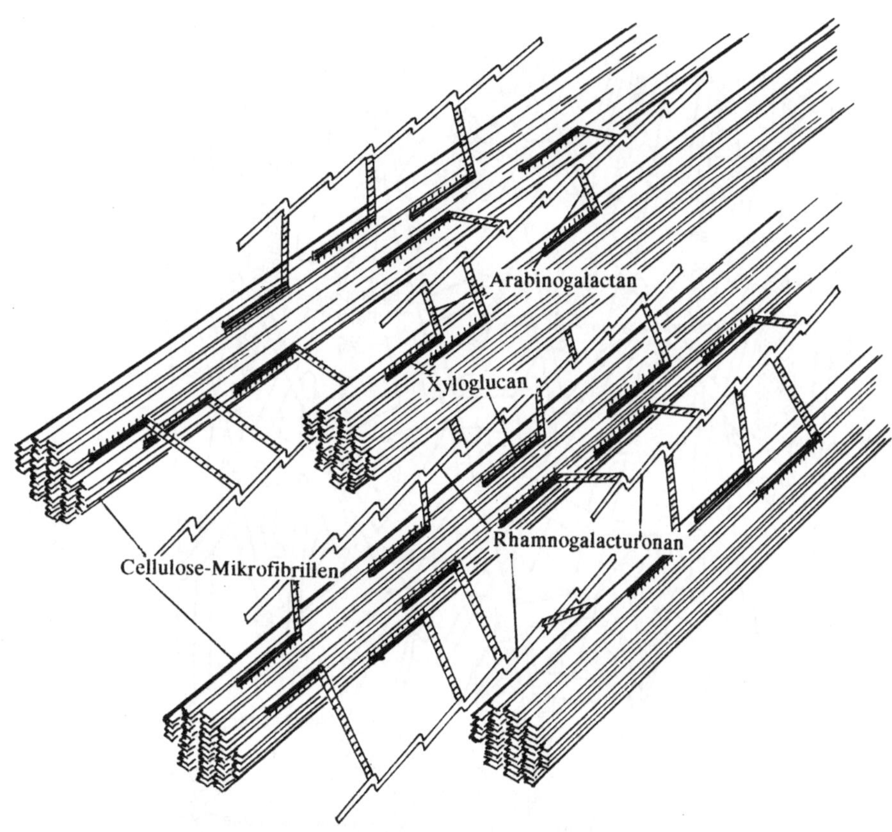

Abb. 1.52. Die Primärwand besteht aus Cellulose-mikrofibrillen, daran haftenden Xyloglucanketten, die mit Arabinogalactanketten an Rhamnogalacturonanketten (Pektinsäure) befestigt sind. (Nach Albersheim, aus Strasburger 1991)

benachbarte Cellulosefibrillen verbinden, werden dabei aufgelöst, womit die Streckung eingeleitet wird (Fry 1989).

Über intrusives und konzertiertes Wachstum wird noch beim Cambium, also bei der Differenzierung sekundärer Leitgewebe zu berichten sein.

Das primäre Dickenwachstum (radiale Erweiterung) ist bei der *Nicotiana*-Wurzel 0,26 mm, bei der *Allium*-Wurzel 0,8 mm hinter dem Apikalmeristem abgeschlossen. Die Zellstreckung ist bei der *Nicotiana*-Wurzel 0,58 mm, bei der *Allium*-Wurzel 2,0 mm hinter dem Apikalmeristem abgeschlossen (Esau 1969 a).

Im Zentralzylinder setzt intensives Teilungswachstum erst ein, wenn das Periblem bereits zur Streckung übergegangen ist (Jensen u. Kavaljian 1958). Etwa im Bereich der Wurzelhaare sind die Protoxylemelemente so stark gestreckt worden, daß sie für die Wasserleitung nicht mehr verwendbar sind; sie werden durch Metaxylem ersetzt.

Die Phloementwicklung zeigt dagegen einen abweichenden Rhythmus. Protophloem ist als erstes Leitgewebe ausdifferenziert, etwa 500 bis 1500 mm hinter dem Apikalmeristem (Torrey 1953).

Damit ist aber die Gewebedifferenzierung nur unvollständig durchgeführt. Bei Maiswurzeln wurden weit hinter dem Apikalmeristem Metaxylemgefäße mit noch nicht aufgelösten Querwänden gefunden. Die Gefäßelemente lebten, hatten Vacuolen und konnten Ionen speichern, z.B. Kalium, 150 bis 400 mM. Später, im Wasser der geöffneten, nun toten Gefäße, waren nur noch 5 bis 25 mM Kalium vorhanden (McCully et al. 1987).

Anatomisch auffällig ist die Verzögerung der Differenzierung von Metaxylemelementen in der Luftwurzel-spitze von *Monstera deliciosa*. Die sehr schnell wachsende Wurzel (2,4 cm in einer Nacht) hatte in 5,5 cm Abstand vom Apikalmeristem noch unvollständig differenzierte Metaxylemelemente (Abb. 1.54).

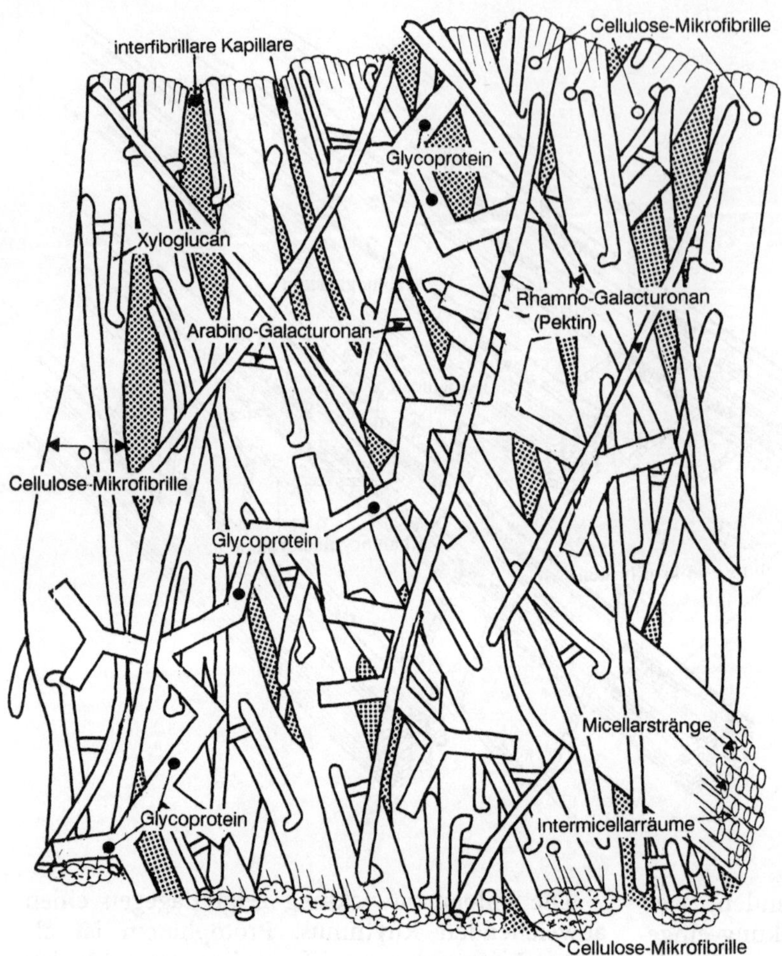

Abb. 1.53. Eine andere Vorstellung, wie die Primärwand strukturiert sein könnte: Die zusätzlich eingezeichneten Glycoproteinketten stellen Zellwandgebundene Enzyme dar

Bei der Maiswurzel teilen sich einzelne Zellen des Periblems etwa 15mal quer, bevor nur noch Zellstreckung auftritt. Die Procambiumzellen vermehren sich jedoch nicht häufiger als 4mal, bevor nur noch Zellstreckung folgt.

Die axiale Länge eines Wurzelelementes wird offenbar durch die Teilungsfrequenz der Meristemzellen bestimmt. Oft kann man in Längsschnitten von Wurzelspitzen Serien von gleichgroßen Zellen finden, die noch kein Streckungswachstum begonnen haben; es sind anscheinend Derivate einer einzelnen Meristemzelle (Abb. 1.44).

Für das Wachstum der Wurzelspitze werden Kohlenhydrate und Aminosäuren als Baustoffe verwendet, die aus Speichergeweben (Cotyledonen, Endosperm) oder grünen Blättern stammen und in den Siebröhren oder Siebzellen bis zur Wurzelspitze transportiert werden.

Abb. 1.55 zeigt, daß ^{14}C-markierte Photoassimilate der Primärblätter eines Kiefernkeimlings in die Primärwurzel gewandert sind und im Bereich der frühen Wurzelhaar-Differenzierung aus dem Protophloem entladen wurden. Diese Photoassimilate sind in das Periblem (Cortex) transportiert und vorzugsweise in den Spitzen der wachsenden Wurzelhaare deponiert worden (Bauer et al. 1991).

1.13 Dynamik des Primärwurzelwachstums

Durch das Spitzenwachstum wird die primäre Absorptionswurzel ständig verändert. Sind Teilung und Streckung der Meristemzellen beendet,

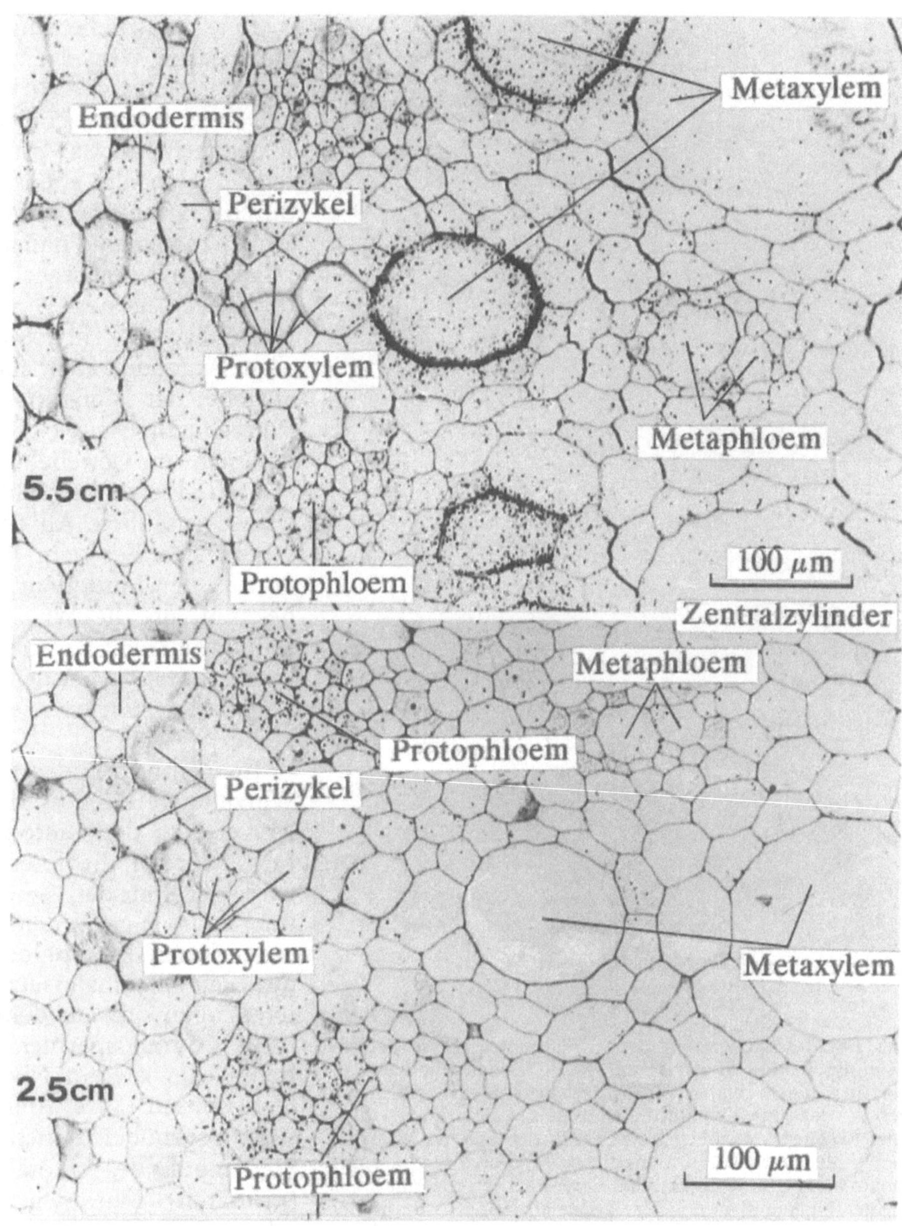

Abb. 1.54. ^{14}C-markierte Assimilate werden bei *Monstera deliciosa* (Araceae) aus dem reifen Blatt bis in die wachsende Spitze der Luftwurzel transportiert. 5,5 cm oberhalb der Wurzelspitze sind die Siebröhren nahezu vollständig entladen; das radioaktive Material ist dort hauptsächlich zur Sekundärwandbildung bei jungen Metaxylemgefäßen verwendet worden. 2,5 cm oberhalb der Wurzelspitze sind radioaktive Blattassimilate nur im Protophloem zu finden; die Synthese von Sekundärwandmaterial hat hier noch nicht begonnen. Mikroautoradiographien. (Eschrich 1983)

so entwickeln sich Wurzelhaare. Mit diesen beginnt die wasserabsorbierende Funktion dieses Wurzelabschnitts.

Die Wurzelhaare wachsen in den umgebenden Boden, anscheinend durch Bodenfeuchte gelenkt. Meist verkleben die Haarspitzen mit Bodenpartikeln und es kommt zu Deformationen der Haarspitze. Da das Spitzenwachstum der Wurzel anhält, reißen die Haare ab, werden aber durch neue ersetzt. Es ist nicht bekannt, ob das Spitzenwachstum durch die Wasser/Ionen-Ausbeute der Wurzelhaare geregelt wird. Wenn sie in feuchter Luft gehalten werden, wachsen die Wurzeln rascher als im Boden. Der vollkommene Stillstand der Wurzelverlängerung nach Ectomycorrhizabildung weist darauf hin, daß die Wachstumsdynamik der Primärwurzel durch Faktoren noch unbekannter Art beeinflußt wird.

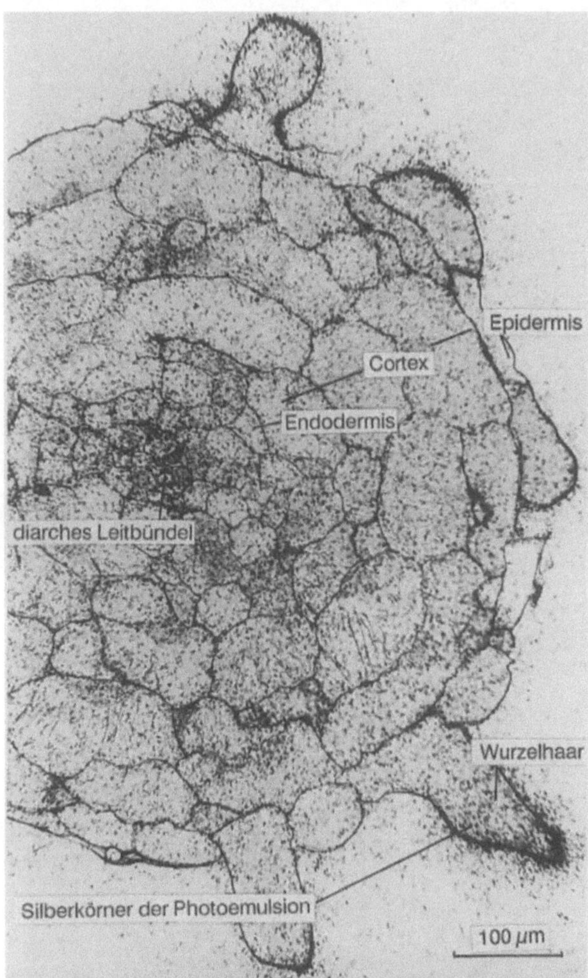

Abb. 1.55. Nach Begasung der Primärblätter eines Kiefernkeimlings (*Pinus sylvestris*) mit $^{14}CO_2$ werden Photoassimilate im Phloem bis in die Wurzelspitze transportiert. Sie werden dort ins Cytoplasma und in die Zellwände eingebaut; besonders reichlich treten sie in den Spitzen wachsender Wurzelhaare auf. Da in dieser Mikroautoradiographie auch die lösliche Radioaktivität dargestellt ist, die eine hohe Dichte zeigt, muß in den Haarzellen ein hohes osmotisches Potential vorliegen. Es erscheint plausibel, daß ein solches osmotisches Potential in erheblichem Maße an der Wasseraufnahme beteiligt ist. (Bauer et al. 1991)

Mit dem Absterben der Wurzelhaare ist die absorbierende Funktion der Primärwurzel beendet. Das Streckungswachstum in Cortex und Zentralzylinder ist abgeschlossen. Es bleiben der Wasser/Ionen-Transport innerhalb des Xylems und der Zuckertransport zur wachsenden Wurzelspitze im Phloem.

Eine zusätzliche Aufgabe der Primärwurzel besteht darin, Wurzelverzweigungen hervorzubringen. Die Seitenwurzeln entstehen aus dem Perizykel. Sie entwickeln ein Apikalmeristem und in der Regel auch eine Calyptra. Das Wachstum der Seitenwurzel erfolgt ebenso wie in der Hauptwurzel durch Einrichtung primärer Meristeme.

Bei manchen Pflanzen, vor allem Schwimmpflanzen (Lemnaceae, Hydrocharitaceae, Pontederiaceae), ferner Vertretern anderer Familien (Sterculiaceae, Fabaceae, Rosaceae, Cucurbitaceae, Araceae), aber auch bei *Zea mays*, treten anstelle der Calyptra bei den Seitenwurzeln Wurzeltaschen auf (v.Guttenberg 1960). Es handelt sich um Gewebehüllen, die das Apikalmeristem und eine beträchtliche Länge der Seitenwurzel einhüllen. An der Bildung der Wurzeltaschen ist außer dem Perizykel auch die Endodermis der Mutterwurzel beteiligt. Es ist nicht bekannt, ob die Wurzeltaschen der Seitenwurzeln permanent ergänzt werden. Ebenso unbekannt ist es, ob bei den Dicotylen mit Wurzeltaschen der Cortex der Seitenwurzel erhalten bleibt.

Im Zentralzylinder wird etwa im Bereich der Wurzelhaare das Protoxylem durch das Metaxylem ersetzt, denn infolge des Streckungswachstums wurden die toten Protoxylemelemente so stark gedehnt, daß sie als Wasserleitungsbahnen unbrauchbar geworden sind. Ebenso werden die obliterierten Protophloemelemente durch solche des Metaphloems ersetzt. Alle Metaelemente differenzieren sich aus dem Procambium.

Bei Gymnospermen und Dicotylen können bereits auf diesem Niveau Seitenwurzeln angelegt werden. Ihre Apikalmeristeme entwickeln sich gegenüber einem Xylem- oder einem Phloempol des radiären Wurzelbündels der (primären) Mutterwurzel. Eine Position zwischen einem Xylem- und einem Phloempol ist selten. Bei diarchen Wurzeln ist es immer einer der Xylempole, der der Seitenwurzel gegenüberliegt (Abb. 1.56).

Hat sich eine Seitenwurzelspitze gebildet, werden andere Perizykelzellen zu Xylem- und Phloemelementen umdifferenziert, die den Anschluß an die entsprechenden Leitgewebe der Hauptwurzel herstellen.

Seitenwurzeln entwickeln sich immer in einer gewissen Entfernung von der Spitze der Haupt-

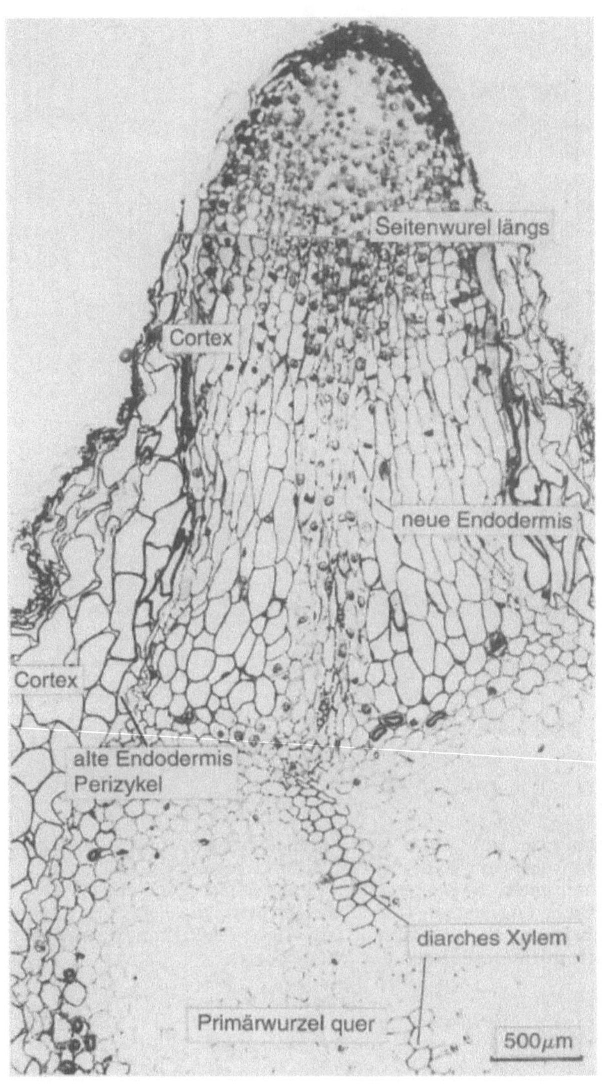

Abb. 1.56. Eine junge Seitenwurzel der Fichte (*Picea abies*) ist hier längs geschnitten. Die Endodermis der Mutterwurzel wird von der Seitenwurzel durchbrochen, in der sich eine neue Endodermis bildet. Aus dem Perizykel der Mutterwurzel entsteht das Apikalmeristem der Seitenwurzel. (Präparat von F. Gruber, Göttingen)

wurzel. Demnach könnte eine existierende Wurzelspitze die Anlage neuer Seitenwurzeln unterdrücken. Seitenwurzelanlagen entstehen aber nicht nur einzeln, sondern oft in großer Zahl (*Helianthus*) auf einem gleichen Niveau der Hauptwurzel.

Wurzelverzweigungen dieser Art treten bei Monocotylen und Pteridophyten nur gelegentlich auf; außer der Keimwurzel sind bei diesen Pflanzen alle neu entstehenden Wurzeln sproßbürtig. Demnach differenziert sich ihr Apikalmeristem nicht aus dem Perizykel der Hauptwurzel.

Mit der endodermalen Wandverstärkung (Monocotylen) und dem Beginn cambialer Tätigkeit (Gymnospermen, Dicotylen) ist die wasseraufnehmende Tätigkeit der Absorptionswurzel beendet, es bleiben die Funktionen der Speicherung und der Befestigung im Erdreich.

1.14 Wurzelknöllchen und Mycorrhizen

Die Rhizosphäre ist ein Biotop, das von der Wurzelspitze und den im Boden lebenden Bakterien und Pilzen gemeinsam geschaffen wird. Zu Symbiosen mit anatomisch spezifischem Charakter kommt es bei Fabaceen durch Aufnahme von Bakterien (*Rhizobium*, *Bradyrhizobium*) unter „aktiver" Mitwirkung von Wurzelhaaren. In mehreren Schritten entstehen Wurzelknöllchen (nodules), die je nach Wirtspflanze einen typischen Aufbau zeigen (Werner 1987).

Bei den N_2-bindenden Wurzelknöllchen ist die Stickstoff-Versorgung über das in der Wurzel vorhandene Wasser am wahrscheinlichsten, zumal in der näheren Umgebung der Knöllchensymbionten keine Intercellularen vorhanden sind, in denen gasförmiger Stickstoff verlagert werden könnte. Da die meisten Wurzelknöllchen ein eigenes Leitbündelsystem ausbilden, das mit dem Zentralzylinder der Wirtswurzel in Verbindung steht, könnte durch hohen Wasserumsatz die geringe Menge an gelöstem N_2 (2.33 ml N_2 in 100 ml kaltem Wasser, das ist nur 1/73 der gelösten Menge an CO_2) kompensiert werden.

Bei Actinorhiza-Bildnern, die N_2 mit Hilfe des *Frankia*-Endophyten fixieren [*Casuarina*, *Alnus*, *Hippophae*, *Myrica*, *Comptonia*, *Ceanothus* (Abb. 1.57), *Colletia*], dürfte die N_2-Versorgung in ähnlicher Weise erfolgen.

Weiterhin sind Cyanophyceen als Endophyten in der Lage N_2 zu „binden" (Cycadeen: Abb. 1.58, *Gunnera*, *Azolla*, *Anthoceros*, *Blasia*).

Die Mycorrhizen (Pilzwurzeln) sind Symbiosen von höheren Pflanzen und Pilzen. Bei Waldbäumen verbreitet ist die Ectomycorrhiza. Solche von Pilzen befallene Wurzeln sind ge-

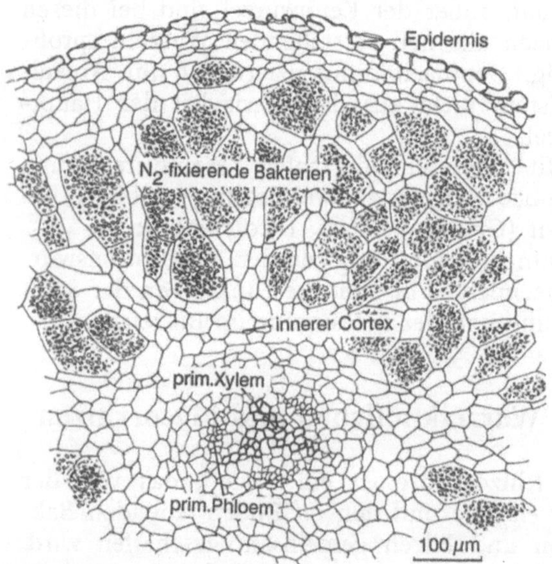

Abb. 1.57. Teil eines Wurzelknöllchens von *Ceanothus* spec., quer. Kolonien N_2-fixierender Bakterien sind in Zellen des äußeren Wurzelcortex angesiedelt. Durch Brücken aus Parenchymzellen stehen die Bakterienkolonien mit dem Wurzelphloem in Verbindung. (Nach Laetsch 1979)

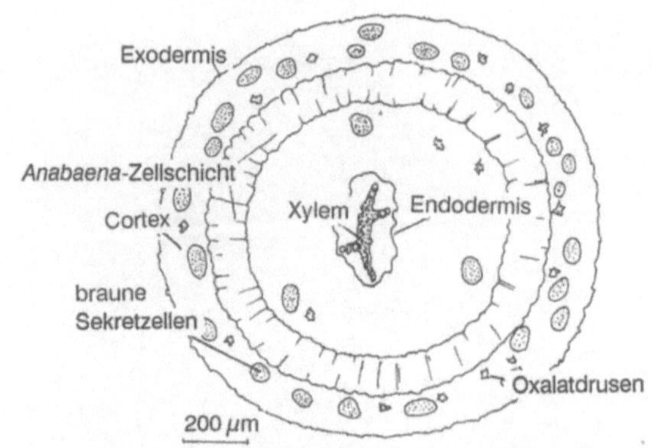

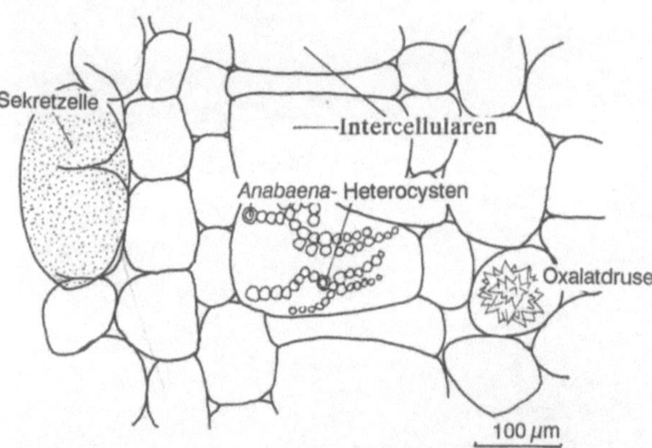

Abb. 1.58. Im Cortex der Korallenwurzeln (oben quer geschnitten) von *Cycas circinalis* sind regelmässig Blaualgensymbionten (*Anabaena*) in einer scharf abgesetzten Zellschicht angesiedelt. Den Blaualgen wird die Fähigkeit zugeschrieben, N_2 zu fixieren. Die Algen leben und vermehren sich in Intercellularen des Wurzelcortex

stauchte Primärwurzelspitzen, deren Calyptra obliteriert. Das Pilzmycel bildet einen Hyphenmantel, wächst in den Zellwänden des Wurzelcortex, ohne in die Zellen einzudringen, und bildet dort das Hartig-Netz. Die Endodermis wird vom Pilz nicht durchwachsen (Warmbrodt u. Eschrich 1985 A,B). Experimentell ließ sich mit Kiefernkeimlingen nachweisen, daß der Pilz vom Stoffwechsel des Wirts, und umgekehrt der Wirt vom Stoffwechsel des Pilzes, profitieren (Finlay 1989; Bauer et al. 1991).

Da bei Steppengehölzen Mycorrhizen fehlen, wird vermutet, daß in Steppenböden die pilzlichen Symbiosepartner nicht vorhanden sind. Somit wären Mycorrhizen charakteristisch für Waldbäume. Da sich beide Symbiosepartner nicht nur in der Stoffversorgung, sondern notwendigerweise auch in der Wasserversorgung ergänzen, läßt die weite Verbreitung der Ectomycorrhizasymbiose den Schluß zu, daß Mycorrhizen die Primärwurzel ersetzen. Jüngst hat sich auch gezeigt, daß das elektrische Muster einer Fichtenwurzel (Ioneneinstrom an der Wurzelspitze, Ausstrom im Haarbereich) auch bei der mycorrhizierten Wurzel auftritt, wobei der Hyphenmantel den Bereich des Ionenausstroms übernimmt (J.Fromm, persönl.Mitteilung).

Bei der Primärwurzel müssen durch ständigen oder periodischen Zuwachs immer wieder neue Wurzelhaare gebildet werden, was im dichten Wald räumlich auf Grenzen stößt. Die Mycorrhizen sind mit gestauchten Primärwurzeln vergleichbar. Sie können zwei oder drei Jahre funktionstüchtig bleiben, womit eine ökonomische Ausnutzung eines kleinen Wurzelraumes ermöglicht wird. Dabei ist das „Einzugsgebiet“ der Rhizomorphen in bezug auf Wasser- und Stoffversorgung der Mycorrhiza noch nicht berücksichtigt.

2 Wassertransport

2.1 Bestimmungsorte des Wassers

Das Protoplasma stoffwechselaktiver Zellen enthält 85–90% Wasser (Strasburger 1991, S. 319). Auch die Zellwände enthalten Wasser, das allerdings beim Anschnitt nicht austropft, weil es an Kolloide gebunden ist oder kapillar festgehalten wird. Enzyme können nur im gequollenen Zustand operieren. Wasser ist nicht nur das Milieu des aktiven Stoffwechsels, sondern es bereitet Makromoleküle, vor allem Proteine und Polysaccharide, durch Quellung für eine Beteiligung am Stoffwechsel vor (Abb. 2.1).

Ein Teil des Wassers dient bei der Photosynthese als Elektronendonator und liefert bei der Wasserspaltung Energie in Form von Reduktionsäquivalenten. Der Sauerstoff wird freigesetzt, er ermöglicht (auch unsere) Atmung.

Ein weiterer Teil des aufgenommenen Wassers wird bei Hydrolysen verbraucht.

Wasser kann in Speichertracheiden (Abb. 1.14, 4.18, 6.15, 6.16), in Schleimzellen (Abb. 11.16) und Parenchymen mit hohem osmotischen Potential der Vacuolen (*Peperomia*-Blätter; saftige Früchte) gespeichert werden.

Weiterhin wird durch osmotische Wasseraufnahme der Ferntransport der Saccharose in den Siebröhren angetrieben. Dies ist vermutlich der einzige wirklich hydraulische (durch Wasserkraft getriebene) Prozeß in Pflanzen.

Mit dem Wasser werden die aufgenommenen Mineralstoffe als Kationen und Anionen, der Stickstoff als Nitrat oder Ammonium verteilt. Ein Verteilungsmuster ist nicht bekannt, weil Deposition durch Bildung schwerlöslicher Salze und Elektroadsorption an geladene Gruppen der Zellwände mit Wiederauflösung durch Verdünnung und Neutralisation abwechseln. Phosphor, Stickstoff und Schwefel werden im Cytoplasma in organische Bindung überführt. Die Verteilung dieser Elemente im Pflanzenkörper unterliegt dann der Kontrolle des Symplasten. In diesem können Mineralstoffe in Vacuolen überführt und gespeichert werden.

Die Hauptmenge des aufgenommenen Wassers wird transpiriert, hauptsächlich stomatär, aber auch cuticulär (3% der Gesamttranspiration bei *Picea abies*, bis 32% bei *Impatiens noli-tangere*) aus den Blättern ausgeschieden (Strasburger 1991, S. 330).

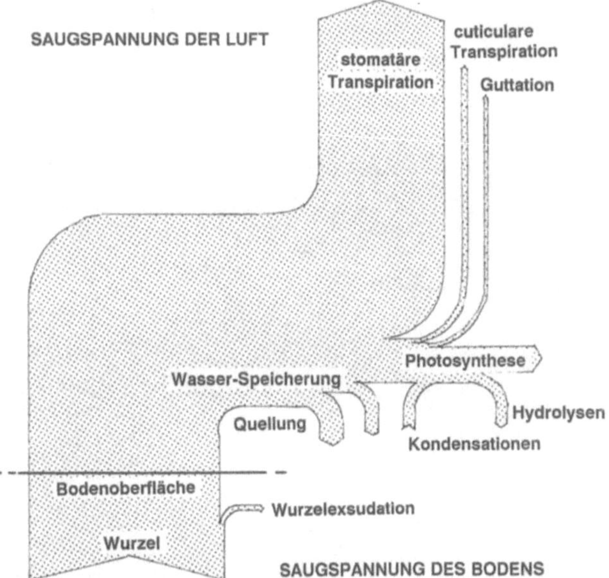

Abb. 2.1. Schematische Aufgliederung der Wege des Wassers, das von den Wurzeln aufgenommen wird. Nicht allein die Transpiration kann für die Wasseraufnahme und -bewegung verantwortlich sein; andere Verbrauchsorte für das Wasser müssen ebenso wie die Wasserabgabe durch die Stomata als Wassersinks betrachtet werden. Während bei der stomatären Transpiration der Dampfdruck gegenüber der Atmosphäre die Wasserbewegung verursacht, werden alle „internen" Wasserbewegungen durch osmotische und ödotische (Quellungs-) Kräfte gesteuert

2.2 Transportwege des Wassers

Für den Wassertransport über große Entfernungen sind die Tracheiden und Gefäße entwickelt worden. Sie sind im funktionsfähigen Zustand Teile des Apoplasten und stehen mit den Wasserkapillaren der Zellwände in Verbindung, die für den Nahtransport des Wassers verwendet werden. Der gesamte Apoplast ist bei der transpirierenden Pflanze mit Wasser durchtränkt.

Die Bedeutung der Zellwände für den Transport des aufgenommenen Wassers geht daraus hervor, daß die Gefäße der Primärwurzel im Zentralzylinder enden und nicht bis an die Wurzelepidermis heranreichen.

Ebenso gibt es keine Gefäße, die sich bis in die substomatären Räume der Spaltöffnungen erstrecken; sie enden zwischen Mesophyllzellen in den Nerven der Blätter (vgl.jedoch Hydathoden, Abb. 2.22, 2.23, 2.24).

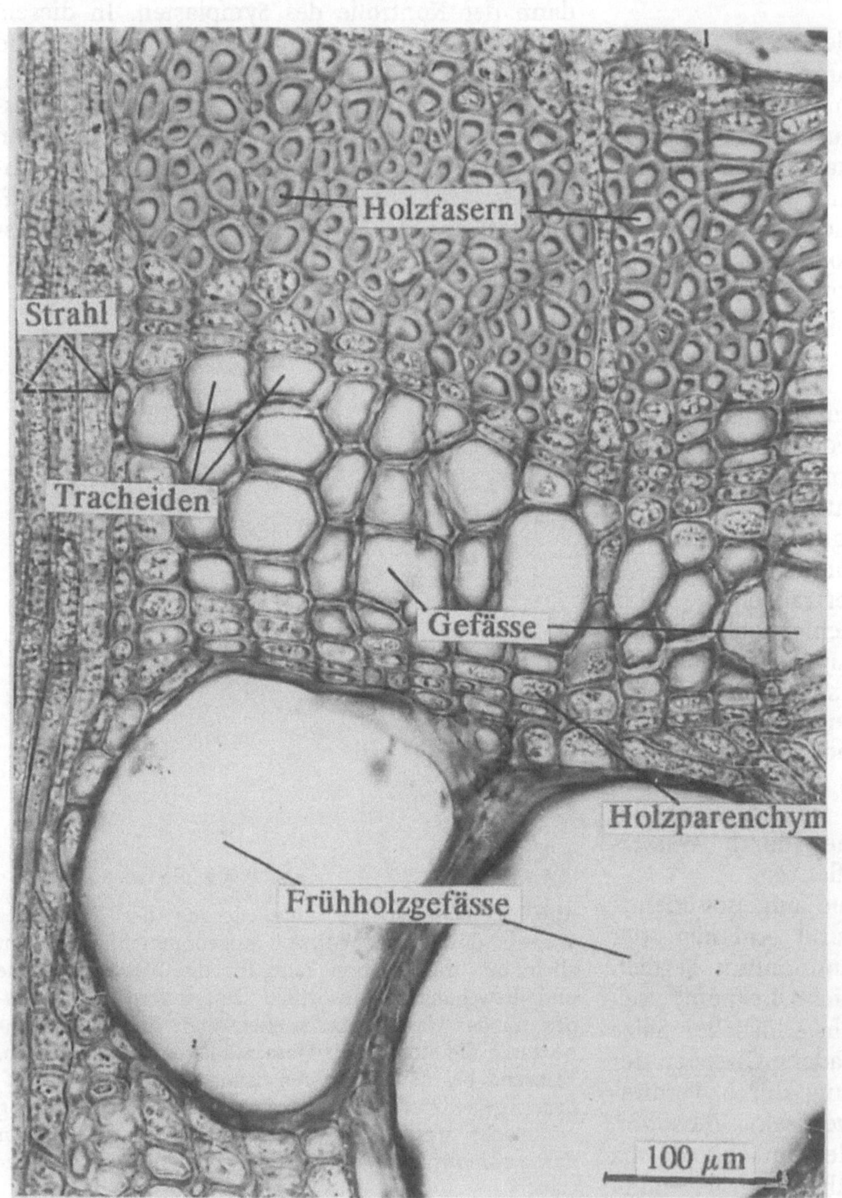

Abb. 2.2. Der Durchmesser eines Frühholzgefäßes kann bei Dicotylen 300 mm und mehr erreichen. Im Spätholz des jährlichen Holzinkrements werden jedoch oft sehr schmale Gefässe gebildet, die in Gruppen zusammenliegen. Bei manchen Arten treten im Spätholz zusätzlich noch Tracheiden auf (*Celtis sinensis*)

Wurzelcortex und Blattmesophyll sind demnach Bestandteile des Wasserweges zwischen absorbierender Wurzel und transpirierendem Blatt.

Zersägt man einen Dicotylenstamm zweimal bis zur Hälfte quer, aber aus entgegengesetzten Richtungen, so sind zwar alle Gefäße unterbrochen, der Baum bleibt aber weiterhin frisch. Das von der Wurzel aufgenommene Wasser findet trotz Unterbrechung der Gefäßverbindung den Weg in die Krone. Da jede Pflanze außer in den Intercellularen überall Wasser enthält, wird sich der Wassertransport primär in den 5 bis 30 nm weiten Interfibrillarräumen (Abb. 1.41) der Zellwände abspielen.

Auch das Cytoplasma der Parenchymzellen ist für eine Wasserbewegung geeignet, da Wasser unkontrolliert durch das Plasmalemma ein- und auswandern kann, sofern es nicht durch chemische Bindung, Quellung oder osmotische Potentiale daran gehindert wird.

Die strukturelle Vielfalt der Tracheiden und Gefäßelemente zeugt davon, daß während der Entwicklung der Landpflanzen Einrichtungen geschaffen wurden, die eine zunehmend raschere Wasserbewegung ermöglichten, also immer größere Wassermengen pro Zeiteinheit transportieren konnten. Die Durchmesser der Gefäße wurden vergrößert, besonders bei ringporigen Gehölzen und bei Lianen. Dabei mußte das Risiko eingegangen werden, daß bei hoher Saugspannung Cavitation auftritt. Luft- oder Gaseinbruch (Embolie), der bei hoher Saugspannung in den Gefäßen eintreten kann, wird beim Nachlassen des Transpirationssogs ganz oder teilweise rückgängig gemacht. Der Dampfdruck in den Gefäßen geht auf Normalwerte zurück, und das Gas löst sich wieder im Wasser.

Das Vorkommen von zwei Gefäßtypen in derselben Pflanze, die sich in der Zellweite unterscheiden (Abb. 2.2), kann als evolutionsbedingt gewertet werden. Die Evolution der Gehölze folgte vermutlich dem Trend, die Tracheiden nach und nach durch Gefäße zu ersetzen (Carlquist 1962). In dem dargestellten Beispiel (Abb. 2.2) sind neben den schmalen Gefäßen auch Tracheiden vorhanden.

Eindeutig ist der Trend, Wasserleitung und Festigung (Faserbildung) zu trennen, durch Übergangsformen (Fasertracheide) belegt.

Die Vielgestaltigkeit der axialen Holzelemente wäre unvollständig erwähnt, wenn nicht auch der Übergang von der Tracheide zur Holzparenchymzelle einbezogen würde. Hierfür sind die fusiformen Parenchymzellen (Ersatzfasern) Beispiele. Eine Beteiligung des axialen Holzparenchyms an der Wasserbewegung ist bisher nicht demonstriert worden, obwohl lebende Holzzellen durch ihr osmotisches Potential durchaus zur Wasserretention beitragen können. Ebenso gibt es keinen Beweis dafür, daß die Strahltracheiden mancher Gymnospermen Wasser transportieren.

2.3 Entwicklung des primären Xylems

Das primäre Xylem differenziert sich aus Procambium, also überall dort, wo sich primäre Meristeme befinden, in Wurzel- und Sproßspitzen sowie intercalaren Meristemen. Solange das Streckungswachstum anhält, ist Protoxylem das einzige Xylem. Seine Elemente besitzen Ringverdickungen, die bei Streckung der Primärwand auseinandergezogen werden (Abb. 2.3) oder Schraubenverdickungen, die dehnbar sind (Abb. 2.4). Erst wenn das Streckungswachstum beendet ist, differenzieren sich Metaxylemelemente, die netzförmige Wandverstärkungen besitzen oder getüpfelt sind. Auch die Metaxylemelemente entstehen aus dem Procambium. Sie sind oft bereits während des Streckungswachstums an ihrer Querschnittsform und -größe zu erkennen, beenden aber die Wandbildung erst nach Abschluß der Streckung (Abb. 1.54).

Die ersten Xylembündel der Primärwurzel alternieren mit den ersten Phloembündeln. Beide Gewebe entwickeln sich aus Procambiumsträngen an der Peripherie des Zentralzylinders.

Die Procambiumstränge treten immer in Geradzahl auf. Dies geschieht wahrscheinlich mit Rücksicht auf die akropetale Zusammenfügung von Xylem- und Phloembündeln zu collateralen Leitbündeln. Dieser Leitbündelübergang vollzieht sich im Hypocotyl (Boureau 1954). Dabei tritt die Inversion des Xylems von der exarchen (Wurzel) zur endarchen (Sproß) Lage ein (Abb 5.56).

Die endarchen, collateralen Leitbündel der Primärwurzel enden bei allen Pflanzen in den

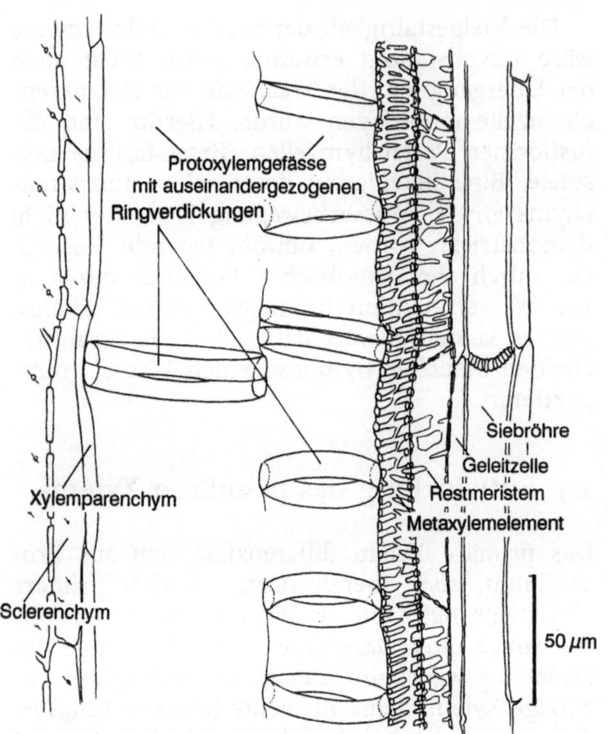

Abb. 2.3. Die Protoxylemgefäße schnellwüchsiger Pflanzen (*Zea mays*) können beträchtliche Durchmesser erreichen. Ringverdickungen werden beim Streckungswachstum auseinandergezogen. Aus den Ringabständen kann die Reihenfolge ermittelt werden, in der die Gefäße angelegt wurden. Durch primäres Erweiterungswachstum, wie es bei Monocotylen auftritt, entsteht die Protoxylemlakune, in deren Lumen vereinzelte Ringverdickungen gestreckter Protoxylemgefäße zu erkennen sind (s. Abb. 2.14, 2.15)

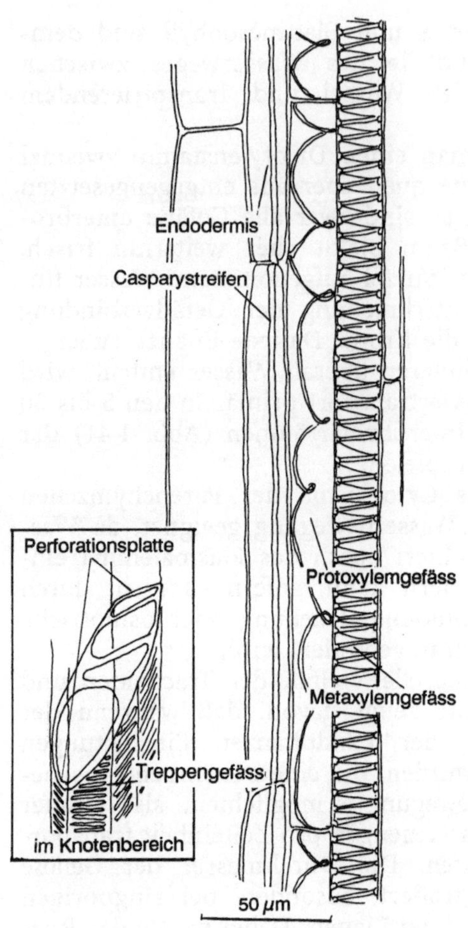

Abb. 2.4. Echte Gefäße sind bei Pteridophyten (*Equisetum fluviatile*) nicht selten. Die Streckung des Protoxylems ist an auseinandergezogenen Schraubenverdickungen zu erkennen. Es ist nicht bekannt, ob der Caspary-Streifen bereits vor oder erst während der Streckung angelegt wird

Cotyledonen. Für die Versorgung des Epicotyls werden neue Procambiumstränge im Innern des Hypocotyls benötigt. Sie entwickeln sich von Anfang an zu collateralen Leitbündeln.

Bei oligarchen Wurzeln, also solchen, die nur eine kleine Zahl von Protoxylempolen besitzen (Dicotylen, Coniferen), kann das Metaxylem bis ins Zentrum der Wurzel reichen. Bei den polyarchen Wurzeln der Monocotylen tritt Wurzelmark auf. Das Wurzelmark ist entweder rein parenchymatisch (*Zea mays*), im Innern aufgelöst (*Triticum aestivum*) oder mit großen Metaxylemgefäßen durchsetzt (*Monstera deliciosa*).

Die Radiärsymmetrie der Leitbündelanordnung bleibt bei allen Primärwurzeln erhalten, auch bei Adventivwurzeln, die keine Beziehung zum Hypocotyl aufweisen. Deshalb kann angenommen werden, daß die Symmetrie der Primärwurzel allein auf das Apikalmeristem der Wurzelspitze zurückzuführen ist.

2.4 Kontinuität des Xylems

Das Epicotyl und alle folgenden Internodien stehen mit den Leitbündeln der Primärwurzel nicht in direkter Verbindung. Die auf die Cotyledonen folgenden Blätter (Folgeblätter) reichen mit ihren Blattspuren jedoch meist bis in die Primärwurzel hinein, wo sie als Procambiumstränge enden (Esau 1969a). Ein Kontakt mit dem Apikalmeristem wurde nie beobachtet (Abb. 5.56).

In akropetaler Richtung sind die Blattspuren als collaterale Leitbündel ausgebildet. Sie sind in der Regel dort am weitesten differenziert, wo sie zuerst zu erkennen sind: an der Stelle der Blattinsertion. Bei perennierenden Monocotylen mit primärem Dickenwachstum (Palmen) existieren die Blattspuren schon im Stengel bevor die zugehörige Blattanlage zu erkennen ist (Tomlinson u. Vincent 1984).

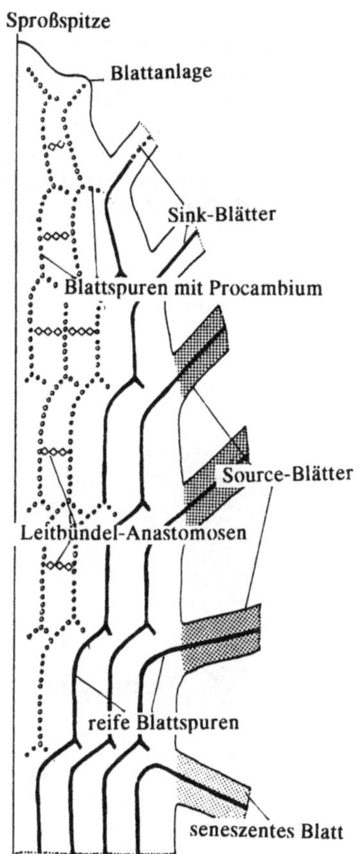

Abb. 2.5. Die Muster der Blattinsertion am Stengel sind variabel und von der Phyllotaxis abhängig. Bei Pflanzen ohne sekundäres Dickenwachstum wird deutlich, daß die Blattspuren der jungen Sinkblätter, wie allgemein üblich, über reife Blattspuren der Sourceblätter versorgt werden. Dies ist jedoch nur möglich, wenn das Phloem der Sourceblattspur mit dem Phloem der Sinkblattspur Kontakt hat, das den gleichen Differenzierungsstatus besitzen muß. Da ausdifferenzierte Siebröhren nicht miteinander fusionieren, muß der Kontakt schon im Meristem hergestellt worden sein. Deshalb verharren die basalen Partien von Hauptblattspurästen älterer Blätter im Stengel für lange Zeit im meristematischen Zustand

Die Differenzierung der Blattspuren vollzieht sich in der Sproßspitze der Coniferen einheitlich: Xylemdifferenzierung setzt sich akropetal und basipetal fort, das Procambium wird kontinuierlich akropetal angelegt und auch das Phloem differenziert sich akropetal (Crafts 1943).

Ist eine Blattspur im Stengel mit einer anderen verwachsen, so sind beide an der Verwachsungsstelle gleich alt, obwohl die zugehörigen Blätter bei zerstreuter Blattstellung verschieden alt sind. Es liegt eine Bündelverzweigung vor. Die Blattspur des jüngeren Blattes wird dann häufig als stammeigenes Leitbündel bezeichnet, ist jedoch aus Blattspuren verschiedenen Alters zusammengesetzt (Abb. 2.5).

Hält das Dickenwachstum an der Peripherie des Stengels mit Hilfe eines monopleurischen Cambiums an, (sekundäres Dickenwachstum der Monocotylen; *Dracaena*, *Cordyline* u.a.), so differenzieren sich dort Blattspurbündel als konzentrische Leitbündel mit Innenphloem (leptozentrische Leitbündel) (Abb. 2.6). Am Blattansatz öffnet sich jedoch der Xylemmantel (*Asparagus*, Abb. 2.7), so daß im Blatt collaterale Leitbündel vorliegen.

Konzentrische Leitbündel mit Innenxylem (hadrozentrische Leitbündel) sind bei Polypodiaceen verbreitet (Abb. 2.8). Ihre Zuordnung zu Blättern oder Spreitenteilen ist nicht untersucht worden. Auch die Stengelleitbündel der Psilota-

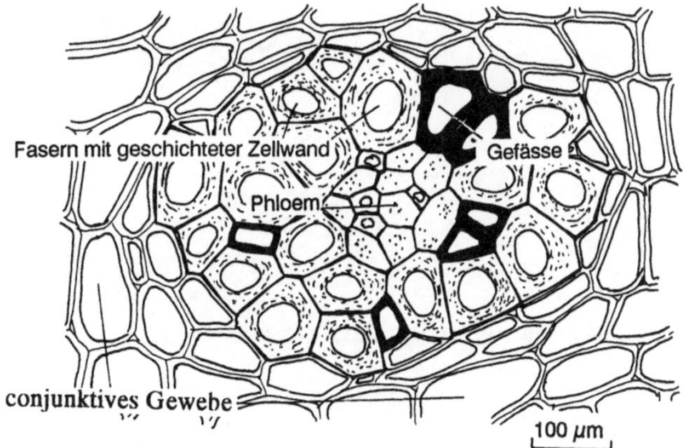

Abb. 2.6. Leptozentrische Leitbündel sind bei vielen Monocotylen im Grundgewebe des Stammes eingebettet (*Dracaena*). Zeigt der Stamm cambiales Wachstum, so ist das Grundgewebe sekundärer Natur, es wird dann conjunktives Gewebe genannt

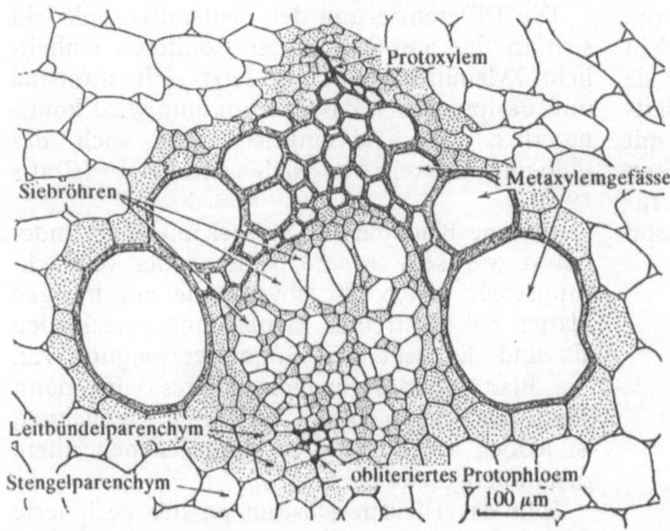

Abb 2.7. Die enge Beziehung von leptozentrischen zu collateralen Leitbündeln wird aus Übergangsformen (*Asparagus*) deutlich, bei denen das Phloem vom Xylem nur teilweise umfaßt wird. Bei cambialen leptozentrischen Leitbündeln (s. Abb. 2.6) sind die hier sichtbaren Pole des Protoxylems und des Protophloems nicht vorhanden. (nach Esau 1969 a)

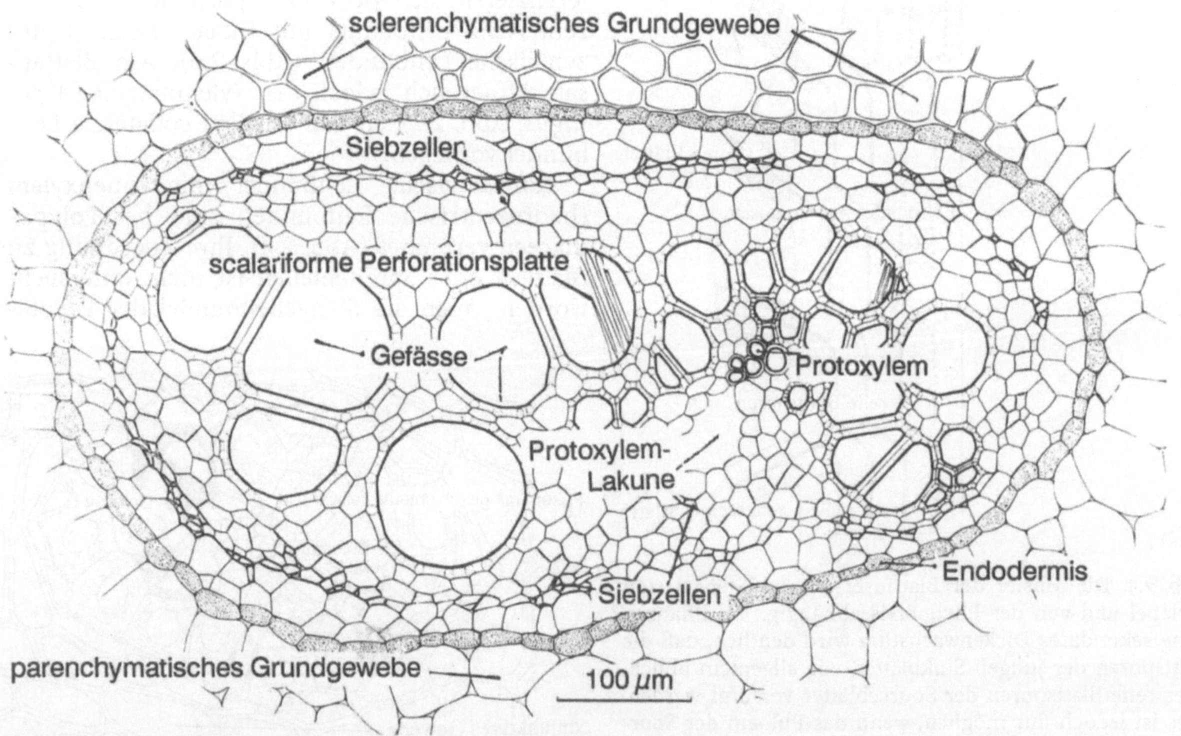

Abb. 2.8. Das hadrozentrische Leitbündel der Polypodiaceen (*Pteridium aquilinum*) ist in primäres Grundgewebe eingebettet und deshalb von einer Endodermis umgeben

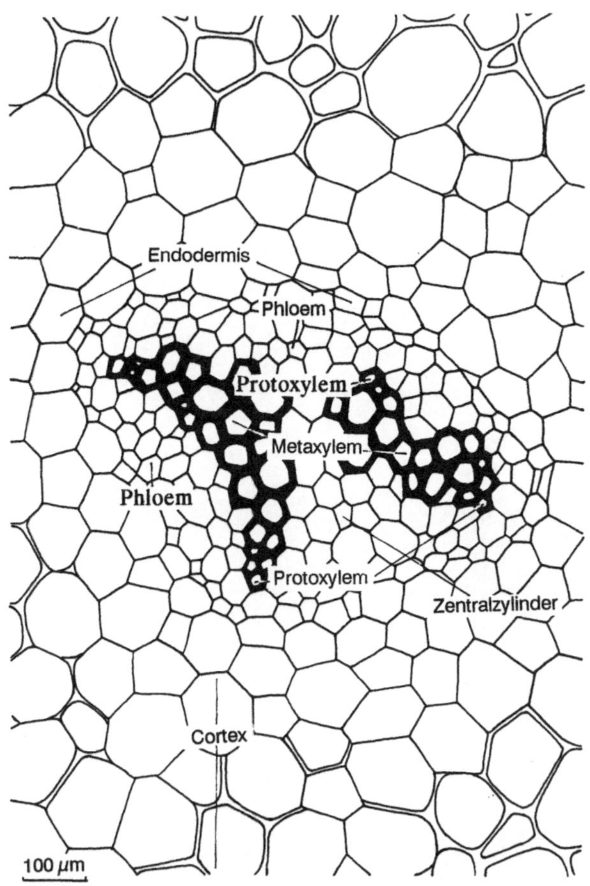

Abb. 2.9. Die Stengelleitbündel der Psilotales (*Psilotum nudum*) stellen den Prototyp des geschlossen-collateralen Leitbündels dar. Sie sind in primäres Grundgewebe eingebettet und haben daher eine (nicht klar erkennbare) Endodermis. Durch die Aufgliederung des Xylems in mehrere Komplexe mit eigenen Protoxylempolen tritt die Verwandtschaft mit dem Leitbündelkomplex der Primärwurzel hervor. (Foster u. Gifford 1959)

les sind als hadrozentrisch zu bezeichnen (Abb. 2.9).

Das primäre Leitsystem der Stengel setzt sich also nur aus Blattspuren zusammen. In basipetaler Richtung sind diese mit Blattspuren anderer Blätter vereinigt (Abb. 2.10). Aufgrund solcher congenitaler Verwachsungen bleibt die Zahl der im Stengelquerschnitt auftretenden Leitbündel gleich (Abb. 2.11). Die Blattspuren enden in basipetaler Richtung vermutlich als Procambiumstrang (Abb. 2.12). Da der Sproß apikal wächst, sind die Blattspuren an ihrer Basis im Stengel ontogenetisch am ältesten. In der weiteren Entwicklung bleiben sie dort jung oder undifferenziert oder gar meristematisch.

Bei den Gräsern und Equisetaceen wird die Kontinuität des Stengelxylems durch intercalare Meristeme in Frage gestellt. Die Internodien verlängern sich durch anhaltende Tätigkeit der basalen intercalaren Meristeme (Abb. 2.13). Solange die Internodien noch wachsen, sind Protoxylemgefäße die einzigen reifen Verbindungen in der Basis des Internodiums, die zur Wasserleitung geeignet sind. Man kann dies durch Aufnahme von Farblösungen nachweisen (Eschrich 1976). Wenn reife Protoxylemgefäße bei anhaltender Internodienstreckung auseinandergezogen werden (Abb. 2.4), entstehen wasserführende Protoxylemlakunen (Abb. 2.14, 2.15). Diese übernehmen möglicherweise den Wassertransport bis die Metaxylemgefäße ausgereift sind.

Der Abzweig von Leitbündeln des Grasstengels in die Blattscheide ist im Knotenbereich unterhalb des intercalaren Stengelmeristems lokalisiert. Die Verflechtung der Leitbündel im Knoten des Zuckerrohrstengels (*Saccharum officinarum*) wird durch einen einfachen Kerbversuch verdeutlicht (Abb. 2.16). Aufsteigende Farbstofflösung wandert nur dann zur anderen Stengelhälfte, wenn für die Überbrückung der Unterbrechung die Gefäßverbindungen eines Knotens zur Verfügung stehen (Bull et al.1972).

Die „Durchgängigkeit“ der Gefäße vom Haupt- zu Seitensprossen, zur Wurzel oder durch Jahrestriebgrenzen hindurch wird trotz kompliziert erscheinender Knotenanatomie nicht behindert (Rehm 1936).

2.5 Sekundäres Wurzelxylem

Bei Dicotylen und Coniferen wird das primäre Xylem durch sekundäres Xylem abgelöst, das cambialen Ursprungs ist. In der Wurzel werden auf den Innenseiten der primären Phloembündel Cambiumstreifen angelegt, die sich aus einem Rest des Procambiums, dem Restmeristem, bilden. Die Cambien produzieren Gefäße oder Tracheiden gegen das Metaxylem, das sich zwischen zwei Protoxylempolen differenziert hat. Durch die Teilungstätigkeit werden die Phloempole nach außen „gedrängt“. Die Cambiumstrei-

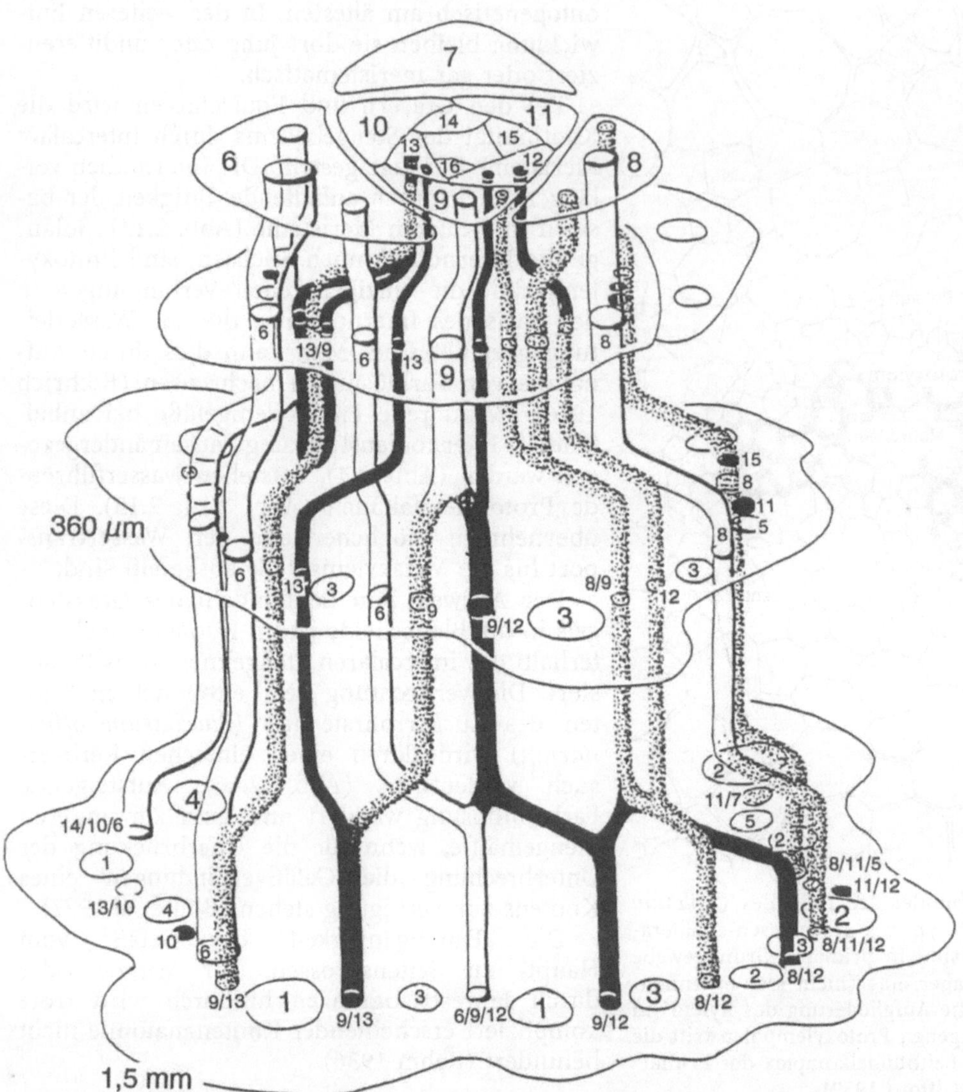

Abb. 2.10. Dieses System von Blattspuren in der Sproßspitze von *Helianthus annuus* ergibt sich aus mikroskopischen Serienschnitten (Esau 1945). Die Nummern beziehen sich auf die chronologische Blattfolge, die im rückwärtigen Teil des Diagramms nicht dargestellt wurde. Die Blattspuren eines Blattes können sich in den Knoten verzweigen, aber auch mit Blattspuren anderer Blätter fusionieren. Dabei machen sich Verzögerungen in der Differenzierung bemerkbar. So bestehen die schwarz gezeichneten Blattspurabschnitte aus Procambium. Die punktiert gezeichneten Spurabschnitte besitzen zwar reifes Phloem, aber noch kein Xylem, erst die weiß belassenen Blattspuren sind in Phloem und Xylem differenziert

fen runden sich zu einem Mantel, der die Protoxylembündel im Zentrum zurückläßt, der Wurzelcortex wird tangential gedehnt, verflacht oder aufgespalten. Der Perizykel bildet Periderm als sekundäres Abschlußgewebe der Wurzel.

Durch diese Vorgänge entsteht ein sekundärer Wurzelkörper, der in seinem Aufbau bis auf den fehlenden Cortex dem Stamm gleicht; die Leitgewebe sind nun überall collateral angeordnet. Im Zentrum des sekundären Wurzelkörpers

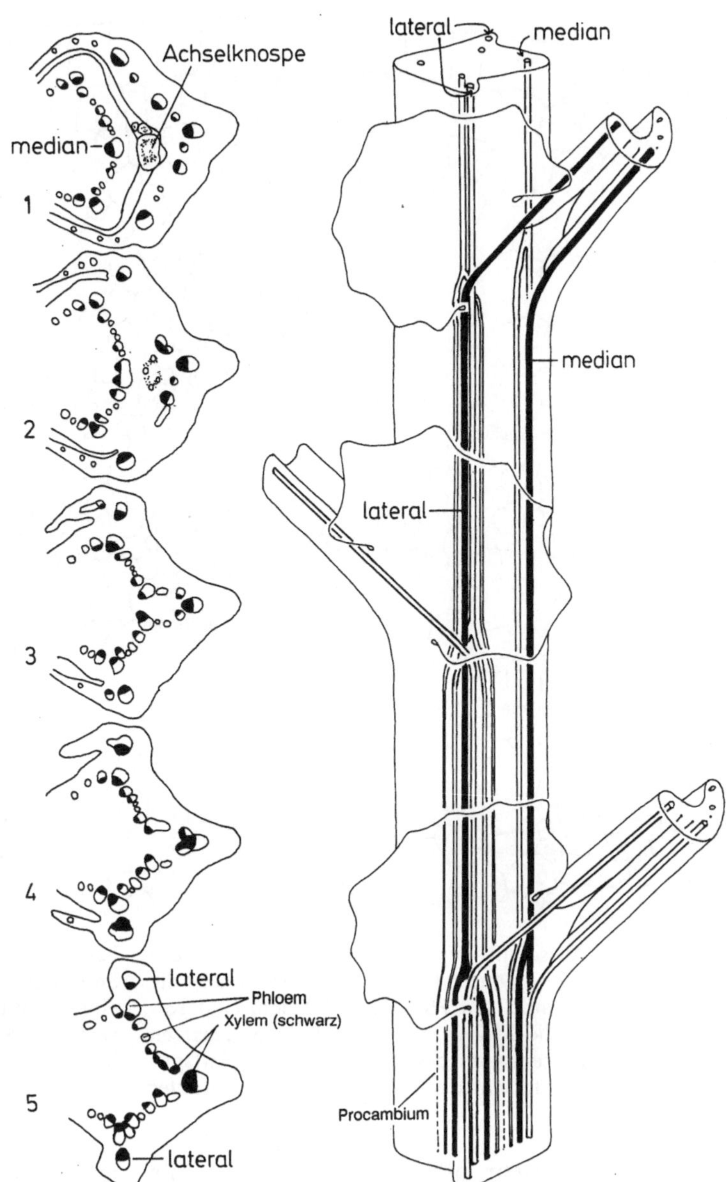

Abb. 2.11. Von den beiden schwarz ausgezogenen Blattspuren im Stengel von *Vicia faba* verläuft die mediane in der Stengelkante separat über zwei Internodien abwärts, bevor sie sich gabelt (Querschnitt 4), in den Kranz der Stengelleitbündel eingliedert und damit Platz macht für die mediane Blattspur des nächsttieferen Blattes derselben Orthostiche (Querschnitt 5). Die im rechten Bild sichtbare laterale Blattspur hat sich bereits im nächsttieferen Knoten in den Kranz der Stengelleitbündel eingegliedert. Chronologisch entwickelt sich das Blattspursystem in akropetaler Richtung. Demnach sind Gabelungen genau genommen Fusionen

erkennt man jedoch noch die exarch gerichteten Protoxylempole; sie sind das sicherste anatomische Kennzeichen für das Vorliegen einer Wurzel (Abb. 2.17, 2.18, 2.19).

2.6 Cambiale Kontinuität zwischen Wurzel und Sproß

Was vollzieht sich im Hypocotyl der Cambiumpflanzen, wenn in Wurzel und Sproß das Cambium aktiv wird?

Die Cotyledonen sind abgefallen. Die Wurzel hat collaterale Leitbündelstruktur angenommen und verdickt sich sekundär. Der Wurzelcortex

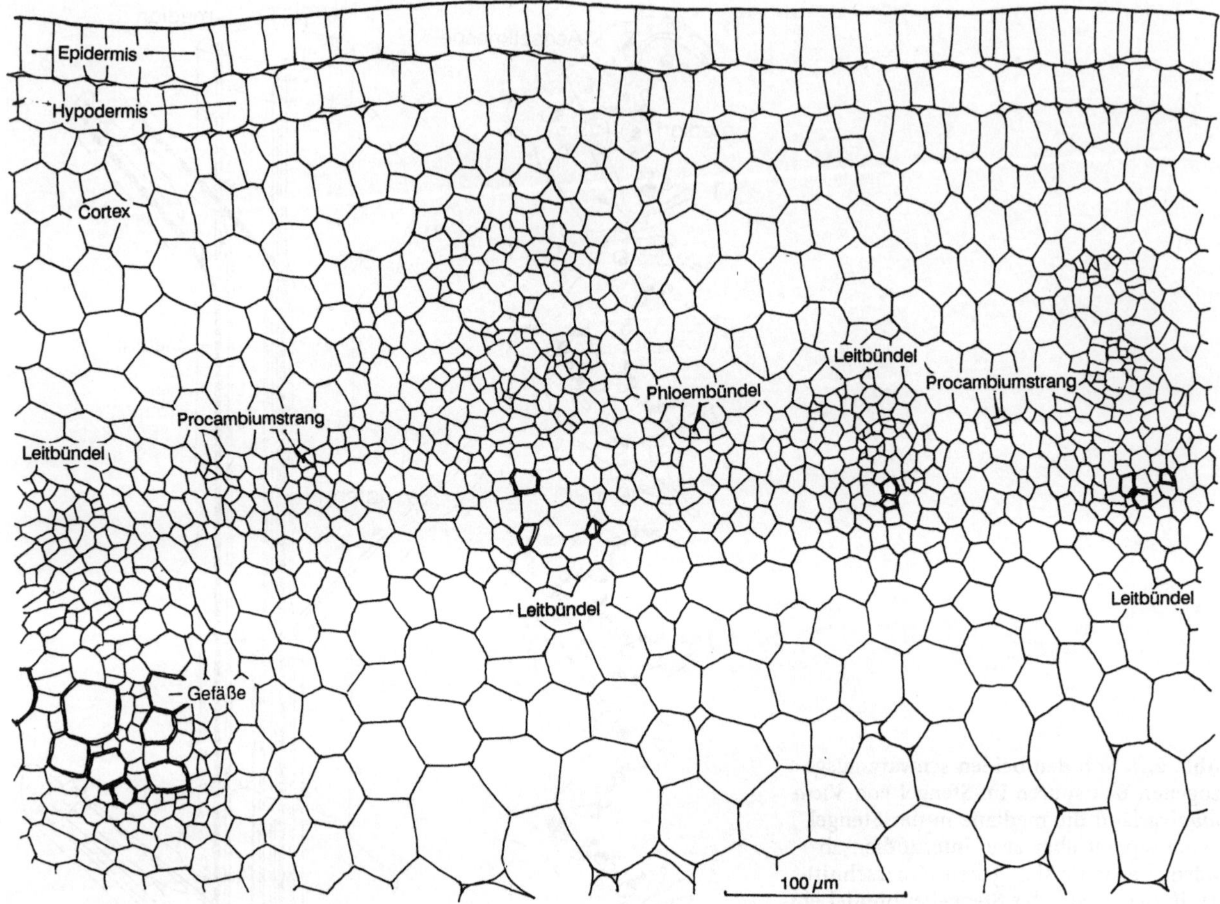

Abb. 2.12. Ein Ausschnitt des Leitbündelkranzes im Stengel von *Vicia faba* (nach Resch 1959). Zwischen die kompletten Leitbündel mit Phloem und Xylem sind solche eingestreut, die kleiner sind, nur Phloem besitzen oder nur aus Procambium bestehen. Alle sind Blattspuren, die jedoch unterschiedlich stark Meristemcharakter behalten haben. Wie in Abb. 2.5 angedeutet, wird ein Stoffübertritt von einem Bündel zum anderen, z.B.von einem Sourceblatt zu einem Sinkblatt, nur dort möglich sein, wo Siebelemente durch Siebplattenbildung bereits im meristematischen (procambialen) Zustand in Verbindung treten können

existiert nicht mehr oder er ist nur noch als Schicht toter Zellen außerhalb des aktiven Perizykels (Periderms) zu erkennen (Abb. 2.20). Dilatation hat eingesetzt. Im untersten Sproßabschnitt haben sich die Blattspuren der Folgeblätter ebenfalls sekundär verdickt; sie waren von Anfang an collateral gebaut. Da Protoxylem und Protophloem der Wurzel mit den absterbenden Cotyledonen entfernt wurden, bilden die Folgeblattspuren das unterste und äußere Leitgewebe des Stengels.

Da Wurzel und Stengel fest miteinander verwachsen sind, muß auch eine Leitgewebeverbindung zwischen Wurzel und Sproß vorhanden sein (Abb. 5.56) (Eschrich 1976). Diese ist allerdings in ihrer Entwicklung nicht näher beschrieben worden.

Bei Coniferen (*Picea abies*) ist die meist diarche Wurzel von dem langgestreckten Hypocotyl dadurch zu unterscheiden, daß der Cortex im Hypocotylbereich erhalten geblieben ist (Abb. 9.4), während er in der Wurzel fehlt oder tangential gedehnt und tot ist.

Über die Verbindung der Leitsysteme von Wurzel und Sproß bei den Monocotylen besteht keine Unklarheit, da alle ausdauernden Wurzeln

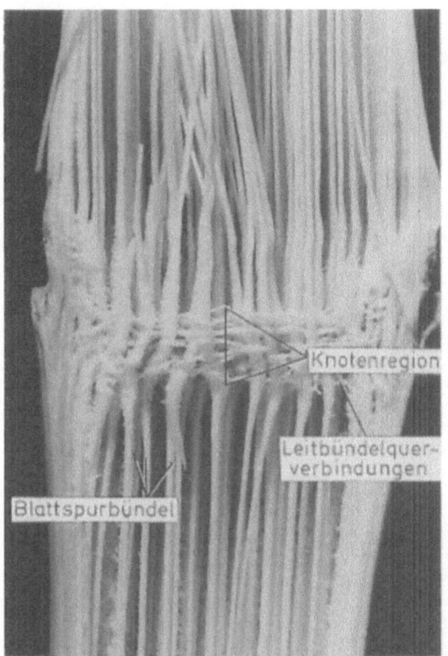

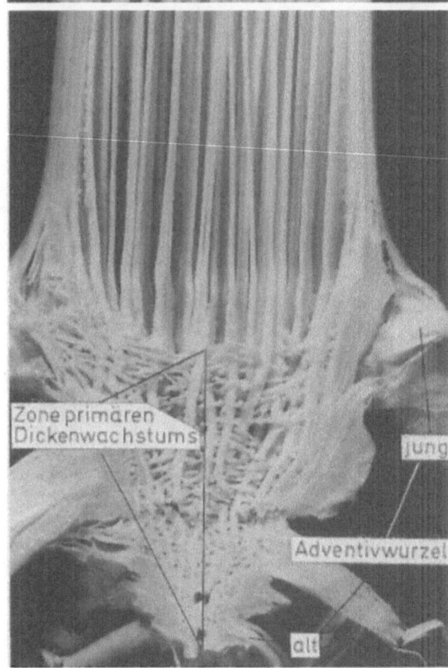

Abb. 2.13. Im aufgeschnittenen und mazerierten Stengel von *Zea mays* erkennt man die Blattspurbündel deutlich an ihrem Sclerenchymmantel (s.Abb. 2.14). Anders als bei *Vicia faba*, ist die Knotenregion von einem dichten Gewirr von Leitbündelanastomosen durchsetzt. Eine Quervermischung von Gefäßwasser ist also möglich (s.Abb. 2.16). Über die Quer-vermischung des Siebröhrenzuckers entscheidet jedoch der Sinkbedarf zum Zeitpunkt der Entstehung der Siebröhre

sproßbürtig sind und wie Seitenwurzeln an den Stengel anschließen.

2.7 Wasserbewegung

Die Geschwindigkeit des Wassertransports in Gefäßen liegt zwischen 0,4 m h^{-1} (mediterrane Hartlaubgewächse) und 150 m h^{-1} (Lianen) (Strasburger 1991 S. 332). Die Menge des transpirierten Wassers pro Zeiteinheit ist nicht nur vom Öffnungszustand der Spaltöffnungen, sondern auch von der Konstruktion des Holzes abhängig. Die spezifische Wasserleitfähigkeit der Gehölze hängt auch vom Atmosphärendruck ab, sie ist sehr variabel:

Bei 100 kPa (=1 bar). m^{-1} beträgt die spezifische Leitfähigkeit im Holz von Coniferen 20 ml h^{-1} cm^{-2} Querschnittsfläche, bei immergrünen Gehölzen 13,5 bis 48 ml h^{-1} cm^{-2}, bei laubabwerfenden Gehölzen 65 bis 128 ml h^{-1} cm^{-2} und bei Lianen 236 bis 1273 ml h^{-1} cm^{-2}. Maximal können also in einer Stunde 1,2 Liter Wasser durch einen Stammquerschnitt von 1 cm^2 bewegt werden (Briggs 1967).

2.8 Methode und Grundlagen der Wasserbewegung

Wie bereits im EXKURS 1 (H_2O) festgestellt wurde, besitzt reines Wasser eine im Vergleich zu anderen Flüssigkeiten große Oberflächenspannung (0,072 J m^{-2}; 25°C) bei der Wasser-Luft Grenzschicht; dagegen nur 0,029 J m^{-2}; 18°C bei der Benzol-Luft Grenzschicht.

Die Dipoleigenschaft des Wassermoleküls begünstigt das Haften und Aufsteigen in Kapillaren. Der Meniskus des Wassers in der Kapillare ist konkav, d.h. das Wasser steigt an der Kapillarwand hoch. Der Grund dafür ist, daß sich die Wasserdipole besonders fest an das Material der Kapillarwand anlagern können, insbesondere, wenn dieses ebenfalls polare Eigenschaften aufweist: die Adhäsionskräfte sind für Wasser von vergleichbarer Größe wie die Kohäsionskräfte. Letztere bewirken, daß an die Kapillarwand angelagerte Moleküle weitere Moleküle mitziehen, und die hohe Oberflächenspannung bewirkt, daß auch weiter von der Wand entfernte Mole-

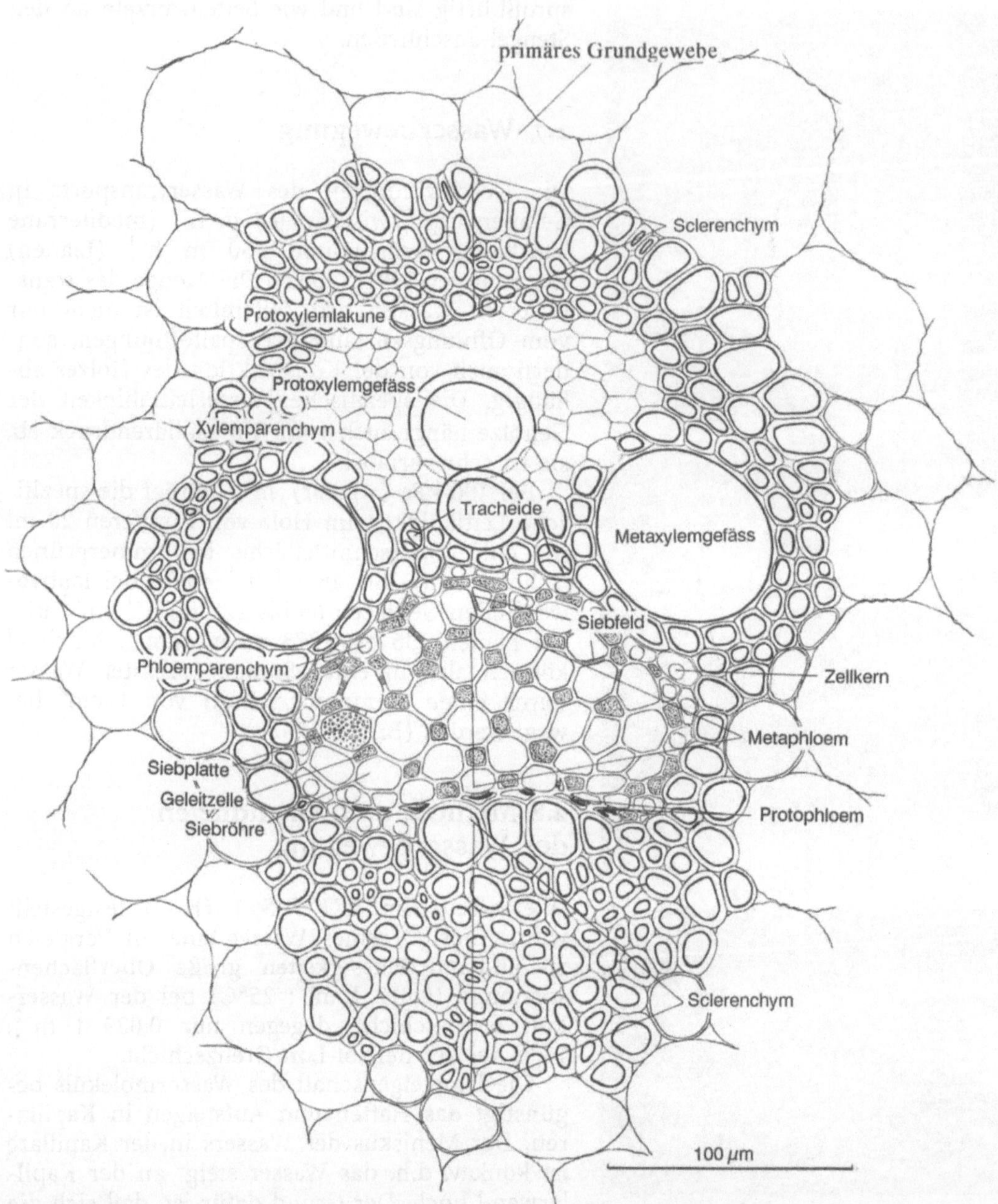

Abb. 2.14. Das collaterale Leitbündel im Stengel von *Zea mays* dient als Blattspur. Es ist angelegt worden, bevor das Streckungswachstum abgeschlossen war, denn Protoxylem und Protophloem sind vorhanden. Die Protoxylemlakune dient als Wasserreservoir in der Zeit, in der das Protoxylem durch Streckung bereits ausser Funktion getreten, das Metaxylem aber noch nicht ausdifferenziert ist (Eschrich 1976). Obwohl das Leitbündel in primäres Grundgewebe eingebettet ist, fehlt ihm eine Bündelscheide (Endodermis)

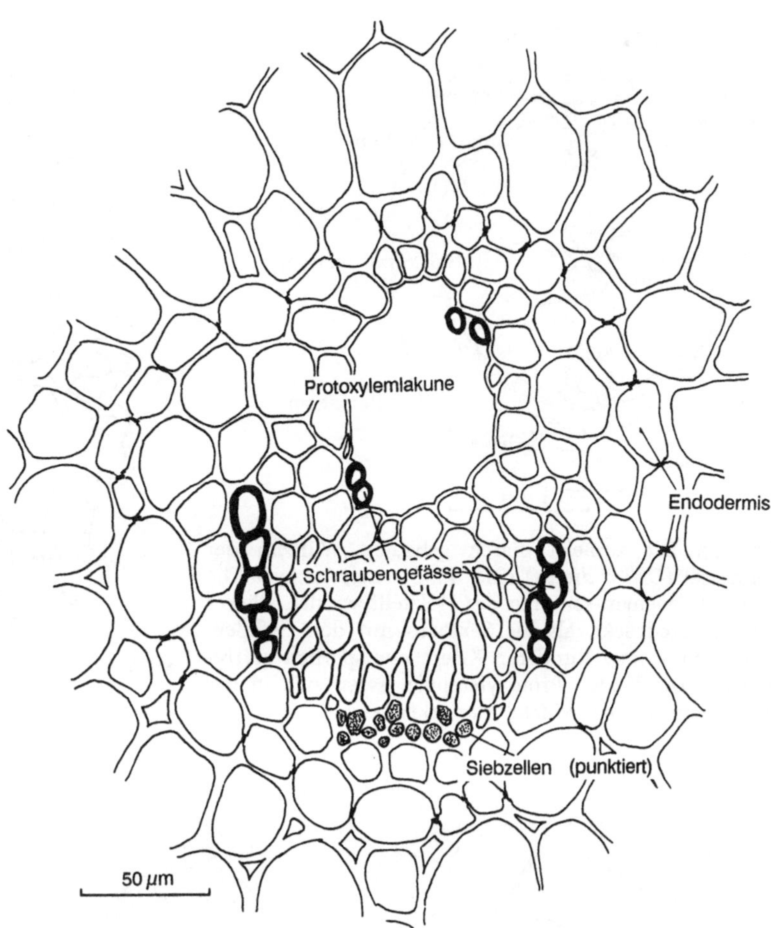

Abb. 2.15. Anders als bei den meisten *Equisetum*-Arten, die einen Zentralzylinder im Sproß aufweisen, ist bei *Equisetum fluviatile* jedes einzelne Leitbündel von einer Primär-endodermis umgeben

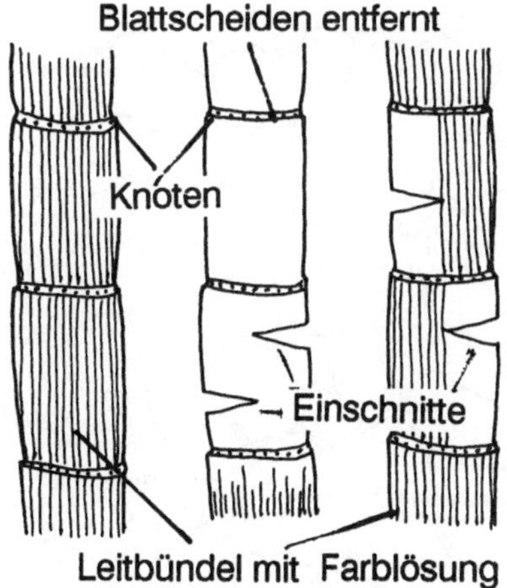

Abb. 2.16. Im Stamm vieler Monocotylenataktostelen (*Saccharum*) sind zwar alle Zellwände mit Wasser durchtränkt, ein Ausweichen des Transpirationsstromes über das Parenchym scheint aber bei Verletzungen nicht zu erfolgen. In dem dargestellten Versuch wurden Zuckerrohrstengel in Eosinlösung gestellt. Wird ein Internodium zweimal und zudem gegenläufig bis zur Mitte gekerbt (mittleres Schema), so sind alle Leitbündel durchschnitten; die Farblösung kann sich nicht „durchschlängeln". Wird dagegen in zwei übereinander liegenden Internodien je eine Kerbe angebracht (rechtes Schema), so wandert die Farblösung auf den ungekerbten Stengelseiten. Im nächsthöheren Internodium erscheint sie wieder über den ganzen Querschnitt verteilt. Anscheinend ist eine Quervermischung des Gefäßwassers nur in den Knoten möglich. (Bull et al. 1972)

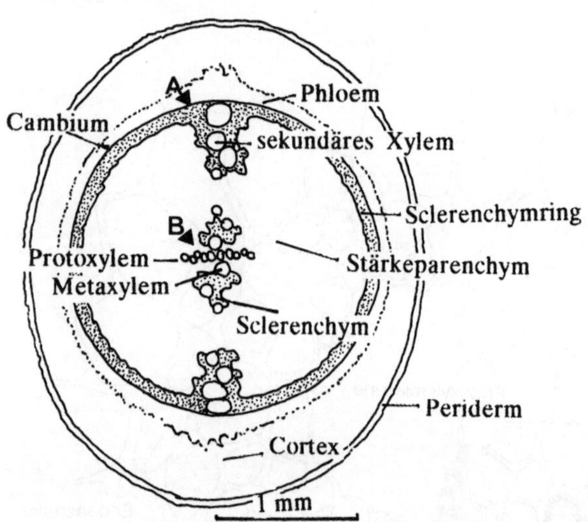

Abb. 2.17. Die zumeist diarch gebauten Wurzeln der Brennessel (*Urtica dioica*) sind im Querschnitt oval. Die beiden Parenchym-sektoren des Holzteils werden stärker zusammengedrückt, als die Sektoren mit den Gefäßen, obwohl diese im sekundären Xylem nur spärlich vertreten sind. Die beiden Protoxylempole lassen sich in der sekundär verdickten Wurzel klar erkennen

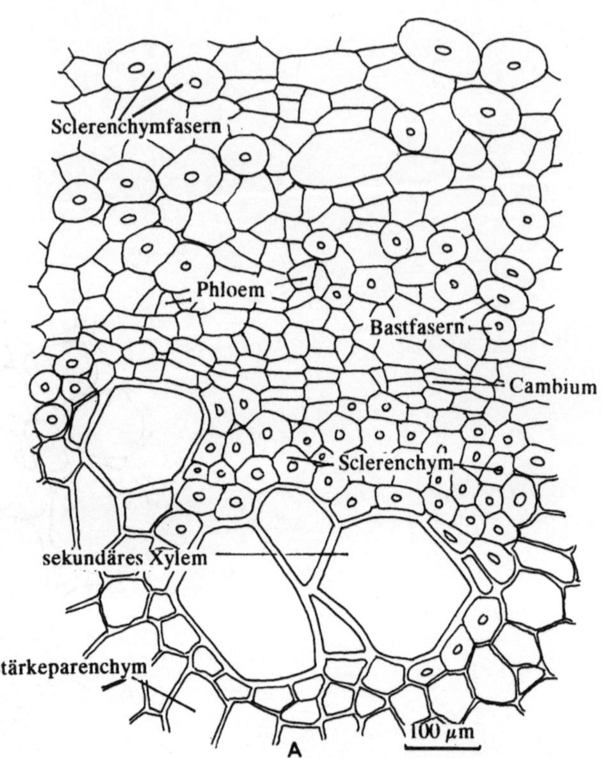

▲ **Abb. 2.18.** Im einem Detail (A) aus Abb. 2.17 erkennt man das Cambium, Sclerenchymfasern im Holz, Bastfasern sowie die primären Nesselfasern (Sclerenchymfasern) des Cortex. Eine Endodermis ist nicht sichtbar

◄ **Abb. 2.19.** Ein weiteres Detail (B) aus Abb. 2.17 zeigt die beiden Protoxylempole eingebettet in Stärkeparenchym des Zentralzylinders, das primär, später aber auch sekundär, also cambialer Herkunft, sein kann. Über den Ursprung des Sclerenchyms, das die Metaxylemgefäße umgibt, ist keine genaue Angabe zu machen

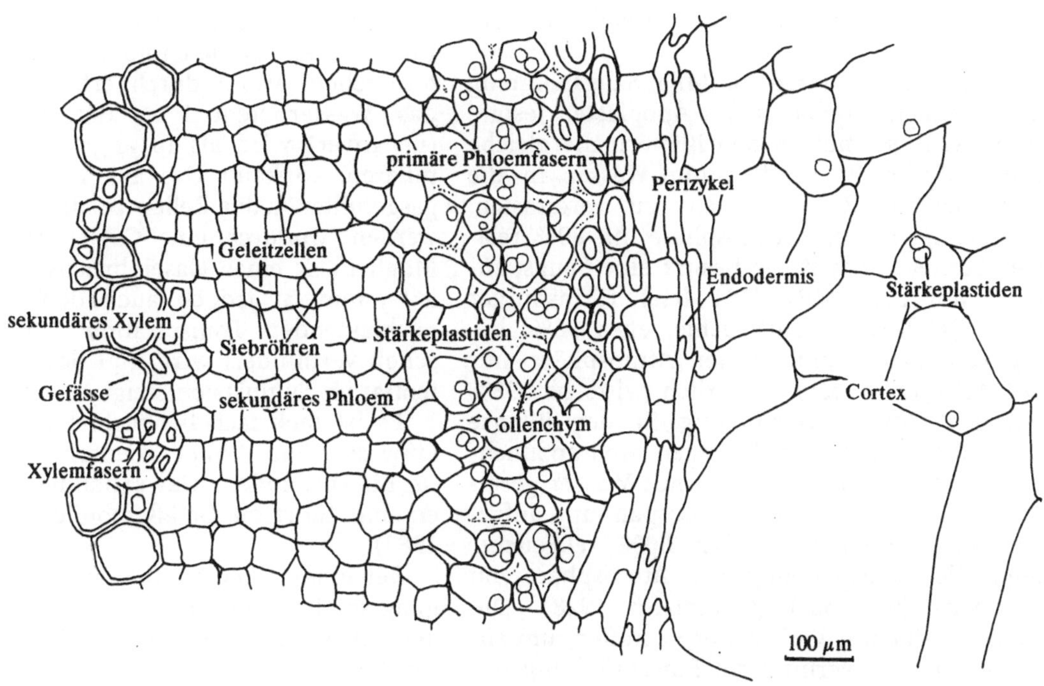

Abb. 2.20. Der Hypocotylübergang (von der Wurzel- zur Stammstruktur) ist bei jeder Dicotylen- oder Coniferenart etwas anders. Bei *Raphanus sativus* bleiben Cortex und Endodermis lange erhalten, zeigen aber Aufblähungen oder Deformationen ihrer Zellen. Diese primären Gewebe werden erst dann abgestoßen oder zusammengedrückt, wenn der Perizykel ein zusammenhängendes Periderm produziert hat. Innerhalb des (sekundären) Periderms bleiben primäre Phloemfasern und primäres Collenchym erhalten

küle mitgezogen werden, so daß die gesamte Wassersäule steigt.

Ganz anders verhält sich flüssiges Quecksilber, das eine Oberflächenspannung von 0,5 J m^{-2} bei 18°C besitzt.

Flüssiges Quecksilber besteht aus elektrisch neutralen Atomen, die nur durch Van-der-Waals-Kräfte zusammengehalten werden, aber keine den Wasserstoffbrücken vergleichbare Bindungen ausbilden können. Folglich sind auch die Kräfte zwischen Quecksilber und Kapillarwand viel schwächer als zwischen Wasser und Kapillarwand, d.h. die Adhäsion von Quecksilber ist wesentlich kleiner als die Kohäsion. Zusammen mit der sehr hohen Oberflächenspannung bewirkt dies die Ausbildung einer konvexen Oberfläche des Quecksilbermeniskus.

Eine ausführliche Behandlung findet man z.B. bei Nobel (1991).

In einem Xylemgefäß von 40 mm Durchmesser beträgt der kapillare Wasseranstieg 75 cm bei 20°C. Für die Wasserversorgung eines Baumwipfels in 30 m Höhe dürften dann die Gefäße nur 1 µm weit sein, was nicht vorkommt. Hier zeigt sich die Bedeutung der zahllosen Interfibrillar- und Intermicellarräume (Abb. 1.41), Zellwandkapillaren, die mit Wasser gefüllt sind. Man hat berechnet, daß eine Kapillare von 10 nm Durchmesser einen Wasserfaden von 3 km Höhe halten könnte.

Dem Aufsteigen einer Wassersäule wirkt die Schwerkraft entgegen. Deshalb ist die Wassersäule einer Zug- bzw. Saug-spannung ausgesetzt (Saugspannung im Sinne von Kraft pro Querschnittsfläche, oft als negativer Druck bezeichnet, obwohl pflanzenphysiologisch nur Absolutdrücke vorstellbar sind; vgl. Hahn 1993; Libbert 1987; Eisenhut 1988).

Im Experiment hält eine Wassersäule einer Zugspannung von etwa 30 MPa (300 bar) bei 20°C stand abhängig von: der Art und Benetzbarkeit des Wandmaterials, dem Durchmesser der Kapillare, dem Auftreten von H^+- und OH^--Ionen, Ungenauigkeiten in der semikristallinen

Struktur des Wassers sowie Unreinheiten des Wassers.

Wenn Wasser durch 30 MPa Saugspannung in den feinen Kapillaren des Apoplasten festgehalten wird, so muß in den Blättern die gleiche Kraft aufgebracht werden, um Wasser in die substomatären Räume hinein zu verdunsten. Dies gelingt in einer Atmosphäre mit 80% relativer Luftfeuchtigkeit; sie besitzt eine Saugspannung von 30.1 MPa (301 bar) (Strasburger 1991). Bei höherer Luftfeuchte, etwa 98%, beträgt die Saugspannung der Atmosphäre nur 2,72 MPa (27,2 bar). Natürlich wird bei 98% rel.Feuchte die Saugspannung in der Pflanze keine 30 MPa (300 bar) betragen, weil anzunehmen ist, daß dann der Boden mit Wasser gesättigt ist, das mit geringerer Saugspannung aufgenommen werden kann. Bei 50% rel.Feuchte steigt die Saugspannung der Atmosphäre auf 93,3 MPa (933 bar) (Gradmann 1928). Die Pflanze muß dann Vorkehrungen treffen, um ein Austrocknen zu verhindern: Einschränkung der stomatären Transpiration, Synthese von Quellkörpern zur Wasserretention, Blattbewegungen vom Licht weg. Pflanzen gefährdeter Standorte entwickeln eingesenkte Stomata (Stomatakrypten, Abb. 2.47) oder starke Behaarung zur Schaffung einer windstillen Luftschicht dicht über der Blattoberfläche, in der die Luft durch den transpirierenden Wasserdampf angefeuchtet wird. Eine Reduzierung der cuticulären Transpiration erfolgt auch durch verstärkte Beschichtung mit Cutin.

Die Spannung, unter der das Apoplastenwasser steht, zur Luft wie zum Boden hin (die Saugspannung), wird als Wasserpotential bezeichnet. Es stellt die Gegenkraft zum osmotischen Potential des Symplasten dar. Das Verhältnis von Wasserpotential zu osmotischem Potential entscheidet über Turgeszenz- und Welkezustand einer Pflanze.

2.9 Cavitation

Was passiert, wenn die Wasserfäden in den Kapillaren „reißen“, wenn Gasembolie oder Cavitation eintritt? Die denkbaren Ursachen für Cavitationen sind vielfältig. Bei starker Erwärmung dehnt sich im Wasser gelöstes Gas aus, die Gasblase kann dann den gesamten Querschnitt der Kapillare einnehmen und den Wasserfaden unterbrechen. Wenn durch erhöhte Transpiration das Wasserpotential in den Gefäßen größer (negativer) wird als in angrenzenden Wandkapillaren, so kann Gas aus Intercellularen oder gasgefüllten toten Zellen in die Gefäße gesogen werden, wodurch eine Cavitation entsteht. Die Möglichkeit eines Gaseinbruchs in das Wasserleitsystem ist jedoch auch denkbar, wenn bei nachlassender Transpiration der Wassernachschub vermindert wird und das osmotische Potential im Symplasten steigt.

Es ist mehrfach beobachtet worden, daß Gefäßwasser im Winter wiederholt einfriert. Das im Eis vorhandene Gas expandiert beim Auftauen und führt zu Gefäßembolien (Zimmermann 1983).

Bei einer Wiederaufnahme der Wasserbewegung im Frühjahr muß das Gas verdrängt werden. Dies geschieht wahrscheinlich durch Entweichen in die Außenluft. Da die Gefäße im Sproß bereits vor der Blattentfaltung mit Wasser gefüllt sind, vermutet man, daß das Gas durch abgebrochene Xylembündel an den Blattnarben entweicht (Sperry et al. 1987).

Durch Wasserstreß können auch beim Coniferenxylem Cavitationen auftreten. Dabei entstehen die ersten Gasblasen an den Schließhäuten der Hoftüpfelpaare. Bei Arten, deren Tüpfelschließhaut in Torus und Margo unterteilt ist, läßt sich experimentell die Elastizität der Margocellulosefibrillen durch Einlagerung von Calcium-oxalat-Mikrokristallen über den Transpirationsweg vermindern. Wird die Imprägnierung der Schließhaut in angedrückter Lage durchgeführt, so kann in situ der radiale Wassertransport unterdrückt werden (Sperry u. Tyree 1990).

Die Margoporen sind bei den Spätholztracheiden kleiner als bei den Frühholztracheiden.

Die Bedeutung der Cavitation für eine Hemmung der Wasserbewegung sollte jedoch nicht überbewertet werden. Wenn man in ein feuchtes Löschblatt mit dem Finger ein Loch bohrt, so wird dadurch der aufsteigende Wasserfluß keineswegs beeinflußt, nur lokal umgeleitet (Bonner 1959).

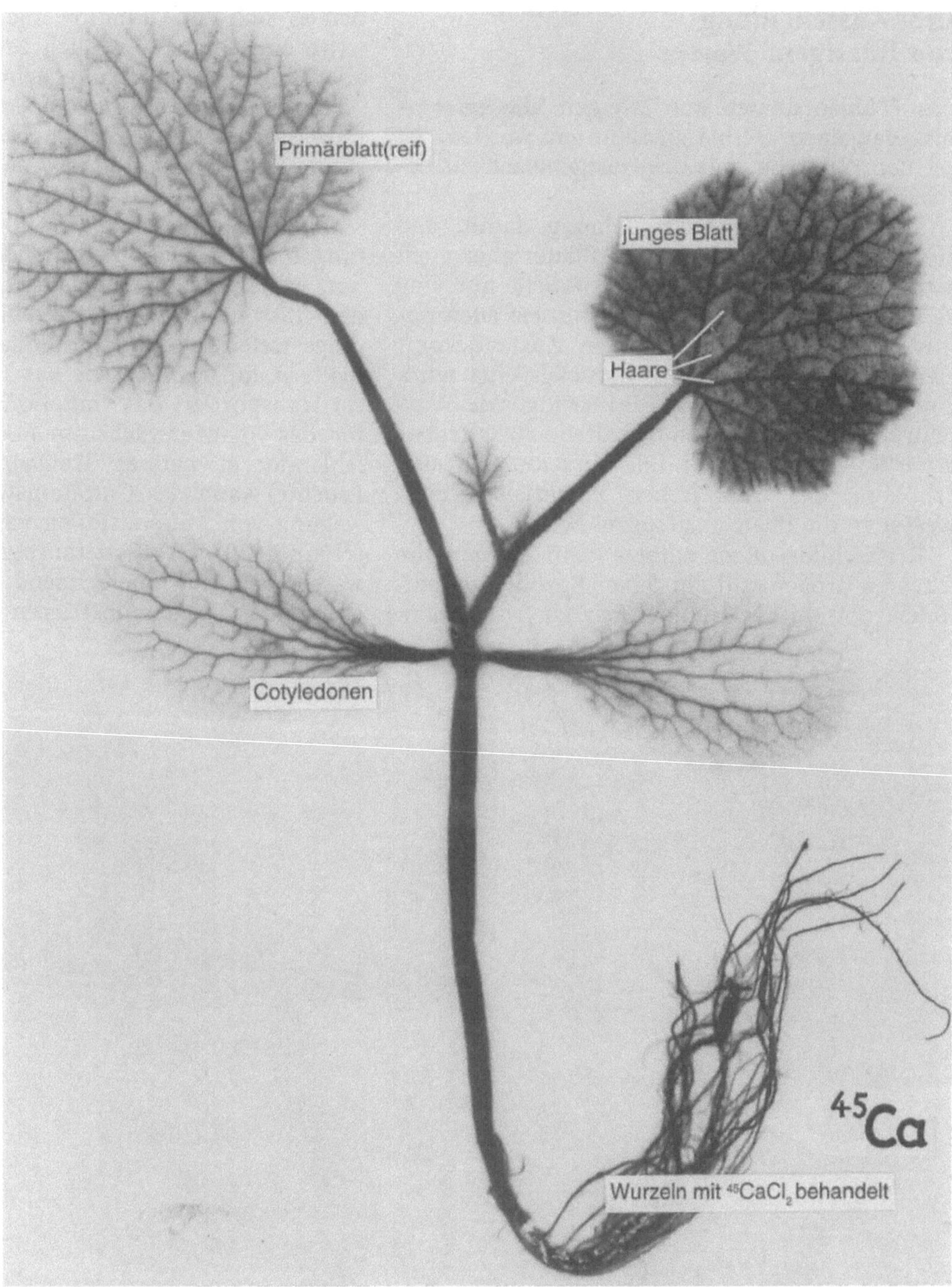

Abb. 2.21. Dieser Sämling von *Cucurbita maxima* stand mit der Wurzel 3 h in einer Nährlösung, der ^{45}Ca zugesetzt war. Nach dem Gefriertrocknen wurde die Pflanze gepreßt und auf Röntgenfilm exponiert. Die Nerven der Cotyledonen sind schwarz, womit eine Xylemverbindung zwischen Wurzel, Hypocotyl und Cotyledonen angezeigt wird. Desgleichen erscheinen die Blätter markiert. Im ältesten Folgeblatt zeigen schwarze Pünktchen Haare an, die Calcium als Carbonat eingebaut haben. Auch in dem stark markierten jüngeren Blatt sind Haare zu erkennen. Zusätzlich ist der Tracer aber auch in das Mesophyll gewandert. Diese Sink-wirkung für apoplastisch wanderndes Calcium kann nicht auf das Entwicklungsalter des Blattes zurückgeführt werden, denn das allerjüngste Blatt zeigt, wie die Cotyledonen, nur die Adern geschwärzt

2.10 Ausscheidung von flüssigem Wasser

Das Frühjahrsbluten aus Zweigen, die im vorausgegangenen Herbst beschnitten wurden, ist bei der Weinrebe und bei Obstgehölzen zu beobachten.

Erklärt wird diese Erscheinung damit, daß die Wurzeln schon „aktiv", die Blätter aber noch nicht entfaltet sind. Bluten setzt nicht nur eine Verwundung voraus, sondern erfordert auch positive Drücke im Xylem, deren Zustandekommen auf den Wurzeldruck zurückgeführt wird. Eine experimentell belegte Erklärung, wie Wurzeldruck zustande kommt, fehlt noch. Offenbar bewirkt Stärkehydrolyse im Wurzelbereich eine Erhöhung des osmotischen Potentials, womit Wasser in die Pflanze „gesogen" wird.

Reiseschilderungen zufolge kann morgens im feuchten Tropenwald ein feiner Sprühregen auftreten, obwohl der Himmel klar ist. Dabei handelt es sich um Guttation, die beobachtet wird, wenn eine Pflanze reichlich gewässert in kühler, aber feuchter Atmosphäre steht.

Bei Mais und *Canna indica* wurde Guttation in wassergesättigter Luft beobachtet, ohne daß stomatäre Transpiration nachzuweisen war (Höhn 1950).

Nach Frey-Wyssling (1941) besitzen 350 Gattungen aus 115 Familien die Fähigkeit zu guttieren, wobei aus Wasserspalten der Blatthydathoden flüssiges Wasser ausgeschieden wird. Allerdings treten intakte Hydathoden nur bei jungen Blättern auf. Ähnlich wie das Transpirationswasser transportiert das Guttationswasser Salze, die für das Pflanzenwachstum notwendig sind. Bei fehlender stomatärer Transpiration (100% rel. Feuchte) kann das Guttationswasser für die Bewegung von Mineralstoffen von Bedeutung sein (Höhn 1950). Der Salztransport im Apoplastenwasser läßt sich überzeugend mit radioaktivem Calcium (^{45}Ca) demonstrieren (Abb. 2.21).

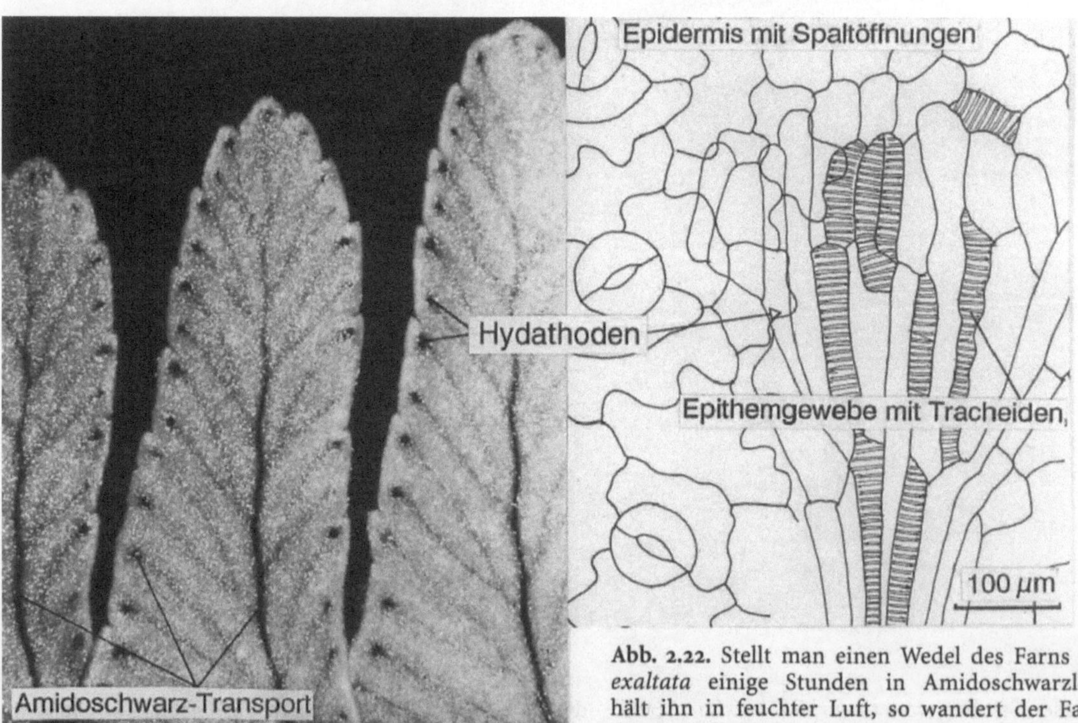

Abb. 2.22. Stellt man einen Wedel des Farns *Nephrolepis exaltata* einige Stunden in Amidoschwarzlösung und hält ihn in feuchter Luft, so wandert der Farbstoff mit dem Wasser durch die Leitbündel in die Blattfiedern und akkumuliert im Epithem der Hydathoden die sich am Rand der Fiedern befinden. Die sonst für Hydathoden typische Austrittsöffnung in Form von Wasserspalten fehlt hier, das Wasser wird anscheinend durch normal gebaute Stomata abgegeben. Guttationstropfen sind nicht zu beobachten

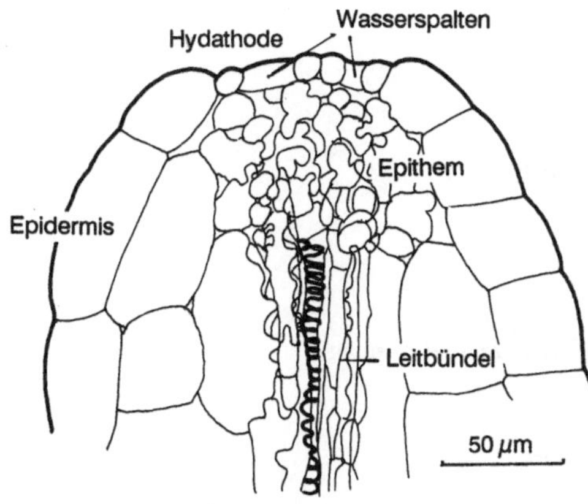

Abb. 2.23. Hydathoden sind oft an der Spitze von Emergenzen zu finden. Bei *Ranunculus fluitans* guttiert das Wasser durch zwei dicht beieinanderliegende Wasserspalten, nachdem es vom zuführenden Leitbündel durch das Epithemgewebe gedrungen ist. (Nach Wilson, aus Gessner 1956)

Hydathoden werden vom Xylem über ein Epithem mit Wasser versorgt (Abb 2.22, 2.23, 2.24, 2.25). Epitheme sind manchmal von einer dichtschließenden Schicht von Zellen, der Epithemscheide umgeben, die Transferzellen (Abb. 5.25) enthalten kann (Perrin 1971).

Die Hydathoden bestehen aus zwei „Schließzellen", die im allgemeinen nicht die Spaltbreite regeln können, wie es die Schließzellen der Spaltöffnungen tun. Nach Angaben von Steinberger-Hurt (1922) sollen jedoch Wasserspalten von *Achillea*, *Impatiens* und *Tropaeolum* geöffnet und geschlossen werden können.

Gegen die Auffassung, daß Wurzeldruck einen Überschuß an aufgenommenem Wasser durch die Hydathoden ausscheidet, um eine Verwässerung des Gewebes zu verhindern, spricht, daß Hydathoden auch an untergetauchten Blättern von Wasserpflanzen auftreten (Fahn 1979a). Hierzu hat Pond (1905, zitiert nach Stocking 1956) ein Experiment beschrieben, das für die Messung der unter Wasser ausgeschiedenen Wassermenge geeignet ist. Außerdem spricht das Auftreten von Transferzellen in Nachbarschaft der Hydathoden von *Taraxacum*, *Cichorium* und *Papaver* dafür, daß es sich nicht nur um eine wurzeldruckbedingte Wasserabgabe, sondern um Sekretionsvorgänge handelt, bei denen möglicherweise Ionen ausgetauscht werden (Höhn 1950, 1951; Perrin 1971; Renaudin u. Capdepon 1977). Guttation und Blutung sind im folgenden Experiment auseinanderzuhalten (Höhn 1951): Zwei Wochen alte Maispflanzen haben an den Blattspitzen Wasserspalten ohne Epithem. Läßt man sie auf Filterpapier liegend mit den Wurzeln Wasser aufnehmen, so tritt bei intakten Pflanzen an den Blattspitzen Guttation auf. Die Guttationsflüssigkeit kann man sammeln, wenn die Blattspitzen abwärts gerichtet sind. Schneidet man die Blattspitzen ab, so tritt statt des Guttationswassers Blutungssaft aus. Die Analyse der beiden Flüssigkeiten zeigt, daß das Guttationswasser weniger Rückstand hinterläßt als das Blutungswasser. Dies deutet darauf hin, daß dem Guttationswasser unterwegs Salze entnommen werden; es dient zur Verteilung von Mineralstoffen.

Guttation ist bei Pflanzen mit niedrigem Wuchs verbreitet, unter den Laubbäumen treten nur wenige guttierende Vertreter auf. Die Coniferen zeigen weder Guttation noch durch Wur-

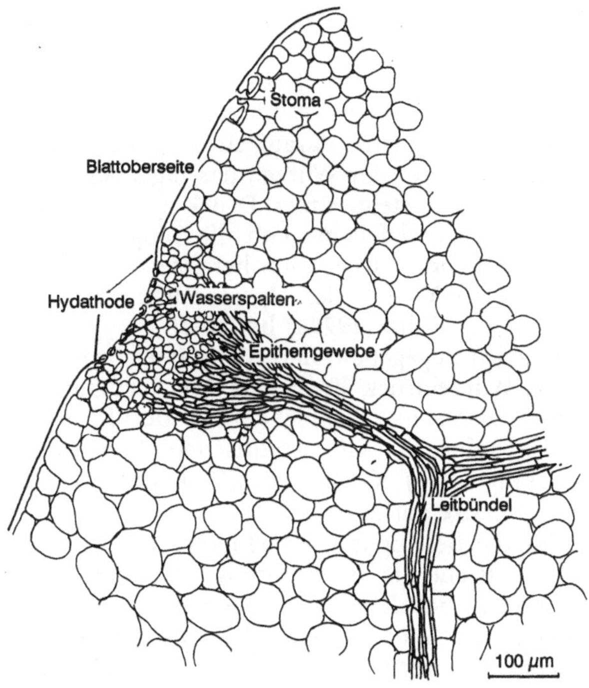

Abb. 2.24. Die Hydathoden von *Crassula arborescens* setzen sich aus zahlreichen winzigen Wasserspalten zusammen, die in Grübchen der Blattoberfläche beisammenliegen. Außer diesen Miniaturspaltöffnungen kommen auch normal große Stomata in der Blattepidermis vor (s. Abb. 2.25). (De Bary 1877)

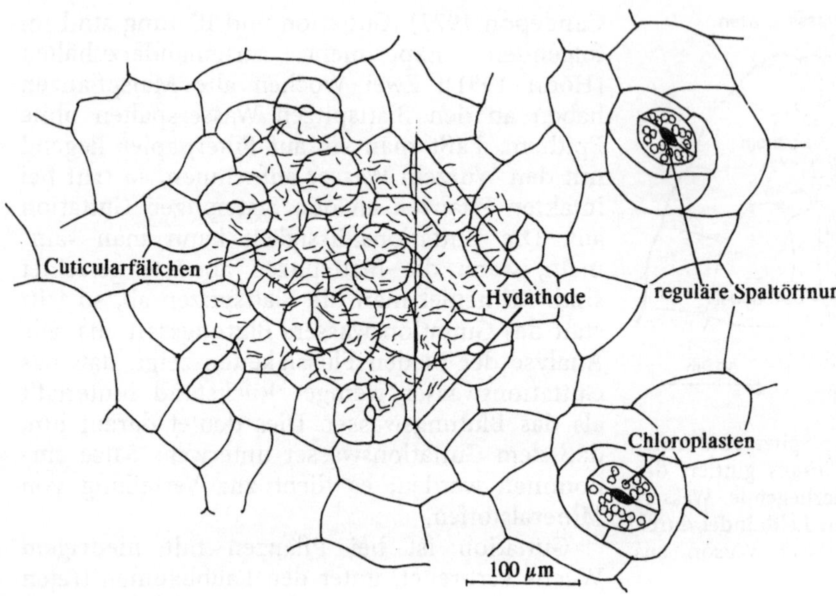

Abb. 2.25. In der Aufsicht erkennt man die kleinen, zusammengedrängt liegenden Wasserspalten der *Crassula-arborescens*-Hydathode. Sie ist von normalen anisocytischen Spaltöffnungen umgeben

zeldruck austretendes Wasser, wenn sie abgesägt werden (Stocking 1956).

Wenn tagsüber der Boden erwärmt wurde, fördert die nächtliche Abkühlung der Luft die Guttation. Dies wird darauf zurückgeführt, daß das Xylemwasser der Wurzel, das tagsüber unter Saugspannung steht, unter Druck gesetzt wird, wenn kühle und feuchte Luft die Saugspannung und damit die Transpiration herabsetzen.

Über die Vielfalt der Hydathoden wird ausführlich von Fahn (1979a) berichtet.

Es wird angegeben, daß die Wasserförderung durch Wurzeldruck höchstens 5% der Transpiration ausmacht. Wahrscheinlich beruht diese Wasserförderung auf osmotischen Potentialen (Stocking 1956). Ohne Wurzeln kann offenbar keine Pflanze guttieren.

Für die Beteiligung des Phloems an der Guttation spricht die Beobachtung, daß geringelte Bäumchen, bei denen der Phloemweg zwischen Wurzel und Zucker liefernden Blättern unterbrochen ist, nicht guttieren können (W. Lied, Münster, persönl.Mitteilung). Bei der Suche nach den Ursachen für Wurzeldruck und Guttation stößt man auf die Tatsache, daß in Wurzelspitzen die Epidermis und die Wurzelhaare markierte Photoassimilate einbauen, wenn die Blätter Photosynthese mit $^{14}CO_2$ durchführen. Durch Mikroautoradiographie kann die radioaktive Markierung lokalisiert werden (Abb. 1.55). Demnach ist die Wurzelepidermis metabolisch besonders aktiv. Der bevorzugte Import von Blattassimilaten in diese Zellschicht läßt annehmen, daß damit das osmotische Potential erhöht wird und einen Wassereinstrom nach sich zieht.

Im zeitigen Frühjahr kommt es vor, daß Cambialsaft die Rinde und Borke durchdringt und feuchte Flecken z.B. bei Ahorn und Buche erzeugt. Cambialsaft entsteht auch an gefällten Bäumen, ist also nicht auf den Wurzeldruck zurückzuführen. Die Flüssigkeit kommt offenbar aus dem Stammholz und sammelt sich in der Cambiumregion, bevor die Frühjahrsreaktivierung eintritt. Analysen des Xylemsaftes von Bäumen haben ergeben, daß organische Verbindungen darin vorkommen, von denen man annimmt, daß sie passiv im Apoplasten transportiert werden. Über ihre Bestimmungsorte ist kaum etwas bekannt. Im Frühjahr, vor allem während des Knospenschwellens, können erhebliche Mengen an Kohlenhydraten im Apoplastenwasser gelöst sein. Bei *Betula pendula* setzen sie sich zu 97 bis 98% aus Glucose, Fructose und Saccharose zusammen (Sauter u. Ambrosius 1986). Cambialsaftbildung setzt sich bis in die Zweige fort, sie ist für das „slipping of bark“

verantwortlich, bei dem sich der Bast leicht vom Holz ablösen läßt (Essiamah 1982). Während bei Coniferen die Cambialsaftsekretion ausbleibt, obwohl sich der Bast leicht vom Holz lösen läßt, werden bei Ahorn (maple syrup) und Birke (Birkensaft) relativ große Mengen an Cambialsaft durch Anschnitt gezapft. Die „slipping"-Periode kann sich bei der Buche von März bis August erstrecken.

2.11 Wasserspeicherung

Zellen oder Gewebe, die Wasser speichern sind in vielen Pflanzenorganen ausgebildet. Wassergewebe sind bei solchen Landpflanzen ökonomisch wichtig, die Trockenzeiten zu überstehen haben.

Auffallend sind die multiplen Epidermen (*Peperomia, Ficus, Pellionia*, Abb. 2.26). Oft ist auch eine Hypodermis an der Bildung des Wassergewebes beteiligt (Kaul 1977). Die oft wasserklaren, plastidenfreien Zellschichten an der Blattoberfläche besitzen nur wenig Cytoplasma, können aber ein osmotisches Potential aufbauen, das für ihre Turgeszenz sorgt. Pflanzen mit solchen Merkmalen können meistens auch CAM durchführen.

Für die multiple Epidermis von *Ficus elastica* und *Peperomia* ließe sich die Hypothese aufstellen, daß sie als Wärmefilter wirken können.

Multiple Epidermen sind bei den Blättern von Mangrove-Pflanzen verbreitet (Abb. 2.27).

2.12 Bulliforme Zellen

Als Wassergewebe können auch einschichtige obere Blattepidermen dienen, deren Zellen sich weit ins Mesophyll erstrecken, z.B. bei *Salsola kali* und zahlreichen *Begonia*-Arten. Unter den Monocotylen sind es vor allem Liliaceen und Commelinaceen, die auffallend großzellige adaxiale Blattepidermen haben (*Chlorophytum comosum*, Abb. 2.28).

Verbreitet sind die bulliformen Zellen (kapselförmige Zellen), die von Duval-Jouve (1875) ausführlich beschrieben wurden. Sie sind bei Poaceen und Cyperaceen verbreitet (*Aristida ciliata*, Abb. 2.29), kommen aber auch bei anderen Monocotylen-Familien vor (Iridaceae, Bromeliaceae, Scitamineae).

Bulliforme Zellen können als paarige Streifen zu beiden Seiten der Mittelrippe die Spreitenoberseite durchziehen oder in mehreren parallelen Epidermislängsstreifen auftreten. Aufgrund dieser Anordnung werden sie auch als Gelenkzellen (besser Scharnierzellen) bezeichnet. Bei Wassermangel können sie die Blattspreite zusammenklappen oder einrollen lassen, bei ausreichender Feuchte aber wieder öffnen. Es ist bekannt, daß Gräser mit involutiver Vernation (Rollblätter, *Avena fatua, Hordeum murinum, Milium effusum*) viele Längsstreifen bulliformer Zellen im Blatt haben, während bei conduplicativer Vernation (Faltblätter, *Poa pratensis, Glyceria*-Arten) nur ein Epidermiszellstreifen aus bulliformen Zellen auf jeder Seite der Mittelrippe auftritt.

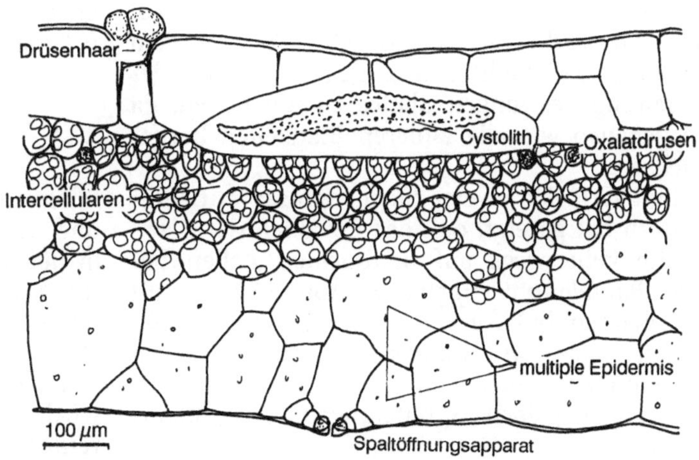

Abb. 2.26. In der oberen multiplen Epidermis von *Pellionia repens* treten balkenförmige Cystolithen auf, die mit einem verkieselten Stielchen an der Epidermisaußenwand befestigt sind. Die Spaltöffnungsapparate in der unteren Epidermis sind, wie bei Hygrophyten üblich, nach außen gewölbt

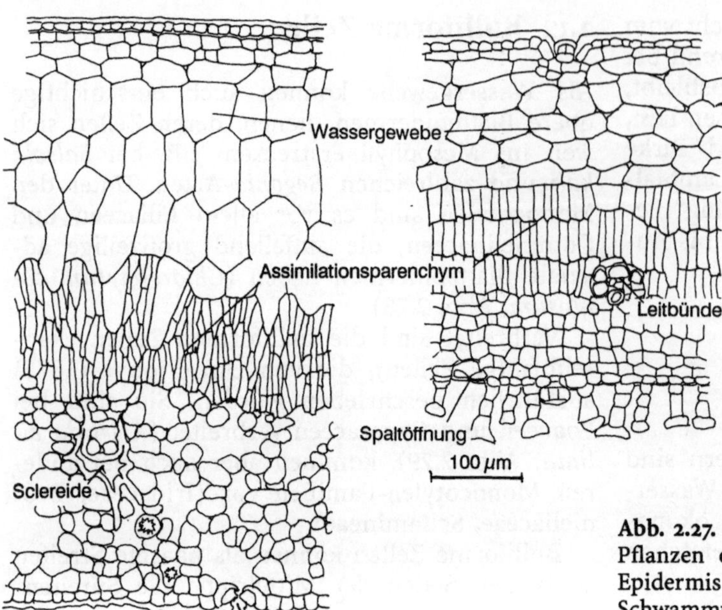

Abb. 2.27. Multiple obere Epidermen sind bei Mangrove-Pflanzen oft als Wassergewebe ausgebildet. Die untere Epidermis ist behaart (*Avicennia marina*) oder im Schwammparenchym befinden sich Sclereiden (*Rhizophora mucronata*). (Walter u. Steiner 1937)

Weitere Bezeichnungen für die bulliformen Zellen sind: Faltzellen, Entfaltungszellen, Motorzellen, Blasenzellen. Über die Dicke der Cuticula der bulliformen Zellen gibt es widersprüchliche Angaben. Es ist jedoch anzunehmen, daß die Cuticula nicht so dick ist, daß sie eine Falt- oder Rollbewegung bei Turgeszenzverlust behindern wird.

Bulliforme Zellen können Kristalle enthalten (*Bambusa*).

Der Vorgang der Blattentfaltung ist von Shields (1951) untersucht worden. Die Autorin kam wie vorher schon Goebel (1920) zu dem Ergebnis, daß bulliforme Zellen nichts mit der Entfaltung des jungen Blattes zu tun haben, da sie genauso wie alle anderen Blattzellen heranwachsen.

Ein Vergleich zweier Steppengräser mit Rollblättern hat gezeigt, daß das Einrollen der Blattspreite keineswegs auf bulliformen Zellen beruht. *Bouteloua curtipendula* (Abb. 2.30) ist mit auffallenden, bulliformen Epidermiszellen ausgestattet, *Oryzopsis canadensis* besitzt dagegen keine bulliformen Zellen (Abb. 2.31); Beide Arten zeigen jedoch Spreiteninvolution (Shields 1951).

Ein besonders wirksamer Roll-Klapp-Mechanismus beruht bei *Stipa tenacissima* (Abb. 2.32) darauf, daß sclerifiziertes Blattgewebe (im Bild weiß) mit Strängen von Assimilationsparenchym durchsetzt ist, in dem auch Phloemstränge vorkommen. Bei Turgorverlust schrumpft das Assimilationsparenchym, was dazu führt, daß die Falten der Blattoberseite dicht zusammenschließen. Dabei bleiben die Phloemstränge wegen des hohen osmotischen Potentials in den Siebröhren turgeszent. Die geschlossene Blattspreite gleicht einem Stengel; sie wird bei der Zigarren-Fabrikation (Virginias) verwendet.

2.13 Wasserhaushalt bei Halophyten

Pflanzen der Mangrove, Salzmarschenpflanzen und Halophyten anderer Standorte entwickeln in den Blättern meist ein hohes Wasserpotential (bis 6 MPa), das zu 50 bis 70% von gespeicherten Na^+- und Cl^--Ionen verursacht wird. Wenn aber ein beblätterter Zweig in einer Scholander-Bombe einem erhöhten Luftdruck ausgesetzt wird, wodurch Exsudation eintritt, so ist es fast reines Wasser, das aus dem Xylem austritt

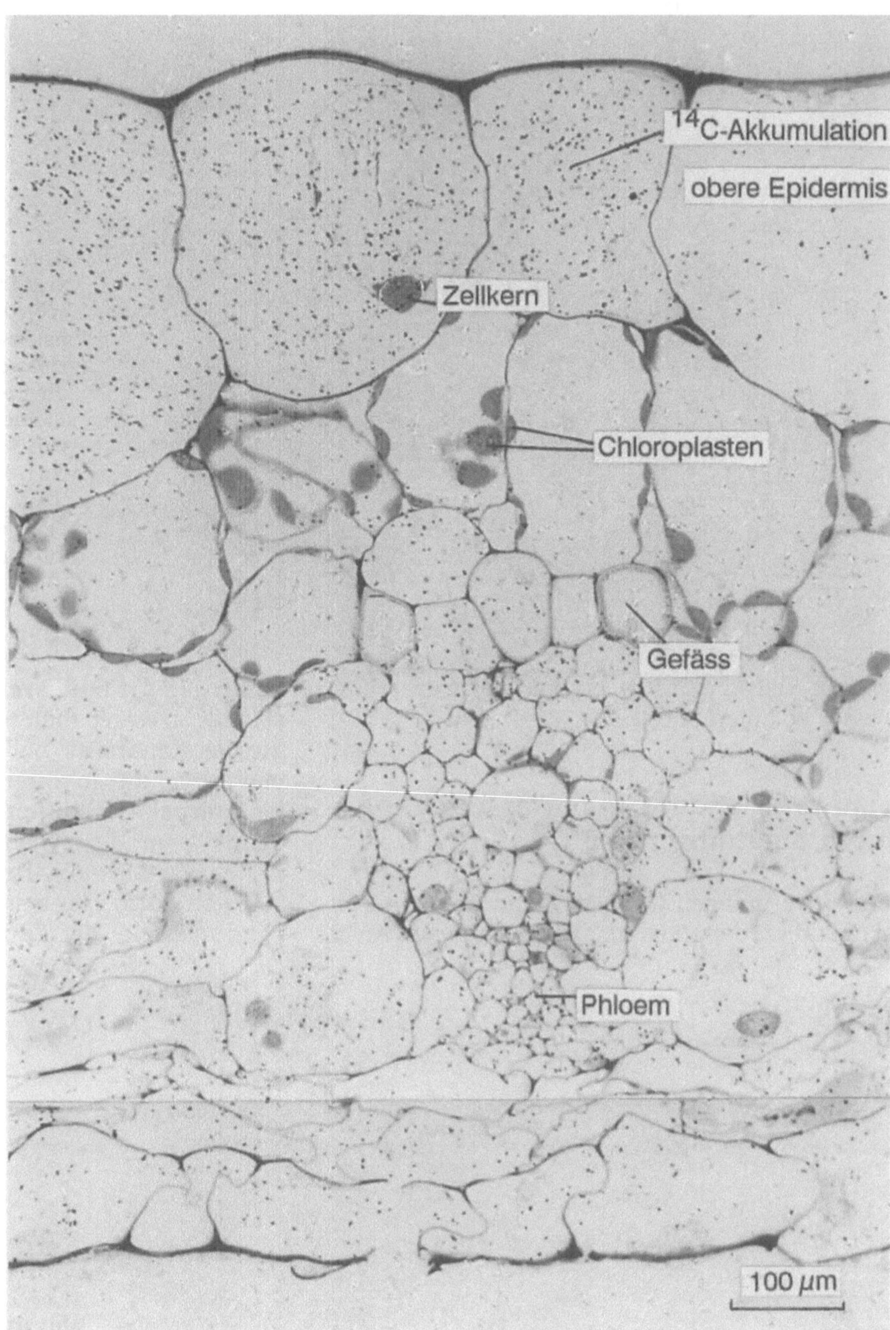

Abb. 2.28. Die panaschierten Blätter von *Chlorophytum comosum* sind von einer Epidermis aus großen Schleimzellen bedeckt. ^{14}C-Saccharose, die vom Rand eines Blattstückchens ins Mesophyll diffundiert, wird in den Schleimzellen akkumuliert. In der Mikroautoradiographie erscheinen dort die schwarzen Silberkörnchen der Photoemulsion dicht beieinander

(Scholander et al. 1966). Die Anpassung an Salz-Standorte wird sowohl durch einen Ausschluß von Ionen durch die Membranen der Wurzel, als auch durch eine Salz-affinität der Vacuolen von Blattparenchymzellen und multiplen Epidermen ermöglicht. In vielen Halophyten wird jedoch ein Überschuß an Salz, insbesondere Chlorid, in Salzdrüsen konzentriert und aktiv ausgeschieden (*Tamarix, Limonium, Statice*, Abb. 7.8) (Ziegler u. Lüttge 1967). Damit wird

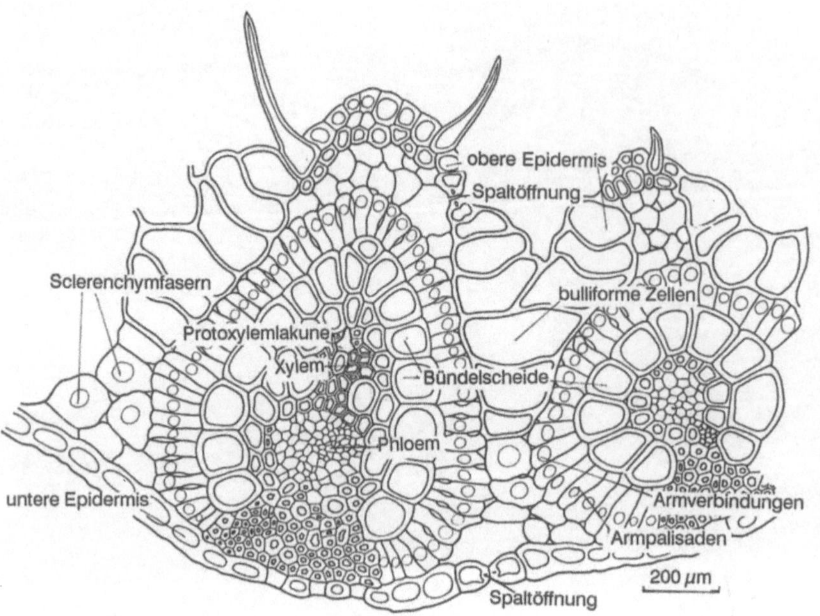

Abb. 2.29. Die Blätter der Gräser von Trockenstandorten zeigen unterschiedliche Anpassungen an Wasserhaushalt und Verdunstung. Bei *Aristida ciliata* umgeben die Mesophyllzellen als Armpalisaden die Bündelscheide, die abaxial durch einen Sclerenchymstrang unterbrochen ist. Bulliforme Zellen auf der Blattoberseite und zwischen den Blattnerven geben der Spreite durch Turgoränderungen Beweglichkeit (Bourreil 1962, aus Napp-Zinn 1973/74)

erreicht, daß die Stoffwechselprozesse in reinem Wasser ablaufen können.

2.14 Ausscheidung von Wasserdampf durch Spaltöffnungen

Die Spaltöffnungen (Stomata) sind über Intercellularräumen, den substomatären Kammern (Atemhöhlen) in der Epidermis transpirierender Organe (Blätter, Zweige, Blüten, Früchte) eingelassen. In diesen Kammern befindet sich Wasserdampf, der durch die in ihrer Öffnungsweite regelbare Zentralspalte abdiffundiert. Das Wasser verdampft von der feuchten Oberfläche der Zellwände der Mesophyllzellen, in denen es kapillar gehalten wird. Die beiden Schließzellen sind bis zur Innenseite der Zentralspalte mit einer Cuti-

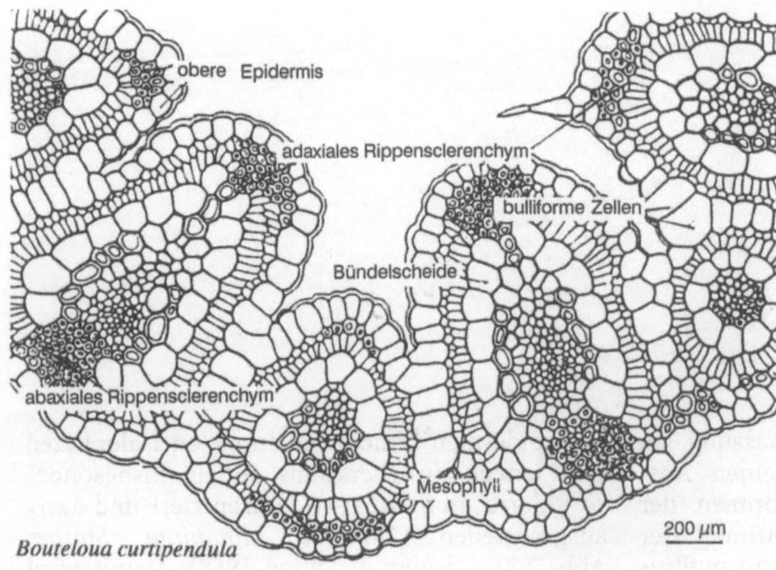

Abb 2.30. Bei *Bouteloua curtipendula* besteht die Spreite aus gestreckten Segmenten, in denen jeweils ein Leitbündel von Sclerenchymfasern, Bündelscheidenzellen, zwei Lagen Mesophyllzellen und der vorwiegend aus bulliformen Zellen bestehenden abaxialen Epidermis umgeben ist. (Shields 1951)

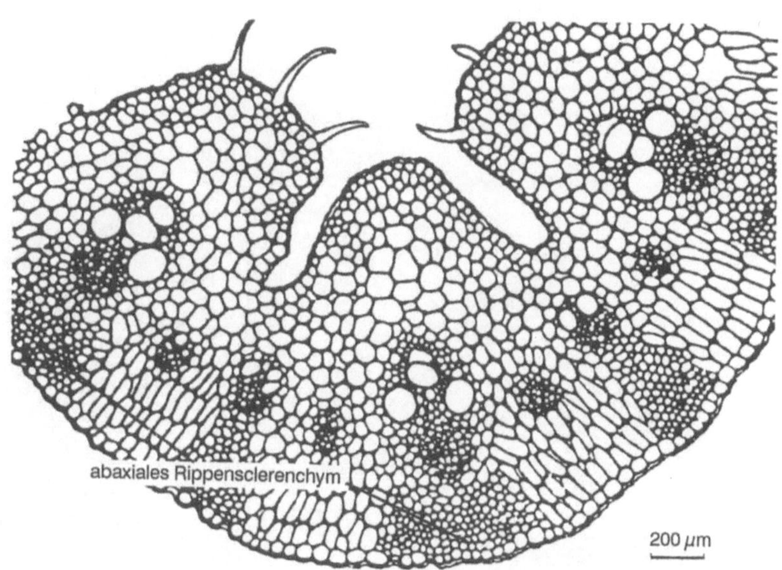

Abb. 2.31. Andere Gräser von Trokkenstandorten kommen ohne bulliforme Zellen aus. Bei *Oryzopsis canadensis* dienen abaxiale Sclerenchymrippen zur Spreitenstabilisierung. (Shields 1951)

cula versehen. Die Spaltöffnungen der Nadelblätter sind in Längsreihen angeordnet, ihre substomatären Kammern sind zu einem substomatären Gang vereinigt.

2.15 Transpirationswege im Blatt

Zunächst erscheint es wichtig, die Bewegung des Wassers von den Wasserleitbahnen her (Gefäße, Tracheiden, Zellwände) zu der Blattoberfläche zu verfolgen.

Eine erste Barriere für den apoplastischen Wasserweg im Blatt stellen die Bündelscheiden dar, und in diesen eventuell vorkommende Caspary-Streifen. In einer Aufsammlung von Blättern und Blattspuren von 113 verschiedenen Arten unterschiedlicher Standorte wurden bei Prüfung mit dem Lichtmikroskop 5 Gruppen von Bündelscheiden gefunden:

- Bündelscheidenzellen mit Chloroplasten,
- Bündelscheidenzellen ohne Chloroplasten,
- Bündelscheidenzellen mit Plastiden und mit
- Caspary-Streifen in den Radialwänden,
- Bündelscheidenzellen mit verholzten Radialwänden,
- Bündelscheidenzellen ohne Plastiden aber mit Caspary-Streifen in den Radialwänden.

Wo Chloroplasten in den Bündelscheidenzellen gefunden wurden gab es solche mit Stärke und andere ohne Stärke. Verholzte Radialwände waren auf Coniferennadeln beschränkt (Eschrich u. Eschrich, unveröffentlicht).

Eine Behinderung der apoplastischen Wasserbewegung stellen die Suberinlamellen dar, die bei den äußeren und radialen Wänden der Bündelscheidenzellen von C_4-Gräsern vorkommen (Abb 2.33, 2.34, 2.35) (O'Brien u. Carr 1970). Sie versperren den apoplastischen Wasserweg zu den Spaltöffnungen, es sei denn, das Wasser wird in der Mittellamelle zwischen den Suberinlamellen der Bündelscheidenzellen befördert.

Nun sind allerdings die marginalen Leitbündel des Maisblattes mit lückigen Bündelscheiden versehen (Abb. 2.36). Läßt man eisenhaltiges Prussiat (Pentacyanoferrat) in Lösung mit dem Transpirationswasser vom Blatt aufnehmen (Burbano et al. 1976), so kann man im EM das Schwermetall als Niederschlag vorzugsweise in den marginalen Bündeln mit lückiger Bündelscheide wiederfinden. Von diesen Bündeln aus kann Wasser ins Mesophyll gelangen, ohne das es durch eine Suberinlamelle auf seinem apoplastischen Weg behindert wird (Botha u. Evert 1986). In ähnlicher Weise kann der Transpirationsweg im Blatt auch mit anderen Schwermetall-salzen markiert werden, z.B. mit Lanthanni-

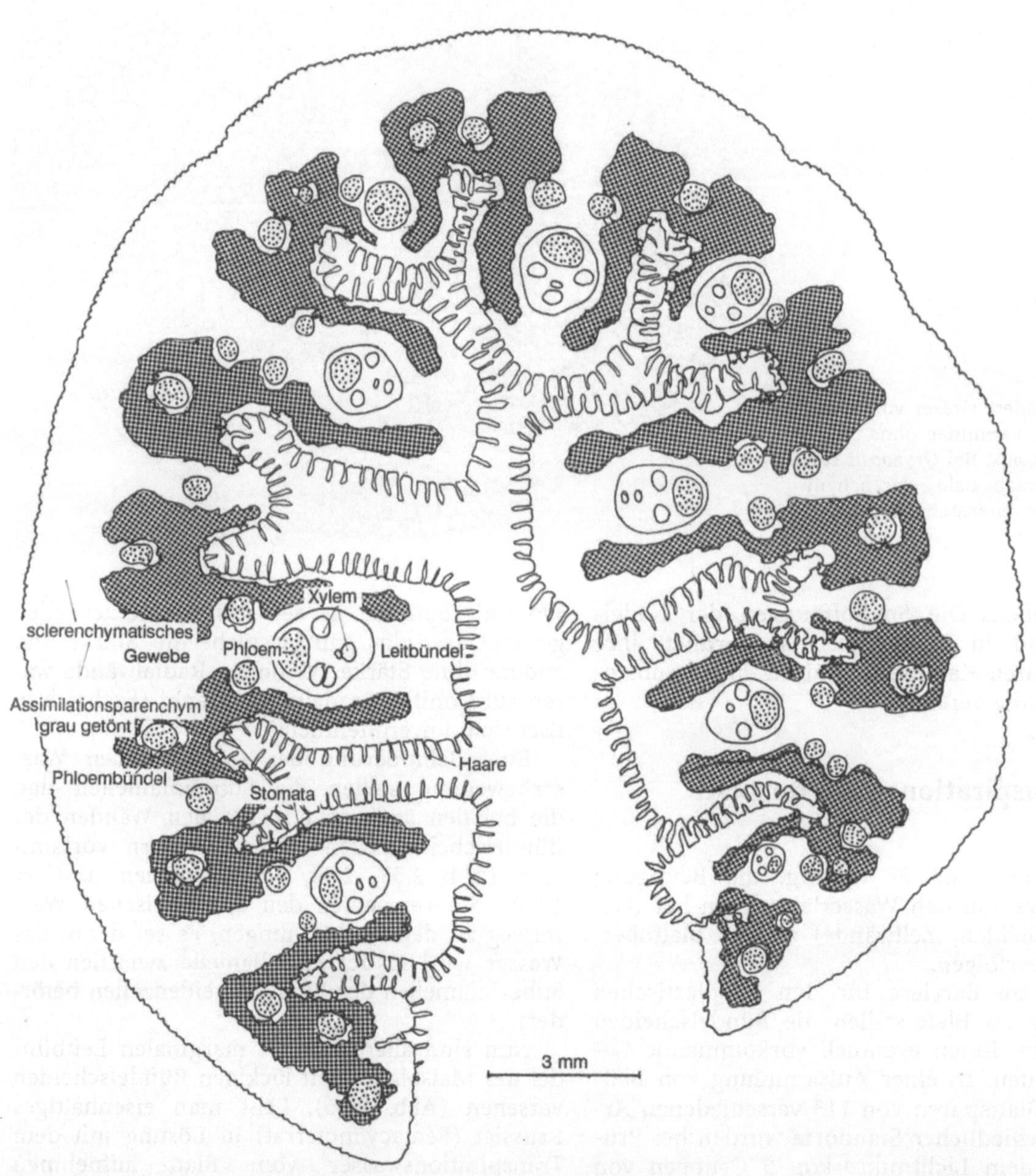

Abb. 2.32. Die Spreite des Espartograses (*Stipa tenacissima*) hat die Tendenz, sich längs einzurollen, weil die Blattoberseite tiefe Längsfurchen besitzt. Die Blattunterseite besteht aus sclerenchymatischem Gewebe. Außerhalb der Leitbündel treten in Kontakt mit dem Mesophyll zahlreiche Stränge aus Phloemgewebe auf. Bulliforme Zellen fehlen

trat, das im EM als dunkler Niederschlag den Weg des Transpirationswassers kennzeichnet. Mit dieser Methode konnte aber auch gezeigt werden, daß im Maisblatt die Mittellamelle zwischen den Bündelscheidenzellen für den Wassertransport ins Mesophyll benutzt wird (Evert et al.1985).

Mit diesem Engpaß für die Wasserbewegung scheint gewährleistet zu sein, daß bei Wassermangel nicht nur die basalen Spreitenabschnitte

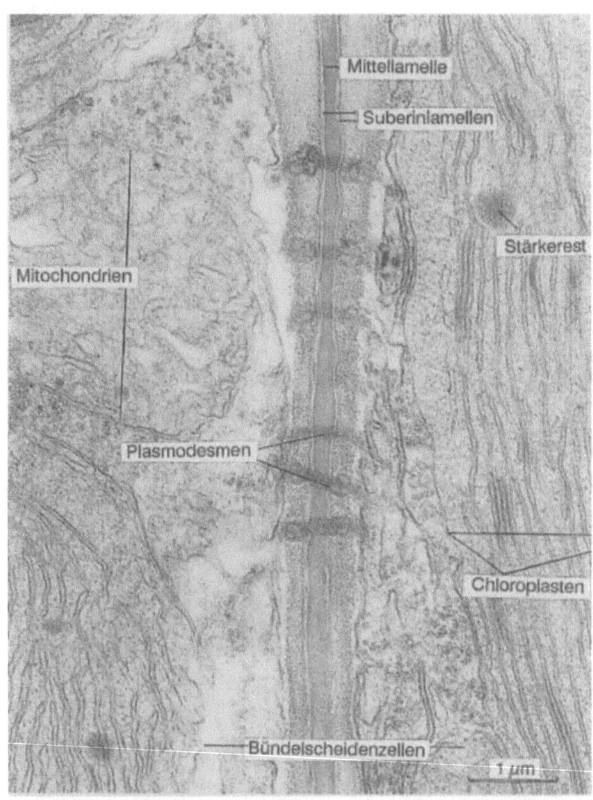

Abb. 2.33. Bei *Zea mays* (Pflanze vorverdunkelt) sind die Bündelscheidenzellen durch Plasmodesmen verbunden, die in primären Tüpfelfeldern zusammengefaßt sind. Die Mittellamelle ist gegen die Primärwände durch Suberinlamellen abgetrennt. Wasser, das in Leitbündeln der Blattspreite angeliefert wird, kann also nur in der Mittellamelle zwischen den Bündelscheidenzellen bis zum Mesophyll gelangen. (EM-Präparat von RF Evert, Madison)

Transpirationswasser bekommen, weil sie der Quelle am nächsten liegen, sondern daß auch die Blattspitze mit Wasser für die Transpiration versorgt wird.

Suberinimprägnierte Zellwände sind auch in der Mestomscheide enthalten, die als chlorophyllfreie innere Bündelscheide bei den Pooideae vorkommt, so beim Gerstenblatt (Abb. 6.26). Außen ist die Mestomscheide von einer zweiten, einer parenchymatischen Bündelscheide umgeben, die Chloroplasten enthält (Williams et al. 1989).

Der apoplastische Weg des Wassers vom Xylem bis zu den substomatären Räumen des Blattes wird also kontrolliert.

Die symplastische Verbindung zwischen Bündelscheide und Mesophyll ist beim Maisblatt durch primäre Tüpfelfelder angezeigt, die Plasmodesmen mit Sphinktern haben, über deren Funktion nichts Gesichertes bekannt ist (Abb. 2.35). Im EM kann man gelegentlich erkennen, daß für diese Plasmodesmen Perforationen der Suberinlamelle vorhanden sind (Evert et al.1977).

Der Weg des Transpirationswassers läßt sich auch mit radioaktivem Calcium (^{45}Ca) sichtbar machen, denn Calcium wird über längere Strecken nur im Apoplasten transportiert (Abb 2.21). Es wird als Carbonat in Haarwänden deponiert und in den Wänden des Phloems kann Calcium akkumulieren, wenn die Siebelemente obliterieren.

Bei der überwiegend auftretenden stomatären Transpiration (Abb. 2.1) verdampft flüssiges Wasser an der Oberfläche der Mesophyllzellwände, die an die substomatäre Kammer grenzen.

Diese Wände haben keinerlei Imprägnierung, also weder Suberin- noch Cutinlamellen, die als Verdunstungsschutz bezeichnet werden können. Die Wasserdampfabgabe wird durch eine Kette physiologischer Prozesse in den Spaltöffnungen geregelt (Raschke 1975). Aus anatomischer Sicht ist dabei lediglich die Öffnungsweite des Spalts und die Stärke in den Schließzellenplastiden variabel.

Von geringerer Bedeutung ist die cuticulare Transpiration (Abb. 2.1), der Weg des Wassers durch die Epidermisaußenwand der Blätter.

Es ist weitgehend unbekannt, ob alle Stomata einer Blattspreite unter gleichen Außenbedingungen zur gleichen Zeit gleich weit geöffnet sind oder ob sie sich im Öffnungsgrad unterscheiden. Näherungsweise ist der Wasserdampfnachweis mit Cobaltpapier eine Probe, die diese Frage beantworten könnte.

Porometermessungen an Spreiten ausgewachsener Maisblätter haben gezeigt, daß die Transpirationsrate im Spitzenbereich des Blattes höher, fast doppelt so hoch ist, als in der Spreitenmitte. Demzufolge ergeben sich in der Blattspitze auch höhere CO_2-Verbrauchsraten als in der Spreitenmitte. Die Auszählung der Stomata der Blattunterseite hat beim ausgewachsenen Maisblatt eine erhöhte Stomatadichte in der Spreitenspitze gegenüber der Spreitenmitte ergeben (60 : 53 Stomata mm^2) (Krabel et al.1995).

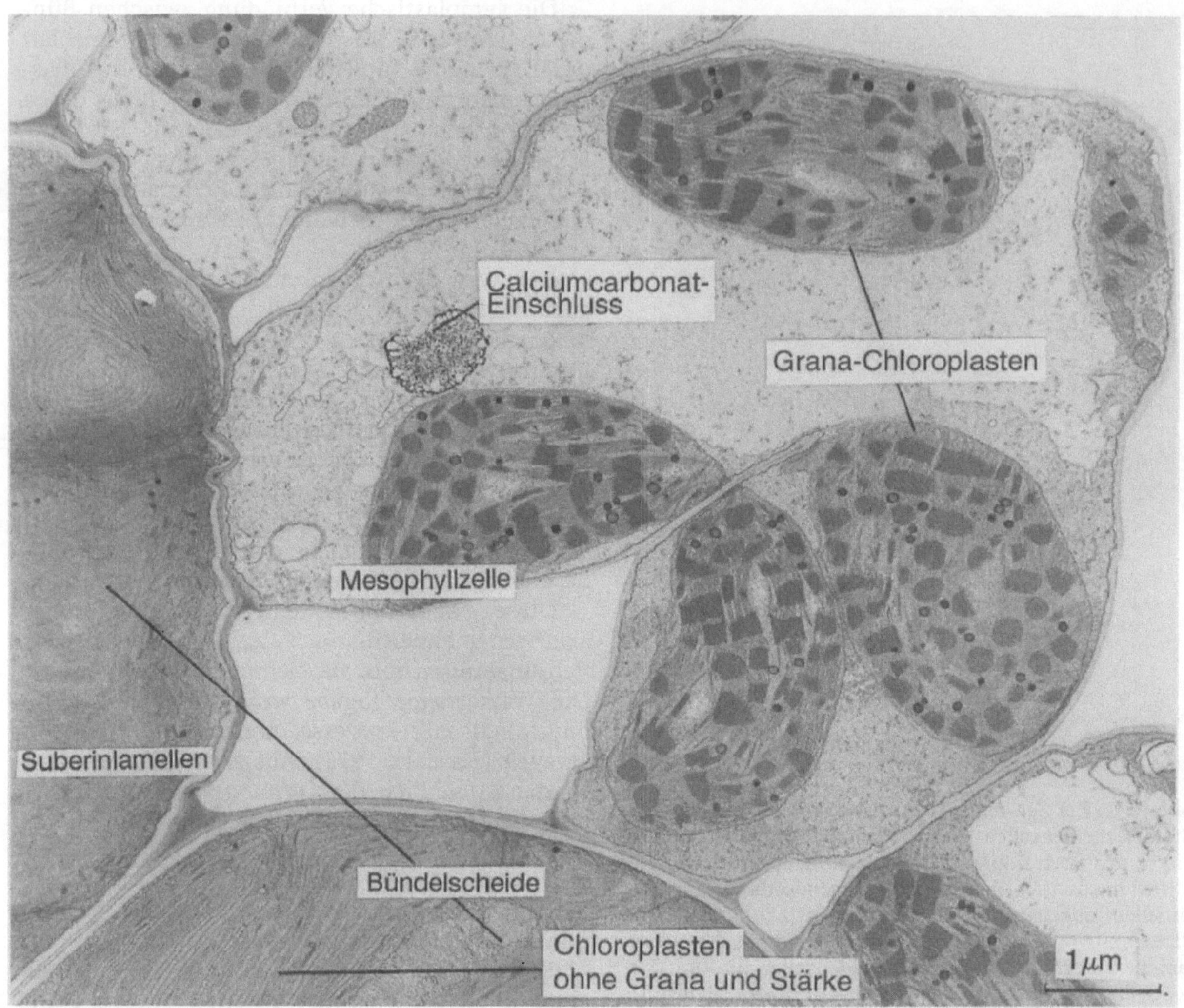

Abb. 2.34. Die Mesophyllzellen der C_4-Pflanzen (*Zea mays*, Pflanze vorverdunkelt) besitzen Chloroplasten mit Grana; die Chloroplasten der Bündelscheidenzellen haben keine Grana. Unter normalem Tag-Nacht-Wechsel, enthalten die Mesophyllchloroplasten keine Stärkekörner. Die Stärke der Bündelscheidenchloroplasten ist nach 48 h Dunkelheit aufgelöst. (EM-Präparat von RF Evert, Madison)

2.16 Die Cuticula als Transpirationsschutz

Die Zellgrenzen übergreifende Cuticularfältelung zeigt, daß die Cuticula in flüssiger Form von der Blattoberfläche ausgeschieden wird, und erst bei ihrer Erhärtung und Polymerisation die typische gefältelte Struktur erhält. Zu diesem Zeitpunkt ist wohl auch das Flächenwachstum des Blattes beendet. In das Muster der Cuticularfältelung werden auch Haarbasen und Schließzellen mit einbezogen (Abb. 2.37, 2.38, 2.39).

Die Zusammensetzung der Cuticula zeigt bei den verschiedenen Pflanzen erhebliche Abweichungen, je nachdem, wie hoch die Anteile an Cellulose, Pektinen und Cutin in der Epidermisaußenwand sind. Cutin besteht weitgehend aus C_{16}- und C_{18}-Säuren. Es ist in der Cuticula und in der Epidermisaußenwand oft mit Suberin vergesellschaftet, das einen großen Anteil an C_{22}-Säuren besitzt (Martin u. Juniper 1970).

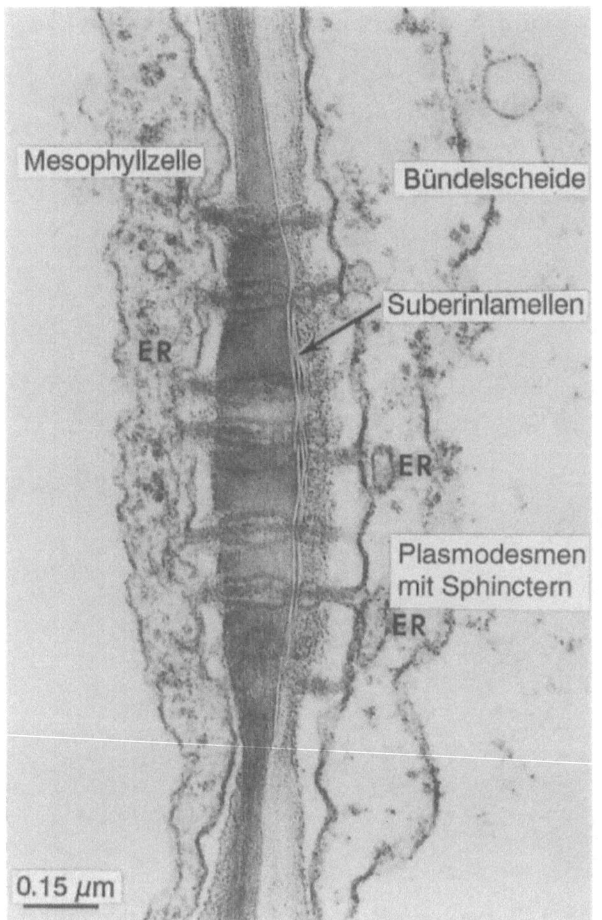

Die Unlöslichkeit der Cuticula, selbst in starken Laugen, macht eine Isolierung dieser Wandkomponente möglich. Da die Cuticula meist auch einen Teil der Epidermisantiklinwände imprägniert, zeigen isolierte Cuticulae das Zellmuster der Epidermis (Abb 2.40). Infolge der hohen Resistenz gegen Verwitterung liefern die Cuticulae ein wichtiges Bestimmungsmaterial für fossile Objekte. Bei sehr jungen Blättern kann man im EM die Cutinlamellen erkennen, aus denen sich die Cuticula zusammensetzt (Abb. 2.41).

Der mittlere Porendurchmesser in den Cutinschichten ist geringer als 0,5 nm (1 nm=10^{-9} m).

Über die Desorption von Stoffen aus Cuticulae haben Versuche mit isolierten Cuticulae ergeben, daß die Asymmetrie des molekularen Baus der Cuticula eine Aufnahme und Abgabe von Stoffen ermöglicht (Schönherr u. Riederer 1988). Auf der Epidermisoberfläche kann die Cuticula bis zu 14 mm dick werden. Im substo-

◀

Abb. 2.35. Innerhalb der primären Tüpfelfelder zwischen Mesophyll- und Bündelscheidenzelle sind im Blatt von *Zea mays* die Suberinlamellen auf die Seite der Bündelscheide verlagert. Wasser, das in der Mittellamelle verfügbar ist, kann in die Mesophyllzelle übertreten. Die Plasmodesmen sind im Bereich der Suberinlamellen mit einem Sphinkter versehen, also eingeschnürt, wodurch anscheinend der cytoplasmatische Annulus geschlossen wird. (Evert et al. 1977)

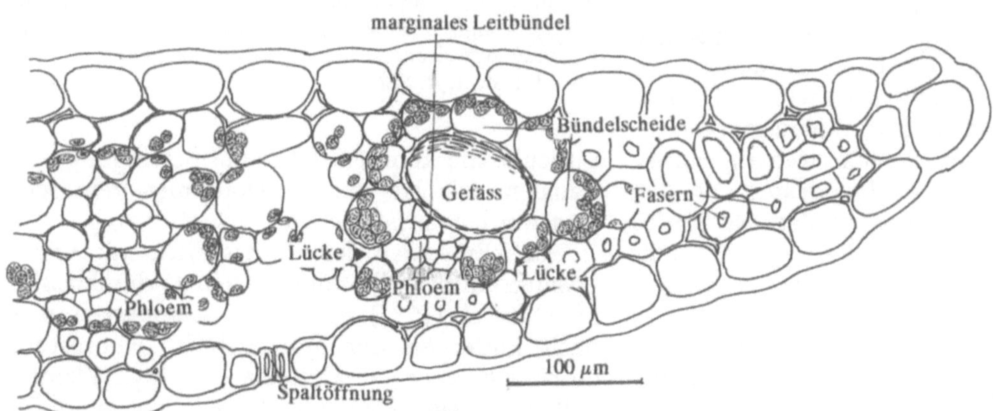

Abb. 2.36. Ein anderer Weg, Mesophyll von C_4-Pflanzen mit Wasser zu versorgen, ist bei den Randbündeln (marginale Leitbündel) der Blattspreite (*Zea mays*) zu erkennen. Die Bündelscheide ist dort lückig, deshalb nicht allseits mit Suberinlamellen abgeschlossen. Wasser kann vom Spreitenrand her durch die Lücken in das Blattmesophyll eindringen

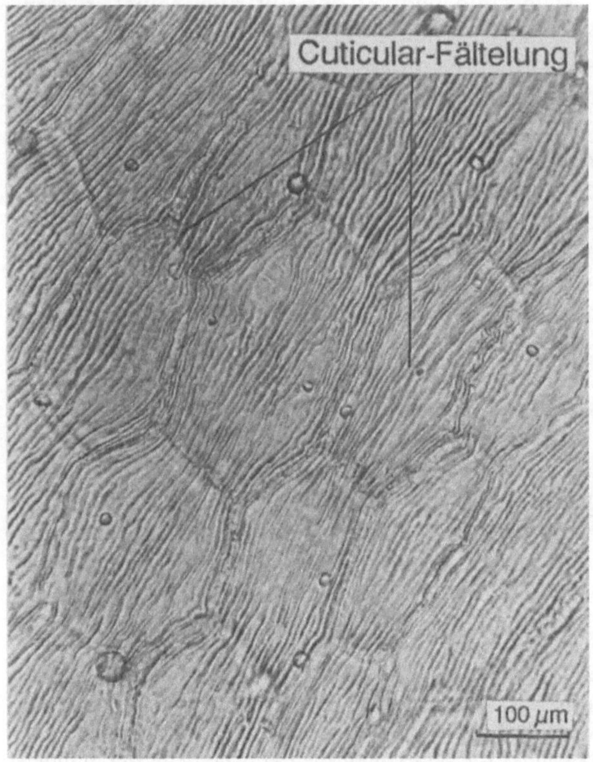

Abb. 2.37. Die Cuticularfalten der Epidermis von *Tropaeolum-majus*-Früchten sind zellübergreifend. Sie entstehen bei der Aushärtung der Cuticula nachdem sich die Epidermiszellen gestreckt haben

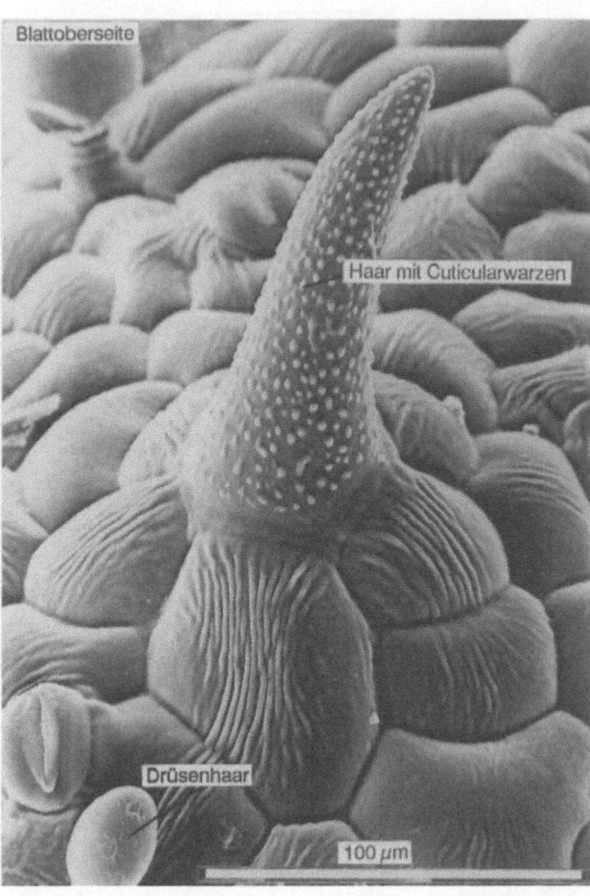

Abb. 2.38. Die cuticularen und die Wachsmuster auf der Epidermisoberfläche von *Pelargonium odoratissimum* sind charakteristisch für die Art und das Pflanzenorgan. Warum beim Pelargonienblatt das Haar Cuticularwarzen trägt, die angrenzenden Epidermiszellen aber Cuticularstreifung aufweisen, ist nicht bekannt, zweifellos aber genetisch festgelegt. SEM

matären Raum erreicht sie jedoch nur Dicken von 0,5 bis 1,0 mm (Kolattukudy 1980).

Das natürliche Vorkommen von Ektodesmen, feinsten Kanälen in der Epidermisaußenwand (Lambertz 1954) ist nicht gesichert, weil diese Gebilde nur bei bestimmten Präparationsverfahren im Lichtmikroskop sichtbar werden. Franke (1967) konnte die meisten Ektodesmen an den Stellen nachweisen, an denen Maerker (1965) eine peristomatäre Transpiration von tritiummarkiertem Wasser autoradiographisch nachgewiesen hatte.

In dieser Hinsicht sind SEM-Aufnahmen interessant, die eine peristomatäre Ausscheidung von Wachs zeigen (Abb. 2.42). Am Grunde jedes dieser Wachsröhrchen befindet sich eine Spaltöffnung.

Schönherr u. Bukovac (1970) untersuchten die vorherrschenden polaren Wege durch die Cuticula. Sie konnten dabei die Beteiligung von Kanälen, wie sie durch Ektodesmen repräsentiert werden, ausschließen.

Nach Entfernen der Wachsschicht mit einem Lösungsmittel wird die Cuticula durchlässig. Blaich et al. (1984) zeigten bei Weinbeeren, daß nach Entfernen der Wachsschicht Fluorescein durch die Poren der Cuticula eindringt. Werden Sulfatlösungen der radioaktiven Isotope ^{59}Fe, ^{65}Zn oder ^{54}Mn auf Erbsenblätter appliziert, so konnte die Aufnahme der Schwermetalle in das Blatt nachgewiesen werden, sofern vorher das Wachs entfernt worden war. Die Aufnahme ist

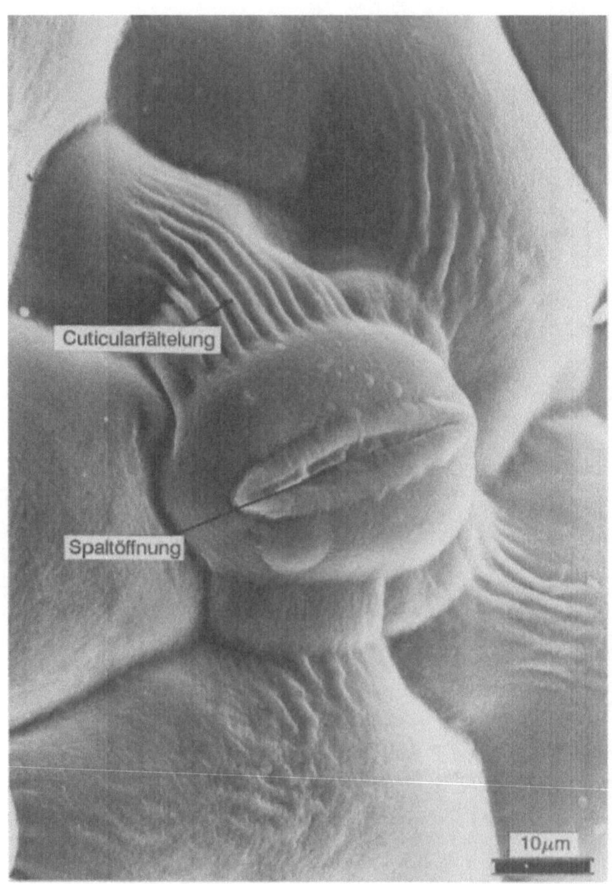

Abb. 2.39. Spaltöffnungen bilden häufig einen Punkt in der Epidermisfläche des Blattes, zu dem hin die Cuticularfalten ausgerichtet sind. (*Pelargonium odoratissimum*) SEM

pH-abhängig und erfolgt durch Bildung von Metallchelaten (Ferrandon u. Chamel 1989).

2.17 Wachsausscheidungen

Im Gegensatz zu der gegen Kalilauge resistenten Cuticula, sind Wachsausscheidungen viel weniger resistent. Beide Beläge gemeinsam wirken wasserabstoßend; sie imprägnieren die pflanzliche Oberfläche bis zur Unbenetzbarkeit und bieten der cuticularen Transpiration erheblichen Widerstand.

Wachs kann auf allen oberirdischen Pflanzenoberflächen gefunden werden. Die Zusammensetzung der Blattwachse ist bekannt, da sich Wachse für die Analyse vollständig ablösen lassen (Gülz et al.1989). Es ist beobachtet worden, daß einmal weggewischtes Wachs nach wenigen Minuten wieder neu ausgeschieden wurde.

Wachs, Cutin, Suberin und Sporopollenin sind ihrem Ursprung nach anatomische Begriffe. Auch Endodermin ist hier einzureihen. Wachse sind infolge ihrer Plastizität und Löslichkeit von der Cuticula unterscheidbar, aber sie sind sowohl in die Cuticula als auch in cutinisierte Wandschichten eingebettet. Über die Entwicklung der Wachsschicht von Weinbeeren ist bekannt, daß die ersten Wachsleisten 13 Wochen nach der Blüte entstehen, wenn die Frucht ihre halbe endgültige Größe erreicht hat (Rosenquist u. Morrison 1988).

Nur wenn Wachs „blüte" auf der Oberfläche erkennbar ist, spricht man von epicuticularem Wachs (Abb. 2.43). Fettsäuren und Fettsäurealkohole sind die Grundsubstanzen der Wachse. Die Kettenlängen reichen von 12 Kohlenstoffatomen (Dodecan, z.B. Laurinsäure, Laurylalkohol) bis zu solchen mit 35 C-Atomen (Pentatriacontan) (Martin u. Juniper 1970).

2.18 Strategie der Wasserdampfabgabe

Die Strategie der Wasserdampfabgabe einer Pflanze richtet sich nach dem Wasserzustand, der Hydratur (Walter 1931, 1955) der Pflanze. Die Hydratur beträgt 100%, wenn der relative Wasserdampfdruck demjenigen chemisch reinen Wassers entspricht. Sie ist geringer als 100%, wenn der Dampfdruck geringer ist als der reinen Wassers. Letzteres ist z.B. der Fall, wenn Zucker im Wasser gelöst ist. Abhängig von der Höhe der Hydratur kann die Pflanze die Abgabe von Wasserdampf osmotisch regeln.

Breitblättrige Pflanzen benötigen in trockener Luft einen Transpirationsschutz. Da die Saugkraft der trockenen Luft sehr stark sein kann (bis zu 90 MPa oder 900 bar), wird die Wasserdampfabgabe an der Blattoberfläche häufig nicht nur durch osmotische Verminderung des Dampfdrucks, sondern auch dadurch reduziert, daß sich eine wasserdampfgesättigte Schicht über der Blattfläche bildet. Durch einen dichten Haarpelz wird die Luftbewegung behindert und

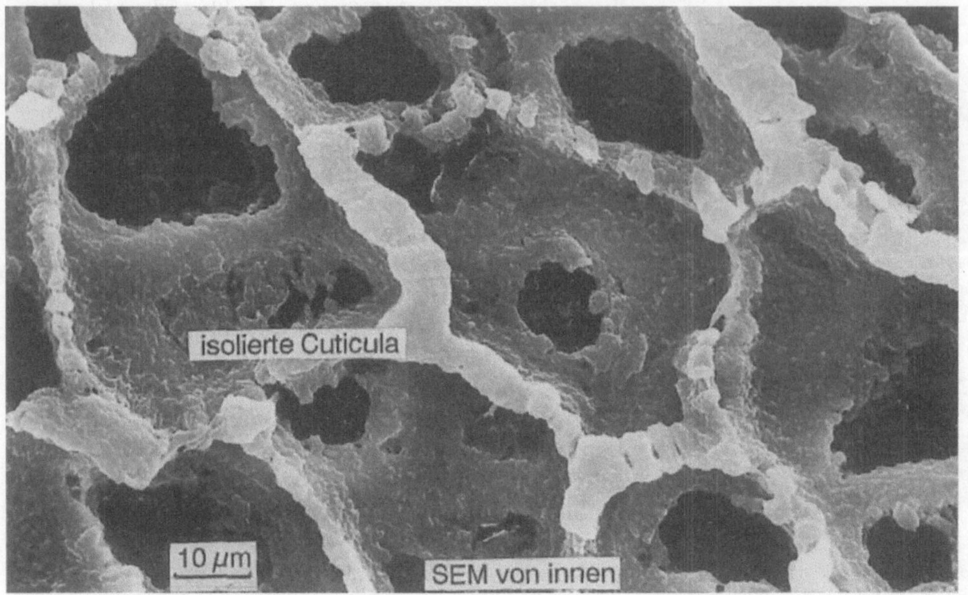

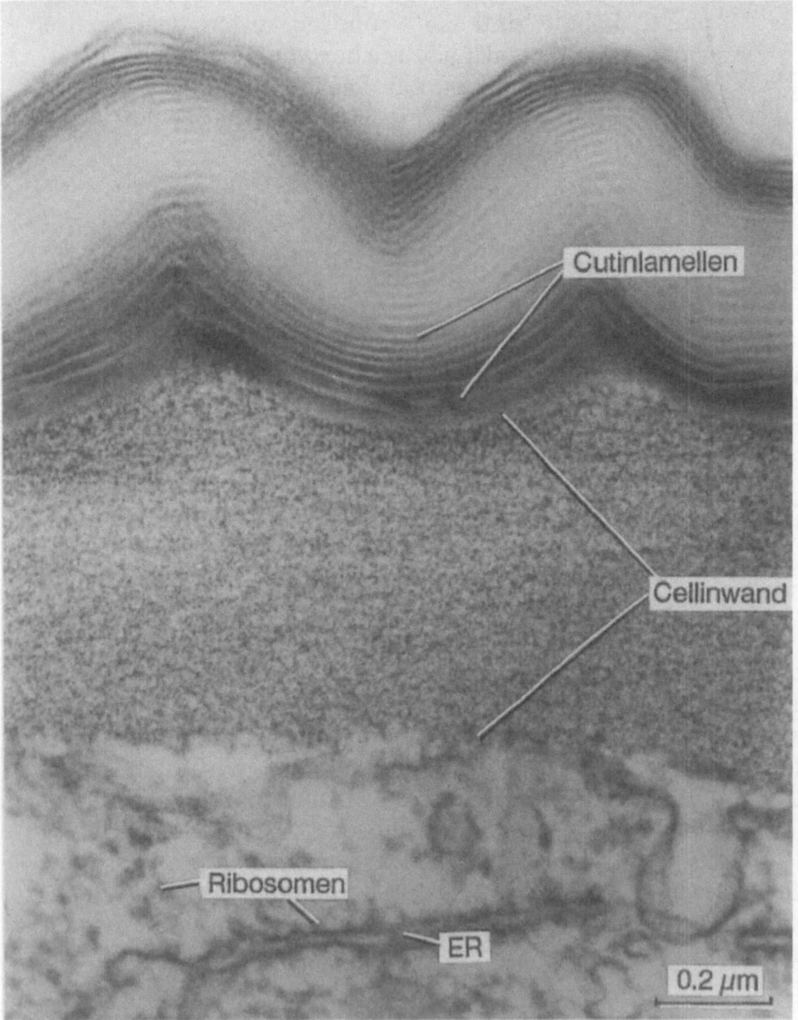

▲
Abb. 2.40. Die laugenresistente Cuticula läßt sich isolieren. Bei der reifen Tomatenfrucht *(Lycopersicon lycopersicum)* reicht die Cuticula weit in die Antiklinwände der Epidermis hinein. Die isolierte Cuticula zeigt daher das Muster der Epidermiszellen. (Präparat von M Riederer u. R Jetter)

◄
Abb. 2.41. Bei dicken Cuticulaschichten (*Agave americana*, sehr junges Blatt) lassen sich im Querschnitt viele Cutinlamellen erkennen, die auf die Cellinwand aufgelagert sind. (Wattendorff 1980)

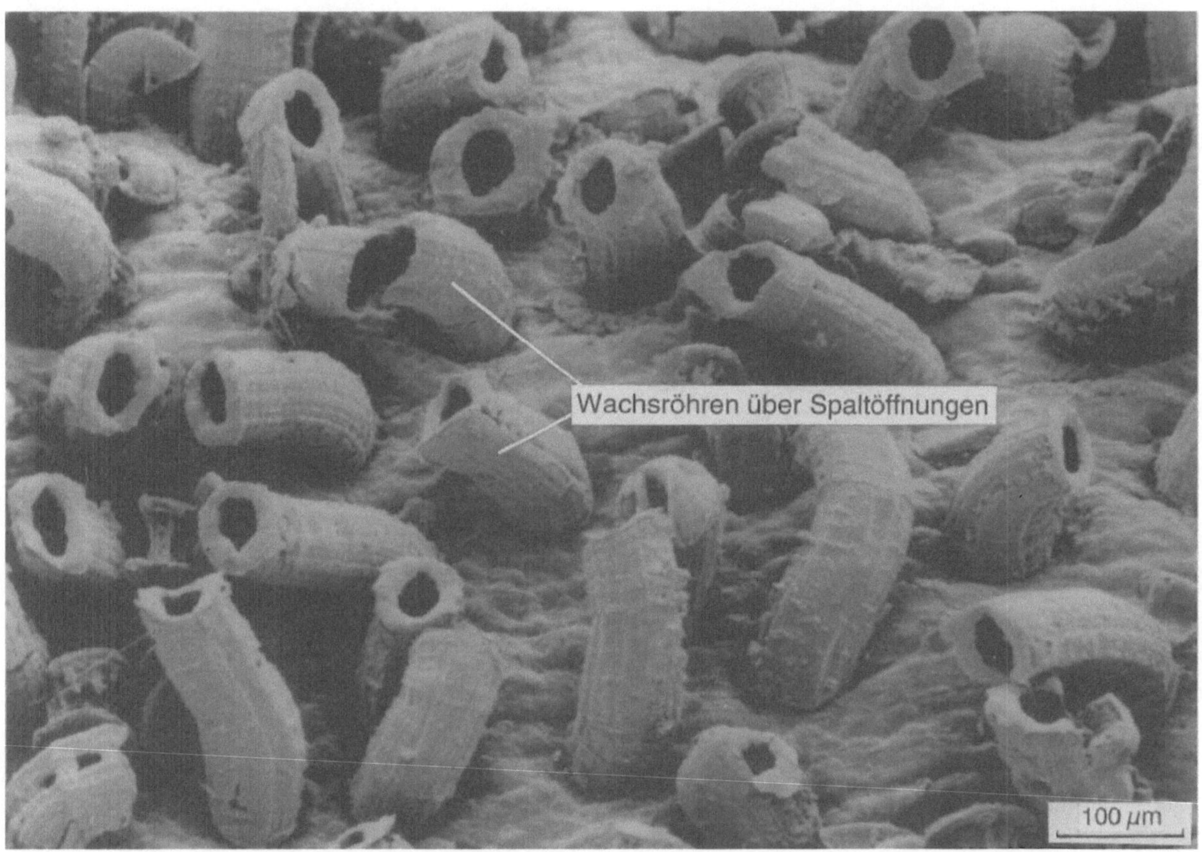

Abb. 2.42. Diese Wachsröhren auf dem Phyllocladium der Rhamnacee *Colletia cruciata* werden von der Epidermisaußenwand ausgeschieden. Sie bilden gekrümmte Schornsteine über jeder Spaltöffnung. Gewiß ließe sich hierfür die Funktion des Windschutzes anführen, damit nicht zu viel Wasser verdunstet. Unerklärlich bleibt dann aber das Fehlen solcher Schornsteine bei der Mehrzahl der anderen Pflanzen. SEM (Barthlott 1990)

damit das Abdiffundieren transpirierten Wasserdampfes verlangsamt.

Hinzu kann eine Zerklüftung der Blattoberfläche kommen (Abb. 2.32). Oft liegen die Stomata dann in Furchen oder Vertiefungen (Abb. 2.44, 2.45). Stomatakrypten (*Nerium oleander, Calluna vulgaris*) und tief in die Epidermis eingesenkte Stomata (Abb. 2.45, 2.46) vermindern ebenfalls das Abdiffundieren des Wasserdampfes.

Manche Schattenpflanzen verzichten jedoch auf einen Transpirationsschutz; in direktem Sonnenlicht welken ihre Blätter schnell. Sie werden aber wieder turgeszent, sobald die Sonne „weitergewandert" ist (*Impatiens parviflora; I. noli-tangere*). Bei jungen Blättern fast aller Landpflanzen ist eine weißliche Behaarung zu beobachten. Damit wird nicht nur schädliche Strahlung gefiltert, sondern auch die Wasserdampfabgabe behindert. Oft sind solche behaarte Blattepidermen noch nicht mit einer festen Cuticula ausgestattet. Dann können dicht an dicht stehende Haare eine geschlossene „Zell"-Schicht bilden (Abb. 2.47).

Gleichfalls sind junge Zweige oft weißlich behaart, zumindest, solange sie noch funktionsfähige Spaltöffnungen haben.

Die Spaltöffnungsdichte bei Laubblättern ist variabel. Am häufigsten kommen Dichten zwischen 100 und 300 Stomata/mm^2 vor (Stalfelt 1956).

Blätter submers lebender Pflanzen haben keine Stomata. Schwimmblätter besitzen Stoma-

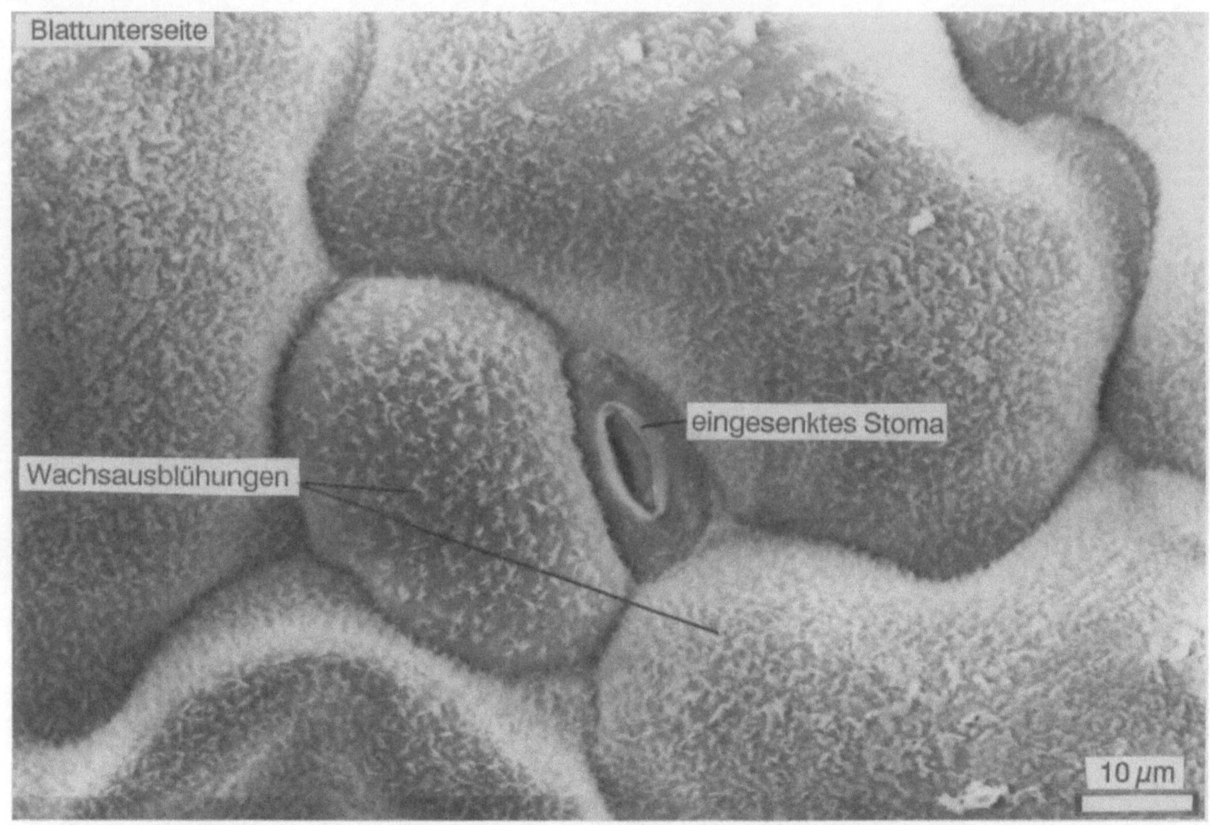

Abb. 2.43. Eingesenkte Stomata treten eigentlich nur bei Pflanzen trockener Standorte auf; *Oxalis acetosella* dürfte eher als Hygrophyt gelten. Allerdings zeigt *Oxalis* Klappbewegungen der Blättchen bei Nacht und bei Trokkenheit, womit auch die stomatäre Transpiration eingeschränkt wird. SEM

ta nur in der oberseitigen Epidermis. Blätter von Landpflanzen können entweder nur an der Oberseite (epistomatische Blätter), oder nur an der Unterseite (hypostomatische Blätter) oder an beiden Seiten (amphistomatische Blätter) mit Spaltöffnungen ausgestattet sein.

Emporgehobene und eingesenkte Stomata sind Konstruktionen, die als Anpassungen an die vorherrschende Hydratur gewertet werden können.

Die Transpiration durch viele kleine Poren ist nach dem Gesetz der Diffusion durch multiperforate Septen effektiver, als die Transpiration durch wenige große, doch flächengleiche Poren. Die Überlegenheit der vielen kleinen Poren wird mit dem Randeffekt erklärt: Vom Rand einer Wasserdampfsäule werden pro Zeiteinheit mehr Wassermoleküle abdiffundieren, als aus dem Innern der Wasserdampfsäule. Da viele kleine Poren mehr Randbezirke aufweisen, als wenige große Poren, wird die Abgabe von Wassermolekülen an die Atmosphäre bei multiperforaten Septen (=mit Stomata durchsetzte Epidermen) rascher erfolgen, als bei Septen mit wenigen großen Poren.

▶

Abb. 2.44. A, Das genarbte Aussehen der Blattoberseite von *Salvia officinalis* wird durch Aufwölbung der Intercostalfelder hervorgerufen. Drüsenschuppen und Spießhaare stehen auf der Kuppe der Wölbungen. Drüsenhaare sind dagegen über den eingesenkten Blattnerven zu sehen.
B, Die Blattunterseite von *Salvia* ist dicht mit Wollhaaren bedeckt, zwischen denen Drüsenschuppen und Spaltöffnungen erkennbar sind. SEM

Drüsenschuppen
Drüsenhaar
A
1 mm
Drüsenhaar
Wollhaare
Drüsenschuppe
B
tiefeingesenkte Stomata
100 μm

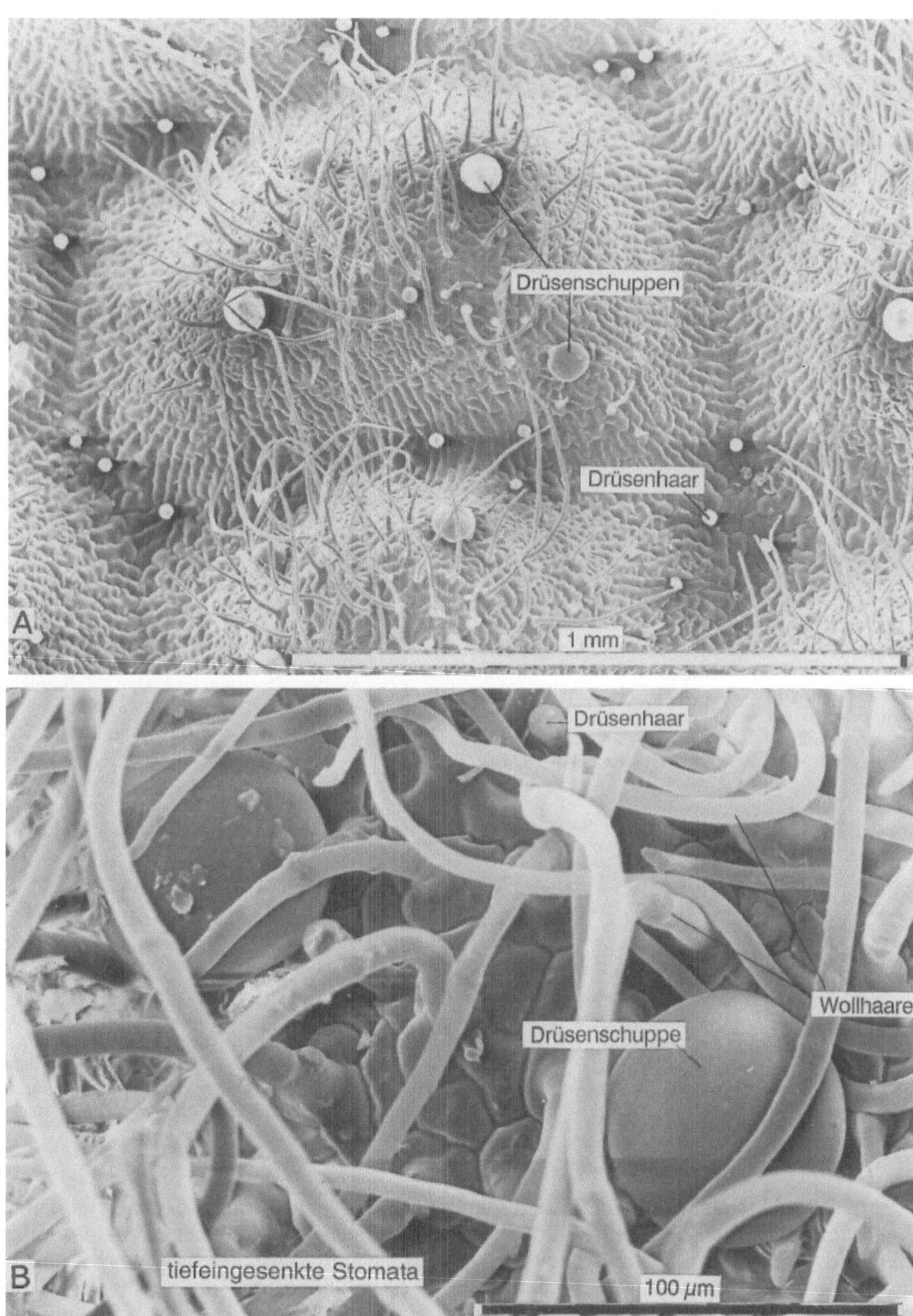

Abb. 2.44 A, B

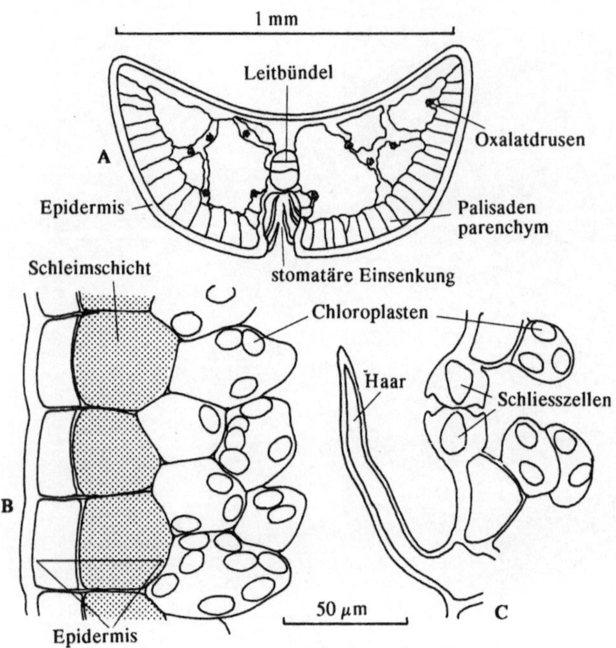

Abb. 2.45. Bei *Calluna vulgaris* liegen die Blätter dem Stengel dicht an. Die Blattoberseite mit dem licht-verwertenden Palisadengewebe ist deshalb auf die abaxiale Seite verlagert. Die Blattunterseite ist zu einer Rinne reduziert, in der Spaltöffnungen und Haare vorkommen. Die obere Epidermis über dem Chlorophyllgewebe zeigt Zellen mit einer Füllung aus Wandschleim, der durch eine verquellbare falsche Wand von dem äußeren Teil der Epidermiszelle abgegrenzt ist. (Eschrich 1976)

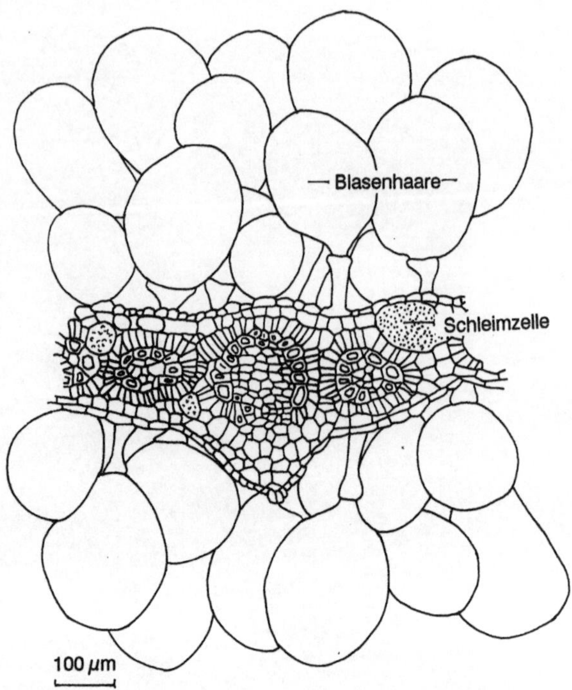

Abb. 2.47. Charakteristisch für viele Chenopodiaceenblätter sind gestielte Blasenhaare, die beim jungen Blatt so dicht stehen, daß sich die Blasenzellen berühren, gegeneinander abplatten und eine „Zellschicht" über der Epidermis bilden. (vgl. Abb. 4.16). Später, wenn das Blatt ausgewachsen ist, erübrigt sich dieser Transpirationsschutz; die Haare sind dann weit auseinander gezogen. (*Atriplex mollis*)

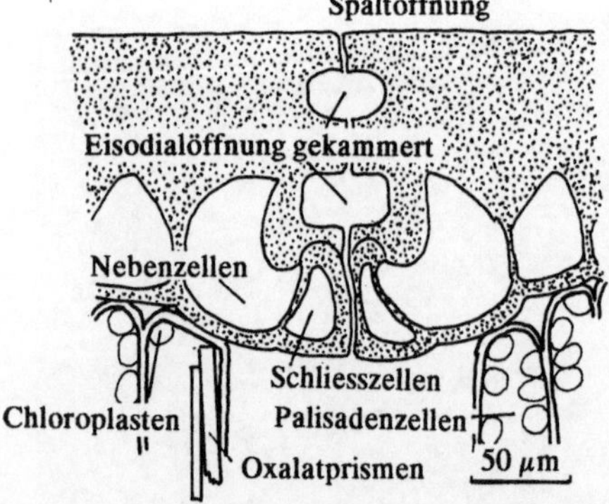

◄ Abb. 2.46. Die Epidermisaußenwand bei den schwertförmig-zugespitzten Blättern von *Dasylirion acrotrichum* (Agavaceae) ist sehr dick (70 µm). Die Eisodialöffnung über den Schließzellen der Stomata besteht aus einem schlitzförmigen Kanal, der in seinem Verlauf an zwei Stellen zu Kammern erweitert ist

Weitere Gesichtspunkte für die Bildung vieler kleiner Stomata sind die bessere Regulationsmöglichkeit der Porenweite und die Reduzierung von Infektionen und Verstaubung des Blattinnern. Außerdem würde ein großes Loch in der Blattepidermis dem Prinzip kleinster Einheiten, der Zellenbauweise, widersprechen. Ein weiterer Gesichtspunkt ist der Kühleffekt der Verdunstung, der jedoch durch die Beschaffenheit der wasserdampfgesättigten Schicht beeinflußt wird.

Gaswechsel

ı Einrichtungen zur Gasbewegung

e gleichen Spaltöffnungen, die für die stoma- 'e Transpiration, also die Abgabe von Wasser- mpf, verwendet werden, stehen bei den Land- anzen auch für die Aufnahme von Gasen,)$_2$ und N_2, zur Verfügung.

An welchen Stellen der bei der Photosynthese bildete Sauerstoff bei den Landpflanzen ent- icht, ist nicht bekannt, man nimmt an, daß es enfalls die Spaltöffnungen sind.

Da ein Teil des bei der Hill-Reaktion gebilde- ı Sauerstoffs innerhalb der Pflanze verwendet rd (H_2O_2-Bildung; OH^- Ionen; OH* Radikale; bstrat für RubisCO), ist die Intercellularenluft Sauerstoff verarmt. Demnach ist ein abfallen- r O_2-Gradient von der Außenluft mit 21% ıerstoff zum Pflanzeninneren zu erwarten. ıe O_2-Gasbewegung gegen diesen Gradienten die Außenluft würde die Zufuhr von Energie ordern.

Plausibel erscheint der Weg über das Trans- :ationswasser, obwohl O_2 in kaltem Wasser r 1/35 der Löslichkeit von CO_2 besitzt. Nach :ser Hypothese würde sich der mit O_2 bela- ne Transpirationswasserdampf nach dem Ent- ichen durch die Stomata wieder vom Sauer- ıff trennen, der dann als Gas aufgefangen wer- n kann.

Ein Entweichen des Sauerstoffs durch die idermis würde die Abgabe des Gases stark :langsamen. Über die Sauerstoffpermeabilität r Cuticula allein werden Permeabilitätskoeffi- nten von 3×10^{-7} (*Citrus*-Frucht), $1{,}4\times10^{-6}$ (*Capsicum*-Frucht) und $1{,}1\times10^{-6}$ m (Tomate) angegeben (Lendzian 1982).

Bei untergetaucht lebenden Pflanzen (*Elodea ıadensis*) können die bei Belichtung ausge- ıiedenen Gasbläschen für eine O_2-Bestim- ıng aufgefangen werden.

Die Sauerstoffausscheidung bei Belichtung wird empfindlich nachgewiesen, wenn reduziertes (hellgelbes) Indigocarmin der Kulturlösung beigefügt wird, wonach dort ein Farbumschlag zu Blau eintritt, wo Sauerstoff ausgeschieden wird. Man beobachtet dabei, daß die ersten blauen Schlieren von den Ansatzstellen der *Elodea*-Blätter am Stengel ausgehen (Eschrich 1976). Bei mikroskopischer Untersuchung dieser Stellen sind keine besonderen Einrichtungen für den Gasauslaß zu erkennen. Der Sauerstoff sammelt sich offenbar in Intercellulargängen. Nur im Licht – also bei photosynthetischer O_2-Freisetzung – sind diese Gänge mit Gas gefüllt. Im SEM erkennt man gestreckte Kanalzellen mit erweiterten Enden, die zwischen die Zellen der unteren Blattepidermis eingefügt sind. Ob diese Zellen den Sauerstoff aufnehmen, ist allerdings nicht bewiesen (Krabel et al. 1995).

3.2 Spaltöffnungstypen

Im einfachsten Fall teilt sich eine junge Epidermiszelle nur einmal, und zwar äqual in die beiden Schließzellen. Dies sind die anomocytischen Stomata (*Centranthus ruber*, Abb. 3.1, *Digitalis*, *Hamamelis*). Häufig teilt sich jedoch eine Epidermiszelle zunächst inäqual. Die kleinere, plasmareiche Tochterzelle teilt sich darauf äqual in die beiden Schließzellen (*Vicia faba*, Abb. 3.2). Vielfach folgen auf die erste inäquale Teilung weitere inäquale Teilungen, wobei sich immer das kleinere Teilungsprodukt weiter teilt. Die letzte Teilung erfolgt äqual und liefert die Schließzellen. Die verbliebenen Produkte der inäqualen Teilungen sind die Nebenzellen. Aus einer Epidermiszelle ist ein Stomakomplex oder Spaltöffnungsapparat entstanden, der anisocy-

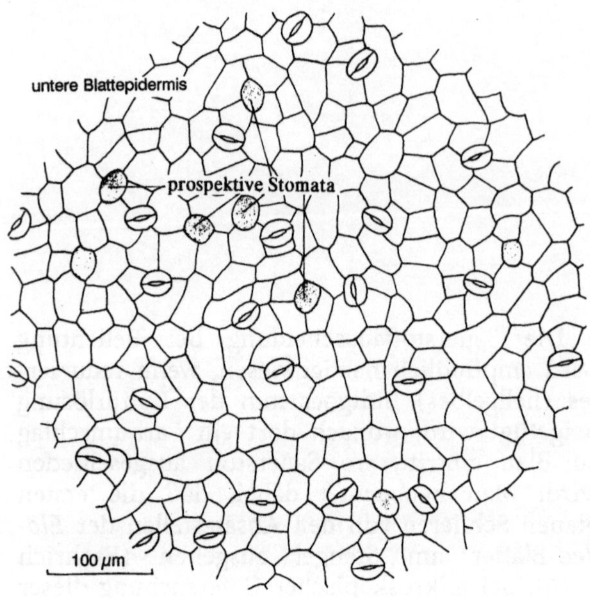

Abb. 3.1. Bei den unbehaarten Blättern der Valerianacee *Centranthus ruber* sind zwischen die ausdifferenzierten Spaltöffnungen der Blattunterseite Epidermiszellen eingestreut, die nach Form und Größe den Spaltöffnungen ähneln, nur hat die Teilung zur Schließzellenbildung nicht stattgefunden (prospektive Stomata). Da diese Zellen fast immer nahe an einer fertigen Spaltöffnung liegen, könnte diese die Weiterentwicklung der zu nahe gelegenen Spaltöffnungsanlage gehemmt haben. Diese prospektiven Stomata sind in der Zeichnung dunkel hervorgehoben

◄

tisch genannt wird, wenn die Nebenzellen ungleich groß sind (Abb. 3.3, 3.4, 3.5, 3.6). Die inäqualen Teilungen vor der Schließzellenbildung können fortgeführt werden, so daß ein doppelter Kranz von Nebenzellen vorhanden ist, von dem nur der innere, zuletzt gebildete, mit den Schließzellen Kontakt hat (polycyclische Stomata von *Begonia* Abb. 3.5, *Rumex*, *Citrus*-Früchten).

Charakteristisch für die Lamiaceen sind diacytische Stomata, bei denen nach zwei inäqualen Teilungen einer Epidermiszelle eine folgende äquale Teilung die Schließzellen liefert, deren gemeinsame Wand rechtwinkelig zur Trennwand der zuerst gebildeten beiden Tochterzellen liegt (Abb. 3.7).

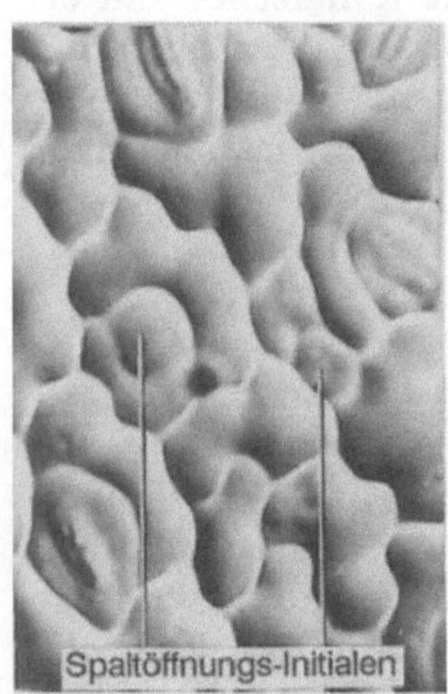

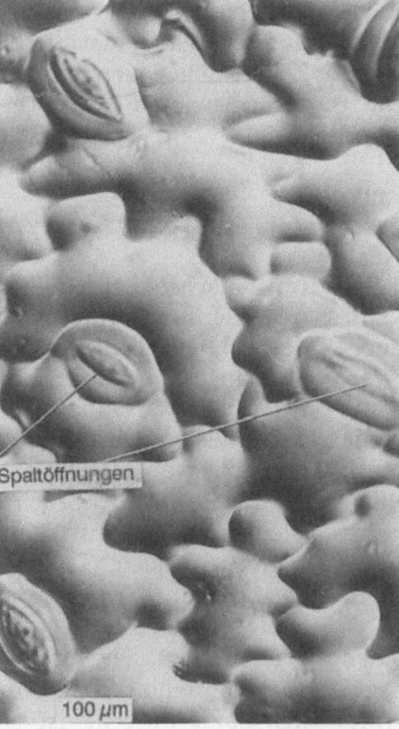

Abb. 3.2. Diese Abdrücke aus wasserlöslichem Lack (Moviol) zeigen im Interferenzkontrast dasselbe Areal eines *Vicia-faba*-Blattes im Abstand von 2 Tagen. Die beiden mit Pfeilen markierten Spaltöffnungen rechts waren im kleinen Bild links noch nicht differenziert. Dagegen waren die anderen drei Spaltöffnungen bereits ausdifferenziert. (Eschrich 1976)

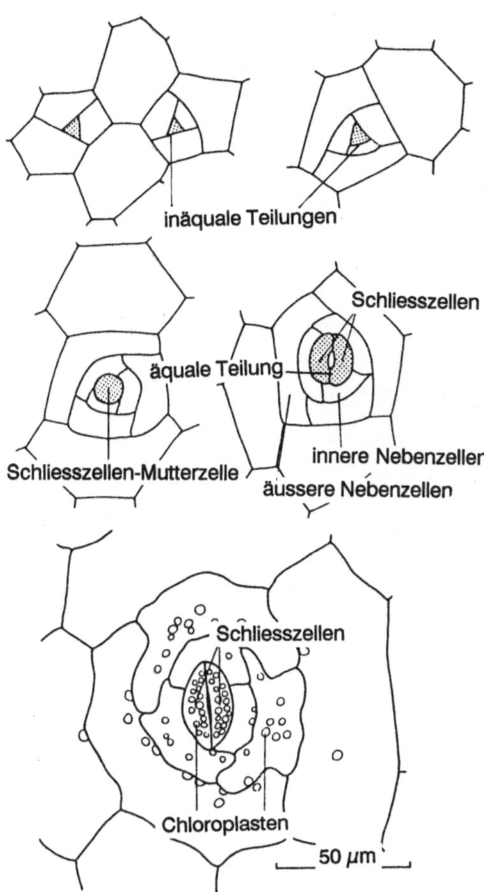

Abb. 3.3. Die Entwicklung des Spaltöffnungsapparates von *Begonia* spec. führt zu zwei Kreisen anisocytischer Nebenzellen, die aus inäqualen Zellteilungen hervorgehen. Nur die Schließzellenmutterzelle teilt sich äqual. Der Impuls, in den Schließzellen Choroplasten zu bilden, ist offenbar kräftig genug, um auch in den Nebenzellen Chloroplasten-Bildung hervorzurufen

Bei entsprechender Anzahl von Teilungen kann die Trennwand der Schließzellen parallel zur Trennwand der ersten beiden Tochterzellen liegen. Dann spricht man von paracytischen Stomata (Abb. 3.8) (*Viscum*, *Vaccinium*, *Cassia*).

Eine der letzten Einteilungen zur Systematik der Spaltöffnungapparate stammt von Payne (1979). Mehr als 50 Typen von Stomakomplexen sind anatomisch beschrieben und auch benannt worden. Da viele von ihnen für eine bestimmte Gattung charakteristisch sind, kann dieser Einteilung eine taxonomisch-diagnostische Bedeutung zugeschrieben werden.

Es ist jedoch nicht bekannt, ob sich die Spaltöffnungstypen in der Physiologie des Öffnungs-Schließ-Mechanismus unterscheiden. Für biochemische Untersuchungen werden vorzugsweise die Schließzellen solcher Blätter verwendet, deren Epidermis leicht abzuziehen ist (untere Epidermis von *Vicia faba*, *Commelina communis*).

3.3 Mechanik der Schließzellenbewegung

Da immer zwei Schließzellen vorhanden sind, Nebenzellen dagegen bei Moosen und vielen Dicotylen fehlen, muß das Grundprinzip der Öffnungs-Schließ-Bewegung darin bestehen, daß Turgoränderungen in den Schließzellen bestimmte Wandabschnitte reversibel deformieren.

Obwohl die Steuerung der Turgoränderungen in den Schließzellen noch nicht vollständig bekannt ist, kann gesagt werden, daß bei geringem Turgor wenig Kalium und kein Chlorid, aber reichlich Phosphat vorhanden sind. In den turgeszenten Schließzellen geöffneter Spalten sind dagegen viel Kalium, viel Phosphat und etwas Chlorid zu finden (Humble u. Raschke 1971).

Der histochemische Kaliumnachweis in Schließzellen geöffneter Stomata (Humble u. Hsiao 1970) ist besonders eindrucksvoll, wenn abgezogene Epidermen verwendet werden, bei denen die kleinen Schließzellen intakt bleiben, die übrigen Epidermiszellen aber aufreißen, wobei die Vacuolen mit dem auch dort vorhandenen Kalium entleert werden (Eschrich 1976). Schließzellen geöffneter Spalten enthalten auffallend mehr Kalium als solche geschlossener Spalten.

Ähnlich wie die Flächenansicht der Spaltöffnungsapparate variiert auch das Querschnittsbild. Mit Verallgemeinerungen lassen sich 4 Typen der Schließzellenbewegung unterscheiden (Abb. 3.9):

- Flügeltürtyp mit passiv bewegten Schließzellen bei Coniferen.
- Puffertyp der Gräser mit Volumenänderungen ausschließlich in den Endblasen der hantelförmigen Schließzellen.

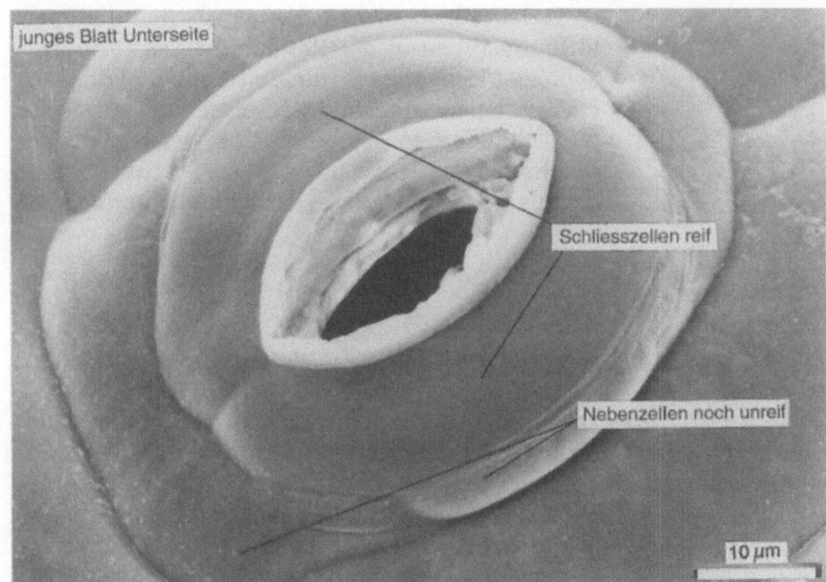

Abb. 3.4. Die Schließzellen von *Begonia* sind bereits fertig ausgebildet, während die angrenzenden Nebenzellen sich noch teilen und vergrössern können. SEM

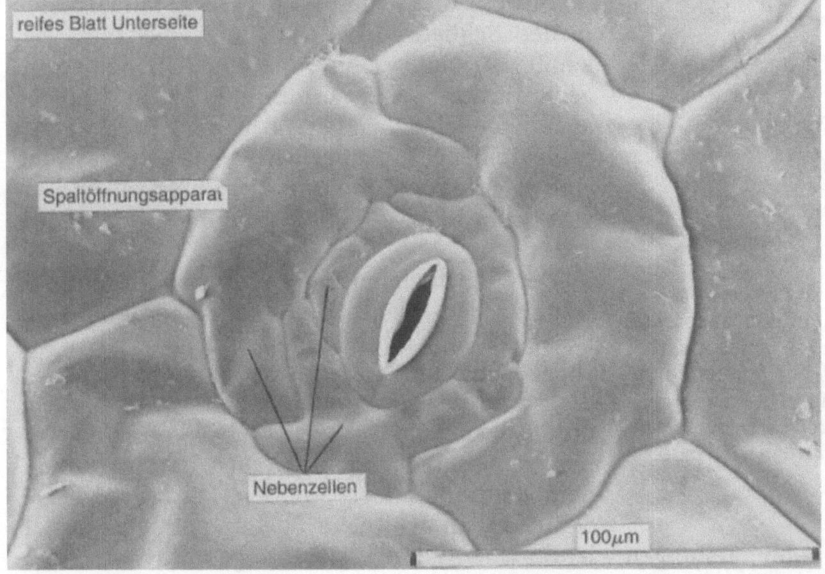

Abb. 3.5. Zwei Kreise von Nebenzellen umschließen die Spaltöffnung von *Begonia* (s. Abb. 3.3). Mitunter ist jedoch die ursprüngliche Epidermiszelle schon ausgefüllt, ohne daß die dritte Nebenzelle des äusseren Kreises vollendet wurde. Nur die inneren drei Nebenzellen haben Kontakt zu den Schließzellen. SEM

- Aufblähungstyp mit ungleich verdickten Schließzellwänden. Bei Turgeszenz vergrößern sich die Schließzellen in antikliner Richtung.
- Expansionstyp mit wenig verdickten Schließzell-Außenwänden. Turgeszenz führt zur Expansion und Abrundung der Schließzellen.

Das bekannte Vorlesungsmodell aus zwei aneinander gebundenen, wurstförmigen Gummischläuchen, die beim Aufblasen (=turgeszentwerden) in der Mitte auseinanderweichen, ist ein Modell für den Expansions-Typ.

Die Mechanismen zur Bildung einer Öffnungspore, die aus einem Schlitz ein kreis-

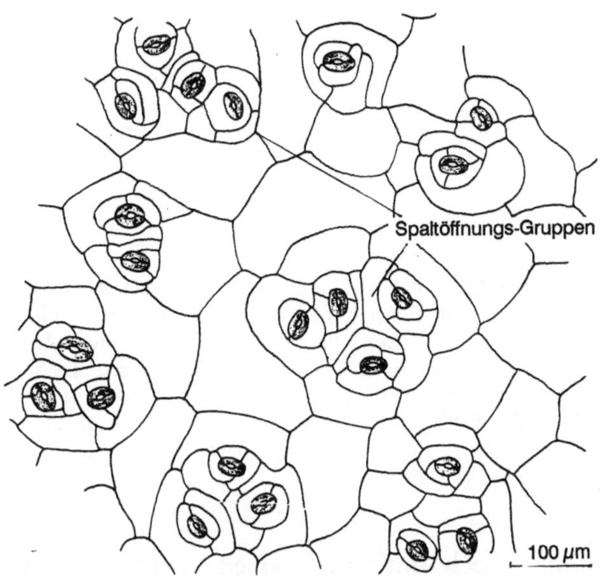

Abb. 3.6. Ähnlich wie die Spaltöffnungsapparate können sich bei manchen Begonien (*Begonia semperflorens*) auch Gruppen solcher Apparate entwickeln. Sie entsprechen dann oft in Größe und Form den ungeteilten Epidermiszellen. (Bünning u. Sagromsky 1948)

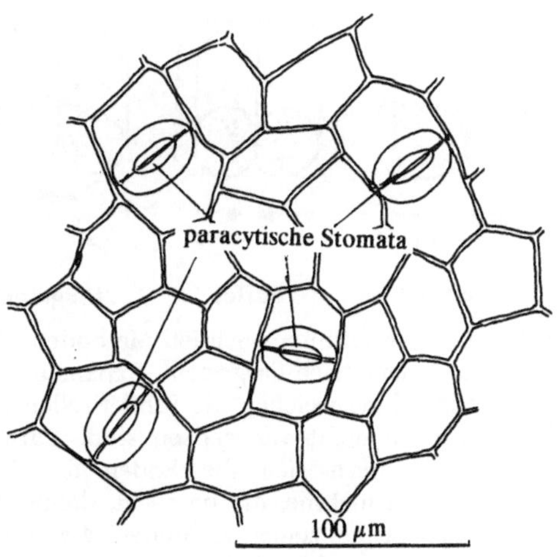

Abb. 3.8. Bei den paracytischen Stomata, die für mehrere Familien (Caesalpiniaceae, Ericaceae, Loranthaceae, Violaceae) charakteristisch sind, werden, wie hier gezeigt (*Cassia angustifolia*), nach einer äqualen oder inäqualen (*Viola, Viscum*) Teilung der Epidermiszelle die beiden Schließzellen durch inäquale Teilungen aus den Nebenzellen ausgeschnitten (wie bei *Hordeum*; s. Abb. 3.13). In der zuerst gebildeten Teilungswand öffnet sich die Spalte

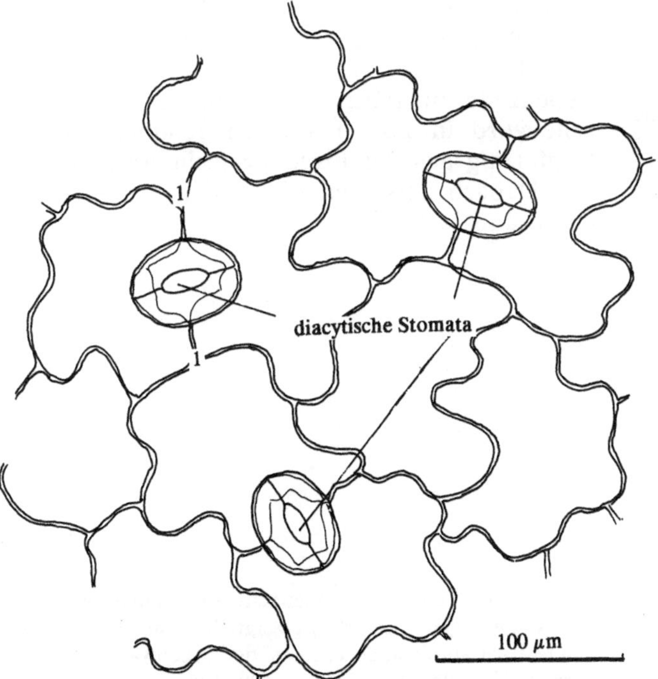

Abb. 3.7. Bei den diacytischen Stomata, die für die Lamiaceen typisch sind (*Mentha piperita*), folgt auf zwei inäquale Zellteilungen der Epidermiszelle die äquale Teilung der Schließzellenmutterzelle. Die Spalte liegt rechtwinkelig zur ersten Teilungswand (1-1). Die beiden Nebenzellen können gleich gestaltet oder auch von verschiedener Größe sein

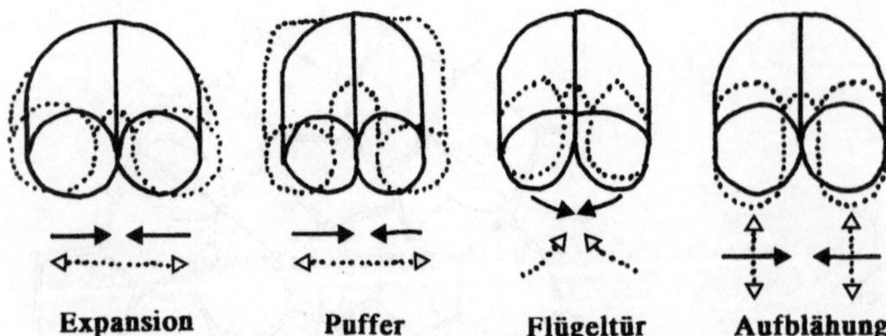

Abb. 3.9. Vier Öffnungs-Schließ-Methoden der Stomata sind hier schematisch dargestellt. **Expansion:** Durch Turgeszenz-zunahme weichen die Schließzellen dort auseinander, wo sie nicht verwachsen sind. **Puffer**: Bei den Gräsern erweitern sich die Enden der Schließzellen durch Turgorzunahme; die passiven, dickwandigen Mittelteile der Schließzellen verbinden die Zellenden, die wie die Puffer der Eisenbahnwagen operieren. **Flügeltür:** Turgorzunahme bewirkt ein Nach-Außen-Drehen der Schließzellen im Bereich der Spalte. Bei den Nadelblättern führen die Nebenzellen diese Bewegung aus. **Aufblähung**: Bei den weichwandigen Epidermen mancher Hygrophyten bewirkt Turgorzunahme eine Volumenzunahme der Schließzellen in antikliner Richtung. In allen anderen Fällen lenkt eine ungleiche Wandverstärkung die Bewegungsrichtung

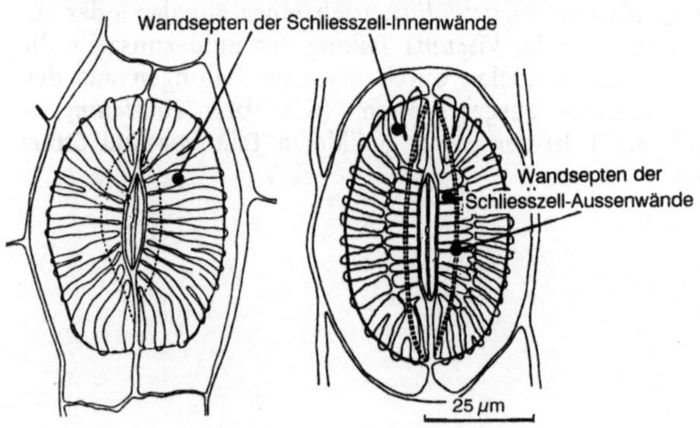

Abb. 3.10. Die radial zur Spaltenmitte gerichteten Wandverdickungen (Wandsepten) können bei den verschiedenen *Equisetum*-Arten auf der Innen- und der Außenwand der Schließzellen angebracht sein. Stets sind es paracytische Stomata mit schmalen Nebenzellen. (Riebner 1925)

rundes Loch entstehen lassen, werden durch vorgeprägte Micellstrukturen in den Schließzellwänden unterstützt. Die Micellen sind dort radial-micellat, also fächerförmig angeordnet (Ziegenspeck 1955; Raschke 1975). Mikroskopisch sichtbar tritt eine solche Fächerstruktur bei den Spaltöffnungen von *Equisetum* in Form von Wandsepten auf (Abb 3.10).

Eine Abweichung vom Spaltöffnungstyp mit wenigstens zwei Nebenzellen wird für drei *Anemia*-Arten (Schizaeaceae) beschrieben (Galatis et al.1986) (Abb. 3.11). In Aufsicht sind dort die Schließzellen von einer einzigen ringförmigen Nebenzelle umgeben. Die Schließzellenmutterzelle wird in zwei inäqualen Teilungsschritten trogförmig aus der Protodermzelle ausgeschnitten. Danach entstehen die beiden Schließzellen durch äquale Teilung.

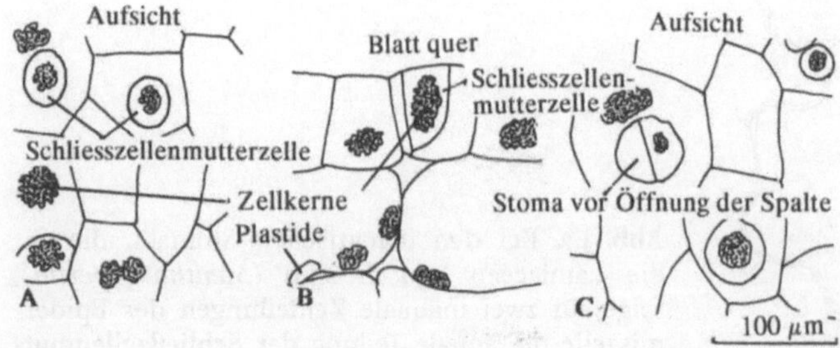

Abb. 3.11. Bei der Farnpflanze *Anemia* zeigen die Stomata in der Aufsicht eine einzige Nebenzelle (die Epidermiszelle, aus der die Schließzellenmutterzelle ausgeschnitten wurde). Im Blattquerschnitt (mittlere Skizze) erkennt man, daß die Schließzellenmutterzelle abgerundet keilförmigen Querschnitt zeigt. Bei der Öffnung der Spalte wird somit auch ein Teil der Innenwand der Epidermiszelle aufgelöst. (Galatis et al. 1986)

3.4 Verteilungsmuster der Spaltöffnungen

Aus genotypisch gleichen Zellen des homogenen Blatt-protoderms differenzieren sich Spaltöffnungsinitialen, mitunter nach vorausgehender inäqualer Teilung. Die plasmareiche Initiale entwickelt sich dann - anscheinend unabhängig von den übrigen Epidermiszellen - zu einer Spaltöffnung oder einem Spaltöffnungsapparat. Die Spalt-bildung erfolgt durch enzymatische Auflösung der Mittellamelle dort, wo die Schließzellen bei ihrer Abrundung durch Turgorzunahme am stärksten „ziehen".

Bei Gras- und *Carex*-Blättern und bei den Coniferen-Nadeln geht die Initialenentwicklung vom intercalaren Blatt- bzw. Spreitenmeristem aus, wobei der Impuls zur Initialenbildung in fast regelmäßigen Abständen erfolgt. Oft bekommen zwei oder drei nebeneinanderliegende Längsreihen von Epidermiszellen diese Impulse zugeteilt (Abb. 3.12), in anderen Fällen wird nur jeweils eine Zellreihe zur Initialenbildung angeregt.

Bei *Hordeum vulgare* treten vor der Schließzellenbildung inäquale Teilungen in den benachbarten Epidermiszellen auf, womit die Nebenzellen abgegliedert werden (Abb. 3.13). Bei *Carex*-Arten entwickeln sich dagegen Schließ- und Nebenzellen aus einer Initiale (Abb. 3.14).

Bei Dicotylenblättern ist das normale Teilungswachstum des Protoderms bereits vor der

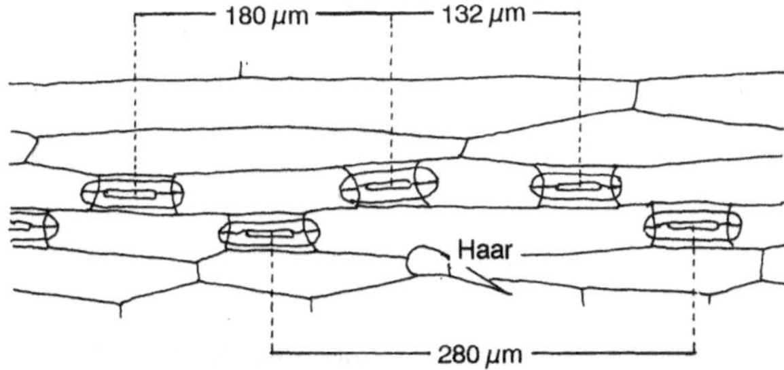

Abb. 3.12. Die Spaltöffnungen werden bei den Blattspreiten der Gräser nur in einigen Zellen des intercalaren Meristems angelegt. Bei *Poa chaixii* folgt auf jede Stomaanlage eine normale Epidermiszelle. Die Stomaanlage liefert außer den Schließzellen zwei schmale Nebenzellen. Die Stomata sind eingesenkt, ihre Schließzellen wölben sich unter die angrenzenden Epidermiszellen

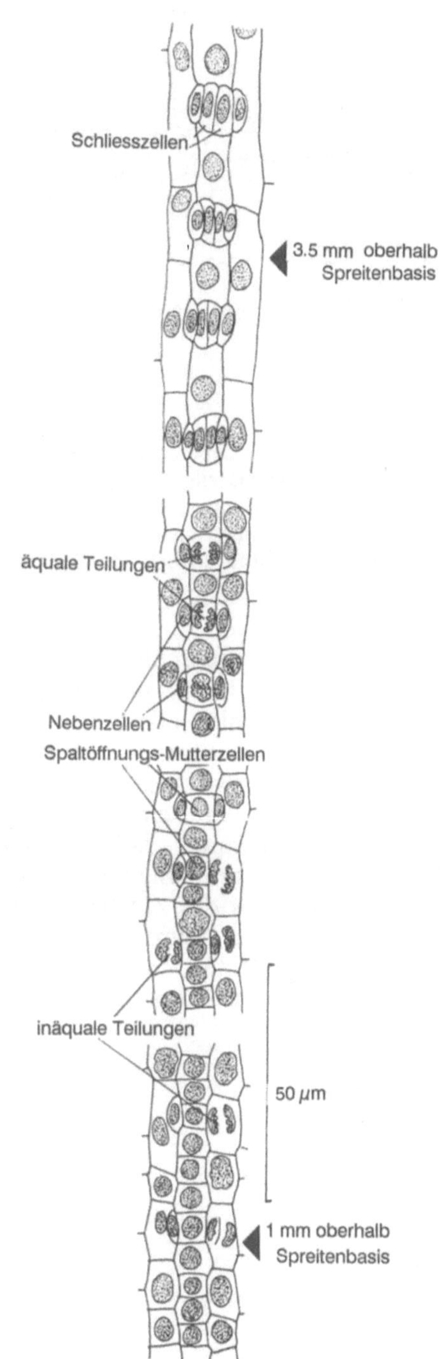

Abb. 3.13. Bei *Hordeum vulgare* sind drei nebeneinanderliegende Epidermiszellen an der Bildung eines Spaltöffnunsapparats beteiligt. Aus den jüngeren Entwicklungsstadien, ca. 1 mm oberhalb des intercalaren Spreitenmeristems, ist ersichtlich, daß die Nebenzellen aus den benachbarten Epidermiszellen inäqual herausgeschnitten werden. Die Nebenzellen sind fertiggestellt, bevor sich die Schließzellen durch äquale Teilung bilden

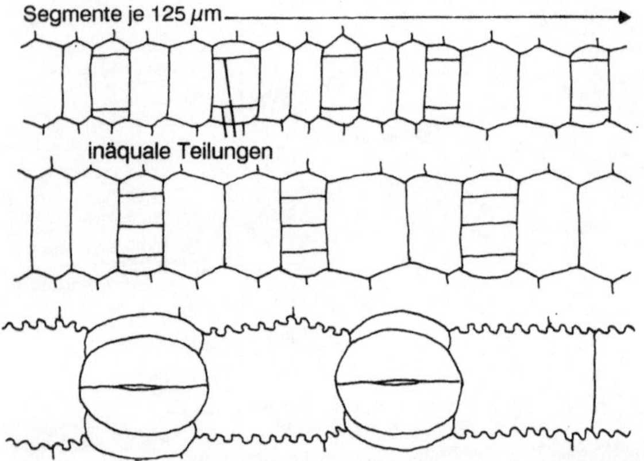

Abb. 3.14. Bei den Cyperaceen liefert in regelmäßiger Folge eine Epidermiszelle der Spreite zwei Nebenzellen durch inäquale Teilungen, die offensichtlich sehr rasch aufeinander folgen. Erst später teilt sich die verbliebene, mittlere Zelle äqual in die Schließzellen. (*Carex secalina*)

Initialenbildung abgeschlossen; die Epidermiszellen können sich nur noch strecken. Nur die designierten Initialen oder Initialenmutterzellen sind weiterhin teilungsfähig, sie können aber in ihrer Entwicklung steckenbleiben (Abb. 3.1).

Der Vergleich mit einem flächigen Zufallsmuster läßt erkennen, daß die Spaltöffnungen des Blattes in regelmäßigeren Abständen angeordnet sind, als es das Zufallsmuster zeigt (Abb. 3.15) (Bünning u. Sagromsky 1948). Gelegentlich wird beobachtet, daß zwei Spaltöffnungen aneinandergrenzen (Abb. 3.16, *Liquidambar styraciflua*), wobei eine Nebenzelle, aber niemals eine Schließzelle gemeinsam benutzt wird.

In der Regel entstehen die Initialen auf Distanz. Dies kann auf zwei Ursachen beruhen: entweder die Initiale verarmt das umliegende Gewebe an Signalstoffen durch eigenen Verbrauch oder die Initiale umgibt sich mit einer Hemmzone für äquale Zellteilungen.

Nach Untersuchungen, die konsequent von Erwin Bünning und seinen Mitarbeitern ausgeführt wurden, trifft die zweite Erklärung zu. Die Abgabe eines chemischen Reizes ist daran zu erkennen, daß die Zellkerne der umliegenden Epidermiszellen während der Stomadifferenzierung chemotaktisch angezogen werden und zwar umso stärker, je näher die Zellen dem Reizzentrum liegen (Abb. 3.17).

Photosyntheseprodukte, die von Chloroplasten der Schließzellen gebildet werden, scheiden als Reizstoffe aus, da die Zellkernanziehung bereits von der chlorophyllfreien Initiale ausgeht.

Bei anhaltendem Flächenwachstum der Spreite entfernen sich die Spaltöffnungen voneinander. Wenn sich die hypothetischen Hemmzonen nicht mehr überschneiden, können dazwischen neue Initialen auftreten (Abb. 3.18).

Die Auslösung der Initialenbildung ist untersucht worden. Intercellularräume unterhalb der prospektiven Initiale scheiden als Auslöser aus, da die erste Initialenserie eines Dicotylenblattes bereits entsteht, bevor Intercellularen im Mesophyll zu erkennen sind.

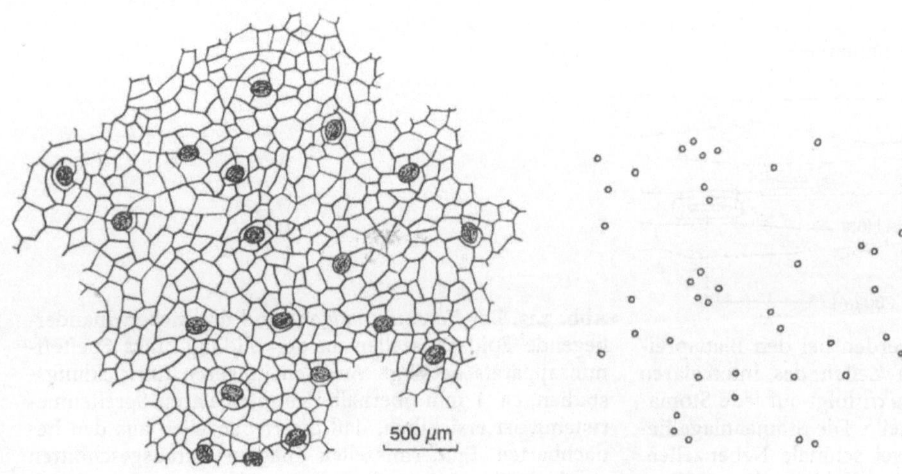

Abb. 3.15. Das Spaltöffnungsmuster der Dicotylen (*Bougainvillea spectabilis*) erscheint regelmässiger angeordnet als ein Zufallsmuster. (Bünning u. Sagromsky 1948)

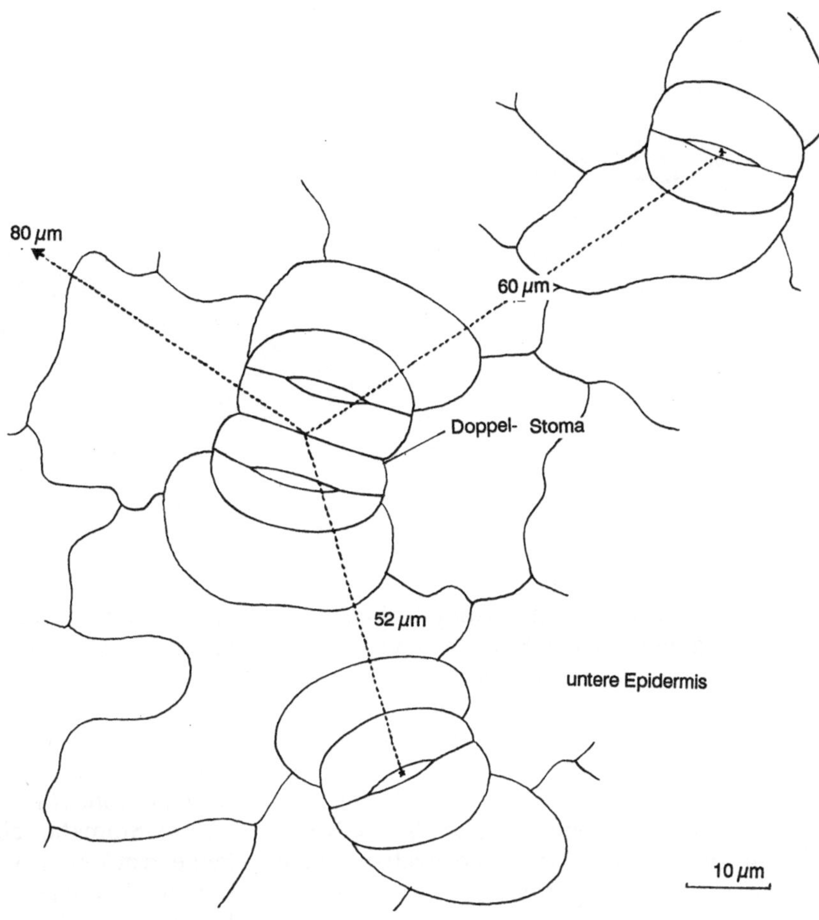

Abb. 3.16. In der unteren Blattepidermis von *Liquidambar styraciflua* (Hamamelidaceae) wurden 10% Doppelspalten gefunden. Wahrscheinlich haben sich dort die Schließzellenmutterzellen zunächst verdoppelt, bevor die Schließzellen gebildet wurden

Aus anderen Beobachtungen geht hervor, daß innerhalb der gedachten Hemmzone nicht nur die Bildung neuer Spaltöffnungsinitialen, sondern auch Haar- und Drüsenbildung unterdrückt werden.

Wenn solche Effektoren stofflicher Natur sind, wirken sie graduell. Das zeigt sich an der nachlassenden Wirkung auf die Attraktion der Zellkerne mit wachsendem Radius der Hemmzone (Abb. 3.17).

Ein Beispiel dafür, daß trotz Hemmung Initialen innerhalb der hypothetischen Hemmzone angelegt worden sind, bietet Abb. 3.16 mit der doppelten Spaltöffnung. Eine andere Erklärung für dieses Phänomen stützt sich darauf, daß beide Stomata gleich weit entwickelt sind. Demnach wäre der Impuls zur Initialenbildung von doppelter Stärke gewesen.

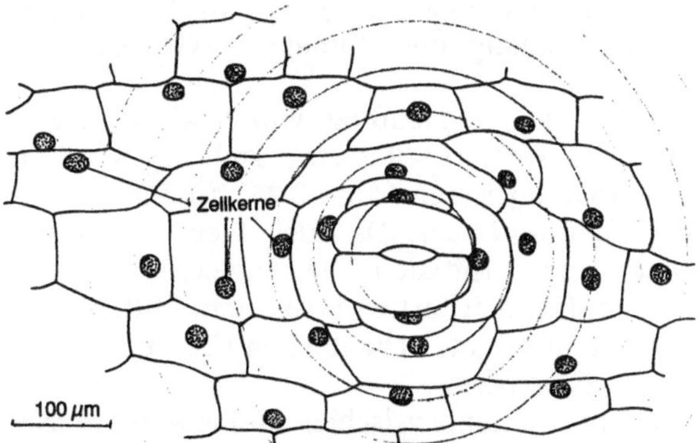

Abb. 3.17. Bei manchen Monocotylenblättern (*Vriesea splendens*) orientieren sich die Zellkerne der Epidermiszellen auf konzentrischen Niveaus um eine Spaltöffnung, als ginge von ihr ein Reiz aus, der mit zunehmender Entfernung an Stärke verliert. (Bünning u. Sagromsky 1948)

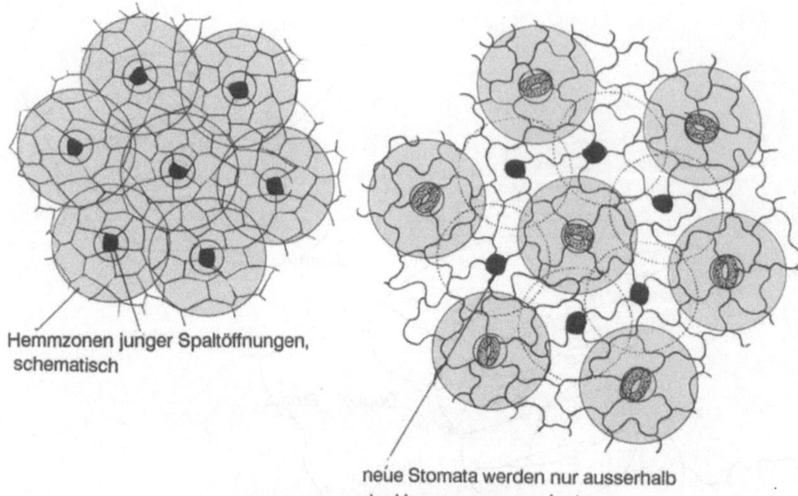

Abb 3.18. Das zuvor gezeigte Verteilungsmuster der Dicotylenspaltöffnungen (s. Abb. 3.15) läßt sich auf Hemmzonen zurückführen, die von jungen Stomaanlagen ausgehen. Innerhalb der Hemmzone werden Zellteilungen unterdrückt (links). Mit zunehmendem Flächenwachstum der Blattspreite weichen die Hemmzonen auseinander, so daß nun dazwischen neue Spaltöffnungen angelegt werden können (rechts). Beispiele hierfür zeigen die Abb. 3.1 und 3.2

Die Differenzierung von anisocytischen Spaltöffnungsapparaten ist bei Strauch-Begonien, die glatte Blätter haben, besonders gut zu verfolgen (Abb. 3.3). Immer sind es inäquale Teilungen, die die Entwicklung der Spaltöffnungsapparate einleiten. Die endgültige Struktur (Abb. 3.5) läßt die Ausgangszelle, die ehemalige Epidermiszelle, noch im Umriß erkennen. Die Schließzellen sind von zwei Kreisen von Nebenzellen umgeben, die jedoch unvollständig bleiben können (Abb. 3.5). Oft scheint es, als wären die Schließzellen der Entwicklung der Nebenzellen vorausgeeilt (Abb. 3.4).

Bei anderen Begonien treten nach Abschluß der Entwicklung die Stomata in Gruppen auf (Abb. 3.6).

Eine ähnliche Häufung von Spaltöffnungen, die jedoch Wasserspalten sind und insgesamt als Hydathode operieren (Abb. 2.25), findet sich bei *Crassula arborescens*. Da auch hier die kleinen Spalten aus Initialen hervorgehen müssen, scheinen für gleichartige Strukturen Differenzierungs-impulse unterschiedlichen Charakters verwendet zu werden.

Bei den anomocytischen Stomata ohne Nebenzellen ist die Variabilität der Zellformen besonders groß. Beim Buchenblatt (Abb. 3.19) wird die stark gelappte Zellform der unteren Epidermis in Nachbarschaft zu einer Spaltöffnung gerundet. Sehr einheitlich erscheint die Blattfläche der Farnpflanze *Cibotium* (Abb. 3.20). Hier ist anscheinend jede Epidermiszelle für die Ausbildung einer Spaltöffnung stimuliert worden.

Eingesenkte Stomata sind charakteristisch für Pflanzen trockener Standorte (*Nerium*, *Pinus*, Abb. 1.22, *Calluna*, Abb. 2.45). Der Sauerklee (*Oxalis acetosella*, Abb 2.43) hat ebenfalls eingesenkte Stomata, obwohl er als Schattenpflanze keine trockenen Standorte bevorzugt. Emporgehobene Stomata (Abb. 2.26) sind für Pflanzen feuchter Standorte charakteristisch (*Ruellia portella, Pastinaca sativa*). Aber auch in dieser Gruppe gibt es Mesophyten (*Prunus*, *Solanum*), sogar Xerophyten (*Cnicus benedictus*). Das Emporheben eines Stomas wird beim Blattflächenwachstum dadurch verursacht, daß dieses im Stomabereich länger anhält als in den stomafreien Epidermispartien.

3.5 Die Aufnahme des Kohlenstoffs

Größte Beachtung wird der Bewegung des CO_2-Gases geschenkt. Kein Zweifel besteht, daß bei Landpflanzen das CO_2 durch die Stomata eindringt.

Bei submers lebenden Pflanzen (*Elodea*) und einigen Hygrophyten (*Polytrichum*-Arten) wird der Kohlenstoff nicht aus der Luft als CO_2, sondern in Form von Bicarbonat

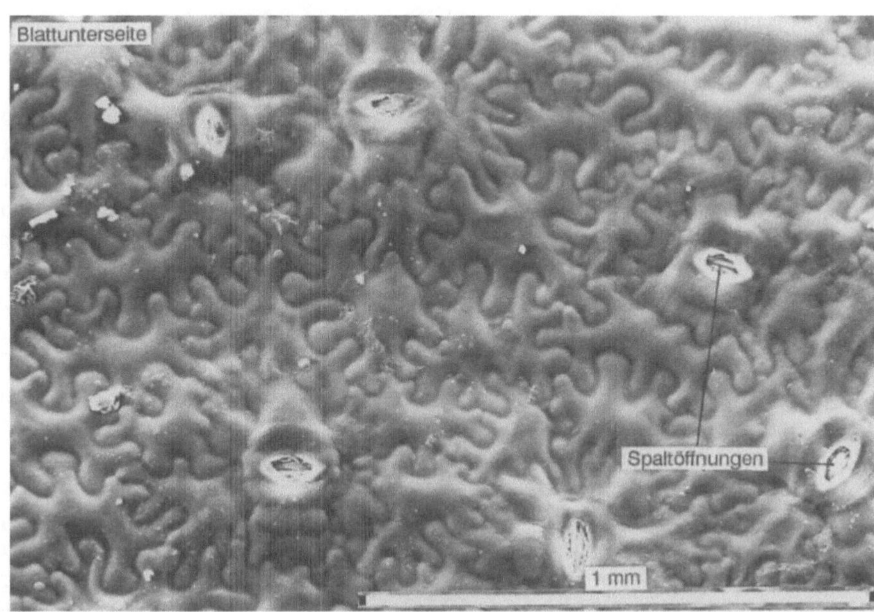

Abb. 3.19. Die reichliche Lappung der Epidermiszellen von *Fagus sylvatica* erinnert an Baustücke eines Puzzlespiels, das, wenn es zusammengesetzt ist, flächigen Zusammenhalt zeigt. SEM

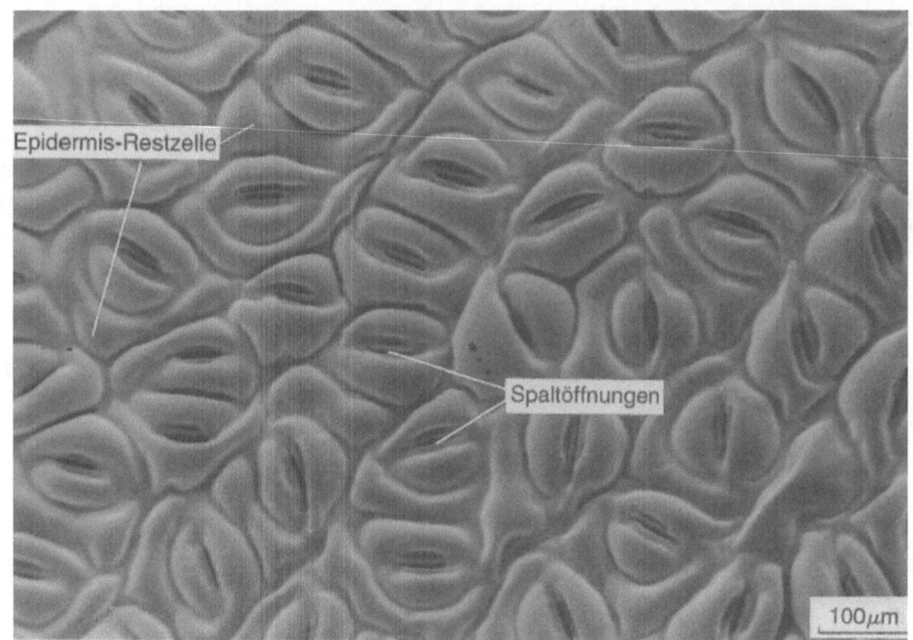

Abb. 3.20. Die Epidermis dieses Blattes der Farnpflanze *Cibotium schiedei* (Dicksoniaceae) besteht fast nur aus Spaltöffnungen. Nur wenige Restzellen der Epidermis blieben erhalten. Eine funktionelle Erklärung für eine derartig dichte Drängung von Spaltöffnungen ist nicht bekannt. SEM (Barthlott 1990)

(HCO_3^-) aus dem Wasser aufgenommen. Bei *Polytrichum commune* wurde nachgewiesen, daß ^{14}C-Bicarbonat-Lösung für die Photosynthese verwendet wird, wenn sie auf die Achsel eines Blattes aufgetragen wird (Eschrich u. Steiner 1967); Begasung des Gametophyten mit $^{14}CO_2$ lieferte keine markierten Pflanzen in der Autoradiographie (Stiller 1989).

Elodea-canadensis-Pflanzen verwendeten nur ^{14}C-Bicarbonat, aber kein $^{14}CO_2$ für die Photosynthese. Die radioaktiven Photosyntheseprodukte wurden nach chromatographischer Trennung durch Autoradiographie nachgewiesen (Krabel et al. 1995).

3.6 Der Weg des CO_2 zu den Chloroplasten

Bei Landpflanzen, die Stomata besitzen, diffundiert das CO_2 der Luft durch die Spalten ins Innere. Die Diffusionsgeschwindigkeit hängt von etlichen Faktoren ab, äußeren wie inneren.

Die Bestimmungsorte für das aufgenommene CO_2 sind die Chloroplasten. Wenn diese belichtet werden, ist ihre Aufnahmekapazität für CO_2 größer, als wenn sie im Dunkeln bleiben. Die Menge an importiertem CO_2 muß an die Photosyntheserate angepaßt werden. Die Photosyntheserate wird gemessen, indem der CO_2-Gehalt in einer Küvette registriert wird, in der sich auch das CO_2-assimilierende Blatt befindet. Bei der Messung wird die Eigenschaft von CO_2, Infrarot zu absorbieren, ausgenutzt. Die Meßkurven zeigen nur dann CO_2-Verbrauch an, wenn das Blatt belichtet wird.

CO_2 kann in Gasform in Intercellularen diffundieren, oder es kann in Wasser gelöst in den Zellwänden transportiert werden.

Nach Holleman-Wiberg (1976) lösen sich in 1 l Wasser bei 20°C 0,9 l CO_2, bei 15°C 1,0 l CO_2 und bei 0°C 1,7 l CO_2.

Bei 15°C ist die Konzentration des in Wasser gelösten CO_2=0,03% (ca. 10 mM), also genauso gering wie in der Atmosphäre.

Beim Einleiten von $^{14}CO_2$ in eine auf pH 7 gepufferte Nährlösung entsteht ^{14}C-Bicarbonat. Dieses wird von untergetaucht assimilierenden *Elodea*-Pflanzen im Licht assimiliert. Abb. 3.21 zeigt die Autoradiographie derart behandelter *Elodea*-Sprosse. Im Gasraum wird $^{14}CO_2$ von *Elodea*-Sprossen nicht assimiliert, die Autoradiographie läßt keinen Einbau von ^{14}C erkennen.

Unter Photosynthesebedingungen ist aber der CO_2-Bedarf so hoch, daß die Intercellularen theoretisch einen wichtigeren Bestandteil des CO_2-Versorgungssystems ausmachen als die Zellwände, da die Diffusionsgeschwindigkeit eines CO_2-Moleküls im Gasraum der Intercellularen ca.100000mal rascher ist, als im Wasser der Zellwände. Der Beweis für eine von Gasphase zu Lösung wechselnden CO_2-Versorgung ist jedoch noch nicht erbracht worden.

Der Weg des CO_2 zu den Chloroplasten endet mit seinem Einbau in organische Verbindungen, der durch RubisCO (Ribulosebisphosphat-Carboxylase-Oxygenase) katalysiert wird.

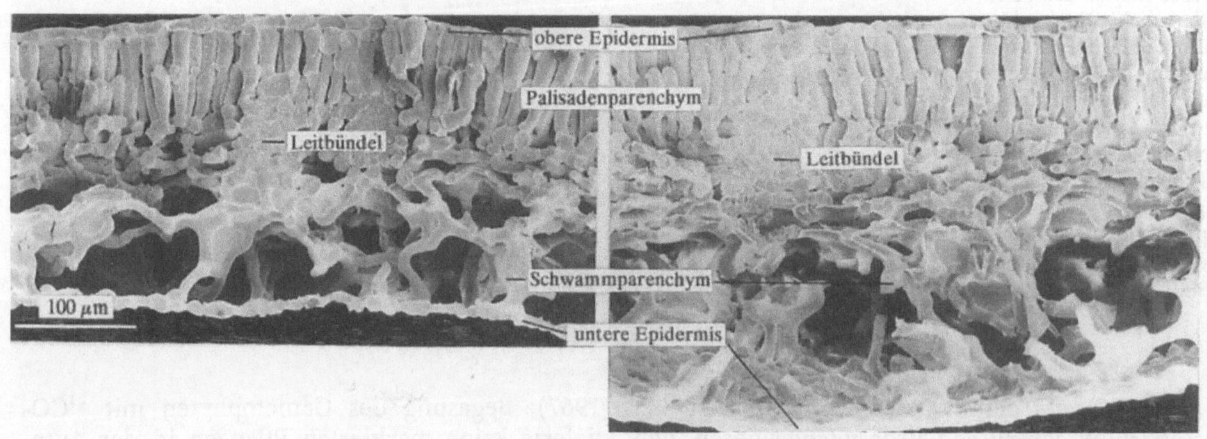

Abb. 3.21. Verdopplung der CO_2-Konzentration während der Blattentwicklung kann die Mächtigkeit der Blattgewebe von *Populus trichocarpa* vergrößern, ruft aber keine Bildung anatomisch veränderter Strukturen hervor. (Radoglou u. Jarvis 1990)

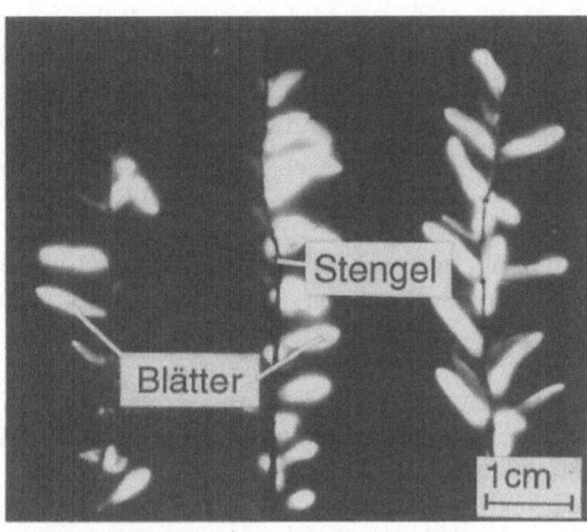

Abb. 3.22. Submers lebende Pflanzen, wie *Elodea canadensis*, nehmen für die Photosynthese CO_2 als Bicarbonat auf. Das Negativ der Makroautoradiographie zeigt Einbau von radioaktivem Kohlenstoff in den (hellen) Blättern an. (Krabel et al. 1994)

Die optimale Substratkonzentration der RubisCO liegt bei 2% CO_2 (K_M=450 mM für CO_2 bei pH 7,5).

Das für eine optimale Photosynthese viel zu geringe CO_2-Angebot der Atmosphäre war Anlaß zu prüfen, ob überhaupt höhere CO_2-Konzentrationen von den Pflanzen ausgenutzt werden können. Wahrscheinlich enthielt die Erdatmosphäre in manchen Epochen höhere Konzentrationen an CO_2 als heute. Dafür sprechen Untersuchungen der im Glazialeis eingeschlossenen Luftmengen.

Für einen Klon von *Populus trichocarpa* wurde gezeigt, daß die Blätter bei einer CO_2-Konzentration von 700 $mmol.mol^{-1}$ dicker wurden, und zwar durch ein voluminöseres Schwammparenchym. Die Versuche wurden in einer open-top-Kammer durchgeführt und dauerten 92 Tage (Abb. 3.22). Die Biomasse und die Zellenzahl pro Blattfläche blieben jedoch unverändert. Andere Pappelklone zeigten keine signifikanten Veränderungen (Radoglou u. Jarvis 1990).

3.7 Weitere Einrichtungen zur CO_2-Aufnahme

Über die CO_2-Versorgung der grünen Luft-Wurzeln epiphytischer Orchideen hat sich noch keine allgemeingültige Ansicht durchgesetzt, obwohl schon früh experimentelle Untersuchungen durchgeführt wurden (Pirwitz 1931). Die Wurzeln mancher Orchideen besitzen Pneumatoden (*Vanda tricolor*), die nur zu finden sind, wenn die Wurzel in Wasser getaucht wird. Dabei werden bis zu 4 mm lange helle Bezirke erkennbar, in denen die Wurzeloberfläche trocken bleibt. Im Innern dieser Luftinseln befinden sich einzelne kegelförmige Zellen, die bei *Spiranthes spiralis* unter dem einschichtigen Velamen als eine Art von Durchlaßzellen in der Exodermis in Erscheinung treten (Abb. 3.23). Eine anatomisch erkennbare Abgrenzung der Luftinsel ist nicht vorhanden. Die kegelförmigen Pneumatoden sind offenbar für einen Gasaustausch mit der Außenluft vorgesehen, und es ist anzunehmen, daß die grünen Assimilationsgewebe der Luftwurzeln auf diesem Wege mit CO_2 versorgt werden. Der Beweis, ob die Luftwurzeln gasförmiges CO_2 assimilieren können, steht noch aus.

Die Atemöffnungen des Lebermooses *Marchantia polymorpha* (Abb. 3.24) sind offenbar für die Aufnahme von CO_2 zur Photosynthese entwickelt worden. Exponiert man *Marchantia*-Thalli in $^{14}CO_2$, so entstehen markierte Photosyntheseprodukte. Werden die Thalli in ^{14}C- Bicarbonatlösung ($H^{14}CO_3^-$) getaucht, so sind

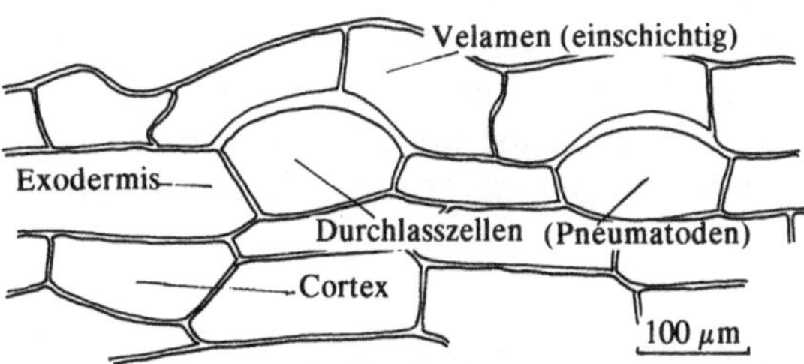

Abb. 3.23. Wenn Wurzeln epiphytischer Orchideen (*Spiranthes spiralis*) bewässert werden, findet man oft Luftsäcke auf der Wurzeloberfläche. Unter dem Velamen sind Pneumatoden (Durchlaßzellen) beschrieben worden, die für einen Gasaustausch geeignet erscheinen. (Pirwitz 1931)

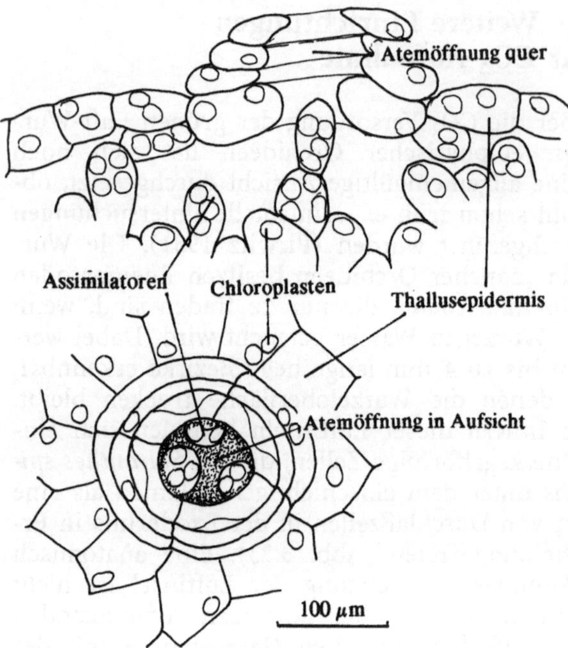

Abb. 3.24. Im gefelderten Thallus von *Marchantia polymorpha* treten Atemöffnungen auf, die wie kurze Schornsteine den Austausch von Gas ermöglichen. Werden solche Thalli mit $^{14}CO_2$ begast, so sind nach kurzer Zeit radioaktive Photosyntheseprodukte (Saccharose) nachzuweisen. Wird dagegen das Lebermoos auf ^{14}C-Bicarbonatlösung schwimmend belichtet, so sind eingebaute radioaktive Stoffe nur in sehr geringer Menge nachweisbar

keine radioaktiven Photosyntheseprodukte im Extrakt nachzuweisen.

Die Atemöffnungen der Marchantiales dienen offenbar zur Aufnahme von CO_2, sie haben die gleiche Aufgabe wie die Spaltöffnungen der höheren Landpflanzen, nur scheinen sie nicht regelbar zu sein. Verbreitet ist jedoch die Ansicht, daß die unter der Öffnung stehenden Assimilatoren bei Turgorverlust die Öffnung partiell verstopfen können; der experimentelle Beweis steht noch aus.

3.8 Assimilation von Luftstickstoff

Die dritte Luftkomponente, Stickstoff, die nicht nur bei Leguminosen, sondern auch bei einer Reihe anderer Pflanzen „fixiert" wird, dürfte vorzugsweise durch die Spaltöffnungen in die Pflanze eindringen und im Intercellularensystem transportiert werden.

Die Blattknöllchen der Rubiaceen-Gattungen *Psychotria, Pavetta* und *Neorosea* entwickeln sich wahrscheinlich gegenüber von solchen Spaltöffnungen, durch die N_2-bindende Bakterien eingedrungen sind (Werner 1987). Für die Blattknöllchen von *Psychotria kirkii* (Abb. 3.25) wurde nachgewiesen, daß die N_2-bindenden Bakterien (*Phyllobacterium rubiacearum*) bereits im Samen vorhanden sind.

Bei den Wurzelknöllchen der Fabales ist der Weg von der Wurzeloberfläche zu den Bakterienzellen nicht weit (Abb. 1.57). Es ist denkbar, daß der Luftstickstoff aus Lufträumen im Boden bezogen wird. Die Infektion der Fabaceenwurzel mit stickstoffbindenden Bakterien geht über die Wurzeloberfläche, besonders die Wurzelhaare vor sich, die durch Signalstoffe dazu veranlaßt werden, sich einzukrümmen (Werner 1987), um das Eindringen der Bakterien (*Rhizobium* und *Bradyrhizobium*-Arten) zu ermöglichen. In der Signalkette sind Lectine (Phytohaemagglutinine; vgl. Kleinig u. Sitte 1984) des Wirts und Komponenten aus Polysacchariden des Mikrosymbionten enthalten. Eine Beziehung zwischen Lectinen der Fabaceen-Samen (die seit langem für die Bestimmung von Blutgruppen verwendet werden), dem Auftreten von Lectinen im Siebröhrensaft von *Cucurbita* (Sabnis u. Hart 1978) und der Synthese von Leghämoglobin nach der Infektion (Werner 1987) ist bisher nicht näher untersucht worden.

Auf welchem Wege der Stickstoff in die Wurzeln eindringt, ist nicht bekannt. Die Wurzelknöllchen der Fabaceen kommen in zwei bereits morphologisch erkennbaren Typen vor, den verzweigt-zylindrischen (nichtdeterminierten) und den sphärischen (determinierten) Knöllchen. Beide Formen sind anatomisch durch Leitbündelsysteme ausgewiesen, die zur Stele der Wurzel führen. Die Leitbündel sind von polyploidem Bakteroid-Gewebe umgeben, das durch die Peribakteroidenmembran abgegrenzt ist. Für die Ausbildung und Tätikeit der Knöllchen werden vom Wirtsgewebe Noduline zur Verfügung gestellt, u.a. Enzyme des Primärstoffwechsels der Knöllchen (Uricase, PEP-Carboxylase, Cholinkinase) und an der Aminosäuresynthese beteiligte Enzyme (Glutaminsynthetase).

EXKURS 3: Kohlenstoff

Als die Erde noch Temperaturen von 110 Millionen Grad Celsius aufwies, entstand Kohlenstoff vielleicht in zwei Schritten: durch Fusion von $^4He+^4He$ zu ^8Be+gamma −95 keV, und von $^8Be+^4He$ zu ^{12}C+gamma +7,4 MeV (Schwarzschild 1965). Als Sauerstoff (Kohlenstoff und ein weiteres α-Teilchen) zur Verfügung stand, wurde Kohlenstoff oxidiert; es entstanden Carbonat und CO_2, auf dessen Nutzung sich später die autotrophen Pflanzen spezialisiert haben (Bresch 1977).

Es ist klar, daß während der langen Periode intensiver UV-Bestrahlung, in der sich das Pflanzenleben nur unter der Wasseroberfläche abspielen konnte, das CO_2 nicht nur als Gas im Wasser gelöst vorlag (0,03% bei 15°C), denn

H_20+CO_2 bilden Kohlensäure, H_2CO_3, die bei einem pH-Wert über 6 größtenteils zu HCO_3^- und H^+ dissoziiert.

Submers lebende Pflanzen assimilieren Bicarbonat (Abb. 3.21). Da jedes wässrige Medium mit der Gasphase im Gleichgewicht steht, wird die Konzentration an gelöstem CO_2 konstant bleiben, zumal CO_2-Bildung aus Bicarbonat im neutralen Milieu sehr langsam abläuft. Die Gesamtmenge an Kohlenstoff (C_i) muß jedoch durch intensive Photosynthese submerser Pflanzen ansteigen. Bicarbonatphotosynthese unter Wasser gilt deshalb als ein „CO_2-Konzentrierungs-mechanismus" (Badger 1987). Oberhalb pH 9 entsteht wieder Carbonat, das in Gegenwart von Calcium ausfällt und dann zur Bildung der mächtigen Schichten von Carbonatsedimenten beiträgt, die im Bereich aktiver Vulkane aufgeschmolzen werden können und wieder CO_2 für die Photo- und Chemosynthese der Landpflanzen an die Atmosphäre abgeben und das Gleichgewicht $CO_{2\ Luft}$/$CO_{2\ Wasser}$ beeinflussen.

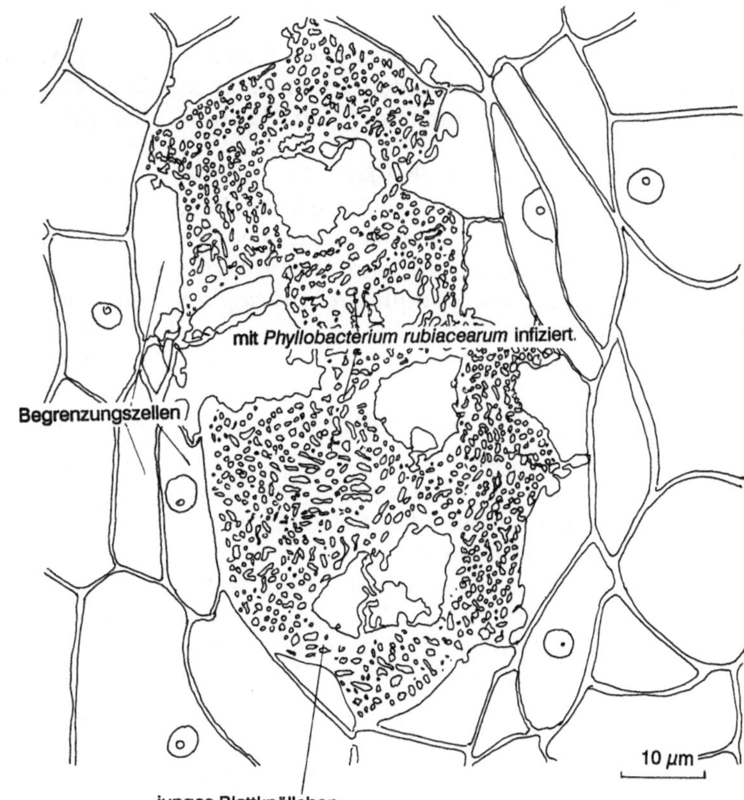

Abb. 3.25. Blattknöllchen treten bei Rubiaceen und Myrsinaceen auf. Die Bakterien (*Phyllobacterium rubiacearum*) werden bei *Psychotria kirkii* (Rubiaceae) sind bereits im Samen vorhanden. Eine N_2-Fixierung ist nicht nachgewiesen worden. Die Zeichnung wurde nach einer Aufnahme von I.Miller, Glasgow hergestellt. Nach Werner (1987)

Auch bei anderen Symbiosen der N_2-Fixierung ist der Weg des Stickstoffs nicht zu ermitteln, da radioaktive Isotope des Stickstoffs fehlen, die für eine autoradiographische Analyse geeignet wären.

In manchen Fällen sind es Blaualgen, die symbiontisch in Pflanzen verschiedener Klassen leben, und die fähig sind, Luftstickstoff zu binden. Bekannt und auffällig sind die Korallenwurzeln von Cycadeen (Abb. 1.58), in denen die *Anabaena*-Symbionten in einer Zellschicht vorkommen, die durch regelmäßig angeordnete Intercellularräume unterteilt ist. Dieses Durchlüftungsgewebe dient möglicherweise dazu, gasförmigen Stickstoff an die Symbionten heranzuführen.

Werden verschiedene Abschnitte einer *Macrozamia*-Pflanze einer ^{15}N-Atmosphäre ausgesetzt, so zeigt der Abschnitt mit den Korallenwurzeln die höchste Einbaurate des Isotops (Bergersen et al., zitiert nach Werner 1987).

Blaualgensymbionten findet man bei dem Schwimmfarn *Azolla* in einer Tasche, die durch den oberen Blattlappen gebildet wird. Bei dem Lebermoos *Blasia pusilla* sind es dunkle Zellen im Thallus, in denen eine N_2-bindende Blaualge (*Nostoc*) lebt. *Nostoc*-Symbionten leben auch in höheren Pflanzen, z.B. *Gunnera*-Arten (Haloragaceae).

Stickstoffbindung wird ebenfalls in Actinorhizen durchgeführt. Das sind Wurzelknöllchen, in denen sich der Actinomycet *Frankia* spec.div. entwickelt. Als Wirtspflanzen sind Gehölze (*Alnus*, *Myrica*, *Ceanotus*, *Comptonia*, *Elaeagnus*, *Casuarina*) bekannt.

3.9 Kontinuität der Intercellularräume

Gase, die durch die Spaltöffnungen in den Pflanzenkörper gelangen, haben über die Intercellularen Zugang zu allen Organen.

Die Intercellularen reifer Blätter stehen wahrscheinlich mit allen Intercellularräumen des Stengels und der Wurzel in Verbindung. Allerdings ist diese Intercellularen-Kontinuität schwer zu überprüfen, denn gefärbte, ungiftige Gase, die von der Pflanze aufgenommen werden könnten, gibt es nicht. Bei kritischen Organverbindungen und dichten Geweben kann durch Vakuuminfiltration von Wasser (Aspiration) festgestellt werden, ob Intercellularen-Verbindungen vorhanden sind.

Sind die Spaltöffnungen geschlossen, so werden Druckänderungen im Gassystem auftreten, besonders, wenn sich die Außentemperatur ändert (starke Besonnung). In solchen Fällen muß ein Druckausgleich stattfinden, der möglicherweise durch Verdampfung von Wasser oder durch Kondensation von Wasserdampf an den Zellwänden kälterer Pflanzenorgane bewerkstelligt wird. Das reichliche Vorhandensein von Wasserdampf in der Intercellularenluft wurde durch eine Präparationsmethode mit Gefriermikrotom-Schnitten bewiesen, mit der Tröpfchen von kondensiertem Wasserdampf mikroskopisch sichtbar gemacht wurden (Abb. 3.26).

Werden Blüten, Früchte oder Blätter abgeworfen, so werden bei der Bildung der Schutzschicht innerhalb der Trennzone auch die Intercellularen verschlossen. Bei Gehölzen können jedoch die Gefäße in der Trennzone offen bleiben, weil sie als tote Elemente keinen Wundcallus bilden.

In manchen krautigen Stengeln löst sich das Markgewebe auf, meist durch Zerreißen der Zellwände, so daß in den Internodien Markhöhlen, große Gasräume, entstehen, die mit dem Intercellularensystem in Verbindung stehen.

Manche Intercellularen können ständig mit Wasser gefüllt sein. Die beim Streckungswachstum entstehenden Protoxylem-Lakunen (Abb. 2.8, 2.14, 2.15) stellen Intercellularräume dar, die mit Wasser gefüllt sind.

Bei Sumpf- und Wasserpflanzen sind Durchlüftungsgewebe im Stengelmark oft als Sternparenchym (Abb. 3.27 A,B) ausgebildet. Abgesehen von der Leichtbauweise solcher Gewebe ist ihre Funktion zweifellos darauf gerichtet, ein großes Gasreservoir zu schaffen. Die Entstehung eines solchen Sternparenchyms kann auf den Zug der einzelnen Gewebekomponenten beim Strek-

▶

Abb. 3.26. Ein frisches Bohnenblatt (*Phaseolus vulgaris*) wurde mit schmelzendem Stickstoff cryofixiert. Im SEM sind Wassertröpfchen des Intercellularenwassers als Kondensate an den Zellwandoberflächen zu sehen, hauptsächlich an den Epidermen und, in kleinerer Form, an den Palisadenzellen (Jeffrey et al. 1987)

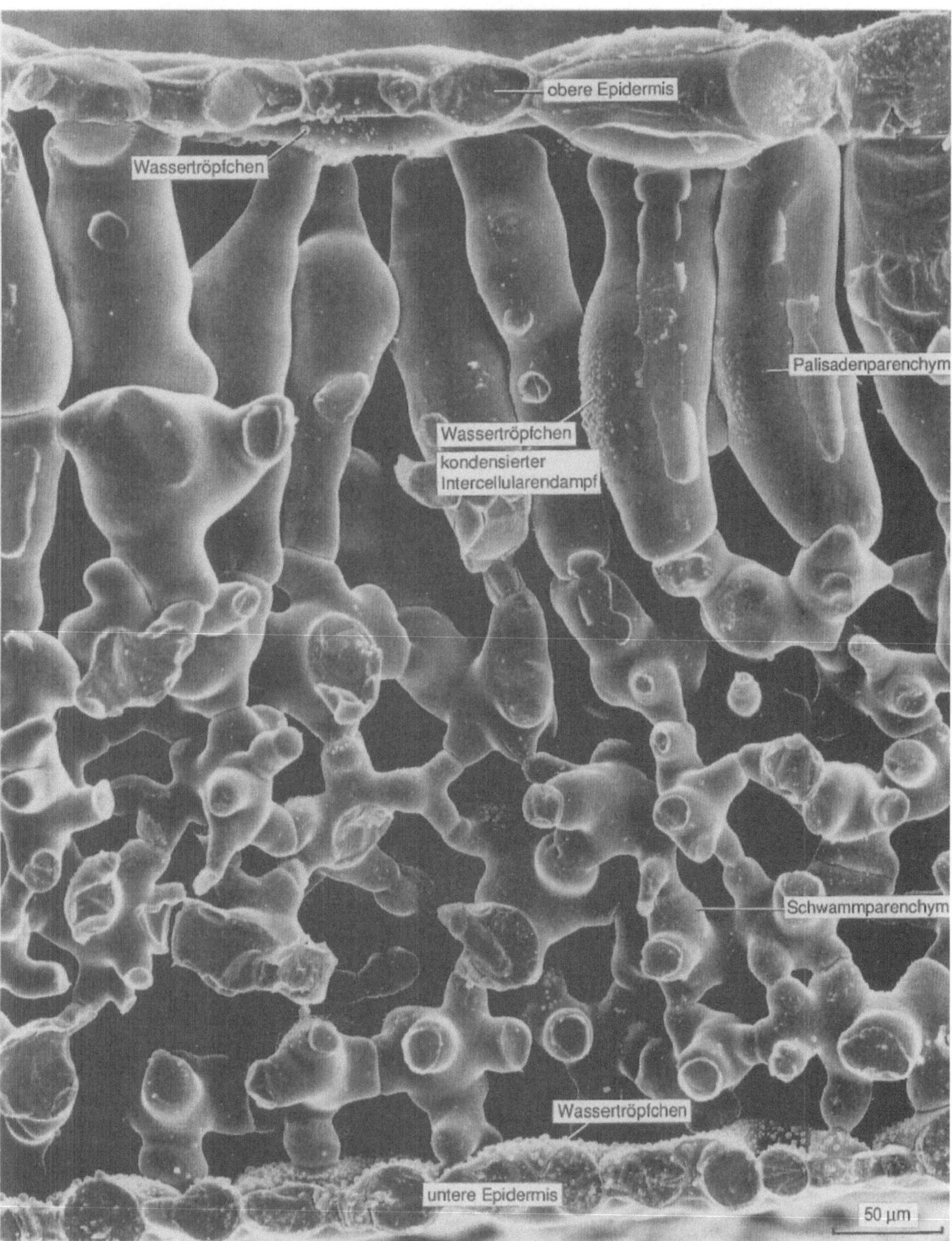
obere Epidermis
Wassertröpfchen
Palisadenparenchym
Wassertröpfchen
kondensierter
Intercellularendampf
Schwammparenchym
Wassertröpfchen
untere Epidermis
50 µm

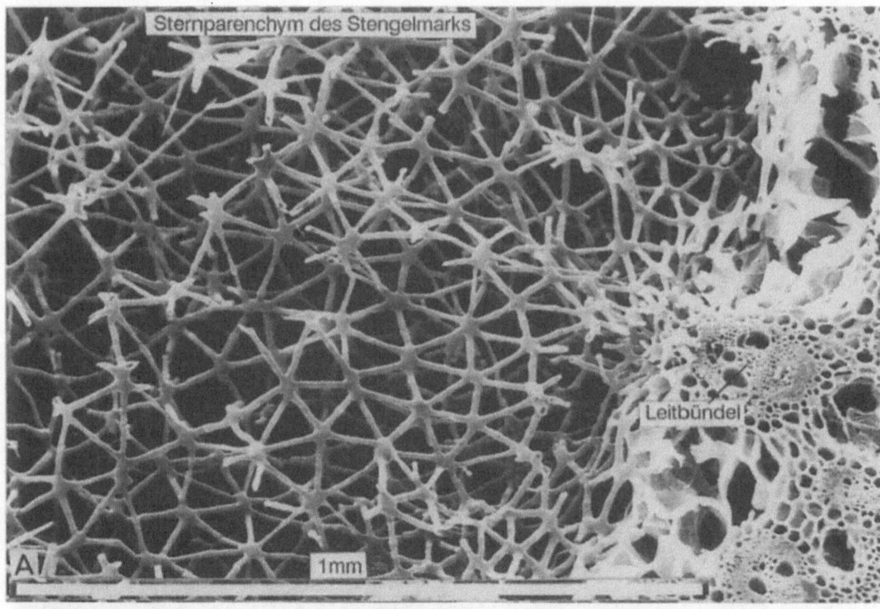

Abb. 3.27 A, B. Einige *Juncus*-Arten besitzen celluläres Markgewebe. Diese Markzellen sind sternförmig gebaut und mit den Sternarmen untereinander verwachsen. Dadurch entsteht ein effektives Durchlüftungsgewbe (**A**). Die Zellen im Stengelmark von *Juncus conglomeratus* bekommen ihre Sternform durch starke Erweiterung der kantigen Intercellularen. Bis auf die Gewebe der Randzone sind die Intercellularen und die sie begrenzenden Sternzellen von annähernd gleicher Größe. Die Kontaktwände der Sternzellen liegen in der Mitte der Sternarmverbindungen (**B**). SEM

kungswachstum zurückgeführt werden. Damit wird schon während der Entwicklung eine Expansion zugunsten des Gasraumes erreicht. Andererseits bietet die Sternform der Zellen eine vergrößerte Oberfläche gegen die Intercellularenluft.

Über den Gaswechsel von Aerenchymen liegen keine Meßdaten vor, womit die Funktion des Gewebes genauer erklärt werden könnte.

Wurzeln von Schwimmpflanzen bilden im inneren Cortex radial angeordnete Intercellularspalten (Abb. 1.35, 1.36).

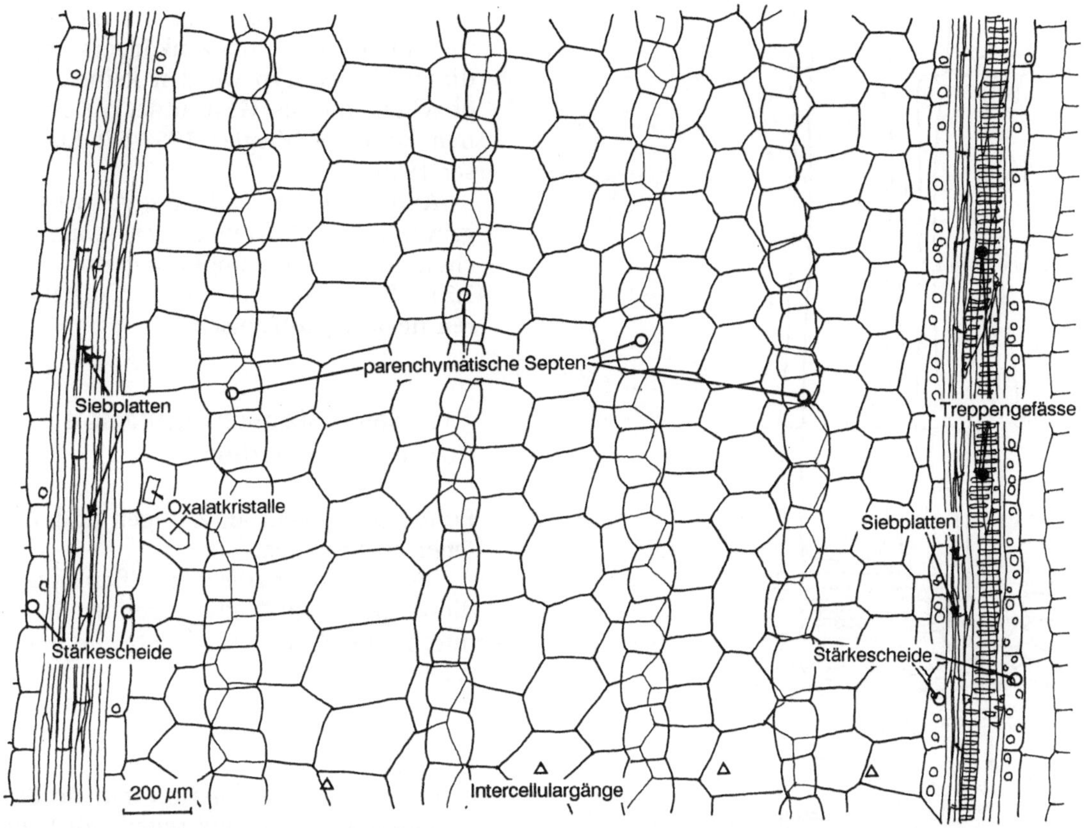

Abb. 3.28. Die abgerundet dreikantigen Blattwedelstiele von *Cyperus papyrus* lassen sich leicht zusammendrükken. Im Innern erstrecken sich weite Intercellulargänge durch den meterlangen Stiel. Sie sind durch einzellbreite Scheidewände voneinander getrennt. (Wiesner 1927/28)

Bei *Cyperus papyrus* ist das Mark des dreikantigen Stengels von großen Intercellulargängen durchzogen (Abb. 3.28).

Wo Stengel „artikuliert" sind, wie bei den Equisetaceen, beobachtet man Intercellularendurchlässe in den Knoten (Abb. 3.29).

3.10 Homobare Intercellularensysteme

Bei Achsenorganen mit sekundärem Dickenwachstum sind die Intercellularensysteme von Bast und Mark scheinbar voneinander getrennt, denn im Holz treten keine mikroskopisch sichtbaren Intercellularen auf. Da die Bast-intercellularen über die Blattspuren und die Blätter mit der Außenwelt in Verbindung stehen, die des Marks aber nicht, kann man heterobare

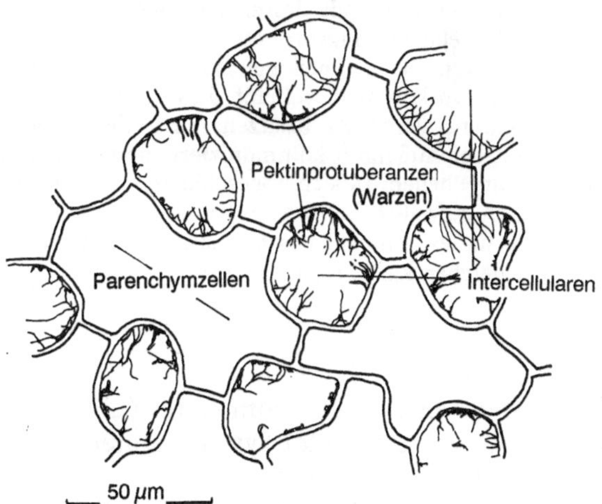

Abb. 3.29. In den Knoten von *Equisetum fluviatile* sind parenchymatische Diaphragmen vorhanden, die jedoch von zahlreichen Intercellularen durchsetzt sind, die für Gase wegsam sind. In die Intercellularen ragen Warzen und Protuberanzen, die mit Rutheniumrot Pektinreaktion geben

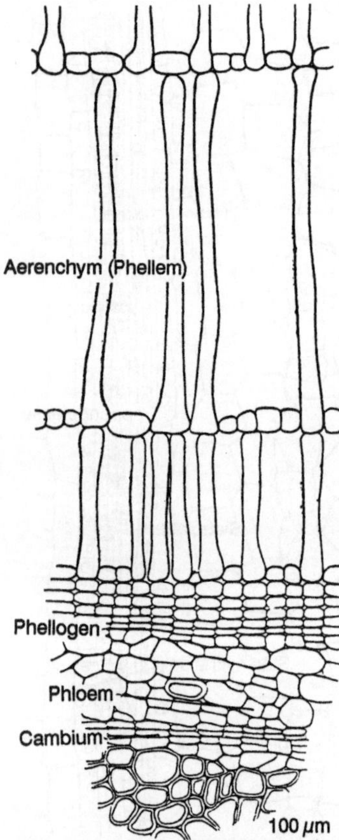

Abb. 3.30. *Ludwigia (Jussieua) peruviana* (Onagraceae) besitzt an der Oberfläche der Atemwurzeln (Pneumatophoren) ein Periderm, aus dessen Phellogen ein Phellem entsteht, das etagiert angeordnete, auffällig große Intercellularen zeigt. Da im Phellogen nur selten winzige Intercellularen vorkommen, scheint diese Mangrove zwei Intercellularensysteme zu besitzen; eins, das über die Blätter mit der Außenluft kommuniziert (heterobar), und eins, das im Phellem in sich abgeschlossen ist (sofern es nicht außen aufreißt). Letzteres wäre als homobar zu bezeichnen, da es atmosphärische Luftdruckunterschiede nicht ausgleichen kann. (Schenk 1889)

(druckangepaßte) und homobare (unter konstantem Druck stehende) Systeme unterscheiden (Neger 1918; Redies 1962).

Eine ähnliche Situation ergibt sich auch durch die Gas-Impermeabilität des Korks. Die von Schenk (1889) erstmals dargestellten großen Intercellularen des Pneumatophoren-Phellems (Abb. 3.30) von Sumpfpflanzen stellen ein homobares Intercellularensystem dar, denn es ist durch das Phellogen gegen die Intercellularen im Inneren des Pflanzenkörpers abgetrennt. Bei diesem Wurzeltyp wurden keine Lenticellen beobachtet, die als Gasventile zur Außenwelt dienen könnten (Ziegler 1956/57; Langenfeld-Heyser 1995).

Anders als bei *Ludwigia* gehört bei der Mangrovepflanze *Avicennia germinans* das Aerenchym der Pneumatophoren zum Cortex (Abb. 3.31). Bei dieser Art wachsen die Pneumatophoren negativ geotropisch.

3.11 Gasaustauschregulation durch das Periderm

Periderm entsteht an Zweigen und Wurzeln, seltener an Früchten.

Bei den oberirdischen Pflanzenteilen ersetzt diese „Korkhaut" die lebende Epidermis, die durch ihre Cutin- und Suberinschichten gegen Austrocknung und Infektionen schützt. Dieser Ersatz wird erforderlich, wenn durch Dilatation des Sproßes die Epidermis gedehnt, verflacht und abgetötet wird.

Eine ähnliche Dilatation tritt im Perikarp von Früchten auf, aber nur selten führt dies zur Bildung von Periderm (Abb. 3.40). Der auslösende Effekt der Peridermbildung beim Sproß kann also nicht allein die Dilatation sein. Atmosphärische Einflüsse könnten dazu beitragen, die Sproßepidermis außer Funktion zu setzen, und eine Peridermbildung einzuleiten. In manchen Fällen füllen sich die toten Epidermiszellen mit Gas, wodurch das Licht reflektiert wird. Unterstützt durch den Glanz der Cuticula entsteht eine Spiegelrinde (*Fagus, Quercus, Abies, Carpinus, Ribes, Berberis, Punica*), die als sicheres Zeichen für eine tote Epidermis zu werten ist.

Im Wurzelbereich sind es mechanische und chemische Einwirkungen des Bodens auf die Oberfläche der Wurzel, die zur Zerstörung der Epidermis führen, wenn ihre Wurzelhaare funktionslos geworden sind. Bleibt der Cortex nicht erhalten (Gymnospermen, Dicotylen), so wird im Perizykel ein Phellogen angelegt, aus dem sich das Wurzelperiderm entwickelt.

EXKURS 4: Lufteinschlüsse im Gewebe

Luftblasen sind keine anatomischen Strukturelemente. In manchen pflanzlichen Geweben können sie aber eine physiologische Funktion ausüben. Man spricht von Durchlüftungsgeweben und meint damit solche Gewebe, die von zusammenhängenden Intercellularräumen durchsetzt sind. Bei den Landpflanzen mit Spaltöffnungen stehen die Durchlüftungsgewebe mit der Außenluft, also auch mit Druckänderungen der Atmosphäre, in Verbindung. Welche Differenzierungsvorgänge dazu führen, daß Luftblasen in einem Gewebe auftreten, ist unbekannt. In der Streckungszone einer Wurzel sind Intercellularen mit Lufteinschlüssen die Regel. Das gleiche ist bei Sproßspitzen und wachsenden Blättern zu beobachten. Abgesehen von den Aerenchymen (z.B. *Juncus*-Stengelmark, Abb. 3.27 A, B) fallen die vielen Lufteinschlüsse in frisch entfalteten Blütenblättern auf (*Ipomoea coerulea, Tropaeolum majus, Papaver rhoeas*). Sollte hier beabsichtigt sein, durch die im Mesophyll eingesperrten Luftblasen die Brillianz der Blütenfärbung zu erhöhen, weil durch Lufteinschlüsse eine Verstärkung der Lichtreflektion auftritt? Diese Brillianzerhöhung wird deutlich, wenn man frische und aspirierte Corollenstücke vergleicht. Die Mehrzahl aller weißen pflanzlichen Objekte dürfte durch Totalreflektion des Lichtes an den Luftblasen weiß erscheinen (Ausnahme: Birkenrinde). Luftblasen lassen sich durch Aspiration entfernen. Wird ein Pflanzengewebe unter Wasser gehalten und der Behälter evakuiert, so entweicht die im Gewebe eingeschlossene Luft. Wird dann der Normaldruck wieder hergestellt, so dringt Wasser in die Räume, die vorher mit Luft gefüllt waren. Im Mikroskop zeigen Lufteinschlüsse im Gewebe eine breite oder schmale schwarze Kontur, je nach Öffnungsgrad der Aperturblende. Es ist die Zone, in der die parallel zur optischen Achse einfallenden Lichtstrahlen total reflektiert werden. Der Grenzwinkel der Totalreflektion ist durch die Funktion sin $\alpha = n_1/n_2$ festgelegt, wobei n_1 die Brechzahl der Luft=1,0 und n_2 die Brechzahl des umgebenden Mediums ist. Ist Letzteres Wasser (n=1,3), so ist α=50,3°; ist es Glycerin (n=1,4), so ist α=45,6° (Abb. 3.32).

Luftblasen in Schwimmpflanzen sind für die Regulation des Auftriebs maßgebend. Sie heben gleichzeitig den Gravitropismus auf.

Die weite Verbreitung von Luftblasen in wachsenden, vor allem schnell wachsenden Pflanzengeweben, gibt Anlaß zu einer Spekulation: So, wie eine Luftmatratze beim Aufblasen Festigkeit und Form bekommt, werden auch die Luftblasen einer sich entfaltenden Corolle Festigkeit und Form geben. Die in einem Intercellularraum eingesperrte Luft verleiht Festigkeit, wie es die osmotisch aktive Lösung in einer turgeszenten Zelle vermag. Gasreservoire dieser Art werden sich dem Atmosphärendruck anpassen, viel empfindlicher sogar, als Wasserreservoire, da Wasser nicht kompressibel ist. Die Intercellularenluft wird in stomatafreien Organen wie ein Barometer wirken. Häufig kann man im Hochsommer beobachten, daß Knospen ephemerer Blüten sich nicht öffnen, wenn sich ein Tiefdruckgebiet nähert. Das legt nahe, daß die Luftblasen, wenn sie richtig „aufgepumpt" sind, die Entrollung einer Corolle (Convolvulaceen) bewirken. Ebenso könnten prall mit Luft gefüllte Räume bei der Entfaltung der in der Knospe „zerknautscht" vorliegenden Perianthblätter von *Papaver rhoeas* behilflich sein.

3.12 Anlage des Phellogens im Sproß

Phellogen entsteht bei Sproßorganen durch tangentiale (perikline) Teilungen in der Epidermis (*Nerium oleander, Sorbus aucuparia, Pyrus malus, P. domestica*), der ersten oder zweiten Cortexschicht (*Robinia, Gleditsia, Aristolochia, Sambucus nigra, Solanum-tuberosum*-Knolle) oder in weiter innen liegenden Zellschichten des Cortex (*Berberis, Vitis, Ribes*, Ericaceae).

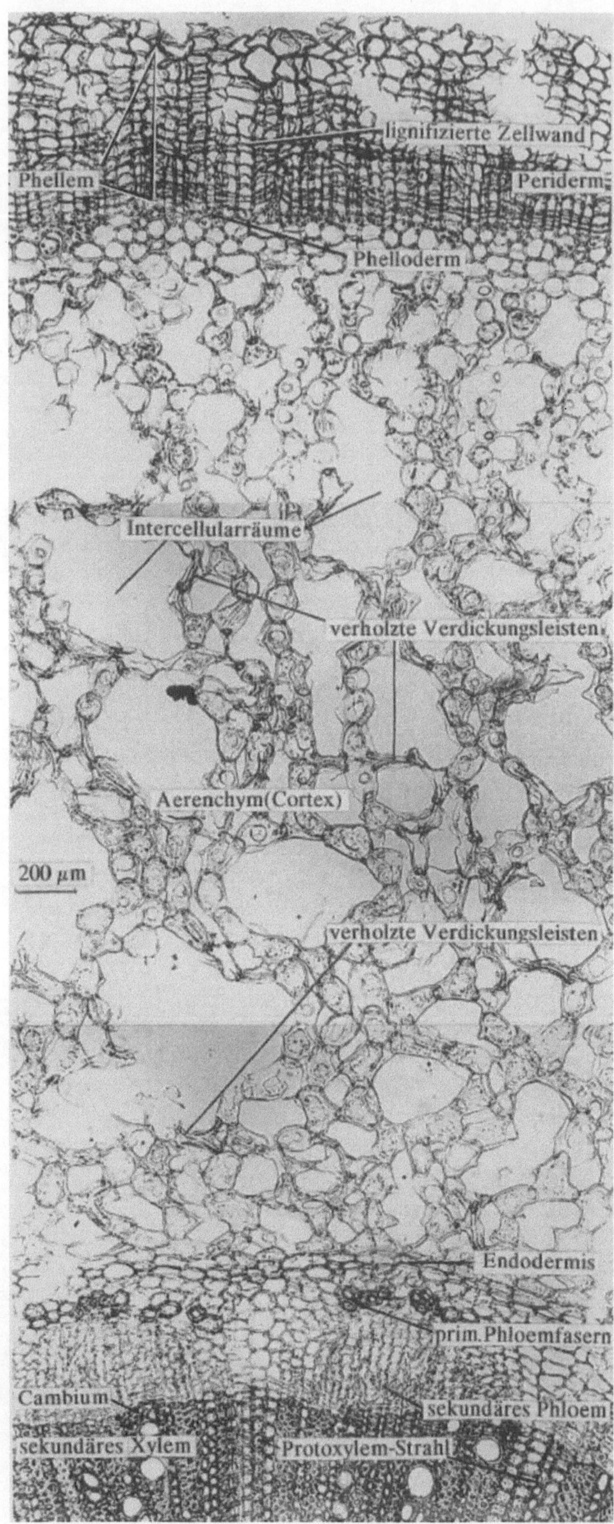

Abb. 3.31. Ein ausgedehntes Aerenchym anderen Typs entwickelt sich bei *Avicennia germinans* (Verbenaceae) im Cortex der Pneumatophore. Im Bild nicht sichtbar, aber mit Phloroglucin/HCl färbbar, befindet sich ein System verholzter Verdickungsleisten im Cortexaerenchym. Die Cortexintercellularen sind heterobar, denn sie stehen über die Spaltöffnungen der Blätter mit der Außenluft in Verbindung. Möglicherweise verhindern die verholzten Leisten in den Parenchymzellwänden ein Kollabieren des zarten Gewebes bei Luftdruckunterschieden. (Präparat von M Popp, Wien)

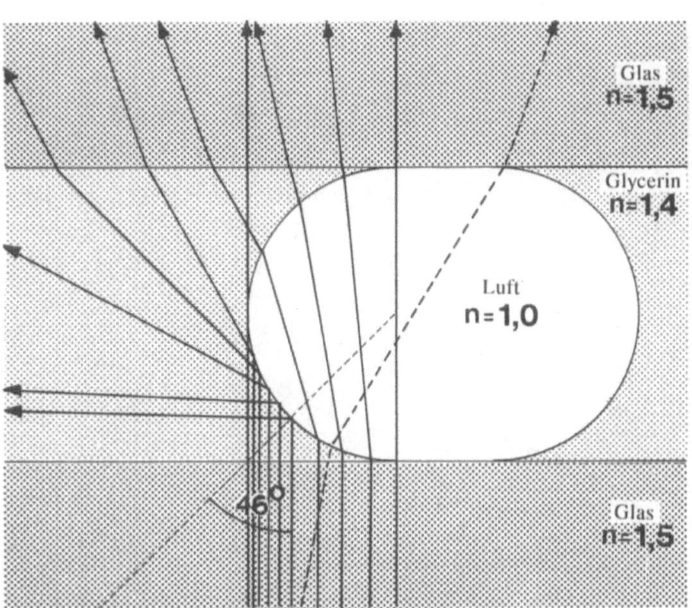

Abb. 3.32. Schema zum Strahlengang durch eine Luftblase (n=1,0) im mikroskopischen Glycerinpräparat. Lichtstrahlen, die aus dem Glycerin (n=1,4) in einem Winkel von 46° oder größer auf die Luftblase treffen, werden total reflektiert. Bei anderen Medien treten andere Grenzwinkel der Totalreflektion auf. In dem Schema ist die Ablenkung an der Grenzfläche Glas (Objektträger) n=1,5/Glycerin n=1,4 nicht berücksichtigt. Je größer der Brechungsindex ist, desto breiter wird der Gürtel der Totalreflektion einer Luftblase. Deshalb erscheinen kleine Luftblasen im mikroskopischen Präparat schwarz. (Eschrich 1976)

Bei den Coniferen wurde die Phellogenanlage im Sproß von *Cupressus, Thuja* und *Juniperus virginiana* in der Hypodermis gefunden. Bei *Juniperus oxycedrus* trat sie tief im Cortex-inneren auf. Bei *Pinus*-Arten (*P.halepensis, P.pinea, P.canariensis*) war das Phellogen in der 1. bis 4. Zellschicht unter der Epidermis lokalisiert; bei *Cedrus libani* lag es in der 2. bis 5. Zellschicht (Lev-Yadun u. Liphschitz 1989).

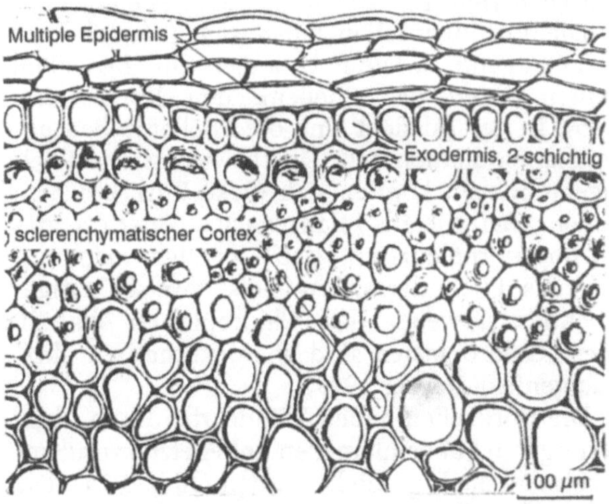

Abb 3.33. Die Wurzel von *Sorghum vulgare* ist mit dauerhaften Abschlußgeweben ausgestattet: Multiple Epidermis, zweischichtige Exodermis und sclerenchymatischer äußerer Cortex. Da sekundäres Dickenwachstum fehlt, ändert sich der Umfang der Wurzel nicht. (Borrissow 1923, aus von Guttenberg 1940)

Bei den Monocotylen wird im allgemeinen kein zusammenhängendes Phellogen gebildet. Die Wurzeln der Monocotylen haben überhaupt kein Periderm. Die äußeren Cortexlagen erhalten oft dicke Zellwände (Abb. 1.30, 3.33,), die sich meist auch dunkel verfärben. Dies deutet auf Einlagerung phenolischer Stoffe in den Zellwänden hin. Für solche Gewebsveränderungen sind die Begriffe Metacutis und Metaderm (Abb. 3.34) geprägt worden. Wurzelverfärbungen bis zu tiefem Schwarz findet man auch bei den fadenförmigen Luftwurzeln mancher Farnpflanzen (Abb. 1.34), ohne daß dafür eine geänderte anatomische Struktur verantwortlich zu sein scheint.

Bei ausdauernden Monocotylenrhizomen wird nach längerem Wachstum Periderm in Form von Etagenkork gebildet. Dabei erfolgt die Phellogenbildung mosaikartig in einzelnen Zellen und verteilt sich später über den äußeren Cortex. Es entsteht dabei keine tangential zusammenhängende Phellogenschicht, sondern das Phellogen tritt inselförmig auf und bildet zu-

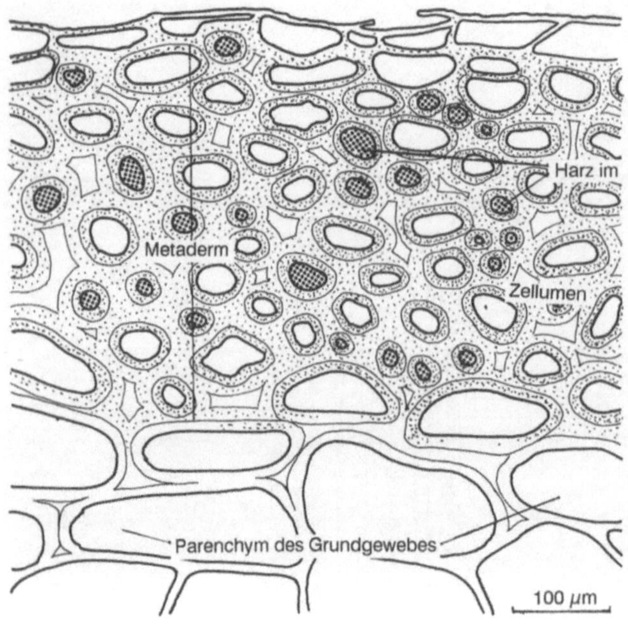

Abb. 3.34. Eine besondere Art primären Abschlußgewebes ist das Metaderm in den Blattbasen der Farnpflanzen (*Dryopteris filix-mas*). Sekundäres Dickenwachstum fehlt, deshalb erscheint es rationell, das primäre äußere Abschlußgewebe zu stabilisieren. Die Intercellularen werden mit Wandmaterial ausgefüllt, die Zellen erhalten eine zusätzliche Wandschicht, und im Zellumen werden Harz oder Pigmente abgelagert

nächst auch nur Periderminseln. In manchen Fällen (*Acorus calamus*) kann sich daraus ein einheitliches Periderm entwickeln.

Bei manchen perennierenden, baumförmigen Monocotylen (*Yucca*) und bei Baumfarnen (*Sphaeropteris cooperi*) bilden die äußeren Cortexschichten eine Abschlußschicht (Abb. 1.32), die hauptsächlich aus Steinzellen besteht. Es können mehrere sclerenchymatische Schichten zusammengefügt sein, so daß eine primäre Borke entsteht.

Bei Palmen fehlen Phellogen und Periderm überhaupt. Die Schutzfunktion übernehmen die von Fasern durchsetzten Blattbasen, die den Stamm außen bedecken.

Ebenfalls ausdauernd sind die Blattbasen mancher krautiger Polypodiaceen (*Dryopteris, Pteridium*). Ihre äußeren Zellschichten (Epidermis und Cortex) werden dickwandig und färben sich fast schwarz (Metaderm, Abb. 3.34). Gleichermaßen sind die äußeren Rhizomschichten verfärbt und sclerifiziert. Im Zellinnern werden dunkle Einschlüsse abgelagert, die vorwiegend aus phenolischen Stoffen bestehen. Ein echtes, aus Phellogen entstehendes Periderm gibt es nicht.

3.13 Aufbau des Periderms

Das Periderm ist das Abschlußgewebe der Achsenorgane bei Gymnospermen und baumförmigen Dicotylen. Es entsteht aus dem Phellogen.

Die Phellogenzellen teilen sich inäqual periklin (tangential). Die nach außen hin abgeteilten Zellen bilden das Phellem, den Kork (Abb. 3.35). In der Aufsicht sind die Phellemzellen polygonal-isodiametrisch. Durch wiederholte Phellogenteilungen können sich dicke Korkschichten bilden. Bei vielen Pflanzenarten operiert das Phellogen bipleurisch. Dabei entsteht nach innen das Phelloderm, ein meist zweischichtiges lebendes Gewebe, das Chloroplasten enthält. Diese Chloroplasten sind photosynthetisch aktiv (Langenfeld-Heyser 1989).

Die Korkzellen haben Wände, die durch Ablagerung von Suberinlamellen unbenetzbar und anscheinend auch gasdicht werden (Abb. 3.36). Die Suberinlamellen werden bereits in der jüngsten Phellemschicht abgelagert; sie liegen der Cellinwand auf, einer Primordialwand aus Cellulose und Pektin. Nach Ablagerung der Suberinschichten sterben die Phellemzellen ab. Plasmodesmen sind in den Phellemzellwänden nicht zu erkennen.

Abb. 3.35. Das typische Periderm der Pflanzen mit sekundärem (cambialen) Dickenwachstum besteht aus Phellogen, Phelloderm und Kork (Phellem). Der Kork von *Phellodendron amurense* (Rutaceae)kann sehr dick werden. Er wird in China wirtschaftlich genutzt. Das einschichtige, lebende Phelloderm schließt dicht an das Cortexgewebe an, da die ersten Peridermzellen durch perikline Teilung aus Cortexzellen hervorgingen. Sie wurden zu Phellogeninitialen

▶

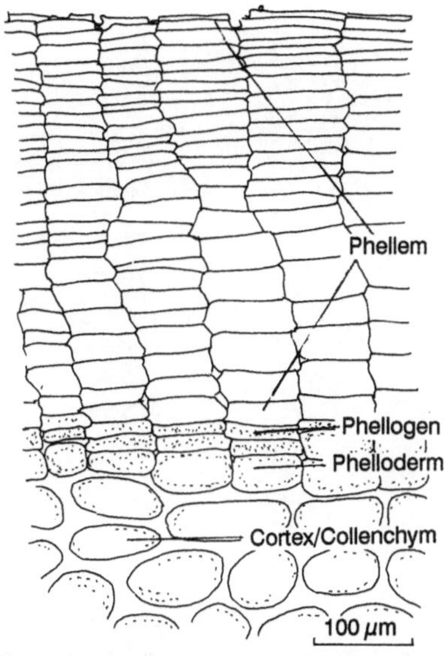

In manchen Objekten verdicken sich die Wände der Phellemzellen und es entsteht Steinkork, dessen Wände getüpfelt sind. Demnach müssen also Plasmodesmen vorhanden gewesen sein. In die Wände des Steinkorks wird Lignin eingelagert. Steinkork findet sich z.B. bei *Betula pendula* (Abb. 3.37).

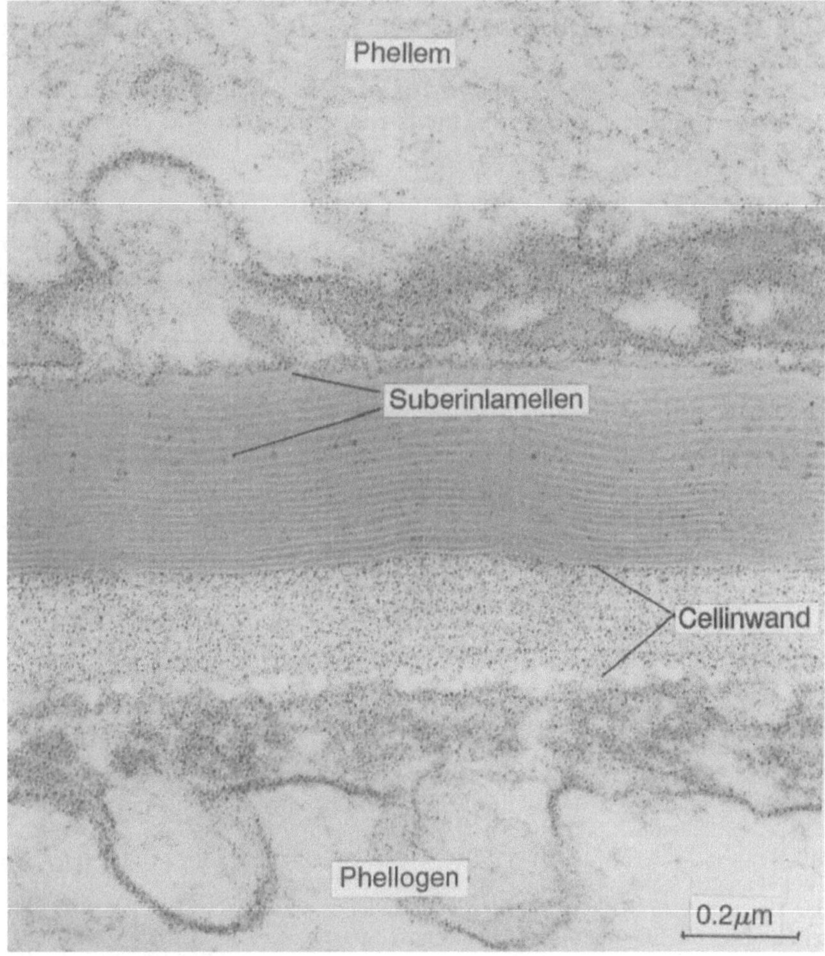

Abb. 3.36. Die „verkorkte Wand", die hier eine Phellogenzelle von der noch lebenden Phellemzelle trennt besteht aus zwei Schichten, der Cellinwand und den darauf abgelagerten Suberinlamellen. Die Suberinlamellen sind in ihrer Ausdehnung begrenzt, aber nicht zellgebunden. Sie bedecken auch die Antiklinwände der Phellemzellen. *Acacia senegal* (Thiéry-Schnittkontrast). (Wattendorff 1980)

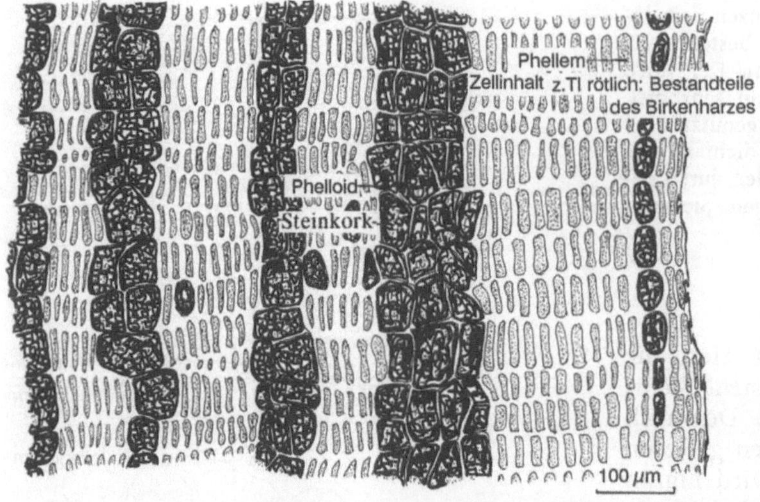

Abb. 3.37. Der weiße Birkenkork (*Betula pendula*) besteht aus vielen Schichten weißwandiger Phellemzellen, die unterschiedliche Mächtigkeit haben (3 bis 10 Zellagen). In den Wänden tritt Betulin (ein Triterpen) auf; im Zellinnern sind manchmal rote Farbstoffe zu finden, es sind Bestandteile des Birkenharzes. Gegen den weißwandigen Birkenkork kontrastieren dunkle Phellemschichten; ihre Zellen enthalten kristallines Material, das unter dem Polarisationsmikroskop aufleuchtet. Es ist nicht erwiesen, ob es sich um Calcium-oxalat handelt. Diese Schichten werden Phelloid genannt

Solche tertiär veränderten Phellemzellwände sind bei manchen Objekten ungleich verdickt, aber nicht verholzt.

Diese Form des Phellems wird als Lederkork bezeichnet (*Punica granatum*, *Ficus triangularis* (Abb. 3.38).

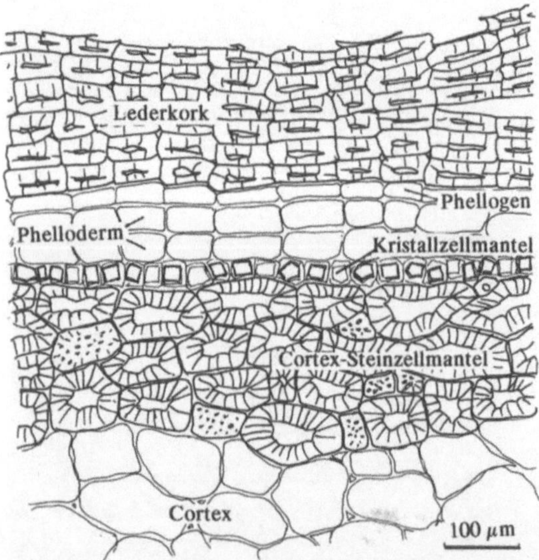

Abb. 3.38. Kork kann aus dickwandigen Phellemzellen bestehen (*Ficus triangularis*). Bleiben die Wände flexibel, ist es Lederkork, der – ebenso wie der lignifizierte Steinkork (s. Abb. 3.46) – durch das Vorhandensein von Tüpfelkanälen gekennzeichnet ist. Bei der Auflagerung der Sekundärwandschichten in den noch lebenden Phellemzellen sind hier die Tüpfelkanäle ausgespart geblieben

Das von Sitte (1955) vorgeschlagene Korkzellwandmodell berücksichtigt das Vorhandensein von Plasmodesmen; in elektronenmikroskopischen Aufnahmen der suberinisierten Wände sind aber bisher keine Plasmodesmen dargestellt worden (Wattendorff 1980).

Das versteinte Phellem der Birke enthält Triterpene und Harzbestandteile. Stoffe, die in Phellemzellen abgelagert werden, können von der Pflanze nicht mehr verwendet werden, es sind Exkrete. Durch Borkenbildung werden sie aus der Pflanze entfernt.

Das Korkgewebe kann periodisch abgestoßen werden oder es verwittert an seiner Außenseite. Bäume mit starker Korkproduktion werden wirtschaftlich genutzt; z.B. die Korkeiche (*Quercus suber*). Brauchbarer Flaschenkork entsteht, wenn die erste Korklage abgeschält wurde, aus dem Folgekork. Letzterer wird in Korkeichenpflanzungen gewonnen; er wächst rascher und regelmäßiger, als das zuerst auftretende Phellem. Auch bei *Phellodendron amurense* (Rutaceae) entwickelt sich ein dickes Phellem, das durch Dilatation aufreißen kann (Abb. 3.39); weiterhin ist Peridermbildung bei Früchten bekannt (Abb. 3.40).

3.14 Dilatation des Phellogens

Mit zunehmendem Umfang eines sich sekundär verdickenden Baumes muß sich auch das Phel-

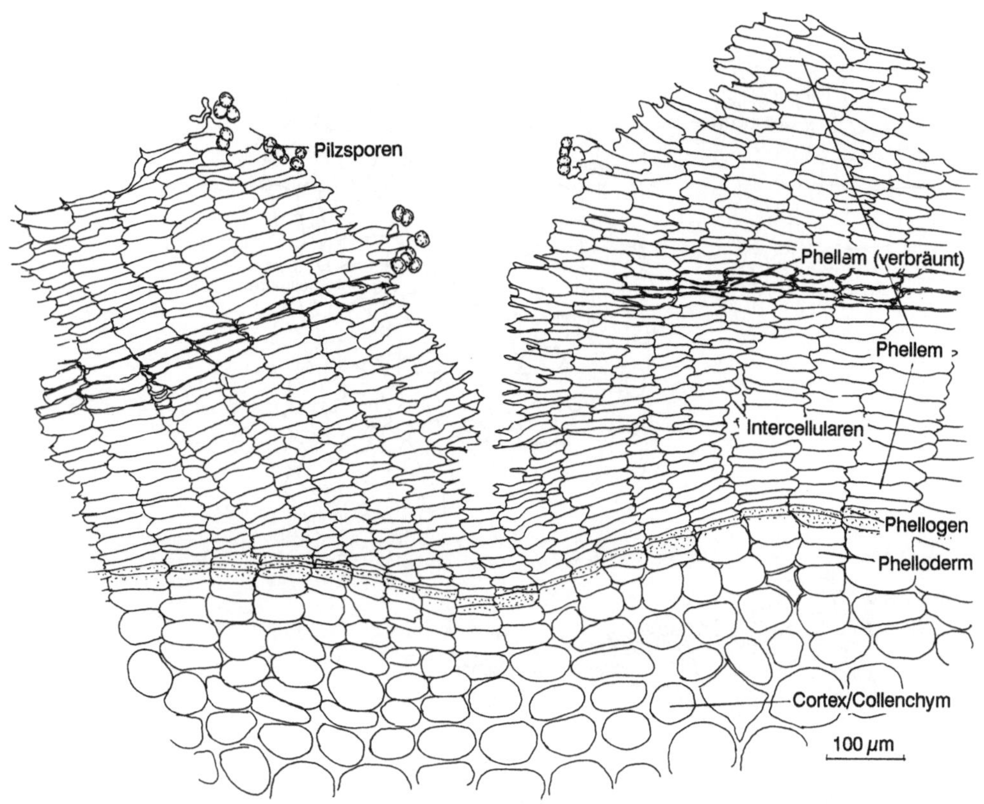

Abb. 3.39. Beim Periderm mehrjähriger Zweige von *Phellodendron amurense* treten im dickem Phellem verbräunte Schichten auf, die Jahresabschlüsse darstellen. Häufig sind auch Risse zu finden, die vermutlich durch die periklin gerichtete Spannung beim Dickenwachstum entstehen. Sie werden als Lenticellen bezeichnet, wenn das Phellogen nicht mit zerrissen wird

logen in tangentialer Richtung erweitern, ein Vorgang, der – wie beim Cambium – Dilatation genannt wird. Bei Birken und Kirschen erkennt man die Dilatation schon äußerlich an den langen quer gestreckten Lenticellen. Anders als beim Cambium teilen sich die Phellogenzellen bei der Dilatation radial.

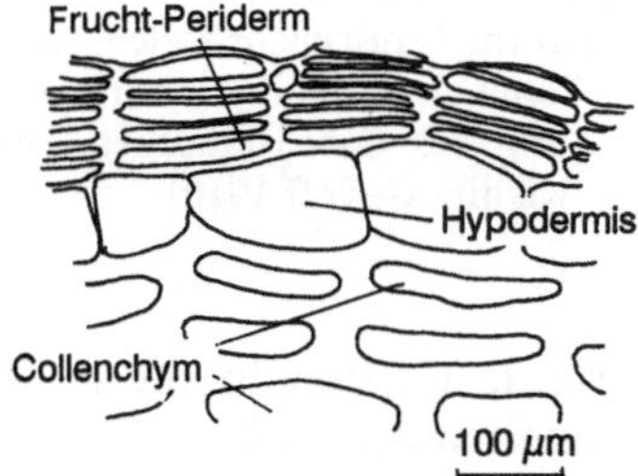

Abb. 3.40. Peridermbildung ist auch bei Früchten, z.B. in warzenförmigen Buckeln auf der Epidermis von Birnen bekannt. Dieses meist rund begrenzte Fruchtperiderm entwickelt sich aus der Epidermis. Die Hypodermis bleibt darunter erhalten. Oft liefert Collenchym den Sokkel für die Korkwarzen

3.15 Lenticellen

Wird die Zweigepidermis eines Baumes durch Periderm ersetzt, so bilden sich bei der Mehrzahl der Arten Lenticellen oft an Stellen, an denen vorher eine Spaltöffnung lag (Abb. 3.41). Lenticellen sind Bereiche, in denen sich die Korkzellen (Phellemzellen) voneinander lösen, so daß die Außenluft eindringen kann. Das Phellogen (Korkcambium) der Lenticelle ist in vielen Fällen in den Zweig eingesenkt, offensichtlich weil es mehr Phellem produziert, als im übrigen Periderm. Im Bereich der Lenticelle

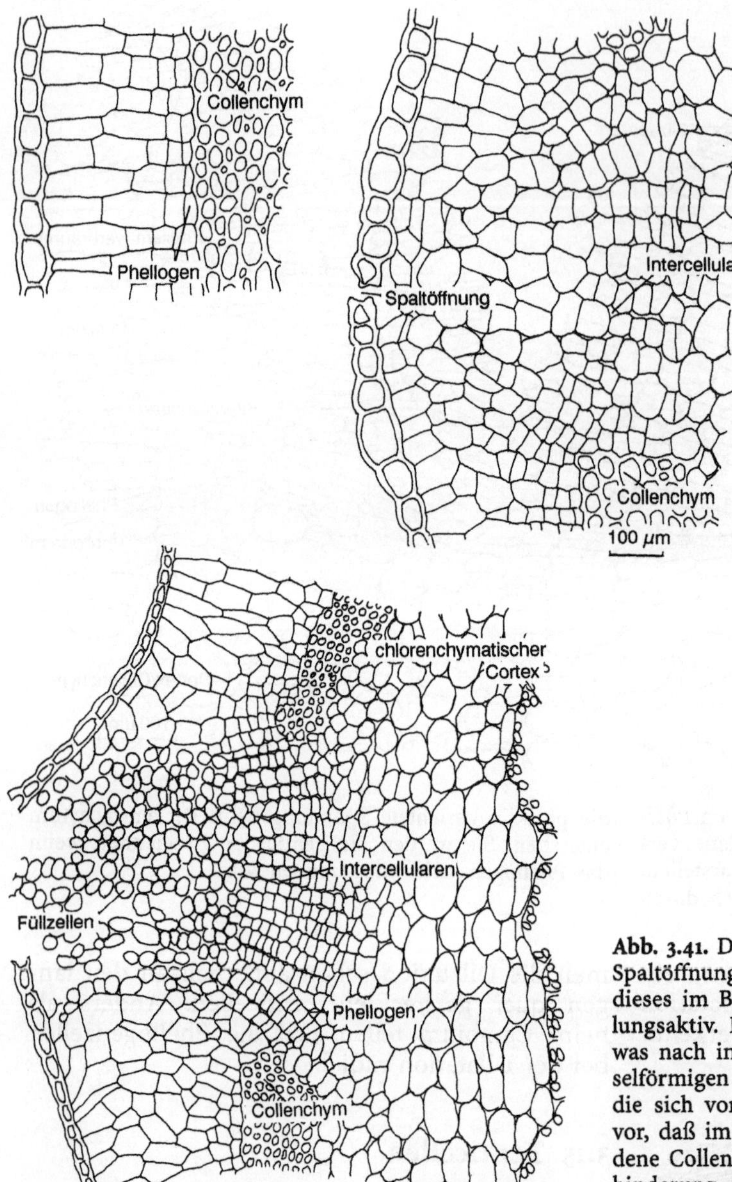

Abb. 3.41. Die „klassische" Lenticelle entsteht unter einer Spaltöffnung. Ist Phellogen bereits vorhanden, so wird dieses im Bereich der späteren Lenticelle besonders teilungsaktiv. Damit rücken Phellogen und Phelloderm etwas nach innen. Die Phellemproduktion des nun schüsselförmigen Lenticellenphellogens liefert die Füllzellen, die sich voneinander lösen. Aus den Skizzen geht hervor, daß im Lenticellenbereich das ursprünglich vorhandene Collenchym fehlt. Damit entfällt eine mögliche Behinderung des Gasaustausches. *Parthenocissus quinquefolia.* (Kienitz-Gerloff 1910)

entwickelt sich typischerweise ein vielschichtiges Phelloderm.

Dicke Phellemschichten können rissig werden, wodurch im Periderm Vertiefungen auftreten, die Lenticellen vortäuschen (Abb. 3.39). Da solche Risse in ihrer Länge begrenzt sind, muß ihre Entstehung nicht allein auf Dilatationskräfte zurück geführt werden, sondern die Phellemzellwände dürften in dieser Zone auch weniger fest aneinander haften. Der in Abb. 3.39 dargestellte Riß zeigt keine Füllzellen und auch kein verdicktes Phelloderm; beides sind aber Einrichtungen, die für Lenticellen typisch sind. Die in der Abbildung angedeutete tangentiale Schicht verbräunter Phellemzellen könnte einen Jahreszuwachs begrenzen.

Lenticellen wird die Funktion von Gasventilen in Achsenorganen zugeschrieben. Versuche, Farbstofflösungen unter Anwendung von Vacuum durch die Lenticellen ins Innere des Bastes zu saugen, haben kein klares Ergebnis über die Durchlässigkeit der Lenticellen für Flüssigkeiten geliefert. Expositionsversuche mit radioaktivem CO_2 haben dagegen eindeutig die Gasdurchlässigkeit der Lenticellen demonstriert (Langenfeld-Heyser et al. 1995). Die Mikroautoradiographie eines Lenticellenquerschnitts der Esche (*Fraxinus excelsior*) (Abb. 3.42 A,B) läßt erkennen, daß $^{14}CO_2$, dem der intakte Eschenzweig ausgesetzt war, im Lenticellenbereich nicht nur von den dort vorkommenden grünen Phellodermzellen fixiert worden ist, sondern auch zur Photosynthese in jungen Phellemzellen verwendet wurde.

Über die Gasdurchlässigkeit der Lenticellen für Atmungs-CO_2 wurden bereits in den Anfängen der URAS-Messungen (Ultrarotabsorptionsschreiber) Ergebnisse erzielt, die erkennen lassen, daß Lenticellen tatsächlich wie Gasventile operieren (Ziegler 1956/57). Danach betrug der Mittelwert des CO_2-Ausstoßes bei versiegelten Schnittflächen von Aststücken 30%. Bei *Quercus pedunculata* wurde ein Maximalwert von 70% gemessen.

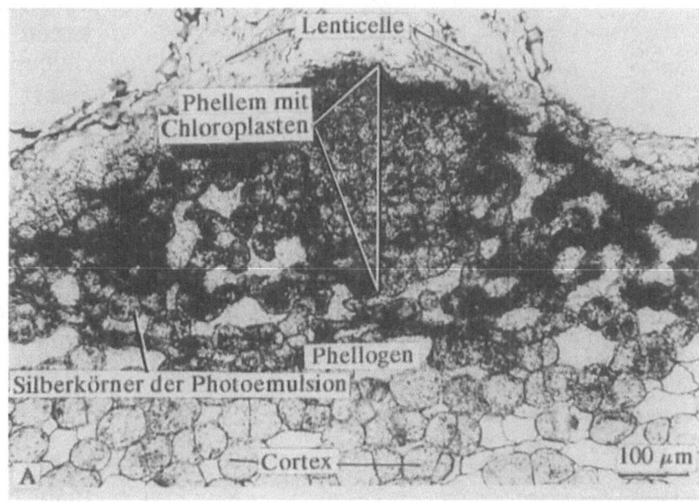

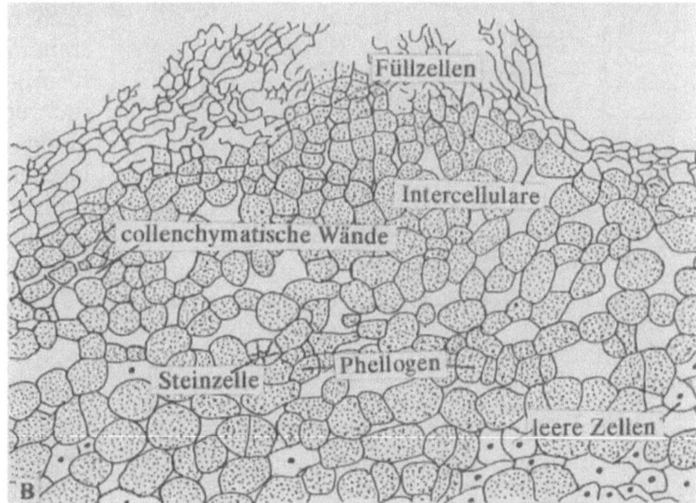

Abb 3.42 A, B. Durch Begasung eines noch unbelaubten Zweiges von *Fraxinus excelsior* mit $^{14}CO_2$ können im Licht chlorophyllhaltige Stengelgewebe Photosynthese durchführen, sofern das markierte CO_2 in das Stengelinnere eindringen kann. Die Mikroautoradiographie (**A**) zeigt, daß in den jüngeren Phellemzellen der Lenticelle reichlich ^{14}C-Aktivität akkumuliert wurde. Die Zellen enthalten Chlorophyll, können also Photosynthese durchführen. Das radioaktive CO_2 kann nur durch die Lenticellenöffnung eingedrungen sein. Damit ist bewiesen, daß Lenticellen für die Gasaufnahme verwendet werden. In der Skizze (*B*) sind alle chlorophyllhaltigen Zellen punktiert dargestellt. Die mit einem Punkt gekennzeichneten Zellen sind sogenannte „leere Zellen". (Präparat und Skizze von R. Langenfeld-Heyser)

Die typische Struktur einer Lenticelle zeigt im Phellem zwischen den Füllzellen Intercellularspalten (Abb. 3.41), im Bereich des Phellogens und Phelloderms sind Intercellularen im Lichtmikroskop nicht mit Sicherheit nachzuweisen.

Abgeschnittene Zweige, die längere Zeit im Wasser stehen, zeigen oft „Lenticellenblüte", mit bloßem Auge erkennbare weiße Pusteln, die aus lockerem Phellem bestehen (Abb. 3.43).

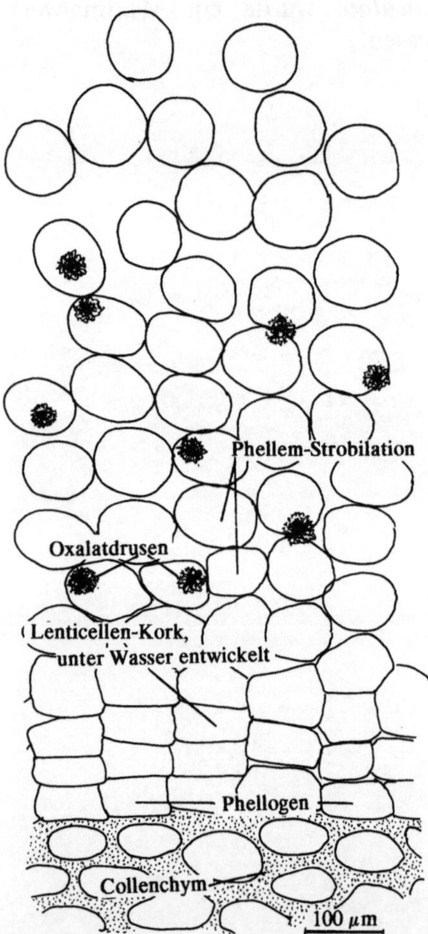

Abb. 3.43. Zweige von Sträuchern (*Abutilon* spec.), die im Wasser stehen, bilden nach einigen Tagen „Lenticellenblüte". Es handelt sich um weißliche Pusteln an untergetauchten Zweigabschnitten. Im mikroskopischen Schnitt erkennt man den Kork, der unter Wasser entwickelt wurde, an den strobilierenden, später einzelnen Phellemzellen. Die abgelösten Phellemzellen bilden weichwandige Füllzellen

Mehrere Lenticellentypen werden von Wutz (1955) unterschieden und folgendermaßen benannt:

- Gymnospermentyp: wie Periderm, aber mit Intercellularen im Phellem (*Pinus*).
- Salixtyp: es treten nur verkorkte Füllzellen auf, kein Phelloderm (*Salix alba*).
- Sambucustyp: Unverkorkte Füllzellen; jahreszeitlich terminale Abschlußschicht aus Kork (*Sambucus nigra*). Phelloderm vorhanden.
- Prunustyp: interannueller Wechsel von unverkorkten (losen) Füllzellen und Schichten verkorkter Zellen (*Betula*).

Bei sehr mächtigen Phellemschichten, wie dem Folgekork von *Quercus suber*, erkennt man die Lenticellen an Kanälen, die mit braunen, trokkenen Füllzellen lose angefüllt sind. Die Lenticellenbildung kann demnach wiederholt werden. Selbst in Furchen zwischen Borkenabschnitten können neue Lenticellen auftreten (*Robinia*).

Die äußerlich erkennbare Form der Lenticelle kann kreisrund sein (*Alnus, Castanea, Cotoneaster, Gleditsia, Liriodendron, Platanus occidentalis*) oder oval und dann entweder längs gestreckt (*Fraxinus, Populus deltoides, Rhamnus frangula, Salix purpurea, Sambucus, Sorbus aucuparia, Tilia, Ulmus*) oder seltener quer gestreckt (*Betula pubescens, Prunus avium, P. serotina*).

Die Lenticellenform kann sich ändern. Beim Vergleich von jungen mit älteren Zweigen findet man bei *Nothofagus antarctica* anfangs längs, später quer gestellte Lenticellen. Das gleiche ist auch bei *Prunus padus* zu beobachten. *Populus tremula* hat zuerst strichförmige, später punktförmige Lenticellen. Bei *Prunus mahaleb* können mehrere Lenticellen zu „Korkinseln" zusammengefügt sein. Die Veränderlichkeit der Lenticellenform, z.B. von längs zu quer gestreckt, ist wahrscheinlich auf einen Wechsel von überwiegender Zweigstreckung zu bevorzugter Zweig-dilatation zurückzuführen.

Einige Baum- und Straucharten bilden keine Lenticellen: *Cytisus scoparius, Euonymus europaeus, Hippophae rhamnoides, Lonicera nigra, Taxodium distichum, Metasequoia glyptostroboides, Rubus idaeus, Ribes nigrum, Symphoricarpos rivularis, Ulex europaeus, Vaccinium myrtillus, Ginkgo biloba.*

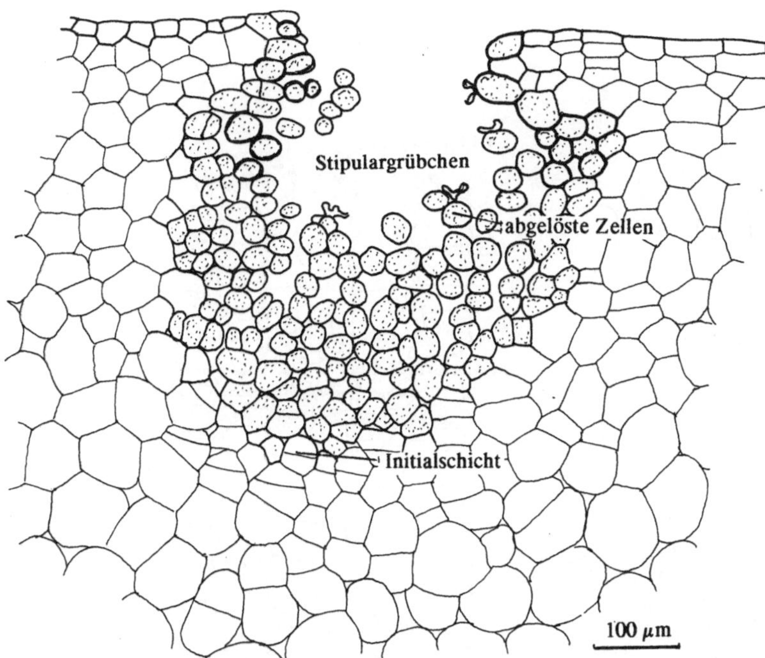

Abb. 3.44. Bei *Marattia verschaffelti* (Cyatheaceae) sind auf Stämmen und Blattstielen kleine Grübchen zu sehen, in denen staubfeine, rundliche Zellen vorhanden sind. Diese Staub- oder Stipulargrübchen zeigen am Grunde Andeutungen von Meristemzellen, wodurch sie als einfache Lenticellen eingestuft werden können. (Hannig 1899)

Die regelmäßig verteilten Staubgrübchen oder Stipulargrübchen mancher Schizaeaceen (Abb. 3.44) sind im Zusammenhang mit den Lenticellen erwähnenswert, in ihrer Bedeutung sind sie jedoch noch nicht erkannt.

3.16 Korkinseln und -rippen

Bei manchen Gehölzen treten inselförmig begrenzte verkorkte Areale an der Stengeloberfläche auf, die sich später zu einem einheitlichen Periderm vereinigen können. Auf manchen Früchten (Birnen, Äpfel) findet man verkorkte Inseln, die als Korkwarzen bezeichnet werden (Abb. 3.40). Das Phellogen entsteht dabei durch perikline Teilung der Epidermiszellen.

Für einige Gehölze sind längsverlaufende Korkleisten charakteristisch (*Euonymus europaeus, Ulmus minor*), zwischen denen normale Epidermis vorkommt. Bei *Ulmus* spricht man von Borkenflügeln. Korrekt müßte man „Korkflügel“ sagen, denn sie gehen auf nur ein Phellogen zurück. Auffallend ist, daß solche Zweige nebeneinander eine funktionsfähige Epidermis und zugleich eine massive Korkschicht besitzen, die durch ein Phellogen von der übrigen Pflanze getrennt ist. Bei *Euonymus* simulieren die Korkflügel einen 4kantigen Stengel, im Innern ist er jedoch kreisförmig gebaut.

Die Phellogenentstehung kann an manchen Stellen eines Zweiges verzögert werden, vor allem unterhalb der Blattansatzstellen und in der Umgebung von ruhenden Knospen (Lev-Yadun u. Aloni 1990a).

Die kupferfarbenen Längsstreifen der Zweige von *Caragana arborescens* (Fabaceae) bestehen aus Cortexgewebe. Ebenso bestehen die hellbraunen, abblätternden Streifen an den Zweigen von *Philadelphus coronarius* (Saxifragaceae) aus Cortexgewebe mit eingeschlossenen Faserbündeln (Abb 3.47). Erst auf der Innenseite dieser Cortexstreifen wird Kork sichtbar, der an das primäre Phloemgewebe grenzt, also offenbar nicht auf die Tätigkeit eines Phellogens zurückzuführen ist. Dementsprechend fehlt bei jungen Zweigen dieser Arten ein typisches Periderm, und auch Lenticellen sind nicht vorhanden.

3.17 Polyderm

Bei *Potentilla fruticosa* und anderen Rosaceen sowie bei strauchigen Saxifragaceen (*Ribes*),

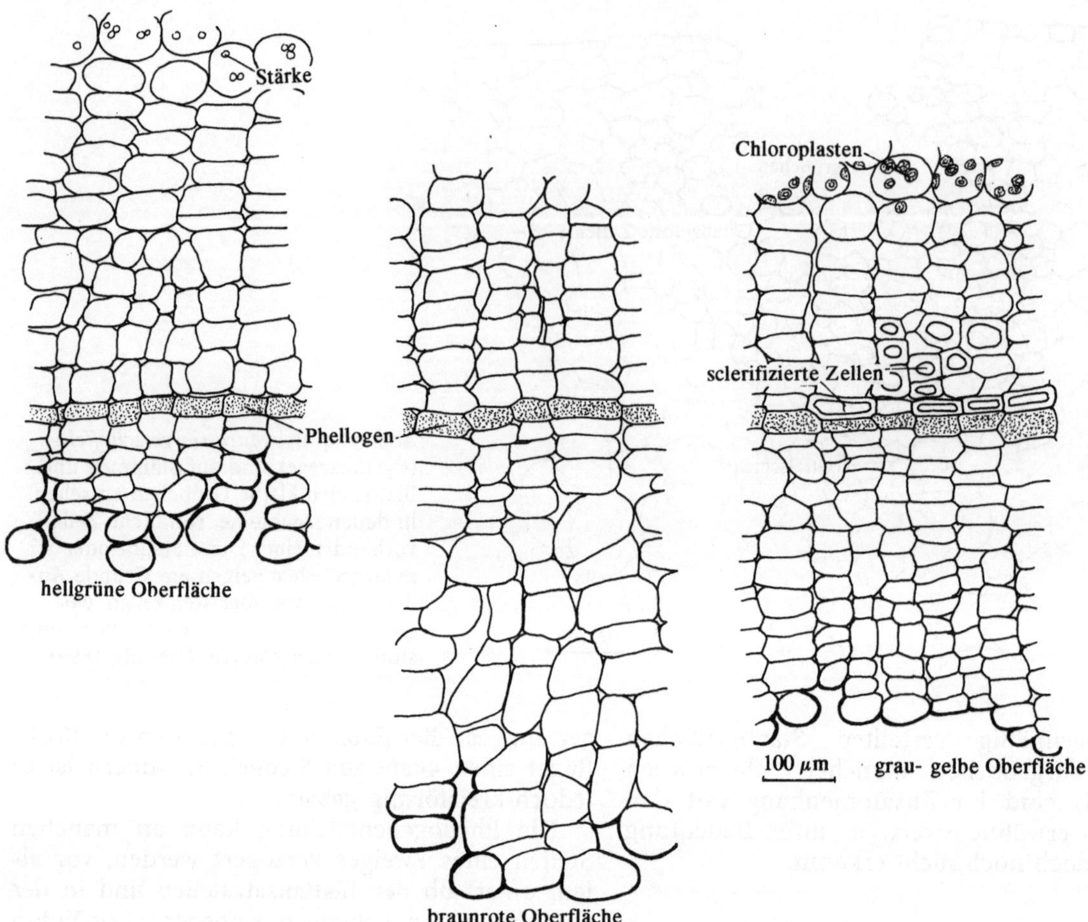

Abb. 3.45. Wenn sich eine Borkenplatte der Platane (*Platanus orientalis*) ablöst, wird zunächst eine hellgrüne, schwach gekörnte Oberfläche freigelegt. Das Phellogen für eine neue Borkenplatte ist bereits angelegt. Im Verlauf ihrer Dickenzunahme verfärbt sich die Oberfläche über Braunrot zu Graugelb. Zum Schluß werden wenige Zellagen innerhalb des Phellogens sclerifiziert, worauf wahrscheinlich die „saubere" Abtrennung der reifen Borkenplatte zurückzuführen ist

Myrtaceen, Onagraceen und Hypericaceen bilden die Wurzeln und Rhizome Polyderm. Dieses besteht aus Kork, der abwechselnd Lagen von toten und lebenden Korkzellen aufweist. Die Wände bestimmter Phellemzellagen bleiben dünn und können verkorken, sie treten immer einschichtig auf. Die übrigen Lagen von Phellemzellen können dickwandig werden (Lederkork, Steinkork) oder wie Speichergewebe Lipide, Phenole und andere Stoffe einlagern. Sie bleiben unverkorkt und werden auch als Phelloid bezeichnet. Es bleibt aber unverständlich, welchen Zweck die im Phellem abgelagerten Stoffe erfüllen sollten, denn eine Mobilisierung ist im toten Phellem nicht zu erwarten.

Eine plausible Erklärung für die Polydermbildung ist, daß nach der Anlage des Primordialphellogens wie üblich eine Lage Phellem abgegeben wird. Diese Zellen können sich nochmals tangential teilen. Sie liefern Phellem und eine Lage Phellogen. Letzteres kann wiederum Phellem abteilen, das teilungsfähig bleibt, so daß sich der Vorgang erneuter Phellogenbildung wiederholen kann (Abb. 3.46).

Diese Erklärung geht davon aus, daß alle Phellemzellen teilungsfähig bleiben können. Ein

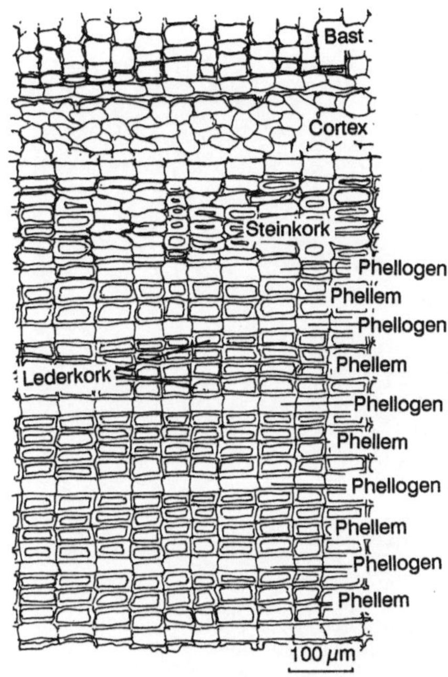

Abb. 3.46. Polyderm ist bei Rosaceen- und Saxifragaceen-Wurzeln bekannt: Im äußeren Bast entsteht ein Periderm. Es liefert 2 bis 4 Lagen Phellem, das – wie hier gezeichnet – oft aus Lederkork besteht. Dann entsteht weiter innen ein neues Phellogen, das wiederum einige Lagen Phellem produziert. Wiederholt werden neue Phellogene angelegt. Damit entsteht ein Kork, der von mehreren periklinen Phellogenschichten durchsetzt ist. Die jüngsten Phellogene liefern oft Steinkork statt des Lederkorks. Wurzel von *Potentilla fruticosa*

Reifungsgradient von innen (dem Primordialphellogen) nach außen, wie er bei intercalaren Meristemen auftritt, würde nicht vorliegen. Allerdings kann die Oberfläche solcher Organe verwittern.

Die Anzahl der tangentialen Teilungen, die auf die Bildung eines neuen Phellogens folgen, liegt nicht fest, sie kann in engen Grenzen variieren.

3.18 Folgeperiderme und Borke

Infolge der ständigen Zunahme an Stammumfang entstehen bei den Gehölzen Folgeperiderme, die zur Borkenbildung führen. Sobald das Initialperiderm „zu eng" geworden ist, entsteht im Innern der Rinde (Cortex oder Bast) eine neue Schicht Phellogen, nun aber eine Nummer größer. Dieses Folge-phellogen bildet nur Phellem (Kork), kein Phelloderm. Es dient dazu, Abschnitte der Rinde (Cortex oder Bast) vom Pflanzenkörper zu isolieren und als Borke behutsam von der Pflanze abzutrennen. Bei diesem Vorgang trocknet das Folge-phellogen vom Rande her aus. Nach der Borkenabstoßung bleibt keine offene Wunde zurück.

Die Trennung ist – anders als bei der Abtrennung seneszenter Blätter oder reifer Früchte – ein Prozeß, der nur durch Austrocknung des Phellogens, also ohne Bildung eines Trenngewebes, fortschreitet. Die Langsamkeit erkennt man daran, daß sich unter den bereits abgetrennten Rändern des Borkenstückes allerlei Insekten und Spinnentiere verpuppen oder häuten.

Infolge der willkürlichen Wahl der Lage des Folgeperiderms enthalten die Borkenstücke zahlreiche Elemente des Cortex und Bastes, Parenchyme und Fasern, Steinzellen und Sekretzellen. Borkenparenchymzellen enthalten oft noch Stärke. Die typische Rotbraunfärbung der Borke wird von phenolischen Verbindungen verursacht, die unter dem Sammelbegriff Phlobaphen (Rindenbraun) geführt werden. Phlobaphene können in Sekretzellen auftreten.

Bei den Gymnospermen ist die Borke schuppenförmig und im Innern lamellenartig zusammengepreßt. Große Borkenschuppen bilden Kiefern, vor allem aber die Lärche (*Larix decidua*). Birken und Kirschen bilden Ringelborke, weil die Folgeperiderme zusammenhängend rings um den Stamm reichen, allerdings in ihrer vertikalen Ausdehnung variabel sind. Bei Birken lassen sich papierdünne Schichten von weißem Kork abziehen. Die weißen Phellemschichten wechseln mit schwarz erscheinenden Phelloidschichten ab; meist ist es Steinkork. Die Phelloidzellen können viele kleine Kristalle enthalten, die das Licht so stark brechen, daß die Zellen im Mikroskop schwarz erscheinen (Abb. 3.37). Im Extrakt des weißen Birkenkorks kommt Birkencampher (Betulin, ein Phytosterin) in Konzentrationen bis zu 14% vor (Hoppe 1981). Bei *Eucalyptus globulus* (Myrtaceae) läßt sich die reife Borke in mehrere Meter langen Bahnen vom Stamm abziehen. Bäume mit Bor-

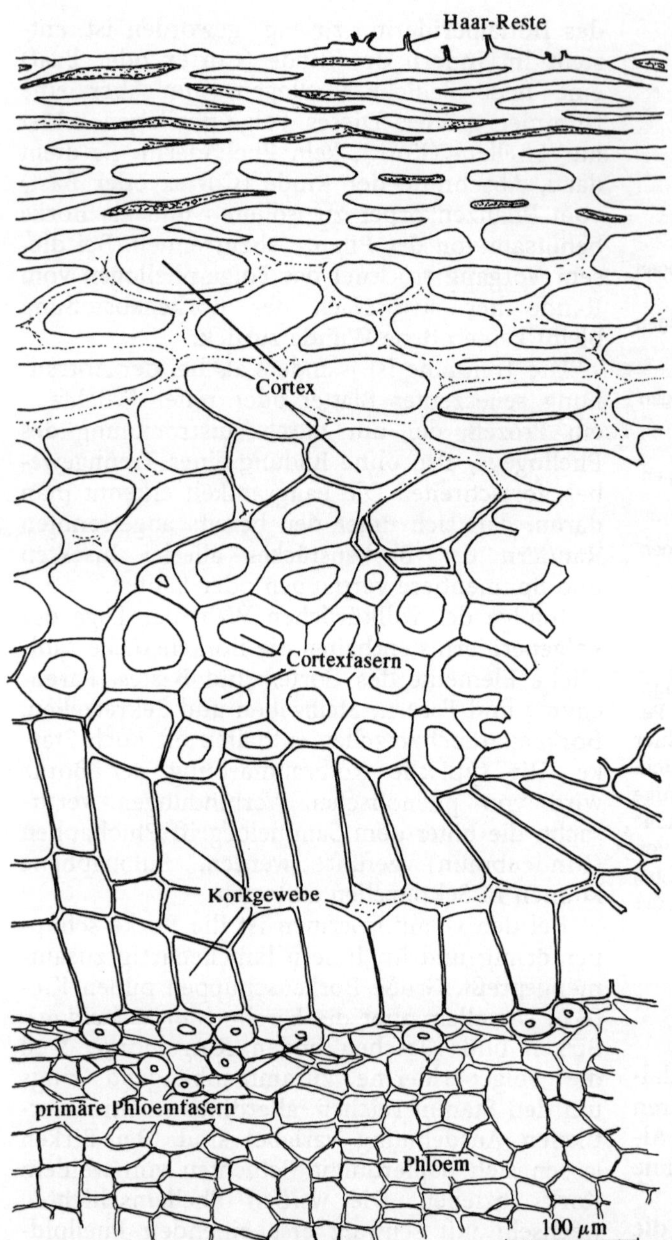

Abb. 3.47. Beim Pfeifenstrauch (*Philadelphus coronarius*) läßt sich die „Borke" in schmalen Streifen abziehen. An der Innenseite dieser Streifen verläuft ein Strang aus Cortexfasern, die sich von einer darunterliegenden Schicht aus Korkzellen abgelöst haben. Die Korkzellen liegen dem primären Phloem auf, ohne daß ein Phellogen zu erkennen ist. Der Kork und alles, was nach außen folgt, ist also Cortexgewebe, das sich schon während des Primärwachstums differenziert haben muß

kenschuppen sind auch bei unseren heimischen Laubbäumen verbreitet. Die Größe der Schuppen wechselt (Eiche<Pappel<Robinie).

Die Abtrennung von Borke ist kein aktiver Trennvorgang, sie wird wahrscheinlich zufallsmäßig eingeleitet.

Plattenborke, wie die der Platane, entsteht durch Anlage eines Folgephellogens, das nur in einem begrenzten Areal der Stammoberfläche tätig wird. Es entsteht ein wenig-schichtiges Phellem (ca. 15 Zellen dick) (Abb. 3.45). Solche Borkenplatten werden bereits angelegt, wenn auf ihrer Außenseite noch ältere Borkenplatten haften. Erst wenn diese ausgereift an die Oberfläche gelangt und schließlich abgetrennt worden sind, beginnt das Phellogen der nächst-jüngeren

Platte vom Rande her langsam auszutrocknen. Fällt schließlich die Borkenplatte ab, so hinterläßt sie einen hellen Bezirk auf der Stammoberfläche. Mit zunehmendem Alter nimmt der Fleck andere, für sein Expositionsalter typische Färbungen an.

Die als Ringelborke bezeichneten, sich in horizontalen Streifen ablösenden und sich aufrollenden Gewebe der Birke und der Kirsche sind keine Borken sondern Periderm-Schichten aus Phellem (weiß) und Phelloid (schwarz) (Abb. 3.37). Borke tritt bei der Birke an der Stammbasis in Form von schwarzen, klüftigen Bezirken auf; es ist eine unregelmäßig strukturierte Schuppenborke.

Die glatten Stämme der Buchen zeigen keine typische Borke. Im mikroskopischen Bild erkennt man jedoch, daß auch die Buche Folgeperiderme anlegt, nur scheinen die Borkenabschnitte aus mikroskopisch kleinen Schuppen zu bestehen, die sich schon vor der Ablösung in staubfeine Partikeln auflösen.

Lichtwirkung

ı Lichtqualität und Pflanze

m Spektrum der Sonnenstrahlung (225 bis)0 nm) wird durch die heutige Erdatmosphä- soviel herausgefiltert, daß den Pflanzen auf r Erdoberfläche noch ein Spektrum von 340 ; 2300 nm zur Verfügung steht. Wellenlängen ı 700 nm werden am wenigsten durch Ab- :ption in der Lufthülle behindert. Dies ist ro- Licht, das offenbar bewirkt hat, daß Organis- :n, die auf das Sonnenlicht als Energiequelle gewiesen sind, für die Absorption ein grünes ;ment entwickelt haben, das Chlorophyll. Die :htqualität ändert sich jedoch mit der Tages- t, abhängig vom Stand der Sonne. Außerdem ıd die Pflanzen nicht permanent dem Licht sgesetzt, sie sind in der Nacht auf tagsüber speicherte Lichtenergie angewiesen. Daraus t sich eine Rhythmik in der Nutzung der :htenergie ergeben.

Da sich erst im Verlauf der Entwicklung der anzenwelt der Sauerstoffgehalt der Lufthülle ıöht hat und damit eine UV-absorbierende onschicht geschaffen wurde, kann angenom- :n werden, daß ursprünglich das kurzwellige ʳ ein Leben über dem Wasser unmöglich ge- ıcht hat. Die ersten Photosynthetiker werden h also im Wasser entwickelt haben, denn ısser absorbiert kurzwelliges UV.

Andererseits wird schon von einer wenige zimeter dicken Wasserschicht das Infrarot ab- :biert, so daß Wellenlängen über 800 nm :ht bis zu den untergetaucht lebenden Was- pflanzen durchdringen können (Morgan u. ıith 1981).

4.2 Lichtmenge als Umweltfaktor

Der Einfluß des Lichts auf die Pflanzen zeigt sich in strukturellen wie physiologischen Anpassungserscheinungen.

Die Erdatmosphäre filtert das Sonnenlicht durch Ozon, CO_2, Wasserdampf und Staub. Etwa 60% der Solarenergie erreichen die Erdoberfläche (Abb. 4.1). Diese setzt sich aus Wasser und Land zusammen. Letzteres besteht aus Flachland und Gebirgen und ist sehr unterschiedlich mit Vegetation bedeckt.

Die Landvegetation ist an Klima und Boden angepaßt, sie richtet sich außer nach dem Licht, nach der Temperatur und der Verfügbarkeit von Wasser. Obwohl die einzelne Landpflanze standortsgebunden ist, versuchen ihre Nachkommen neue Klimagebiete zu besiedeln. Dafür sind Anpassungsformen entwickelt worden, für extreme Lichtwerte, hohe und tiefe Temperaturen, Perioden der Trockenheit sowie Windbelastung in ihrem rhythmischen Wechsel.

Nach Kronenbruch durch Sturm fehlt der Kronenschatten, und die Blätter im subcoronaren Raum versuchen sich an die veränderten Lichtverhältnisse anzupassen. Bei anormal hoher Belichtung tritt Photoinhibition ein, wobei durch Übersättigung des Photosystems II (P 680) mit Lichtenergie die Photosynthese gehemmt wird (Lüttge et al. 1994). Unter gleichen Umständen kann Photooxidation auftreten, wobei durch Übersättigung mit Photonen ein Chlorophyll-Abbau einsetzt, der zur völligen Ausbleichung der Blätter führen kann (Libbert 1987). Als Schutzmaßnahmen werden in den Blättern der Krone zusätzlich Pigmente (Carotenoide) gebildet, die überschüssige Lichtenergie aufnehmen.

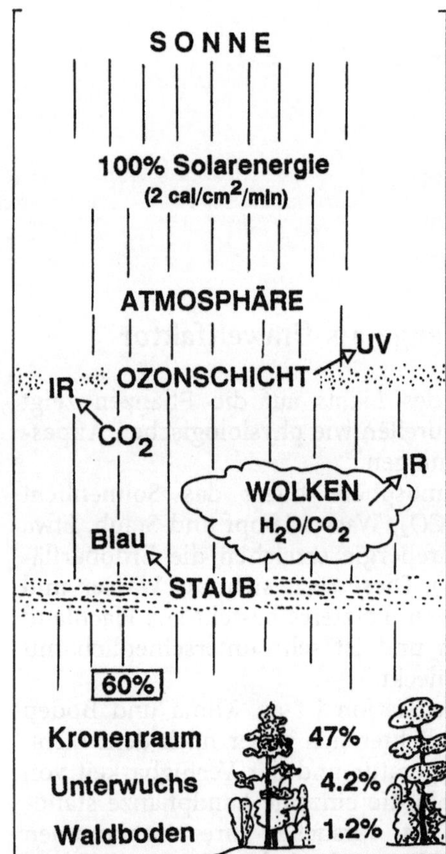

Abb. 4.1. Das Sonnenlicht wird durch die Erdatmosphäre gefiltert. Durch Ozon, Wolken und Staub werden 40% der eingestrahlten Solarenergie absorbiert oder reflektiert. Dabei wird das Spektrum von beiden Seiten her eingeengt. Von den verbleibenden 60% erreichen 47% den Kronenraum der Wälder, 4,2% den Unterwuchs und nur 1,2% sind noch am Waldboden meßbar

Es hat sich gezeigt, daß bereits die Zweigknospen auf veränderte Lichtverhältnisse reagieren, indem sie entweder Sonnen- oder Schattenblätter anlegen. Tritt jedoch der verändernde Schaden erst nach Fertigstellung der Blattprimordien, etwa im August oder später ein, so ist eine Umstimmung der Blattypen nicht mehr möglich. Schattenblattanlagen werden dann beim Austrieb im folgenden Mai verkümmerte Blätter bilden, die meist rot pigmentiert sind (Anthocyan), keine ausreichende (Netto-) Photosynthese durchführen und wegen Zuckermangels in ihren Achseln keine neuen Knospen bilden (Eschrich et al. 1989).

4.3 Lichtbrechung und Lichtleitung in Geweben und Zellen

Die Optik von Zellen und Geweben ist anhand einiger Beispiele beschrieben worden (Vogelmann u. Björn 1984). Papillenförmige Epidermisaußenwände können wie eine Sammellinse wirken und das Licht gebündelt auf eine bestimmte Zellregion werfen (Haberlandt 1924). In der Epidermis der „lebenden Steine" (*Lithops*-Arten der Namib) befinden sich „Fensterkuppen", linsenförmige Cuticularverdickungen, die Licht bündeln können (Abb. 4.2). Solche „Wandlinsen" sind auch bei Schattenpflanzen zu finden (*Selaginella helvetica*). Die Chloroplasten der Blattepidermis stülpen sich in papillenförmige „refraktive Warzen" der Außenwand hinein. Die Warzenspitze ist verdickt und sammelt das Licht (Abb. 4.3). Über die Strahlengänge in einem

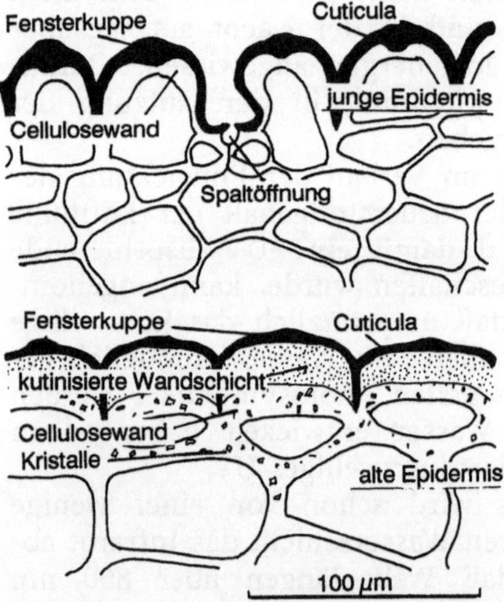

Abb. 4.2. Bei den „lebenden Steinen" (*Lithops ruschiorum*, Aizoaceae)) ist die dem Licht zugekehrte Epidermis buckel- bis papillenförmig emporgewölbt. In der Zellmitte bildet die Cuticula eine „Fensterkuppe", die Sammellinseneffekte hervorruft. Das Licht kann deshalb in genügender Stärke durch das sukkulente Organ bis zu den Photosynthesegeweben durchdringen. (Nach Zemke, aus Haberlandt 1924)

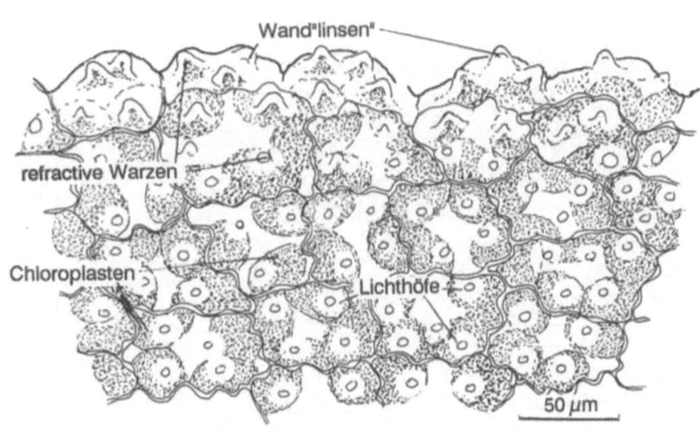

Abb. 4.3. Ein Sammellinseneffekt ist im Blatt von *Selaginella helvetica* zu beobachten. Von der Seite gesehen (oberer Bildrand), sind die Epidermisaußenwände mit 3 bis 4 Warzen pro Zelle ausgestattet. In der Aufsicht (unterer Teil des Bildes) erkennt man Lichthöfe, unter denen sich große Chloroplasten angesammelt haben. Bei *Selaginella* ist auch die Epidermis mit Chloroplasten ausgestattet

Blatt sind unter Berücksichtigung der Brechungseigenschaften des Materials Kalkulationen durchgeführt worden (Kumar u. Silva 1973). Mit Hilfe von Lichtleitern sehr geringen Durchmessers ist es möglich, sowohl Licht in Pflanzenzellen zu strahlen, als auch von außen durchdringendes Licht im Gewebe zu messen (Vogelmann u. Björn 1984; Vogelmann u. Haupt 1985). Der rationelle Lichtweg, der durch die Geometrie der absorbierenden Zellen vorgezeichnet wird, ist beim Leuchtmoos (*Schistostega osmundacea*), einem Höhlenmoos, dargestellt worden (Abb. 4.4).

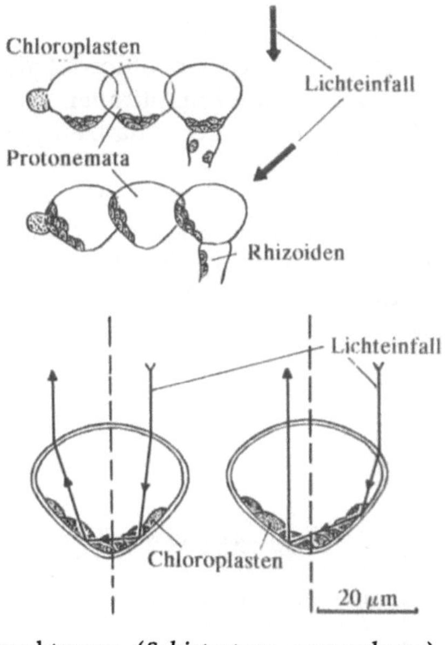

Abb 4.4. Das Leuchtmoos (*Schistostega osmundacea*), dessen Protonemata in feuchten Felsspalten wachsen, kann die Chloroplasten in den Zellfäden gegenüber dem Lichteinfall verlagern, so daß Photosynthese ermöglicht wird. Die konisch abgerundete Form der Protonemazellen bewirkt eine solche Reflektion des Lichtes, daß ein goldgelber Glanz ausgestrahlt wird. (Noll 1896)

Da Licht je nach seiner Wellenlänge in pflanzliche Gewebe verschieden weit eindringt und luftgefüllte Intercellularen nur in steilem Winkel durchleuchten kann (<50,3°, Kap. 3, Exkurs 4: „Lufteinschlüsse im Gewebe“), ist die Lichtbrechung in mehrschichtigen, frischen Geweben so stark und unterschiedlich, daß die Berechnung des Strahlenganges kaum sinnvoll ist. Hinzu kommt, daß manche Pflanzengewebe, die als Lichtleiter dienen können, veränderliche Zustände zeigen; z.B. werden die Strahlen des Holzes gute oder schlechte Lichtleiter sein, je nachdem, ob ihre Amyloplasten mit Stärke gefüllt oder stärkefrei sind. Auch für das Mark krautiger Stengel ist eine Lichttransmission über längere Distanz nachgewiesen worden (Mandoli u. Briggs 1985).

Etliche Pflanzen entwickeln Blattsclereiden, die manchmal so dicht liegen, daß einfallendes Licht behindert und stark gestreut wird (*Gnetum gnemon*, *Olea europaea*) (Abb. 4.5, 4.6). Auch die sclerenchymatischen Epidermis- und Hypodermiszellen der Kiefernnadel werden einfallende Lichtstrahlen stärker behindern als dünnwandige Epidermiszellen.

Da sich in den meisten Blättern die Chloroplasten überdecken und die Chlorenchymzellen vielschichtig angeordnet sind, ist damit zu rechnen, daß einfallendes Licht unterschiedlicher Intensität die einzelnen Chloroplasten erreicht.

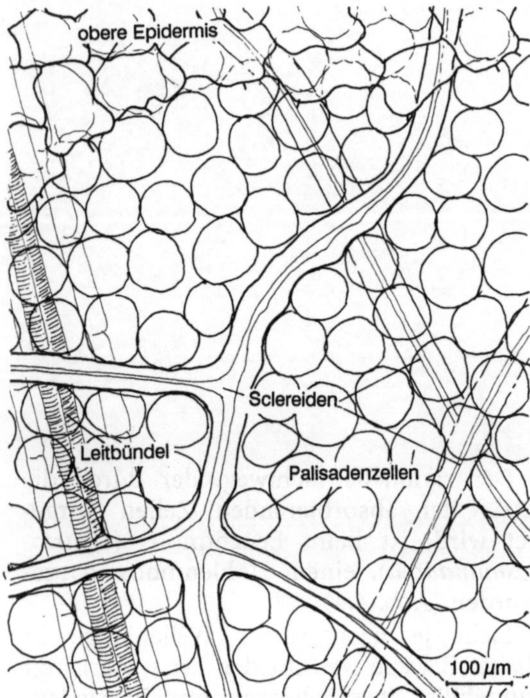

Abb. 4.5. Im Blatt von *Gnetum gnemon* treten verzweigte Sclereiden auf, die anscheinend ohne Plan angelegt werden und wachsen. Sie durchsetzen hauptsächlich das Palisadenparenchym, laufen streckenweise parallel und überkreuzen sich. Eine Beziehung zu den Leitbündeln ist nicht zu erkennen. Zweifellos haben diese dickwandigen Fasersclereiden eine verfestigende Wirkung in dem großflächigen Blatt

4.4 Pigmente der Photosynthese

Alle Organismen, die Photosynthese durchführen, sind mindestens mit einem Hauptpigment (Chlorophyll a, bei Bakterien Bacteriochlorophyll a oder b) ausgestattet. Daneben finden sich accessorische Pigmente (Chlorophylle c, d, e; Carotenoide; Phycobiliproteide, Bacteriochlorophylle c, d, e, g). Chlorophylle absorbieren im blauen und roten Bereich des Spektrums. Es sind Porphyrine mit Mg^{++} als Zentralatom (Libbert 1987).

Bei den rezenten photoautotrophen Prokaryonten ist das Chlorophyll unterschiedlich gelagert. Bei *Rhodospirillum rubrum* (Purpurbakterien), einem Anaerobier, ist der Photosyntheseapparat in intracytoplasmatische Membranen eingebaut (Kleinig u. Sitte 1984). *Rhodopseudomonas* (Strasburger 1991) läßt dagegen ein Thylakoiden-System erkennen, wie es in den Chloroplasten der Eukaryonten (Abb 4.7) vorkommt. Bei Blaualgen, bei denen Chlorophyll a das Bacteriochlorophyll ersetzt, sind geschichtete (*Anabaena*) oder konzentrisch angeordnete (*Cyanota*) Thylakoide zu finden (Raven et al. 1992; Strasburger 1991).

Dieses Prinzip der Chlorophyllanordnung in oder an Thylakoidmembranen ist in den Chloroplasten der höheren Pflanzen beibehalten worden. Die Entstehung von Chloroplasten mit doppelter Membranhülle läßt sich zwanglos mit der Protocytentheorie erklären (Behnke 1977). Danach sind einzellige Blaualgen durch Phagocytose in eine andere Zelle aufgenommen worden, wobei die invaginierte Plasmamembran der

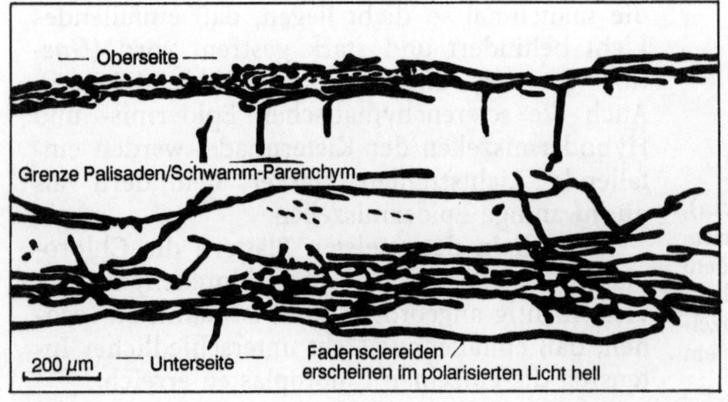

Abb. 4.6. Die dickwandigen Fadensclereiden im Blatt von *Olea europaea* leuchten im Mazerationspräparat im Polarisationsmikroskop hell auf (hier dunkel gezeichnet). Ihre Wände sind jedoch nicht verholzt, die Sclereiden sind flexibel. Sie durchziehen die oberen Schichten des Palisadenparenchyms und das Schwammparenchym, stehen aber an vielen Stellen durch Verzweigungen miteinander in Verbindung. Außer der Blattverfestigung läßt sich keine weitere Funktion ableiten. (Nach Arzee 1953)

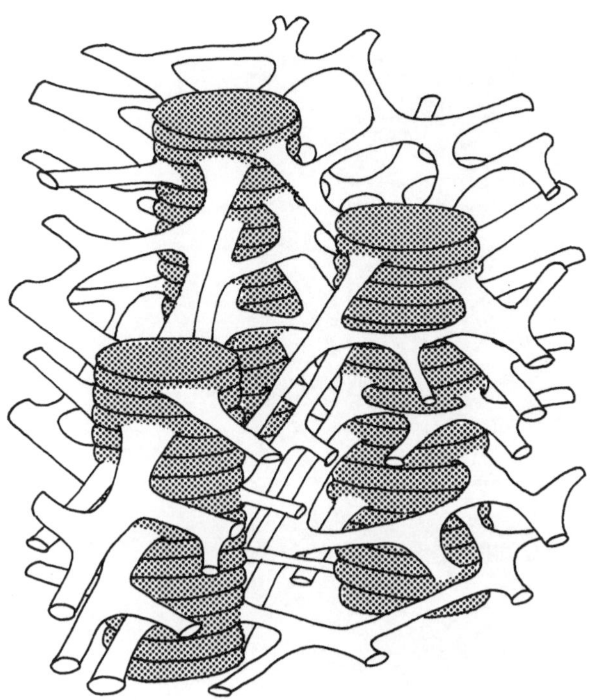

Abb. 4.7. Funktionsfähige Chloroplasten sind mit Thylakoiden ausgestattet, die als Granastapel (punktiert) sichtbar werden, wenn sie Chlorophyll enthalten. Die Granathylakoide sind durch ein Netz von Stromalamellen miteinander verbunden. (Goodwin u. Mercer 1975)

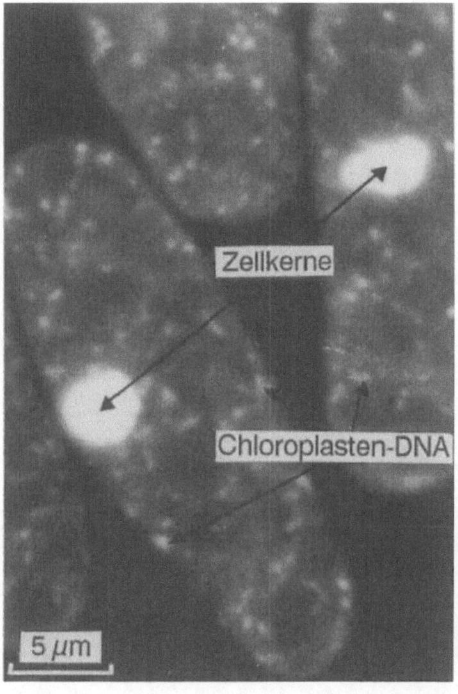

Abb. 4.8. Die DAPI-Reaktion auf DNA zeigt im Fluoreszenzmikroskop hell leuchtend die DNA der Zellkerne im Blatt von *Prunus persica*. Die kleinen hellen Flecke zeigen DNA der Chloroplasten an, die im Umriss erkennbar sind. (Nii et al. 1988)

Wirtszelle zur äußeren, die Plasmamembran des Symbionten zur inneren Chloroplastenhülle geworden sind. Die autonome Teilungsfähigkeit sowie das Vorhandensein eigener DNA bei Chloroplasten lassen sich mit dieser Theorie gut erklären.

4.5 Plastiden

Nach der Protocytentheorie wäre die ursprüngliche Form aller Plastiden ein chlorophyllführender Prokaryont, dem auch die wichtigsten Funktionen zuzuschreiben sind:

- Gewinnung von Energie aus Licht,
- Sauerstoffproduktion,
- Assimilation von Kohlenstoff.

Man schätzt, daß die Chloroplasten aller Pflanzen 75 Milliarden Tonnen Kohlenstoff pro Jahr in organische Substanz einbauen.

Die Autonomie der Plastiden wird unterstrichen durch das Vorkommen von DNA, die mit dem DAPI-Reagenz (4′6-Diamidino-2-phenylindol 2 HCl) im Fluoreszenzmikroskop dargestellt werden kann (Nii et al. 1988) (Abb. 4.8).

Wird ein Keimling im Dunkeln angezogen, so bilden sich Etioplasten (Abb 4.9) statt der Chloroplasten. Etioplasten haben einen charakteristischen Prolamellarkörper anstelle der Thylakoidstapel, der von Gunning (1965) in seiner Struktur analysiert wurde. Beim Belichten verschwindet der Prolamellarkörper, und aus den verbleibenden Stromalamellen formieren sich Granathylakoide (Abb. 4.7), in denen der Photosyntheseapparat untergebracht ist.

Etioplastenhülle
Thylakoide
Prolamellarkörper
Plastoglobuli
10 μm

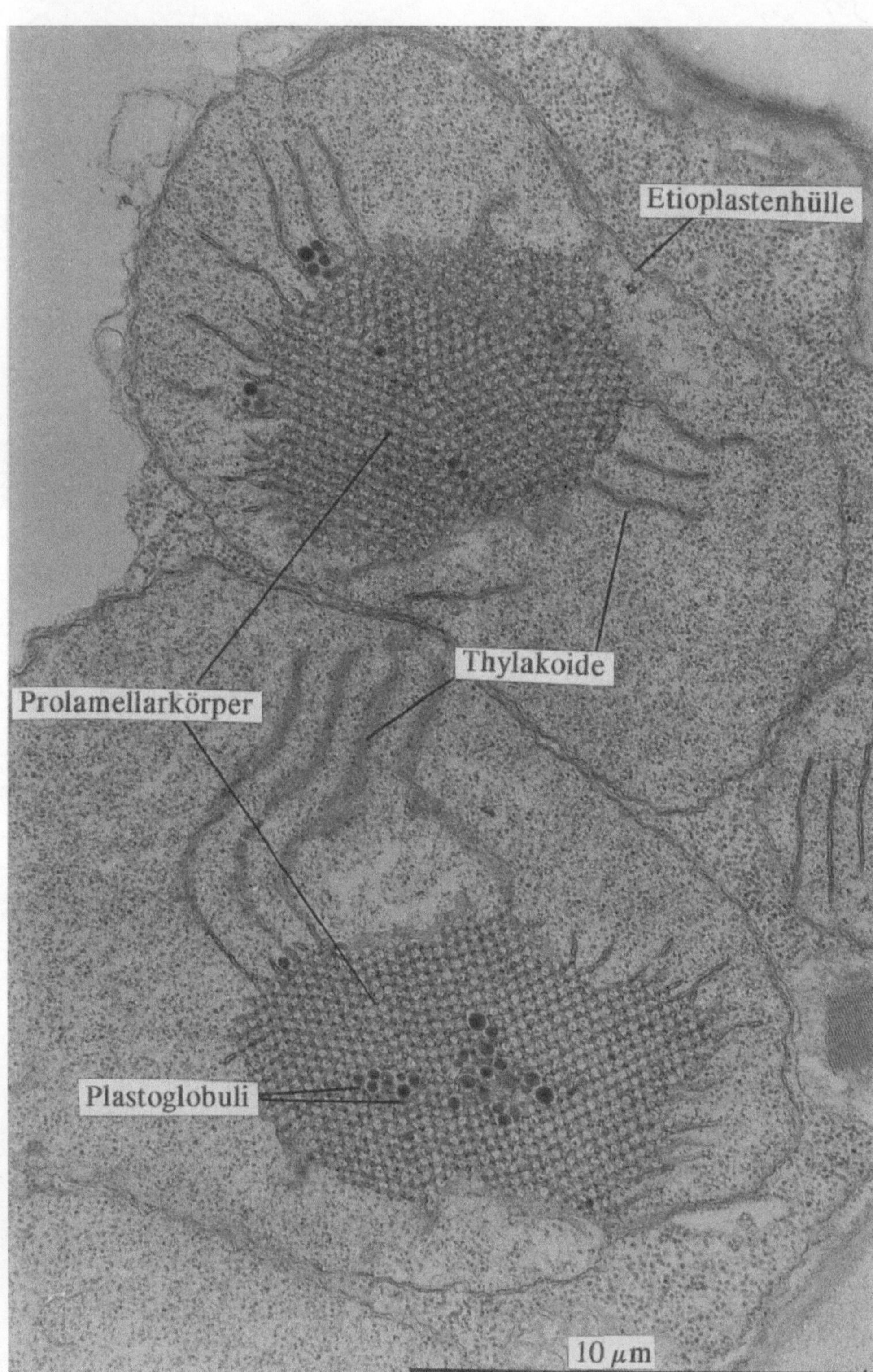

Abb. 4.9

Plastiden sind teilungsfähig, sie werden als Proplastiden von der befruchteten Eizelle an die Körperzellen weitergegeben. Erst dort differenzieren sie sich zu Plastiden.

Die typischen Blattchloroplasten sind ungleichmäßig linsenförmig abgeplattet, sie liegen im wandständigen Cytoplasma mit der flacheren Seite der Zellwand zugekehrt.

Dementsprechend findet man in EM-Schnittpräparaten hauptsächlich Querschnittsansichten der Granathylakoide. Grana in Flächenansicht lassen sich dagegen im Lichtmikroskop bei Fluoreszenzbeleuchtung von Frischschnitten erkennen (Strasburger 1978).

Aus der fixierten Lage der Grana im Chloroplasten läßt sich ableiten, daß der Einfallswinkel des Lichtes zu den Blattchloroplasten ohne Bedeutung für die Energieaufnahme ist.

Chlorophylle und Membransysteme einer Plastide werden bei längerer Dunkelheit abgebaut, womit die Existenz chlorophyllfreier Plastiden mit stark reduziertem Thylakoidsystem (Etioplasten) (Abb. 4.9) zu erklären ist. Durch Abbau von Thylakoidmembranen entstehen auch Leu-

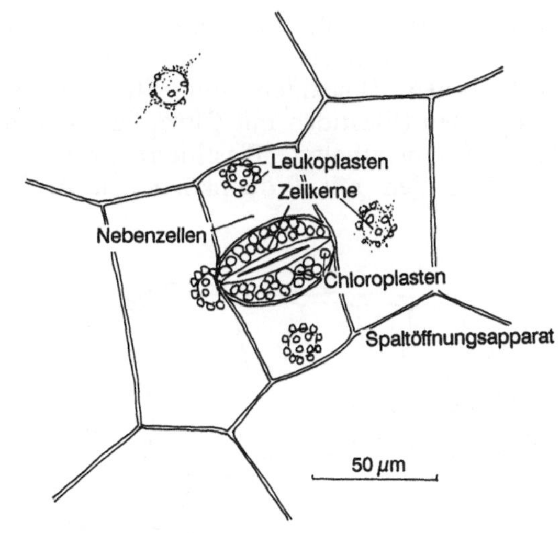

Abb. 4.10. In Zellen der Blattepidermis (*Zebrina pendula*) kommen Chloroplasten nur in den Schließzellen vor. In den übrigen Epidermiszellen sind Leukoplasten verbreitet, die oft mit dem Zellkern vergesellschaftet sind. Leukoplasten können ergrünen. Das Ergrünen hängt nicht allein vom Licht ab (s. Abb. 4.11), sondern kann auf einen Ergrünungsimpuls während der Stomadifferenzierung zurückgehen (s. Abb. 3.3)

◀
Abb. 4.9. Werden grüne Pflanzen länger als 16 Stunden dunkel gehalten, so beginnt ein Abbau der Granathylakoid-strukturen. Dunkelplastiden enthalten dann einen Prolamellarkörper, der an einer Gitterstruktur aus Membranbausteinen zu erkennen ist. (Gunning 1965)

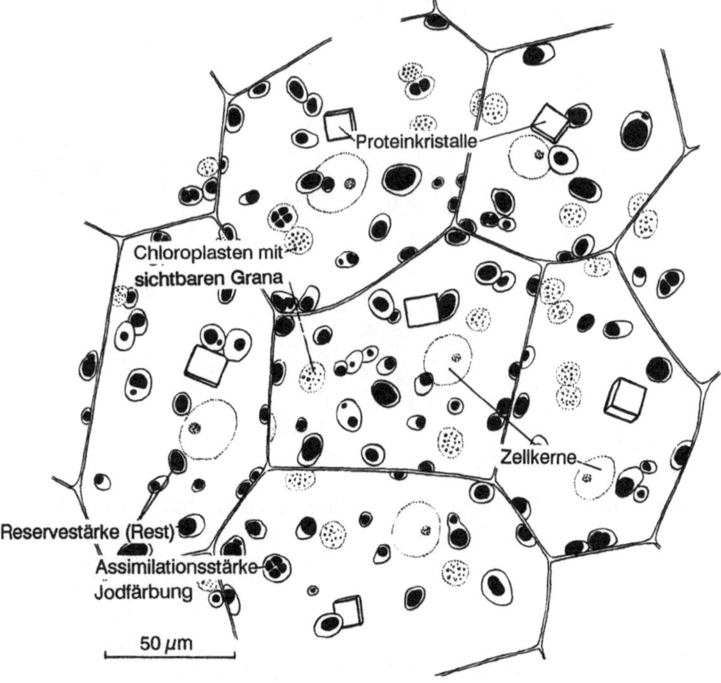

▶
Abb. 4.11. Im Licht werden Kartoffelknollen (*Solanum tuberosum*) langsam grün. Die Stärke der Amyloplasten wird abgebaut und Chloroplasten mit Grana werden sichtbar. Schließlich kann in den ergrünten Plastiden aus Photosyntheseprodukten wieder Stärke aufgebaut werden; diesmal Assimilationsstärke und nicht Reservestärke. (Eschrich 1976)

koplasten (Abb. 4.10), aus denen sich wiederum andere Typen von Plastiden entwickeln können: Amyloplasten (Plastiden mit Stärkekörnern), Elaeoplasten (Plastiden mit Öltropfen), Chromoplasten (pigmenthaltige Plastiden), Proteinoplasten (Plastiden mit Proteinkörpern). Andererseits können sich Chloroplasten direkt in Amyloplasten verwandeln und unter anderen Umständen wieder zu Chloroplasten werden. Ein Beispiel hierfür liefert die Kartoffelknolle, die unter dem Periderm Speichergewebe mit Amyloplasten enthält. Wird die Knolle, zur Hälfte in

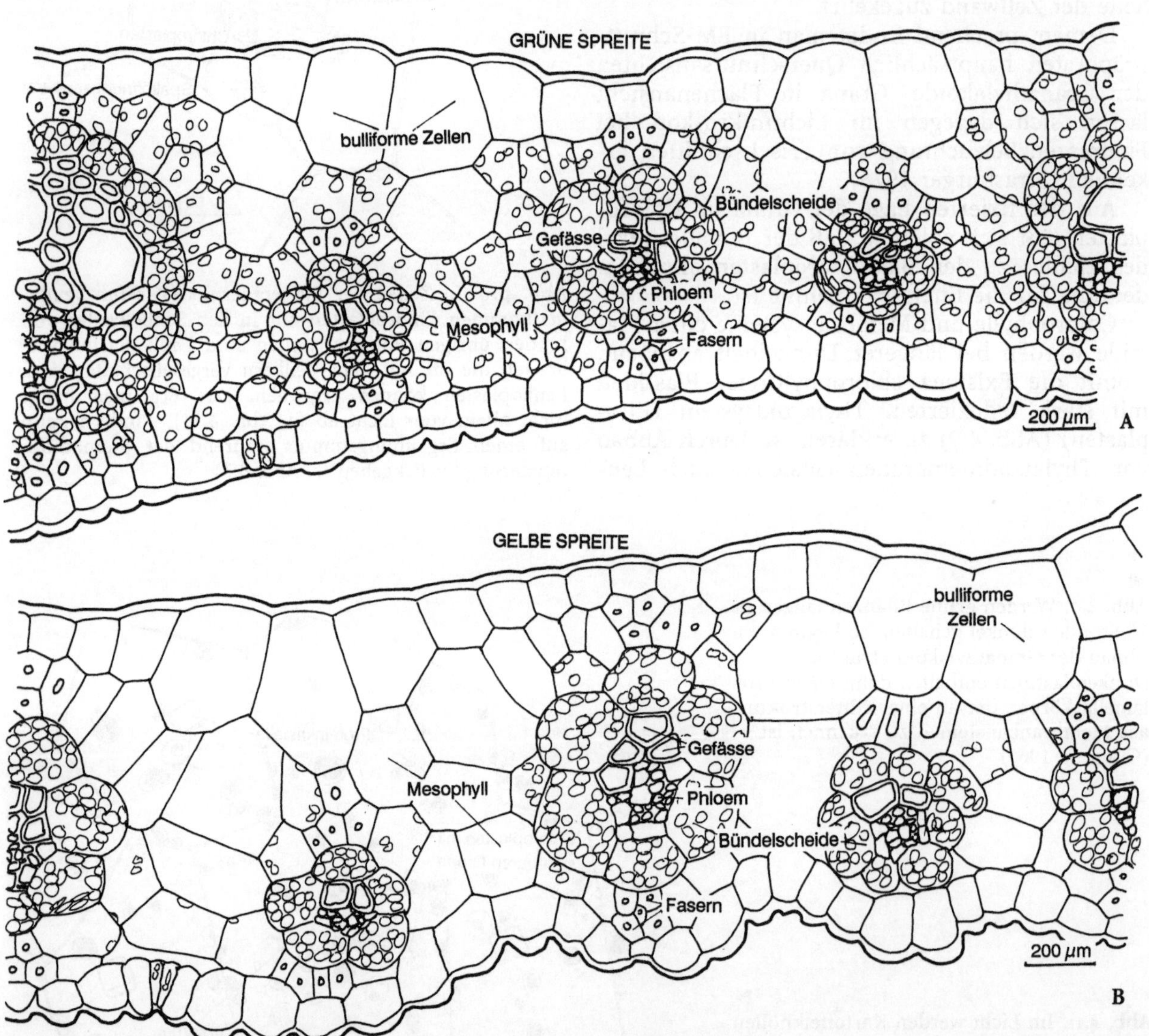

Abb. 4.12A, B. Das Zebragras (*Miscanthus sinensis*) hat Blattspreiten mit gelben Querbändern. Der grüne Spreiten-querschnitt (**A**) zeigt Aufbau und Chloroplastenverteilung wie eine C_4-Pflanze; Stärke entsteht in der Regel nur in der Bündelscheide. Bei Photosynthese in $^{14}CO_2$ tritt außer markierter Saccharose auch ^{14}C-Malat auf. Die gelben Querbänder der Spreite zeigen großzelliges Mesophyll, das nur gelegentlich Chloroplasten aufweist (**B**). Nur die Bündelscheide enthält Chloroplasten, die Stärke bilden. Bei Photosynthese mit $^{14}CO_2$ findet man im gelben Spreitenbereich nur geringe Mengen ^{14}C-Malat. Die gelben Blattstreifen führen offenbar Photosynthese nach Art der C_3-Pflanzen durch. (Schmitz 1986)

feuchtem Sand eingebettet, einige Wochen belichtet, so ergrünt das exponierte äußere Speichergewebe, die Stärke der Amyloplasten wird dort abgebaut, die Plastiden vergrößern ihr Thylakoidsystem und bilden Chlorophyll. Bei genügend langer Belichtung ist zu beobachten, daß die ergrünten Amyloplasten Photosynthese durchführen können, wobei wieder Stärke gebildet wird, nun aber Assimilationsstärke aus photosynthetischer Eigenproduktion (Eschrich 1976) (Abb. 4.11).

4.6 C_3- und C_4-Pflanzen

Die Blattanatomie der schichtweisen Anordnung von Palisaden- und Schwammparenchym hat bis vor wenigen Jahren als Standard gegolten (z.B. Abb. 4.20). Man nennt ihn heute den C_3-Pflanzentyp; C_3, weil die ersten Photosynthese-produkte Körper mit 3 Kohlenstoffatomen sind. Nachdem die Überlegenheit der CO_2-Nutzung bei den C_4-Pflanzen erkannt worden ist (C_4, weil die ersten Photosyntheseprodukte Säuren mit 4 Kohlenstoffatomen sind), sind auch andere Spreitenkonstruktionen funktionell analysiert worden (Brown u. Hattersley 1989).

Die Kranzanatomie der C_4-Pflanzen (Abb. 4.12A) und der damit oft verbundene Chloroplastendimorphismus macht einen lichtgesteuerten, aber kontinuierlichen Austausch von Photosyntheseprodukten zwischen Mesophyllchloroplasten (immer mit Grana) und den oft granafreien Chloroplasten der Bündelscheide (Abb. 2.36) zur Regel (Abb. 4.24). Man kennt 3 Typen der C_4-Photosynthese, die nach den decarboxylierenden Enzymen in der Bündelscheide unterschieden werden:

- NADP-ME (malic enzyme): Die Chloroplasten der Bündelscheidenzellen haben keine Grana und liegen zentrifugal von der Leitbündelmitte weg (*Zea mays*; *Euphorbia*) (Abb. 4.13, 4.14).
- PCK (PEP-carboxy-kinase): Die Chloroplasten der Bündelscheidenzellen haben Grana und liegen zentrifugal vom Bündel weg (*Eragrostis*, keine Dicotylen).
- NAD-ME (malic enzyme): Die Chloroplasten der Bündelscheidenzellen haben Grana und liegen zentripetal zum Bündel (Abb 5.1) (*Panicum*, *Gomphrena*, *Amaranthus*) (Guttierez et al. 1974; Hatch et al. 1975).

Bei dieser Aufteilung wird die CO_2-Affinität der verarbeitenden Enzyme mit anatomischen Strukturen in Verbindung gebracht. Es ist jedoch noch unbekannt, warum für die PEP-carboxylase/CO_2-Interaktion Chloroplasten mit Grana notwendig sind, während für die RubisCO/CO_2-Interaktion auch granafreie Chloroplasten wie bei den Bündelscheiden der Maisblätter verwendet werden können.

Die Bündelscheidenchloroplasten von C_4-Pflanzen sind entweder zentrifugal (*Zea mays*, Abb. 4.9, 4.14), oder zentripetal (*Gomphrena globosa*, Abb. 5.1) zum Leitbündel verlagert. Diese Positionsmuster bleiben bei einem Wechsel der Beleuchtung erhalten; cytoplasmatische Strukturen, die für das „Festhalten" der Bündelscheidenchloroplasten dienen könnten, sind nicht beschrieben worden.

Warum beim Mais- und Zuckerrohrblatt die Chloroplasten der Bündelscheidenzellen an der Mesophyllseite angeordnet sind (Abb. 4.13), während sie bei *Amaranthus* und *Gomphrena* (Abb. 5.1) zentripetal zum Bündel liegen, konnte bisher nicht erklärt werden. Ein Zusammenhang zwischen der Verarbeitung von Malat bzw. Aspartat zu Triosen und der Position der Bündelscheidenchloroplasten ist nicht ersichtlich.

Das gehäufte Vorkommen von C_4-Arten in warmen Gegenden der Erde hatte zu der Auffassung geführt, daß sich die C_4-Photosynthese nach Hatch u. Slack (1970) in den Tropen entwickelt hat. Inzwischen sind viele C_4-Pflanzen gefunden worden, die keine Beziehung zu den warmen Gebieten zeigen. Die Ausschließlichkeit von C_3- oder C_4-Photosynthese wird möglicherweise auch durch vermischte Formen in Frage gestellt. Das Zebragras (*Miscanthus sinensis*) unterscheidet sich in grünen und in gelben Spreitenabschnitten derart, daß letztere fast kein Mesophyll enthalten, das Malat liefern könnte (Abb. 4.12A, B) (Schmitz 1986). Bei *Portulaca grandiflora* findet man im Zentrum der walzlichen Blätter ein Leitbündel ohne Kranzzellen, während die peripherischen Leitbündel den typischen C_4-Kranz aufweisen. C_4-Photosynthese wurde gefunden bei Arten der Familien: Amaranthaceae, Aizoaceae, Asteraceae, Chenopodiaceae, Cyperaceae, Euphorbiaceae, Nyctaginaceae,

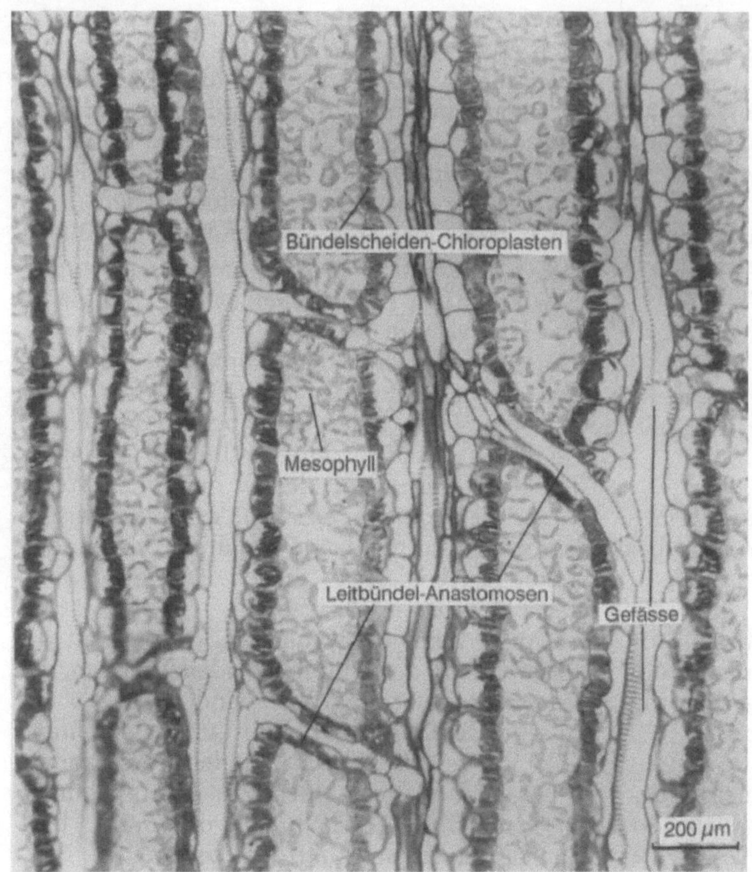

Abb. 4.13. Bei den C_4-Pflanzen besitzen die Chloroplasten der Bündelscheide oft keine Grana, sie bilden aber Assimilationsstärke. Bei manchen C_4-Pflanzen liegen die Bündelscheidenchloroplasten peripherisch (*Zea mays*, s. auch Abb. 4.14), bei anderen sind sie zentripetal zum Leitbündel hin verlagert (*Gomphrena globosa*, s. Abb. 5.1)

Poaceae, Polygonaceae, Portulacaceae, Zygophyllaceae (Downton 1975; Winter 1981). Darunter gibt es auch einige Vertreter der Gehölzflora (Pearcy 1983). C_4-Pflanzen sind wahrscheinlich polyphyletischen Ursprungs; die Kranzanatomie ist demnach mehrfach entwickelt worden, wahrscheinlich, weil sie sich bewährt hat.

Als eines der wichtigsten Charakteristika der C_4-Chloroplasten galt bisher das peripherische Reticulum, das im Stroma der Chloroplasten vorkommt. Inzwischen ist peripherisches Reticulum aber auch bei Chloroplasten der C_3-Pflanzen gefunden worden. Es war bei der früher viel verwendeten Fixierung mit Kaliumpermanganat zerstört worden. Bei *Portulaca oleracea* wird das peripherische Reticulum aufgelöst, sobald Zeichen von Blattseneszenz auftreten (Laetsch 1974).

Beim Vergleich mit Chloroplasten der CAM-Pflanzen (siehe übernächsten Abschnitt 4.8) wird klar, daß die Synthese von C_4-Säuren nicht an das Auftreten des peripherischen Reticulums gebunden ist. Ein anderer Befund, daß C_4-Chloroplasten kein Photosystem II haben (demnach Licht hoher Energie nicht verwenden könnten), konnte nicht bestätigt werden. Alle untersuchten C_4-Arten zeigten zumindest geringe Photosystem-II Aktivität (Laetsch 1974).

Auch bei C_3- und CAM-Pflanzen ist die Saccharoseproduktion von der Photosynthese, also vom Licht abhängig, da in jedem Fall Triosephosphate an das Cytoplasma geliefert werden müssen, bevor die von der SPS (Saccharosephosphatsynthase) katalysierte Saccharoseproduktion anlaufen kann.

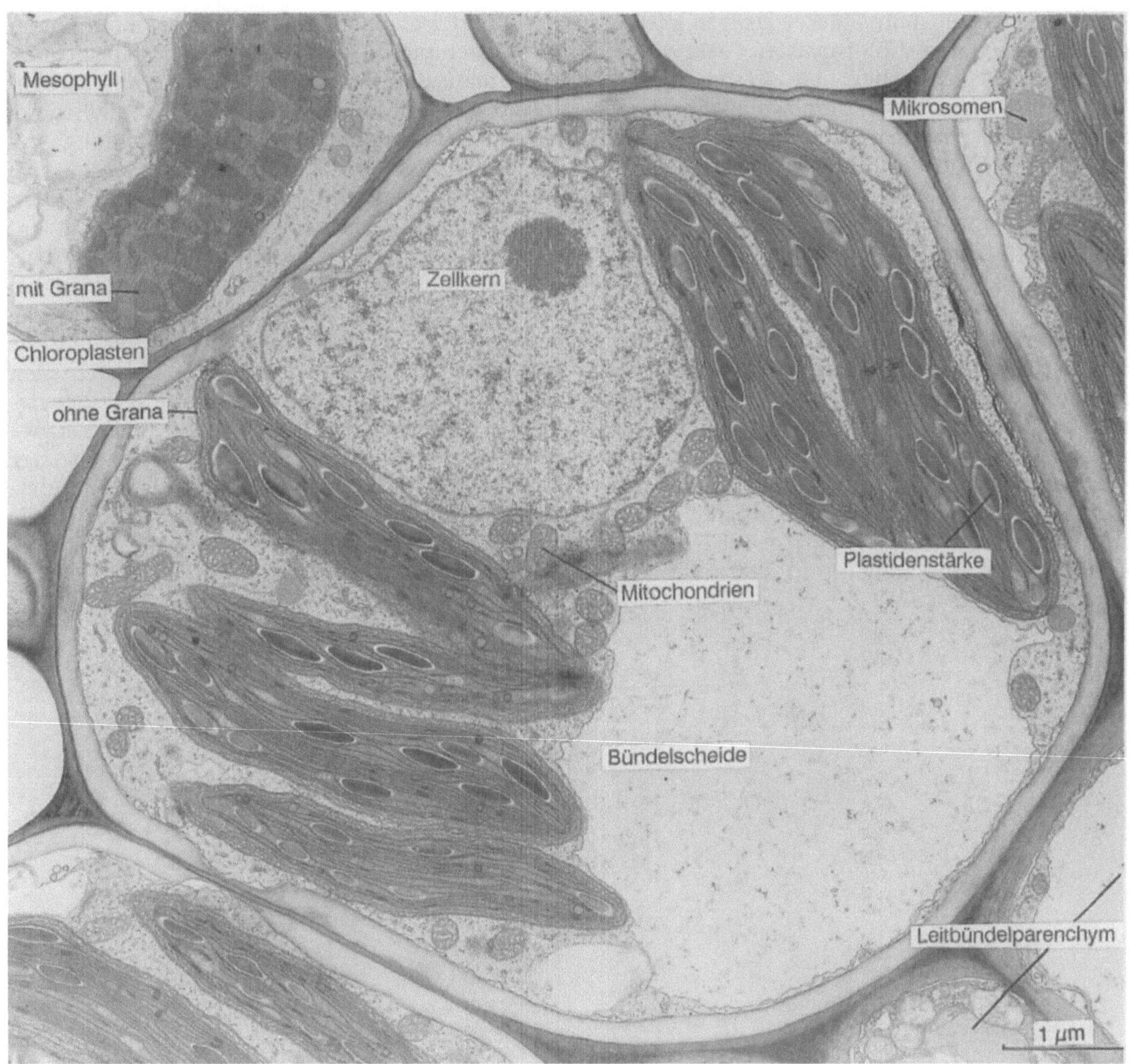

Abb. 4.14. Die Bündelscheidenzellen des Blattes von *Zea mays* zeigen im EM, daß nicht nur die Chloroplasten peripherisch verlagert sind, sondern daß auch das Cytoplasma mit Zellkern, Mitochondrien und Mikrosomen (oben rechts) auf der Außenseite der Bündelscheidenzellen liegt. Die Chloroplasten enthalten keine Grana, jedoch Stärke. Demgegenüber sind die Chloroplasten der Mesophyllzellen (oben links) mit Grana ausgestattet, haben aber keine Stärkekörner. (EM-Aufnahme: RF Evert, Madison)

4.7 Bündelscheidenstärke

In Laubblättern ist die Bündelscheide die Grenzschicht zwischen Mesophyll und Leitgewebe. Photosyntheseprodukte, die aus dem Blatt über das Phloem exportiert werden sollen, müssen die Bündelscheide durchdringen, bevor sie in das Leitgewebe gelangen. Bei C_3-Pflanzen enthalten die Bündelscheidenzellen in der Regel keine Chloroplasten; deshalb fehlt dort Stärke.

Bei C_4-Pflanzen tritt Stärke dagegen oft ausschließlich in den Chloroplasten der Bündelscheidenzellen auf, bei der ersten Gruppe (NADP-ME) sogar in Chloroplasten ohne Grana (Abb. 4.14). Nach unnatürlich langer Dunkelheit (24 bis 48 h) sind die Bündelscheidenchloroplasten stärkefrei. Läßt man pfenniggroße Blattscheibchen von 48 h lang vorverdunkelten, also stärkefreien, Maispflanzen auf 50 bis 100 mM Saccharose schwimmen, so wird Stärke gebildet, aber nicht in der Bündelscheide, sondern nun in den Mesophyll-Chloroplasten, die mit Grana ausgestattet sind. Die Stärkebildung aus Saccharose läuft im Licht wie im Dunkeln ab. Man kann beobachten, daß Blattscheibchen von normal belichteten Maispflanzen aus extern angebotener Saccharose Stärke im Mesophyll aufbauen, während gleichzeitig die Stärke in der Bündelscheide abgebaut wird (Eschrich 1984 b). Stärkesynthese im Mesophyll und Stärkeabbau in der Bündelscheide stehen offenbar miteinander in Beziehung. Über diese Wechselbeziehung weiß man, daß bei einer Hemmung des Saccharoseexports über das Phloem Mesophyllstärke akkumuliert, vergleichbar mit der Bildung von Mesophyllstärke bei Zufuhr externer Saccharose.

Die Fähigkeit, Chloroplastenstärke zu bilden ist bei den C_4-Pflanzen offensichtlich nicht auf die Bündelscheide beschränkt. Es gibt C_4-Pflanzen (*Arundinella hirta*, Poaceae), bei denen bei starker Belichtung auch im Mesophyll Stärke entsteht. Andererseits gibt es in der Blattspreite von *Arundinella* Zellstränge, die parallel zu den Adern verlaufen und nur aus Bündelscheidenelementen bestehen. In diesen Zellen wird bei Belichtung ebenfalls Stärke gebildet. In basipetaler Richtung gehen diese Zellstränge aus Bündelscheidenzellen in eine mehrzellige Bündelscheide über, die schließlich ein komplettes Leitbündel umgibt (Abb. 4.15).

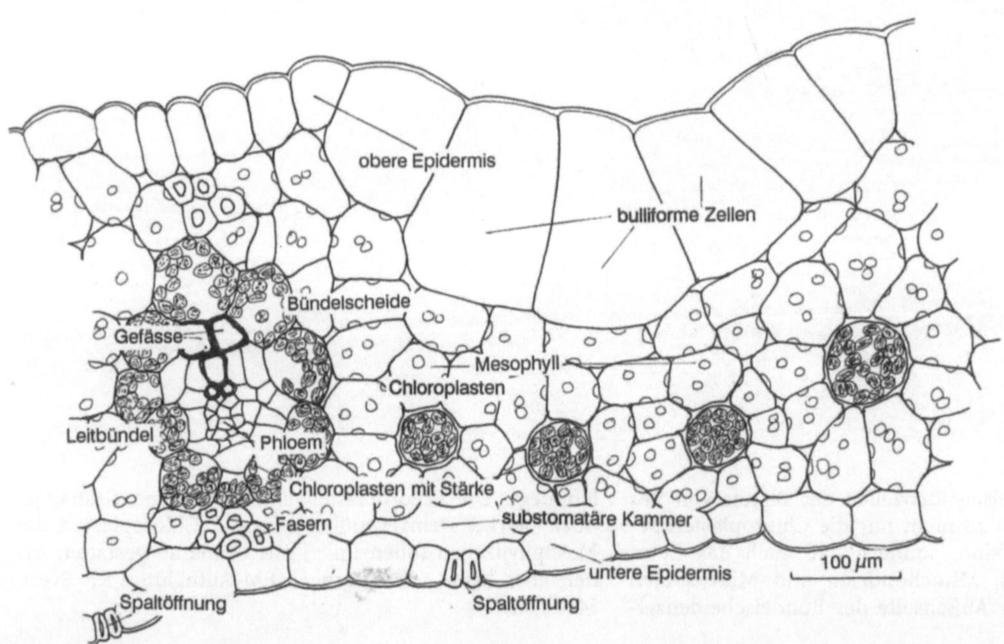

Abb. 4.15. *Arundinella hirta* ist ein C_4-Gras. Im Querschnitt der Spreite fallen zwischen den Leitbündeln einzeln liegende Zellen auf, deren Chloroplasten Stärke enthalten. Im Mesophyll fehlt Stärke, es sei denn, die Pflanze wird im Langtag gehalten. Die stärkehaltigen Zellen gleichen den Zellen der Bündelscheide, manche sind deutlich von einem Kranz von Mesophyllzellen umgeben (rechts). Verfolgt man solche Zellen zur Spreitenspitze, so verlieren sie sich, wenn die Spreite schmaler wird. Zur Spreitenmitte hin können sich diese Zellen vermehren und schließlich ein Leitbündel umschließen; hier sind es Bündelscheidenzellen ohne Bündel (Saatgut von K Crookston, Univ. Minnesota)

4.8 Photosynthese der CAM-Pflanzen (Crassulacean Acid Metabolism)

Die Photosynthese der CAM-Pflanzen besteht aus zwei zeitlich getrennten Phasen, der nächtlichen CO_2-Aufnahme (geöffnete Spaltöffnungen) und der tageszeitlichen Energiegewinnung und CO_2-Reduktion (bei geschlossenen Spaltöffnungen).

Über die anatomischen Besonderheiten sukkulenter Pflanzen ist nur schwerlich eine Regel aufzustellen: Sukkulente Blätter haben typischerweise einschichtige Epidermen. Eine Übersicht über die vergleichende Anatomie der blattsukkulenten Pflanzen zeigt jedoch eine Vielfalt von Bauplänen (Metzler 1924). Sie besitzen eine dikke Cuticula, effektiv genug, um die cuticulare Transpiration niedrig zu halten. Fast alle CAM-Arten haben auf beiden Blattseiten Spaltöffnungen, sie sind amphistomatisch. Sukkulente Blätter können noch lange nach der Aufnahme der photosynthetischen Zuckerproduktion Teilungswachstum durchführen. Dieses wird daran erkannt, daß bei reif erscheinenden Blättern undifferenzierte Stomata zwischen voll entwickelten zu finden sind (*Kalanchoe*). Die Stomata sind kaum eingesenkt. Sukkulente Pflanzen besitzen in den Blättern oft Wasserspeichergewebe. In diesen wird weder Stärke gebildet, noch scheinen überhaupt Plastiden vorzukommen (*Aloe, Gasteria*). Wassergewebe haben auffallend kleine Intercellularen. Die Wassergewebe können Abkömmlinge der Epidermis sein (Abb. 2.27) und hypodermale Schichten bilden (Abb. 2.28, 4.16) (externe Wassergewebe), im Mesophyll oder in der Mitte des Blattes liegen (Abb. 4.17), oder im Cortex oder Mark der Stammsukkulenten vorkommen (interne Wassergewebe) (KLUGE und TING 1978).

Das Adernetz sukkulenter Blätter ist sehr weitmaschig, manchmal sind Bündelscheiden

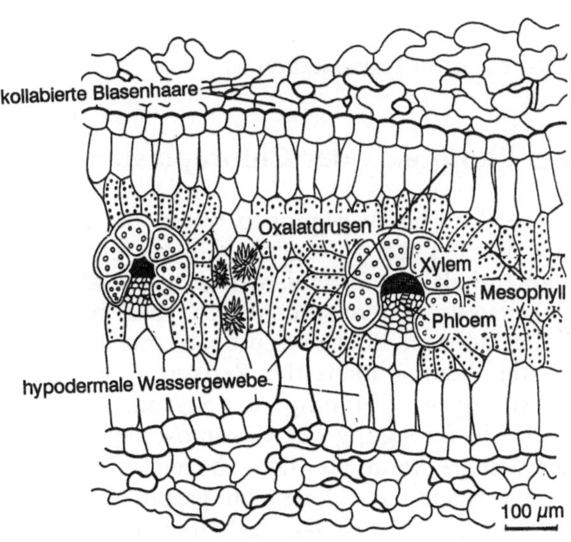

Abb. 4.16. Pflanzen salziger Standorte (*Atriplex halimus*) haben oft Blätter, die mit Wassergewebe ausgestattet sind. Bei *Atriplex halimus* ergibt sich dadurch eine isobifaciale Querschnittsstruktur. Die Blasenhaare beider Epidermen sind in diesem Entwicklungstadium bereits kollabiert. Man erkennt jedoch (wie bei *Atriplex mollis*, in Abb. 2.47 angedeutet), daß „Intercellularräume" zwischen den Blasenhaarzellen erhalten bleiben, in denen möglicherweise Wasserdampf bei starker Besonnung als Infrarotfilter die Erwärmung reduziert. (Volkens 1887)

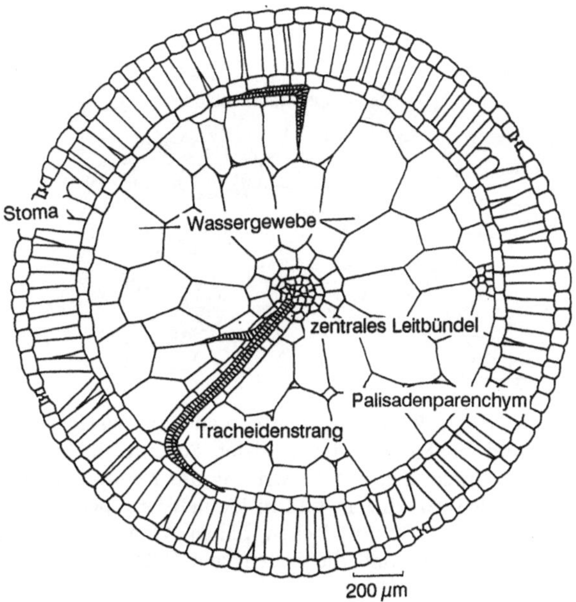

Abb. 4.17. Sukkulente Blätter der CAM-Pflanzen können walzenförmig sein. Das Wassergewebe liegt dann innerhalb eines scharf abgegrenzten Mantels von chlorophyllhaltigem Palisadenparenchym wie hier bei *Zygophyllum simplex*. Das Blattgewebe wird durch ein zentrales Leitbündel mit Wasser versorgt. Über Verzweigungen des Leitbündels gelangt Wasser zum Palisadengewebe und zu den Spaltöffnungen. (Volkens 1887)

nicht zu erkennen, und sekundäres Dickenwachstum tritt nicht auf. In internen Wassergeweben fehlen typischerweise Nerven und sclerenchymatische Elemente. In Stengeln und steifen Blättern, in denen Wassergewebe und Leitbündel vorhanden sind (*Agave, Yucca, Sansevieria*) treten dünne Bündel aus wenigen Fasern auf (Abb. 4.18).

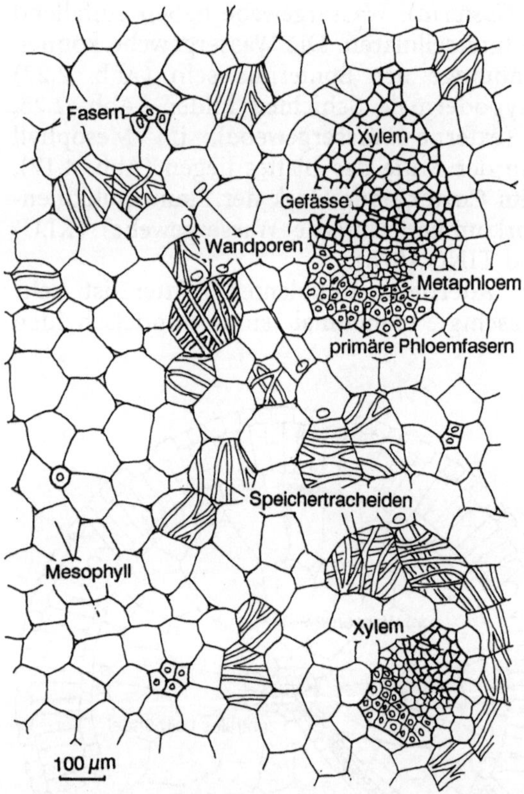

Abb. 4.18. Die fleischigen Blätter von *Sansevieria ceylanica* sind im Mesophyll von vielen Speichertracheidengruppen durchsetzt. Zur Versteifung des Mesophyllgewebes sind Fasern, einzeln und in kleinen Gruppen, eingefügt. Manche Mesophyllzellen haben Wandporen, was darauf hindeutet, daß die Zellen kein Cytoplasma mehr haben. (Wiesner 1927/28)

Manche Sukkulenten besitzen unter der Epidermis eine dicke Schicht Collenchym (*Stenocereus gumosus*, eine Stammsukkulente).

Die Affinität der PEP-carboxylase für CO_2 ist das wirksame Prinzip bei der großen Anzahl von CAM-Pflanzen. CAM ist besonders bei Crassulaceen und Cactaceen verbreitet. Es gibt aber mehr als 10 000 Angiospermen verschiedener Familien, die CAM durchführen (Winter 1985). Mehr als 1000 Bromeliaceen und einige tausend Orchidaceen sind CAM-Pflanzen.

Typische Eigenschaften der CAM-Pflanzen sind:

- nächtlicher Anstieg von organischen Säuren,
- diurnale Fluktuation von Speicherkohlenhydraten (Stärke, Polyglucane anderer Art, lösliche Oligosaccharide) mit Minimalwerten am Morgen,
- große, oft schleimhaltige Speichervacuolen. In den Mesophyllzellen befinden sich Chloroplasten.

Die nächtliche Anhäufung von Äpfelsäure führt nach Decarboxylierung zu hohen CO_2-Konzentrationen (ca. 1%) im Blattinnern (Cockburn et al. 1979).

Sukkulente Wurzeln (*Chlorophytum comosum*) haben keinen CAM; zumindest ist in solchen Wurzeln während der Nacht keine Säureakkumulation festzustellen.

4.9 Phototaxis der Chloroplasten

Phototaktische Bewegungen treten im allgemeinen nur bei frei beweglichen, meist einzelligen, pigmenthaltigen Organismen auf, vor allem bei Flagellaten. Taxien sind jedoch auch bei Organellen höherer Pflanzen zu beobachten. Bekannt ist die Traumatotaxis der Zellkerne bei lokalen Verletzungen (Bünning u. Sagromsky 1948). Auch die Bewegung der Chromosomen nach einer Mitose kann als Taxie bezeichnet werden. Die vergängliche Kernteilungsspindel besteht aus Microtubuli; es lag deshalb nahe, Organellenbewegung mit Microtubuli in Zusammenhang zu bringen, was jedoch ohne Ergebnis blieb.

Besonders auffällig bewegen sich Chloroplasten bei Beleuchtungsänderungen; sie reagieren phototaktisch, also auf Licht. Offenbar sind Chloroplasten innerhalb ihrer Zelle nicht frei beweglich; sie wandern in den mittleren, schmalen Blattzellen von *Elodea canadensis* in einer

Kreisbahn (Rotationsströmung) und anscheinend nur im Licht. Ihre Bewegung ist von der Temperatur abhängig. Im Lichtmikroskop kann man beobachten, daß die wandernden Chloroplasten den - ebenfalls beweglichen - Zellkern überholen. Demnach sind die Transportwege der Chloroplasten von demjenigen des Zellkerns verschieden. Dazu muß man sich vorstellen, daß bei einer gerichteten Kreisbewegung im Raum der Zelle eine Scherungslinie auftreten muß, an der sich die Chloroplasten gegenläufig vorbei bewegen. Eine solche Linie tritt in den Internodialzellen von *Nitella* auf, ist aber bei *Elodea* nicht gefunden worden.

Es ist festgestellt worden, daß die Chloroplastenbewegung bei *Elodea* nur dann auftritt, wenn das Blatt abgetrennt oder durch Schnitt verwundet wurde (Gamalei et al. 1994).

Hingegen sind für andere Chloroplasten Strukturen bekannt, die sie in Position rücken, um ihnen eine optimale Beleuchtung zu bieten. Die Beweglichkeit beruht vermutlich auf lichtgesteuerter Vertäuung mit kontraktilen Proteinfibrillen (Actin, Abb. 8.10) (Haupt 1977). Beobachtungen an Zwiebelepidermen haben eine Beteiligung des ER an Organellen- und Partikelbewegungen im Cytoplasma wahrscheinlich gemacht. Dabei besteht ein Zusammenhang zwischen Temperatur und pH-Wert einerseits und der Form des ER andererseits (Quader u. Fast 1990).

Beispiele für Chloroplastenbewegungen im Starklicht/Schwachlicht - Wechsel sind die Chloroplasten von Moosblättchen (*Funaria hygrometrica*) und der Wasserlinse (*Lemna minor*), die schraubenförmigen Chloroplasten von *Spirogyra*-Arten (Okiwa 1977) und die plattenförmigen Chloroplasten der *Mougeotia*-Zellen (Mohr u. Schopfer 1992). Auch in höheren Pflanzen können die Chloroplasten ihre Position ändern, womit eine Adaptation an schwaches oder starkes Licht bewirkt wird. Bei schwachem Licht exponieren sie die Granaflächen, bei starkem Licht drehen sie die Granaprofile zum Licht.

Auffallend ist bei allen genannten Bewegungen ihre Steuerung durch Licht. Die Energie für die Bewegungen wird durch ATP-Spaltung gewonnen. Als Rezeptor der Lichtsignale wird das Rotlicht absorbierende Phytochrom genannt (Mohr u. Shropshire 1983; Speth et al. 1987; Hofmann et al. 1991), das im Ektoplasma der Zelle lokalisiert zu sein scheint. Phytochrome sind wasserlösliche Chromoproteine mit offenen Tetrapyrrolketten.

4.10 Solstitialbewegung (sun tracking)

Allgemein ist hiermit die Fähigkeit der Pflanze, „sich ins rechte Licht zu drehen" gemeint. Diese Fähigkeit ist nicht auf grüne Pflanzen beschränkt. Heterotrophe Pflanzen, insbesondere Pilze wie *Phycomyces, Fusarium* und *Pilobolus* können sehr empfindlich auf seitliche Lichtreize durch Wachstumsbewegungen reagieren (Delbrück et al. 1972). Fensterbrettpflanzen müssen von Zeit zu Zeit gewendet werden, wenn sich Blätter und junge Zweige dem Licht zugeneigt haben. Die lang gestielten Blätter vom Glücksklee (*Oxalis deppei*) biegen sich etwa in der Mitte des Blattstiels. Beim Wenden des Blumentopfes nehmen die 4 Fiederblattspreiten tagsüber in weniger als einer Stunde wieder die lichtzugewandte Position ein. Während der Nacht (nyctinastische Schlafphase) richten sich die Blattstiele auf, um sich mit dem ersten Morgenlicht wieder zum Fenster hin zu neigen.

Solstitialbewegungen treten auch untertags auf, wobei der wechselnde Sonnenstand durch Wachstumsbewegungen der Blattstiel- oder Spreitenbasis kompensiert wird (Fisher et al. 1987; Lang 1986). Durch simulierte Sonnenstandsänderung konnte experimentell festgestellt werden, daß bei *Lavatera cretica* während der Dunkelphase eine Reorientierung in Richtung „Sonnenaufgang" stattfindet (Koller u. Levitan 1989).

Bei den Kompaßpflanzen (*Lactuca serriola*) bleibt die einmal gewählte Blattorientierung in Ost-West-Richtung solange bestehen, bis die Pflanze in eine andere Position gepflanzt wird.

Die Nord-Süd-Ausrichtung der Blattspreiten von Kompaßpflanzen wird offensichtlich durch Wachstumsvorgänge in der Blattbasis bewirkt. Da diese Blätter keinen Blattstiel haben, ist anzunehmen, daß intercalare Meristeme für eine gewisse Zeit aktiv bleiben und einer Spreitendrehung stattgeben.

Im Wald sind wandernde Sonnenflecken oft die einzige Direktlichtquelle für Schattenblätter, mit der sie eine Nettophotosynthese erreichen können (Pearcy 1990). Die Fähigkeit, die Spreite zum Licht zu wenden erlischt, wenn die intercalaren Meristeme des Blattstiels oder der Fiederblättchen ihre Tätigkeit eingestellt haben.

Der in der Ökologie benutzte Blattflächenindex, der den Anteil der projizierten Blattfläche pro Bodenfläche angibt, kann bis zu 20 betragen, d.h. 20 m^2 Blattfläche/1 m^2 Bodenfläche (Schulze 1982). Diese Rate bleibt konstant in bezug auf den Gasaustausch der Blätter; sie ändert sich aber in Beziehung zur Lichtmenge, die den Boden erreicht, weil sich die Blätter ihre Lichtquelle „suchen". Man spricht auch von Lichtfeldern, die eigentlich nur durch die Reaktion, die sie in den Pflanzen hervorrufen, definierbar werden.

Unabhängig vom beweglichen Blattwerk eines Baumes wurde festgestellt, daß sich der Chlorophyllgehalt der Rinde von Waldbäumen ändert, je nachdem, ob man Rinden mit vorwiegend Ost-Sonne, Süd-Sonne, West-Sonne, Blauschatten-Nord oder Grünschatten (im Waldesinnern) untersucht (Schenk 1952).

Solstitialbewegungen werden auch von Blüten, Blütenständen und Blütenblättern, sowie von Fruchtständen ausgeführt. Hierfür sind intercalare Meristeme, z.B. unterhalb eines Compositenblütenstandes, verantwortlich. Warum sich die Köpfe von Sonnenblumen eines ganzen Feldes oder die Köpfchen von Gänseblümchen einer Wiese der Morgensonne zuwenden, ist nicht erforscht, nur Gegenstand blütenökologischer Erwägungen. Auffallend ist die Übereinstimmung mit der Reorientierung zur Morgenstellung beim Glücksklee und bei *Lavatera cretica*, über die soeben berichtet wurde.

Bei *Anemone nemorosa*, einer Waldbodenblume, wird die Solstitialbewegung der einzelnen Blüte in der Mitte des langen Blütenstiels ausgeführt (Abb. 4.19); ein intercalares Meristem ist an dieser Stelle nicht zu finden.

Die Öffnungs- und Schließbewegungen von Blütenpetalen und Pseudanthien (*Bellis perennis*) sind, sofern sie eine Tag-Nacht-Rhythmik zeigen, ebenfalls Solstitialbewegungen, die jedoch nicht durch Wachstum, sondern durch Turgoränderungen im Gelenkgewebe an der Basis des betreffenden Organs ausgelöst werden. Es sind Nastien, also durch Reiz ausgelöste Organbewegungen, die in keiner Beziehung zur Reizrichtung stehen.

Hierzu sei besonders auf Kapitel 8, Reizreaktionen, verwiesen.

Wenn bei Bewegungen von Blütenorganen der Temperatureffekt den Lichteffekt überlagert, so handelt es sich um Wachstumsbewegungen. Perigonblätter von Tulpen öffnen und schließen sich z.B. temperaturabhängig, wachsen aber dabei. Ein anderes Beispiel, das nastische und

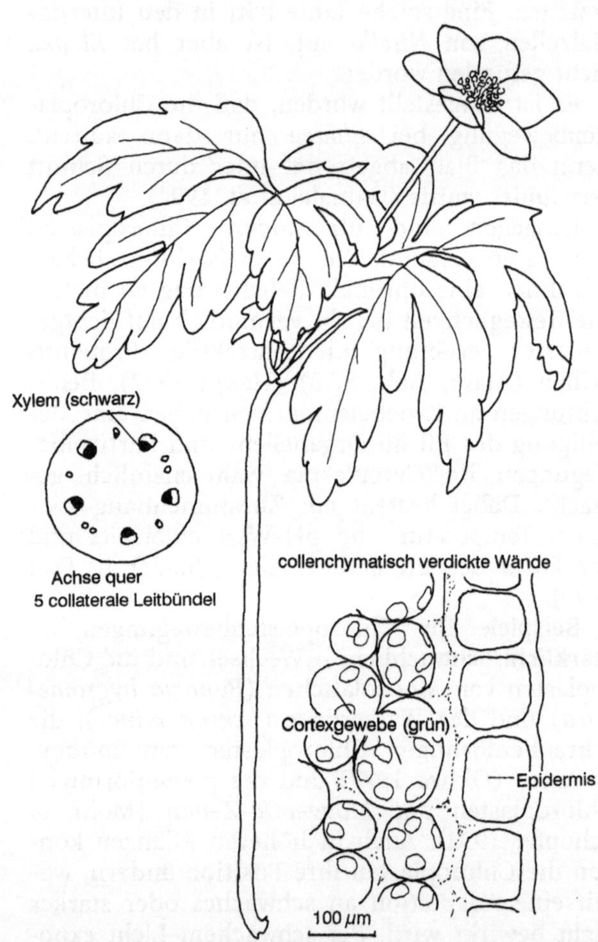

Abb. 4.19. *Anemone nemorosa* führt Solstitial-Bewegungen aus. Die frisch aufgeblühte Pflanze krümmt ihren Stengel so, daß die Blüte (auch bereits die Knospe) am Morgen zur Sonne weist. In der Nacht geht die Krümmung fast vollständig zurück. Im Querschnitt der Krümmungszone sind keine anatomischen Besonderheiten zu erkennen. Die Stengelepidermis ist durch eine collenchymatisch verdickte Antiklinwand mit dem intercellularenreichen grünen Cortexgewebe verwachsen

phototropische Reaktionen zugleich zeigt, ist das Blattgelenk der Buschbohne (*Phaseolus vulgaris*): Die Gelenke der Primärblätter reagieren phototropisch, wenn man die Pflanze einseitig beleuchtet. Die Blätter drehen sich mit der Spreite zum Licht hin. Zusätzlich zeigen aber die Bohnenblätter noch Schlafbewegungen, die durch Turgoränderungen in den Gelenken hervorgerufen werden.

Wachstumsbewegungen, die einem Lichtreiz folgen, werden als phototropische Bewegungen bezeichnet.

4.11 Phototropismus

Das bekannteste Beispiel für Phototropismus ist die Lichtkrümmung der Hafercoleoptile. Sie wurde von Darwin (1880) untersucht und erhielt durch das 1928 von F.W. Went entdeckte Auxin eine Erklärung. Einseitige Beleuchtung der Coleoptilenspitze bewirkt eine Auxinwanderung in die Gewebe der Schattenseite, womit dort das Streckungswachstum gefördert wird; es kommt zu einer Krümmung der Spitze zur Lichtquelle hin. Bereits 10^{-11} Einstein cm^{-2} können nach 16 Minuten eine deutliche Reaktion hervorrufen. Das Lichtsignal wird nur von der Coleoptilenspitze empfangen: Bedeckt man diese mit einem lichtdichten Hütchen, so passiert nichts; umhüllt man die Coleoptile mit einem lichtdichten Röhrchen, das die Spitze frei läßt, so tritt Krümmung ein.

In ähnlicher Weise wird auch bei Hypocotylen epigäisch keimender Pflanzen (*Cucurbita, Helianthus*) durch seitliche Beleuchtung eine Krümmung ausgelöst. Bei beiden Objekten, Coleoptile und Keimling, kann man mit Farbfiltern den Grad der Krümmung optimieren und die Krümmungsrichtung beeinflussen: blaues Licht löst ein Wachstum zur Lichtquelle hin aus. Rotes Licht hat keinen Einfluß auf die phototropische Krümmungsbewegung, der Keimling wächst in rotem Licht gerade weiter. Keimlinge, die in völliger Dunkelheit zur Keimung gebracht wurden (etiolierte Keimlinge) reagieren schwach oder garnicht auf den Lichtreiz. Dagegen reagieren Keimlinge, die während der Anzucht ausschließlich von oben beleuchtet wurden, besonders rasch auf seitliche Lichtreize. Wegen des Blaulichteffekts vermutet man, daß als Photorezeptor ein gelber Stoff, etwa Riboflavin oder ein Flavoprotein fungiert.

Die Keimwurzel (*Sinapis, Raphanus*) reagiert negativ phototropisch, sie wächst von der Lichtquelle weg, allerdings muß sie dazu mit dem belichteten Keimling in Verbindung bleiben.

4.12 Lichtadaptation

Sonnen- und Schattenblätter oder außen und innen liegendes Chlorenchym eines Stengels enthalten Chloroplasten, die an unterschiedliche Beleuchtungsoptima adaptiert sind. Im allgemeinen sind Chloroplasten auf solche Pflanzenorgane beschränkt, die im Licht wachsen. Damit ist das für Menschen sichtbare Licht gemeint.

In manchen Wurzeln (*Daucus carota*) und Knollen (*Dioscorea* spec.), in Rinden, Holzstrahlen und Mark (Schaedle 1975; Langenfeld-Heyser 1989), in Knospen (*Fagus sylvatica*) und in Samen mit dunkler Samenschale kommen jedoch Chlorophyllgewebe vor, die noch solche Lichtmengen wahrnehmen (oder ihre Energie aufnehmen) können, die für uns dunkel sind.

Im Dunkeln wird kein Chlorophyll gebildet, denn die Synthese von δ-Aminolävulinsäure (ALA), dem Ausgangsprodukt für die Chlorophyllsynthese, findet nur im Licht statt. ALA ist Vorstufe für die beiden Protochlorophyllide a und b (Castelfranco u. Beale 1983). Ist jedoch ALA vorhanden, so kann Chlorophyll auch im Dunkeln gebildet werden.

Carotenoide, die als Begleitpigmente des Chlorophylls in den Chloroplasten vorkommen, können im Dunkeln entstehen.

4.13 Photomorphogenese

Die Beeinflussung der Gestalt durch Licht ist durch die anatomischen Unterschiede von Licht- und Schattenblättern belegt (Abb. 4.20). Der Impuls hierzu manifestiert sich bei Bäumen bereits im Jahr zuvor während der Knospen-differenzierung (Abb. 4.21). Eine Umstimmung der jungen Blattprimordien zur Licht- oder zur Schattenblattbildung ist in der Buchenknospe nur bis Mitte Juli möglich (Eschrich et al. 1989). Das

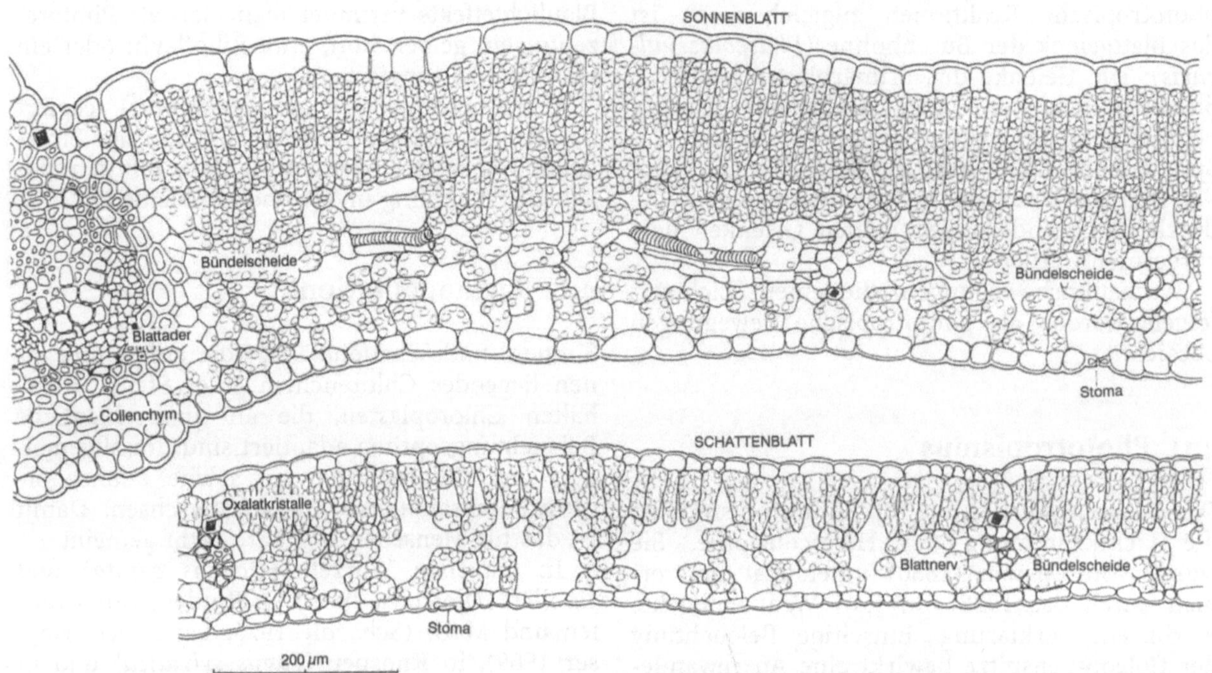

Abb. 4.20. Laubblätter von Waldbäumen zeigen auffällige Unterschiede an Sonnen- und Schattenzweigen. Bei *Fagus sylvatica* besitzt das Sonnenblatt mindestens zwei Palisadenschichten. Das Schattenblatt hat nur eine Palisadenschicht, die zudem lückig sein kann. Die Epidermen des Sonnenblattes sind dicker, meist auch großzelliger, als die des Schattenblattes

Ergebnis der morphogenetischen Lichtwirkung ist erst im Mai/Juni des folgenden Jahres zu erkennen, wenn die Blätter entfaltet sind.

Aus dem Vergleich von Sonnen- und Schattenblatt-Strukturen der Buche läßt sich ableiten, daß die Veränderung der Blattgestalt von der Menge und Intensität des eingestrahlten Lichtes abhängt (Abb. 4.22). Diese beeinflussen nicht nur die Blattdicke und Packungsdichte der Mesophyllzellen, sondern auch die Maschenweite des Nervennetzes. Über den Zeitraum, in dem durch veränderte Beleuchtung die Blattstruktur geändert wird, sind erst wenige Versuche durchgeführt worden.

Ungeklärt ist auch, welchen Einfluß die Lichtqualität hat. Das Transmissionsspektrum von Knospenschuppen der Buche zeigt, daß sie hauptsächlich von rotem und dunkelrotem Licht durchdrungen werden (Abb. 4.23). Dies legt nahe, daß das Phytochromsystem für die Signalverarbeitung benutzt wird. Für Versuche zur Lokalisation dieses Rezeptors sind krautige Pflanzen bevorzugt worden. Dabei hat es sich gezeigt, daß etiolierte Pflanzen 10- bis 100mal mehr Phytochrom enthalten, als lichtgewachsene Pflanzen (Brockmann u. Schäfer 1982).

Die intracellulare Lokalisation des morphogenetisch aktiven Chromoproteins ist durch Immunomarkierung mit polyklonalen Antikörpern im Elektronenmikroskop gezeigt worden. Demnach ist in dunkel gekeimten Hafercoleoptilenzellen das Phytochrom diffus im Cytoplasma verteilt. Nach 5 Minuten Rotlicht (660 nm) hat sich das Chromoprotein auf unregelmäßig begrenzte elektronendichte Bezirke des Cytoplasmas zurückgezogen. Dunkelrot (750 nm)-Bestrahlung hat keine Änderung zur Folge, aber 3 bis 4 h Dunkelheit nach einer Hellrotbestrahlung bewirken, daß sich das Pigment wieder diffus verteilt (Speth et al. 1986).

Mit Immunofluoreszenzmethoden konnte gezeigt werden, daß fluoreszierende Körnchen im

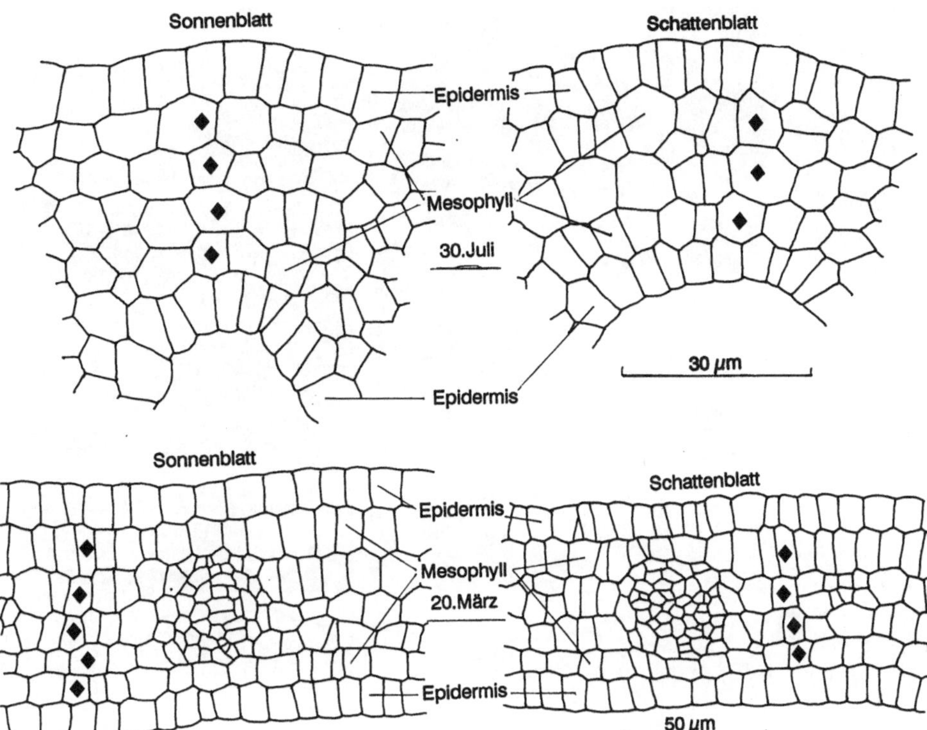

Abb. 4.21. Sonnen- und Schattenblätter werden bei *Fagus sylvatica* in der Knospe angelegt. Die Mesophyllstruktur ist Ende Juli festgelegt, eine Änderung durch Beleuchtungswechsel ist bis zum Austreiben im Frühjahr nicht mehr möglich. In den Blattprimordien beträgt die Zahl der übereinanderliegenden Mesophyllschichten in Knospen der Sonnenzweige vier, und drei in solchen der Schattenzweige. Vor dem Knospenschwellen im März des folgenden Jahres sind es fünf Mesophyllschichten im Sonnenblatt und vier Mesophyllschichten im Schattenblatt. (Eschrich et al.1989)

Cytoplasma von rotbestrahlten Erbsenepicotylzellen auftreten (Saunders et al. 1983).

Man kennt 52 verschiedene Enzyme, deren Aktivität durch Phytochrom beeinflußt wird (Schopfer 1977). An licht-regulierten Enzymen sind 61 beschrieben worden (Lamb u. Lawton 1983).

Als Photorezeptor für Blaulicht ist Cryptochrom genannt worden. Bei diesem Pigment handelt es sich wahrscheinlich um mehrere verschiedene Photorezeptoren, die sich auch in Zahl und Lage der Absorptionsbanden unterscheiden. Sie reichen bis in den Bereich des UV (Senger u. Schmidt 1986).

Da kurzwelliges Licht weniger tief in verborgene Gewebe eindringt als das langwellige, erscheint der Ausdruck Cryptochrom für Blaulichtrezeptoren fehlleitend. Es ist sehr wahrscheinlich, daß im Verborgenen auftretende Pigmente hauptsächlich durch Dunkelrot angeregt werden. Dies steht in Einklang mit der Tatsache, daß verborgene Chlorenchyme (Embryonen in der Samenschale, Stengelmark und Holzstrahlgewebe, Knospen im Schuppenblattmantel) durch braune und braunrote Tegmente abgeschirmt werden. Das sichtbare Rot dürfte dadurch reflektiert werden, aber Infrarot hätte die größte Chance, durchzudringen. Die üblicherweise dargestellten Chlorophyllspektren hören im langwelligen Bereich bei 740 nm auf, da Infrarotspektroskopie für Pigmente in der Regel nicht angewendet wird. Es ist unbekannt, ob verborgene Chloroplasten auch dann zu Photosynthese und Energie-gewinnung befähigt sind, wenn sie nicht freigelegt werden.

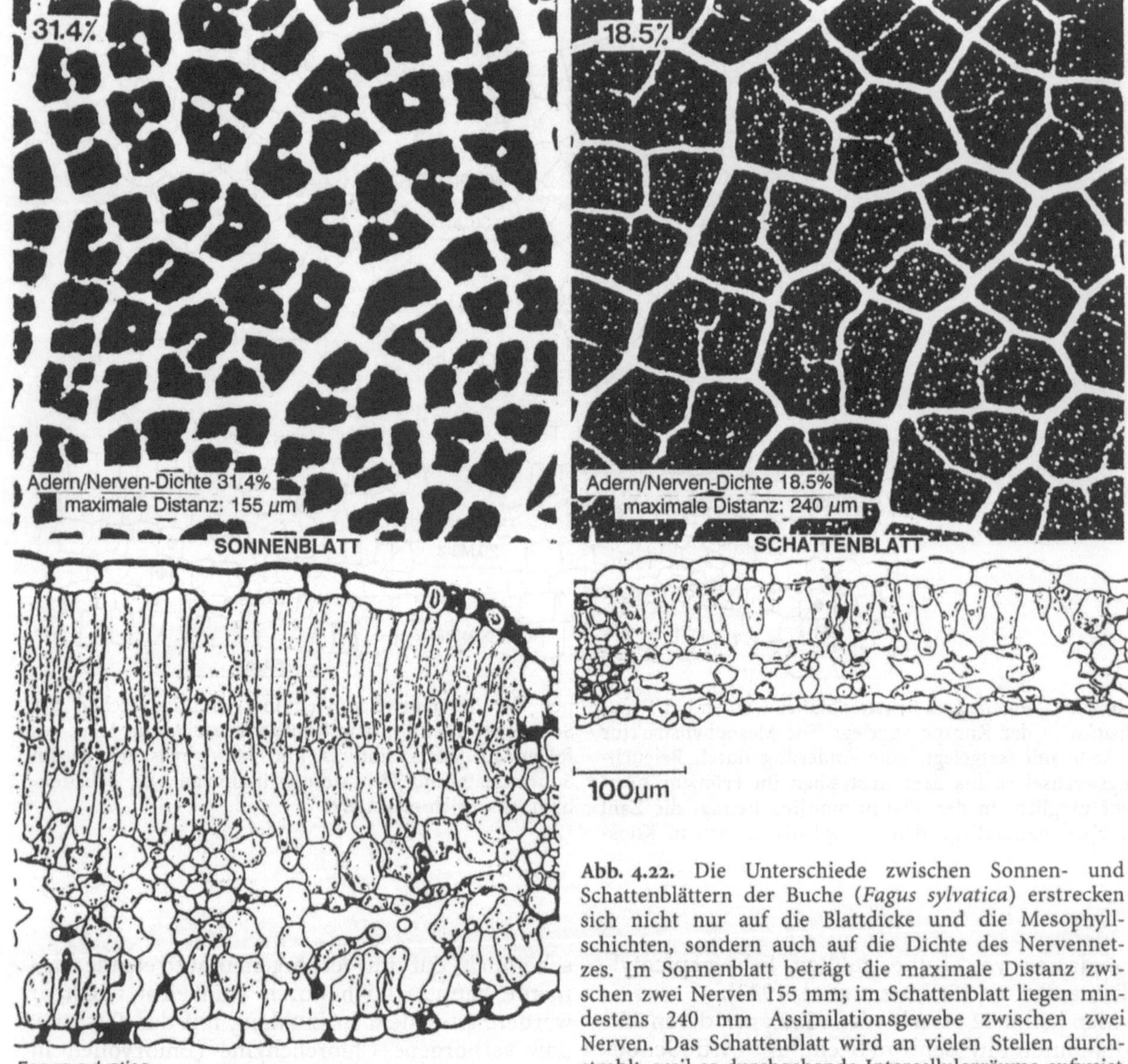

Abb. 4.22. Die Unterschiede zwischen Sonnen- und Schattenblättern der Buche (*Fagus sylvatica*) erstrecken sich nicht nur auf die Blattdicke und die Mesophyllschichten, sondern auch auf die Dichte des Nervennetzes. Im Sonnenblatt beträgt die maximale Distanz zwischen zwei Nerven 155 mm; im Schattenblatt liegen mindestens 240 mm Assimilationsgewebe zwischen zwei Nerven. Das Schattenblatt wird an vielen Stellen durchstrahlt, weil es durchgehende Intercellularräume aufweist

Photomorphogene Prozesse sind auch an Keimlingen zu erkennen, die entweder im Dunkeln oder im Licht aufgewachsen sind (Priestley u. Ewing 1923; Priestley 1926). Im Dunkeln tritt Etiolement auf, das bei Dicotylen zur Verlängerung des Stengels mit gleichzeitiger Verkümmerung der Blattspreiten führt; bei Monocotylen wird dagegen meist die Blattspreite verlängert. Festigungsgewebe sind beim Etiolement schwach ausgebildet. So bilden sich bei Bohnen-Keimlingen (*Vicia faba*) im Dunkeln Intercellularen im äußeren Cortex anstelle der collenchymatischen Wandverdickungen, die im Licht vorhanden sind (Abb. 4.24); außerdem unterbleibt die Pigmentsynthese. Chlorophyll, Carotenoide und Anthocyane werden im Dunkeln nicht gebildet. Physiologisch bedeutungsvoll ist die schwache Reaktion etiolierter Pflanzen auf den

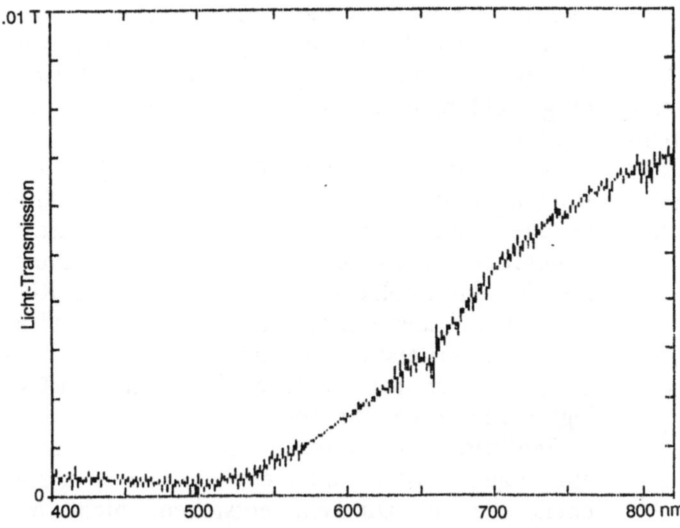

Abb. 4.23. Für die Induktion der Blattstruktur in der Laubknospe von *Fagus sylvatica* scheint rotes und infrarotes Licht verwendet zu werden. Das Transmissionsspektrum der braunen Knospenschuppe wurde mit einem Diodenspektralphotometer aufgenommen

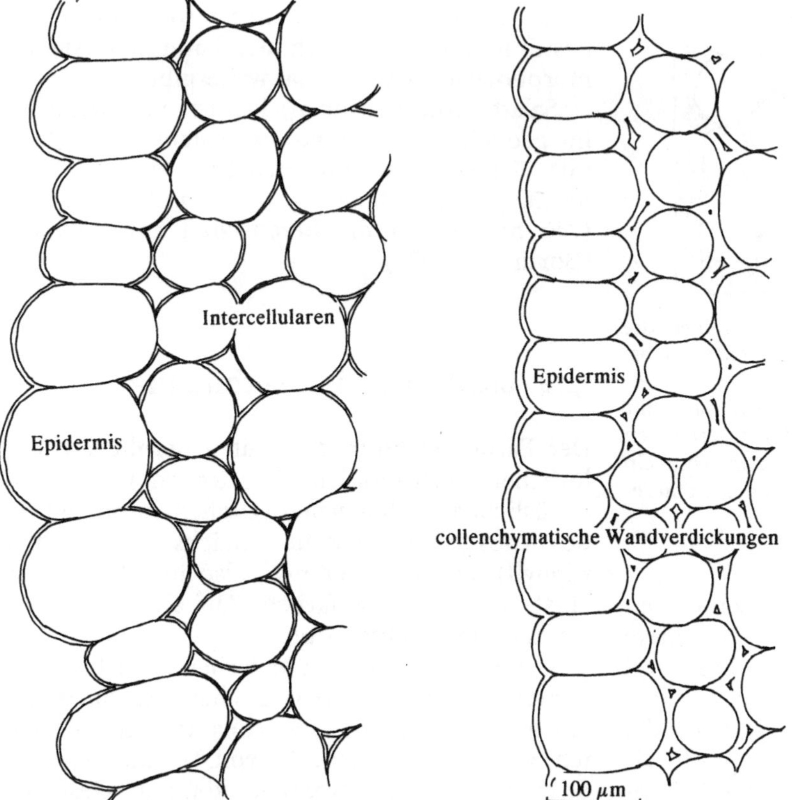

Abb. 4.24. Keimlinge, die im Licht aufwuchsen unterscheiden sich von solchen, die im Dunkeln gewachsen sind hauptsächlich durch die Festigkeit der Gewebe und das Etiolement. Dunkelpflanzen von *Vicia faba* sind zartwandig und reich an Intercellularen (links). Bei Lichtpflanzen derselben Art sind die äußeren Zellschichten des Stengels durch collenchymatisch verdickte Wände verbunden (rechts)

gravitropen Reiz, obwohl in der Stärkescheide von Dunkelkeimlingen Stärkeplastiden vorkommen, die als Statolithen fungieren könnten (Abb. 4.25). Bei etiolierten Keimlingen ist zudem eine verstärkte positiv phototropische Empfindlichkeit vorhanden. Farnsporen keimen im Dunkeln (oder bei Rotlicht) zu einem fädigen Protonema, im Weißlicht dagegen zu einem flächigen Prothallium.

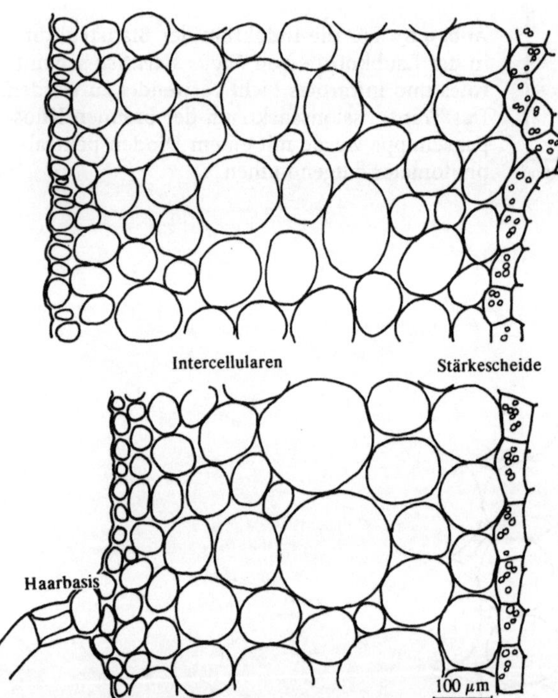

Abb. 4.25. Keimlinge von *Phaseolus vulgaris* zeigen die bei *Vicia faba* auftretenden Unterschiede zwischen Licht- und Dunkelpflanzen nicht. Abgesehen von einer Verbreiterung des Cortex bei Dunkelpflanzen (oben) läßt nur die Behaarung des Stengels eine Lichtpflanze erkennen (unten). Interessanterweise enthält auch die im Dunkeln gekeimte Pflanze Stärke in den Amyloplasten der Stärkescheide

Photomorphogenese ist auffällig beim Efeu *(Hedera helix)* zu beobachten. Stark belichtete Sprosse klettern nicht mehr, sie wachsen frei nach oben und bilden Blütenstände. Da der Efeu erst im Oktober blüht und fruchtet, wird die Umstellung in der Wachstumsrichtung oft als Seneszenz-Erscheinung bezeichnet. Die Blütenbildung kann aber bei jungen wie bei alten Efeu-Pflanzen beobachtet werden. Ferner werden blühstimulierte Sprosse durch Dunkelstellung nicht mehr zu vegetativem Wachstum umgestimmt.

Beim *Fucus*-Ei (Phaeophyceae) entsteht das Rhizoid immer an der am geringsten beleuchteten Stelle. Bei *Equisetum*-Sporen führt einseitige Belichtung zu inäqualer Cytoplasma-Verteilung. Bei der dann folgenden Teilung liegt der Rhizoidpol auf der Schattenseite. Das Licht wirkt hierbei polaritätsbestimmend, womit Ober- und Unterseite der sich entwickelnden Pflanze festgelegt werden (Schnepf 1986).

Senfkeimlinge (*Sinapis alba*), die im Licht angezogen werden, unterscheiden sich von solchen, die im Dunkeln entstehen, nicht nur durch die Wuchsform, sondern auch durch Behaarung und hypodermale Anthocyanbildung, die nur beim Lichtkeimling auftreten (Wagner u. Mohr 1966). Die Lichtkeimungseffekte können auch bei der Dunkelkeimung erzielt werden, wenn die gequollenen Samen zuvor 2 min mit Dunkelrot beleuchtet werden. Das hierbei wirksame Phytochrom P_{fr} ist ein Sensorpigment, das bestimmte Reize aufnehmen kann und sie als morphogenetisches Signal weitergibt.

Salatfrüchte (Achänen) keimen nur, wenn sie im gequollenen Zustand wenigstens 2 min lang mit Hellrot (660 nm) belichtet wurden. Eine nachfolgende Belichtung mit 2 min Dunkelrot (740 nm) löscht die Bereitschaft zur Keimung (Borthwick 1972).

4.14 Licht und Pigmentbildung

Der Farbenreichtum der Blüten beruht auf fettlöslichen Carotenoiden (Tetraterpene) und wasserlöslichen Anthocyanen (Diphenylpropane). In der Knospe ist die Blüte zunächst grün (Chlorophyll), erst beim Öffnen, also bei Belichtung, entstehen die Blütenfarben. Auf ähnliche Weise werden die Früchte farbig.

Die Funktion der Blütenfarben wird fast ausnahmslos von blütenökologischen Gesichtspunkten aus gesehen. Bei manchen farbigen Früchten, vor allem solchen, die von Vögeln gefressen oder verschleppt werden, können Gesichts-

Abb 4.26. Der Einfluß von Licht auf die Anthocyansynthese läßt sich bei Äpfeln demonstrieren, indem eine schwarze Papiermaske auf den noch grüngelben Apfel geklebt wird. Nach Bestrahlung mit langwelligem UV-Licht wird der Apfel nur dort rot, wo das Licht Zutritt hatte, im maskierten Bereich bleibt die Anthocyansynthese aus

punkte der Verbreitungsökologie für das Auftreten von Färbungen angeführt werden.

Die Pigmentierung größerer Früchte dürfte jedoch andere Gründe haben. Exponiert man Äpfel, die im reifen Zustand eine rote Fruchtschale bilden in der Weise dem Licht, daß ein Teil der Epidermis maskiert ist, so kann man später die Maskenform als helle Stelle erkennen (Abb. 4.26). Diese Markierung bleibt nach der Demaskierung erhalten, wenn mit einer Quarzlampe belichtet, also kurzwelliges, energiereiches Licht verwendet wurde. Es hat beim unbedeckten Apfel eine Art Sonnenbrand hervorgerufen und zusätzliche Anthocyanbildung in der Epidermis als Lichtschutz ausgelöst. In der Natur findet man solche Pigmente als Jugendanthocyan, das oft nur auf licht-exponierten Seiten oder Flächen auftritt. Sehr häufig ist das jüngste sichtbare Blatt einer Pflanze rötlich überlaufen; erst beim Streckungswachstum geht die Blattfärbung in reines Grün über. In fast allen Fällen handelt es sich um Vacuolenfarbstoffe aus der Gruppe der Flavane. Obwohl nur 5 natürliche Anthocyanine bekannt sind, wird durch Glykosidbildung eine Vielzahl von Farbnuancen hergestellt, die im Gemisch mit anderen gelben Flavan-Farbstoffen (Flavone, Flavonole) die Farbenpalette der Pflanzen ausmachen. Über die Anthocyansynthese geben Versuche an Petersilien-Gewebekulturen Auskunft, die von Hahlbrock u. Schröder durchgeführt wurden. Diese haben gezeigt, daß durch Phytochromaktivierung (P_{fr}) eine differentielle Genaktivierung ausgelöst wird, die zur Bildung des Enzyms PAL (Phenylalaninammoniumlyase) führt (Schröder 1977). Das Licht löst dabei eine vermehrte Bildung derjenigen mRNA aus, die für die Synthese des Enzyms PAL erforderlich ist.

Eine ähnliche Vielfalt der Farbtöne ergibt sich durch plastidäre Carotenoide und im Gemisch von Plastiden-carotenoiden mit Anthocyanen. Die Färbung von Pollen und Sporen kann auf Anthocyanbasis und durch Carotenoide erfolgen. Sie wird als Schutzmaßnahme betrachtet, wobei solche Organe, die durch Wind verbreitet werden, besonders auffällig gefärbt sind, vielleicht, um schädliche Global-strahlung abzuschirmen.

Bei den Caryophyllales treten N-haltige Betacyanine und Betaxanthine an die Stelle der phenolischen Anthocyane.

Die Bedeutung von wenig auffallenden Farben für die Pflanze ist in vielen Fällen noch unbekannt.

Warum Rinde braun ist, läßt sich nicht beantworten. Das „Rindenbraun" (Phlobaphen) ist, ebenso wie die Blütenfarbstoffe, ein Gemisch phenolischer Stoffe. Meist werden diese durch Phenoloxidasen zu Polyphenolen oder Gerbstoffen polymerisiert. Letztere ergeben mit Proteinen dunkel gefärbte, unlösliche Komplexe. Da Phenole und Gerbstoffe bereits in Meristemzellen auftreten, könnte ihre Funktion darin bestehen, bestimmte Enzyme durch Fällung unlöslich und damit inaktiv zu machen.

Einige Pflanzenphenole sind fluoreszierende Stoffe (Kaffeesäure, Chlorogensäure, Zimtsäuren, Chinasäure). Verholzte und suberinisierte Zellwände haben stets einen Anteil an fluoreszierenden Bestandteilen. Ob diese Eigenfluoreszenz der Zellwände physiologisch von Bedeutung ist, ist nicht bekannt.

Nach der physikalischen Farbtheorie ist für die Lichtabsorption (also die Farbe eines Stoffes) die Zahl conjugierter Doppelbindungen neben auxochromen Gruppen verantwortlich. Allerdings ist noch nicht geklärt, ob Pflanzenfarbstoffe mit tiefer oder hoher (bathochromer oder hypsochromer) Tönung infolge ihres unterschiedlichen Gehalts an ungesättigten Molekülbindungen verschiedene physiologische Funktionen haben.

Einige Medizinalpflanzen zeichnen sich durch das Vorkommen von selteneren Farbstoffen aus.

- Anthrachinone: *Rhamnus frangula*, *R. purshiana*, *Rheum palmatum*, *Cassia* spec div.;
- Chinone: *Lawsonia inermis*, *Juglans regia*
- kondensierte aromatische Farbstoffe: Hypericin bei *Hypericum perforatum*, Fagopyrin bei *Fagopyrum esculentum*.

Oder hat sich der rote Farbstoff des Sandelholzes (*Pterocarpus santalinus*) durch Lichteinwirkung entwickelt?

Damit ist die Frage nach der Bedeutung der Farbhölzer für die Pflanze angeschnitten. Weshalb pigmentiertes Holz, wenn es dem Licht verborgen bleibt? Kirschholz (*Prunus avium*) wird, wenn es angeschnitten ist, gelb, später rot. Die Färbung erstreckt sich nur auf die jüngeren Jahrringe, und sie tritt nur beim Anschnitt auf, wenn Luft hinzutreten kann. Trocknet man frisch gefälltes Kirschholz im evakuierten Exsikkator, so bleibt die Färbung aus; sie beruht offensichtlich auf einem Oxidationsvorgang.

Ähnlich reagieren auch gefällte Erlenstämme (*Alnus glutinosa*); ihr Holz wird erst an der Luft orangegelb. Farbhölzer entstehen offenbar hauptsächlich erst, wenn sie luftexponiert sind. Es liegt nahe, an die Oxidation phenolischer Stoffe zu denken, die in großer Auswahl u.a. auch für die Ligninsynthese im Splintholz vorliegen.

Über den Photoperiodismus, also die durch Kurztag (KT) und Langtag (LT) ausgelöste Blühinduktion wird in Zusammenhang mit der Reproduktion (Kapitel 11) berichtet.

Photonastie beruht auf photischen Reizen, die im Kapitel 8 behandelt werden.

Transport von Nährstoffen

Saccharoseproduktion
d -speicherung

charose ist die Grundsubstanz, aus der alle ınzen aufgbaut sind. Saccharose entsteht aus ıdukten der photosynthetischen CO_2-Redukti- (Triosephosphate), jedoch erst außerhalb der loroplasten; die Saccharosesynthese findet im oplasma statt.

Der Transport von Phosphat in die Chloro-sten und der Export phosphorylierter Trio- . aus den Chloroplasten wird durch Translo-oren geregelt (Flügge u. Heldt 1991). Aus ex-tierten Triosephosphaten entsteht u.a. Fru-6- Mit UDPGlc entsteht daraus Suc-6-P, das ch Saccharosephosphatase in Saccharose und ɔsphat gespalten wird. Die Saccharose ist der te nichtphosphorylierte Zucker, der bei der ɔtosynthese entsteht.

In photosynthetisch aktiven Geweben wird Saccharose ohne Zwischenspeicherung zum oem transportiert. Der Nachweis hierfür ist kroautoradiographisch erbracht worden, wo- entweder ein kurzer $^{14}CO_2$-Puls dem be-ıteten Blatt gegeben wurde, oder ein im Dun-n in $^{14}CO_2$-Atmosphäre befindliches Blatt für ze Zeit dem Licht ausgesetzt wurde. In bei-ı Fällen sind ^{14}C-markierte Photosynthese-ıdukte bereits nach zwei, ganz deutlich nach i Minuten im Phloem der Leitbündel ange-gt (Eschrich 1989). Diese Werte gelten für gewachsene Blätter von Monocotylen (*Zea ys*) (Fritz et al. 1983) und von Dicotylen (*ɔmphrena globosa*) (Abb. 5.1), beides C_4-ınzen.

Das $^{14}CO_2$ ist demnach in einem Zeitraum ı drei Minuten durch die Spaltöffnungen und ercellularen in Mesophyllzellen gelangt, wur-dort (in den Grana-Chloroplasten) mit Phos-ɔenolpyruvat (PEP) zu Oxalacetat verarbeitet (katalysiert durch PEP-carboxylase) und als Malat an die Bündelscheidenzellen geliefert, wo durch Decarboxylierung wiederum $^{14}CO_2$ freigesetzt wurde, das auf dem C_3-Photosynthesewege markiertes Triosephosphat lieferte und dieses in das Cytoplasma entließ (Abb. 5.2).

Im Maisblatt ist aktive Saccharosephosphat-Synthase (SPS) sowohl im Mesophyll als auch im Phloemparenchym gefunden worden (de Fekete u. Vieweg 1973; Eschrich 1984 a). In den Bündelscheidenzellen scheint keine Saccharose synthetisiert zu werden (Abb. 5.3, 5.4).

Der Weitertransport der Saccharose in den Siebröhren ist von der Sinkstärke, dem Produkt von Sinkkapazität und Phloementladungsgeschwindigkeit (Eschrich 1989), abhängig. Alle Gewebe, die atmen und wachsen sind Saccharosesinks. Im Dunkeln entsteht in $^{14}CO_2$-Atmosphäre keine ^{14}C-markierte Saccharose, aber Malat, Citrat sowie Glutamat und Aspartat erscheinen ^{14}C-markiert. Säuren des Citratzyklus wie α-Oxoglutarat und Oxalacetat, aus denen Aminosäuren gebildet werden, sind Zwischenprodukte; sie werden nicht akkumuliert und treten bei Extraktanalysen nur in geringen Mengen auf.

Orte der Saccharoseproduktion sind die grünen Blätter oder allgemeiner: Zellen, die Chloroplasten enthalten. Zellen mit Chloroplasten treten auch in Zweigen von Gehölzen auf, im Phelloderm, Cortex, Phloem, in Strahlen und im Mark. Der Nachweis, daß diese Chloroplasten Photosynthese durchführen können, ist für entnadelte Fichtenzweige sowie für Eschen- und Buchenzweige im blattlosen Zustand erbracht worden. Bei Photosynthese in $^{14}CO_2$ konnte gezeigt werden, daß diese verborgenen Chlorenchyme (Abb. 5.46, 5.47) im Cytoplasma markierte Saccharose herstellen (Langenfeld-Heyser 1989).

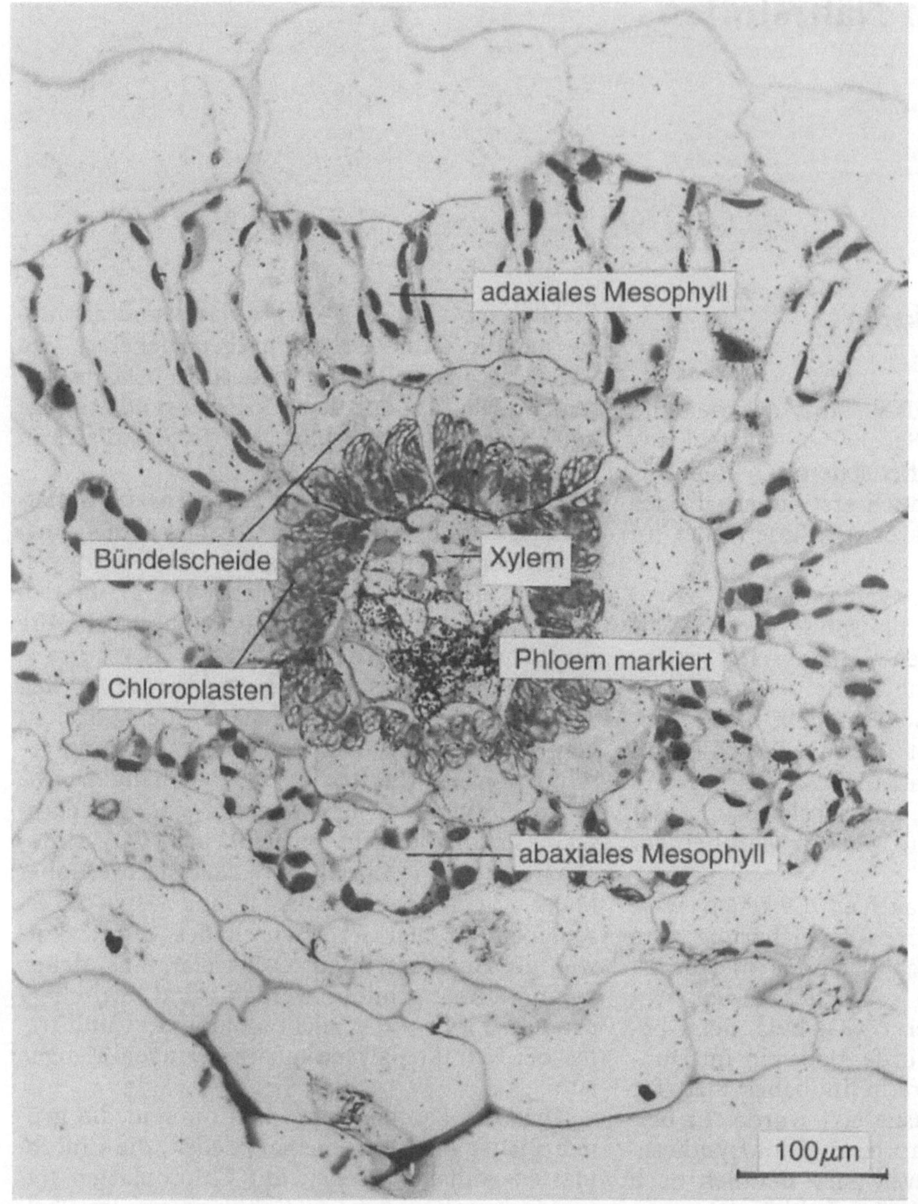

Abb. 5.1. Bei der C_4-Pflanze *Gomphrena globosa* (Amaranthaceae) ist radioaktives Material bereits drei Minuten nach $^{14}CO_2$-Photosynthese durch Mikroautoradiographie in den Siebröhren nachweisbar. Die über den Schnitt gezogene Filmemulsion zeigt im Phloembereich eine dichte Ansammlung von Silberkörnern. Der Weg, den die markierten Photosyntheseprodukte dabei zurückgelegt haben, ist in Abb. 5.2 dargestellt

Naturgemäß wird die PAR, die photosynthetisch aktive Strahlung (radiation) in verborgenen Chlorenchymen gering sein. Zu diesen Geweben zählen auch markständige Chlorenchymzellen, grünes Fleisch hartschaliger Früchte, grüne Gewebe in Knospen mit dunklen Knospenschuppen, grüne Embryonen in einer dunklen Samenschale, aber auch grünes sekundäres Phloemparenchym in manchen Wurzeln (*Daucus carota*). Im einzelnen ist noch nicht bekannt, ob alle verborgenen Chlorenchyme eine Nettophotosynthese durchführen und Saccharose für die Ernährung der Pflanze beisteuern.

Der Syntheseort der Saccharose ist das Cytoplasma; die Speicherung der Saccharose erfolgt dagegen in den Vacuolen.

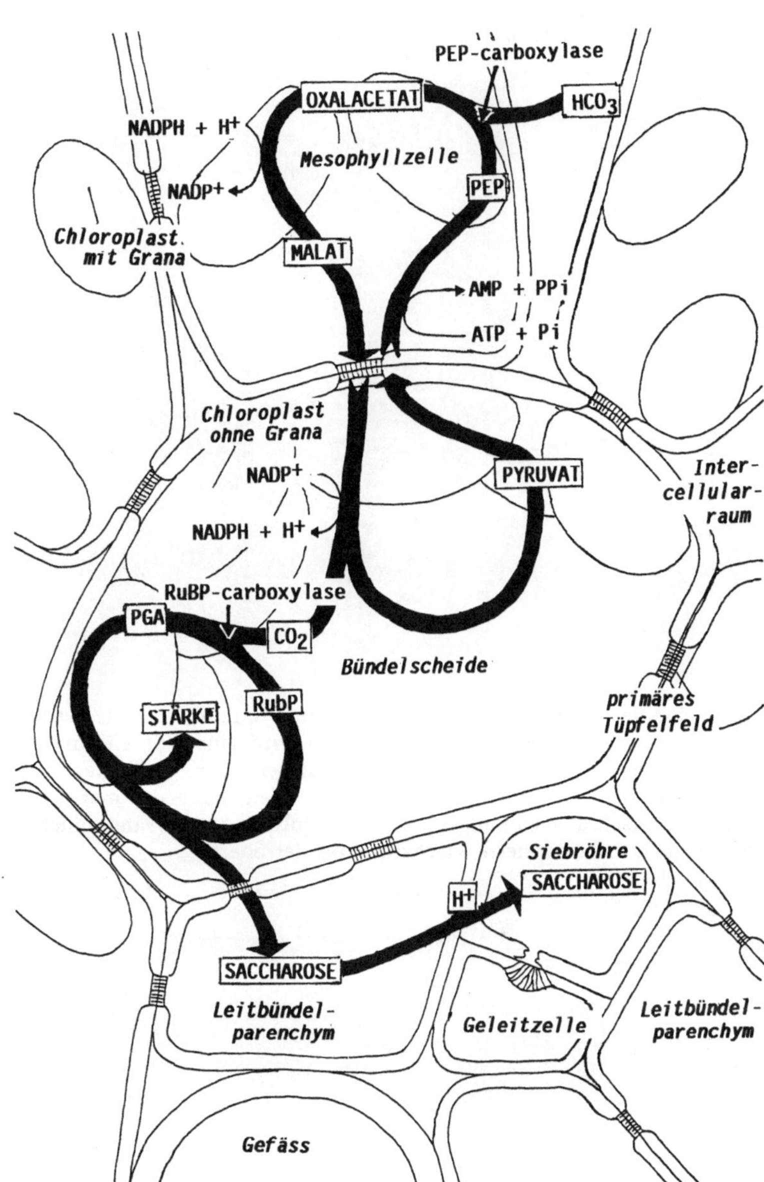

Abb. 5.2. Im Mesophyll entsteht aus $H^{14}CO_3$ und Pyruvat ^{14}C-Oxalacetat, das zu ^{14}C-Malat reduziert wird und als solches in die Bündelscheidenzellen gelangt. Dort wird Malat decarboxyliert, wodurch $^{14}CO_2$ als Phosphoglycerat in den Calvinzyklus Eingang findet. Unter anderem entsteht Stärke. Ein Teil der markierten Triosephosphate wandert in das Leitbündelparenchym, wo sie zur Synthese von ^{14}C-Saccharose verwendet werden. Die ^{14}C-Saccharose gelangt entweder apoplastisch durch Protonencotransport oder auf symplasmatischem Weg in die Siebröhren. (Nach Hatch 1976)

Abgesehen von den hohen Saccharose-Konzentrationen in Siebröhren (bis 63% beim Hafer, Kuo-Sell 1989), gibt es Früchte, in denen Saccharose gespeichert wird und sehr hohe Konzentrationen erreichen kann: Dattel (*Phoenix dactylifera*)=40–50% des Frischgewichts; Carobe, Johannisbrot (*Ceratonia siliqua*)=40%; Tamarinde (*Tamarindus indica*)=30%; Banane (*Musa sapientium*)=20% (Coombe 1976).

Bis zu 20% Saccharose können auch in der Zuckerrübe (*Beta vulgaris*) und im Stengelgewebe des Zuckerrohrs (*Saccharum officinarum*) auftreten.

In manchen Früchten wird Glucose anstelle von Saccharose gespeichert. In solchen Früchten ist Invertase zeitweise aktiv. Das bekannteste Beispiel für Glucosespeicherung ist die Weinbeere (*Vitis vinifera*) (Düring u. Alleweldt 1980).

Zwar sind Früchte in den ersten Stadien ihrer Entwicklung grün und deshalb fähig, durch Photosynthese das Material für die Saccharose-

Begasungs-und Exportzeiten

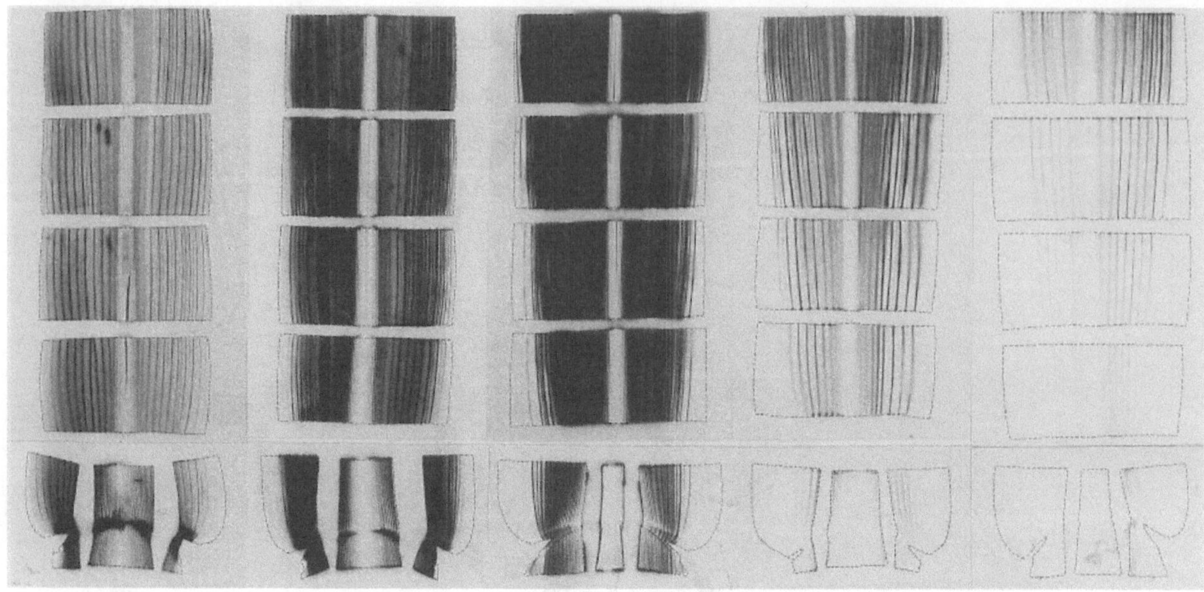

Abb. 5.3. Bei der Begasung eines Abschnitts einer Spreite von *Zea mays* mit 3,7 Mbq $^{14}CO_2$ (100 µCi) wird eine Pulsmarkierung ausgelöst. Unmittelbar darauf setzt der Abtransport von ^{14}C-markierter Saccharose in den Siebröhren ein. Nach dem Abklingen des $^{14}CO_2$-Pulses wandert nur noch nichtmarkierte Saccharose aus der oberen Spreite nach. Die Makroautoradiographien von unterer Spreite und oberer Scheide des reifen Maisblattes lassen erkennen, daß sich bei gleicher Pulsstärke das Muster der markierten Adern und Nerven zeitabhängig ändert. (Sandkühler 1986)

EXKURS 5: Saccharose

Saccharose (engl. sucrose) ist ein Disaccharid, das aus je einem Glucose- und Fructoserest aufgebaut ist. Saccharose ist ein Nichtelektrolyt, ein nichtreduzierender Zucker, denn die reduzierenden Gruppen der beiden Hexosen (1. C-Atom der Glucose und 2. C-Atom der Fructose) werden durch 1,2-Bindung blockiert. Von den vier denkbaren Saccharose-strukturen existiert in der Natur nur die Kombination α-D-Glucose/β-D-Fructose. Die Bindung besitzt eine sehr hohe freie Energie der Hydrolyse von 27,6 kJ/Mol. Eine 20%ige wässrige Saccharoselösung hat bei 20°C eine Dichte von 1,081 $g \cdot ml^{-1}$; ihre Viskosität ist 17,1 Millipoise (das ist etwa die zweifache Viskosität des Wassers). Die Oberflächenspannung beträgt 0,073 J m^2, ist also kaum verändert gegenüber der des reinen Wassers (0.072 J m^2). Der Diffusionskoeffizient des reinen Wassers (25°C) von 223 $(cm^2 \cdot sec^{-1}) \cdot 10^7$ ist in der 20%igen Saccharoselösung auf 39,5 $(cm^2 \cdot sec^{-1}) \cdot 10^7$ erniedrigt. Bei 20°C ist eine gesättigte Saccharoselösung 66,4%ig. Allerdings kann durch Erhitzen auch Übersättigung eintreten; beim Abkühlen entsteht dann eine glasartige Masse. In Lösung wird ein Teil der Saccharose spontan zu Glucose und Fructose hydrolysiert; die geringste Hydrolyserate liegt bei pH 8,4. Der osmotische Druck einer 20%igen (0,58 molaren) Saccharoselösung beträgt bei 20°C 1,729 MPa.

Die chemischen, biologischen und technischen Aspekte der Saccharose sind in dem Buche „Sugar" (Yudkin et al. 1973) zusammenfassend dargestellt.

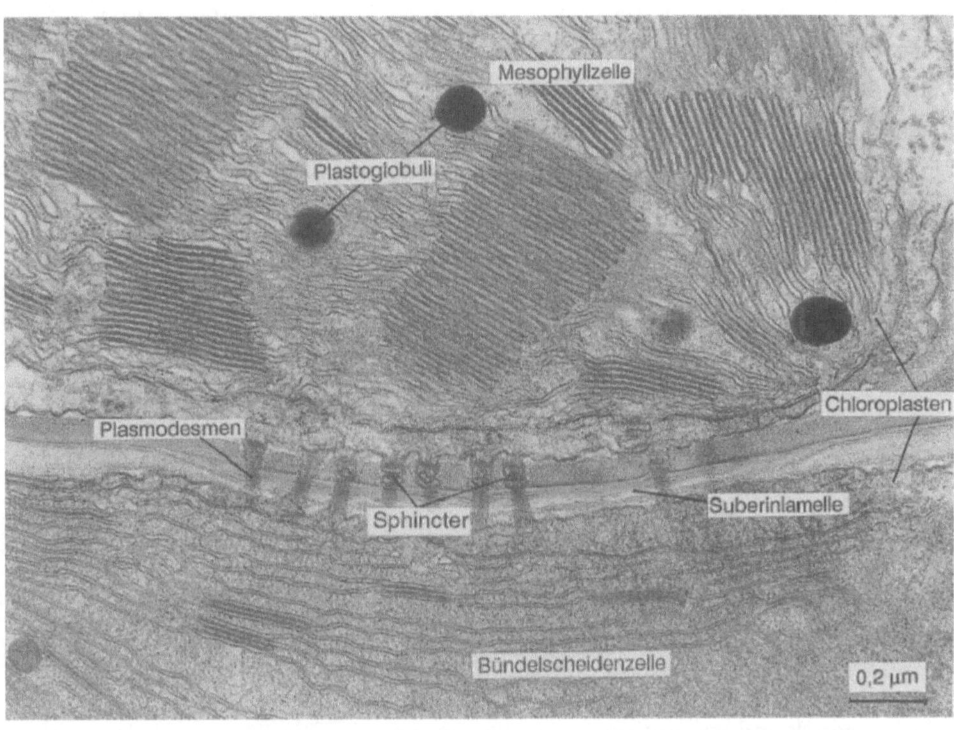

Abb. 5.4. Wird eine Maispflanze (*Zea mays*) 48 h lang verdunkelt, so wird die Bündelscheidenstärke abgebaut. Im Blattquerschnitt erkennt man in den Bündelscheidenchloroplasten Grana, die aus wenigen Thylakoiden bestehen. Die Wände zu den Mesophyllzellen sind mit Suberinlamellen abgedichtet. Im Tüpfelbereich erweitert sich die lamellöse Schicht. Die Tüpfelplasmodesmen zeigen Einschnürungen im Bereich der Sphinkter; sie liegen auf der Seite der Mesophyllzelle und jenseits der Suberinlamellen (EM-Aufnahme RF Evert Madison)

synthese selbst zu produzieren, die großen Mengen an gespeicherter Saccharose stammen jedoch entweder aus dem Phloem oder sie werden aus Stärke-Hydrolysat hergestellt. Die meisten jungen Früchte sind stärkehaltig. Stärke wird jedoch stets in Plastiden abgelagert; deshalb ist anzunehmen, daß die vorhandenen Chloroplasten in Amyloplasten umgewandelt werden. Die Hydrolyseprodukte der Stärke (Maltose, Glucose) müssen zunächst durch die Plastidenmembranen geschleust werden, bevor Saccharose im Cytoplasma entstehen kann.

5.2 Diversifikation symplastischer Leitelemente

Alle lebenden Zellen sind symplastische Leitelemente. Manche von ihnen sind für den Ferntransport organischer Substanzen strukturell spezialisiert. Dies sind vor allem die Siebelemente der Leitbündel.

Die ersten Siebelemente wurden von Theodor Hartig (1837) gezeichnet (Behnke u. Sjölund 1990). Neuere Darstellungen stimmen mit Hartigs Bildern darin überein, daß Siebelemente Siebporen besitzen, die mit Cytoplasma ausgefüllt sind. Sie können bei den meisten Pflanzen bereits mit dem Lichtmikroskop gesehen werden. Siebporenstränge sind erweiterte Plasmodesmen.

Plasmodesmen können im EM mit verengtem oder mit erweitertem Desmotubulus in Erscheinung treten (Abb. 5.32) (Robards 1976). Der Desmotubulus ist Bestandteil des ER. Folglich werden alle Zellen des Symplasten nicht nur durch das Cytoplasma (cytoplasmatischer Annulus) sondern auch durch tubuläres ER miteinander verbunden. Die Weite des tubulären ER ist abhängig vom pH-Wert (Quader u. Fast 1990) und von der Temperatur (Gamalei et al. 1992, 1994); im Kalten sind die Desmotubuli eng, im Warmen (>20°C) schlauchartig erweitert.

In einer besonderen Form von Plasmodesmen treten Sphinkter auf, eine blendenartige Einschnürung des cytoplasmatischen Annulus. Sphinkterplasmodesmen treten zwischen Mesophyll- und Bündelscheidenzellen auf. Sie wurden im Maisblatt beobachtet, einem Objekt, dessen Bündelscheidenzellen von den Mesophyllzellen durch eine Schicht Suberinlamellen in der Wand getrennt sind, womit der Durchtritt von Wasser stark behindert wird (Evert et al.1985). Die Aufgabe des Sphinkters läßt sich aus EM Bildern nicht überzeugend ableiten. Auffallend ist dagegen, daß die Suberinlamellen nicht nur den cytoplasmatischen Annulus einschnüren, sondern auch den Desmotubulus so stark einengen, daß er wie durchschnitten erscheint (Abb. 2.35).

Der symplastische Stofftransport erstreckt sich vornehmlich auf die Verteilung nichtphosphorylierter Photosyntheseprodukte, vor allem der Saccharose. Hierfür stehen Zellverbindungen in Form von Wandperforationen zur Verfügung, die in funktionsfähigem Zustand von einem Cytoplasmastrang durchzogen werden. Dieser besteht anfänglich genau wie die Plasmodesmen aus dem Plasmalemma, dem cytoplasmatischen Annulus und dem Desmotubulus.

Die Entstehung aller Zellverbindungen geht auf die Zellplattenbildung nach der Kernteilung zurück. Elektronenmikroskopische Untersuchungen solcher Zellplatten haben die Beteiligung von ER, von Mikrotubuli, des Phragmoplasten und von Plasmavesikeln der Dictyosomen an der Plasmodesmenbildung wahrscheinlich gemacht (Jones 1976).

In den primären Tüpfelfeldern sind viele Plasmodesmen zusammengedrängt. Ihre Entstehung wird dadurch erklärt, daß entweder die Plasmodesmen in bestimmten Bezirken der Zellplatte gehäuft auftreten oder daß einzelne Plasmodesmen sich „aufspalten", wie es für die „verzweigten Plasmodesmen" beschrieben wurde (Krull 1960).

Eine solche „Verzweigung" kann durch Raummangel erzwungen werden. Als Beispiel dafür werden dickwandige Steinzellen angeführt (Abb. 10.11), bei denen durch die wiederholte Ablagerung von Wandschichten das Zellumen immer mehr verkleinert wird. Durch Platzmangel auf der inneren Wandoberfläche werden dann einige Cytoplasmastränge in einem Wandkanal zusammengeschlossen. Da jeder Cytoplasmastrang an einem primären Tüpfelfeld ansetzt, besteht er aus einem Bündel von Plasmodesmen. Statt der „verzweigten Plasmodesmen" lie-

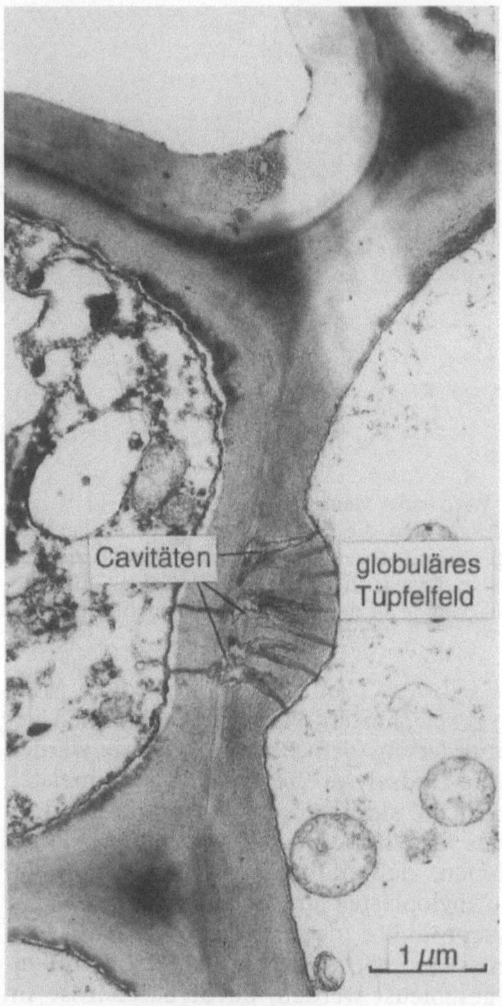

Abb. 5.5. Globuläre Tüpfelfelder sind primäre Tüpfelfelder, die in der Mittellamelle eine oder mehrere Cavitäten zeigen, von denen aus die halbkugelförmige Tüpfelwand mit zahlreichen Plasmodesmen durchsetzt sind. Da jeder Plasmodesmos vom Plasmalemma eingegrenzt ist, umfaßt das globuläre Tüpfelfeld ein enges Areal, in dem das Cytoplasma über eine große Plasmalemmafläche mit der Zellwand in Kontakt steht. Nadel von *Picea abies* im ersten Winter. (Blechschmidt-Schneider 1993)

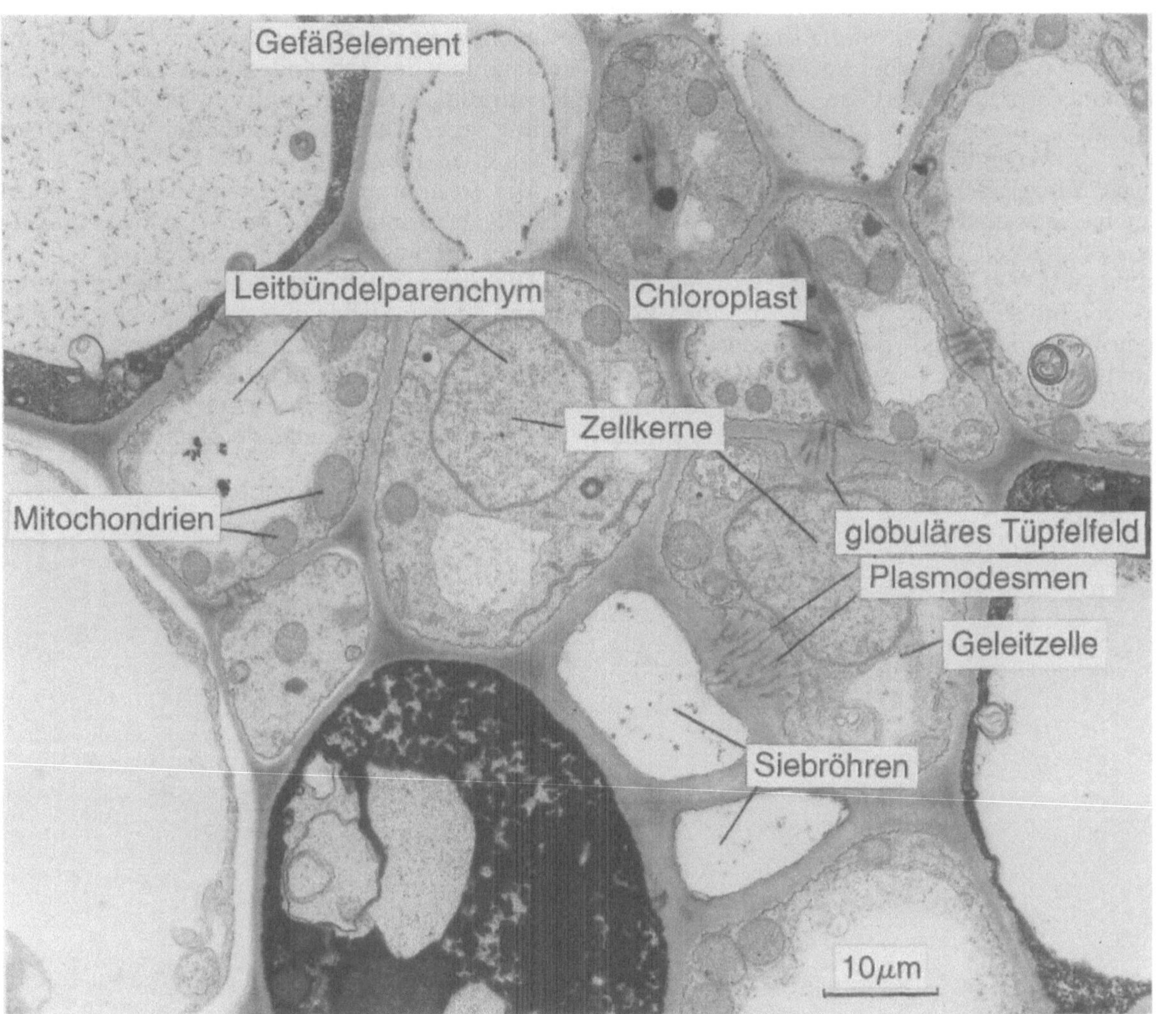

Abb 5.6. Globuläre Tüpfelfelder findet man besonders häufig im Phloem (*Populus deltoides*). Sie sind für den symplastischen Transportweg der Assimilate von Bedeutung. (Russin u. Evert 1984)

gen in Steinzellen also verzweigte Cytoplasmastränge vor, die in gegabelten Tüpfelkanälen verlaufen.

Auffällige Häufungen von Plasmodesmen findet man in den globulären Tüpfelfeldern (Abb. 5.5, 5.6). Sie sind charakteristisch für die Wand zwischen Geleitzelle und Siebröhre. Sie wurden zuerst bei *Cucurbita* gefunden (Eschrich 1963a, 1965). Obwohl mit „Tüpfel" (engl. pit) eine Grube bezeichnet wird, kann diese auch halbkugelig „globulär" emporgehoben sein, wenn sie mit Wandmaterial aufgefüllt ist, das von zahlreichen Plasmodesmen durchsetzt ist.

Wie in Abb. 5.5 andeutungsweise zu erkennen ist, laufen die vielen Plasmodesmen der gewölbten (globulären) Seite in einem oder mehreren Mittelknoten (Kollmann u. Schumacher 1963), „median cavities", zusammen. Das gleiche Phänomen tritt bei Geleitzellen und Siebröhren von Dicotylen auf (Abb. 5.6); die globuläre Wölbung liegt in der Regel auf der Seite der Geleitzelle.

Der Nachweis von ATPase in diesen, auf engstem Raum zusammengedrängten Plasmodesmen (Eschrich et al. 1992) deutet an, daß zwischen den Plasmodesmen und der umgebenden

Zellwand ein intensiver Stoffaustausch stattfindet. Da die ATPase hierbei im Plasmalemma der Plasmodesmen lokalisiert ist, wird die von ihr freigesetzte Energie für Membrantransportvorgänge zur Verfügung stehen.

Die Einzelplasmodesmen können auch zu Symplasmabahnen erweitert werden. Dies ist der Fall bei der Bildung der Siebporenstränge. Dabei wird die Primordialwand zwischen zwei Procambiumzellen dort, wo ein einzelner Plasmodesmos die Wand durchzieht, von beiden Seiten her mit Callose-plättchen vom Durchmesser der späteren Siebpore maskiert. Primärwandmaterial wird dann nur auf die frei gebliebenen Wandflächen zwischen den Plättchenpaaren abgelagert. Später wird die Callose vom Plasmodesmos her aufgelöst, wobei das Plasmalemma mit der schwindenden Callose bis zum Porenrand vordringt und einem Cytoplasmastrang, eben dem Siebporenstrang, Platz macht (Esau et al. 1962) (Abb. 5.7).

Der Desmotubulus erscheint dann als tubuläres ER in Kontakt mit dem Plasmalemma des Siebporenstranges (Abb. 8.12, 8.13, 9.48).

Die Siebporenstränge füllen Zellwandperforationen an den Stellen aus, wo sich vormals Plasmodesmen befanden. Sie sind zu Siebplatten zusammengefügt (Abb. 8.11). Bei schräg verlaufenden Siebplatten können mehrere Siebareale oder Siebfelder zu einer Platte vereinigt sein (Abb. 9.44).

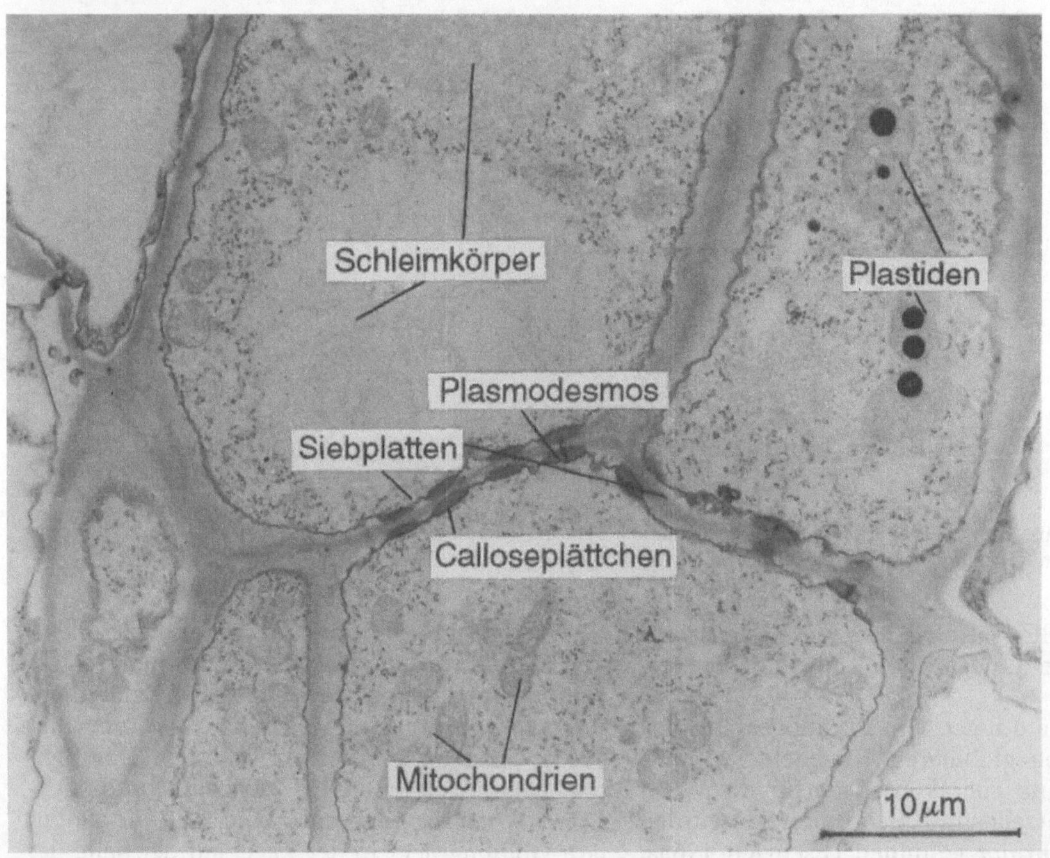

Abb. 5.7. Siebporen entstehen als Erweiterung eines einzelnen Plasmodesmos. Dabei wird um den Plasmodesmos auf beiden Seiten der Zellwand je ein Calloseplättchen abgeschieden, das die Ablagerung weiteren Zellwandmaterials verhindert (Esau 1969). Die Siebporenbildung kann bei der Wundsiebröhrendifferenzierung in *Impatiens holstii* verfolgt werden. Dort entstehen Siebporen an Stellen, wo vorher ein primäres Tüpfelfeld war, wo also mehrere Plasmodesmen beieinander lagen. (Jacobsen u. Eschrich 1990)

Siebplatten sind bereits dicht hinter dem Apikalmeristem der Wurzelspitze zu finden; bei *Nicotiana* in 0,25 mm Abstand, bei *Allium* in 1,4 mm Abstand.

Noch bevor die Siebelemente in die Zone des Streckungswachstums geraten, gehen in ihnen cytologische Veränderungen vor: Der Zellkern degeneriert und wird aufgelöst, auch die Dictyosomen und Ribosomen lösen sich auf, die Vacuole schrumpft und der Tonoplast wird aufgelöst (Heyser 1971). Danach ist das gesamte Zellumen mit Cytoplasma ausgefüllt. Es enthält ER, kleine Mitochondrien und vielfach auch Plastiden mit Stärke- oder Proteineinschlüssen. Bei Dicotylen sind Schleimkörper in den Siebelementen verbreitet (Abb 5.7). Sie dispergieren und bilden P-(Phloem-)Protein (Cronshaw 1975).

Trotz dieses radikalen Abbaus von cytoplasmatischen Organellen, bleibt das Siebelement am Leben und bildet mit den oben und unten anschließenden Siebelementen eine funktionelle Einrichtung, die Siebröhre. Die Funktionsfähigkeit der Siebröhren wird durch die Geleitzellen gewährleistet, Schwesterzellen der Siebelemente, die durch inäquale Längsteilung der Siebelementmutterzellen abgeteilt wurden.

Die Geleitzellen sind im Gegensatz zu ihren Schwesterzellen reich an Cytoplasma; sie behalten Zellkern und Vacuole. Meist sind sie durch etliche primäre Tüpfelfelder mit den Siebelementen verbunden.

Durch Anschnitt, Histochemie und Punktion mit Blattlaus-Styletten ist gezeigt worden, daß der Siebröhreninhalt zahlreiche Enzyme enthält. Da den Siebelementen der Zellkern fehlt, können diese Enzyme nur von den Geleitzellen geliefert werden (Eschrich u. Heyser 1975).

In den Siebzellen der Farnpflanzen kann die Zellwand stark anschwellen, so daß das Zellumen fast verschwindet. Solche Zellwände haben im Lichtmikroskop Perlmuttglanz, man bezeichnet sie als Nacré-Wandschichten (Abb. 5.8). Die Nacréwand stellt nur ein Übergangsstadium dar, denn im ausdifferenzierten Zustand besitzen die Siebzellen der Pteridophyten kaum dickere Zellwände als die Parenchymzellen (Warmbrodt 1980; Evert 1984)).

In Coniferennadeln, die mehrere Jahre funktionsfähig bleiben (*Picea abies*), behalten die Siebzellen des sekundären Phloems ihre Nacréwand bis zur Obliteration (Blechschmidt-Schneider 1990). Dickwandige, obliterierte Siebelemente bilden den Knorpelbast (Holdheide u. Huber 1952), der auch als Hornbast, Hornprosenchym oder Keratenchym bezeichnet wurde (Esau 1969 b).

Die Aufeinanderfolge cytologischer Veränderungen in den jungen Siebelementen spricht dafür, daß lytische Vorgänge die Funktionsbereitschaft dieser Stoffleitungsbahnen vorbereiten. Offenbar werden nicht mehr benötigte Cytoplasmabestandteile durch das Plasmalemma in die gequollene Zellwand geschleust, dort aufgelöst, mit dem Apoplastenwasser entfernt und anderen Geweben nutzbar gemacht. Das Vorkommen von Lomasomen (multivesicular bodies) oder Lysosomen spricht für diesen Ablauf. Für die reifen, ausdifferenzierten Siebelemente ist charakteristisch, daß sie im Lichtmikroskop leer erscheinen. Dies trifft besonders für die Phloemprimanen, die ersten Protophloemelemente in Wurzel- und Sproßspitze zu, obwohl man erwarten sollte, in diesen Zellen besonders dichtes Cytoplasma zu finden.

Spezialzellen, die für Stoffleitungsfunktionen entwickelt worden sind findet man bei fast allen Pflanzenklassen, sofern es sich um vielzellige Organismen handelt.

Schon bei den koloniebildenden Cyanophyceen (Coenobien) können Stoffe durch Diffusion durch die Gloeotheka hindurch ausgetauscht werden.

Die Plasmodesmen von *Volvox* stellen sicherlich ein Transportsystem dar, das sowohl für den Signalaustausch als auch für den Stoffaustausch geeignet wäre.

Unter den Pilzen sind die Basidiomyceten aus septierten Hyphen aufgebaut, die beträchtliche Länge erreichen können. Extreme Länge erreichen sie in den Rhizomorphen mancher Arten (*Armillaria mellea*). Die Querwände zeigen Durchbrechungen, Doliporen genannt, die mit Parenthosomen abgedeckt werden (Abb. 5.9); es sind Poren, die an die „Tüpfel“ der Rotalgen (Abb. 5.10) erinnern.

In den Hyphen von *Polystictus (Trametes) versicolor* ist ER beobachtet worden, das sich rasch neu bilden kann und ein Schlauchsystem innerhalb der Hyphen darstellt (Gierbart 1964).

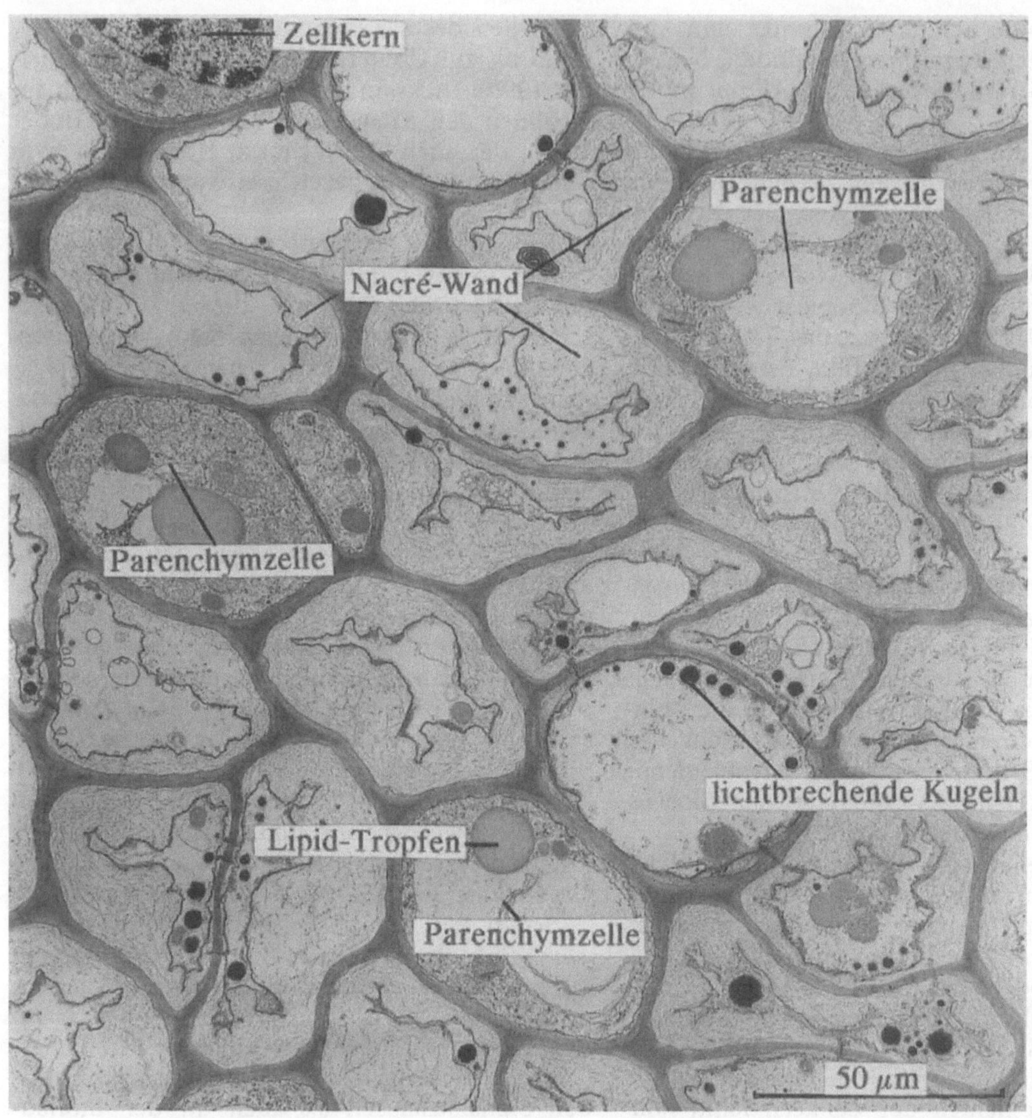

Abb. 5.8. Siebzellen von Farnpflanzen (*Platycerium bifurcatum*) durchlaufen vor der Reifung häufig ein Nacréwandstadium. Die Zellwand wird stark verdickt, doch gleichzeitig werden Cytoplasma-strukturen der jungen Siebzelle eliminiert, z.B. Zellkern, Plastiden und Dictyosomen. Da die reife Siebzelle ohne diese Strukturen funktioniert, wird vermutet, daß Abbauprodukte in der Nacréwand deponiert, und nach Auflösung im Apoplasten anderweitig verwendet werden. EM-Aufnahme RF Evert, Madison

Wenn im Innern der ER-Schläuche eine höhere Zucker- oder Eiweißkonzentration vorliegt, als im Cytoplasma der Hyphe, so können durch osmotischen Wassereinstrom die gelösten Stoffe verdünnt und damit innerhalb des ER bewegt werden (Volumenfluß). Die dabei auftretenden Drücke können jedoch nur gering sein, weil der ER-Membranschlauch flexibel ist und einer Turgorerhöhung nachgeben würde.

Die rhythmische Protoplasmaströmung in den Plasmodien von Schleimpilzen (*Physarum polycephalum*) ist eine andere Methode, eine Stoffverteilung zu bewirken, ohne daß spezifische Leitstrukturen erforderlich sind. Durch den

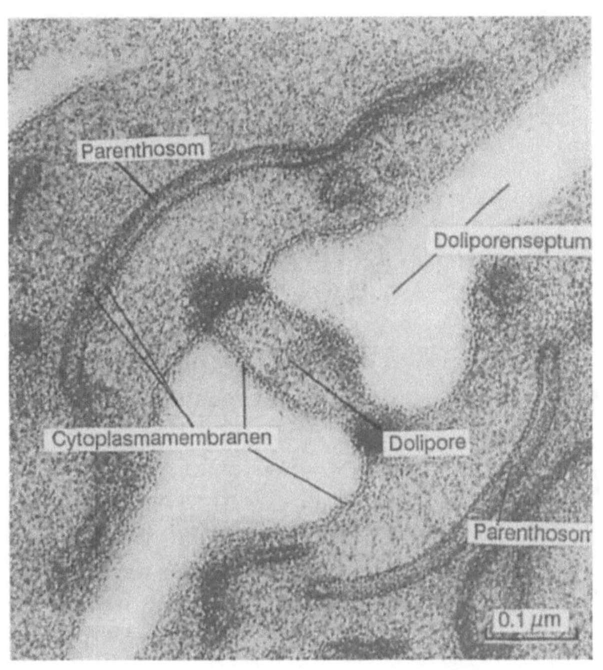

◀ **Abb 5.9.** Bei den höheren Pilzen (*Dacrymyces deliquescens*, Basidiomycetes) hat sich eine besondere Form der cytoplasmatischen Zellverbindung entwickelt, die Dolipore. Im EM ist eine Dolipore an einer Verdickung im Doliporenseptum zu erkennen. Gegenüber den beiden Öffnungen der Pore befinden sich in geringem Abstand je ein Parenthosom. (Aus Neushul 1974)

rhythmischen Richtungswechsel (Frequenz ca. eine Minute) der Strömung tritt eine Gegenstromverteilung auf, die zu lokaler Anreicherung bestimmter Bestandteile führen kann.

Bei den Plantae sind von den Rotalgen die Florideen (*Delesseria sanguinea, Cystoclonium purpureum*) mit Leitzellen für den Stofftransport ausgerüstet (Hartmann u. Eschrich 1969). Die bis zu 0,5 mm langen Leitzellen zeigen an den Querwänden (Synapsen) drei bis vier Dünnstellen (Tüpfel), die wahrscheinlich für den Stoffdurchtritt vorgesehen sind (Abb. 5.11).

Mit ganz anderen Kommunikationswegen sind die Siphonales ausgestattet. Bei der vielker-

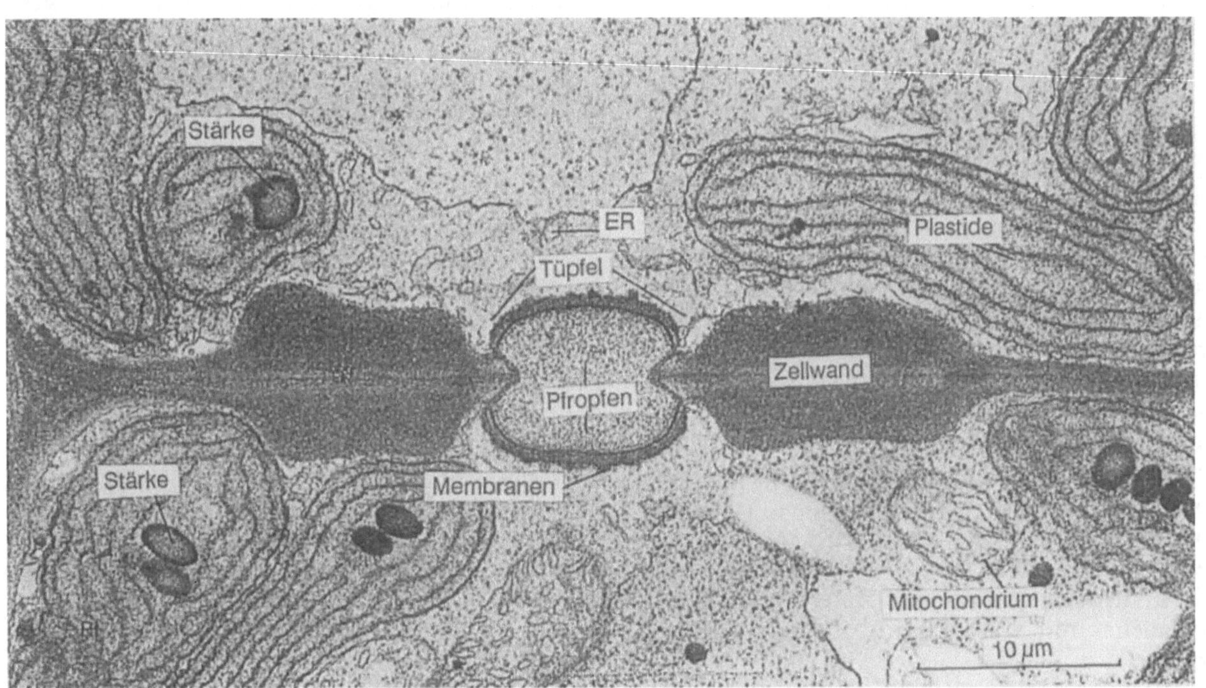

Abb. 5.10. Bei den Rotalgen (*Pseudogloiophloea*) treten cytoplasmatische Zellverbindungen auf, bei denen – ähnlich wie bei der Basidiomyceten-Dolipore – die Zellwand (das Porenseptum) anschwillt. Die Pore selbst ist mit einem Pfropfen verschlossen, der auf beiden Seiten gegen das Cytoplasma mit Cytoplasmamembranen abgegrenzt ist. (Nach Ramus aus Neushul 1974)

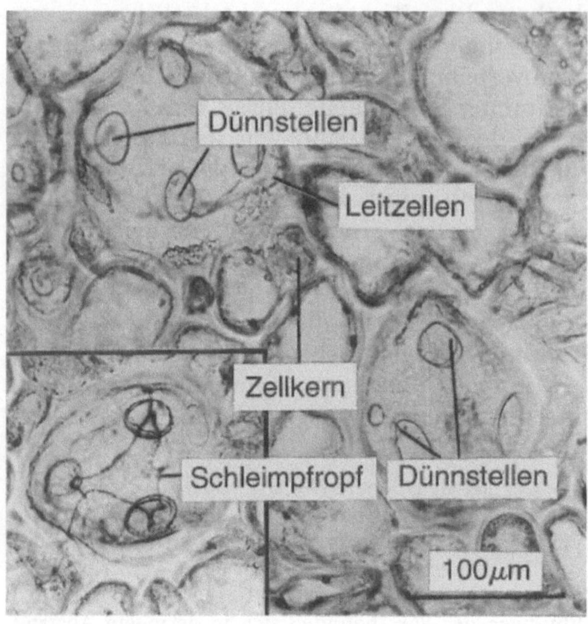

Abb. 5.11. Im Thallus mancher Rotalgen (*Delesseria sanguinea*) treten Leitzellen auf, in denen wahrscheinlich Assimilate transportiert werden. Diese Leitzellen sind untereinander durch drei bis vier Dünnstellen in der Querwand (Tüpfel?) verbunden. (Hartmann u. Eschrich 1969)

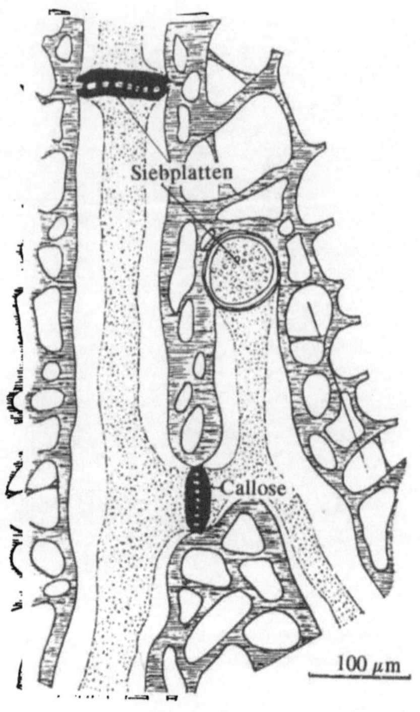

Abb. 5.12. Die Braunalge *Macrocystis pyrifera* besitzt Siebröhren, die denen höherer Pflanzen auffallend ähnlich sind. Die Zellen sind durch Siebplatten voneinander getrennt. Die Siebporen sind mit Callose ausgekleidet. Die Zellkerne bleiben erhalten. (Oliver 1887)

nigen *Caulerpa prolifera*-Pflanze werden „Cellulosebalken" (Abb. 1.4, 1.5) beschrieben, die das Innere des schlauchförmigen Thallus durchqueren (Kaplan u. Hagemann 1991). Nägeli (1844) vergleicht diese „Stützen" in den dickwandigen *Caulerpa*-Schläuchen mit den schrauben- und netzartigen Wandversteifungen der Gefäße. Nachdem Mirande (1913) in den Querbalken dieser Alge Callose nachgewiesen hatte, wurde im Innern der Querbalken ein mit Callose ausgekleideter Kanal gefunden, der zum umgebenden Wasser hin geöffnet ist (Eschrich 1956). Es besteht demnach die Möglichkeit, daß die hohlen Querbalken das Innere des Thallusschlauches mit Wasser und Mineralstoffen versorgen.

Die kernhaltigen Siebröhren der Braunalgen sind anatomisch den Siebröhren der Angiospermen zum Verwechseln ähnlich, nur fehlen ihnen die Geleitzellen (Will, 1884; Oliver 1887) (Abb. 5.12). Bei *Macrocystis* ist *in situ* der Transport radioaktiver Stoffe nachgewiesen worden (Schmitz u. Lobban 1976; Schmitz u. Srivastava 1979). Andere Braunalgen-Siebröhren wurden als Trompetenzellen (trumpet hyphae) bezeichnet. Ihre Siebplatten sind extrem dünn und von zahllosen Siebporen durchsetzt (Abb. 5.13). Bei den Laminariales treten statt der Siebporen in den Trompetenzellen Plasmodesmen (bis zu 30000 pro Wand) auf (Ziegler u. Ruck 1967).

Bei den Bryophyta ist Zuckertransport in den Leptoiden (Abb. 1.7) durch Autoradiographie nachgewiesen worden (Eschrich u. Steiner 1967). Nur die steil gerichteten Querwände der Leptoiden sind dicht mit Plasmodesmen durchsetzt, die Längswände sind frei davon (Eschrich u. Steiner 1968 b).

Die Struktur der Siebzellen von Psilophyten, Lycopodien und Equisetaceen erinnert stark an diejenige der Polypodiaceen; es sind kernlose Siebzellen ohne charakteristische Intermediärzellen. Die Querwände sind meist steil gestellt

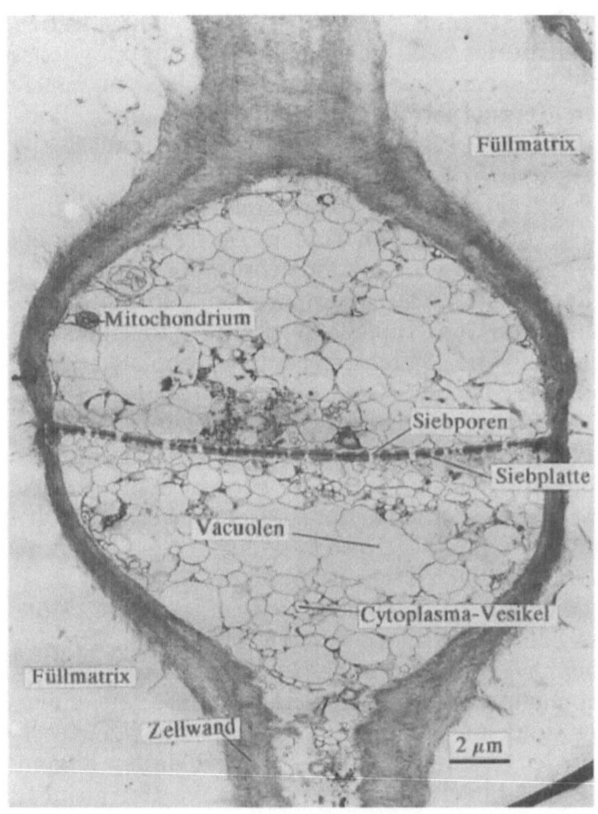

Abb. 5.13. Eine zweite Art von Siebröhren bei den Braunalgen (*Nereocystis lüttkeana*) zeigt auf beiden Seiten der Siebplatte Erweiterungen der Zellenden, die zu dem Ausdruck Trompetenzellen (trumpet hyphae) geführt haben. Die dünne Siebplatte ist von feinsten Poren durchsetzt. (Schmitz 1990)

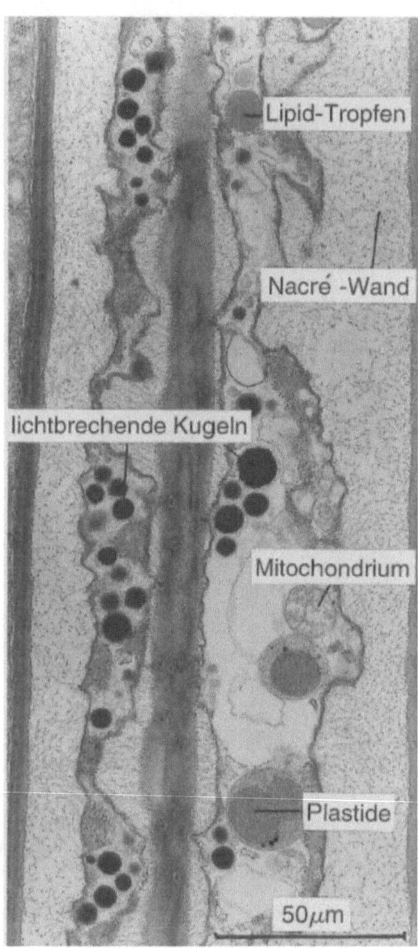

Abb. 5.14. Charakteristisch für die Siebzellen der Farnpflanzen (*Platycerium bifurcatum*) sind lichtbrechende Kugeln (refractive spherules), die im Nacréwandstadium zu finden sind. EM-Aufnahme RF Evert, Madison

und mit Siebporen ausgestattet (Warmbrodt 1980). Beim Wasserfarn *Marsilea quadrifolia* ist durch Verwendung des harten β-Strahlers ^{11}C ein Assimilattransport nachgewiesen worden (Jahnke et al. 1981), dessen Geschwindigkeit mit der in Angiospermensiebröhren auftretenden vergleichbar ist. Typisch für die Pteridophytensiebzellen sind lichtbrechende Körnchen (refractive spherules); sie fehlen nur bei *Lycopodium* (Liberman-Maxe 1971) (Abb. 5.14, 5.15).

Für die Gymnospermen sind sehr lang gestreckte Siebzellen charakteristisch, die in ihren steilen Querwänden zahlreiche kleine Siebporen haben. Geleitzellen fehlen, aber die Siebzellen des sekundären Phloems stehen mit Strahlzellen in Kontakt, die als Eiweißzellen (albuminous cells) bezeichnet werden. In den Nadelblättern von Kiefern und Fichten sind innerhalb des Transfusionsgewebes alle parenchymatischen Elemente, vor allem die Strasburger-Zellen, die an das sekundäre Phloem grenzen (Abb 6.25), durch globuläre Tüpfelfelder symplastisch verbunden (Blechschmidt-Schneider 1993) (Abb. 5.5).

Weiterhin sind die Phloembeckenzellen der Dioscoreaceen als Kommunikationswege besonderer Bauart zu nennen (Behnke 1965, 1990) (Abb. 5.16, 5.17).

Auch die extrem dünnfädigen Plasmodesmen im Steinendosperm mancher Palmensamen

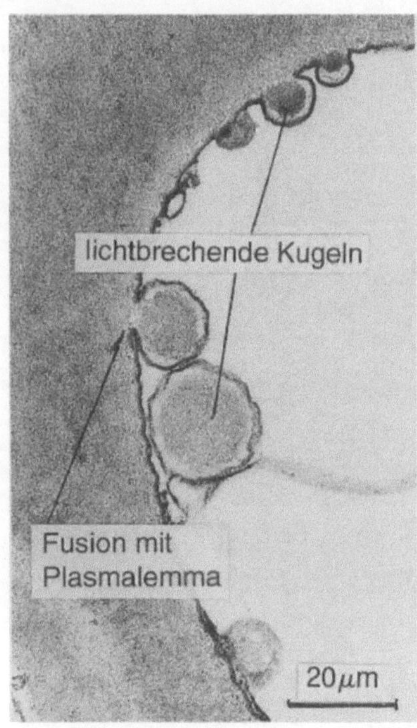

Abb. 5.15. Die lichtbrechenden Kugeln in den Siebzellen der Farnpflanzen (*Microgramma lycopodioides*) sind von einer Membran umgeben, die mit dem Plasmalemma der Siebzelle fusionieren kann. Dabei tritt der Kugelinhalt mit der Nacréwand in Kontakt. EM-Aufnahme RF Evert, Madison

(Abb. 5.18) (*Phytelephas, Phoenix*), die sehr dicht gelagert sein können und meist nur nach Silberimprägnierung sichtbar werden (Abb. 5.19), gehören zu dem System der symplastischen Kommunikationswege.

Die kommunikative Funktion der Plasmodesmen geht auch indirekt daraus hervor, daß diese nur in Teilungswänden vorkommen, also zwischen zwei Protoplasten. Allerdings gibt es blinde Tüpfel, die entstehen, wenn sich eine Intercellulare erweitert und dabei ein primäres Tüpfelfeld entlang der Mittellamelle aufspaltet.

Die Ektodesmen der Epidermisaußenwand (Lambertz 1954; Franke 1962, 1964, 1967) haben keinen Partnerprotoplasten, es sind anscheinend Kanäle, die erst nach Quellung der Wand (mit Schwefelsäure) sichtbar werden.

Die Entwicklungsgeschichte der symplastischen Leitelemente ist weit umfangreicher, als die der apoplastischen. In jedem Fall ist das vorherrschende Prinzip des symplastischen Transportes zu erkennen, nämlich möglichst dünne, aber viele Cytoplasmabrücken herzustellen. Daraus ist zu folgern, daß eine große Kontaktfläche zwischen Symplast und Apoplast angestrebt wird.

Von großer physiologischer Bedeutung sind die „Umbauten" von Tüpfeln. Wenn z.B. nach einer Verwundung Wundsiebröhren aus Parenchymzellen differenziert werden, so entstehen aus primären Tüpfelfeldern und Einzelplasmodesmen die Siebporen einer Siebplatte (Abb. 5.7) (Eschrich 1953; Jacobsem u. Eschrich 1990). Die Rolle, die Callose bei diesen Umbauten spielt, ist bereits weiter oben in diesem Abschnitt erläutert worde. Allgemein scheint dort, wo Callose einen symplastischen Verbindungsstrang umhüllt, eine besonders stark benutzte Verkehrsader zu liegen (Abb. 5.20).

Für die Phloembeladung ist H^+-ATPase erforderlich (Briskin u. Hanson 1992), ein Enzym, das als Protonenpumpe bezeichnet wird und histochemisch im Plasmalemma von Siebelementen und in Tüpfelplasmodesmen nachgewiesen wurde (Eschrich et al. 1992). Dieses Enzym sorgt dafür, daß Protonen, die beim Cotransport mit Saccharose ins Cytoplasma aufgenommen wurden, wieder in den Apoplasten abgegeben werden.

Bei den Angiospermen sind die Siebröhrenelemente zu Siebröhren vereinigt. Die einzelnen Siebröhrenelemente haben Schwesterzellen, die Geleitzellen, die aus inäqualer Teilung einer Siebröhrenmutterzelle hervorgehen. Siebelement und Geleitzelle sind durch globuläre Tüpfelfelder (Abb. 5.6) miteinander verbunden, wobei die Plasmodesmen-„Tülle" (engl. spout) stets zur Geleitzelle hin weist. Ein Siebröhrenelement kann auch mehrere Geleitzellen haben.

Bei den Dicotylen tritt in den reifen Siebelementen P-Protein (Phloemprotein) als fädiges Netzwerk auf; es fehlt bei vielen Monocotylen. „P-Protein" ist ein anatomischer Begriff (Esau u. Cronshaw 1967). Mehrere Strukturtypen von P-Proteinen sind beschrieben worden, tubuläre und fibrilläre.

Die Entstehung geht auf Schleimkörper zurück, wie sie bei jungen Siebelementen von Dicotylen zu finden sind (Abb. 5.7). Die Eiweißnatur dieser Schleimkörper wurde von Zaccharias

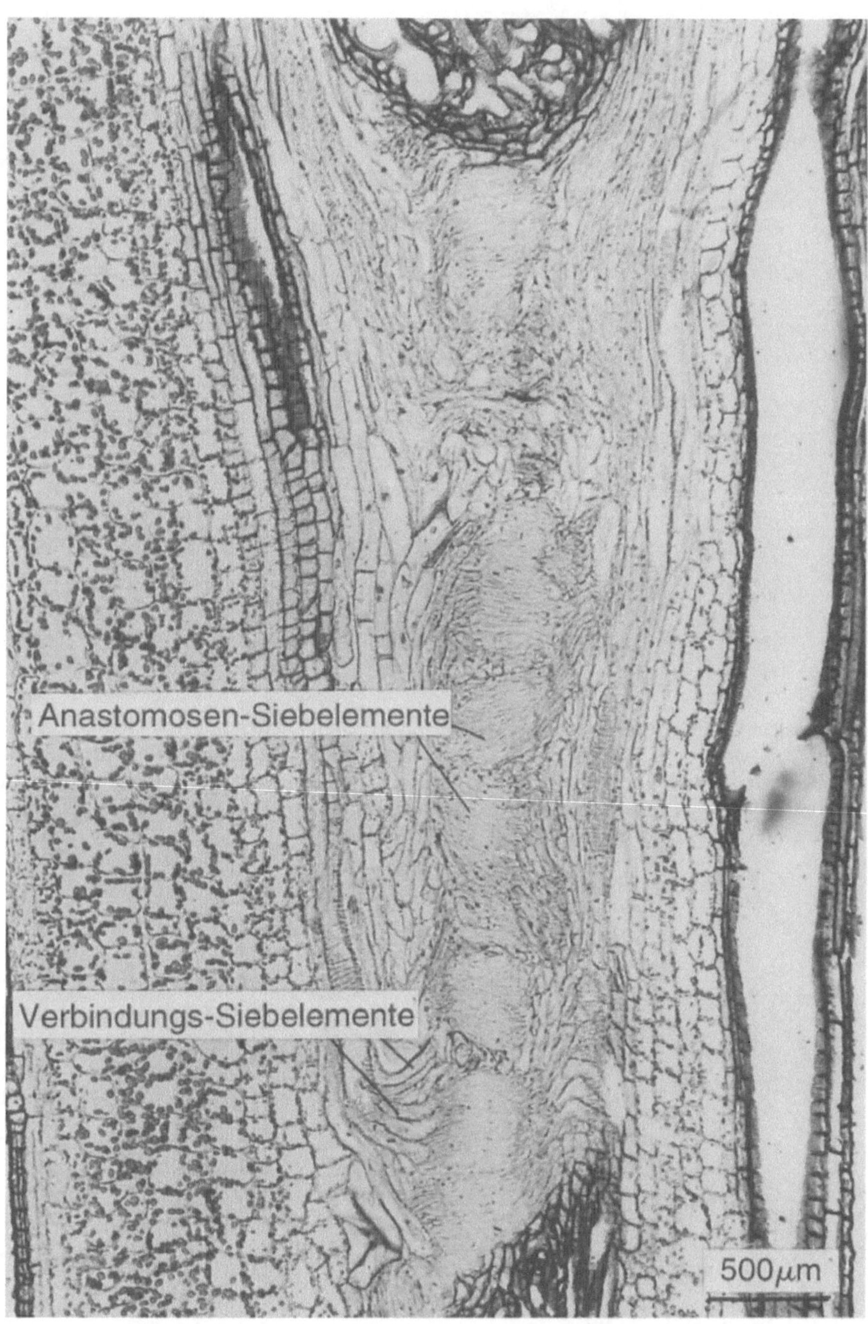

Abb. 5.16. Die Phloembecken von *Dioscorea*-Arten stellen eine Siebröhrenverbindung zwischen Blattspur und Achsen-leitbündel dar, die durch besonders zahlreiche Anastomosen charakterisiert sind. Die Anastomosen bilden Komplexe, die im Knotenbereich in axialer Richtung bis zu vier mm lang sein können. (Behnke 1990)

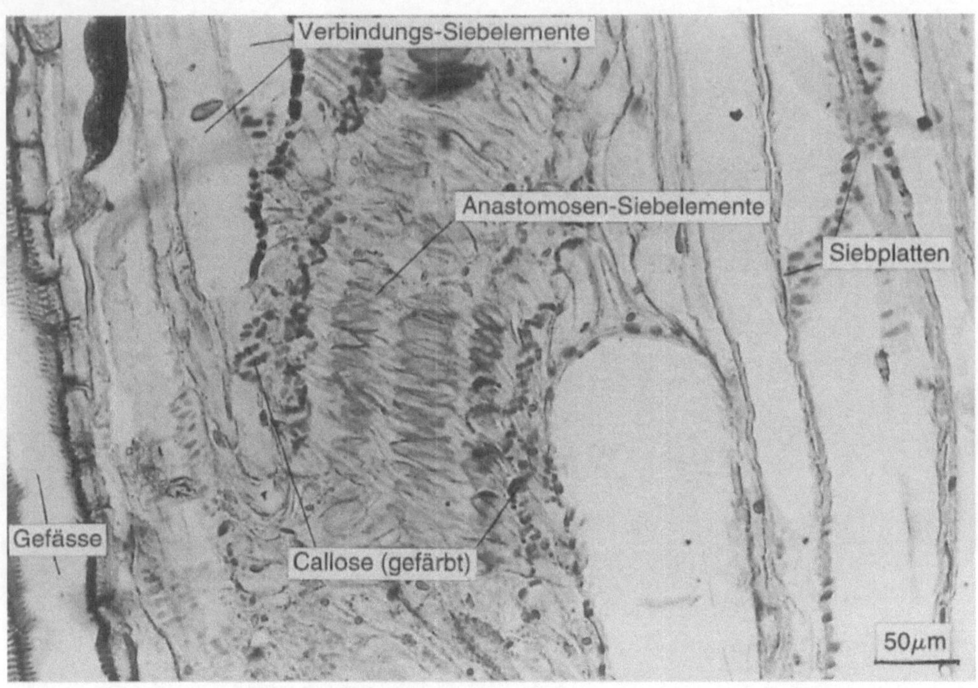

Abb. 5.17. Im Vergleich zu den Längssiebröhren im Stengel von *Dioscorea reticulata* sind die Anastomosensiebelemente sehr schmal und kurz. Obwohl ein Saccharosetransport in diesen Elementen noch nicht nachgewiesen worden ist, deutet das Vorkommen von Callose darauf hin, daß die Phloembecken für den Stoffaustausch mit dem Apoplasten Bedeutung haben könnten. (Aufnahme H.D. Behnke, Heidelberg)

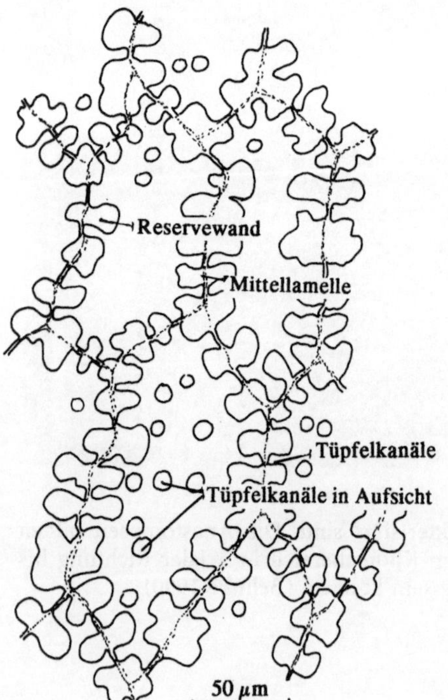

(1884) bemerkt. Die Körper dispergieren nach einer Schwellungsphase. Im Elektronenmikroskop werden dann fädige oder tubuläre Strukturen erkennbar (Behnke u. Dörr 1967). Bei *Cucurbita*-Arten läßt sich P-Protein durch Anschnitt gewinnen. Wird die Pflanze zuvor mit $^{14}CO_2$ begast, so findet man bis zu 80% des P-Proteins markiert. Mikroautoradiographien deuten darauf hin, daß die P-Proteine in den Geleitzellen synthetisiert werden (Nuske u. Eschrich 1976).

In den Siebelementen der Caryophyllales treten Plastiden auf, in denen fädiges Protein knäuelartig aufgewickelt ist (Falk 1964). Dieses

◀ **Abb. 5.18.** Als Reservewand bezeichnet man dicke, auffallend getüpfelte Zellwände im Endosperm der Samen von Palmen (*Phoenix dactylifera*) und einiger Windepflanzen. Bei der Keimung wird dieses Wandmaterial vom Zellinnern her langsam aufgelöst, also offensichtlich für das Wachstum des Keimlings verwendet

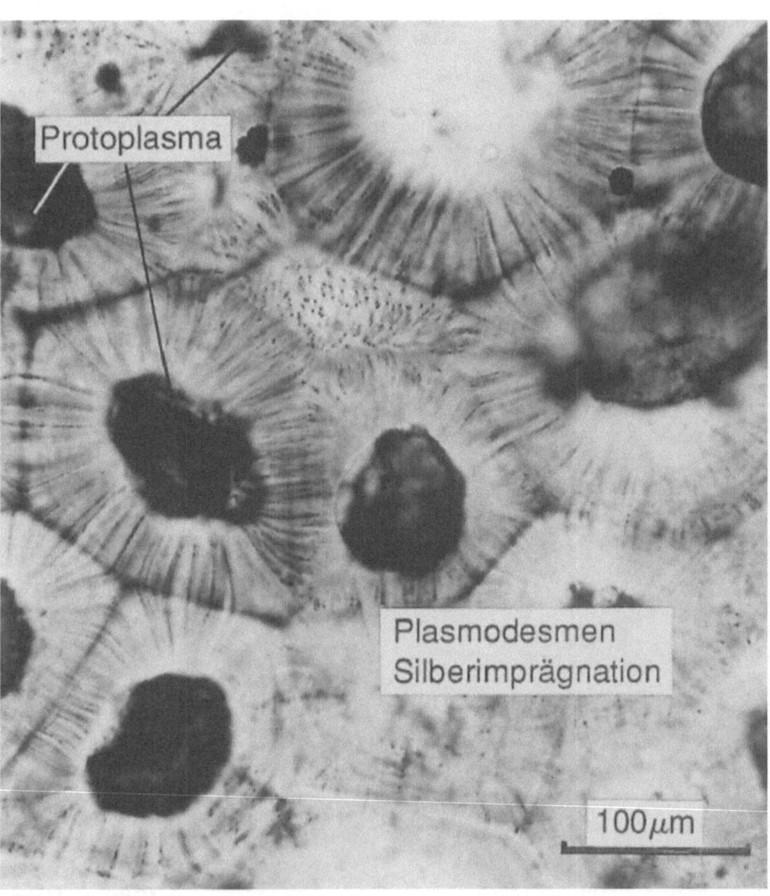

Abb. 5.19. Die Reservewände – hier im Endosperm von *Strychnos nux-vomica* (Loganiaceae) – sind von zahlreichen Plasmodesmen durchsetzt, die so dünn sind, daß sie nur nach Imprägnierung mit Silbersalzen als proteinhaltige Fäden mikroskopisch zu erkennen sind. (Präparat von M. Steiner)

Material dispergiert beim Zerfall der Plastiden und sieht aus wie „klassisches" P-Protein.

Plastiden gleichen Aufbaus wurden auch in Siebzellen von Coniferen gefunden. Auch dort dispergieren die Plastiden und entlassen Filamente nach Art der P-Proteine.

Über die Funktion der Proteinfilamente in den Siebelementen konnte bisher keine überzeugende Erklärung gefunden werden.

Siebröhrenstärke tritt in winzigen Amyloplasten auf, die nach Jodfärbung am Frischschnitt magentafarben (rötlichbraun) erscheinen und in der Nähe einer Siebplatte Brown'sche Molekularbewegung ausführen (*Lycopersicon lycopersicum*). Nicht alle Gefäßpflanzen besitzen Siebröhrenstärke. Sie fehlt z.B. bei den Cucurbitaceen. Die Magentafärbung ist auch kein Kriterium für einen überwiegenden Anteil an Amylopektin. Bei vielen Arten treten in den Siebröhrenplastiden nicht Stärke-, sondern zusätzlich noch Proteinkristalloide auf, die von Jodlösung nicht blauschwarz, sondern gelbbraun gefärbt werden (Behnke 1972).

5.3 Callose

Callose ist das wichtigste anatomische Erkennungsmerkmal für eine Siebröhre, denn Callose ist immer an Siebplatten zu finden und Callose wird von Resorzinblau in auffälliger Weise kobaltblau gefärbt. Spuren von Callose lassen sich im Fluoreszenzmikroskop mit Anilinblau nachweisen (Abb. 5.20) (Eschrich u. Currier 1964).

Callose kommt außer in Siebelementen auch in zahlreichen anderen Zelltypen, so auch in Pilzhyphen, vor (Eschrich 1956). Mögliche physiologische Funktionen der Callose sind in ei-

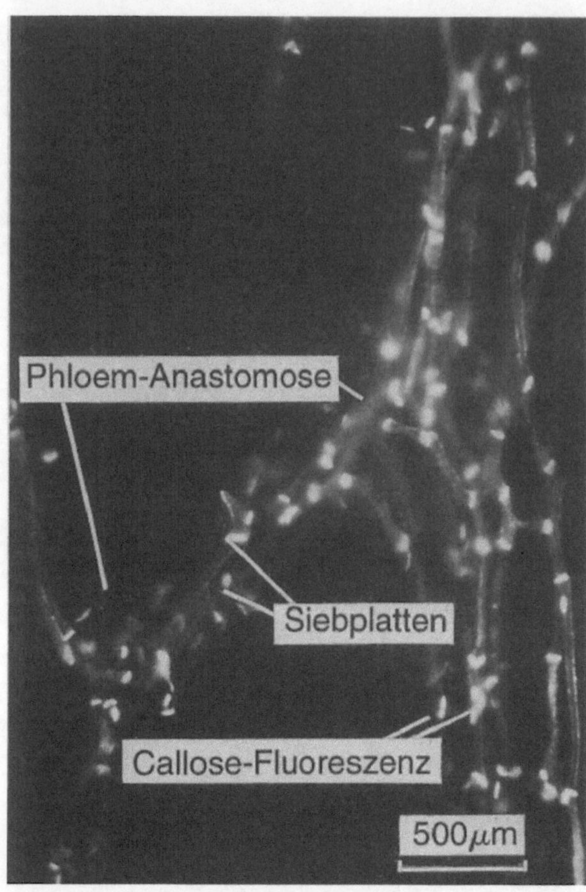

Abb. 5.20. Bei Pflanzen mit cambialem Dickenwachstum treten Phloemanastomosen nur zwischen gleichalten Siebröhrensträngen, also in tangentialer Richtung auf. Da sich Callose mit dem Fluoreszenzfarbstoff Anilinblau anfärbt, sind feinste Siebröhrenverbindungen aufgrund der Siebplattencallosefluoreszenz erkennbar. (*Dahlia pinnata*). (Aloni u. Peterson 1990)

nem Übersichtsartikel dargestellt worden (Eschrich 1965). Im allgenmeinen wird die Siebröhrencallose als periodisches Verschlußmittel der Symplastenbahn angesehen (Eschrich 1975 a).

Callose ist ein Polyglucan aus β-Glucoseresten in 1,3-Bindung. Sie ist amorph und tritt zwischen Plasmalemma und Zellwand auf, vorzugsweise an Engstellen des symplastischen Transportweges (Plasmodesmen, Tüpfelränder, Siebporen). Callose kann rasch synthetisiert werden; in obliterierten Siebröhren des sekundären Phloems wird Callose wieder resorbiert. Callose tritt auch als provisorische Zellwand auf (Pollenmutterzellen, Teilungswände bei Gametophyten) (Abb. 1.50) (Waterkeyn 1967; Rodkiewicz u. Bednara 1976; Eschrich 1964; 1966 a), und sie kann Teile einer Zellwand maskieren, um die Ablagerung von weiterem Wandmaterial zu verhindern (Calloseplättchen bei der Siebporenbildung, Abb. 5.7; Spitzen von Pilzhyphen und Pollenschläuchen, Abb. 11.28).

Nicht allein durch die Position der den Symplasten verengenden Calloseröhren, sondern auch durch das Verhalten gegenüber Ca^{++}-Ionen (Entquellung) scheint die Callose-Funktion im Bereich einer Regulation der Wasserbewegungen zu liegen (Eschrich u. Eschrich 1964). Austretender Phloemsaft wird bei *Cucurbita*-Arten rasch mit einer Callosehaut bedeckt, für deren Entstehen Calcium die Glucansynthase aktiviert (Abb. 5.21).

Da Callose ein Quellkörper ist, der auf Spuren von Calcium empfindlich mit Entquellung reagiert (Eschrich u. Eschrich 1964), scheint Callose eine Vermittlerrolle beim Verkehr zwischen Symplast und Apoplast zu spielen (Eschrich 1965). Callose wird nur dann außerhalb des Plasmalemmas abgelagert, wenn die β-1,3-Glucansynthase mit Calcium aktiviert wird (Kauss 1986). Versorgt man eine Kürbispflanze mit ^{45}Ca, wandert der Tracer im Apoplasten (Abb. 2.21), so auch in den Siebröhrenwänden. Siebröhrenexsudat, das beim Anschnitt hervortritt, wird rasch mit einem Calloseüberzug versehen, der dann radioaktives Calcium enthält (Abb. 5.21).

Die vermehrte Ablagerung von Tüpfelcallose ist nach Virus-infektionen in Blättern beobachtet worden. Mit Anilinblau gefärbt (Eschrich u. Currier 1964), lassen sich die Calloseablagerungen im Umkreis der nekrotischen oder chlorotischen Läsionen im Fluoreszenzmikroskop erkennen (Pennazio et al. 1979). Es ist nicht erwiesen, ob Callose dabei als Resistenz auslösender, chemischer Elicitor fungiert (Bell 1981). Eher scheint die vermehrte Tüpfelcallose zur Behinderung der Virusausbreitung über die Plasmodesmen beizutragen.

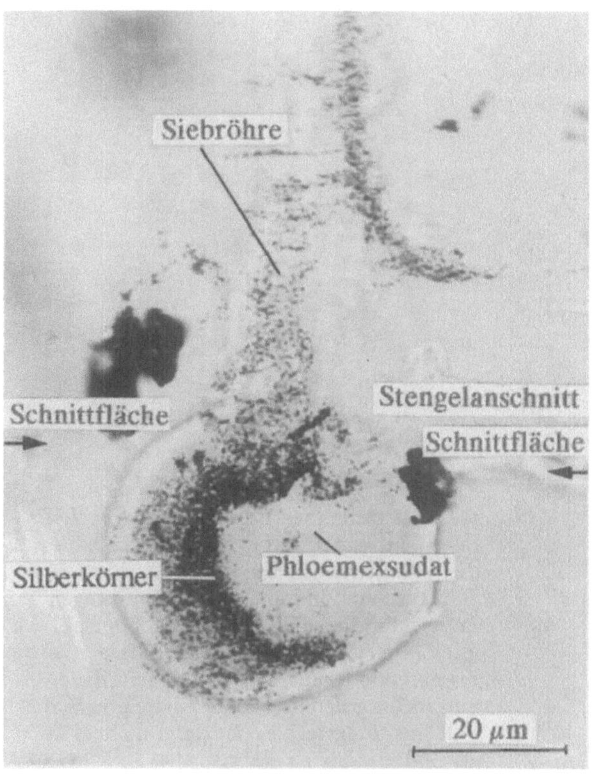

Abb. 5.21. Die Glucansynthase, die Callosebildung katalysiert, wird durch Calcium aktiviert. Versorgt man eine Kürbispflanze (*Cucurbita maxima*) mit ^{45}Ca-Lösung und schneidet dann den Stengel ab, so tritt ein Tropfen Siebröhrenexsudat aus. Dieser läßt sich in situ fixieren, einbetten und schneiden. Die Schnitte lassen sich zu Mikroautoradiographien verarbeiten. Darin sieht man gelegentlich als Niederschlag die Silberkörnchen der Photoemulsion über einem Exsudattropfen, verursacht durch radioaktives ^{45}Ca. Bei Anfärbung des Schnittes mit Resorzinblau, erkennt man ein dünnes Callosehäutchen, das den Tropfen bedeckt. (Eschrich et al. 1964)

5.4 Endodermen und Stärkescheiden im Sproß

In Sproßachsen grenzt die Endodermis an das primäre Phloem, sie ist der Stärkescheide homolog, die typischerweise mit Plastiden und Stärkekörnern ausgestattet ist und oft auch Chlorophyll enthält.

Während in Primärwurzeln die Endodermis immer vorhanden und mit Caspary-Streifen ausgestattet ist (Abb. 1.37), kann sie in Sproßachsen fehlen oder auf bestimmte Sproßabschnitte beschränkt sein. Meist ist die Endodermis der Sproßachsen nur in den frühesten Entwicklungsstadien als solche zu erkennen (Ausläufer von *Ranunculus repens*) (Abb. 5.22). Besonders gut zu erkennen ist die Endodermis der Sproßachsen in aquatischen Pflanzen; sie kann sich dort bis in die Blätter hinein fortsetzen (*Victoria amazonica*).

Auch für Sproßachsen von Halophyten und Torfmoorpflanzen ist die Endodermis mit deutlichen Caspary-Streifen charakteristisch.

In den Blättern der Landpflanzen ist die physiologische Scheide als Bündelscheide ausgebildet. Sie umgibt die Blattadern und Blattnerven. Die Bündelscheide der Blätter ist jedoch keine Fortsetzung der Stärkescheide des Sprosses. Im Blattstiel und in der Blattscheide ist die Bündelscheide oft rinnenförmig an der abaxialen Seite der Leitbündel ausgebildet, oder sie verliert sich an der Kontaktstelle von Blatt und Stengel.

Auch im Blütenbereich kommen rinnenförmige Stärkescheiden vor, z.B. im Infloreszenzstiel des Löwenzahns (Abb. 10.10).

In manchen Fällen ist beides ausgebildet, eine Endodermis mit Caspary-Streifen und eine rinnenförmige Stärkescheide, die sich dann aber nicht mit der Endodermis deckt (Abb. 5.22). Hierbei können Endodermis und Stärkescheide nicht als homolog bezeichnet werden. Auf einen ähnlichen Fall wird bei der Besprechung der Mestomscheide im Gerstenblatt (Abb. 6.26) aufmerksam gemacht.

Für die Homologie der Endodermis mit Caspary-Streifen und der Stärkescheide sind Versuche von Priestley u. Ewing (1923) aufschlußreich, die gezeigt haben, daß durch Etiolement in Sprossen die Ausbildung einer Endodermis ausgelöst wird, während bei normaler Belichtung eine Stärkescheide entsteht.

Demzufolge scheint auch bei Sproßorganen die Endodermis mit Caspary-Streifen charakteristisch für das Wachstum im Dunkeln zu sein, so wie sie für Wurzeln und submers lebende Pflanzenteile charakteristisch ist.

Bei manchen *Equisetum*-Arten findet man im Sproß zwei verschiedene Endodermen (*Equisetum ramosissimum*, *E. hiemale*). *Equisetum sylvaticum* besitzt im Rhizom eine normale Endo-

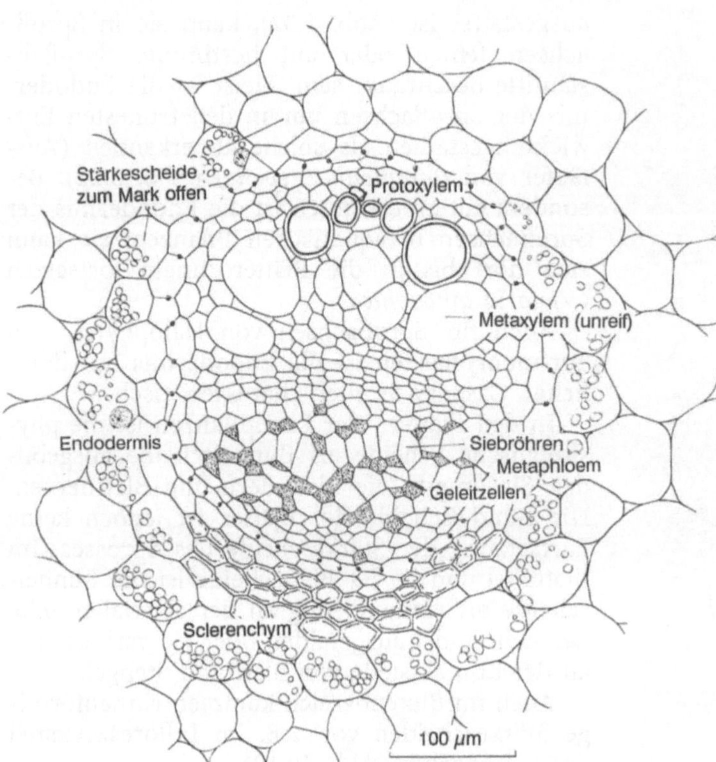

Abb. 5.22. Die Ausläufer von *Ranunculus repens* besitzen einen Kranz isolierter, collateraler Leitbündel. Auf der Außenseite sind diese von einer unvollständig geschlossenen Stärkescheide umhüllt. Nur in den jungen Entwicklungsstadien ist eine Endodermis mit Caspary-Streifen zu sehen. Diese Primärendodermis wird später sclerifiziert und in die Sclerenchymkappe außerhalb des Phloems integriert; sie ist dann nicht mehr als Endodermis zu erkennen

dermis, die alle Leitbündel umschließt (Abb. 5.23) (Ogura, 1938). Bei anderen Arten (*Equisetum fluviatile*) sind dagegen die einzelnen Leitbündel von einer Endodermis (Abb. 2.15) umgeben.

In den Flachsprossen von *Selaginella willdenowii* befinden sich zwischen Perizykel und Cortex breit- und langgestreckte Intercellularräume, die nur von den einzellreihigen Trabeculae überbrückt werden. In jedem Trabeculum tritt eine Endodermiszelle mit Caspary-Streifen auf (Barclay 1931) (Abb. 5.24 A, B).

Der klar umrissenen Funktion der primären Endodermis bei Wurzeln und submers lebenden Pflanzen steht die noch ungeklärte Bedeutung der Endodermis oder Stärkescheide in den Sprossen der Landpflanzen gegenüber. Es gibt Übergänge bei Arten, die in lichtexponierten Sprossen eine Stärkescheide mit deutlichem Caspary-Streifen haben (*Achillea, Senecio, Matricaria, Leonurus, Verbena, Exacum, Polygonum*).

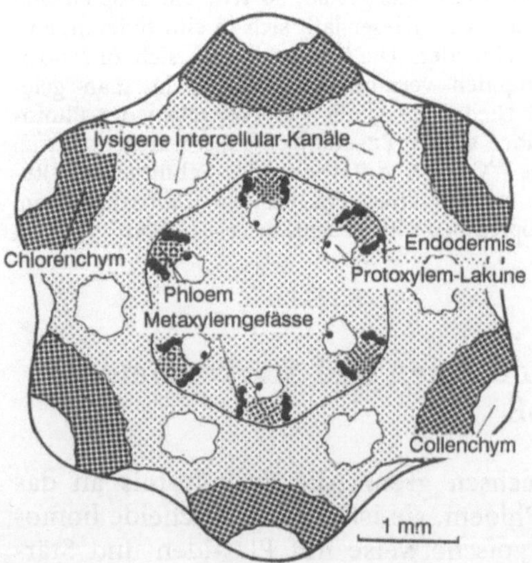

Abb. 5.23. Anders als beim *Ranunculus*-Ausläufer wird bei *Equisetum sylvaticum* der gesamte Zentralzylinder mit seinen sechs Leitbündeln von einer gemeinsamen Endodermis umschlossen

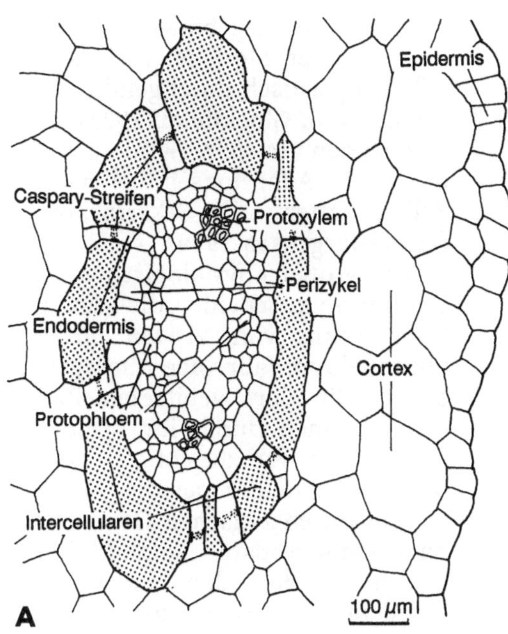

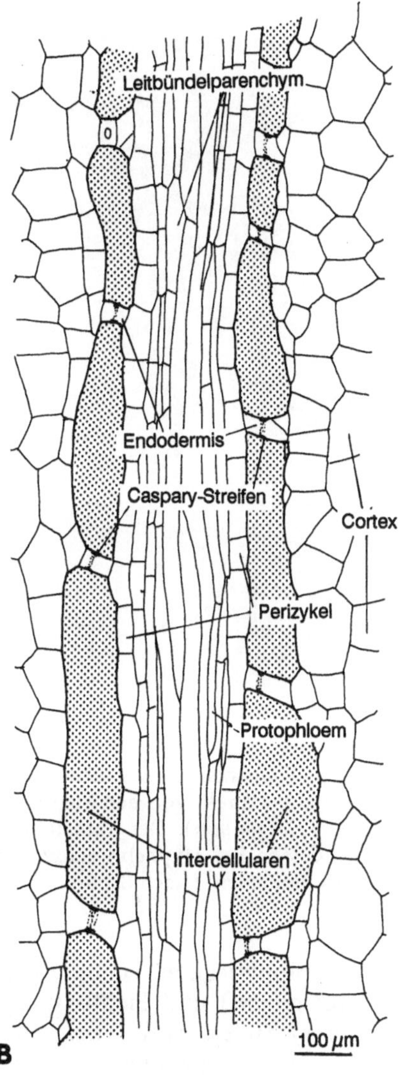

Abb. 5.24A, B. Im Querschnitt des Flachsprosses von *Selaginella willdenowii* ist der diarche Leitgewebestrang von einem System großer Intercellularen umgeben, die von Zellstegen überbrückt werden, die mit dem Cortex eine Verbindung herstellen (**A**). Diese Zellstege stellen die Endodermis dar, ihre Zellen sind mit Caspary-Streifen ausgestattet. Der Längsschnitt der Achse von *Selaginella willdenowii* zeigt, daß es nur einzelne Endodermiszellen (Trabeculae oder Zellstege) sind, die den Zentralzylinder mit dem Cortex verbinden (**B**) (Barclay 1931)

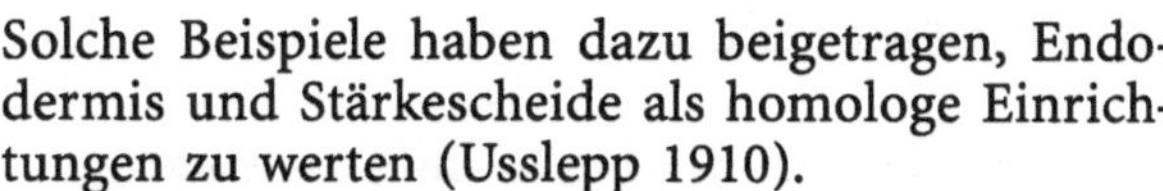

Solche Beispiele haben dazu beigetragen, Endodermis und Stärkescheide als homologe Einrichtungen zu werten (Usslepp 1910).

5.5 Haustorien

Haustorien sind Absorptionsorgane (Saugwarzen), mit denen parasitisch lebende Pflanzen Wasser, Salze, zum Teil auch organische Stoffe aus ihrer Wirtspflanze entnehmen. Halbparasiten (*Viscum album*, ferner Wurzelschmarotzer wie *Melampyrum*, *Rhinanthus*, *Euphrasia*, *Monotropa*, *Pedicularis*) entziehen über Haustorien dem Wirt nur Wasser mit den darin gelösten Salzen. Ihren Bau- und Betriebsstoffwechsel bestreiten sie durch Photosynthese. Bei Vollparasiten (epiphytisch: *Arceuthobium oxycedri*, *Loranthus europaeus*, sowie auf Wurzeln angesiedelt: *Lathraea*, *Orobanche*), die keine Photosynthese durchführen können, werden den Siebröhren der Wirtspflanze über die Haustorien organische Stoffe entnommen. Die Haustorien von *Cuscuta*-Arten (Convolvulaceae) umgreifen fingerförmig die Siebröhren der befallenen Pflanze (Abb. 5.25) (Dörr 1972).

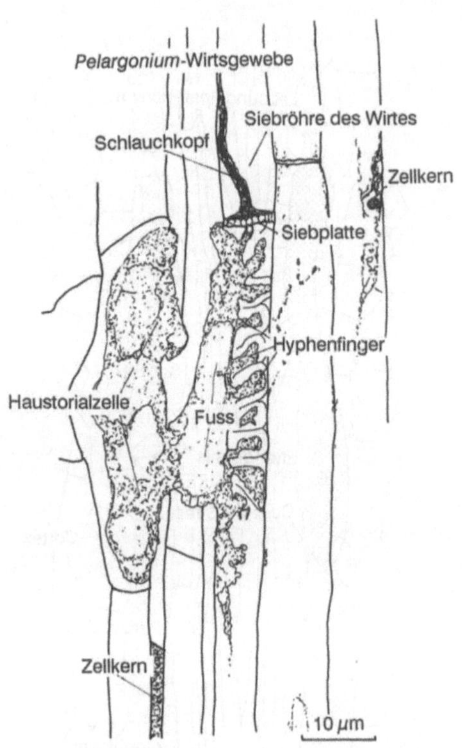

Abb. 5.25. Vollparasiten wie *Cuscuta odorata* beziehen die Saccharose direkt von den Siebröhren der befallenen Pflanze (*Pelargonium*). Der Parasit bildet ein Haustorium, aus dessen Fuß Hyphen wachsen, die fingerartig die Siebröhre umfassen. (Nach Schumacher 1934)

Bei epiphytischen Halbparasiten wie Mistel (*Viscum album*) und Fichtenspargel (*Monotropa hypopitys*) treten außer den Haustorien (Senkern) noch Keimwurzeln auf, die oberflächlich zwischen Bast und Holz des Wirtes wachsen. Melchior (1921) hat festgestellt, daß diese Primärwurzeln zwar eine Endodermis besitzen, aber keine Caspary-Streifen haben. Sicherlich ist die Bedeutung dieser Wurzeln für die Wasseraufnahme gegenüber derjenigen des Haustoriums gering. Der Parasit verläßt sich vermutlich darauf, daß die Wirtspflanze bereits in ihren eigenen Wurzeln die Wasser- und Salzaufnahme kontrolliert hat.

Ähnlich wie bei Pfropfungen ergibt sich das Problem, ob Haustorialzellen (-hyphen) mit den lebendigen, aber kernlosen Siebelementen symplastisch vereinigt werden können. Das Auftreten von Halbplasmodesmen oder Tüpfelpaaren mit einseitig ausgebildetem Kanal deutet darauf hin, daß der Stoffaustausch teils symplastisch, teils apoplastisch durchgeführt wird (Dörr 1968; Kollmann u. Glockmann 1985).

Bei den Misteln wird der Gewebekontakt durch ein Adhäsionsepithel hergestellt, das aus Zellen besteht, die Sekrethaaren ähnlich sind (Heide-Jorgensen 1989).

Von großer physiologischer Bedeutung ist die Chlorenchym-scheide, die das Leitgewebe des Haustoriums von *Viscum album* umgibt und über mehrere Jahrringe hinweg funktionstüchtig bleibt. Die dort gebildeten Photosyntheseprodukte können durch ihr osmotisches Potential das Wasser für die Mistel beschaffen (Blechschmidt-Schneider, persönl. Mitt.).

Haustorien zwischen Gametophyt und Sporophyt können dafür sorgen, daß ein Stoffaustausch zwischen den beiden Generationen ermöglicht wird. So wächst bei den Laubmoosen der diploide Sporophyt mit einem Haustorium auf dem haploiden Gametophyten. Das Auftreten von Transferzellen (Maier 1967) und der Nachweis von ATPase im Laubmoos-Haustorium (Maier u. Maier 1972) deuten darauf hin, daß zwischen den beiden Generationen keine symplastische Verbindung besteht, der Stoffaustausch also über den Apoplasten erfolgt. Da es sich dabei um Membrantransporte handelt, ist die Zufuhr von Stoffwechselenergie erforderlich.

Auch manche haploide Zellen des Embryosacks können als Haustorialhyphen ausgebildet und im diploiden Sporophyten verankert sein (Antipoden-Zellen).

5.6 Transferzellen

Transferzellen sind durch ihre eigenartigen Wandverdickungen offensichtlich für spezielle Aufgaben ausgerüstet, die nur beim Vergleich der verschiedenen Situationen erkennbar werden.

Die „transfer cells“ (Gunning u. Pate 1969) sind nicht mit den Übergangszellen Fischer's (1884) identisch, die eher das repräsentieren, was heute als Intermediärzellen bezeichnet wird. Intermediärzellen sind Zellen, die eine ähnliche Funktion haben dürften wie Geleitzellen, nur

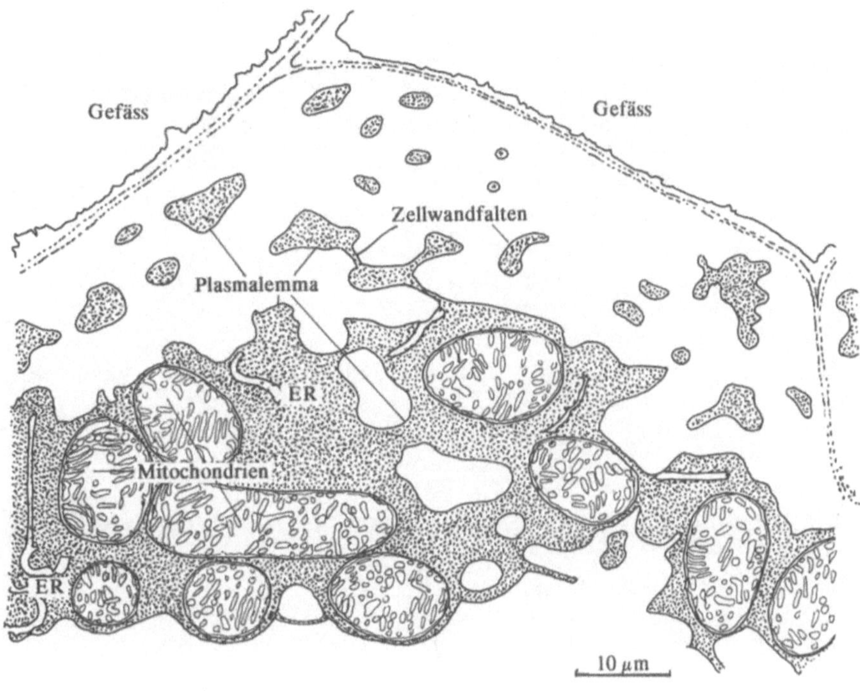

Abb. 5.26. Eine angeschnittene Transferzelle aus dem Cotyledonarknoten von *Lactuca* spec. Die Zellwand (weiß) ist zum Zellinnern hin gefurcht und gefaltet. Das Cytoplasma (punktiert) mit dem Plasmalemma füllt alle Vertiefungen und Erhöhungen der Zellwand aus. Eine Transferzelle besitzt also sowohl eine voluminöse Zellwand, als auch eine stark vergrößerte Kontaktfläche zwischen Plasmalemma und Wand. (Nach Pate u. Gunning 1972)

sind es keine Schwesterzellen der Siebelemente (Esau 1969 b).

Transferzellen sind im übrigen keineswegs auf das Phloem beschränkt. Sie scheinen durch ihre auffälligen Wand-protuberanzen (Abb. 5.26) auf zweierlei Weise für einen intensiven Kurzstreckentransport geeignet zu sein:

- Sie besitzen eine ca. 20fach vergrößerte Plasmalemmafläche.
- Sie sind durch die vielen Wandbuckel und -rippen geeignet, apoplastische Stoffe in größeren Mengen aufzunehmen als eine normale Zellwand.

Transferzellen treten häufig im Phloem und im Xylem auf, und zwar dort, wo ein intensiver Symplast-Apoplast Stoffaustausch zu erwarten ist.

Die Wand der Transferzellen ist dort, wo sie verdickt ist, frei von Plasmodesmen. An ihren dünnen Stellen treten primäre Tüpfelfelder auf. Eine sekundäre Wandverdickung ist bei Transferzellen nicht beobachtet worden.

Häufig sind Transferzellen in Blattnerven zu finden. Weiterhin sind Knotenregionen der Stengel mit Transferzellen ausgestattet. Über ihr Vorkommen in Haustorien wurde oben berichtet. Im Scutellum der Getreidefrüchte tritt oft eine Lage Transferzellen auf. In Wasserfarnen (*Marsilea*) kommen Transferzellen an der Grenzschicht zum Sproß vor (Habricot u. Sossountzov 1984).

Nach Untersuchungen von Gamalei (1989) ist das Vorkommen von Transferzellen charakteristisch für Blattnerven solcher Pflanzen, die eine apoplastische Phloembeladung durchführen.

Es besteht Grund zu der Annahme, daß Transferzellschichten an Phasengrenzen eine Funktion haben, wo nämlich ein Stoffübertritt vom Apoplasten in den Symplasten oder umgekehrt, erfolgt. Vielleicht dienen zusammenhängende Transferzellschichten auch dazu, eine Stoffselektion vorzunehmen, um etwa den Stoffaustritt mit dem Wasser zu verhindern. Ein Beispiel hierfür bieten die Epithemgewebe mancher Hydathoden (Abb. 2.25, 5.25).

EXKURS 6: Symplast-Apoplast

Alle lebenden Protoplasten einer Pflanze bilden gemeinsam den Symplasten. Die lebenden Protoplasten sind durch Zellwände, den Apoplasten, voneinander getrennt, stehen jedoch über Cytoplasmafäden in Poren und Plasmodesmen miteinander in Verbindung. Die Einheit des Symplasten wird dadurch gesichert, daß alle cytoplasmatischen Verbindungsstränge und -fäden, die durch die Zellwände führen, vom Plasmalemma umkleidet sind; genau genommen gibt es nur ein einziges Plasmalemma in einer Pflanze. Einschränkend muß erwähnt werden, daß die Existenz eines umkleidenden Plasmalemmas für die Plasmodesmen des Samenendosperms mancher Arten (Abb. 5.19) nicht bewiesen ist.
Man kann jedoch sagen: Alles was innerhalb des Plasmalemmas liegt, ist der Symplast (Abb. 5.27A) und alles was außerhalb des Plasmalemmas liegt, ist der Apoplast (Abb. 5.27B).

Diese Begriffe sind von Münch (1930) in die Physiologie vom Stofftransport eingeführt worden.

Da lebende Zellen eine relativ einheitliche Größe haben, können alle Glieder des Symplasten, also alle Protoplasten einer Pflanze, gleich gut mit Wasser versorgt werden, denn alle Protoplasten grenzen unmittelbar an den Apoplasten, in dem das Wasser herangeführt wird.

Die einzelnen Glieder des Symplasten sind unterschiedlich miteinander verkettet. Wenn viele Tüpfel mit Plasmodesmen zwischen Protoplasten auftreten, liegt ein Parenchymgewebe vor, dessen Zellen Stoffe und Signale austauschen können. Sind Cytoplasmabrücken nur spärlich ausgebildet, so dürfte der Stoff- und Signalaustausch gering sein.

Wie scharf ist nun die Grenze zwischen Symplast und Apoplast ausgeprägt? Gibt es Stellen, an denen sie sich verwischt?

Die Zellplatte, die nach der Kernteilung als erstes Anzeichen einer Zellwand entsteht, ist eine cytoplasmatische Struktur. Das Plasmalemma wird nach jeder Zellteilung auf beiden Seiten der Zellplatte neu gebildet und dort, wo Plasmodesmen entstehen, fusionieren die Plasmamembranen beider Tochterzellen. Im aktiven Meristem hat der Symplast an den Primordialwänden noch keine Abgrenzung gegen den Apoplasten, weil dieser noch nicht existiert.

Beim Aufbau der Primordialwand liefern Sekretvesikel das Wandmaterial. Sie entleeren ihren Inhalt zur entstehenden Wand hin, nachdem sie mit dem neu gebildeten Plasmalemma in Fusionskontakt getreten sind. Die lokal erweiterte Membran-oberfläche wird wieder ausgeglättet. Die Plasmamembran ist flexibel und zugleich plastisch, sie „fließt" (Robinson 1981).

Vom Blickpunkt der Transportphysiologie, vor allem aus Gründen der Logistik, mag es sinnvoller erscheinen, statt der unzähligen Plasmodesmen wenige, aber breite Durchgänge zu schaffen. So könnten die Siebporen einer Siebplatte für den Ferntransport der Assimilate durch eine einzige große Pore ersetzt werden; dies ist jedoch bei keiner Form während der Evolution und auch bis jetzt nicht geschehen. Es ist überhaupt noch nicht bewiesen, ob der sogenannte Ferntransport der Assimilate in Durchgangsbahnen stattfindet. Vielleicht reihen sich Stoffbewegungen über kurze Distanzen aneinander.

Die Vorteile, die eine Ausstattung mit vielen dünnen Symplasmaverbindungen bietet, lassen sich nicht übersehen:

Das Symplastenplasmalemma wird durch die Plasmodesmen in seiner Oberfläche stark vergrößert, womit auch die Kontaktfläche Symplast/Apoplast vergrößert wird. Ein Ionen-Austausch zwischen Apoplast und Symplast ist offenbar ein wesentliches Prinzip bei der Koordination des pflanzlichen Stoffwechsels und bei der Propagation von Aktionspotentialen im Symplasten (Fromm 1991). Dafür spricht das verbreitete Auftreten von ATPase im Plasmalemma, auch in dem der Plasmodesmen, ja sogar in so dicht beieinanderliegenden wie denen der globulären Tüpfelfelder.

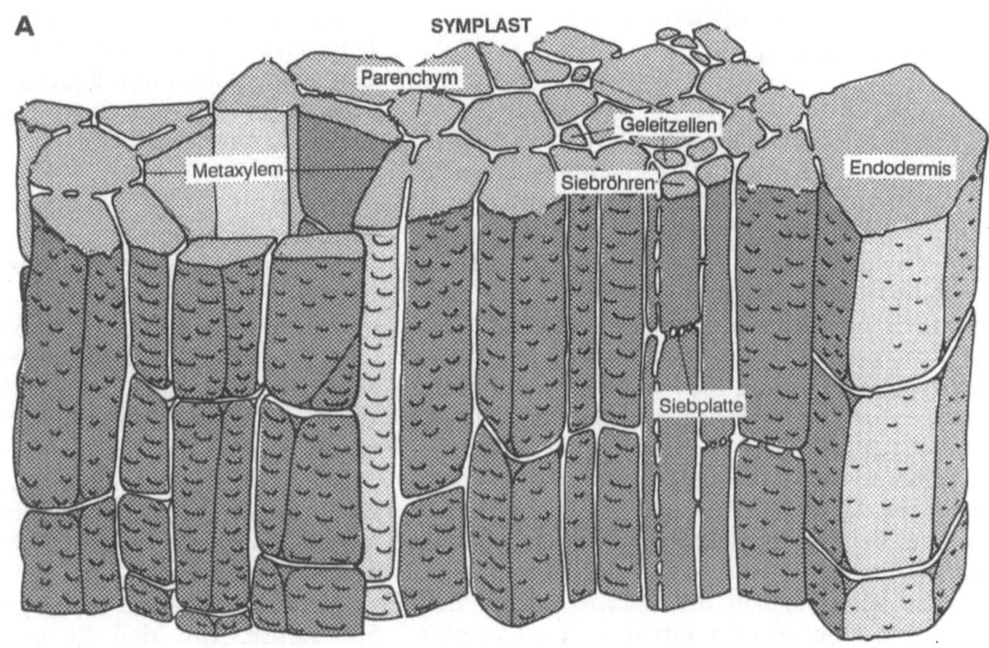

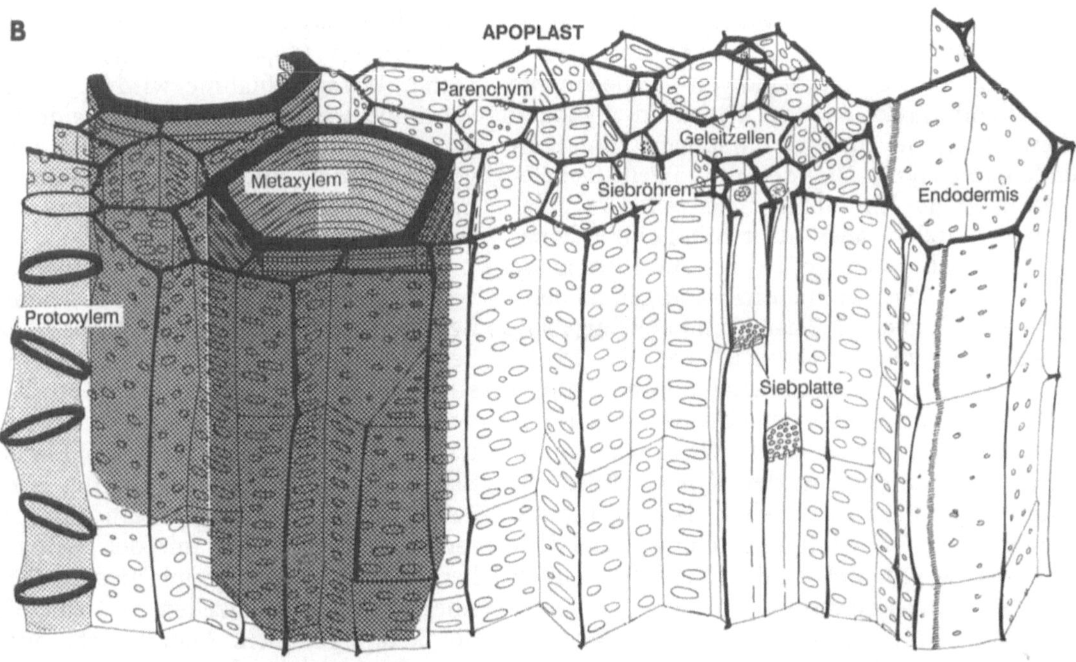

Abb. 5.27A, B. Symplast (**A**) und Apoplast (**B**) sind die beiden strukturellen Kompartimente einer jeden Pflanze. Plasmodesmen, einzeln und in primären Tüpfelfeldern, gelegentlich zu Poren erweitert (Siebporen), durchsetzen den Apoplasten in variabler Zahl. Damit wird sowohl die Wasserversorgung des Symplasten als auch die Stoffversorgung des Apoplasten an jeder Stelle des Pflanzenkörpers gesichert, allerdings mit unterschiedlicher Intensität. Die Häufigkeit dieser cytoplasmatischen Brücken gilt als ein Maß für die Stoffwechselaktivität des betreffenden Gewebes, vorausgesetzt, die Wasserversorgung der Pflanze ist ausreichend

5.7 Apo- und symplastische Phloembeladung

Der Begriff „Phloembeladung“ (Eschrich 1970) ersetzt das „vein loading“. Phloembeladung findet in Sourceorganen (reife grüne Blätter, Speicherorgane bei der Entleerung) statt. Symplastische Phloembeladung liegt vor, wenn von der Saccharosequelle bis in die Siebelemente cytoplasmatische Verbindungsbrücken für den Zuckertransport benutzt werden können. Apoplastische Phloembeladung liegt vor, wenn zumindest an einer Stelle des Transportweges die Zellwand durchkreuzt wird.

Während bei der symplastischen Phloembeladung ein Membrantransport nicht erforderlich ist, muß bei der apoplastischen Phloembeladung das Plasmalemma wenigstens zwei mal passiert werden: beim Austritt des Zuckers in die Zellwand und beim Wiedereintritt in das Cytoplasma des Siebelements.

In den Nerven und Adern vieler Blätter gibt es dünnwandige und dickwandige Siebelemente, z.B. bei Mais (Fritz et al. 1983) und Gerste (Abb. 6.26). Die dickwandigen Siebelemente grenzen oft direkt an das Xylem. In manchen Fällen haben sie Tüpfelverbindungen zum Leitbündelparenchym. Die dünnwandigen Siebelemente sind nur mit ihren Geleitzellen symplastisch verbunden, aber nicht mit Leitbündelparenchymzellen oder Zellen der Bündelscheide (Evert et al. 1977). Da die dickwandigen Siebelemente der Gerste im Plasmalemma keine ATPase-Reaktion zeigen (Eschrich et al. 1992), scheinen sie sich nicht nur anatomisch, sondern auch physiologisch von den dünnwandigen Siebelementen zu unterscheiden. Wenn dickwandige Siebelemente eng mit den Xylemgefäßen assoziiert sind, wäre es denkbar, daß sie für die Aufnahme von Stickstoff-Verbindungen aus dem Xylemwasser geeignet sind. Allerdings fehlen Versuche, die das beweisen.

Beachtenswert sind die unterschiedlichen osmotischen Werte in den Zelltypen des Phloems, die an der Beladung beteiligt sind. Grenzplasmolytische Bestimmungen im EM-Bereich haben im *Coleus*-Blatt Unterschiede gezeigt, die in den Intermediärzellen etwa doppelt so hohe osmotische Werte ergaben, als in den Bündelscheidenzellen, obwohl beide Zelltypen durch auffallend viele Plasmodesmen miteinander verbunden sind. Allerdings ändern sich diese Unterschiede in den einzelnen Leitbündelkategorien (Nerven, Adern erster bis xter Ordnung) (Fisher 1986).

Weiterhin ist zu beachten, daß sich die Lösungskonzentration in Siebröhren und Geleitzellen ändert, wenn die Pflanzen längere Zeit verdunkelt werden. Bei reifen Maisblättern entsprach die Konzentration in Siebröhren und Geleitzellen einer 0,6 molaren Plasmolyse-Lösung; nach 48 h Verdunkelung war die grenzplasmolytische Konzentration auf 0,2 molar gesunken (Evert et al. 1978).

Wie schon beschrieben (Abb. 5.1), sind bereits nach drei Minuten Photosynthese ^{14}C-markierte Assimilate in den Siebröhren des *Gomphrena*-Blattes angelangt.

Siebröhren zeigen eine große Affinität für Saccharose. Um den Zuckertransport in den Source-Siebröhren in gang zu halten, ist ein hohes osmotisches Potential in den Siebröhren erforderlich, das bis an die Grenze der Saccharoselöslichkeit (66,4%, also fast 2 Mol) reicht. Durch Wasseraufnahme wird die Zuckerlösung verdünnt, wodurch sie sich in beide Richtungen verteilt, vorzugsweise in Richtung zum Zuckerverbrauchsort. Die osmotische Wasseraufnahme hat im Wasserpotential des Apoplasten (Saugspannung) eine Gegenkraft.

Die Annahme, daß die Blattnerven (minor veins) symplastisch, die exportierenden Leitbahnen (das Phloem der Adern) aber apoplastisch beladen werden, begründet sich allein auf feinstrukturelle Untersuchungen über die Plasmodesmendichte (plasmodesmatal frequency). Es trifft zu, daß die Siebröhren der Blattadern, des Blattstiels und des Stengels wenig oder fast gar keine Tüpfelverbindungen zum umgebenden Parenchym zeigen. Nur mit den Geleitzellen stehen sie in enger symplastischer Verbindung. Aber auch die Geleitzellen sind zum Parenchym hin kaum getüpfelt. Man spricht deshalb vom Siebröhren/Geleitzell-Komplex, der vom umgebenden Parenchym symplastisch getrennt erscheint. Fast stets handelt es sich um Pflanzenteile oder -organe, die ausgewachsen sind und deshalb als Sinks keine Bedeutung haben, wo also kaum Zucker entladen wird.

Die Photoassimilate, die in Form von Saccharose zur Phloembeladung verwendet werden, kommen aus dem Blattmesophyll. Sie müssen die Bündelscheide überwinden, bevor sie das Phloem erreichen. Viele Gräser (Festucoideae) besitzen zusätzlich noch eine Mestomscheide (Abb. 6.26), die jedoch in den transversalen Leitbündelverbindungen der Blattspreite (Leitbündelanastomosen) fehlt (Kuo et al. 1974).

Bündelscheide und Mestomscheide stehen meistens durch zahlreiche Plasmodesmen mit den Mesophyllzellen in Verbindung. Auch zum Phloemparenchym hin sind primäre Tüpfelfelder ausgebildet.

Beim Weizenblatt wurde nachgewiesen, daß die höchste Plasmodesmendichte zwischen Zellen der Mestomscheide und anstoßenden Metaphloemelementen auftritt (Kuo et al. 1974).

Da Saccharose in den Siebelementen stärker akkumuliert (>1,3 Mol) als in Parenchymzellen (ca. 0,6 Mol), muß die Phloembeladung als „uphill transport“ unter Energieaufwand ablaufen. Im Maisblatt führt die Phloembeladung mit Saccharose vom Apoplasten aus zu einer Erhöhung des pH-Wertes in der Apoplastenflüssigkeit. Wenn aber statt der Saccharose andere Zucker wie Glucose, Fructose, Raffinose, Galaktose, angeboten werden, so tritt keine pH-Erhöhung im Apoplasten ein (Heyser 1980). Man nimmt an, daß die Phloembeladung durch einen Saccharose-Proton-Cotransport erfolgt, durch den es zur Anreicherung der im Apoplasten verbleibenden OH^--Ionen kommt. Ebenso wird der pH-Wert in den Siebröhren von Gerstenblättern erniedrigt, wenn im Proton-Cotransport Saccharose über den Apoplasten angeboten wird. Die pH-Wert-Änderung in den Siebröhren kann mit Mikroelektroden über den abgetrennten Saugapparat einer Blattlaus gemessen werden (Fromm u. Eschrich 1989).

Die Phloembeladung mit Saccharose hat aber eine vorübergehende Depolarisierung des Membranpotentials der Siebröhren von −130 mV auf −100 mV zur Folge. Gleichzeitig mit der pH-Erniedrigung wird die Chlorid-Konzentration in den Gersten-Siebröhren bei der Phloembeladung mit Saccharose erhöht (von 120 mM auf 140 mM).

Messungen mit Kalium-sensitiven Mikroelektroden haben gezeigt, daß sich bei der Depolarisierung auch K^+-Ionen nach außen bewegen.

Keine Änderung des Siebröhren-pH-Wertes wird durch Sorbit oder andere Zuckeralkohole verursacht; Sorbit wird nicht in die Siebröhren der Gerste geladen (Fromm u. Eschrich 1989).

Das Vorliegen einer apoplastischen Phloembeladung mit Saccharose wird mit pfenniggroßen, ausgestanzten Blattscheibchen bewiesen, wenn diese für 30 Minuten auf ^{14}C-Saccharoselösung schwimmen. Nach Auswaschen der anhaftenden Lösung zeigt die Makroautoradiographie des Blattscheibchens bei manchen Pflanzen ein geschwärztes Nerven / Adernetz. Die Mikroautoradiographie der Leitbündelquerschnitte läßt bei *Vicia faba*, *Beta vulgaris*, *Antirrhinum majus* und *Gomphrena globosa* (Abb. 5.28) erkennen, daß Radioaktivität in den Siebröhren akkumuliert, während die Mesophyllzellen keine Akkumulation des Tracers zeigen. Stärke fehlt in der Bündelscheide (Eschrich u. Fromm 1994).

Die apoplastische Phloembeladung wird durch Erhöhung des osmotischen Potentials der Inkubationslösung (mit Mannit, der ebenso wie der Sorbit phloemimmobil ist) intensiviert (Abb. 5.29) (Geiger u. Fondy 1980). Von aussen angebotene ^{14}C-Saccharose kann im Apoplasten bis zu den Siebröhren gelangen. Bei hoher Mannit-Konzentration in der Außenlösung werden die Siebröhren gezwungen, ihr osmotisches Potential zu erhöhen; sie nehmen daher verstärkt Saccharose (und ^{14}C-Saccharose) aus der (phloemimmobilen) Mannitlösung auf.

In der intakten Pflanze muß bei apoplastischer Phloembeladung die lichtabhängig im Chlorenchym produzierte Saccharose die Bündelscheide passieren, dann in die Zellwand austreten, um von dort durch das Plasmalemma in die Siebelemente einzudringen. Den Beweis, daß das Plasmalemma der Siebröhren einen Saccharosetransporter enthält, erbrachten sowohl Hemmstoffversuche (M'Batchi u. Delrot 1984) als auch immunocytochemische Untersuchungen mit einem Antikörper. Dieser Antikörper wurde gegen ein Protein (62 kDa) aus der Membranfraktion junger Cotyledonenzellen von *Glycine max* gebildet. Diese Zellen nehmen nämlich Saccharose auf. Der mit Goldpartikeln markierte Antikörper lagert sich an das Plasmalemma der Siebröhren von *Spinacia oleracea* an, wodurch ein Saccharosetransporter gekennzeichnet wird (Abb. 5.30) (Warmbrodt et al. 1989).

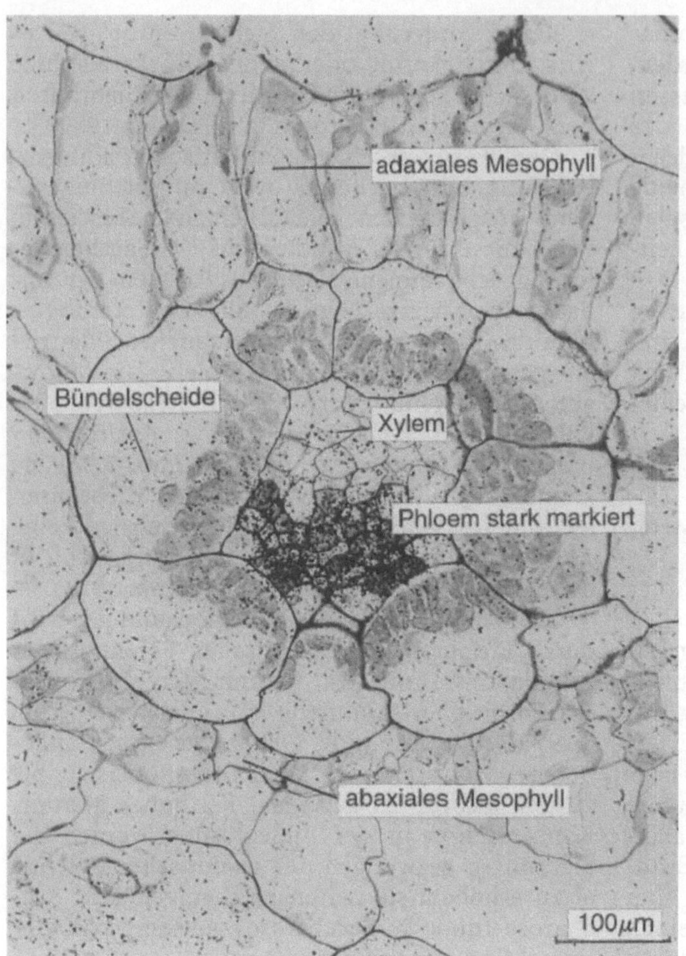

Abb. 5.28. Beim Vergleich dieser Mikroautoradiographie mit der in Abb. 5.1 wird deutlich, daß die Intensität der Phloemmarkierung hier stärker ist. Nicht nur die Siebröhren sind stark markiert, sondern auch die Geleitzellen. Dieses Präparat wurde aus einem Blattscheibchen gewonnen, das vom Rande her mit ^{14}C-Saccharose versorgt wurde. Das Phloem von *Gomphrena globosa* wird apoplastisch beladen. Es besitzt eine hohe Affinität für Saccharose und kann diesen Zucker akkumulieren, ohne daß ein Abtransport die Aufnahme weiterer Saccharose fördert. In einem ausgestanzten Blattscheibchen sind alle Siebröhren abgeschnitten, es ist kein Sink vorhanden und Stärke fehlt. (Eschrich u. Fromm 1994)

Bei der apoplastischen Phloembeladung mit Hilfe des Saccharose-Proton-Cotransports wird der Siebröhreninhalt angesäuert. Der Protonenüberschuß wird dann mit einer Protonenpumpe (ATPase) wieder aus den Siebröhren entfernt. Dabei wird Bindungsenergie des ATP verbraucht. Tatsächlich wurde ein solcher Protonen-Transient gemessen; bei der apoplastischen Saccharose-Beladung des Maisblattes fiel nach ca. 10 Minuten der pH-Wert im Apoplasten wieder ab (Heyser 1980). Ebenso wird die im Gerstenblatt durch Beladung mit Saccharose ausgelöste Depolarisierung des Siebröhren-Membranpotentials sehr rasch wieder durch Hyperpolarisierung ausgeglichen (Fromm u. Eschrich 1989; Eschrich et al. 1988).

Der histochemische Nachweis von ATPase (genauer Nucleotid-Triphosphatase, denn UTP wird ebenfalls als Substrat verwendet) im Plasmalemma der Siebröhren vieler Arten (Cronshaw 1980; Evert et al. 1988; Eschrich et al. 1992) kann als weiterer Hinweis auf einen Protonen-Cotransport bei der Phloembeladung mit Saccharose gelten.

Kontrolliert wird die apoplastische Phloembeladung durch saure Invertase. Diese free-space Invertasen sind Glycoproteine, die sich mit sauren Gruppen der Zellwand verbinden und daher stationär bleiben. Ihre pH-Optima liegen zwischen 4,6 (*Phaseolus*) und 5,2 (*Mimosa*), oberhalb 6,3 sind sie inaktiv (Eschrich 1980; Wilke et al. 1995). Wenn im Apoplasten neutrale Reak-

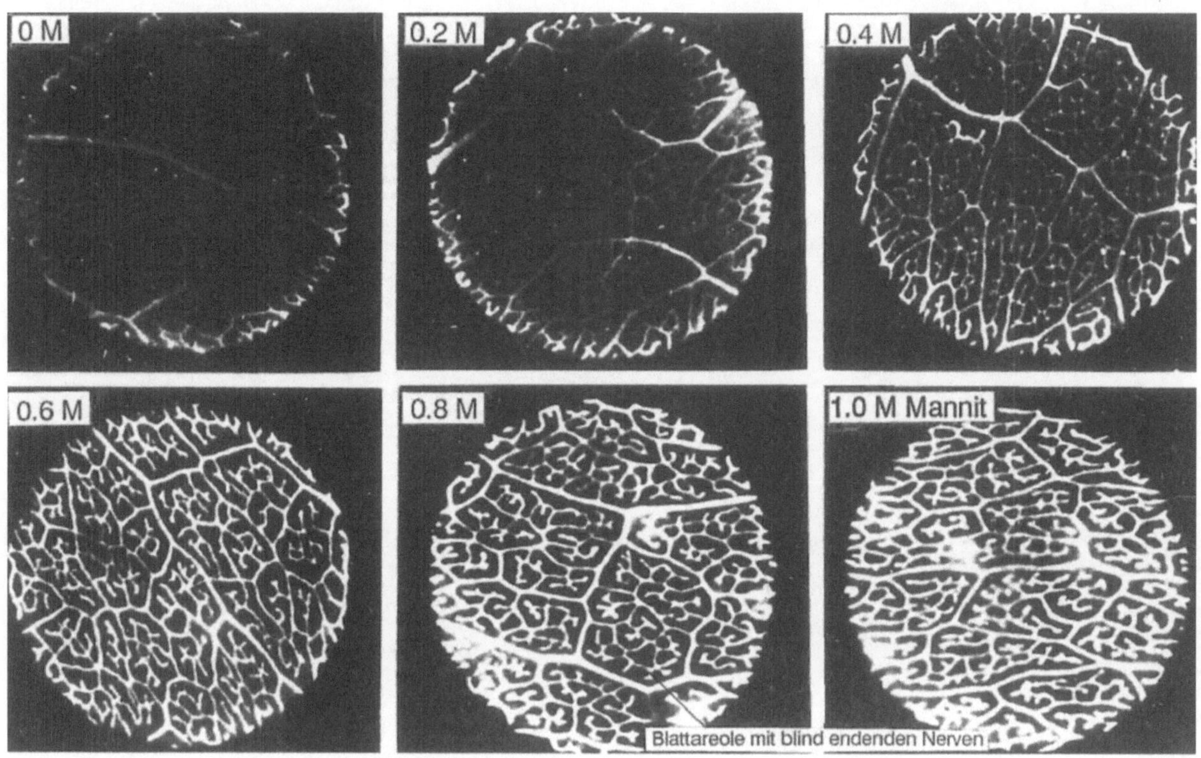

Abb. 5.29. In dieser Serie von Autoradiographien ausgestanzter Scheibchen (7,5 mm Durchmesser) von Zuckerrübenblättern (*Beta vulgaris*) wird der Einfluß apoplastischer Mannitlösungen auf die Phloembeladung mit gleichzeitig angebotener ^{14}C-Saccharose gezeigt. Die Siebröhren von *Beta vulgaris* laden Saccharose als einzigen Zucker aus dem Apoplasten, Mannit wird nicht in die Siebröhren aufgenommen. Demzufolge entwickeln steigende Konzentrationen externer Mannitlösung ein steigendes osmotisches Potential, das die Aufnahmefähigkeit der Siebröhren für Saccharose positiv beeinflußt. Man stellt sich vor: das Wasserpotential (der osmotische Wert der apoplastischen Mannitlösungen) zwingt die Siebröhren, ihre Saccharoseaffinität so anzupassen, daß die Siebröhrenturgeszenz erhalten bleibt. Da nur Saccharose radioaktiv ist, zeigen die Blattnerven um so mehr Markierung, je höher sie osmotisch „gestreßt" werden. Der Beweis, daß es die Siebröhren sind, die markiert sind, läßt sich mit Mikroautoradiographien (s. Abb. 5.28, 5.40) führen. (Geiger u. Fondy 1980)

tion herrscht, ist die saure Invertase inaktiv. Saccharose kann dann unbehelligt in die Siebröhren aufgenommen werden. In einem sauren free space ist Invertase aktiv und Saccharose wird gespalten. Die freien Hexosen werden dann nicht in die Siebröhren aufgenommen, sondern vermutlich im Parenchym metabolisiert.

In der neutralen Apoplastenflüssigkeit des reifen Maisblattes wurde eine Saccharosekonzentration von 7,3 mM gemessen (Heyser et al. 1978). Saccharose, die aus den Siebröhren austritt, wird im neutralen Apoplastenmilieu nicht gespalten, weil die saure Invertase inaktiv ist. Entladene Saccharose kann, wenn sie nicht gespalten worden ist, wieder in die Siebröhren zurückgeladen werden; es resultiert eine Vortex-Bewegung (eddy current) der Saccharose entlang der gesamten Phloembahn, und damit ein ständiges Angebot an entladener Saccharose für die Versorgung von Sinks.

Die symplastische Beladung ist vom Vorhandensein durchgehender Plasmodesmenverbindungen abhängig; sie ist also auf solche Sourceregionen begrenzt, in denen die Plasmodesmendichte zwischen allen beteiligten Zellen dafür geeignet ist.

Bei den Gymnospermenblättern sind Plasmodesmen zwischen allen Zellen der Beladungs-

Geleitzelle
Plastide
Goldpartikeln
ER
Siebröhre
Plasmalemma
2 µm

Mitochondrium
Goldpartikeln
Plasmalemma
0,2 µm
Siebröhre

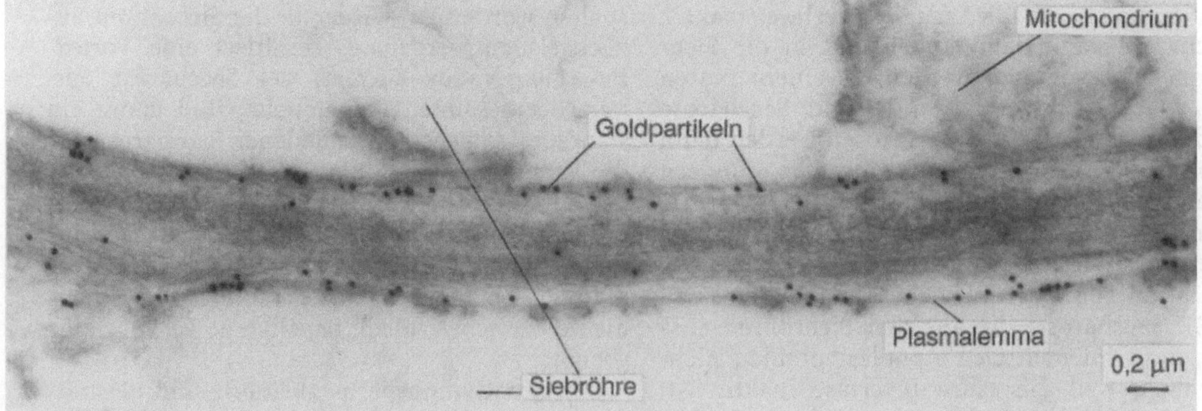

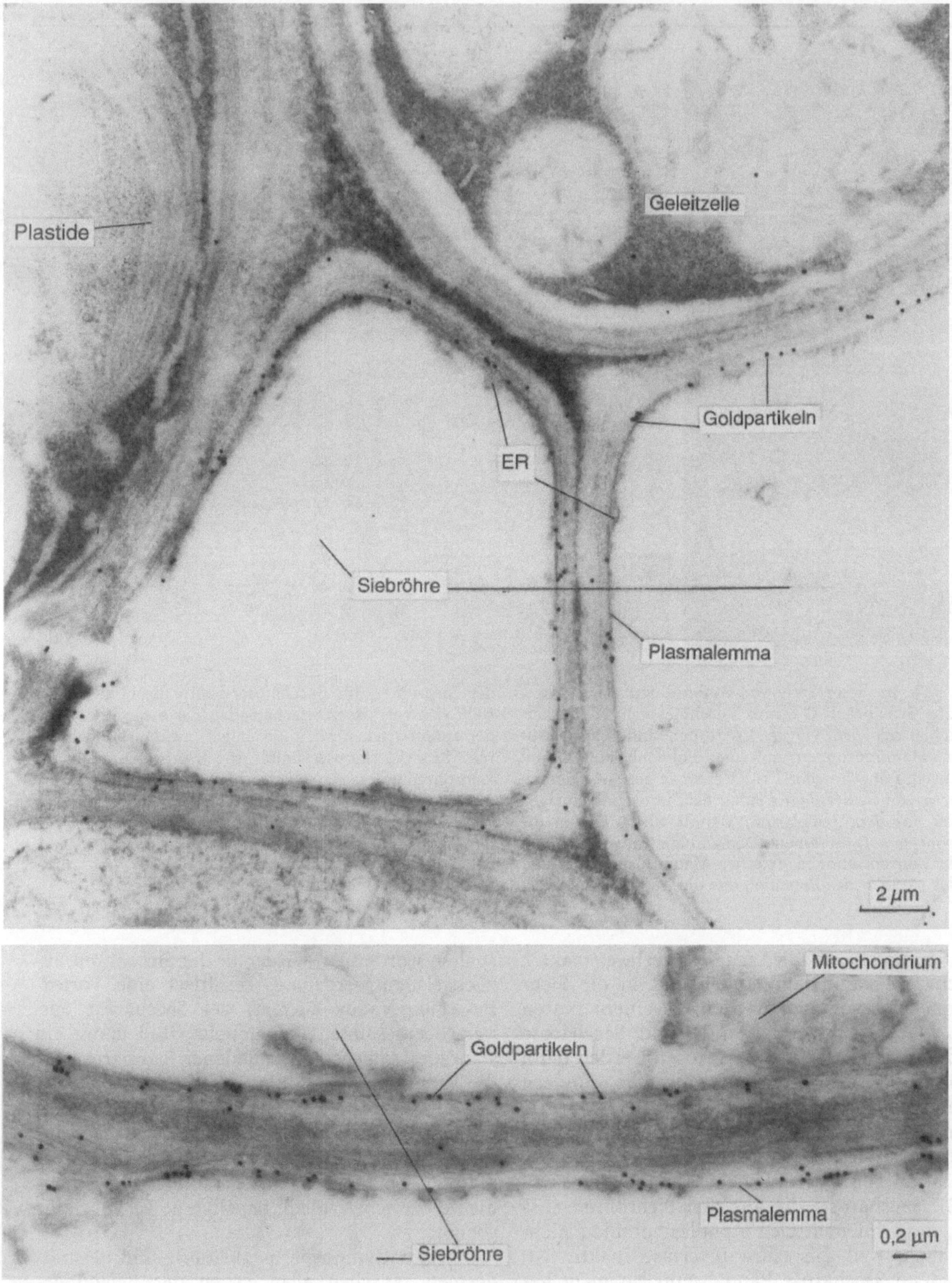

Abb. 5.30

bahn vorhanden, im Blatt z.B. auch zwischen den Strahlzellen und den angrenzenden Siebzellen. Bei Fichtennadeln wurde eine ununterbrochene Plasmodesmenbahn vom Mesophyll über Endodermis, Transfusionsparenchym und Strasburger-Zellen (Intermediärzellen) bis zu den Siebzellen nachgewiesen (Blechschmidt-Schneider 1993).

Bei den Leptoiden von Laubmoosen (*Polytrichum*) enthalten die Längswände keine Plasmodesmen, nur die schräg verlaufenden Querwände haben eine hohe Plasmodesmendichte (Eschrich u. Steiner 1968 b).

Der Aufbau der Blattnerven ist bei einer großen Zahl von Dicotylen untersucht worden. Daraus ergaben sich Zusammenhänge, die Gamalei (1989) taxonomisch-ökologisch ausgewertet hat. Er unterscheidet „offene" und „geschlossene" Blattnerven, wobei die offenen mit zahlreichen Plasmodesmen zwischen Mesophyll- und Geleit- oder Intermediärzellen ausgestattet sind, die wiederum Plasmodesmenverbindungen zu den Siebröhren haben. Nur die offenen Blattnerven wären nach den obigen Ausführungen für eine symplastische Phloembeladung geeignet.

Die geschlossenen Blattnerven zeigen keine Plasmodesmen an der Grenze zwischen Mesophyll und Intermediärzellen. Geschlossene Blattnerven wurden in drei Systeme eingeteilt:

- Intermediärzellen haben glatte Innenwände.
- Intermediärzellen haben Wandeinstülpungen auf der Innenseite, es sind Transferzellen.
- Mesophyll und Bündelscheide sind durch viele Plasmodesmen verbunden, haben aber keinen symplastischen Kontakt zu den Intermediärzellen und Siebelementen.

Alle geschlossenen Nervensysteme machen den apoplastischen Beladungsschritt erforderlich. Solche Kategorisierungen sind verständlicherweise nicht konsequent anwendbar. Am Beispiel des *Coleus*-Blattes läßt sich dies zeigen: Bei *Coleus blumei* treten Intermediärzellen auf, die bei den kleinen Blattnerven auffallend groß sind, bei den dickeren Adern (Blattadern 3. und 2. Ordnung) zunehmend kleiner ausfallen. Sie haben sehr dicht angeordnete Plasmodesmen zu den Bündelscheidenzellen und den Siebelementen, aber keine Plasmodesmen zu den Geleitzellen, obwohl Geleitzellen und Siebelemente bei *Coleus* wie anderswo auch mit Plasmodesmenverbindungen ausgestattet sind (Fisher 1986).

Ein allgemein anwendbares Schema der Plasmodesmendichten (frequencies) ist von Van Bel (1989) entworfen worden (Abb. 5.31); es besitzt jedoch nur für die Blattnerven Gültigkeit, schon bei den Blattadern liegen andere Verhältnisse vor.

Funktionell betrachtet erscheint es unklar, wie eine Siebröhre bei rein symplastischer Phloembeladung ihr bereits vorhandenes osmotisches Potential durch Saccharose-import weiter erhöhen kann. Die Kontrolle durch apoplastische Invertase fällt weg, ein Saccharose-Protonen-Cotransport erübrigt sich, da keine Membran zu überwinden ist, eine Vacuolenspeicherung oder Tonoplasten-kontrolle entfällt, da Siebelemente keine Vacuole haben.

Die symplastische Phloembeladung wird anscheinend allein durch den Verbrauch (die Aktivität der Sinks), also „von der Hand in den Mund" geregelt. Bei fehlender Phloementladung bleibt der Assimilattransport stehen.

◄

Abb. 5.30. Um Saccharose in die Siebröhren zu laden, in denen schon viel Saccharose vorhanden ist, wird ein Saccharosetransporter benötigt, also ein Protein, das wahrscheinlich im Plasmalemma der Siebröhren lokalisiert ist. Gelänge es, dieses Protein zu isolieren, so könnte man damit einen Antikörper erzeugen, der – mit feinsten Goldpartikeln behaftet – im EM den Ort des Transporterproteins anzeigt. In diesen EM-Aufnahmen lokalisieren die Goldpartikeln einen Saccharosetransporter. Er wurde allerdings nicht aus Siebröhren, sondern aus saccharosespeicherndem Parenchymgewebe von *Spinacia oleracea* isoliert. Man erkennt aber, daß nur das Plasmalemma der Siebelemente „vergoldet" ist. (Warmbrodt et al. 1989)

5.8 Phloementladung

Für eine Saccharoseabgabe aus dem Phloem sind drei Verfahren denkbar (Abb. 5.32) (Eschrich 1989):

1. apoplastische Phloementladung mit Steuerung durch Invertase.

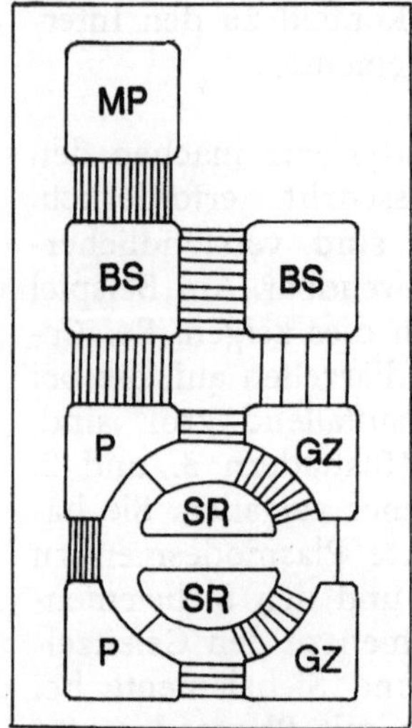

MP
BS
BS
P
GZ
SR
SR
P
GZ
Populus deltoides

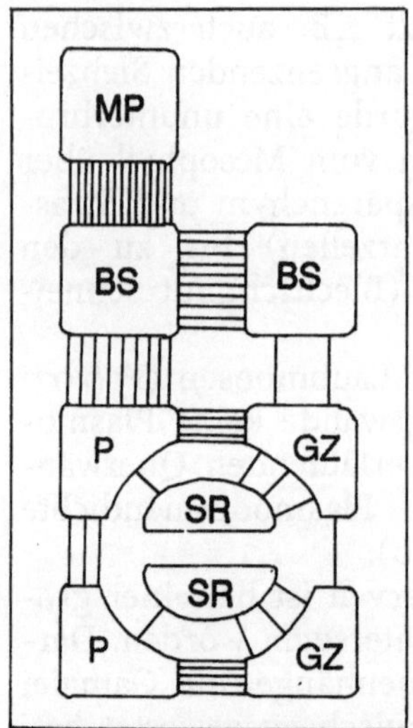

Abb. 5.31. Plasmodesmatogramme basieren auf EM Studien an Blattnerven. Sie zeigen, ob viele, wenig oder keine Plasmodesmen zwischen den verschiedenen Zellen des Symplasten wie Mesophyllparenchym (MP), Bündelscheidenzellen (BS), Phloemparenchym (P), Geleitzellen (GZ) und Siebröhren (SR) vorhanden sind. Die Dichte der Verbindungsstriche entspricht der Häufigkeit der Plasmodesmen, der Plasmodesmenfrequenz. Existiert zwischen Mesophyll, also der Quelle der Photosyntheseprodukte, und Siebröhre ein ununterbrochener Plasmodesmenweg, so ist eine symplastische Phloembeladung vorstellbar. Fehlen dagegen zwischen zwei Zelltypen die Plasmodesmen, so muß die Saccharose auf apoplastischem Wege die Siebröhren erreichen; apoplastische Phloembeladung ist nur mit Energieaufwand möglich, weil dabei gegen einen bestehenden Konzentrationsgradienten beladen wird. (Nach Van Bel u. Gamalei 1991)

2. symplastische Phloementladung im Cytoplasma-Plasmodesmenannulus-System.
3. symplastische Phloementladung im ER-Desmotubulus-System.

Im ersten Fall muß die Saccharose durch das Plasmalemma geschleust werden, wobei – wie bei der apoplastischen Beladung – ein Ionen-Cotransport erforderlich ist.

Für den zweiten Fall ist es noch unbekannt, ob der Desmotubulus natürlicherweise zu einem Stab verengt werden kann, oder ob die EM-Darstellungen Kaltfixierungs-Artefakte zeigen. Der dritte Fall erscheint sinnvoll, wenn die Saccharose ungespalten in Parenchymzellvacuolen gelangen soll (Früchte).

Durch Applikation von asymmetrisch markierter (^{14}C-fructosyl-) Saccharose an Zuckerrohrpflanzen wurde nachgewiesen, daß die Saccharose gespalten wird, bevor sie für die Speicherung im Stengel resynthetisiert wird (Hatch u. Glasziou 1964). Bei der Zuckerrübe wurde hingegen keine Hydrolyse vor der Aufnahme in die Speicherzellen beobachtet, wenn die gleiche asymmetrisch markierte Saccharose verwendet wurde (Giaquinta 1977).

In Entladungsverfahren 1 und 2 wird Saccharose bei der Phloementladung entweder durch apoplastische (1) oder cytoplasmatische (2) Invertase gespalten.

Es ist vorstellbar, daß nach Phosphorylierung der Hexosen wieder Speichersaccharose hergestellt wird. Daß dabei SPS (Saccharosephosphat Synthase) oder SS (Saccharose-Synthase) beteiligt sind, ist nicht zu bezweifeln. Auf jeden Fall dürfte die Herstellung von Speichersaccharose auch im Dunkeln möglich sein.

Die Phloementladung ist an Source-Sink-Systemen mit vorausgehender ^{14}C-Markierung der Saccharose untersucht worden. Beim reifen Maisblatt, dessen intakte Spreite partiell durch Verdunkelung und CO_2-Entzug zum Sink gemacht wurde, war die SPS-Aktivität hoch; SS-Aktivität fehlte vollständig. Bei diesem Objekt

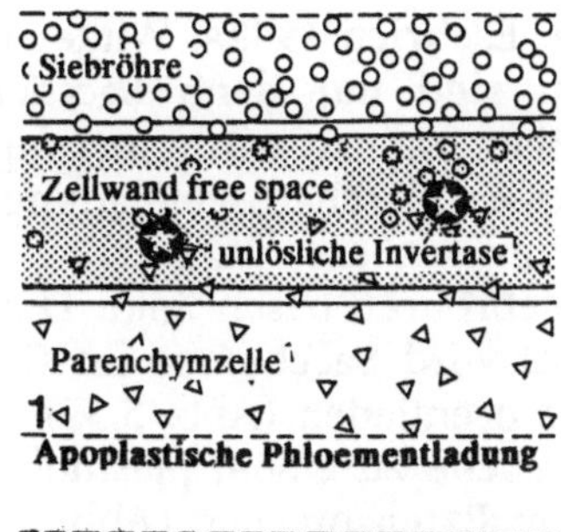

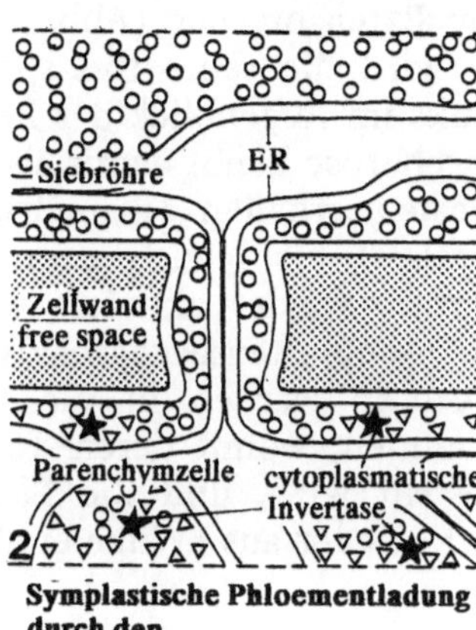

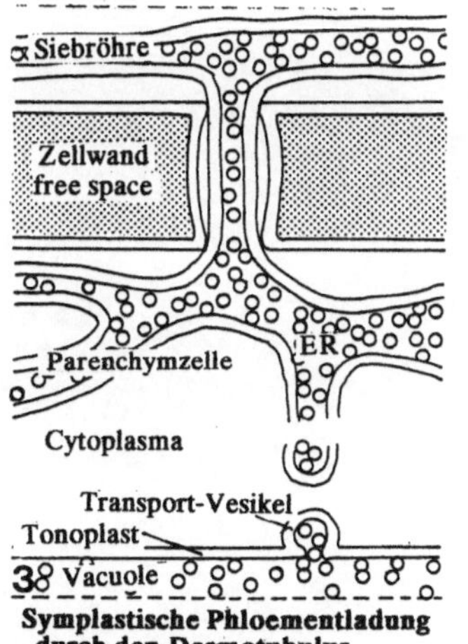

war die Saccharose-markierung im unbelichteten Sink etwa ebenso hoch wie im belichteten (Eschrich 1984a). Da neben Saccharose auch Glucose, Fructose, besonders 3-Phosphoglycerinsäure und Glucose-6-Phosphat ^{14}C-markiert waren, ist der apoplastische Entladungsweg (1) der Saccharose aufgrund der Invertasewirkung am wahrscheinlichsten.

Zur Beurteilung des Saccharose-Entladungsverfahrens wird – ebenso wie für das Beladungs-Verfahren in Sources – die Plasmodesmendichte in den Zellwänden herangezogen. Beim ausgewachsenen Maisblatt wurde die größte Plasmodesmendichte zwischen Phloemparenchym- (P im Schema Abb. 5.31) und Bündelscheidenzellen (BS) gefunden. Häufig traten Plasmodesmen zwischen Phloemparenchymzellen und dickwandigen Siebelementen auf. Dünnwandige Siebelemente waren dagegen symplastisch nur mit Geleitzellen verbunden (Evert et al. 1978). Bei *Amaranthus retroflexus* (Fisher u. Evert 1982) und *Coleus blumei* (Fisher 1986) sind abweichende Plasmodesmendichten gefunden worden.

Aus dünnwandigen Siebröhren des Maisblattes kann Saccharose auf symplastischem Wege nur in die Geleitzellen gelangen, denn zum Leitbündelparenchym bestehen keine oder nur wenige Plasmodesmenverbindungen. Aus den dickwandigen Siebröhren kann dagegen Saccharose symplastisch ins Leitbündelparenchym und von dort in die Bündelscheide und das Mesophyll transportiert werden.

Beim reifen Blatt von *Gomphrena globosa* konnte histochemisch eine hohe Invertaseaktivität im Protoplasten der Phloemparenchymzellen der Leitbündel nachgewiesen werden (Abb. 5.33). Das zum Sink gemachte Blatt (vorver-

Abb. 5.32. Ebenso wie für die Beladung, gibt es auch für die Phloementladung den apoplastischen (1) und symplastische Wege (2, 3). Existiert eine aktive, zellwandgebundene Invertase, so wird (pH-abhängig) die durch das Plasmalemma austretende Saccharose in der Zellwand gespalten. Glucose und Fructose sind phloemimmobil, sie werden nicht mehr in die Siebröhre zurückgeladen (1). In den Plasmodesmen kann die Phloementladung im cytoplasmatischen Annulus erfolgen. Wird Saccharose für den Zellstoffwechsel verwendet, so ist cytoplasmatische Invertase für ihre Spaltung zuständig (2). Wird das ER der Siebröhre als Transportbahn für die Entladung benutzt, so kann sich unter Umständen Saccharose durch den Desmotubulus der Plasmodesmen, also im ER bis zum Tonoplasten bewegen. Bei der Speicherung kann Tonoplasten-Invertase wirksam sein. Die entstehende Glucose wird dann in der Vacuole gespeichert (Weinbeeren) oder die Fructose wird in Form von Fructanen wie Inulin deponiert. Wird Saccharose gespeichert (Zuckerrübe, Zuckerrohr), so wird sie erst gespalten, wenn sie wieder mobilisiert wird und ins Cytoplasma zurückwandert (s. Abb. 5.34). (Eschrich 1989)

dunkelt, CO_2-Entzug) enthielt lösliche Invertase, die bei pH 6,0 aktiv war. Ihre Aktivität verdoppelte sich, wenn das Sinkblatt zuvor sechs Stunden mit Dunkelrot beleuchtet wurde (Eschrich u. Eschrich 1987). Bei diesem Objekt scheint der symplastische Entladungsweg (3) der Saccharose vorzuliegen.

Die Invertase könnte im Tonoplasten der Phloemparenchym-Zellen lokalisiert sein. In diesem Fall könnte man sich ein Modell vorstellen (Abb. 5.34), bei dem Saccharose unbehelligt in die Vacuole eindringt. Erst wenn bei Bedarf Saccharose wieder aus der Vacuole ins Cytoplasma gebracht werden soll, würde die Invertase des Tonoplasten in Aktion treten. Die freien Hexosen würden nach Phosphorylierung für den Stoffwechsel des Cytoplasmas zur Verfügung stehen.

Eine besondere Regelung der Saccharoseentladung wird in Blattgelenken (Pulvini) von *Mimosa pudica* angewendet (Fromm 1986; Fromm u. Eschrich 1988a; Wilke et al. 1995). Die Pulvini sind nur dann Saccharosesinks, wenn das Blatt gereizt wird; im ungereizten Blatt findet keine Saccharoseentladung statt. Dort ist im Pulvinus die ^{14}C-markierte Saccharose auf die Siebröhren beschränkt. Durch Reizung des Blattes wird Saccharose im Gelenk in den Apoplasten entladen (Abb. 5.35). Dies führt im Motorgewebe zu einem plasmolytischen Turgorverlust der Extensorzellen (Abb. 5.36). Interessanterweise wird die saure free-space-Invertase des Gelenks im Augenblick der Reizung inaktiviert; die Saccharose bleibt damit als Osmotikum im Apoplasten erhalten (Erniedrigung des Wasserpotentials), bis – nach etwa 20 Minuten – die Invertase wieder aktiviert wird. Dann erst kann die Apoplastensaccharose gespalten werden, die Hexosen werden in die Extensorzellen aufgenommen, womit deren Turgeszenz wieder hergestellt wird, und die Fiederblattpaare breiten sich wieder aus (Wilke et al. 1995).

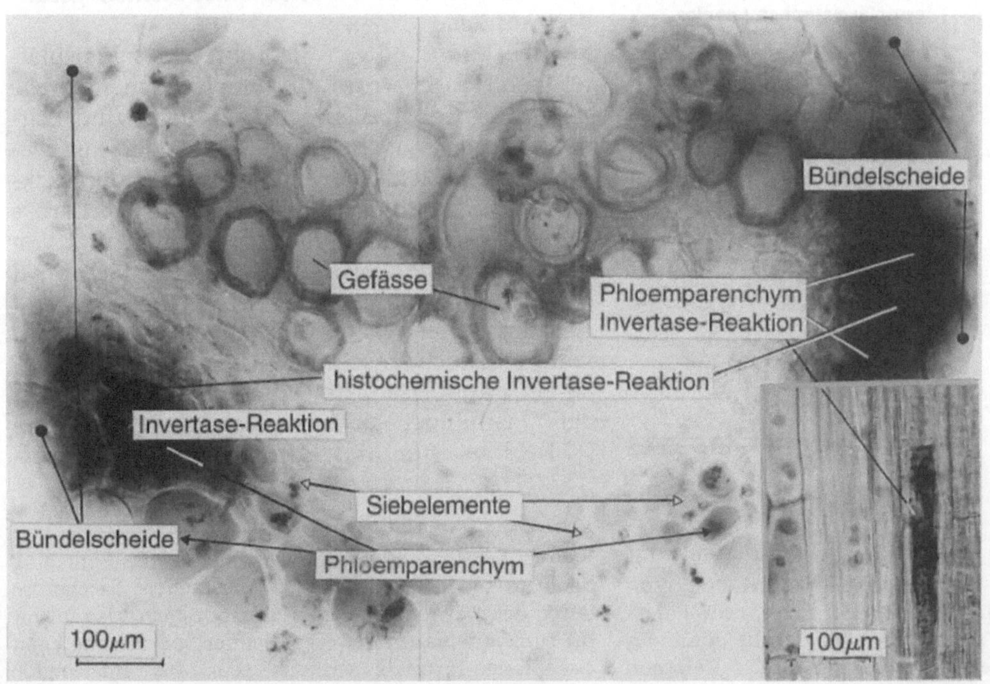

Abb. 5.33. Zur histochemischen Invertaselokalisation wird der Frischschnitt (Blatt von *Gomphrena globosa*) in Benzidin, 1/10 M NH_4Cl, einer Spur EDTA in Puffer pH 6,0, mit Saccharose, Peroxidase und Glucoseoxidase inkubiert. Aktive Gewebeinvertase liefert Glucose, die enzymatisch oxidiert wird. Das dabei freiwerdende H_2O_2 oxidiert durch Peroxidasekatalyse das Benzidin zum dimeren Benzidinblau, das im Schnitt durch seine Farbe die Invertase anzeigt. Rechts unten ein Längsschnitt. (Eschrich u. Eschrich 1987)

Bei *Mimosa pudica* ist nachgewiesen worden, daß Signale zur Phloementladung in den Siebröhren transmittiert werden (Fromm u. Eschrich 1988b):

Eine Blattlaus, die – am Primärgelenk des Blattstiels angesiedelt – Honigtau (aus Siebröhrensaft) produziert, kann mit einem Mikroskoplaser von ihrem Saugapparat (Stylette) abgetrennt werden. Wenn an das austretende Siebröhrenexsudat eine Mikroelektrode angelegt wird, läßt sich das Membranpotential dieser Mimosensiebröhre messen. Im Ruhezustand beträgt es meist −160 mV. Wird das Blatt gereizt, so pflanzt sich das Reizsignal in den Siebröhren mit einer Geschwindigkeit von 10 cm. sec^{-1} fort. Sein Durchgang an der „Stylett-Elektrode" ist an einer plötzlichen Depolarisierung des Membranpotentials auf −20 mV und der rasch an-

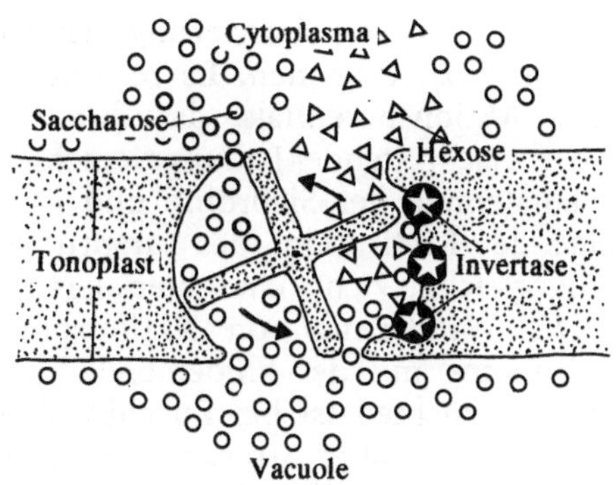

Abb. 5.34. Eine Modellvorstellung, wie die in der Vacuole gespeicherte Saccharose erst beim Wiedereintritt ins Cytoplasma durch Tonoplasteninvertase gespalten werden kann. Die entstehenden Hexosen müßten dann allerdings sogleich entfernt werden, etwa durch Phosphorylierung. Das Drehkreuz im Tonoplasten entspräche einem Transporter

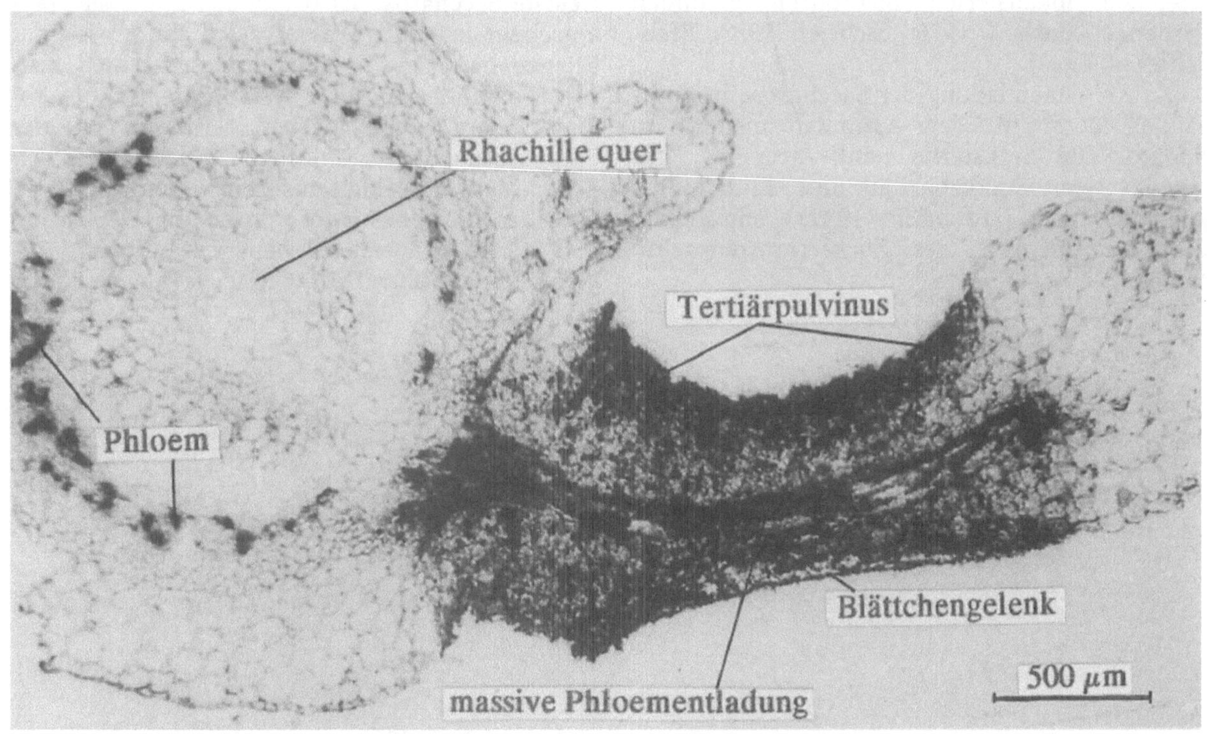

Abb. 5.35. Die Fiederblättchen von *Mimosa pudica* klappen bei Reizung zusammen. Dabei wird im Bereich des Tertiärgelenks Saccharose aus den Siebröhren ausgeladen. Der Zucker erhöht das osmotische Potential (Wasserpotential) des Apoplasten, die Zellen des Motorgewebes werden plasmolysiert und der Turgorverlust im Extensor des Motorgewebes (s. Abb. 5.36) löst die Klappbewegung aus. Werden vor der Reizung die Fiederblättchen mit $^{14}CO_2$ markiert, so läßt sich die Entladung der radioaktiven Saccharose im Pulvinus (Gelenk) mikroautoradiographisch als massive Schwärzung des Films nachweisen. Im Rhachillenquerschnitt ist nur das Phloem der Leitbündel radioaktiv markiert, dort wird keine Saccharose in den Apoplasten entladen. (Fromm u. Eschrich 1988a)

schließenden Repolarisierung (Erholung) auf −160 mV zu erkennen. Es resultiert die Kurve eines Aktionspotentials, das durch kontinuierlich fortschreitende Ladungsverschiebungen im Plasmalemma der Siebröhre und immer wieder folgende Restitution des ursprünglichen Ladungsgleichgewichts charakterisiert ist.

Die Wanderung von Aktionspotentialen in Verbindung mit der Phloementladung in wachsenden Früchten ist bei Zucchini-Pflanzen (*Cucurbita pepo*) über Strecken von 40 cm gemessen worden, wobei die Transmissions-Geschwindigkeit wie in den Mimosensiebröhren 10 cm. sec^{-1} betrug (Eschrich et al. 1988).

Die Energiequelle für die Wiederherstellung der ursprünglichen Ionenverteilung nach Fortpflanzung des Aktionspotentials ist sicherlich ATP, denn ATPase ist in allen bisher untersuchten Arten im Plasmalemma der in Entladungsbereichen lokalisierten Siebröhren gefunden worden (Cronshaw 1980; Eschrich 1983; Eschrich et al. 1992).

Die Phloementladung der Saccharose in Sinks ist der Motor für den Assimilattransport im Phloem. Die Sinkstärke (sink strength), das Produkt von Sinkkapazität und Entladungsgeschwindigkeit (Eschrich 1989), entscheidet über die Intensität des Zuckertransports im Phloem.

Der Ort der Saccharoseentladung (Sink) wird durch eine Änderung des Membranpotentials angezeigt, die durch Bewegungen mehrerer Ionen (Cl^-, H^+, K^+) ausgelöst wird.

Sinks unterschiedlicher Stärke konkurrieren miteinander. Wenn außer der Saccharose noch ein anderer phloemmobiler Stoff entladen wird, so kann die Stärke eines Sinks für beide Stoffe unterschiedlich sein (differentielle Phloementladung).

Diese Postulate stehen nicht im Widerspruch zu einem Massenstrom in Siebröhren oder Siebzellen, wie überhaupt in symplastischen Verbindungsbrücken.

5.9 Speichersinks

Gelöste Saccharose ist osmotisch aktiv, sie trägt entscheidend zur Wasserverschiebung in der Pflanze bei. Um den Potentialunterschied zwischen osmotischem und Wasserpotential physiologisch nutzbar zu machen, wird ein Teil der Saccharose in Form unlöslicher oder schwer löslicher Makromoleküle aus dem System entfernt. Dies geschieht besonders durch die Deposition von Stärke in Speichergeweben. Damit wird zugleich eine Kohlenhydrat-Reserve angelegt, die

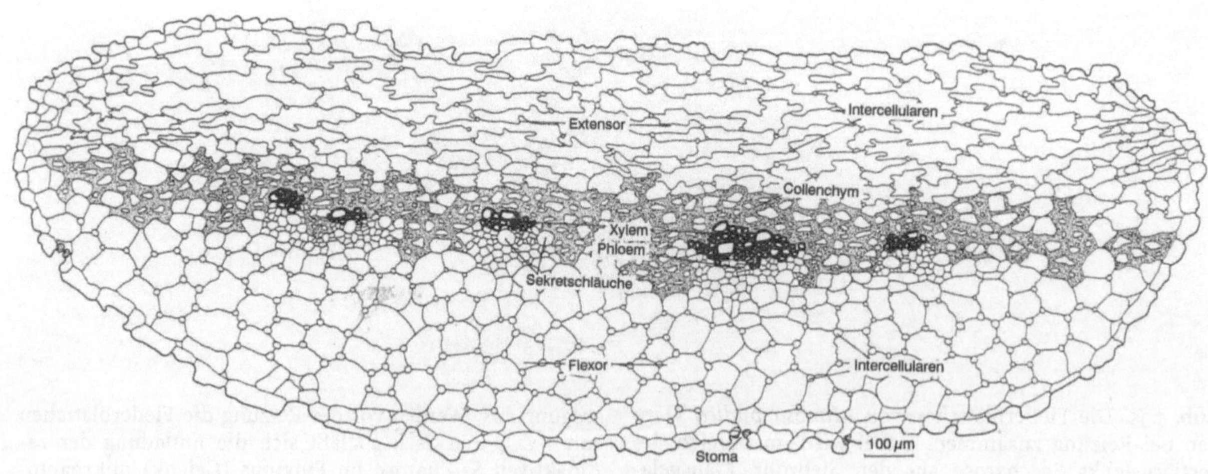

Abb. 5.36. Das Motorgewebe im Tertiärpulvinus von *Mimosa pudica* liegt ober- (Extensor) und unterhalb (Flexor) des Leitgewebes. Im gereizten Zustand sind die Extensorzellen geschrumpft, weil sie durch die Apoplastensaccharose plasmolysiert wurden

bei Bedarf wieder im Stoffwechsel verwendet werden kann.

Stärke wird ausschließlich in Plastiden abgelagert. Amyloplasten befinden sich in Parenchymen von Cortex und Mark, sowie im Bast und im Strahlparenchym der Bäume. Parenchyme mit Amyloplasten sind im Stamm und in der Wurzel zu finden.

Von Bedeutung für die vegetative Vermehrung der Pflanzen sind Amyloplastengewebe in Knollen (Kartoffel) (Artschwager 1918) und Rhizomen (Ingwer, *Iris*). In den Stämmen von Sago-Palmen (*Elaeis, Corypha, Metroxylon*) sind die Leitbündel in parenchymatischem Speichergewebe eingebettet.

Stärkeparenchym ist auch ein wesentlicher Bestandteil der Samengewebe (Getreidefrüchte, Eicheln, Kastanien). So, wie die Chloroplasten in den Assimilationsgeweben der Blätter einen Auf- und Abbau von Stärke zeigen (diurnaler Stärkewechsel), kann auch in Stärkespeicherplastiden von Kartoffelknollen durch Belichtung eine Stärkeauflösung beobachtet werden (Abb. 4.11). Amyloplasten sind Sinks für Photosyntheseprodukte (Triosephosphat), die in Form von Saccharose aus den Siebröhren in der Kartoffelknolle entladen werden (Oparka 1986). Die Umwandlung der Saccharose in Stärke vollzieht sich über Hydrolyse-, Phosphorylierungs- und Kondensationsschritte. Die Stärke wird in Form unterschiedlich dicker Schichten hüllenartig in der Plastide übereinander gelagert, wodurch ein Sphärokristall entsteht, der zentrisch (Weizenstärke), exzentrisch (Kartoffelstärke) oder mit mehreren Zentren (Haferstärke) ausgestattet ist. Im Polarisationsmikroskop beweist das Löschungskreuz die Kristallnatur des Stärkekorns (Abb. 5.37). Bei der Auflösung der Stärke wird die zuletzt gebildete Stärkehülle als erste entfernt. Die Grenzen der Stärkehüllen sind mikroskopisch erkennbar (Schichtlinien), wenn das Einschlußmedium einen von der Stärke (n=1,53) abweichenden Brechungsindex hat. In Immersionsöl (n=1,515) sind die Schichtlinien nicht zu sehen. Demnach entsteht das geschichtete Bild durch ungleiche Packungsdichte der Stärkemoleküle. Auch eine ungleiche Verteilung von Amylose und Amylopektin innerhalb einer Stärkehülle könnte für das Auftreten von Schichtlinien verantwortlich sein.

Anders als bei der Schichtung mancher Cellulosewände, treten die Schichtlinien der Stärkekörner auch im Dauerlicht auf (Roberts u. Proctor 1954).

Bei der Kartoffelstärke ist das Verhältnis von Amylose zu Amylopektin wie 22 zu 78 (Frey-Wyssling 1980). Amylose (α-1,4-Glucan) ist in heißem Wasser löslich, Amylopektin (verzweigtes α-1,4-, α-1,6-Glucan) nicht. Nach kurzem Erhitzen auf dem Objektträger lassen sich die beiden Stärkeformen durch Verreiben mit dem Deckglas trennen. Nach dem Erkalten und Zufügen von J_2KJ-Lösung erscheint Amylose feinkörnig königsblau, Amylopektin ist magentarot gefärbt und zeigt die zerdrückte Form der Plastide.

Die Zahl der Stärkekörner in einer Plastide ist unterschiedlich, aber typisch für die Pflanzenart. Kartoffelamyloplasten enthalten fast immer ein einzelnes Stärkekorn mit exzentrischem Keimpunkt; selten treten Zwillings- oder Drillingskörner auf. Hafer- und Reisstärke wird in vielen kleinen, gegeneinander abgeplatteten Körnern im Amyloplasten gebildet. Die Stärkeballen im Perisperm der Piperaceenfrüchte und bei Cardamom (*Elettaria cardamomum*, Zingiberaceae) bestehen aus unzähligen winzigen Körnchen, die miteinander verklebt sind.

Die Saccharose zuführenden Siebröhren haben nur selten Kontakt zu den Speicherparenchymzellen. In vielen Fällen liegt zumindest die Bündelscheide dazwischen. Eine Ausnahme bildet die Kartoffelknolle. Dort besteht das Speicherparenchym aus Phloemgewebe (Abb. 5.38).

Bei den Getreidefrüchten liegt meist nur ein einziges, zum Endosperm führendes Leitbündel in der Fruchtwand (Oparka u. Gates 1981), das nur mit einer schmalen Naht die Aleuronschicht des Samens berührt. Bei Maisfrüchten liegt zwischen zuführendem Phloem und Speicherendosperm ein Hohlraum, so daß der Zucker zuerst den Apoplasten passieren muß, bevor er in das Cytoplasma der Speicherzellen gelangen kann (Shannon et al. 1986).

In manchen Speichergeweben können die Plastiden wiederholt Stärke ablagern, wenn die Vorräte ganz oder partiell hydrolysiert wurden. Bei Getreidefrüchten sterben die Speicherendospermzellen ab, sobald ihre Amyloplasten mit Stärke gefüllt sind. Bei der Keimung werden die

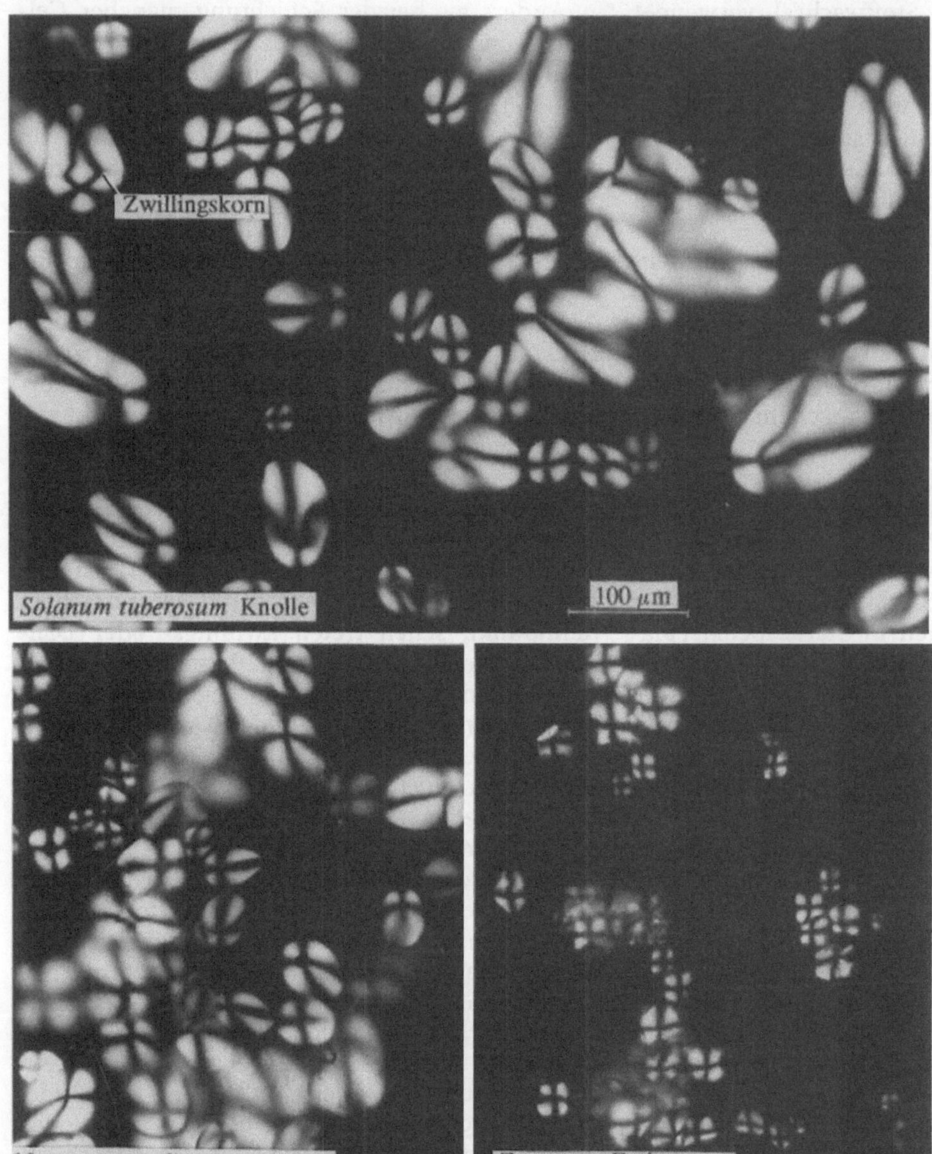

Abb. 5.37. Wichtigstes Depot von Kohlenhydraten ist bei der höheren Pflanze die Stärke, die in Amyloplasten als Sphärokristall abgelagert wird. Die Stärkearten unterscheiden sich durch Form und Schichtung der Körner und durch die Zahl der Kristalle pro Plastide. Im Polarisationsmikroskop ist Stärke am Löschungskreuz zu erkennen. Mit der Stärkebildung wird löslicher Zucker aus dem Reaktionsmilieu des Cytoplasmas entfernt. Damit entfällt ein osmotisches Potential. Stärkebildung und -hydrolyse beeinflussen das Gleichgewicht zwischen osmotischem und Wasserpotential

Enzyme zur Stärkehydrolyse (Amylase, Maltase, Glucanasen) von der Aleuronschicht, die das Endosperm nach außen begrenzt, gebildet und nach innen sezerniert.

Bei den Hülsenfrüchtlern wird kein oder nur wenig Endosperm ausgebildet. Die Stärkespeicherung übernehmen die Cotyledonen. Da der Embryo nur über den hinfälligen Suspensor mit der Samenschale verbunden ist, hat die aus dem Phloem der Testaleitbündel entladene Saccharose mehrere Schichten von Parenchymzellen und die innere Testa-epidermis zu überwinden, bevor sie die Cotyledonen erreichen kann. Zudem liegt ein freier Raum zwischen Samenschale und Embryo. Vermutlich wird die Saccharose durch die innere Epidermis der Samenschale aktiv ausgeschieden (sezerniert). Testa und Embryo entwickeln sich zugleich; die äußere Testaepidermis (Malpighi-Zellen) ist dann ein starker Sink, in dem die Saccharose zu Zellwandmaterial verarbeitet wird.

Solange sich der Keimling heterotroph (vom Endosperm) ernährt, können die Cotyledonen Zucker über ihre Oberfläche aufnehmen. Die Epidermis fungiert dann als Absorptionsepithel (Kallarackal et al. 1989).

Andere Reservestoffe wie Proteine und Öl können ebenso wie Stärke in Plastiden abgelagert werden (Proteinoplasten, Elaioplasten oder Oleoplasten). In Speichergeweben von Bäumen sind jahreszeitlich bedingte Unterschiede beobachtet worden. Der jahreszeitliche Wechsel von Auf- und Abbau der Proteinkörper betrifft hauptsächlich solches Material, das nicht in Plastiden, sondern in Vacuolen lokalisiert ist (Sauter et al. 1988).

In Vacuolen werden auch schwach lösliche Fructane wie das Inulin der Compositen und Boraginaceen, das Phlein (Levan) der Gräser, das Sinistrin der Iridaceen gefunden (Pollock 1986). Anatomisch sind Fructane nur dann zu erkennen, wenn sie mit Alkohol gefällt, auskristallisieren (Abb. 5.39). Dabei entstehen Sphärokristalle, die sich in dem durch Alkohol abgetöteten Gewebe über mehrere Zellen erstrecken können; in heißem Wasser lösen sich die Kristalle auf. Fructane entstehen aus Saccharose

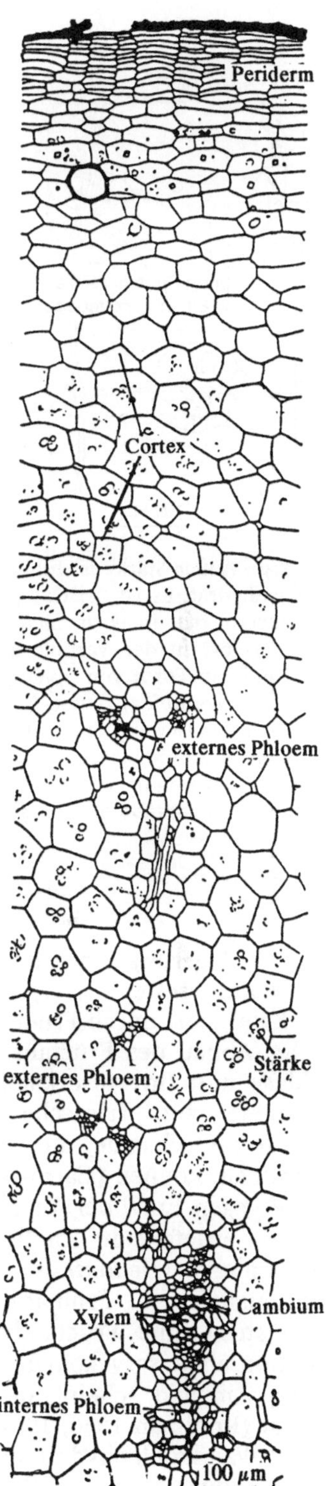

▶ **Abb. 5.38.** Die Kartoffelknolle (*Solanum tuberosum*), ein Sproßabschnitt, besteht zum größten Teil aus einem mächtigen primären Grundgewebe, in welchem Phloembündel des externen Phloems, collaterale Leitbündel und interne Phloembündel vorkommen. Sie gewährleisten, daß fast überall Saccharose für die Stärkebildung zur Verfügung steht. Cambium tritt nur lokal in den collateralen Leitbündeln auf; die Knolle wächst vorzugsweise durch Expansion des primären Grundgewebes. (Artschwager 1918)

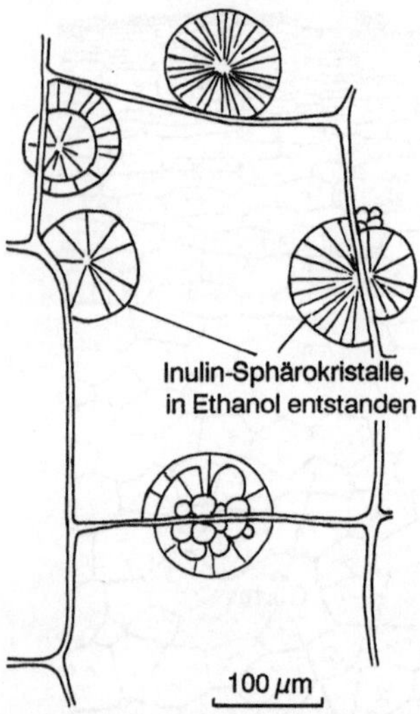

Abb. 5.39. Außer Stärke ist Inulin das bekannteste Reservekohlenhydrat. Es ist bei Compositen verbreitet. Inulin, ein Fructan, tritt in Form nieder- bis höhermolekularer Inulide gelöst in der Vacuole auf. In Ethanol kristallisiert Inulin in Form von Sphärokristallen aus (wie hier bei *Dahlia variabilis*). Diese Kristalle sind zellübergreifend, weil das Gewebe durch das Ethanol abgetötet wird und keine Membranbarrieren mehr hat. Wichtigste Quelle für die Gewinnung von Inulin ist das Rhizom des Topinambur (*Helianthus tuberosus*)

durch Anlagerung eines oder mehrerer bis vieler Fructosereste: Glc-1,2-Fru-1,(2-Fru-1)$_n$, 2-Fru, katalysiert durch Fructosyltransferase.

Der Abbau des Fructans wird durch β-Fructosidase und Invertase katalysiert. Dabei treten Fragmente auf, Trisaccharide (Kestosen) wie auch Tetrasaccharide, die sich in den Vacuolen ansammeln können (Cairns et al. 1989).

Die gegen Ende der Vegetationsperiode abgelagerten Fructane in Knollen von Dahlien und Topinambur (*Helianthus tuberosus*) werden beim Austrieb im Frühjahr wieder verbraucht. Es existiert eine Fructandynamik, welche die Funktion als Reservekohlenhydrat bestätigt.

Das Amyloid scheint auf Samen beschränkt zu sein (Kooiman 1960, 1967). Deshalb wird auf dieses Wandkohlenhydrat erst im Kapitel über die Reproduktion (11.14, Frucht- und Samenreifung) eingegangen.

5.10 Blattspuren: Blatt-Sproß-Verbindungen

Bevor ein Blatt angelegt wird, ist seine Spur bereits vorhanden. Die Blattspuren machen den weitaus größten Teil des Leitgewebes eines Stengels aus. Bei Pflanzen, die kein Cambium bilden, besteht die Stele, die Leitgewebesäule des Stengels, im allgemeinen nur aus Blattspuren. Das Phloem dieser Blattspuren kann bei Monocotylen noch funktionieren, wenn das zugehörige Blatt bereits vertrocknet ist.

Vicia faba besitzt im jungen Stengel ein sehr übersichtliches Blattspursystem (Abb. 2.11): Wenn man die Blattspuren in basipetaler Richtung verfolgt, also tiefer in die Vergangenheit „fährt" (der Stengel ist ja unten am ältesten), desto mehr werden die Blattspuräste von den Kanten des Stengels in die Mitte zwischen zwei Kanten gedrängt. Eigentlich müßte im unteren Stengel die Zahl der Leitbündel im Leitgewebezylinder viel größer sein als oben im jüngeren Stengel. Das ist aber nicht der Fall.

In basipetaler Richtung „verjüngen" sich die Blattspuren oder deren Äste. Sie erscheinen als Leitbündel ohne Xylem, und schließlich ist auch das Phloem durch Procambium ersetzt (Abb. 2.12). Diese meristematischen Blattspuren treten in Kontakt mit gleichartig meristematischen Spuren anderer Blätter und schließlich verschmelzen sie miteinander. Dadurch wird die Gesamtzahl der Leitbündel des Stengelquerschnitts in basipetaler Richtung kontinuierlich reduziert, so daß oben wie unten im Stengel annähernd gleich viele Leitbündel im Querschnitt enthalten sind; die Zahl ist von der Phyllotaxis abhängig.

Durch diesen Aufbau wird erkennbar, auf welchem symplastischen Weg die jungen Sinkblätter die Saccharose aus den reifen Sourceblättern beziehen. Die dazu erforderliche Siebröhrenfusion findet dort statt, wo das Phloem der älteren Blattspur noch procambial, also genauso kernhaltig ist wie das Phloem der jungen Blattspur.

Sobald die Siebelemente reif sind, also keinen Zellkern mehr haben, können sie nicht mehr fusionieren und deshalb auch keinen symplastischen Stoffaustausch durchführen.

Man kann sich vorstellen, daß die miteinander verschmolzenen Blattspuren bei ihrem basipetalen Verlauf mit ähnlich „verjüngten" Blattspuren anderer Blätter Kontakt aufnehmen und schließlich aufhören zu existieren.

Bei Monocotylenstengeln (Mais, Hirse, Zukkerrohr, manche Palmen, Abb. 5.41) tritt Blattspurfusion dicht an der Stengelperipherie auf. Deshalb sind die Leitbündel in der Stengelmitte größer, als an der Peripherie.

In den Siebröhren der *Vicia-faba*-Blattspuren ist bidirektionelle Assimilatbewegung beobachtet worden (Eschrich 1967, 1975 b; Fritz 1973). Das bedeutet, daß bei Richtungswechsel des Massenstroms radioaktive Photoassimilate (die als Tracer beigegeben wurden) in einer Siebröhre in unterschiedlichen Konzentrationen auftreten können (Abb. 5.40). Die Unterschiede in der Dichte des radioaktiven Tracers zwischen Siebelementen und Geleitzellen sind dagegen auf Unterschiede im Stoffwechsel der Geleitzellen zurückzuführen.

Wie bereits gesagt wurde, richtet sich die Konstruktion des Blattspursystems nach der Phyllotaxis. Bei *Helianthus annuus* liegt in frühen Entwicklungsstadien dekussierte Blattstellung vor, erst später tritt zerstreute Blattstellung auf. Damit ändert sich auch die Konstruktion des Blattspursystems.

Bei der Analyse dieses Systems sind in den jüngsten vier Internodien noch Blattspurfusionen zu erkennen. Es fällt auf, daß zum Beispiel reine Procambiumstränge (Abb. 2.10, schwarz) im gleichen Horizont neben ausdifferenzierten Leitbündeln zu finden sind. Damit wird deutlich, daß die einzelnen Blattspuren unterschiedliche „Wertigkeiten" haben (Esau 1969a).

Die ursprünglichen Formen der Blattspurdifferenzierung sind beim Gametophyten von *Polytrichum commune* zu finden. Der Stengelquerschnitt (Abb. 1.7) zeigt kurze tangentiale Reihen von Leptoiden, die Phloemfunktion haben (Eschrich u. Steiner 1967), und die sich in die Zentralzellen der Blattrippe verlängern. Leptoiden dieser Art treten anscheinend nur bei Polytrichaceen auf (Alpert 1989). Die Vereinigung mit dem axialen Leitgewebe erfolgt - wie bei den Aktinostelen (*Lycopodium*) - durch Anlagerung, also ohne Blattlückenbildung (Eschrich u. Steiner 1968a).

Bei den baumförmigen Monocotylen fehlt das Cambium, die Blattspuren bleiben erhalten und lassen sich einander zuordnen, vorausgesetzt, große Querschnittserien stehen zur Verfügung. Die Stammscheibe eines Palmenstamms kann aber 20000 und mehr Leitbündelquerschnitte zeigen, denn die Blätter sind mit sehr vielen Blattadern ausgestattet, von denen die Mehrzahl als Blattspuren im Stamm wiedergefunden werden kann. Bei *Rhapis excelsa* sind solche Analysen durchgeführt worden (Zimmermann u. Tomlinson 1966; Zimmermann u. Sperry 1983;), wobei gefunden wurde, daß eine Blattspur mit einem vertikal verlaufenden axialen Bündel in Kontakt tritt, wenn sie aus der Blattscheide in den Palmenstamm einmündet (Abb. 5.41). Die Vertikalbündel sind ebenfalls Blattspuren, die zu jüngeren Blättern führen.

Bei einigen krautigen Monocotylen (*Tradescantia*) gibt es außer Blattspuren anscheinend auch axiale„stammeigene" Leitbündel (Heyser 1970), die auf einen eigenen Procambiumring in der Sproßspitze zurückgehen würden.

Ähnlich wie bei Palmen sind die Stelen des Zuckerrohrs, der Hirse und der Maispflanze aus Blattspuren zusammengesetzt. Solche Ataktostelen (ataktos = ungeordnet) sind wiederholt anatomisch analysiert worden (Kumazawa 1961). Wenn man Farblösungen aufnehmen läßt oder die Blätter mit $^{14}CO_2$ markiert, so sind die Ergebnisse der Blattspuranalysen komplexer als es die anatomischen Untersuchungen vermuten lassen:

Eine Maispflanze wird unter Wasser vom Wurzelballen abgeschnitten und ein paar Zentimeter weit der Stengel längs gespalten. Die beiden Stengelenden taucht man in Bechergläser ein, von denen eins mit roter (Rosanilin), das andere mit blauer (Amidoschwarz) Farblösung gefüllt ist. Nach wenigen Minuten sind blaue Adern in den Spreiten der reifen Blätter zu erkennen; der rote Farbstof wandert langsamer, offenbar weil er sich unterwegs in der Umgebung der Gefäße ausbreitet. Schneidet man den Stengel im basalen Internodium quer, so kann man erkennen, daß alle Leitbündel gefärbt sind und die roten von den blauen ziemlich scharf getrennt in ihren Stengelhälften auftreten. Weiter oben im Stengel sind nur noch wenige Leit-

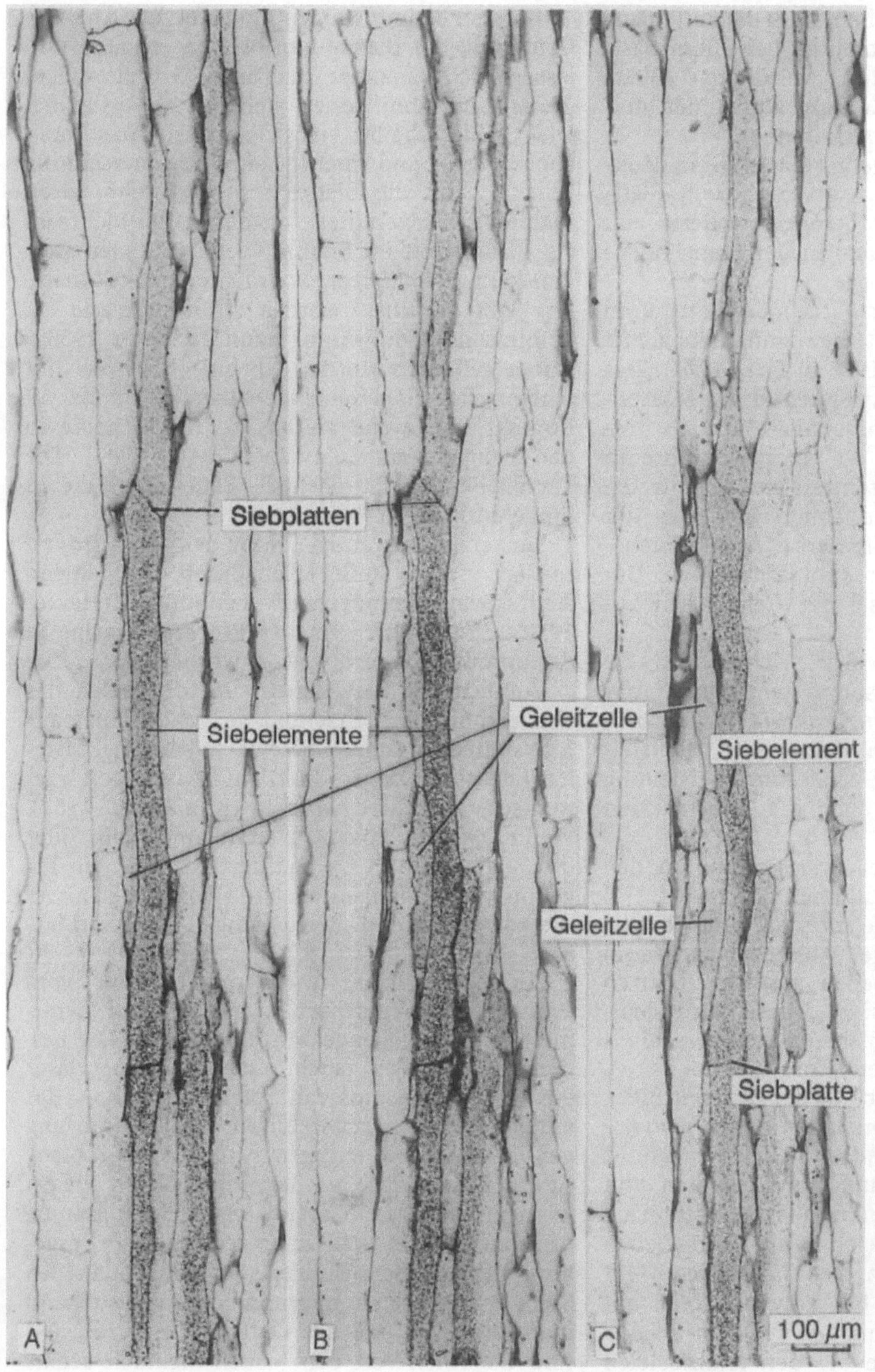

Abb. 5.40. Bei den Angiospermen sind die Siebröhrenelemente mit Geleitzellen vergesellschaftet. Beide entstehen aus einer Mutterzelle durch inäquale Längsteilung. Obwohl die beiden Schwesterzellen durch Tüpfel symplastisch in Verbindung stehen, kann in ihnen die Saccharosekonzentration unterschiedlich sein. Die in einer Längsschnittserie dargestellten Siebelemente im Stengel von *Vicia faba* enthalten ^{14}C-markierte Saccharose, die in den Mikroautoradiographien A, B und C an den schwarzen Silberkörnchen der Photoemulsion erkennbar ist. Die Geleitzellen sind unterschiedlich stark bis nicht markiert. Offenbar besteht die Aufgabe der Geleitzellen hauptsächlich darin, den Stoffwechsel, z.B. Enzymsynthesen, für das reife, kernlose Siebelement zu übernehmen, wofür der Bedarf an Saccharose unterschiedlich sein kann. (Eschrich u. Fritz 1972)

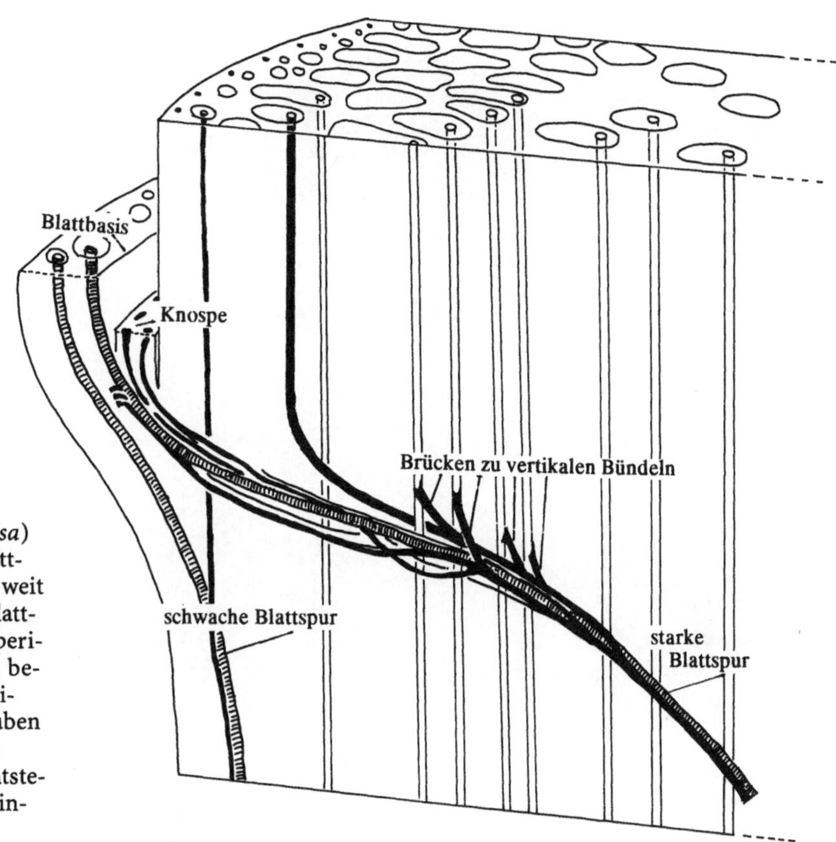

Abb. 5.41. Bei Palmen (*Rhapis excelsa*) fehlt das Cambium. Die starken Blattspuren eines Palmenblattes reichen weit ins Stamminnere. Die schwachen Blattspuren desselben Blattes verlaufen peripherisch. Beide Blattspuren wurden bereits dicht unterhalb des Apikalmeristems angelegt. Diese Brücken erlauben eine symplastische Kommunikation zwischen Blättern verschiedenen Entstehungsalters. (Zimmermann u. Tomlinson 1966)

bündel gefärbt und gelegentlich erscheint eins im „falschen" Bezirk. Violette Leitbündel, in denen beide Farblösungen vermischt wurden, sind nur vereinzelt in den Querverbindungen der Knotenbereiche (Abb. 2.13) zu finden (Eschrich 1976).

Die Knotenanatomie der Gräser zeigt ein Labyrinth von Leitbündelverbindungen, das kaum zu analysieren ist. Solche Knotengeflechte (nodal plexi) sind bei den festucoiden Gräsern (*Festuca, Hordeum, Avena*) einander sehr ähnlich; sie sind bereits in sehr frühen Stadien der Sproßentwicklung als Procambiumbahnen erkennbar (Abb. 5.42) (Hitch u. Sharman 1971).

Bei den Bäumen spielt sich die Blattspurdifferenzierung in einem sehr kurzen Abschnitt des Zweiges ab. Bei *Populus deltoides* liegt eine 5/13 Phyllotaxis vor, d.h. in 5 Umläufen um die Achse werden 13 Blätter berührt. Es existieren 13 Längszeilen (Orthostichen) von Blättern. Selbst bei lückenlosen Querschnittserien und sorgfältigster Auswertung ist eine vollständige Zuordnung der Procambiumstränge zu den Blattprimordien nicht möglich (Abb. 5.43) (Larson 1975).

Analysen dieser Art lassen sich an geeigneten Objekten mit der „optical shuttle" Methode (Zimmermann u. Tomlinson 1966) durchführen, wenn alle Schnitte von gleich guter Qualität sind. Die aufeinanderfolgenden Querschnitte werden dabei als Einzelpräparate mit Hilfe von zwei gleichartig ausgerüsteten Mikroskopen optisch zur Deckung gebracht, wofür die Mikroskope über eine optische Brücke verbunden werden. Durch oscillierendes Wechseln des Umlenkspiegels lassen sich zwei aufeinanderfolgende Schnitte der Serie zur Deckung bringen und dann photographieren. Danach wird Schnitt 1 durch Schnitt 3 ersetzt, der mit Schnitt 2 zur Deckung gebracht und photographiert wird. Schnitt 4 ersetzt dann Schnitt 2 usw. Auf diese Weise sind Filme über den Aufbau von Achsen-

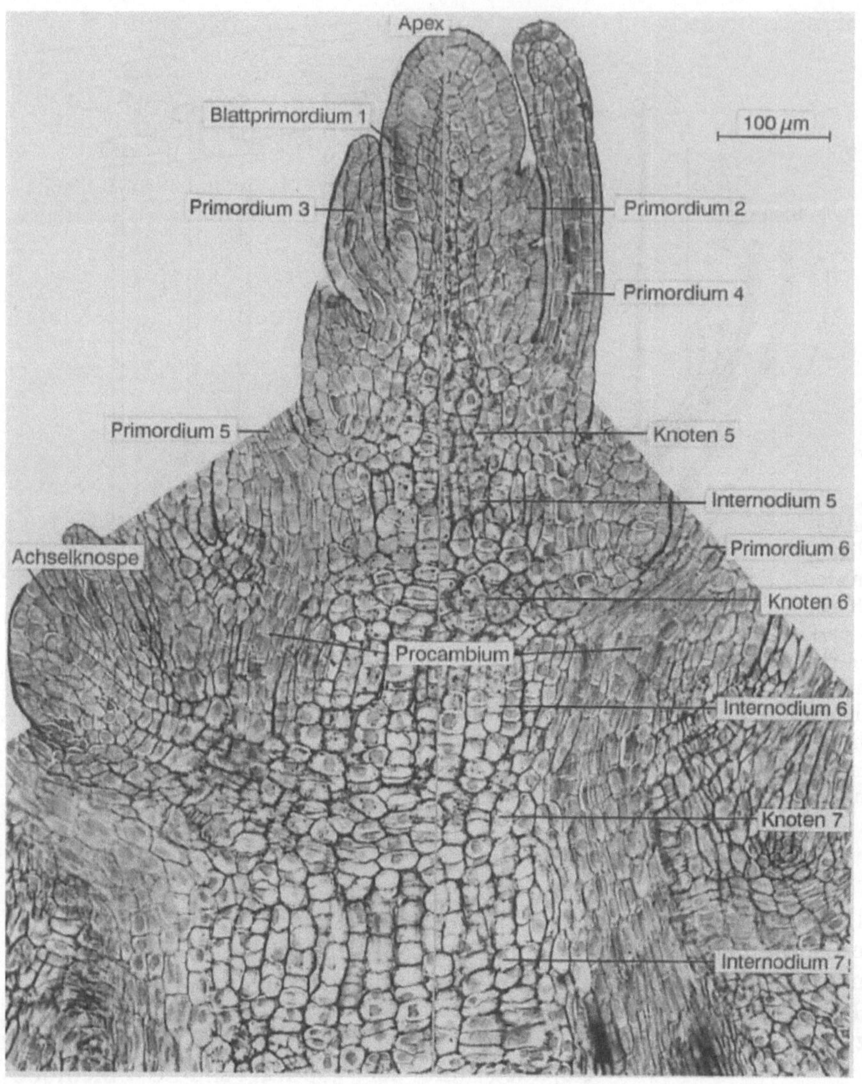

Abb. 5.42. Diese Photomontage zeigt die Sproßspitze von *Agropyron repens* im medianen (sagittalen) Längsschnitt. Das Blattprimordium 1 ist noch verborgen, in Primordium 2 hat sich ein winziger Höcker gebildet, doch das Primordium 3 ist bereits als Blattanlage zu erkennen. An der Basis jedes Primordiums entwickelt sich ein Knoten und darunter das zugehörige Internodium. Blattspuren sind als Procambium erst im Primordium 5 (nicht im Bild erfaßt) zu erkennen. Die Internodienstreckung wird durch die Tätigkeit intercalarer Meristeme unterstützt. Das histologische Bild wird durch die Anlage von Achselknospen gestört, denn diese haben eine vom Hauptsproß abweichende Achsensymmetrie. (Hitch u. Sharman 1971)

organen hergestellt worden, die erstmalig die Analyse des Leitsystems ermöglichten (Zimmermann 1971).

Da Bäume und manche krautigen Dicotylen schon dicht unterhalb der Sproßspitze Cambiumaktivität aufweisen, werden die primären Leitelemente der Blattspuren rasch durch sekundäre Leitgewebe ersetzt. Phloem und Xylem der Blattspuren werden dabei voneinander getrennt.

Deshalb sind Blattspuren der Riesentanne (*Abies grandis*), deren Nadeln mehrere Jahre alt werden, im horizontalen Verlauf im Xylem mit „dehnbaren" Schraubentracheiden ausgestattet (Abb. 5.44).

Bei der Fichte (*Picea abies*) bleiben die Nadelblätter sechs und mehr Jahre funktionstüchtig. Die Blattspur der Fichtennadel wird jährlich durch cambiale Produkte erweitert, solange die Nadel am Zweig haftet. In der Nadel selbst erstreckt sich die Erweiterung vorwiegend auf das Phloem, das Xylem zeigt kaum einen Zuwachs. Da die Siebzellen nur eine Saison lang intakt sind, wird die symplastische Verbindung zwischen Achse und Nadel jedes Jahr durch andere,

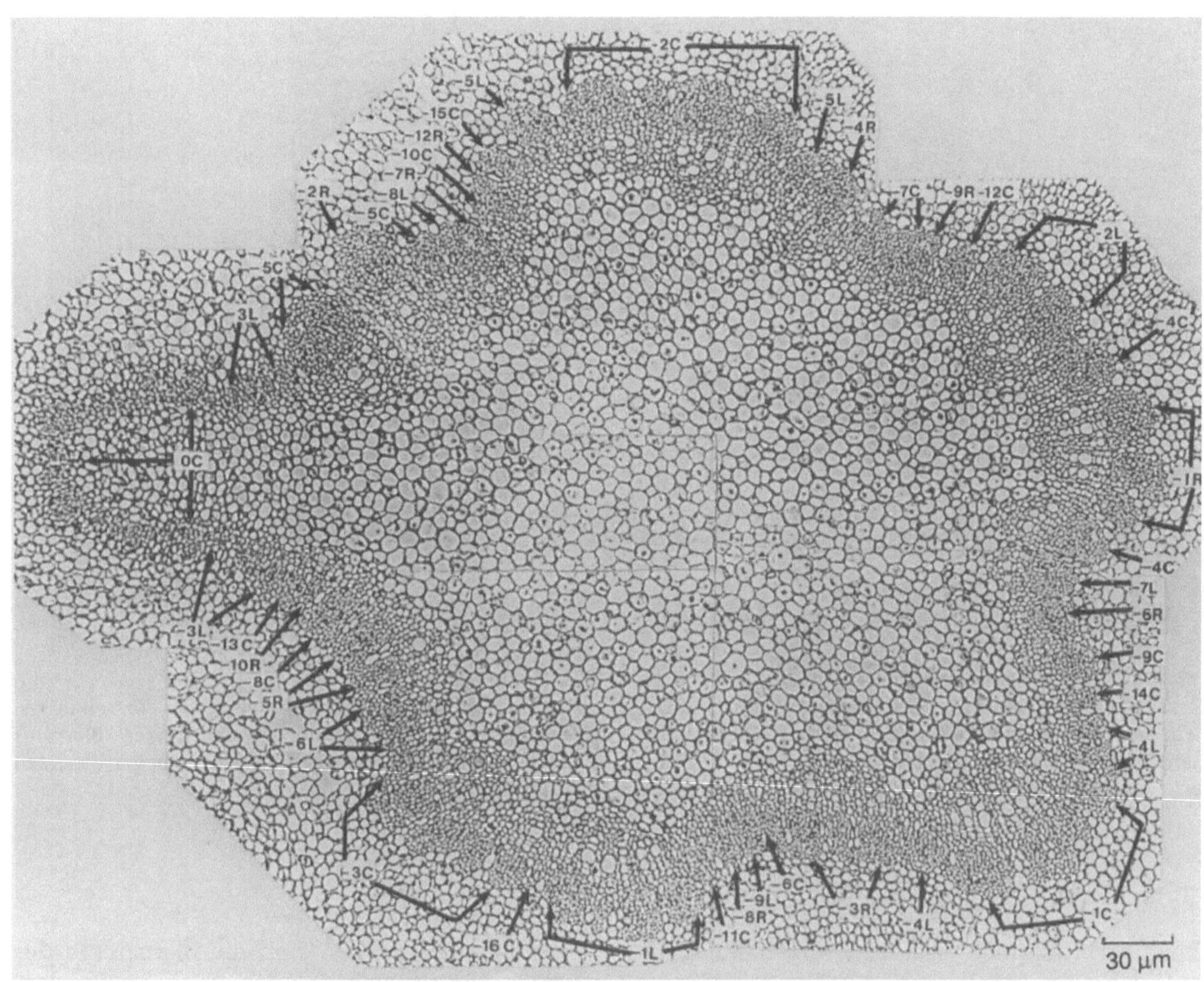

Abb. 5.43. 3.7 mm unterhalb der Sproßspitze von *Populus deltoides* ist noch kein sichtbares Blatt vorhanden (Blattplastochron (L)=0). Der Umriß des Leitbündelzylinders ist aber zu erkennen. Die Blattspuren der sich später entwickelnden Blätter sind bereits angelegt. Sie sind unterschiedlich weit entwickelt, in manchen sind Xylemgefäße angedeutet, in anderen kann primäres Phloem vermutet werden, aber vielerorts lassen die winzigen Zellen darauf schließen, daß nur Procambium vorliegt. Anhand von Serienschnitten und Photomontage der vergrößerten Mikrophotos war es möglich, die Blattspurbündel zu sortieren. Daraus ist abzuleiten, daß neue Blattspuräste durch Verzweigung bereits angelegter Blattspuren entstehen, und zwar zu einem Zeitpunkt, zu dem von dem zugehörigen Blatt noch nichts zu erkennen ist. Die Blattspuren sind nach der Blattfolge beziffert. Jedes Blatt ist durch drei Blattspuräste, C=central, L=links, R=rechts, repräsentiert. (Larson 1975)

neu gebildete Siebzellen aufrecht erhalten. In der Stammachse wird das Xylem der Blattspur durch cambialen Xylemzuwachs weiter nach innen gedrängt. Gleichzeitig schließt sich die Blattspurlücke im Cambium, so daß sich die Grenze zwischen Achsenxylem und Blattspurxylem auflöst (Abb. 5.45). Nur an den schraubenverdickten Resten des Blattspurxylems (Abb. 5.44) läßt sich die Blattspur lokalisieren. Für diese Vorgänge ist eine Versorgung durch das Strahlparenchym erforderlich, das die Leitgewebe der Blattspur umgibt. Chlorophyllhaltige Zellen (Abb. 5.46, dunkel markiert) dienen dabei als Sources; in der Mikroautoradiographie eines mit $^{14}CO_2$ begasten zweijährigen Fichtenstämmchens erkennt man die Produktionsstätten ra-

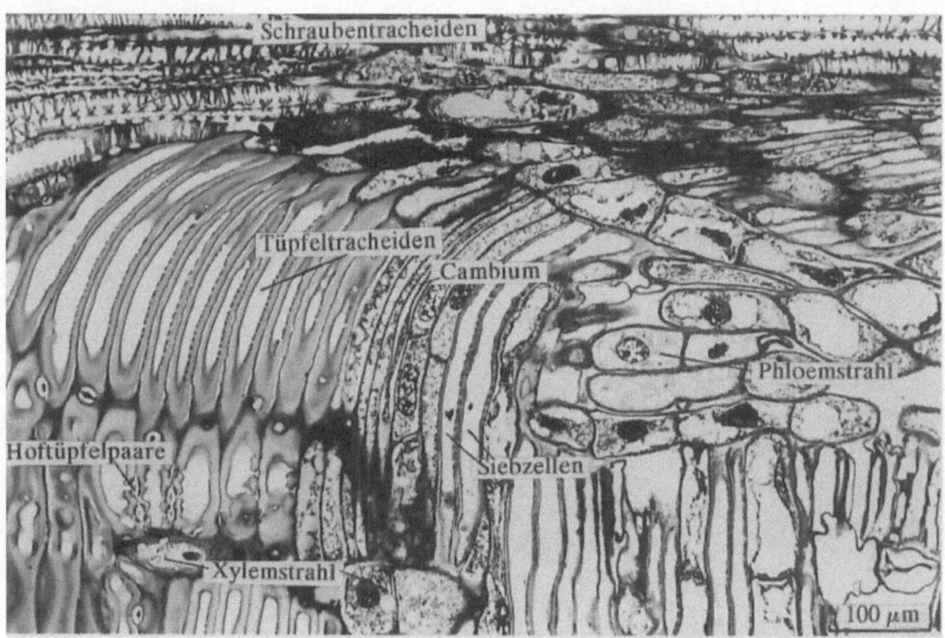

Abb. 5.44. Blattspuren mehrjähriger Blätter, wie sie bei Coniferen (*Abies grandis*, fünfjährige Nadel) vorkommen, werden durch Cambiumaktivität tangential aufgespalten: das Blattspurphloem wird nach außen „geschoben" und das Blattspurxylem nach innen „gedrängt". Das Xylem nimmt dann eine horizontale Lage ein und die toten Tracheiden werden gedehnt. Um Zerreißungen vorzubeugen, werden bereits in der jungen Blattspur Schraubentracheiden statt der üblichen Tüpfeltracheiden angelegt. (Lerchl 1993)

dioaktiver Assimilate wieder (Abb. 5.47) (Langenfeld-Heyser 1987).

Jede Blattspur hat im Leitsystem des Stengels einen bestimmten Platz. Dieser wird bei Pflanzen mit Eustele und Mark durch eine Blattspurlücke (auch Blattlücke genannt) repräsentiert.

Wenn das Blatt abgeworfen ist, wird die Blattspurlücke durch cambiale Tätigkeit allmählich geschlossen. Da jede Blattspurlücke mindestens eine Vegetationsperiode lang keinen Holzzuwachs erhält, erkennt man sie noch in späteren Entwicklungsstadien des Stengels im Querschnitt an einer Auszipfelung des Marks. Bei dichter Beblätterung oder gestauchtem Wuchs kommt es zur Bildung einer Markkrone. Die Markkrone hat besonders auffällige „Zacken" bei Bäumen mit mehrjährigen Blättern (Fichte), da dort, wo das Blattspurxylem in das Stengelxylem übergeht, der cambiale Zuwachs so lange ausbleibt, bis die Blattspurlücke geschlossen ist.

Bei Palmenstämmen sind die Blattspuren der längst abgestorbenen Blätter noch vorhanden. Wenn ein einzelnes Blatt oder nur einige Fiedern mit $^{14}CO_2$ begast werden, so kann beobachtet werden, daß nach mehreren Stunden Transportzeit Radioaktivität in den Leitbündeln an der Stammbasis auftritt. Die kernlosen Siebröhren müssen demnach viele Jahre in den alten Blattspuren funktionsfähig bleiben, denn es handelt sich um primäres Phloem (Metaphloem), das nie ersetzt wurde.

Die cytologische Beschaffenheit solcher Phloemelemente unterscheidet sich nicht von der anderer reifer Siebelemente (Parthasarathy 1980). Der Beweis der Langlebigkeit von Palmensiebröhren wurde durch mikroautoradiographische Studien von Zimmermann (1973) erbracht.

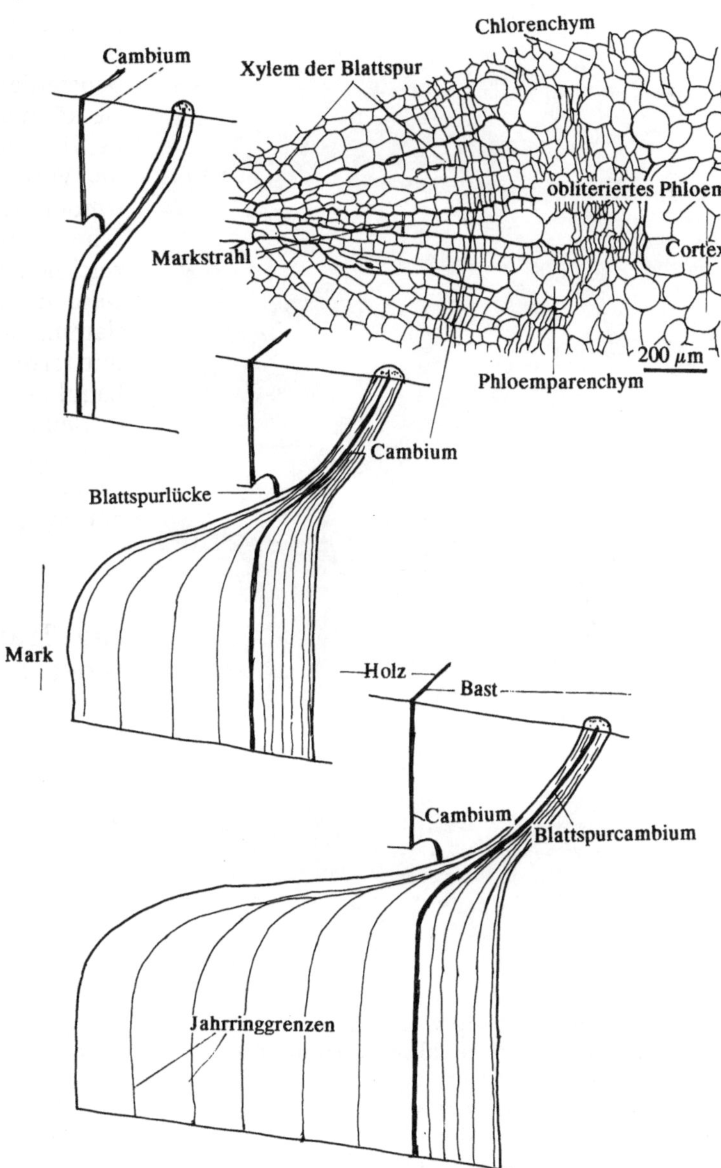

Abb. 5.45. Drei Stadien der Entwicklung einer Blattspur von *Picea abies*. An der Eintrittsstelle der Blattspur in die Achse liegt die Blattspurlücke, durch die das Blattspurxylem und der Markstrahl ins Holz „eindringen". Dort vereint sich auch das Blattspurcambium mit dem Achsencambium. Da Nadeln von *Picea abies* sechs und mehr Jahre Assimilate liefern, bleibt die Blattspurlücke so lange offen, bis die Nadel abgefallen ist. (Blechschmidt-Schneider 1993)

5.11 Knospenspuren: Sproß-Blatt-Verbindungen

Knospen entstehen in der Achsel von Laubblättern. Die Knospendifferenzierung erfolgt exogen, d.h. aus Protoderm und Periblem. Der Anschluß der Knospe an das Leitgewebe der Achse ist meist schon als Procambiumstrang vorgebildet (Abb. 2.11 Querschnitt 1). Es gibt aber Fälle bei denen die Knospenanlage ohne Anschluß an das Leitgewebe einige Zeit existiert (Braun 1960). Die Zweige, die aus einer Knospe hervorgehen sind über Zweigspurlücken mit der Achse verbunden. Sie liegen in derselben Ebene wie die Blattspurlücken, nämlich im Knoten.

Bei Bereicherungstrieben (Reïterationstrieben) werden die Zweigspurlücken vom Cambium überwallt, wenn die Zweige absterben.

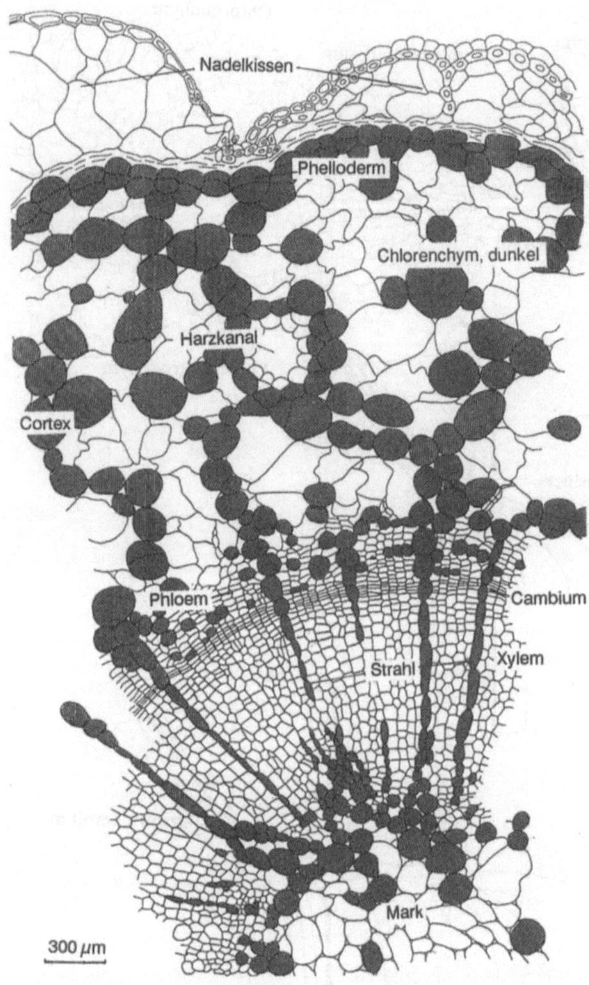

Abb. 5.46. Im jungen Zweig von *Picea abies* treten vom Phelloderm bis ins Mark reichlich Zellen mit Chloroplasten auf. Sie sind dunkel hervorgehoben. Im Frischpräparat kann man sie an der roten Chlorophyllfluoreszenz lokalisieren. Mit dem Licht, das durch das Periderm dringt, können diese Chloroplastenzellen Photosynthese durchführen. (Langenfeld-Heyser 1987)

Reïterationstriebe, Bereicherungstriebe oder Füllzweige, Stockausschläge und ähnliche Bezeichnungen beschreiben hauptsächlich morphologische Einheiten. Wahrscheinlich gehen diese Einheiten alle auf Beiknospen oder Adventivknospen zurück, die in der Pflanzenmorphologie in collaterale (*Allium sativum*) und serielle Beiknospen eingeteilt werden. Letztere werden nach der Größenordnung aufsteigend-serial (*Lonicera*) oder absteigend-serial (*Rubus*) genannt. Beiknospen, die längere Zeit im Knospenstadium verharren, sind „schlafende Augen"; sie können unter veränderten, jedoch kaum einheitlich definierbaren Bedingungen (Dekapitation, Verwundung) austreiben, oder neu angelegt werden (Abb. 5.48). Die Ausdrücke akzessorische Knospen und überzählige Knospen bezeichnen ebenfalls Beiknospen. In diese Gruppe werden auch die Knospen der Johannistriebe (lamma shoots) eingereiht. Sie sind bei Bäumen mit terminiertem Zweigwachstum bereits in der Laubknospe angelegt (*Fagus*) (Roloff 1987).

Beiknospen stellen offensichtlich ein Reservoir dar, aus dem im Katastrophenfall „unzeitgemäß" (z.B. im August) neue beblätterte Sprosse gebildet werden können (Troll 1959).

5.12 Transport von Metaboliten, Ionen und Xenobiotica

Daß außer Saccharose noch andere Stoffe des Primärstoffwechsels in geringer Menge in die Siebröhren geladen werden, kann aus Analysen des „reinen" Siebröhrensaftes geschlossen werden.

Die reinste Form des Siebröhrensaftes ist vermutlich der Saft, der aus abgetrennten Stylettbündeln von Blattläusen austritt. Dabei muß allerdings bedacht werden, daß eine Blattlaus, die Honigtau produziert, den Siebröhreninhalt aufsaugt und somit einen Sink darstellt. In diesem Sink sammelt sich nicht nur Siebröhrensaft an, sondern auch Wasser, das aus Geweben in Nachbarschaft des Phloems angesaugt wird, so auch aus dem Xylem. Wird die Blattlaus von ihrem Stylettbündel abgetrennt (etwa durch den Strahl eines Mikroskoplasers), so fällt der Sog fort, aber die fortdauernde Exsudation (bis zu 48 h) aus dem Stumpf beweist, daß die Siebröhre ein Leck hat, das einen Ausfluß durch Turgordruck ermöglicht.

Von den transportierten Stoffen sind Aminosäuren am genauesten analysiert worden (Chino et al. 1987; Kuo-Sell 1989; Weiner et al. 1991; Lohaus 1991), aber die qualitativen und quantitativen Angaben unterscheiden sich stark, so daß man annehmen muß, daß jede Pflanze ein

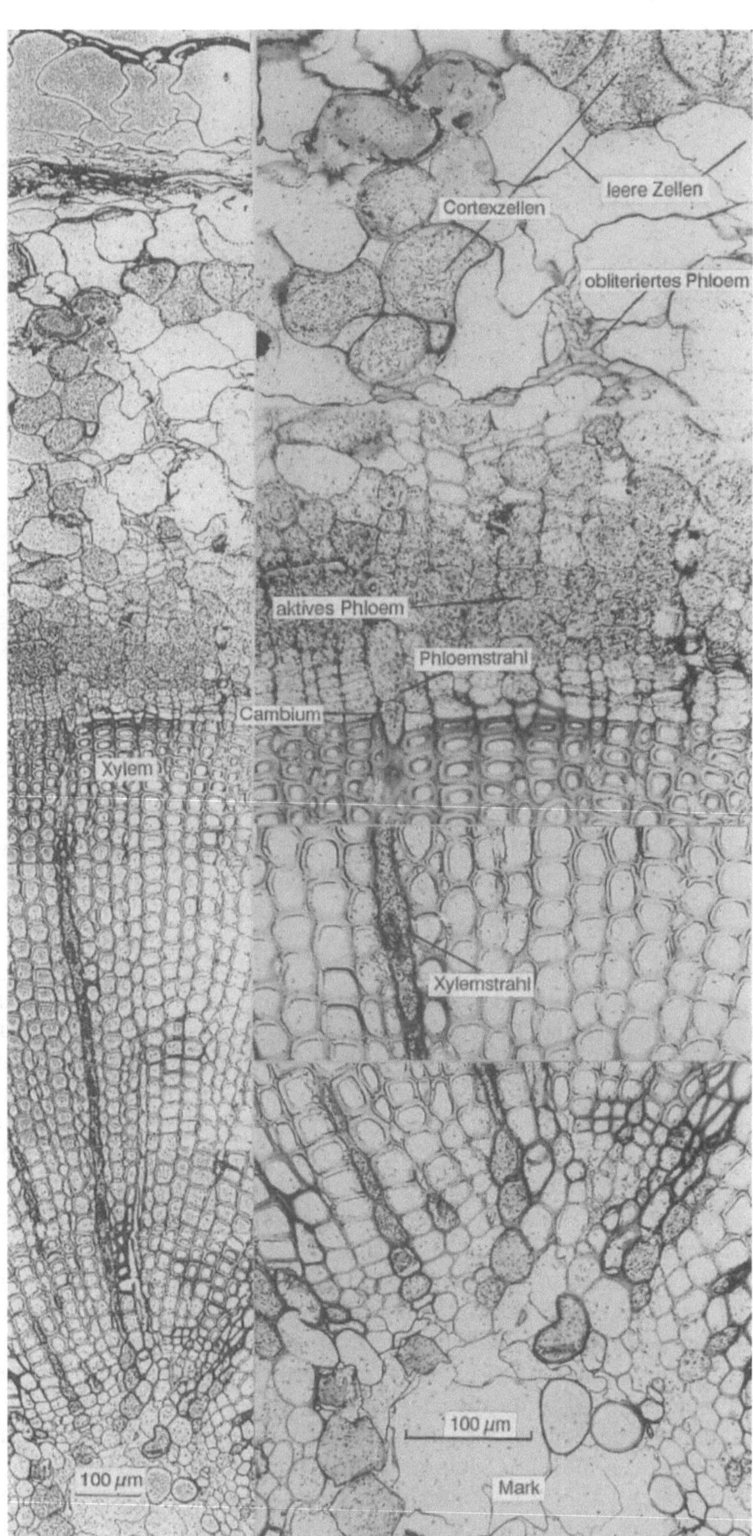

Abb. 5.47. Werden Querschnitte von frischen Fichtenzweigen (*Picea abies*) mit $^{14}CO_2$ begast, so zeigen die in Abb. 5.46 gekennzeichneten chlorophyllhaltigen Zellen in der Mikroautoradiographie radioaktive Markierung. Auch die Siebzellen des aktiven Phloems sind stark markiert, sie müssen also von den assimilierenden Zellen des Querschnitts aus beladen worden sein. Ein longitudinaler Assimilattransport, der eine Phloembeladung hätte auslösen können, ist bei den verwendeten Querschnitten auszuschließen. Die Beladung erfolgte allein durch die Affinität der Siebzellen für Saccharose. (Langenfeld-Heyser 1989)

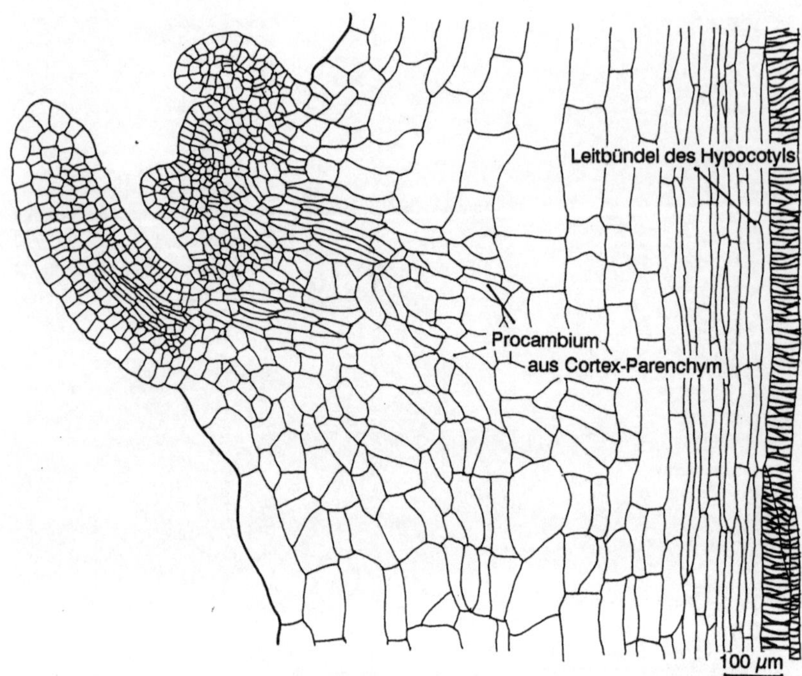

Abb. 5.48. Adventivknospen (nach Dekapitation aus der Hypocotylepidermis von *Linum usitatissimum* entstanden), die erst nach einem Reiz zur Entwicklung kommen, sind zwar angelegt, haben aber keine Leitbündelverbindung zum Leitgewebe der Achse. Während der Aktivierung des Knospenaustriebs muß die Bildung neuer Procambiumelemente aus Parenchymzellen stattgefunden haben. (Nach Crooks 1933)

anderes Muster phloemmobiler Aminosäuren hat, und daß Außenbedingungen dieses Muster beeinflussen können.

Im allgemeinen scheint jedoch die Zusammensetzung der Aminosäurenfraktion im Siebröhrenexsudat der des Mesophyll-extrakts der gleichen Pflanze zu entsprechen. Der Gehalt an Aminosäuren im Siebröhrenexsudat wird mit wenig mehr als 1% der Konzentration an gelösten Stoffen (Van Die und Tammes 1975), oder bis zu 5% (Winter et al. 1992) angegeben. Allerdings können einzelne Aminosäuren wie Aspartat, Glutamat und Serin einen hohen Anteil der Aminosäurefraktion des Phloemexsudates ausmachen. Die Aminosäuremengen wechseln im Licht und im Dunkeln (Winter et al. 1992).

Von Ionen scheinen nur K^+ und Cl^- eine hohe Phloemmobilität zu besitzen. Ca^{++} ist dagegen im Siebröhrensaft nur in Spuren vertreten, in den Siebröhrenzellwänden tritt es periodisch in hoher Konzentration auf, vermutlich weil Ca^{++} für die Aktivierung der Callose-bildenden Glucansynthase erforderlich ist (Eschrich et al. 1964; Kauss 1986). Calcium wandert zwar im Apoplasten (Abb. 2.21), aber es wird anders verteilt als das Wasser. Der Calciumgehalt ist nicht nur in den Siebröhren, sondern auch im Cytosol der parenchymatischen Zellen sehr niedrig. Wahrscheinlich wird dieses Kation bei seiner Wanderung an saure Gruppen von Zellwandkomponenten (Pektin) gebunden (Clarkson 1984).

Zu den phloemmobilen (Eschrich 1966b) Xenobiotika zählen synthetische Hormone, Fluoreszenzfarbstoffe und Pesticide. Bei allen drei Stoffgruppen scheint ein hohes Angebot den Eintritt in das Siebröhrensystem zu erzwingen.

Dies geht sehr klar aus der Phloemmobilität des Kalium-Fluoresceins hervor: Nur wenn die Farbstofflösung kontinuierlich von außen angeboten wird, bewegt sich die fluoreszierende Farbstofffront in den Siebröhren voran. Fluoresceinderivate sind Eiweißfarbstoffe, sie verbinden sich mit dem P-Protein der Siebelemente, das in Siebröhren der meisten Dicotylen auftritt.

In Siebröhren von Monocotylen fehlt P-Protein. Demzufolge wandern Fluoresceinderivate nicht in den Monocotylen-siebröhren. Die in Monocotylensiebröhren auftretenden Proteinkörper sind Bestandteile von Plastiden, die als Kristalloide auftreten (Behnke 1972).

Bei Coniferen tritt zwar dispergiertes, meist fädiges Protein in Siebzellen auf, es stammt aber ebenfalls aus Plastiden. Desgleichen enthalten die Siebröhren der Centrospermen Plastiden mit fädigem Protein. Kalium-Fluorescein kann in die Siebzellen von Coniferen aufgenommen werden, und es wird auch in den Siebröhren der Centrospermen transportiert.

Offensichtlich beruht also der Siebröhrentransport des Fluoresceins darauf, daß ein Überschuß von Farbstofflösung im Massenstrom weiter bewegt wird, wenn das lokale P-Protein bereits mit Farbstoff „abgesättigt" ist. Bleibt der Fluoresceinnachschub aus, so bleibt die fluoreszierende Protein/Farbstoff-Front in der Siebröhre stehen.

Fluorescein ist zum erstenmal von Schumacher (1933) als Modellsubstanz für den Nachweis des Stofftransports in den Siebröhren verwendet worden. Die von ihm durchgeführte Prüfung mehrerer Fluoreszenzfarbstoffe auf Phloemmobilität ergab, daß nur noch Aesculin in den Siebröhren wandert.

Später sind neue Fluoreszenzfarbstoffe entwickelt worden, von denen Lucifer Yellow als Indikator für den symplastischen Transport beschrieben wurde. Es hat sich jedoch gezeigt, daß dieser Farbstoff phloemimmobil ist, weil er entweder nicht in die Siebröhren aufgenommen wird oder keine Affinität zu P-Protein hat.

Phloemmobil ist, was in Siebröhren und Siebzellen einzudringen vermag, wo es mit dem Massenstrom wandert. Auch manche Pesticide unveröffentlichter chemischer Zusammensetzung sind als phloemmobil eingestuft worden. Alle Xenobiotika wie auch das Fluorescein, die in den Siebelementen wandern, haben keinen Sink. Da das Siebelementplasmalemma keine Transporter für die Aufnahme solcher Stoffe besitzt, werden sie nur im Überangebot das Plasmalemma durchdringen und das Siebröhrencytoplasma überschwemmen. Eine Ablagerung in Vacuolen entfällt, da reife Siebelemente keine Vacuole haben; im Überangebot werden solche Stoffe wie Zellgifte wirken.

5.13 Markstrahlen und conjunktive Gewebe

Im primären Pflanzenkörper sind Markstrahlen die einzigen radialen Zellreihen in den Achsenorganen, die Cortex- und Markparenchym verbinden. Erst beim sekundären Dickenwachstum wird das Strahlsystem der Gehölze aufgebaut.

Form und Ausdehnung der Markstrahlen richten sich nach dem Leitbündelsystem, der Stele. Markstrahlen werden in Höhe und Breite durch die Blattspurlücken begrenzt. Dementsprechend gibt es in den blattlosen Wurzeln keine Markstrahlen.

Das Markstrahlparenchym ist Speicherparenchym, in dem Stärke abgelagert wird.

Über die Dynamik der Ablagerung und Auflösung von Stärke in den Markstrahlen sind keine Angaben verfügbar, wahrscheinlich, weil die Markstrahlen nur vorübergehend ein Speicherkompartiment darstellen. Der Stofftransport in den Markstrahlen könnte prinzipiell genauso erfolgen, wie der Zuckertransport im Symplasten, sofern für die Saccharose ein Sink existiert.

Es ist anzunehmen, daß der Transport beim Einbau von Stärke zentripetal gerichtet ist, also vom Cortex zum Mark.

Weil eine geeignete Meßmethode fehlt, ist nicht bekannt, ob der Assimilattransport in stärkefreien Markstrahlen rascher abläuft, als in solchen, die mit stärkehaltigen Plastiden gefüllt sind. Man kann annehmen, daß in stärkefreien Markstrahlzellen die leeren Amyloplasten einen Zuckertransport kaum behindern dürften. Dafür ist aber zu erwarten, daß sich Plastide für Plastide mit Stärke füllen wird, so daß ein Durchgangstransport der Saccharose bis ins Mark erst stattfindet, wenn die Plastiden „gesättigt" sind. Eine Beurteilung dieses Sachverhalts wird dadurch erschwert, daß sich Stärkedeposition und Stärkeauflösung überschneiden, und daß Markstrahlzellen abhängig von der Jahreszeit unterschiedlich mit Stärke ausgestattet sein können. Diese Abhängigkeit beruht darauf, daß im Markstrahl eine Blattspur eingebettet ist, aber nur im Cortexbereich hat der Markstrahl mit dem Phloem Kontakt. Ein Beweis dafür, daß Saccharose aus dem Phloem der Blattspur im Markstrahl bis ins Mark wandern kann, fehlt noch.

Stärke entsteht aus ADP-Glucose (Stark et al. 1992). Im assimilierenden Chloroplasten wird sie im Licht aufgebaut. Ein Anstieg der Konzentration von anorganischem Phosphat im Dunkeln stoppt die Stärkesynthese (Kindl 1987). Bei der Stärkedeposition in Plastiden der Markstrahlen und des Markparenchyms wird wegen des dort herrschenden Lichtmangels vermutlich ebenso verfahren wie in Speicherwurzeln und Knollen. Die Herstellung von ADP-Glucose im Dunkeln ist noch nicht untersucht worden; ADPGlc-Pyrophosphorylase operiert lichtabhängig (Scheibe 1983). Die Saccharose des Cytoplasmas muß zuerst zu Triosephosphat und weiter zu Hexosephosphat verarbeitet werden, bevor aus Glucose-1-Phosphat und ATP die ADP-Glucose gebildet werden kann. In welcher Form die Amyloplastenhülle überwunden wird, ist nicht genau bekannt.

Stärkesynthase und Q-Enzym (für die 1–6-Bindungen) übertragen die Glucose auf einen Stärkeprimer. Demnach ist die Sinkwirkung eines Stärkespeichers offenbar vorwiegend von der Verfügbarkeit von ATP abhängig.

Bei perennierenden Monocotylen fehlen Markstrahlen. Bei diesen Pflanzen wird Stärke im Parenchym, das die Leitbündel umgibt, abgelagert (conjunktives Gewebe bei Monocotylen mit sekundärem Dickenwachstum, Abb. 9.5; primäres Grundgewebe bei solchen ohne sekundäres Dickenwachstum). Bei Arten mit terminalen Blütenständen wird zur Blütezeit dieser Stärkevorrat nach und nach abgebaut, und zwar in basipetaler und in zentripetaler Richtung. Es entsteht wieder Saccharose, die bei manchen Palmen (Sago-Palmen) in großen Mengen mit dem Phloemsaft aus gekappten Blütenständen ausfließen kann. Bei Agavaceen werden die Stärkevorräte des Rhizoms hydrolysiert, wenn sich der Blütenstand entwickelt (Tammes 1933; Van Die u. Tammes 1975). Ein gekappter Blütenstandsstiel von *Yucca flaccida* liefert über Nacht bis zu 15 ml Siebröhrenexsudat.

5.14 Internes, medulläres und isoliertes Phloem

Die bicollateralen Leitbündel der Solanaceen, Cucurbitaceen, Cichorioideae und vieler anderer Familien besitzen ein internes Phloem, das sich entwicklungsgeschichtlich und in seiner Operationsweise vom externen Phloem unterscheidet.

In der Tomatenwurzel entstehen interne Phloembündel aus Initialzellen im peripherischen Wurzelmark (Abb. 5.49). Diese Phloembündel sind mit den collateralen Leitbündeln der Wurzel-Stengel-Achse nur räumlich assozi-

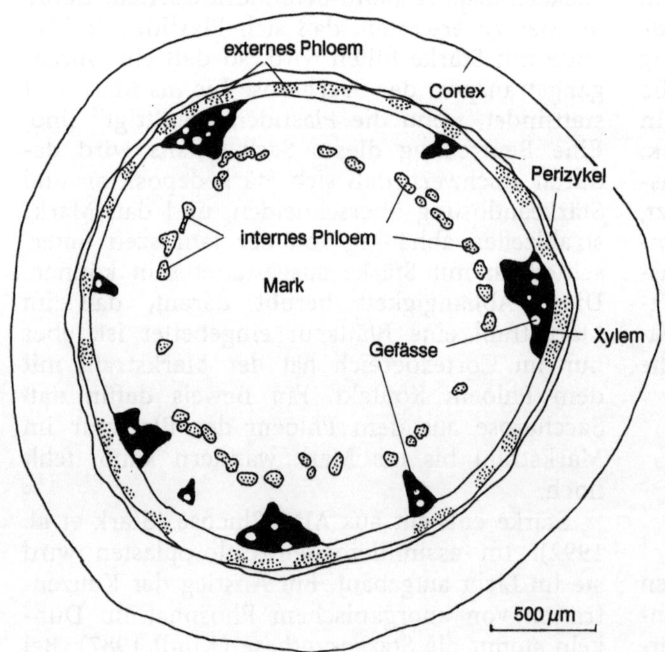

Abb. 5.49. Der Hypocotylcortex des Keimlings von *Lycopersicon lycopersicum* bleibt länger erhalten als der solcher Dicotylen, die ihre Wurzel-Hypocotyl-Epicotyl-Achse zeitig cambial verdicken. Typisch für Solanaceen ist u.a. das interne Phloem, das jedoch keine Lagebeziehung zu den collateralen Leitbündeln des Hypocotyls zeigt. Man könnte es auch als medulläres Phloem bezeichnen

iert. Sie bestehen aus primärem Phloem, haben keinen Dickenzuwachs, also kein Cambium an der zum Xylem gekehrten Seite (Eschrich 1976). Bei den Cichorioideae sind dem internen Phloem primäre Milchröhren assoziiert. Eine gleichartige Anordnung ist bei *Nerium oleander* zu finden (Abb. 5.50). Zur Funktion des internen Phloems wurde mit Hilfe von Mikroautoradiographien (Abb. 5.51) gezeigt, daß im Fruchtstiel der Tomate ^{14}C-markierte Photoassimilate ausschließlich im internen Phloem transportiert werden (Bonnemain 1980).

Obwohl internes Phloem auch in größeren Blattadern vorkommt, endet es akropetal sowie basipetal in der Wurzel blind. Eine klare Beziehung zum Zuckertransport von Source zu Sink ist für das interne Phloem noch nicht aufgedeckt worden.

Internes Phloem kann durch Leitbündelinversion vorgetäuscht werden. In den Blattadern von *Populus deltoides* können collaterale Leitbündel in umgekehrter Lage auftreten (Abb. 5.52). Die betreffenden Phloemteile liegen dann adaxial.

Medulläre Leitbündel (Medullarbündel) sind im Schaft (scapus) von Blütenständen zu beobachten, wenn dieser nicht hohl ist (Abb. 5.53). In den meisten Fällen handelt es sich um collaterale Leitbündel, die offenbar als „Spuren" von Einzelblüten eines Blütenstands (bei Apiaceen) in basipetaler Richtung das Markgewebe durchziehen.

Ähnlich verlaufen Leitbündel in den Blattstielen von *Cyperus*-Arten (Abb. 3.28). Möglicherweise sind es Spuren der fächer- oder pinselartig angeordneten Fiederblättchen.

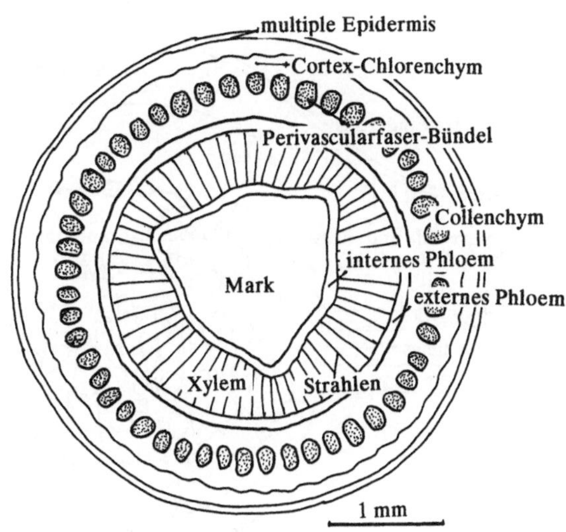

Abb. 5.50. Schematischer Querschnitt eines einjährigen Stengels von *Nerium oleander.* Der Cortex bildet eine mächtige Schicht, die durch dichtstehende Bündel von Perivascularfasern und äußerliches Collenchym gefestigt wird. Die grünen Stengel enthalten im Cortex eine Schicht Chlorophyllgewebe. Das interne Phloem bildet eine geschlossene Schicht zwischen Xylem und Mark

Medulläres Phloem tritt isoliert von den randständigen, collateralen Leitbündeln der Achse im Markgewebe auf (Abb. 5.54). Über die Transportfunktion des medullären Phloems sind mikroautoradiographische Untersuchungen an *Nicandra physaloides* (Solanaceae) durchgeführt

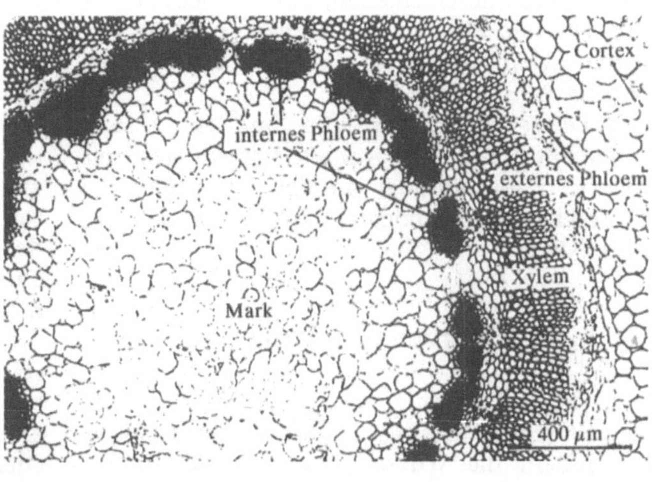

Abb. 5.51. Das interne Phloem im Fruchtstiel der Tomate (*Lycopersicon lycopersicum*) hat während des Fruchtwachstums die Aufgabe, Nährstoffe in großer Menge anzuliefern. Wenn das Tragblatt mit $^{14}CO_2$ begast wird, erscheint das interne Phloem in Mikroautoradiographien durch die ^{14}C-Saccharose stark markiert. Das externe Phloem scheint dagegen an der Versorgung der Frucht unbeteiligt zu sein. (Bonnemain 1980)

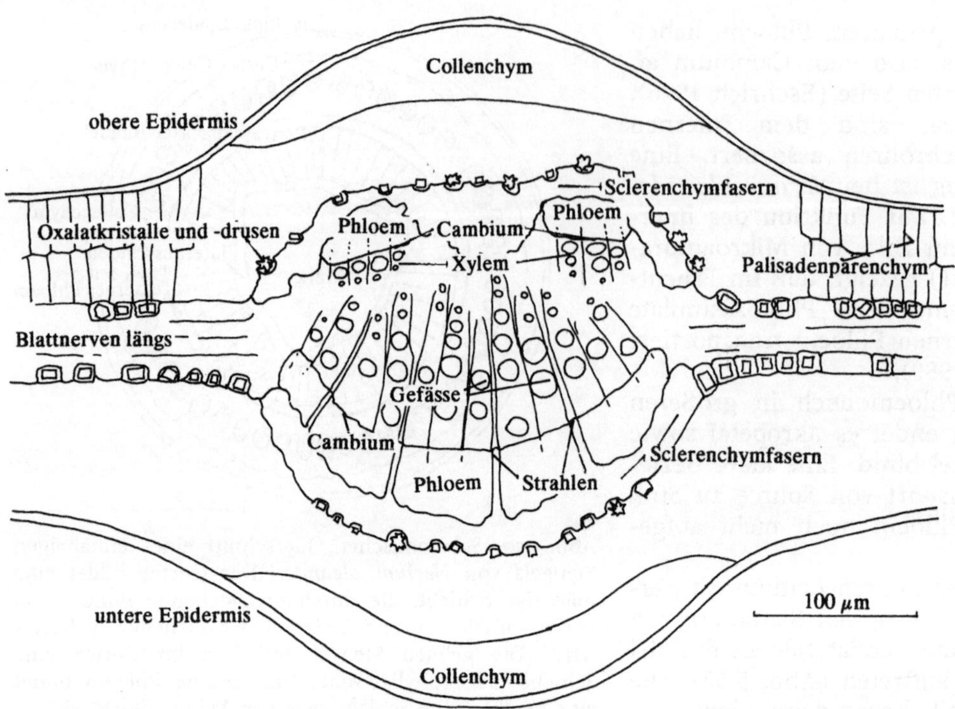

Abb. 5.52. In Blattadern höherer Ordnung sind manchmal mehrere Leitbündel unregelmässig kreisförmig angeordnet. Das führt zu Inversionen, wodurch die Phloemteile sowohl in abaxialer (normaler) als auch in adaxialer Lage zu sehen sind. So erklärt sich die Meinung, daß im Blatt von *Populus deltoides* internes Phloem vorkommt

worden. Es zeigte sich dabei, daß das medulläre Phloem in akropetaler Richtung transportierte, während im externen Phloem die Blattassimilate entweder nur basipetal oder basipetal und akropetal wanderten. Zusätzlich wird ein perimedulläres Phloem unterschieden, das sich jedoch von dem internen Phloem in Nachbarschaft des primären Xylems in seiner Position kaum unterscheidet (Bonnemain 1980).

Isoliertes Phloem tritt in Bündeln zusammengefaßt auf. Bei *Polygonum bistorta* wechseln isolierte Phloembündel an der Innenseite der Stärkescheide mit collateralen Leitbündeln ab (Abb. 5.55).

5.15 Sproß-Wurzel-Übergang

Bevor bei Dicotylen und Gymnospermen cambiale Wurzelverdickung einsetzt, versorgt primäres Phloem die Wurzelspitze mit Nährstoffen. Im Keimling liefern die Keimblätter den Zucker, entweder autotroph, wenn sie ergrünen, oder heterotroph aus Speichervorräten (Cotyledonen, Endosperm, selten Perisperm). Das primäre Phloem entwickelt sich aus Procambium, das von den Apikalmeristemen der Wurzelspitze und der Cotyledonen abstammt. Sobald sich ein Epicotyl differenziert, beteiligt sich auch das Apikalmeristem des Sprosses an der Procambiumbildung.

Im Epicotyl wird ein neues Leitbündelsystem angelegt, das in Form von Primärblattspuren bereits in der Primärwurzel mit der Phyllotaxis des Sprosses korreliert ist (Abb 5.56). Bei den Dicotylen liegen die Primärblattspuren opponiert zu den Cotyledonen; oft auch dann, wenn die Pflanze später zerstreute Phyllotaxis zeigt (*Helianthus*). Bei Dicotylen und Gymnospermen beginnen alle collateralen Leitbündel sich nach einer Differenzierungsperiode von unterschiedlicher Dauer „zu öffnen", um aus verbliebenen

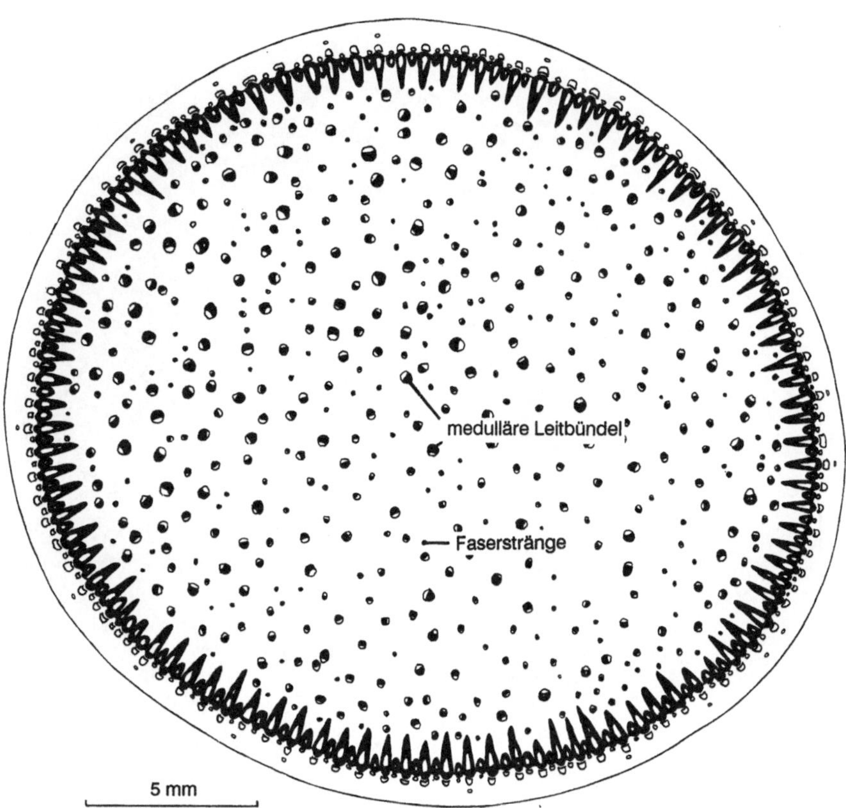

Abb. 5.53. In der Blütenstandsachse (Schaft, Scapus) vielblütiger Infloreszenzen, z.B. von *Ferula vulgaris* (Apiaceae), treten zusätzlich zu den randständigen, mit Cambien versehenen Leitbündeln, medulläre collaterale Leitbündel auf, die kein Cambium haben. Wahrscheinlich handelt es sich um „Blütenspuren", also Blattspuren von Blüten-Blattorganen. Daneben sind oft auch Faserstränge vorhanden, die möglicherweise das untere Ende einer Blütenspur darstellen

Procambiumzellen (Restmeristem) cambiale Elemente anzulegen.

Im Keimling besteht das Sproß-Wurzel-Versorgungssystem aus Primärwurzel, Hypocotyl und Cotyledonen. Diarche Wurzeln zeigen am übersichtlichsten den Hypocotylübergang (Abb 5.56), tetrarche Wurzeln (*Helianthus annuus*) sind im Hypocotyl streckenweise in sechs Bündelkomplexe aufgespalten (Eschrich 1976). Bei hypogäisch keimenden Dicotylen kann sich der Leitbündelübergang bis zu zwei Internodien weit ins Epicotyl erstrecken; dort endet das primäre Wurzelleitsystem also nicht in den Cotyledonen.

Da die Wurzelspitze kontinuierlich weiterwächst, führt der Weg der Blattassimilate zuerst durch sekundäres Phloem der Wurzel, bevor das primäre Phloem der jungen Wurzel erreicht wird.

Bei den Monocotylen wird die Primärwurzel sehr bald durch sproßbürtige Adventivwurzeln ersetzt. Im Keimling von *Triticum* endet der Zentralzylinder der Primärwurzel plattenartig am Scutellarknoten aus dem die Nerven von Scutellum, Coleoptile, Primärblatt und erstem Folgeblatt hervorgehen (Abb. 5.57). Beim Maiskeimling sind in diesem Entwicklungsstadium bereits die ersten Adventivwurzel-Anlagen zu erkennen (Abb. 5.58).

5.16 Stofftransport im Parenchym

Unabhängig von der Funktion eines Parenchymgewebes (Speicher-, Photosynthese-, Sekretions-, Festigungsgewebe) ist dieses auf die Versorgung mit Zuckern angewiesen, denn Parenchymzellen atmen und sind auch anderweitig stoffwechselaktiv. Je nach der Entfernung zum versorgenden Phloem sind die Plasmodesmen einer oder mehrerer Zellwände die einzigen symplastischen Transportbahnen im Parenchym. Die Ausbreitung ^{14}C-markierter Photoassimilate im Paren-

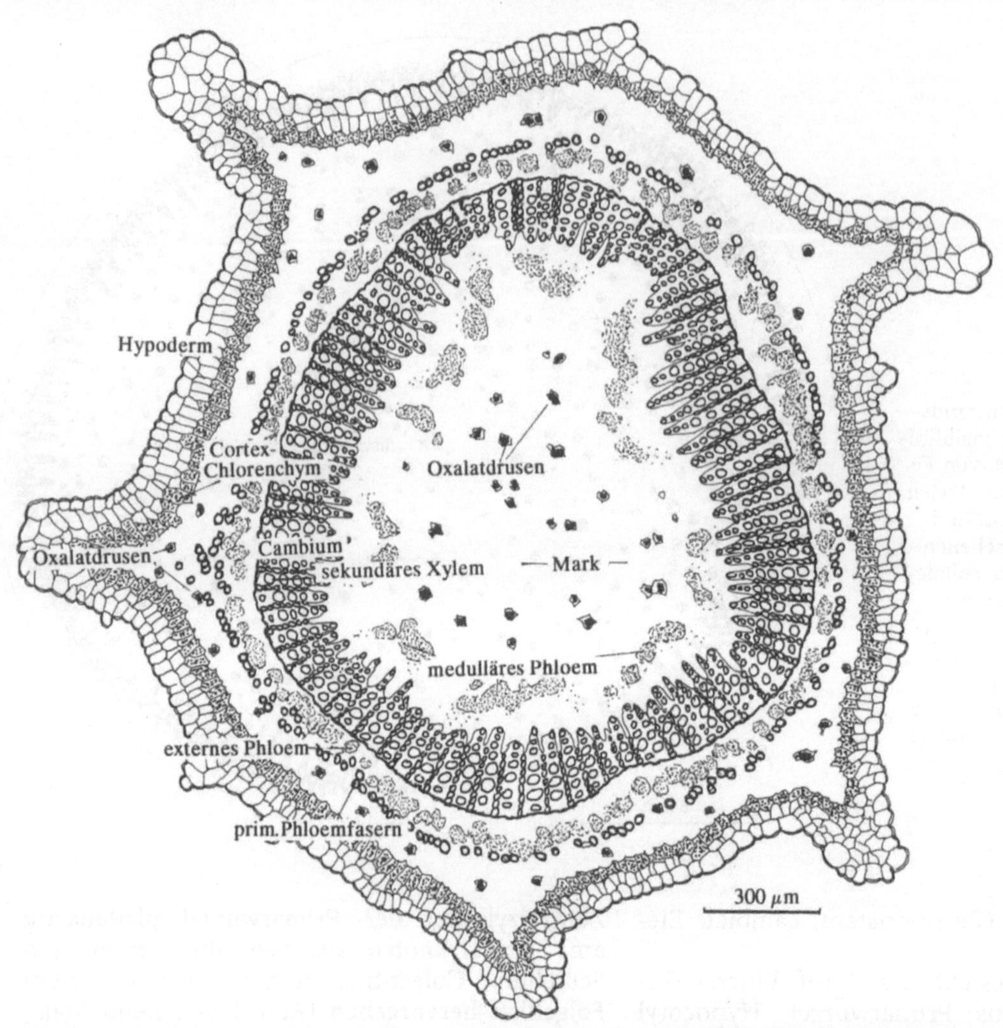

Abb. 5.54. Im Querschnittsbild des kantigen Stengels von *Convolvulus arvensis* fallen Dünnstellen im Zylinder des sekundären Xylems auf, die als „Zacken" der Markkrone gedeutet werden. Dort unterblieb cambialer Zuwachs so lange, bis die Blattspurlücke geschlossen war. Weder das externe noch das medulläre Phloem lassen Beziehungen zur Blattspurlücke erkennen

chym ist durch Makro- und Mikroautoradiographien mehrfach bewiesen worden; sie entspricht einer Diffusion, verlangsamt sich also mit der Distanz, sofern ein Sink fehlt. Ist jedoch eine Sinkaktivität vorhanden, so „regelt die Nachfrage den Verkehr".

Zu gleichen Ergebnissen kamen Schumacher (1936) und nachfolgend andere Forscher. Schumacher beobachtete, daß sich Kalium-Fluorescein, das metabolisch inaktiv ist, von der Basis eines Kürbishaars zuerst in der untersten Zelle ausbreitete, dann eine Weile „zögerte" und unvermittelt in der nächsten distalen Haarzelle durch schwache Fluoreszenz erkennbar wurde. Es waren weder leuchtende Wandporen zu erkennen, noch war eine Bewegung des Farbstoffes mit einer denkbaren Cytoplasmaströmung zu sehen. Eine typische Eiweißfärbung, wie sie in Dicotylensiebröhren mit dem P-Protein auftritt, war in den Kürbishaaren nicht zu beobachten.

Abb. 5.55. Bei Polygonaceen enthält die geschlossene Blattscheide einen Ring von Blattspurbündeln, die im multilakunaren Knoten in den Stengel einmünden. Diese Blattspuren sind jedoch nicht gleichwertig. Bei *Polygonum bistorta* wechseln Blattspurbündel mit Xylem und Phloem mit solchen ab, die nur Phloem enthalten ▶

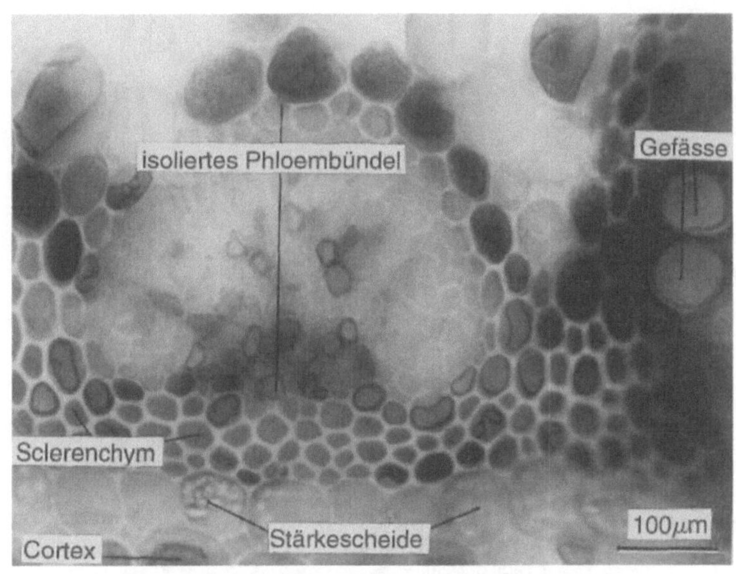

Abb. 5.56. Der Übergang vom radiären Wurzelbündel mit exarchen Xylem- und Phloempolen in den Zustand mit collateralen Leitbündeln vollzieht sich im Hypocotyl und endet in den Cotyledonen. Abhängig von der Zahl der Protoxylempole (diarch, triarch, tetrarch usw.) sind dabei Aufspaltungen, Inversionen und Wiederverschmelzungen der Leitgewebe (besonders des Phloems) zu beobachten (Boureau 1954). Die Leitgewebe des Epicotyls und der Folgeblätter von *Angelica archangelica* sind bereits auf dem Niveau des oberen Hypocotyls in Form collateraler Leitbündel angelegt ▼

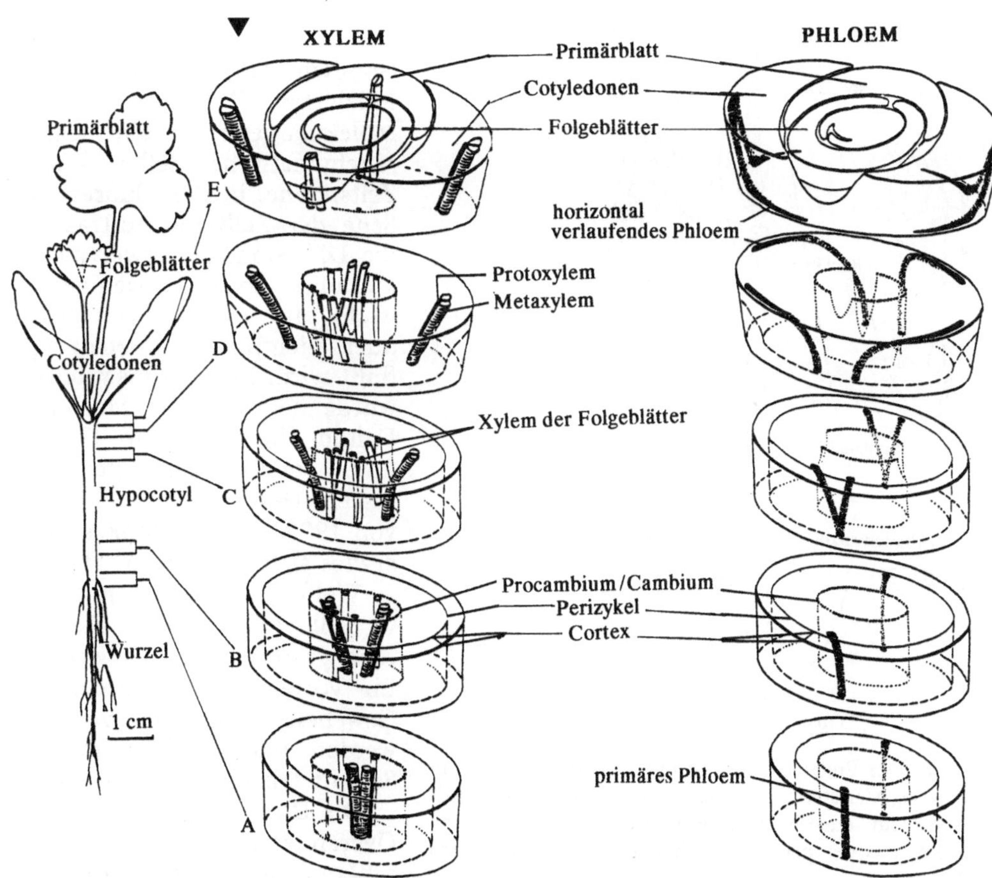

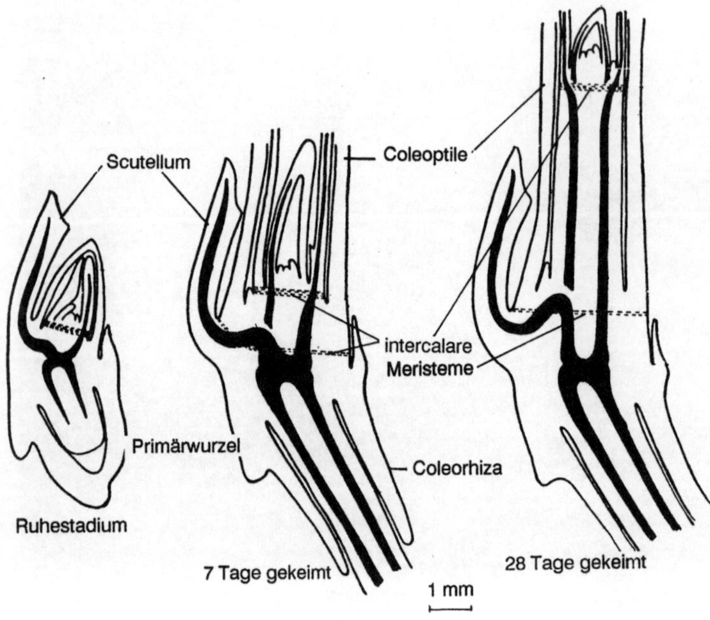

Abb. 5.57. Die primäre Vasculatur wird bei den Gräsern stets nach dem gleichen Bauplan angelegt. Das Leitgewebe des Scutellums steht mit einem Knoten, dem Scutellarknoten in Verbindung, aus dem sich Coleoptile und Sproß, wie auch Coleorhiza und Primärwurzel entwickeln. Bei *Triticum* können zwei intercalare Meristeme unterschieden werden, eins für die Coleoptilenstreckung und eins für die Sproßstreckung. (Avery aus Hayward 1938)

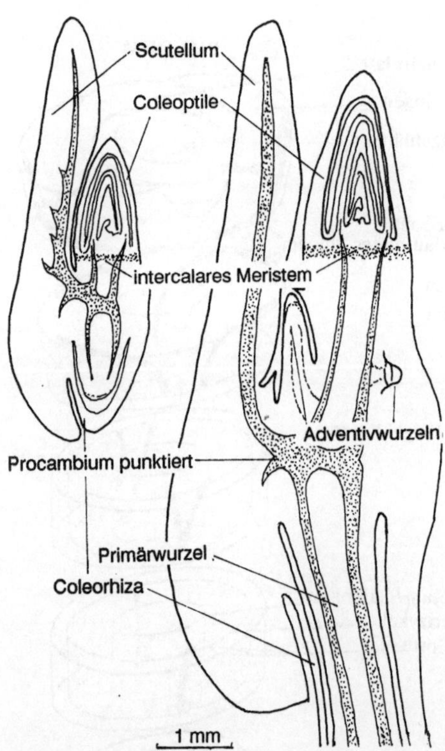

Abb. 5.58. Der Embryo von *Zea mays* entwickelt nur ein intercalares Meristem, das die Sproßgewebe liefert. Adventivwurzeln entstehen unterhalb dieses intercalaren Meristems aus der primären Achse. (Avery aus Hayward 1938)

Goodwin (1983) und Terry u. Robards (1987) injizierten Fluorochrom-Peptide verschiedener Molekulargewichte, alle negativ geladen, in parenchymatische Zellen und registrierten die Zeitspanne, in der Fluoreszenz auf der anderen Seite der Zellwand auftrat. Es zeigte sich, daß die Diffusionsrate erwartungsgemäß vom Molekülradius abhängt, weniger vom Molekulargewicht, und daß sie von aromatischen, polaren oder nichtpolaren Seitengruppen nicht beeinflußt wird. Eine Permeation durch die Zellwand wurde noch für das Molekulargewicht von 874 Dalton (Konjugat von Fluoresceinisothiocyanat und Leucyl-diglutamylleucin) registriert. Fluorescein-Dextran mit einem Molekulargewicht von 19000 Dalton (Stokes'scher Radius=3,2 nm) erwies sich als impermeabel für Plasmodesmen.

Vielfach wurden auch die Fluorochrome Lucifer Yellow CM und VS als Indikatoren eines Parenchymtransports verwendet (Stewart 1981). Ein Vorteil dieser Fluorochrome ist, daß sie bei Gewebefixierung nicht vollständig ausgewaschen werden und deshalb auch im histologischen Schnitt erkennbar sind (Fisher 1988).

Die Dimension eines Plasmodesmos wird von Overall et al.(1982) mit 2,8 nm (cytoplasmatischer Annulus) und 1,6 nm (Desmotubulus)

Durchmesser angegeben; Goodwin (1983) nennt 5 und 3 nm.

Unbeachtet blieb bisher die „treibende Kraft“ für die Saccharosebewegung im Symplasten. Während Be- und Entladung des Phloems Stoffwechselenergie erfordern, kann die Saccharose im Symplasten ohne Energiezufuhr bewegt werden. Es ist das Wasser, das osmotisch aufgenommen wird, die Saccharose im Symplasten verdünnt und dadurch in Bewegung setzt. Richtung und Geschwindigkeit des Transports werden durch die Sinkstärke der Saccharose-Verbrauchsorte bestimmt. Diese Volumenfluß-Theorie (volume flow) ist am Modell demonstriert und berechnet worden (Eschrich et al. 1972; Young et al. 1973; Eschrich u. Heyser 1984; Mohr u. Schopfer 1992).

6 Blattdifferenzierung

6.1 Knospe und Blatt, Entwicklung und Wachstum

Morphologisch werden zwei Arten vegetativer Knospen unterschieden, die Terminal- und die Achselknospe. Terminalknospen sind auf Pflanzen mit monopodialem Wuchs beschränkt. Sie stellen die Triebspitze dar.

Die überwiegende Mehrzahl der Knospen sind Achselknospen. Sie entwickeln sich in der Achsel eines Tragblattes. Auch die Achselknospen besitzen ein Apikalmeristem, das einen Seitenzweig hervorbringen kann.

Achselknospen erkennt man an ihrer Position über der Narbe des Tragblattes. Achselknospen werden durch perikline Teilungen im Protoderm und im Periblem des Zweiges angelegt. Der entstehende Höcker entwickelt ein Apikalmeristem, das durch Blattprimordien und Knospenschuppen geschützt ist.

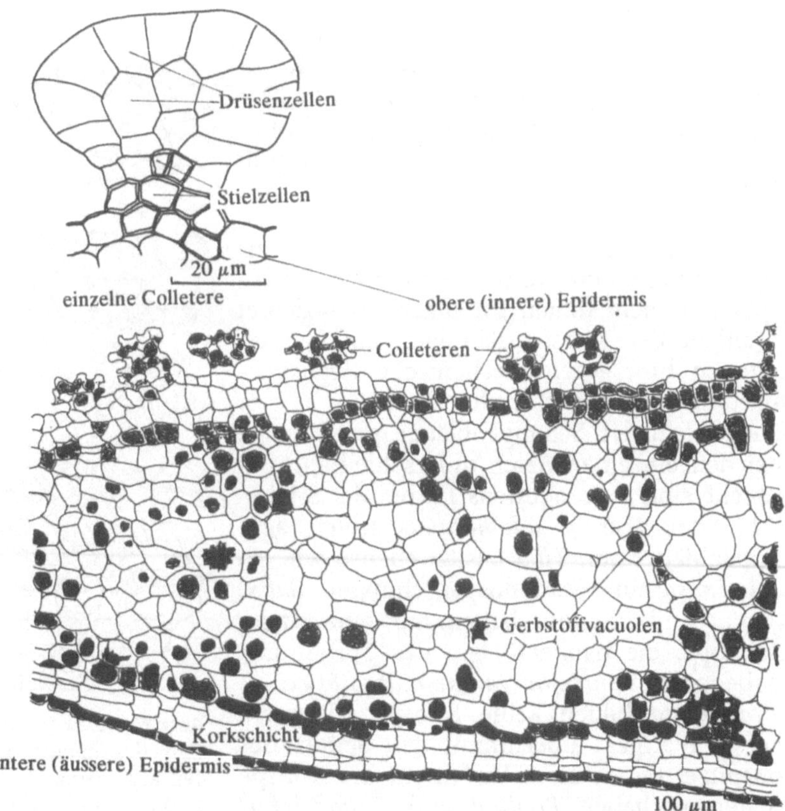

Abb. 6.1. Knospenschuppen sind außen mit einer Schicht aus derben, meist wasserabstoßenden Zellen versehen. Auf der Blattinnenseite (obere Epidermis) können Sekrethaare gebildet werden. Bei *Aesculus hippocastanum* sind es Colleteren, deren Sekret sich bis zur außen liegenden Oberfläche (untere Epidermis) ausbreitet und beim Antrocknen starke Klebwirkung zeigt. Das Sekret ist nur in organischen Lösungsmitteln löslich. (Oetgen 1969)

Die meisten Knospen von Bäumen und Sträuchern sind innerhalb der Schuppenhülle in einen dichten, weißen Pelz aus toten Haaren verpackt. Dieser dient im abgeschlossenen Luftraum des Knospeninnern als Schutz gegen Wärmeabgabe; wenn durch Sonnenbestrahlung im Winter die Knospen erwärmt werden oder wenn während des Knospenwachstums im Frühjahr Atmungswärme entsteht.

Der aus Colleteren (Abb. 6.1) ausgeschiedene, in Wasser nicht lösliche Knospenleim (*Aesculus hippocastanum*) (Oetken 1969) dichtet die Schuppenhülle ab und trägt zur Wärmeisolation bei.

Das meist braune Knospenschuppengehäuse läßt vorzugsweise infrarote Wärmestrahlung durch (Pukacki et al. 1980) (Abb. 4.23).

Am anatomischen Aufbau der Knospenschuppen sind oft Zellelemente oder -schichten beteiligt, die bei anderen Blättern fehlen.

Bei den Coniferenknospen überwiegen sclerenchymatische Bauelemente. Schuppen von *Dioon edule* (Cycadaceae) bilden innerhalb der Epi- und Hypodermis eine Schicht Korkgewebe (Abb. 6.2). Die äußere (untere) Schuppenepidermis von *Aesculus* ist ebenfalls durch eine Korkschicht vom Mesophyll getrennt (Abb. 6.1). Das Mesophyll der dicken Knospenschuppen von *Camellia japonica* ist mit Sclereiden angefüllt (Abb. 6.3) (Schumann 1889).

Stomata sind in den Epidermen von Knospenschuppen selten, meist fehlen sie ganz. Sehr häufig enthalten die Knospenschuppen Zellen mit phenolischem Inhalt. Im allgemeinen deutet der Aufbau der Knospenschuppen auf Schutzfunktionen hin, gegen mechanische Beanspruchung und gegen Wärmeverlust.

Die Anzahl der Schuppenblätter pro Knospe ist bei den einzelnen Arten unterschiedlich. Bei der Buche sind es mindestens 15, bei der Stieleiche 12. Bei *Acer pseudoplatanus* treten acht Schuppenblätter auf; *Tilia* besitzt ebenso wie *Alnus glutinosa* nur zwei Knospenschuppen, *Salix*, *Magnolia* und *Platanus* haben nur eine Knospenschuppe, die haubenförmig das Sproßmeristem bedeckt. *Viburnum lantana* und *Fraxinus quadrangulata* bilden keine Knospenschuppen, das erste Blattpaar übernimmt den Schutz der Sproßspitze. Ein anderes Verfahren, die Knospe zu schützen, haben *Robinia* und *Philadelphus*

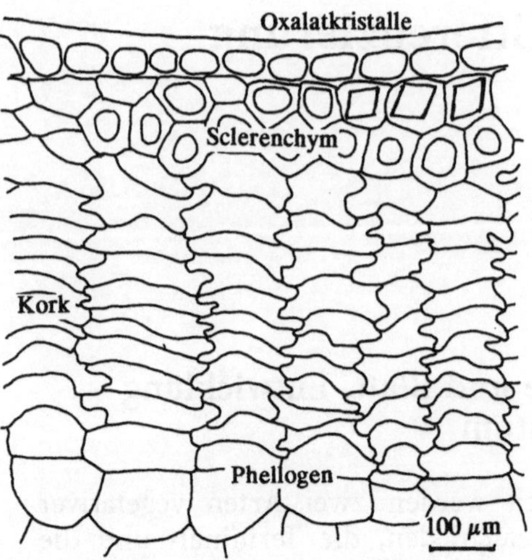

Abb. 6.2. Die Variabilität an Bauelementen ist in Knospenschuppen auffallend groß. Die Schuppenblätter der Terminalknospe von *Dioon edule* (Cycadaceae) haben eine Außenepidermis mit verdickter Außenwand. Ferner ist die Epidermis teils mit Sclerenchymzellen teils mit Kristallzellen unterlegt. Schließlich besitzt die Knospenschuppe ein Periderm mit einer dicken Phellemschicht. (Schumann 1889)

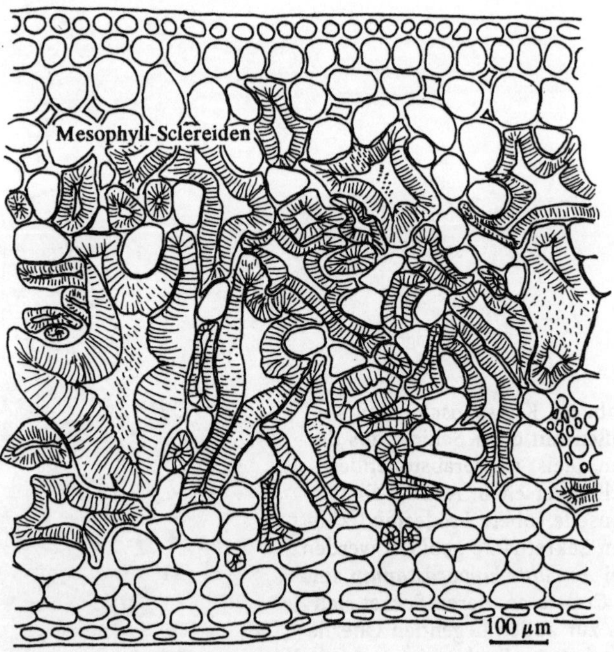

Abb. 6.3. Das Mesophyll der Blütenknospenschuppe von *Camellia japonica* ist sehr derb. Es besteht zum größten Teil aus ineinander verschlungenen Sclereiden, die stark getüpfelt sind. (Schumann 1889)

entwickelt. Bei diesen bleibt die junge Knospe unter der Blattnarbe verborgen (Abb. 6.4). Oft ist nur die Basis der Schuppenblätter derbhäutig und pigmentiert, während die Blattspitze weich bleibt und ergrünt.

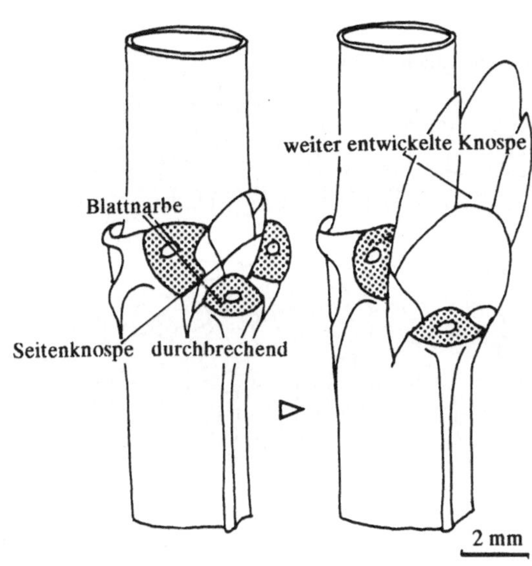

Abb. 6.4. Die jungen Seitenknospen von *Philadelphus coronarius* sind unter der Blattnarbe verborgen. Beim Knospenaustrieb zerbricht die Narbe in 3 gleichartige Abschnitte, in denen noch die Blattspuren zu erkennen sind. (Eschrich 1992)

Die Knospe wächst zum Zweig aus. Dieser kann eine begrenzte Zahl von Blättern bilden (terminiertes Zweigwachstum) oder es können „beliebig" viele Blätter an einem Zweig entstehen (indeterminiertes Zweigwachstum). Bei der Buche, die terminiertes Zweigwachstum zeigt, gehen sieben bis acht Blätter aus einer Knospe hervor, und zwar bei Sonnenzweigen wie bei Schattenzweigen. Allerdings können die aus mittleren Knospen hervorgehenden Zweige eines Sonnentriebes mesoton gefördert sein, indem einige seiner Blätter zusätzlich Knospen entwikkeln, aus denen dann kurze, beblätterte Seitentriebe entstehen. Damit erhöht sich die Zahl der Blätter wesentlich, die in einer Saison aus einer Knospe hervorgehen. Alle Blätter sind in der Winterknospe bereits als Blattprimordien angelegt.

Bei der Buchenknospe liefern selbständige Primordien auch die Nebenblätter, schuppenförmige, helle Blättchen, die nicht ergrünen. Sie fallen bald nach der Entfaltung der Laubblätter ab.

Bei anderen Arten können Übergangsformen zwischen Knospenschuppen und Laubblättern gebildet werden, die als Niederblätter bezeichnet werden.

Prinzipiell können Knospen in allen Laubblattachseln vorkommen, nur sind sie bei Kräutern und Monocotylen oft nicht entwickelt. Stark verzweigte Pflanzen haben meist deutlich ausgebildete Knospen.

Bei der Anlage einer Knospe werden als erste die äußeren (unteren) Schuppenblätter differenziert. Bei den laubabwerfenden Bäumen ist die Knospenanlage – zwar mikroskopisch klein – zur Zeit der Blattreife (Ende Mai) zu finden. Makroskopisch sind Knospen oft erst im Juli deutlich zu sehen. Bei Bäumen mit terminiertem Zweigwachstum können im August Johannistriebe (lamma shoots) auftreten. Ein solch proleptischer Austrieb ist bereits in der Winterknospe in Form von „Knöspchen" angelegt (Roloff 1987).

Brutknospen oder Brutkörper, die an einer Mutterpflanze entstehen, sind Einrichtungen zur vegetativen Vermehrung. Sie entwickeln sich nicht immer in einer Blattachsel, sondern z.B. auch am Blattrand (*Kalanchoë pinnata*) (Abb. 1.13). Oft bilden sie ein Trenngewebe, weil sie sich frühzeitig selbständig machen; sie können bereits an der Mutterpflanze mit einer Wurzelanlage ausgerüstet sein (*Poa bulbosa*: Brutknospen anstelle der Blüten bei der forma *vivipara*; *Lilium bulbiferum*: Brutknospe als Zwiebel ausgebildet; *Dentaria bulbifera*: als Bulbille am Stengel und in Blattachseln, ein stärkereiches, Pflänzchen, das von braunschwarzen Schuppen bedeckt ist; *Polygonum viviparum*: Bulbillen an der Sproßachse; *Ranunculus ficaria*: Wurzelbulbillen).

6.2 Knospenöffnung und Blattentfaltung

Die Knospenöffnung wird durch ein Zusammenspiel von Wasserversorgung, eingestrahlter Lichtmenge und Temperaturanstieg bewerkstelligt. Buchenknospen lagern bis zur Knospenöffnung zunehmend Calcium und Kalium ein (Essiamah 1982). Die frisch entfalteten Buchenblätter schmecken sauer; sie enthalten reichlich Kaliumhydrogen-oxalat (KOOC-COOH).

Während der Blattentfaltung können Spreiten oder Fiedern mehrere Tage schlaff herabhängen (*Aesculus hippocastanum*). Eine Erklärung für diesen Turgormangel ist die Konkurrenz von Wachstum und Wassereinlagerung um die noch begrenzt vorhandenen Photoassimilate.

Die Lage der jungen Blätter in der Knospe ist als Artmerkmal vorgegeben, man bezeichnet sie als Vernation.

Nach unten eingerollt (revolutiv) sind die Blätter von Polygonaceen (*Fallopa baldschuanica*); nach oben eingerollt (involutiv) sind die Spreitenteile von *Populus*×canadensis; fächerartig gefaltet (plicativ) sind die Blätter der Buche und zusammengeklappt (conduplicativ) sind die Blätter in den Knospen von Ulmen und der Hainbuche. Die (plicative) Plissée-Struktur der jungen Palmenblätter entwickelt sich aus zwei spießförmigen Hastulae, die intercalar die Spreitenfalten formen (Abb. 6.5, 6.6) (Kaplan et al.1982 a,b). Nach der Blattentfaltung reißen die Spreiten ein und erscheinen dadurch als regel-

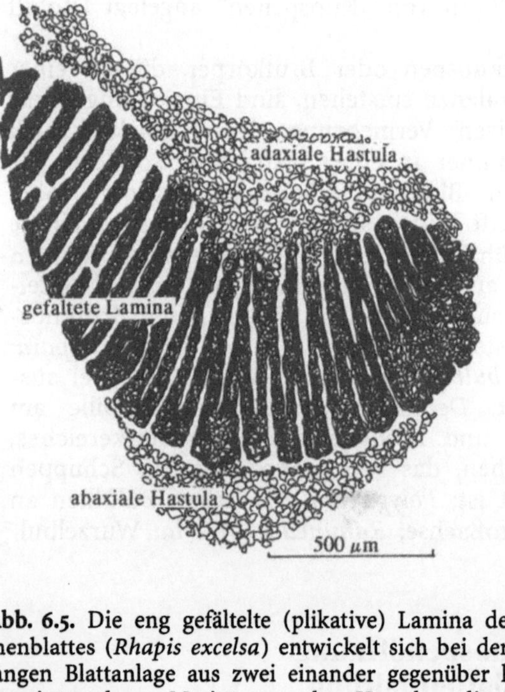

Abb. 6.5. Die eng gefältelte (plikative) Lamina des Palmenblattes (*Rhapis excelsa*) entwickelt sich bei der 3 cm langen Blattanlage aus zwei einander gegenüber liegenden intercalaren Meristemen, den Hastulae, die in der Spreitenmitte am mächtigsten ausgebildet sind. (Kaplan et al. 1982)

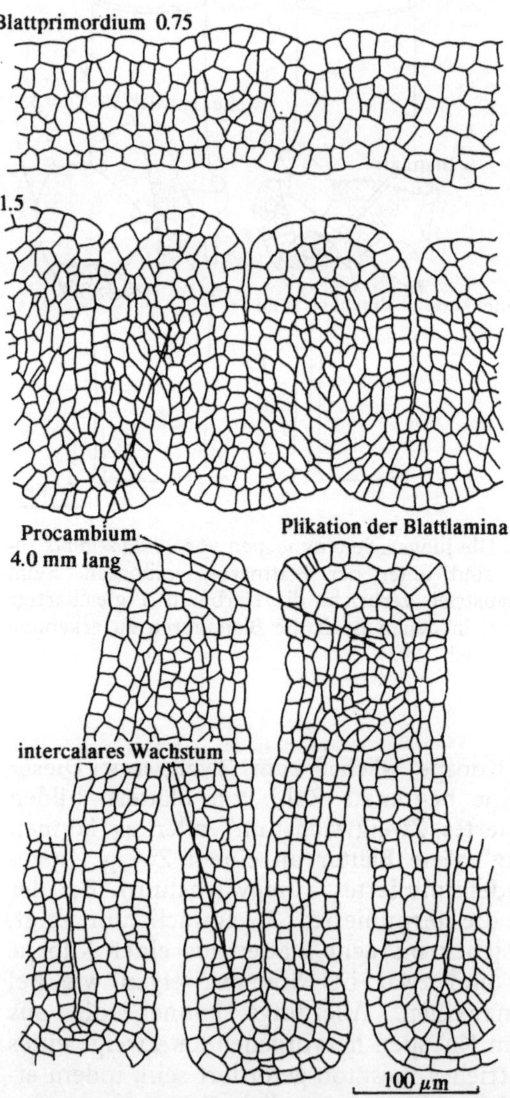

Abb. 6.6. Die Blattnerven des Palmenblattes (*Chrysalidocarpus lutescens*) werden angelegt, bevor eine Plikation der Lamina zu sehen ist. Bei der Fältelung werden die Nerven adaxial gelagert. Die abaxialen Falten weiten sich durch intercalares Spreitenwachstum aus; es sind die Stellen, die am leichtesten zerreißen, wenn sich die Spreite fächerartig ausbreitet. (Kaplan et al. 1982)

mäßig gefächerte (*Rhapis excelsa*) oder gefiederte (*Chrysalidocarpus lutescens*) Blätter.

Nach der Spreitenentfaltung hört das Spitzenwachstum rasch auf. Das Apikalmeristem stellt seine Tätigkeit ein. Dagegen hält das Flächenwachstum an. Bei gestielten und gefiederten Blättern treten intercalare Meristeme in Aktion, die besonders bei langgestreckten Monocotylenblättern für die Spreitenvergrößerung sorgen.

Die Spreite der Dicotylenblätter wächst flächig. Das Muster der Spreitenerweiterung läßt sich an der Verteilungsdichte der Haare und Stomata erkennen. Randmeristeme sind dafür verantwortlich, daß der Blattrand gewellt-buchtig, eingeschnitten, gekerbt oder gesägt erscheint. Meist sind jedoch die Randmeristeme zellulär als solche nicht zu erkennen. Wo sich die Spreitenfläche vergrößert, sind häufiger auftretende Zellteilungen nachweisbar (Maksymowych 1973). In manchen Fällen werden die verlängerten Blattrandabschnitte in ihrer Mitte durch eine Sekundärader versorgt. Im allgemeinen besteht aber kein Zusammenhang zwischen Blattlappen oder -zähnen und dem Muster des Adernetzes (Trécul 1883; Napp-Zinn 1973/74).

Junge Blätter sind fast immer behaart. Wenn kahl, so sind sie vielfach mit Schleim bedeckt (Schwimmblattpflanzen, Hygrophyten, *Nuphar luteum*, *Veronica beccabunga*, *Bergenia crassifolia*). Der Schleim wird ebenfalls von vergänglichen Haaren, Schleimhaaren oder -drüsen, ausgeschieden.

Während der Spreitenentfaltung geht die Entwicklung des Adernetzes eines Blattes der Spreitendilatation voraus. Die Adern treten an der Blattunterseite deutlich hervor. Das endgültige Muster von Adern und Nerven ist erst dann vorhanden, wenn die Blattform voll ausgebildet ist. Bei Dicotylen liegen die zuletzt differenzierten Nerven in den Areolen (Intercostalfelder), oft enden sie blind (Abb. 6.7), manchmal auch mit einer Sclereide als „Schlußstein" (Abb. 6.8). Bei Monocotylen sind es die Queranastomosen, die zuletzt differenziert werden. Im Gegensatz zu den Dicotylenblättern besitzen die Monocotylenblätter ein geschlossenes Nervennetz, das Leitbündelsystem hat keine blinden Enden.

Bei fächerförmiger Nervatur (*Adiantum*, *Ginkgo*) richtet sich das Nervenwachstum nach dem Spreitenrandwachstum.

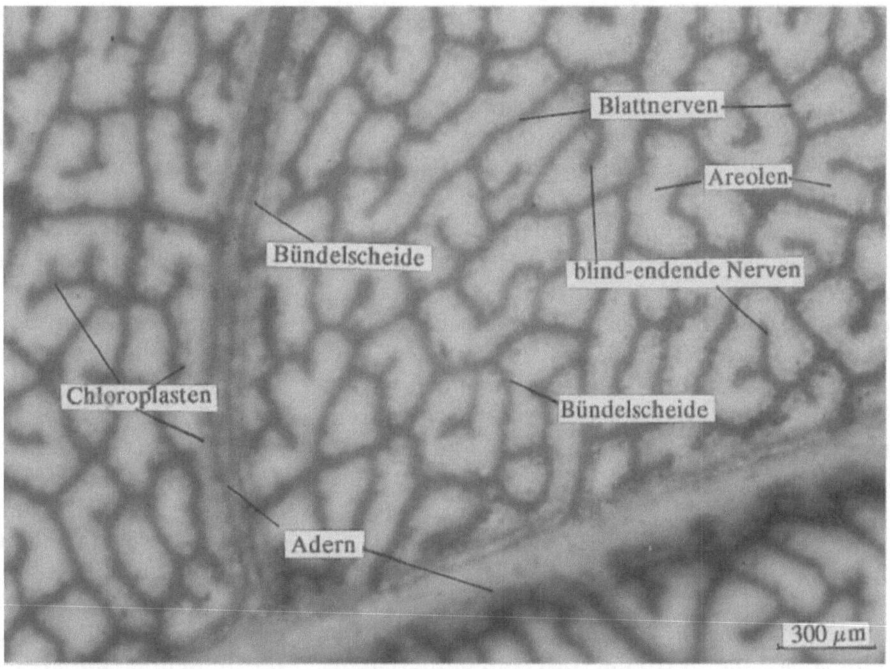

Abb. 6.7. Bei den Dicotylenblättern, hier bei *Amaranthus retroflexus*, enden die Blattnerven vielfach blind in den Areolen (Intercostalfeldern). Offenbar besteht eine Korrelation zwischen Spreitenwachstum und Nervenwachstum. Beim Vergleich mit Abb. 4.22 wird jedoch deutlich, dass diese Korrelation durch Licht beeinflusst wird

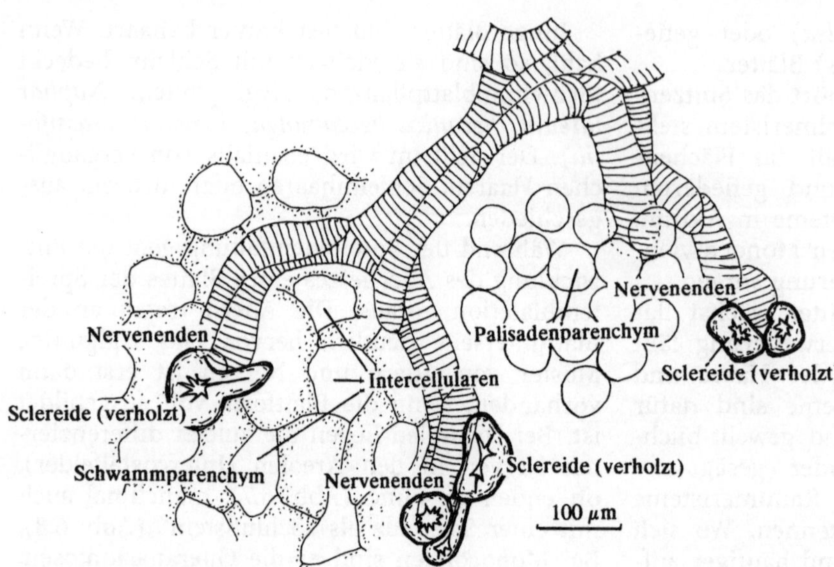

Abb. 6.8. Die Blattnervenenden sind bei *Hamamelis virginiana* mit verholzten Sclereiden bestückt, die als „Schlußsteine" bezeichnet werden, weil sie ein Weiterwachsen der Nerven behindern würden

Die Reifung eines Blattes schreitet von der Spitze zur Basis fort. Dementsprechend können die Spitzenregionen eines Blattes (als Sources) bereits Photoassimilate exportieren, während die Spreitenbasis (als Sink) noch wächst und Assimilate verbraucht.

Der Sink-Source-Übergang ist mehrfach untersucht worden; die Reifung der Leitelemente kann dabei mosaikartig erfolgen (Abb. 6.9, 6.10) (Turgeon u. Webb 1975).

Bei *Ginkgo* ist die distale, also die breiteste Blattkante die Spitzenregion des Blattes; sie wird zuerst reif und exportiert Assimilate.

Die vorgezogene Reifung der Blattspitze ergibt sich aus Schnittserien, die aus dem Blatt von *Xanthium strumarium* hergestellt wurden. Abbildung 6.11 zeigt 3 Stadien dieser Entwicklung (Maksymowych 1973). Besonders auffallend sind die Differenzierungsunterschiede beim Blattplastochron L=2,30, bei dem in der Blattspitze der adaxiale Bündelscheidenfortsatz bereits die obere Epidermis erreicht hat, während in der Spreitenbasis noch gar keine Bündelscheide zu erkennen ist.

6.3 Die Blattspreite

Im Gegensatz zu Wurzel und Sproß erlischt beim Blatt die Aktivität des Apikalmeristems. Form und Größe der Spreitenspitze zeugen von der Aktivitätsperiode dieses Meristems. Manche Spreiten sind kurz zugespitzt (*Liriodendron*), andere haben lang ausgezogene Spitzen (*Ficus benjamina, Cinnamomum zeylanicum*), die phantasievoll als „Träufelspitzen" bezeichnet werden.

Das Blatt ist das einzige vegetative Organ einer Pflanze, das sein Wachstum beendet und reif wird.

Dieser begrenzte Blattwachstumsprozeß kann rasch oder langsam (Farnwedel) ablaufen, nur bei *Welwitschia mirabilis* sind die beiden einzigen Blätter niemals ausgewachsen.

Auch die Lebensdauer der Blätter ist begrenzt. Bei krautigen Pflanzen werden die Blätter meist noch nicht einmal ein Jahr alt. Bei laubabwerfenden Bäumen sind sie nur für eine Saison funktionsfähig. Bei vielen Coniferen und bei Hartlaubgehölzen können Nadel- oder Laubblätter mehrere Jahre lang Photosynthese durchführen. Für *Ilex aquifolium, Olea europaea* und *Pinus sylvestris* werden zwei Jahre Funktionsdauer angegeben; Blätter von *Laurus nobilis* werden bis zu 6 Jahre alt, Nadeln von *Picea abies* können 7 oder 8 Jahre lang Nettophotosynthese leisten, und für Blätter von *Araucaria angustifolia* sind 15 Jahre Lebensdauer genannt worden.

Langlebige Blätter von Dicotylen und Coniferen bilden sekundäre Leitgewebe. Bei der Fichte

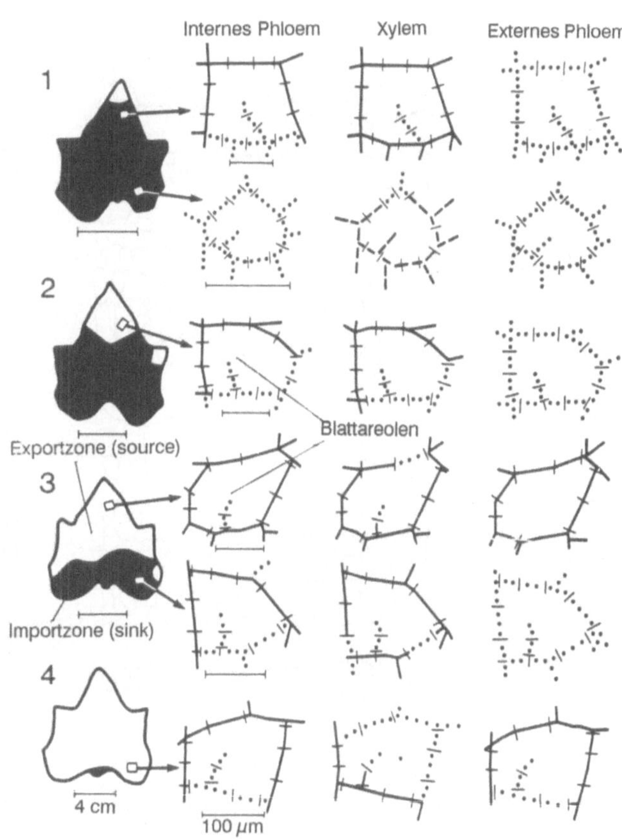

Abb. 6.9. Die Reifung eines Kürbisblattes (*Cucurbita pepo*) schreitet von der Spitze zur Basis fort. Dabei vollzieht sich aber die Reifung der Siebröhren ungleichmäßig, denn in den Nerven, die eine Areole begrenzen, können Siebelemente mit noch geschlossenen Siebporen und dichtem Cytoplasma (punktierte Bahnen), solche mit offenen Siebporen und optisch leer erscheinende (reife) Siebelemente miteinander verbunden sein. Die blind endenden Nerven enthalten dann meist noch undifferenzierte Siebelemente. Unterschiede im Differenzierungsgrad zeigen auch die Xylemelemente. Die untereinander liegenden Maßstäbe umfassen jeweils 4 cm (links), bzw 100 μm. (Turgeon u. Webb 1975)

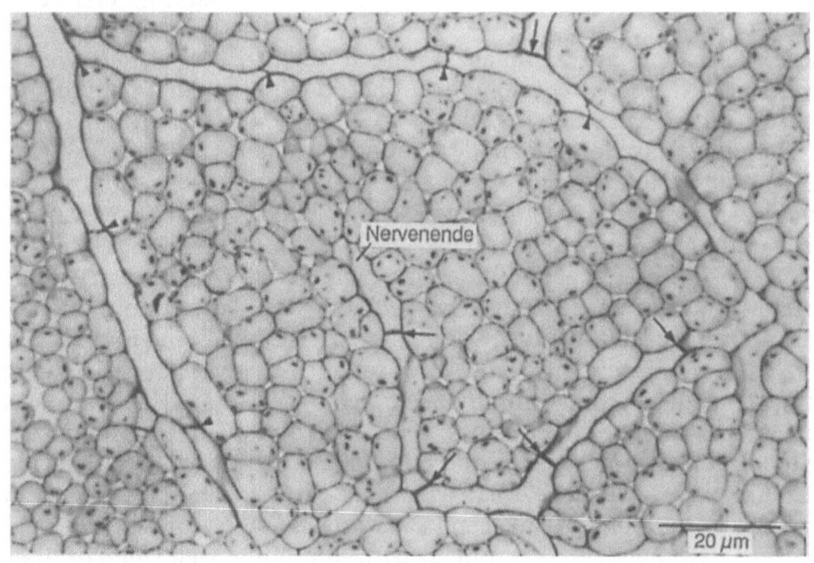

Abb. 6.10. Die Elemente der Siebröhren, die eine Blattareole begrenzen, können zeitweise unterschiedlich weit entwickelt sein. Hier treten Siebelemente mit noch geschlossenen Siebporen in Verbindung mit Siebelementen auf, die bereits geöffnete Siebporen haben. (*Cucurbita pepo*, paradermal). Die Pfeilspitzen weisen auf Siebplatten mit offenen Poren; die Pfeile richten sich auf noch geschlossene Siebplatten. (Turgeon u. Webb 1975)

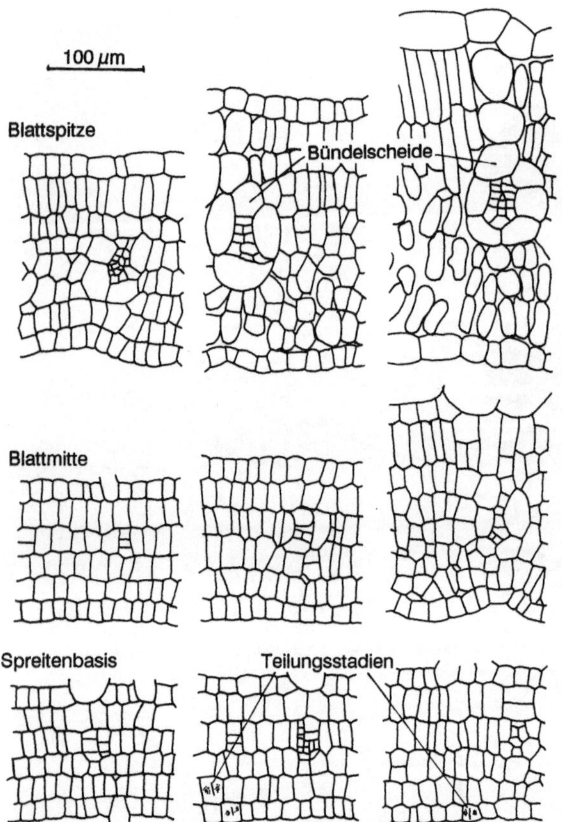

Abb 6.11. Drei Stadien der Spreitenentwicklung bei *Xanthium strumarium* verdeutlichen das vorgezogene Wachstum der Blattspitze; L=LPI=Blatt-Plastochron-Index. (Maksymowych 1973)

beschränkt sich die cambiale Tätigkeit hauptsächlich auf die Erneuerung des Blattphloems (Blechschmidt-Schneider 1993).

Der anatomische Aufbau des Laubblattes ist im gesamten Pflanzenreich gleichartig: Epidermen ober- und unterseits, dazwischen Palisaden- und Schwammschichten.

Die Mächtigkeit des Palisadenparenchyms ist bereits in der Knospe festgelegt, z.B. bei Sonnen- und Schattenblättern (Abb. 4.20, 4.21, 4.22). Der Übergang von Palisaden- zu Schwammzellen kann durch besondere Zellschichten gekennzeichnet sein, z.B. die Trichterzellen oder Sammelzellen, die bei Solanaceen Calciumoxalat in charakteristischer Kristallform enthalten (*Atropa*: Oxalatsand; *Hyoscyamus*: Drusen). Es handelt sich um Zellen, die mit mehreren Palisadenzellen in Kontakt stehen. Auch das paradermale Mesophyll ist hier zu nennen, bekannt durch die Eiweiß speichernden Zellen in den Blättern von *Glycine max* (Francesci u. Giaquinta 1983 a,b). Für manche Familien sind Armpalisaden, „verzweigte" Palisadenzellen, typisch. Die räumliche Form solcher Armpalisaden kann man erst erkennen, wenn eine Serie paradermaler Schnitte untersucht wird (Abb. 6.12) (Fisher 1990). Das Schwammgewebe ist oft, vor allem bei Hygrophyten, aus sternförmigen Zellen zusammengesetzt. Dieses Gewebemuster kommt durch Erweiterung der Intercellularen zustande; es wird als lakunares Schwammparenchym bezeichnet (*Urtica dioica, Hamamelis virginiana, Menyanthes trifoliata, Origanum majorana, Pulmonaria officinalis*) (Abb. 6.13). Sternparenchym in seiner auffälligsten Form ist im Stengelmark mancher *Juncus*-Arten (Abb. 3.27 A, B) als charakteristisches Durchlüftungsgewebe vorhanden.

Im Mesophyll eingebettet treten Sekretbehälter oder -drüsen auf; oft in einer für die Familie spezifischen Form (Abb. 6.14). Weiterhin sind Idioblasten verbreitet, meistens in Form von Oxalatzellen, oder Speichertracheiden (Abb. 6.15, 6.16). Auch Sclereiden, vor allem Fadensclereiden sind im Mesophyll eingebettet (Abb. 4.15, 4.16). Säulenförmige Stützsclereiden sind nur dann sinnvoll benannt, wenn sie verholzte Wände haben und sich von Epidermis zu Epidermis erstrecken (Abb. 6.17). Dagegen können die zapfenförmigen, oft verzweigten Sclereiden an der oberen Epidermis der Hüllkelchblätter von *Camellia japonica* (Abb. 6.18) keine Stützfunktion haben.

Die Multifunktionalität der Blattrippen, -adern und -nerven wird durch ihre Anatomie und ihre Anordnung besonders deutlich. Blattleitbündel sind immer collateral, mit abaxialem (externem) Phloem; sie sind von einer Bündelscheide umgeben. Pflanzen mit internem Phloem (Abb. 5.49, 5.50, 5.51, 5.54) besitzen dieses auch in den größeren Blattadern.

Die Blattnerven (minor veins) sind weder durch Collenchym noch durch Sclerenchymfasern zu den Blattoberflächen hin versteift; sie haben keine Stützfunktion, es sind keine Rippen (costae). Bei den Dicotylen liegen die Nerven in den Intercostalfeldern, also den Blattarealen zwi-

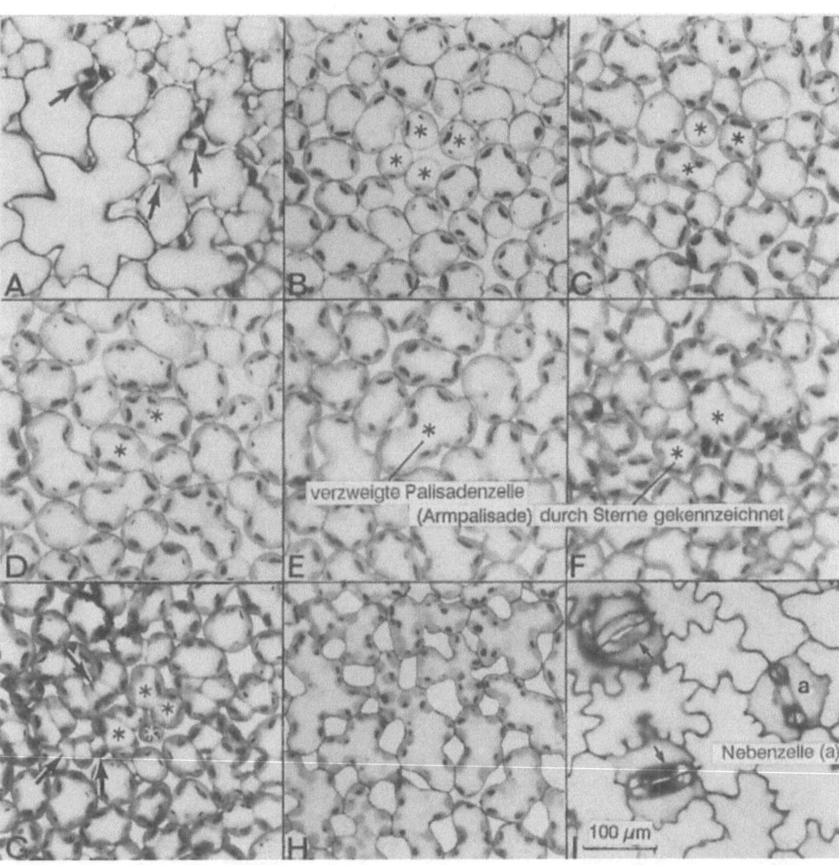

Abb 6.12. In paradermalen Serienschnitten eines Blattes von *Cananga odorata* (Annonaceae) lassen sich Armpalisaden in ihrer Form sicher umreißen. Die mit Sternchen versehenen Zellquerschnitte des Bildes bezeichnen die Arme einer einzigen Mesophyllzelle. In Schnitt E ist nur ein Querschnitt gekennzeichnet; es ist der mittlere Abschnitt der Armpalisadenzelle. Die Arme verlaufen zur oberen, wie zur unteren Seite des Blattes. (Fisher 1990)

schen den Adern (Costae). Anastomosen zwischen den Adern der Monocotylenblätter sind wie Blattnerven gebaut. Die Nerven reifer Laubblätter sind die Orte der Phloembeladung mit Photoassimilaten; die Wände der Bündelscheiden- (Abb. 6.19) und Mestomscheiden- (Abb. 6.26) zellen sind zum Mesophyll hin getüpfelt.

Die Adern der Blätter sind typischerweise ober- und unterseits mit Sclerenchymleisten ausgestattet. Die Bündelscheide kann stellenweise sclerifiziert sein; vor allem dort wo sie in Bündelscheidenfortsätze übergeht (Abb 6.19). Gelegentlich findet man Oxalatzellen (Kristall-

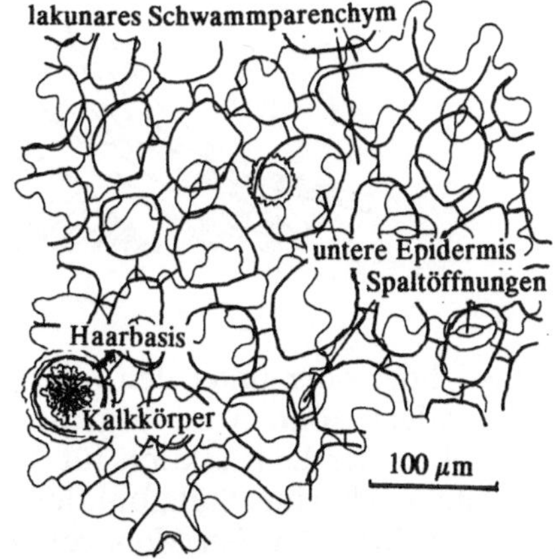

▶ **Abb. 6.13.** Im aufgehellten Präparat (Chloralhydrat) sind einzelne Schichten eines Blattes manchmal gut zu unterscheiden. Dieses Beispiel zeigt die großen Lakunen (Intercellularräume) im Blattmesophyll von *Pulmonaria officinalis*. Sie werden von sternartig verzweigten Zellen des Schwammparenchyms umfaßt. In die untere Epidermis eingelassen findet man Haarbasiszellen, in denen, bei Boraginaceen häufig, Kalkkörper (Cystolithen) vorkommen. Sie sind daran zu erkennen, daß sie sich in Essigsäure rasch auflösen

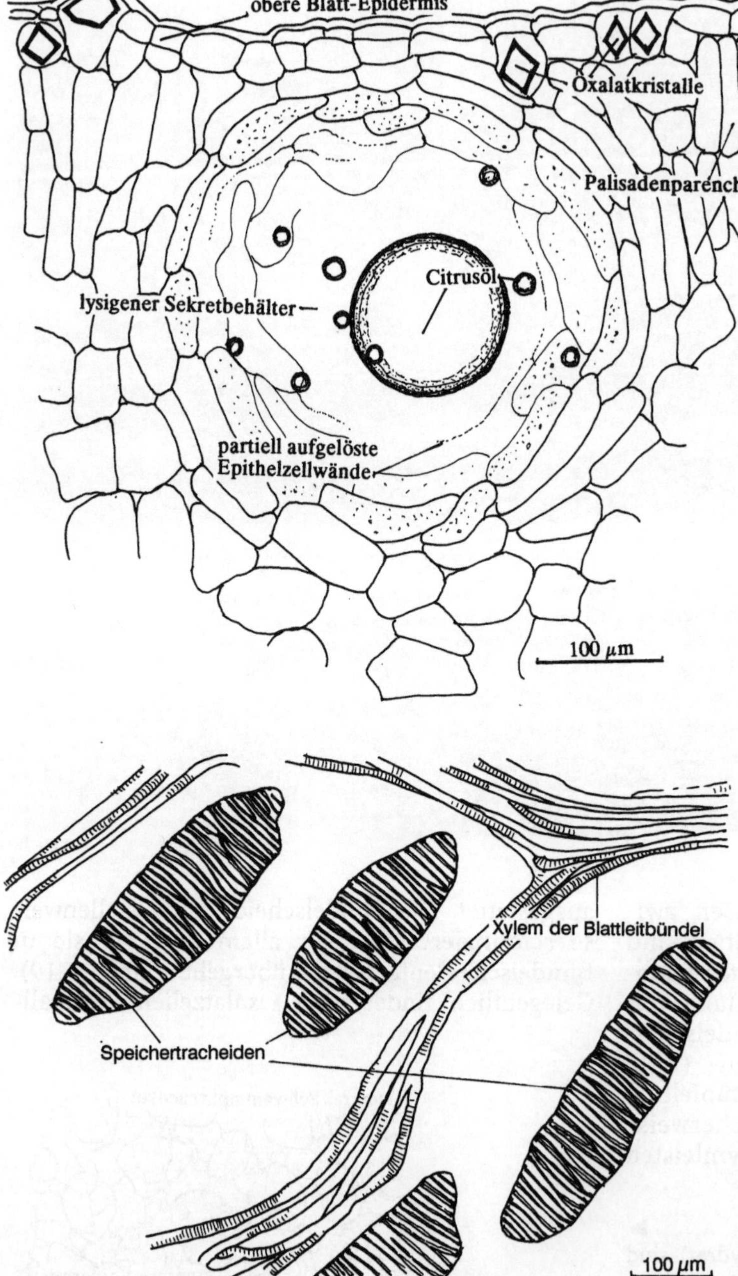

Abb. 6.14. In Orangenblättern (*Citrus fortunella*) sind die großen lysigenen Sekretbehälter ein auffallendes Merkmal. Während des Blattwachstums erweitern sich solche sekretorischen Einrichtungen. Dabei wird durch Auflösen von Zellwänden der Sekretraum stark vergrößert. Gleichzeitig tritt Citrusöl auf, das in kleinen und großen Tropfen sichtbar wird. Der Sekretraum wird außerhalb der aufgelösten Zellen von schmalen, cytoplasmareichen Sekretzellen umhüllt. Sekretbehälter dieser Dimension (500 µm Durchmesser) deformieren die ursprüngliche Anordnung der Blattgewebestruktur

Abb. 6.15. In Blättern mancher Pflanzen (*Pogonophora schomburgkiana*, Euphorbiaceae) findet man Speichertracheiden, meist einzelne Mesophyllzellen, deren Wände – wie bei den Tracheiden – schraubige oder ringförmige Verdickungsleisten aufweisen. Die Speichertracheiden sind viel größer als die Gefäßelemente der Xylembahnen im Blatt. Sie stehen mit dem Xylem nicht in Verbindung. Ihre Funktion ist unbekannt. Man nimmt an, daß diese Zellen Schleim enthalten und deshalb Quellungswasser speichern können. (Foster 1956)

zellen) über oder unter den Adern (*Fagus sylvatica*). Adern können im Gegensatz zu den Nerven neben der Leitfunktion für Wasser und Assimilate noch eine Stützfunktion für die Blattspreite haben. Bei den Monocotylen können die primären Leitgewebe der Adern von einem Mantel aus Festigungsgewebe umgeben sein (*Dasylirion acrotrichum*) (Abb. 6.20), oder Sclerenchymrippen, die von Epidermis zu Epidermis reichen, durchziehen die Spreite in Längs-

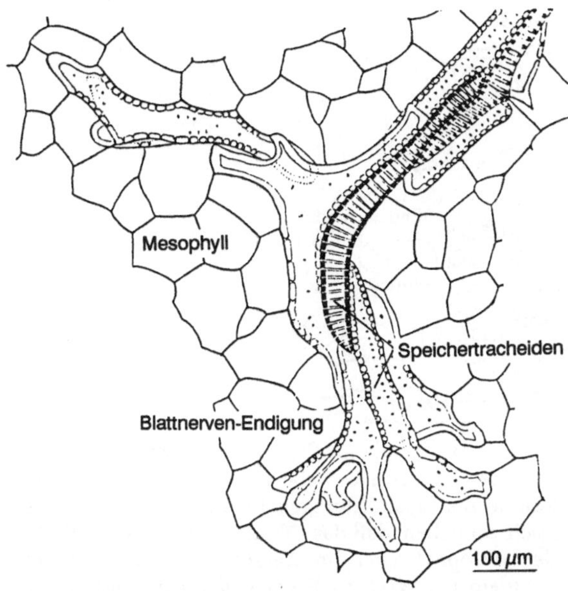

Abb. 6.16. Speichertracheiden finden sich auch an blinden Enden von Blattnerven (*Capparis spinosa*). Im typischen Falle sind sie mit Ringleistenverdickungen ausgestattet. Es können aber auch dickwandige getüpfelte Zellen sein, die das Xylem der Nerven fortsetzen. Weder die Tracheidennatur, noch ihr Speichervermögen sind bewiesen. (Pirwitz 1931)

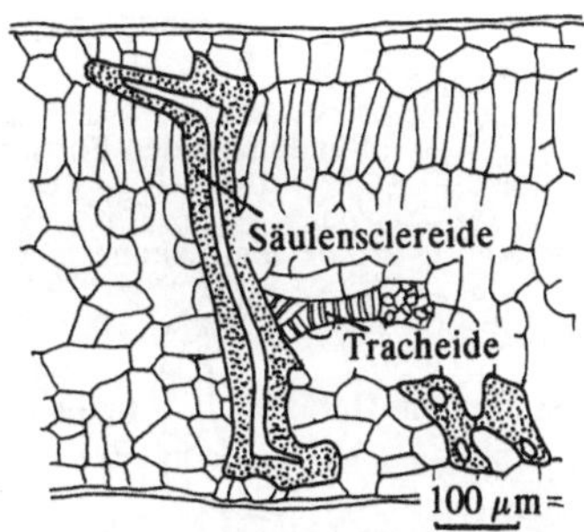

Abb. 6.17. Blattsclereiden werden – wenn sie ungewöhnliche Form haben – oft als Idioblasten bezeichnet. Bei diesem Beispiel, *Mouriria*, einer Melastomatacee, erkennt man einen Zellkontakt zwischen Sclereide und Leitbündelxylem; eine Wasserspeicherfunktion ist nicht auszuschließen. Andererseits läßt die dicke Wand und die Ausdehnung der Sclereide zwischen beiden Blattepidermen auf eine Stützfunktion schließen, wofür der Ausdruck Säulensclereide geprägt wurde. (Foster 1946)

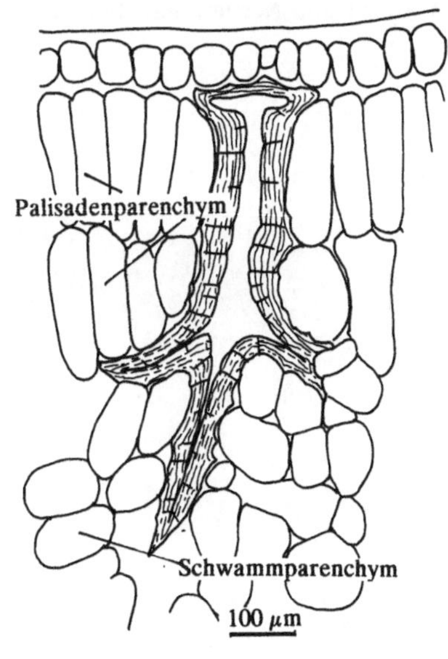

Abb. 6.18. Die Blattsclereiden von *Camellia japonica* haben zwar Ähnlichkeit mit Säulensclereiden (s. Abb. 6.17), nur fehlt ihnen der Fuß an der gegenüberliegenden Epidermis. Eine Stützfunktion scheidet deshalb aus. Es bleibt bei dem physiologisch unbefriedigenden Ausdruck Idioblast

richtung (*Phormium tenax*) (Abb. 6.21). Auch in sukkulenten, langen Monocotylenblättern sind Leitbündel meist von Stützgewebe umhüllt (Abb. 6.22).

Die Mittelrippe oder bei handförmig gefiederten Blättern die Adern 1. Ordnung, können sclerenchymatisch oder collenchymatisch versteift oder durch dichte Packung vieler Leitbündel (*Zea mays*) stabilisiert sein. Durch eine oberseitige Kehlung in Längsrichtung (Abb. 6.23) kann ein Abknicken der Blattspreite erschwert werden. Anders als in der Mittelrippe des Maisblattes treten die Leitbündel vereinzelt auf. Sie sind allseits von nichtverholzten Sclerenchymfasern umgeben und schließen mit einer Endodermis ab (Abb. 6.24).

Die Blätter der Gymnospermen besitzen einen anderen, einheitlichen Typ von Blattleitbündeln, weil sie von Transfusionsgewebe umgeben sind. Die dort auftretende Endodermis zeigt, daß der Leitgewebekomplex den Charakter eines Zentralzylinders hat (Abb. 6.25).

Die Mestomscheide (Schwendener 1890) mancher Gräser (Festucoideae) und einiger Cyperaceen (*Scirpus holoschoenus*) ist ein einschichtiger Mantel aus getüpfelten Zellen mit

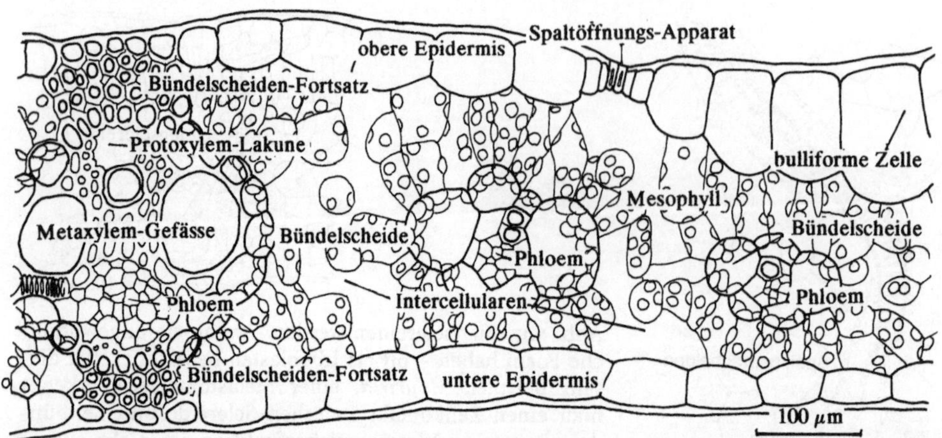

Abb. 6.19. Charakteristisch für die Blattanatomie der C_4-Pflanzen sind Bündelscheide und kranzförmig angeordnete Mesophyllzellen. Die Blattadern von *Zea mays* sind beidseitig mit Bündelscheidenfortsätzen aus sclerenchymatischem Gewebe versehen. Die Nerven (und Anastomosen) haben keine Bündelscheidenfortsätze. Zwischen den Adern und Nerven des Maisblattes ist das Mesophyll sehr locker; es ist mit großen Intercellularen ausgestattet. In dieses lakunare Gewebe münden die substomatären Räume der Spaltöffnungen beider Epidermen. Man kann sich vorstellen, daß das CO_2 der Luft in den Zellwänden der Mesophyllzellen im Wasser gelöst oder, bei entsprechendem pH-Wert, in Form von Bicarbonat zu den Mesophyllchloroplasten transportiert wird (s. Abb. 5.2)

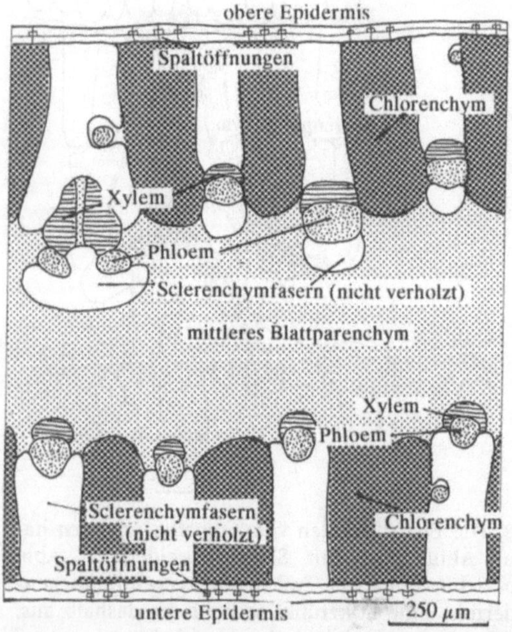

partiell oder ringsum verdickten Wänden, der ein Leitbündel (Mestom=die Leitelemente eines Leitbündels) umgibt. Die chloroplastenhaltige Bündelscheide umschließt die Mestomscheide (Abb. 6.26).

6.4 Gefiederte Blätter

Gefiederte oder zusammengesetzte Blätter zum Teil gewaltigen Ausmaßes gab es schon in frühen Entwicklungsstadien der Baumflora (*Eospermatopteris* im Devon).

Die Morphologie reicht vom einfach gelappten Fieder- oder Fingerblatt bis zum 3fach gefiederten Blatt mancher Pteridophyten. Fächer- oder federartig gespaltene große Blätter bieten dem Wind geringeren Widerstand und reißen deshalb nicht so leicht ein wie große ganzrandige Blätter (*Musa, Ravenala*).

Die zusammengesetzten Blätter der Pteridophyten und Cycadales benötigen oft sehr lange Wachstumsperioden bis zur Reife. Der Adlerfarn (*Pteridium aquilinum*) legt jährlich nur ein Blatt pro Kurztrieb an, das zudem drei Jahre braucht, bis es reif ist. Für die Stabilität großer Farnwedel sorgt ein derbes Metaderm in der Basis des Blattstiels (Abb. 3.34). Die gefiederten Blätter der Pteridophyten haben ein lang anhaltendes

Abb. 6.20. Die Blattspreite von *Dasylirion acrotrichum* (Agavaceae) ist starr, lang und zugespitzt. Sie ist auf beiden Seiten mit Rippen aus nichtverholzten Sclerenchymfasern versteift, zwischen denen das Chlorophyllgewebe, ebenfalls in Rippenform, eingebettet ist. Die Spreite ist isobifacial. Das Blatt ist unbehaart, besitzt jedoch eine extrem dicke Epidermisaußenwand, durch die Transpirationswasser nur auf verschlungenen Wegen entweichen kann (s. Abb. 2.46)

EXKURS 7: Sink-Source-Übergang

Der Wechsel von Assimilatimport zu Assimilatexport kann sich in einem begrenzten Zeitraum vollziehen, er steht dann offensichtlich mit der durch die Phyllotaxis diktierten Blattfolge in Zusammenhang. Da sich je nach Vitalität der Pflanze die Blattfolge rasch oder langsam vollzieht, hat es sich als günstig erwiesen, den Sink-Source-Übergang in Einheiten des Blattplastochrons (Erickson u. Michelini 1957) anzugeben. Der Kürbis (*Cucurbita pepo* L. var. *melopepo* f. *torticollis* Bailey) vollzieht seinen Sink-Source- Übergang in 1,0 L (L steht für leaf plastochron index). Das bedeutet: wenn der Sink-Source-Übergang eines Blattes gerade beendet ist, hat das nächst-jüngere Blatt die Index-Größe von L=0,0 erreicht. Da diese Einheit auch für Pflanzen mit dekussierter Phyllotaxis zu verwenden ist, – *Coleus blumei* hat z.B. einen Sink-Source-Übergang von L=2,0 – so kann man die funktionelle Kombination von Translokation (Import-Export-Verhalten) und Entwicklung als Translocon bezeichnen (Turgeon 1980).

Bei Pflanzen mit langen Blattspreiten erstreckt sich der Sink-Source Übergang oft über mehrere Blattplastochrone oder Translocone. So ist z.B. das von oben gezählt sechste von außen sichtbare Blatt einer Maispflanze noch in der Lage, radioaktive Assimilate zu importieren. Allerdings ist es nur die Blattscheide, in der man den Import durch Autoradiographie nachweisen kann (Abb. 6.27). Für *Populus deltoides* ist der Sink-Source-Übergang bestimmt worden: Dabei zeigte es sich, daß z.B. bei L=4,0 der Export überwiegt. Im Mesophyll sind dann Intercellularen vorhanden, die Blattlänge beträgt 7,7 cm, die Blattfläche 32,3 cm^2, alle Blattnerven sind fertiggestellt (Larson et al. 1972).

Aus diesen Beispielen geht hervor, daß das Verhältnis von Blattsink zu Blattsource von Pflanze zu Pflanze wechselt. Man könnte dieses Verhältnis in Saccharosetransfer pro Zeiteinheit ausdrücken, jedoch sind solche Bestimmungen bisher nicht durchgeführt worden. Bei einer Pflanze mit hohem Transloconindex haben relativ wenige Sourceblätter viele Sinkblätter zu versorgen; liegt der Transloconindex um 1, so stehen viele Sourceblätter zur Versorgung weniger Sinkblätter zur Verfügung.

Spitzenwachstum, sie sind adaxial eingerollt und zeigen von der Spitze zur Basis alle Stadien der Fiederentwicklung. Die jüngeren Abschnitte eines Farnwedels sind abaxial dicht mit austrocknenden, flächigen Trichomen (Spreuschuppen) besetzt. Wenn ein Farnwedel abstirbt, so hinterläßt er keine Narbe am Rhizom, sondern einen harten, schwarz pigmentierten Stumpf, die Wedelbasis; Trenngewebe werden bei Farnwedeln nicht ausgebildet.

Im Gegensatz dazu entwickeln sich die zusammengesetzten Blätter der Angiospermen viel rascher. Jedes einzelne Fiederblättchen ist mit einem Trenngewebe ausgestattet (*Fraxinus excelsior, Ailanthus altissima*). Dementsprechend gibt es Arten, bei denen die Fiedern zuerst abfallen und erst später die Rhachis oder Spindel folgt (*Robinia pseudoacacia*). Auf besondere Art differenziert sind die zusammengesetzten Blätter der Fabaceae, weil sie Gelenkpolster, Pulvini, bilden. Das bekannteste Beispiel ist *Mimosa pudica*, deren Gelenke seismonastisch sensitiv sind.

Bei Fächer- und Fiederpalmen mit plikativer Vernation (Abb. 6.5, 6.6) sind die Fiedern keine Blättchen, sondern Blattsegmente, die beim Spreitenwachstum durch Zerreißung entstehen. Das Blatt differenziert sich aus einer adaxialen und einer abaxialen Hastula, die auf ihrer zur Spreite hin gewandten Seite ein intercalares Meristem besitzen (Abb. 6.28). Die Spreitenepidermis entwickelt sich aus diesem Hastulameristem, in dem ein Protoderm nicht zu erkennen ist. Leitbündel entstehen immer in den Falten, die zu einer der Hastulae hinweisen (Abb 6.6).

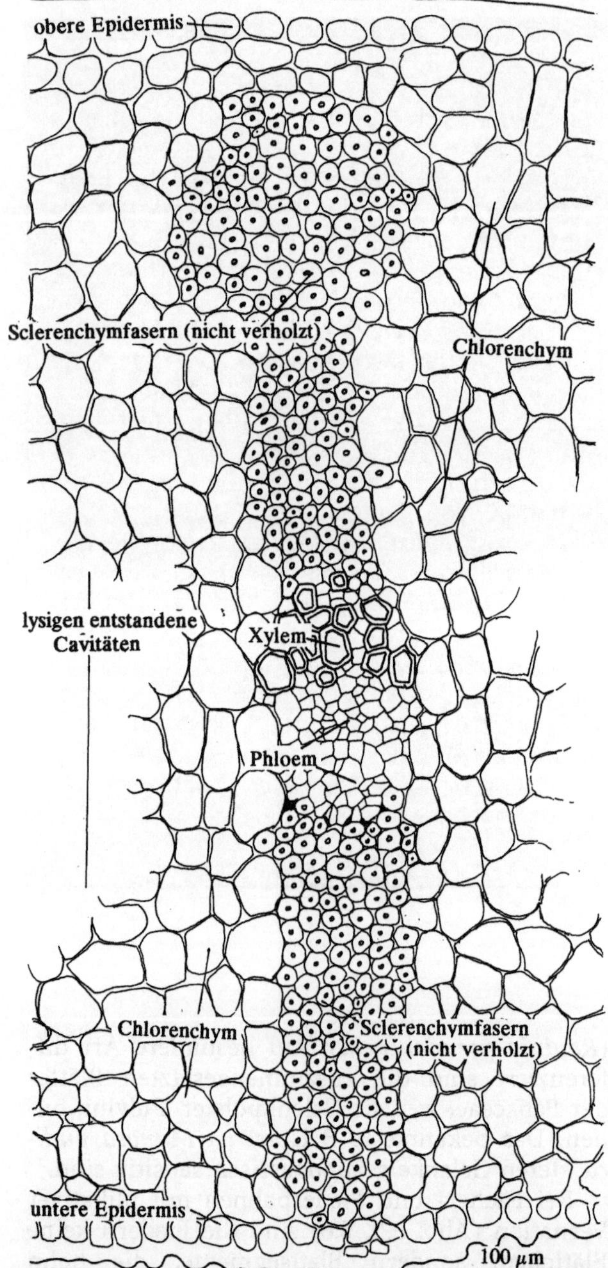

Abb. 6.21. Im Gegensatz zu der versteiften Spreiten-konstruktion von *Dasylision* hat *Phormium tenax* (Liliaceae) eine biegsame, abgeflachte Spreite. Das Blatt von *Phormium* zeichnet sich durch eine hohe Zugfestigkeit aus. Ein Blatt hält in frischem Zustand dem Gewicht von mehr als zwei Zentnern stand. Die Bänder aus nichtverholzten Sclerenchymfasern umschließen je ein collaterales Leitbündel. Das übrige Gewebe ist parenchymatisches Chlorenchym. Zwischen den Sclerenchymbändern sind lysigen entstandene große Cavitäten vorhanden

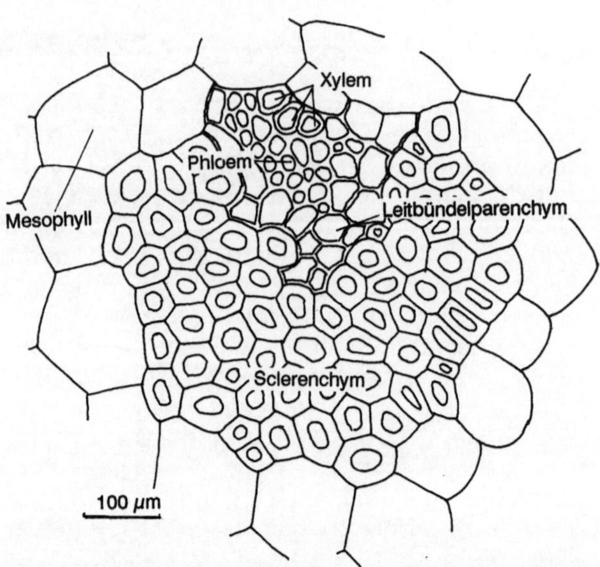

Abb. 6.22. Im parenchymatischen Mesophyll der Sisalagave (*Agave sisalana*) sind die kleinen collateralen Leitbündel rinnenförmig von Sclerenchymgewebe umschlossen. Dieses liefert die Sisal„fasern"

Beim Zerreißen der reifen Blattspreite entlang vorgeformter Dünnstellen werden die Leitbündel auf die „Fiedern" verteilt.

6.5 Fensterbildung

Das bekannteste Beispiel eines von Natur aus durchlöcherten Blattes liefert der „Philodendron", *Monstera deliciosa.* Entwicklungsgeschichtlich werden solche Fenster schon sehr früh angelegt, wenn die Spreite noch eingerollt ist.

Nach Schwarz (1878) sind die späteren Fenster am 5 bis 8 mm langen Blatt bereits als Nekrosen zu erkennen. Durch Zellteilungen in der Umgebung der nekrotischen Flecke entsteht am Fensterrand später eine neue „Epidermis" offenbar nach Art der Peridermbildung (Abb. 6.29).

Auch über die Bildung der filigranartig feinen Fenster im Blatt von *Aponogeton elongatus*, einer aquatischen Aponogetonacee der Südhemisphäre ist nur bekannt, daß die Fenster durch Zerreißung geöffnet werden und zwar an Stellen, an denen das „Mesophyll" der Areolen

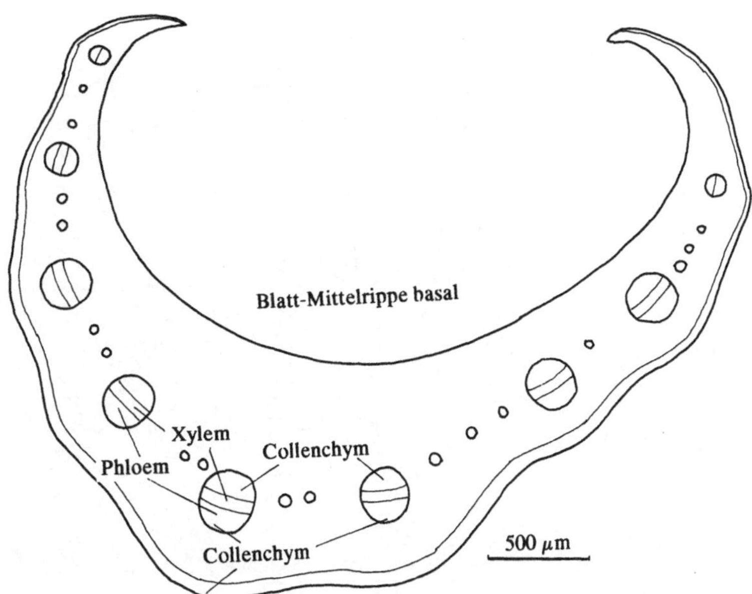

Abb. 6.23. Der breite Blattstiel von *Plantago major* ist rinnenförmig gestaltet. Obwohl als Festigungsgewebe innerhalb der Adern nur weichwandiges Sclerenchym vorkommt (s. Abb. 6.24), behindert im turgeszenten Blatt die Rinnenform das Abknicken der Spreite

zweischichtig (also auf die beiden Epidermen beschränkt) geblieben ist (Arber 1961).

Es scheint, als ob Fensterbildung auf die Monocotylen beschränkt ist. Schlitzartige Öffnungen im Blatt findet man präformiert bei Gramineencoleoptilen, bei Röhrenblättern von *Allium* und anderen Liliaceen.

Bei den Palmenblättern mit plikativer Vernation treten vorübergehend ebenfalls Fensterschlitze auf (Kaplan 1983). Es handelt sich um Öffnungen, die später zu Spalten in der Spreite erweitert werden.

Die Durchlaßöffnungen für das folgende Blatt bei *Iris* und manchen *Juncus*-Arten sind keine Fenster, sondern sie kommen durch Faltung zustande, wobei, wie es für *Iris* zutrifft, die Blattoberseite fast ganz aufgegeben wird (Abb. 6.30).

6.6 Bifacial - Unifacial

Das Blatt von *Iris* ist eine Zwischenform von bifacialem und unifacialem Blatt. An der „aufgeschlitzten" Basis des Blattes (Abb. 6.30) ist eine Blattoberseite vorhanden, zum Teil sogar sichtbar. Sie fehlt vollständig im oberen, schwertförmigen Blattabschnitt. Diese unifaciale (genauer: isobifaciale) Blattregion zeigt anatomisch ausschließlich die Blattunterseite; es treten Spaltöffnungen auf, und das Photosynthesegewebe ist an beide Spreitenoberflächen gerückt. Obwohl sie morphologisch eine Blattunterseite darstellen, können sich die beiden Blattseiten physiologisch unterscheiden (Abb. 6.31). Das Photosynthesegewebe wird durch Leitbündel unterbrochen, deren Phloem nach außen gerichtet ist. Im Innern des Schwertblattes treten durch Auflösung von Zellen Cavitationen auf, die möglicherweise als Wasserspeicher fungieren, denn sie enthalten wässrigen Schleim.

Vollständig verborgen ist die Blattoberseite bei den Röhrenblättern der Zwiebeln (*Allium*). Das im Innern des Röhrenblattes nachwachsende Folgeblatt kann sich durch einen präformierten Schlitz den Weg ins Freie verschaffen. Dieser Schlitz wird apikal oder seitlich im jungen Blatt angelegt. Die Oberfläche des Röhrenblattes besitzt Spaltöffnungen, es ist die untere Blattepidermis. Im Mesophyll werden die Leitbündel von Milchröhren begleitet (Abb. 6.32). Die verborgene innere (obere) Epidermis hat keine Cuticula, sie besteht aus großen hyalinen Zellen und kann Wasser und gelöste Stoffe aufnehmen.

Außer dem *Iris*-Blatt gibt es auch Dicotylenblätter, die isobifacial gebaut sind. Sie sind durch das Vorkommen von zwei Palisaden-

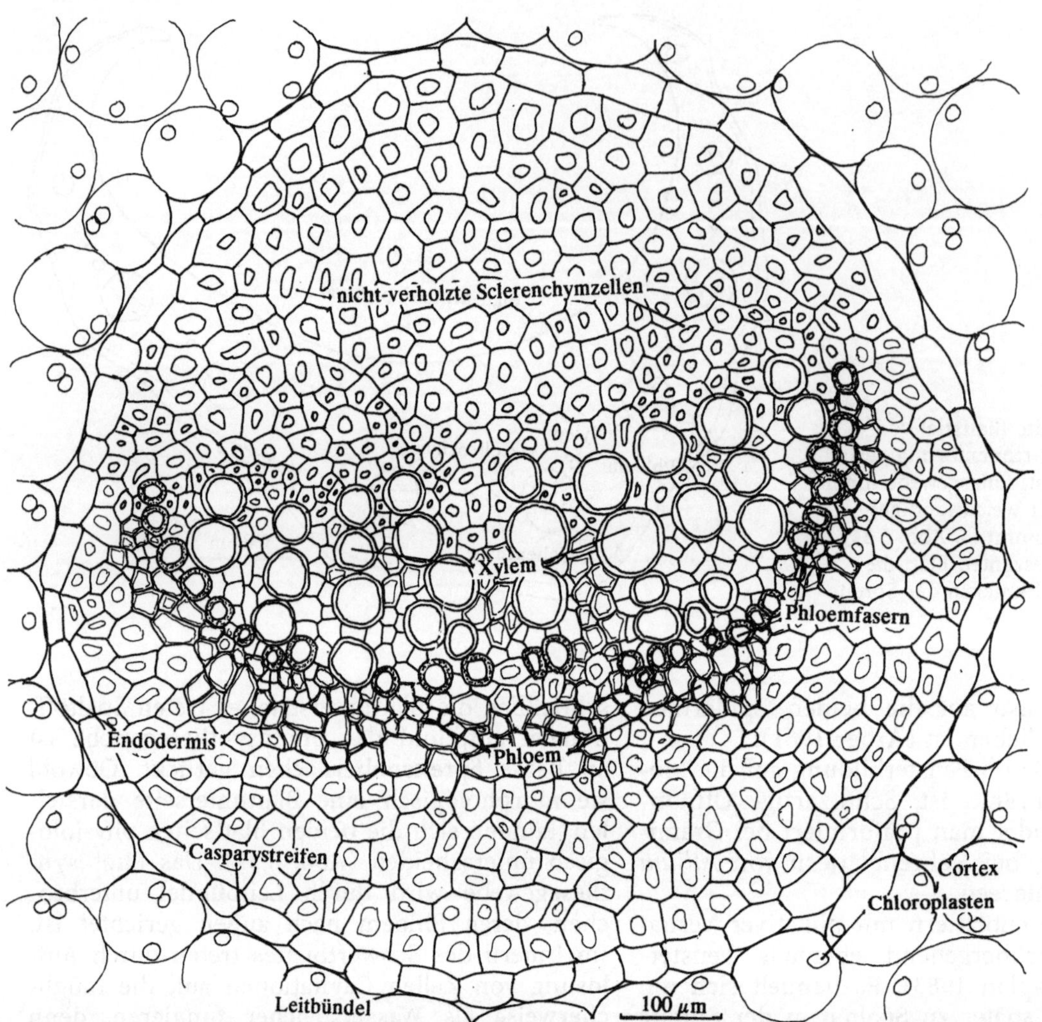

Abb. 6.24. Beim Querzerreißen eines Wegerichblattes (*Plantago major*) zieht man die parallel verlaufenden Blattadern heraus. Ihre Leitbündel sind ober- und unterseits von nichtverholztem Sclerenchymgewebe bedeckt. Als Ganzes sind die Blattadern von einer Endodermis mit Caspary-Streifen umhüllt. Beim Herausziehen zerreißt die Endodermis, die nur an wenigen Stellen mit den chlorophyllhaltigen Cortexzellen verwachsen ist

schichten – oberseits und unterseits – charakterisiert, zeigen aber zwischen Ober- und Unterseite kleine Unterschiede. Beispiele hierfür sind Hennablätter, *Lawsonia inermis* (Lythraceae), *Cassia senna* (Caesalpiniaceae), *Hypericum perforatum* (Hypericaceae). Die bifaciale Ausbildung von Wassergewebe kann ebenfalls zu Isobifacialität führen (*Atriplex halimus*, Abb. 4.16).

Bei *Nerium oleander* (Apocynaceae) sind zwar ebenfalls zwei Palisadenschichten ausgebildet, sie unterscheiden sich jedoch so auffallend, daß von einer Spiegelsymmetrie nicht gesprochen werden kann. Beim Blatt von *Populus deltoides* unterscheidet man obere und untere Palisadenparenchyme, zwischen denen die Nerven verlaufen. Das Schwammparenchym liegt als dünne Schicht zwischen unterem Palisadenparenchym und unterer Epidermis. Der Blattrand ist mit einem marginalen Collenchym gesäumt (Abb. 6.33).

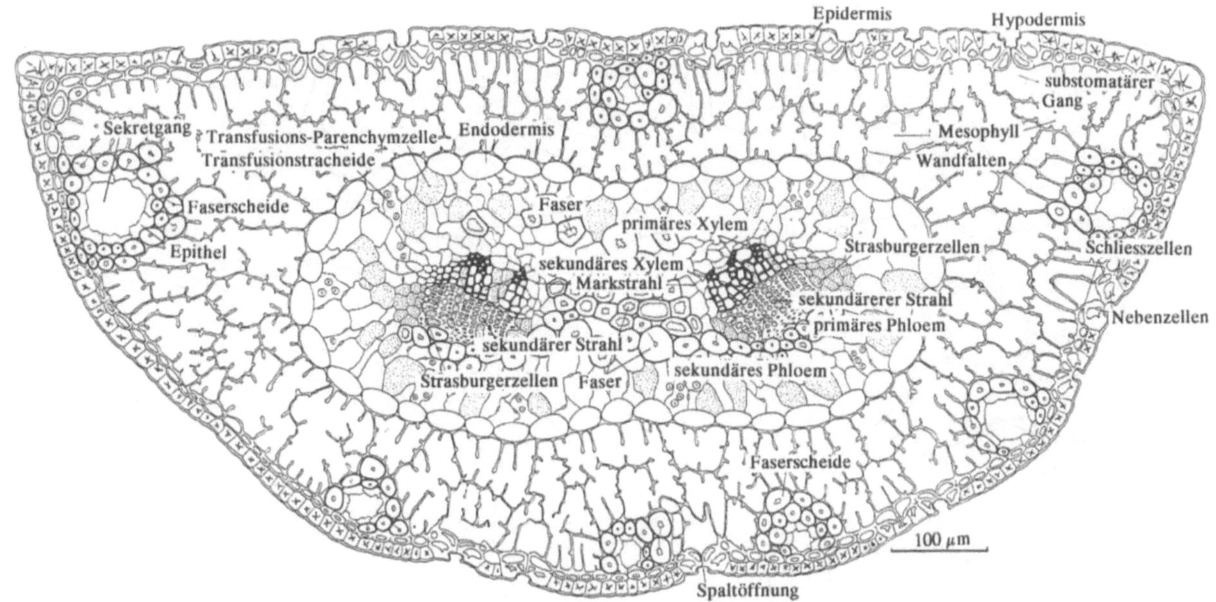

Abb. 6.25. Das Gymnospermenblatt (*Pinus sylvestris*) ist durch das Transfusionsgewebe charakterisiert, das durch eine Endodermis vom Mesophyll getrennt ist. Der Phloembeladungsweg, der für die Fichtennadel lückenlos gezeigt wurde (Blechschmidt-Schneider 1993), weist ein komplettes symplastisches Transportsystem vom Mesophyll bis in die Siebzellen auf. Darin spielen die Parenchymzellen des Transfusionsgewebes eine wichtige Rolle. Für den Wasserweg vom Xylem zu den substomatären Kammern dürften die Transfusionstracheiden von Bedeutung sein. Durch die Anlage von zwei Portionen primären Xylems entsteht der Markstrahl, der in der Nadel oft durch sclerenchymatische Elemente verfestigt ist. In der Blattspur geht das Markstrahlgewebe kontinuierlich in das Blattspur-Lückenparenchym über und verbindet somit die Nadel mit dem Mark des Stengels. (Eschrich 1976)

Abweichungen von der verbreiteten Anordnung der Blattschichten: obere Epidermis, Palisadenschicht, Schwammschicht und untere Epidermis, sind häufig als Anpassungen an bestimmte Lebensweisen zu finden. Ein Beispiel ist *Calluna vulgaris*: Die kleinen, an den Stengel gepreßten Blättchen zeigen an der dem Stengel zugekehrten Blattoberseite kein Palisadenparenchym, es ist auf die Außenseite verschoben, die abaxial liegt, aber morphologisch noch Oberseite ist (Abb. 2.45). Die morphologische Blattunterseite ist zu einer Rinne reduziert, in der Haare und die Stomata zu finden sind.

Als Anpassungen sind auch manche Mangrovenblätter einzuordnen (*Rhizophora*, *Avicennia*). Ihr Photosynthesegewebe ist in die Spreitenmitte verlagert und die Oberflächen sind mit multiplen Epidermen ausgestattet (Abb. 2.27). Vielleicht hat die Lichtspiegelung der Wasserfläche zur Entwicklung dieser Symmetrie beigetragen.

6.7 Hartlaub

Hartlaubigkeit ist auf Gehölze beschränkt. Typische Hartlaubwälder werden für Gebirge oberhalb 1500 m in Winterregengebieten beschrieben (Walter 1964). Solche sclerophyllen Wälder werden 15 bis 20 m hoch und sind durch immergrüne Eichen charakterisiert. Sclerophyllie ist hauptsächlich auf Gegenden beschränkt, die Regenzeiten aufweisen; meist sind es zwei, die Winter- und die Sommerregenzeit. Während der dazwischenliegenden Trockenzeiten benötigen die Blätter Schutzeinrichtungen gegen zu starkes Austrocknen. Hierfür wird fast immer eine dikke Außenschicht entwickelt. Die damit erreichte Steifheit der Blätter verhindert ein Einrollen der Blattspreiten bei Wassermangel. *Quercus suber*, ein Vertreter der mediterranen Hartlaubwälder, besitzt oberseits kahle, unterseits dicht mit toten Sternhaaren besetzte Blätter (Abb. 6.34). Das

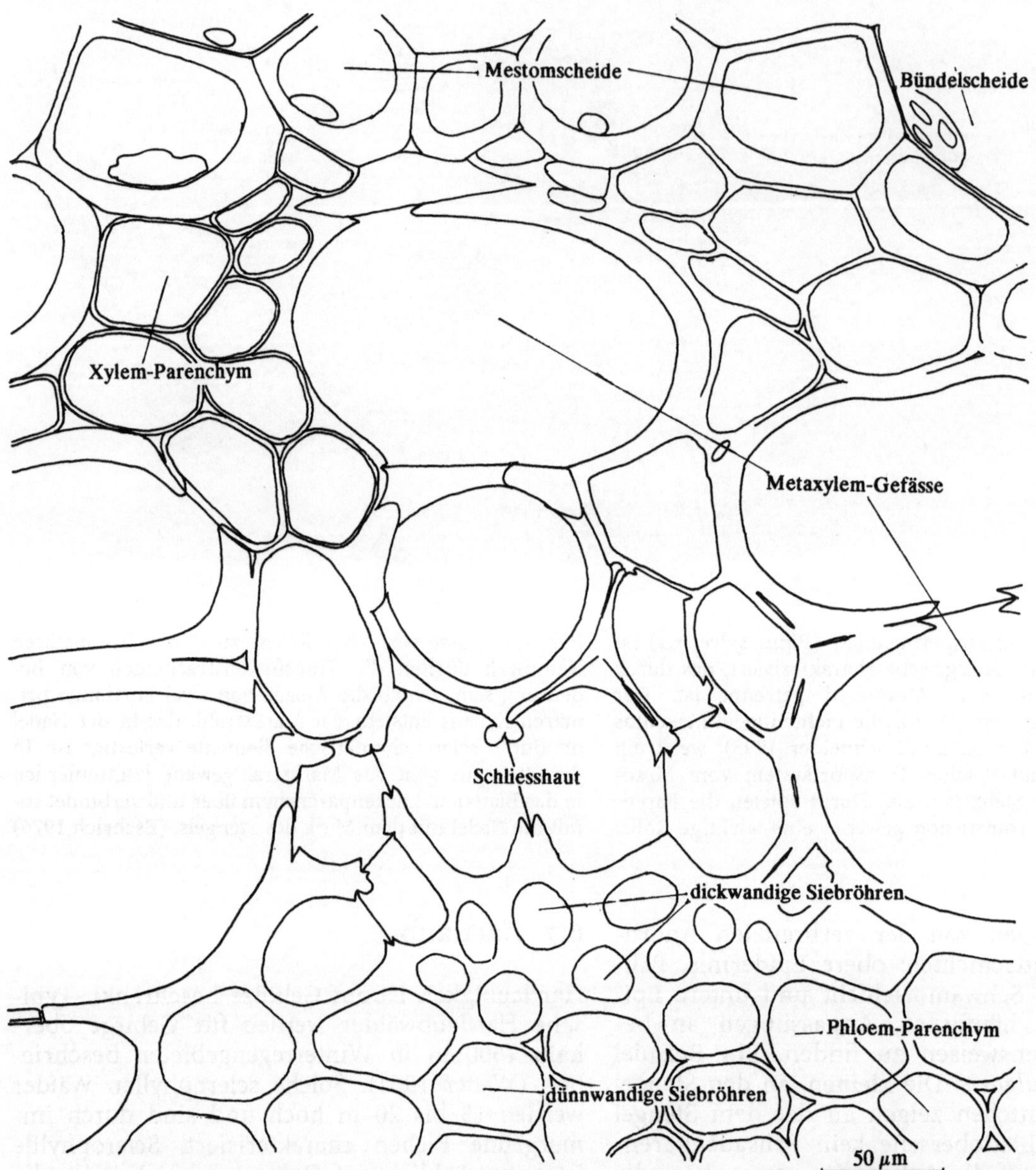

Abb. 6.26. Die Blattleitbündel vieler Gräser (*Hordeum vulgare*) zeichnen sich durch den Besitz einer dickwandigen Mestomscheide aus, die innerhalb der Bündelscheide liegt. Im Phloem sind dickwandige, an das Xylem grenzende, und dünnwandige, an das Phloemparenchym grenzende Siebröhren zu unterscheiden. Nach einer EM Aufnahme

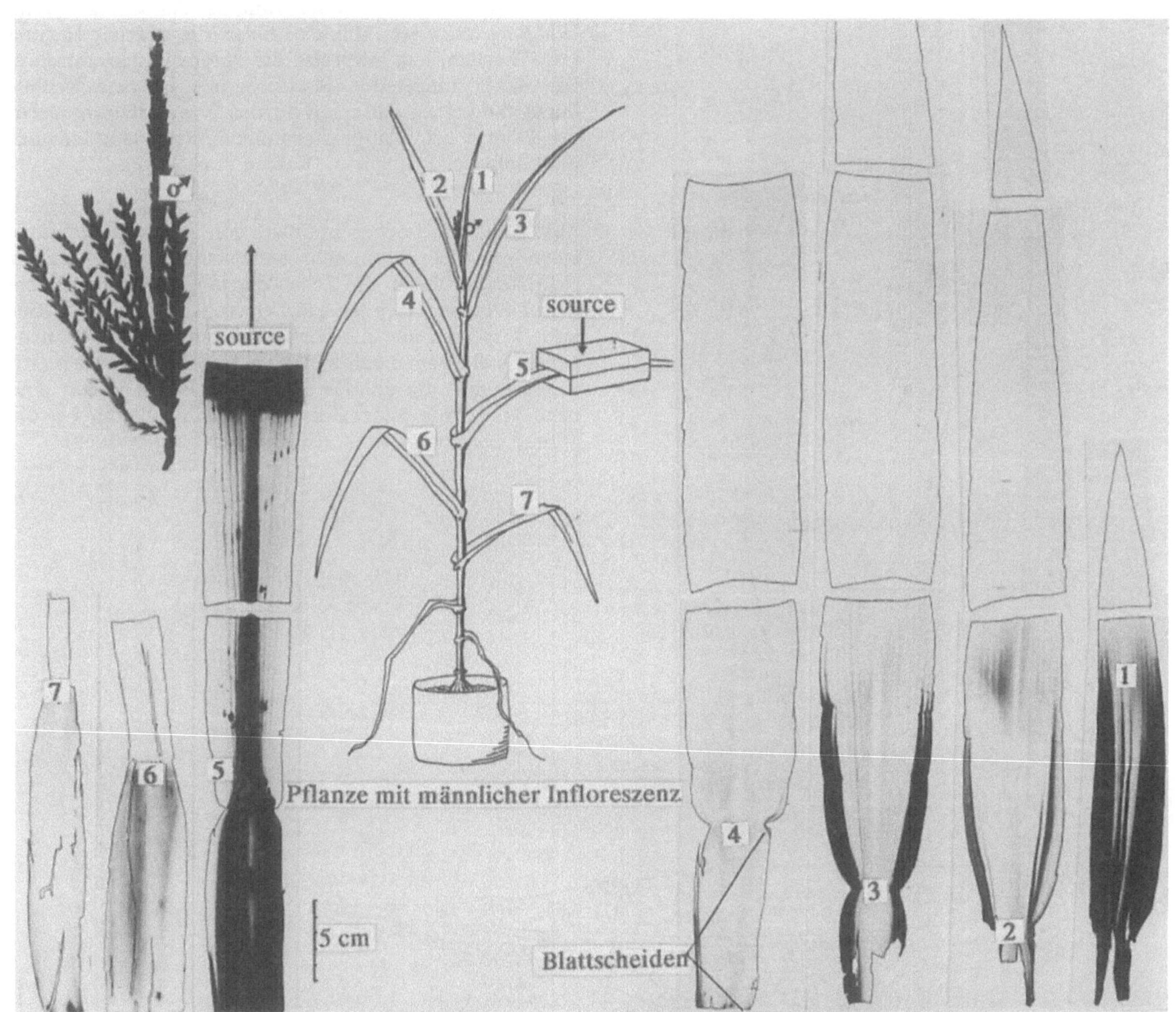

Abb. 6.27. Die Assimilatverteilung aus einem Sourceblatt in der Maispflanze (*Zea mays*) wird durch Makroautoradiographien der anderen Blätter verdeutlicht. Hauptsink ist der männliche Blütenstand während des Wachstums. Die Blätter 1 und 3, die jünger sind als das Sourceblatt (5) importieren mehr Assimilate, als das Blatt 2, das zu der gegenüberliegenden Orthostiche gehört. Bei den älteren Blättern (6 und 7) sind es hauptsächlich die Gewebe der Blattscheiden, die Assimilate aufnehmen. Da sie selbst Sourceblätter sind, behindert der Export ihrer (nichtmarkierten) Assimilate den Import aus Blatt 5

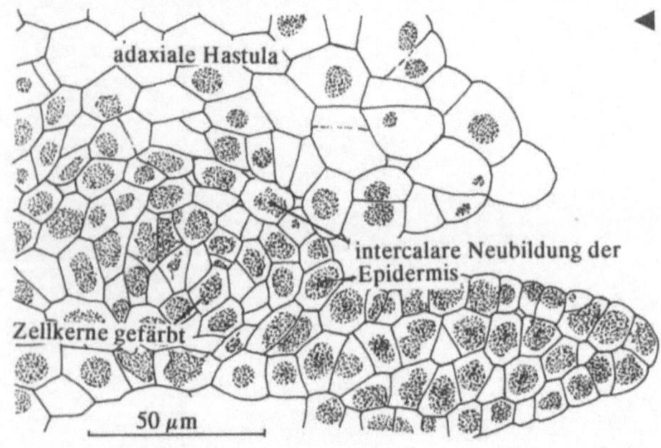

◄ **Abb. 6.28.** Bei der Differenzierung der Palmenblattspreite (*Rhapis excelsa*) (s. Abb. 6.6) liefert die adaxiale Hastula ein Meristem, das intercalar die Spreitenzellen abtrennt. Die dabei auftretende Blattepidermis ist eine Neubildung, die keinen Anschluß an das Primordialprotoderm der Pflanze hat. Blattprimordium: 788 µm lang, 264 µm unterhalb der Blattspitze. (Kaplan et al. 1982)

Abb. 6.29. Die Löcher im Blatt von *Monstera deliciosa* entwickeln sich aus spontan auftretenden, fleckenartigen Nekrosen, in denen die Zellen der jungen Spreite absterben. Da beim folgenden Flächenwachstum die toten Gewebe zerreißen und die Löcher größer werden, ist anzunehmen, daß am Lochrand kein Randmeristem auftritt, sondern daß die an das Loch grenzenden Zellen eine neue Epidermis bilden, die teilungsfähig bleibt, bis die Spreite ausgewachsen ist. (Melville u. Wrigley 1969) ▼

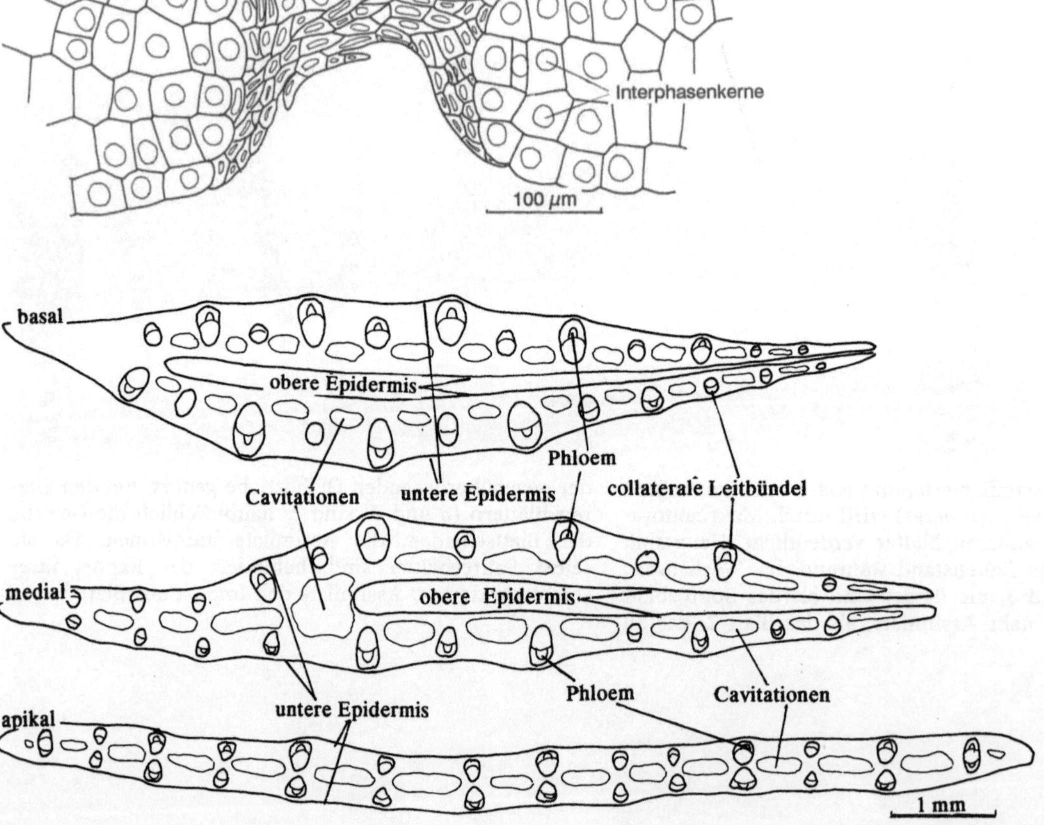

Abb. 6.30. Die Blätter der Schwertlilie (*Iris pumila*) zeigen mit der unteren Blattepidermis nach außen. Dementsprechend sind zwei Lagen von collateralen Leitbündeln vorhanden, die mit dem Phloem nach beiden Blattaußenseiten zeigen. Im unteren, scheidenförmigen Abschnitt des Blattes umfaßt die obere Blattepidermis das nachfolgende junge Blatt, das sich intercalar entwickelt

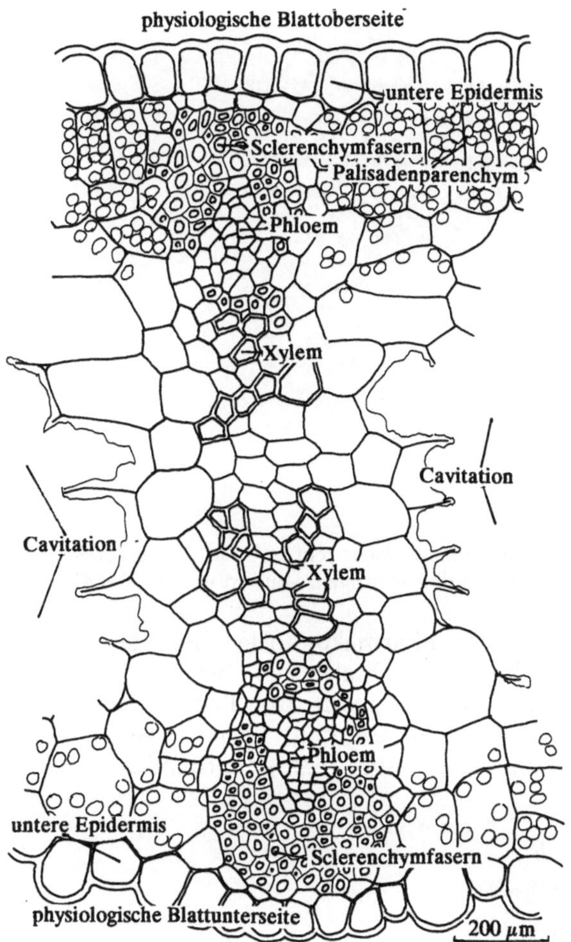

Abb. 6.31. Im oberen Abschnitt eines *Iris*-Blattes fehlt die obere Epidermis. Bei der congenitalen Verwachsung der unteren Epidermis einschließlich der unteren Mesophyllschichten entstehen (lysigen) Cavitationen. Die Leitbündel entwickeln sich collateral mit Sclerenchymfaser-rinnen zwischen Phloem und Mesophyll. Letzteres zeigt eine physiologische Differenzierung: an der physiologischen Blattoberseite bildet sich Palisadenparenchym, an der physiologischen Blattunterseite bleibt die Struktur des Schwammparenchyms mit geringer Chloroplastenzahl pro Zelle erhalten. Die Leitbündel treten immer paarweise auf

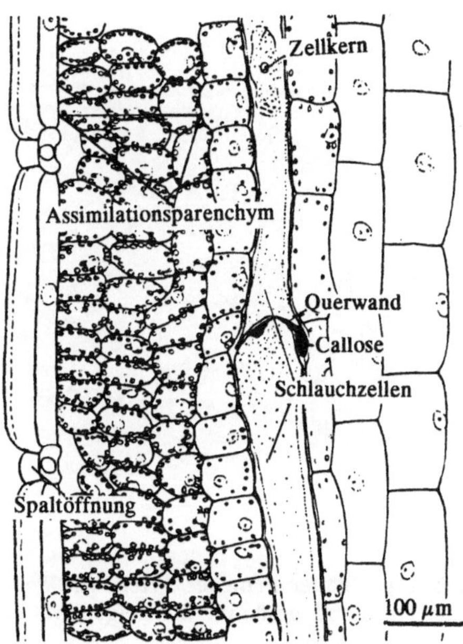

Abb. 6.32. Das Röhrenblatt der Zwiebel (*Allium cepa*) ist radiärsymmetrisch gebaut. Epidermis und Hypodermis werden von Spaltöffnungen in regelmäßigen Abständen durchsetzt. Das Assimilationsparenchym ist 3- bis 5schichtig und von längs verlaufenden Milchröhren (Schlauchzellen) durchzogen, die septiert sind und Callosebeläge aufweisen. Die innerste Zellschicht, die an die zentrale Cavitation grenzt, hat keine Cuticula. (Rendle 1889)

Mesophyll ist kompakt, mit wenigen kleinen Intercellularen ausgestattet, und die Außenwand der unteren Epidermis ist verholzt. Die Stomata sind klein und in die untere Blattepidermis eingesenkt.

6.8 Trichome: Derivate der Blattepidermis

Trichome oder Haare sind Ausstülpungen oder Teilungs-derivate von Epidermiszellen.

Trichome sind oft und in großer Formenvielfalt auf den Blättern zu finden. Junge Blätter an Sproßspitzen sind fast immer behaart. Mit zunehmendem Spreitenwachstum weichen die Haare auseinander; oft sterben sie dann rasch ab; ihre Aufgabe ist erfüllt.

Diese Entwicklung trifft für solche Haare zu, die eine Wasserabgabe durch Transpiration behindern. Die bei Chenopodiaceen verbreiteten gestielten Blasenhaare können zeitweise so dicht stehen, daß sich ihre Blasenzellen berühren und gegeneinander abplatten, quasi eine zweite „Epidermis“ bilden (Abb. 2.47). Bei manchen

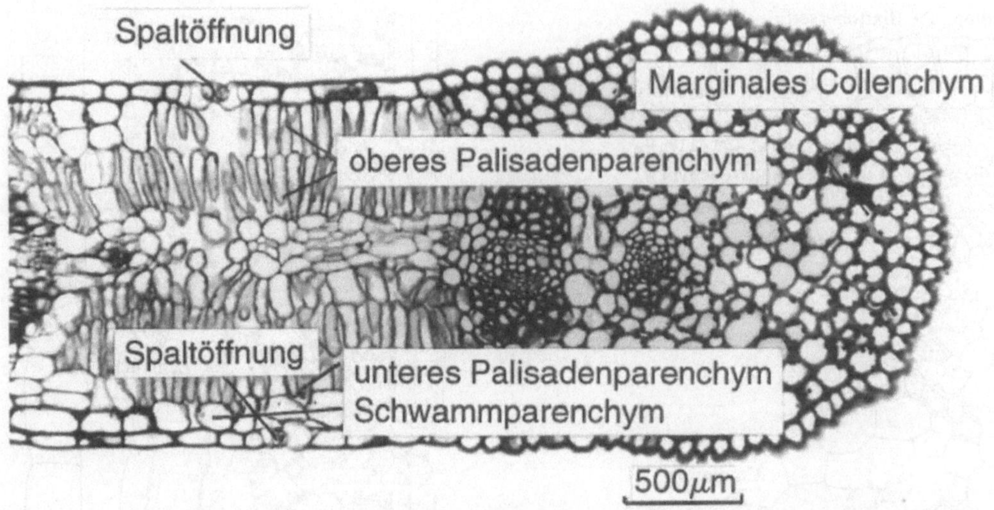

Abb. 6.33. Blätter mancher Arten, wie *Populus deltoides*, sind am Rand gesäumt. Sie zeigen oft ein marginales Collenchym. Dieses schützt vor Zerreißungen durch starke Windbewegungen. (Russin u. Evert 1984)

Atriplex-Arten kollabieren die Blasenhaare und bilden eine, von „Pseudo-intercellularen" durchsetzte Abschlußschicht (Abb. 4.11).

Die Form der Deckhaare ist für viele Familien oder Gattungen spezifisch.

In der Pharmakognosie sind Sternhaare als Merkmal der Malvaceen bekannt, Kegelhaare treten bei Violaceen auf, Eckzahnhaare finden sich bei der Gattung *Thymus*, wo außerdem Spießhaare (Abb. 6.35) vorhanden sind, die

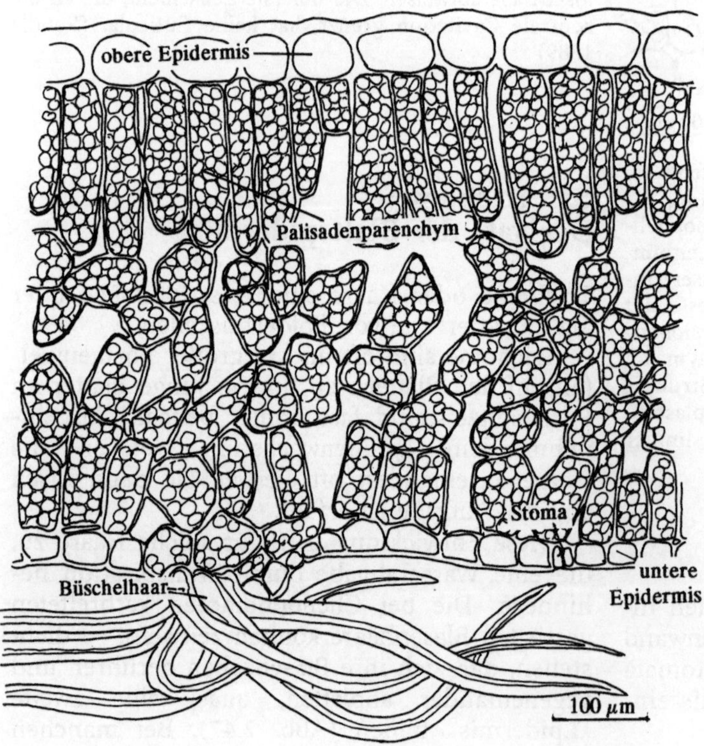

Abb. 6.34. Die Korkeiche (*Quercus suber*) wächst in Trockenwäldern des Mediterrangebiets. Ihre Blätter fallen nicht periodisch ab. Die dunkelgrüne Blattfarbe beruht auf dicht mit Chloroplasten angefüllten Mesophyllzellen. Die obere Blattseite glänzt und reflektiert das Licht. Nur die untere Blattepidermis enthält Spaltöffnungen und ist mit großen, vielarmigen Büschelhaaren besetzt. Offensichtlich wird die Transpiration gehemmt, indem sich eine wasserdampfhaltige Schicht im Horizont der Behaarung erhält, die bei trockener Atmosphäre die Verdampfung mindert

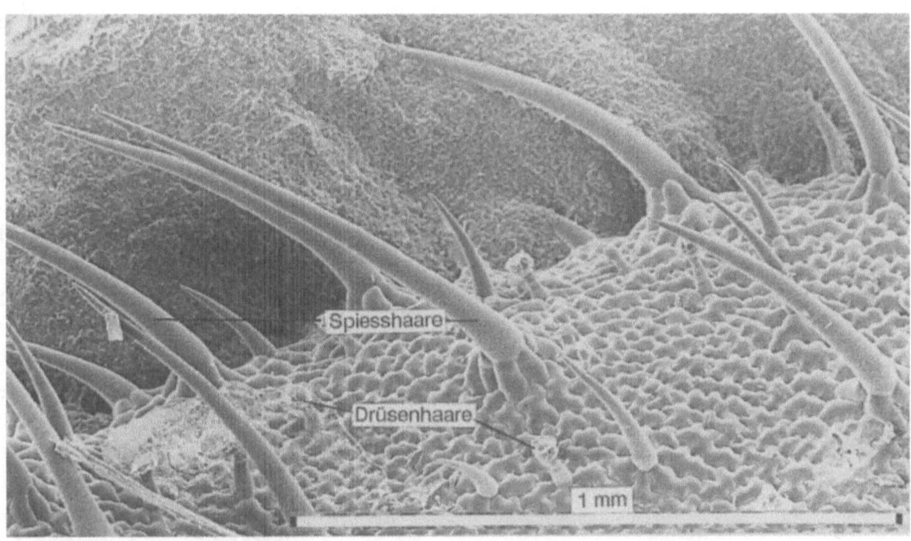

Abb 6.35. Die Vielfalt der pflanzlichen Haartypen ist bei Pflanzen weitaus größer als bei Tieren. Nur wenige Haartypen lassen eindeutig eine physiologische Funktion erkennen. Dies gilt auch für die Drüsenhaare des Pelargonienblattes (*Pelargonium odoratissimum* SEM). Die weichen Spießhaare der Blattoberseite ließen sich durch viele andere Haartypen ersetzen ohne die samtartige Beschaffenheit makroskopisch zu ändern

ebenso bei Plantaginaceen und manchen Caryophyllaceen auftreten. Noch häufiger wird der Ausdruck Gliederhaare verwendet. Die deutschen Bezeichnungen sind zwar oft treffend gewählt, wie z.B. Knotenstockhaare bei *Melilotus*, Rattenschwanzhaare bei *Agrimonia* oder gar gekämmte Haare beim Blatt von *Alchemilla*, eine Beziehung zu einer bestimmten Funktion ist jedoch nur selten erkennbar (Eschrich 1988).

Erscheint ein Haarpelz weiß, so sind die Haarzellen tot und mit Luft gefüllt; das Licht wird nach den Erörterungen zu Abb. 3.32 total reflektiert.

Ein weißer Haarpelz hemmt nicht nur die Transpiration, sondern er verhindert auch einen zu starken Lichteinfall. Es ist denkbar, daß auf diese Weise Photoinhibitionen (z.B. Hemmung des Photosystems II durch „Überbelichtung") und Photooxidationen (Ausbleichen des Chlorophylls) bei jungen Blättern verhindert werden. Das wird besonders dadurch unterstrichen, daß der vergängliche Haarpelz nur auf der dem Starklicht exponierten Blattoberseite auftritt (*Tussilago farfara*).

Weiße Deckhaare sind meist mehrzellig, sie sind von der ursprünglichen Epidermiszelle durch wenigstens eine Zellwand getrennt. Damit wird verhindert, daß die Blattepidermis mit dem Ablösen des funktionslos gewordenen Haarpelzes zugrunde geht, womit das Blatt seinen Transpirationsschutz verlieren würde.

Wenn – wie bei manchen Hartlaubgehölzen (*Quercus suber*) (Abb. 6.34) – nur die Blattunterseite weißlich behaart ist, so dürften die Haare ausschließlich dem Transpirationsschutz dienen, zumal bei solchen Arten auch die Stomata nur auf der Blattunterseite auftreten.

In den Wasserhaushalt der Pflanze können schuppenförmige Trichome auch direkt eingreifen. Ein charakteristisches Beispiel für eine Wasserabsorption durch Blatttrichome liefert die bereits erwähnte *Tillandsia usneoides* (Abb. 1.18, 1.19). Das unter dem Schuppenteller kapillar festgehaltene Regenwasser wird absorbiert.

Schuppen- oder Schildtrichome treten auch bei anderen Gattungen auf (*Hippophae, Elaeagnus*), liegen jedoch der Blattunterseite auf. Dort dürfte weder Regenwasser kapillar festgehalten werden, noch ist die Einstrahlung zu starken Sonnenlichts zu filtern. Vielmehr kann angenommen werden, daß transpirierter Wasserdampf unter dem Schuppenrand für eine Weile

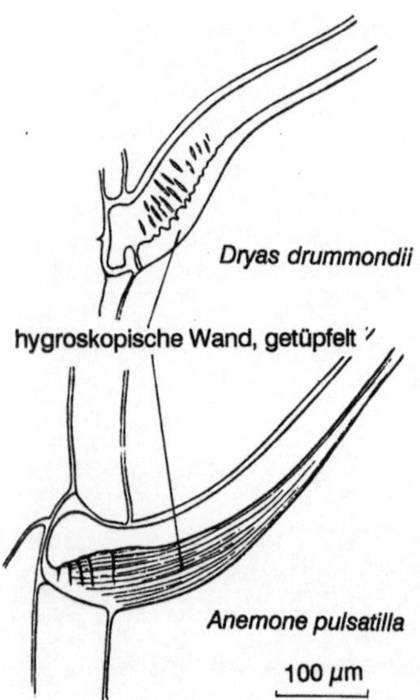

Abb. 6.36. Flughaare an Früchten oder Samen können durch Wasseraufnahme abgespreizt werden, so daß die Tragfähigkeit in der Luft erhöht wird. Bei *Dryas drummondii* ist die hygroskopische Wand mit vielen Schlitztüpfeln ausgestattet; bei *Anemone pulsatilla* kann die geschichtete Wand der Haarunterseite durch Wasseraufnahme gestreckt werden. (Roth aus Haberlandt 1924)

festgehalten wird, ein Beispiel für Wasserdampf-Retention.

Großflächige Schuppentrichome treten weniger an Blättern, als an der Basis von Blattstielen und an Rhizomen auf (Polypodiaceen). Diese, rasch austrocknenden, Schuppentrichome dienen als Verpackungsmaterial zum Schutz der jungen Blätter, können aber auch passiv Wasser festhalten.

An Früchten oder Samen kommen Flughaare vor, die durch Wasseraufnahme abgespreizt werden, so daß die Tragfähigkeit in der Luft erhöht wird (Abb. 6.36). Zahlreiche Pflanzen sind an den Blattflächen mit Haaren bekleidet, die nicht absterben. Die Bedeutung lebender Pflanzenhaare ist in vielen Fällen unbekannt. Abgesehen davon, daß ein dichtes Haarkleid Staub von der Blattoberfläche fernhält, könnten lebende Trichome durch die Oberflächenvergrößerung der Epidermis Bedeutung haben, vor allem, wenn man die cuticuläre Transpiration in Betracht zieht.

Lebende Blatthaare mit spezifischer Funktion sind die Brennhaare von *Urtica dioica* und vieler Loasaceen (Abb. 6.37). Haare, die Schleim

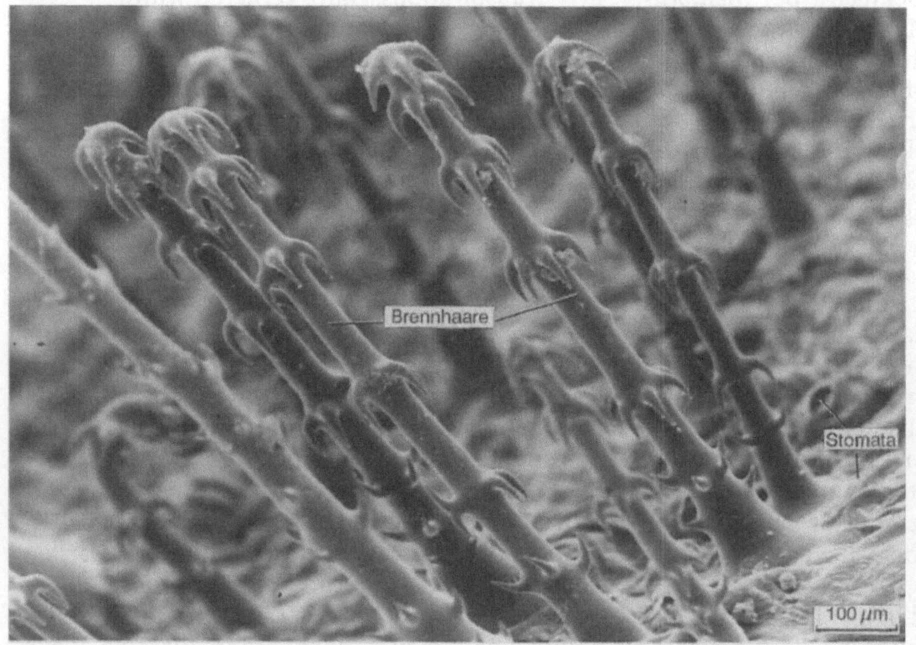

Abb. 6.37. Bei den Brennhaaren mancher Loasaceen (hier *Caiophora coronata*, SEM) sprechen etagiert angeordnete Hakenkränze für ein Haftvermögen am berührenden Objekt, das mit dem brennend wirkenden Sekret Bekanntschaft macht, wenn das Haar abgerissen wird. Die Reaktionsfolge: Festhalten, Abreißen, Sekretabgabe, ist eine Reaktionskette, die sich wahrscheinlich aus einer jahrtausendealten Entwicklung ableitet. (Barthlott 1990)

(*Bryonia dioica*) oder Leim (*Aesculus*-Knospenschuppen, Abb. 6.1) absondern, leiten über zu den Drüsenhaaren und Drüsenschuppen, über die im Kapitel 7 (Sekretion) berichtet wird.

6.9 Blattseneszenz

Werden Blätter seneszent, so ist bei perennierenden Pflanzen meist schon ein Trenngewebe vorgebildet. Die annuellen Pflanzen zeigen Blattseneszenz durch Vergilben und Vertrocknen an.

Das Trenngewebe für den Blattabwurf wird bei Laub- und Nadelbäumen schon in frühen Stadien der Blattentwicklung angelegt. Bei Buche und Eiche bleiben die braunen, trockenen Blätter an tief ansetzenden Zweigen oft noch bis zum neuen Laubaustrieb im Frühjahr erhalten, obwohl ein komplettes Trenngewebe schon im Oktober vorhanden ist (Schaffalitzky 1956). Erst die schwellenden Knospen drücken im Frühjahr die trockenen Blätter ab (Krabel, unveröffentlicht).

Ein geregelter Laubabwurf ist bei den Bäumen in den gemäßigten Zonen der Erde die Regel. Dabei kann das gesamte Laubwerk des Baumes erfaßt werden. Die Lärche (*Larix decidua*), der Ginkgo (*Ginkgo biloba*) und viele Birken lassen Seneszenz durch Gelbfärbung des Laubwerks erkennen, bevor das erste Blatt abfällt.

Als Seneszenzfaktor ist Abszissinsäure (ABA) erkannt worden. In 10^{-5} molarer Lösung hemmt ABA unter anderem das Streckungswachstum (Eschrich 1976). Ob der Chlorophyllabbau in den Herbstblättern allein auf ein Seneszenzhormon zurückzuführen ist, erscheint fraglich, da nachlassende Tageslänge und Temperatur zum Laubabwurf beitragen.

Bei mehrjährigen Blättern, wie denen der Fichte (*Picea abies*), schließt das Trenngewebe proximal an dicht gepackte, dickwandige Schwellzellen an, die durch Quellung und Austrocknung den Abwurf auslösen (Abb. 6.38 A, B). Mit der Laubverfärbung wird offenbar eine organisierte Mobilisierung eingeleitet. Außer dem sichtbaren Chlorophyllschwund werden auch noch andere Stoffe aus dem seneszenten Blatt abgeleitet. Der bei vielen Laubbäumen verzögerte Rückzug des Blattgrüns entlang der Adern (Abb. 6.39) zeigt deutlich, daß für den Abtransport im Phloem photosynthetisch erzeugte Saccharose erforderlich ist. Bei der Buche konnte nachgewiesen werden, daß essentielle Elemente wie Kalium, Magnesium und Phosphor während der Blattseneszenz im Blatt mobilisiert und im Phloem in die Achsenorgane abgeleitet werden (Eschrich et al. 1988). Zum gleichen Zeitpunkt ist festgestellt worden, daß seneszente Buchenblätter mit allerlei Ballaststoffen (Eisen, Mangan, Zink, Blei) angefüllt werden, bevor sie für die Abtrennung bereit sind. Dieser Entschlackungsprozeß scheint durch ein osmotisches Restpotential ermöglicht zu werden, das in den Siebröhren der seneszenten Blätter aufrecht erhalten wird (Fromm et al. 1987). Die Abwanderung von Mineralstoffen ist auch bei Birnenblättern (*Pyrus serotina*) gemessen worden (Buwalda u. Meekings 1990). Dort reicherten sich Calcium, Mangan und Zink in seneszenten Blättern an.

Auch in den Tropen wird periodisch das Laub ausgewechselt. Perennierende Monocotylen, wie die Palmen, zeigen keinen Laubabwurf, sie bilden kein Blatttrenngewebe. Palmenblätter sind groß, und wenn sie seneszent werden, verbleichen und vertrocknen sie und können als dichtes Stammkleid erhalten bleiben (*Washingtonia filifera*, Abb. 6.40).

Die Kurzlebigkeit der Blätter rezenter Bäume kann als Rationalisierungsmaßnahme gedeutet werden. Dauerhafte Blätter benötigen einen weitaus größeren Aufwand an mechanischen Elementen als die papierdünnen, auf den Gaswechsel eingerichteten Laubblätter. Das hohe Blattgewicht der dauerhaften Blätter und ihre Unbeweglichkeit bei der Anpassung an den wechselnden Sonnenstand behindert ihre Aufgabe, Photosynthese durchzuführen. Es hat sich offenbar als rationeller erwiesen, dünne Funktionsblätter periodisch neu herzustellen, als stabile, lange Zeit haltbare Photosyntheseorgane anzufertigen. Dieses Verfahren hat sich dort bewährt, wo Frostperioden auftreten, in denen durch Eiskristallbildung die Tonoplasten der Parenchymzell-Vacuolen zerstört werden, so daß nach dem Auftauen Zelltod durch mangelnde Turgeszenz eintritt. Allerdings zeugen *Ilex aquifolium*, der Efeu und die meisten Nadelbäume davon, daß Frosthärte anscheinend auch mit geringem Aufwand an Struktur- und Isolationsma-

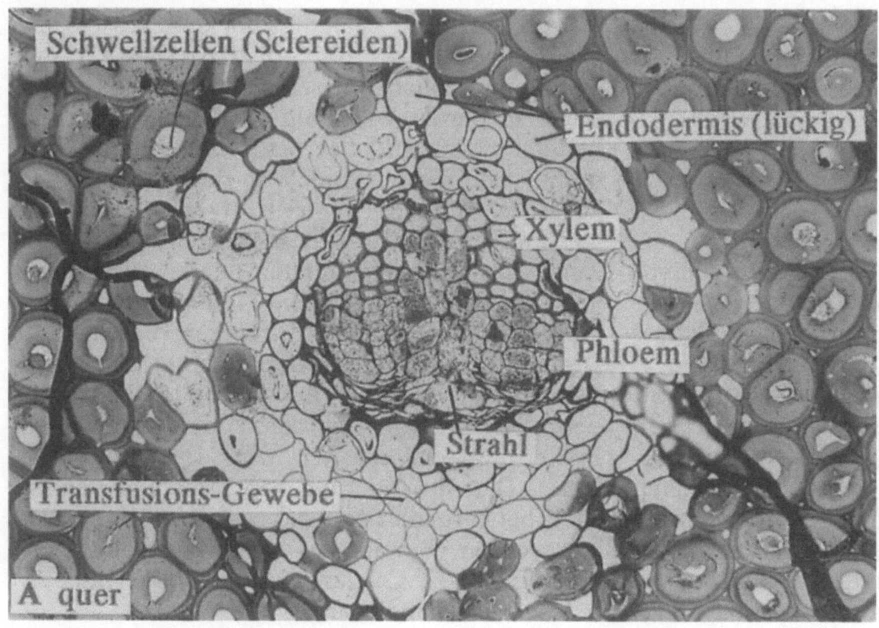

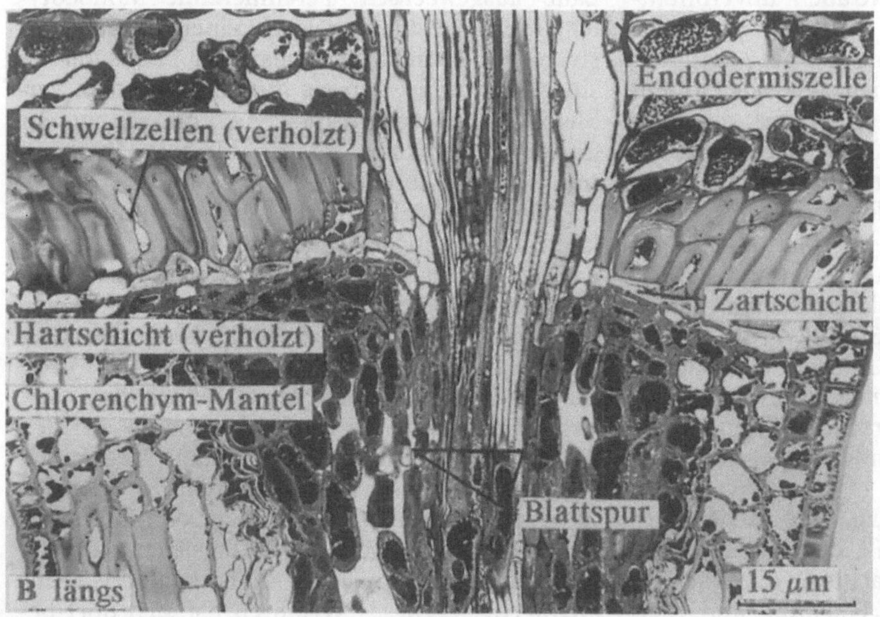

Abb. 6.38A, B. Wenn der Weihnachtsbaum „nadelt", haben sich die verholzten Schwellzellen von der ausgetrockneten Zartschicht gelöst (B). Bei diesem Trenngewebe der Nadel von *Picea abies* wirkt die Zartschicht als „Klebstoff" solange sie Feuchtigkeit enthält. Die Endodermis und das Transfusionsgewebe bleiben auf die Nadel beschränkt (A). In der Blattspur wird das Phloem von einem Chlorenchymmantel umhüllt. (Blechschmidt-Schneider 1993)

terial erreicht werden kann. In Gegenden mit langen Trockenperioden wird dasselbe Prinzip angewandt. Der Ocotillo-Strauch (*Fouquieria splendens*, Fouquieriaceae) der Wüstengebiete Arizonas und Südkaliforniens erscheint blattlos und verdornt. Nur nach den Frühjahrs- und Spätsommerregen entwickeln sich Blätter in den Achseln der verdornten Blattstielreste der früheren Blattgeneration. Ein anderes Beispiel für Blattabwurf in Trockenperioden ist der Palo ver-

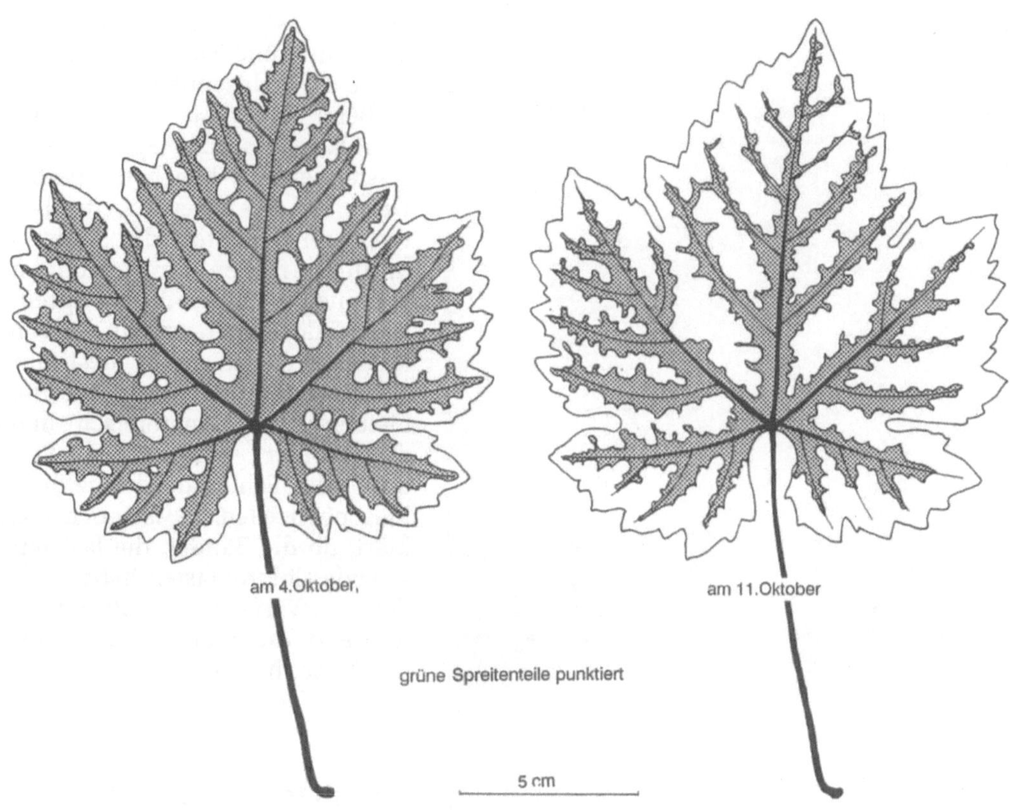

Abb. 6.39. Gleichzeitig mit der Blattverfärbung im Herbst werden lösliche organische Stoffe (Saccharose, Aminosäuren) und einige Ionen (Mg^{++}, K^{+}) im Phloem der Blattadern in den Stengel verlagert. Der Chlorophyllschwund beginnt am Rande der Spreite und setzt sich in den Areolen zwischen den Adern fort. Die Reste von Chlorophyllgewebe entlang der Adern liefern durch Photosynthese Saccharose, die in das Phloem geladen wird, um für den Rücktransport der Blattstoffe den notwendigen Turgor zu erhalten, damit Wasser zur Verfügung steht

de (*Cercidium floridum*, Caesalpiniaceae). Dagegen behält der Creosote bush (*Larrea divaricata*, Zygophyllaceae) seine Blätter auch während der Trockenperioden. Dies kann aber als Übergang zur Hartlaub-physiologie angesehen werden.

6.10 Blattverfärbung

Die chlorophyll-grünen Blätter können sich im Herbst verfärben.

Bei Lärchen (*Larix decidua*) und *Ginkgo biloba* tritt herbstliche Gelbfärbung auf, die in manchen Jahren einheitlich im ganzen Baum oder Bestand zur gleichen Zeit einsetzt. Ahorn-Arten fallen durch gelbes bis rotes Herbstlaub auf. Der Styrax-Baum (*Liquidambar styraciflua*) bekommt dunkelrote Herbstblätter.

Bei bestimmten Pflanzen ist die Buntblättrigkeit nicht von den Außenbedingungen induziert, sondern genetisch festgelegt. Bei Varietäten der Buntnessel (*Coleus hybridus*) ist die Photosynthesetätigkeit auf den grünen Spreitenrand beschränkt, in der Spreitenmitte enthält das Blatt kein Chlorophyllgewebe. Bei Varietäten von *Pelargonium zonale* ist der Blattrand weiß, die Spreitenmitte dagegen grün.

Bunte Formen kommen dadurch zustande, daß zusätzliche Anthocyanpigmentierung in manchen Bezirken der oberen Epidermis auftritt. Liegt darunter grünes Mesophyll, so kann dieser Blattbezirk fast schwarz erscheinen.

Abb. 6.40. In geschützten Lagen mit permanent vorhandener Bodenfeuchtigkeit behalten Palmen (*Washingtonia filifera*) ihre abgestorbenen Blätter in Form eines mächtigen Mantels, der den Stamm bedeckt. Palmenblätter bilden kein Trenngewebe, um die Blätter abzustoßen. Vertrocknete Blätter fallen bei starkem Wind und durch ihr Eigengewicht ab

Beim Blatt von *Coleus hybridus* sind Source und Sink in einer Spreite vereinigt, denn der Albinoteil der Spreite ist auf die Versorgung mit Photoassimilaten angewiesen, die nachweislich vom grünen Blattrand geliefert werden können (Plomann u. Eschrich 1990).

Carotenoide spielen als akzessorische und Schutzpigmente in den Chloroplasten eine Rolle; sie treten aber im grünen Blatt farblich nicht in Erscheinung. Dagegen sind häufig Phenolcarbonsäuren und Tannine in Kronenblättern von Bäumen akkumuliert. Letztere geben dem Laub eine olivgrüne Färbung und wirken möglicherweise als Lichtschutzfilter.

Beim Zebragras (*Miscanthus sinensis*), einer C_4-Pflanze, ist die Spreite in unregelmässigen Abständen mit bleichen Querbändern versehen. Diese Bänder treten bereits dicht über dem intercalaren Meristem der Spreite auf, sind jedoch in ihren frühen Entwicklungsstadien nicht zu erkennen, weil der übrige Spreitenteil dort noch kein Chlorophyll enthält. Sagromsky (1966) hat festgestellt, daß unter bestimmten Licht- und Temperaturverhältnissen die Bandbildung ausbleiben kann. Anatomisch unterscheiden sich die Bänder von grünen Spreitenabschnitten durch das Fehlen der kranzförmig angeordneten Mesophyllzellen. Es ist noch nicht eindeutig geklärt, ob die Bänder, die fast nur in der Bündelscheide Chloroplasten haben (Abb. 4.12 B), nach dem C_3-Verfahren Photosynthese durchführen, während die Blattabschnitte mit Chloroplasten im Mesophyll (Abb. 4.12 A) wie C_4-Pflanzen funktionieren (Schmitz 1986).

6.11 Blattdifferenzierung in Explantaten

Wird lebendes Gewebe aus seiner „gewachsenen" Umgebung entnommen, so wird es

- einem Wundreiz ausgesetzt, denn Zellen werden bei der Explantation zerschnitten,
- fehlt nun der kontrollierende Einfluß des Gewebemusters oder Organs,
- ist die Versorgung des Explantats mit Nährstoffen und Wasser geändert,
- sind die symplastischen Signalwege zur Restpflanze abgeschnitten.

Explantate können wachsen (Gewebekultur), sogar luxurierendes Wachstum zeigen, wenn sie mit einem Optimum an Nährstoffen versorgt werden; es entsteht ein Callus. Der Callus bleibt undifferenziert, wenn morphogene Katalysatoren (Enzyme) und Steuerstoffe (Hormone) fehlen. Da das Callusgewebe genetisch unverändert ist, könnte es die notwendigen Regulatoren selbst herstellen, wenn es dazu angeregt wird.

Eine solche Anregung wird seit Gautheret's (1959) Anleitung durch Kombination von organischen und anorganischen Stoffen empirisch (fast willkürlich) ausprobiert, hat aber manchmal zu erstaunlichen Effekten geführt.

Wird jedoch Gewebe explantiert, das kein Chlorophyll synthetisieren kann, sich also heterotroph ernähren muß (Abb. 6.41), so ist es offenbar nicht möglich, in solchen Calli Zell- oder Organdifferenzierungen hervorzurufen (Barz et al. 1990).

Außer chemischen Regulatoren spielen auch physikalische Faktoren für die Gewebedifferenzierung eine Rolle, z.B. der Druck, den das (nun fehlende) Nachbargewebe ausgeübt hatte. Vielleicht ist es deshalb notwendig, Pfropfpartner fest zusammenzubinden, wenn sie verwachsen sollen.

Ein ähnlicher Differenzierungsimpuls geht aus Kulturversuchen mit ausgestanzten (4 mm Durchmesser) Blattscheibchen von *Zinnia elegans* hervor (Church u. Galston 1989). Bei Zugabe der üblichen Hormone (Naphthylessigsäure und Benzyladenin) wurden tracheidale Elemente im Mesophyll, sogar in der Epidermis differenziert, vorzugsweise im Kontakt mit den Blattnerven. Besonders bei hohen Hormongaben entstanden Massen tracheidaler Zellen in allen Blattgeweben. Das Signal für die Tracheidendifferenzierung soll bei diesen Versuchen von den (toten) Xylemelementen der Blattscheibchen ausgegangen sein. Noch fehlen dafür überzeugende Versuche.

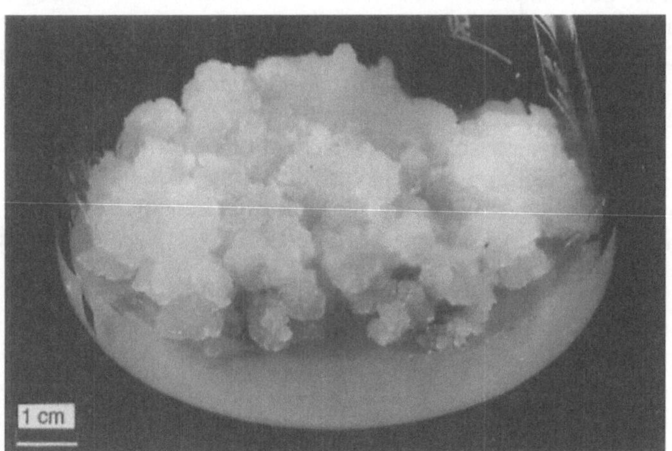

Abb. 6.41. Durch künstliche Ernährung lassen sich chlorophyllfreie Gewebe über Jahre am Leben erhalten. Die dabei entstehenden Calli wachsen heterotroph, sie zeigen aber keine Organdifferenzierung. **A** chlorophyllfreies Callusgewebe von *Coffea arabica*; **B** nicht-ergrünte Calli von *Cicer arietinum*. (Barz et al. 1990)

Es ist einleuchtend, daß Explantate von meristematischen Geweben leichter zur Differenzierung veranlaßt werden können als solche von Dauergeweben. Die leichte Kultivierbarkeit mancher Gewebe hat zur Mikropropagation bestimmter Pflanzenarten geführt, wobei aus Geweben ganze Pflanzen gezogen werden. Da auf diese Weise vererbbare Infektionen eliminiert werden können oder umgekehrt, nicht vererbbare Muster (Panaschüren) erhalten bleiben, hat die Mikropropagation große praktische Bedeutung erlangt.

Die Faktoren, die Explantate bestimmter Pflanzen leichter kultivierbar machen als solche anderer Pflanzen, sind noch unbekannt.

Aus Wurzelscheibchen des Löwenzahns (*Taraxacum officinale*) wachsen binnen 8 Tagen grüne Pflänzchen hervor (Abb. 6.42); aus solchen der Möhre (*Daucus carota*) entwickeln sich in der gleichen Zeit bestenfalls undifferenzierte Calli.

Wird Tabakmark (*Nicotiana tabacum*) mit unterschiedlichen Anteilen von Auxin und Cytokinin kultiviert, so zeigt es sich, daß bestimmte Hormonmischungen die Wurzelbildung fördern, andere dagegen eine Art Blattbildung hervorrufen (Abb. 6.43) (Skoog u. Miller 1957).

Als ausschlaggebend für die Rezeptur der Nährmedien hat sich die Bestimmung der endogenen Hormonmengen erwiesen. So fanden sich bei Explantaten der Kirsche (*Prunus avium*) im Apikalbereich der Calli 8,5 nmol/g TG Abszissinsäure (ABA), und basal 4,4 nmol/g TG. Bei der Bestimmung von Indolylessigsäure wurden im Gesamtcallus zuerst 9, nach einer Woche 60 nmol/g TG gefunden. Allerdings wäre kein Callus entstanden, hätte man nicht dem Nährmedium Indolylbuttersäure zugesetzt (Label et al. 1989).

Statt der Gewebestücke lassen sich auch einzelne Zellen kultivieren und, wenn es gelingt, die Zellwände enzymatisch wegzulösen, können die Protoplasten fusionieren. Auf diese Weise entstehen somatische Hybriden, die zu lebensfähigen Pflanzen heranwachsen können. Abb. 6.44 zeigt Zellgruppen, die aus zwei Brassicaceen durch Protoplastenfusion in 25% Polyethylenglykol entstanden sind (Glimelius et al. 1991).

6.12 Autonome Blattbewegungen

Anders, als mit den vom Lichteinfall gesteuerten Solstitialbewegungen (Kapitel 4.12), können sich

Abb. 6.42. Eine sehr rasche Organdifferenzierung erhält man aus Wurzelscheiben von *Taraxacum officinale*, wenn sie auf einem einfachen Nähragar ausgelegt werden. Schon nach 6 Tagen haben sich aus dem rasch entstehenden Callus Knospen gebildet, die nach 12 Tagen Kultur im Lampenlicht komplette junge *Taraxacum*-Pflänzchen liefern. Callus und Knospen bilden sich im Zentrum der Wurzelscheiben, wo wenig Xylem und konzentrische Ringe von sekundärem Phloem mit Milchröhren zu finden sind

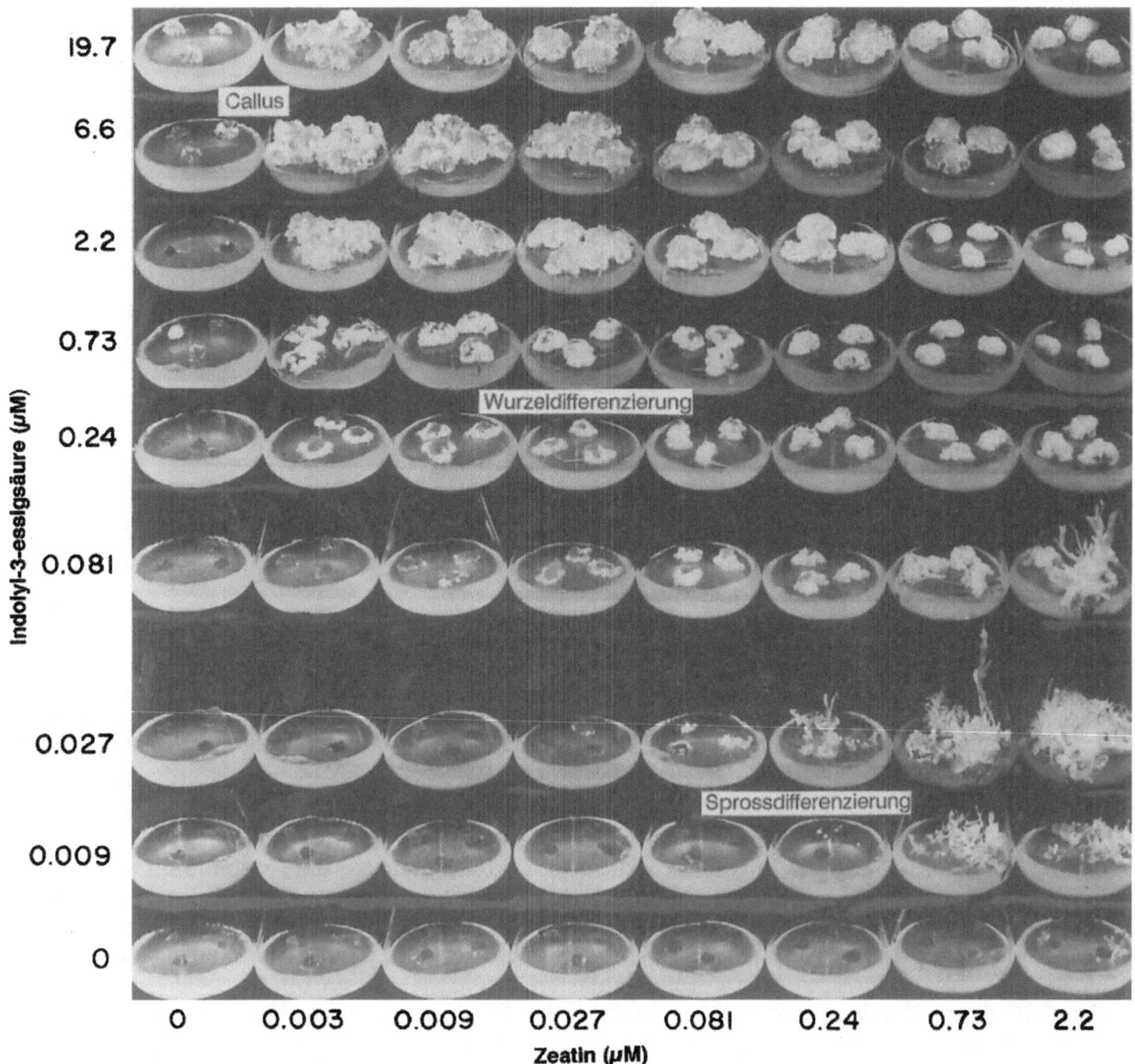

Abb. 6.43. Das klassische Beispiel für Callus- und Organdifferenzierung unter dem Einfluß variabler Hormon-mischungen wurde von Skoog und Miller (1957) mit Gewebekulturen aus Tabakmark (*Nicotiana tabacum*) geliefert. Auf Nährböden gleicher Zusammensetzung (mit Caseinhydrolysat) entstanden bei hohen Dosen von Auxin und niedrigen Dosen von Zeatin reine Callusgewebe. Wurzeldifferenzierung wurde mit mittleren Dosen von Auxin und Zeatin beobachtet und Sproßdifferenzierung ergab sich mit geringen Dosen an Auxin und hohen Dosen von Zeatin

Blätter unabhängig vom Licht, autonom bewegen.

Die Mehrzahl der Fabaceen zeigt nyctinastische Blattbewegungen (*Phaseolus coccineus*, *Samanea saman*, *Albizia julibrissin*). Außer den circadianen Schlafbewegungen, die auch bei anderen Pflanzenfamilien zu beobachten sind, z.B. *Oxalis deppei* und *Marsilea drummondii*, kommen auch rhythmische Pendelbewegungen von Fiederblättchen vor (*Trifolium pratense*).

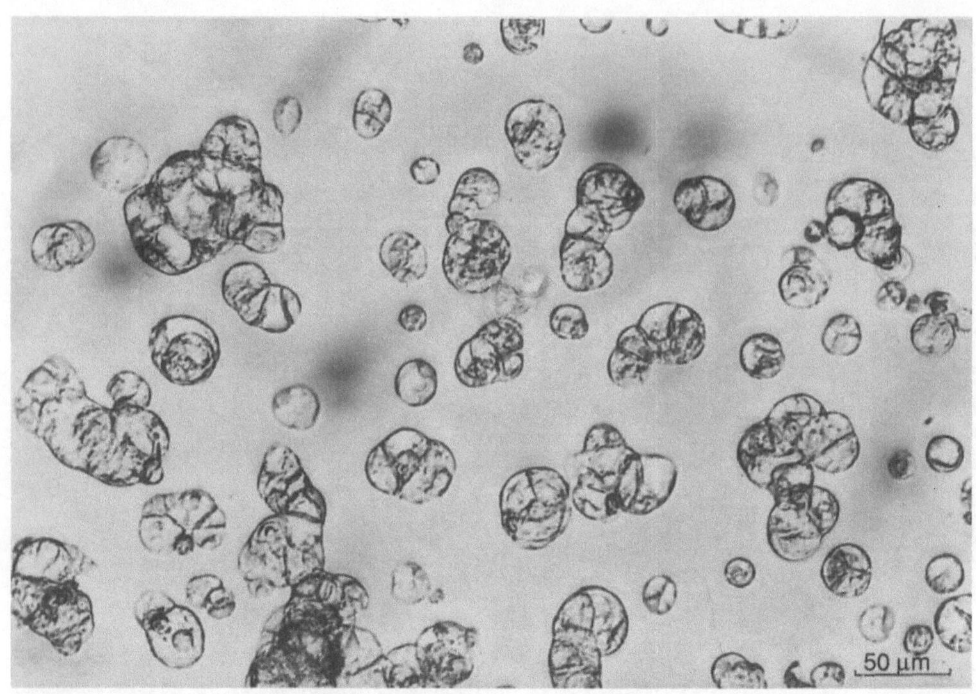

Abb. 6.44. In einer Suspension von Protoplasten, also Zellen, deren Zellwand verdaut wurde, beobachtete man in 25% Polyethylenglycol den Zusammenschluß zu somatischen Hybriden. Die abgebildeten Zellverbände entstanden durch Protoplastenfusion zweier Brassicaceen-Gattungen: *Brassica napus*×Arabidopsis thaliana. Diese somatischen Hybridkulturen wachsen zu Hybridpflanzen heran, die sich von den Ausgangspflanzen morphologisch und physiologisch unterscheiden. (Glimelius et al. 1991)

Beides, nyctinastische und seismonastische Gelenkbewegungen sind Turgorbewegungen. Sie werden durch rasche Phloementladung von Saccharose in den Apoplasten des Extensorgewebes im Pulvinus verursacht, die Extensorzellen schrumpfen dann durch Turgorverlust (Abb. 5.37) (Fromm u. Eschrich 1988 a). Gleichzeitig sind Ionenverschiebungen (Fromm u. Eschrich 1988b) und vorübergehende Hemmung der Invertase beobachtet worden (Wilke et al. 1995).

Die nyctinastischen Bewegungen werden durch Phytochrom gesteuert, sind also indirekt ebenfalls vom Licht abhängig (Satter u. Galston 1971; Satter et al 1977). Die Motorzellen sind in den Gelenken ausgebildet; sie können rasch ihren Turgor ändern. Diese Art der Reizübertragung, die zuerst bei *Mimosa* beobachtet wurde (10 cm.sec^{-1}), erfolgt in den Siebröhren. Der Reiz löst ein Aktionspotential aus, das über das Siebröhrenplasmalemma weitergegeben wird und kontinuierlich das Membranpotential ändert. Die Reizübertragung wird durch ATP-Energie ermöglicht, die dazu dient, das Membranpotential in den Originalzustand zurückzuführen.

Obwohl Neurotransmitter wie Acetylcholin die Reizbewegung auslösen können, dienen diese nicht zur Transmission von Signalen. Dies scheint einzig mit Aktionspotentialen, d.h. Ionenbewegungen bzw. repetitiven Ladungsverschiebungen durchgeführt zu werden.

Eine andere Fabacee, *Desmodium motorium*, zeigt unter optimalen Kulturbedingungen eine kontinuierliche Rotationsbewegung der Stipeln (Nebenblätter). Zweck und Zustandekommen dieser Bewegung sind unbekannt. Auch hierbei handelt es sich um Turgoränderungen, die rund um den Stiel der 1 bis 2 cm langen Nebenblätter verlaufen. Bei hoher Luftfeuchtigkeit umschreiben die Nebenblätter mit ihrer Spitze in etwa einer halben Minute eine Ellipsenbahn.

Der Zweck, den die Mimose mit den spektakulären Blattbewegungen verfolgt, ist nicht ersichtlich. Es wird berichtet, daß ein tagsüber auftretender Regenguß die Blätter seismonastisch reagierender Fabaceen herabklappen läßt. Das ist zweifellos ein Schutz gegen das Zerschlagenwerden der Spreite. Es ist aber ein Schutz, den viele andere Pflanzen nicht haben. Unbedingt erforderlich für solche Bewegungen ist ein Gelenk, der Pulvinus (Satter et al. 1990). Blätter mit deutlich erkennbaren Blattgelenken sind besonders häufig bei tropischen Bäumen und Lianen anzutreffen (Funke 1929).

Voraussetzung für die Blattbewegungen ist offenbar ein bestimmter Reifezustand des Blattes. So sind die jungen Blattspreiten der Schönmalve (*Abutilon hybridum*) scharf vom aufrechten Blattstiel nach unten abgeknickt. Erst wenn die Blätter ausgewachsen sind, haben Spreite und Stiel die gleiche Neigung; erst dann führen die Blätter nyctinastische und Solstitialbewegungen aus.

Sekretion

Sekrethaare

s Vorhandensein von Sekrethaaren läßt sich ist schon am Geruch erkennen, der an den gern haftet, wenn man Blätter oder Stengel 'ührt hat (Tomaten, Pelargonien). Sekrethaare zen sich aus lebenden Zellen zusammen, die ist in Stiel- und Köpfchenzellen differenziert d. Im Cytoplasma der Köpfchenzellen wird Sekret hergestellt. Es kann in Vacuolen der :retzellen abgelagert werden, dann liegt eine racellulare Sekretion vor. Von einer exotropen :retion spricht man, wenn das Sekret in flüs- er oder gasförmiger (selten fester) Form aus- geschieden wird. Bei *Tozzia alpina* sind Transferzellen an der Sekretausscheidung beteiligt (Renaudin u. Capdepon 1977).

Statt eines duftenden Sekrets kann auch Wasser ausgeschieden werden. Die hierfür verwendeten Hydathoden (Abb. 2.23, 2.24, 2.25, 2.26) sind im Kapitel 2.10 beschrieben worden. Hydathoden sind nur selten als Trichom oder Emergenz ausgebildet, vielmehr ähneln sie den Spaltöffnungen.

Wasser wird auch aus Drüsenhaaren von *Lathraea squamaria*, einer auf Wurzeln von *Alnus, Corylus, Fagus, Populus* parasitierenden Scro-

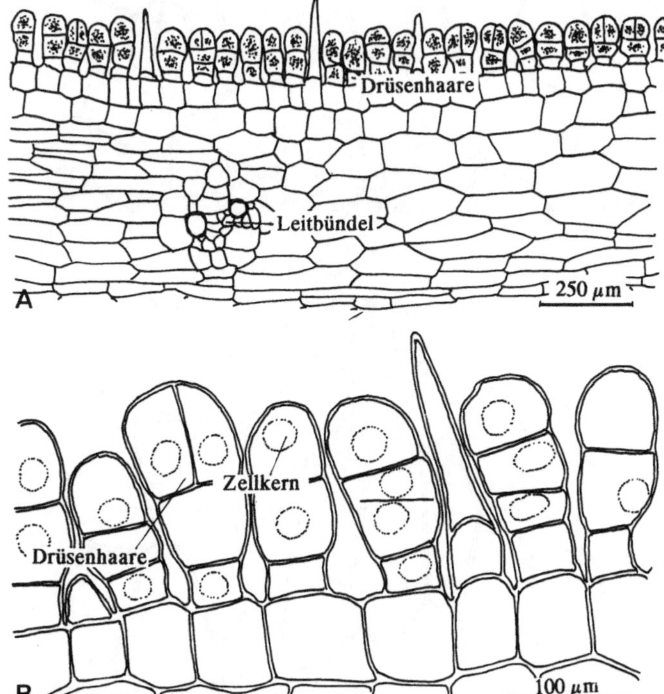

. 7.1A, B. Extraflorale Nektarien sind auf der erseite der Stipeln (Nebenblätter) der Dicken ne (*Vicia faba*) als dunkelrote Flecken zu erken. Im Schnittpräparat erkennt man, daß die che Epidermis aus kurzen, 2- bis 4zelligen senhaaren besteht und nur gelegentlich ein zes Spießhaar dazwischensitzt (A). Die Drüaarzellen besitzen auffallend große Zellkerne Der Nektar schmeckt süß, er wird von Ameiaufgenommen. Eine direkte Verbindung zwi- :n Drüsenepithel und dem Phloem der Stipuündel ist nicht zu erkennen

phulariacee ausgeschieden (Scherffel 1928). Ein Wasser zuführendes Epithem fehlt jedoch.

Eine andere Art der Wassersekretion ist als Guttation bereits im Kapitel 2.10 beschrieben worden.

Manche guttierenden Haare scheiden nicht nur Xylemwasser aus, sondern sie haben auch eine Verbindung zum Phloem; sie werden dann meist in extrafloralen Nektarien zusammengefaßt. Der Nektar schmeckt süß; diese Nektarien werden von Ameisen besucht.

In manchen Fällen kann die Oberfläche des Nektariums mit einer Zuckerkruste bedeckt sein (*Impatiens*-Arten, *Passiflora coerulea*; Fahn 1979b). Die extrafloralen Stipularnektarien von *Vicia faba* sind auffällig dunkel gefärbt, vergleichbar mit den Saftmalen im Blütenbereich.

Bei Fabaceen mit großen gefiederten Blättern treten guttierende Haare an der Oberseite der Rhachis zwischen den Blattfiederpaaren auf. Solange die Blätter noch nicht ausgewachsen sind, scheiden die Haare in den Morgenstunden winzige Tröpfchen einer süßen Flüssigkeit aus (*Robinia pseudoacacia*, *Enterolobium cyclocarpum*).

Guttation und Nektarsekretion sind demnach Prozesse, die strukturell keine differentiellen Einrichtungen benötigen. Vielmehr wäre es denkbar, daß beide Prozesse von denselben Trichomen vermittelt werden könnten. Dann wäre die Zuckerkonzentration der ausgeschiedenen Flüssigkeit das Unterscheidungsmerkmal.

Von physiologischer Sicht ist zu erwarten, daß der Zucker auf osmotischem Wege eine Wasserförderung steuern kann. Deshalb sind vermutlich die Sekretionseinrichtungen zumeist mit Wasser imbibiert.

Kaum einzuordnen sind die Schleim sezernierenden Ligulae von *Isoetes lacustris*. Der

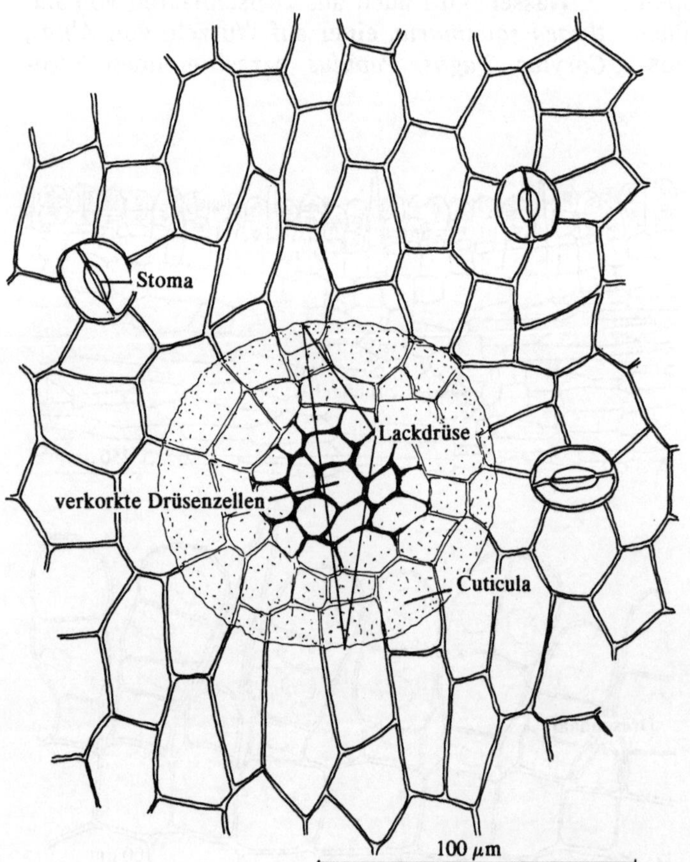

Abb. 7.2. Sekretion an Blattoberflächen beschränkt sich meist auf Leime oder Lacke, die während der Blattentwicklung ausgeschieden werden. Die Blätter der Birke (*Betula pendula*) werden im jungen Zustand aus Drüsenschuppen mit alkohollöslichem Sekret „lackiert". Später im Jahr erscheinen die Blätter stumpf. An getrockneten Blattfragmenten erkennt man die Lackschicht an scharf begrenzten Bruchkanten, die sich bei Ethanolzusatz abrunden, in Wasser jedoch scharfkantig bleiben. (Eschrich 1976)

Schleim besteht zu 49% aus Polysacchariden und zu 22% aus Proteinen. Offenbar wird der Schleim über das tubuläre ER sezerniert, das engen Kontakt zum Plasmalemma hat (Kristen et al. 1982). In ähnlicher Weise ließe sich die Nektarsekretion erklären (Abb. 11.17).

Anstelle der gestielten Sekrethaare findet man auf Blättern auch Drüsenschuppen, die schleimige oder duftende Sekrete bilden und ausscheiden. Viele Lamiaceen und Scrophulariaceen besitzen Haare und Schuppen. Es ist aber nicht bekannt, ob sich die Sekrete der Haare von denen der Drüsenschuppen in ihrer chemischen Zusammensetzung unterscheiden.

Sekrethaare haben manchmal nur eine zeitlich begrenzte Funktion. So findet man auf den Adern von Birkenblättern (*Betula pendula*, *B.pubescens*) Drüsenschuppen (Abb. 7.2), deren flüssiges Sekret sich auf der Blattoberfläche verteilt und wie Lack antrocknet. Im Mikroskop ist der angetrocknete Lack an unregelmäßig verlaufenden, scharfen Bruchkanten zu erkennen. Der Lack ist in Ethanol löslich; bei ausgewachsenen Blättern ist er mikroskopisch nicht mehr nachzuweisen; die anfangs glänzenden Birkenblätter werden später stumpf.

Allgemein bekannt ist das klebrige Sekret der Kastanienknospen (*Aesculus hippocastanum*), das im Frühjahr die Knospenschuppen überzieht. Es wird in besonderen Leimdrüsen, den Colleteren, auf der Oberseite der Schuppenblätter gebildet (Abb. 6.1).

Sekrethaare mit schleimig-flüssigem Sekret, das an den Haarköpfchen ausgeschieden wird, sind bei Solanaceen verbreitet, aber keineswegs auf diese Familie beschränkt. Sekrethaare und -schuppen, die ätherisches Öl in Gasform ausscheiden oder (selten) flüssiges Sekret absondern, sind zwar für die Lamiaceen charakteristisch (Lavendel, Pfefferminze, Thymian), aber auch bei anderen Familien verbreitet (Abb. 7.3).

Als Besonderheiten sind die Mehlhaare von Primeln zu nennen (Abb. 7.4). Bei *Primula farinosa* besteht das in Form feiner Partikeln ausgeschiedene „Mehl“ aus einem Flavon.

Die einzelligen Brennhaare der Brennessel (*Urtica dioica*) sind funktionsmäßig wie eine Injektionsnadel gebaut. Bei Berührung bricht die verkieselte Haarspitze ab, so daß der spitze Haarstumpf in die Haut eindringen kann. Durch

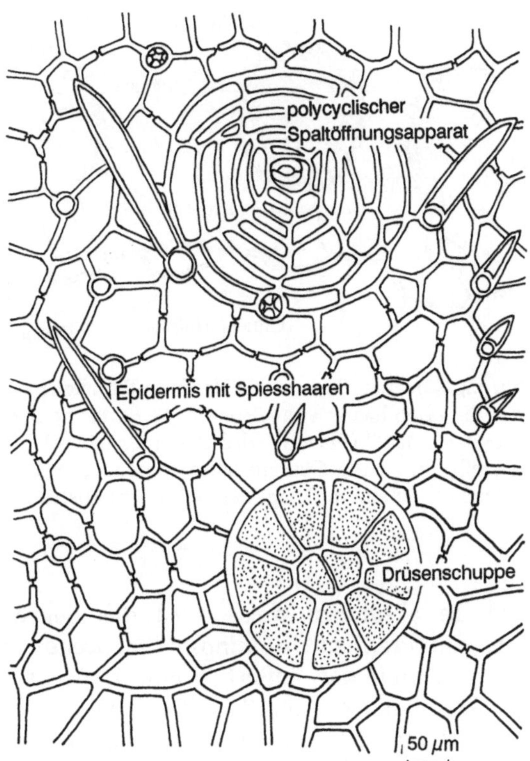

Abb. 7.3. Drüsenschuppen sind auf Blättern und Früchten verbreitet. Sie sind meist kreisrund, kurz gestielt und in die Organoberfläche eingesenkt (*Caesalpinia brevifolia*). Bekannt sind Drüsenschuppen mit ätherischen Ölen (Pfefferminze, Salbei). Es kommen aber auch Drüsenschuppen vor, in denen Farbstoffe oder Gerbstoffe gebildet werden, die, wie bei *Caesalpinia*-Arten, in gleicher Zusammensetzung aus dem Holz gewonnen werden. (Wiesner 1927/28)

Turgordruck wird das Sekret in die Haut injiziert; es enthält Acetylcholin und Histamin. Haare mit Widerhaken und ähnlicher Brennwirkung finden sich bei Loasaceen (Abb. 6.37). Die Euphorbiacee *Dalechampia roezliana* besitzt kurze Brennhaare, die bei Berührung eine Nadel aus Calciumoxalat „abschießen“, wodurch das Brennsekret in die entstandene Wunde gelangt (Knoll 1905).

Die Drüsenschuppen auf den Blättern von *Rhododendron ferrugineum* sehen von oben gesehen wie Schildhaare aus (Abb. 7.5). Im Schnittbild erkennt man, daß in den Zellen gebildetes Sekret in Intercellularräume sezerniert

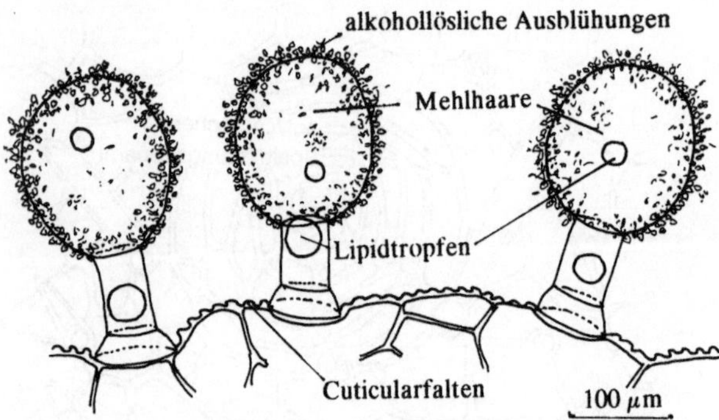

Abb. 7.4. Von der Formenvielfalt der pflanzlichen Haare sind die Mehlhaare von *Primula farinosa* bemerkenswert. Das „Mehl" (Flavon) wird aus einer lebenden Köpfchenzelle durch die Cuticula ausgeschieden, es trocknet an der Luft zu einem Belag, der sich leicht abstreifen läßt wird. In ähnlicher Weise wird das Sekret im Blatt von *Psoralea bituminosa* (Fabaceae) angesammelt, ohne daß äußerlich eine Drüsenschuppe erkennbar ist (Abb. 7.6) (De Bary 1877). Bei der Sekretabscheidung trennen sich die epidermalen Drüsenzellen voneinander.

Ein Fall von großflächiger Sekretabscheidung liegt bei der Pechnelke (*Lychnis viscaria*) vor.

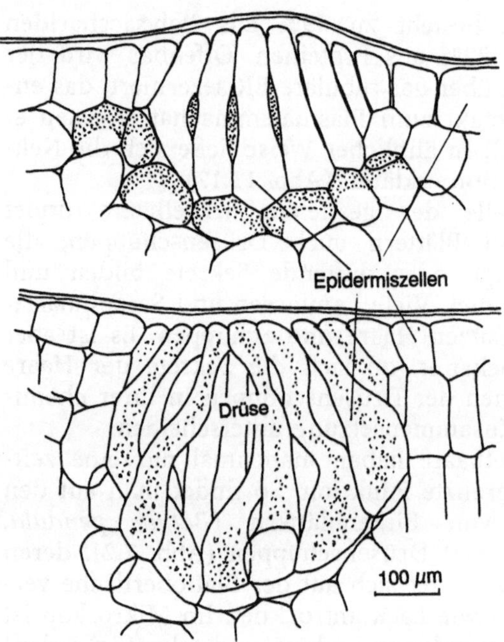

Abb. 7.6. Der Teergeruch von *Psoralea bituminosa* (Fabaceae) kommt von dem Sekret der eingesenkten Blattdrüsenzellen, die sich während des Reifungsvorgangs voneinander lösen, möglicherweise, um das verdampfende Sekret über die Intercellularenluft abzugeben. Eine Öffnung in der Epidermisaußenwand über dem Drüsenapparat ist nicht beschrieben worden. (De Bary 1877)

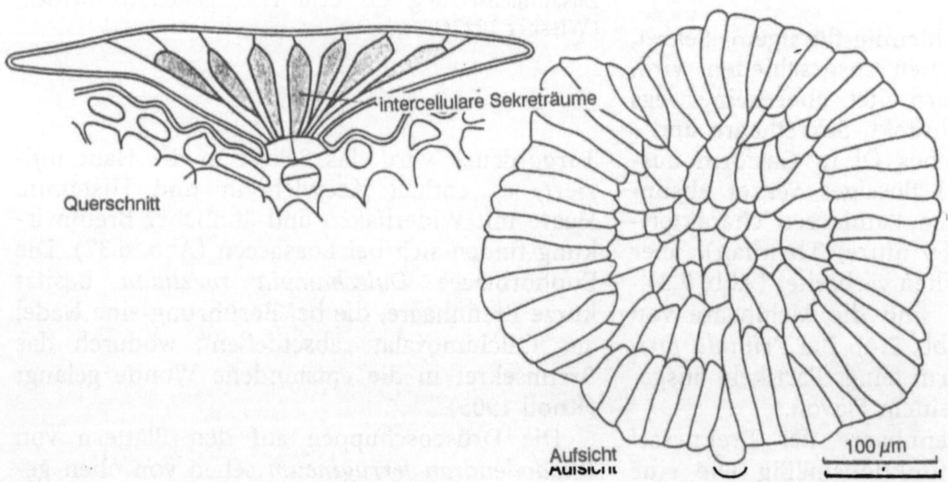

Abb. 7.5. Die Sekretzellen der Drüsenschuppen von *Rhododendron ferrugineum* sezernieren das harzige rotbraune Sekret in Intercellularen, die in der Aufsicht nicht zu erkennen sind. Möglicherweise handelt es sich um ein Exkret, das aus dem Stoffwechsel der Pflanze entfernt werden soll. (De Bary 1877)

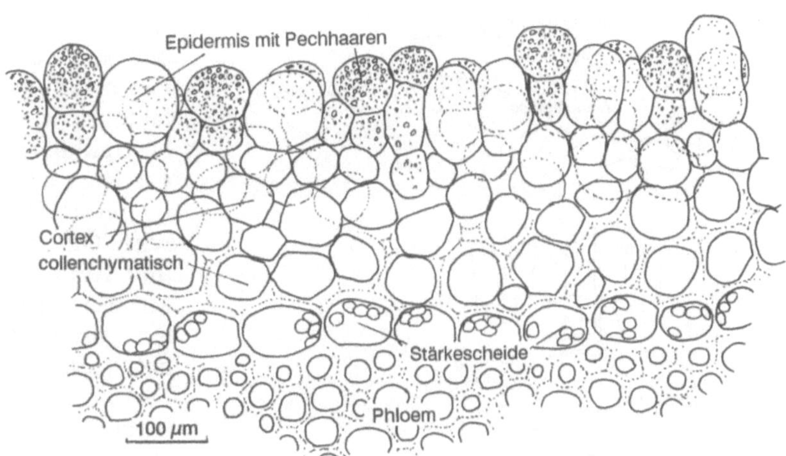

Abb. 7.7. Die klebrigen Stengelabschnitte der Pechnelke, *Lychnis viscaria* ssp *viscaria*, lassen im Querschnitt erkennen, daß der Cortex innen collenchymatisch verdickte Wände besitzt, weiter außen in ein lockeres, intercellularenreiches Gewebe übergeht, das von blasig aufgetriebenen Epidermiszellen bedeckt wird. Zwischen die Epidermiszellen sind viele zweizellige Pechhaare eingefügt, die vor der Entleerung an dunkelkörnigem Zellinhalt zu erkennen sind

Hier besteht die Epidermis eines Stengelabschnitts fast nur aus Drüsenzellen. Sie können sich periklin teilen und zu kurzen Pechhaaren werden, bleiben aber, wie bei einer typischen Epidermis, seitlich miteinander verwachsen (Abb. 7.7). Zum Cortex hin lösen sich die Pechhaare aus dem collenchymatischen Zellverband und „schwimmen" auf einem Intercellularensystem, in dem offenbar das Pech vorübergehend akkumuliert wird.

Der Begriff „Trichom" wird auf rein epidermale Bildungen angewendet. Bei manchen Drüsen, etwa den Salzdrüsen von Halophyten (Abb. 7.8), läßt sich jedoch die epidermale Herkunft im fertigen Zustand nicht mehr abgrenzen. Drüsen sind Funktionsorgane, die unter Umständen ständig von inneren Zuleitungssystemen versorgt werden. Ihre protodermale Herkunft kann durch Beteiligung von Elementen des Periblems und Procambiums erweitert sein.

Eine ähnlich problematische Entwicklungsgeschichte besitzen die inneren Haare, also haarartige Gebilde, die nicht auf der Oberfläche von Pflanzen zu finden sind sondern im Innern, wo sie keine Derivate des Protoderms sein können. Dabei gibt es Fälle, bei denen sich Haarformen der Oberfläche im Innern der Pflanze wiederholen. Solch innere Haare ragen dann in Intercellularräume. Ein Beispiel liefert *Pogostemon cablin* (Lamiaceae) (Abb. 7.9). Als innere Haare sind auch einzellige Drüsenhaare im Rhizom von *Dryopteris filix-mas* (Polypodiaceae) zu finden, die entsprechenden Formen fehlen jedoch an der Oberfläche.

Im Blattstiel von *Nymphaea alba* ragen Stern- und Etagenhaare in die großen Intercellularen. In ihre Wände sind zahllose Kriställchen von Calciumoxalat eingelagert. Unter gekreuzten Polarisationsfiltern leuchten die Kristalle im Mikroskop hell auf (Abb. 7.10).

7.2 Emanation ätherischer Öle

Ätherische Öle, in der Hauptsache Mono- und Sesquiterpene, sind flüchtig. Sie werden von

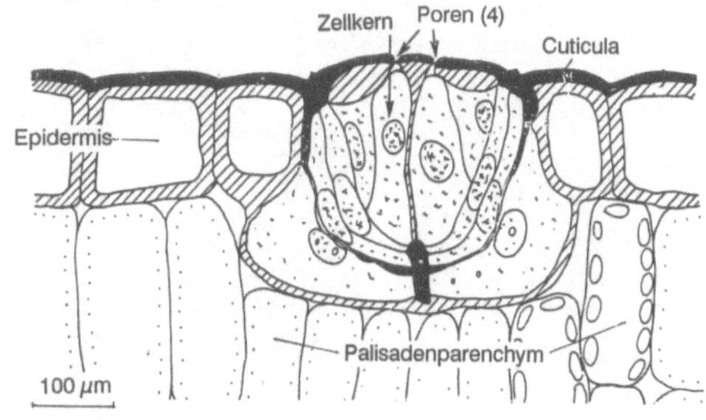

Abb. 7.8. Die Salzdrüsen von *Statice gmelinii* besitzen mehrere Drüsenzellen, von denen die vier sezernierenden mit je einem Porus die Epidermisaußenwand und die Cuticula durchbrechen. (Ruhland 1915)

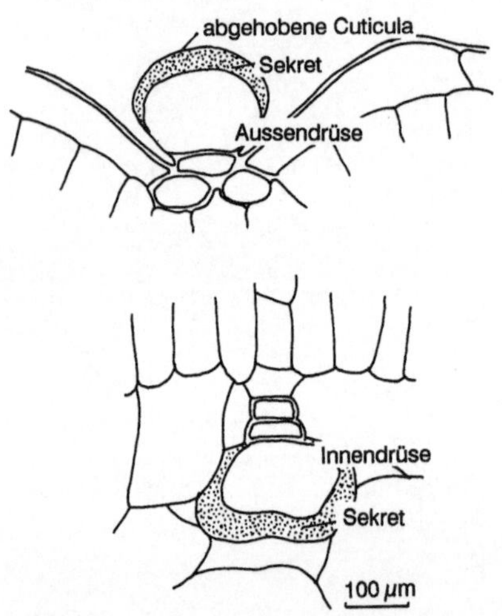

Abb. 7.9. Haare wachsen normalerweise aus Epidermiszellen hervor. Bei *Pogostemon cablin* (Lamiaceae) findet man einander entsprechende Drüsenhaare außen, wie auch im Inneren der Blätter; sie ragen dort in Intercellularen des Mesophylls. (nach Netolitzky 1932)

Pflanzen der Steppen und Wälder der Erde ausgeschieden.

Frits Went (1974) schätzt, daß 1,4 Milliarden Tonnen flüchtiger Pflanzenstoffe pro Jahr an die Erdatmosphäre abgegeben werden.

Im Coniferenharz sind neben den Diterpensäuren noch flüchtige Terpene (vor allem Monoterpene) enthalten, die den Geruch verursachen.

Der Duft des Coniferenharzes wird wahrnehmbar, wenn durch Verletzung der Nadeln oder der Baumrinde oder durch Änderungen von Außenfaktoren wie Temperaturerhöhung und Sonnenbestrahlung sowie durch traumatische Einflüße das Harz an die Oberfläche tritt.

Der Duft einer Blüte ist ebenfalls auf ätherische Öle zurückzuführen, denen auch Indole und Amine beigemischt sein können (Smith u. Meeuse 1966). Die Ausscheidung von Blütendüften geschieht durch Gasdiffusion, wenn zuvor der Duftstoff von den Syntheseorten in flüssiger Form durch das Cytoplasma in die Zellwand gelangt ist und die Cuticula passiert hat. Ein Nachweis über die Gaspermeabilität der Cuticula ist bisher nur für Sauerstoff erbracht worden (Lendzian 1982). Es ist jedoch vorstellbar, daß andere Gase in einer Folge von Sorption und Permeation die Cuticula durchdringen können (Lendzian 1984; Schönherr u. Riederer 1989).

Die Syntheseorte von ätherischen Ölen sind im EM meist an osmiophilen (Öl-) Tröpfchen zu erkennen. Die vorhandenen Mengen an Duftöl sind gering; für Rosenpetalen werden 0,075% des Frischgewichts angegeben (Fahn 1979a). Bei anhaltender Duftemanation werden jedoch neue Vorräte nachgebildet (Kisser 1958).

In Blüten mit betäubenden Düften (Orchidaceae, Araceae, Asclepiadaceae) übernehmen Osmophoren die Ölproduktion und -ausscheidung.

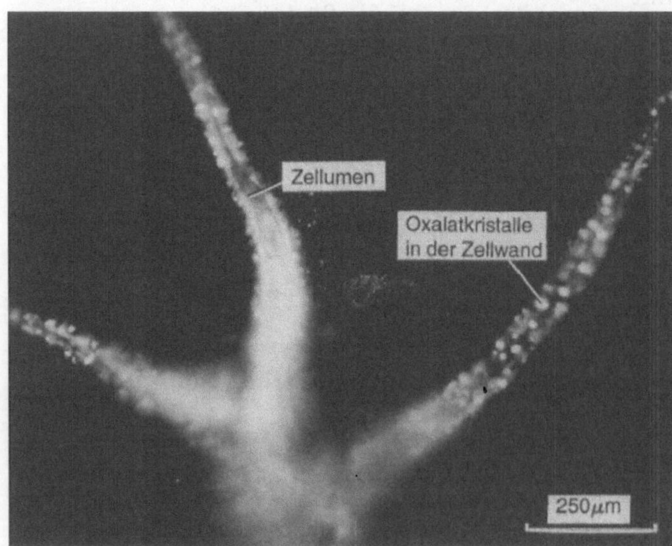

Abb. 7.10. Calciumoxalatkristalle sind leicht im Polarisationsmikroskop zu lokalisieren. Gewöhnlich treten diese Kristalle in Vacuolen auf (s. Abb. 7.14). Bei den verzweigten Haaren der Seerosenblätter und -blattstiele (*Nymphaea alba*), die in die großen Intercellulargänge ragen, kristallisiert das Calciumoxalat in der Zellwand aus

Osmophoren bestehen aus Zellen, die sich von den Nachbarzellen deutlich absetzen und strukturell unterschieden sind (Abb. 7.11) (Vogel 1962). Hierzu vergleiche man auch die Sekretion von Pech bei der Pechnelke (Abb. 7.7).

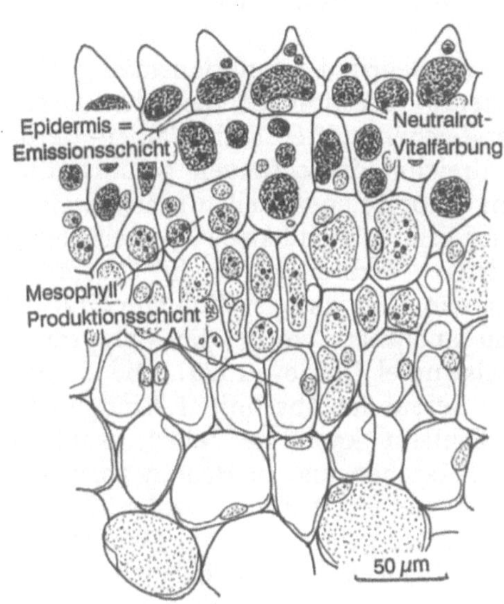

Abb. 7.11. Sekretion von Blütenduft ist meist auf Duftdrüsen zurückzuführen. Bei stark duftenden Blüten, wie die von *Ceropegia elegans* (Asclepiadaceae) wurden Duftträger (Osmophoren) gefunden, bei denen mehrere Zellschichten an der Fabrikation des Duftes beteiligt sind. (Vogel 1962)

Es ist auffallend, daß im Blütenbereich Drüsenhaare und Drüsenschuppen fehlen oder nur in geringer Zahl vorhanden sind, während Blätter und andere grüne Pflanzenorgane häufig solche Anhangsgebilde der Epidermis benutzen, ätherisches Öl zu produzieren und an die Außenluft abzugeben. Unverletzte Blätter duften nicht, wenn sie keine Drüsen haben. Die Blütendüfte sind dagegen sehr vielfältig, obwohl sie sich meist nur nuanciert unterscheiden. In bezug auf die Duftemanation sind die Blüten weniger anatomisch, als chemotaxonomisch unterschieden.

Drüsenhaare und Drüsenschuppen produzieren das Öl in ein- oder mehrzelligen Drüsenköpfchen. Das abgeschiedene Öl sammelt sich unter der Cuticula, wobei diese abgehoben wird.

Inwieweit die lipophile Cuticula von dem ätherischen Öl durchtränkt wird, ob das Öl durch Poren in der Cuticula austritt, oder ob zwischen Öl und Cuticula noch eine Cellinschicht hydrophiler Zellwand existiert, ist nicht generell geklärt worden. In den meisten Fällen dürfte der Öldampf nur durch Verletzung der Trichome frei werden.

Daß die Abgabe von Öldampf beabsichtigt ist, geht daraus hervor, daß Spritzdrüsen (*Dictamnus albus*) gebildet werden, die bei Berührung ihren ätherischen Inhalt abgeben (Amelunxen u. Arbeiter 1967).

Welchen Zweck die Pflanzen mit der Verbreitung ihrer Düfte verfolgen, läßt sich nur im Blütenbereich mit der Anlockung spezifischer Bestäubungsinsekten erklären. Dies ist denkbar, etwa bei einem blühenden Lavendelfeld; Lavendel duftet aber auch im nichtblühenden Zustand. Da der Geruchssinn bei den Organismen von unterschiedlicher Präzision ist, wäre es möglich, daß Kraut und Blüten des Lavendels verschiedene Öle produzieren.

Manche Artenpopulationen verbreiten bei feuchtem Wetter, also bei stark reduziertem Insektenflug, besonders intensiv ihren Duft (*Thymus vulgaris*, *Artemisia tridentata*).

Abgesehen von der Emanation von Düften aus Sekretionseinrichtungen gibt es Beispiele für olfaktorisch sehr markante Duftwolken: Der Bärenlauch (*Allium ursinum*) verbreitet einen intensiven Knoblauchgeruch der von den Blättern ausgeht, auch zur Blüte- und Nachblütezeit im Mai/Juni. Die Blüten des Bärenlauchs duften jedoch angenehm.

Blühende Rapsfelder (*Brassica napus*) verbreiten einen aufdringlichen Duft, an dem schwefelhaltige Emanationen beteiligt sind.

In sumpfigen Wiesen Nordamerikas verbreitet der Skunk cabbage (*Symplocarpus foetidus*, Araceae) einen unverkennbaren Gestank.

Ob solche Intensivdüfte eine Wirkung auf andere Pflanzen haben, ist nicht bekannt.

Allelopathische Effekte (von Hans Molisch so benannt) sind bisher nur im Wurzelbereich beobachtet worden. So geben Sträucher von *Salvia leucophylla* im kalifornischen Chaparral 1:8Cineol (Eucalyptol) und Kampfer an den Boden ab, wodurch in einem deutlich erkennbaren Umkreis die Gras-Vegetation zugrunde geht.

Weniger spektakulär sind Emanationen aus reifenden Früchten. Legt man in einem Exsikkator reife Äpfel zu einer grünen Banane, so wird diese viel rascher gelb als ohne Äpfel. Von den Äpfeln wird Ethylen ausgeschieden. Das rasche Gelbwerden der Banane ist ein Biotest auf Ethylen, das geruchlos ist. Der Duft reifer Äpfel wird jedoch auf Amylvalerat zurückgeführt, einem der vielen Fruchtsäureester, die offenbar über Epidermis, Cuticula und Wachsschicht ausgeschieden werden.

Obwohl Haare im Zusammenhang mit Einrichtungen der Blattepidermis genannt werden, sind Drüsenhaare bevorzugt und vielgestaltig an jungen Stengeln zu finden. Tomate, Tabak und Pelargonie sind Beispiele für drüsige Stengelbehaarung.

7.3 Protonensekretion

Eine exotrope Sekretion besonderer Art tritt in Wurzelspitzen auf. Je nach Ernährungslage der Pflanze kann ihre Wurzel mit Protonensekretion (Protonenextrusion) reagieren. Inwieweit dabei die Wurzelhaare beteiligt sind, läßt sich nicht feststellen. Sicher ist aber, daß die Epidermis der jungen Wurzel (*Helianthus annuus*) dazu angeregt werden kann, das Substrat (oder die Nährlösung) anzusäuern, was durch fluoreszierende pH-Indikatoren erkennbar wird (Abb. 7.12) (Weisenseel et al. 1979; Römheld et al. 1984). In diesem Zusammenhang ist beachtenswert, daß die entstehenden elektrischen Felder Bodenorganismen anlocken, also die Rhizosphäre beeinflussen (Morris et al. 1992).

7.4 Innere Sekretion

Dieser Begriff ist funktionsmäßig nicht mit der inneren Sekretion des tierischen Organismus zu vergleichen. Unter dem Namen werden jedoch zahlreiche Einrichtungen geführt, die als Drüsen, Idioblasten, Ölzellen (Baas u. Gregory 1985) oder sekretabsondernde Epithelzellen eine Rolle spielen. Verbreitet ist die Absonderung von Schleim. Gemeint ist Kohlenhydratschleim. Genau analysiert wurde der Calyptraschleim der Maiswurzel (Barlow 1975). Die Ergebnisse wurden bereits im Abschnitt 1.9 mitgeteilt.

Schleim kann in Zellen, Kanälen, Höhlen oder Taschen und in Haaren abgelagert werden. Meist werden bei der Schleimdeposition Zellwände aufgelöst; so bei Wurzelhaubenzellen, Wurzelhaaren, verschiedenen Blütenorganen und besonders Samenschalen.

Bei Dicotylen reagiert der Schleim meist sauer, er wird von Rutheniumrot ($Ru_2(OH)_2Cl_4$ $7NH_3$ $3H_2O$) angefärbt. Bei Monocotylen tritt vorzugsweise neutraler Schleim auf. Mit Chlorzinkjod tritt Blaufärbung ein, was als Cellulose-Reaktion gilt (Gregory u. Baas 1989). Blau färbt sich auch der Schleim in der Epidermis von *Cal-*

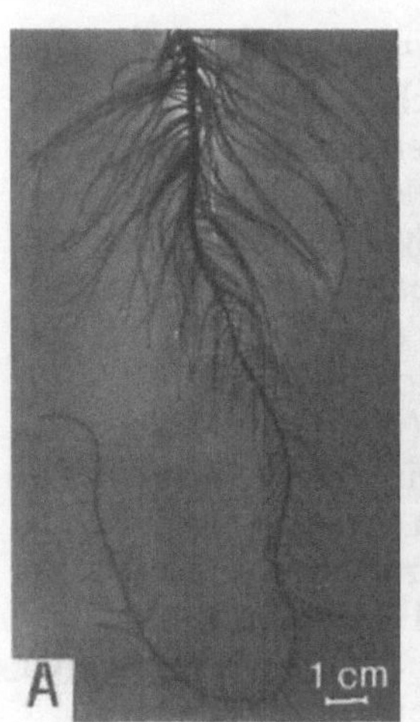

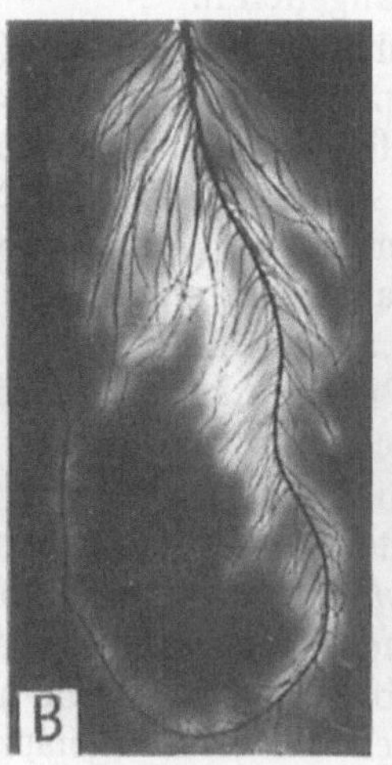

Abb. 7.12. Die Protonensekretion der Wurzel von *Helianthus annuus*, z.B. bei Eisenmangel, läßt sich mit einem fluoreszierndem pH-Indikatorfarbstoff (Bromcresol Purpur) lokalisieren, wenn man die Wurzel zwischen dünnen Agarplatten wachsen läßt, in denen der Farbstoff gelöst ist. Der Umschlag von Purpur zu Gelb zeigt Ansäuerung, also Protonenextrusion an. Die Farbverteilung wird durch Zufügen oder Weglassen von $(NH_4)_2SO_4$ und Eisen charakteristisch verändert. (Römheld et al. 1984)

luna vulgaris, jedoch mit Resorzinblau, dem Callose-Reagenz, das für den Nachweis von β-1,3-Glucanen verwendet wird.

Besonders überzeugend ist der Schleimnachweis mit Tusche: Trockene Pflanzenpulver, die Schleimzellen enthalten, zeigen in wässriger Tuschesuspension den aufquellenden Schleim als weißen Hof in der schwarzbraunen, körnigen Suspension. In den dicken Kelchblättern von *Hibiscus sabdariffa* treten große Schleimidioblasten auf. In heißem Wasser verquillt der Schleim vollständig.

Auffällig sind Öldrüsen die im Mesophyll von Blättern vorkommen. Meist erweitern sie sich durch Auflösung von Wänden benachbarter Zellen (lysigene Sekretbehälter) (Abb. 6.14) oder durch partielle Auflösung von Mittellamellen (schizogene Sekretbehälter). Vielfach werden jedoch beide Verfahren kombiniert (*Hypericum perforatum*), so daß schizo-lysigene Sekretbehälter entstehen.

Für die Sekretion von Terpenoiden (Isoprenabkömmlingen) stehen verschiedene anatomische Strukturen zur Verfügung, die aus Zellgruppen ohne besondere Merkmale, aber auch aus komplexen Sekretionseinrichtungen oder aus Milchröhren bestehen können (Denissova 1975, zitiert nach Fahn 1979a).

Im Rinden- und Markparenchym vieler Stämme, Rhizome und Wurzeln treten einzelne Zellen auf, die sich von dem umgebenden Gewebe durch Gelb- bis Rotbraunfärbung abheben. Man nennt sie Idioblasten oder Sekretidioblasten. Ihre Inhaltsstoffe sind hauptsächlich bei Medizinal- und Gewürz-pflanzen untersucht worden.

Ein Beispiel ist das Rhizom von *Acorus calamus*: gelbes Öl aus etwa 60 Bestandteilen zusammengesetzt, u.a. Asarone und Sesquiterpenalkohole. Weiterhin das Rhizom von *Curcuma xanthorrhiza*: Zellen mit rotbraunem Pigment und gelbem ätherischen Öl. Es besteht zu 85% aus Cycloisoprenmyrcen, 5% p-Tolylmethylcarbinol und 2% Campher. Die Gelbfärbung wird durch Curcumin (Diferuloylmethan, bis zu 5,4%) verursacht. Ein weiteres Beispiel liefert die Wurzel von *Krameria triandra* (Krameriaceae), die Ratanhiawurzel. Sie enthält Gerbstoffe, vor allem Ratanhiagerbsäure (10%) und färbt sich mit $FeCl_3$ tiefgrün. Auch die Wurzel von *Rubia tinctorum*, die Krappwurzel liefert typische Sekrete, vor allem leuchtend rote Anthrazenfarbstoffe als Ansammlung von Körnchen in den Idioblasten. Weiterhin enthält der Bast von *Hamamelis virginiana* Gerbstoffe und Saponine. Auch das Holz von *Pterocarpus santalinus* (Fabaceae), das Rote Sandelholz, enthält Farbsekrete. Es sind Santalin-Derivate, die sich im alkalischen Milieu purpurviolett färben sowie das nach Rosen duftende Sandelholzöl, es enthält zu 90% α- und β-Santalol (Karsten et al.1962; Eschrich 1988).

Idioblasten treten auch in Früchten auf. Charakteristisch sind die Inklusen von *Ceratonia siliqua* (Johannisbrot-Baum). Sie füllen Zellen der Fruchtwand aus und geben mit Vanillin/HCl eine feuerrote Färbung (Eschrich 1988). Dies gilt als histochemischer Nachweis für Catechingerbstoffe und Phloroglucide.

7.5 Cystolithen

Bei zahlreichen Vertretern der Urticales kommen in Blättern Cystolithen vor: sie sind familienspezifisch strukturiert. Das klassische Beispiel ist der Cystolith der *Ficus*-Arten (Abb. 7.13). Der an einem verkieselten Stielchen der inneren Epidermiswand befestigte Cystolith zeigt Radialstrukturen, offenbar Kanäle, sowie Zuwachsgrenzen. Stofflich sind Cellulose, Callose und Carbonat am Aufbau beteiligt. Die Funktion der Cystolithen kann in einer internen Exkretion von Carbonatlösung gesehen werden. Möglicherweise wird dabei Calcium mit dem Wasser der Zellwände ausgeschieden. Die Lithocyste, die Zelle, in der sich der Cystolith entwikkelt, ist bei den Moraceen und Urticaceen eine Hypodermiszelle (Abb. 2.26).

Auch bei Boraginaceen treten in den Basiszellen verkalkter Haare Körper auf, die zu den Cystolithen gerechnet werden (Abb. 6.13). Auch dort findet man den Kalkkörper von einer Hülle aus Callose umgeben.

Bei den Cystolithen von *Ficus*-Arten und bei *Humulus lupulus* (Cannabaceae) deuten sowohl die Art der Aufhängung als auch die mammillenartig vorgewölbten Kanalmündungen darauf hin, daß aus der inneren Epidermiswand die kohlensaure Lösung in den Cystolithen ein-

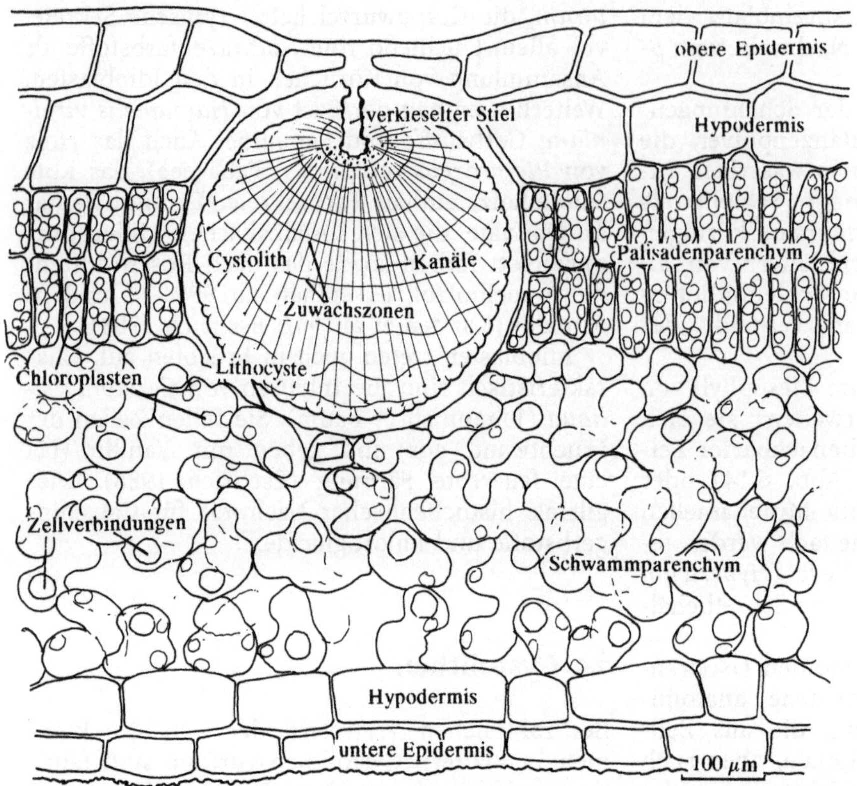

Abb. 7.13. Cystolithen sind für die Urticales typisch. Ihr Aufbau aus Calciumcarbonat, Cellulose, Callose und Silikat wiederholt sich bei den Familien und Gattungen, führt jedoch zu verschiedenen Formen. Selbst innerhalb der Gattung *Ficus* (hier *F. lyrata*) kommen unterschiedlich geformte Cystolithen vor. Die Lithocyste, eine Zelle der Hypodermis, erweitert sich durch Anpassung an das Cystolithenwachstum, das wiederum von der Zufuhr von Carbonaten über das verkieselte Stielchen an der Epidermisinnenwand abhängig ist. Es ist nicht bekannt, ob Zuwachszonen nur bei Cystolithen in mehrjährig funktionsfähigen Blättern (*Ficus*) auftreten

dringt, aus der in Gegenwart von Ca^{++} das Carbonat ausgeschieden wird.

Die Oberfläche des Cystolithen läßt sich sowohl mit Cellulosereagenz (Chlorzinkjod) als auch mit Callosereagenz (Resorzinblau) anfärben. An der Callose von *Ficus triangularis* wurde erstmals gezeigt, daß es sich um ein Glucan handelt (Eschrich 1954).

7.6 Oxalatkristalle

Es gibt wohl kaum eine Pflanze, bei der nicht Calciumoxalat in einer kristallinen Form anatomisch in Erscheinung tritt (Hegnauer 1962–73).

Aus Oxalsäure, dem sauren und dem neutralen Kaliumoxalat entsteht unlösliches Calciumoxalat in wässriger Lösung, wenn Calciumionen zugegen sind.

Das Calciumoxalat kristallisiert als Monohydrat in Form von Solitärkristallen, Raphiden, Prismen, Drusen oder Sand (sehr kleine Prismen) in der Vacuole von Parenchymzellen. Caoxalat wird nur von Mineralsäuren gelöst, die in Pflanzen fehlen. Deshalb bleibt es in den Pflanzenzellen dort erhalten, wo es abgelagert wurde.

Bei *Vanilla planifolia* wurden im Blatt Kristalle des Calciumoxalat-Dihydrats nachgewiesen. Eigenartig sind die Kristallzellpaare in der Epidermis von *Canavalia ensiformis* (Abb. 7.14). Sie werden abgelagert, als würden sie einem programmierten Muster folgen (Frank u. Jensen 1970).

In den Brennhaaren von *Dalechampia spathulata* (Euphorbiaceae) befindet sich je eine Oxalatnadel, die bei Berührung des Haares durch Turgordruck hinauskatapultiert wird und das Opfer verwundet, so daß das Brennsekret spürbar wird.

Biochemisch wird die Oxalsäure als Endprodukt des Stoffwechsels betrachtet; sie entsteht (auch bei Pilzen) in Glyoxisomen aus Glyoxylsäure. Es wird auch vermutet, daß Oxalsäure ein Produkt aus dem Eiweißabbau ist, wobei Aspartat und Oxalacetat Zwischenstufen sein könnten.

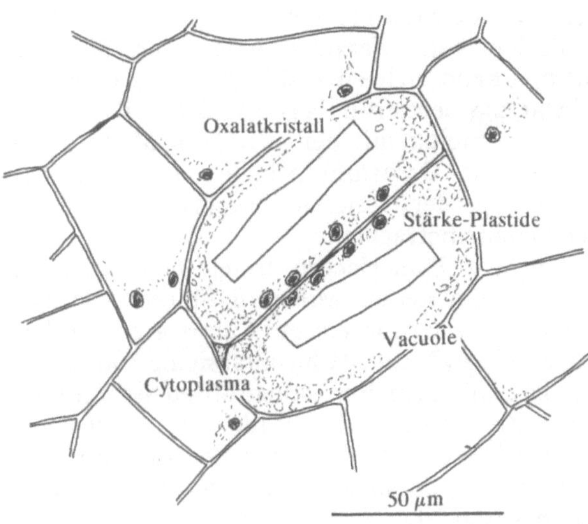

Abb. 7.14. Oxalatkristalle, -drusen oder -raphiden sind im Pflanzenreich sehr weit verbreitet. Deshalb ist es auffällig, daß sich bei *Canavalia ensiformis* (Fabaceae) Oxalatkristalle nur in Zellpaaren finden, die den Schließzellen von Spaltöffnungen gleichen. (Frank u. Jensen 1970)

Die Oxalsäure wird in die Vacuole sezerniert, wo sie zunächst an der Regelung des Turgors beteiligt ist. Sie kann auch als saures und neutrales Kaliumsalz diese Funktion ausüben.

Das ubiquitäre Vorkommen von Calciumoxalat in Vacuolen von parenchymatischen Zellen legt eine übergeordnete Funktion der Oxalsäure nahe. Oxalsäure und ihre löslichen Alkalisalze könnten Protonenlieferanten für den Protonencotransport durch Membranen sein, wenn es sich um den Transport neutraler organischer Moleküle (Saccharose) handelt. Es ist auffallend, daß Calciumoxalat besonders häufig im Phloem unterhalb der Apikalmeristeme auskristallisiert. Demnach könnten die Protonen der löslichen Oxalsäure-Verbindungen für die Phloembeladung der Saccharose verwendet werden (Eschrich 1984b).

Kristalle und Drusen sind in der Vacuole häufig von Callose umkleidet (Thaler u. Weber 1957; Brander 1987). Hierzu ist eine Membran mit aktiver Glucansynthase notwendig. Zur Aktivierung dieses Enzyms wird Calcium benötigt (Kauss 1986). Die Ablagerung von Callose kann also sowohl außerhalb des Plasmalemmas als auch innerhalb des Tonoplasten erfolgen; insofern ist Callose ein Exkret. Da auch Cystolithen von Callose umhüllt sein können, bleibt die Frage zu beantworten, ob die Cystolithen in einer Vacuole oder im Cytoplasma liegen.

7.7 Primäre Milchröhren

Milchröhren, die sich aus Initialzellen entwikkeln, sind an *Euphorbia*-Keimlingen untersucht worden (Mahlberg 1975). Im frühesten Keimlingsstadium bildet sich ein Kranz von Milchröhreninitialen im Niveau der Hypocotyl-Cotyledonengrenze. Ein zweiter Kranz von Milchröhren-initialen entsteht peripherisch (Abb. 7.15). Die Milchröhren wachsen kontinuierlich in dem sich streckenden Keimling mit; man bezeichnet sie als ungegliederte Milchröhren. Es entstehen je nach Anzahl der angelegten Initialen mehrere Systeme von verzweigten Milchröhren, die insgesamt viele Meter lang werden können. Ähnliche Milchröhrensysteme kommen bei Mo-

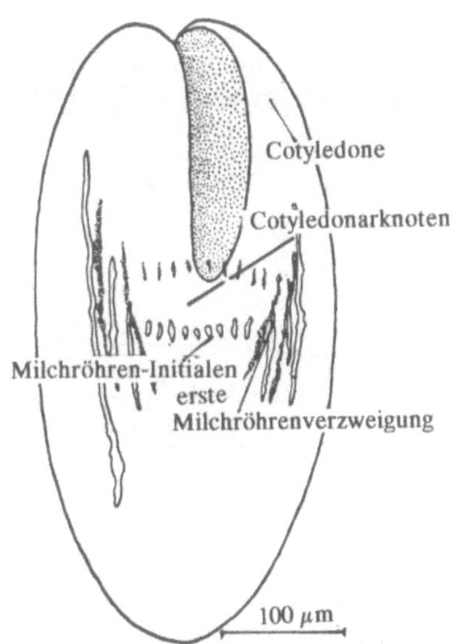

Abb 7.15. Primäre Milchröhren entwickeln sich aus Initialen, von denen es zwei Arten im *Nerium-oleander*-Embryo gibt. Jede Milchröhre wächst mit dem Embryo und dem Keimling zu einer meterlangen Zelle, die sich oft verzweigen kann. Während des Wachstums finden häufig Kernteilungen statt. Da die Teilungswände fast immer Poren aufweisen, findet man viele Kerne vorzugsweise in den Spitzen der Milchröhren-Äste. (Mahlberg 1961)

nocotylen vor, z.B. der Zwiebel (*Allium cepa*), nur sind diese Milchröhren deutlich zellulär aufgebaut. Die Trennwände lösen sich allerdings auf oder sie werden lytisch perforiert. Die Perforationen sind oft mit Callosebelägen versehen (Abb. 6.32). Durch diese Perforationen in der Zellwand können Zellkerne wandern; oft sind viele Zellkerne in den Apikalregionen ungegliederter Milchröhren zu finden.

Der Milchsaft ist typischerweise weiß; es ist eine Emulsion aus Latex-(Polyterpen-) Tröpfchen, in der vereinzelt stab- oder knochenförmige Stärkekörner vorkommen. Bei *Chelidonium majus* und *Macleaya cordata* (Papaveraceae) tritt orangegelber Milchsaft auf.

Auf die Bedeutung des weißen Milchsaftes aus den jungen Fruchtkapseln von *Papaver somniferum* für die Opium-Gewinnung braucht nicht eingegangen zu werden. Dieses Beispiel der Morphinbildung weist aber darauf hin, daß im Milchsaft der kernhaltigen primären Milchröhren medizinisch bedeutungsvolle biochemische Synthesen vollzogen werden, für die eine Ausstattung mit Vorstufen und Enzymen vorhanden sein muß.

Bei den Cichorioideae treten primäre Milchröhren vorzugsweise in der Umgebung von Bündeln des internen Phloems im Stengel auf. Beim Hüllkelch von *Hieracium*-Arten der *Pilosella*-Gruppe kann sich eine Milchröhre in eines der schwarzpigmentierten Haare verlängern.

Als homolog mit den primären Milchröhren werden die Gerbstoffschläuche (Abb. 7.16) in Begleitung der inneren Fruchtwandleitbündel der Banane betrachtet.

Bei den Fumariaceen treten Schlauchzellen auf, die aber keinen Milchsaft führen. Myrosinzellen der Brassicaceen und Capparaceen enthalten Senfölglykoside (Glucobrassicine); eine Homologie mit primären Milchröhren ist denkbar. Die Sekretzellen in der Rinde von *Ricinus* führen farblosen Saft, der zweifellos mit Milchsaft homolog ist, da solcher für Euphorbiaceen charakteristisch ist.

Auch in anderen Familien, die nicht für das Vorkommen von Milchsaft bekannt sind, treten – hauptsächlich in Begleitung des Phloems – Gänge aus gestreckten Zellen auf, über deren Bedeutung nichts bekannt ist, so z.B. die Sekretzellen von *Mimosa*-Arten.

Im Stengel von *Nerium oleander* (Apocynaceae) findet man primäre Milchröhren im Cortex und innerhalb des Perivascularfasermantels (Abb. 7.17).

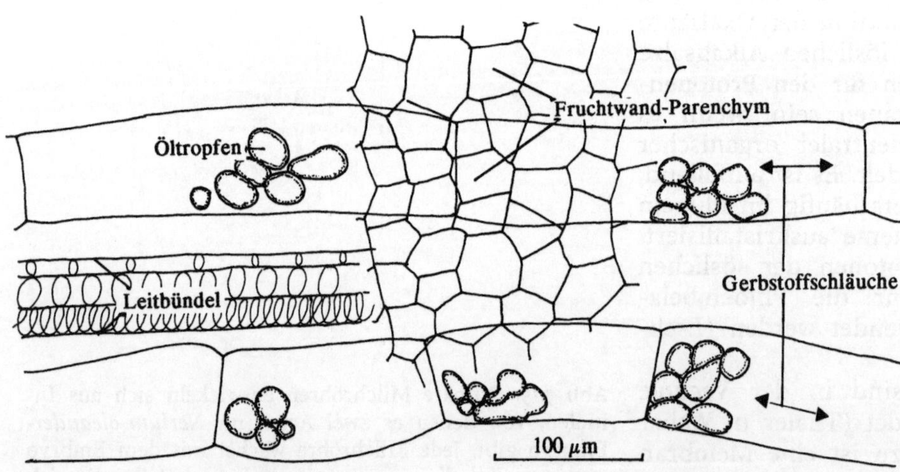

Abb. 7.16. Zu den Sekretzellen rechnet man auch die Gerbstoffschläuche der Bananenschalen (*Musa sapientum*). In Begleitung der Fruchtwand-Leitbündel, die sich als „Fäden" von der Innenseite der Bananenschale abziehen lassen, erkennt man im Mikroskop gestreckte, aneinandergereihte Zellen, die sich mit Eisenchloridlösung langsam violett färben. Auffällig sind „Öltropfen" im Innern der Zellen, die mit Sudan III-Lösung orangerot gefärbt werden. Das Fruchtwand-Parenchym enthält viel Stärke

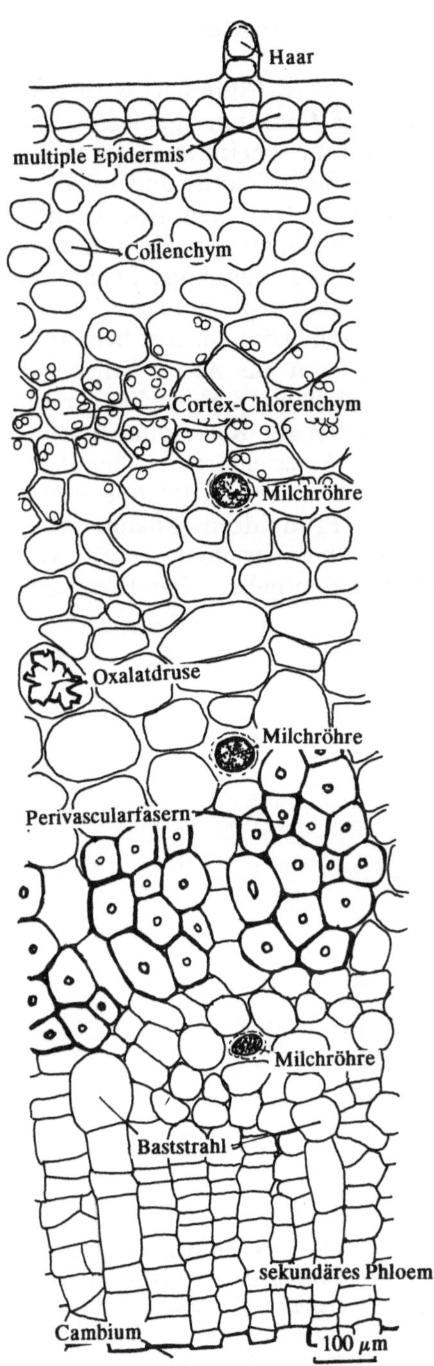

Abb. 7.17. Die primären Milchröhren von *Nerium oleander* (s. Abb. 7.15) sind auch im Querschnitt des älteren Stammes wiederzufinden. Äste solcher Milchröhren kommen in Begleitung des Cortexchlorenchyms vor, aber auch weiter innen im Stamm, in der Nähe der Perivascularfasern und auch im primären Phloem

7.8 Harzkanäle

Im allgemeinen sind in einer Pflanze entweder nur Milchröhren oder nur Harzkanäle vorhanden. Auffallend ist diese Trennung bei den Compositen: die Asteroideae bilden Harz, die Cichorioideae dagegen Milchsaft, nur in wenigen Fällen werden beide Sekretionseinrichtungen beobachtet (*Scolymus hispanicus*). Auch bei *Solidago* (besonders *Solidago leavenworthii*), einer Composite, die zur Latex-gewinnung verwendet wird, treten neben Milchsaft in den Blättern Harze (6 bis 15%) und ätherische Öle (0,3 bis 1,5%) auf (Bonner u. Galston 1947). Der *Solidago*-Milchsaft liefert Latex mit geringer Elastizität, er gleicht eher den hart werdenden Polyterpenen wie Guttapercha (*Palaquium gutta*, Sapotaceae).

Unter Harz stellt man sich üblicherweise das Coniferenharz vor. Es kann im Holz (dort auch in den Strahlen), im Bast und im Cortex entstehen. Nur in letzterem sind es primäre Harzkanäle, wie sie auch in den Nadelblättern der Coniferen auftreten (Abb. 6.25).

Einrichtungen zur Harzsekretion können durch externe Einflüsse neu gebildet werden. So wird berichtet, daß durch Verwundung eines Coniferenstammes die Zahl der Harzkanäle vermehrt wird. Diese traumatischen Harzkanäle sind offenbar auf das sekundäre Gewebe, Holz und Bast beschränkt. Es wurde festgestellt, daß durch Applikation von Auxin traumatische Harzkanäle bei *Cedrus libani* nach etwa einem Monat auftraten (Fahn et al.1979). Auch Druck und Wind können die Harzsekretion vermehren (Fahn u. Zamski 1970). Während in Cortex und primärem Phloem der Coniferen Harzkanäle verbreitet sind, kommen sie im sekundären Pflanzenkörper bei manchen Gattungen (*Abies, Cedrus, Tsuga, Pseudolarix*) nur nach Verwundung vor (Bannan 1936; Fahn et al. 1979). Dies ist ein Hinweis auf eine mögliche Funktion des Harzes; es könnte als Wundverschluß dienen.

Ein Harzkanal wird angelegt, indem Parenchymzellen schizogen auseinanderweichen und zu Sekretionsepithel werden. Über die Längsausdehnung solcher Epithelröhren liegen keine Angaben vor. Bei den primären Harzkanälen der Coniferen ist das Epithel meist von einer Sclerenchymfaser-schicht umgeben. Die Epithelzellen sind dickwandig (*Picea, Pseudotsuga*) oder dünnwandig (*Pinus strobus, P. sylvestris*). Sie können in den Harzkanal einwachsen und zu Tylosoiden werden; oft sind sie dann sclerotisch verdickt. Harz tritt auch frei in Intercellularräumen des Holzes auf, es sind die Pechtaschen (pitch pockets).

Im zeitigen Frühjahr (Anfang März) kann man beim Anschnitt eines Stengels Harzsekretion am Geruch erkennen. So auch bei *Thuja occidentalis*, obwohl diese Conifere keine Harzkanäle bildet.

Coniferen-Harz besteht zu etwa 60% aus Monoterpenen, wenigen Sesquiterpenen und den für Harze typischen Diterpenen wie z.B. Abietinsäure (Benayoun 1977). Gewisse Harzprodukte sind im Handel, z.B. Colophonium, das bis zu 80% im Terpentin (gereinigtes Harz) von *Pinus*-Arten, vor allem *Pinus palustris*, enthalten ist.

7.9 Gummibildung

Gummi (plur. Gummen) wird vorzugsweise von Dicotylen-Gehölzen gebildet. Die Produktion von Gummi scheint stets durch äußere Einflüsse einschließlich Schnitt und Infektionen stimuliert zu werden. Gummen sind Gemische von löslichen Kohlenhydraten, Hemicellulosen und Pektinen. Es sind glasartige, hochviscose Flüssigkeiten, die durch phenolische Substanzen schwach gefärbt sein können. Am bekanntesten ist Gummi arabicum aus *Acacia senegal*. Gummi arabicum enthält wasserlösliches Arabin, es wird als Bindemittel für Klebstoffe (Briefmarken), Zündhölzer, Aquarellfarben, Textilappreturen und ähnliches verwendet (Hoppe 1981).

Viele Prunoideen (Pflaume, Pfirsich, Kirsche) liefern Stammexsudate, die wasserlösliche Bestandteile enthalten. Das Kirschgummi von *Pru-*

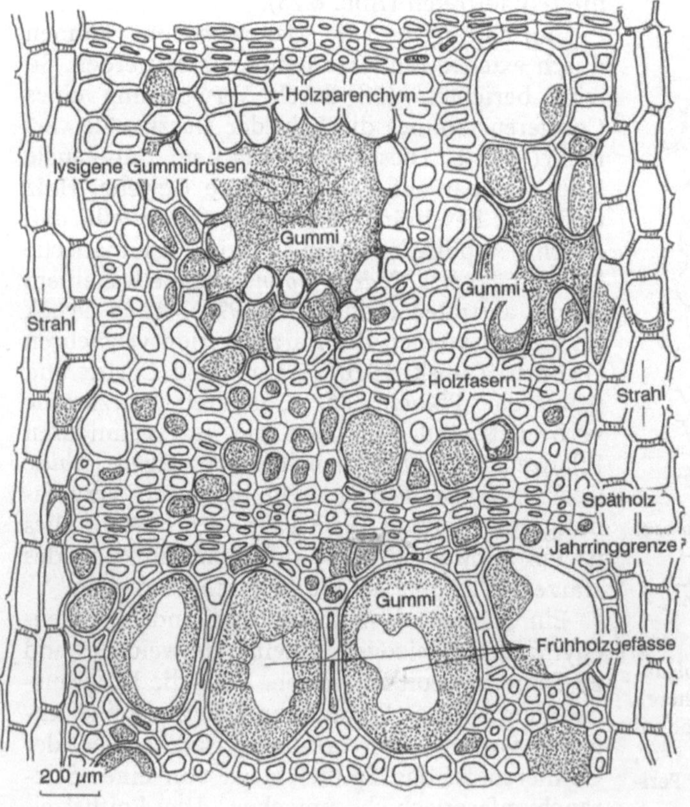

Abb. 7.18. Zu den Sekreten, die nach Verwundungen (traumatisch) in größerer Menge entstehen, zählt das Kirschgummi (*Prunus cerasus*). Es erstarrt – ähnlich wie Gummi arabicum (aus *Acacia senegal*) – an der Luft und wird als wasserlöslicher Klebstoff (z.B. für Briefmarken) benutzt. Im Kirschholz treten lysigene Gummidrüsen auf, Holzparenchymzellen, die durch Auflösung ihrer Zellwände das Gummi freisetzen. Das Kirschgummi breitet sich auch in Gefäßen und Intercellularen des Holzes aus. (Tschirch 1906)

nus avium wird für ähnliche Zwecke verwendet wie Gummi arabicum. Kirschgummi enthält Hexosen (Galactose, Mannose), Pentosen (Arabinose, Xylose) und Glucuronsäure sowie Abbauprodukte von Polysacchariden. Kirschgummi entsteht im sekundären Holz (Abb. 7.18); es kann Gefäße verstopfen (Fahn 1985). Bei heftiger Gummi-Exsudation spricht man von Gummosis. Das aus der Rinde, aber auch bei Pflaumenfrüchten austretende Gummi erhärtet zumindest oberflächlich an der Luft. Im Mesokarp der Pflaumenfrucht entsteht Gummosisgewebe, das dunkel gefärbt und oft von sclerifizierten Mesokarpzellen umgeben ist.

Bei *Eucalyptus*-Arten tritt Kino-Gummi in verzweigten Gängen auf. Dieses polyphenolhaltige Material wird als Exsudat aus Anschnitten der Rinde gewonnen. Kino wird in den Subtropen auch von vielen anderen Arten produziert, die nicht zu den Myrtales gehören.

Gummi kann im Holz in Gefäßen, Parenchymzellen, sogar in Fasern abgelagert werden. Vertikale Gummigänge, die lysigen entstehen, liefern nutzbare Harze, z.B. das gelb oder weißlich gefärbte Dammarharz von *Shorea*-Arten (Dipterocarpaceae) (Jaretzky 1949), das bei der Herstellung von Lacken und Firnissen Verwendung findet.

Zu den Gummen wird auch Mastix gerechnet, eine „Ausschwitzung“ (Exsudat), die hauptsächlich alkohollösliche Stoffe enthält, also eher harzähnlich ist. Mastix wird aus *Pistacia lentiscus* (Anacardiaceae) gewonnen und klinisch als hautfreundlicher Klebstoff für Wundkompressen verwendet.

Ein weiteres harzähnliches Gummi ist als Myrrhe (*Commiphora abyssinica*, Burseraceae) bekannt. Beispiele dieser Art zeigen, daß zwischen Harzen und Gummen keine scharfe Grenze gezogen werden kann.

8 Reizreaktionen

8.1 Reizauslösende Einflüsse

Reizauslösende Einflüsse sind durch Änderungen bei den Umweltfaktoren zu erwarten: Wasser, Temperatur, Licht, Luftdruck, Wind, vielleicht auch von Schall, elektrischen Strömen und Magnetfeldern. Auch chemische Faktoren können eine Reizreaktion auslösen. Dabei denkt man zunächst an Vergiftungen. Chemische Reize können aber auch durch Änderungen des Nährstoffangebots ausgelöst werden.

Ein Reiz, der ständig und unverändert auf die Pflanze einwirkt, ist die Gravitation, mit der jede irdische Pflanze aufwächst.

8.2 Gravistimulation

Gravitation und Gewicht sind Begriffe, die sich auf alle Körper der Erdoberfläche, also auch auf die Pflanzen beziehen. Obwohl die Erdanziehung unverändert die Entwicklung einer Pflanze vom Samenkorn bis zum fruchtenden Baum begleitet, spricht man von Gravistimulation und -perzeption. Erst wenn die Position der Pflanze künstlich verändert wird, erkennt man an der einsetzenden Verlagerung von Statolithen und dem folgenden Krümmungswachstum die Reaktion auf einen gravitropen (geotropen) Reiz, womit zugleich die Existenz des Schwerereizes bei Pflanzen bewiesen wird.

Die Stärkeplastiden der Wurzelhaube sind reaktionsfähige Statolithen, die ihre Lage im Schwerefeld verändern. Im Rhizoid von *Chara foetida* ist es ein einzelner „Glanzkörper" aus $BaSO_4$, der als Statolith fungiert (Schröter et al. 1975). Die in Abb. 8.1 dargestellte Wachstumsreaktion der Rhizoiden auf Lageänderung erinnert fast an einen Dressurakt.

Da die benthische *Chara foetida* unter Wasser wächst, wird der Schwerereiz also im Wasser genauso wie im Boden übertragen.

Schwimmpflanzen zeigen aber keine gravitrope Reaktion. Die schwimmende Pflanze hat infolge der intercellularen Gasräume und anhaftender Gasblasen einen Auftrieb, der die Schwerkraft teilweise aufhebt.

Viele Schwimmpflanzen besitzen keine Wurzeln (*Elodea canadensis*), also auch keine Wurzelhaube mit Statolithen. Ist es wegen der fehlenden Perzeptionsmöglichkeit für die Schwere, daß Schwimmpflanzen keine gravitrope Reaktion zeigen?

Eine Mutante von *Arabidopsis thaliana* kann keine Stärke bilden, auch nicht in den Plastiden der Calyptrazellen. Die Wurzelspitzen der Mutante krümmen sich jedoch gravitrop, nur „etwas schwächer" als die des Wildtyps (Caspar u. Pickard 1989; Kiss et al. 1989).

Wird bei Maiswurzeln durch Ringelung die Epidermis und der äußere Cortex entfernt, so kann die gravitrope Krümmung ausbleiben, wenn die Ringelung an der „richtigen" Stelle – offenbar innerhalb der Streckungszone – vorgenommen wurde (Yang et al. 1990). Im Gegensatz dazu fanden Björkman u. Cleland (1988), daß sich die Maiswurzel in jedem Fall krümmte, ob die Epidermis-Cortex-Schicht ober- und unterseits oder seitlich an beiden Flanken entfernt wurde. Die Signalübertragung von der Wurzelhaube zur Streckungszone, die für eine gravitrope Wurzelkrümmung erforderlich ist, scheint also nicht mit Sicherheit durch die Epidermis oder die äußere Cortexschicht zu verlaufen. Der Zentralzylinder allein ließ sich begreiflicherweise mit chirurgischen Manipulationen nicht prüfen.

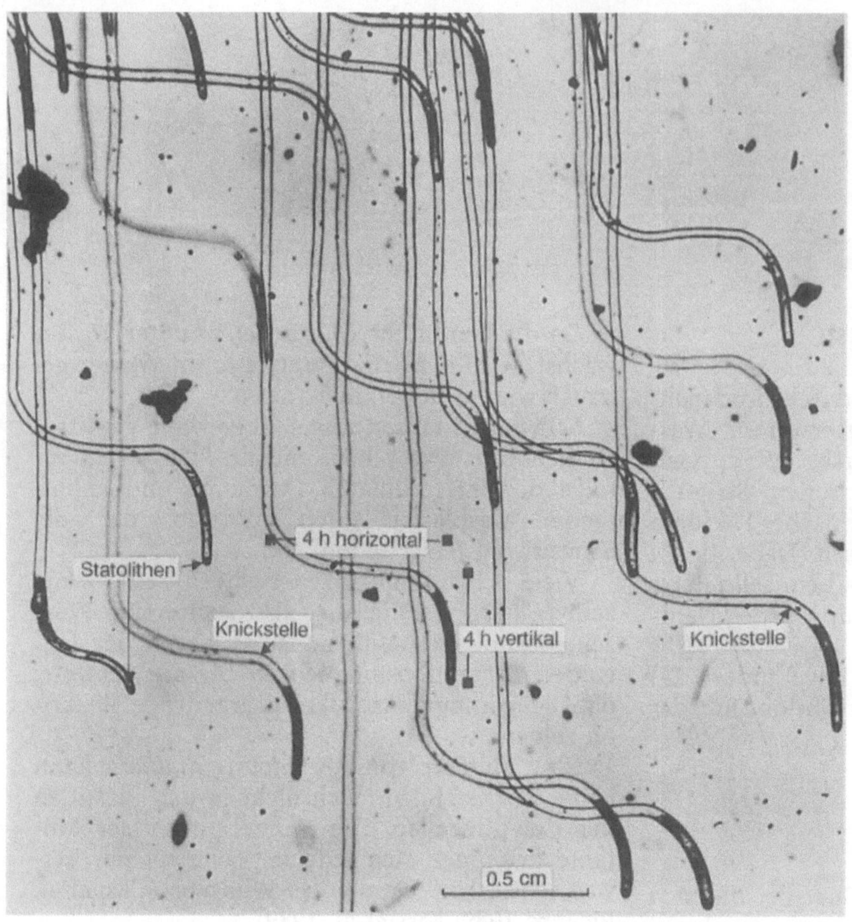

Abb. 8.1. Pflänzchen von *Chara foetida* lassen sich im Wasser so kultivieren, daß sie abwechselnd in horizontale wie auch in vertikale Position gebracht werden können. Dabei ist zu beobachten, daß die cytoplasmareichen Spitzen aller Rhizoide „wie auf Kommando" gravitrope Krümmungen ausführen, die bei Positionswechsel wiederholt werden. (Aufnahme A. Sievers, Bonn)

Amyloplasten treten auch in der Stärkescheide der Sproßorgane auf. In einigen Fällen wurde gravitrope Verlagerung der Amyloplasten festgestellt, deshalb sind es Statolithen (Usslepp 1910). Bei *Asparagus officinalis* tritt die Stärkescheide nur in einer bestimmten Zone des Stengels unterhalb der Knospen auf. Dementsprechend verlagern sich die Statolithen-Amyloplasten nur in einem 10 mm langen Sproßabschnitt. Die gravitrope Reaktion wurde nicht geprüft. Im basalen Abschnitt sind die Zellen der Stärkescheide sclerifiziert (Perbal u. Riviere 1980).

Statolithen kommen auch in Coleoptilspitzen der Graskeimlinge vor. Aber auch alle anderen Keimlinge reagieren gravitrop: Werden z.B. Keimlinge von *Helianthus annuus* im Dunkeln gezogen, so krümmen sich die Hypocotyle bei Querlagerung in 150 Minuten in die vertikale Lage zurück (Abb. 8.2).

Auch die Sproßspitzen von Bäumen zeigen eine Reaktion auf den Schwerereiz, der genaue Perzeptionsort ist bisher nicht ermittelt worden. Krümmungen treten aber nur in den Stammabschnitten auf, wo eine Stärkescheide im Cortex zu erkennen ist.

Die Sproßachsen vieler Pflanzen besitzen außer in der Stärkescheide auch in anderen Cortexzellen Amyloplasten, die sich aber nicht verlagern, wenn die gravitrope Reizrichtung geändert wird (Abb. 8.3).

Krautige Pflanzen zeigen ein Aufrichtungswachstum, wenn der Sproß aus irgendeinem Grunde niedergelegt worden ist. Dieses Wachstum tritt immer in den Knotenregionen auf, zu-

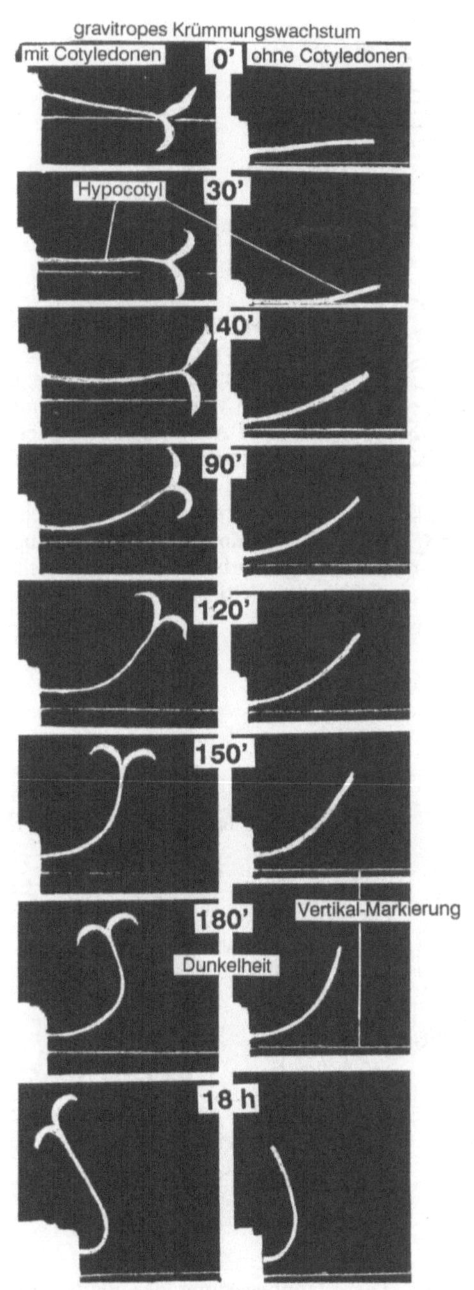

Abb. 8.2. Keimlinge von *Helianthus annuus* wachsen immer zum Licht. Läßt man einen Keimling in horizontaler Lage im Dunkeln wachsen, so richtet sich das Hypocotyl mit den Cotyledonen ebenfalls auf. Es ist ein negativ-gravitropisches Krümmungswachstum, das auch vom Hypocotyl allein ausgeführt wird, wenn Cotyledonen und Sproßspitze abgeschnitten wurden. Schattenrißaufnahmen

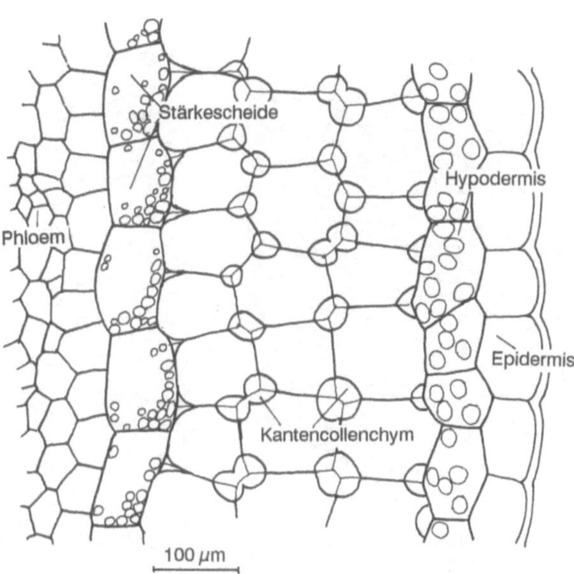

Abb. 8.3. Eine sichtbare gravitrope Reaktion zeigen Amyloplasten, die in der Tomatenpflanze (*Lycopersicon lycopersicum*) als Statolithen fungieren. Außer in der Calyptra findet man Statolithen auch in der Stärkescheide des jungen Stengels. Im Cortex des Tomatenstengels kommen Stärkeplastiden in der Stärkescheide und in der Hypodermis vor. Legt man die Pflanze zwei Tage horizontal, so reagieren nur die Stärkescheiden-Amyloplasten wie Statolithen, die Plastiden der Hypodermis zeigen keine gravitrope Verlagerung

mindest, wenn dort noch ein intercalares Meristem existiert oder aktiviert werden kann. Dies ist bei Gräsern deutlich zu beobachten. Statolithen-Zellen kommen bei Gräsern auch in der Basis der Blattscheide vor (Brock et al. 1989).

8.3 Perzeption, Transmission, Reaktion

Reize können nur von lebenden Zellen aufgenommen werden. Spezifisch geartete Sinneszellen fehlen jedoch im Pflanzenreich. Auch bei der „Sinnpflanze“ *Mimosa pudica* sind sie nicht vorhanden; zumindest sind sie als solche nicht im Lichtmikroskop zu erkennen.

Auf die Reizperzeption folgt die Reizleitung oder (Reiz-) Transmission. Nur in wenigen Fällen führt dann der transmittierte Reiz zu einer

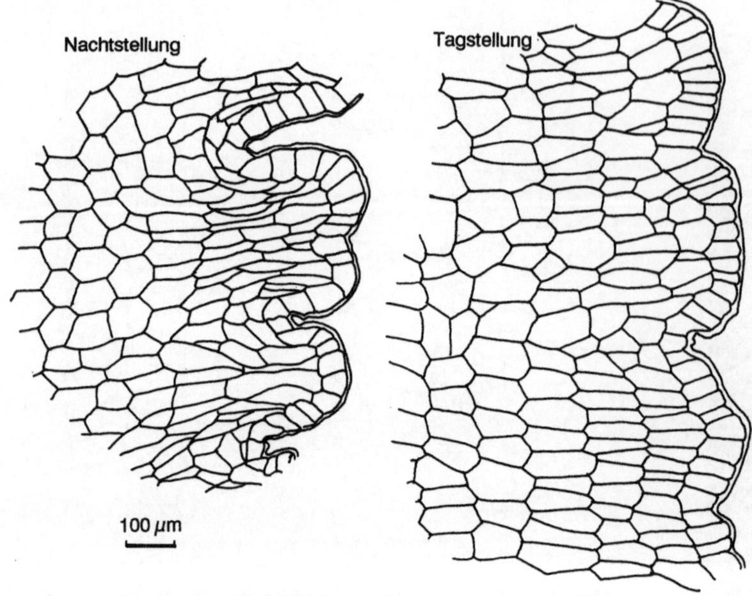

Abb. 8.4. Blattbewegungen werden durch Gelenke ermöglicht. Tag-Nacht-Blattbewegungen (nyctinastische Bewegungen) der Blättchen von *Oxalis rhombifolia* sind Auf- und Abbewegungen. Diese sind mit Gewebekontraktionen während der Nacht und Expansionen des gleichen Gewebes am Tage verbunden. Offensichtlich beruhen die Kontraktionsbewegungen auf Turgorverlust der peripherischen Gelenkzellen. (Goebel 1920)

sichtbaren Reaktion, etwa einer Veränderung der Zellform wie in Abb. 8.4 dargestellt: Die Blättchen von *Oxalis rhombifolia* führen Schlafbewegungen aus, wobei das Gelenkpolster durch Turgorverlust einseitig gestaucht wird und das Blättchen nach unten klappt.

Es ist anzunehmen, daß nach jeder Art von Reiz eine Transmission stattfindet, die an einer Änderung des Membranpotentials der reizleitenden Zellen erkannt werden kann.

8.4 Perzeptionsorgane

Auf der Oberseite der mit Reusenborsten versehenen Blattflügel von *Dionaea muscipula* (Droseraceae), der Venus-fliegenfalle, stehen je drei Haare, die sich bei Berührung verbiegen und dabei Druckänderungen in den turgeszenten Basiszellen auslösen (Abb. 8.5), was anscheinend zur Transmission des Berührungsreizes zu den Motorzellen in der Blattmittelrippe führt; die Spreitenflügel bewegen sich aufeinander zu und bilden mit den Reusenborsten einen Käfig, in dem die Beute festgehalten und verdaut wird.

Über den Bewegungsmechanismus der Motorzellen ist nichts Genaues bekannt.

Bei *Pinguicula* sind knopfförmige Perzeptionszellen auf der Blattoberfläche vorhanden. Bei

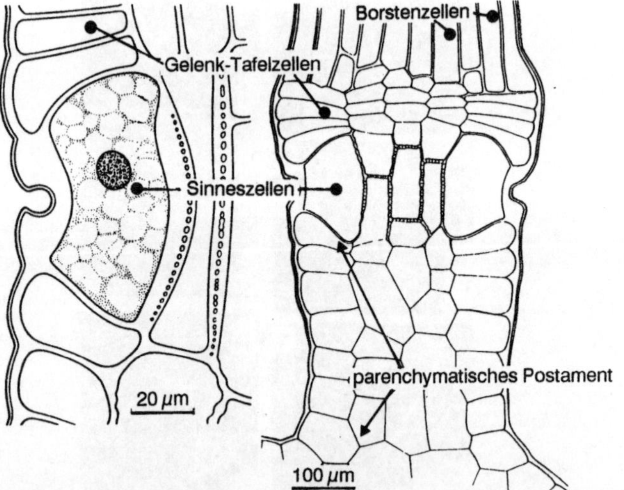

Abb. 8.5. Die Klappbewegung der Blattspreite von *Dionaea muscipula* wird durch das Verbiegen von Fühlborsten (drei auf jeder Seite der Spreitenoberfläche) ausgelöst. In der Basis einer Fühlborste sind „Sinneszellen“ darauf eingerichtet, den Reiz des Biegedrucks über die Spreite zu dem Bewegungsapparat zu übertragen. Wahrscheinlich bewirkt die Haarverbiegung eine Turgoränderung in den Sinneszellen. Alle weiteren Schritte bis zum raschen Schließen der Spreitenflügel sind unbekannt. (Haberlandt 1924)

Berührung durch ein Insekt wird Klebsekret ausgeschieden, das auch Verdauungsenzyme enthält. Außerdem kann ein Einrollmechanismus der Blattränder ausgelöst werden.

Bei *Drosera* sind es die Tentakeln der Blattränder, die Einkrümmung und Sekretausscheidung durchführen.

Zahlreiche Reizreaktionen stehen im Dienste der sexuellen Vermehrung. Inwieweit es sich bei den Perzeptionsorganen um epidermale Derivate, also Trichome handelt, ist nicht immer zu entscheiden.

Bei den *Centaurea*-Arten beugen sich die fünf Filamente des Androeceums bei Berührung ein und bewirken, daß der Griffel den Pollen ausstößt, weil die Röhre der miteinander verklebten Antheren über den Griffel geschoben wird. Erst danach klappen die beiden Narbenflügel auseinander, wodurch die empfangsbereite Narbenepidermis exponiert wird.

Filamentbewegungen nach Reizung sind auch bei *Opuntia monacantha* und *Berberis vulgaris* zu beobachten (Goebel 1920).

Welche Fühleinrichtung bei der *Mimulus*-Narbe das Zusammenklappen der Narbenflügel veranlaßt, wenn der kompatible Pollen „gelandet" ist, ist nicht bekannt; sie dürfte in der Epidermis lokalisiert sein, muß allerdings neben dem Berührungsreiz das Resultat einer rasch durchgeführten chemischen Erkennungsanalyse transmittieren.

Das Spreizen der Filamente von *Sparmannia* und *Helianthemum*, das nach einem Kitzelreiz erfolgt, scheint ebenfalls durch die Epidermisoberfläche der Filamentbasis perzipiert zu werden, wonach das Spreizen der Filamente durch Schwellzellen bewerkstelligt wird (Abb. 8.6 B) (Bünning 1930). Eigenartig erscheint die Oberflächenstruktur der Filamente in der oberen Hälfte (Abb. 8.6 A). Sie erinnert in Form und Farbe an den Tarsus eines Insektenbeins.

Die Entscheidung, die eine Ranke trifft, sich korkzieherartig einzuwinden (Abb. 8.7) oder nicht, muß durch den Berührungsreiz in die Wege geleitet werden. Zellen, die als Perzeptionszellen bezeichnet werden können, sind als Fühltüpfel in die Rankenepidermis eingesenkt, aber nicht bei allen Ranken zu finden. Die ungereizte Ranke führt bei vielen Rankenpflanzen eine Suchbewegung aus, die als Circumnutation bezeichnet wird. Ist ein fester Gegenstand berührt worden, so klammert sich die Rankenspitze daran fest und die Ranke rollt sich von beiden Enden her auf, so daß etwa in der Mitte ein Umkehrpunkt bleibt, an dem sich die Einrollrichtung ändert. Durch exzentrische Verholzung von Collenchymleisten und sekundärem Xylemgewebe (Abb. 8.8) wird dann die Ranke versteift. Durch die schraubige Rankenaufrollung wird der Sproß zum festen Halt hin gezogen.

Aus diesen Beispielen geht hervor, daß es zwar anatomisch erkennbare Perzeptionszellen oder -organe gibt, daß aber auch „simple" Epidermiszellen in der Lage sind, Reize aufzunehmen.

Verblüffend einfach scheint die Perzeption des mechanischen Berührungsreizes bei den seismonastisch reaktiven Fiederblättchen von *Mimosa pudica* abzulaufen. Das Reiz-Signal wird dort auf das Blättchengelenk (Tertiärgelenk) übertragen, wonach die Bewegung als Reaktion erfolgt. Der Reiz kann durch Berührung, aber auch durch Eiswasser, lokale Erhitzung oder Schnitt ausgelöst werden.

8.5 Blattspreitenbewegungen

Die Mehrzahl der Fabaceen führt nyctinastische Blattbewegungen aus (*Phaseolus coccineus, Samanea saman, Albizia julibrissin*). Außer den circadianen Schlafbewegungen, die auch bei anderen Pflanzenfamilien zu beobachten sind, z.B.bei *Oxalis deppei* und *Marsilea drummondii*, kommen auch rhythmische Pendelbewegungen von Fiederblättchen vor (*Trifolium pratense*).

Beide, nyctinastische wie seismonastische Gelenkbewegungen, sind Turgorbewegungen. Sie werden dadurch verursacht, daß rasche Phloementladung von Saccharose in den Apoplasten eine Turgorverminderung in den Motorzellen des Pulvinus durch Plasmolyse verursachen (Abb. 5.36) (Fromm u. Eschrich 1988 a). Gleichzeitig sind Ionenverschiebungen (Fromm u. Eschrich 1988 b) und sehr rasch einsetzende, aber vorübergehende Hemmung der apoplastischen sauren Invertase beobachtet worden (Wilke et al. 1995). Die nyctinastischen Bewegungen sind lichtabhängig, sie werden über das Phytochromsystem gesteuert (Satter u, Galston

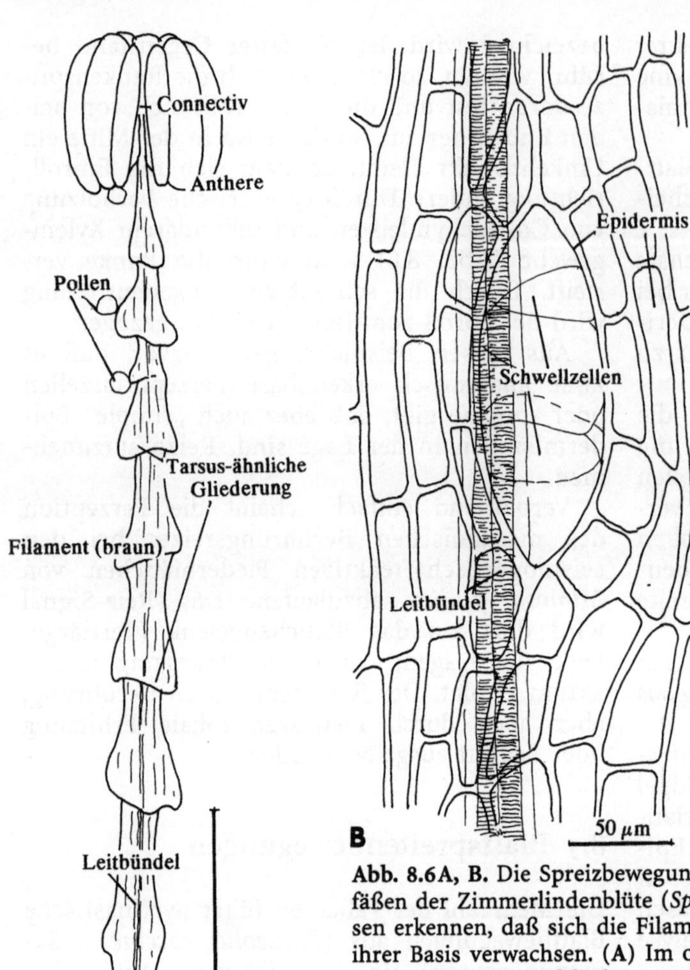

Abb. 8.6A, B. Die Spreizbewegungen, die durch leichte Berührung bei den Staubgefäßen der Zimmerlindenblüte (*Sparmannia africana*) ausgelöst werden können, lassen erkennen, daß sich die Filamentbasis biegt. Die Filamente sind zu mehreren an ihrer Basis verwachsen. (A) Im oberen Drittel sind die Filamente bräunlich gefärbt und zeigen eine Aufgliederung, die an die Tarsen von Insektenbeinen erinnert. (B) Im unteren Abschnitt des gereizten Filamentes sind im Mikroskop breit-spindelförmige Epidermiszellen sichtbar, unter denen mehrere, sehr dünnwandige Schwellzellen auftreten. Offenbar nehmen die Schwellzellen nach der Reizung Wasser auf. Sie liegen an der Innenseite des Filamentes und meist in der Nähe des Filamentleitbündels. Vermutlich wird durch das Anschwellen dieses Apparates das Filament nach außen gebogen. (Bünning 1930)

Abb. 8.7. Ranken suchen in gestrecktem Zustand nach einem festen Halt. Wenn dieser gefunden ist, klammert sich die Rankenspitze fest. Dann beginnt sich die Ranke von beiden Seiten her schraubig zu verkürzen. Das führt dazu, daß an der Stelle, an der sich die beiden gegenläufigen Schrauben treffen, zwangsläufig ein Umkehrpunkt auftritt. (*Passiflora quadrangularis*)

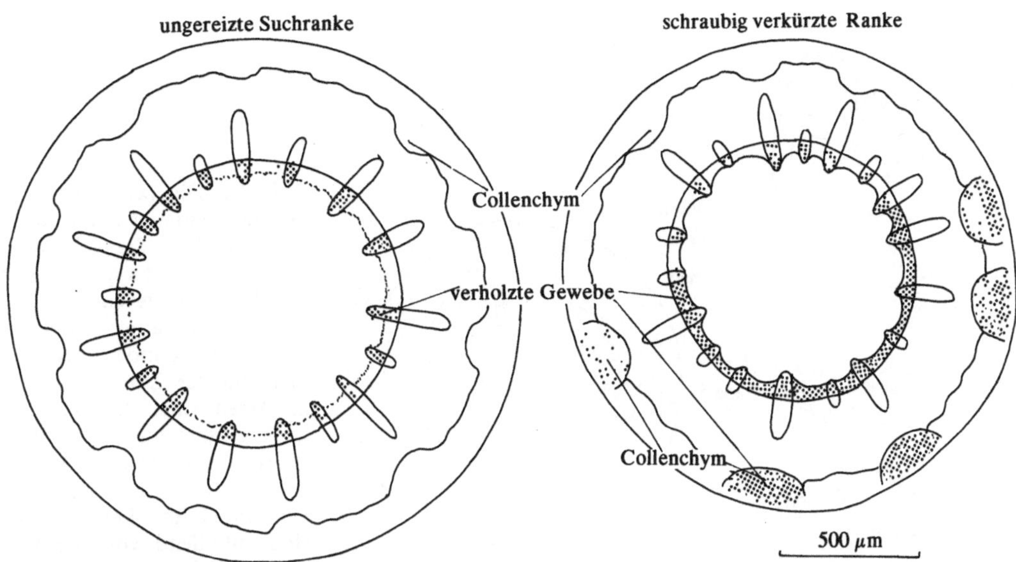

Abb. 8.8. Die ungereizte Suchranke von *Cissus quadrangula* führt Nutationsbewegungen durch, bei denen sich die Rankenspitze auf einer Kreisbahn bewegt. Im Querschnitt erscheint die Suchranke radiärsymmetrisch (links). Hat die Rankenspitze festen Halt gefunden, setzt sofort die schraubige Verkürzung ein. Im Querschnitt (rechts) vergrößern sich die von der Schrauben-„Seele" wegweisenden Collenchymbündel und verholzen. Ebenso werden die xylogenen Markstrahlzellen an der Außenseite der Schraube lignifiziert

1971; Satter et al. 1977). Die rasche Reizübertragung, die zuerst bei *Mimosa* beobachtet wurde (10 cm. sec^{-1}), findet in den Siebröhren statt. Über das dabei ausgelöste Aktionspotential und seine Transmission wird später (8.8 Reiztransmission) berichtet.

Obwohl Neurotransmitter wie Acetylcholin Reizbewegungen auslösen können, dienen sie in Pflanzen nicht zur Transmission von Signalen. Dies scheint allein Aktionspotentialen, d.h. Ionenbewegungen bzw. Ladungsverschiebungen durch die Plasmamembran vorbehalten zu sein.

Der Zweck, den die Mimose mit den spektakulären Blattbewegungen verfolgt, ist nicht ersichtlich. Es wird berichtet, daß ein tageszeitlich auftretender Regenguß die Blätter seismonastisch reagierender Fabaceen zusammenklappen läßt. Zweifellos werden damit die empfindlichen Fiederspreiten gegen ein mechanisches Zerschlagen geschützt. Dies ist aber ein Schutz, den viele andere Pflanzen nicht besitzen.

Blätter mit deutlich erkennbaren Blattgelenken sind besonders häufig bei tropischen Bäumen und Lianen anzutreffen (Funke 1929).

Da auch manche nyctinastisch reagierenden Pflanzen auf drastische Behandlungen wie Abkühlung, Verdunkelung durch Bewölkung, am Tage mit der Schlafstellung antworten, verwischen sich die Grenzen von nyctinastischer und seismonastischer Reaktivität. Auch die Mimose ist nyctinastisch sensitiv, nämlich in den vier Sekundärpulvini der Rhachillen.

Offensichtlich ist für Blattspreitenbewegungen ein Gelenk erforderlich, der Pulvinus, in dem die Klappmechanik untergebracht ist (Satter et al. 1990).

Eine andere Fabacee, *Desmodium motorium*, zeigt unter optimalen Kulturbedingungen eine ständige Rotationsbewegung der Stipeln (Nebenblätter). Auch hierbei handelt es sich um Turgoränderungen, die rund um den kurzen Stiel der etwa zwei cm langen Nebenblätter gehen. Bei hoher Luftfeuchtigkeit beschreiben die Nebenblätter mit ihrer Spitze in einer halben Minute eine Ellipsenbahn. Der Zweck dieser Bewegung ist unbekannt und kaum zu deuten. Die Bewegung ist zu langsam, um ein „Fächeln" zu erzeugen.

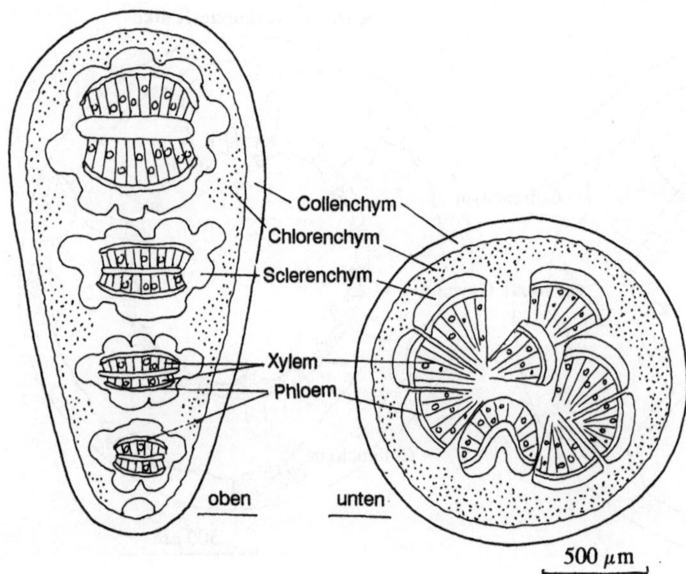

Abb. 8.9. Die Leitbündelstruktur in Mittelrippe und Blattstiel kann von derjenigen in den Adern und im Stengel abweichen. Wie bereits im Zusammenhang mit Leitbündel-torsionen (s. Abb. 5.52) gezeigt wurde, scheint die Form und die mechanische Belastung des Blattstiels auf die Leitbündelanordnung Einfluß zu haben. Bei der Zitterpappel und anderen *Populus*-Arten, (hier *P.deltoides*) ist der spreitennahe Abschnitt des Blattstiels seitlich zusammengedrückt, wodurch die Zitterbewegung der Spreite begünstigt wird. Die Anordnung der Leitbündel im oberen Blattstiel unterscheidet sich auffallend von der im unteren, runden Abschnitt des Blattstiels

Die durch Wind verursachten Spreitenbewegungen sind überall zu beobachten und selbstverständlich. Die Zitterpappel oder Espe (*Populus tremula*) besitzt Blattstiele, die im unteren Drittel einen ovalen Querschnitt haben und elastisch sind, also wedeln können. Ähnlich ist auch der Blattstiel der Blätter von *Populus deltoides* konstruiert (Abb. 8.9). Dieses Wedeln dient anscheinend einer raschen Abführung des transpirierten Wasserdampfes, somit also einer Förderung der Transpiration, womit auch eine Kühlung durch beschleunigte Verdunstung verbunden ist; beide Hypothesen sind unbewiesen. Auch hier ist zu fragen, warum die meisten anderen Pflanzen keine Fächelblätter haben.

Die lichtabhängigen Blattbewegungen, die Solstitialbewegungen, wurden im Kapitel 4 über die Lichtwirkung beschrieben.

8.6 Photonastie

Wachstumsbewegungen, vor allem bei Blütenblättern, werden meist durch die Summe von thermischen und photischen Reizen (*Nymphaea*, Cactaceen) ausgeführt. Eindrucksvoll sind in dieser Hinsicht die Nachtblüher, besonders die „Königin der Nacht", *Selenicereus grandiflorus* (Cactaceae). Nachtblüher öffnen die Blüten bei Dämmerung (*Silene*, *Oxalis*).

Auch Blätter zeigen negative Photonastie (*Impatiens*). Meist tritt diese jedoch nur bei Arten mit Blattgelenken auf (*Oxalis, Mimosa*); dann sind es Turgorbewegungen, vergleichbar mit den Schließzellenbewegungen der Stomata.

Anatomisch charakteristische Strukturen sind für Nastien nicht bekannt. Die Reize wirken entweder auf die Membranen der Bewegungsgewebe für Turgoränderung oder sie veranlassen intercalare Meristeme zu (meist einseitigem) Wachstum.

8.7 Lichtreize

Die Reizwirkung, die das Licht ausübt, kann meist von einem Temperaturreiz nicht getrennt werden. Dies trifft insbesondere für Schwachlichtreize im roten und infraroten Bereich zu. Wenn im Mark mehrjähriger Sproßachsen Chloroplasten existieren, die Photosynthese durchführen können (Abb. 5.47) (Langenfeld-Heyser 1989), so muß es auch im Schwachlicht Einrichtungen geben, die entweder Photonen-energie sammeln oder bereits mit geringen Photonenströmen elektrische und chemische Energie freisetzen können.

Über Konstruktionen, die Licht bündeln oder linsenartig aus schwachem Licht punktuell starkes Licht vermitteln können, wurde bereits im Abschnitt 4.3 berichtet.

Es ist evident, daß Lichtreize und Pigmente funktionell zusammengehören. Die Vermittlerrolle, die das weit verbreitete Phytochrom dabei spielt zeigt deutlich, daß es sich hierbei um einen Lichtsensor handeln muß, der technische Photonenmeßgeräte an Empfindlichkeit übertrifft.

Die Vorgänge, die unter Kapitel 4, Lichtwirkung, aufgezählt wurden, vor allem Solstitialbewegungen, Photomorphogenese, Licht- und Dunkelkeimung sowie der Photoperiodismus, legen die Vermutung nahe, daß die Pflanze eingestrahlte Lichtenergie registrieren kann.

Im Zusammenhang mit der Frühjahrsreaktivierung von Laubbäumen hat es sich gezeigt, daß jede Art eine spezifische Menge an Lichtenergie - offenbar in den Knospen - zu registrieren hat, bevor der Beginn der Frühjahrsreaktivierung durch Cambialsaftsekretion angezeigt wird:

Beim Ahorn (*Acer pseudoplatanus*) begann 1978 die Cambialsaftsekretion nach einer ab 1. Januar (willkürlich gewähltes Datum) akkumulierten Lichtmenge von 13017 Joule/cm^2, und zwar am 24. Februar. 1979 wurden am 21. Februar 13679 Joule/cm^2 registriert, 1981 waren es am 16. Februar 13128 Joule/cm^2.

Bei der Birke (*Betula pendula*) trat 1978 der erste Cambialsaft nach Einstrahlung von 22200 Joule/cm^2 am 10. März auf. 1979 waren 24145 Joule/cm^2 erforderlich (13. März), 1981 wurden 22136 Joule/cm^2 registriert (9. März). Birken und Ahorn wuchsen im gleichen Gebiet. Im Jahr 1980 wurden abweichende Werte registriert, sowohl in bezug auf den Beginn der Saftsekretion als auch in bezug auf die Lichtmenge; der Sommer 1979 war ungewöhnlich warm (Essiamah 1982).

Bäume registrieren nicht nur die Lichtmenge, sondern auch die Lichtqualität. Dabei scheint die Filterwirkung von Knospenschuppen eine Rolle zu spielen. Die braun bis gelb pigmentierten Abschnitte von Buchenknospenschuppen lassen nur Licht des roten bis infraroten Spektralbereichs durch (Abb. 4.23).

8.8 Reiztransmission durch Elektrifizierung der Phloembahnen

Die Transmission von Reizen, die durch Berührung, Druck, Licht und Temperaturänderung ausgelöst worden sind, ist durch den Nachweis von Aktionspotentialen in den Siebröhren (Fromm u. Eschrich 1988 b) zur Realität geworden.

Aktionspotentiale beruhen auf einer raschen Folge von Änderungen des Membranpotentials. Diese werden hervorgerufen durch eine Depolarisierung des Plasmalemmas, verursacht durch den Ausstrom negativer Ladungen (Cl^-). Die anschliessende Repolarisierung erfolgt durch einen K^+-Ausstrom. Nach Abklingen des Aktionspotentials werden beide Ionenarten mit Hilfe von ATP-Energie in die Zellen zurückgepumpt; die ursprünglichen Ionenkonzentrationen werden wieder hergestellt.

Aktionspotentiale in sensitiven Pflanzen sind bereits von Bose (1926) beschrieben worden.

Bei *Mimosa pudica* wurde gezeigt, daß in den Siebröhren Reizsignale für die Phloementladung transmittiert werden (Fromm u. Eschrich 1988 b). Eine Blattlaus, die - am Primärgelenk des Blattstiels angesiedelt - Honigtau produziert, muß in einer Siebröhre „fündig" geworden sein. Sie kann mit einem Mikroskoplaser von ihrem Saugapparat abgetrennt werden. Wenn an den Tropfen Siebröhrenexsudat, der aus dem Stylettbündel austritt, die Spitze einer Mikroelektrode angesetzt wird, läßt sich das Membranpotential der Mimosensiebröhre messen. Im Ruhezustand beträgt es meist −160 mV. Wird das Blatt gereizt, so pflanzt sich das Reizsignal in den Siebröhren mit einer Geschwindigkeit von 10 cm·sec^{-1} fort. Sein Durchgang an der „Stylett"-Elektrode ist an einer plötzlichen Depolarisierung des Membranpotentials auf -20 mV und sogleich anschließender Hyperpolarisierung auf den Ausgangswert von −160 mV zu erkennen. Es resultiert die Kurve eines Aktionspotentials, das durch kontinuierlich fortschreitende Ladungsverschiebungen im Plasmalemma der Siebröhre charakterisiert ist. Die anschließende Restitution der ursprünglichen Ionenkonzentrationen im Symplasten wird durch ATPase katalysiert.

Aktionspotentiale solcher Art sind bei intakten Zucchini-Pflanzen (*Cucurbita pepo*) erstmals über Strecken von 40 cm beobachtet worden, wobei Transmissionsgeschwindigkeiten von 10 $cm \cdot sec^{-1}$ gemessen wurden (Eschrich et al. 1988).

Die unverminderte Fortpflanzung des Aktionspotentials in der Siebröhre erfolgt unabhängig von der Zufuhr von Stoffwechselenergie. Anschließend muß jedoch ATP zur Verfügung gestellt werden, um die ursprüngliche Ionen-verteilung wiederherzustellen. In allen bisher untersuchten Siebröhren wurde ATPase im Plasmalemma gefunden (Cronshaw 1980; Eschrich 1983; Eschrich et al. 1992).

Änderungen des Membranpotentials der Siebröhren werden auch durch Konzentrationsänderungen gelöster Stoffe im Apoplasten ausgelöst. Bei Zufuhr von 100 mM Saccharoselösung über einen „Drink" tritt in einem Source-gewebe Depolarisation des Membranpotentials ein, in einem Sinkgewebe wird dagegen Hyperpolarisation verzeichnet.

Sorbit oder ähnliche lösliche Stoffe, die in die Siebröhren nicht aufgenommen werden, können das Membranpotential der Siebröhren nicht verändern.

Aus den Versuchsergebnissen geht hervor, daß sich Aktionspotentiale in den Siebröhren fortpflanzen und in Sinks eine Phloementladung hervorrufen. Dies muß sicher nicht immer so dramatisch zugehen, wie im seismonastisch gereizten Mimosengelenk (Abb. 5.35). Vielmehr dürfte überall entlang der Siebröhren eines Leitbündels stets etwas Saccharose entladen werden, wenn ein Aktionspotential lokal die Spannung vorübergehend reduziert. Wird die in den Apoplasten entladene Saccharose nicht genutzt, weil z.B. apoplastisch gebundene Invertase nicht aktiv ist, so wird die Saccharose wieder in die Siebröhre zurückgeladen, weil Siebröhren eine hohe Affinität für Saccharose haben.

Diese Entladungs-/Beladungs-Dynamik der Saccharose erklärt auch, weshalb im Apoplasten stets eine geringe Menge Saccharose zu finden ist: Nur in einem Sink fehlt dieser „Kreisverkehr" (vortex, eddy current), weil dort aktive Invertase die in den Apoplasten ausgetretene Saccharose in Glucose und Fructose spaltet.

Ob sich diese „Elektrifizierung" der Leitbahnen auch auf den Parenchymtransport und die Zuckerbewegung in den Strahlen der Bäume, also auf den gesamten Symplasten erstreckt, dürfte hauptsächlich von der Energetisierung mit ATP abhängen. Im Unterschied zu den Siebröhren und Siebzellen besitzen Parenchymzellen eine Vacuole, die möglicherweise für einen gerichteten Massenstrom hinderlich ist. Die Reiztransmission durch Parenchymzellen könnte auch von Aktinfilamenten abhängig sein, die mit Fluoreszenz-techniken sichtbar gemacht werden können. Aktinfilamente treten vor allem in langen, zellsaftreichen Haarzellen auf (Abb. 8.10) (Parthasarathy et al. 1985).

In der Humanmedizin spielt das Aktin bei der Muskelkontraktion eine wichtige Rolle. In welcher Weise pflanzliche Aktinfilamente die Übertragung von Reizsignalen bewerkstelligen könnten, ist auch im Modell noch nicht dargestellt worden.

Veränderungen in der Zusammensetzung der Nährlösung lösen im Wurzelbereich der Korbweide (*Salix viminalis*) Aktionspotentiale aus, die nach kurzer Zeit in den Blättern gemessen werden können. Für eine solche Reizung genügt es auch, eine Wurzel mit Eiswasser zu behandeln. Plötzliche Änderungen von Photosynthese- und Transpirations-Aktivitäten in den Weidenblättern deuten darauf hin, daß durch die Reizung der Wurzel die Stomataweite geändert wurde (Fromm u. Eschrich 1993).

Über die Kontinuität des Plasmalemmas durch die Siebporen hindurch besteht kein Zweifel (Abb. 8.11, 8.12) (Evert et al.1973). Das gleiche gilt für die Plasmodesmen, vor allem, wenn sie – wie beim *Polytrichum*-Gametophyten – Siebporen-Funktion haben (Eschrich u. Steiner 1968b; Thomas et al. 1988). Auch bei diesen symplastischen Bahnen wurde ATPase-Aktivität nachgewiesen (Eschrich et al. 1992). Das Auftreten von mehreren Schichten endoplasmatischen Reticulums (stacked sieve-tube reticulum) in Kontakt mit dem Plasmalemma (Abb. 8.13) könnte für den transmembranen Ionentransport von Bedeutung sein (Sjölund 1990; Evert 1990).

Die Darstellung von Plasmalemmaoberflächen durch Gefrierätzung (freeze-fracture) zeigt unterschiedliche Dichten von Strukturen, die ATPase-Moleküle sein könnten; die innere Membranfläche ist viel dichter mit diesen Strukturen ausgestattet, als die äußere Membranoberfläche (Abb 8.14). Bisher sind diese Strukturunterschiede nur in Siebelementen aus kultiviertem

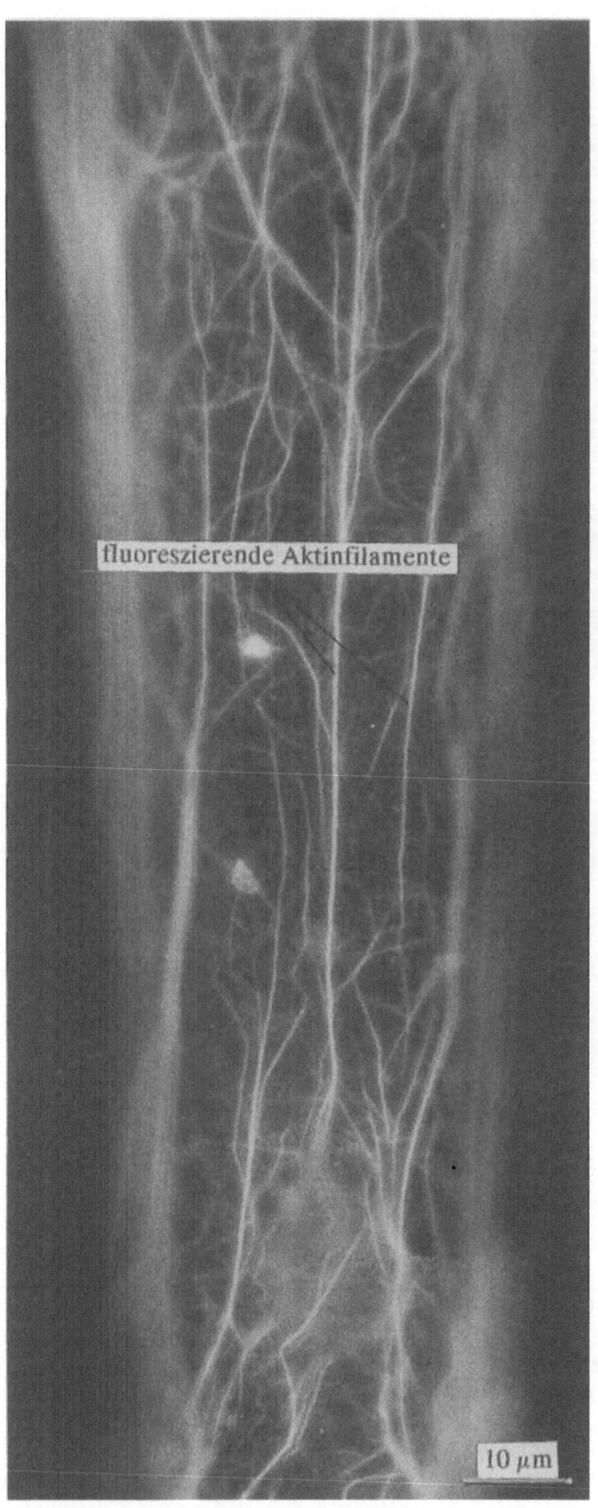

Gewebe (*Streptanthus*) gefunden worden (Sjölund et al. 1983).

Erregerstoffe, wie sie von Ricca (1916) und später von Schildknecht (1984) für die Reizübertragung vorgeschlagen wurden, könnten sich in den Siebröhren nur mit dem Massenstrom fortbewegen, wobei keinesfalls die gemessene hohe Geschwindigkeit der Aktionspotentialausbreitung erreicht wird.

8.9 Wärmeleitung in pflanzlichen Geweben

Pflanzliche Gewebe, die speziell für die Wärmeleitung oder den Wärmeaustausch da sind, gibt es nicht. Die Wärmequellen, aus denen die Pflanzen versorgt werden, sind die Sonne und die Erdwärme.

Stoffwechselprozesse mit Wärmefreisetzung ändern im allgemeinen nichts an der poikilothermen (wechselwarmen) Natur der Pflanzen.

Wärmeverlust setzt die Geschwindigkeit der Stoffwechsel-reaktionen herab, verlangsamt aber auch Reizbewegungen. Hingegen kann die Atmung lokal eine Temperaturerhöhung meßbar machen, z.B.innerhalb der Spatha von *Arum italicum* oder bei keimenden Samen.

Es wird angenommen, daß die Bindungsenergie, die z.B. bei der Spaltung von Saccharose durch Invertase freigesetzt wird, ohne Nutzen als Wärme entweicht.

Kälte entsteht bekanntlich durch Wärmeentzug, so auch bei der stomatären Transpiration durch Verdunstung flüssigen Wassers. Die aus dem substomatären Raum entweichenden Dampfmoleküle entziehen der in den Mesophyllzellwänden vorhandenen Lösung Wärme

◀
Abb. 8.10. Bewegungen von Vesikeln und anderen kleinen cytoplasmatischen Strukturen werden durch fädige Proteine gesteuert, besonders durch Mikrotubuli. Durch Addition fluoreszierender Farbstoffe (Fluoresceinderivate) lassen sich in Stengelhaaren von *Lycopersicon lycopersicum* auch Proteinfilamente sichtbar machen, die wegen ihrer Beteiligung an cytoplasmatischen Bewegungsvorgängen als Aktin bezeichnet werden. (Parthasarathy et al. 1985)

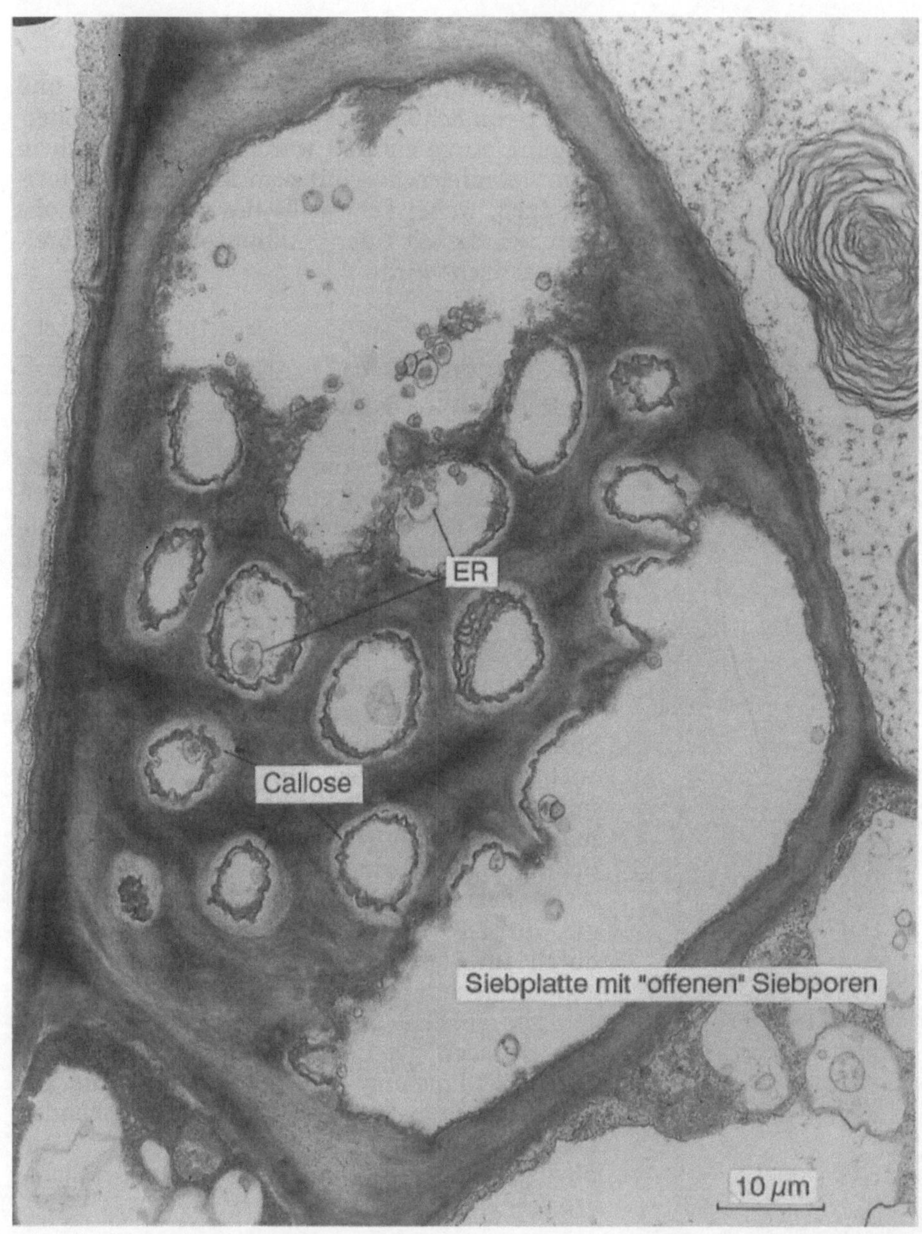

Abb. 8.11. Eine der auffälligsten Symplasmaverbindungen ist der Siebporencytoplasmastrang, der hier in Mehrzahl in einer Siebplatte von *Cucurbita maxima* auftritt und Durchmesser bis zu 15 mm haben kann. Je nach Güte der EM-Fixierung ist der Siebporencytoplasmastrang von einer dicken oder dünnen Röhre aus Callose umhüllt, die im EM hell erscheint. Die Callose wird stets an der äusseren Oberfläche des Plasmalemmas abgelagert, demnach ist der Cytoplasmastrang von Plasmalemma umgeben. (EM-Aufnahme RF Evert, Madison)

▶
Abb. 8.12. Die großen Siebporen von *Cucurbita maxima* zeigen dicht dem Plasmalemma anliegendes ER, das auch im Lumen der Siebpore in Form kleiner und großer Vesikel auftritt. Im ER kann P-Protein vorkommen. (EM-Aufnahme RF Evert, Madison)

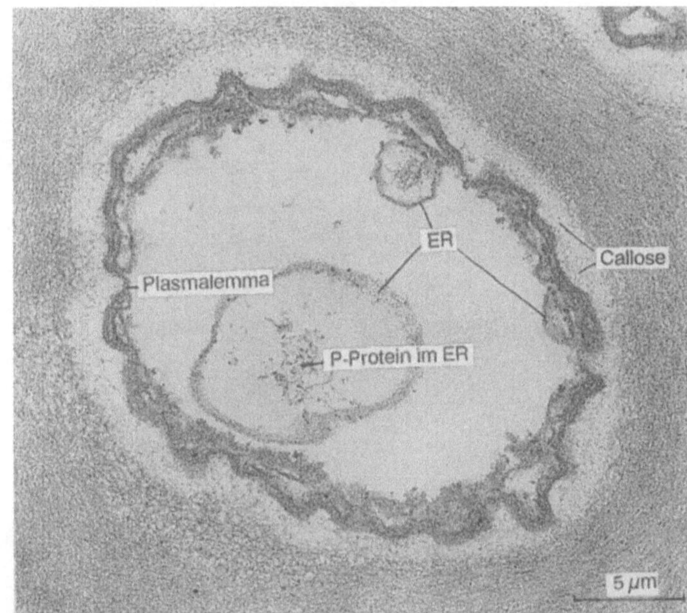

Abb. 8.13. In manchen Siebporen von *Cucurbita maxima* kann das ER in Schichten auftreten („stacked" ER), es wird auch als Siebröhren-ER bezeichnet. Eine besondere Funktion des geschichteten ER ist noch nicht erkannt worden. (EM-Aufnahme RF Evert, Madison)
▼

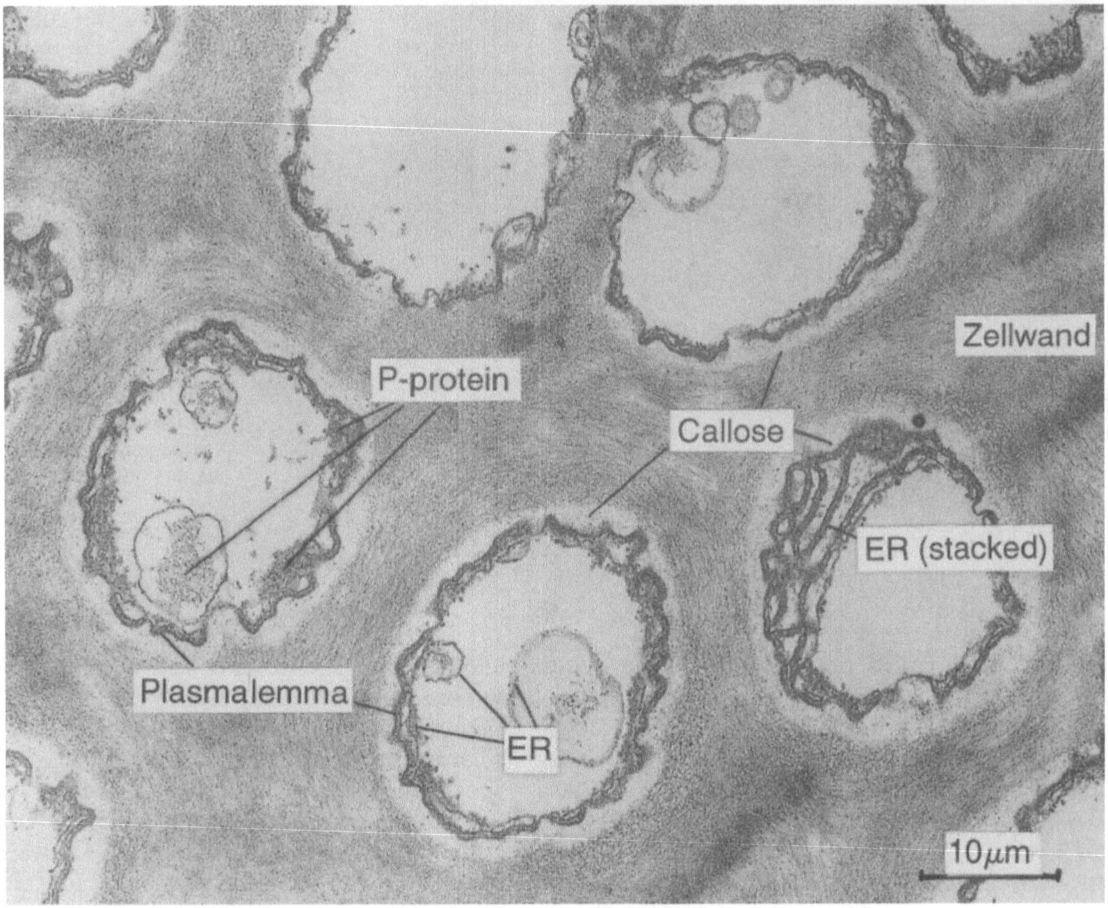

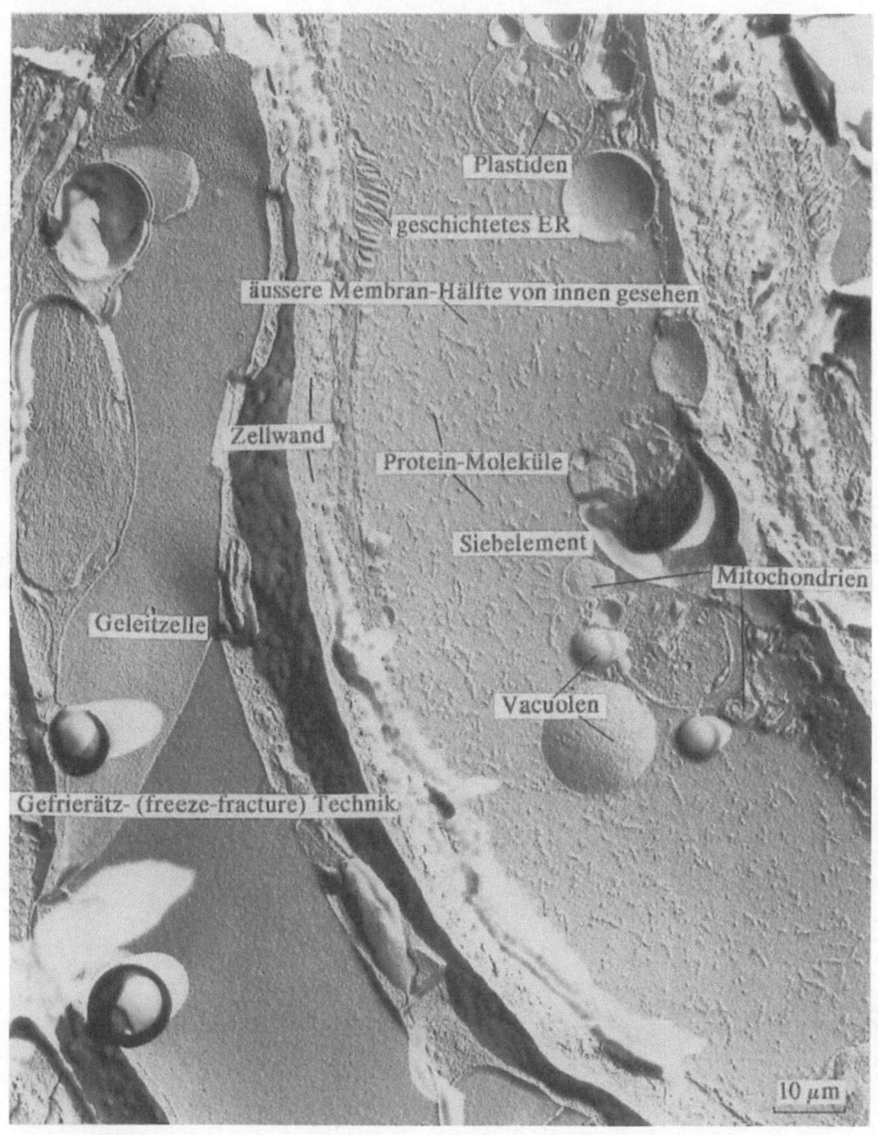

Abb. 8.14. Mit Hilfe der Gefrierätztechnik wurde an Callus von Phloemgewebe aus *Streptanthus tortuosus* (Brassicaceae) die Siebröhrenmembran untersucht. Es zeigte sich, daß das flächig aufgespaltene Plasmalemma auf der Innenseite der äußeren Membranhälfte mit kurzfädigen Proteinmolekülen übersät ist. Diesem Protein wird Enzymaktivität zugeschrieben, die möglicherweise mit der Protonenextrusion bei Phloembe- und -entladungsvorgängen in Zusammenhang steht. (Sjölund et al. 1983)

vermöge ihrer (mittleren) erhöhten kinetischen Energie.

Pflanzliche Gewebe zeigen geringe Wärmeleitung. Dies gilt insbesondere für Holz. Die Wärmeleitzahlen für Holz liegen im Bereich von 0,3768 bis 1,1723 ($kJ \cdot h^{-1}$ durch einen Würfel von 1 m^3, wenn die Temperaturdifferenz der gegenüberliegenden Flächen 1°C beträgt) (Knuchel 1954). Hohe Dichte und hoher Wassergehalt bewirken eine Erhöhung der Wärmeleitzahl.

Aufgrund der geringen Wärmeleitung zeigen pflanzliche Oberflächen kaum Kondensationserscheinungen; sie „beschlagen" nicht. Wässrige Kondensate auf Blattflächen sind Tau- oder Nebeltröpfchen. Bei Frosttemperaturen werden die Nebeltröpfchen zu Eiskristallen (Rauhreif).

8.10 Frosthärtung

Nach den bisherigen Beobachtungen an höheren Pflanzen beruht die Frostresistenz auf der Eigenschaft lebender Pflanzenzellen, bei Frosttemperaturen turgeszent zu bleiben. Turgeszenzverlust tritt ein, wenn das Plasmalemma für osmotisch aktive Moleküle undicht wird. Die Turgeszenz schwindet aber auch durch Wasserverlust wie bei trockenresistenten Laubmoosen. Da Wiederbefeuchtung zur Restitution der Turgeszenz führt, muß das Plasmalemma intakt geblieben sein.

Pflanzen sind als poikilotherme Organismen von Natur aus an Kälte- und Hitzestreß gewöhnt. Anatomische Strukturen, die temperaturabhängig entstehen oder verschwinden, sind nicht bekannt. Die Hydrolyse von Reservestärke in Frostperioden kann bei Efeublättern (*Hedera helix*) eine Zuckerkonzentration aufbauen, die eine Gefrierpunktserniedrigung bis -3,0°C verursacht (Soppa 1985). Bei tieferen Temperaturen werden anscheinend Schutzkolloide gebildet, die die Bildung membran-zerstörender, langer Eiskristalle verhindern.

Für den Efeu wird angegeben, daß die maximale Frosttoleranz von -24°C erst dann erreicht wird, wenn die Pflanze längere Zeit bei -10°C gehalten wird (Bauer u. Kofler 1987).

Für *Nothofagus*-Arten wurde ermittelt, daß zwei Stunden „Härtung" bei 0°C eine Erhöhung des Gehalts an Saccharose verursachen (Alberdi et al. 1989).

Eine mögliche Beteiligung an der Frosthärtung wird den Fructanen zugeschrieben, die in Gräsern und Compositen (*Helianthus tuberosus*) vorkommen (Pontis 1989). In einer umfassenden Untersuchung wurde festgestellt, daß bei Gräsern die Fructangehalte wesentlich höher lagen, wenn die Pflanzen bei 10 bis 5°C gehalten wurden, anstatt bei 25 bis 15°C. *Bromus carinatus* zeigte bei der niedrigeren Temperatur Fructanwerte von 439 mg/g Trockengewicht, bei der höheren Temperatur aber nur 32 mg/g Trockengewicht. Saccharosebestimmungen ergaben viel geringere Unterschiede (74 : 32 mg). Manche Grasarten bilden jedoch keine Fructane (*Danthonia intermedia*), dafür aber reichlich Saccharose (Chatterton et al. 1989). Beim Weizen (*Triticum aestivum*) wurde festgestellt, daß der Fructangehalt im oberen Drittel des Stengels 20 Tage nach der Anthese am höchsten ist, jedoch nur, wenn die Pflanze volles Licht erhält (Kühbauch u. Thomé 1989).

Die Tatsache, daß Fichtenzweige, wenn sie im frost-kalten Winter ins Labor gebracht werden, schon nach zwei Stunden Photosynthese durchführen und ^{14}C-markierte Assimilate exportieren, beweist, daß in den Nadeln und Zweigen keine Frostschäden aufgetreten sind, die nicht innerhalb kurzer Zeit repariert werden konnten (Blechschmidt-Schneider 1993).

Cambiales Wachstum

Aufgaben und Aufbau s Cambiums

ındlage der Langlebigkeit der Bäume ist das nbium. Als permanentes Lateralmeristem ın es alle Elemente des Zentralzylinders – telemente, Festigungselemente und Parenm – in Stamm und Wurzel periodisch erneu-; es liefert den sekundären Pflanzenkörper. jahresperiodischem Wachstum führt diese ıeuerung zur Abgrenzung von Jahresinkrenten, die im Holz als Jahrringe zu erkennen d.

Das Cambium ist so angeordnet, daß die von n zentrifugal und zentripetal abgegliederten telemente in vertikaler Richtung mit gleicharen Leitelementen verwachsen sind, so daß ktionsfähige Leitgewebestränge entstehen.

In ähnlicher Weise entstehen auch Sclerenmstränge, Sekretkanäle und vertikale Parenmbänder. Bei Gehölzen werden durch die nbiumtätigkeit Strahlen in das axiale sekune Gewebe eingefügt.

Da der cambiale Meristemmantel in der genten Länge des Stammes kooperiert, wird die ıktionsfähigkeit der neu gebildeten sekundä- Gewebe in allen vertikalen Abschnitten anıernd gleichzeitig erreicht.

Der axiale Cambiumzylinder setzt sich aus nbiumstreifen zusammen, die in den Blattıren entstehen und in den Blattspurlücken Achse mit benachbarten Cambiumstreifen lerer Blattspuren verwachsen.

Das Alter der Cambiumabschnitte eines mmes wird vom apikalen Zuwachs diktiert; nentsprechend sind die Cambiuminitialen Stammbasis und des Wurzelhalses am älten.

Auf die jahreszeitlichen Veränderungen und die Erweiterung des Cambiummantels wird im Abschnitt 9.8 hingewiesen.

Baumförmige Pflanzen, die ihre Langlebigkeit ohne Cambium erreichen, sind Monocotylen, besonders die Palmen, und viele Pteridophyten. Bei diesen Pflanzengruppen stabilisieren sclerifizierte Blattspuren entweder ein Bündelrohr oder eine Ataktostele. Die primären Gewebe werden nicht durch sekundäre erneuert. Bei Palmen können die kernlosen Siebelemente Jahrzehnte funktionstüchtig bleiben (Zimmermann 1973). Im Extremfall bilden die Blattscheiden einen Scheinstamm (*Musa*) (Abb. 10.12).

9.2 Anlage des Cambiums

Cambiales Wachstum tritt nur bei Dicotylen, Gymnospermen und einigen Pteridophyten auf.

Im Gegensatz zum Procambium, das bereits im Embryo vorhanden ist, differenziert sich das Cambium erst während des Wachstums der Pflanze als Folgemeristem, in der Regel aus einem Restmeristem procambialen Ursprungs.

Nach Verwundungen und in Gewebekulturen regenerieren sich Cambien aus Zellen des Grundgewebes. Diese werden – offenbar durch den Wundreiz – zu Teilungen angeregt. Es sind Teilungen, die periklin, also parallel zur Oberfläche des Organs oder des Callus ausgerichtet sind und zur Bildung von Cambiuminitialen führen. Die cambiale Teilungsebene wird erst dann festgelegt, wenn äquale Teilungen vorausgegangen sind. Alle von Initialen durchgeführten cambialen Teilungen sind inäqual. Initialen und ihre Teilungsderivate sind anatomisch kaum unterscheidbar (Abb. 9.1, 9.2), zeigen aber physiologische Unterschiede (Krabel et al. 1994).

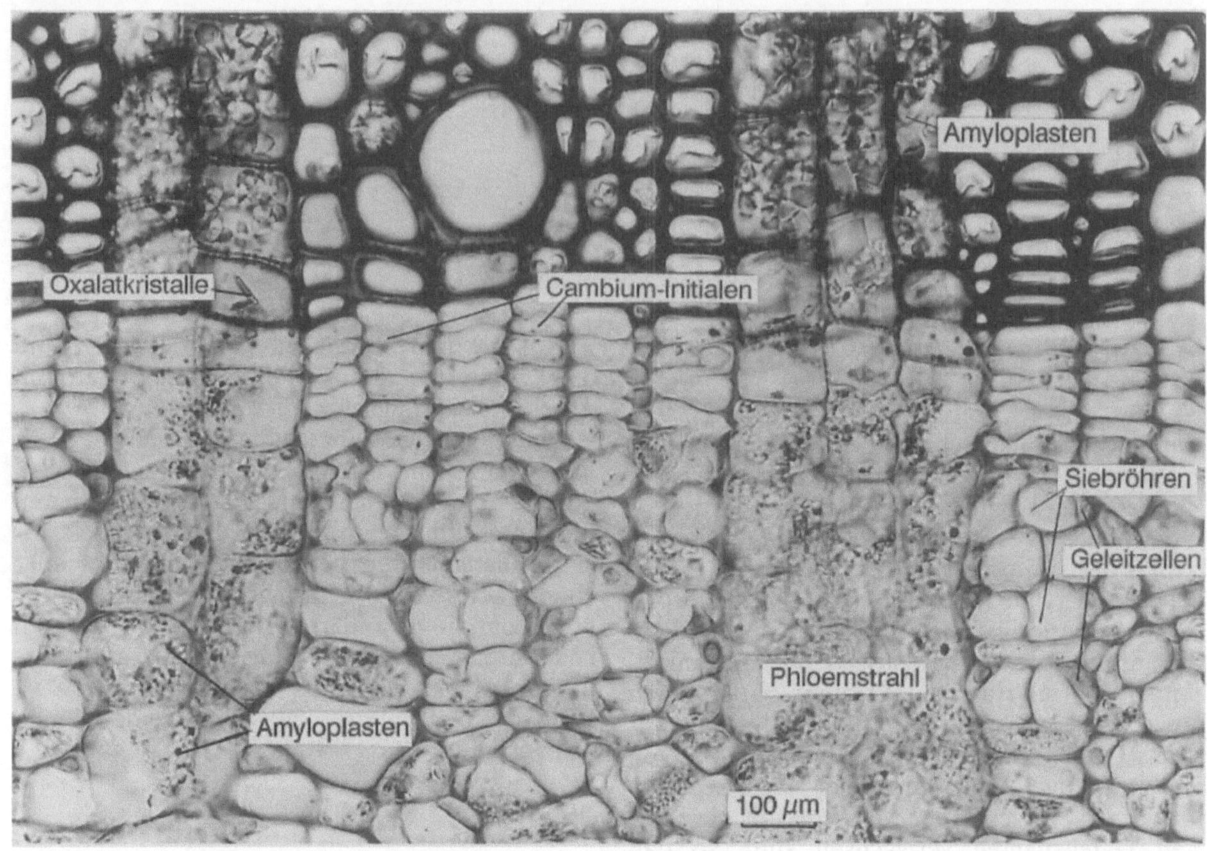

Abb. 9.1. Eine scharfe Grenze zwischen Cambiuminitialen und Cambiumderivaten läßt sich bei diesem Objekt (*Laurus nobilis*) nicht ziehen. Dort, wo die Cambiumderivate verholzte Wände haben, liegt mit Sicherheit axiales Xylem vor. Das Strahlcambium hat gewöhnlich stärkefreie Initialen; erst in den fertigen Strahlzellen sind die Plastiden so weit ausgebildet, daß sie Stärke speichern können. Phloem erkennt man bei den Dicotylen an inäqualen Zellteilungen, die zur Bildung von Geleitzellen führen. Für viele Holzpflanzen ist das Vorkommen von Oxalatkristallen in den jüngsten Xylemzellen typisch

In normal gebauten Organen werden Cambien in Form von Längsstreifen angelegt, so bei Sprossen, Wurzeln und in der Mittelrippe von Blättern. In der Sproßachse sind die Cambiumstreifen durch Markstrahlen voneinander getrennt (Abb. 9.3). Es sind die gleichen Markstrahlen, die in der Blattmittelrippe die primären collateralen Leitbündel trennten.

In der Wurzel fehlt das Mark. Die Cambiumstreifen, die sich dort zwischen Metaxylem und Metaphloem bilden, werden durch Protoxylemstrahlen voneinander getrennt; ihre Zahl entspricht der Zahl der Protoxylempole der Primärwurzel (Abb. 9.4).

In den Achsenorganen wachsen die Cambiumstreifen zu einem Mantel zusammen, der im jungen Stamm von Blattspurlücken durchlöchert ist. Die einzelnen Blattspurlücken werden nach dem Blattfall vom Rand her wie eine Irisblende geschlossen. Das Verschlußgewebe differenziert sich zu cambialem Gewebe und integriert das Blattlückenareal in den Cambiummantel.

Auch bei mehrjährigen Blättern (Nadeln der Coniferen) ist das Blattspurcambium streifenförmig ausgebildet; es ist mit der Blattspur in den Cambiummantel des Achsenorgans eingefügt (Abb. 5.45).

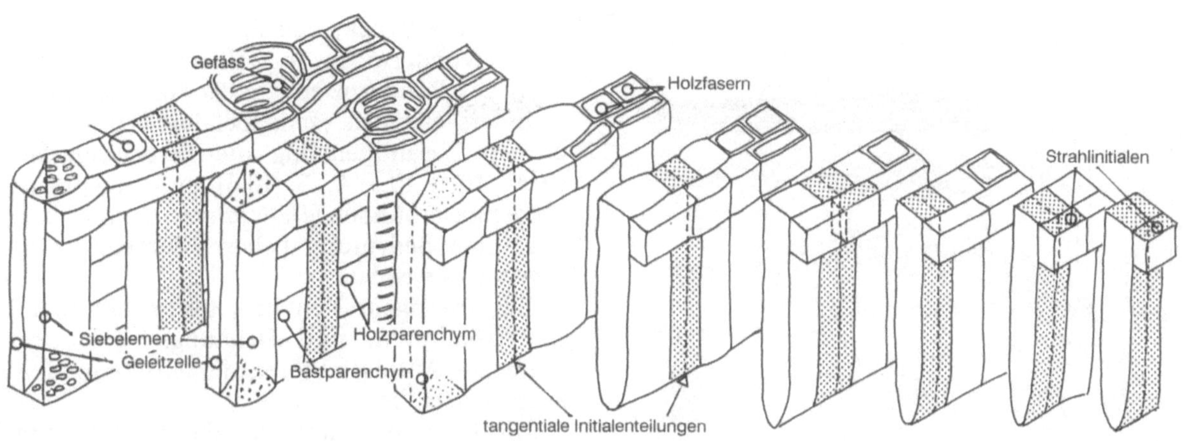

Abb. 9.2. Die Cambiumtätigkeit läßt sich zwar schematisch darstellen, wobei alle Typen von Cambiumderivaten berücksichtigt werden, in natura sind jedoch „Verschiebungen" in axialer Richtung die Regel, ohne daß der streng horizontale Verlauf der Strahlen beeinträchtigt wird. Das für solche Verschiebungen verantwortliche intrusive Wachstum läßt sich bildlich nicht erfassen, weil die Zeitkomponente fehlt (s. Abb. 9.18). (Nach Ray 1967)

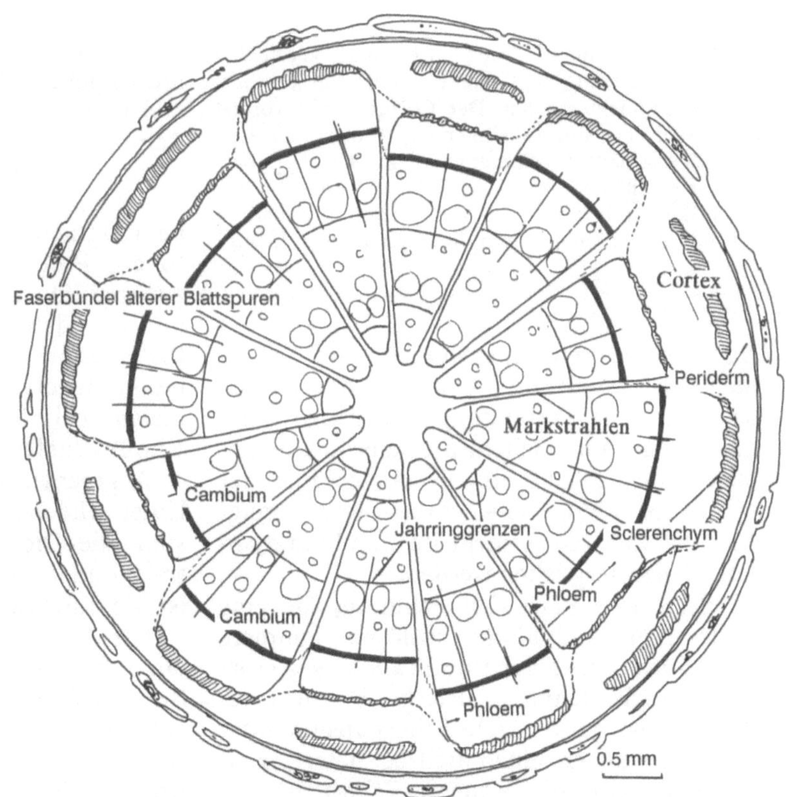

Abb. 9.3. Von allen Abweichungen des normal gebauten zylindrischen Cambiummantels ist das Cambium der Waldrebe (*Clematis vitalba*) am verständlichsten zu deuten. Die symmetrisch angeordneten, in 6-Zahl vorhandenen, eingerückten Stammsektoren sind wahrscheinlich auf Blattspuren zurückzuführen. Es fällt auf, daß bei diesem Objekt nicht nur die Cambiumsektoren versetzt sind, sondern auch die Jahrringgrenzen, und daß nur bei den eingerückten Sektoren zwei Sclerenchymstreifen außerhalb des Phloems auftreten. Das Periderm ist dagegen zylindrisch mantelförmig, es hat offensichtlich keine Beziehung zum Cambium und dessen Derivaten

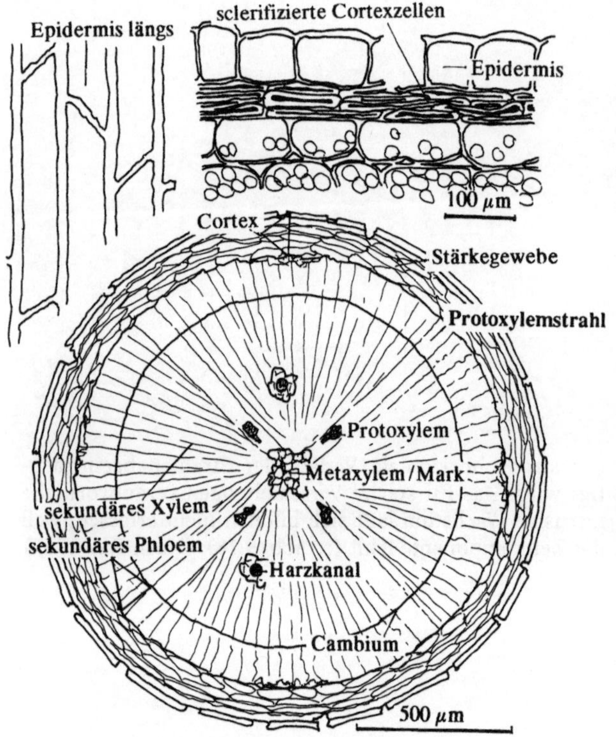

Abb. 9.4. Bei vielen Coniferen (*Pinus sylvestris*) zeigt das Hypocotyl den Aufbau eines sekundär verdickten Stämmchens, allerdings mit den von der Wurzel übernommenen Protoxylempolen. Der Cortex bleibt vorerst erhalten, wird aber mit zunehmendem Dickenwachstum rissig und erscheint zusammengedrückt. Die hypodermalen Cortexzellen können sclerifizierte Wände bilden. Auch die Epidermis kann ihre Wände sclerenchymatisch verdicken, erscheint aber durch die Zerreißungen lückig

Die Cambien von Seitenwurzeln und Seitenzweigen stehen mit den Cambien der älteren Achsenorgane in Verbindung. Allerdings sind die Zweigspur- und Seitenwurzelanschlüsse unübersichtlicher gebaut als die Anschlüsse der Blätter (Abb. 1.56). Seitenwurzel- und Zweigcambien können mit Ärmeln im Cambiummantel der Pflanze verglichen werden.

Bei der Suche nach den Faktoren, die eine cambiale Meristembildung auslösen könnten, wird vor allem eine Dilatation des Stengels erörtert (tangentiale Dehnung). Hierbei ist nicht bekannt, ob das Mark durch Zellexpansion oder medullare Teilungen einen Beitrag liefert (zentrifugaler Druck). Ein weiterer Faktor ist der einengende Druck, den Epidermis, Hypodermis oder Hypoderm sowie Collenchym und später auch das Periderm auf die Gewebe des Zentralzylinders ausüben (zentripetaler Druck). Ob in diesem Zusammenhang die Perivascularfasern (Abb. 10.4, 10.5 A, B, 10.6) und die primären Phloemfaserbündel (*Helianthus*, *Linum*, *Raphanus*) eine Bedeutung haben könnten, ist nicht untersucht worden.

Bei krautigen Dicotylen, besonders aber bei Gewebekulturen, sind Dehnungs- und Druckkräfte als Auslösefaktoren der Cambiumbildung kaum vorstellbar.

Die Orte, an denen sich das Procambium in Cambium verwandelt, sind nicht nur den drei genannten Kräften (tangentiale Dehnung, zentrifugaler und zentripetaler Druck) ausgesetzt: vielmehr findet man die ersten cambialen Teilungen in der Blattspur, und zwar dort, wo der Blattstiel dem Stengel ansitzt, oder wo die Blattscheide am Stengel angewachsen ist. Offenbar sind es die Knoten, in denen Cambium erstmals aktiv wird. Deshalb erscheint es entwicklungsgeschichtlich bedeutsam, daß bei *Isoetes* ein Cambium überhaupt nur im Knotenbereich auftritt.

Eine Übersicht über die Merkmale des Cambiums geben Philipson et al. (1971).

Die Existenz „stammeigener" Leitbündel bei Cambiumpflanzen setzt voraus, daß sich diese in ihrer Genese von den Blattspurbündeln unterscheiden. „Stammeigene" Leitbündel in einem Leitgewebezylinder (Eustele) müßten in toto auf Procambiumstränge im Apikalmeristem zurückzuführen sein. Aus Abb. 5.43 geht jedoch hervor, daß Leitbündelanlagen ausnahmslos Blattspuren zugeordnet werden können. Selbst bei Monocotylen (Abb. 5.42) führen die procambialen Leitbündelvorläufer akropetal stets in eine Blattanlage.

Abgesehen von wenigen Kräutern, die Ausläufer bilden (*Ranunculus repens*) (Abb. 5.22), sind alle Dicotylenstengel in Cortex und Zentralzylinder aufgeteilt; die innerste Cortexschicht ist die Endodermis oder die Stärkescheide.

Die Anordnung der Stengelbündel hängt von der Zahl und Verteilung der Blattspurbündel ab. Bei unilakunaren Knoten (*Nicotiana*) wird nur ein Bündel des Blattes in den Kranz der Stengelbündel aufgenommen, beim trilakunaren Knoten können die drei Blattspurlücken dicht nebeneinanderliegen (*Salix*), mit mehreren Bündeln dazwischen eingegliedert werden (*Brassica*) oder weit voneinander entfernt in den Stengel münden (*Aristolochia*). Bei multilakunaren Knoten rücken fast alle Stengelbündel auseinander, so daß je ein Blattspurbündel eingegliedert werden kann (*Rumex*).

Die Zahl der Stengelleitbündel kann wenige Knoten unterhalb der Sproßspitze durch Aufnahme von Blattspurbündeln so stark vermehrt werden, daß ein einheitlicher Xylemzylinder entsteht, in dem die ursprünglichen Abgrenzungen der Blattspurbündel nicht mehr zu erkennen sind, weil die Markstrahlen stark verschmälert sind (Abb. 5.54). Die Blattspurbegrenzungen sind dann nur noch ungenau an den „Zacken" der Markkrone abzulesen. Dort, wo das Mark weit nach außen reicht, ist der Xylemmantel dünn. Dort hatte das Cambium erst dann seine Zuwachstätigkeit aufgenommen, nachdem die Blattspurlücke(n) geschlossen wurde(n).

Die Spuren eines einzelnen Blattes können in verschiedenen Knoten in den Stengel einmünden (*Vicia faba*) (Abb. 2.11).

Eine Einteilung in Leitzylindertypen erscheint nur sinnvoll, wenn diese auf die Phyllotaxis der betreffenden Pflanzen bezogen werden. Bei *Helianthus annuus* (Abb. 2.10) bleiben die Blattspuren noch lange nach Beginn des sekundären Dickenwachstums erkennbar; bei *Populus deltoides* (Abb. 5.43) ist eine eindeutige Zuordnung der vielen Spuren zu einem bestimmten Blatt nicht möglich.

Der im Stengelquerschnitt typischerweise kreisrunde Cambiummantel versorgt sowohl das Leitgewebe als auch die Strahlen mit Zellmaterial.

Im Stengelquerschnitt von *Clematis vitalba* (Abb. 9.3) wechseln Leitgewebesegmente mit zentripetal eingerücktem Cambium (*corpus lignosum interruptum*) mit solchen ab, deren Cambium weiter außen liegt. Die eingerückten Segmente zeigen außen ein zusätzliches Phloembündel, das durch eine Sclerenchymrinne gegen das Periderm abgegrenzt ist (Pfeiffer 1926).

Andere Beispiele für radiale Cambiumversetzungen findet man bei *Aster multiflorus, Pyrostegia venusta* (Bignoniaceae) und *Quercus velutina* (Philipson et al.1971). Vergleichbare Abweichungen von der mantelförmigen Cambiumstruktur treten vorzugsweise bei Lianen auf.

9.3 Multiple Cambien

Das anomale sekundäre Dickenwachstum der Rübe von *Beta vulgaris* geht auf eine wiederholte Neubildung von Cambien außerhalb der bereits existierenden Cambien zurück. Es sind Cambiumstreifen, die Phloem, Xylem und Speicherparenchym bilden. Die Zahl der konzentrisch angeordneten Ringe von Cambiumstreifen nimmt in der Rübenwurzel in basipetaler Richtung ab. Daraus folgt, daß jeder Cambiumstreifen auf einem bestimmten Niveau neu entsteht und in basipetaler Richtung blind endet (Artschwager 1926).

Da die Anzahl der an der Peripherie der Speicherwurzel neu angelegten Cambien die der inneren übersteigt, erübrigen sich die bei Baumcambien notwendigen Verfahren der tangentialen Initialenverdoppelung. Im oberen Wurzelbereich von *Phytolacca americana* (Phytolaccaceae) wurden bis zu sechs konzentrische Ringe von Procambiumzellen gefunden; im Sproß jedoch nur einer. Ähnliche Verhältnisse liegen bei *Mirabilis jalapa* (Nyctaginaceae) vor (Mikesell 1979). Es ist nicht bekannt, wie lange die neu angelegten Cambien teilungsfähig bleiben.

Physiologisch ist von Bedeutung, daß bei dieser Anordnung das gesamte lebende Speichergewebe der Wurzel vom sekundären Phloem versorgt werden kann. Diese Anordnung der Leitgewebe gewährleistet die Zuckerspeicherung und (bei der Blütenstandsbildung) die Abführung des Zuckers für die Blüten- und Fruchtbildung.

Bei der australischen Fabaceengattung *Daviesia* wurden bei 24 von 55 Arten multiple Cambien in konzentrischer Anordnung gefunden; die Leitbündel waren tangential, jedoch nicht radial miteinander vernetzt (Pate et al 1989).

Im Stamm von *Bougainvillea spectabilis* (Nyctaginaceae) finden sich zahlreiche offencollaterale Leitbündel, also Leitbündel mit je einem Cambiumstreifen. Jedes Leitbündel wird komplett vom peripherischen Stengelcambium gebildet und durch cambialen Zuwachs nach innen verlagert. Alle Leitbündel sind durch sekundäres Parenchym (conjunctives Gewebe) voneinander getrennt.

Die sekundäre Struktur des *Bougainvillea* Stammes ist von Esau u. Cheadle (1969) und

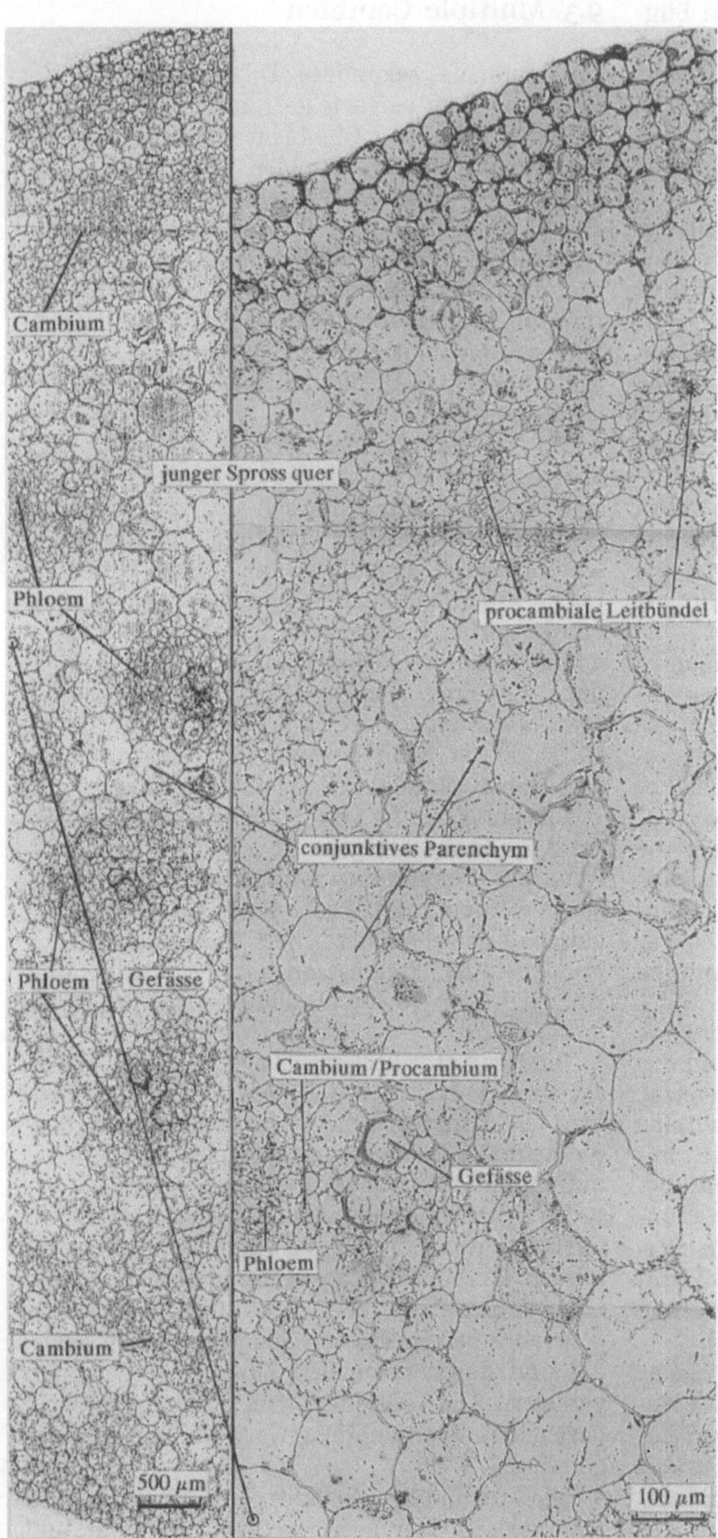

Abb. 9.5. Ein Fall von anomalem sekundären Dickenwachstum liegt bei *Bougainvillea spectabilis* vor. Das reguläre Cambium differenziert komplette Leitbündel, die – in conjunctives (also sekundäres) Parenchymgewebe eingebettet – im Stamminnern isoliert bleiben und nur durch ein eigenes Cambium vergrößert werden. Die Mikroautoradiographie zeigt radioaktive Phloemteile in den Leitbündeln. Letztere sind also funktionstüchtig, denn sie haben radioaktive Photoassimilate aus einem Sourceblatt für den Ferntransport übernommen

von Pulawska (1972) untersucht worden; die Entwicklung des Keimlings wurde von Stevenson u. Popham (1973) beschrieben.

Abbildung 9.5 zeigt eine Mikroautoradiographie des *Bougainvillea*-Stengels, der von einem reifen Blatt mit ^{14}C-Photoassimilaten versorgt wurde. Im oberen Stengelbereich waren alle Leitbündel im Phloem markiert. Die Markierung erstreckte sich außerdem auf alle Gewebe, in denen Teilungs- oder Differenzierungsvorgänge stattfinden (Cambium, wachsendes conjunctives Gewebe und sich differenzierendes Xylem).

Im Stamm von *Pisonia umbellifera* (Nyctaginaceae) und *Avicennia resinifera* (Verbenaceae) bildet das Cambium konzentrische Ringe von Gefäß- und Fasergeweben sowie Strahlen, die mit solchen aus Phloem und Parenchym abwechseln (Studholme u. Philipson 1966).

Bei *Atriplex halimus* entwickeln sich konzentrische Ringe mit einzelnen collateralen Leitbündeln im Stengel. Es wurde nachgewiesen, daß alle Leitbündel, primäre wie sekundäre, untereinander in Verbindung stehen (Fahn u. Zimmermann 1982).

9.4 Masern – inverse Leitbündelsysteme

Für die Operationsweise des bipleurischen Cambiums sind Masern aufschlußreich. Diese spiegelbildlich operierenden, inversen Cambien mancher Rhizome und Wurzeln (*Exogonium purga, Convolvulus spec.*, viele Rosettenpflanzen wie *Rheum palmatum*, *Angelica archangelica*, *Daucus carota*) entstehen dort, wo eine Blattspurlücke funktionslos gewordenes Xylem zurückgelassen hat. Diese toten Gefäße werden oft zuerst mit Korkgewebe abgegrenzt und später stülpt sich das Cambium der Achse handschuhfingerartig ein, so daß es nun Phloem nach innen und Xylem nach außen abgibt (Abb. 9.7) (Eschrich 1963b). Fast immer können bei Masern Gewebe-kontraktionen erkannt werden. Typisch für Kontraktionen, vor allem im Wurzelbereich, sind zick-zack-förmig gewachsene Gefäße (Abb. 9.6).

Wenn ein äußeres Rosettenblatt abgestorben ist, kann sich, dem Blattspurxylem folgend, ein Masercambium bis in das sekundäre Holz ausbilden. Deshalb findet man bei mehrjährigen Rosettenrhizomen (*Rheum palmatum*) oft etliche Masern auf gleichem Niveau. Die Entstehung einer Maser könnte durch verzögerte Schließung der Blattspurlücke – vielleicht bei raschem Dilatationswachstum – begünstigt werden.

Das sporadische Auftreten von Masern hat dazu geführt, daß dieser Struktur keine funktionelle, sondern mehr eine teratologische Bedeutung zugeschrieben wird. In funktionellem Zusammenhang gesehen, entstehen die Masern aus einem Cambium, das, wie der Ärmel eines zu engen Mantels, beim Ausziehen umgestülpt wird, daher die inverse Lage von Phloem und Xylem.

Eine ähnliche Cambiuminversion läßt sich auch experimentell erzeugen, wenn z.B. der Bast eines Baumes laschenförmig längs vom frischen Cambium gelöst wird. Es entsteht dann ein neues Cambium, das Xylem nach außen und Phloem nach innen produziert. Bemerkenswert ist hierzu, daß für eine Neubildung des Cambiums äußerer Druck angewendet werden muß. Dazu wird die Lasche mit einer Folie gegen das Baumcambium isoliert und dann fest an den Stamm gebunden (Brown u. Sax 1962).

9.5 Monopleurisches Cambium

Baumförmige Monocotylen mit sekundärem Dickenwachstum (*Dracaena*, *Cordyline*, *Yucca*, *Aloe*) haben ein mantelförmiges Lateralmeristem, das – wie bei *Bougainvillea* – nur nach innen Leitelemente und Parenchym abgibt. Es sind „einflügelige", monopleurische Cambien, die komplette, konzentrische Leitbündel erzeugen, die erst „auf ihrem Weg nach innen" reifen. Bei den Monocotylenstämmen sind es konzentrische Leitbündel mit Innenphloem (leptozentrische Leitbündel) (Abb. 2.6). Die Leitbündel sind von sekundärem Parenchym umgeben, es wird, wie bei *Bougainvillea*, als conjunctives Gewebe bezeichnet.

Die Anlage des monopleurischen Cambiums der Monocotylen wird auf ein lateral herabgezogenes primäres Verdickungsmeristem zurückgeführt. Primäres Dickenwachstum wird nur solchen baumförmigen Monocotylen zugeschrie-

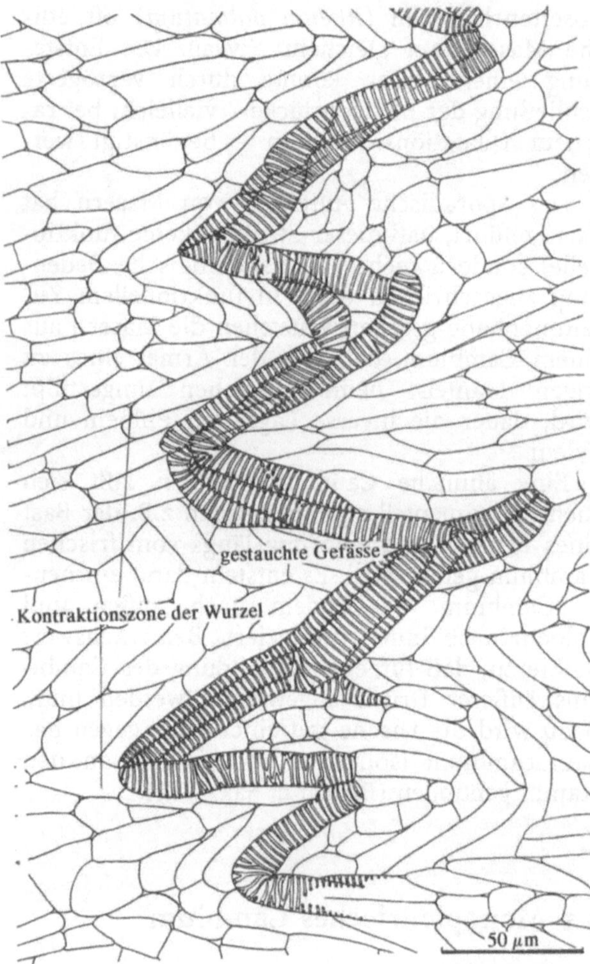

Abb. 9.6. In Kontraktionszonen der Wurzel, wie z.B. auch im Zentrum von Masern (*Angelica archangelica*), werden die ältesten Gefäße passiv gestaucht, so daß sie dann zick-zack-förmig verlaufen. Derartig gestaltete Gefäßstränge zeigen Gewebekompressionen oder -kontraktionen an. (Eschrich 1963 b)

ben, die – wie die Palmen – kein Cambium, also auch kein conjuctives Gewebe, besitzen.

Beim Vergleich von Stammstrukturen mit multiplen (*Beta, Bougainvillea*) und monopleurischen Cambien (*Dracaena, Cordyline*) oder „Stämmen" ohne Cambium (Palmen, Abb. 5.41, *Zea mays*) ist anzunehmen, daß es sich bei den Leitbündeln immer um Blattspurbündel handelt. In Querschnitten erscheinen sie – je nach der vertikalen Position unterhalb der Blattinsertion – entweder als vollständige Leitbündel, dann liegen sie in der Mitte des Querschnitts, oder sie sind (noch) unvollständig differenziert, dann liegen sie weiter unten an der Peripherie des Querschnitts. In basipetaler Richtung enden die Blattspurbündel im monopleurischen Cambium. Bei Stämmen ohne Cambium gehen sie an der Stammperipherie in Procambium über.

Die Flexibilität im Bau der Blattspurbündel geht aus ihrem Strukturwandel bei ihrem basipetalen Verlauf hervor: beim Eintritt in das Stammgewebe haben sie collateral angeordnete Leitgewebe. Sekundäre Monocotylenstammbündel lassen sich akropetal als Blattspuren identifizieren, sie sind aber leptozentrisch gebaut. Zwischen leptozentrischen und collateralen Leitbündeln gibt es jedoch Übergänge wie sie im Stengel von *Asparagus* (Abb. 2.7) zu sehen sind. Dabei erscheint das Xylem rinnenförmig um das mehr und mehr ins Bündelzentrum rückende Phloem angeordnet.

Die oben geschilderte Blattspurhypothese umfaßt alle Stamm-strukturen, solche ohne Cambium, solche mit monopleurischem und solche mit bipleurischem Cambium. Das vereinigende Prinzip besteht darin, daß eine Blattspur in basipetaler Richtung als Procambium endet bzw. beginnt. Blattspuren sind an ihrer Basis älter, als das zugehörige Blatt. In ihrer Entwicklung und Differenzierung sind sie jedoch jünger als das auf gleichem Niveau angrenzende Gewebe.

Diese Hypothese gilt auch für Blattspuren mit bipleurischem Cambiumstreifen, nur ist dabei das basale Ende der Blattspur nicht mehr als Procambium kenntlich.

Bei Monocotylen mit intercalaren Knotenmeristemen (Mais, Zuckerrohr) ist die basale Begrenzung der peripherisch angeordneten Blattspuren oberhalb des Knotens zu vermuten.

9.6 Etagiertes und nichtetagiertes Cambium

Etagiertes (Stockwerk-) Cambium zeigt die Initialen in übereinanderliegenden Etagen (Stockwerken) angeordnet; beim nichtetagierten Cambium sind keine Initialenetagen zu erkennen;

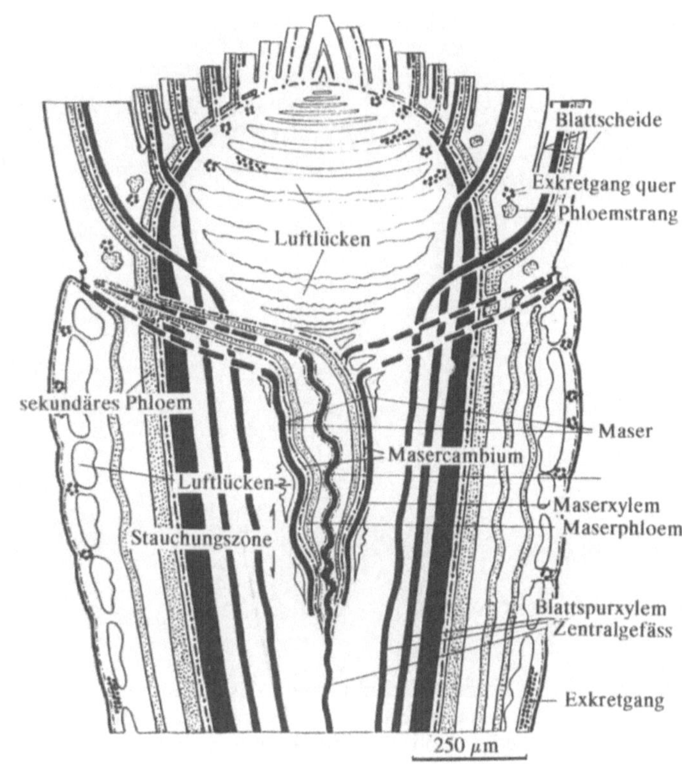

Abb. 9.7. Masern, wie die von *Angelica archangelica*, werden gewöhnlich als Mißbildungen durch unprogrammiertes Wachstum gedeutet. Die anatomische Analyse junger Stadien der Maserbildung zeigt, daß unter einer Blattnarbe das Cambium invaginiert. Im Verlaufe der sekundären Achsenverdickung wird das Xylem der ehemaligen Blattspur zum Zentrum der Maser. Es sind die Zentralgefäße. Sie erscheinen meist gestaucht (s. Abb. 9.6). Das invaginierte Cambium wächst wie gewohnt weiter, liefert nun aber das Phloem nach innen und das Maserxylem nach außen. Im Querschnitt sind Masern an der inversen Anordnung der Leitgewebe zu erkennen. (Eschrich 1963b)

die oberen und unteren Enden der Initialen sind mit den Enden benachbarter Initialen verzahnt.

Das nichtetagierte Cambium der Coniferen wird als ursprünglich angesehen. Es hat sich aber bei den meisten Dicotylengattungen erhalten. Die Gewebe aus Derivaten des nichtetagierten Cambiums sind infolge der vertikalen Verzahnung der Initialen wahrscheinlich von größerer Zähigkeit und Reißfestigkeit als die des etagierten Cambiums, die beim Zerbrechen an der glatten Bruchfläche erkannt werden können. Die etagierte Struktur eines Cambiums kann jedoch bei seinen Derivaten, im Holz wie im Bast, durch intrusives Wachstum aufgelöst werden.

Die Etagierung kann sich ausschließlich auf die fusiformen Initialen (Abb. 9.8), auf die Strahlen allein (Abb. 9.9 A, B), oder auf beide Initialensysteme (Abb. 9.10) beziehen. Tangentialmuster des Cambiums können sich in den xylogenen und leptogenen Derivaten auflösen. Dies trifft z.B. bei *Guajacum officinale* zu: Das etagierte Muster des Cambiums (Abb. 9.9 A) ist bei den Holzfasern durch intrusives Wachstum aufgelöst worden, die Strahlen haben jedoch ihre etagierte Lage beibehalten (Abb. 9.9 B).

Heterogen sind die Initialen bei *Tilia cordata* angeordnet: Überwiegen uni- und biseriate Strahlen, dann sind diese ebenso wie die fusiformen Initialen etagiert angeordnet. Die Strahlen sind dann nicht höher als die fusiformen Initialen. Treten jedoch multiseriate Strahlen hinzu, so sprengen diese das tangentiale etagierte Muster des Cambiums, denn sie dehnen sich in axialer Richtung weit über die Höhe einer Etage aus fusiformen Initialen aus (Wloch u. Szendera 1989) (Abb. 9.11).

Großflächige Tangentialschnitte des Cambiums zeigen an einer der Längskanten xylogene, an der anderen leptogene Cambiumderivate. Als Initialen können nur wenige Zellen in der Mitte des Schnittes bezeichnet werden. Lignifizierte Wände der sclerenchymatischen Elemente fehlen noch, sie bleiben ungefärbt und sind in der Photographie nicht zu erkennen (Abb. 9.12 A). Abbildung 9.12 B zeigt einen Ausschnitt aus dem Tangentialschnittpräparat von Abb. 9.12 A.

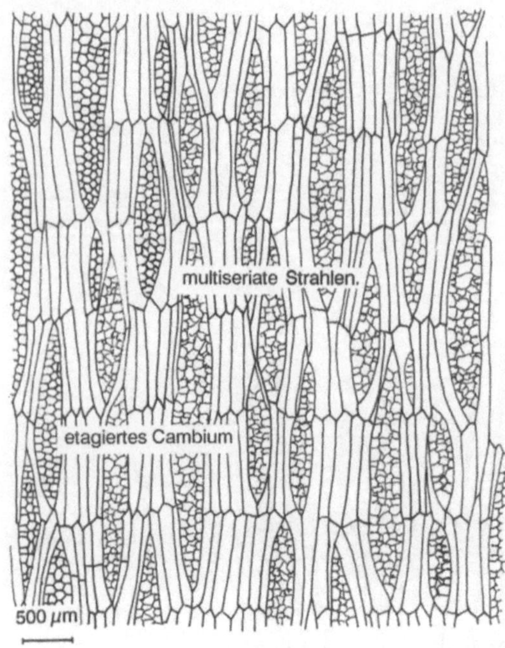

Abb. 9.8. Dieser Tangentialschnitt zeigt das Cambium von *Triplochiton scleroxylon* (Sterculiaceae), dessen axiale Initialen etagiert sind. Die Strahlinitialen sind dagegen nicht etagiert angeordnet. (Barghoorn 1941)

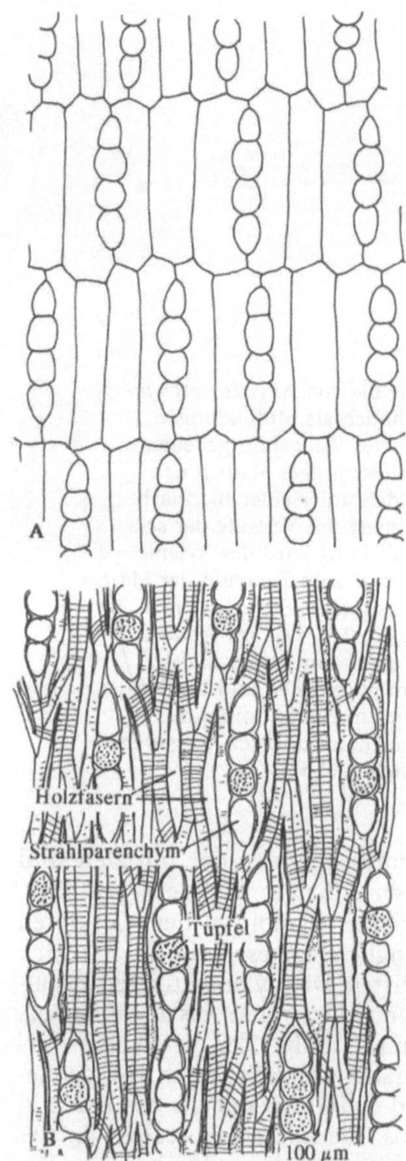

Abb. 9.9A, B. Bei *Guajacum officinale* (Zygophyllaceae) sind sowohl axiale Cambiuminitialen, als auch Strahlinitialen etagiert angeordnet (**A**). Schneidet man das Holz tangential (**B**); so bleibt zwar die etagierte Anordnung der Strahlen erhalten, die axialen Faserelemente haben sich jedoch intrusiv gegeneinander verlagert

Darin sind die Fasertracheiden und die noch jungen Strahlsclereiden im Umriß hervorgehoben. Letztere füllen den großen Innenraum der multiseriaten Strahlen aus. Die Strahlsclereiden sind Cambiumderivate, die später beim Ablösen des Bastes als Stifte im Holz steckenbleiben.

9.7 Jahreszeitliche Veränderungen des Cambiums

Die Struktur des Cambiums der Gehölze entwickelt sich durch die Sukzession von Holz- und Bastelementen, die schematisch in Abb. 9.2 dargestellt ist. Die hier als einzelne Schicht vorhandenen Initialen teilen sich ausschließlich tangential.

Im Verlauf eines Jahreszyklus zeigen Gehölzcambien Veränderungen der radialen Dicke der cambialen Schicht. Obwohl die Grenzen zwischen Cambium und beginnender Differenzierung seiner Derivate in beiden radialen Richtungen nicht immer scharf auszumachen sind, können bei *Thuja occidentalis* Zahlen zwischen drei und 13 als begrenzend angegeben werden (Abb. 9.13) (Krabel et al. 1994). Das Maximum

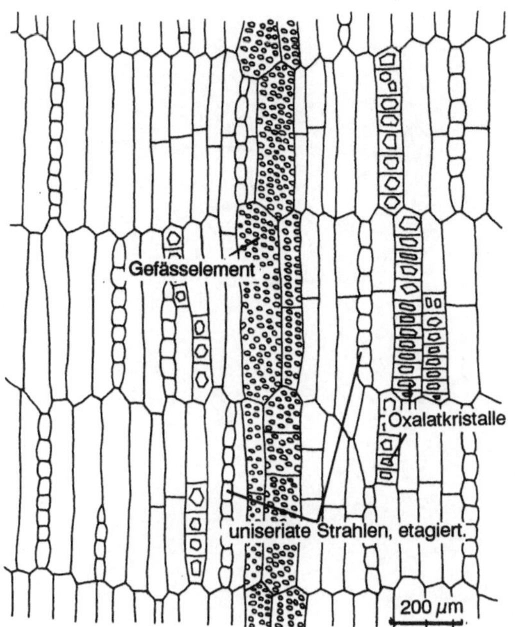

Abb. 9.10. Eine regelmäßige Etagierung findet man im Tangentialschnitt des Ambatschholzes (*Aeschynomene elaphroxylon*, Fabaceae), die in axialen Elementen und in Strahlen erhalten bleibt. (Wilhelm aus Wiesner 1927/28)

der cambialen Teilungsfrequenz liegt in Mitteleuropa zwischen Ende Mai und Anfang Juni, hängt aber auch von der Meereshöhe ab.

Bei einem Vergleich von 120 Jahre alten Buchen eines Standortes läßt sich aus dem Xylemzuwachs die cambiale Teilungsfrequenz ermitteln (Abb 9.14). Die xylogene Teilungstätigkeit setzte am 7.Mai ein und hatte am 26.Mai etwa 12 Zellagen Frühholz hervorgebracht. Das neue Xyleminkrement war am 8.September fertiggestellt, nur ein Teil des neuen Spätholzes ist in Abb. 9.14 dargestellt.

Auch bei diesem Beispiel liegt die höchste cambiale Teilungsrate zwischen Ende Mai und Mitte Juni. Teilt man die Anzahl von neu gebildeten Holzzellen durch die Zahl der inzwischen verstrichenen Tage, so erhält man cambiale tägliche Teilungsraten von 0,8 in der Zeit vom 7. bis 26. Mai, 4,8 in der Zeit vom 26. bis 31. Mai, 6,0 in der Zeit vom 31. Mai bis 16. Juni, 3,9 in der Zeit vom 16. Juni bis 24. Juli.

Es ist klar, daß sich eine einzelne Cambiuminitiale nicht 6mal am Tag teilen wird, vielmehr legt diese Aufstellung nahe, daß nicht nur die Initialen, sondern auch die noch nicht ausdiffe-

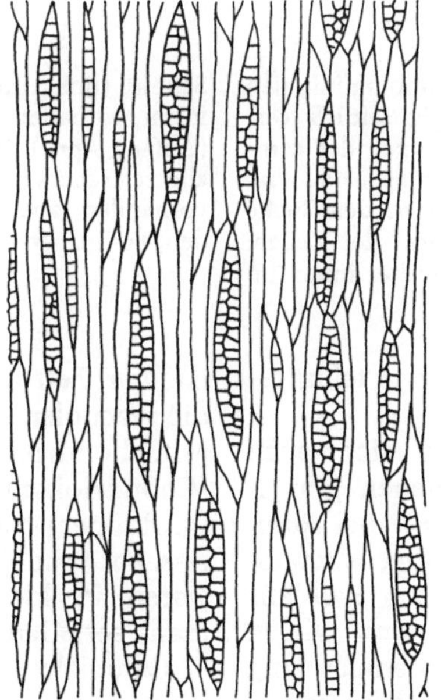

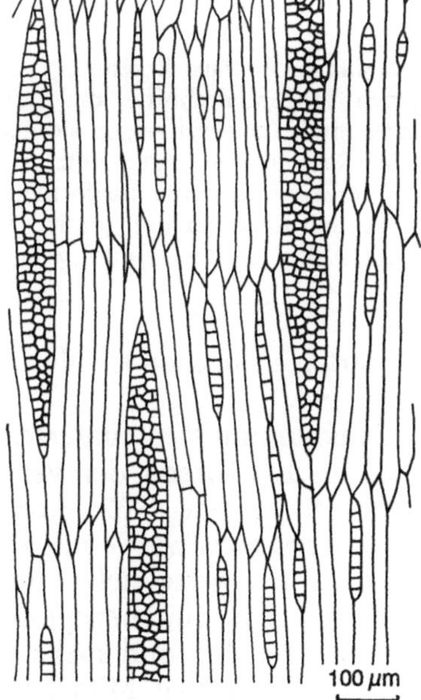

Abb. 9.11. In Tangentialschnitten des Cambiums einer 50jährigen Linde (*Tilia cordata*) haben die fusiformen Initialen annähernd konstante Höhe und Breite. Sie sind teils nichtetagiert (links), teils etagiert (rechts) angeordnet. Die Strahlinitialen können uni- bis multiseriat sein, aber alle Strahlen, die über die triseriate Strahldimension hinausgehen, sind wesentlich höher als die fusiformen Initialen. Offenbar gehen alle Strahlen aus fusiformen Initialen durch Mehrfachteilung hervor. Die multiseriaten Strahlen können auch durch Fusion mehrerer kleiner Strahlen entstanden sein. (Wloch u. Szendera 1989)

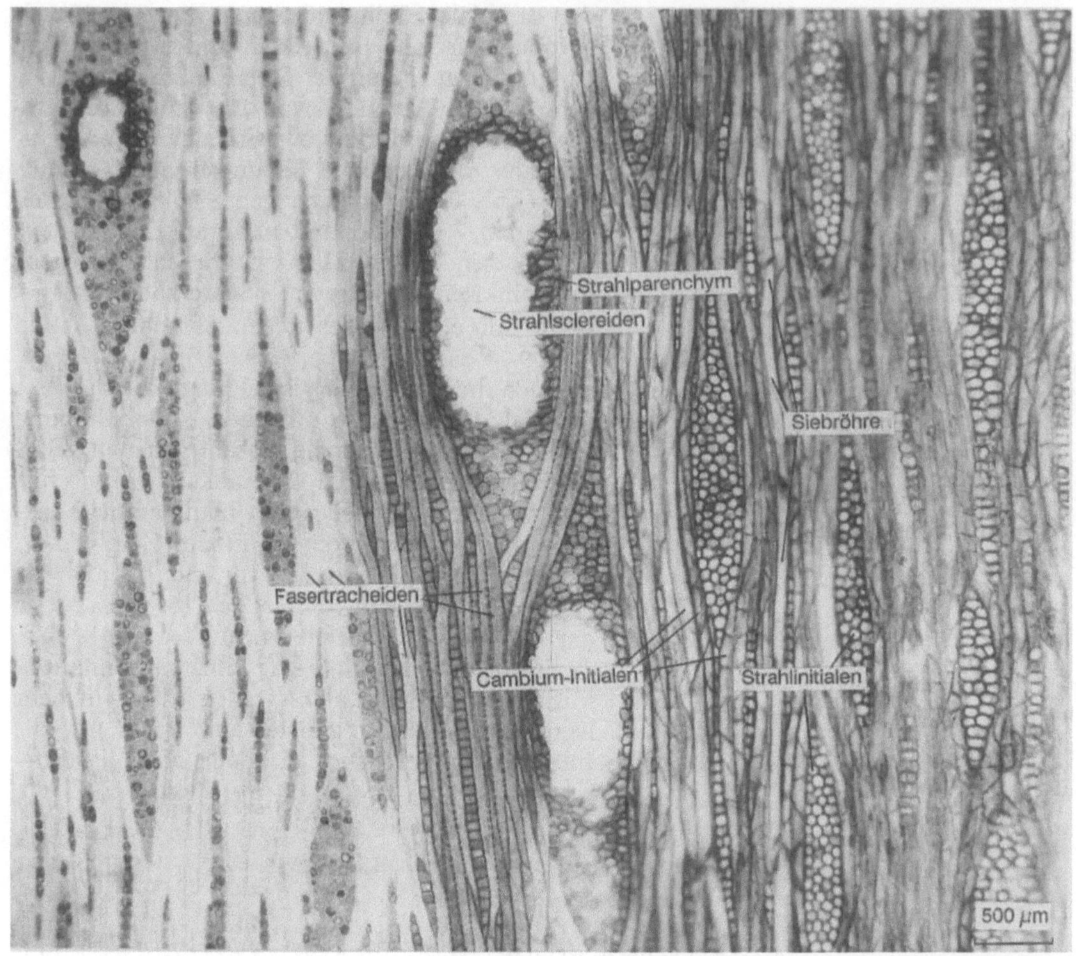

Abb. 9.12A, B. Zur Erkennung der Cambiuminitialen dienen Tangentialschnitte, die geringfügig seitlich verkantet sind. Im April zeigen sie alle Zelltypen der cambialen Region vom jungen Holz bis zum jungen Phloem. In **A** erkennt man die fusiformen Initialen der Buche (*Fagus sylvatica*) an der „optischen Leere" der Zellen; weiter außen (rechts im Bild), wie auch weiter innen im Schnitt (links im Bild) sind die Zellen zwar gleich geformt, enthalten jedoch färbbare Cytoplasmabestandteile (Anfang April). In **B** wird zeichnerisch verdeutlicht, daß alle sclerenchymatisch verdickten Zellwände zwar schon vorhanden, aber noch nicht färbbar sind (Strahlsclereiden, Fasertracheiden)

renzierten xylogenen Cambiumderivate teilungsfähig sind.

Cambiuminitialen unterscheiden sich auch cytologisch während der verschiedenen Jahreszeiten (Nougarède 1967; Buvat 1956). Bei *Robinia pseudoacacia* wurde mit Hilfe einer Hämatoxylinfärbung festgestellt, daß im Frühjahr (12.April) das Initialencytoplasma mit vielen kleinen Vacuolen und mehr oder weniger lang aneinandergereihten Mitochondrien ausgestattet ist. Zur Zeit aktiven Zuwachses (25.Juni) waren die Vacuolen fast ganz verschwunden und die Mitochondrien hatten sich zu langen Fäden (Chondriokonten) zusammengefügt. Im Herbst (4.Oktober) traten wieder zahlreiche scharf umrissene Vacuolen auf und die Chondriokonten waren in kleine Mitochondrien (Chondriosomen) zerfallen (Abb. 9.15).

Cambiale Teilungen werden während der Wintermonate nicht beobachtet, es sei denn, die

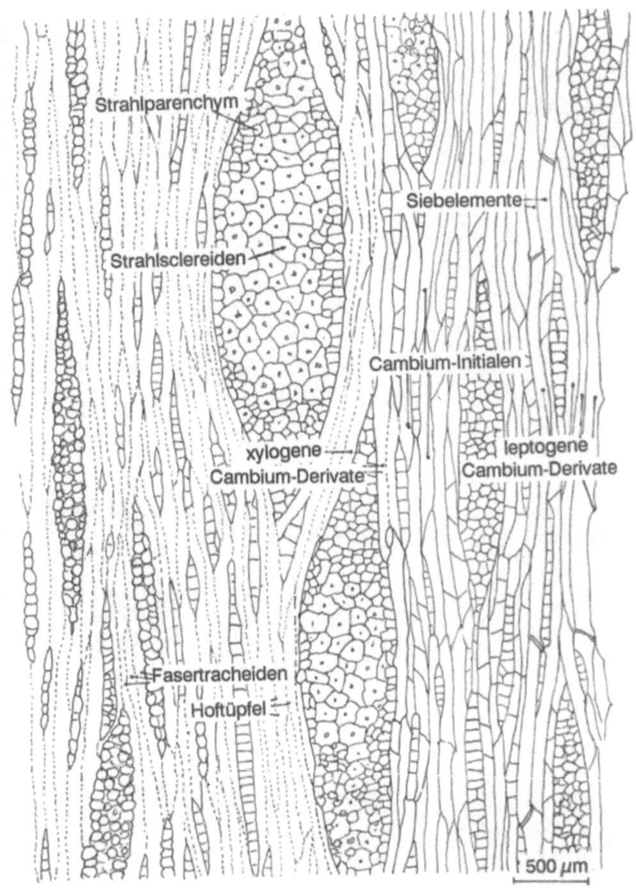

◀ **Abb. 9.12B**

Zellteilung hat sich bis in den Winter hinein verzögert. Im Frühjahr beginnt bei der Esche die mitotische Aktivität im Cambium der Terminalknospe und setzt sich basipetal mit einer Geschwindigkeit von 6 cm/Tag fort (Tepper u. Hollis 1967).

Bei *Tectona grandis* (Verbenaceae) verändert sich die Zahl der Strahlinitialenpopulationen jahreszeitlich infolge Aufteilung und Eliminierung von fusiformen Initialen. Auf einer Tangentiallänge von 1 cm traten im Mai weniger als 60, im Juli, August und September jedoch ca. 90 Populationen (zusammenhängende Gruppen) von Strahlinitialen auf (Rao 1988). Änderungen der Populationsgröße zusammenhängender Gruppen von Strahlinitialen beobachtet man auch in radialer Richtung (Abb. 9.16) (Barghoorn 1941).

9.8 Dilatation des Cambiums

Mit zunehmendem Stammumfang werden neue Cambiuminitialen erforderlich, die beim etagierten Cambium durch radiale Teilungen der Initialen entstehen. Beim nichtetagierten Cambium

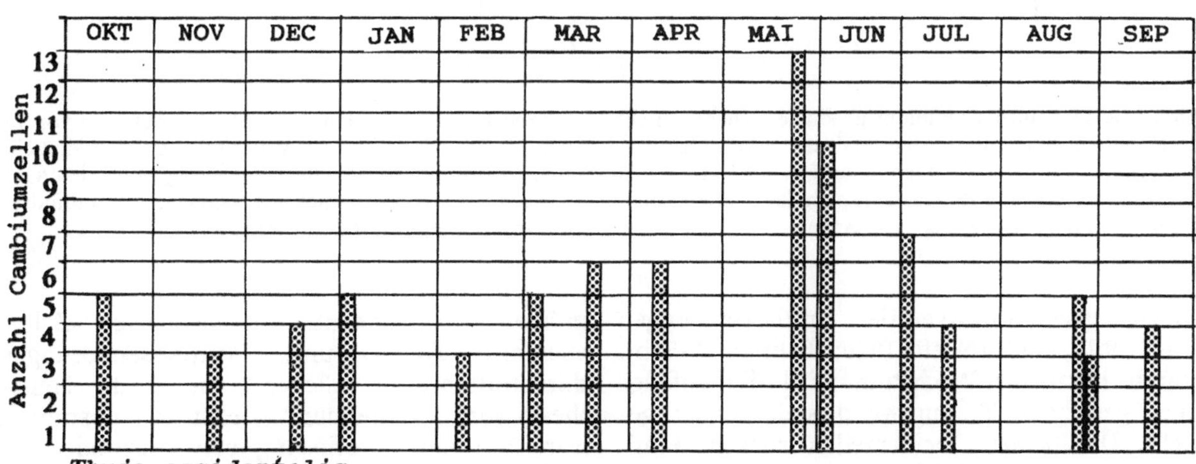

Abb 9.13. Bei der Auszählung aller cambialen Zellen einer radialen Reihe, die in den Querschnitten wie undifferenzierte fusiforme Initialen aussahen, ergab sich bei *Thuja occidentalis* Ende Mai/Anfang Juni das Maximum an „Cambiumzellen" (10 bis 13). Die geringste Dicke der Cambiumzone umfaßte 3 Zellen. Diese wurden sowohl im Winter (November und Februar) als auch Ende August gefunden

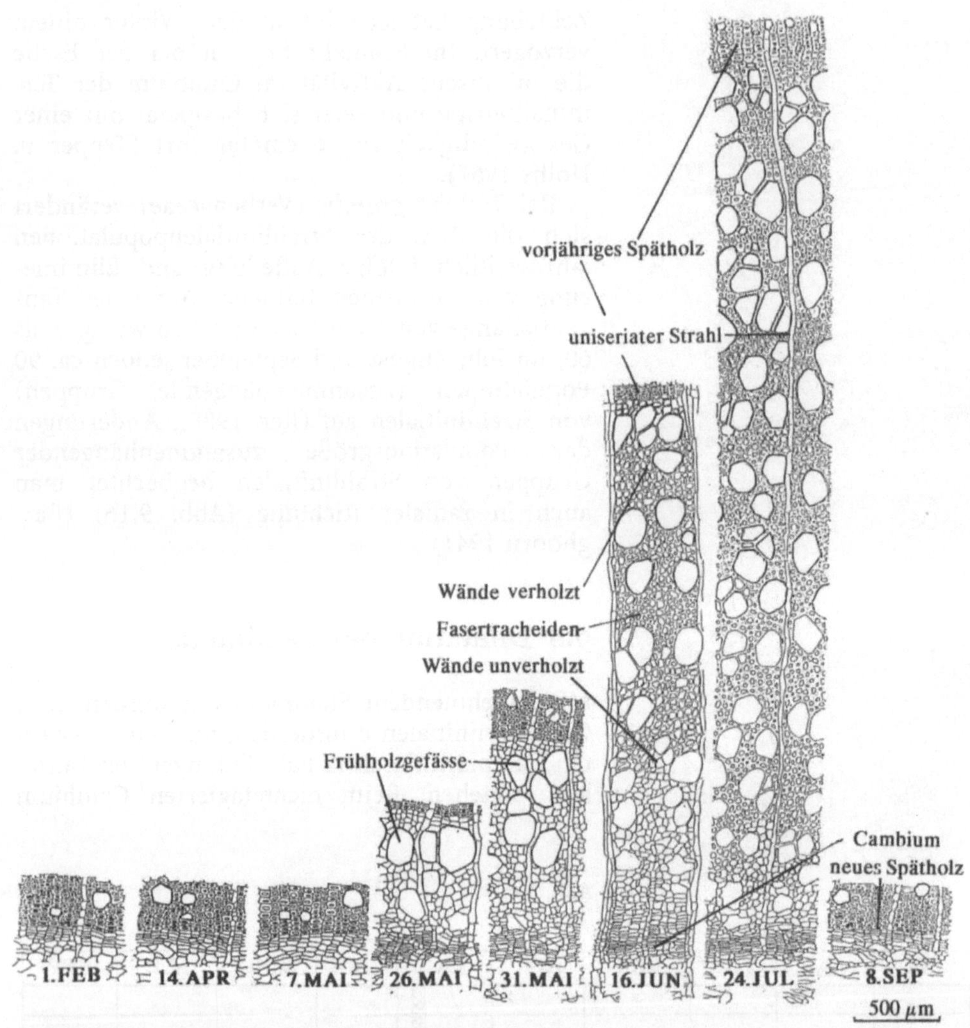

Abb. 9.14. Das Buchencambium produziert (neben nicht dargestelltem Phloem) ab Ende Mai das neue Holzinkrement. Die Zahl der xylogenen Teilungen beträgt ca. 100 bis zur Fertigstellung des neuen Spätholzes Anfang September. Durch Ermittlung der Anzahl neu gebildeter Holzzellen pro Tag bekommt man Teilungsraten von bis zu 6 pro Tag (Ende Mai bis Mitte Juni). Da sich eine einzelne fusiforme Initiale nicht so häufig teilen kann, ist anzunehmen, daß sich mehrere xylogene Cambiumderivate an der Zellproduktion beteiligen

treten pseudotransversale Initialenteilungen (Abb. 9.17) auf (Neeff 1920; Bannan 1951b). Durch intrusives Wachstum wird die anfangs quer gerichtete Teilungswand steil schräg gestellt. Die beiden Tochterzellen rücken damit streckenweise auf gleiche Höhe; sie liegen nun (periklin) nebeneinander. Der Cambiummantel ist an dieser Stelle um eine Zelle erweitert worden. Da derartige Positionsänderungen in Verbindung mit dem Streckungswachstum erfolgen, müssen alle tangential benachbarten Zellen ebenfalls Form- und Positionsänderungen durchführen. Ein „Gleiten“, wie es die Hypothese vom „gleitenden Wachstum“ postuliert, wäre mit einer Auflösung von Plasmodesmen und Tüpfeln verbunden. Das intrusive Wachtum erfordert allerdings auch Anpassungen in radialer Richtung. In Abb. 9.18 ist ein kleiner Ausschnitt aus dem Cambium dargestellt. Die gemeinsame, punktiert dargestellte Wandpartie

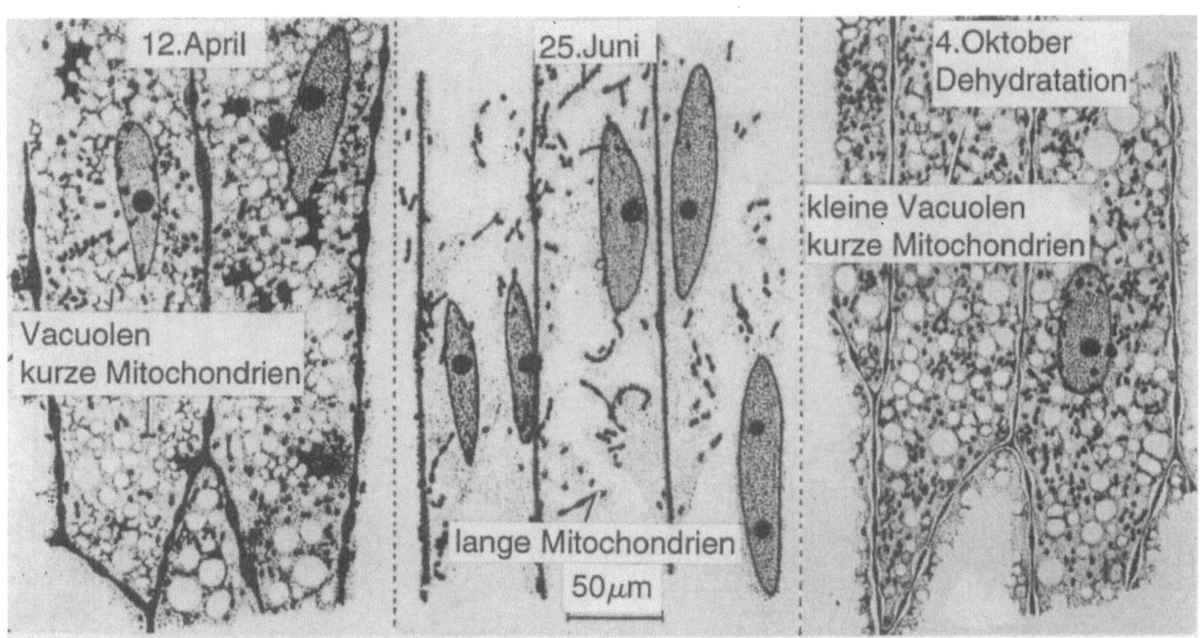

Abb. 9.15. Mit Hilfe einer Hämatoxylinfärbung sind bei *Robinia pseudoacacia* drei Stadien cytologischer Veränderungen in Cambiuminitialen dargestellt worden. Da Gefrierschnitte verwendet wurden, sind Einbettungsartefakte auszuschließen. Die Formveränderungen der Mitochondrien im Verlauf einer Saison sind zwar als realistisch zu betrachten, Rückschlüsse auf Stoffwechselaktivitäten zu ziehen, ist aber kaum angebracht, weil jeder der dargestellten Gewebeausschnitte möglicherweise aus einer anderen tangentialen Ebene des Cambiums stammt. (Buvat 1956)

der Zellen C und B wird nicht nur länger, sondern auch breiter. Ein ähnliches Wachstum muß auch in allen anderen Wänden der beteiligten Zellen eintreten.

Positionsänderungen von Cambiumderivaten sind in Abb. 9.19 über einen Zeitraum von neun Jahren in Tangentialansichten dargestellt. Zelldifferenzierungen sind nicht berücksichtigt. Man erkennt, daß die Trennung der punktierten von der schräg schraffierten Initiale durch Intrusion eines Strahls (von unten) und einer fusiformen Initiale (von oben) über einen Zeitraum von fünf Jahren verteilt ist, wofür noch eine weitere pseudotransversale Teilung (im Inkrement 1970) erforderlich wurde (Zagorska-Marek 1984).

Initialenvermehrung wird durch Initialenelimінierung teilweise kompensiert (Bannan 1951 a), wobei die Initiale ohne Teilung in das Holz oder den Bast verlagert wird und die tangential benachbarten Initialen den frei gewordenen Platz einnehmen. Ferner können Strahlinitialen durch mehrfache Querteilung aus fusiformen Initialen gebildet werden, und umgekehrt können Strahlinitialen sukzessive eliminiert werden, so daß der Strahl unter Umständen vollständig aufgelöst wird und an seiner Stelle nur noch fusiforme Initialen vorhanden sind.

Welchen Zweck diese ständigen Neubildungen und Eliminierungen erfüllen, ist nicht erkennbar. Sie zeigen, daß sich das Cambium anpaßt, möglicherweise, um ein bestimmtes Verhältnis von axialem zu radialem Stammgewebe aufrechtzuerhalten, während der Stamm an Dicke zunimmt.

Im etagierten Cambium sind oft auch die Strahlinitialen etagiert angeordnet (Abb. 9.9 A, 9.10). In Tangentialansicht zeigen die etagierten Strahlen ein regelmäßiges Muster mit gleichbleibenden Strahlabständen (Abb. 9.9 A, B), woraus

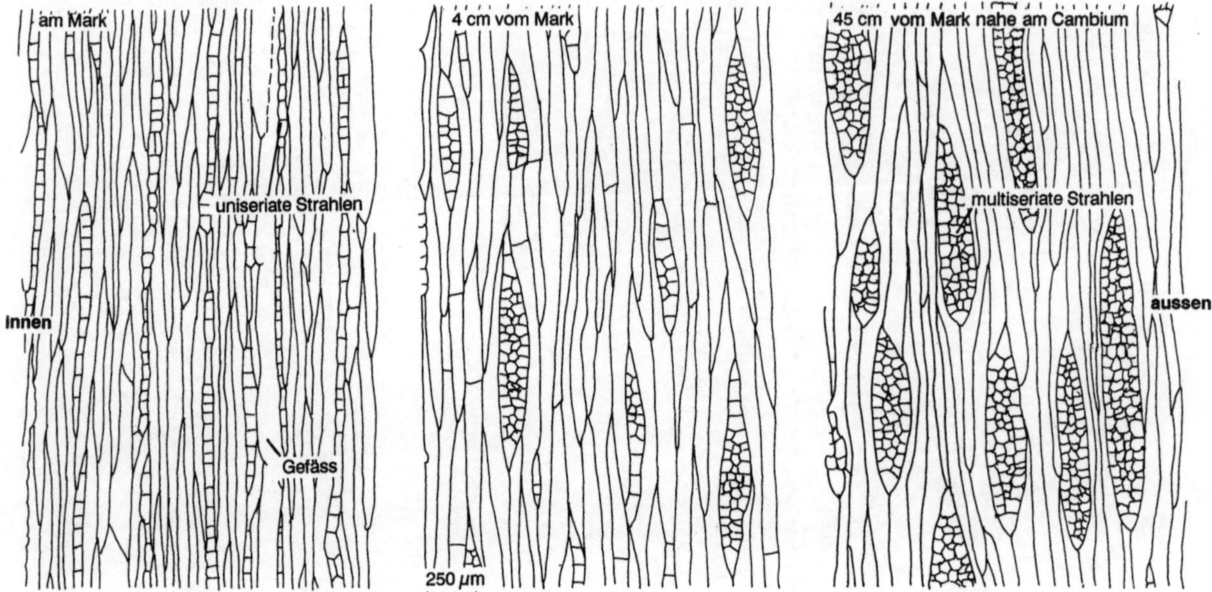

Abb. 9.16. Die zeitliche Entwicklung des Strahlsystems bei *Bursera simaruba* ergibt sich durch Vergleich von Tangentialschnitten, die entweder dicht am Mark aus dem älteren Holz oder aus dem cambiumnahen Holz gewonnen wurden. Zu Beginn des Dickenwachstums sind nur uniseriate Strahlen vorhanden, später treten bi- und tri-seriate Strahlen hinzu und im jüngsten Holz sind nur noch multiseriate Strahlen zu finden. Es ist denkbar, daß die Erweiterung des Cambiummantels, die Bildung breiterer (multiseriater) Strahlen begünstigt. (Barghoorn 1941)

abzuleiten ist, daß während der sekundären Verdickung auch neue Strahlen in das etagierte Muster eingefügt werden.

Pseudotransversale Teilungen fusiformer Cambiuminitialen führen oft zur Ausbildung von S- oder Z-Teilungsdomänen (Bezirken) (Hejnowicz 1964, 1973), die eine Richtungsänderung der Faserung des Stammes (spiral grain) verursachen können, wenn eine der beiden Domänen überwiegt. Das Abwechseln von S- und Z-Teilungsdomänen äußert sich in einer welligen Faserung (wavy grain) (Hejnowicz 1974). Ein solcher Wechsel erfolgt in der Regel langsam, innerhalb von zwei bis zehn Jahren. Z- und S-Domänen treten bei jungen *Platanus*-Stämmen bereits im 1. Jahrring auf. Dies hängt offenbar damit zusammen, daß der Stengel noch deutlich in Knoten und Internodien unterteilt ist (Krawczyszyn 1973). Ein Wechsel kann aber auch innerhalb eines Jahrrings auftreten. Diese Erscheinung ist durch einen Film belegt, der aus den Photographien einer großen Serie sukzessiver Stammquerschnitte hergestellt wurde (Zimmermann 1971). Beim Betrachten des Films „wandern" die „Poren", also die Gefäßquerschnitte, in tangentialer Richtung, und oft gegenläufig innerhalb eines Jahrringes (*Cedrela odorata*, Meliaceae). Bei wiederholter Betrachtung des Films wird erkennbar, daß etwa eine Spätholzpore an Ort und Stelle verharrt, während die Poren benachbarter Gefäße tangential verlagert werden.

Eine räumliche Rekonstruktion des Verlaufs von 28 Gefäßen ist in Abb. 9.20 dargestellt. In dieser Zeichnung ist die vertikale Anordnung der Gefäße um das 10fache verkürzt dargestellt (nach Zimmermann 1971).

Pseudotransversale Teilungen sind bei etagierten Cambien nicht beobachtet worden, ein „grain", wie es durch S- und Z-Domänen verursacht wird, dürfte dort nicht vorkommen (Savidge u. Farrar 1984).

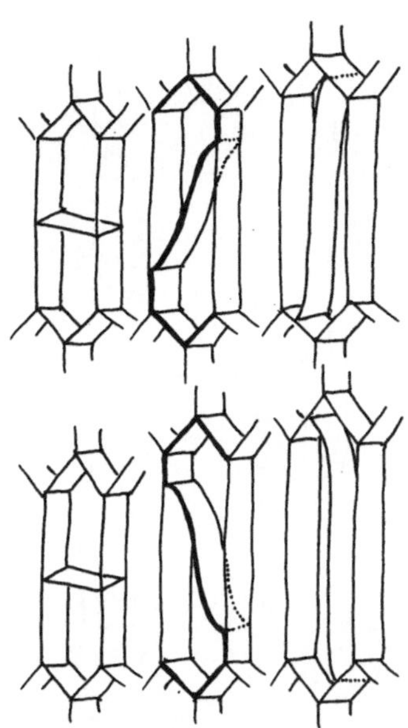

Abb. 9.17. Die Erweiterung des Cambiummantels macht die Vermehrung der Cambiuminitialen erforderlich. Radiale Teilungen sind nicht beobachtet worden. Es hat sich jedoch herausgestellt, daß pseudotransversale Initialenteilungen zum Erfolg führen. Durch intrusives Wachstum richtet sich die Transversalwand (Querwand) so weit auf, daß statt einer nun zwei Initialen nebeneinanderliegen. Beim intrusiven Wachstum bleibt die Form der Ausgangszelle nicht erhalten. Die Z-Teilung (oben) verlangt ein Mitwachsen der Wände durch linksorientierte Rotation; die S-Teilung (unten) läßt dagegen eine rechtsorientierte Rotation erwarten. Da alle benachbarten Initialen von diesen Rotationen beeinflußt werden, kann es zu Drehwuchserscheinungen kommen, wenn entweder Z- oder S-Teilungen vorherrschen

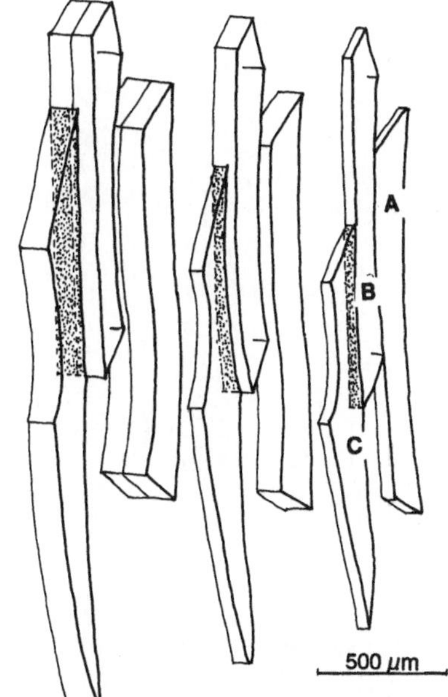

Abb. 9.18. Die drei Cambiumzellen A (1548 µm), B (1476 µm) und C (1550 µm) sind einem Tangentialschnittpräparat von *Fagus sylvatica* entnommen. Ihre Differenzierung führt möglicherweise bei den Zellen A und B zu radialem Wachstum und tangentialer Teilung. Zelle C streckt sich und erweitert sich radial. Ihre Kontaktwand zu B ist punktiert hervorgehoben; dieser Wandabschnitt wächst intrusiv in die Länge und verbreitert sich auch radial. Bei konzertiertem Wachstum muß sich die punktierte Wand der Zelle B ebenfalls vergrößern, was zur Folge hätte, daß sich die Restwand der Zelle B verkürzt. Da dies nicht möglich ist, wird durch rechtsorientierte Rotation das gesamte Zellgefüge in Mitleidenschaft gezogen

9.9 Anomalien des cambialen Wachstums

Ein anomales cambiales Wachstum kann durch ein solches Cambium verursacht werden, das von der zylindrischen Mantelform abweicht. Es folgt nicht mehr dem Zwang der kleinsten Oberflächenausbildung.

Am Beispiel der diarchen Wurzel von *Urtica dioica* (Abb. 2.17) wird deutlich, daß die ovale Querschnittsform des Cambiummantels von Art und Verteilung des xylogenen sekundären Gewebes beeinflußt wird: Gefäße und Fasern - auch wenn lückig ausgebildet - bewirken eine radiale Festigung, Stärkeparenchym ermöglicht eine radiale Kompression.

Bei Flachstämmen und -wurzeln nimmt das Cambium ovale bis gestrecktovale Querschnittsformen an: *Guajacum, Machaerium, Bauhinia.* Bei *Haematoxylon campechianum* und *Lantana*-Arten, die gelappte Stammquerschnitte aufweisen, folgt das Cambium ebenfalls dieser Form.

Bei manchen Bignoniaceen ist das Stammcambium lückig. Weiter verbreitet sind foraminate Stämme, die eingeschlossenes Phloem im Querschnitt zeigen; *Neea* (Nyctaginaceae), *Erisma* (Vochysiaceae), *Simmondsia* (Buxaceae), *Doliocarpus* (Dilleniaceae), *Pueraria* und *Wistaria*

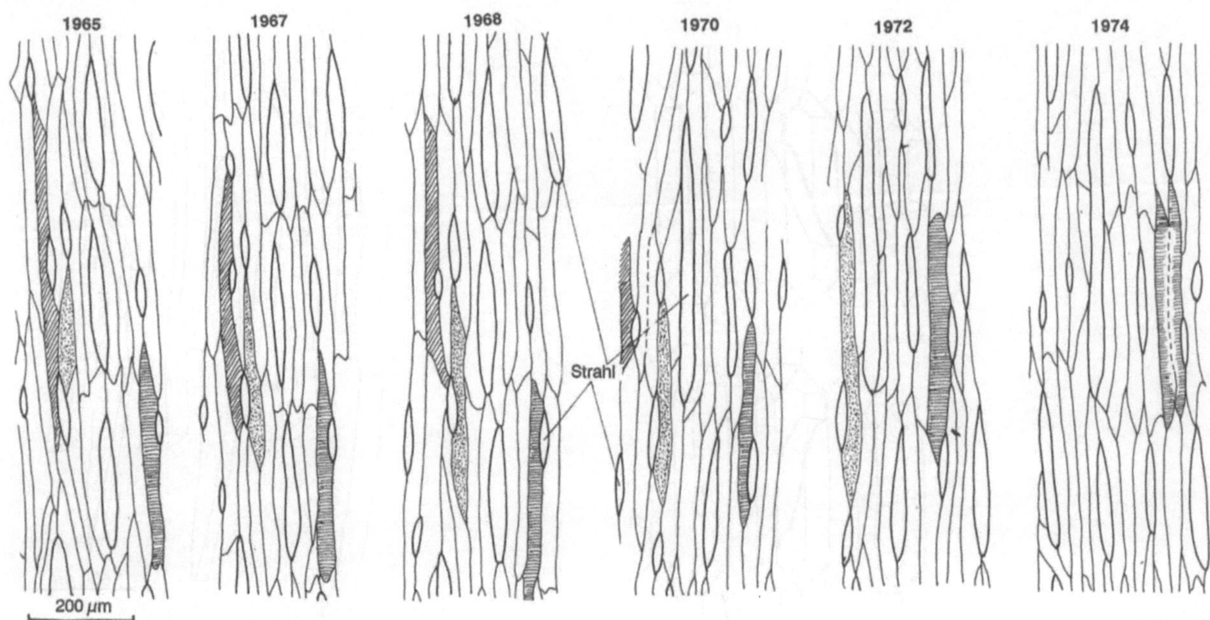

Abb. 9.19. Langfristige Positionsänderungen von Zellen im Holz von *Tilia* spec. Die Tangentialschnitte zeigen, daß die punktiert und schrägschraffiert dargestellten Initialen-derivate durch tangentiale Erweiterung des Cambiummantels aus dem Untersuchungsfeld „ausgewandert" sind. Die quer-schraffierte Zelle wurde zum Schluß tangential verdoppelt, ihre Initiale hat vermutlich eine pseudotransversale Teilung durchgeführt. (Wiesner 1927/28)

(Fabaceae). Das eingeschlossene Phloem ist sekundärer Natur, es wird von xylogenen Cambiuminitialen gebildet.

Inwieweit diese Sonderformen funktionelle Besonderheiten aufweisen, ist nicht zu beurteilen.

Auch die „gezahnten" Cambien der Lianen (*Clematis vitalba*, Abb. 9.3) stellen Anomalien dar, ihre Entstehung in seitlichem Kontakt mit den Markstrahlen, die jeweils eine Blattspur begrenzen, weist darauf hin, daß die Eingliederung des Cambiumstreifens der Blattspur die cambiale Struktur des Stammes verändert.

Als Anomalie ist auch die Haselfichte (Fichte mit Haselwuchs) zu nennen, deren Cambium im Querschnitt wie die Kontur eines Zahnrads verläuft, so daß Jahrringkerben auftreten (Ziegler u. Merz 1961). Das Holz der Haselfichte wird für Decken von Streichinstrumenten und Klavierresonanzböden verwendet (vgl. EXKURS 8 Xylophonie, Abb. 9.21).

9.10 Xylogene Cambiumderivate

Die xylogene Funktionalität des Cambiums bedarf keiner Diskussion, wenn man sich die mächtigen Stämme der Waldbäume vorstellt.

Abhängig von der Induktion cambialer Teilungen im procambialen Restmeristem werden sekundäre Xylemelemente entwickelt, die funktionell und oft auch strukturell das Metaxylem fortsetzen.

Dieser – bei den Monocotylen nicht erforderliche – Wechsel ins cambiale Regime ergibt sich aus der Notwendigkeit, bei perennierenden Arten das „aufgebrauchte" primäre Meristem (Procambium) zu ersetzen. Allerdings ist die Struktur des Leitbündelrohrs, der Eustele, für die Anlage eines Cambiums besonders geeignet, zu Beginn in Form faszikulärer Cambium-streifen, die dann interfaszikulär zum Mantel vereinigt werden.

Bei den Monocotylen, die keine Eustele haben, bleibt das Stengelprocambium erhalten; es

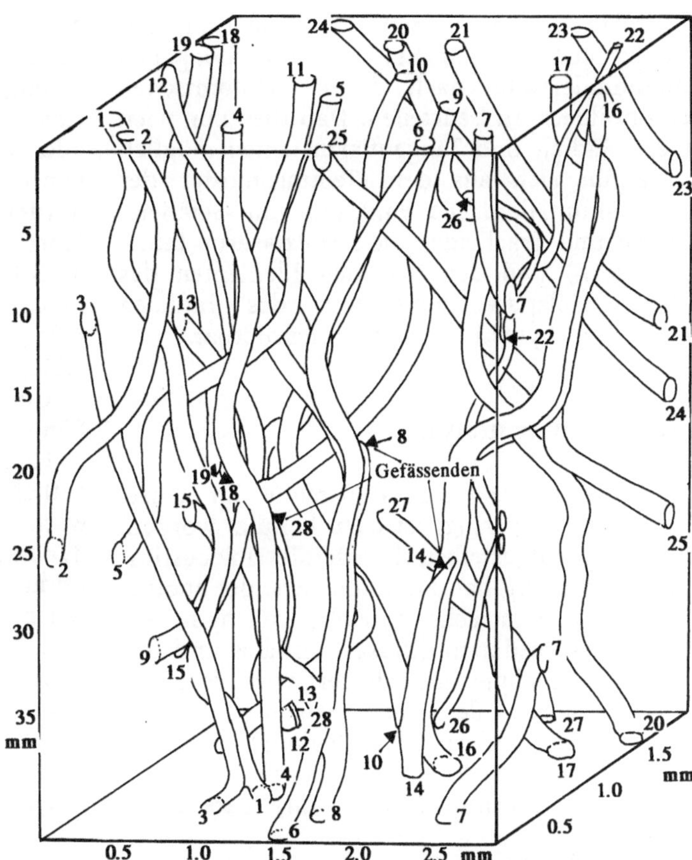

Abb. 9.20. Anhand von Serienquerschnitten wurde der Verlauf von 28 Gefäßen in einem Holzblock von *Cedrela odorata* (Meliaceae) über eine Strecke von 40 mm verfolgt. Trotz der axial 10f.ach verkürzten Darstellung wird deutlich, wie krumm die Gefäße im Zigarrenkistenholz verlaufen. Jedes Gefäßelement ist aber Derivat einer axial gestreckt orientierten Cambiuminitiale. Die Krümmungen sind also auf nachträgliches intrusives Wachstum zurückzuführen. Die Pfeilspitzen deuten auf Gefäßenden. (Zimmermann 1971)

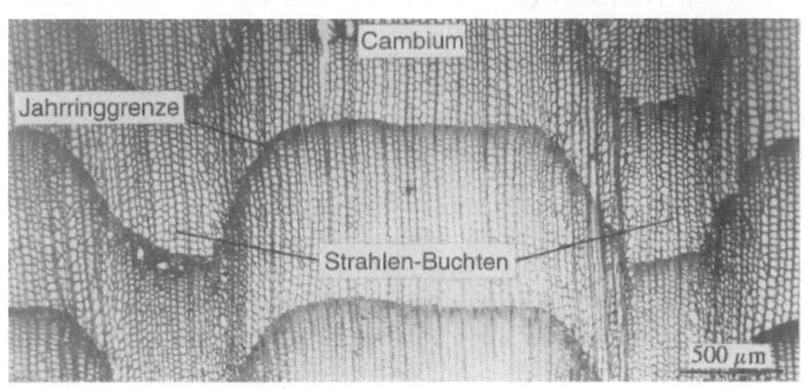

Abb. 9.21. Als Klangholz für Geigendecken ist die Haselfichte (*Picea abies*) berühmt. Im Querschnitt sind überall im Umfang des Cambiums Einbuchtungen zu sehen, in denen besonders reichlich Strahlen auftreten. Der Haselwuchs tritt an der astlochfreien Stammbasis auf

wird – bei den Gräsern deutlich sichtbar – in der Knotenregion intercalar ergänzt. Die Bedeutung des Procambiums für die „Verankerung“ der Blattspuren im Stengel wurde bereits erörtert.

Ein vereinfachtes Modell ohne Beziehung zu cambialer Aktivität und Phyllotaxis ist in Abb. 2.5 dargestellt. Die punktierten Blattspuräste enthalten noch Procambium. Die sich daraus differenzierenden Leitbündel sind durch Anastomosen oder direkten seitlichen Phloemkontakt für den Austausch von Assimilaten geeignet; sie versorgen junge Blattanlagen mit Assimilaten der exportierenden (Source-) Blätter.

Infolge der dominierenden Bedeutung der Gehölze hat es sich bewährt, die xylogenen Cambiumderivate nach ihren anatomischen Schnittbildern zu beurteilen. Daß dies nur nach Quer-, Radial- und Tangentialansichten möglich ist, ergibt sich aus dem Teilungsmuster der Cambiuminitialen. Die Funktion von Gefäßelementen und Tracheiden, von Holzfasern (Libriformfasern) und den lebenden Elementen des axialen Holzparenchyms und des radialen Strahlparenchyms ist eindeutig definierbar.

9.11 Holzparenchym

Die Position des Holzparenchyms im Querschnitt eines Jahrrings ist dazu benutzt worden, ein System aufzustellen, das für die Holzbestimmung Bedeutung hat. Man unterscheidet apotracheales und paratracheales Holzparenchym, wobei ersteres wieder in diffuses, initiales und terminales Parenchym untergliedert wird, je nachdem, ob während der ganzen Saison (diffus: *Alnus*, diffus-aggregiert: *Tilia, Juglans*) oder nur im Frühholz (initial: *Tectona grandis*) oder nur im Spätholz (terminal: *Magnolia*) Parenchym auftritt.

Im paratrachealen System können die Parenchymzellen (vasizentrisch) unmittelbar den Gefäßwänden anliegen, es sind die Belegzellen, die zur Bildung von Thyllen geeignet sind.

Zum paratrachealen System gehören aber auch Parenchymzell-gruppen, die Gefäße nur berühren. Solche Parenchymzell-gruppen können abaxial (in ihrer Entstehung dem Gefäß nachfolgend) oder adaxial (der Gefäßbildung vorausgehend), jedoch auch tangential an ein Gefäß anschließend vom Cambium produziert werden. Die verschiedenen Querschnittsbilder haben Bezeichnungen wie unilateral-paratracheal (*Terminalia ivorensis*, Combretaceae), aliform (*Drosimum paraense*, Moraceae), confluent (*Dalbergia latifolia*, Fabaceae), gebändert-confluent (*Andira inermis*, Fabaceae) erhalten. Vertreter der Fabaceen sind offensichtlich besonders erfindungsreich in der Konstruktion solcher Holzparenchymmuster.

Die benannten Holzparenchymmuster sind infolge des Auftretens von Übergangs- und Kombinationsformen nicht scharf abgegrenzt. Außerdem gibt es Bänder von axialem Parenchym, die abhängig (paratracheal) oder unabhängig (apotracheal) von den Gefäßen den Jahrring tangential durchziehen. Sie können schräg oder konzentrisch angelegt werden. Wenn sie konzentrisch angelegt und scharf abgesetzt sind, werden sie als „falsche Jahrringe" (eigentlich Jahrringgrenzen) bezeichnet. Das Cambium muß für die Bildung solcher konzentrischer Parenchymbänder zur Zeit ihrer Anlage einen Impuls erhalten haben, der alle Initialen veranlaßte, Parenchymzellen zu bilden.

Über die vertikale Längsausdehnung solcher Bänder liegen keine Untersuchungen vor.

Holzparenchymzellen können Stärkeplastiden enthalten. Die Stärkemenge des Holzparenchyms wechselt im Verlaufe eines Jahres. Diese Stärkedynamik entspricht derjenigen der Holzstrahlen. Dadurch ist zu erkennen, daß axiales Holzparenchym und Xylemstrahlparenchym eine funktionelle Einheit bilden. Das Maximum der Stärkeeinlagerung fällt in den Oktober, das Minimum tritt in der Zeit der Blattentfaltung auf (Mai). Allgemein lassen sich in einem Baum vier Phasen der Stärkeakkumulation bzw. Stärkehydrolyse aufstellen:

- Alle Reservoire bis zum Oktober im Sommer und Herbst aufgefüllt,
- winterlicher Stärkeabbau von November bis Februar,
- Einlagerung von Stärke für die Knospenentwicklung im März und April,
- vollständiger Verbrauch aller Stärkereserven bei der Blatt- und Zweigentwicklung im Mai (Eschrich 1989; Essiamah u. Eschrich 1995).

Holz- und Strahlparenchym zeigen bei den paratrachealen Systemen enge Beziehungen zu den Gefäßen. Als Belegzellen wachsen vasizentrische Holzparenchymzellen mit dem sich intrusiv expandierenden Gefäß mit (Abb. 9.28), wobei der Kontakt zwischen Gefäß und Belegzellen gelöst werden kann oder nur noch auf die Tüpfel beschränkt bleibt.

Durch das Einwachsen von Parenchymzellen in das Gefäßlumen werden Thyllen gebildet (Abb. 9.22, 9.23), denen die Funktion zugeschrieben wird, das Gefäßlumen einzuengen oder gar zu verschließen, um die Wasserleitung

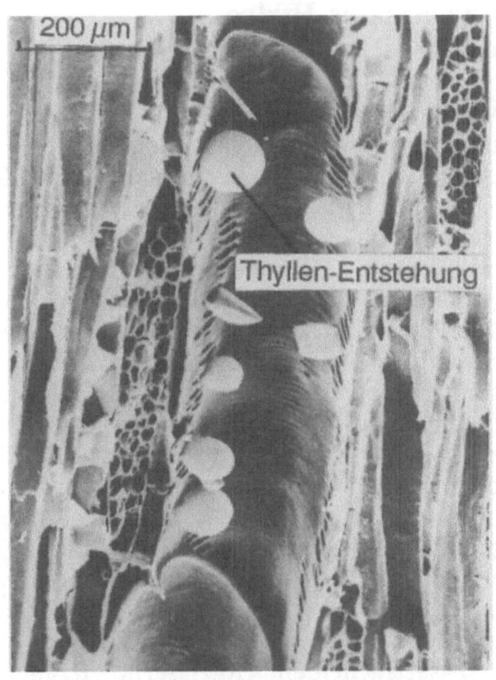

Abb. 9.22. Die Entstehung von Thyllen beruht auf dem Einwachsen parenchymatischer Belegzellen in das Lumen eines Gefäßes. Das abgebildete Anfangsstadium der Thyllen bei der Lauracee *Nectandria* spec. zeigt, daß die Parenchymzellwand in einen primordialen Zustand übergegangen ist. (Fink 1986)

zu reduzieren und auch, um das Eindringen von Luftblasen zu verhindern. Solche Thyllenzellen können auch sekundäre Wandverdickungen ausbilden und die Struktur von Steinzellen annehmen (Abb. 9.24).

In ähnlicher Weise können Epithelzellen in Harzkanäle und Phloemparenchymzellen in Siebelemente einwachsen, man hat sie Tylosoide genannt (Mauseth 1988).

Unter den Coniferenfamilien fehlt axiales Holzparenchym bei Taxaceen und Araucariaceen; bei Pinaceen tritt es selten auf, ist dagegen bei Taxodiaceen und Cupressaceen reichlich vorhanden.

Kristallzellreihen sind fusiforme Holzparenchymzellen, die durch mehrfache Querteilung zu einem Strang kurzer Parenchymzellen geworden sind (Strangparenchym), und die in jeder der entstandenen Zellen einen Oxalatkristall oder eine Oxalatdruse ausbilden. Oxalatraphiden treten im Holz selten auf.

Das Vorkommen von Calciumoxalatkristallen ist manchmal auf bestimmte Bereiche eines Jahrrings beschränkt. Bei *Acer campestre* treten Oxalatkristalle nur im Spätholz der jüngsten Inkremente auf; im Spätholz älterer Jahrringe fehlen sie. Das bedeutet, daß Calciumoxalat offenbar abgebaut werden kann, trotz der Tatsache,

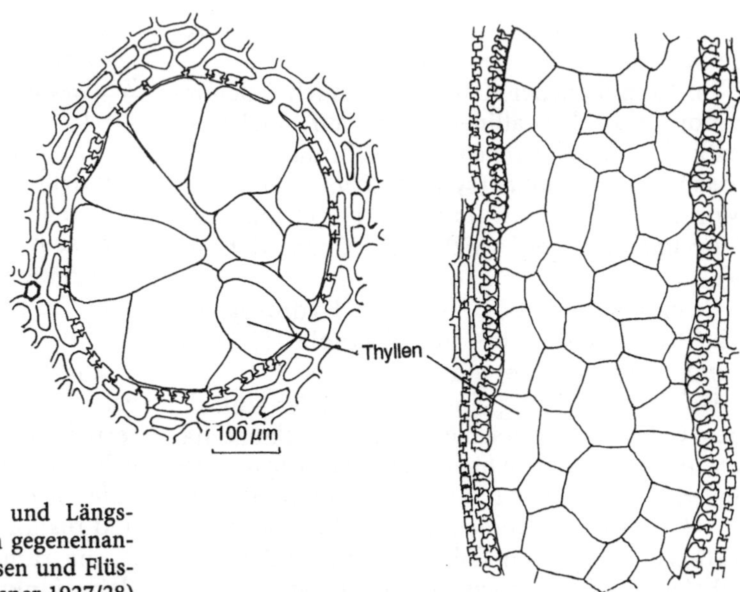

Abb. 9.23. Thyllen der Robinie im Quer- und Längsschnitt des Gefäßes. Sobald sich die Thyllen gegeneinander angepaßt haben, ist die Passage von Gasen und Flüssigkeiten unterbunden. (Strasburger aus Wiesner 1927/28)

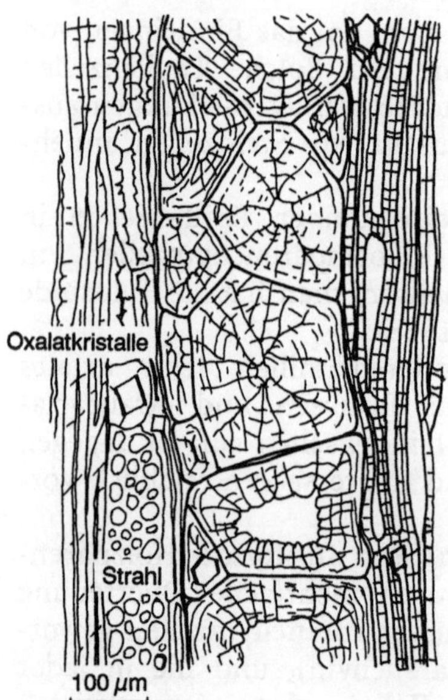

Abb. 9.24. Thyllen können versteinen, indem dicke Sekundärwände angelegt werden, wie hier bei der Moracee *Brosimum alicastrum* (Letternholz). Damit gewinnt das Holz eine andere Qualität. Das Vorhandensein von Tüpfelkanälen in den verdickten Thyllenwänden beweist, daß zwischen den einzelnen Thyllenzellen ein symplastischer Kontakt hergestellt wurde. (Wiesner 1927/28)

daß dieses Salz nur in Mineralsäuren löslich ist, die in Pflanzen nicht vorkommen.

Im Holz mancher Arten treten auch Calciumcarbonate in kristalliner Form auf, meist als weißliche Ablagerungen in Hohlräumen und Rissen: *Chlorophora* (syn. *Maclura*) *tinctoria*, (Moraceae) *Lophira lanceolata* (Ochnaceae), *Swietenia mahagoni* (Meliaceae, Cuba Mahagony).

Calciumphosphat oder Hydroxyapatit $[Ca_5(PO_4)_3(OH)]$ tritt im Teakholz (*Tectona grandis*, Verbenaceae) auf.

Welche Bedeutung die schwer- oder unlöslichen Calcium-Niederschläge für die Pflanze haben, ist nur unbefriedigend zu beantworten. Sie dienen vielleicht dazu, einen Überschuß an Säuren (Oxalsäure, Kohlensäure, Phosphorsäure, Pektinsäure) oder an Calcium dem Stoffwechsel vollständig oder zeitweise zu entziehen.

9.12 Axiales Hydro- und Festigungssystem

Wasserleitung und Festigung sind die Hauptmerkmale eines Stengels oder Stammes. Die ursprünglich dafür konstruierten Tracheiden sind während der Evolution vielfach abgewandelt worden. Da die heutigen Systeme mit Gefäßen und Fasern (Dicotylen) dem Tracheidensystem (Coniferen) an Effektivität und Wuchs nicht überlegen sind, kann man nicht von einem optimalen System sprechen, das für die Wasserversorgung von Blättern und der Baumkrone sowie für das elastische Abfangen von kurz- und langzeitigen Windstößen entwickelt wurde. Die heutigen Systeme vereinigen Biegsamkeit und Torsionselastizität mit einer konstanten Kapazität für die Wasserversorgung des oberirdischen Pflanzenkörpers. Sie wachsen und funktionieren auch unter extremen Bedingungen von Trockenheit und Frost.

Fasertracheiden, Holzfasern, oft auch gelatinöse Fasern treten bei den Dicotylen vorzugsweise in Paketen oder Blöcken auf. Diese Ballung festigender Elemente wird mit den Tracheiden der frühen Gymnospermen verglichen, die weniger als spezifische Wasserleitbahnen, sondern eher als Festigungsblöcke des stehenden Stammes konzipiert waren. Als mit den Dicotylenstämmen eine Funktionsaufteilung in Festigungs- und Wasserleitelemente stattfand, wurde das übernommene mechanische Prinzip der „Faserblöcke“ beibehalten, bei denen sich die Zugfestigkeit der einzelnen Faserelemente addiert.

Hauptcharakteristikum einer Faser ist ihre spindelförmige, also beidseitig zugespitzte Gestalt. Die Faserspitzen können so lang ausgezogen sein, daß eine „Verspinnung“ der Zellen miteinander eintritt. Damit wird – wie bei einem Gespinnst – Zugfestigkeit durch Reibung erhöht.

Die Einteilung in Fasertracheiden (*Fagus sylvatica*) mit rudimentären Tüpfelhöfen und Fasern ohne Tüpfelhöfe ist entwicklungsgeschichtlich begründet. Septierte Fasern (*Zingiber officinale*, Rhizom), gelatinöse Fasern, Ersatzfasern und fusiforme Holzparenchymzellen sind Begriffe, die zum Teil auf eine lang anhaltende Parenchym-funktion dieser Elemente hinweisen. Ersatzfasern ersetzen bei manchen Gehölzen das Holzparenchym (Sanio 1863). Vorkommen und systematische Anatomie dieser „lebenden Holzfasern" wurden von Wolkinger (1969) dargestellt.

Von den Tracheiden der Gymnospermen werden auch die Gefäße abgeleitet. Übergänge dieser Entwicklung sind bei einigen Dicotylen noch erhalten (*Liriodendron, Casuarina*).

Die Schraubenverdickungen in den Tracheiden mancher Coniferen (Abb. 9.25, *Taxus*), (Abb. 9.26, *Picea*) können als Übergangsform zum primären Angiospermengefäß gedeutet werden. Schraubenverdickungen treten aber auch im sekundären Holz von Dicotylen auf (*Tilia, Acer campestre*).

Die Entwicklung von der Tracheide zum Gefäß ist durch viele Differenzierungstendenzen gekennzeichnet. Da beide Zelltypen Sekundärwände besitzen, haben sie Hoftüpfel. Diese sind aber so vielgestaltig, daß eine allgemeingültige Funktion schwer zu erkennen ist. So ist zum Beispiel bei den verkleideten Hoftüpfeln (vestured pits) nicht einzusehen, warum die „Verkleidungen" besonders geeignet sein sollen, die aspirierte Schließhaut zu stützen (Zweypfennig 1978). Über die Wirksamkeit der Tüpfel-schließhaut als Wasserabsperrventil liegen umfangreiche Untersuchungsergebnisse vor (Hsiau 1984).

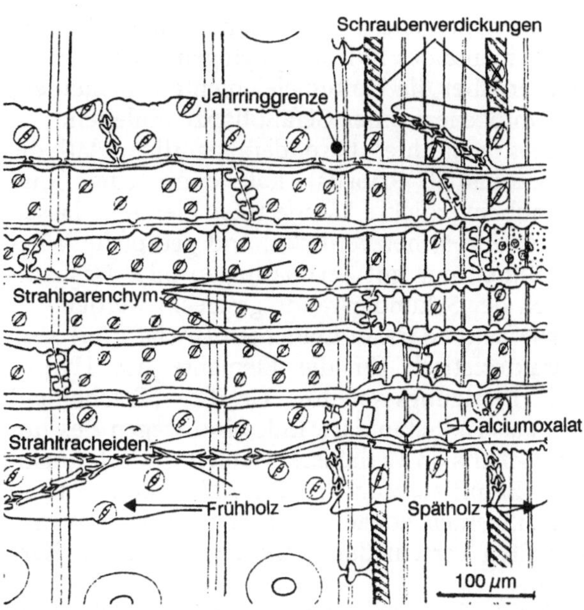

Abb 9.26. Die Jahrringgrenze im Fichtenholz ist im Radialschnitt unter anderem durch das Auftreten von schraubig verdickten Spätholztracheiden gekennzeichnet. Im Kreuzungsfeld mit Strahltracheiden und -parenchymzellen sind diese Tracheiden jedoch mit Hoftüpfeln ausgestattet. (Wiesner 1927/28)

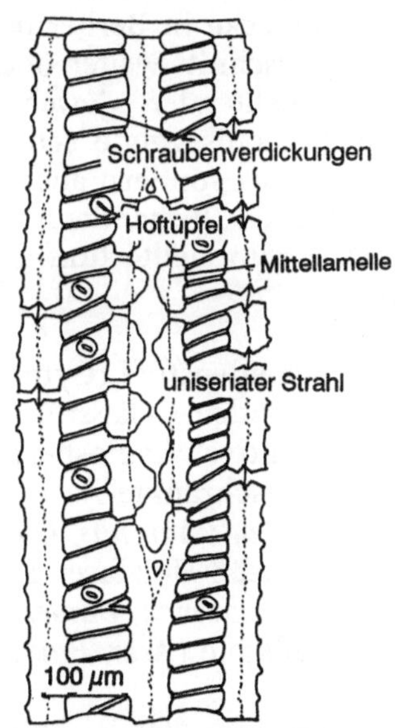

Abb. 9.25. Schraubige Wandversteifungen sind Merkmale des primären Xylems, vor allem, wenn es durch Wachstumsvorgänge noch verformt werden kann. In Tracheiden des sekundären Holzes mancher Coniferen ist dieses Merkmal, wie hier bei *Taxus baccata*, mit der Ausbildung von Hoftüpfeln kombiniert. (Wiesner 1927/28)

Eine andere Differenzierung kann in Beziehung zum Anteil der verschiedenen Elemente des Hydrosystems am Holz gesehen werden: Durch ein Integrationsverfahren wurde an Querschnitten festgestellt, daß der prozentuale Anteil an „Fasern" zwischen 28,1% (*Triplochiton*, Sterculiaceae) und 95,3% (Fichte, wobei Tracheiden gemeint sind), an Strahlen zwischen 4,7% (Fichte) und 44,7% (*Morus alba*), an Gefäßen zwischen 3,2% (*Baphia crassifolia*, Fabaceae) und 50,7% (*Ulmus effusa*) und an Parenchym zwischen 1,4% (*Pinus sylvestris*) und 45,4% (*Erythrina* spec., Fabaceae) beträgt (Huber u. Prütz 1938).

Beim Tracheiden/Gefäß-Übergang scheint auch das Prinzip, daß die Ontogenese die Phylogenese wiederholt, nicht konsequent verwirklicht zu sein: Ring- und Schraubengefäße sind in der Ontogenese der Pflanze die frühesten Leitelemente des Xylems; phylogenetisch korrekt müßten aber die Hoftüpfelelemente (Tracheiden) die Ontogenese einer Gefäßpflanze einleiten.

Dies zeigt hier besonders deutlich, daß die Funktionalität Priorität hat, denn ring- und schraubenverdickte Wände toter Elemente lassen sich strecken, netzverdickte und getüpfelte Wände können nur mit Zerreissungen oder Destruktionen der Sekundärwände gestreckt werden.

Die Sekundärwandschichten (meist drei) sind charakteristisch für die Elemente des Hydro- und Festigungssystems, Gefäße (Tracheiden) und Fasern. Sekundärwände sind wegen des hohen Gehalts an Cellulosekristallen optisch anisotrop. Lignifizierung der Sekundärwand tritt in den einzelnen konzentrisch abgelagerten Wandschichten verschieden stark ein (Bailey u. Kerr 1935).

Die Einlagerung von Ligninen in Zellwände von Elementen des Hydro- und Festigungssystems kann als ursprünglicher Vorgang bezeichnet werden, denn schon die ersten Tracheidenpflanzen hatten lignifizierte Zellwände.

Lignine sind untereinander verbundene Polymere, die aus p-Hydroxyphenyl- (H), Guaiacyl- (G) und Syringyl- (S) Einheiten gebildet werden. Gymnospermenlignine bestehen hauptsächlich aus G-Einheiten. Angiospermenlignine stellen Gemische aus G- und S-Einheiten dar. Die Lignine der Gräser sind aus H-, G-, und S-Einheiten aufgebaut, enthalten aber noch Hydroxyzimtsäuren.

Diese C_6C_3-Einheiten sind durch Ether- und C-C-Bindungen miteinander vernetzt (Higuchi 1990). Allerdings gibt es keine Methode, Lignine in ihrem intakten Zustand zu isolieren (Boudet et al. 1995).

Ein Hinweis darauf, daß die Blätter einen steuernden Einfluß auf die Gefäßbildung im Cambium haben, wurde bei *Phaseolus vulgaris* experimentell erbracht (Hess u. Sachs 1972): Beläßt man der Pflanze nur die jungen Blätter, so bildet das Cambium nur wenige, aber großlumige Gefäße. Bleibt nur ein reifes Blatt an der Pflanze, so entsteht viel sekundäres Xylem, aber mit wenigen englumigen Gefäßen. Mit Auxin und Gibberellinsäure als Blattersatz wurden andere Gewebezusammensetzungen erhalten.

Obwohl das Wasser nicht nur in den Gefäßen im Stamm geleitet wird, wird die Bedeutung der Gefäße für einen raschen Wassertransport daraus abgeleitet, daß Lianen besonders weitlumige Gefäßelemente haben. Theoretisch erhöht sich die relative Flußrate von 1 auf 256, wenn die Querschnittsfläche des Gefäßes nur auf das 16fache vergrößert wird (Ziummermann 1983).

Die Geschwindigkeit des Wasserhubs hängt hauptsächlich von der Transpiration ab; die Summe der Querschnittsflächen aller wasserführenden Elemente begründet die Effektivität. Deshalb kann eine Conifere ebenso gut den Transpirationsbedarf decken wie eine Gefäßpflanze, nur bewegt sich das Wasser langsamer als bei einer Liane. Da aber die Wasserleitbahnen bei beblätterten Pflanzen stets mit Wasser gefüllt sind, spielt die Geschwindigkeit des Wassertransports für die Wasserversorgung keine Rolle.

Die sogenannte hydraulische Architektur teilt die Gehölze nach Gefäßsystemmustern ein. Die Frage, welche Gefäßanordnung wohl am effektivsten sei, sollte mit einem Vergleich beantwortet werden. Braun (1963) hat die Gefäß-verteilungsmuster dadurch erkennbar gemacht, daß er Stammstücke in Berberinsulfatlösung stellte und im Querschnitt weiter oben das Fluoreszenzmuster leuchtender Gewebeelemente untersuchte. Das Ergebnis zeigte sehr klar, daß nicht allein die Gefäße, sondern auch die Fasern und Parenchymzellen Bestandteile des Wasserleitsystems sind. Braun stellte fünf Organisationsstufen auf, die

- Tracheidenstufe (Gymnospermen), die
- Tracheiden-Gefäßstufe (*Castanea* und andere „primitive" Angiospermen), die
- „eingeschränkte" Tracheiden-Gefäßstufe (*Hedera, Rhamnus, Quercus, Ulmus, Juglans*),
- die Gefäß-Holzfaser-Stufe (*Vaccinium, Aesculus, Aucoumea*, Burseraceae), und die
- Gefäßstufe (*Acer, Fraxinus, Albizia*).

Da Berberinsulfat leicht in Zellen und Zellwände aller Gewebetypen eindringt, verschwimmen die Färbemuster je nach der Färbe- und Transportzeit (Abb. 9.27).

Es hat sich eingebürgert, das Hydrosystem als hydraulisches System zu bezeichnen (Zim-

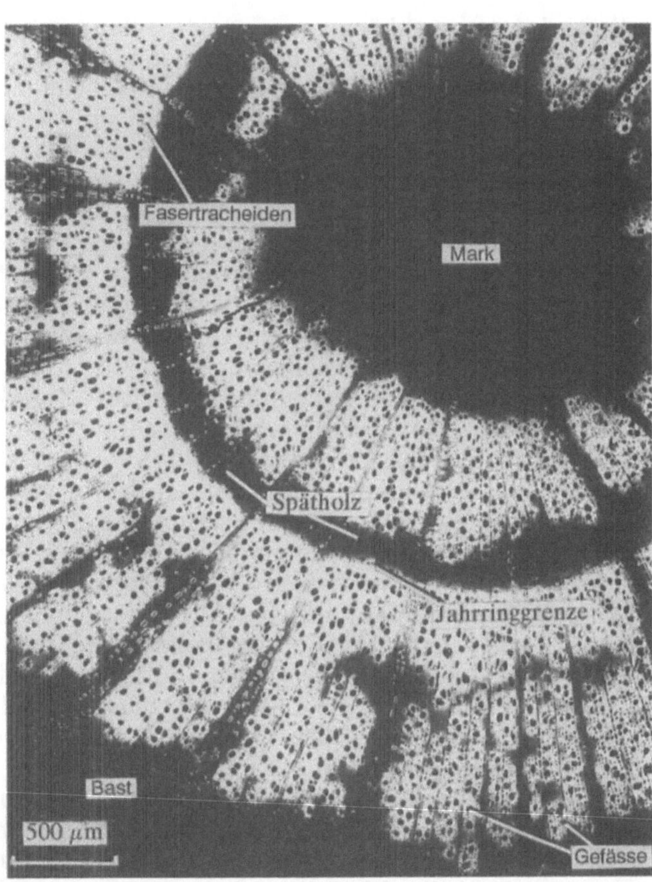

Abb. 9.27. Eine verdünnte wässrige Lösung von Berberinsulfat steigt in einem abgeschnittenen beblätterten Zweig von *Fagus sylvatica* rasch auf. Nach 20 min fluoreszieren nicht nur die Zellen in der Umgebung der Gefäße, sondern auch die Fasertracheiden. Mark und Strahlen, aber auch das Spätholz nehmen dagegen die Farbstofflösung nicht auf

mermann 1983), obwohl nirgendwo zu erkennen ist, daß es ein „durch Wasserkraft getriebenes" System ist, das die Landpflanzen mit Wasser versorgt.

Über die Effektivität der Wasserleitung liegen keine Angaben vor, die sich auf die Entwicklungsstufen der Hydro- und Festigungssysteme beziehen. Es wird anscheinend vorausgesetzt, daß die Gefäßleitung einer Tracheidenleitung überlegen ist, und daß eine einfache Perforationsplatte „effektiver" ist als eine scalariforme Perforationsplatte.

In diesem Zusammenhang ist auch die Gefäßlänge zu beachten, die sehr unterschiedlich sein kann und keine Beziehung zum Wasserdurchfluß erkennen läßt. Die exakte Bestimmung von Gefäßlängen läßt sich nur mit großem Aufwand durch Auszählung sehr vieler Querschnittsserien durchführen (Zimmermann 1983).

Bei Untersuchungen dieser Art wurde auch festgestellt, daß der räumliche Verlauf eines Gefäßes im Stamm keineswegs geradlinig ist (Abb. 9.20).

Es sei bemerkt, daß Transpirationsmessungen kein verläßliches Maß für die Effektivität eines hydraulischen Systems sind. Die Öffnungsweite der Spaltöffnungen ist von vielen Faktoren abhängig; unter anderem auch von Faktoren, die im Wurzelsystem auftreten. Werden nämlich Wurzeln einer Weide (*Salix viminalis*) in Hydrokultur mit Abscissinsäure (Seneszenzhormon) behandelt, so wird nach ca. 30 s in den Blättern nicht nur eine Änderung des Membranpotentials der Siebröhren gemessen, sondern auch die Transpiration ist eingeschränkt, womit die Photosynthese beeinträchtigt wird (Fromm 1992; Fromm u. Eschrich 1993).

Gleichfalls ist die Geschwindigkeit, mit der ein Farbstoff im Hydrosystem aufwärts transportiert wird davon abhängig, wie gut die Pflanze vorher gewässert wurde. Die Saugspannung (das Wasserpotential) hat Einfluß auf die Geschwindigkeit des Wassertransports. In diesem Zusammenhang ist darauf hinzuweisen, daß das Wasserpotential wiederum vom osmotischen Potential des Symplasten abhängt. Dieses wird aber durch die Photosyntheseaktivität und die Verfügbarkeit gespeicherten Zuckers diktiert.

Aus diesen Überlegungen geht hervor, daß nicht nur Gefäße und Fasern, sondern auch das lebende, zuckerführende Holzparenchym für den Wassertransport von Bedeutung sind. Desgleichen gehört das Parenchym des Strahlsystems zum Wassertransportsystem.

Da Holzstrahlen über das Cambium mit Baststrahlen kommunizieren, die wiederum Anschluß an die axialen Siebröhren haben, kann erwartet werden, daß der Wasserhub im Hydrosystem primär durch das Licht und die Photosynthese energetisiert wird, die das osmotische Potential für alle Wasserbewegungen aufbaut. Nachts ist es die in Form von Stärke gespeicherte Photosyntheseenergie, die Wachstum und Wasseraufnahme ermöglichen.

Beim Mais ist experimentell gezeigt worden, daß die Transpiration für den Langstreckentransport des Wassers und der gelösten Mineralstoffe sowie für die Wasseraufnahme in der Wurzel ohne Bedeutung ist (Tanner u. Beevers 1990).

9.13 Strahlen: axiale und radiale Koordination

Die radial angeordneten sekundären (vom Cambium gebildeten) Strahlen stellen Konstruktionselemente des Holzkörpers dar. Da es sich fast ausschließlich um lebende Elemente handelt, ist zu erwarten, daß die Strahlen auch physiologische Funktionen haben.

Strahlparenchymzellen sind immer mit Plastiden ausgestattet, die jahresperiodisch Stärke einlagern und abbauen können. Auch Vacuolen mit Proteinkörpern finden sich während des Winters im Strahlparenchym mancher Arten (Sauter u. Kloth 1987; Sauter et al. 1988). Desgleichen sind Lipidtropfen und Ablagerungen phenolischer Natur im Winter gefunden worden. Daraus geht hervor, daß Strahlparenchym besonders für die Speicherung von Reservestoffen geeignet ist.

Bei perennierenden Pflanzen besteht eine wichtige Aufgabe der Holzstrahlen in den ersten Jahren darin, das lebende Markparenchym zu versorgen. Dies geht einleuchtend aus der übereinstimmenden Stärkedynamik von Strahl- und Markzellen hervor.

Eine weitere Rolle spielen die Strahlen bei der Frühjahrsreaktivierung, während der ihr Stärkevorrat vollständig aufgebraucht wird (Sauter 1966; Essiamah u. Eschrich 1985). Durch Stärkehydrolyse wird Zucker an die Cambiumregion und das Phloem geliefert. Damit wird Wasser verfügbar gemacht. Es entsteht cambialer Frühjahrssaft (Essiamah 1982), womit osmotisch gelenkte Wasserverschiebungen eingeleitet werden, die am Stammgrund beginnen und bis in die Zweigspitzen verfolgt werden können. Der cambiale Frühjahrssaft läßt sich bis zum Zeitpunkt des Knospenschwellens nachweisen.

Bei manchen Betulaceen wurden in Strahlzellen, die an Gefäße grenzen, im Frühjahr histochemisch Enzyme nachgewiesen (Sauter 1972), die mit einer Stoffsekretion in das Xylem in Zusammenhang gebracht werden. Solche Zellen werden Kontaktzellen genannt (Braun 1967).

Anders als im Bast, sind im Xylem axiale und radiale Transportsysteme übersichtlich gestaltet (Abb. 9.28).

In jeder tangentialen Schicht treffen gleich alte Elemente des axialen wie des Strahlsystems aufeinander. Demnach vollzieht sich der symplastische Stofftransport im axialen Holzparenchym in Elementen gleichen Entwicklungsalters, während in den Strahlen der Radialtransport in Elementen verschiedenen Entwicklungsalters abläuft; zentripetal findet in den Strahlen ein Transport in die Vergangenheit statt, zentrifugal wird bis zum Cambium, also in die Gegenwart transportiert.

Bei den Gymnospermen, bei denen sich der ganze Holzkörper am Wassertransport beteiligt, kann ein Strahl in seiner gesamten radialen Ausdehnung Wasser und gelöste Stoffe aus den Tracheiden übernehmen.

Für einen symplastischen Stoffaustausch mit Strahlparenchymzellen ist allerdings axiales Pa-

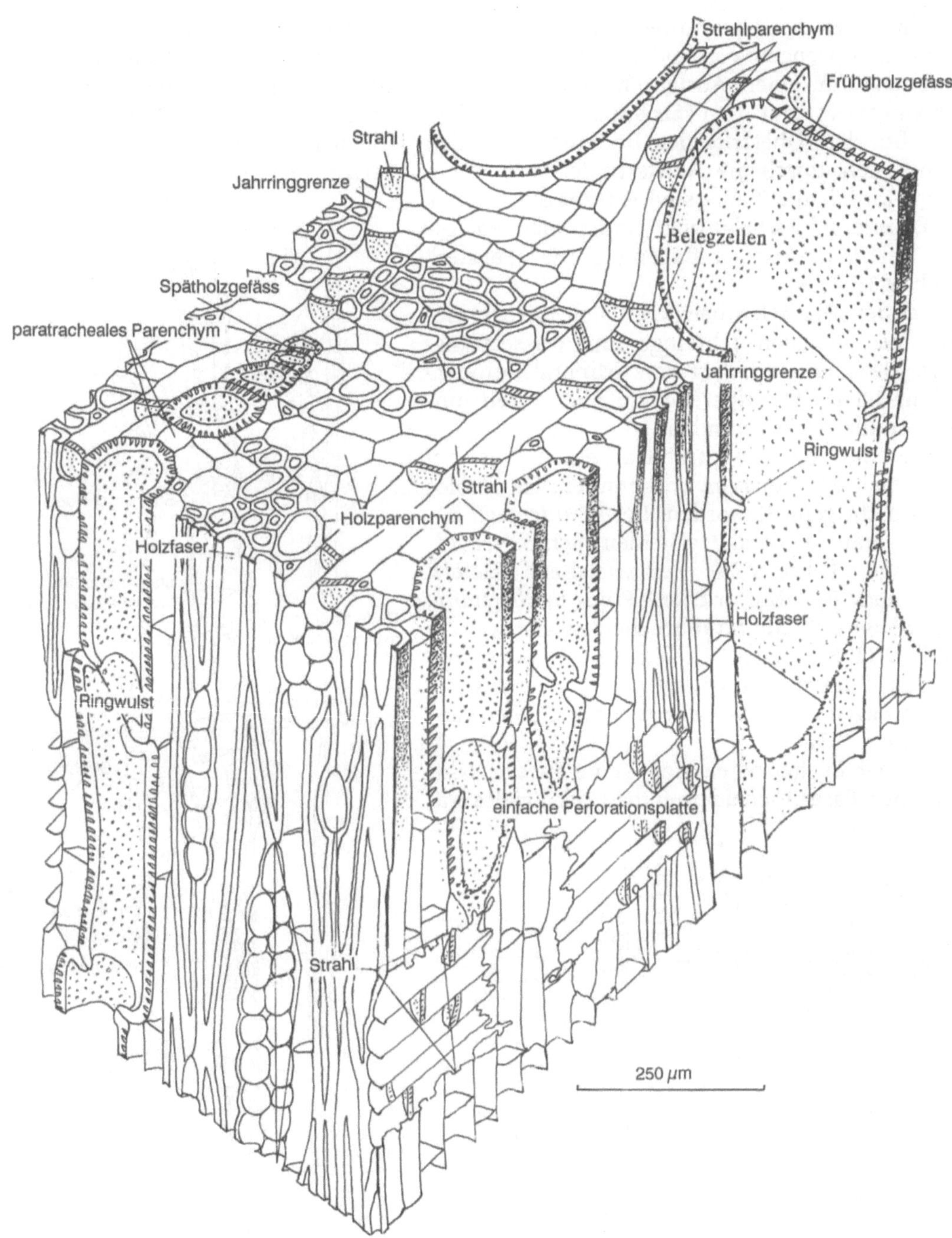

Abb. 9.28. In der Blockansicht des Eschenholzes erkennt man, daß die Belegzellen der großen Frühholzgefäße durch intrusives Wachstum des Gefäßelementes extrem zusammengedrückt und sogar aus ihrer radialen Reihe gedrängt werden können. Die Strahlen werden durch die Gefäßexpansion aus ihrem radialen Verlauf abgelenkt, aber ihre Zellen werden nicht zusammengedrückt. (Eschrich 1976)

renchym bei den Gymnospermen nur in unbedeutenden Mengen vorhanden (Abb. 9.29). Dagegen ist für einen Austausch von Salzen des Xylemwassers mit den Strahlparenchymzellen, also für den Übertritt der Bodensalze in den Symplasten, durch die Fenstertüpfel bestens gesorgt. Ihre Schließhäute sind extrem dünn (Abb. 9.30), und in Radialansicht findet man vor allem bei *Pinus*-Arten auffallend große „Fenster" (Abb. 9.31 A, B).

Bei den Dicotylen beteiligen sich nur die Gefäße der jüngsten Jahrringe am Wassertransport. Deshalb wird dort eine Mineralstoffübernahme in das Strahlparenchym nur in den jungen Strahlzellen stattfinden.

Die Aufgabe der Strahltracheiden, die bei Vertretern der Pinaceen vorkommen, ist cytologisch nicht geprüft worden. Bei *Pseudotsuga* besitzen manche Strahltracheiden Schraubenverdickungen (Abb. 9.29). Bei „weichen" Kiefern mit 5-nadeligen Kurztrieben (*Pinus lambertiana*, *P. strobus*) sind die Strahltracheiden glattwandig (Abb. 9.31 B), „harte" Kiefern mit 2- oder 3nadeligen Kurztrieben (*P. sylvestris*; *P. palustris*) haben dagegen Strahltracheiden mit Zapfenwänden (Abb. 9.31 A).

Bei der Buche, deren Holz keine Fasern, sondern nur Fasertracheiden enthält, ist axiales Parenchym apotracheal zwischen die Gefäße eingestreut (dunkle Areale in Abb. 9.27). Bei den dicotylen Bäumen mit Holzfasern (z.B. Ahorn) treten diese oft in Blöcken oder Gruppen auf, die sich anscheinend nur unbedeutend am Wassertransport beteiligen. Sind die Gefäße von pa-

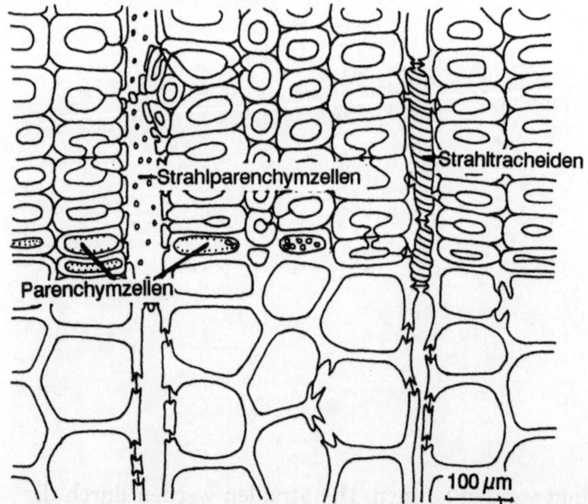

Abb. 9.29. Ebenso wie im axialen System (s. Abb. 9.30) kommen auch im Strahlsystem der Coniferen Schraubentracheiden vor. Bei *Pseudotsuga menziesii* sind die schraubigen Strahltracheiden auf das Spätholz beschränkt. (Wiesner 1927/28)

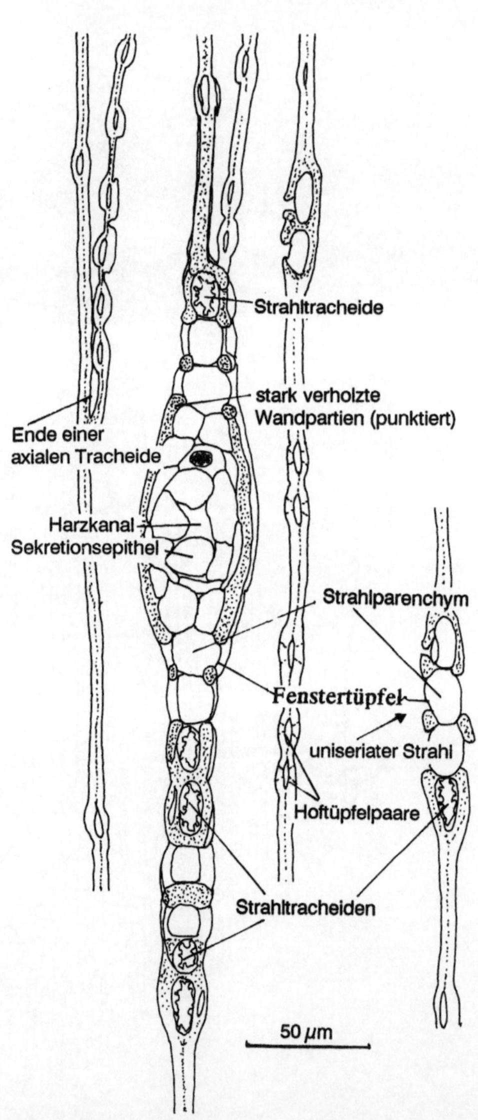

Abb. 9.30. Die Tangentialansicht des Kiefernholzes (*Pinus sylvestris*) zeigt uniseriate Strahlen, die nach oben und unten durch Strahltracheiden begrenzt sein können. Nur wenn ein Harzkanal im Strahlsystem vorkommt, wird der Strahl durch das Sekretionsepithel verbreitert. Im Kreuzungsfeld von Strahlparenchymzellen und axialen Tracheiden treten dünnwandige Fenstertüpfel auf

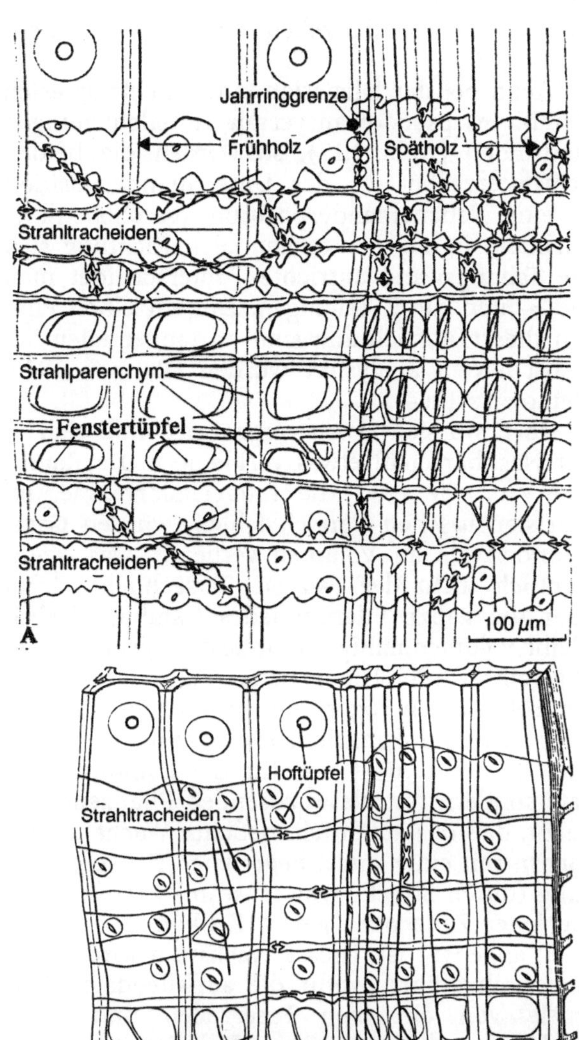

Abb. 9.31 A, B. Die Holzstrahlen verschiedener *Pinus*-Arten sind zwar nach dem gleichen Prinzip gebaut, zeigen jedoch Unterschiede, die für eine Holzbestimmung aufschlußreich sein können. Bei *Pinus sylvestris* (**A**) sind die Fenstertüpfel im Kreuzungsfeld immer einzeln, bei *P. strobus* (**B**) können sie in Zweizahl vorhanden sein. Die Strahltracheiden zeigen bei *P. sylvestris* Wandauswüchse zum Zellinnern, bei *P. strobus* fehlen diese Strukturen. (Wiesner 1927/28)

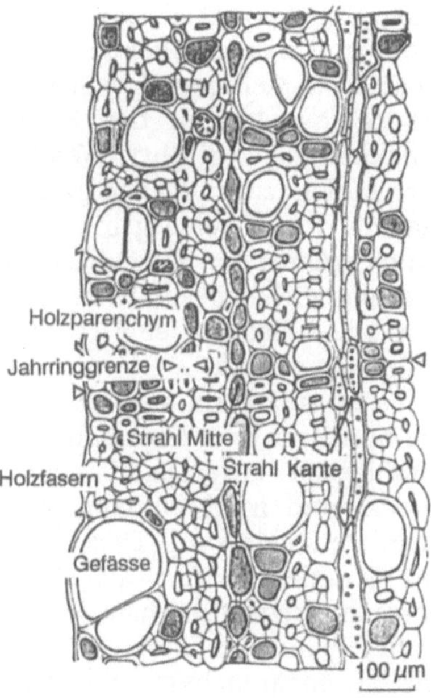

Abb. 9.32. Das Buchsbaumholz (*Buxus sempervirens*) zeichnet sich durch große Festigkeit aus. Im Querschnitt fällt auf, daß alle axialen Holzelemente, Gefäße, Holzfasern, Holzparenchymzellen sehr gleichmäßig verteilt sind, so daß sogar die Jahrringgrenzen unauffällig werden. (Wiesner 1927/28)

ratrachealem Parenchym umgeben oder durch tangentiale Parenchymzellbänder verbunden, so wird damit der symplastische Kontakt zu den Strahlen hergestellt (Abb. 9.32).

Bei den Pflanzen mit Holzfasern wird der Wassertransport aus dem axialen System in die Strahlen von dem paratrachealen Holzparenchym kontrolliert.

Bei Tracheidenpflanzen wird die Wasserbewegung von den axialen Tracheiden sowohl über das apotracheale Parenchym (wenn vorhanden) als auch direkt von den lebenden Strahlzellen gelenkt.

Das Muster der Strahlanordnung ist bei den Dicotylen variabel, da häufig uni- und multiseriate Strahlen gemischt vorkommen (Abb. 9.16). Die für manche Arten charakteristische Ausbildung „stehender" Strahlzellen (*Alnus*, *Betula*, *Ilex aquifolium*) ließe sich dadurch erklären, daß stehende Zellen, die an den oberen und unteren Strahlkanten vorkommen, durch räumliche

Beengung tangential dachförmig zusammengepreßt und daher höher als breit sind. Das Auftreten von mehreren Lagen stehender Strahlzellen (*Celtis*) hat zu der Bezeichnung „Strahlscheidenzellen" geführt. Weniger verbreitet sind die radial zusammengedrängten „tile"-Zellen, Stapeln von Dachziegeln vergleichbar (*Triplochiton scleroxylon*, Sterculiaceae), über deren Bedeutung nichts bekannt ist. Möglicherweise gehen Tile-Zellen auf eine rasche cambiale Initialenteilung zurück.

Es ist auffallend, daß die Mehrzahl der Cambiumpflanzen mit lebenden, parenchymatischen Strahlzellen ausgestattet sind, die radial gestreckt und in ihren tangentialen Stirnwänden dicht getüpfelt sind. Dies läßt annehmen, daß das Strahlparenchym als symplastische Transportbahn Bedeutung hat.

Bei *Pinus* und anderen Coniferen bilden solche Strahlparenchyme die Matrix für lysigene Harzkanäle; sie liefern das Sekretionsepithel (Abb. 9.30).

Die Orte für die Aufnahme von Mineralstoffen und Stickstoff aus dem Xylemwasser in den Symplasten sind bisher noch nicht bestimmt worden. Die Fenstertüpfel der Strahl-parenchymzellen mancher Coniferen sind genannt worden (Abb. 9.31 A, B).

Bei den Dicotylen sind vergleichbare „Dünnstellen" für den Ionenübertritt vom apoplastischen Wasser in den Symplasten nicht vorhanden. Da die Mineralstoffe in der Pflanze ungleich verteilt sind, ist eine kontrollierte Aufnahme in den Symplasten anzunehmen. Daß diese Kontrolle im Plasmalemma der lebenden Strahl- und Holzparenchymzellen durchgeführt wird, erscheint logisch, denn es gibt keinen anderen Weg, der vom apoplastischen Xylem leichter in den Symplasten führt.

9.14 Intrusives und konzertiertes Wachstum

Alle Derivate des Cambiums verändern ihre Gestalt und Größe, wenn sie sich zu Elementen der sekundären Gewebe differenzieren. Im Xylem verlängern sich die Zellen, die zu Fasern oder Tracheiden werden, während die sich differenzierenden Gefäßelemente kurz bleiben, aber auf Kosten der Nachbarzellen an Umfang zunehmen.

Wenn bei der Dilatation eines nichtetagierten Cambiums pseudotransversale Initialenteilungen stattfinden (Abb. 9.17), so werden die beiden Schwesterzellen aus der Untereinanderposition in eine Nebeneinanderposition „geschoben". Je nachdem in welcher tangentialen Richtung sich die Teilungswand aufrichtet, unterscheidet man die S- und die Z-Teilungen. Die einzelnen Phasen dieser Aufrichtung sind an tangentialen Serienschnitten analysiert worden (Bannan 1955; Hejnowicz 1964).

Dort, wo sich etwas vergrößert, muß sich in der Nachbarschaft etwas verkleinern. Da Raumreserven, wie etwa die Intercellularräume, im meristematischen Bereich fehlen, würden Cambiumderivate an Volumen verlieren, was offensichtlich nicht der Fall ist. Tatsächlich wächst aber die ganze Pflanze; jedes Cambiumderivat bleibt volumenmäßig zumindest so groß, wie es abgeteilt wurde. Die meisten Cambiumderivate vergrößern sich sogar, nur verschieden stark, je nach Art und Funktionsbestimmung des Derivats. Es trifft nicht nur für die Cambiumderivate sondern für alle wachsenden Pflanzengewebe zu, daß das äußerlich meßbare Wachstum im Innern mit einer meist begrenzten Zellvergrößerung (durch Streckungswachstum) korreliert ist, die jeder Zelle oder jedem Zellkomplex individuell angepaßt ist. Dieses Wachstum wird intrusiv durchgeführt, wofür die auffallendsten Beispiele von einzelnen Faserzellen und ihren Nachbarn geliefert werden. Die Faserzelle verzichtet auf Zellteilungen, während sich ihre meristematischen Nachbarzellen erneut teilen. Die Wände der Teilungsprodukte wachsen dann gemeinsam mit der Faserzellwand und es scheint nur so, als würde sich die Faserspitze zwischen das umliegende Gewebe drängen. Ein solches Eindrängen, das man als „gleitendes Wachstum" bezeichnet hat (Klinken 1914), ist in keinem Fall bewiesen worden. Es würde zur Folge haben, daß symplastische Verbindungen (Plasmodesmen und Tüpfel) getrennt und die Mittellamelle aufgelöst würden. Priestley (1930) hat das Konzept des symplastischen Wachstums (symplastic growth) aufgestellt, das intrusiv (ohne Auflösung von symplastischen Zellverbindungen) erfolgen muß. Beim gleitenden Wachstum würden die Strahlen nicht streng horizontal verlaufen, wie es tatsächlich der Fall ist. Unser Vorstellungsvermögen ist jedoch überfordert, wenn zum räumlichen Bild noch der Zeitfaktor hinzugefügt wird. Modelle, die sich auf eine zweidimensionale Darstellung beschränken, treffen nicht den Kern der Sache, denn die räumliche Architektur der Zelle verlangt, daß alle Wände im Modell berücksichtigt werden. In Abb. 9.18 ist der Vorgang des intrusiven, räumlichen Wachstums in drei Phasen dargestellt. Allerdings wird dort das Flächenwachstum nur einer Wand verfolgt; im lebenden Gewebe müssen sich alle Wände der Lage- und Volumenveränderung „konzertiert" anpassen.

Die zeitliche Dynamik des intrusiven Wachstums wird bei dem Modell des zähen Marmorkuchenteigs berücksichtigt, und durch die Gasentwicklung des Backpulvers tritt auch eine Volumenvergrößerung ein. Das Verklebtbleiben der weißen und braunen Teigfäden kann aber nicht darüber hinwegtäuschen, daß es eine viskose Lösung ist.

Der früher übliche Ausdruck Interpositionswachstum berücksichtigt die Apposition neuen Zellwandmaterials auf die gelockerte und sich dehnende Primärwand. Symplastische Verbindungen bleiben dann zwar erhalten, werden aber weiter voneinander getrennt, weil sie über eine größere Fläche verteilt werden.

Gegen ein „Aneinander-vorbei-Gleiten" angrenzender Cambium-derivate spricht auch, daß die bei Coniferen zu beobachtenden Sanio'schen Balken oder Trabeculae immer genau horizontal und gerade fortgesetzt werden (Abb. 9.33) (Raatz 1892). Beachtenswert ist dabei, daß die Trabeculae ihre radiale Anordnung nicht ändern, obwohl die Derivate der fusiformen Cambiuminitialen der Coniferen in vertikaler Richtung ihre Form verändern. Trabeculae entstehen im mittleren Horizont einer Initiale. Also werden dort keine Intrusionsbewegungen in vertikaler Richtung ausgeführt. Das intrusive Längenwachstum konzentriert sich folglich auf die Spitzen der Initialenderivate.

Ebenso, wie sich Cambiumderivate als Fasern in vertikaler Richtung intrusiv verlängern, können sich Gefäßelemente intrusiv verbreitern, so, daß benachbarte radiale Reihen von Cambiumderivaten beengt und verflacht werden. Dieses intrusive Breitenwachstum einzelner Gefäße verursacht bei Dicotylenhölzern einen geschlängelten radialen Verlauf der Strahlen; in vertikaler Richtung bleiben die Strahlen jedoch auf ihrem ursprünglichen Niveau (Abb. 9.28). Durch das intrusive Breitenwachstum eines Gefäßes kann die radiale Kontinuität benachbarter Parenchymzellreihen unterbrochen werden. Die betroffenen Zellen werden tangential verflacht und verlieren den Kontakt miteinander. Dieser Kontakt muß jedoch anfangs dagewesen sein, denn es sind aufeinanderfolgende Derivate derselben Initiale. Die sich streckende Gefäßwand ist getüpfelt, und dort, wo zwei benachbarte Paren-

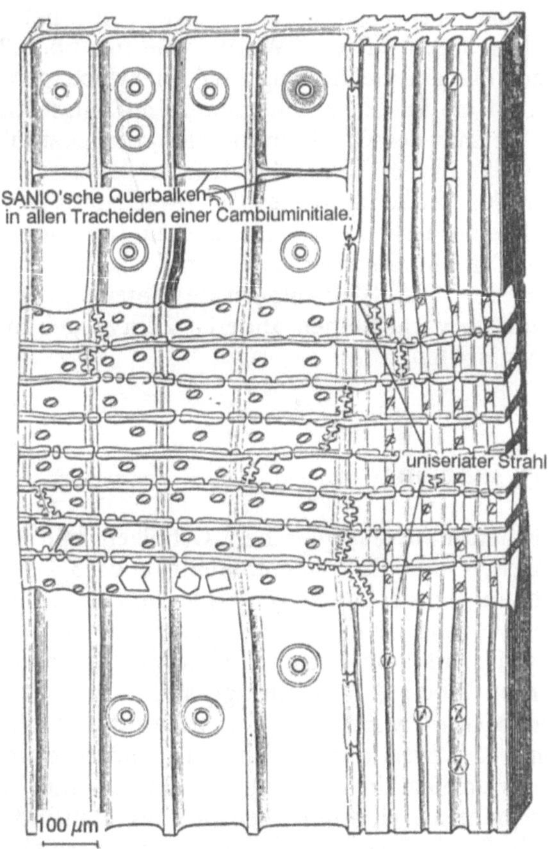

Abb. 9.33. Dieses Bild zeigt die Sanio'schen Querbalken im Holz von *Abies pectinata*. Es handelt sich um stabförmige Stege, die in allen Holzderivaten einer einzelnen Cambiuminitiale auftreten. Diese Erscheinung ist benutzt worden, um die Initialentheorie zu beweisen. (Raatz 1892)

chymzellen radial auseinandergedrängt wurden, muß eine dünne Schicht ihrer ehemals gemeinsamen Wand der Gefäßwand anliegen. Es ist die Wand, in der die Komplementärtüpfel zu den Gefäßwandtüpfeln liegen müssen. Da andere, weiter entfernt liegende Zellen den Raum eingenommen haben, der von den verdrängten Parenchymzellen aufgegeben wurde, könnte sich das Tüpfelungsmuster der Gefäßwand auf die neue Kontaktwand geprägt haben, wofür jedoch keinerlei Beweise zur Verfügung stehen.

Anders als bei Coniferen muß die vertikale Kontinuität der Gefäße bei den Dicotylen durch abgestimmtes, konzertiertes, Wachstum über viele Etagen gewahrt bleiben. Die Länge eines Gefäßes, das aus Gefäßelementen zusammengesetzt ist, variiert zwischen wenigen Zentimetern und mehreren Metern. Wenn – wie in Abb. 9.20 gezeigt – ein Gefäß tangential mehrfach gebogen ist, so ist diese Erscheinung auf tangentialen Versatz der Cambiuminitialen zurückzuführen, die jeweils ein Gefäßelement geliefert haben. Für ein konzertiertes Gefäßwachstum ist es auch erforderlich, daß die übereinanderliegenden Cambiuminitialen annähernd zur gleichen Zeit die Gefäßelementderivate abteilen, auch wenn sie vorher einen anderen Zelltyp gebildet haben sollten.

9.15 Jahrringe

Bei den mitteleuropäischen Gehölzen hält die Jahrring- oder Inkrementbildung etwa 3,5 Monate an. Bei der Buche (*Fagus sylvatica*) beginnt die xylogene cambiale Teilungstätigkeit um den 20. Mai und die letzten Zellen des Spätholzes werden Ende August fertiggestellt. In diesem Zeitabschnitt werden im Durchschnitt 100 xylogene Teilungen durchgeführt. Die höchste Teilungsrate liegt in der Zeit um den 16. Juni, in der mehr als vier Teilungen pro Tag stattfinden (Abb. 9.14). Dies bedeutet, daß sich in solchen Stoßzeiten der Holzproduktion nicht nur die Cambiuminitialen selbst, sondern auch ihre Derivate tangential teilen (Kapitel 9.7).

Die Reifung der Elemente eines Buchenjahrrings kann bei den einzelnen Zelltypen unterschiedlich lang dauern. Gefäßelemente der Buche zeigen oft schon dicht am Cambium verholzte Sekundärwände; dagegen sind die Fasertracheiden des gleichen Inkrementes noch unverholzt, wenn bereits 50 oder mehr xylogene Elemente des Jahrrings von einer Cambiuminitiale abgeteilt wurden. Das bedeutet, daß während der Frühholzbildung außer den Gefäßen nur unreife, dünnwandige Elemente vorhanden sind. Wird in dieser Zeit die Rinde entfernt, so zerreißt dabei das Frühholz (Mitte Juni bis Anfang August). Bei der Buche läßt sich die Rinde bis Anfang September ablösen, dann aber immer mit dem zuletzt gebildeten Holz.

Der Anteil des Holzparenchyms am Jahrring ist bei den dicotylen Baumarten unterschiedlich. Beim Feldahorn (*Acer campestre*) und vielen anderen zerstreutporigen Arten (*Buxus sempervirens*) bildet es ein System, das in allen Richtungen des Raumes miteinander und mit den Strahlen verbunden ist (Abb. 9.32).

Die Holzparenchymzellen sind mit Plastiden ausgestattet, die bereits dicht am Cambium mit Stärke angefüllt sein können. Wie bereits gezeigt wurde (Kapitel 9.11), richten sich die „Entleerungs"-Phasen des Holzparenchyms nach der Jahreszeit, aber auch nach dem Entwicklungsalter des Sproßabschnitts.

Besonders in 2- bis 7jährigen Sproßabschnitten ist die Stärkedynamik bei den einzelnen Baumarten unterschiedlich. Während z.B. die jungen Zweige der Erle (*Alnus glutinosa*) Ende April noch keine Holzparenchymstärke enthalten, ist bei der Esche (*Fraxinus excelsior*) Ende April das Strahl- und das paratracheale Holzparenchym mit Stärke angefüllt.

Ansammlungen von Holzparenchym treten abnorm als Markfleckenparenchym auf, vorwiegend durch Insektenbefall im Cambium ausgelöst (Abb. 9.34). Die Bildung von Parenchymkomplexen läßt sich durch Insertion eines Fremdkörpers in das Cambium auslösen, z.B. eines Nagels, der dann von cambialem Calluparenchym überwallt wird (Abb. 9.35). Diese Methode wird benutzt, um den Holzzuwachs in einem längeren Zeitabschnitt zu messen.

Über die Mengen an Stärke, die im Holz eingelagert werden, liegen Beobachtungen über einen Zeitraum von vier Jahren vor. Dabei wurde die Stärke im Schnitt gefärbt und mit Hilfe einer Videokamera flächig vermessen. Die 4 Pha-

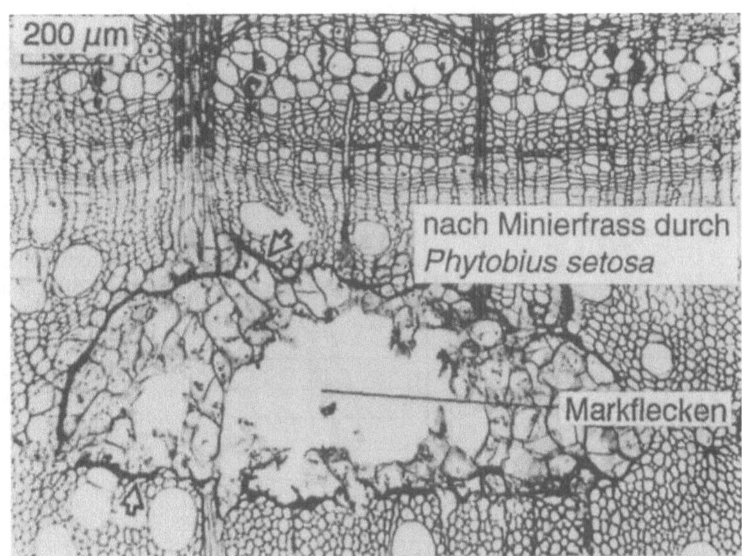

Abb. 9.34. Markflecken sind unregelmäßig begrenzte Parenchymeinsprengsel im Holz (hier von *Acer saccharum*), die spontan, meist aber durch Insektenfraß im Cambium verursacht werden. (*Phytobius* ist ein Rüsselkäfer) (Fink 1986)

sen der Stärkedynamik (Essiamah u. Eschrich 1995) zeigten in allen Beobachtungsjahren die gleichen Relativmengen. Absolute Stärkemengen wechselten jedoch von Jahr zu Jahr; sie sind vom lokalen Jahresklima abhängig.

Die Mächtigkeit der Jahrringe ist ein Maßstab für die Dendrochronologie (Fritts 1976).

Wird der jährliche Zuwachs einer jungen Kiefer (*Pinus resinosa*) graphisch aufgezeichnet, so zeigen die einzelnen „Internodien"[3] ein deutliches Längenmaximum jeweils im dritten Jahr (Duff u. Nolan 1953).

Diese Erscheinung wird als „laufendes Zuwachsmaximum" bezeichnet (Abb. 9.36), dessen physiologische Grundlagen nicht bekannt sind.

In ähnlicher Weise weist die Breite der Jahrringe ein laufendes Zuwachsmaximum auf. Allerdings zeigt derselbe Jahrring Breitenunterschiede je nachdem, in welchem Internodium des Stammes gemessen wird. Bei der Vermessung aller Jahrringe in acht aufeinanderfolgenden Internodien gleichalter Fichtenäste wurde festgestellt, daß neben individuellen auch klimatische Einflüsse die anatomische Struktur beeinflussen.

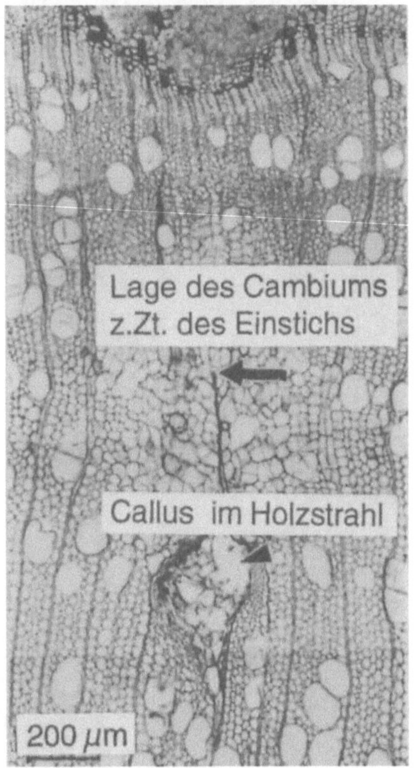

Abb. 9.35. Um Zuwachsraten von Bäumen zu verfolgen, wird ein Nagel so in den Stamm geschlagen, daß er mit der Spitze im Cambium steckenbleibt. Beim weiteren Wachstum bildet sich um die Nagelspitze Callusgewebe anstelle des normalen Holzes. Dieser Callusfleck kann nach Fällen des Baumes im Mikroskop gefunden werden. (Fink 1986)

[3] Als „Internodium" wird bei den monopodialen Coniferen der Stamm- oder Astabschnitt bezeichnet, der die jährlichen akroton geförderten Ast- bzw. Zweigwirtel voneinander trennt.

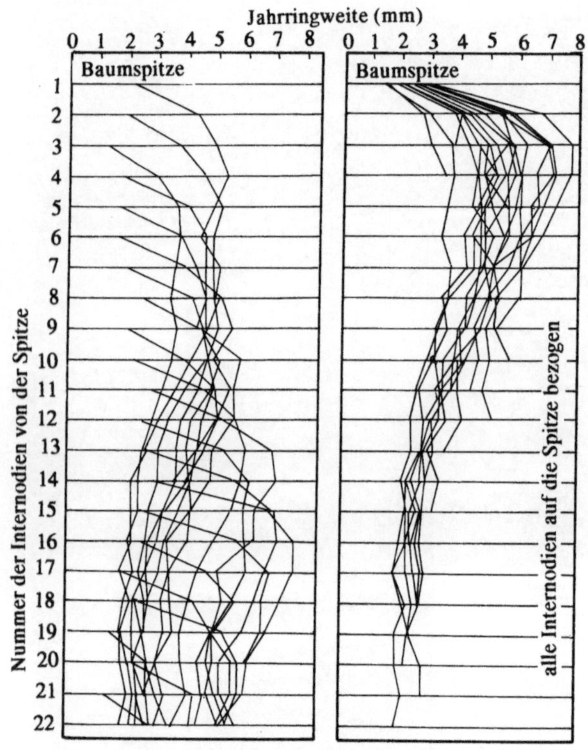

◄

Abb. 9.36. Bäume mit monopodialem Wuchs zeichnen sich durch das Auftreten eines laufenden Zuwachsmaximums aus, das in einem der oberen Internodien liegt. (Als Internodium wird bei Nadelbäumen der Stammabschnitt zwischen zwei prominenten Astquirlen bezeichnet.) Bei *Pinus resinosa* liegt das Zuwachsmaximum im dritten Internodium unterhalb der Spitze. Zeichnet man die Jahrringweiten aller Internodien auf, so wird die Dickenzunahme des Stammes sichtbar. Nur in den ältesten Stammabschnitten scheint die Dicke abzunehmen, weil ein Teil der Meßdaten noch älterer Internodien nicht erfaßt worden ist (linkes Bild). Im rechten Bild ist der Beginn der Meßkurven von allen Internodien an die Baumspitze verlegt. Damit wird die Kumulation der Zuwachsmaxima im dritten Internodium unter der Spitze verdeutlicht. (Nach Duff u. Nolan 1953)

Abb. 9.37. Druckholz entsteht bei Gymnospermen an der Unterseite von Ästen, aber auch von Stämmen, wenn diese von der Senkrechten abweichen. Im Vergleich zum Normalholz (links) setzt sich das Druckholz von *Juniperus virginiana* (rechts) im Frühholzbereich aus Tracheiden zusammen, die abgerundet und dickwandig sind. (Timell 1986)

▼

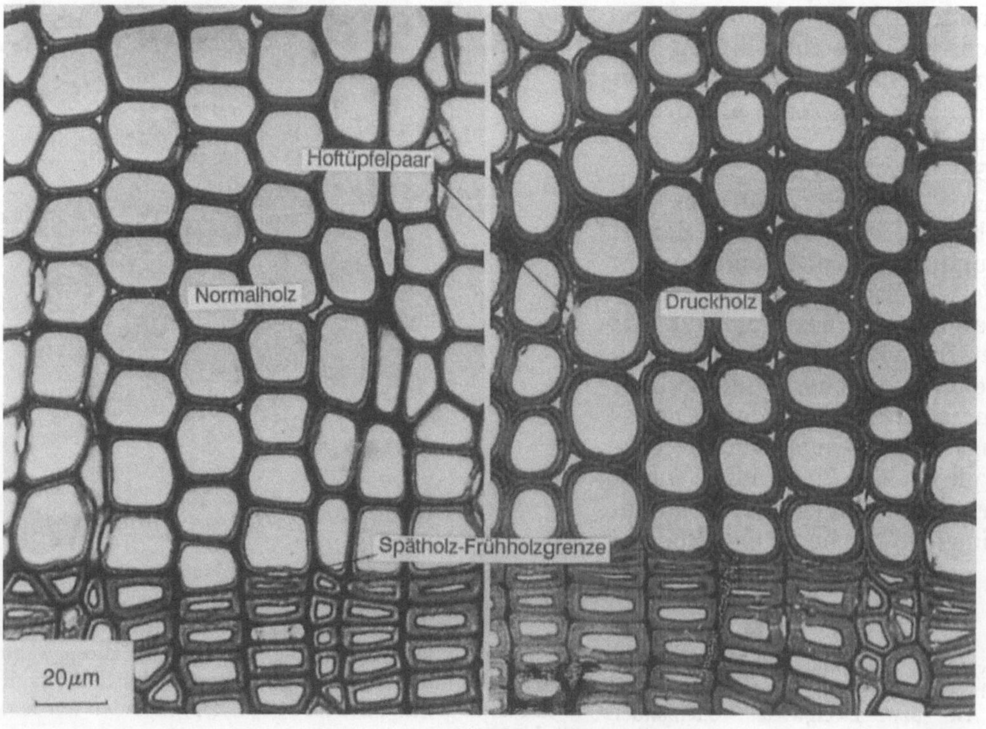

Beim Fichtenast bleiben gewöhnlich 8 bis 9 Nadeljahrgänge erhalten, die Nettophotosynthese leisten und jedes der Internodien mit unterschiedlichen Mengen an Photoassimilaten beliefern. Deshalb könnte das auch dort zu beobachtende laufende Zuwachsmaximum damit zusammenhängen, daß das Cambium mit unterschiedlichen Mengen von Zucker versorgt wird (Eschrich u. Blechschmidt-Schneider 1991).

Jahrringausfälle findet man bei Schattenästen von Laubbäumen. Solche Äste wachsen zwar lang zum seitlich einfallenden Licht, besitzen

EXKURS 8: Xylophonie

Es gibt keine überzeugenden Anhaltspunkte, daß Bäume akustisch miteinenader kommunizieren können. Bäume sind ebenso stumm, wie alle anderen Pflanzen.

Was aus dem Walde schallt, ist winderzeugte Xylophonie. Das trifft für säuselnde oder pfeifende Aeolsharfen wie für das Knarren von Ästen und Stämmen im Sturm zu. Erstaunlich erscheint dagegen zunächst die Vielfalt der hölzernen Klangkörper, denn es sind ja nicht nur Geigen und Violoncelli, die aus Holz gebaut sind, sondern auch für Klaviere, Holzblasinstrumente und das Xylophon liefern Bäume das Resonanzholz.

Mit dem hohlen Stengel einer *Heracleum-sphondylium*-Pflanze lassen sich durch kräftiges Hineinblasen laute Töne erzeugen, wenn man den Stengel an der Seite längs aufschlitzt. Dabei wird die Vibration der Schlitzränder auf die austretende Luft übertragen. Hierbei wird frisches, wasserhaltiges Gewebe zur Schallerzeugung verwendet.

Variabler in der Tonhöhe erklingen gelagerte Stangenholz-stücke der Fichte oder Weißtanne, wenn man sie mit einem Stock anschlägt.

Für den Instrumentenbau wird getrocknetes Lagerholz verwendet, das sich nicht mehr „verzieht". Zur Herstellung von Blockflöten, Oboen, Klarinetten und Fagotten werden Hölzer verwendet, die möglichst geringe Porenweite und damit hohe Dichte haben. Diese Blasinstrumente bestehen aus einem Rohr, in dem eine Luftsäule in Schwingungen versetzt wird.

Für die Decken von Streichinstrumenten (Geige, Bratsche, Cello) werden ausschließlich astfreie Fichtenbretter, (beim Kontrabaß auch Tannenbretter) verwendet. Auch in Klavieren besteht der Resonanzboden aus Fichtenholz. Dies sind die eigentlichen Klanghölzer oder Resonanzhölzer (Knigge u. Schulz 1966). Fichten, die in Mittelgebirgen zwischen 600 und 700 m Meereshöhe senkrecht und mit geringem Drehwuchs aufwachsen, werden nach Anschlag (Klangprobe) von Personen mit geschultem Gehör ausgewählt. Von manchen Geigenbauern werden Fichten mit Haselwuchs (Abb. 9.21) bevorzugt, die in 1000 m Meereshöhe vorkommen, nur ist es physikalisch nicht bewiesen, ob dieses Holz Vorzüge in der Gleichmäßigkeit der Schwingungsausbreitung besitzt. Die typische Verkürzung und radiale Einsenkung der Holzstrahlen ist anatomisch untersucht worden (Ziegler u. Merz 1961).

Engringige (1 bis 2 mm breit), spätholzarme (>25% Spätholz) Mittelgebirgsfichten mit gleichmäßiger Jahrringanordnung sind für die Herstellung der Decken von Streichinstrumenten geeignet.

Die Wölbung der Decke einer Geige wird aus dem Stück gebeitelt. Beim wölben mit Dampf würde die Schwingungsresonanz beeinträchtigt werden, wobei die gewünschte Klarheit des Tons verlorenginge.

Im übertragenen Sinn sagt man: „Wie man in den Wald hineinruft, so schallt es heraus". Dabei wird impliziert, daß der Wald eine Resonanz hat oder gar ein Echo gibt. Allerdings ist der Schall eines Gewehrschusses im dichten Fichtenwald gedämpft, im hochstämmigen Buchenwald dagegen wesentlich lauter und mit Nachhall zu vernehmen.

Offensichtlich ist die Reflektion der Schallwellen mehr vom Kronendach als vom Holz der Stämme abhängig.

aber nur noch ein terminales Büschel beblätterter Zweige. Zählt man die Jahrringe in solchen Ästen, so stellt man fest, daß sich über Strecken bis zu 1,5 m Astlänge die Zahl der Jahrringe nicht verändert. Internodien dieser Länge, also Achsenabschnitte zwischen zwei aufeinanderfolgenden Knoten (Blattansätzen), gibt es nicht. Vielmehr sind an den basalen und mittleren Abschnitten des Astes Jahrringe ausgefallen. Das bedeutet, daß die grünen Blätter am Ende des Astes ein Solitärdasein führen. Sie beziehen vom Stamm noch das Wasser, aber keine Assimilate mehr, da bei einem Jahrringausfall kein frisches Phloem gebildet wird. Die terminalen Blätter leben „von der Hand in den Mund", fast so wie eine Mistel. Sobald das zuletzt gebildete Xylem nicht mehr funktioniert, können die terminalen Zweigbüschel der Schattenäste keine Knospen mehr bilden, sie vertrocknen.

Die anatomische Unterteilung eines Jahrrings in Frühholz und Spätholz zeigt, daß die Differenzierung von Cambiumderivaten nicht nur von der Assimilatversorgung abhängig ist, sondern auch klimatisch beeinflußt wird. Die Zellwanddicke nimmt im Spätholz zu und bei den Strahlen findet man im Spätholz oft eine besonders reichliche Stärkeeinlagerung. Stärke, indes, kann wieder hydrolysiert werden.

Das Spätholz der Coniferen wird gegen das Frühholz nach einer Regel abgegrenzt, wonach der radiale Durchmesser des Tracheidenlumens weniger oder gleich der äußeren (zentrifugalen) doppelten Zellwanddicke sein muß (Abb. 9.37) (Shreve 1924).

Die Ring- und Zerstreutporigkeit der Gehölze sind Arteigentümlichkeiten, die phylogenetisch vom Tracheidenstamm her erklärt werden. Die ringporigen Gehölze leiten das Wasser fast ausschließlich im äußeren Jahrring, aber bis zu 10mal rascher als die zerstreutporigen Gehölze. Nach Huber (1935) ist der rascheste Wassertransport in Waldbäumen bei der Stieleiche (*Quercus robur*) mit 43,6 mh^{-1} gemessen worden. Wie jedoch bereits erwähnt wurde (Kapitel 2.7, 9.12), ist die Geschwindigkeit der Wasserbewegung kein anatomisch festgelegtes Merkmal, sondern von Wasserhub und Transpiration abhängig.

9.16 Reaktionsholz und Druckholzbildung

Reaktionsholzbildung wird durch den Schwerereiz induziert. Es treten zwei Modifikationen auf:

Dicotylen entwickeln Zugholz an der Oberseite der plagiotrop wachsenden Äste; Gymnospermen bilden Druckholz an der Unterseite der Äste. In beiden Fällen treten anatomische Abweichungen von der Normalstruktur des Holzes auf, auch bei Stämmen, die geneigt sind und bei denen Unterseite und Oberseite unterschieden werden kann. Bereits ein Neigungswinkel von 2° kann Reaktionsholzbildung auslösen (Kramer u. Kozlowski 1979). Die Nützlichkeit beider Reaktionsholzkonstruktionen ist einleuchtend, zumal Zug-, besonders aber Druckholz größere Mächtigkeit besitzen, und deshalb mechanisch stabiler sind als das senkrecht gewachsene Holz.

Über das Druckholz der Gymnospermen liegen erschöpfende anatomische Informationen vor (Timell 1986); es ist auch an abweichender Färbung (oxidierte Polyphenole) zu erkennen und wird deshalb Rotholz genannt. Druckholzbildung führt zu einer auffallenden Erweiterung der Jahrringbreiten, so daß Astholz und schräg gewachsene Stämme exzentrische Holzquerschnitte zeigen. Abweichend vom Normalholz zeigt das Druckholz – vor allem im Frühholzbereich – im Querschnitt abgerundet erscheinende Tracheiden und ist deshalb mit Intercellularräumen durchsetzt (Abb. 9.37).

Ohne erkennbaren Zusammenhang mit dem Schwerereiz wurden im Druckholz von *Picea glauca* häufiger Sanio'sche Balken (Trabeculae) (Abb. 9.33) gefunden als im Normalholz aus senkrecht wachsenden Stämmen.

Zur Bestimmung der gravitropen Reaktionsbereitschaft wurden Keimlinge von *Pinus banksiana* verwendet, die vier Tage lang in einem Winkel von 60° zur Horizontalen gehalten wurden. Der Winkel der resultierenden Aufkrümmung wurde als Maß für die gravitrope Reaktionsbereitschaft genommmen (Kennedy u. Farrar 1965). Es ist wahrscheinlich, daß die erhöhte Teilungsrate an der Unterseite des Hypocotyls zur Aufkrümmung führt, und daß ebenso die Druckholzbildung eingeleitet wird.

9.17 Gelatinöse Fasern und Zugholzbildung

Für das Reaktionsholz von Dicotylen (Zugholz) sind gelatinöse Fasern charakteristisch. Es sind dickwandige Fasern, deren Wände nicht verholzen und die durch eine grobmizellierte Cellulosesekundärwand (Nägeli 1928) charakterisiert sind (Berlyn 1961). Die Faserwand ist weich wie Gelatine und hygroskopisch, beim Trocknen schrumpft sie (Bailey u. Kerr 1935).

Gelatinöse Fasern können einzeln und in Gruppen unterschiedlicher Größe auftreten. Sie wurden auch im Phloem gefunden, und sie kommen in Blattrippen vor (Ruetze et al. 1989).

Obwohl die Gewinnung solcher Fasergruppen ohne Schwierigkeit möglich sein dürfte, wurde die Zusammensetzung der Faserwand mit analytischen Verfahren noch nicht untersucht; folglich werden in manchen einschlägigen Werken gelatinöse Fasern nicht erwähnt (Linskens u. Jackson 1989).

Bei manchen Lianen (*Aristolochia brasiliensis*) treten gelatinöse Fasern neben normalen Sclerenchymfasern auf.

Ein Zusammenhang zwischen Schwerereiz und dem Auftreten von gelatinösen Fasern ergibt sich aus einer Untersuchung bei *Populus deltoides*. Dort nimmt der Anteil an gelatinösen Fasern im Zugholz mit zunehmender Neigung des Stammes zu (Berlyn 1961).

Bei *Celtis sinensis* und anderen Ulmaceen können Gruppen von gelatinösen Fasern anstelle der Holzfasern vom Cambium abgegeben werden (Abb. 9.38). Die gelatinösen Fasern lassen sich an der ausbleibenden Ligninfärbung der Sekundärwand im Schnittpräparat lokalisieren. Aufgrund der fehlenden Ligninreaktion sind sie auch in älteren Jahrringen zu erkennen. Gelatinöse Fasern sind auf die Oberseite von Ästen oder Stämmen beschränkt; sie markieren das Zugholz.

Zugholz kann bei der Holzverarbeitung im Schnitt einen wolligen Aspekt zeigen. Dies ist unerwünscht, vor allem bei der Herstellung von Rotationsfurnieren. Dabei werden gelatinöse Fasern flächenweise freigelegt. Solche Stellen wölben sich beim Trocknen auf.

Bei der Winteracee *Drimys lanceolata*, deren Holz nur Tracheiden enthält, wurde druckholzähnliches Reaktionsholz an der Oberseite von Ästen gefunden (Dadswell u. Wardrop 1949). Dies weist darauf hin, daß sowohl die dickwandig-verholzten, abgerundeten Druckholzelemente wie die unverholzten gelatinösen Fasern des Zugholzes unter dem Einfluß der Gravitation entstehen.

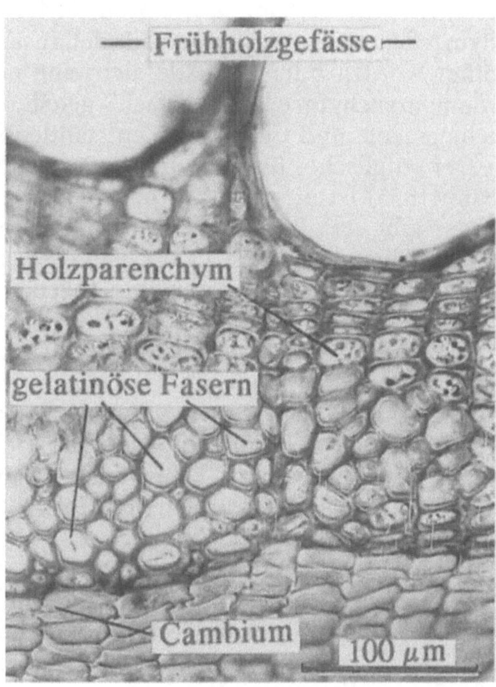

Abb. 9.38. Das als Zugholz bezeichnete Reaktionsholz der dicotylen Bäume (*Celtis sinensis*, Astholz) ist am Auftreten von gelatinösen Fasern zu erkennen. Diese Fasern liegen einzeln oder in Paketen an der Oberseite von Ästen. Bei den Ulmaceen sind diese Fasern besonders deutlich zu sehen. Gelatinöse Fasern bleiben unverholzt, ihre Sekundärwand ist weich

9.18 In sekundärem Xylem eingeschlossenes Phloem

Bei manchen Stämmen oder Rhizomen treten im sekundären Xylem Inseln von Phloemgewebe auf, in denen Siebröhren und Geleitzellen erkennbar sind (*Gentiana*). Dieses eingeschlossene Phloem entsteht nicht aus einem eigenen Cambium nach Art der multiplen Cambien. Es erscheint im Xylem, als wären Xylemparenchymzellen zu einem Phloembündel zusammengefügt worden oder als hätte sich eine einzelne Xylemparenchymzelle mehrfach geteilt, wobei Siebelemente und Geleitzellen entstanden sind.

Der englische Begriff „interxylary phloem“ (Fahn 1985) ist hierfür nicht anzuwenden. Allerdings gibt es Beispiele für eingeschlossenes Phloem, bei denen ein cambialer Ursprung an der radialen Anordnung der Phloemzellen zu erkennen ist. Man unterscheidet einen „Inseltyp“ (*Strychnos*, Loganiaceae; *Combretum*, Combretaceae) und einen „Bandtyp“ (*Cocculus laurifolius*, Menispermaceae; *Avicennia alba*, Verbenaceae), bei dem tangentiale Phloembänder im Holz auftreten können. Sodann kennt man foraminate Stämme mit Phloembezirken im Holz, die dem Inseltyp entsprechen.

Da eingeschlossenes Phloem in den genannten Arten mit großer Konstanz vorkommt, kann es sich nicht um sekundäres Phloem handeln, das „aus Versehen“ vom Cambium auf die falsche Seite geliefert wurde.

Der umgekehrte Fall – Xylem im Phloem – wird für *Equisetum arvense* beschrieben, nur handelt es sich dabei nicht um sekundäre Gewebe.

9.19 Holzverkernung

Wenn Splintholz nicht mehr für die Wasserführung eingesetzt wird, geht es in Kernholz über. Die Grenze Splint/Kern kann schon dicht innerhalb des Cambiums liegen (*Taxus baccata*); meist liegt sie aber mehrere Jahrringe weit vom Cambium entfernt. Bei manchen Arten ist die Grenze nicht scharf zu ziehen, weil bereits im Splintholz die Stärke aus den lebenden Parenchym- und Strahlzellen entfernt wird.

Bei einigen tropischen Arten ist das gefärbte Kernholz das für den Handel Wertvolle am Baum (Ebenholz, *Diospyros ebenum*), bei anderen Nutzhölzern sind dagegen Stämme mit verfärbtem Kernholz unerwünscht (Buche).

Die biochemischen Vorgänge bei der Verkernung sind erst in jüngster Zeit untersucht worden (Saranpää u. Höll 1989; Magel et al. 1991).

Die Verfärbung des Holzes bei der Verkernung ist in den meisten Fällen auf Phenoloxidation zurückzuführen. In manchen Fällen, so auch beim „Spritzkern“ der Buche, wird bei der Verkernung das Lignin aus den Wänden der Fasertracheiden entfernt und, offenbar in niedermolekularer Form, im Zellinneren abgelagert. In jedem Fall von Holzverkernung wird die Stärke der Parenchym- und Strahlzellen aufgelöst und an Ort und Stelle für Synthesen spezifischer Verkernungsphenole verwendet.

Ein Transport löslicher Phenole durch Phloem- und Strahlgewebe ist nicht nachgewiesen worden.

Bei der Robinie (*Robinia pseudoacacia*) wurden Flavanonole (Dihydrorobinetin), Flavonole (Robinetin) und Zimtsäurederivate gefunden. Die entsprechenden Enzyme wie PAL (Phenylalanin Ammonia-Lyase) oder Chalkonsynthase sind nur in den Jahrringen, in denen Holzverkernung einsetzt, aktiv. Allerdings ändern sich die Enzymaktivitäten mit der Jahreszeit.

Da der Proteingehalt mit zunehmendem Alter in den Splintholzjahrringen abnimmt (Magel et al. 1991), ist anzunehmen, daß auch die Synthese von Enzymen reduziert wird.

Bei den Gymnospermen sind Splint- und Kernholz nicht zu unterscheiden, weil das gesamte Tracheidenholz zur Wasserführung verwendet wird.

Das Auftreten aktiver, histochemisch nachweisbarer Peroxidase in altem Holz von Kiefernstämmen ist ein Hinweis darauf, daß aktive Enzyme noch in Jahrringen vorkommen, die bei Dicotylen weit innerhalb der Splint/Kernholzgrenze liegen (Eschrich 1976).

Erst wenn – bei *Pinus sylvestris* nach ca. 20 Jahren – die Hoftüpfel verholzte Tori haben und im Strahlparenchym keine Stärke mehr zu finden ist, trocknet der „Kern“ des Stammes aus.

Begrenzender Faktor für die Enzymaktivität im Holz ist der Wassergehalt.

Bei mehr als 400 Gehölzen tritt Kieselsäure in der Zellwand der Holzzellen auf: Es sind SiO_2-Einschlüsse mit einer Brechzahl $n_D=1,434$; seltener füllt Kieselsäure in Form „gläserner“ Einschlüsse ($n_D=1,5$) die ganze Zelle aus.

Bei *Parinari*-Arten (Chrysobalanaceae) treten SiO_2-Einschlüsse in den Strahlzellen auf.

Ob die Ablagerung von Kieselsäure im Holz ein Zeichen beginnender Holzverkernung ist, kann nur vermutet werden.

9.20 Axiale leptogene Cambiumderivate

Ebenso wie Xylem und Hadrom das gleiche Gewebe bezeichnen, kann man Phloem und Leptom synonym verwenden, damit man sich sprachlich keinen Zwang antun muß (statt „phloëmogen" hier nun leptogen). Allerdings sind dann noch die Bastfasern cambialen Ursprungs einzubeziehen, die von Haberlandt (1879) ausgeklammert wurden, weil sie für das Leptom als zu „hart" empfunden wurden (Esau 1969b).

Leptogene Cambiumderivate bilden das sekundäre Phloem oder den Bast. Sie entstehen aus den gleichen Initialen, die auch die xylogenen Elemente liefern.

Nur in seltenen Fällen ist das sekundäre Phloem so klar strukturiert wie das Xylem, vor allem, weil im Bast typische Jahrringgrenzen fehlen. Als wichtigste Phloemelemente treten Siebelementmutterzellen, Phloemparenchymzellen und Phloemfasern auf. Durch inäquale Längsteilung entstehen die Geleitzellen aus den Siebelementmutterzellen.

Bei einigen Gymnospermen ist die Struktur des sekundären Phloems übersichtlich, zumindest in den jüngeren Bast-ablagerungen (Abb. 9.39). Sobald jedoch die Siebelemente außer Funktion treten und obliterieren, treten Gewebe-schrumpfungen auf, die das ursprüngliche Bild des Querschnitts zerstören. Was bleibt, sind die Phloemparenchymzellen und die sekundären Phloemfasern oder Bastfasern, die allerdings auch fehlen können. Sehr häufig wird bei den cambial erstarkenden Pflanzen – Kräutern und Bäumen – das ursprüngliche Bild des Bastes durch Steinzellbildung verändert.

Die Reifung der Siebelemente kann verschieden lange dauern. Im Frühjahr tritt Funktionsreife innerhalb weniger Tage ein; im Herbst wird die Reifung verzögert, so daß z.B. bei der Buche die Siebröhren erst im folgenden Frühjahr funktionstüchtig werden (Krabel, persönl. Mitt.).

Weil deutliche Jahrringgrenzen im Phloem fehlen, ist nur im Vergleich mit dem Xylem eine Altersbestimmung der Phloemelemente möglich (Eschrich 1976), nämlich dann, wenn charakteristische Vorgänge im Cambium sowohl im Xylem als auch im Phloem geortet werden können. Treten z.B. nach Initialenverdoppelung nach pseudotransversaler Teilung statt einer nun zwei radiale Reihen von Cambiumderivaten auf (Abb. 9.39), so läßt sich dieser Vorgang im Xylem nach den Jahrringgrenzen datieren. Im Phloem ist dann spiegelbildlich die gleiche Verdoppelung der radialen Zellreihe zu erkennen. Damit ist nicht nur eine Altersbestimmung einer Phloemzellschicht möglich, sondern man wird auch über die Häufigkeit von xylogenen gegenüber leptogenen Initialenteilungen informiert (Abb. 9.39). Im allgemeinen führt eine Initiale weniger leptogene als xylogene Teilungen durch.

Solche Vorgänge lassen sich bei manchen Gymnospermen (*Chamaecyparis, Thuja*) erkennen, aber bei Dicotylen ist der anfänglich radiale Aufbau des Phloems durch die Geleitzellbildung gestört (Abb. 9.1).

Ein so charakteristischer Aufbau wie der des Gymnospermen-Bastes aus tangentialen Bändern von Bastfasern, Siebzellen, Phloemparenchymzellen, Siebzellen und wieder Bastfasern, ist bei den Dicotylen nicht zu finden.

Häufig treten im Bast Sclereiden auf, meist Steinzellen, die durch Umwandlung von Phloemparenchymzellen entstanden, aber auf grund ihrer Form nicht als Abkömmlinge von Cambiuminitialen zu erkennen sind. Vielfach tragen Idioblasten mit gefärbtem Inhalt oder von unregelmäßiger Gestalt, sowie Kristallzellen dazu bei, das ursprüngliche Bild des sekundären Phloems zu verändern. Sekundäre Milchröhren (Kapitel 9.23) sind bei manchen Familien typische Elemente des Bastes. Auch Harzkanäle (Abb 9.40), Schleimzellen und Sekretzellen oder -kanäle, können das Querschnittsbild des Bastes unübersichtlich machen. Auch einzelne Bastfasern (*Cinchona, Cinnamomum*) verändern die radiale Struktur des Bastes durch intrusives Wachstum.

Die Größe der Bastelemente kann wechseln, ohne daß eine Verbindung zu jahreszeitlichen Veränderungen zu erkennen ist. Bei *Thuja occidentalis* findet man sporadisch tangentiale Bänder von Bastfasern, mit stark vergrößerten Zellquerschnitten (Abb. 9.41).

Treten Bastfasern in Blöcken auf (Abb. 9.42), so werden die radialen Reihen von Zellen einer

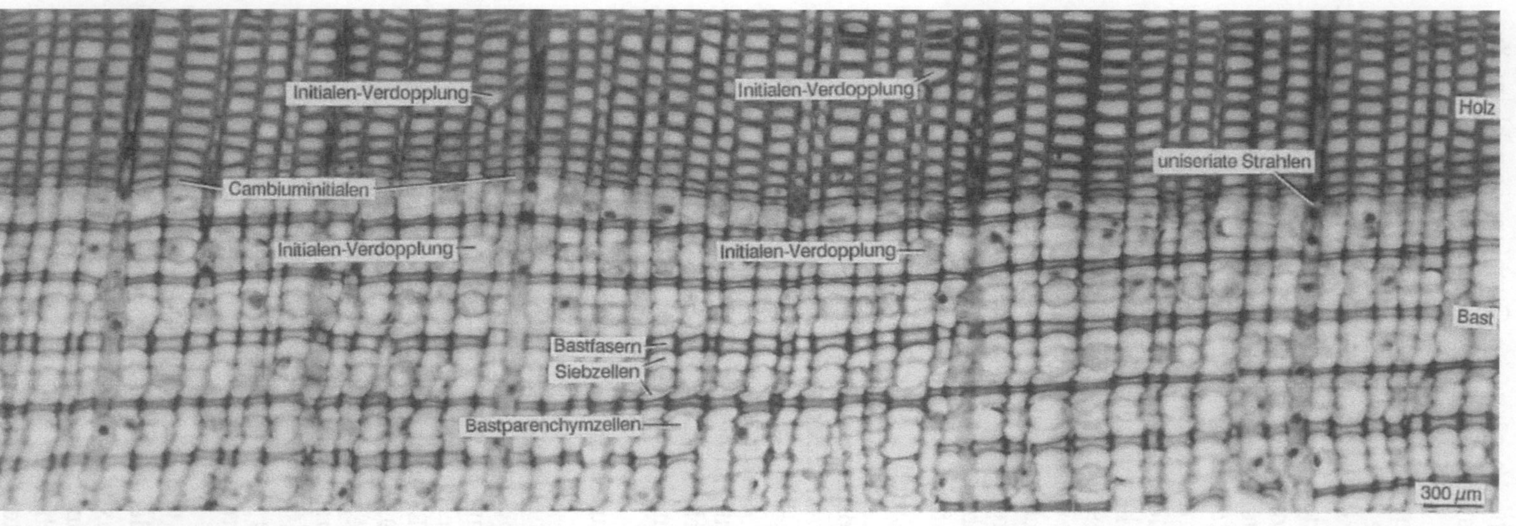

Abb. 9.39. Das Alter eines Phloemelements ist bei Bäumen, im Gegensatz zum Alter der Holzelemente, nicht eindeutig bestimmbar. Tritt jedoch im Holz eine Strukturabweichung auf, die im Cambium ihren Ursprung hat, so wird man die gleiche Strukturabweichung auch im Bast wiederfinden, vorausgesetzt, der bestreffende Bastabschnitt ist nicht schon als Borke abgetrennt worden. Im Bild des *Thuja-plicata*-Querschnitts ist an zwei Stellen zu erkennen, daß sich eine radiale Tracheidenzellreihe verdoppelt hat. Da dies auf Initialenverdoppelung zurückzuführen ist, findet man das gleiche Ereignis im Bast. Es muß im Holz wie im Bast zur gleichen Zeit eingetreten sein. Das Bild zeigt außerdem, daß die normalerweise synchrone Bastzelldifferenzierung verzögert werden kann. Rechts sind die jüngsten Bastfasern noch nicht vorhanden, links haben sich bereits Siebzellen dazu differenziert

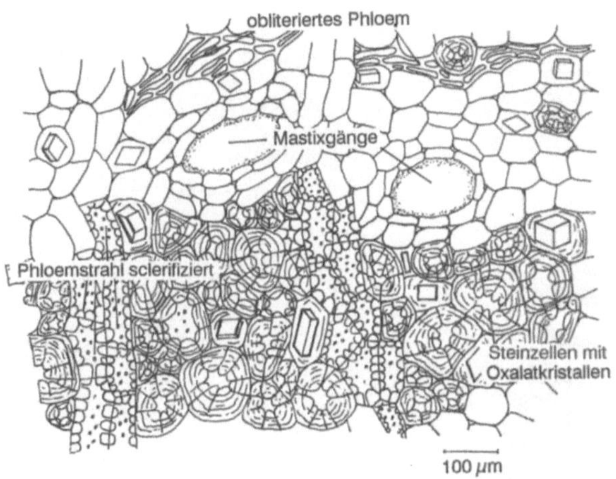

Abb. 9.40. Im Bast (von *Pistacia lentiscus*) ist die Strukturvielfalt stärker ausgeprägt als im Holz. Jahrringgrenzen fehlen, und durch die Bildung von Idioblasten oder Sekretgängen, Sclerifizierung von Strahlabschnitten sowie durch Bildung von Geleitzellen und die Obliteration von Siebelementen wird die Radiärstruktur verändert. Der dargestellte Ausschnitt des Bastes läßt diese Veränderungen erkennen. (Wiesner 1927/28)

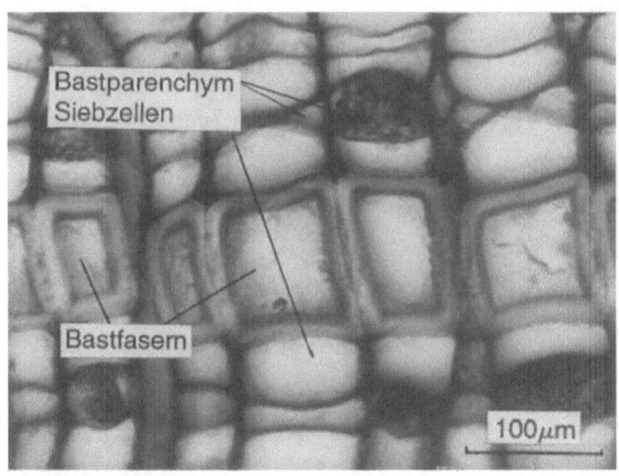

Abb. 9.41. Wie in Abb. 9.39 angedeutet, können die in regelmäßiger Folge produzierten Bastelemente bei *Thuja occidentalis* verschiedene „Wertigkeit" aufweisen. Die hier abgebildeten Bastfasern sind ungewöhnlich groß im Vergleich zu den parenchymatischen Elementen. Diese Größenabweichung ist jedoch nicht mit derjenigen von Holzelementen (Frühholz) zu vergleichen, denn sie tritt sporadisch auf. Eine plausible Erklärung dafür fehlt noch

Cambiuminitiale unkenntlich, weil durch intrusives Wachstum Faserspitzen als „Durchschuß" nach oben und nach unten in den Horizont der Betrachtung eingewachsen sind und dort kleinzellig und nicht mehr in radialer Anordnung in Erscheinung treten (*Tilia*). Bei *Liriodendron* bleiben dagegen die Bastfasern radial ausgerichtet (Abb. 9.43).

Schließlich können Intercellularen auftreten, die im Xylem fehlen.

Die Lebensdauer der Bastzellen ist sehr unterschiedlich: Die Siebelemente werden entweder stark zusammengepreßt (*Picea abies*) oder obliteriert, d.h. „ausgelöscht"; sie werden so deformiert, daß ihre Zellform nicht mehr zu erkennen ist, nachdem die Siebplattencallose aufgelöst wurde.

Während der Sommersaison werden Siebelemente und Geleitzellen kontinuierlich durch Neubildungen ersetzt.

Phloemparenchymzellen bleiben dagegen wesentlich länger am Leben, wenn sie nicht in Sclereiden umgewandelt werden.

Im Buchenbast erscheinen die Parenchymzellen mehrere Jahre lang turgeszent.

Pharmazeutisch genutzt werden zahlreiche Bastdrogen, deren wirksame Inhaltsstoffe in Parenchymzellen des sekundären Phloems vorkommen. Die Vielfalt der Inhaltsstoffe wird anatomisch nur dann erkennbar, wenn sie gefärbt oder färbbar sind; funktionell sind solche Parenchyme nur in ihrer Wirkung auf Tier und Mensch bekannt. Die Funktion der sekundären Pflanzenstoffe im Stoffwechsel der Pflanze selbst ist weitgehend unbekannt.

Beispiele für Bastdrogen sind: Chinarinde (*Cinchona succirubra*), Zimt (*Cinnamomum zeylanicum*), Kondurangorinde (*Marsdenia condurango*, Asclepiadaceae), Faulbaumrinde (*Frangula alnus*), Hamamelisrinde (*Hamamelis virginiana*), Eichenrinde (*Quercus petraea*), Seifenrinde (*Quillaia saponaria*, Rosaceae), Cascararinde (*Rhamnus purshiana*), Weidenrinde (*Salix alba, S.purpurea*).

Abgesehen von den Stoffleitungs- und -Speicherfunktionen des Bastes ist dieser ein Schutzmantel für das Cambium. Schutz gegen mechanische Beanspruchungen bieten die Steinzellen des Bastes und die Bastfasern. Sie übernehmen die Schutzfunktion von den Elementen des Peri-

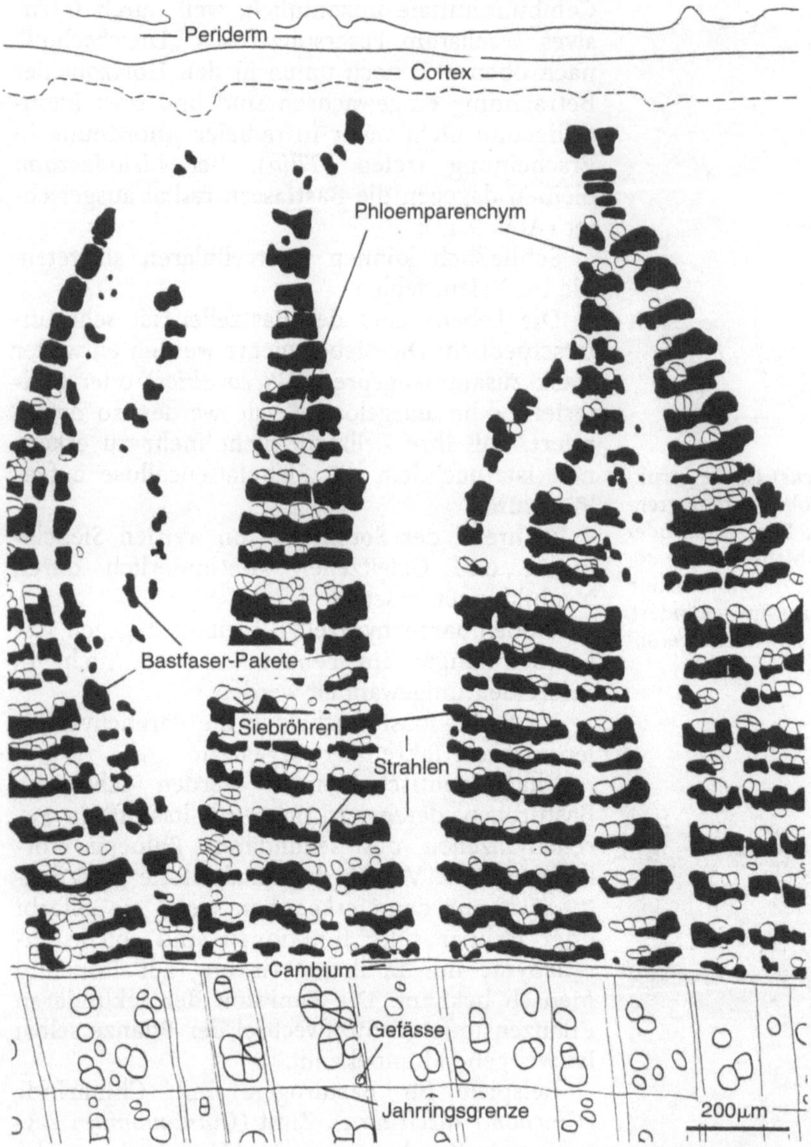

Abb. 9.42. Der Bast von *Tilia cordata* ist durch die Anordnung der Bastelemente in Form eines Strahlenkranzes im Querschnitt gut charakterisiert. Die schwarz gezeichneten Bastfaserpakete wechseln mit Gruppen von Phloem und Bastparenchym in radialer Richtung ab. Die Dilatation des Cambiums wird durch Teilungen im rein parenchymatischen Strahlgewebe kompensiert

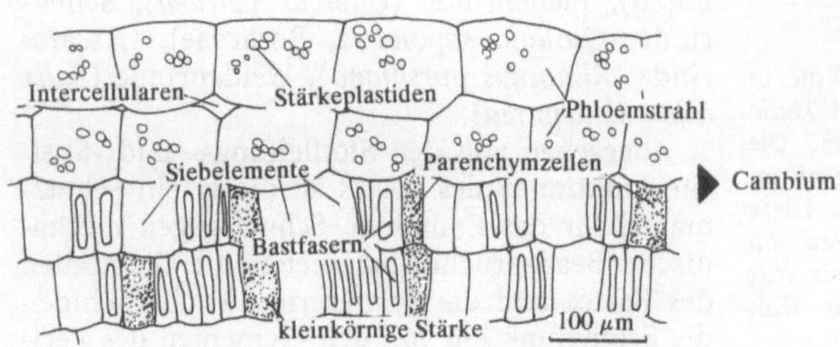

Abb. 9.43. Der Bast von *Liriodendron* behält seine ursprüngliche radiäre Struktur bis zur Borkenbildung. Die regelmäßige Folge von Siebelementen, Bastfasern und Parenchymzellen ist sonst nur bei den Coniferen (s. Abb. 9.39) zu finden

vascularfaser-Mantels und den primären Phloemfasern.

Es wird angenommen, daß der Bast durch sein Intercellularensystem wärmeisolierende Eigenschaften besitzt, die gegen zu starke Erhitzung bei Sonnenbestrahlung und gegen Kälte schützen. Zudem kann der Bast vermöge seines pigmentierten Periderms Wärmestrahlung absorbieren und damit zum Schutz gegen Kälte beitragen.

Bei allen Eigenschaften und Funktionen des Bastes bleibt die Mächtigkeit dieses Gewebes erstaunlich gering.

In Brusthöhe (1,30 m) zeigen die Bast plus Borkendicken auffallend wenige Unterschiede:

Tabelle 9.1. Dicke von Bast bei verschiedenen Arten

Art	Stammumfang	Dicke von Bast/ Borke
Fagus sylvatica	38 bis 40 cm	0,20 bis 0,25 cm
Fagus sylvatica	173 bis 181 cm	0,80 bis 0,85 cm
Fraxinus excelsior	31 bis 64 cm	0,30 bis 0,50 cm
Fraxinus excelsior	180 cm	1,50 bis 2,00 cm
Acer pseudoplatanus	50 bis 90 cm	0,20 bis 0,45 cm
Acer pseudoplatanus	197 cm	0,80 bis 1,20 cm
Quercus robur	71 cm	0,80 cm
Quercus robur	188 bis 190 cm	1,60 bis 2,10 cm
Betula pendula	126 cm	1,40 cm

In der Tabelle 9.1 läßt der Stammumfang auf das Alter des Baumes schließen. (Messungen von Dr. Sam Essiamah, Göttingen)

9.21 Baststrahlsysteme

Die Struktur der Baststrahlen gleicht – zumindest in Cambiumnähe – derjenigen der Holzstrahlen; beide sind Derivate derselben Gruppe von Strahlinitialen.

Die Strahlinitialen entstehen vermutlich immer durch Unterteilung einer oder mehrerer fusiformer Cambiuminitialen.

Die Strahlinitialen lassen sich nicht wie die fusiformen Initialen auf ein Restmeristem (Procambium) zurückführen, denn im collateralen Leitbündel der Sproßspitze gibt es noch keine Phloem- und Xylemstrahlen; nur Markstrahlen (Kapitel 5.13) treten im Querschnitt als seitliche Begrenzungen der Leitbündel auf. Räumlich gesehen, werden die Markstrahlen als begleitendes Parenchym der Blattspur, als „Verpackung", in die Achse eingefügt. Sie füllen den Raum zwischen Blattspur und Blattlückenbegrenzung.

Wenn das ursprüngliche, geschlossen-collaterale Leitbündel zum offen-collateralen Leitbündel geworden und sein Phloem nun durch ein Cambium vom Xylem abgegrenzt ist, treten radiale parenchymatische Zellreihen auf, die im Tangentialschnitt isodiametrisch sind und die ersten Derivate von Strahlinitialen darstellen.

Die axiale Ausdehnung eines Strahls kann bei Dicotylen 50 und mehr Zellen umfassen und durch das „Verschmelzen" untereinander stehender Strahlen noch vergrößert werden. Im Gegensatz zu den (primären) Markstrahlen sind die (sekundären) Strahlen nach oben und unten scharf abgegrenzt.

Bei *Fagus sylvatica* wird den multiseriaten Baststrahlen im Cambium ein Mantel aus Steinzellen beigefügt (Abb. 9.12 A,B). Wird der Bast vom Holz abgerissen, so bleiben die Steinzellkomplexe der Strahlen im Holz stecken. Funktionell bieten diese „Stifte" Halt gegen ein Verrutschen oder Ablösen des Bastes, wenn das Cambium im Frühjahr stark hydratisiert ist.

Baststrahlzellen können Assimilate speichern. Gespeicherte Stärkevorräte werden bei Bedarf aufgelöst. Dies geschieht synchron mit gleichen Vorgängen im Phloemparenchym; es resultiert eine jahresperiodische Stärkedynamik des Bastes (Sauter 1966; Essiamah u. Eschrich 1985). Die Baststrahlen stehen in Kontakt mit dem axialen Phloem (Abb. 9.44 rechts), woraus Photoassimilate für einen Radialtransport aufgenommen werden können. Bei den Coniferen führt diese Konstruktion dazu, daß Siebzellen und Kontaktzellen des Baststrahls, (Eiweißzellen nach Strasburger 1891), im Herbst gemeinsam obliterieren. Die jahreszeitliche Stärkedynamik in den Strahlen zeigt, daß der Radialtransport des Zukkers in den Baststrahlen sowohl zentripetal zum Cambium, als auch zentrifugal zu Speichergeweben des Bastes gerichtet sein kann. Dieser Transport vollzieht sich in Zellen unterschiedlichen Entwicklungsalters.

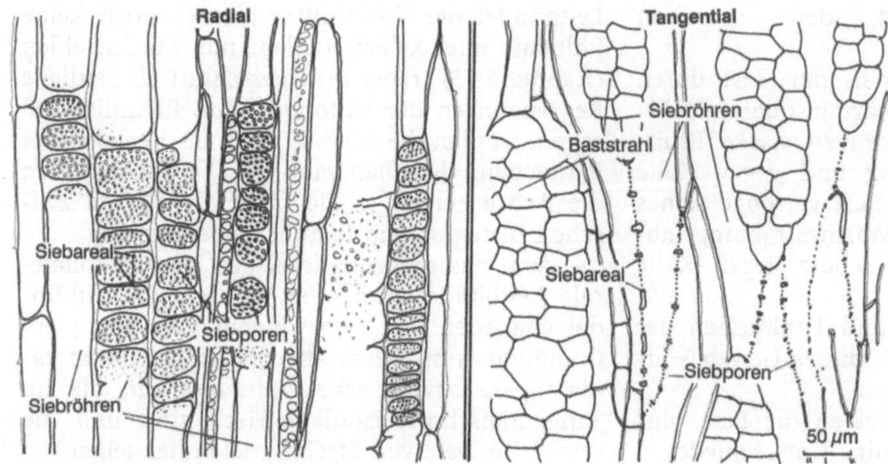

Abb. 9.44. Die aus vielen Siebarealen zusammengesetzten langgestreckten Siebplatten von *Liriodendron tulipifera* sind im Radialschnitt (links) flächig, im Tangentialschnitt (rechts) quer geschnitten zu sehen. Die Spatelform der Siebelemente führt, wie bei den Coniferensiebzellen, zu Überlappungen der verwachsenen Enden der Siebelemente

9.22 Sekundäre Milchröhren

Zu den leptogenen Cambiumderivaten zählen auch die sekundären Milchröhrenelemente, die miteinander die zusammengesetzten Milchröhren des Bastes bilden.

Aus der Darstellung der Systeme pflanzlicher Milchröhren (ESAU 1969a) geht hervor, daß die primären Milchröhren, die schon im Embryo als Initialen angelegt werden, intrusiv in sekundäre Gewebe einwachsen können, z.B. bei *Ficus*-Arten (Sperlich 1939; Vreede 1949).

Dieser Vorgang wurde von Artschwager (1946) für *Cryptostegia* (Asclepiadaceae) beschrieben. In einer vorausgehenden Veröffentlichung über das Milchröhrensystem derselben Pflanzenart (Blaser 1945) wird gezeigt, daß primäre Milchröhren, die vom Cortex bis ins Mark reichen, bei der Cambiumbildung nicht getrennt werden, sondern während des sekundären Dikkenwachstums (intrusiv) weiter wachsen. Aus den Untersuchungen geht nicht hervor, ob ein Abschnitt der Milchröhre in das Cambium integriert wird und sekundäre Ergänzungen liefert, oder ob es sich um eine kontinuierliche Streckung eines primären Milchröhren-abschnitts handelt.

Die für *Cryptostegia* postulierte Integration eines primären Milchröhrenabschnitts in das Cambium ist der einzige beschriebene Fall dieser Art. Da Milchröhren ihre Zellkerne behalten, sie aber meist in einem Apikalbereich der verzweigten Milchröhre ansammeln, müßten einige Kerne bei Beginn der Cambiumtätigkeit zurückwandern, da für das Streckungswachstum Enzyme synthetisiert werden müssen. Das gleiche wäre erforderlich, wenn ein Abschnitt der primären Milchröhre in eine Cambiuminitiale umgewandelt würde.

Die Milchröhrenelemente cambialen Ursprungs verhalten sich genauso wie die sekundären Siebelemente: sie bleiben streng nach Entwicklungsalter getrennt und differenzieren sich wie die Siebröhren im jungen Bast (Abb. 9.45).

Das bekannte Blockdiagramm von Vischer (1923. zitiert nach Esau 1969a) über die Anordnung sekundärer Milchröhren bei *Hevea brasiliensis* zeigt zwar die reiche Vernetzung der Milchröhrenelemente in tangentialer Richtung, jedoch keine radialen Milchröhrenverbindungen. Allerdings sollen gelegentlich bei *Hevea* Verbindungen zwischen zwei konzentrischen Ringen von sekundären Milchröhren beobachtet worden sein (Bonner u. Galston 1947); ein photographischer Beleg fehlt.

Die sekundären Milchröhren von *Hevea brasiliensis* sind als Kautschuklieferanten von großer wirtschaftlicher Bedeutung. Desgleichen sind die sekundären Milchröhren von *Taraxacum kok saghyz* wichtig. Diese sind in der Wurzel in konzentrischen Ringen angeordnet. Ferner liefert der in Mexiko vorkommende

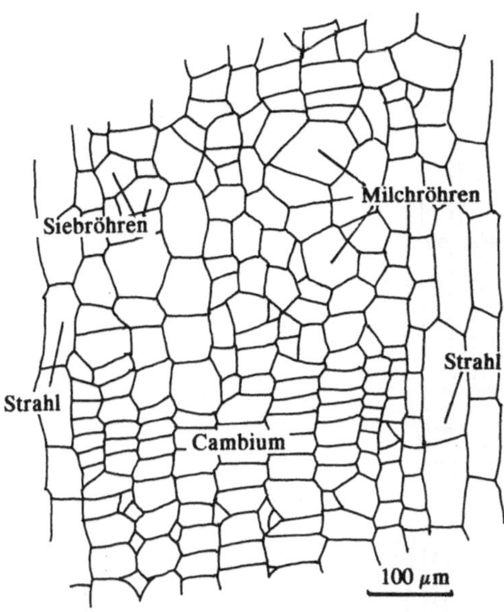

Abb. 9.45. Siebröhren und Milchröhren des Bastes (von *Ficus triangularis*) verursachen in gleicher Weise eine Deformation der radialen Querschnittsstruktur. Nur die Baststrahlen werden in ihrem Verlauf kaum beeinflußt

Guayule-Strauch (*Parthenium argentatum*) beträchtliche Mengen von Latex aus Milchröhren des Bastes (Bonner u. Galston 1947).

Sekundäre Milchröhren sind immer mit dem sekundären Phloem vergesellschaftet (Abb. 9.45). Der Latex ist ein Polyterpen, das in Form kleiner Kügelchen in den Milchröhren auftritt. Latex ist anscheinend ein Endprodukt des Stoffwechsels, denn seine Menge nimmt nicht ab, wenn die Pflanze längere Zeit im Dunkeln gehalten wird.

9.23 Regeneration im Phloem

Eine reife Siebröhre, die verletzt wird, kann nicht regenerieren, weil die Siebelemente keinen Zellkern mehr haben. Wenn die Siebelemente absterben, gehen auch ihre Schwesterzellen, die Geleitzellen, zugrunde. Bisher hat man noch nicht zeigen können, daß eine Geleitzelle durch Teilung ein neues Siebelement bilden kann. Die Regeneration eines unterbrochenen Siebröhrenstrangs bleibt somit Aufgabe des Phloemparenchyms. Die aus Parenchymzellen durch Teilungen hervorgehenden Wundsiebröhren überbrükken die Lücke, die bei der Verwundung im Leitbündel entstand (Abb. 9.46) (Benayoun et al.1975).

Wenn sich eine ausgewachsene Parenchymzelle teilt und die Teilungsprodukte sich neu differenzieren, geht eine Dedifferenzierung voraus, bei der vorhandene „Programme“ gelöscht werden. Dieser Vorgang tritt immer ein, wenn ausgewachsene lebende Zellen oder ihre Teilungsprodukte Meristemcharakter annehmen. Insofern beruhen Regeneration und Cambiumaktivierung auf gleichen Vorgängen. Die Wundsiebröhren sind demnach also sekundärer Natur.

An Primärwurzeln von Erbsenkeimlingen wurde gezeigt, daß die parenchymatischen Cortexzellen Wundsiebröhren produzieren, wenn das Leitgewebe des Zentralzylinders durchtrennt wird. An diesem Objekt ließ sich auch zeigen, daß eine Korrelation zwischen aufgereiht angeordneten Mikrotubuli und der Position der späteren Teilungswand besteht (Hardham u. McCully 1982). Dies ist offensichtlich eine Voraussetzung für eine inäquale Teilung.

Regeneration von Phloembahnen ist bei jeder gelungenen Pfropfung zu beobachten, dort offensichtlich im Kontakt mit cambialem Gewebe.

Monocotylen können keinen Wundcallus und deshalb auch keine Pfropfbastarde bilden, weil sie kein Cambium haben.

Nach dem symplastischen Anschluß von neu gebildeten Wundsiebröhren an die alte Transportbahn, die aus kernlosen Siebelementen besteht, ist mehrfach gesucht worden (Eschrich 1953; Behnke u. Schulz 1980; Jacobsen u. Eschrich 1990). Es wurde jedoch in keinem Fall gezeigt, daß eine junge Wundsiebröhre (Abb. 9.46) gemeinsam mit einem alten, kernlosen Siebelement eine Siebplattenverbindung eingeht. Stets werden entlang der alten Siebröhrenstränge aus den angrenzenden Phloemparenchymzellen durch Teilung Längssiebröhren neu gebildet, die mit den Wundsiebröhren symplastisch verbunden sind, aber mit den alten Siebröhren des Bündels symplastisch keinen Kontakt haben.

Hierbei handelt es sich um das gleiche Problem, wie es beim Anschluß des Siebteils einer Blattspur an das Phloem der Achse auftritt; nur junge Siebelemente mit Zellkernen können sich symplastisch vereinigen. Zellfusionen zwischen

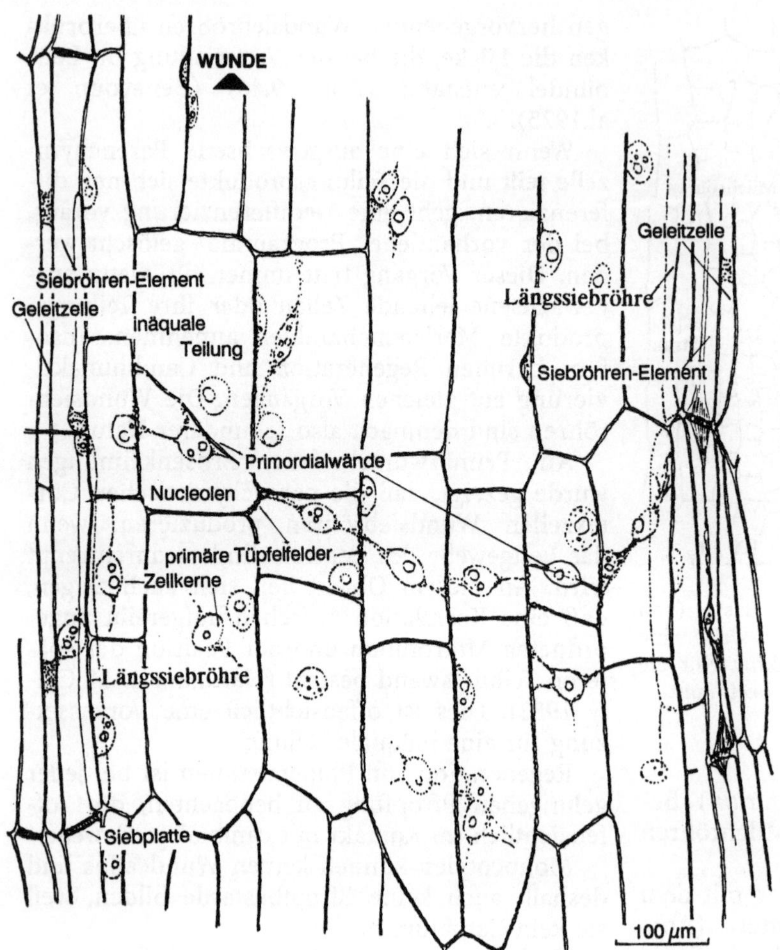

Abb. 9.46. Die Reparatur durchtrennter Siebröhren-verbindungen wird durch Neubildung von Wundsiebröhren bewerkstelligt. Die Wundsiebröhrenelemente (von *Impatiens holstii*) entstehen durch Dedifferenzierung von Parenchymzellen und inäquale Teilungen. Der Anschluß der Wundsiebröhre an die Leitbündel erfolgt durch neue Längssiebröhren, die sich parallel zu den alten Siebröhren aus Parenchymzellen differenzieren. (Eschrich 1953)

kernhaltigen und kernlosen Zellen einer Pflanze kommen nicht vor.

9.24 Callus

Die Bereitschaft, Callus zu bilden, ist bei den einzelnen Arten unterschiedlich ausgeprägt. Manche Arten bilden bereitwillig Callus wenn Explantate in vitro kultiviert werden. Ein bekanntes Beispiel ist das Markgewebe des Tabakstengels (Murashige u. Skoog 1962). Seit den ersten Gewebekulturversuchen mit Möhren (*Daucus carota*) (Steward et al. 1958) haben sich Calli anderer Pflanzen als noch wüchsiger erwiesen, z.B. Callus aus dem Phloemparenchym der Löwenzahnwurzel (*Taraxacum officinale*), der innerhalb einer Woche ein ganzes Pflänzchen regeneriert (Abb. 6.42).

Calluskulturen von sekundärem Baumgewebe zu erhalten, erfordert umfangreiche Proben bezüglich der Zusammensetzung der Kulturmedien. In vielen Fällen verbräunen Baum-gewebekulturen schon nach wenigen Subkulturen, weil der meist hohe Gehalt an Phenolen zu Proteinfällungen führt, somit also Enzyme inaktiviert (Fichte, Buche). Allerdings bilden Salicaceen (*Salix, Populus*) bereitwillig Callusgewebe, sie lassen sich deshalb in Form von Steckhölzern vermehren (Kapitel 9.26).

Über die Differenzierung in Explantaten wurde bereits im Kapitel 6.11 berichtet.

Der Weg von der Bildung undifferenzierter Calli aus exstirpierten Geweben über die Differenzierung von Leitelementen zu Organsynthesen und schließlich ganzen Pflanzen ist in allen Etappen eingehend untersucht und durch zahlreiche technische Raffinessen stabilisiert worden (Wetter u. Constabel 1982). Inzwischen werden in vielen Laboratorien von Gärtnereibetrieben durch Mikropropagation gesunde Pflanzen gewonnen, die den aus Samen gewonnenen Pflanzen oft an Vitalität überlegen sind (Orchidaceen: *Paphiopedilum, Cattleya*). Auf diese Weise kann genetisch einheitliches Pflanzenmaterial (Klone) erhalten werden, und Virusbefall läßt sich eliminieren (Murashige 1974).

Andererseits kann durch Mikropropagation eine bestimmte Panaschüre, die unter Umständen durch Viren verursacht wurde (*Abutilon*) vermehrt und erhalten werden.

Beim Übergang von der Gewebe- zur Zellkultur wird der Versuch, Zellen eines bestimmten Differenzierungsgrades in Reinkultur zu erhalten, meist durch die Totipotenz der Zelle durchkreuzt; es entsteht dann wieder ein Callus aus parenchymatischen Zellen. Erfolgreich läßt sich jedoch die Synthese sekundärer Pflanzenstoffe in Gewebekulturen auslösen, z.B. die Synthese von Ligninvorstufen durch Kinetinzusatz (Bergmann 1964).

Der anfängliche Forschungselan, spezielle Gewebe durch Kultur rein zu erhalten, ist durch Mißerfolge gebremst worden. So hat es sich nicht bewahrheitet, Leitgewebe des Phloems dadurch zu erhalten, daß die Konzentration an Saccharose im Medium erhöht wird (Wetmore u. Rier 1963). Es ist überhaupt fraglich, ob Zellen wie die kernlosen Siebelemente, kultiviert werden können. Ist ein gewisser Grad der Zellspezialisierung erreicht, so wird entweder die Propagation gehemmt, oder es treten spontan andere, weniger spezialisierte, aber genetisch gleiche Zellen auf.

9.25 Stecklinge

Zur vegetativen Vermehrung werden Stecklinge verwendet. Stecklinge bewurzeln sich nur bei Cambiumpflanzen, also Dicotylen und Gymnospermen. Will man Monocotylen und Farnpflanzen vegetativ vermehren, so gelingt das nur dann, wenn die Art Ableger produziert, die man vereinzeln kann, wenn Teile des Rhizoms mit grünen Blättern gesteckt werden, oder wenn Stengel im Kontakt mit dem Boden Wurzeln treiben.

Die Überlegenheit der Cambiumpflanzen, Wurzeln regenerieren zu können, beruht wahrscheinlich darauf, daß cambiales Meristem überall im Stengel vorhanden ist oder neu entstehen kann.

Stecklinge werden vorzugsweise zur Gehölzvermehrung verwendet. Bei krautigen Pflanzen genügen oft einzelne Blätter oder Blattstücke, um ganze Pflanzen zu regenerieren (*Begonia, Saintpaulia*).

Die Ursachen für das unterschiedliche Regenerationsvermögen von Baumstecklingen sind noch kaum erforscht. Eine einfache Erklärung, warum sich Steckhölzer von Weiden und Pappeln so leicht bewurzeln, beruht darauf, daß diese Zweige im Bast keine mechanischen Hindernisse haben (Steinzellkomplexe und Fasermäntel), die eine Anlage und das Auswachsen von Adventivwurzeln behindern könnten.

Es ist auch nicht bekannt, ob eine Mindestmenge an Reserven (Stärke) für das Regenerieren von Wurzeln erforderlich ist. Erfahrungsgemäß werden Steckhölzer im Herbst geschnitten, weil sie in diesem Zustand am besten Wurzeln treiben. Dies würde damit übereinstimmen, daß zu dieser Zeit (Oktober) bei fast allen Bäumen der Nordhemisphäre die reichsten Stärkedepots vorhanden sind.

Ein anderer Grund für die Behinderung der Wurzelregeneration könnte der hohe Phenolgehalt im Bast mancher Gehölze sein.

Adventivwurzelbildung setzt Meristembildung voraus. Dies ist bei Cambiumpflanzen ein normaler Prozeß. Für die Wurzelbildung sind Impulse erforderlich, die eine Differenzierung einleiten. Da Steckhölzer auch ohne Blätter Wurzeln bilden, genügen offenbar die im Bast vorhandenen Reserven, um Wachstum und Differenzierung der Adventivwurzeln zu ermöglichen.

Aus der Gewebekultur weiß man jedoch, daß autotrophe (grüne) Gewebe leichter zur Wurzelbildung anzuregen sind, als heterotrophe (chlorophyllfreie) Gewebe (Abb. 6.41, 6.43) (Barz et al. 1990). Ferner haben Versuche mit Gewebekulturen gezeigt, daß Wurzelbildung erst bei einem bestimmten Mischungsverhältnis zweier Hormone auftritt: bei Tabakgewebe z.B. 3 mg/l Indolessigsäure und 0,02 mg/l Kinetin (synthetisches Cytokinin) (Skoog u. Miller 1957) (Abb. 6.43).

In der Praxis der Stecklingsvermehrung haben sich diese Ergebnisse verwenden lassen. Selbst Eichen- und Buchenzweige können bewurzelt werden, wenn man sie mit grünen Blättern von möglichst jungen Bäumen schneidet, eventuell einige Stunden in ein Hormonbad stellt und dann bei hoher Luftfeuchtigkeit im Kalthausbeet hält. Allerdings dauert es mindestens zwei Monate bis man erste Wurzelanlagen sehen kann und die Ausbeute an Stecklingen, die den Winter überstehen, ist sehr gering.

9.26 Pfropfungen

Für eine erfolgreiche Pfropfung ist das Anpassen vom Cambium des Reises an das Cambium der Unterlage Voraussetzung. Dies gilt nicht nur für Gehölzpfropfungen, sondern auch für Pfropfungen bei krautigen Pflanzen (De Stigter 1961; Tiedemann 1989).

Eine erfolgreiche Pfropfung kommt nur zustande, wenn die Partner unter Druck zusammengehalten werden. Ein Druck auf das Cambium, wie er vom Bast ausgeübt wird, ist der Normalzustand, in dem sekundäre Elemente gebildet werden. In der Praxis werden deshalb Reis und Unterlage mit „Bast" aus Blattstreifen der *Raphia-pedunculata*-Palme fest zusammengebunden.

Bei einem partiell vom Cambium abgelösten Baststreifen liefert das verbliebene Cambium am Stamm nur undifferenzierten Callus. Wird der Streifen, in einen Plastikbeutel gehüllt, wieder an seinen Platz gedrückt, so differenziert sich nach etwa 60 Tagen ein neues Cambium, das die typischen Leitelemente produziert (Brown u. Sax 1962).

Bei ungenügender Verwachsung der Leitgewebe von Unterlage und Reis bildet sich eine Isolationsschicht, durch die eine symplastische Kontaktaufnahme zwischen den Partnern nicht möglich ist. Nur, wenn Plasmodesmen zwischen den Zellen beider Partner entstehen, liegt eine symplastische Verwachsung vor.

Bei heteroplastischen Pfropfungen werden nur Halbplasmodesmen ausgebildet (Kollmann et al. 1985).

Für eine funktionierende symplastische Verwachsung ist der Phloemkontakt erforderlich. Möglicherweise ist auch eine Abstimmung der Saccharosekonzentrationen in den Siebröhren der Pfropfpartner in der Verwachsungszone für

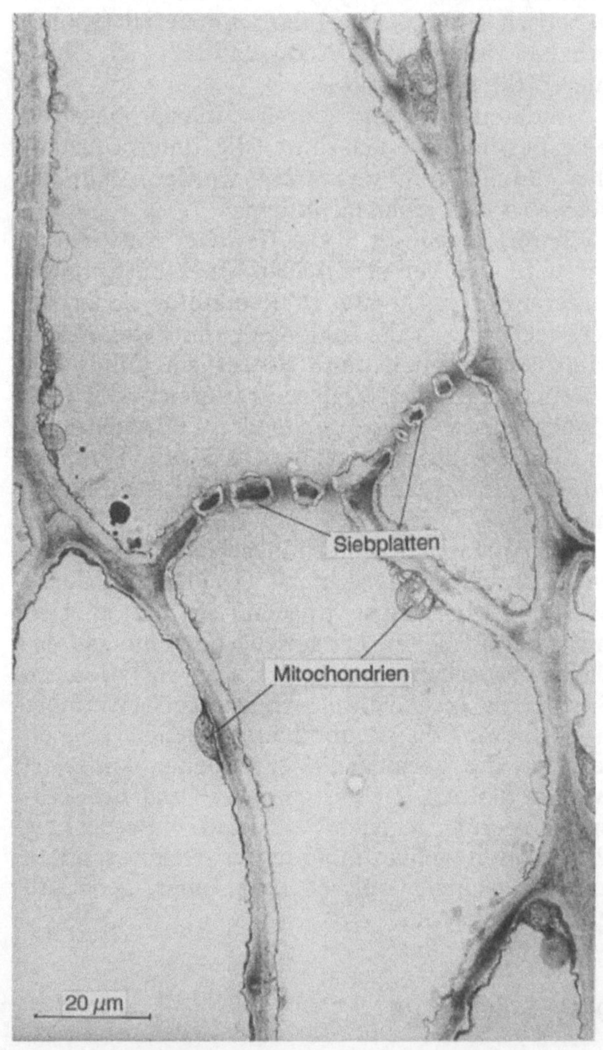

Abb. 9.47. Siebröhrenverbindungen, die bei Pfropfungen neu entstehen, setzen sich aus normalen Siebelementen zusammen, deren Siebporen in Siebplatten zusammengefasst sind, die Calloseauskleidungen und P-protein aufweisen. Pfropfcallus von *Impatiens walleriana* auf *I. olivieri*. (Kollmann et al. 1983)

den Pfropf-erfolg verantwortlich. Die Siebröhren im Pfropfcallus unterscheiden sich cytologisch nicht von normalen Siebröhren (Abb. 9.47, 9.48).

Als praxisgereifte Pfropfmethoden haben sich Ablaktieren (ohne Trennung des Reises von der Mutterpflanze), Kopulieren und Okulieren bewährt (Bärtels 1978).

Die Möglichkeit, verschiedene Arten (Gattungen) zu pfropfen (Fremdpfropfung; heterograft), beweist, daß trotz genetischer Unterschiede eine Verwachsung möglich ist. Allerdings zeigt die Existenz von Halbplasmodesmen und von Isolationsschichten (Abb. 9.49 A), daß eine direkte symplastische Verschmelzung bei der Fremdpfropfung ausbleibt. Erlangen jedoch Reis und Unterlage im Kontaktbereich meristematischen Charakter, so treten direkte Siebröhrenanastomosen zwischen den genetisch unterschiedlichen Pfropfpartnern auf (Abb. 9.49 B).

Bei erfolgreichen Fremdpfropfungen entstehen an der Verwachsungsnaht gelegentlich Knospen (Adventivknospen), in denen die Gewebe beider Pfropfpartner vereinigt sind. Durch in vitro Kultur solcher Knospen entstehen Chimären, wenn Gewebe von Unterlage und Reis

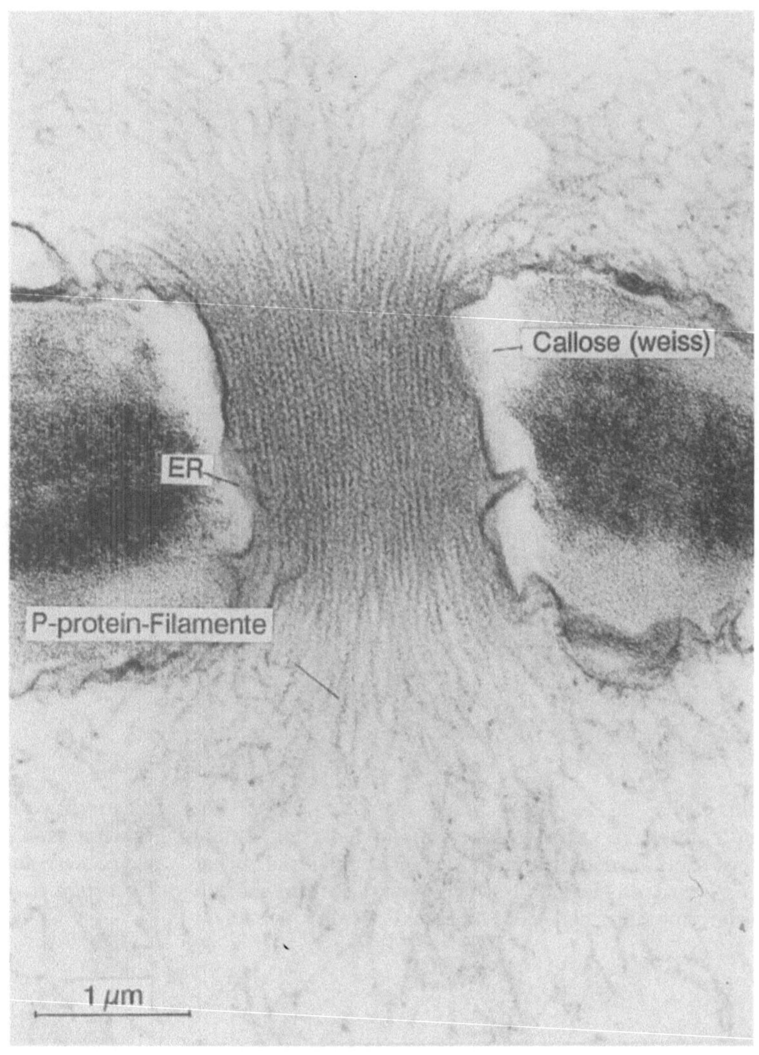

Abb. 9.48. Das P-Protein ist bei Pfropfcallussiebröhren wie bei normalen Siebröhren häufig in Form schraubiger Filamente darstellbar. Diese P-Proteinpfropfe grenzen an das ER in der Siebpore, das dem Plasmalemma anliegt. Ausschnitt von Abb. 9.47). (Kollmann et al. 1983)

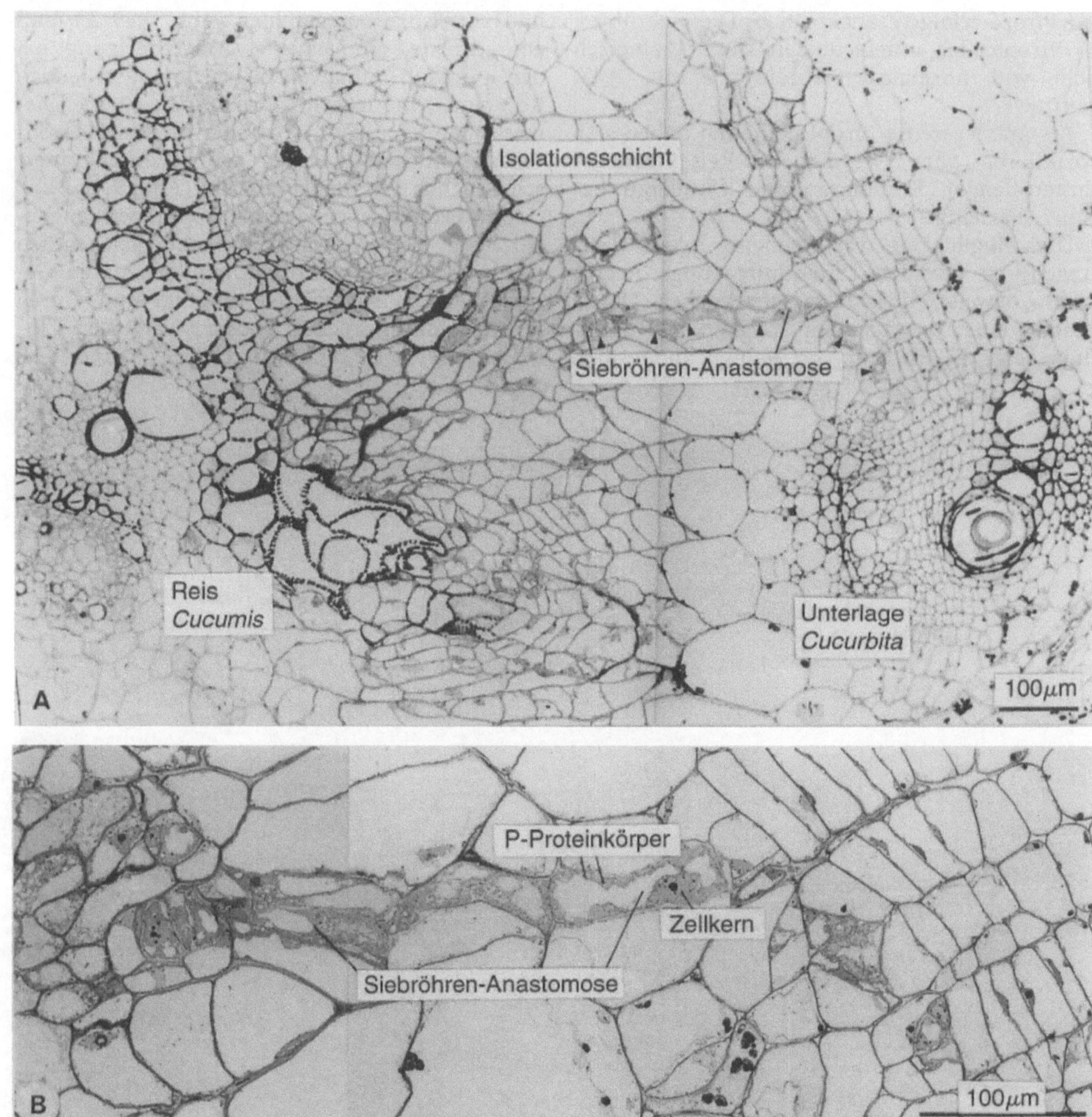

Abb. 9.49 A, B. Die Verwachsungsschicht zwischen Reis und Unterlage verschiedener Dicotylenarten enthält meist eine Isolationsschicht aus Wandmaterial. Allerdings wird die Isolationsschicht von Siebröhrenanastomosen durchbrochen, die Phloemteile beider Arten symplastisch verbinden (**A**). In der EM-Vergrösserung (**B**) erkennt man P-Proteinkörper und Zellkerne in den Siebelementen der Siebröhrenanastomose. *Cucumis sativus-Cucurbita ficifolia*-Pfropfung. (Tiedemann 1989)

nebeneinander in der Knospen-sproßspitze vorkommen und teilungsfähig sind oder Burdonen, wenn Gewebeverschmelzungen von Reis und Unterlage im Apikalmeristem vorkommen. (Winkler 1935a, b, 1938; Brabec 1949). (Burdo ist der spätlateinische Name für den Maulesel, womit Bastard gemeint ist.)

Chimären lassen sich vermehren, wenn die Knospen auf eine geeignete Unterlage gepfropft werden. Dabei ergeben sich Sektorialchimären, wenn verschiedenartige Zellen im Umfang der Sproßspitze zu Längsbändern auswachsen oder Periklinalchimären, wenn sich Zellschichten der einen im Wechsel mit solchen der anderen Art im Tunicagewebe der Sproßspitze durch perikline Teilungen vermehren. Hyperchimären, bei denen das Apikalmeristem mosaikartig aus Zellen beider Partner zusammengesetzt ist, sind nicht beständig. Über die ersten Beobachtungen von Periklinalchimären berichtet Krenke (1933), so unter anderem auch über die „Bizzaria-Orange" (Bitterorange×Florentiner Zitrone), die außen Zitrone, innen Orange ist.

Auch somatische Hybriden sind aus Einzellkulturen durch Protoplastenverschmelzung in 25% Polyethylenglycol gewonnen worden (Glimelius et al. 1991). Abbildung 6.45 zeigt vereinigte Protoplasten aus *Brassica napus* und *Arabidopsis thaliana* in Suspension, die sich zu ganzen Hybridpflanzen entwickeln können.

10 Statik

10.1 Wasser als Statikelement

Turgeszenz ist das Schlüsselwort für die Stabilität lebender Pflanzengewebe. Turgeszenzstabilität setzt sich aus einem Gemisch von osmotischem „Wasserhalte"-Potential und der Festigkeit der Zellwand/Zellmembran-Kombination lebender Zellen zusammen.

Im Gegensatz zu den Gasvolumina der Intercellularen, die sich temperatur- und luftdruckabhängig ändern, bleibt das Wasservolumen konstant, denn Wasser ist nicht kompressibel. Wasser weicht aber einem lokal ausgeübten Druck aus.

Wenn die einzelnen Turgorzellen untereinander durch wasserführende Grenzschichten (die wasserführenden Zellwände) verbunden sind, so wird, dem Passcal'schen Gesetz zufolge, jeder lokal auf das System ausgeübte Druck ohne Verzögerung gleichmäßig verteilt.

10.2 Cortex- und Baststabilisierung

Bei aufrecht wachsenden Landpflanzen hat hauptsächlich die Gravitation Einfluß auf Anlage und Ausbildung stabilisierender Elemente und Gewebe. Obwohl das Arsenal an Statikelementen begrenzt ist, können damit vielfältige Konstruktionen ausgeführt werden.

Die Stabilisierung der Pflanzenorgane setzt schon während des Wachstums ein, wobei starre Konstruktionen ausgeschlossen sind. Vielmehr sind Konstruktionsänderungen sehr dynamischer Art die Regel, denn ein Stengel ist zuerst plastisch und später – nach Abschluß des Streckungswachstums – wird er elastisch.

Bei den Monocotylenstengeln bleibt die plastische Entwicklungsphase meist innerhalb der Blattscheiden verborgen. Setzt, wie bei den Gräsern, intercalares Stengelwachstum ein, so reift das Internodium zuerst an seinem apikalen Ende. Die Blattscheiden allein stützen dann den basalen, plastischen Abschnitt des Internodiums.

Die Stabilisierung beschränkt sich bei den Monocotylen auf Faserstränge und Faserrohre in Begleitung der Leitbündel. Fasergestützte Leitbündel können auf die Stengelperipherie beschränkt sein, dann ist der Stengel hohl (Abb. 10.1) (*Triticum*, *Hordeum*, *Secale*); statisch sind solche Stengel mit einem elastischen Rohr zu vergleichen. Sind die Faser-gestützten Leitbündel gleichmäßig über den Stengelquerschnitt verteilt, wie bei den Ataktostelen von Palmen, Mais, Hirse (*Sorghum*) oder Kalmus (Abb. 10.2), so addieren sich die Festigkeiten der einzelnen Bündel je nach der Dichte ihrer Packung. Die Elastizität und die Festigkeit solcher Achsen sind von der Zahl und Distanz der Leitbündelstränge abhängig. Langlebige und sehr hoch wachsende Achsen (Cocospalme) können 20000 Leitbündel im Stammquerschnitt zeigen. Sie sind in primäres Grundparenchym eingebettet, das partiell verholzen kann. Das Grundgewebe kann aber auch weichwandig bleiben und als Speichergewebe fungieren (Sagopalmen).

Ein funktionsbedingter Übergang vom weichwandigen, flexiblen, zum verholzten, elastischen Grundgewebe tritt bei den Stelzwurzeln von Pandanaceen auf, die – erst wenn sie den wasserführenden Boden erreicht haben – steifwandiges (verholztes) Grundgewebe im Zentralzylinder des Luftabschnitts anlegen. Ein ähnlicher Wechsel wurde bereits für die Adventivstelzwurzel von *Zea mays* beschrieben (Abb. 1.30, 1.31).

Beim Bambus liegt ein ähnliches Bündelrohr vor, wie bei den Stengeln der Pooideae, nur sind die peripherischen Bündel in einen zusammen-

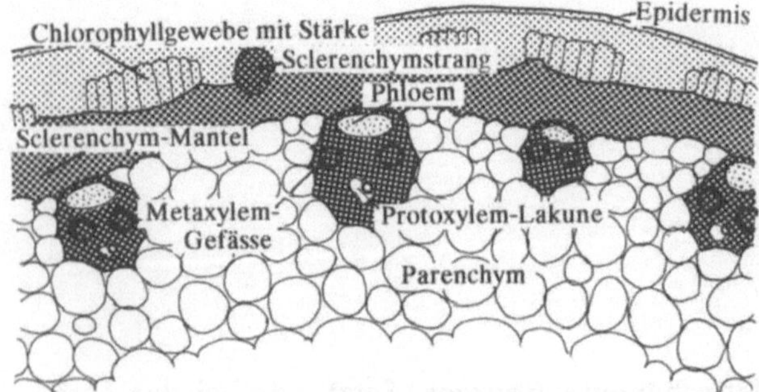

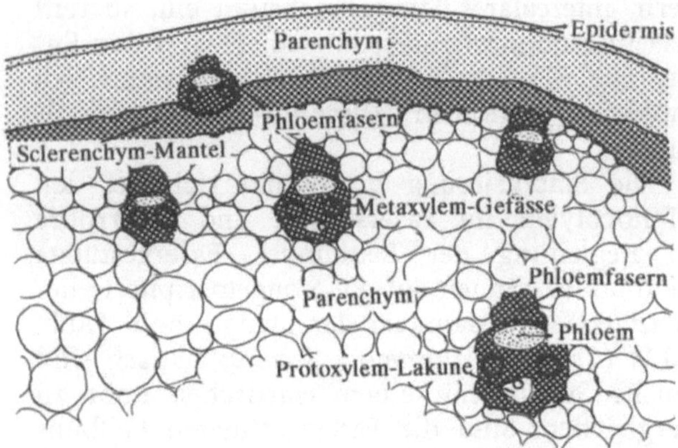

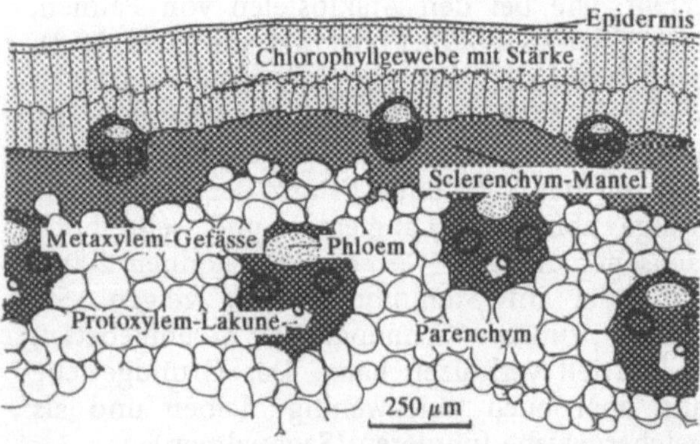

Abb. 10.1. Statische Bauelemente sind zumeist Sclerenchymfasern, die in Strängen oder als Rohr in Monocotylenstengeln auftreten. Ihre Anordnung im Detail ist in Querschnitten von drei Getreidearten durch dunkle Färbung hervorgehoben; oben, *Triticum aestivum*, mitte, *Hordeum vulgare*, unten, *Secale cereale*

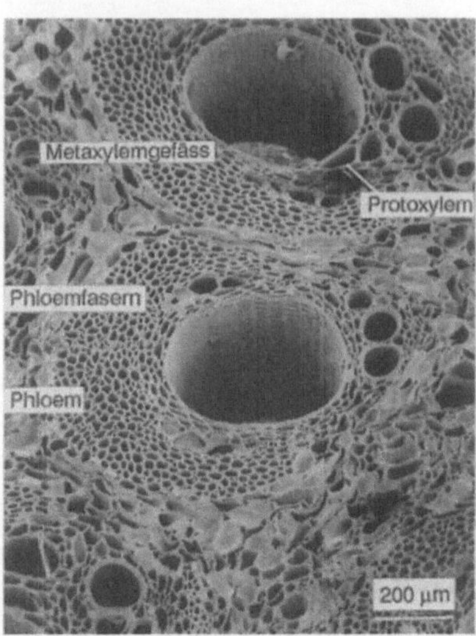

Abb. 10.2. Die stabilisierenden Sclerenchymfasern sind bei Pflanzen ohne sekundäres Dickenwachstum primäre Phloemfasern, wenn sie in Begleitung eines Leitbündels auftreten. *Calamus thwaitesii.* (Bhat et al. 1990)

hängenden Sclerenchymfasermantel eingebettet, der alle Leitbündel des Stengels umschließt.

Bei den Dicotylen- und Coniferen-Stämmen sind die im Mai austreibenden Zweige biegsam und plastisch verformbar. In diesem Stadium ist Collenchym das einzige Stabilisierungsgewebe. Es liegt peripherisch als Kanten- (Abb. 10.3) oder Plattencollenchym vor. Die Collenchymzellwände bestehen aus Lamellen von Cellulosefibrillen, die longitudinal verlaufen und von transversal orientierten Cellulosefibrillen gekreuzt werden. Pektin fehlt, denn der Nachweis mit Rutheniumrot fällt im Collenchym negativ aus (Chafe 1970).

10.3 Perivascularfasern und primäre Phloemfasern

Wenn das Streckungswachstum abgeschlossen ist, treten innerhalb der Stärkescheide sclerenchymatische Elemente auf, die als Einzelfasern, Fasergruppen, Faserrippen oder als Fasermantel angeordnet sein können. Diese Gewebe stabilisieren den Stengel bevor Holzbildung diese Aufgabe übernimmt.

Die Perivascularfasern entstehen innerhalb der Stärkescheide, jedoch unabhängig vom Leitgewebe. Beispiele für Perivascularfasern liefern die Stengel von *Pelargonium* (Abb. 10.4), *Aristolochia* (Abb. 10.5 A,B), *Cucurbita maxima* (Abb. 10.6) (Blyth 1958).

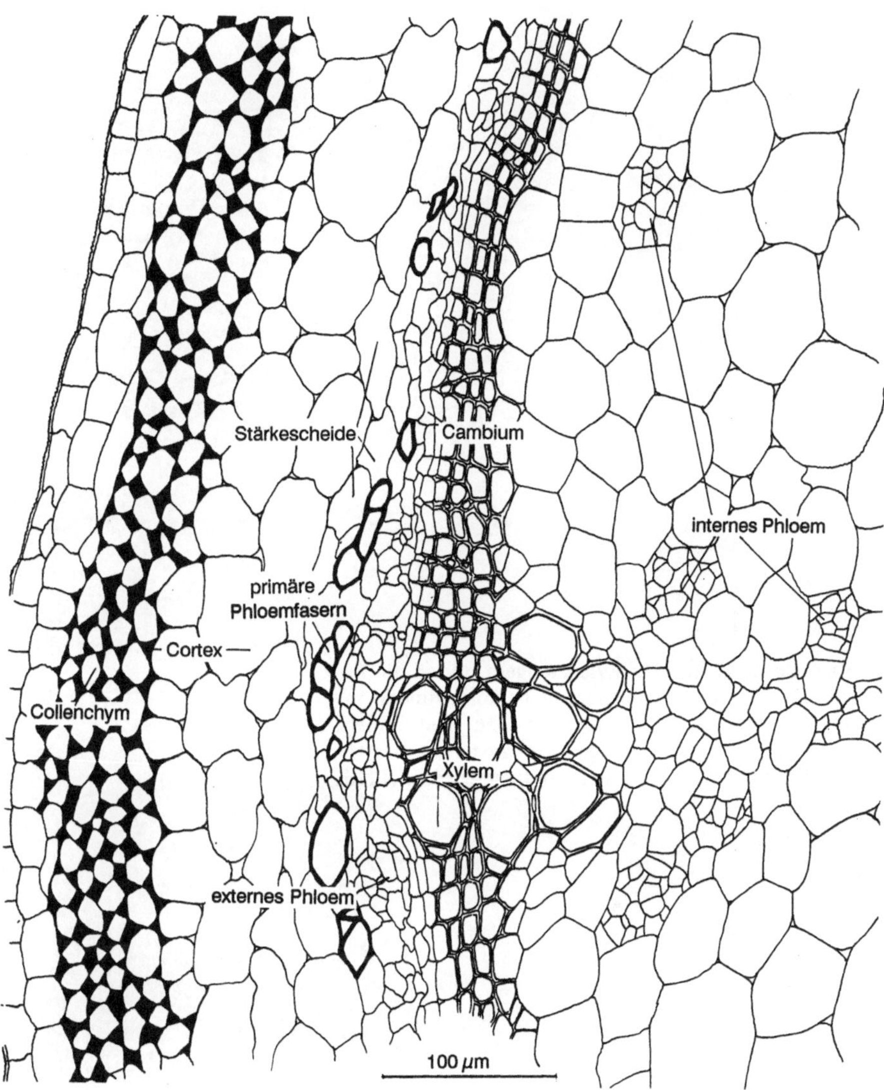

Abb. 10.3. Bei den Dicotylen wechseln die stabilisierenden Elemente im Verlaufe der Entwicklung des Stengels. Das Collenchym wird durch verholzende primäre Phloemfasern, diese wiederum durch verholzende Cambiumderivate des sekundären Xylems verstärkt. Stengel von *Solanum tuberosum*

Der junge *Aristolochia*-Stengel besitzt einen breiten, geschlossenen Perivascularfasermantel. Später ist dieser häufig unterbrochen, ohne daß Beziehungen zu Markstrahlen erkennbar sind. Etwa ab dem sechsten Jahr sind infolge der Stengeldilatation nur noch unzusammenhängende Fasergruppen vorhanden. Bei *Cucurbita* liegt der Perivascularfasermantel weit außen; er schließt dicht an den collenchymatischen Cortex an.

Im Vergleich zur Wurzelhistologie ist der Perivascularfasermantel mit dem Perizykel homolog, denn dieser liegt zwischen Endodermis und Phloem. Im Stengel ist eine solche Homologie nicht zu erkennen, denn weder ein Zentralzylinder noch ein Perizykel sind deutlich begrenzt vorhanden. Zudem sind die typischen Aufgaben des Perizykels, nämlich die Bildung von Periderm und von Seitenwurzeln, auf andere Gewebe übertragen.

Wenn Seitenwurzeln im Stengel entstehen, dann sind es Adventivwurzeln, die ihren Ursprung weit innerhalb des Perivascularfasermantels haben.

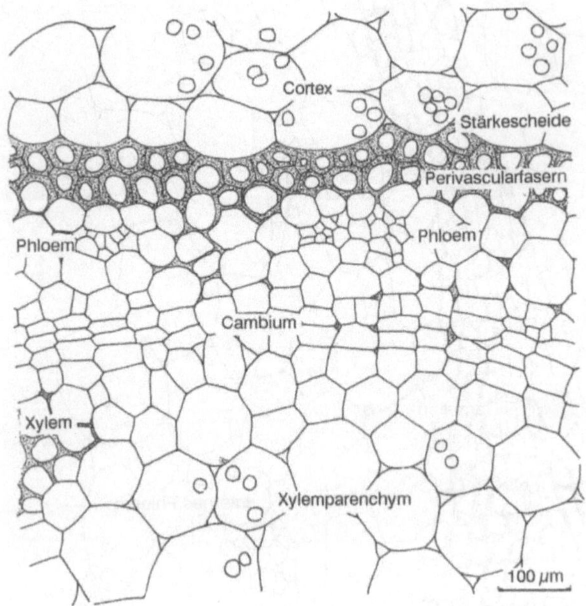

Abb. 10.4. Bei manchen Dicotylenstengeln bilden die Perivascularfasern einen stabilisierenden Hohlzylinder innerhalb der Stärkescheide, der mit den Leitbündeln nicht korreliert ist. Bei *Pelargonium hortorum* besteht der Zylinder aus zwei Lagen dickwandiger Fasern. (Blyth 1958)

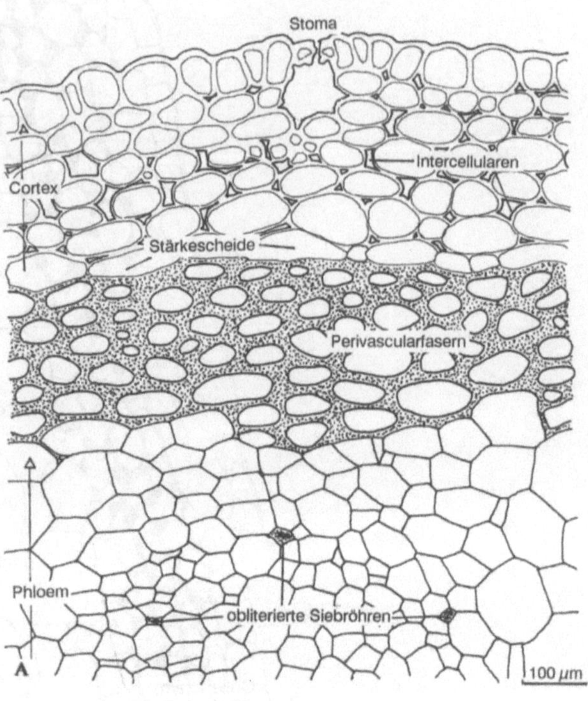

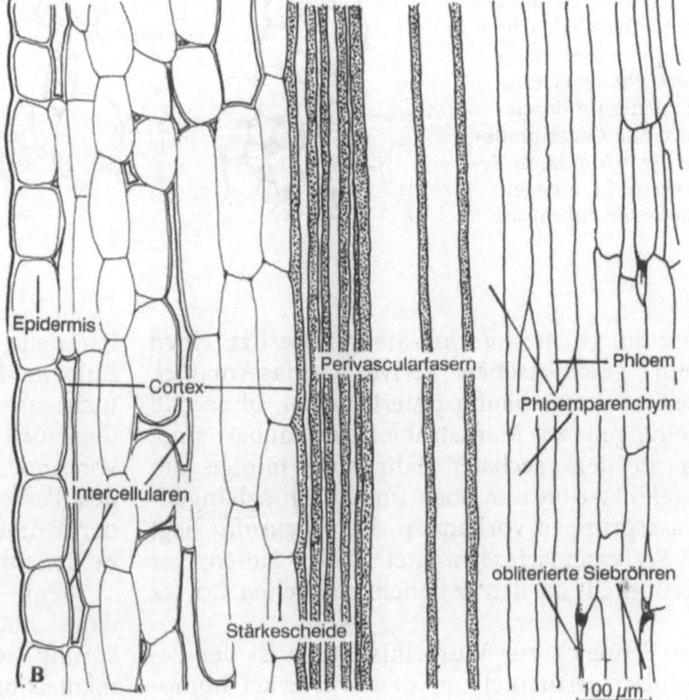

Abb. 10.5A, B. Die Perivascularfasern von *Aristolochia californica* bilden einen massiven mehrschichtigen Hohlzylinder (A), der das Leitgewebe vollständig umgibt. Im Radialschnitt (B) schließen die Perivascularfasern außen an die Stärkescheide an. An der Innenseite des Zylinders treten weitlumige Fasern auf, die eine Beziehung zum Phloem nicht erkennen lassen. (Blyth 1958)

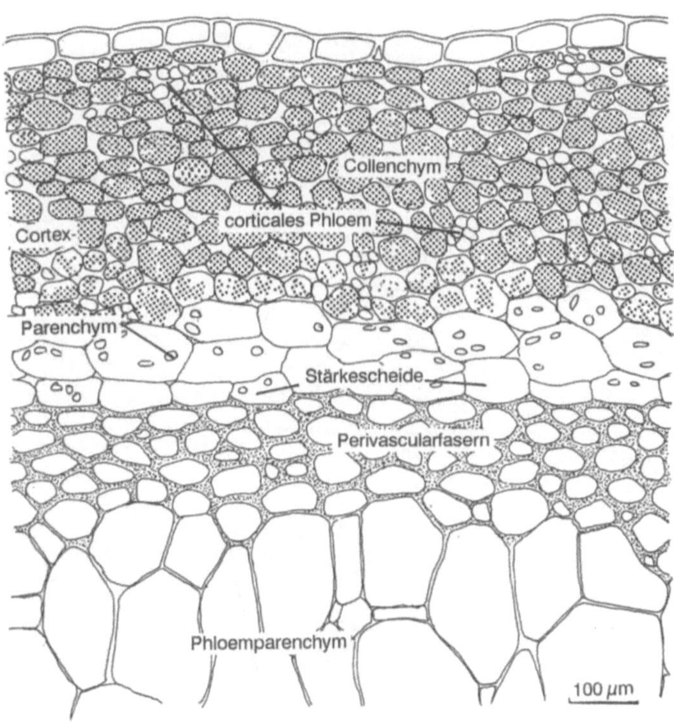

Abb. 10.6. Bei *Cucurbita maxima* besteht der Stengelcortex fast bis zur Stärkescheide aus Collenchym, in dem corticale Siebröhren eingebettet sind. Der Perivascularfasermantel liegt auch hier zwischen Stärkescheide und Phloemgewebe. (Blyth 1958)

Die primären Phloemfasern sind nur selten wie die Perivascularfasern als Bestandteile eines kontinuierlichen primären Sclerenchymmantels ausgebildet (*Fraxinus*) (Abb. 10.7). Meist entwikkeln sie sich aus primärem Phloemparenchym und bilden später eine sclerenchymatische Leiste, die außen entlang der primären Phloembündel verläuft (*Helianthus, Kerria*) (Abb. 10.8). Primäre Phloemfasern können auch unzusammenhängend das Phloem umgeben (Abb. 5.54). Bei *Tilia* liegen die primären Phloemfasern ganz an der Schneide der sich zur Peripherie des Stengels verjüngenden Sclerenchym/Phloem-Sektoren; sie werden durch sekundäre Phloemfasern ersetzt, die in Strängen zusammengefaßt sind und im Querschnitt Pakete bilden (Abb. 9.42).

Bastfasern des sekundären Phloems können einzeln, in kleinen Gruppen (Abb. 9.43), in tangentialen, flachen Bändern (Abb. 9.39) oder in kompakten Strängen (Abb. 9.42) auftreten.

Bei Wurzeln liegen die primären Phloemfasern außen an den Protophloempolen. Bereits während der Bildung des Metaphloems verteilen sie sich im Umfang der Wurzel in Kontakt mit dem Perizykel (*Urtica, Phaseolus*) (Abb. 2.18, 2.20).

Bei vielen Pflanzen bleiben die primären Phloemfasern unverholzt und können als Gespinstfasern wirtschaftliche Bedeutung haben (*Linum, Urtica*).

Oft sind Perivascularfasern nicht eindeutig von primären Phloemfasern zu unterscheiden. Mit zunehmender Stammdicke werden die Faserkomplexe voneinander getrennt, und dazwischen einrückende Parenchymzellen werden zu Steinzellen umgewandelt: Es entsteht ein aus Fasern und Steinzellen zusammengesetzter Mantel, der als Sclerenchymmantel das sekundäre Phloem gegen Druck von außen schützt (Abb. 10.7, 10.9).

Seltener finden sich Cortexfasern (primäre Rindenfasern), die außerhalb der Stärkescheide einzeln oder in kleinen Gruppen im parenchymatischen Cortexgewebe auftreten (*Fraxinus, Gnetum*) (Abb. 10.7, 10.9). Meist werden bei solchen Stengeln zusätzlich Sclereiden (Steinzellen) an der Peripherie des Phloems angelegt.

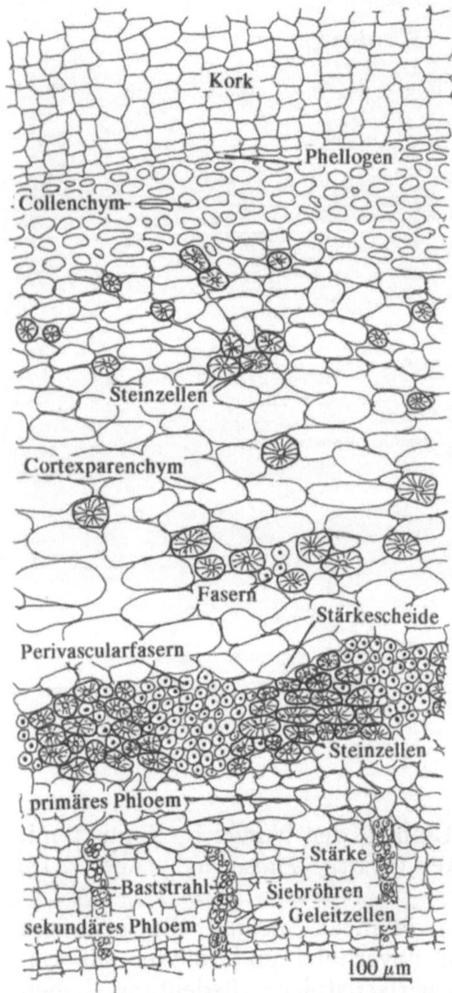

Abb. 10.7. Bei vielen dicotylen Bäumen wird der Perivascularfasermantel bei der Dilatation getrennt und mit Steinzellen aufgefüllt. *Fraxinus excelsior* besitzt innerhalb des Periderms eine dicke Collenchymschicht. Im Cortex verstreut sind Steinzellen und wenige corticale Fasern. Innerhalb der Stärkescheide liegt der mit Steinzellen aufgefüllte Fasermantel. Zweifellos schützt er das Phloem; eine Beziehung zum primären Phloem ist nicht zu erkennen

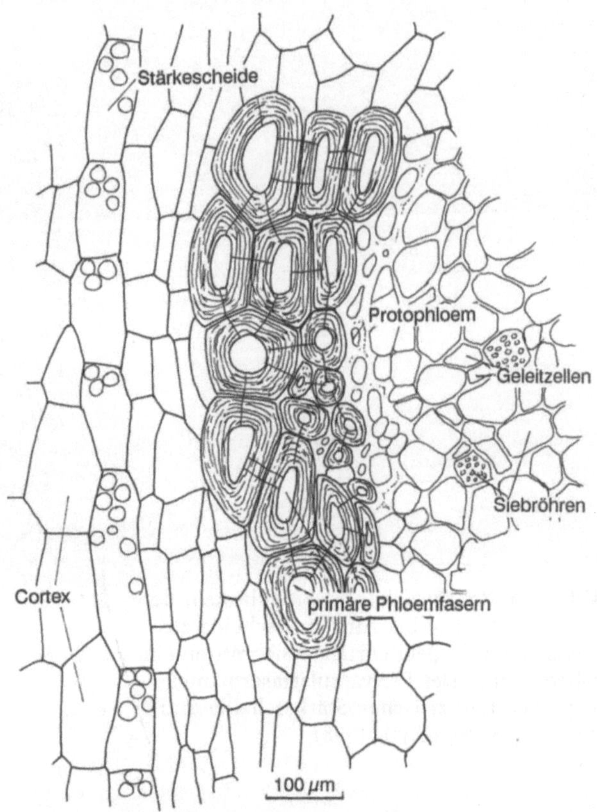

Abb. 10.8. Eine andere Form der Stabilisierung stellen die primären Phloemfasern dar, die fast immer als Schienen am Außenrand des Phloems vorkommen. Im Stengelquerschnitt von *Kerria japonica* ist zu erkennen, daß die primären Phloemfasern nicht an die Stärkescheide grenzen; es sind offenbar sclerifizierte, zu Fasern ausgewachsene Phloemparenchymzellen

Bei Monocotylen übernehmen die Sclerenchymscheiden der einzelnen Leitbündel die Festigung des Stengels (Abb. 2.6, 2.14). Bei den hohlen Stengeln der Getreidegräser (*Triticum*, *Hordeum*, *Secale*. Abb. 10.1) existiert ein Sclerenchymmantel innerhalb des chlorophyllhaltigen peripherischen Parenchyms.

Als peripherische Sclerenchymschichten kann man auch das Metaderm in den ausdauernden Blattbasen einheimischer Farne bezeichnen (*Dryopteris filix-mas*) (Abb. 3.34).

Achsen, die nicht aufrecht wachsen wie Kriechsproße, Ausläufer und Stolonen, haben eine weit geringere Ausstattung an stabilisierenden Elementen. Meist sind nur die Leitbündel außen mit einem Sclerenchymstreifen versehen (*Ranunculus repens*, Abb. 5.22).

Eine Stabilisierung der Stiele von Blütenständen wird entweder durch intercalares Wachstum in Verbindung mit stützenden Blattscheiden erreicht wie beim Pampasgras (*Cortaderia selloana*), oder der Pedunculus wächst am Apikalende

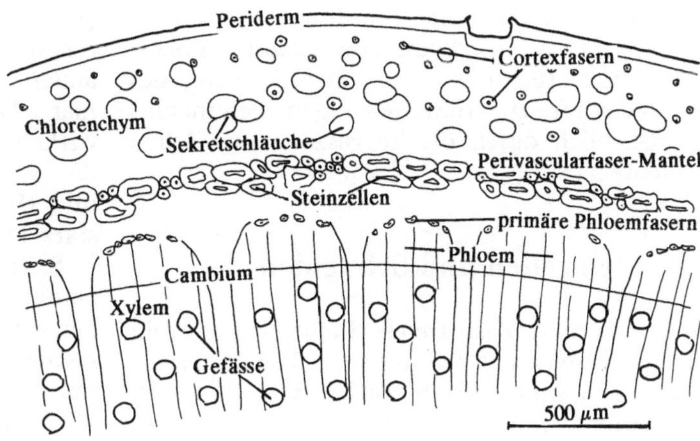

Abb. 10.9. Bei Gymnospermen spielen die Perivascularfasern nur eine untergeordnete stabilisierende Rolle. Im Stengel von *Gnetum gnemon* ist das Cortexgewebe von Sekretschläuchen durchsetzt. Vereinzelt kommen Cortexfasern vor. Am Innenrand des Cortex treten die schmalen Fasern in kleinen Gruppen auf, die von Blöcken großer Steinzellen abgelöst werden. Offenbar handelt es sich hierbei um den Perivascularfasermantel; eine außen angrenzende Stärkescheide ist jedoch nicht zu erkennen. Primäre Phloemfasern sind spärlich vertreten, sie sind von den Perivascularfasern deutlich abgesetzt

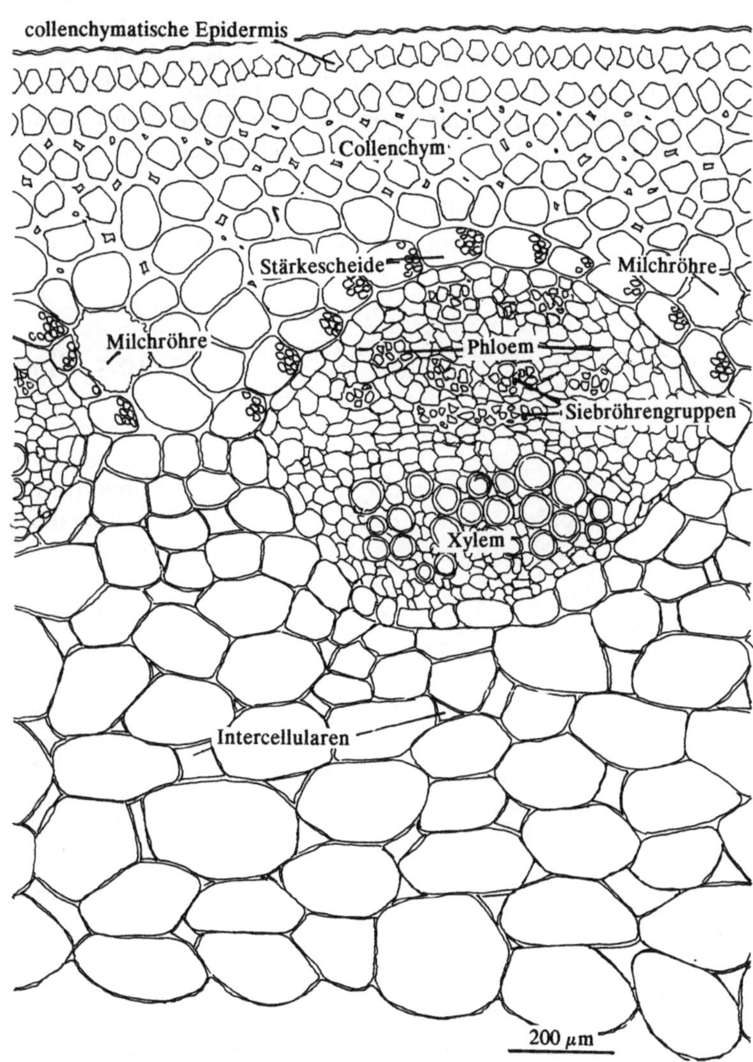

Abb. 10.10. Der Stiel (Pedunculus) des Löwenzahn-Blütenstands (*Taraxacum officinale*) dient zum Emporheben und Halten des Blütenstands bis zur Fruchtreife. Danach wird er funktionslos und welkt. Die Stabilisierung wird allein durch eine turgeszente Collenchymröhre bewirkt. Fasern fehlen vollständig. Wird ein Röhrenabschnitt unter Wasser an drei oder vier Stellen längs gespalten, so rollen sich die Segmente nach außen auf. Die treibende Kraft beruht auf dem Turgor des innerhalb des Leitbündelkranzes liegenden Parenchyms, das durch den nun fehlenden Zusammenhalt des Gewebes expandieren kann. Die Kraft läßt sich in Druckeinheiten messen, wenn die Segmente in Osmotika zunehmender Konzentration eingelegt werden

intercalar (*Succisa pratensis, Allium, Globularia, Armeria maritima*). Beim Löwenzahn (*Taraxacum*) (Abb. 10.10) wird die Stabilisierung des sclerenchymfreien, röhrenförmigen Pedunculus hauptsächlich durch die Turgeszenz der Zellen erreicht.

10.4 Steinzellen und Sclereiden

In Cortex und Bast treten Steinzellen einzeln oder in Nestern auf. Sie füllen Lücken im Fasermantel und sind deshalb regellos verteilt. In älteren Stämmen können Schichten von Steinzellen zwischen Phellogen und dem älteren Rindengewebe vorhanden sein. Offensichtlich werden bei Bedarf Parenchymzellen in Steinzellen umgewandelt. Eine eindeutige Funktion läßt sich dieser Sclerifizierung nicht zuschreiben. Ein Beispiel liefert das Mark von *Hoya carnosa* (Abb. 10.11). Bekannter sind die Steinzellnester im Fruchtfleisch der Birne.

Bei der Buche entstehen Steinzellkomplexe als Strahlsclereiden in multiseriaten Strahlen (Abb. 9.12 A, B); im Bast begleiten sie die parenchymatischen Zellreihen der Strahlen nach außen. Auch im Holz sind Teile der parenchymatischen Strahlen von Steinzellen umhüllt. Sie wirken möglicherweise wie kappenlose Nägel, die ein Gegeneinander-Verschieben von Bast und Holz behindern, wenn Cambium und Bast stark hydratisiert sind.

Steinzellen der Rinde sind immer verholzt, zumindest im Bereich der Mittellamelle; sie werden später ebenso wie alle anderen Rindenelemente (Parenchym, Fasern, Phloemelemente) mit der Borke abgestoßen.

Vereinzelte Sclereiden kommen in vielen Pflanzenorganen vor, in der Stengelrinde, der Wurzelrinde, in Blättern und auch im Bereich der Blütenorgane, vor allem in den Schuppen von Blütenknospen (Abb. 6.3).

Bei den Wurzeln sind Sclereiden selten. Meist sind sie in mechanisch beanspruchten Teilen zu finden, z.B.im Cortex von Luftwurzeln (*Monstera deliciosa*) (Abb. 1.33).

In Blättern sind Sclereiden oft sonderbar geformt, weshalb sie Idioblasten genannt werden (Abb. 6.3, 6.18).

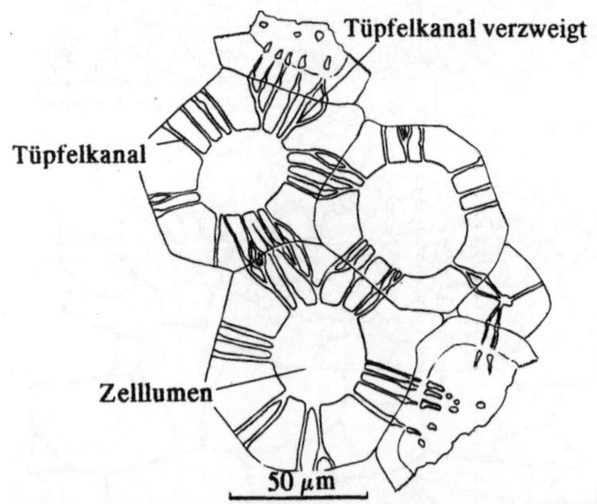

Abb. 10.11. Steinzellen der Rinde sind meist Parenchymzellen, die zur Versteinung angeregt wurden. Die Anregung kann z.B. durch Dilatationskräfte erfolgen. Eine „grundlose" Versteinung von Parenchymzellen findet man im Markgewebe von *Hoya carnosa*. Hier treten (ebenso wie im Fruchtfleisch der Birne) Steinzellnester auf, bei denen die unterschiedliche Wanddicke erkennen läßt, daß ursprünglich eine Parenchymzelle vorlag. Bei dichter Tüpfelung kommt es zur Bildung von „verzweigten" Tüpfelkanälen, die infolge der Verdickung der Wand in Wirklichkeit „zusammengefügte" Tüpfelkanäle sind

10.5 Blattstabilisierung

Für die Stabilisierung von Laubblättern werden Collenchym-, später auch Sclerenchymrippen über und unter den Adern angelegt; der Materialaufwand richtet sich nach der Größe und der voraussichtlichen Lebensdauer des Blattes. Verbreitet sind collenchymatische Blattrandleisten, Blattsäume (Abb. 6.33) (Russin u. Evert 1984) oder dickwandige Epidermisstreifen (Mansfeld 1924), jedoch ist eine Beziehung zu externen mechanischen Beanspruchungen nicht ersichtlich. *Salix fragilis* entwickelt am Blattrand eine mehrschichtige Hypodermis (Skvorcov u. Golyseva 1966). Blattsäume können auch durch subepidermales Collenchym gebildet werden (*Hypericum, Euphorbia*, Araliaceen).

Bei großflächigen Blättern der Scitamineen (*Musa, Ravenala, Strelitzia*) fehlen sclerenchymatische Blattsäume. Die charakteristischen, durch den Wind verursachten Zerreißungen der Bananenblätter scheinen die Funktionsfähigkeit der Spreite nicht wesentlich zu beeinträchtigen.

Der Blattrand des Bananenblattes wird von Sekundäradern gesäumt, die in basipetaler Richtung scharf abbiegen.

Untergetaucht lebende Pflanzen haben keine Fasergewebe. Die Festigung größerer Organe wird durch Gewebe mit flexiblen Zellwänden besorgt. Im strömenden Wasser wird durch Zerschlitzung (*Ranunculus fluitans*, *Myriophyllum*) oder Durchlöcherung (*Aponogeton fenestralis*) der Blattspreite der Widerstand reduziert.

Bei Wasserpflanzen der Gezeitenzone sind Kolloide als zähe Festigungselemente vorhanden. Besonders charakteristisch sind die Phykokolloide von Braun- und Rotalgen. Es sind Zellwandpolysaccharide, die mit heißem Wasser extrahierbar sind und in natürlichem Zustand gelartige oder knorpelige Konsistenz haben. Bekannt sind die Alginate der Braunalgen, Säurederivate der Mannose und Gulose sowie die Carrageenane und der Agar der Rotalgen (Lüning 1985; Kremer 1991).

Als sclerenchymatische Blattelemente sind Faden- oder Fasersclereiden bei *Gnetum gnemon* (Abb. 4.15) und *Olea europaea* (Abb. 4.16) zu nennen. Sie haben keine Stützfunktion für die Spreite, weil sie mit den Blattepidermen nur gelegentlich in Berührung kommen; sie durchziehen „locker" und anscheinend ohne System das Blattmesophyll. Dagegen lassen sich die Säulensclereiden im Blatt von *Mouriria*, Melastomaceae (Abb 6.17) und von *Trochodendron*, obwohl bizarr geformt, als Stützen oder Streben deuten, weil sie mit beiden Blattepidermen verwachsen sind.

Die Steinzellen, die als „Schlußsteine" das Ende eines Blattnerven markieren (*Hamamelis virginiana*) (Abb. 6.8), sind in ihrer Funktion nicht überzeugend erklärbar, können jedoch auch in Form wasserspeichernder tracheoider Idioblasten vorkommen (Abb. 6.15, 6.16) (Foster 1946, 1956; Pirwitz 1931). Dickwandige, oft auch verholzte Blatt-idioblasten sind in Hartlaubgehölzen häufiger, als in weichen Blättern. Blattsclereiden sind möglicherweise „entwicklungsgeschichtliche Überbleibsel" aus Zeiten, in denen langlebige Blätter stabilisiert werden mußten.

Das Ader- und Nervennetz der Laubblätter ist in der Entfaltungsweise wie in der Konstruktion mit dem Schmetterlingsflügel vergleichbar. Die Adern (Costae) sind so angeordnet, daß die dazwischenliegenden Blattregionen, die Intercostalfelder oder Areolen, im Innern optimal mit Licht versorgt werden können, denn die Areolen sind die dünnsten Stellen eines Blattes.

Es ist nicht klar definiert, ob Areolen blind endende Nerven enthalten können oder ob es Regionen sind, die völlig frei von Leitbündeln sind. Areolen können emporgehoben sein. Beispiele hierfür sind *Gunnera chilensis* (Haloragaceae), *Salvia officinalis* (Lamiaceae) und *Pilea involucrata* (Urticaceae). Durch die Unebenheit der Blattoberfläche bekommen diese Blätter ein genopptes oder genarbtes Aussehen. Eine allgemeine ökologische Bedeutung ist den genarbten Blättern kaum zuzuschreiben, denn *Salvia* ist ein Strauch der mediterranen Trockenheiden, *Gunnera* ist ein Hydrophyt und *Pilea* entstammt den Tropen. Während der Entwicklung scheint bei diesen Blättern das Flächenwachstum der Spreite noch weiterzugehen, wenn das Ader- und Nervennetz bereits seine endgültige Größe erreicht hat. Dadurch kommt es zwangsweise zur Aufwölbung der Areolen.

Ein wesentliches Merkmal der Spreitenstabilisierung sind Sclerenchymleisten und -bänder, die zwischen den Epidermen und den Adern und Nerven angeordnet sind. Sie werden als Bündelscheidenfortsätze (bundle sheath extensions) bezeichnet, sind aber entwicklungsgeschichtlich nicht unbedingt Abkömmlinge einer Bündelscheide, Endodermis oder Stärkescheide (Napp-Zinn 1951). Abgesehen von der stabilisierenden Funktion der Bündelscheidenfortsätze könnten diese auch eine apoplastische Leitverbindung zwischen Mesophyll und den Leitelementen der Adern darstellen. In diesem Zusammenhang wurde festgestellt, daß eine Kaliumferrocyanidlösung aus den Leitbündeln in die Bündelscheidenfortsätze übertritt und bis in die Epidermis wandern kann (Wylie 1947, 1952).

Die Bündelscheidenfortsätze bestehen zumeist aus faserartig parallel zu den Leitbündeln gestreckten Zellen, die dicht gepackt liegen und ineinander verkeilt sind. Damit wird die Reißfestigkeit erhöht, eine Eigenschaft, die besonders für lange Monocotylen-Blattspreiten erforderlich ist. Das klassische Beispiel ist *Phormium tenax* (Liliaceae) (Abb. 6.21), ein Blatt das als Schaukelseil verwendet, einen erwachsenen Menschen tragen kann. Blätter mit Sclerenchymsträngen werden vielfach als Gespinnstfasern verwendet (Neuseeländischer Hanf: *Phormium tenax*; Blattstreifen der Palme *Raphia pedunculata* liefern den Raffiabast der Gärtner, Blätter von *Agave sisalana* enthalten die Sisalfasern) (Abb. 6.22).

Die Reißfestigkeit der pflanzlichen Faser ist wahrscheinlich nicht größer als die anderer dickwandiger Zellen. Entscheidend für die hohe mechanische Festigkeit ist die Kabelstruktur der Faserbündel. Bei einem Kabel oder Seil addieren sich die Zugfestigkeiten der einzelen Drähte oder Fäden.

Auf Querschnitten bifacialer Laubblätter treten die größeren Adern auf der Blattunterseite hervor; man nennt sie dann Rippen. Blattrippen besitzen auf beiden Seiten des Blattes, adaxial und abaxial, Festigungsgewebe. Diese können als Collenchym oder als Sclerenchym ausgebildet sein. Wenn Sclerenchym vorhanden ist, entsteht es meist erst im ausgewachsenen Blatt, während Collenchym bereits in den jüngsten Entwicklungsstadien vorhanden ist. Collenchymleisten stabilisieren durch den Turgor ihrer Zellen, während Sclerenchym durch die Festigkeit der Zellwände Halt gibt.

In großflächigen Blättern mit Stiel wie *Arctium lappa* und *Petasites hybridus* ist Collenchym das einzige Festigungselement. Man merkt dies daran, daß der Stiel des abgeschnittenen Blattes rasch schlaff wird, wenn die Collenchymzellen ihren Turgor verlieren. Es ist dabei nicht eindeutig geklärt, ob das Schlaffwerden auf den Wasserverlust in den Zellwänden oder in den Protoplasten zurückzuführen ist. Im einen Fall wäre es ein Rückgang der Quellung, im anderen ein Turgorverlust. Andere Blattstiele mit Collenchymleisten wie die vom Stangensellerie *(Apium graveolens)* bleiben auch nach dem Abschneiden elastisch. Dies ist jedoch auf die Tatsache zurückzuführen, daß durch „Sclerifizierung" des Collenchyms Stangensellerie „holzig" wird.

Die beiden Ausführungsformen des Collenchyms, das Platten- und das Kantencollenchym, sind in ihrer Funktion eindeutig auf ihre Position in der Pflanze bezogen: Kantencollenchym bildet Stränge in Vorsprüngen von Blattrippen, Blattstielen und Stengeln; Plattencollenchym bildet mantelförmige Abdeckungen, die nicht nur Röhrenstabilität zeigen, sondern auch Schutz vor Druck von außen bieten. Plattencollenchym kommt daher meist im Stengelcortex, seltener in Blättern vor. Eine Form des Kantencollenchyms, das lakunare Collenchym, festigt die Zellwände, die eine Intercellulare umschließen.

Die Stabilisierung durch Collenchym ist ein Konstruktionsmerkmal von jungen Organen, die ihr Streckungswachstum noch nicht beendet haben. Diese Stabilisierung durch anpassungsfähige, lebende Stützelemente beruht weniger auf den verstärkten Zellwänden, als auf der Gewebeturgeszenz.

In Blättern mit schmalen Spreiten, die keine prominenten Rippen haben, wie viele Grasblätter, Coniferennadeln und andere lanzettlich ge-

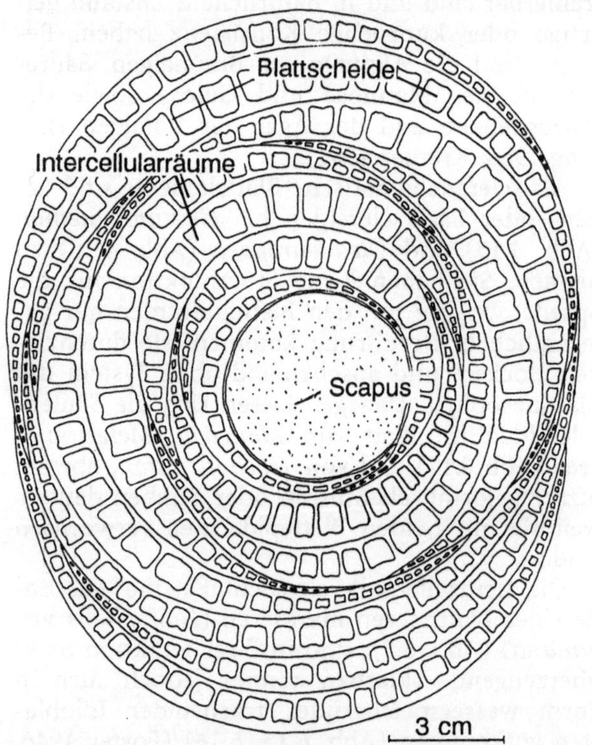

Abb. 10.12. Der „Stamm" einer Bananenpflanze (*Musa* spec.) wird aus dicht zusammengefügten Blattscheiden gebildet. Im Zentrum wächst zur Zeit der Blühreife die Blütenstandsachse (Scapus) nach oben. Der Scheinstamm hat genügend Festigkeit, um die großen Blattspreiten auch bei Windbelastung zu tragen, obwohl die Blattscheiden von zahlreichen großlumigen Intercellularen durchsetzt sind. Da die Blattscheiden fest aneinander haften, könnten die Intercellularen dazu beitragen, den Scheinstamm flexibel zu halten. (Peterson aus Wiesner 1927/28)

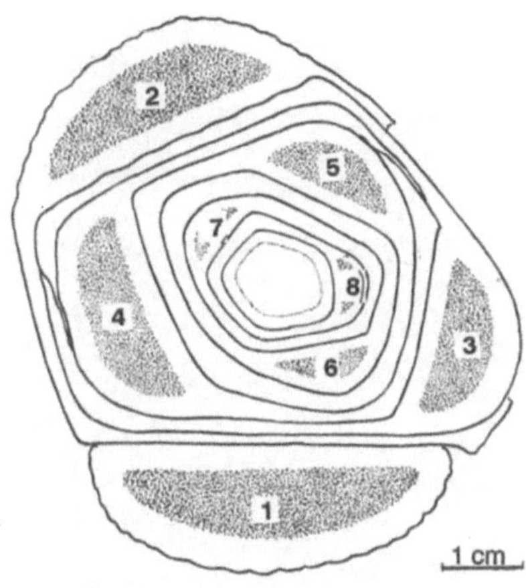

Abb. 10.13. Die Blattstiele vieler Rosettenpflanzen (*Angelica archangelica*, 2/5 Phyllotaxis) sind an ihrer Basis fest aneinandergefügt und oft breit geflügelt. Die damit erreichte Festigkeit dient als Stütze für die Rosette und als Schutzhülle für die jungen Blätter und den wachsenden Blütenstand, solange diese noch keine eigenen Festigungsgewebe haben

formte Blätter, fehlt das Collenchym. Dagegen ist in solchen Blättern faserartiges Sclerenchym verbreitet.

Bei Blättern mit stielloser, schmaler Spreite hält das intercalare Wachstum lange an; eine Blattscheide (Gräser) übernimmt dann die Stützfunktion und schützt das intercalare Meristem.

Ein extremes Beispiel für die Stützfunktion der Blattscheiden bietet die Banane (*Musa* spec. div.) (Abb. 10.12). Die einander dicht umschließenden Blattscheiden werden meterlang; sie bieten Halt als Scheinstamm, sind aber im Innern durch große Intercellularen sehr locker gebaut. Auf ähnliche Weise funktionieren Blattrosetten, solange die basalen Blattabschnitte dicht zusammengefügt sind (Abb. 10.13).

Weit verbreitet, und fast überall zu beobachten, sind passive Bewegungen ganzer Spreiten im Wind. Die Zitterpappel oder Espe (*Populus tremula*) besitzt Blattstiele, die im unteren Drittel einen ovalen Querschnitt haben und elastisch sind, also wedeln können. Ähnlich beschaffene Blattstiele hat auch *Populus deltoides* (Abb. 8.9). Das durch diese Blattstielverflachung begünstigte Wedeln dient entweder einer raschen Abführung des transpirierten Wasserdampfes, somit also einer Förderung der Transpiration, oder einer Kühlung durch beschleunigte Verdunstung; beide Annahmen sind unbewiesen. Auch hier ist zu fragen, warum die meisten anderen Pflanzen keine Fächelblätter haben.

10.6 Stamm-Wurzel-Statik

Eine anatomisch kaum beachtete Situation ist die Stamm-Wurzel-Statik. Baumstämme mit Gewichten in der Größenordnung von Tonnen üben einen beträchtlichen Druck auf das Wurzelsystem aus. Hinzu kommt das Gewicht der Baumkrone, das bei Laubbäumen im Sommer größer ist als im Winter. Über besondere Stabilisierungsgewebe im Stamm-Wurzel-Übergang ist nichts bekannt. Manche Arten verbreitern die Stammbasis, andere zeigen eine Aufwölbung des Wurzeltellers unter dem Stamm, was bei sturmgeworfenen Fichten zu erkennen ist. Bei manchen tropischen Arten (*Ficus*) werden Brettwurzeln gebildet. Stelzwurzeln von Pandanaceen und vielen Mangrovesträuchern stabilisieren die Pflanzen in flachem Wasser.

10.7 Stabilisierung der Verzweigungen

Lange Zweige und Äste können an der Verzweigungsstelle eine erhebliche Belastung darstellen, vor allem, wenn sie Früchte tragen.

Verzweigungen sind stets seitlich; sie entstehen aus der Knospe eines Tragblattes. Auch Monopodien sind seitlich verzweigt. Wenn die Hauptachse in einem Blütenstand endet (*Aesculus*, *Syringa*) und dieser nach der Blüte verdorrt und abbricht, wird eine gabelige Verzweigung vorgetäuscht. Gabelungen sind bei Kryptogamen häufig, aber bei Angiospermen werden sie nur für die Dum-Palme (*Hyphaene thebaica*) beschrieben.

Zweige zeigen im vorgeschrittenen Alter im Radialschnitt die gleiche Anordnung von Jahrringen, Strahlen und Mark wie in der Hauptachse (Abb. 10.14). In der Zweigachsel kann es jedoch zu strukturellen Verwirrungen kommen (Abb. 10.15), über deren Ursachen nichts be-

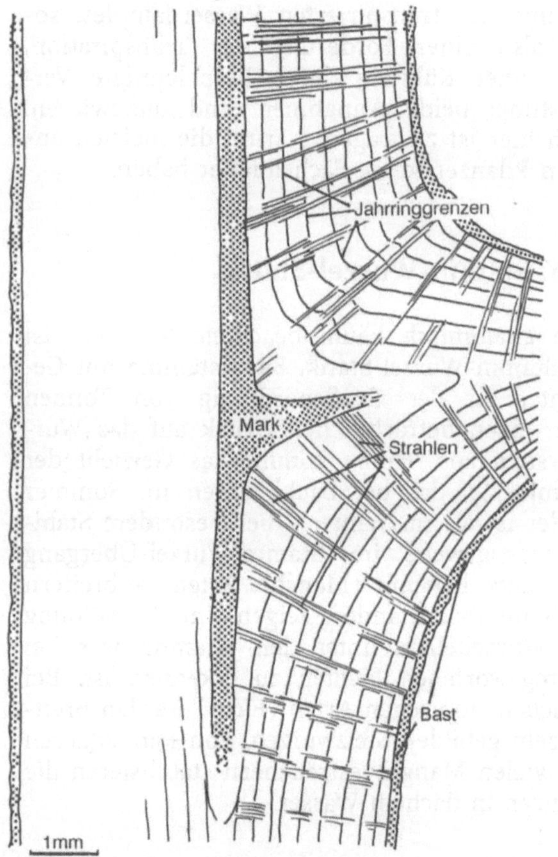

Abb. 10.14. Da Seitenknospen in der Regel im Jahr nach ihrer Anlage austreiben, ist die Zahl der Xyleminkremente an der Basis des Seitenzweiges um eines geringer, als in der Hauptachse. (*Fagus sylvatica*. Das Mark wurde im Sagittalschnitt unten und seitlich nicht vollständig erfaßt)

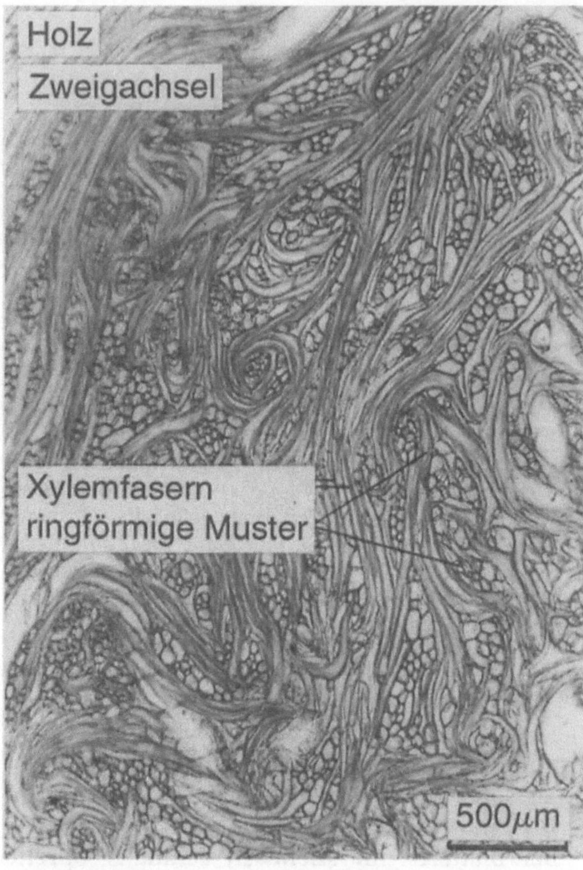

Abb. 10.15. Langsamwüchsige Gehölze aus Trockengebieten zeigen in der Achsel von Verzweigungen gelegentlich unregelmäßig verschlungene Gewebeelemente des Holzes, welches an dieser Stelle zwar sehr hart werden kann, aber im trockenen Zustand leicht bricht. Es ist anzunehmen, daß diese Xylemelemente zwar cambialen Ursprungs sind, aber durch die ständigen, auf äußere Einflüße zurückgehenden Druck- und Zug-Spannungsänderungen des Seitenastes in ihrer Anordnung gestört wurden (*Ricinus communis*). (Lev-Yadun u. Aloni 1990b)

kannt ist. Vermutlich führt die ständige Zweigbewegung in vertikaler, aber auch in seitlichen Richtungen zu Druckänderungen in der Achsel des Zweiges, wodurch das Wuchsmuster der Gewebe beeinflußt wird.

Ebenfalls durch die Zweiglast verursacht dürften die Verstärkungswülste an der Unterseite des Zweiges sein. Da sie meist bei Coniferen auftreten, ist ein Zusammenhang mit der Druckholzbildung zu vermuten.

10.8 Resistenz gegen Winddruck

Die Wipfel hoher Bäume reagieren unmittelbar, aber verschiedenartig auf Winddruck. Wenn sich eine Birke (*Betula pendula*) bereits mit Amplituden von drei und mehr Metern hin und her bewegt, kann dieselbe Kraft in einer Eichenkrone gerade ein Rascheln der Zweige auslösen.

Bei immergrünen Coniferen gibt es nuancierte Unterschiede in der Art der Schwingung.

Fichtenstämme biegen sich nur bis zum oberen Stammdrittel, Kiefern können - wenn sie frei stehen - Torsionen und Stammbewegungen durchführen, die bis zum Boden reichen.

Die Kronenbewegungen von Laubbäumen sind wegen des höheren Widerstandes im Zustand der Sommerbelaubung stärker als im Winter. Windbruch von Zweigen tritt dagegen meist bei starkem Frost ein. Buchenzweige brechen im Wind erst bei Temperaturen unter -17°C.

In Küstenregionen sind Uferbäume einseitiger Windbelastung ausgesetzt. Nach Jaccard (1913) liegt die Belastungsgrenze zwischen 4 und 5 der Beaufort-Skala (Tabelle 10.1).

Tabelle 10.1. Effekte der Windbelastung von Bäumen.

Beaufort-Skala	Geschwindigkeit	Belastung	Wirkung
3	10,2 $m \cdot s^{-1}$	8,3 $kg \cdot m^{-2}$	kleine Äste biegen sich
4	13,4 $m \cdot s^{-1}$	14,36 $kg \cdot m^{-2}$	große Äste biegen sich
5	20,0 $m \cdot s^{-1}$	32 $kg \cdot m^{-2}$	kleine Zweige brechen
6	>30 $m \cdot s^{-1}$	70–95 $kg \cdot m^{-2}$	ganze Bäume brechen

Über die Reaktion des Baumes auf schwere Sturmschäden hat Metzger (1894/95) berichtet. Nach Kronenbruch durch Sturm werden im verbliebenen Stamm „schlafende Augen“ aktiviert; es entstehen zahlreiche Wasserreiser von denen sich später eines als Hauptschaft entwickeln kann.

Die bevorzugte Bewegungsrichtung der Äste hängt hauptsächlich von der Konstruktion des Organs ab. Langgestreckte Schattenäste zeigen auch bei Windstille ein anscheinend ungeregeltes Auf und Ab und Hin und Her. Sie sind gertenartig dünn, scheinen ständig „gespannt“ zu sein und bestrebt, die beblätterten Seitenzweige in der Waagerechten zu halten.

Abgesehen von den sprichwörtlich „zitternden“ Blättern der Espe (*Populus tremula*) beobachtet man gelegentlich ein einzelnes Blatt, z.B. vom Berg-Ahorn, das sich lebhaft bewegt, während sich die anderen Blätter ruhig verhalten. Da diese Erscheinung bei kleinflächigen und gefiederten Blättern nicht vorkommt, dürfte ein Gleiten wie auf einem Luftkissen vorliegen, so wie man es an einem Blatt Papier beobachten kann, das aus dem Fenster „segelt“.

Die Regelmäßigkeit mancher Blattbewegungen mag durch die Elastizität des Blattstielgelenks unterstützt werden. Da der Gewebewiderstand in Richtung zu den Schwingungsamplituden zunimmt, sind die durch Wind ausgelösten Schwingungen stets gedämpft.

Die Belastbarkeit durch Wind läßt sich für Verzweigungsstellen durch Computersimulation bis ins Detail berechnen, doch gilt dies für einheitliches Konstruktions-material. In der Natur sind Stämme und Äste stofflich heterogen zusammengesetzt.

Bei allen Bewegungen, die durch Wind verursacht werden, ist die Dehnung der außen liegenden Gewebe einer Pflanze am stärksten.

Cortex und Bast sind zum großen Teil aus turgeszenten Zellen und aus Intercellularen aufgebaut; sie können Pressen und Dehnen kompensieren. Das meristematische Cambium ist plastisch verformbar. Im Holz, in dem die Bewegungsamplituden bereits abnehmen, sind die Bauelemente längs gestreckt (axiale Elemente) und durch radial gerichtete Strahlelemente verkettet. In beiden Geweben treten neben toten auch lebende, turgeszente Zellen auf.

Bei Faserblöcken der Jahrringe ist die Mittellamelle von der Stoffwahl her anfangs plastisch. Dagegen sind die cellulosischen Sekundärwandschichten elastisch. Andererseits ist die Mittellamelle die erste Wandschicht, in der Ligninbausteine färberisch nachzuweisen sind (Phloroglucin/HCl), während die Sekundärwandschichten oft lange unverholzt bleiben. Dies trifft z.B. für die Fasertracheiden des Buchenholzes zu, jedoch nicht für die Gefäße, die von Anfang an verholzte Sekundärwände haben (Abb. 9.14).

Ein weiterer Faktor für die Stabilisierung gegen Winddruck ist auch das Wasser, das im Splintholz reichlicher vorhanden ist als im Kernholz. Da Wasser einer Verformung keinen Widerstand bietet, aber auch nicht an der Zweigoberfläche austritt, kann es als verformbares Füllmaterial betrachtet werden, das mit großer Geschwindigkeit in den Geweben verlagert wird.

Bei starkem Frost nimmt die Elastizität von wasserhaltigen Geweben stärker ab als die von trockenen Geweben.

Im Zugholz der Laubbäume stellen auch die gelatinösen Fasern (Abb. 9.38) einen verformbaren Stabilisierungsfaktor dar, denn sie bleiben unverholzt, elastisch oder gar plastisch. Es ist nicht bekannt, ob eine größere Menge an gelatinösen Fasern die Biegungsfähigkeit eines Astes erhöht.

Die heterogene Zusammensetzung der Äste und biegsamen Stämme kann Scherungskräfte, die bei Windbewegungen auftreten, durch kleine und kleinste Oszillatoren kompensieren. Gemeint sind die Molekül- und Atombewegungen thermischer Natur, die in den Micellen und Mikrofibrillen der Zellwände auftreten.

Die von außen nach innen zunehmend dichtere Struktur eines Stammes und die semikristalline Matrix (Lignin, Micellen, Hemicellulosen, Wasser) gewähren hohe Biegefestigkeit.

Diese ist jedoch wahrscheinlich bei jedem Baum einer Art je nach Standort verschieden, denn der Baum wächst in seine Umgebung hinein. Abgeknickte Fichten entlang einer durch Kahlschlag gebildeten Straßentrasse zeigen, daß im dichten Aufwuchs an die Biegefestigkeit kein so hoher Anspruch gestellt wird, als bei Solitärbäumen.

10.9 Kontraktile Wurzeln

Bei manchen Zwiebelgewächsen werden Zugwurzeln entwickelt, die durch Kontraktion die Zwiebel tiefer in den Boden ziehen. Man erkennt solche kontraktilen Wurzeln an der quergerillten Oberfläche (*Lilium martagon*). Bei *Eucomis* (Liliaceae) wurde beobachtet, daß sich während des Kontraktionsvorgangs die Zellformen ändern (Abb. 10.16). Die Kontraktion ist irreversibel (Reyneke u. Van Der Schijff 1974).

Der Kontraktionsvorgang beginnt im inneren Cortex und zeigt sich in einer tangentialen und radialen Verbreiterung sowie einer longitudinalen Verkürzung der kontraktilen Parenchymzellen. Da bei Monocotylen der Wurzelcortex erhalten bleibt, sind Wurzelkontraktionen hauptsächlich für Adventivwurzeln von Monocotylen beschrieben worden (Chen 1969).

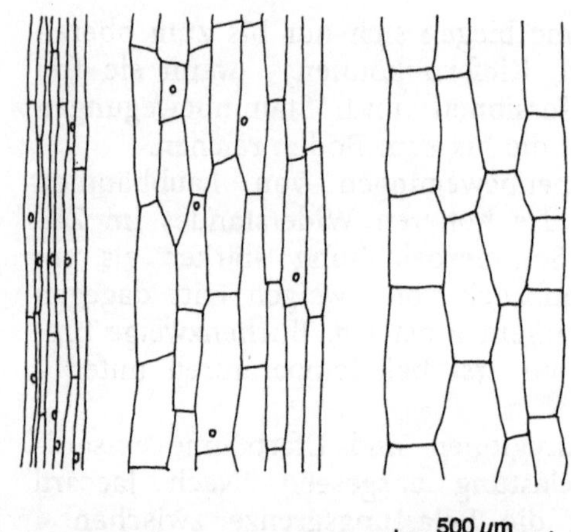

Abb. 10.16. Gewebekontraktionen sind vor allem für Wurzeln von Zwiebelgewächsen beschrieben worden. Es wird angenommen, daß damit die junge Zwiebel in den Boden gezogen wird. Bei *Eucomis autumnalis* sind in diesem Zusammenhang Volumenänderungen der inneren Cortexzellen beobachtet worden. (Reyneke u. Van Der Schijft 1974)

Kontraktionen können aber auch bei Pflanzen mit cambialem Zuwachs erkannt werden. Wenn der Kontraktionsvorgang erst nach Beginn der Cambiumtätigkeit einsetzt, treten primäre Leitelemente zick-zack-förmig angeordnet auf (Abb. 9.7, 9.6) (Eschrich 1963 b).

Bei *Oxalis* wird Wurzelkontraktion durch das Kollabieren kreuzweise angeordneter Zellschichten verursacht (Thoday u. Davey 1932).

Die kontraktile Kraft läßt sich messen (Pütz 1992), sogar bei Wurzeln unter der Erdoberfläche (Pütz 1993). Als charakteristisches Maß gilt dabei die Länge der sogenannten Kanalzone, die meist äußerlich bereits an der Querrillung zu erkennen ist (Galil 1980).

11 Reproduktion

11.1 Blühinduktion und Blütenknospe

Die Anlage von Blütenknospen beruht auf Prozessen, die bei den Blütenpflanzen unterschiedlich ausgelöst werden. Kräuter bilden spontan Blütenknospen (tagneutrale Pflanzen) oder entweder im Langtag oder im Kurztag. Wahrscheinlich muß aber das vegetative Wachstum einen Kulminationspunkt erreicht haben, bevor Blüteninduktion möglich ist. Wann dieser eintritt, ist primär eine Ernährungsfrage. Mit Methoden der Mikroanalyse wurde festgestellt, daß bei *Sinapis alba* zehn Stunden nach der Induktion mit einer Langtagbehandlung der Saccharosegehalt im Apikalmeristem um 50% erhöht war (Bodson u. Outlaw 1985).

Auch die Wasserversorgung kann über die Bildung von Blütenknospen entscheiden. So offensichtlich bei Wüstenpflanzen, die nach einem Regen plötzlich blühen. Es ist allerdings nicht auszuschließen, daß vielleicht unter diesen Umständen nur eine schlummernde Blühinduktion aktiviert wird.

Es hat sich gezeigt, daß in Verbindung mit dem Lichtregime auch die Temperatur einen Einfluß auf anatomische Strukturen der Versuchspflanze haben kann. Bei der Kurztagpflanze *Nicotiana tabacum* führt Kurztag – wie erwartet – zum Blühen, Langtag unterdrückt die Blühinduktion. Wird zusätzlich ein Temperaturwechsel, entweder mit kalten Tagen und warmen Nächten oder mit warmen Tagen und kalten Nächten, durchgeführt, so treten Änderungen auf, die sich auch im anatomischen Bild des Stengelquerschnitts zeigen (Abb. 11.1):

1. KT hat eine Sistierung der Cambiumtätigkeit zur Folge; LT läßt aufgrund der vielen unfertigen Gefäße erkennen, daß das Cambium voll aktiv ist.
2. Kalte Tage und warme Nächte verzögern, besonders bei den nicht blühinduzierten LT-Pflanzen, die Ausreifung der Gefäße; ein Effekt, der bei warmen Tagen und kalten Nächten im LT weniger ausgeprägt ist (Murneek u. Whyte 1948).

Andere anatomische Vergleiche von Stengeln blühinduzierter und nicht blühinduzierter Pflanzen haben jedoch keine überzeugenden Ergebnisse gebracht (Wilton u. Roberts 1936/37; Struckmeyer 1941).

Beziehungsreich sind dagegen anatomische Veränderungen in der Struktur des Apikalmeristems, wenn eine Pflanze vom vegetativen Wachstum zum reproduktiven Wachstum überwechselt.

Cytologisch zeigt sich ein solcher Übergang in einer Umgestaltung des Apikalmeristems (Nougarède 1967). Bei der Langtagpflanze *Coleus blumei* ist das Apikalmeristem der vegetativen Wachstumsphase – infolge der dekussierten Blattstellung – fast flach zwischen den Blatthökkerpaaren ausgerichtet, in der reproduktiven Phase wird bei *Coleus* eine Meristemkuppel ausgebildet.

Um die verschiedenen Entwicklungsstadien von Apikalmeristemen sichtbar zu machen, werden Färbemethoden angewendet. Dabei wurde festgestellt, daß beim Übergang zum reproduktiven Apikalmeristem die Zellkerne eine erhöhte Affinität für den Kernfarbstoff Pyronin zeigen, wie sie in der vegetativen Phase nicht zu beobachten ist.

Bei dem Zierstrauch *Weigela japonica* (Caprifoliaceae) ist das Apikalmeristem flach ausgebildet, solange vegetatives Wachstum stattfindet (Abb. 11.2A). Anders als bei *Coleus* wölbt es sich jedoch nicht auf, wenn reproduktives Wachstum einsetzt (Abb. 11.2B), da auch in der

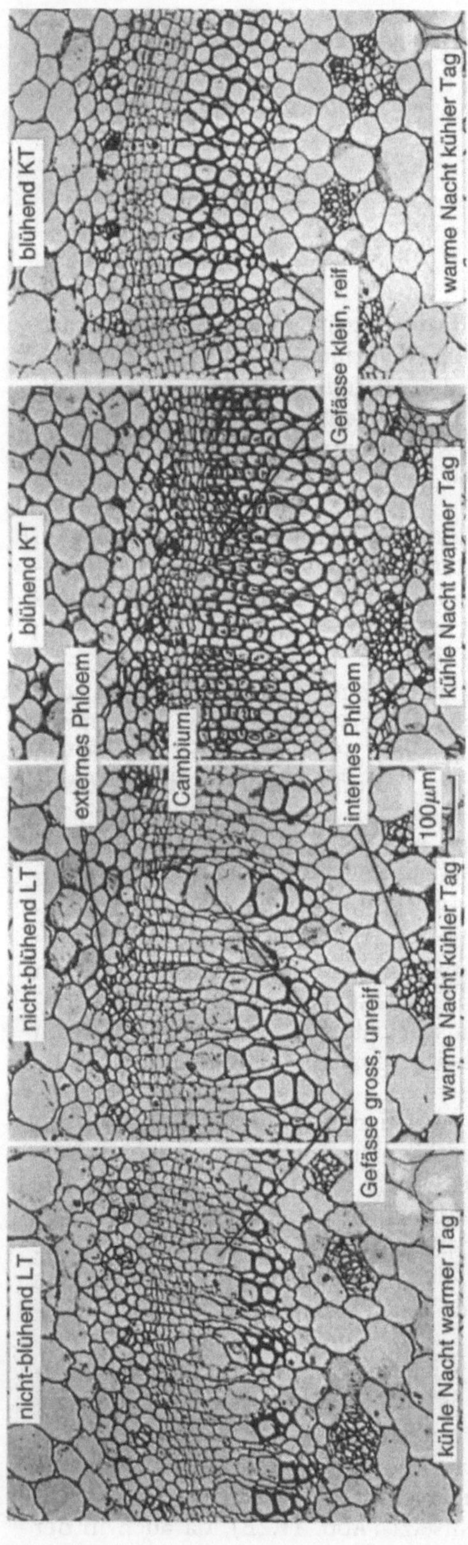

Abb. 11.1. Bei vielen krautigen Pflanzen wird der Blühimpuls durch Langtag (LT) oder Kurztag (KT) ausgelöst. Geringfügig spielen dabei die Tages- und Nachttemperaturen eine Rolle. Anatomische Veränderungen, die in diesem Zusammenhang beim Tabak (*Nicotiana tabacum*), einer Kurztagpflanze, gefunden wurden, zeigten sich in der Ausbildung des Xylems. Bei nichtblühinduzierten Pflanzen verzögerte sich die Ausreifung der Gefäße. Bei blühinduzierten Pflanzen reiften die Gefäße rasch, blieben aber klein. (Murneek u. Whyte 1948)

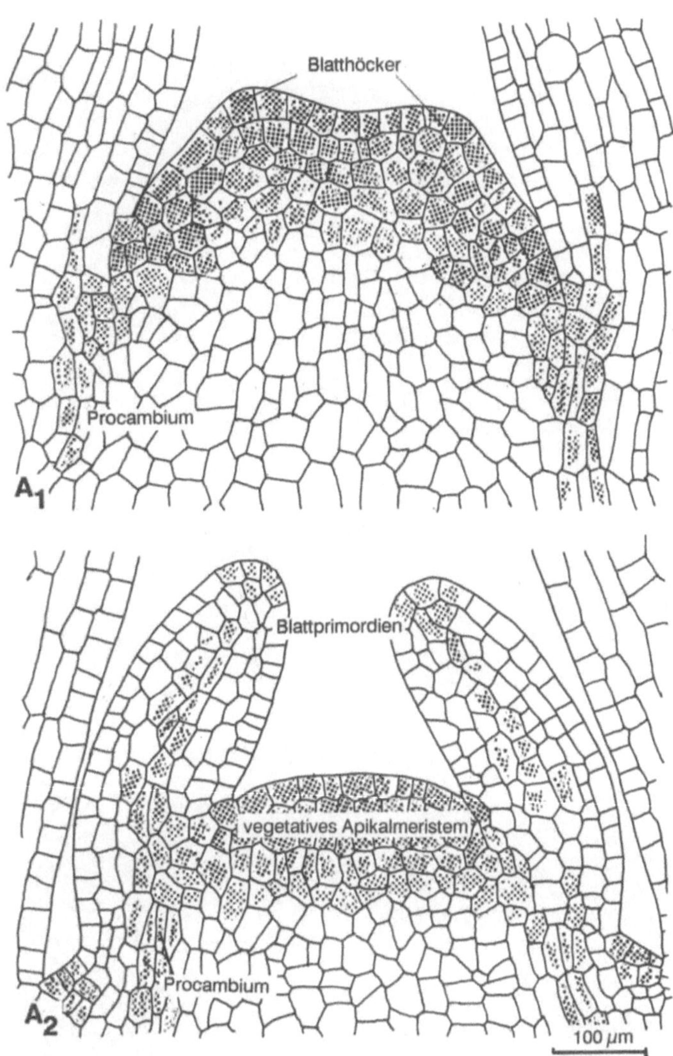

Abb 11.2 A, B. Der Beginn der Blütendifferenzierung ist bei *Weigela japonica*, einem Strauch mit dekussierter Blattstellung, an der Veränderung des Apikalmeristems von gewölbt (A_2) zu flach (B_2) und an lokalisierter Zellteilung (A_1) und Cytoplasmaverdichtung (B_1) zu erkennen. (Dengis 1988)

Reproduktionsphase die dekussierte Blattstellung beibehalten wird (Dengis 1988). Das Profil des Apikalmeristems scheint demnach kein sicheres Merkmal zu sein, um eine Blüteninduktion festzustellen.

Weigela ist ein Gehölz. Dort werden - anders als bei den krautigen Pflanzen - die Knospen bereits im vorausgehenden Jahr angelegt. Meist ist bereits im vorausgehenden Juli entschieden, welche Knospen sich im nächsten Jahr zu Blütenknospen differenzieren und welche vegetative Triebe hervorbringen. Gelegentlich tritt ein Mastjahr (in bezug auf den Fruchtbehang) auf, das sich manchmal nur auf eine Art, in manchen Jahren aber auf fast alle Baumarten einer Gegend bezieht.

Einige Gehölzarten blühen jedoch in jedem Jahr, dann allerdings vor dem Blattaustrieb (Ulme, Kirsche, Apfel, *Hamamelis, Cercis siliquastrum*). Bei diesen Frühblühern werden Blütenknospen und Blatt/Trieb-Knospen auch in bezug auf das Austreiben unterschiedlich „programmiert".

Jahreszeitliche Besonderheiten dieser Art sind auch bei krautigen Pflanzen zu beobachten: Frühblüher wie *Hepatica triloba* oder in den Al-

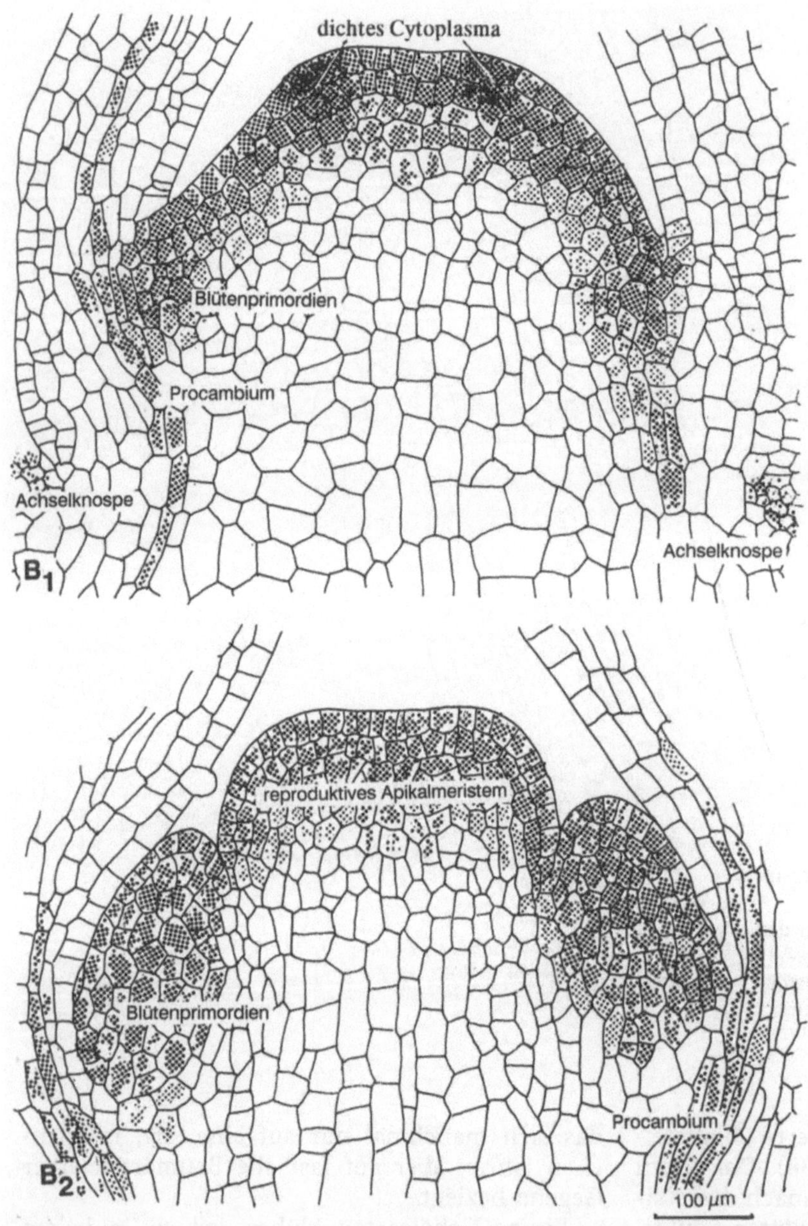

Abb. 11.2 B

pen *Soldanella alpina*, blühen allesamt „auf Kommando", auch wenn sich die *Soldanella*-Blüte oft erst durch den Schnee „bohren" muß (Rotlicht-absorption, Atmungswärme).

Über den Zeitpunkt der Blütenknospeninduktion liegen bei den Frühblühern keine Untersuchungsergebnisse vor. Die Herbstzeitlose *Colchicum autumnale* blüht im Herbst, wenn ihre Blätter bereits vergangen sind; die Früchte werden jedoch erst im folgenden Juni reif. Es ist auch nicht bekannt, wann die Induktion zur Blütenbildung bei Spätblühern wie *Aster linosyris* oder *Hedera helix* erfolgt.

Durch Pfropfen und Zurückschneiden sowie Langtag-Behandlung und Temperaturen über 16°C wurden 50% der *Hedera-helix*-Sprosse zur

Infloreszenzinduktion umgestimmt (Wallenstein u. Hackett 1989 a, b).

Das Beschneiden und Pfropfen von Obstbäumen mit dem Ziel, frühere oder reichere Blütenbildung zu erhalten, basiert vorerst ausschließlich auf „überlieferter Erfahrung" (Sax 1958). Blühinduktion, Blüte und Samenreife können sich in Perioden sehr unterschiedlicher Länge abspielen. Kiefern brauchen z.B. zweieinhalb Jahre, bis sie nach dem Blühen die reifen Samen ausstreuen.

Aufgrund solcher Feststellungen ist anzunehmen, daß die Blühinduktion zwar bei allen Pflanzen auf gleichen Einflüssen beruhen kann, nur erfordert die Erlangung der Blühreife und was danach folgt unterschiedlich lange Zeitabschnitte.

Die Existenz von Blühhormonen wird kaum bezweifelt, und die Steuerung der Anlage von Blütenknospen bei Lang- oder Kurztagpflanzen über die Blätter erscheint logisch. Der Impuls hierzu kann offenbar für lange Zeit „lagern", z.B. in Zwiebelpflanzen, deren grüne Blätter schon lange vertrocknet sind, bevor sich der Blütenstand innerhalb der Zwiebel entwickelt (*Hippaeastrum*) (Hillman 1962).

Außer von einem Blühimpuls ist die Anlage von Blütenprimordien abhängig von der Strahlungs- (Licht-) intensität, der CO_2-Versorgung der Blätter und der Verfügbarkeit von Kohlenhydraten (Bodson u. Bernier 1985). Das Entfernen von Wurzeln, Blättern oder Seitensprossen, sowie das Ringeln bei Bäumen, verursacht Sink-Limitierungen, wodurch Assimilate für Blütenbildung und Fruchtwachstum verfügbar gemacht werden (Bernier 1988). Die Umstimmung zur Blütenbildung muß allerdings bereits vorher durchgeführt worden sein.

Für die „Lagerungsfähigkeit" des Blütenbildungsimpulses spricht, daß blühfähige Buchenzweige, auf nichtblühfähige zweijährige Unterlagen gepfropft noch zwei bis drei Jahre lang Blüten entwickeln (Abb. 11.3).

Es liegt nahe, das Florigen, das blüteninduzierende Hormon in Langtag-(LT-) bzw. Kurztag-(KT-) stimulierten Pflanzen zu suchen, bei denen man es in der Hand hat, die Blütenbildung experimentell auszulösen. Wahrscheinlich handelt es sich um Veränderungen im Apikalmeristem, die das „Schießen" (engl. bolting) der blühstimulierten Pflanzen hervorrufen.

Abb. 11.3. Wird ein blühreifer Kronenzweig einer alten Buche (*Fagus sylvativa*) auf eine Baumschulunterlage der Buche gepfropft, so bildet der Pfropfling mehrere Jahre lang Blüten und Früchte

Man sagt, das Meristem muß „kompetent" sein, eine Blütenknospe zu bilden (Bernier 1988). Nach Sachs u. Hackett (1983) liefert das KT- oder LT-belichtete reife Blatt mit den Photoassimilaten „Faktoren" an die Meristeme, wodurch die Blütenbildung entweder ausgelöst oder unterdrückt wird. Hierbei entscheidet die Sinkstärke darüber, ob und wann diese „Faktoren" ankommen. Da man die Sinkstärke als Produkt der Sinkkapazität und der Geschwindigkeit der Phloementladung definieren kann (Eschrich 1989), hängt die Blüteninduktion indirekt von der Translokation der Saccharose ab. Kulturversuche mit LT- und KT-induzierten Sproßspitzen von *Pharbitis nil* haben gezeigt, daß Blütenbildung durch Zusatz von „stimuliertem" Phloemexsudat gefördert werden kann (Ishioka et al. 1990).

Die Differenzierung der Blütenknospe erfolgt in so unterschiedlichen Schüben, daß eine Gruppierung in Entwicklungstypen kaum zum besseren Verständnis des Prozesses beiträgt. Dies bezieht sich allerdings mehr auf die Morphologie der Blütenorgane als auf deren Anatomie (Payer 1857; Sattler 1973).

Übereinstimmend ist bei allen Blütenknospen ein Blütenboden oder Receptaculum (bei Blütenständen) vorhanden. Dort liegt das Meristem, aus dem die Anlagen der verschiedenen Blütenorgane hervorgehen. Bei den Angiospermen ist die Abfolge von Kelch, Krone, Staubblättern und Fruchtblättern die Regel. Das heißt aber nicht, daß die Primordien in derselben Reihenfolge angelegt werden. Bei den Cichorioideae wird zuerst die Blütenkrone (Perianth) angelegt, der Pappus (dem Kelch entsprechend) entsteht jedoch erst, wenn sich der Fruchtknoten bereits abzeichnet (Abb. 11.4). Die Unterschiede in der Anlage von Blütenorganen sind offenbar hauptsächlich zeitlich bedingt. Abbildung 11.5 zeigt eine vorgezogene Anlage der Karpelle bei *Alisma*; Abbildung 11.6 läßt erkennen, daß innerhalb des Kranzes der Antheren-primordien diejenigen, die vor den Sepalen stehen, rascher entwickelt werden als diejenigen, die vor den Petalen stehen. Stehen die Blütenorgane zerstreut oder schraubig, so unterscheidet sich im Längsschnitt jedes Organ deutlich durch seine Größe vom nächstfolgenden (Abb. 11.7).

Diese Beispiele zeigen, daß die Blütensymmetrie nicht von vornherein festgelegt sein muß. In manchen Fällen werden Blüten radiärsymmetrisch angelegt, die Differenzierung zur zygomorphen Blüte manifestiert sich erst später. Diese enge Beziehung zwischen radiärem und zygomorphem Blütenbau zeigt sich auch bei der Bildung einer Pelorie, einer radiären Terminal-

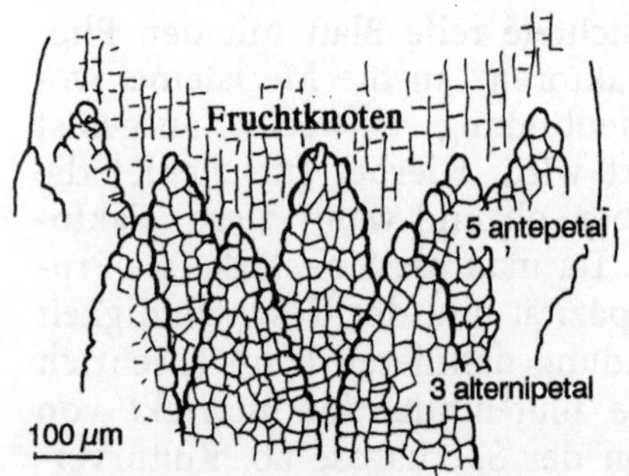

Abb. 11.4. Die Differenzierungsfolge der Organe des Blütenperianths unterscheidet sich von Art zu Art. Der Pappus von *Tragopogon*, der mit dem Kelch homolog ist, differenziert sich erst, wenn die Kronröhre bereits ausgewachsen ist. (Sattler 1973)

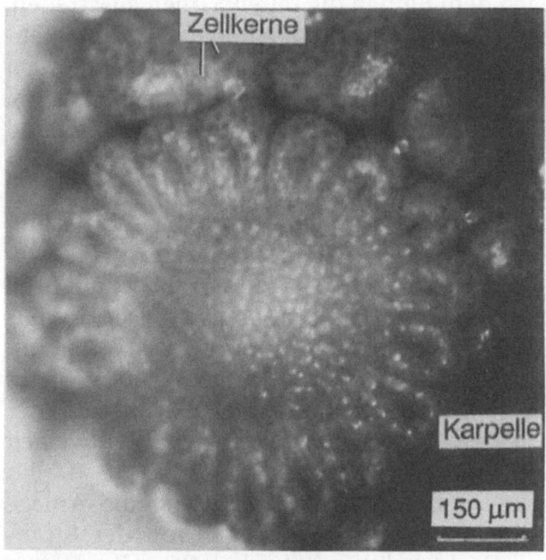

Abb. 11.5. Bei *Alisma triviale* sind die Karpelle bereits angelegt, wenn die übrigen Blütenorgane noch kaum zu erkennen sind. (Sattler 1973)

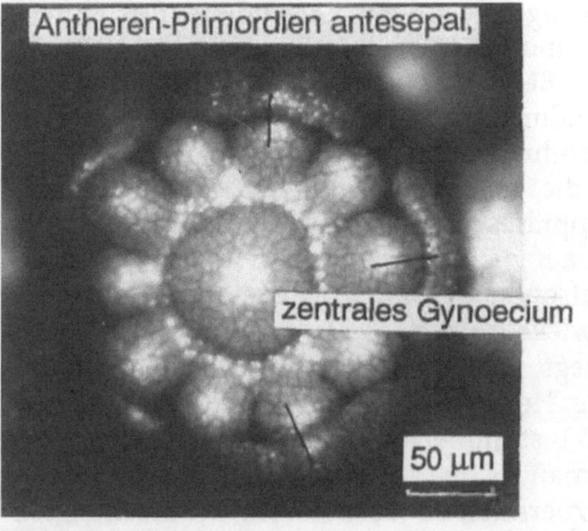

Abb. 11.6. In der Blütenknospe von *Silene cucubalus* liegen die Antherenprimordien vor den Kelchblättern (antesepal). (Sattler 1973)

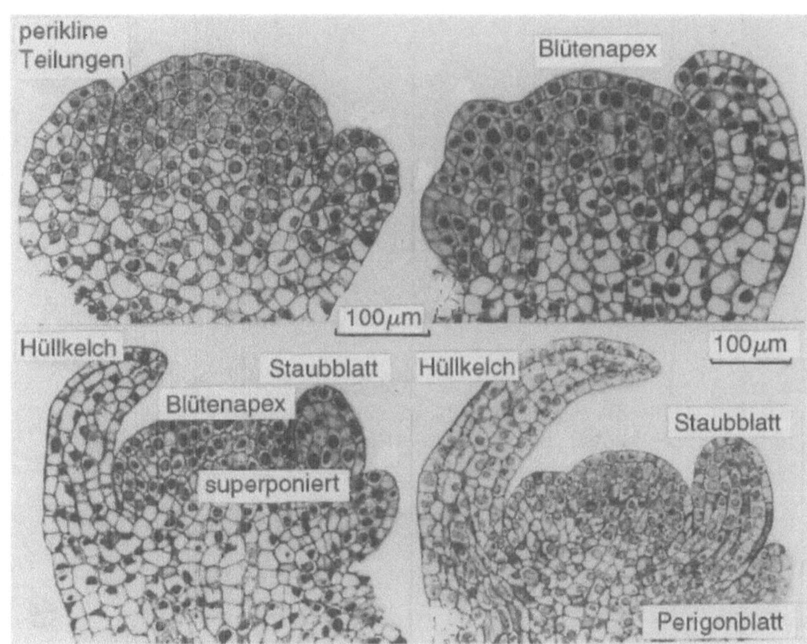

Abb. 11.7. Während der Entwicklung der Blütenorgane von *Basella alba* (Basellaceae) sind einseitig konzentrierte perikline Teilungen am Blütenapex zu beobachten, die den Beginn der Bildung der Blütenorgane anzeigen. (Lacroix u. Sattler 1988)

blüte eines aus zygomorphen Blüten zusammengesetzten Blütenstandes (*Digitalis purpurea*).

So wie alle anderen Blätter und Blattmetamorphosen zeigen auch die Blütenorgane anfangs apikales Spitzenwachstum. Die Perianthorgane Kelch und Krone sind konzentrisch angeordnet. Bei verwachsenen Kronen hält das Apikalwachstum der einzelnen Petalen nur solange an, bis die Kronenzipfel ausgebildet sind. Danach hebt sich die verwachsene Krone als Ganzes über das Receptaculum empor. Man spricht von congenitaler Verwachsung der Kronblätter zu einer Röhre. Obwohl manche sympetalen Kronen krugförmig gebaut und im Jugendstadium bis zu den Spitzen miteinander verwachsen sind, gibt es doch keine Krone, die im reifen Zustand oben vollständig geschlossen ist. Eine vollständige Verwachsung bleibt bei den „Angiospermae“ auf die Fruchtblätter beschränkt; allerdings bleiben dort - wenn kein einheitlicher Griffel (Stylus) vorliegt - die Narbenflügel und Griffeläste (Stylodien) getrennt.

11.2 Perianth

Alle Blütenorgane sind als Blatthomologe mit Adern und Nerven, zumindest mit einer Mittelrippe ausgestattet. Alle diese Organe haben auch eine oder mehrere Blattspuren, die über das Receptaculum eine Leitbündelverbindung mit dem Blütenstiel, dem Blütenschaft oder dem Stengel herstellen. Leitgewebe finden sich noch bei den feinsten Blütenstrukturen, z.B. den Grasblütenfilamenten (Abb. 11.21) oder den langen Narben der Maisblütenstände (engl. silks), in denen jeweils zwei Leitbündel vorhanden sind.

Das Perianth kann fehlen, unscheinbar oder als Schauapparat ausgebildet sein. Je dauerhafter eine Blüte ist, umso blattähnlicher sind ihre Perianthblätter. Die Perigonblätter einer Tulpe haben etliche Zellschichten, desgleichen sind die Magnolienblüten mit derben Perigonblättern ausgestattet.

Blüten dieser Bauart können bei manchen Pflanzen wochenlang ansehnlich bleiben. Bei manchen Proteaceen ist der Übergang zwischen lebenden und vertrockneten Perianthblättern kaum zu bemerken.

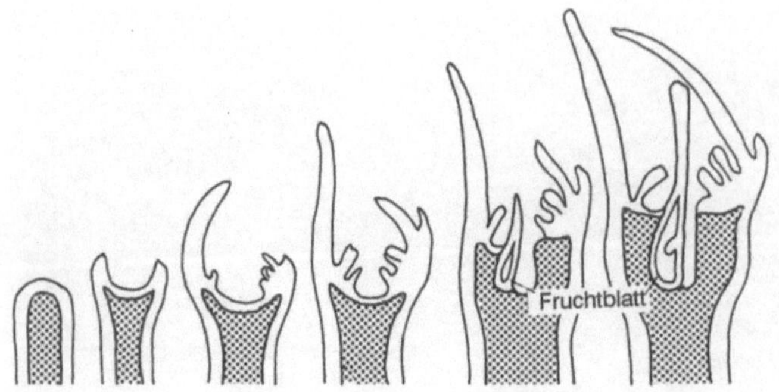

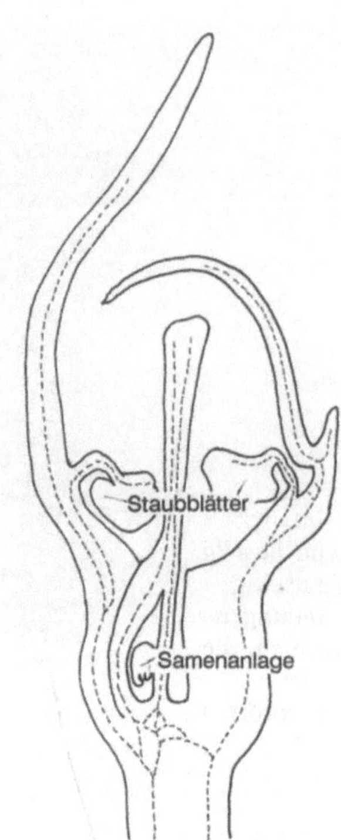

Abb. 11.8. Die Entwicklungsstadien der Apfelblüte zeigen, in welchem Maße die Achse als Gehäuse für den unterständigen Fruchtknoten beteiligt ist. (Nach Hayward 1938)

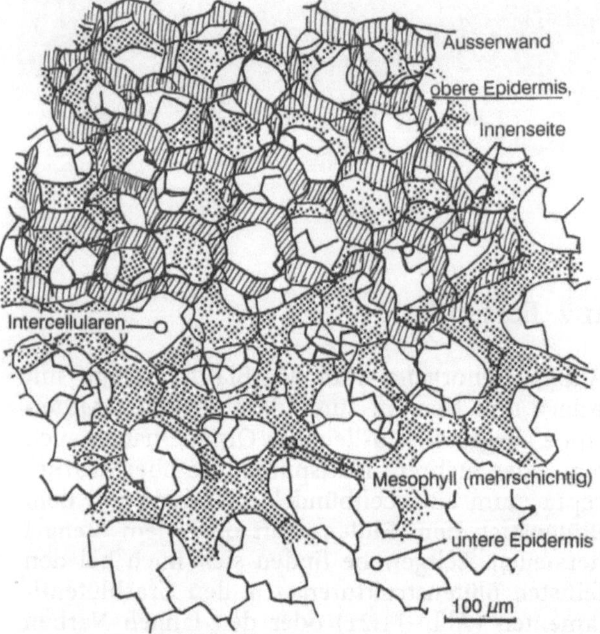

Abb. 11.9. Der Aufbau der Corolle bei der großen, trichterförmigen Blüte von *Ipomoea coerulea* zeigt, daß die obere Epidermis durch stabile Antiklinwände (schraffiert) dem zarten Gebilde den Halt gibt, solange die Epidermiszellen turgeszent sind. Das von Intercellularen durchsetzte, mehrschichtig verwobene Mesophyll hat offenbar keine Haltefunktion und die untere Epidermis dient vorwiegend als zusammenhaltende Schicht. Die Corolle erreicht in der gedrehten Knospe bereits ihre volle Länge. Beim Abblühen der ephemeren Blüte kräuselt sich die Corolle vom Trichterrand her und rollt sich nach innen ein. Offenbar verliert dabei die obere Epidermis ihre Turgeszenz. Da die blaue Farbe in rot umschlägt, ist anzunehmen, daß gleichzeitig eine Ansäuerung des Zellsaftes eintritt

Es sind aber nicht nur die getrenntblättrigen Kronen von Blüten mit apokarpen Früchten, die ausdauern, auch sympetale Orchideenblüten können monatelang ansehnlich bleiben, obwohl am Amingeruch zu erkennen ist, daß bereits Eiweißabbau eingesetzt hat.

Im Zusammenhang mit dem Perianth ist auch die Cupula der Fagaceen zu nennen, die bei *Castanea* und *Fagus* aus vier Vorblättern gebildet wird. Die Cupula der Einzelblüte von *Quercus* dürfte dagegen ein Achsengebilde sein, das die reife Frucht becherförmig umschließt. Eine Einbeziehung der Achse in die Blütenhülle ist für Hypanthien (*Rosa canina*, *Malus domestica*) charakteristisch (Abb. 11.8).

Im Gegensatz zu den ausdauernden Blüten sind ephemere Blüten (*Ipomoea*, *Papaver rhoeas*, *Linum*) mit einer vergänglichen Krone versehen, die zwar farblich grandios ist, aber aus so delikatem Gewebe besteht, daß man sich fragt, wie eine große Trichterkrone (*Ipomoea*) rein mechanisch einen windigen Tag überdauert (Abb. 11.9). Ähnlich zarte Kronblätter findet man bei *Tropaeolum majus*, die zudem noch auf kleinster

Basis am Blütenboden festgewachsen sind. Solche Blütenkronen haben nicht nur farbliche Brillianz, sondern zeigen oft auch noch Oberflächeneffekte wie Samtstruktur (*Papaver*, *Pelargonium*, Abb. 11.10 A,B; *Hoya carnosa*, Abb. 11.11) oder Pastelltextur (*Ipomoea*).

Ein weißes Perianth zeigt in der Regel Totalreflektion des Lichtes, was durch die vielen luftgefüllten Intercellularen unterstützt wird. Vielfach wird angenommen, daß die Epidermis weißer Blütenblätter als Lückenepidermis ausgebildet ist, so z.B. bei *Crataegus* (Abb. 11.12). Bei näherer Betrachtung ergibt sich jedoch, daß die dort vorkommenden Wandfalten mit ihren Lükken nicht zur Epidermis, sondern zur Hypodermis gehören; die Epidermis ist dann bereits col-

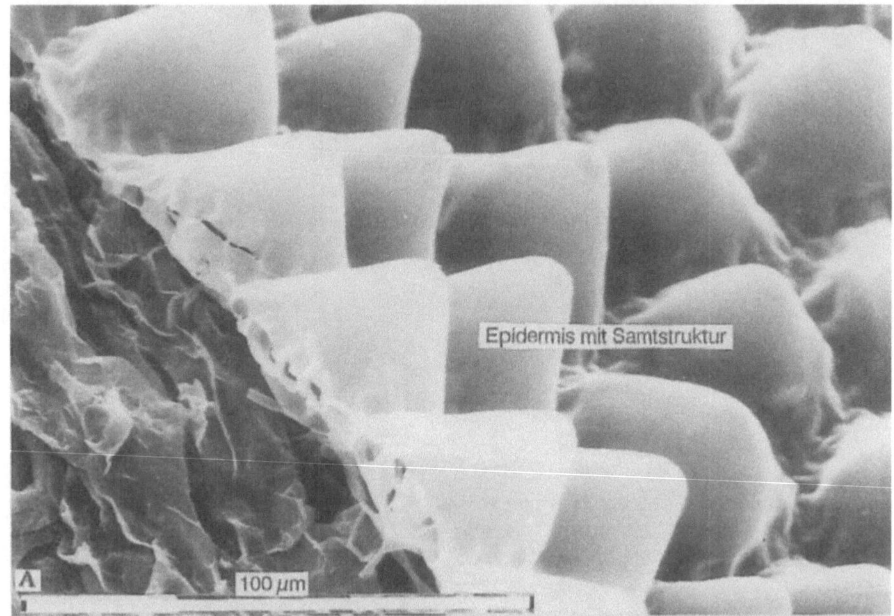

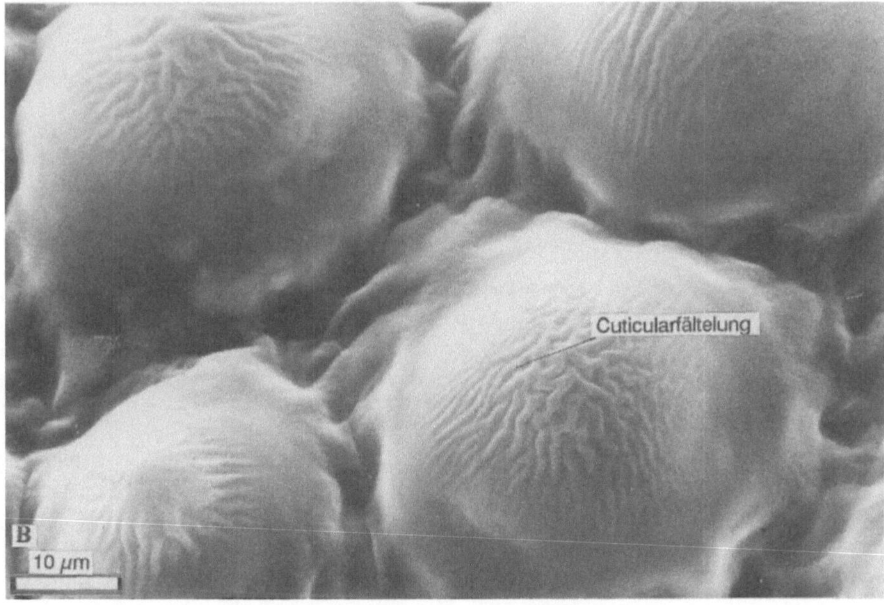

Abb. 11.10 A, B. Das Blütenblatt der roten Varietät von *Pelargonium zonale* erhält durch die gleichmäßig papillenförmige Epidermisoberfläche seine Samtstruktur (**A**). Bei starker Vergrösserung (**B**) zeigt jede Papillenkuppe deutliche Cuticularfältelung. SEM

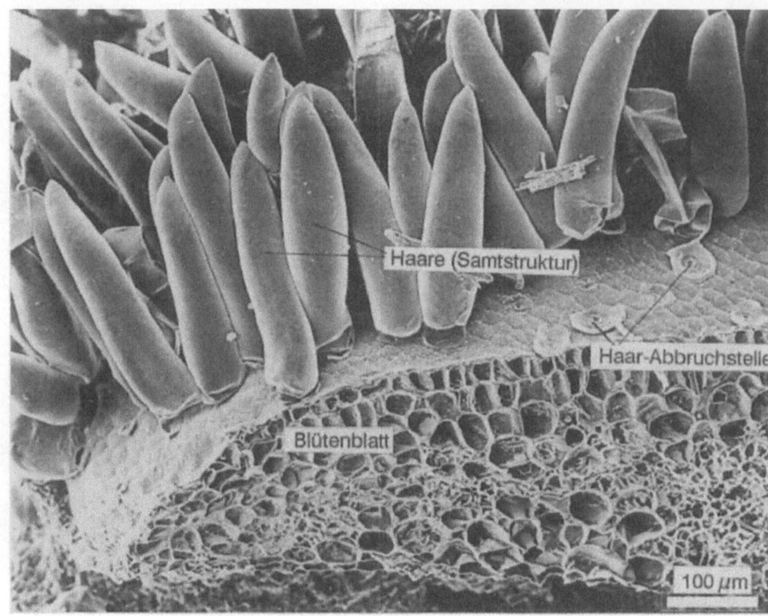

Abb. 11.11. Die Blüte der Wachsblume (*Hoya carnosa*) erhält ihre Samtstruktur durch dichtstehende walzenförmig-zugespitze Haare. SEM

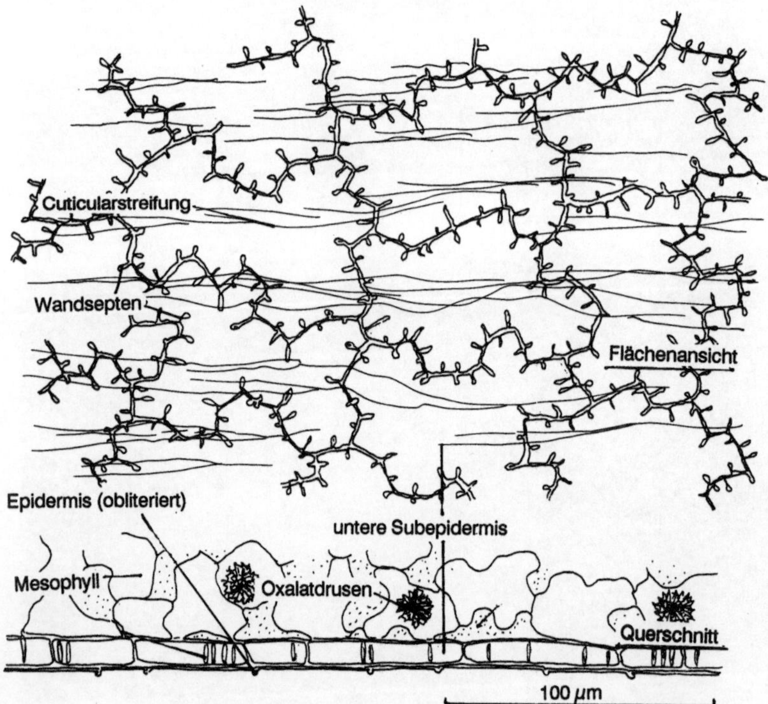

Abb. 11.12. Im Blütenblatt der geöffneten *Crataegus-monogyna*-Blüte ist die untere Epidermis bereits obliteriert und unsichtbar. Nur langstreifige Cuticularfalten sind noch zu erkennen. Die untere Subepidermis tritt durch Wandsepten deutlich hervor. Sie zeigt gelegentlich Öffnungen in den Wandfalten und wurde deshalb fälschlich als „Lückenepidermis" bezeichnet. Im Querschnitt (darunter) erkennt man die kollabierte Epidermis

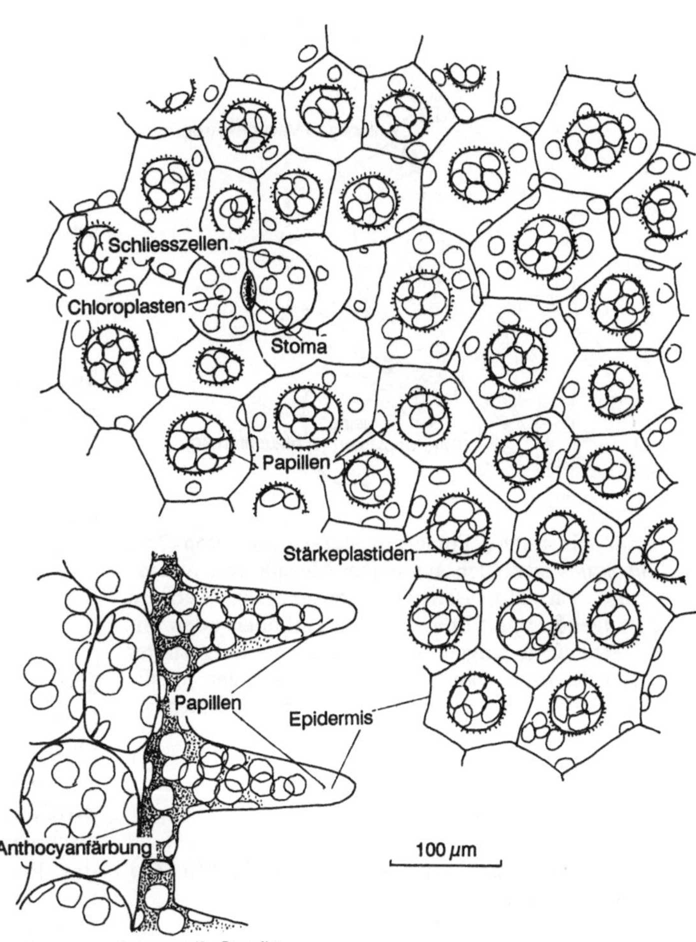

Abb. 11.13. Die Keule (Spadix) des Blütenstands von *Arum maculatum* besitzt eine Papillenepidermis, die im Reifezustand durch Anthocyanfärbung dunkel braunrot wird. In den Papillen liegen Stärkeplastiden dicht beieinander. In diesem Zustand verströmt die Spadix einen intensiven Aasgeruch. Außer wenigen Spaltöffnungen ist die Spadix-epidermis lückenfrei

labiert und obliteriert (Eschrich 1988). Eine ähnliche Lückenepidermis wird für den Kolben von *Arum*-Arten beschrieben (Abb 11.13). Die mikroskopische Untersuchung zeigt jedoch, daß diese Epidermis weder im unreifen Zustand, noch im Zustand starker Geruchs-verbreitung Lücken aufweist.

Im Dienst der Blütenökologie ist die Blütenkrone oft als Schauapparat entwickelt. Diese Schauapparate sind im einfachsten Fall mit einer anthocyangefärbten Epidermis versehen, in der auch Chromoplasten auftreten können (*Tropaeolum*, Abb. 11.14; *Hieracium pilosella*, Abb. 11.15). Die Ausstattung der Schauapparate reicht von attraktiven Farben, angepaßt an das Auge des bestäubenden Insekts, bis zu Mimikry-Gaukeleien und allerlei Vorrichtungen, um die Freßgier oder gar sexuelle Gelüste der Besucher in den Dienst der Bestäubung zu stellen (Thien 1969, 1970). Blütenkronen enthalten jedoch auch Pflanzenstoffe, über deren ökologische Bedeutung noch Unklarheit herrscht. Im Kronblatt von *Impatiens sultani* treten lange Schleimzellen auf, in denen kleine Bündel von Oxalatraphiden vorkommen (Abb. 11.16 A). Bei *Hibiscus sabdariffa* sind reichlich Schleimidioblasten in der Krone vorhanden, diese Blüten werden als Schleimdrogen verwendet (Eschrich 1988).

Die Nachtblüher (*Hesperis matronalis, Datura stramonium, Lonicera caprifolium, Saxifraga* spec.div.) werden von Nachtinsekten bestäubt. Meist handelt es sich um weiße oder blaßlila Blüten, die oft auch Fluoreszenzfarbstoffe (*Silene vulgaris*) enthalten, so daß anzunehmen ist, daß sie von den Insekten auch im Dunkeln gesehen

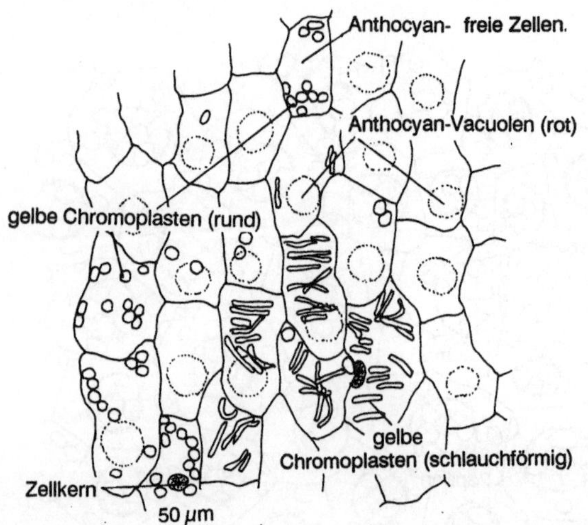

Abb. 11.14. Die untere Epidermis der Corolle von *Tropaeolum majus* setzt sich aus einem Mosaik von Anthocyan- und Chromoplastenzellen zusammen. Letztere können kugelförmige Chromoplasten enthalten oder mit gelben, schlauchförmigen Chromoplasten ausgestattet sein. Das rote Anthocyan ist in runden Vacuolen lokalisiert. Manche Zellen besitzen sowohl Chromoplasten als auch Anthocyanvacuolen

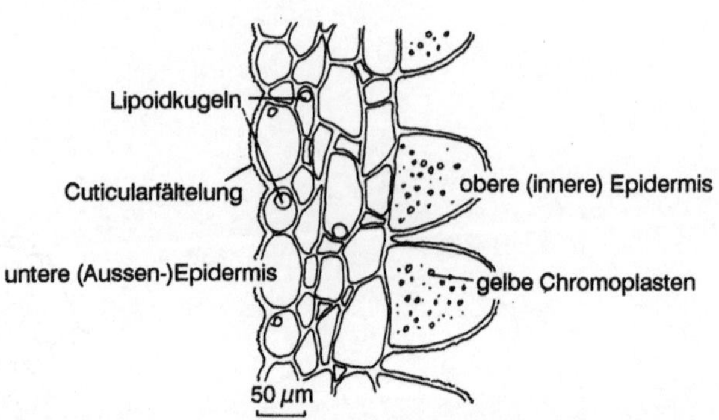

Abb. 11.15. Ein Querschnitt der Zungenblüte von *Hieracium pilosella* zeigt in der oberen, nach innen weisenden Epidermis viele kleine gelbe Chromoplasten. Die Zellen wölben sich papillenartig empor. Die übrigen Schichten des Blattes enthalten einzelne große Lipidtropfen. Die untere, äußere Epidermis zeigt Cuticularstreifung

werden. Zusätzlich wird der Duft (*Lonicera*) eine Rolle spielen.

11.3 Nektarien und Osmophoren

Florale Nektarien werden vorzugsweise innen an der Basis der Blütenblätter angelegt. Vielfach sind sie zu einem Diskus vereinigt, der innerhalb des Staubblattkreises (Rutaceae) oder um die Filamentbasen (Aceraceae) angeordnet sein kann.

Anatomisch sind Nektarien und Osmophoren (Vogel 1962) (Abb. 7.11) in zweierlei Hinsicht interessant, in bezug auf die Produktionsstätten der Düfte und in bezug auf die Methode der Duftemission. Florale Nektarien sind nicht nur Duftspender, sondern sie bieten dem Bestäuber auch Nektar als Nahrung, dessen chemische Zusammensetzung bei Aas- und Fliegenblumen eine Geschmackssache ist. Offensichtlich hat die blühende Pflanze auch die Möglichkeit, unerwünschte Besucher durch starke Duftemission abzuwehren. Die *Catalpa*-Blüten (Bignoniaceae) locken Mauerbienen (*Osmia*) an, die jedoch bald narkotisiert unter dem Baum liegen.

Untersuchungen der Feinstruktur der Nektar produzierenden Zellen haben ergeben, das der zuckerreiche Nektar in Vesikeln zur Oberfläche des Protoplasten transportiert wird (Fahn 1979 b) (Abb. 11.17).

Florale Nektarien stehen mittelbar mit den Saccharose liefernden Siebröhren in Verbindung. Es ist aber auffällig, daß der Blütennektar kaum Saccharose, dagegen viel Glucose und Fructose enthält (Lüttge 1961). Trotz des Überflusses an vergärbaren Zuckern bleiben die Nektarien frei von Gärungs-Mikroorganismen.

11.4 Abszission von Blütenteilen

Wenn die Kirschblüte zu Ende geht, kann man in einen Regen von weißen Blütenblättern geraten. Kurz nach der Ahornblüte findet man oft den Boden mit einem Teppich kleiner Ahornfrüchte bedeckt.

Die Abszission, der Abwurf junger Früchte ist vorprogrammiert. Er wird als „physiologischer Fruchtfall“ bezeichnet. Anhaltspunkte für das Auslösen einer solchen Ausdünnung sind bisher nicht gefunden worden.

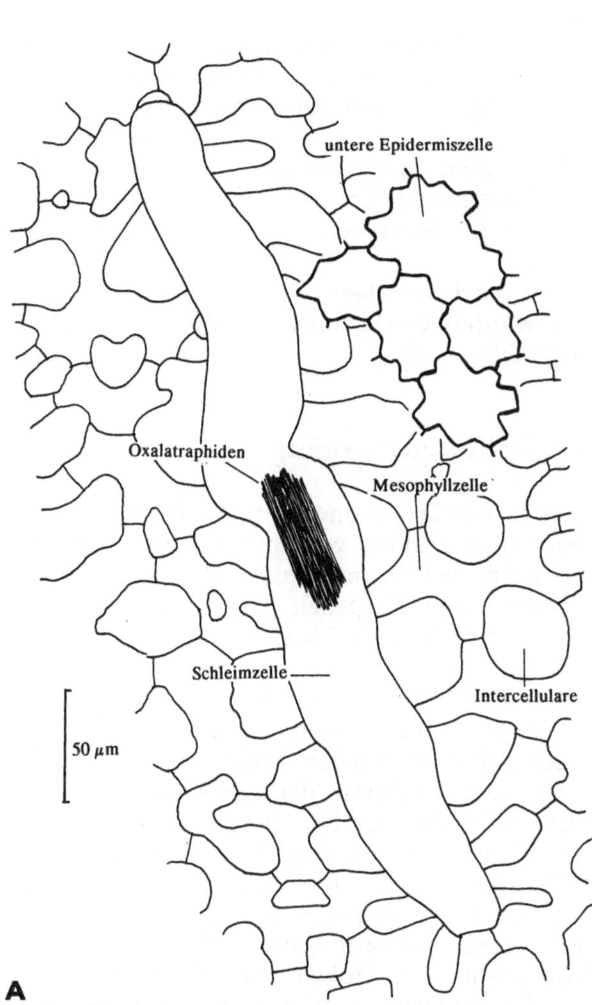

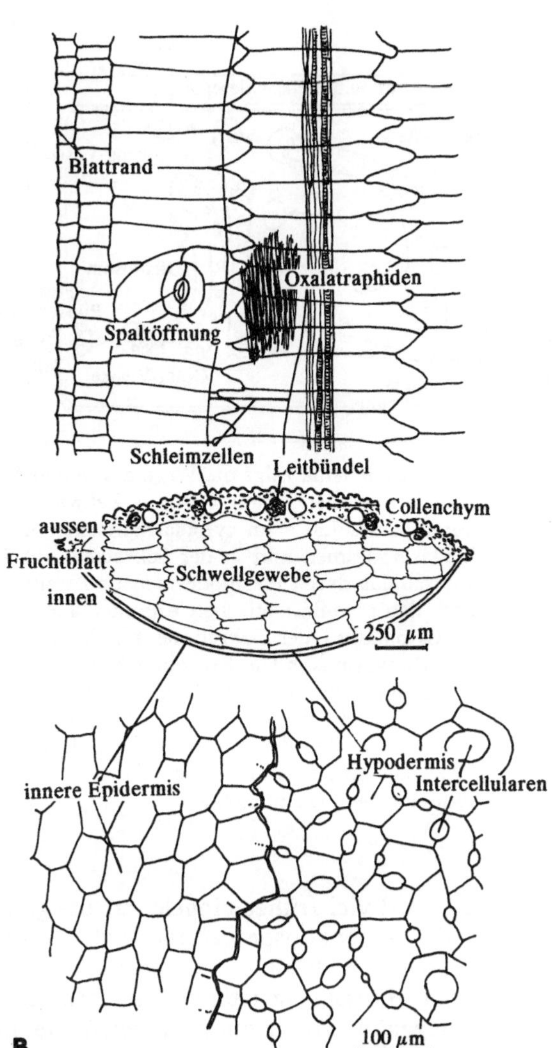

Abb. 11.16A, B. Typisch für *Impatiens*-Arten ist das Vorkommen von Oxalatraphiden in gestreckten Schleimzellen. Diese großen Schleimzellen treten auch im Blütenblatt auf (**A**).
Eine überzeugende Funktion des Schleims in dem vergänglichen Gebilde ist nicht bekannt. (Eschrich 1976) Die fünf verwachsenen Fruchtblätter des Waldspringkrauts (*Impatiens parviflora*) stehen unter Turgor, wenn die Samen reif sind. Drückt man die Frucht, so reißen die Fruchtblätter an den Nähten auseinander. Die Außenschicht jedes Fruchtblattes ist mit Collenchym unterlegt und rollt sich nach außen ein. Der Vorgang wird durch Wasserabgabe aus dem Schwellgewebe des Fruchtblattes unterstützt. Beim Aufspringen der Frucht werden die Samen ausgeschleudert (**B**)

Unrentabel erscheint die Ausdünnung bei einer Untersuchung, die Daten von sechs Jahren berücksichtigt: Dabei wurde ermittelt, daß bei *Amelanchier alnifolia* (in Saskatoon) 81% der Früchte abfielen, von denen nur 16% vorher reif geworden waren. 19% der abgefallenen Früchte waren fehlerlos, alle anderen hatten Insektenfraß-, Pilzinfektions- oder Frostschadens-Symptome (Pierre 1989).

Bei *Hibiscus rosa-sinensis* wird nach dem Abblühen zunächst die verwelkte Blüte abgeworfen, wofür ein Trenngewebe gebildet wird. Der

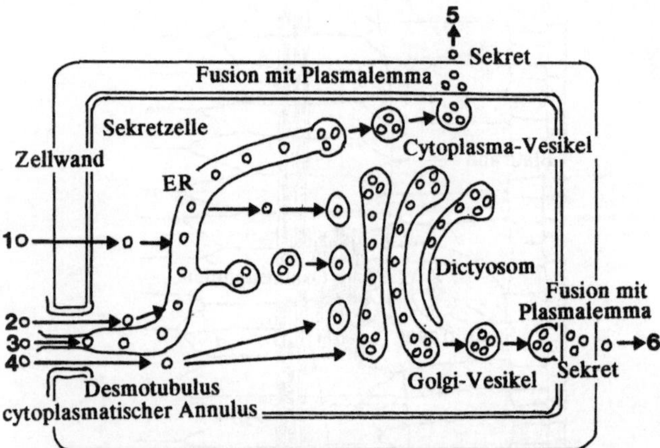

Abb. 11.17. Dieses Schema zeigt die Wege auf denen Nektar transportiert werden kann: 1 durch Zellwand und Plasmalemma in das ER. 2 Im cytoplasmatischen Annulus durch Plasmodesmen und in der Sekretzelle ins ER. 3 Im Desmotubulus durch Plasmodesmen und weiter im ER. 4 Durch den cytoplasmatischen Annulus, aber dann weiter im Cytoplasma der Sekretzelle bis in eine Zisterne eines Dictyosoms. 5 Die Exkretion kann in Vesikeln des ER erfolgen, die mit dem Plasmalemma fusionieren und das Sekret durch die Zellwand abgeben. 6 Desgleichen können Vesikel des Dictyosoms (Golgivesikel) mit dem Plasmalemma fusionieren und das Sekret durch die Zellwand abgeben. (Fahn 1979a)

Fruchtfall wird viel früher eingeleitet. Lange bevor sich die Blütenknospe geöffnet hat, zeichnet sich am oberen Pedicellus eine Abszissionszone ab. Es gibt *Hibiscus*-Varietäten, die zwei übereinanderliegende Trennzonen anlegen, jedoch nur eine verwenden. Das bedeutet, daß zwischen Abszissionszonen- und Fruchtbildung kein Signalaustausch besteht.

Wenn die Frucht unbestäubt bleibt oder „geselbstet" wird, reift das Trenngewebe im Pedicellus ohne Unterbrechung, während bei „gefremdeter", also (meist) fertiler Befruchtung die Reifung des Trenngewebes unterbrochen wird, weil für die Samenbildung noch genügend Assimilate importiert werden müssen (Krabel u. Eschrich 1990).

Die Abtrennung in Form einer Circumszission (Abb. 11.18 A) wird durch enzymatisch katalysierte Zelltrennungen eingeleitet. Die Zellen der Trennflächen bleiben großenteils unverletzt (Abb. 11.18 B) und turgeszent, nur die Mittellamellen werden aufgelöst. Am längsten bleiben die Siebröhrenelemente miteinander in Verbindung.

Bei der Blüte von *Vitis vinifera* (Vitaceae) ist die Knospe von den fünf verwachsenen Petalen völlig eingeschlossen. Die Petalen werden dann als Häubchen von den sich streckenden fünf Staubgefäßen hochgedrückt und abgeworfen. Dabei reißen die Perianthblätter in einem vorgebildeten Trenngewebe an der Blattbasis ab (Abb. 11.19).

Die biochemischen Vorgänge bei der Abszision wurden von Osborne (1989) übersichtlich dargestellt.

11.5 Dehiszenzvorgänge

Ähnlich wie Trennzonen sind auch Dehiszenzlinien (Aufreißlinien) vorgeprägt. Diese entstehen vor allem bei metamorphen Blattorganen wie Antheren und Karpellen, die an einer vorbestimmten Stelle aufreißen, wenn die reifen Pollen oder Samen ausgestreut werden sollen.

Bei den Antheren liegt die Dehiszenzlinie am häufigsten in der Furche zwischen den beiden Pollensäcken einer jeden Theka.

Bei den Antheren der Ericaceen entstehen statt der Dehiszenzrisse Poren, durch die die reifen Pollentetraden ausgestreut werden.

Bei Karpellen von trocknenden Öffnungsfrüchten sind vielfältige Dehiszenzvorgänge zu beobachten. Einblattfrüchte reißen entlang der Ventralnaht (*Delphinium consolida*) auf. Liegt eine dorsale Dehiszenzlinie vor (*Laburnum anagyroides*), so dient das sclerifizierte Leitbündel der Mittelrippe als Reißschiene.

Bei der Deckelkapsel von *Anagallis* führt Circumszission zum Ablösen des Deckels. Bei trocknenden Sammelfrüchten trennen sich die Karpidien (Teilfrüchte) entweder vollständig voneinander, oder nur partiell, wobei sie septicid, also entlang der Blattränder, zerreißen. Manche Karpidien sind aber nur durch papierartige, „falsche" Scheidewände getrennt (Abb. 11.27); eine Dehiszenz ist dort nicht vorgesehen (*Hypericum perforatum, Ipomoea*).

Dehiszenz ist häufig mit Turgorbewegungen gekoppelt. Die reifen Früchte des Springkrauts (*Impatiens*) reißen bei Berührung entlang der Verwachsungsnähte der fünf Fruchtblätter auf,

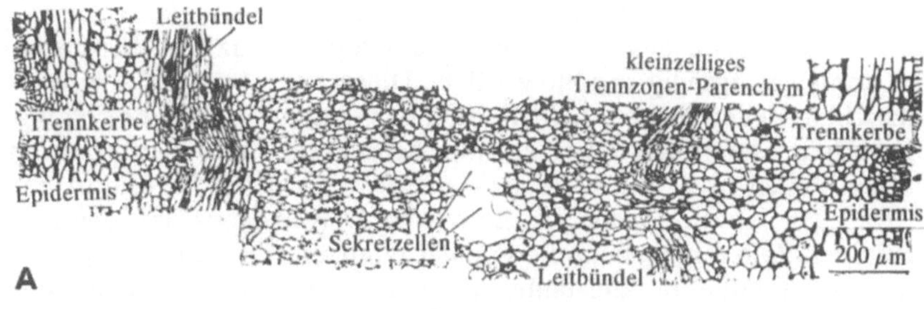

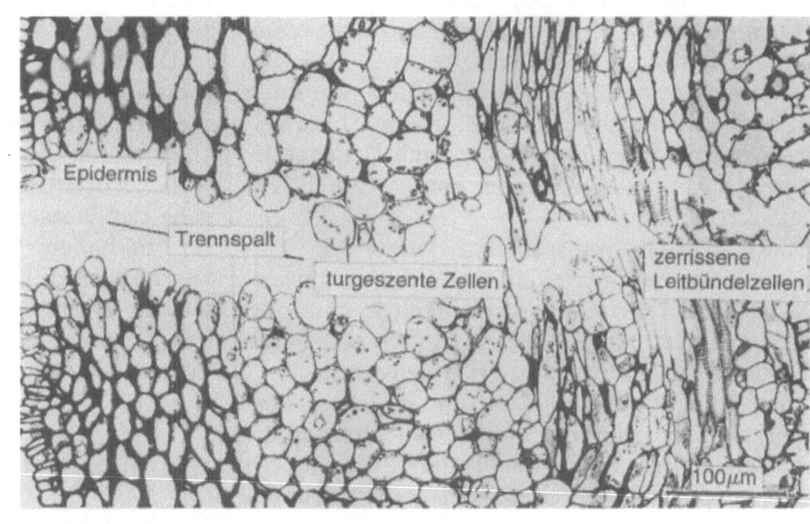

Abb. 11.18 A, B. Im medianen Längsschnitt der jungen Trennzone im Blütenstiel von *Hibiscus rosa-sinensis* erkennt man außen die Trennkerben, die bereits während der Knospenentwicklung an Längsschnitten zu sehen sind. Dort, wo später die Trennung erfolgt, findet sich hauptsächlich kleinzelliges Parenchym. Die Leitbündel sind nicht unterbrochen (**A**). Beim Trennvorgang weitet sich der Trennspalt vom Rande her aus, zuerst durch Auflösen der Mittellamelle, zum Schluß durch Zerreißen im Leitbündelbereich, in dem die Siebröhren bis zuletzt verbunden bleiben (**B**). (*Hibiscus rosasinensis*, Blütenstiel) (Krabel 1988)

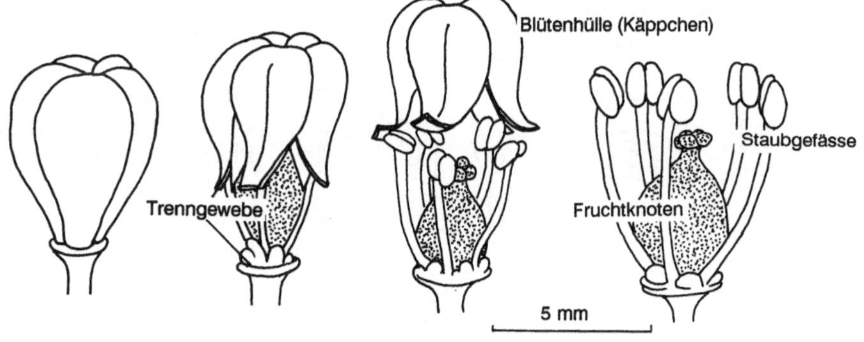

Abb. 11.19. Die Öffnung der Weinblüte (*Vitis vinifera*) beginnt mit der Dehiszenz des Käppchens der gesamten Blütenhülle. Sobald das Trenngewebe an der Basis der Perianthblätter reif ist, strecken sich die Filamente der fünf Staubblätter und stemmen die Blütenhülle hoch. (Aus einem Winzerhandbuch)

die sich dann nach außen aufrollen und die Samen ausschleudern (Abb. 11.16 B).

11.6 Geschlechtsorgane

Eizelle und Spermakerne entstehen bei allen Samenpflanzen nach einer Reduktionsteilung, bei der außer den eigentlichen Geschlechtszellen eine mehr oder weniger große Anzahl weiterer haploider Zellen auftritt, die das Prothallium, den Gametophyten, darstellen.

Der männliche Gametophyt der Angiospermen, das Pollenkorn, besitzt wenigstens zwei Kerne, den vegetativen und den generativen Kern. Diese Kerne können auch von einer Zellwand umgeben sein. Die Anzahl der haploiden Kerne oder Zellen des männlichen Gametophyten kann geringfügig erhöht werden. Diese zusätzlichen Zellen haben jedoch offenbar keine Bedeutung, sie schrumpfen zu unscheinbaren, flachen Zellen.

Dagegen ist die Eizelle im Embryosack von haploiden Zellen umgeben, die je nach Pflanzenart oder -familie in konstanter Zahl auftreten können (Maheswari 1950). Am häufigsten wird der Embryosack mit acht Kernen beschrieben: Eizellkern, zwei Synergidenkerne, zwei Polkerne und drei Antipodenkerne. Allerdings kommen zahlreiche Abweichungen von dieser Standardform vor, bei deren Entstehung auch Degeneration von Megasporen eintreten kann (Abb. 11.20) (Kausik 1935).

Bei den Gymnospermen sind die Geschlechtsorgane in vielfältiger Weise abgewandelt, so daß einerseits Ähnlichkeiten mit den Archegoniaten, andererseits Entwicklungsformen der Angiospermen zu erkennen sind.

Bei den Coniferen tritt an die Stelle des Embryosacks ein primäres Endosperm aus haploiden Zellen, das weibliche Prothallium, in dem sich peripherisch Archegonien differenzieren.

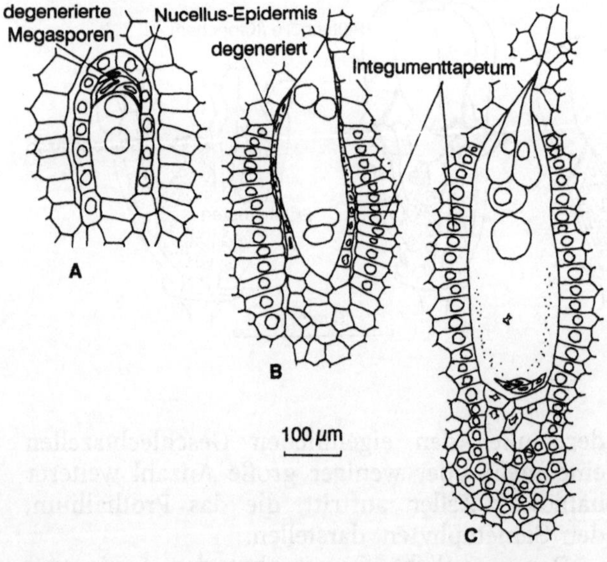

Abb. 11.20. Der Embryosack von *Lobelia trigona* entwikkelt sich unter völligem Verschwinden des Nucellus. Er grenzt dann direkt an die innere Epidermis des Integuments, die spätere Samenschale. (Kausik 1935)

Bei *Pinus pinea* wird das Prothallium so groß, daß es herausgeschält als Delikatesse (pignole) verwendet wird.

Die Beziehung zu den Archegoniaten (Moose und Farnpflanzen) ist nicht zu verkennen. Das Archegonium der Coniferen stellt einen Atavismus dar, denn ebenso zweckmäßig wäre für die Gymnospermen auch ein Embryosack ausgefallen. Dementsprechend gibt es auch beim Befruchtungsvorgang Anlehnungen an das Verfahren der Kryptogamen.

Die Bildung von Pollen mit Luftsäcken in Antheren statt in Antheridien zeigt deutlich, daß die Coniferen keine Weiterentwicklung der Archegoniaten sind. Vielmehr scheint sich die Windverbreitung der männlichen Geschlechtsorgane der Wasserverbreitung als überlegen erwiesen zu haben. Bestäubungstropfen und Pollenkammer sind Einrichtungen, die an den „Weg durchs Wasser" erinnern, den die Spermatien der Kryptogamen nehmen müssen, um an die Eizelle zu gelangen.

11.7 Staubgefäße und Staminodien

Der Blattcharakter der Staubblätter ist nur noch bei wenigen „altertümlichen" Angiospermen zu erkennen (Winteraceen). Im Filament des modernen Staubblattes erscheint nur ein einzelnes Leitbündel, das zudem auch keinen Anschluß an die Theken der Anthere hat. Die vier Pollensäkke der Anthere sind offenbar auf eine direkte Phloemversorgung nicht angewiesen.

Aus dem Archespor entwickeln sich viele Pollenmutterzellen, in denen die Reduktionsteilung stattfindet, wobei Pollentetraden entstehen, die bei manchen Familien als solche erhalten bleiben (Ericaceae, Droseraceae, Winteraceae). Da die bei der Reduktionsteilung gebildeten Wände nicht Teil des späteren Pollenkorns sind, sondern aufgelöst werden, bestehen sie aus Callose (β-1,3-Glucan) (Eschrich 1962).

Die Filamente mancher Gräser sind extrem dünn und hinfällig, können aber rasches Streckungswachstum durchführen (Abb. 11.21).

Zur Funktionalität mancher Filamente gehört auch die Fähigkeit, Berührungsreize in Bewegung umzusetzen (*Sparmannia, Cistus*). Für die Weiterleitung solcher Reize in Form von Akti-

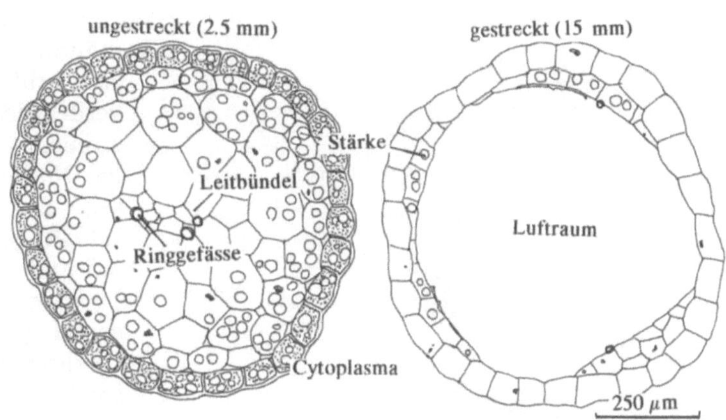

Abb. 11.21. Streift man bei einem blühenden Gras die Staubbeutel von der Ähre ab, so sind oft in wenigen Minuten wieder neue Staubbeutel da, natürlich von anderen, vorher noch geschlossenen Blüten. Bei *Anthoxanthum odoratum* besitzt das ungestreckte Filament eine cytoplasmareiche Epidermis und das Leitbündel ist von saftigem Parenchym mit Stärkeplastiden umgeben. Im gestreckten Zustand besteht das Filament nur noch aus der leeren Epidermis und wenigen randständigen Zellen mit anhaftenden Leitelementen. Bei diesem Objekt werden offenbar alle verfügbaren Vorratsstoffe für das Emporstrecken der Anthere verbraucht. (Schoch-Bodmer 1939)

onspotentialen werden die Siebröhren des einzigen Filamentleitbündels benutzt (Abb. 11.22).

Eine Einrichtung zur Pollenverbreitung ist das subepidermale Endothecium, das als lückenlose Zellschicht die Antherenwand bekleidet. Diese „Faserschicht" besteht aus Zellen, die faserartige Wandverdickungen besitzen, die beim Austrocknen und Aufreißen bewirken, daß sich die Antherenwand nach außen umbiegt.

Es ist erstaunlich, wie sorgfältig die vielen Muster der Pollenoberfläche und der Keimporen bzw. -schlitze in der Exine ausgewählt werden (Abb. 11.23). Man ist geneigt, an eine verschlüsselte Kennkarte zu denken, die berechtigt, auf der richtigen Narbe zu keimen. Infolge der vielen verschiedenen Exinenmuster und der großen Resistenz des Sporodermmaterials (Sporopollenin), besonders gegenüber Säuren, hat die Palynologie aufschlußreiche Untersuchungsergebnisse über die Flora früherer Erdepochen liefern können (Muller 1979, 1981).

Die Pollenkeimung erfolgt im Zusammenspiel mit Signalen des Gynoeceums. Welcher Natur diese Signale sind, ist nicht bekannt. Es hat sich jedoch gezeigt, das feuchte und trockene Stigmen unterschiedliche Einflüsse auf Quellung

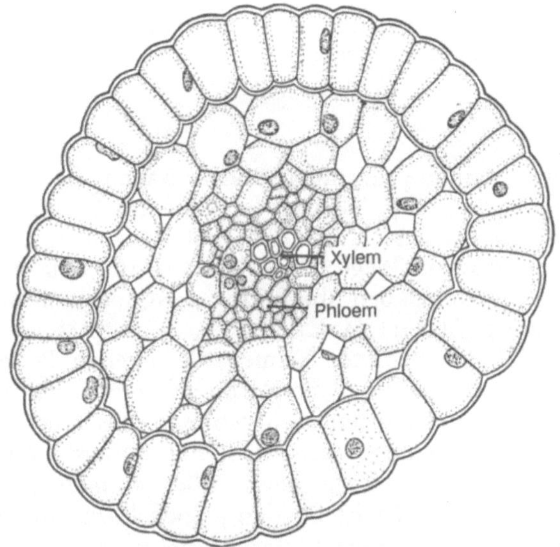

Abb. 11.22. Die Filamente der *Cistus*-Blüte sind reizbar. Sie spreizen bei Berührung sichtbar auseinander, ähnlich wie dies für die Staubblätter der Zimmerlinde beschrieben wurde (s.Abb. 8.6 B). Im Querschnitt des *Cistus-salviaefolius*-Filaments sind keine Zellen oder Strukturen zu erkennen, die als Bewegungsapparat fungieren könnten. Wahrscheinlich wird durch den Berührungsreiz die Turgeszenz bestimmter Zellen geändert. Das Parenchym zwischen Leitgewebe und Epidermis ist mit auffallend vielen Intercellularen durchsetzt

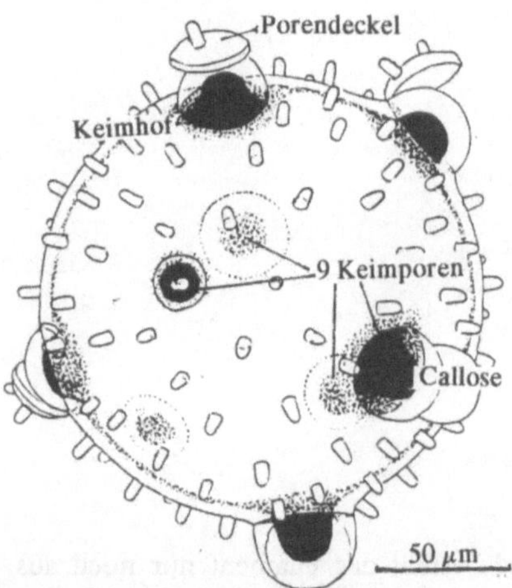

Abb. 11.23. Exine und Intine der Pollenkörner sind für ihre Vielgestaltigkeit bekannt (Palynologie). Für die Keimung des Pollenschlauchs sind Poren oder Spalten vorgebildet. Beim Pollen von *Cucurbita pepo* sind die Poren mit einem Deckel verschlossen, der durch Quellung der Intine hochgedrückt wird. Bevor der Pollenschlauch die Keimpore oder -spalte durchdringt, läßt sich im Bereich der Öffnung Callose färberisch nachweisen. Callose ist möglicherweise wegen ihrer Hydrolysierbarkeit durch Glucanase als periodisches Verschlußmittel den anderen Polysacchariden überlegen

und Keimung fremder Pollen haben (Heslop-Harrison 1977). Vielfach ist die Landefläche der Pollen auf der Narbe dicht mit Haaren besetzt. Auf welchem Wege dann der Reiz zur Keimung an das Pollenkorn übermittelt wird, ist noch ungeklärt (Abb. 11.24 A, B).

Bei Zwitterblüten keimen die eigenen Pollen nicht, wenn sie auf die Narbe gelangen. Nur die Pollen eines Artgenossen keimen. Dieser Schutz gegen Selbstung kann noch auf andere Weise gesichert sein: die eigenen Pollen keimen zwar, die Pollenschläuche bleiben jedoch kurz. Außerdem treten häufiger Callosebarrieren auf, als bei Pollenschläuchen eines anderen Artgenossen (Linskens u. Esser 1957; Tupy 1959). Calloseablagerung und die damit verbundene Akkumulation von Calcium ist bei der Bildung von Siebröhrencallose nachgewiesen worden (Eschrich et al. 1964).

Inwiefern Stigma- oder stigmatoides Gewebe an der Regelung des Pollenschlauchwachstums beteiligt sind, ist kaum untersucht worden.

Proterandrie, die Nacheinanderfolge von männlicher und weiblicher Blühreife bei einer Zwitterblüte, ist bei *Epilobium angustifolium* verdeutlicht: Solange die Antheren Pollen ausstreuen, ist der Griffel nach unten gebogen und die Narbenlappen sind gegeneinander geschlossen. Erst wenn die Filamente und Antheren schlaff geworden sind, richtet sich der Griffel auf und breitet die vier Narbenlappen aus.

Staminodien lassen keine Funktion erkennen, es sei denn, um Pflanzen einer Familie besser bestimmen zu können. Die weite Verbreitung solcher Staubblattmetamorphosen läßt sich weder mit atavistischen, noch mit degenerativen Tendenzen befriedigend erklären.

Bei den Magnoliales findet man alle Übergänge vom Perigonblatt zum Staubblatt. Hierbei handelt es sich offenbar um einen Differenzierungsprozeß, der sich bei der schraubigen Blattentwicklung gesteigert hat. Dagegen ist nicht einzusehen, warum bei *Antirrhinum* ein einzelnes Staubblatt durch ein Staminodium ersetzt werden mußte. Die einzig denkbare Erklärung ist die Zygomorphie der Blüte, die mit Staubblättern in 5-Zahl einen Überschuß an Radiärsymmetrie erhalten würde.

Archespor- und Pollenbildung sind aufeinander abgestimmt. Bei *Acacia*-Arten gibt es Pollenpäckchen, die konstant aus 16 Pollenzellen zusammengesetzt sind (Abb. 11.25); sie erinnern an *Chlamydomonas*-Kolonien. Es ist aber nicht klar ersichtlich, ob bei den Akazien eine Pollenmutterzelle die 16 Derivate in drei Teilungs„wellen" geliefert hat oder ob vier Pollenmutterzellen und ihre Teilungsprodukte aneinander haftengeblieben sind.

Die Pollinien der Orchidaceen und Asclepiadaceen sind wohl aus blütenbiologischer Zweckmäßigkeit entwickelt worden.

▶

Abb. 11.24A, B. Die Narben des Gynoeceums von *Hibiscus rosa-sinensis* sind dicht mit ampullenförmigen Trichomen bedeckt (**A**). Die kurz bestachelten Pollenkörner verbiegen allenfalls eine Trichomspitze (**B**). Da nur Pollenschläuche von einer anderen Pflanze derselben Art in das Narbengewebe eindringen (Fremdung), ist zu vermuten, daß die Erkennung des richtigen Pollens über den Kontakt zwischen Narbentrichom und Pollenexine erfolgt. SEM

Abb. 11.24 A, B

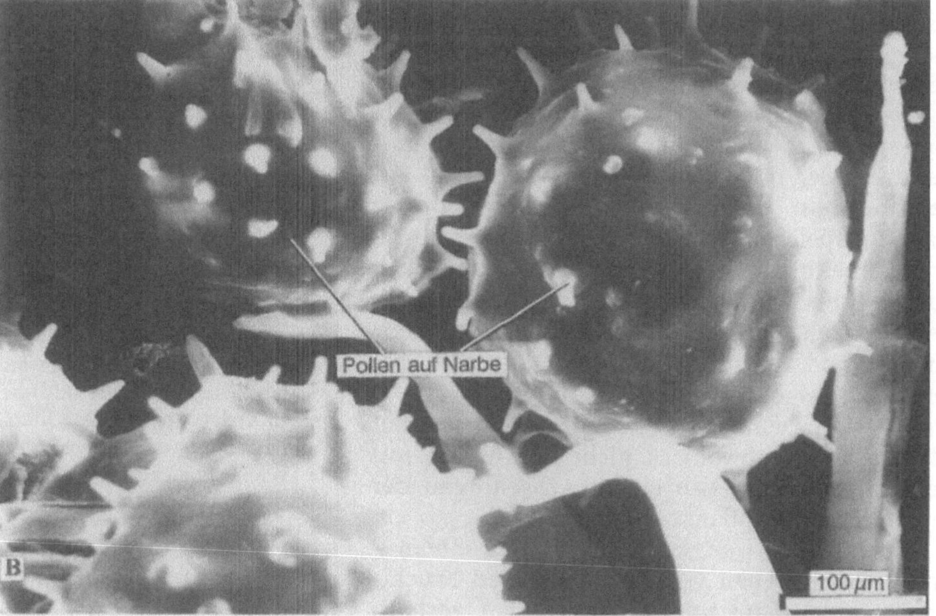

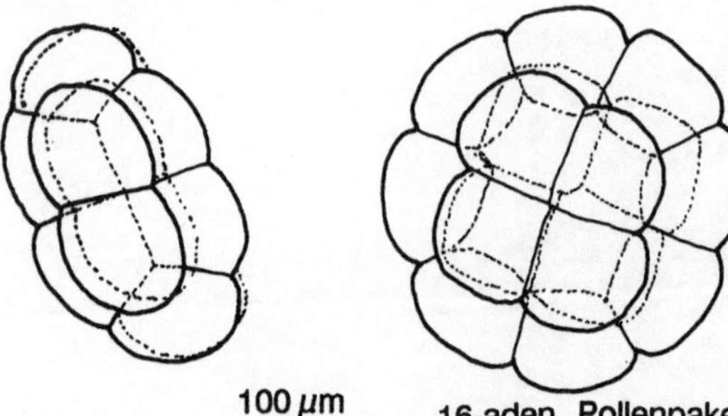

Abb. 11.25. Pollen werden bei manchen Pflanzenfamilien als Dyaden, Tetraden (Ericaceae) oder auch als Polyaden (Pollinien) (Orchidaceae, Asclepiadaceae) abgegeben. Bei *Albizia lophantha* sind 16 Pollen in einem Pollenpaket vereinigt. Die Tetraederform ist diejenige, die in der Pollenmutterzelle vorliegt.

11.8 Fruchtblätter und Fruchtknoten

Fruchtblätter und Fruchtknoten sind Substrat und Gehäuse für die Entwicklung der Samenanlagen bis zur Samenreife. Die Konstruktion dieser Einrichtung umfaßt gleichzeitig Stempel und Narbe, die für das Auffangen, das selektionierte Keimen der Pollenkörner und das gelenkte Wachstum der Pollenschläuche zur Samenanlage und Eizelle hin verantwortlich sind. Für die Entwicklung der Samenanlagen dient eine Plazenta als Nährboden, die allein die Versorgung der Samenanlage mit Nährstoffen über das Leitbündel des Funiculus vermittelt.

Die Plazenta ist bereits im Bauplan der Blüte vorgesehen, sie kann median, parietal oder – bei drei oder mehr Fruchtblättern – zentral angeordnet sein. Über ihre mögliche Funktion als Nährstoffspeicher ist nichts bekannt.

Das Leitbündel des Fruchtblattes, von dem auch die Plazenta versorgt wird, kann sich über den Funiculus in das (äußere) Integument verlängern und sich dort, von einer kurzen „Mittelrippe" ausgehend, verzweigen (Offler u. Patrick 1984). Demnach hat auch das Integument Blattcharakter, obwohl es nicht in Kontakt mit dem Blütenboden, also einem Achsenorgan der diploiden Mutterpflanze, entsteht.

Fruchtblätter wachsen congenital zu einem – oben geschlossenen – schlauchförmigen Fruchtknoten aus. Wenn nur ein Fruchtblatt vorhan-

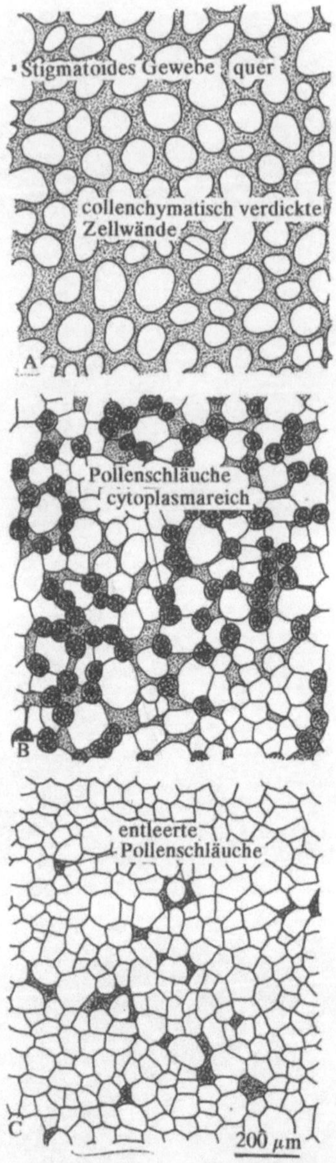

Abb. 11.26A–C. Das stigmatoide Gewebe im Griffel von *Lythrum salicaria* besteht aus Zellen mit collenchymatisch verdickten Wänden (**A**). Gekeimte Pollenschläuche wachsen in den Collenchymwänden. Dabei wird stellenweise Callose abgelagert und die Collenchymwände werden an vielen Stellen des Querschnitts dünnwandig; die Wandsubstanz wird offensichtlich verbraucht (**B**). Sind die Pollenschläuche zu den Samenanlagen durchgedrungen, findet man im Griffel nur noch Reste der ehemals collenchymatisch verdickten Wand (**C**). Die entleerten Pollenschläuche sind unkenntlich und auch die Callose ist weitgehend aufgelöst worden. (Schoch-Bodmer u. Huber 1947)

den ist, verwachsen die Blattränder, entweder an der Kante oder indem sich die Ränder nach innen einbiegen, wobei eine postgenitale Verwachsungsnaht erkennbar werden kann. Die Verwachsung der Fruchtblätter erfaßt auch den Stylus (Stempel). Bei congenitaler Verwachsung kann der Stempel (Griffel) hohl oder massiv sein. Er ist oft mit stigmatoidem Gewebe ausgekleidet, in dem die Pollenschläuche nur für kurze Zeit erkennbar werden (Abb. 11.26).

Die Narben sind manchmal verwachsen und knopfförmig, meistens aber einzeln, es sind die Spitzen der Fruchtblätter, zeigen also zunächst Apikalwachstum. Bei apokarpen Früchten hat jedes Fruchtblatt seine eigene Narbe, die als Stylodium mit dem Fruchtblatt verbunden ist. Bei synkarpen Fruchtknoten sind alle Stylodien zu einem Stempel verwachsen. Bei den Malvaceen und Compositen werden die Stylodien bzw. der Stempel von den zu einer Röhre verwachsenen oder „verklebten" Staubblättern umgeben.

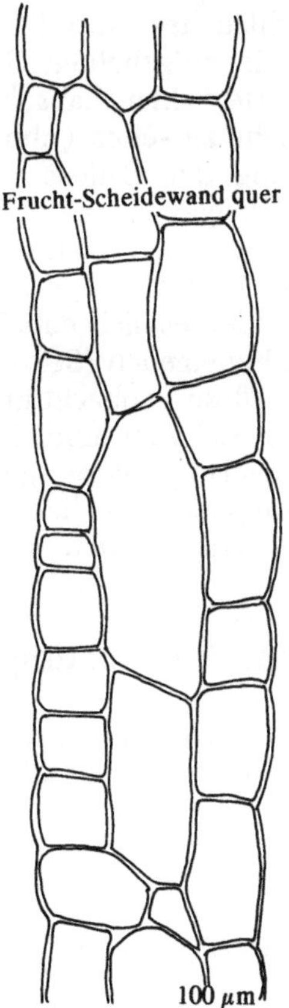

Abb. 11.27. Bei synkarpen Früchten sind die Fruchtblätter oft marginal verwachsen. Die Scheidewände können papierdünn werden. Der Querschnitt der inneren Fruchtwand von *Ipomoea coerulea* läßt nur noch ein Minimum an Zellschichten erkennen. Intercellularräume fehlen vollständig. Im trockenen Zustand glänzen diese offenbar gasdichten Wände

Je nach dem Grad der Fruchtblattverwachsung können Fruchtfächer auftreten, die untereinander getrennt (*Delphinium consolida*), nur teilweise getrennt (*Capsicum annuum*) oder zu einem einheitlichen Fruchtfach ohne Trennwände (parakarpe Fruchtknoten) geöffnet sind. Die Anatomie der Fruchtwände ist variabel.

Es gibt auch „falsche" Trennwände (Scheidewände) (Abb. 11.27), die ein Fruchtfach unterteilen, (*Lunaria rediviva*, *L. annua*, *Capsella bursa-pastoris*). Im reifen Zustand sind solche Scheidewände durchschimmernd. Wenn die beiden Fruchtblatthälften abgefallen sind, erkennt man die Samen, die mit einem langen Funiculus am Replum, dem Rahmen der Scheidewand, festgewachsen sind.

Abgesehen von den Schließfrüchten, bei denen die Fruchtwand die Funktion der Samenschale übernimmt (Apiaceae, Compositen, Poaceae, Prunoideen), sind die Einrichtungen zur Samenausbreitung bei allen anderen Fruchttypen anatomisch so vielgestaltig wie bei keinem anderen Pflanzenorgan. Hierfür ist offensichtlich die unterschiedliche Größe und Anzahl der Samen bestimmend, was beim Vergleich einer Cocosnuß und eines Orchideensamens einleuchtet.

11.9 Hypanthien

Unterständige Fruchtknoten sind bei manchen Familien in das Gewebe der Fruchtachse eingesenkt (Abb. 11.8). Die Fruchtachse beteiligt sich dann an der Ausbildung der Frucht (Apfel, Opuntie, Feige). Bei der Hagebutte (*Rosa canina*) sitzen die behaarten apokarpen Früchte am Grunde eines Fruchtbechers, dem Hypanthium. Daß es sich beim Hypanthium um einen Becher aus Achsengewebe handelt, läßt sich an den invers gelagerten collateralen Leitbündeln im Querschnitt erkennen: Das Phloem ist zur Innenseite gekehrt; also hat sich die Achse mit dem gesamten Receptaculum eingestülpt und becherförmig eingesenkt.

Als Hypanthium ist auch die Stachelbeere zu bezeichnen (*Ribes uva-crispa*). Im Blütenstadium wird der unterständige Fruchtknoten von einem Achsenbecher umschlossen, der später zur Frucht wird.

Bei den Lauraceen (*Cinnamomum ceylanicum*) ist der Fruchtknoten (perigyn) in den Achsenbecher eingesenkt ohne mit ihm zu verwachsen.

11.10 Pollenschlauchwachstum

Gekeimte Pollenkörner findet man fast immer auf Narben blühender Gräser. Die Pollenschläuche sind in den fein-verästelten Narbenhaaren zu erkennen, wenn mit Resorzinblau (Eschrich u. Currier 1964) die Callose angefärbt wird.

Calloseablagerungen sind in Pollenschläuchen stets zu finden. Die Callosesynthese wird außerhalb des Plasmalemmas durch β-1,3-Glucansynthase katalysiert, ein Enzym, das im Plasmalemma lokalisiert ist. Für seine Aktivierung ist Calcium notwendig (Kauss et al. 1986), das im Apoplasten geleitet wird (Abb. 2.21). Calcium wird als essentiell für das Pollenschlauchwachstum angesehen. Bei Calciummangel kann die Callosesynthese unterbleiben. Die physiologische Bedeutung der Callose für das Pollenschlauchwachstum läßt sich nur aus anatomischen Veränderungen ableiten:

Läßt man Pollen in einer feuchten Schale auf einer wässrigen Lösung von 7% Saccharose, 0,3% Calciumnitrat und einer Spur Borsäure keimen, so kann man beobachten, daß an der wachsenden Pollenschlauchspitze periodisch ein Callosering entsteht, der mit fortschreitendem apikalem Wachstum in rückwärtige Position gelangt und sich dort meist zu einem das Schlauchlumen verengenden Ringwulst verdickt. Schließlich, wenn das gesamte Cytoplasma des Pollenschlauches spitzenwärts den Callosewulst passiert hat, wird der Schlauch ganz zugeschnürt, so daß cytoplasmatische Bestandteile nicht mehr aus der Schlauchspitze zurückwandern können.

Die generativen Kerne, und für kurze Zeit auch der vegetative Kern, lassen sich anfärben. Sie liegen alle im Spitzenbereich des Pollenschlauches (Abb. 11.28).

In aufgehellten Griffelpräparaten ist der entleerte Schlauchabschnitt nach kurzer Zeit nicht mehr zu sehen (Abb. 11.26). Bei Fluoreszenzfärbung der Callose (Anilinblau) findet man im Griffelgewebe jedoch etliche Callosepolster, die aus solchen Pollenchläuchen stammen, die ihr Wachstum eingestellt haben. Wahrscheinlich handelt es sich dabei zumeist um Schläuche von blüteneigenen (Selbstungs-) Pollen.

Diese Beobachtung läßt vermuten, daß es außer Calcium und Callose noch einen anderen Steuerungsfaktor gibt, der den Schlauch des kompatiblen Pollens bis zum Eiapparat einer Samenanlage leitet.

11.11 Befruchtung

Im Normalfall wird bei den Angiospermen während des Pollenschlauchwachstums der vegetati-

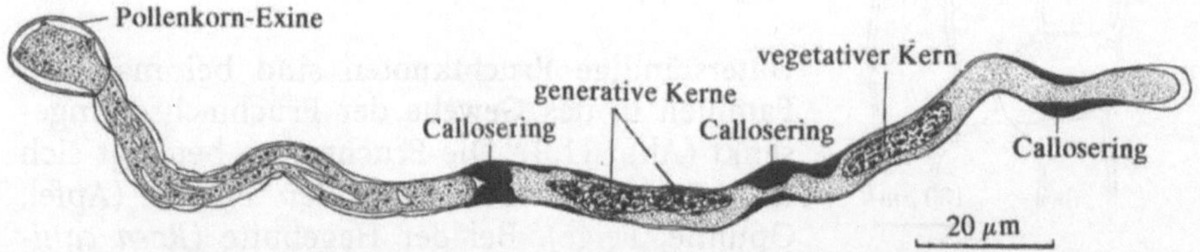

Abb. 11.28. Pollen von *Galanthus nivalis* keimen in Zuckerlösung rasch aus, ihre Schläuche können über Nacht beträchtliche Längen erreichen. Durch kombinierte Zellkern- und Callosefärbung erkennt man, wie mit geringstem Materialaufwand die generativen Kerne über weite Strecken transportiert werden. Periodisch bildet sich im Schlauchinnern ein Callosering, der sich schließt, wenn die Zellkerne und das lebende Cytoplasma spitzenwärts vorbeigewandert sind. Damit wird der ältere Abschnitt des Pollenschlauches abgeschnürt und dann wahrscheinlich hydrolytisch entleert

ve Zellkern aufgelöst, er läßt sich mit Carminessigsäure nicht mehr anfärben. Dagegen teilt sich der generative Kern mitotisch; es gelangen zwei Spermakerne in den Embryosack. Auf welchem Wege das geschieht, ist selbst bei ein-und-derselben Art sehr wechselnd, denn es gibt kaum ein Gewebe des inneren Fruchtknotens, das nicht in der Lage wäre, dem Pollenschlauch den Weg zum Embryosack zu ermöglichen. Daher wundert es nicht, daß die Mikropyle der Samenanlage in den seltensten Fällen als Eingangspforte benützt wird.

Die Befruchtung ist embryologisch eingehend untersucht worden. Im Normalfall verschmilzt ein Spermakern mit der Eizelle, der zweite mit den beiden Polkernen. Es entstehen die diploide Zygote und ein triploider Endospermkern.

Bei den Gymnospermen kann die Pollenkeimung in der Pollenkammer für eine längere Periode unterdrückt werden. Da bei manchen Gymnospermen mehrere Archegonien im Prothallium ausgebildet werden (*Pinus*-Arten), werden auch entsprechend viele Pollenschläuche benötigt. Die Befruchtung mehrerer Eizellen führt zur Polyembryonie.

11.12 Embryobildung

Die Zygote des Embryosacks oder des Archegoniums teilt sich in Apikal- und Basalzelle. Weitere Teilungen dieser beiden Zellen führen zur Bildung eines Embryos, der meist aus der Apikalzelle hervorgeht (Haccius 1971) und eines Suspensors, der nach wenigen Teilungen fertiggestellt ist, und dessen große Endzelle den diploiden Embryo in dem ebenfalls diploiden Integument verankert (Abb. 11.29 A, B). Beide diploiden Gewebe haben jedoch ein unterschiedliches Genom.

Eine symplastische Verbindung zwischen Suspensor des Embryos und Integument oder Nucellusrest ist nicht beschrieben worden. Der Suspensor reißt meistens nach der Anlage der Keimblätter ab. Damit wird eine symplastische Ernährung des wachsenden Embryos von der Mutterpflanze aus unmöglich gemacht. Der wachsende Embryo wird apoplastisch ernährt.

Eine symplastische Ernährung der diploiden Gymnospermen-Embryonen aus dem primären Endosperm (Prothallium) ist feinstrukturell nicht bewiesen worden.

Auch das Dicotylenendosperm ernährt den Embryo über den Apoplasten (Abb. 11.32) (*Ricinus communis*). Wo Nährgewebe fehlen, wird die Nahrung durch Import über die Leitbündel dem wachsenden Embryo zur Verfügung gestellt.

Das triploide Endosperm der Angiospermen kann längere Zeit flüssig bleiben, weil die Zellwandbildung mit Verzögerung einsetzt. Oft ist das Endosperm teils flüssig, teils fest und zellulär (Cocosnuß, *Capsella*). Im flüssigen Endosperm sind aber die Zellkerne bereits von einer Portion Cytoplasma umgeben (Abb. 11.29 A). Sie können sich mitotisch teilen und sind nach einer Beobachtung von Strasburger (1991) durch Cytoplasmafäden miteinander verbunden, die anscheinend die späteren Plasmodesmen darstellen sollen.

11.13 Wachstum der Samenanlage

Mit dem heranwachsenden Embryo differenzieren sich die Integumente zur Samenschale oder Testa, und in seltenen Fällen differenziert sich der Nucellus zu einem Nährgewebe, dem Perisperm (*Piper, Elettaria cardamomum*). Bei einigen Arten sind die Integumente von einem Leitbündelnetz durchzogen (*Phaseolus vulgaris*) (Offler et al. 1989). Andere Fabaceen haben dagegen keine Leitgewebe in der Testa (*Glycine max*). Bei den großen Samen der *Hymenocallis*-Arten (Amaryllidaceae) wurden 14 bis 18 Leitbündel im Querschnitt der Testa gezählt.

Samenanlagen mit nur einem Integument (unitegmische Samenanlagen) sind hauptsächlich bei Sympetalen (ausgenommen Plumbaginales und Primulales) zu finden. Zwei Integumente (bitegmische Samenanlagen) treten vor allem bei den Monocotylen auf.

Im Nucellus fehlen Leitbündel. Aus der Testa können jedoch Leitbündel bis ins chalazale Gewebe vordringen (*Magnolia, Castanea, Asclepias, Carpinus*).

Als ein drittes Integument wird manchmal der Arillus bezeichnet. Dieser entsteht bei *Ul-*

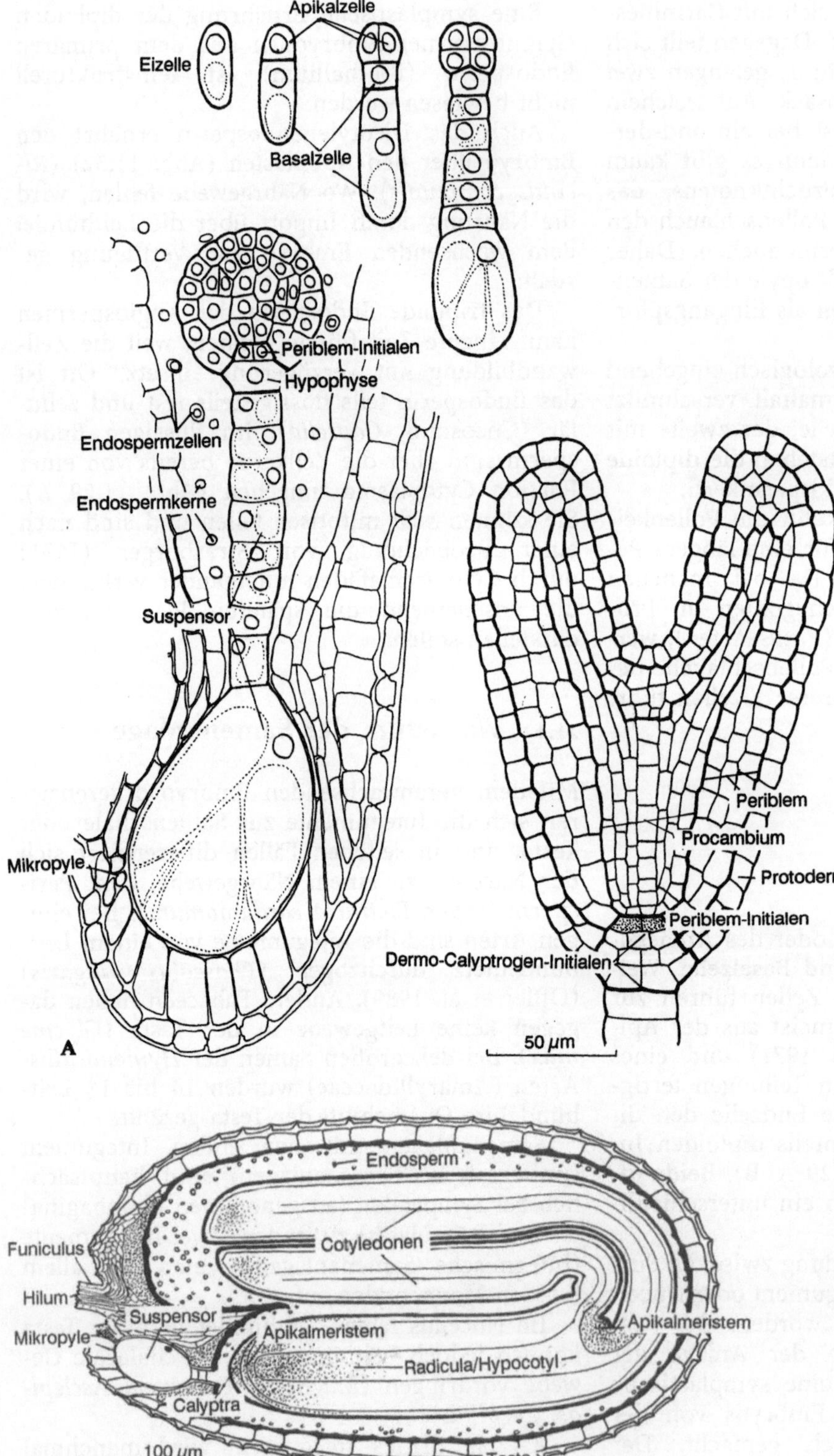

Abb. 11.29A, B. Einige Stadien der Embryoentwicklung lassen sich beim Hirtentäschel (*Capsella bursa-pastoris*) direkt beobachten. In kaltem Chloralhydrat hellt sich die Samenanlage langsam auf. Durch leichten Druck auf das Deckglas rutscht der Embryo aus der einreißenden Mikropyle heraus. Meist verbleibt jedoch die große Suspensorzelle in der jungen Samenschale (A). Der fertige Embryo läßt sich nur noch im aufgehellten Totalpräparat erkennen (B)

mus durch Aufspaltung des äußeren Integuments. Bei *Asphodelus* (Liliaceae) entwickelt sich der Arillus am Grunde der Samenanlage. Bei *Xylopia* (Annonaceae) differenziert sich ein mittleres Integument.

Das äußere Integument kann Blattcharakter annehmen; entweder es ergrünt nur (*Gladiolus, Lilium martagon*) oder es bildet auch Stomata (*Gossypium*).

Als Caruncula wird eine Proliferation der Integumente an der Mikropyle bezeichnet (Euphorbiaceen). Eine ähnliche Wucherung der apikalen Integumentzellen tritt auch bei *Lemna, Dionaea* und *Acorus* auf; sie wird als Operculum bezeichnet.

Bei manchen Angiospermen läßt sich nach Aufhellung der Samenanlage in kalter Chloralhydratlösung der Embryosack im Mikroskop erkennen. Dies ist nur bei solchen Samenanlagen möglich, die einen einschichtigen Nucellus haben, die also tenuinucellat sind (*Anthirrhinum majus*).

Es gibt auch Samenanlagen, bei denen der Nucellus fehlt. Nach der Reduktionsteilung und Anlage des Embryosacks wurden die verbliebenen Nucelluszellen verdrängt und zerdrückt. Als Beispiel für eine Reduktionsreihe des Nucellus nennt Fagerlind (1937) die Rubiaceen-Gattungen *Phyllis* (tenuinucellat), *Bouvardia* und *Vaillantia* (Nucelluskappe über dem Archespor), *Rubia olivieri* und *Oldenlandia* (wenige Nucelluszellen in den Mikropylenkanal verlängert) und *Houstonia* (die Zellen des Embryosacks entwickeln sich ohne erkennbaren Nucellus).

Die Eliminierung des Nucellus ist bei *Lobelia trigona* untersucht worden. Während der Reifung des Embryosacks wird das einschichtige Nucellusgewebe vollständig reduziert. Die innere Epidermis des angrenzenden Integumentes nimmt dann Endothelcharakter an, es entsteht ein Integumenttapetum (Kausik 1935).

Andererseits kann sich das Nucellusgewebe nach Anlage des Embryos vermehren. Die Epidermiszellen des Nucellus können eine Epistase (Gewebekappe) bilden, mit der die Mikropyle verschlossen wird. Die Zellwände sind dort verdickt oder verkorkt.

Im Gegensatz zu den tenuinucellaten, besitzen die crassinucellaten Samenanlagen einen vielschichtigen Nucellus, der im Mikroskop nicht durchleuchtet werden kann.

Die jungen Embryonen lassen sich aus einem Embryosack mit flüssigem Endosperm durch vorsichtiges Klopfen auf das Deckglas isolieren (*Capsella bursa-pastoris*). Die dicke Endzelle des Suspensors (Abb. 11.29 A) bleibt dabei meistens stecken und reißt ab.

Durch diese Manipulation wird sichtbar, daß der Embryo, der durch die Befruchtung der Eizelle ein von der Mutterpflanze verschiedenes Genom besitzt, auch anatomisch selbständig ist.

Wächst der Embryo heran, so fügt er sich in das Gehäuse der Samenschale ein, das für jede Art charakteristisch gebaut ist.

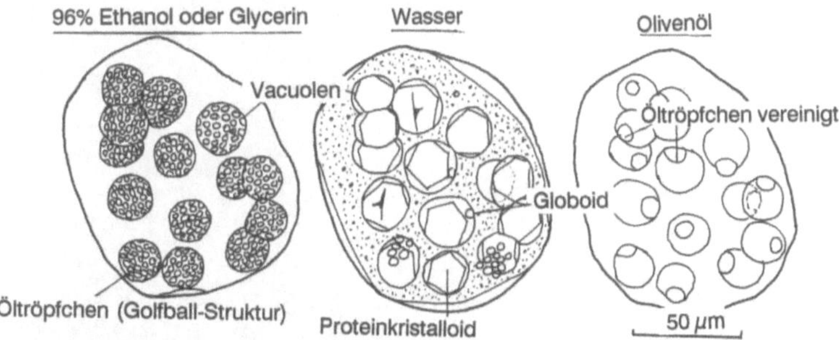

Abb. 11.30. Das Endosperm des Samens von *Ricinus communis* ernährt den schmalen Embryo über die untere Cotyledonenepidermis. Das Spektrum des Nährsubstrates läßt sich zum Teil mikroskopisch und mit cytochemischen Reagenzien erkennen. In Ethanol oder Glycerin treten die Nahrungsvacuolen durch eine Golfballstruktur hervor. Dabei handelt es sich um feinste, gleich große Öltröpfchen. In Wasser treten Proteinkristalloide in den Nahrungsvacuolen auf, neben denen oft ein Globoid zu erkennen ist. In Olivenöl vereinigen sich die Öltröpfchen innerhalb der Vacuolen. Mit Jod-Kaliumjodid färben sich die Vacuolen gelb, später braun. Mit Sudanschwarz erscheinen die Nahrungsvacuolen homogen blaugrün. Stärke fehlt offenbar vollständig

Bei den Fabaceen wird das gesamte Endosperm für das Embryowachstum (Cotyledonen) verbraucht (außer bei *Glycine max*). Ebenso ist bei den Brassicaceen im reifen Samen kein Endosperm zu erkennen; der Keimling grenzt an die Samenschale.

Der Fabaceen-Keimling ist mit gleichgroßen Cotyledonen ausgestattet, die nebeneinanderliegen, während der Brassicaceen-Keimling Cotyledonen unterschiedlicher Größe hat, die löffelförmig ineinandergefügt sind.

Bei anderen Pflanzen bleibt ein Teil des Endosperms im reifen Samen erhalten. Durch mikroskopisch-histochemische Reaktionen lassen sich Stoffgruppen unterscheiden. Im Endosperm von *Ricinus communis* sind alle makromolekularen Bestandteile in Vacuolen lokalisiert, Öltröpfchen, Protein-kristalloide und sogenannte Globoide (Abb. 11.30).

Wo ein Speicherendosperm fehlt wie bei *Vicia faba*, übernehmen die Cotyledonen die Speicherfunktion. Reservestoffe, vor allem Stärke und Proteine sind dann als typisch geformte Ablagerungen in Vacuolen zu finden (Abb. 11.31).

Die frühen Stadien des Embryowachstums sind beispielhaft in Abb. 11.29 A dargestellt. Hier, wie auch bei vielen anderen Pflanzen, ist der Embryo mit der Basalzelle des Suspensors allein im Gewebe der Samenanlage festgewachsen. An dieser Kontaktstelle ist eine Ernährung über symplastische Bahnen denkbar. Alle anderen Teile des Embryos können nur apoplastisch ernährt werden.

Die flachen *Ricinus*-Cotyledonen sind bereits während ihres heterotrophen Wachstums im Samen mit Plastiden zur Stärkedeposition und mit Vacuolen zur Aufnahme von Proteinkörpern ausgestattet (Abb. 11.32). Dieser Aspekt eines Speicherorgans ändert sich nach der Keimung vollständig, sobald die Palisadenschicht ergrünt, wodurch sich der Keimling durch Photosyntheseprodukte selbst ernähren kann.

Bei den Piperaceen wird das Endosperm fast vollständig durch Perisperm ersetzt, ein Nährgewebe, das vom Nucellus abstammt. Es enthält feinkörnige Stärke, die zu Ballen verklebt ist.

Bei den Gymnospermen ist kaum eine solche Variabilität wie bei den Angiospermen vorhanden. Meist entwickelt sich der Embryo zu einem

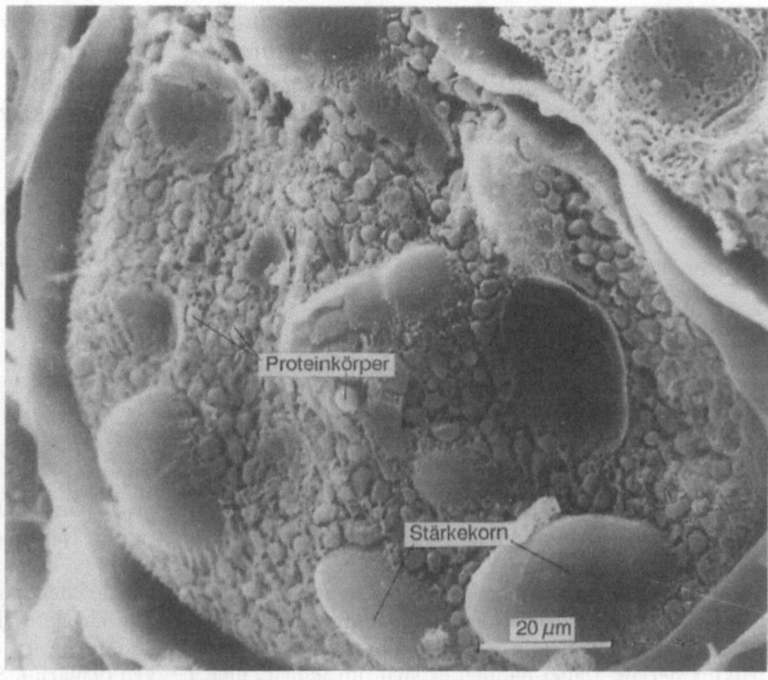

Abb. 11.31. Im Kürbissamen speichern die Cotyledonen die Nährstoffe für die Keimlingsentwicklung. Die Speicherzellen enthalten große Amyloplasten, die in einer Masse von Proteinkörpern gleicher Größe eingebettet sind. SEM. (Adler u. Müntz 1983)

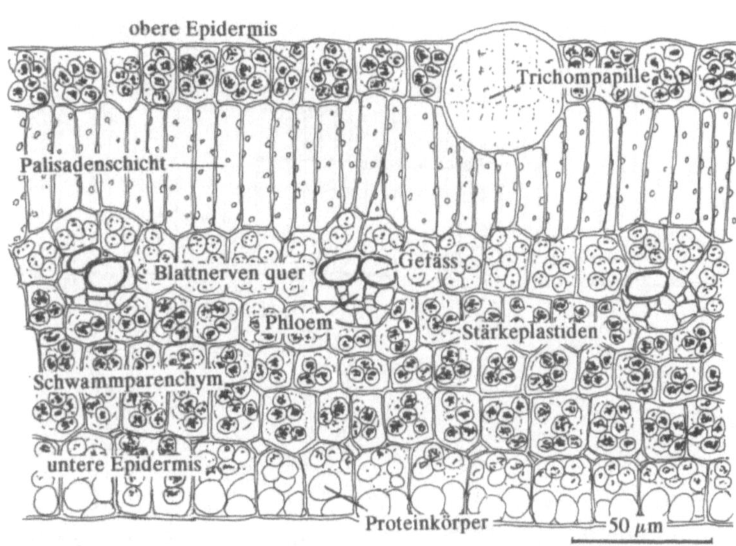

Abb. 11.32. Bei der Keimung des *Ricinus*-communis-Samens wird der Embryo zunächst heterotroph ernährt. Die einzelnen Schichten des Keimblattes sind mit Speicherorganellen gefüllt, nur die später ergrünende Palisadenschicht enthält kleine Plastiden. Es fällt auf, daß die untere Epidermis, die im Samen an das Endosperm grenzt, große Proteinplastiden enthält, während die anderen Zellschichten Stärkeplastiden führen. Die Stärke wird bei der Keimung genutzt, denn im Horizont der jungen Leitbündel wird sie zuerst abgebaut

gerade gewachsenen Keimling im Samen. Zwischen Samenschale und Keimling bleibt immer ein Rest des primären Endosperms erhalten. Die diploide Samenschale eines Kiefernsamens umschließt somit haploides primäres Endosperm mit dem Genom der Mutterpflanze und diploides Keimlingsgewebe mit einem fremden Genom.

11.14 Frucht- und Samenreifung

Die Oberfläche der Samenschale ist fast immer skulpturiert. Solche Muster entwickeln sich im äußeren Integument. Die äußeren Zellschichten der reifen Samenschale zeigen häufig einen komplizierten Aufbau, dessen Bedeutung funktionell noch unerkannt ist. Von ökophysiologischer Sicht sollen Samen der Ausbreitung und Erhaltung der Art dienen. Deshalb sind es die äußeren Schichten des Samens, die an die Keimungsbedingungen angepaßt werden.

Bei trocknenden Samen entwickelt sich die Testaepidermis oft zu einer Palisadenschicht (Malpighizellen), deren Zellform typisch für die betreffende Familie ist: Fabaceen-Palisaden sind an der Oberfläche der Testa dickwandig, im Inneren dünnwandig (Abb. 11.33 A, B). Brassicaceen-Palisaden sind dagegen außen dünnwandig, innen dickwandig (Abb. 11.34). Die längsten Palisadenzellen kommen in Samenschalen von *Ricinus* (Abb. 11.35) und *Aleurites triloba* (Euphorbiaceae) vor; sie sind außen wie innen von gleicher Wanddicke. Allerdings sind es hierbei nicht die Epidermiszellen der Testa, die palisadenartig gebaut sind. Die Testaepidermiszellen von *Polygonum convolvulus* sind radial gestreckte Zellen, die gewundene Längswände haben (Abb. 11.36). Ähnliche, jedoch ungewellte Wände haben die Palisadenzellen von *Cannabis sativa*. Hier kommen die Palisaden aber im Fruchtendokarp vor, stellen also eine Konvergenz zu den Testapalisaden dar (Abb. 11.37).

Die Samenschalen verwandter Arten sind auch bei Verwendung anderer Strukturelemente ähnlich gebaut. Die Testa der Melone (*Cucumis melo*) schließt gegen die äußere Schleimzellschicht mit einer lückenlosen Schicht starkwandiger Zellen ab (Abb. 11.38 A). Diese Pufferzellen reagieren auf Druck durch elastische Verformung; sie bilden eine Sclerotesta. Eine Sclerotesta besitzt auch der Kürbissamen (*Cucurbita pepo*) (Abb. 11.38 B). Dort sorgt eine zusätzliche Schicht von Speichertracheiden dafür, daß die Samenschale nicht austrocknet. Eine andere Art von Palisadenzellen findet man beim Baumwollsamen (*Gossypium herbaceum*); die Zellwände verschleimen bei Bewässerung (Abb. 11.39). Die Testaepidermis von *Sesamum indicum* (Pedaliaceae) besitzt dünnwandige Zellen, die je eine Oxalatdruse zur Außenwand hin enthalten. Eine

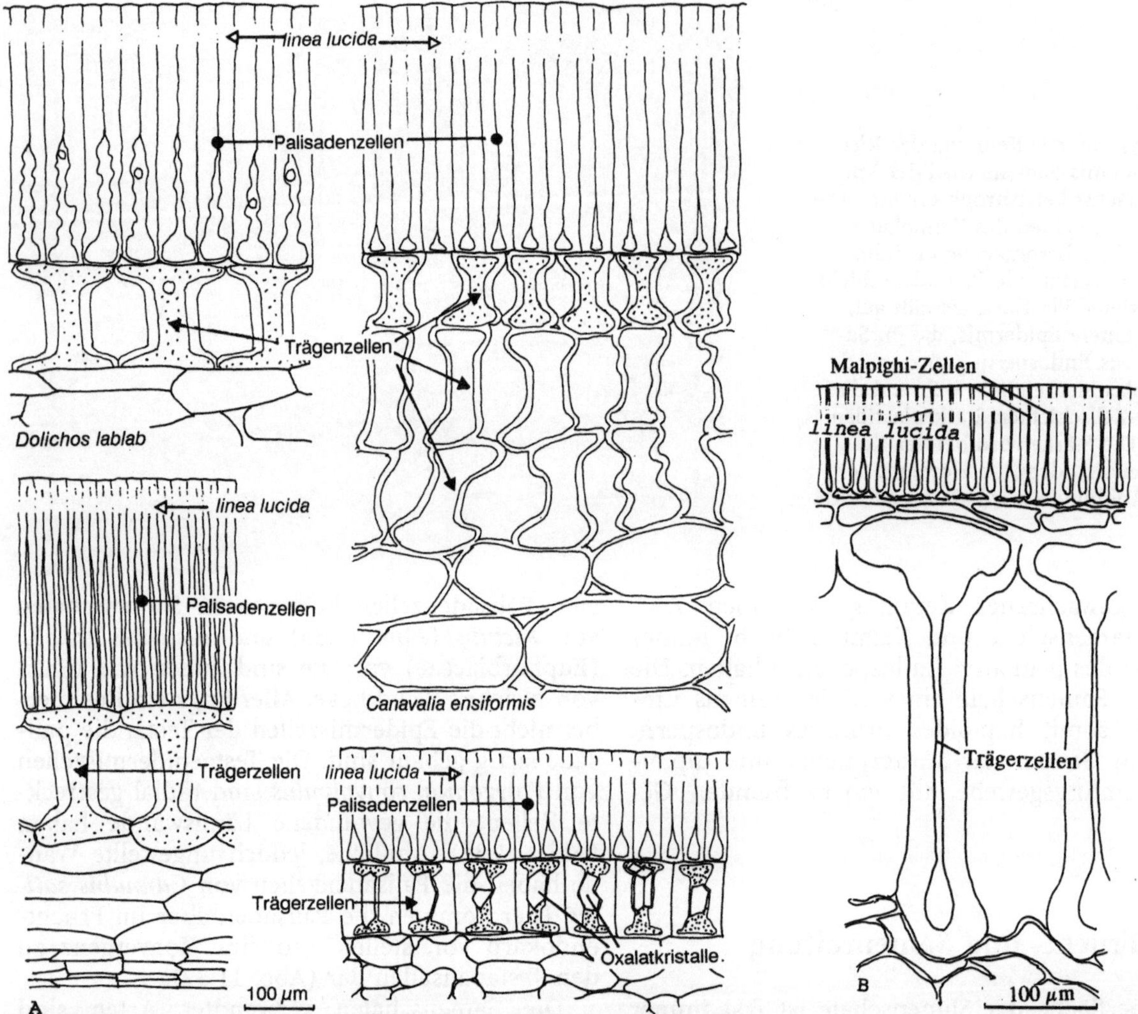

Abb. 11.33A, B. Die Samenschale der Fabaceen ist durch die äußeren Zellschichten charakterisiert: Ganz außen die stabförmigen Malpighizellen, deren Zellwände an der Außenseite besonders dick sind, darunter die Trägerzellen, die im Schnitt wie Doppel-T-Träger aussehen, zwischen denen große Intercellularräume auftreten. Oben links: *Dolichos lablab*; unten links: *Vicia faba*; oben rechts: *Canavalia ensiformis*. Die Form der Trägerzellen kann in mehreren Schichten wiederholt werden. Rechts unten: *Phaseolus vulgaris* mit Oxalatkristallen in der Füllung der Trägerzellen. Bei *Glycine max*, (**B**) erreichen die Trägerzellen Höhen bis zu 350 µm. Allen Malpighischichten gemeinsam ist die Lichtlinie (*linea lucida*), die durch veränderte Zellwandzusammensetzung zustandekommt. (Gassner 1955; Steiner u. Jancke 1955))

Palisadenschicht findet sich dagegen an der Innenseite der Cotyledonen (Abb. 11.40). Seltsam gebaut sind die Epidermiszellen der Testa von *Cuphea lanceolata* (Lythraceae) (Abb. 11.41); in ihnen hat sich während der Reifung ein Haar aufgerollt, das bei Quellung aus- und umgestülpt wird. Diese Haare können auf ein Vielfaches des Samendurchmessers in die Länge quellen.

Eine Gruppe von Samen besitzt verschleimende Testa-epidermen (*Linum usitatissimum*, mit 6% Schleimstoffen und Pektinen).

Als eine Funktionseinheit besonderer Art ist der Tomatensamen zu betrachten: In der Frucht

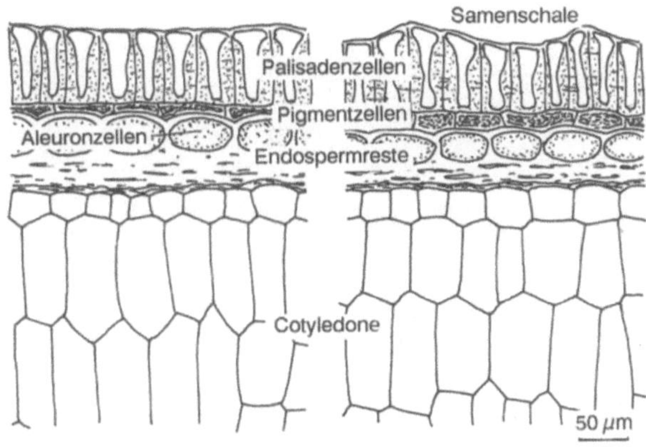

Abb 11.34. Während bei den Fabaceensamen sich die Wände der Malpighizellen nach außen hin verdicken, hat die Testa-epidermis der Brassicaceen zur Innenseite hin verdickte Antiklinwände. Die Epidermiszellen können gleiche Dicke haben, wodurch die Oberfläche glatt wirkt (*Brassica napus*, links). Sind die Testaepidermiszellen ungleich dick, so bekommt der Samen eine grubige oder genarbte Oberfläche (*Brassica rapa*, rechts)

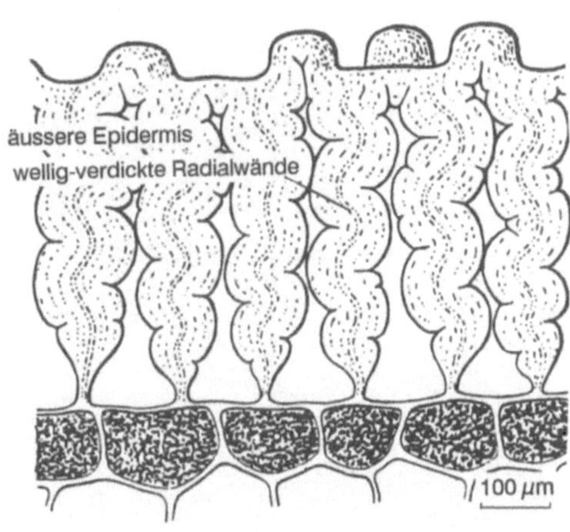

Abb. 11.36. Ebenfalls funktionsgleich mit den Malpighizellen der Fabaceentesta dürfte die Epidermis der Frucht von *Polygonum convolvulus* sein. (Gassner 1955)

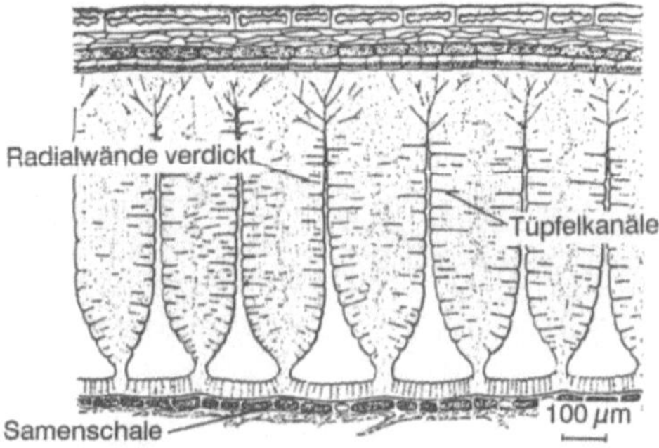

Abb. 11.37. Die Innenepidermis der Fruchtschale von *Cannabis sativa* zeigt dickwandige Radialwände mit zahlreichen Tüpfelkanälen. Die äußere Fruchtepidermis besteht aus flachen Steinzellen, die lückenlos aneinander-grenzen. Die Samenschale ist kleinzellig und pigmentiert. (Gassner 1955)

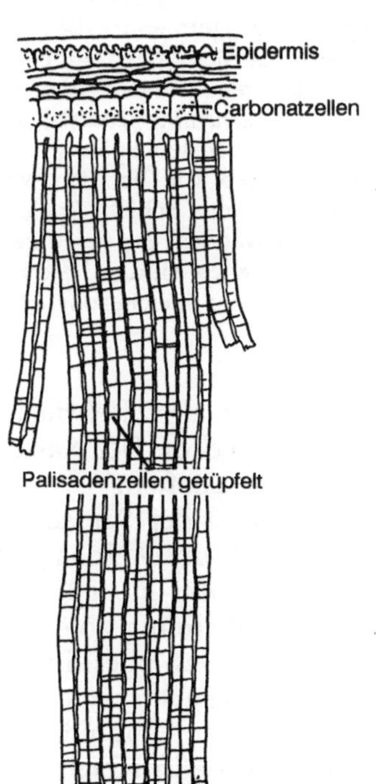

◄

Abb. 11.35. Stab- oder Palisadenzellen, die mit den Malpighizellen der Fabaceentesta funktionsgleich sein dürften, sind in der lackartig glänzenden Samenschale von *Ricinus communis* vorhanden. Diese Zellen sind deutlich getüpfelt und grenzen innen an das Endosperm. Nach außen folgt eine Schicht Carbonatzellen, aus der bei Essigsäure-zusatz Blasen (CO_2) entweichen. Die Samenschale ist auffallend gemustert. Wo das Muster verschwommen erscheint, liegt ein tauber Samen vor. (Wiesner 1927/28)

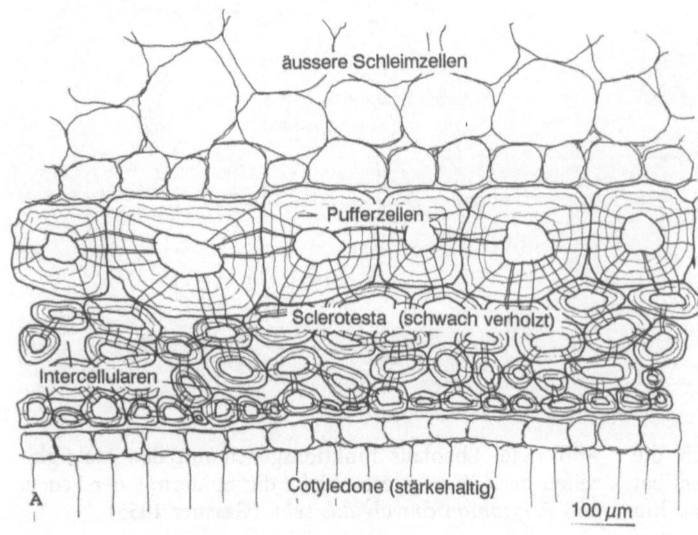

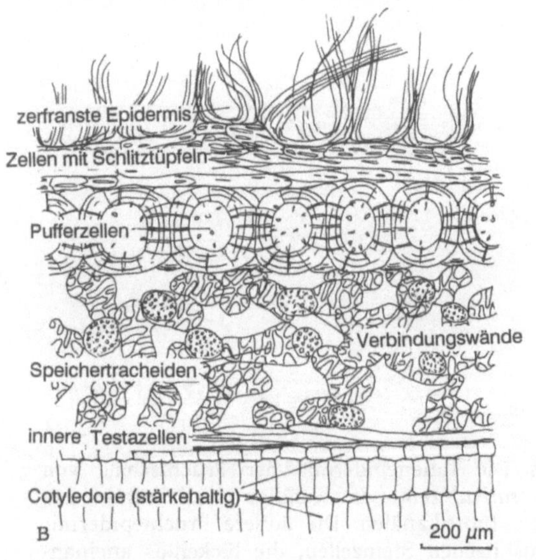

Abb. 11.38, A,B. Die Samen der Cucurbitaceen haben Samenschalen, die funktionell besonders „ausgereift" erscheinen. *Cucumis-melo*-Samen (**A**) sind von Schleimzellen bedeckt, die leicht verquellen. Die Pufferzellen sind dickwandig geschichtet. Sie lassen sich zusammendrücken, gehen aber wieder in ihre Ausgangsform zurück. Nach innen folgt die Sclerotesta, mit schwach verholzten Wänden und reichlichen Intercellularen. Die Samen von *Cucurbita pepo* (**B**) fühlen sich behaart an, sind aber nur mit zerfransten Epidermiszellen bedeckt. Die Pufferzellen sind ähnlich wie bei den Melonensamen, verformbar. Nach innen folgt eine Schicht Speichertracheiden mit netzförmig verdickten Wänden, die von einem voluminösen Intercellularensystem umgeben sind. Allerdings ist nicht erwiesen, ob diese Schicht für die Speicherung von Wasser Verwendung findet

ist der Samen von einer gallertigen Zellmasse umgeben, mit der er auf einer Unterlage festkleben kann. Im unreifen Zustand besteht die Testaepidermis aus Sekretepithelzellen, wodurch eine Sarcotesta entsteht. Mit zunehmender Reife verändert sich das saftige Epithel: die Außenwände und auch die Antiklinwände werden größtenteils aufgelöst. Zurück bleiben stachelige Reste von Antiklinwänden aus den Zellecken, die verholzen (Abb. 11.42). Im Freien trocknet die klebrige Gallerthülle aus, der stachelige Samen kann passiv verbreitet werden. Diese Metamorphose der Tomatensamenepidermis ist ein Beispiel für eine Mehrfachfunktion eines pflanzlichen Gewebes. Der Kartoffelsamen zeigt dieselben Eigenschaften.

Die Testa der Samen reifer Schließfrüchte ist dünn und unscheinbar, wie z.B. die Mandelschale (*Prunus dulcis*), die sich in heißem Wasser vom Keimling ablösen läßt. Den Schutz des Samengewebes übernimmt hier das Steinendokarp der Fruchtschale. Das gleiche Bauprinzip wird bei allen Prunoideen angewandt.

Bei Schließfrüchten übernimmt die Fruchtwand verschiedene Funktionen, die eigentlich Aufgaben der Testa sind.

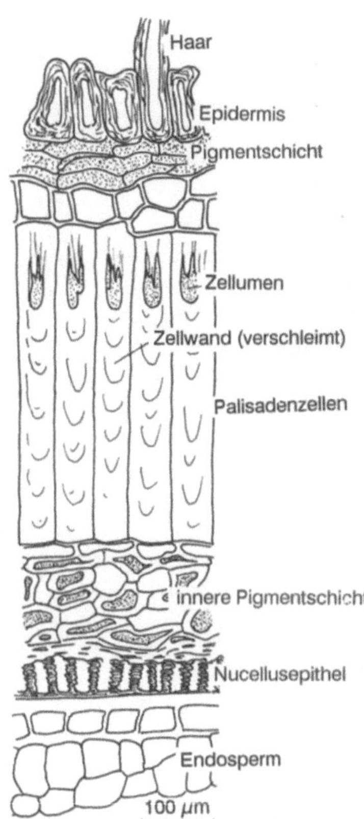

Abb. 11.39. In der Testa von *Gossypium herbaceum* tritt eine Palisadenschicht auf, die an die Malpighizellen der Fabaceen erinnert, nur liegt das Lumen der Zellen außen und die Zellwand besteht aus Wandschleim. Die Außenepidermis ist dickwandig und von zahlreichen Haaren (der Baumwolle) durchsetzt. Der Samen besitzt eine äußere und eine innere Pigmentschicht. Vom Nucellus ist zwischen Testa und Endosperm nur eine Epithelschicht erhalten. (Wiesner 1927/28)

Für die Samenausbreitung haben sich Schwebe- und Flugeinrichtungen bewährt. Dies sind häufig Anhangsgebilde der Fruchtwand wie die Flughaare, die in manchen Fällen sogar mit einem „Hygrometer" ausgestattet sind (*Anemone pulsatilla*), das den Aufrichtungsgrad des Haares steuert (Abb. 6.36). Je nach Luftfeuchtigkeit wird dadurch eine Windausbreitung gefördert oder gehemmt.

Die Achänen der Compositen besitzen charakteristisch geformte Drüsenschuppen. Bei der Kamille (*Chamomilla recutita*) treten außerdem in der Fruchtwandepidermis Leiterzellen auf; eigentlich sind es etliche schmale Zellen, die leiterförmig untereinander liegen. Diese schmalen Zellen, jede mit Zellkern, enthalten Schleim, der in warmem Wasser verquillt (Abb. 11.43).

Viele Früchte nehmen mit zunehmender Reife eine auffallende Färbung an. Bei der Tomate überdeckt die rote Carotenoid-Farbe der Chromoplasten des Fruchtfleisches die gelb gefärbten Zellwände der Epidermis. Ein Farbwechsel, der durch Veränderung von subepidermalen Anthocyanidioblasten verursacht wird, tritt bei Früchten von *Polygonatum verticillatum* auf (Thaler et al. 1959).

Die Schließfrüchte der Apiaceen bestehen – entsprechend der Zweizahl der Fruchtblätter – aus zwei Merikarpien, die jedes für sich einen Samen einschließen, dessen Samenschale nur aus einer Zellschicht besteht, dem Rest des einzigen Integuments.

Die Poaceen-Schließfrucht, eine Karyopse, umschließt vor allem das mächtige Mehlendosperm des Samens, der ebenfalls nur eine unbedeutende Samenschale besitzt, die der Aleuronschicht (Endosperm) dicht aufliegt. Der basal seitlich angewachsene Embryo der Grasfrucht ist mit einem Scutellum am Endosperm befestigt. Bei der Keimung fungiert das Scutellum als Haustorium, das die Vorräte des toten Endosperms enzymatisch erschließt. Mit ^{32}P-markierter mRNA, die Glucanasen codiert, wurden bei *Hordeum* mikroautoradiographisch die Orte der Enzymsynthese lokalisiert (Abb. 11.44). Nach einem Tag Quellung fand die Enzymsynthese nur im Haustorialgewebe statt; nach vier Tagen Quellung trat überall entlang der Aleuronschicht Radiophosphor auf.

Bei vielen Arten ist das Scutellum mit Transferzellen ausgestattet.

In Zellwänden mancher Samen werden auch Kohlenhydrate gespeichert. Am auffälligsten sind die Reservewände mancher Palmensamen (*Phoenix dactylifera, Phytelephas macrocarpa*). Bei der Samenkeimung kann man beobachten, daß die dicke Wand aufgelöst wird (Eschrich 1976). Beim Dattelkern ist die Endospermwand (Abb 5.18) aus D-Mannan-Mikrofibrillen zusammengesetzt (Meier u. Reid 1982).

Solche Reservestoffwände sind meist von zahllosen feinsten Plasmodesmen durchsetzt; zu-

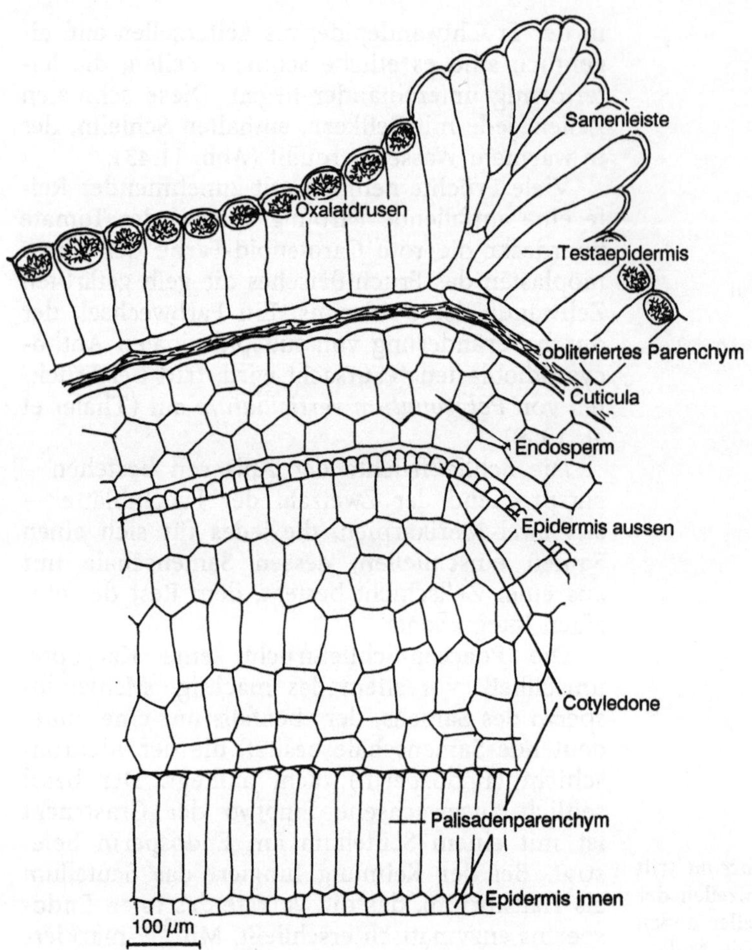

Abb. 11.40. So wie die Oberflächenstrukturen der Samenschalen große Unterschiede zeigen, ist auch die Innenausstattung der Testaschichten variabel. Bei *Sesamum indicum* (Pedaliaceae) formt die Epidermis Samenleisten. Zwischen den Leisten ist die Testaepidermis mit Oxalatdrusen ausgestattet. Der Rest der Zelle ist Wand, die bei Quellung verschleimt. Die übrigen Zellagen der Testa sind zusammengedrückt, sie grenzen sich nach innen mit einer Cuticula gegen das Endosperm ab. (Wiesner 1927/28)

mindest handelt es sich um Cytoplasmafäden, die oft nur durch Imprägnierung mit Silbersalzen sichtbar gemacht werden können (Abb. 5.19).

Außer den Wandreserven von Palmensamen sind auch solche von *Tamarindus indica, Tropaeolum majus, Impatiens balsamina* untersucht worden. Sie enthalten Amyloid in den Zellwänden der Cotyledonen. Die Samen von *Annona muricata* besitzen Endospermamyloid (Kooiman 1967). Amyloidwände färben sich mit Jodlösung blau. Diese Ähnlichkeit mit der Stärke (Amylum) hat zur Namengebung (Amyloid) geführt (Kooiman 1960).

Früchte sind Endstationen des Zuckertransports. Sie können zu erstaunlichen Dimensionen (Kürbis) heranwachsen. Sie sind in den meisten Fällen mit einer dickwandigen Epidermis und Cuticula gegen zu rasches Austrocknen geschützt. Bei der Weizenfrucht beträgt der Cutinanteil 4,2 g pro Kilogramm Trockengewicht (Matzke u. Riederer 1990).

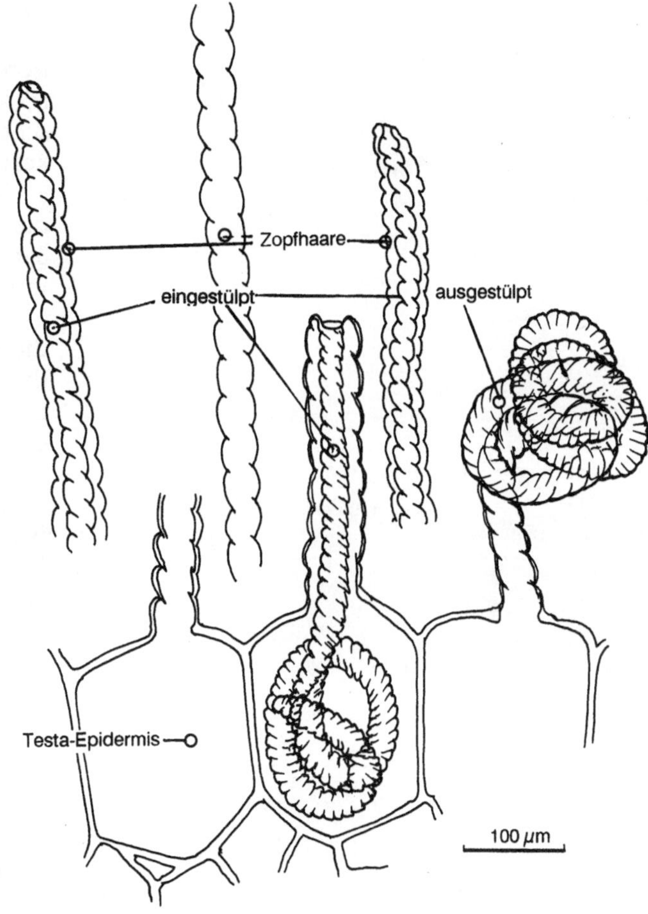

Abb. 11.41. Die „Schläuche des Pharao" stellen eine Kuriosität bei den Samenschalen dar. Fast jede Epidermiszelle des Samens der Lythracee *Cuphea lanceolata* bildet ein Haar, das eine schraubig-quellbare Wand hat. Im reifen, trockenen Zustand des Samens ist das Haar im Lumen der Epidermiszelle eng aufgerollt. Bei der Quellung stülpt sich das Haar wie ein Handschuhfinger aus, die Zellwand quillt, wodurch sich die Schraubenwindungen auf ein Vielfaches erweitern. Nach einigen Stunden erscheint der Samen von einem Strahlenkranz aus gequollenen Haaren umgeben, die drei bis vier mal so lang sind, wie der Samen selbst

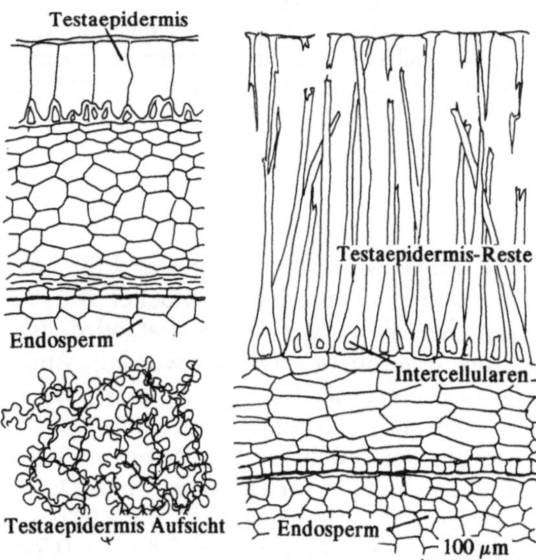

▶ **Abb. 11.42.** Getrocknete Samen der Tomate (*Lycopersicon lycopersicum*) haben eine rauhe Oberfläche. Die Entwicklung der Samen zeigt, daß zunächst eine Sarcotesta vorliegt. Die Epidermiszellen sind groß, dünnwandig und saftig. Der Samen ist von einer Gallerte umhüllt. In der Aufsicht erkennt man unregelmäßige Wandverdikkungen, vor allem an der Innenseite der Testa-epidermis. Der reife Samen zeigt fast nur noch verletzte Epidermiszellen, die Außenwand fehlt weitgehend und die Antiklinwände sind nur noch in den Zellecken vorhanden. Sie sind schwach verholzt und stachelig. An der Basis dieser Stacheln ist ein Intercellularraum erkennbar, der häufig als Zellumen interpretiert wurde, womit die stacheligen Wandreste als Haare eingestuft wurden

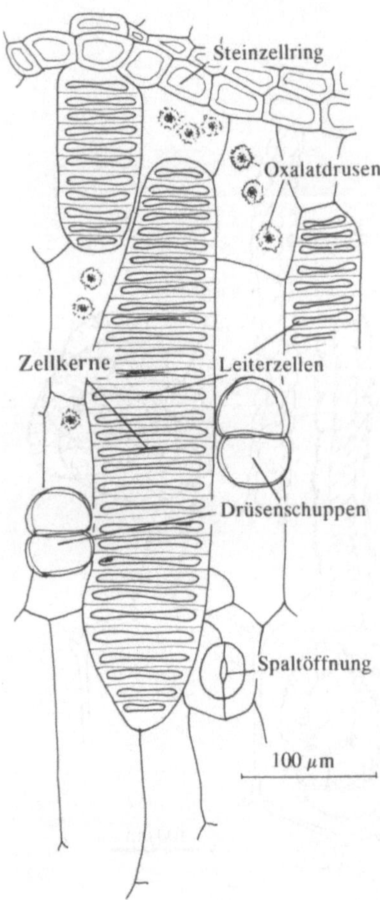

Abb. 11.43. In der Fruchtwand der Kamille (*Chamomilla recutita*) entwickeln sich aus einer Epidermiszelle „Leiterzellen", die durch wiederholte Zellteilung eine große Zahl rippenartig angeordneter sehr schmaler Zellen, jede mit Kern, gebildet haben. Im Wasserpräparat kann man beobachten, daß diese Zellen rasch und vollständig verquellen

Die Frage, wo das Wasser des Phloemsaftes bleibt, wenn der angelieferte Zucker im Fruchtfleisch deponiert oder verarbeitet wird, ist bisher nur zögernd beantwortet worden. Aus Umfangsmessungen wachsender Äpfel wurde abgeleitet, daß bei starker Evaporation Wasser im Xylem aus der Frucht in den Stamm zurückwandert (Lang 1990). Wenn – wie bei Datteln – Zuckerkonzentrationen von 40 bis 50% im Parenchym der Frucht auftreten können (Coombe 1976), so muß auch in den Siebröhren der zuführenden Leitbündel eine Saccharosekonzentration bis zu 1,2 Mol vorliegen, da sonst eine Zurückladung des Zuckers in die Siebröhren wahrscheinlicher ist, als eine Entladung in das Mesokarp-parenchym.

Deshalb wird während des Fruchtwachstums die aus den zuführenden Siebröhren entladene Saccharose so „verändert", daß sie nicht mehr in die Siebröhren zurückgeladen werden kann.

In vielen Fällen entsteht intermediär Stärke, die osmotisch inaktiv ist. Erst wenn die Frucht in das Stadium der Endreifung eintritt, wird die Stärke „verzuckert"; die Phloementladung ist dann bereits abgeschlossen.

Bei manchen Arten wird die entladene Saccharose invertiert, die Fructose wird zu Glucose isomerisiert oder nach Phosphorylierung in den Stoffwechsel einbezogen. Es akkumuliert Glucose (*Vitis vinifera*), die nicht in die Siebröhren zurückgeladen wird (Düring u. Alleweldt 1980).

Bei Saccharose speichernden Früchten wird die Invertase zeitweise abgeschaltet. In diesen

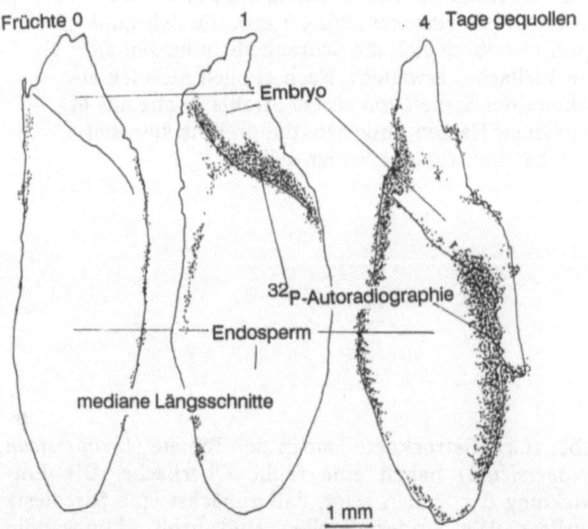

Abb. 11.44. Bei den Grasfrüchten wird die Keimung durch Quellung eingeleitet. Inkubiert man sodann Gerstenfrüchte mit ^{32}P-markierten mRNA's, die 1,3- und 1,4-Glucanasen codieren, so kann man anhand von Mikroautoradiographien den Fortgang der Enzymsynthese verfolgen. Zuerst werden die Glucanasen im Scutellum aktiv, nach vier Tagen verlagert sich die Enzymaktivierung an die Peripherie des Endosperms, wo die Aleuronschicht liegt. (Fincher 1989)

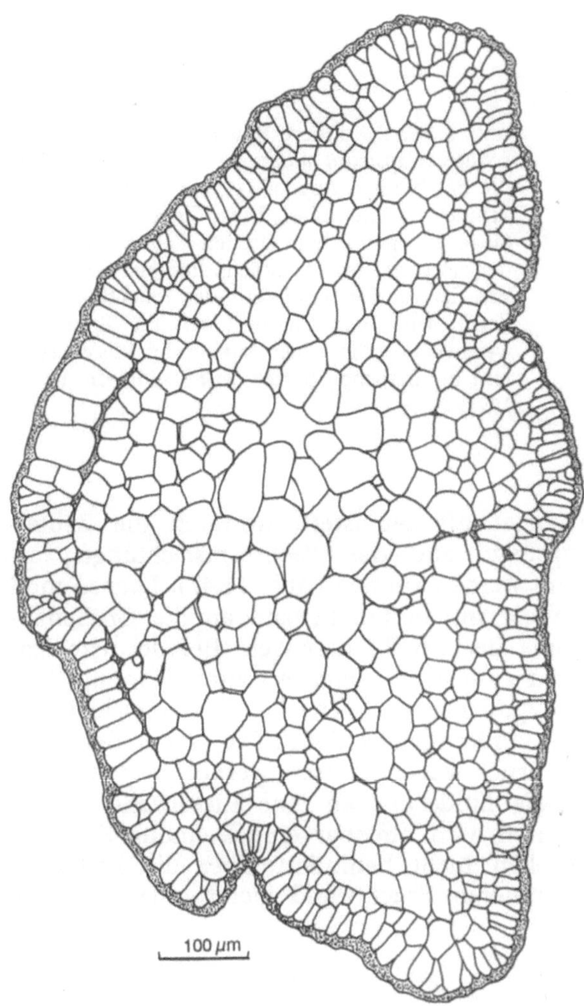

Abb. 11.45. *Citrus*-Früchte (Hesperidien) sind durch ihre Safthaare charakterisiert, die bei Kulturrassen (*Citrus aurantium*) den Saft (Zitronen-, Apfelsinen-, Pampelmusensaft) liefern. Die Safthaare enthalten keine Leitbündel, es sind vielzellige Trichome. (Nach einer Aufnahme von K.E. Koch, Gainesville, Florida)

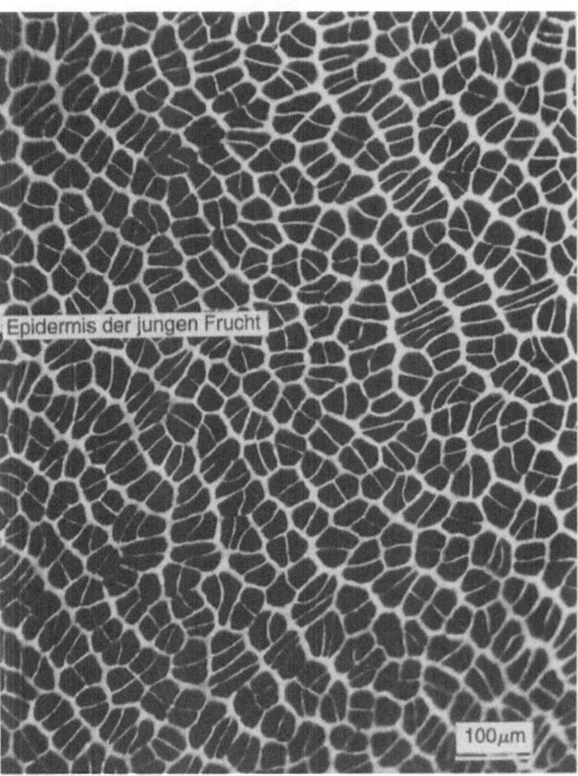

Abb. 11.46. Die Fruchtwandepidermis der jungen Hagebutte (*Rosa canina*) läßt an der unterschiedlichen Wanddicke erkennen, daß sich etliche Zellen aus einer Zelle der ganz jungen Frucht entwickelt haben. Daß dabei bevorzugt Zell-reihen und nicht Zellkomplexe entstanden sind, kann mit der gestreckten Form der wachsenden Frucht zusammenhängen

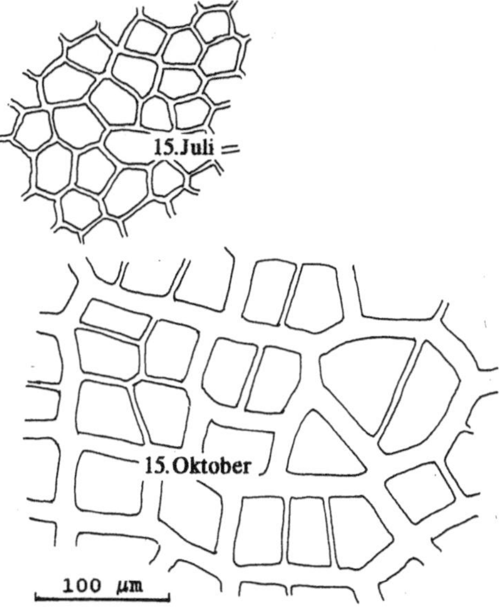

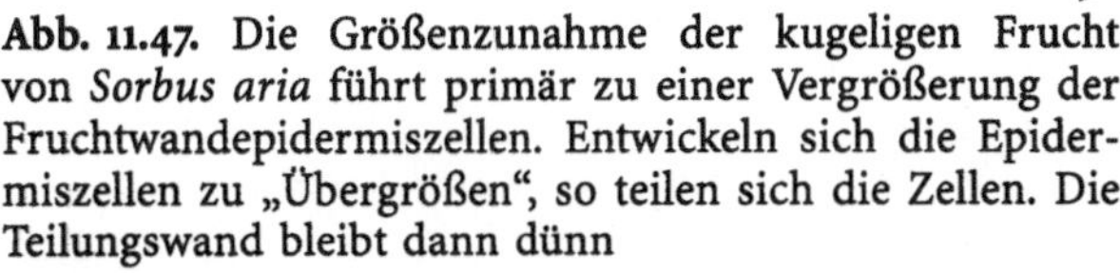

Abb. 11.47. Die Größenzunahme der kugeligen Frucht von *Sorbus aria* führt primär zu einer Vergrößerung der Fruchtwandepidermiszellen. Entwickeln sich die Epidermiszellen zu „Übergrößen", so teilen sich die Zellen. Die Teilungswand bleibt dann dünn

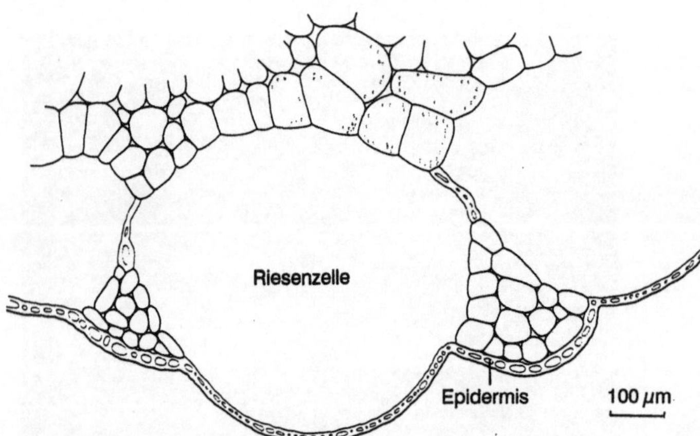

Abb. 11.48. Die innere Fruchtwand der Paprikaschote (*Capsicum annuum*) führt Riesenzellen, die mit bloßem Auge als Blasen in der frischen Schote zu sehen sind. Diese Zellen sind durch Stege aus parenchymatischen Zellen voneinander getrennt. Beides, Riesenzellen und Stege sind von der inneren Epidermis des Fruchtblatts bedeckt. Über den Stegen bleibt die Epidermis weichwandig, über dem Lumen der Riesenzellen tritt bei manchen Sorten Verholzung ein. (Roth 1977)

Fällen muß die Saccharosekonzentration in den zuführenden Siebröhren ständig erhöht werden, was offenbar durch osmotischen Wasserentzug seitens der ins Fruchtparenchym eingelagerten Saccharose erfolgt (Lang 1990).

Die Frucht der *Citrus*-Arten, das Hesperidium, besitzt in Form der Safthaare einen Zukkerspeicher. Auffallend ist, daß diese vielzelligen Organe keine Leitelemente enthalten, also echte Haare sind (Abb. 11.45).

Fast alle Früchte nehmen während der Reifung an Größe zu. Die äußere Fruchtwandepidermis bleibt daher lange teilungsfähig und zeigt starke Zellvergrösserung (Abb. 11.46). Sie erscheint oft gemustert, wodurch die Zellteilungsfolge und die Wachstumsrichtungen erkannt werden können (Abb. 11.47). Ebenso muß sich die innere Fruchtwand an die Größenzunahme der Frucht anpassen. Bei der Paprikafrucht (*Capsicum annuum*) sind dehnungsfähige, hypodermale Riesenzellen von einer kleinzelligen Epidermis abgedeckt. Die Wände der inneren Fruchtwandepidermis verholzen nur dort, wo die Epidermis an eine Riesenzelle grenzt. Dadurch wird offenbar eine Dehnung der Riesenzellen nicht behindert, aber die Festigkeit der inneren Fruchtwand bleibt erhalten (Abb. 11.48).

Literaturverzeichnis

Adler K, Müntz K (1983) Origin and development of protein bodies in cotyledons of *Vicia faba*. Planta 157:401–410

Alberdi M, Meza-Barro L, Fernandez J, Rios D, Romero M (1989) Seasonal changes in carbohydrate content and frost resistance of leaves of *Nothofagus* species. Phytochemistry 28:759–763

Albersheim P (1975) The walls of growing plant cells. Scientific American 81–95

Aloni R, Peterson CA (1990) The functional significance of phloem anastomoses in stems of *Dahlia pinnata* Cav. Planta 182: 583–590

Alpert P (1989) Translocation in the nonpolytrichaceous moss *Grimmia laevigata*. Amer J Bot 76:1524–1529

Amelunxen F, Arbeiter H (1967) Untersuchungen an den Spritzdrüsen von *Dictamnus albus* L. Z. Pflanzenphysiol. 58:49–69

Arber A (1961) Monocotyledons. A morphological study. Cambridge Univ Press (1925), Neudruck, Cramer, Weinheim

Artschwager EF (1918) Anatomy of the potato plant, with special reference to the ontogeny of the vascular system. Jour Agr Res 14:221–252

Artschwager E (1926) Anatomy of the vegetative organs of the sugar beet. Jour Agr Res 33:143–176

Artschwager E (1946) Contribution to the morphology and anatomy of *Cryptostegia (Cryptostegia grandiflora)*. USDA Techn Bull 915

Arzee T (1953) Morphology and ontogeny of foliar sclereids in *Olea europaea*: I. Distribution and structure. Amer J Bot 40:680–687

Baas P, Gregory M (1985) A survey of oil cells in the dicotyledons with comments on their replacement by and joint occurrence with mucilage cells. Israel J Bot 34:167–186

Badger MR (1987) The CO_2-concentrating mechanism in aquatic phototrophs. In: Biochemistry of Plants, vol 10. Academic Press, pp 219–274

Bailey IW, Kerr T (1935) The visible structure of the secondary wall and its significance in physical and chemical investigations of tracheary cells and fibers. Jour.Arnold Arboretum 16:273–300

Bannan MW (1936) Vertical resin ducts in the secondary wood of the Abietineae. New Phytol 35:11–46

Bannan MW (1951a) The reduction of fusiform cambial cells in *Chamaecyparis* and *Thuja*. Can J Bot 29:57–67

Bannan MW (1951b) The annual cycle of size changes in the fusiform cambial cells of *Chamaecyparis* and *Thuja*. Can J Bot 29:421–437

Bannan MW (1955) The vascular cambium and radial growth in *Thuja occidentalis* L. Can J Bot 33:113–138

Barclay BD (1931) Origin and development of tissues in the stem of *Selaginella willdenowii*. Bot Gaz 91:452–461

Barghoorn ES (1941) The ontogenetic development and phylogenetic specialization of rays in the xylem of dicotyledons. II. Modification of the multiseriate and uniseriate rays. Amer J Bot 28:273–282

Barlow PW (1975) The root cap. In: Torrey JG, Clarkson DT (eds) The development and function of roots. Academic Press, London, pp 21–51

Bärtels A (1978) Gehölzvermehrung. Eugen Ulmer, Stuttgart

Barthlott W (1990) Scanning electron microscopy of the epidermal surface in plants. In: Claugher D (ed) (1990) Scanning electron microscopy in taxonomy and functional morphology. Clarendon Press, Oxford, pp 69–83

Barz W, Beimen A, Dräger B, Jaques U, Otto C, Süper E, Upmeier U (1990) Turnover and storage of secondary products in cell cultures. Proc Phytochem Soc Europe 30:79–102

Bauer T, Blechschmidt-Schneider S, Eschrich W (1991) Regulation of photoassimilate supply by the nutritional status of the mycorrhizal fungus. Trees 5:36–43

Bauer H, Kofler R (1987) Photosynthesis in frost-hardened and frost-stressed leaves of Hedera helix L. Plant Cell Environm 10:339–346

Behnke HD (1965) Über das Phloem der Dioscoreaceen unter besonderer Berücksichtigung ihrer Phloembecken. Z Pflanzenphysiol 53:97–125

Behnke HD (1972) Sieve-tube plastids in relation to angiosperm systematics – An attempt towards a classification by ultrastructural analysis. The Bot Rev 38:155–197

Behnke HD, (1977) Zur Herkunft von Plastiden und Mitochondrien. Die Endosymbionten-Hypothese. Münchn med Wochenschr 119:317–318

Behnke HD (1990) Sieve elements in the internodal and nodal anastomoses of the monocotyledon liana *Dioscorea.* In: Behnke HD, Sjölund RD (eds) Sieve elements. Springer Verlag, Berlin Heidelberg New York Tokyo, pp 161–178

Behnke HD, Dörr I (1967) Zur Herkunft und Struktur der Plasmafilamente in Assimilatleitbahnen. Planta 74:18–44

Behnke HD, Schulz A (1980) Fine structure, pattern of division, and course of wound phloem in *Coleus blumei.* Planta 150: 357–365

Behnke HD, Sjölund RD (eds) (1990) Sieve elements. Springer Verlag, Berlin Heidelberg New York Tokyo

Bell AA (1981) Biochemical mechanisms of disease resistance. Ann Rev Plant Physiol 32:21–81

Benayoun J (1977) The ultrastructure of resin duct cells and resin secretion in *Pinus halepensis.* Thesis, Jerusalem (cited according to Fahn 1979)

Benayoun J, Aloni R, Sachs T (1975) Regeneration around wounds and the control of vascular differentiation. Ann Bot 39:447–454

Benzing DH, Seemann J, Rentrow A (1978) The foliar epidermis in Tillandsioideae (Bromeliaceae) and its role in habitat selection. Amer J Bot 65:359–365

Bergmann L (1964) Der Einfluß von Kinetin auf die Ligninbildung und Differenzierung in Gewebekulturen von *Nicotiana tabacum.* Planta 62:221–254

Berlyn GP (1961) Factors affecting the incidence of reaction tissue in *Populus deltoides* Bartr. Iowa State Jour Sci 35:367–424

Bernier G (1988) The control of floral evocation and morphogenesis. Ann Rev Plant Physiol Pl Mol Biol 39:175–219

Bhat KM, Liese W, Schmitt U (1990) Structural variability of vascular bundles and cell wall in rattan stem. Wood Science a. Technol 24:211–224

Björkman T, Cleland RE (1988) The role of the epidermis and cortex in gravitropic curvature of maize roots. Planta 176:513–518

Blaich R, Stein U, Wind R (1984) Perforationen in der Cuticula von Weinbeeren als morphologischer Faktor der *Botrytis*-Resistenz. Vitis 23:242–256

Blaser HW (1945) Anatomy of *Cryptostegia grandiflora* with special reference to the latex. Amer J Bot 32:135–141

Blechschmidt-Schneider S (1990) Phloem transport in *Picea abies* (L.) Karst. in mid-winter. I. Microautoradiographic studies on ^{14}C-assimilate translocation in shoots. Trees 4:179–186

Blechschmidt-Schneider S (1993) Assimilattransport in Beziehung zur Struktur bei *Picea abies* (L.) Karst. Habil Schrift Forstl Fak Univ Göttingen

Blum OB (1973) Water relations. pp. 381–400. In: Ahmadjian V, Hale ME (eds) The Lichens. Academic Press, London, pp 381–400

Blyth A (1958) Origin of primary extraxylary stem fibers in dicotyledons. Univ Calif Publ Bot 30:145–232

Bodson M, Bernier G (1985) Is flowering controlled by the assimilate level? Physiol végétale 23:491–501

Bodson M, Outlaw WH jr (1985) Elevation in the sucrose content of the shoot apical meristem of *Sinapis alba* at floral evocation. Plant Physiol 79:420–424

Bonnemain JL (1980) Microautoradiography as a tool for the recognition of phloem transport. In: Eschrich W, Lorenzen H (eds) Phloem loading and related processes. Gustav Fischer Verlag, Stuttgart, pp 99–107

Bonner J (1959) Water transport. Science 129:447–450

Bonner J, Galston AW (1947) The physiology and biochemistry of rubber formation in plants. Bot Rev 13:543–596

Borthwick P (1972) History of phytochrome. In: Mitrakos K, Shropshire W (eds) Phytochrome. Academic Press, New York, p 323

Bose JC (1926) The nervous mechanism in plants. Longmans, GreenCo, London

Botha CEJ, Evert RF (1986) Free-space marker studies on the leaves of *Saccharum officinarum* and *Bromus uniolodes.*

Suid-Afrik Tydsk Plantkde 52:335–342

Boudet AM, Lapierre C, Grima-Pettenati J (1995) Biochemistry and molecular Biology of lignification. New Phytologist 129:203–236

Boureau E (1954) Anatomie végétale, vol I. Presses universitaires de France. Paris, pp 152–213

Brabec F (1949) Zytologische Untersuchungen an dem Burdonen *Solanum nigrum*×lycopersicum. Planta 37:57–95

Brander U (1987) Ultrastructure of the callose and cellulose types of crystal envelopes in the calcium oxalate idioblasts of *Abutilon pictum* Walp. Phyton 26:171–192

Braun HJ (1960) Der Anschluß von Laubbaumknospen an das Holz der Tragachsen. Ber Deutsch Bot Ges 73:258–264

Braun HJ (1963) Die Organisation des Stammes von Bäumen und Sträuchern. Wiss Verlagsgesellschaft, Stuttgart

Braun HJ (1967) Entwicklung und Bau der Holzstrahlen unter dem Aspekt der Kontakt-Isolations-Differenzierung gegenüber dem Hydrosystem. I. Das Prinzip der Kontakt-Isolations-Differenzierung. Holzforschung 21:33–37

Bresch C (1977) Zwischenstufe Leben. Evolution ohne Ziel? Piper, München

Briggs GE (1967) Movement of water in plants. Blackwell Scientific Publ, Oxford

Briskin DP, Hanson JB (1992) How does the plant plasma membrane H^+-ATPase pump protons? J exp Bot 43:269–289

Brock TG, Lu CR, Ghowheh NS, Kaufman PB (1989) Localization and pattern of graviresponse across the pulvinus of barley *Hordeum vulgare.* Plant Physiol 91:744–748

Brockmann J, Schäfer E (1982) Analysis of Pfr destruction in *Amaranthus caudatus* L. Evidence for two pools of phytochrome. Photochem Photobiol 35:555–558

Brondegaard VJ (1992) *Nepenthes*-Saft als Durstlöscher. Natwiss Rundschau 45:101–102

Brown CL, Sax K (1962) The influence of pressure on the differentiation of secondary tissues. Amer J Bot 49:683–691

Brown RH, Hattersley PW (1989) Leaf anatomy of C_3-C_4 species as related to evolution of C_4 photosynthesis. Plant Physiol 91:1543–1550

Bull TA, Gayler KR, Glasziou KT (1972) Lateral movement of water and sugar across xylem in sugarcane stalks. Plant Physiol 49:1007–1013

Bünning E (1930) Die Reizbewegungen der Staubblätter von *Sparmannia africana* Protoplasma 11:49–84

Bünning E, Sagromsky H (1948) Die Bildung des Spaltöffnungsmusters in der Blattepidermis. Z Naturforschung 3b:203–216

Burbano JL, Pizzolato TD, Morey PR, Berlin JD (1976) An application of the prussian blue technique to a light microscope study of water movement in transpiring leaves of cotton (*Gossypium hirsutum* L.). J Exp Bot 27:134–144

Buvat R (1956) Variations saisonnières du chondriome dans le cambium de *Robinia pseudoacacia*. Comt red 243:1908–1911

Buwalda JG, Meekings JS (1990) Seasonal accumulation of mineral nutrients in leaves and fruit of Japanese pear (*Pyrus serotina* Rehd.). Scientia hortic 41:209–222

Cairns AJ, Winters A, Pollock CJ (1989) Fructan biosynthesis in excised leaves of *Lolium temulentum* L. III. A comparison of the in vitro properties of fructosyl transfer activities with the characteristics of in vivo fructan accumulation. New Phytol 112:343–352

Carlquist S (1962) A theory of paedomorphosis in dicotyledonous woods. Phytomorphology 12:30–45

Caspar T, Pickard BG (1989) Gravitropism in a starchless mutant of *Arabidopsis*: Implications for the starch-statolith theory of gravity sensing. Planta 177:185–197

Castelfranco PA, Beale SI (1983) Chlorophyll biosynthesis; recent advances and areas of current interest. Ann Rev Pl Physiol 34:241–278

Chafe SC (1970) The fine structure of the collenchyma cell wall. Planta 90:12–21

Chatterton NJ, Harrison PA, Bennett JH, Asay KH (1989) Carbohydrate partitioning in 185 accessions of gramineae grown under warm and cool temperatures. J Plant Physiol 134:169–179

Chen S (1969) The contractile roots of *Narcissus*. Ann Bot 33:421–426

Chino M, Hayashi H, Fukumorita T (1987) Chemical composition of rice phloem sap and its fluctuation. J Plant Nutrition 10:1651–1661

Church DL, Galston AW (1989) Hormonal induction of vascular differentiation in cultured *Zinnia* leaf disks. Plant Cell Physiol 30:73–78

Clarkson DT (1984) Calcium transport between tissues and its distribution in the plant. Plant Cell Environm 7:449–456

Clarkson DT, Robards AW, Stephens JE, Stark M (1987) Suberin lamellae in the hypodermis of maize (*Zea mays*) roots; development and factors affecting the permeability of hypodermal layers. Plant Cell Environm 10:83–93

Clowes FAL (1954) The promeristem and the minimal constructional centre in grass root apices. New Phytol 53:108–116

Clowes FAL, Juniper BF (1968) Plant Cells. Blackwell, Oxford

Cockburn W, Ting IP, Sternberg LO (1979) Relationships between stomatal behavior and internal carbon dioxide concentration in Crassulacean Acid Metabolism plants. Plant Physiol. 63:1029–1032

Coombe BG (1976) The development of fleshy fruits. Ann Rev Pl Physiol 27:507–528

Crafts AS (1943) Vascular differentiation in the shoot apices of ten coniferous species. Amer J Bot 30:382–393

Cronshaw J (1975) P-proteins. In: Aronoff S, Dainty J, Gorham PR, Srivastava LM, Swanson CA (eds) Phloem Transport. New York, Plenum Press, pp 79–115

Cronshaw J (1980) Histochemical localization of enzymes in the phloem. Ber Deutsch Bot Ges 93:123–139

Crooks DM (1933) Histological and regenerative studies on the flax seedling. Bot Gaz 95:209–239

Cutter EG, Feldman LJ (1970) Trichoblasts in *Hydrocharis*. I. Origin, Differentiation, Dimensions and growth. Amer J Bot 57:190–201

Dadswell HE, Wardrop AB (1949) What is reaction wood? Austr Forestry 13:22–33

Dadswell HE, Wardrop AB (1955) The structure and properties of tension wood. Holzforschung 9:97–104

Darwin C (1880) The power of movement in plants. John Murray, London

De Bary A (1877) Vergleichende Anatomie der Vegetationsorgane der Phanerogamen und Farne. Engelmann, Leipzig

De Stigter HCM (1961) Translocation of C^{14}-Photosynthates in the graft muskmelon/*Cucurbita ficifolia*. Acta Bot Néerl 10:466–473

Delbrück M, Lipson E and C (1972) Anfänge der Wahrnehmung. Mannheimer Forum 72 pp 53–82. Boehringer, Mannheim, pp 53–82

Dengis P (1988) Etude histologique du bourgeon axillaire de *Weigela japonica* L. en relation avec l'organogenèse. Effect des regulateurs de croissance sur la reponse florale de ces burgeons. Mém de licence Univ Liège Dept de Botanique

Dörr I (1968) Plasmatische Verbindungen zwischen artfremden Zellen. Naturwiss 55:396

Dörr I (1972) Der Anschluß der *Cuscuta*-Hyphen an die Siebröhren ihrer Wirtspflanzen. Protoplasma 75:167–184

Downton WJS (1975) The occurrence of C_4 potosynthesis among plants. Photosynthetica 9:96–105

Duff GH, Nolan NJ (1953) Growth and morphogenesis in the canadian forest species. I. The controls of cambial and apical activity in *Pinus resinosa* Ait. Can J Bot 31:471–513

Düring H, Alleweldt G (1980) Effects of plant hormones on phloem transport in grapevines. In: Eschrich W, Lorenzen H (eds) Phloem loading and related processes. Gustav Fischer, Stuttgart New York, pp 339–347

Duval-Jouve J (1875) Histotaxie des feuilles de graminées. Ann Sci Nat 6 sér Bot 1:294–371

Eisenhut G (1988) Neue Erkenntnisse über den Wassertransport in Bäumen. Holz-Zentralblatt 114:851–853

Erickson RO, Michelini FJ (1957) The plastochron index. Amer J Bot 44:297–305

Esau K (1945) Vascularization of the vegetative shoots of *Helianthus* and *Sambucus*. Amer J Bot 32:18–29

Esau K (1969a) Pflanzenanatomie. Gustav Fischer Verlag, Stuttgart New York

Esau K (1969b) The Phloem. Encyclopedia of Plant Anatomy, V/2. Borntraeger, Berlin

Esau K (1977) Anatomy of seed plants, 2nd edn. John Wiley, New York

Esau K, Cheadle VI (1969) Secondary growth in *Bougainvillea*. Ann Bot 33:807–819

Esau K, Cheadle VI, Risley EB (1962) Development of sieve-plate pores. Bot Gaz 123:233–243

Esau K, Cronshaw J (1967) Tubular components in cells of healthy and tobacco mosaic virus-infected *Nicotiana*. Virology 33:26–35

Eschrich W (1953) Beiträge zur Kenntnis der Wundsiebröhren-Entwicklung bei *Impatiens holsti*. Planta 43:37–74

Eschrich W (1954) Ein Beitrag zur Kenntnis der Kallose. Planta 44:532–542

Eschrich W (1956) Kallose (Ein kritischer Sammelbericht). Protoplasma 47:487–530

Eschrich W (1961) Untersuchungen über den Ab- und Aufbau der Callose. Z Bot 49:153–218

Eschrich W (1962) Elektronenmikroskopische Untersuchungen an Pollenmutterzellen-Callose. Protoplasma 55:419–422

Eschrich W (1963a) Beziehungen zwischen dem Auftreten von Callose und der Feinstruktur des primären Phloems bei *Cucurbita ficifolia*. Planta 59:243–261

Eschrich W (1963b) Invers gelagerte Leitbündelsysteme (Masern) im Wurzelholz von *Angelica archangelica* L. Oesterr Bot Z 110:428–443

Eschrich W (1964) Die Callosesynthese bei Pollenmutterzellen von *Cucurbita ficifolia*. In: Linskens HF (ed) Pollen Physiology and Fertilization. North-Holland Publ Comp, Amsterdam, pp 48–51

Eschrich W (1965) Physiologie der Siebröhrencallose. Planta 65: 280–300

Eschrich W (1966a) Der Calloseabbau bei den Pollentetraden von *Cucurbita ficifolia*. Z Pflanzenphysiol 54:463–471

Eschrich W (1966b) Translokation ^{14}C-markierter Assimilate im Licht und im Dunkeln bei *Vicia faba*. Planta 70:99–124

Eschrich W (1967) Bidirectionelle Translokation in Siebröhren. Planta 73:37–49

Eschrich W (1970) Biochemistry and fine structure of phloem in relation to transport. Ann Rev Plant Phyiol 21:193–214

Eschrich W (1975a) Sealing systems in Phloem, vol 1 Chapt. 2, Phloem Transport. Encyclop Plant Physiol ns, Springer, Berlin Heidelberg, New York, pp 39–56

Eschrich W (1975b) Bidirectional transport, vol 1 Chapt 10, Phloem Transport. Encyclop Plant Physiol ns, Springer Berlin Heidelberg, New York, pp 245–255

Eschrich W (1976) Strasburgers kleines botanisches Praktikum für Anfänger, 17. Aufl. Gustav Fischer, Stuttgart New York

Eschrich W (1980) Free space invertase, its possible role in phloem unloading. Ber Deutsch Bot Ges 93:363–378

Eschrich W (1983) Phloem unloading in aerial roots of *Monstera deliciosa*. Planta 157:540–547

Eschrich W (1984a) Phloem unloading following reactivation in predarkened mature maize leaves. Planta 161:113–119

Eschrich W (1984b) Untersuchungen zur Regulation des Assimilattransportes. Ber Dtsch Bot Ges 97:5–14

Eschrich W (1988) Pulver-Atlas der Drogen des Deutschen Arzneibuches, 5.Aufl. Gustav Fischer, Stuttgart New York

Eschrich W. (1989) Phloem unloading of photoassimilates. In: Baker DA, Milburn JA (eds) Transport of photoassimilates. Longman, New York, pp 206–263

Eschrich W (1992) Gehölze im Winter. Zweige und Knospen, 2. Aufl. Gustav Fischer, Stuttgart

Eschrich W, Blechschmidt-Schneider S (1991) Extrinsic and intrinsic influences on tree growth – Anatomical analyses of spruce branches. Trees 6:179–185

Eschrich W, Currier HB, (1964) Identification of callose by its diachrome and fluorochrome reactions. Stain Techn. 39:303–307

Eschrich W, Eschrich B (1964) Das Verhalten isolierter Callose gegenüber wässrigen Lösungen. Ber Deutsch Bot Ges 77:329–331

Eschrich W, Eschrich B. (1987) Control of phloem unloading by source activities and light. Plant Physiol Biochem 25:625–634

Eschrich W, Fritz E (1972) Microautoradiography of water-soluble organic compounds. In: Lüttge U (ed) Microautoradiography and electron probe analysis. Springer, Berlin Heidelberg, New York pp 100–122

Eschrich W, Fromm J (1994) Evidence for two pathways of phloem loading. Physiol plant 90:699-707

Eschrich W, Heyser W (1975) Biochemistry of phloem constituents. In: Zimmermann MH, Milburn JA (eds) Encyclopedia of plant physiology, ns 1. Springer, Berlin Heidelberg, New York, pp 101-136

Eschrich W, Heyser R (1984) Saccharosetransport im Phloem. Biol in unserer Zeit 14:133-139

Eschrich W, Steiner M (1967) Autoradiographische Untersuchungen zum Stofftransport bei *Polytrichum commune.* Planta 74:330-349

Eschrich W, Steiner M (1968a) Die Struktur des Leitgewebesystems von *Polytrichum commune.* Planta 82:33-49

Eschrich W, Steiner M (1968b) Die submikroskopische Struktur der Assimilatleitbahnen von *Polytrichum commune.* Planta 82:321-336

Eschrich W, Eschrich B, Currier HB (1964) Historadiographischer Nachweis von Calcium-45 im Phloem von *Cucurbita maxima.* Planta 63:146-154

Eschrich W, Evert RF, Young JH (1972) Solution flow in tubular semipermeable membranes. Planta 107:279-300

Eschrich W, Fromm J, Essiamah S (1988a) Mineral partitioning in the phloem during autumn senescence of beech leaves. Trees 2:73-83

Eschrich W, Fromm J, Evert RF (1988b) Transmission of electric signals in sieve tubes of zucchini plants. Botanica Acta 101:327-331

Eschrich W, Burchardt R, Essiamah S (1989) The induction of sun and shade leaves of the European beech (*Fagus sylvatica* L.). Anatomical studies. Trees 3:1-10

Eschrich W, Fromm J, Evert RF (1992) Histochemical localization of nucleoside triphosphatase activity in assimilate conducting plant tissue. Protoplasma 167:145-151

Essiamah SK (1982) Frühjahrsaktivitäten bei einheimischen Laubbäumen. Diss Forstl Fak Univ Göttingen

Essiamah SK, Eschrich W (1985) Changes of starch content in the storage tissues of deciduous trees during winter and spring. IAWA Bull ns 6:97-106

Essiamah S, Eschrich W (1995) Physiological phenomena of the European beech (Fagus sylvatica L.) I. Cambial sap, resumption of water transport, and starch dynamics. Trees (submitted)

Evert RF (1984) Comparative structure of phloem. In: White RA, Dickison WC (eds) Contemporary problems in plant anatomy. Academ Press, Orlando pp 145-234

Evert RF (1990) Dicotyledons. In: Behnke HD, Sjölund RD (eds) Sieve elements. Springer, Berlin Heidelberg New York Tokyo, pp 103-130

Evert RF, Eschrich W, Eichhorn SE (1973) P-protein distribution in mature sieve elements of *Cucurbita maxima.* Planta 109:193-210

Evert RF, Eschrich W, Heyser W (1977) Distribution and structure of the plasmodesmata in mesophyll and bundle-sheath cells of Zea mays L. Planta 136:77-89

Evert RF, Eschrich W, Heyser W (1978) Leaf structure in relation to solute transport and phloem loading in *Zea mays* L. Planta 138:279-294

Evert RF, Botha CEJ, Mierzwa RJ (1985) Free-space marker studies on the leaf of *Zea mays* L. Protoplasma 126:62-73

Evert RF, Mierzwa RJ, Eschrich W (1988) Cytochemical localization of phosphatase activity in vascular bundles and contiguous tissues of the leaf of *Zea mays* L. Protoplasma 146:41-51

Fagerlind F (1937) Embryologische, zytologische und Bestäubungs-experimentelle Studien in der Familie Rubiaceae nebst Bemerkungen über einige Polyploiditäts-Probleme. Acta Horti Bergiani 11:195-470

Fahn A (1979a) Secretory tissues in plants. Academic Press, London

Fahn A (1979b) Ultrastructure of nectaries in relation to nectar secreteion. Amer J Bot 66:977-985

Fahn A (1985) Plant Anatomy, 3rd edn. Pergamon Press, Oxford.

Fahn A, Zamski E (1970) The influence of pressure, wind, wounding and growth substances on the rate of resin duct formation in *Pinus halepensis* wood. Israel J Bot 19:429-446

Fahn A, Zimmermann MH (1982) Development of the successive cambia in *Atriplex halimus* (Chenopodiaceae). Bot Gaz 143:353-357

Fahn A, Werker E, Ben-Zur P (1979) Seasonal effects of wounding and growth hormones on the development of traumatic ducts in *Cedrus libani.* New Phytol 82:537-544

Falk H (1964) Zur Herkunft des Siebröhrenschleimes bei *Tetragonia expansa* Murr. Planta 60:558-567

de Fekete MAR, Vieweg GH (1973) Zur Synthese der Saccharose in Blättern von *Zea mays.* Ber Deutsch Bot Ges 86:227-231

Ferrandon M, Chamel A (1989) Foliar uptake and translocation of iron, zinc and manganese. Influence of chelating agents. Plant Physiol Biochem 27:713-722

Fincher GB (1989) Molecular and cellular biology associated with endosperm mobilization in germinating cereal grains. Ann Rev Plant Physiol Plant Mol Biol 40:305-346

Fink S (1986) Pathologische und regenerative Anatomie der Holzpflanzen. Habil Schrift Forstwiss Fakultät, Univ Freiburg

Finlay RD (1989) Functional aspects of phosphorus uptake and carbon translocation in incompatible ectomycorrhizal associations between *Pinus sylvestris* and *Suillus grevillei* and *Boletus cavipes.* New Phytol 112:185-192

Fischer A (1884) Untersuchungen über das Siebröhrensystem der Cucurbitaceen. Borntraeger, Berlin

Fisher DG (1986) Ultrastructure, plasmodesmatal frequency, and solute concentration in green areas of variegated *Coleus blumei* benth. leaves. Planta 169:141–152

Fisher DG (1988) Movement of lucifer yellow in leaves of *Coleus blumei* Benth. Plant Cell Environm 11:639–644

Fisher DG (1990) Leaf structure of *Cananga odorata* (Annonaceae) in relation to the collection of photosynthate and phloem loading: Morphology and anatomy. Can J Bot 68:354–363

Fisher DG, Evert RF (1982) Studies on the leaf of *Amaranthus retroflexus* (Amaranthaceae), ultrastructure, plasmodesmatal frequency, and solute concentration in relation to phloem loading. Planta 155:377–387

Fisher FJF, Ehret DL, Hollingdale J (1987) The pattern of vascular deployment near the pulvinus of the solar-tracking leaf of *Lavatera cretica* (Malvaceae). Can J Bot 65:2109–2117

Flügge UI, Heldt HW (1991) Metabolic translocators of the chloroplast envelope. Ann Rev Pl Physiol Pl Mol Biol. 42:121–144

Foster AS (1946) Comparative morphology of the foliar sclereids in the genus *Mouriria* Aube. J Arnold Arbor 27:253–271

Foster AS (1956) Plant idioblasts: remarkable examples of cell specialization. Protoplasma 56:184–193

Foster AS, Gifford EM (1959) Comparative morphology of vascular plants. WH Freeman and Co, San Francisco

Francesci VR, Giaquinta R (1983a) The paraveinal mesophyll of soybean leaves in relation to assimilate transfer and compartmentation. I. Ultrastructure and histochemistry during vegetative development. Planta 157:411–421

Francesci VR, Giaquinta R (1983b) The paraveinal mesophyll of soybean leaves in relation to assimilate transfer and compartmentation. II. Structural, metabolic and compartmental changes during reproductive growth. Planta 157:422–431

Frank E, Jensen WA (1970) On the formation of the pattern of crystal idioblasts in *Canavalia ensiformis* DC. IV. The fine structure of the crystal cells. Planta 95:202–217

Franke W (1962) Dienen Ektodesmen als Transportbahnen bei Stoffaufnahme und Stoffabgabe der Blätter? Umschau Wiss Techn: 501–504

Franke W (1964) Über die Beziehungen der Ektodesmen zur Stoffaufnahme durch Blätter. III. Planta 61:1–16

Franke W (1967) Ektodesmen und die peristomatäre Transpiration. Planta 73:138–154

Frey-Wyssling A (1941) Die Guttation als allgemeine Erscheinung. Ber Schweiz Bot Ges 51:321–325

Frey-Wyssling A (1976) The plant cell wall. Handb. Pfl. Anatomie. Borntraeger, Berlin Stuttgart

Frey-Wyssling A (1980) Why starch as our main food supply? Ber Deutsch Bot Ges 93:281–287

Fritts HC (1976) Tree rings and climate. Academic Press, London

Fritz E (1973) Microautoradiographic investigations on bidirectional translocation in the phloem of *Vicia faba*. Planta 112:169–179

Fritz E, Evert RF, Heyser W (1983) Microautoradiographic studies of phloem loading and transport in the leaf of *Zea mays* L. Planta 159:193–206

Fromm J (1986) Assimilattransport in ungereizten und gereizten Blattgelenken von *Mimosa pudica* L. Diss Forstl Fak Univ Göttingen

Fromm J (1991) Control of phloem unloading by action potentials in *Mimosa*. Physiol plant 83:529–533

Fromm J (1992) Untersuchungen zur elektrischen Signalleitung in der Korbweide (*Salix viminalis* L.). Schrift. Forstl Fakult Univ Göttingen Band 108. JD Sauerländer, Frankfurt

Fromm J, Eschrich W (1988a) Transport pocesses in stimulated and non-stimulated leaves of *Mimosa pudica*. I. The movement of ^{14}C-labeled photoassimilates. Trees 2:7–17

Fromm J, Eschrich W (1988b) Transport processes in stimulated and non-stimulated leaves of *Mimosa pudica*. II. Energesis and transmission of seismic stimulations. Trees 2:18–24

Fromm J, Eschrich W (1989) Correlation of ionic movements with phloem unloading and loading in barley leaves. Plant Physiol Biochem 27:577–585

Fromm J, Eschrich W (1993) Electric signals released from roots of Willow (*Salix viminalis* L.) change transpiration and photosynthesis. J Plant Physiol 141:673–680

Fromm J, Essiamah S, Eschrich W (1987) Displacement of frequently occurring heavy metals in autumn leaves of beech (*Fagus sylvatica*). Trees 1:164–171

Fry SC (1989) Cellulases, hemicelluloses and auxin-stimulated growth. A possible relationship. Physiol plant 75:532–536

Funke GL (1929) On the biology and anatomy of some tropical leaf joints. Ann Jard Bot Buitenzorg I. 40:45–74, II. 41:33–64

Galatis B, Apostolakos P, Palafoutas D (1986) Studies on the formation of „floating" guard cell mother cells in *Anemia*. J Cell Sci 80:29–55

Galil J (1980) Kinetics of bulbous plants. Endeavour 5:15–20

Gamalei Y (1989) Structure and function of leaf minor veins in trees and herbs. A taxonomic review. Trees 3:96–110

Gamalei Y, Pakhomova MV, Sjutkina AV (1992) Ecological aspects of assimilate export. I. Temperature. Fiziol Rast 39:1068–1078

Gamalei Y, Fromm J, Krabel D, Eschrich W (1994) Chloroplast movement as response to wounding in *Elodea canadensis*. J Plant Physiol. 144:518–524

Gassner G (1955) Mikroskopische Untersuchung pflanzlicher Nahrungs- und Genußmittel, 3. Aufl. Gustav Fischer, Stuttgart

Gautheret RJ (1959) La Culture des Tissus végétaux. Masson et Cie, Paris

Geiger DR, Fondy BR (1980) Response of phloem loading and export to rapid changes in sink demand. Ber Deutsch Bot Ges 93:177–186

Gessner F (1956) Der Wasserhaushalt der Hydrophyten und Helophyten. In: Handbuch der Pflanzenphysiologie III. Springer, Berlin, Göttingen Heidelberg pp 854–901

Giaquinta RT (1977) Sucrose hydrolysis in relation to phloem translocation in *Beta vulgaris*. Plant Physiol 60:339–343

Gierbart H (1964) Das Verhalten endoplasmatischer Membransysteme in der Zelle von *Polystictus versicolor*. THF 552. Akademie Wiss Zentralinst Mikrobiol und exper Therapie, Jena

Gifford EM (1983) Concept of apical cells in bryophytes and pteridophytes. Ann Rev Plant Physiol 34:419–440

Glimelius K, Fahlesson J, Landgren M, Sjödin C, Sundberg E (1991) Gene transfer via somatic hybridization in plants. Tibtech 9:24–30

Goebel K (1920) Die Entfaltungsbewegungen der Pflanzen und deren teleologische Bedeutung. Gustav Fischer, Jena

Goodwin PB (1983) Molecular size limit for movement in the symplast of the *Elodea* leaf. Planta 157:124–130

Goodwin TW, Mercer EI (1975) Introduction to plant biochemistry. Pergamon Press, Oxford

Gradmann H (1928) Untersuchungen über die Wasserverhältnisse des Bodens als Grundlage des Pflanzenwachstums I. Jb wiss Bot 69:1–100

Gregory M, Baas P (1989) A survey of mucilage cells in vegetative organs of the dicotyledons. Israel J Bot 38:125–174

Gülz PG, Müller E, Prasad RBN (1988) Organ specific composition of epicuticular waxes of beech (*Fagus sylvatica* L.) leaves and seeds. Z Naturforsch 44c:731–734

Gunning BES (1965) Then greening process in plastids. 1. The structure of the prolamellar body. Protoplasma 60:111–130

Gunning BES, Pate JS (1969) „Transfer cells“, Plant cells with wall ingrowths, specialized in relation to short distance transport of solutes – their occurrence, structure and development. Protoplasma 68:107–133

Gunning BES, Hughes JE, Hardham AR (1978) Formative and proliferative cell divisions, cell differentiation, and developmental changes in the meristem of *Azolla* roots. Planta 143:121–144

Guttenberg H von (1940) Der primäre Bau der Angiospermenwurzel. Handb Pfl Anatomie. Borntraeger, Berlin

Guttenberg H von (1960) Grundzüge der Histogenese höherer Pflanzen. I. Die Angiospermen. Borntraeger, Berlin

Guttierrez M, Gracen VE, Edwards GE (1974) Biochemical and cytological relationships in C_4 plants. Planta 119:279–300

Haas DL, Carothers ZB, Robbins RR (1976) Observations on the Phi-thickenings and casparian strips in *Pelargonium* roots. Amer J Bot 63:863–867

Haberlandt GFJ (1879) Entwicklungsgeschichte des mechanischen Gewebesystems der Pflanzen. Engelmann, Leipzig

Haberlandt G (1906) Sinnesorgane im Pflanzenreich 2. Aufl. Engelmann, Leipzig

Haberlandt G (1924) Physiologische Pflanzenanatomie, 6.Aufl. Engelmann Leipzig

Habricot Y, Sossountzov L (1984) Distribution, fine structure and possible role of transfer cells in relation to apical dominance in the aquatic fern *Marsilea drummondii*. Cytobios 41:191–206

Haccius B (1971) Zur derzeitigen Situation der Angiospermen-Embryologie. Bot Jb 91:309–329

Hahn K (1993) Der Wasserferntransport in Bäumen. Allgem.Forst Zeitschr 22:1143–1150

Hannig E (1899) Über die Staubgrübchen an den Stämmen und Blattstielen der Cyatheaceen und Marattiaceen. Bot Ztg 56:9–33

Hardham AR, McCully ME (1982) Reprogramming of cells following wounding in pea (*Pisum sativum* L.) roots. I. Cell division and differentiation of new vascular elements. Protoplasma 112:143–151

Hartig T (1837) Vergleichende Untersuchungen über die Organisation des Stammes der einheimischen Waldbäume. Jahrb Fortschr Forstwiss Forstk Naturkd 1:125–168

Hartmann T, Eschrich W (1969) Stofftransport in Rotalgen. Planta 85:303–312

Hatch MD (1976) Photosynthesis the path of carbon. In: Bonner J, Varner JE (eds) Plant Biochemistry. Academic Press, New York, pp 797–844

Hatch MD, Glasziou KT (1964) Direct evidence for translocation of sucrose in sugarcane leaves and stems. Plant Physiol 39:180–184

Hatch MD, Slack CR (1970) Photosynthetic CO_2-fixation pathways. Ann Rev Plant Physiol 21:141–162

Hatch MD, Kagawa T, Craig S (1975) Subdivision of C_4-pathway species based on differring C_4 acid decarboxylating systems and ultrastructural features. Austr J Plant Physiol 2:111–128

Haupt W (1977) Bewegungsphysiologie der Pflanzen. Thieme, Stuttgart

Hayward HE (1938) The structure of economic plants. MacMillan Co, New York

Hegnauer R (1962–1973) Chemotaxonomie der Pflanzen Bände I-VI. Birkhäuser, Basel Stuttgart

Heide-Jorgensen HS (1989) Development and ultrastructure of the haustorium of *Viscum minimum* I. The adhesive disk. Can J Bot 67:1161–1173

Hejnowicz Z (1964) Orientation of the partition in pseudotransverse division in cambia of some conifers. Can J Bot 42:1685–1691

Hejnowicz Z (1973) Morphogenetic waves in cambia of trees. Plant Sci Lett 1:359–366

Hejnowicz Z (1974) Pulsations of domain length as support for the hypothesis of morphogenetic waves in the cambium. Acta Soc Bot Pol 18:261–271

Heslop-Harrison Y (1977) The pollen stigma interaction: pollen tube penetration in *Crocus*. Ann Bot 41:913–922

Hess T, Sachs T (1972) The influence of a mature leaf on xylem differentiation. New Phytol 71:903–914

Heyser W (1970) Das Phloem von *Tradescantia albiflora*. Flora 159:286–309

Heyser W (1971) Phloemdifferenzierung bei *Tradescantia albiflora*. Cytobiologie 4:186–197

Heyser W, (1980) Phloem loading in the maize leaf. Ber Deutsch Bot Ges 93:221–228

Heyser W, Evert RF, Fritz E, Eschrich W (1978) Sucrose in the free space of translocating maize leaf bundles. Plant Physiol 62:491–494

Higuchi T (1990) Lignin biochemistry: Biosynthesis and biodegradation. Wood Science and Technol 24:23–63

Hillman WS (1962) The physiology of flowering. Holt RinehartWinston, New York

Hitch PA, Sharman BC (1971) The vascular pattern of festucoid grass axes with particular reference to nodal plexi. Bot Gaz 132:38–56

Hofmann E, Grimm R, Harter K, Speth V, Schäfer E (1991) Partial purification of sequestered particles of phytochrome from oat (*Avena sativa* L.) seedlings. Planta 183:265–273

Höhn K (1950) Untersuchungen über Hydathoden und Funktion. Akad Wiss Lit Mainz, Abh math-nat Kl 2:11–41

Höhn K (1951) Beziehungen zwischen Blutung und Guttation bei *Zea mays*. Planta 39:65–74

Holdheide W, Huber B (1952) Ähnlichkeiten und Unterschiede im Feinbau von Holz und Rinde. Holz als Roh- und Werkstoff 10:263–268

Holleman AF, Wiberg E (1976) Lehrbuch der anorganischen Chemie, 90.Aufl. Walter de Gruyter Berlin

Hoppe HA (1981) Taschenbuch der Drogenkunde. Walter de Gruyter, Berlin

Hsiau JS (1984) Transportprocesses in wood. Springer Berlin

Huber B (1935) Die physiologische Bedeutung der Ring- und Zerstreutporigkeit. Ber Deutsch Bot Ges 53:711–719

Huber B, Prütz G (1938) Über den Anteil von Fasern, Gefäßen und Parenchym am Aufbau verschiedener Hölzer. Holz als Roh- und Werkstoff 1:377–381

Humble GD, Hsiao TC (1970) Light-dependent influx and efflux of potassium of guard cells during stomatal opening and closing. Plant Physiol 46:483–487

Humble GD, Raschke K (1971) Stomatal opening quantitatively related to potassium transport. Evidence from electron probe analysis. Plant Physiol 48:447–453

Ishioka N, Tanimoto S, Harada H (1990) Flower-inducing activity of phloem exudate in cultured apices from *Pharbitis* seedlings. Plant Cell Physiol 31:705–709

Jaccard P (1913) Eine neue Auffassung über die Ursachen des Dickenwachstums. Naturwiss Z Forst Landwirtsch 11:241–279

Jacobsen KR, Eschrich W (1990) Translocation of photoassimilates in wound-sieve tubes. Planta 181:335–342

Jahnke S, Stöcklin G, Willenbrink J (1981) Translocation profiles of ^{11}C-assimilates in the petiole of *Marsilea quadrifolia* L. Planta 153:56–63

Jaretzky R (1949) Lehrbuch der Pharmakognosie. 2. Aufl. Vieweg, Braunschweig

Jeffree CE, Read ND, Smith JAC, Dale JE (1987) Water droplets and ice deposits in leaf intercellular spaces: redistribution of water during cryofixation for scanning electron microscopy. Planta 172:20–37

Jensen WA, Kavaljian LG (1958) An analysis of cell morphology and the periodicity of division in the root tip of *Allium cepa* Amer J Bot 45:365–372

Jones MGK (1976) The origin and development of plasmodesmata. In: Gunning BES, Robards AW (eds) (1976) Intercellular communiucation in plants: studies on plasmodesmata. Springer, Berlin Heidelberg New York, pp 81–105

Kallarackal J, Orlich G, Schobert C, Komor E (1989) Sucrose transport into the phloem of *Ricinus communis* L. seedlings as measured by the analysis of sieve-tube sap. Planta 177:327–335

Kaplan DR (1983) The development of palm leaves. Scientific Amer 249:98–105

Kaplan DR, Hagemann W (1991) The relationship of cell and organism in vascular plants. Bioscience 41:693–703

Kaplan DR, Dengler NG, Dengler RE (1982) The mechanism of plication inception in palm leaves:problem and developmental morphology. Can J Bot 60:2939–2975

Karsten G, Weber U, Stahl E (1962) Lehrbuch der Pharmakognosie, 9. Aufl. Gustav Fischer, Stuttgart

Kaul RB (1977) The role of the multiple epidermis in foliar succulence of *Peperomia* (Piperaceae). Bot Gaz 138:213–218

Kausik SB (1935) The life history of *Lobelia trigona* Roxb. with special reference to the nutrition of the embryo sac. Proc Indian Acad Sci Sect B 2:410–418

Kauss H (1986) Ca^{2+}-dependence of callose synthesis and the role of polyamines in the activation of 1,3-glucan synthase by Ca^{2+}. In: Trewavas AJ (ed) Molecular and cellular aspects of calcium in plant development. Plenum publ Corp, pp 131–137

Kennedy RW, Farrar JL (1965) Tracheid development in tilted seedlings. In: Coté WA (ed) Cellular ultrastructure of woody plants. Syracuse Univ Press, Syracuse, pp 419–453

Kienitz-Gerloff F (1910) Botanisch-mikroskopisches Praktikum. QuelleMeyer, Leipzig

Kindl H (1987) Biochemie der Pflanzen, 2.Aufl. Springer, Berlin.

Kiss JZ, Hertel R, Sack FD (1989) Amyloplasts are necessary for full gravitropic sensitivity in roots of *Arabidopsis thaliana*. Planta 177:198–206

Kiss JZ, Giddings TH jr, Staehelin LA, Sack FD (1990) Comparison of the ultrastructure of conventionally fixed and high pressure frozen/freeze substituted root tips of *Nicotiana* and *Arabidopsis*. Protoplasma 157:64–74

Kisser J (1958) Der Stoffwechsel sekundärer Pflanzenstoffe. Handb Pfl Physiol, Bd. 10. Springer, Berlin, Göttingen Heidelberg

Kleinig H, Sitte P (1984) Zellbiologie. Ein Lehrbuch. Gustav Fischer, Stuttgart

Klinken J (1914) Ueber das gleitende Wachstum der Initialen im Kambium der Koniferen und den Markstrahlverlauf in ihrer sekundären Rinde. Bibl Bot 19:1–37

Kluge M, Ting IP (1978) Crassulacean acid metabolism. Analysis of an ecological adaptation. Ecol Studies 30. Springer, Heidelberg New York

Knigge W, Schulz H (1966) Grundriß der Forstbenutzung. Parey, Hamburg Berlin

Knoll F (1905) Die Brennhaare der Euphorbiaceen-Gattungen *Dalechampia* und *Tragia*. Sitzber Akad Wiss Wien 1.Abt, 114:29–50

Knuchel H (1954) Das Holz. Holzarten Lexikon. Sauerländer, Frankfurt

Kolattukudy PE (1980) Biopolyester membranes of plants: cutin and suberin. Science 208:990–1000

Koller D, Levitan I (1989) Diurnal phototropism in leaves of *Lavatera cretica* L. under conditions of simulated solar tracking. J exp Bot 40:1059–1064

Kollmann R, Glockmann C (1985) Studies on graft unions. I. Plasmodesmata between cells of plants belonging to different unrelated taxa. Protoplasma 124:224–235

Kollmann R, Schumacher W (1963) IV. Weitere Beobachtungen zum Feinbau der Plasmabrücken in den Siebzellen. Planta 60:360–389

Kollmann R, Dörr I, Schulz A, Behnke HD (1983) Funktionelle Differenzierung der Assimilatleitbahnen. Ber Deutsch Bot Ges 96:117–132

Kollmann R, Yang S, Glockmann C (1985) Studies on graft unions. II. Continuous and half plasmodesmata in different regions of the graft interface. Protoplasma 126:19–29

Kooiman P (1960) On the occurrence of amyloids in plant seeds. Acta Bot Néerl 9:208–219

Kooiman P (1967) The constitution of the amyloid from seeds of *Annona muricata* L. Phytochemistry 6:1665–1673

Krabel D (1988) Einfluß von Selbstung und Fremdung auf die Trenngewebedifferenzierung bei Blüten von *Hibiscus rosa-sinensis* L. Diss Forstl Fak Univ Göttingen

Krabel D, Eschrich W (1990) Influence of phloem transport on flower abscission in *Hibiscus rosa-sinensis*. Trees 4:128–135

Krabel D, Bodson M, Eschrich W (1994) Seasonal changes in the cambium of trees. I. Sucrose content in *Thuja occidentalis*. Botanica Acta 107:54–59

Krabel D, Eschrich W, Gamalei YV, Fromm J, Ziegler H (1995) Acquisition of carbon in *Elodea canadensis* Michx. J Plant Physiol 145:50–56

Kramer PJ, Kozlowski TT (1979) Physiology of woody plants. Academic Press, New York

Krawczyszyn J (1973) Domain pattern in the cambium of young *Platanus* stems. Acta Soc Bot Pol 17:637–648

Kremer BP (1991) Das Experiment: Zellwandpolysaccharide mariner Rotalgen. BIUZ 21:97–99

Krenke NP (1933) Wundkompensation, Transplantation und Chimären bei Pflanzen. Springer, Berlin

Kristen U, Liebezeit G, Biedermann M (1982) The ligule of *Isoetes lacustris*: Ultrastructure, mucilage composition and a possible pathway of secretion. Ann Bot 49:569–584

Kroemer K (1903/04) Wurzelhaut, Hypodermis und Endodermis der Angiospermenwurzel. Bibliotheca Botanica 15, Heft 59. Stuttgart

Krull R (1960) Untersuchungen über den Bau und die Entwicklung der Plasmodesmen im Rindenparenchym von *Viscum album*. Planta 55:598–629

Kühbauch W, Thome U (1989) Nonstructural carbohydrates of wheat stems as influenced by sink-source manipulations. J Plant Physiol 134:243–250

Kuijt J (1969) The Haustorium. In: Kuijt J (ed) The biology of parasitic flowering plants. Univ California Press, Berkeley, pp 158–190

Kumar R, Silva L (1973) Light tracing through a leaf cross section. Appl Opt 12:2950–2954

Kumazawa M (1961) Studies on the vascular course in maize plant. Phytomorphology 11:128–139

Kuo J, O'Brien TP, Canny MJ (1974) Pit-field distribution, plasmodesmatal frequency, and assimilate flux in the mestome sheath cells of wheat leaves. Planta 121:97–118

Kuo-Sell HL (1989) Aminosäuren und Zucker im Phloemsaft verschiedener Pflanzenteile von Hafer (*Avena sativa*) in Beziehung zur Saugortpräferenz von Getreideblattläusen (Hom. Aphididae). J appl Ent 108:54–63

Label P, Sotta B, Miginiac E (1989) Endogenous levels of abscisic acid and indole-3-acetic acid during in vitro rooting of wild cherry explants produced by micropropagation. Plant Growth Regulation 8:325–333

Lacroix C, Sattler R (1988) Phyllotaxis theories and tepal-stamen superposition in *Basella rubra*. Amer J Bot 75:906–917

Laetsch WM (1974) The C_4 syndrome: A structural analysis. Ann Rev Plant Physiol 25:27–52

Laetsch WM (1979) Plants. Basic concepts in botany. Little, Brown Co. Boston Toronto

Lamb CJ, Lawton MA (1983) Photocontrol of gene expression. Encyclopedia of Plant Physiol ns vol 16A. Springer, Berlin, Heidelberg New York, pp 213–257

Lambertz P (1954) Untersuchungen über das Vorkommen von Plasmodesmen in den Epidermisaussenwänden. Planta 44:147–190

Lang A (1990) Xylem, phloem and transpiration flows in developing apple fruits. J exp Bot 41:645–651

Lang ARG (1986) Leaf area and average leaf angle from transmission of direct sunlight. Aust J Bot 34:349–355

Langengfeld-Heyser R (1987) Distribution of leaf assimilates in the stem of *Picea abies* L. Trees 1:102–109

Langenfeld-Heyser R (1989) CO_2 fixation in stem slices of *Picea abies* (L.) Karst.: microautoradiographic studies. Trees, 3:24–32

Langenfeld-Heyser R, Schella B, Buschmann K, Speck F (1995) Microautoradiographic detection of CO_2 fixation in lenticell chlorenchyma of young *Fraxinus excelsior* L. stems in early spring. Trees (submitted)

Larson P (1975) Development and organization of the primary vascular system in *Populus deltoides* according to phyllotaxy. Amer J Bot 62:1084–1099

Larson PR, Isebrands JG, Dickson RE (1972) Fixation patterns of ^{14}C within developing leaves of eastern cottonwood. Planta 107:301–314

Lendzian KJ, (1982) Gas permeability of plant cuticles. Oxygen permeability. Planta 155:310–315

Lendzian KJ, (1984) Permeability of plant cuticles to gaseous air pollutants. In: Kozil MJ, Watley FR (eds) Gaseous air pollutants and plant metabolism. Butterworth, London, pp 71–81

Lerchl D (1993) Die Differenzierung der Nadelblätter von *Picea breweriana* und *Abies grandis*. Diss Math Naturwiss Fak Univ Göttingen

Lev-Yadun S, Aloni R (1990a) Polar patterns of periderm ontogeny, their relationship to leaves and buds, and the control of cork formation. IAWA Bull ns 11:289–300

Lev-Yadun S, Aloni R (1990b) Vascular differentiation in branch junctions of trees: circular patterns and functional significance. Trees 4:49–54

Lev-Yadun S, Liphschitz N (1989) Sites of first phellogen initiation in conifers. IAWA Bull ns 10:43–52

Libbert E (1987) Lehrbuch der Pflanzenphysiologie, 4.Aufl. Gustav Fischer, Stuttgart

Liberman-Maxe M (1971) Etude cytologique de la différenciation des cellules criblées de *Polypodium vulgare* (Polypodiacée). J de Microscopie 12:271–288

Linskens HF Esser K (1957) Über die spezifische Anfärbung der Pollenschläuche im Griffel und die Zahl der Kallosepfropfen nach Selbstung und Fremdung. Naturwiss 44:16

Linskens HF, Jackson JF (1989) Plant fibers. Modern Meth Plant Analysis ns, vol 10 Springer, Berlin Heidelberg New York Tokyo

Lohaus G (1991) Zucker- und Aminosäureanalysen im Phloemsaft verschiedener Pflanzen. Diplom-Arbeit Math Nat Fak Univ Göttingen

Lüning K (1985) Verbreitung, Ökophysiologie und Nutzung der marinen Makroalgen. Thieme, Stuttgart

Lüttge U (1961) Über die Zusammensetzung des Nektars und den Mechanismus seiner Sekretion I. Planta 56:189–212

Lüttge U, Kluge M, Bauer G (1994) Botanik, 2. Aufl. VCH, Weinheim

Maerker U (1965) Zur Kenntnis der Transpiration der Schließzellen. Protoplasma 60:61–78

Magel E, Drouet A, Claudot AC, Ziegler H (1991) Formation of heartwood substances in the stemwood of *Robinia pseudoacacia* L. I. Distribution of phenylalanine ammonium- lyase and chalcone synthase across the trunk. Trees 5: 203–207

Mager H (1932) Beiträge zur Kenntnis der primären Wurzelrinde. Planta 16:666–708

Maheshwari P (1950) An introduction to the embryology of angiosperms. McGraw-Hill, New York

Mahlberg PG (1961) Embryogeny and histogenesis in *Nerium oleander.* II. Origin and development of the non-articulated laticifer. Amer J Bot 48:90–99

Mahlberg PG (1975) Evolution of the laticifer in *Euphorbia* as interpreted from starch grain morphology. Amer J Bot 62:577–583

Maier K (1967) Wandlabyrinthe im Sporophyten von *Polytrichum*. Planta 77:108–126

Maier K, Maier U (1972) Localization of Beta-glycerophosphatase and Mg^{++}-activated adenosine triphosphatase in a moss haustorium, and the relation of these enzymes to the cell wall labyrinth. Protoplasma 75:91–112

Maksymowych R (1973) Analysis of leaf development. Cambridge Univ Press

Mandoli DF, Briggs WR (1985) Fiber optics in plants. Scientific Americ 80–88

Mansfeld R (1924) Vorarbeiten zu einer Monographie der Gattung *Ligustrum*. Bot Jahrb 59: Beiblatt 132:19–75

Marschner H, Römheld V (1983) In vivo measurement of root-induced pH-changes at the soil-root interface. Effect of plant species and nitrogen source. Z Pflanzenphysiol 111:241–251

Martin JT, Juniper BE (1970) The Cuticles of Plants. Edward Arnold, Edinburgh

Matzke K, Riederer M (1990) The composition of the cutin of the caryopses and leaves of *Triticum aestivum* L. Planta 182:461–466

Mauseth JD (1988) Plant Anatomy. The Benjamin/ Cummings Publ Comp, Menlo Park, CA

Mayr F (1915) Hydropoten an Wasser- und Sumpfpflanzen. Beih bot Z Blatt Abt I 32:278–371

M'Batchi B, Delrot S (1984) Parachloromercuribenzenesulfonic acid, a potential tool for differential labeling of the sucrose transporter. Plant Physiol 75:154–160

McCully ME, Canny MJ, Van Steveningk RTM (1987) Accumulation of potassium by differentiating metaxylem elements of maize roots. Physiol plant 69:73–80

McFadden GI, Ahluwalia B, Clarke AE, Fincher GB (1986) Expression sites and developmental regulation of genes encoding (1–3),(1–4)-β-glucanases in germinated barley. Planta 173:500–508

Meier H, Reid JSG (1982) Reserve polysaccharides other than starch in higher plants. In: Loewus FA, Tanner W (eds) Plant Carbohydrates. Encyclop Plant Physiol vol 13A. Springer, Berlin Heidelberg New York, pp 418–471

Meineke EP (1894) Beiträge zur Anatomie der Luftwurzeln der Orchideen. Flora 77:133–214

Melchior H (1921) Über den anatomischen Bau der Sauggorgane von *Viscum album* L. Beitr z allgem Bot Bd 2.

Melville R, Wrigley FA (1969) Fenestration in the leaves of *Monstera* and its bearing on the morphogenesis and colour patterns of leaves. Bot J Linn Soc London 62:1–16

Metzger K (1894/95) Studien über den Aufbau der Waldbäume und Bestände nach statischen Gesetzen. Mündener Forstl Hefte 5:61–74; 6:94–119; 7:45–97

Metzler W (1924) Beiträge zur vergleichenden Anatomie blattsukkulenter Pflanzen. Bot Arch 6:50–83

Mikesell JE (1979) Anomalous secondary thickening in *Phytolacca americana* L. (Phytolaccaceae). Amer J Bot 66:997–1005

Mirande R (1913) Recherches sur la composition chimique de la membrane et le morcellement du thalle chez les Siphonales. Ann Sci nat 9: sér 18:147–264

Mohr H, Schopfer P (1992) Lehrbuch der Pflanzenphysiologie 4. Aufl. Springer, Berlin

Mohr H, Shropshire W jr (1983) An introduction to morphogenesis for the general reader. In: Shropshire W jr, Mohr H. eds. Encyclop Plant Physiol, vol 16A: Photomorphogenesis. Springer, Berlin Heidelberg New York Tokyo, pp 24–38

Morgan DC Smith H (1981) Non-photosynthetic responses to light quality. Hdb Pflanzenphysiologie, Bd 12A. Springer, Berlin Heidelberg New York, pp 109–134

Morris BM, Reid B, Gow NAR (1992) Electrotaxis of zoospores of *Phytophthora palmivora* at physiologically relevant field strengths. Plant Cell Environm 15:645–653

Muller J (1979) Form and function in angiosperm pollen. Ann Missouri Bot Gard 66:593–632

Muller J (1981) Fossil pollen records of extant angiosperms. Bot Rev 47:1–142

Münch E (1930) Die Stoffbewegungen in der Pflanze. Gustav Fischer, Jena

Murashige T (1974) Plant propagation through tissue cultures. Ann Rev Plant Physiol 25:135–166

Murashige T, Skoog F (1962) A revised medium for rapid growth and bioassays with tobacco tissue cultures. Physiol plant 15:473–497

Murneek AE, Whyte RO (1948) Vernalization and photoperiodism (Lotsya No 1). Waltham, Mass Chronica Botanica 15:196 pp

Nägeli C (1844) *Caulerpa prolifera*. Z wiss Bot 1:134–182

Nägeli C (1928) Die Micellartheorie. In: Frey A (Hrsg). Ostwalds Klassiker der exakten Naturwissenschaften. Akad Verlagsges, Leipzig

Napp-Zinn K (1951) Zur Gewebedifferenzierung des *Grindelia*-Blattes, insbesondere seiner Epidermis. Z Naturforschg 6b:430–437

Napp-Zinn K (1973/74) Anatomie des Blattes. II Angiospermen. 2 Bde. Handb Pflanzenanatomie. Borntraeger, Berlin Stuttgart

Naylor EE (1932) The morphology of regeneration in *Bryophyllum calycinum*. Amer J Bot 19:32–40

Neeff F (1920) Über die Umlagerung der Kambiumzellen beim Dickenwachstum der Dikotylen. Zeitschr Bot 12:225–252

Neger FW (1918) Die Wegsamkeit der Laubblätter für Gase. Flora 111/112:152–161

Netolitzky F (1932) Die Pflanzenhaare. Handb Pflanzenanatomie IV. Borntraeger, Berlin

Neushul M (1974) Botany. Hamilton Publ Co Santa Barbara, CA

Nii N, Kawano S, Nakamura S, Kuroiwa T (1988) Changes in the fine structure of chloroplast and chloroplast DNA of peach leaves during senescence. J Jap Soc Hort Sci 57:390–398

Nobel PS (1991) Physicochemical and Environmental Plant Physiology. Acad Press San Diego

Noll E (1896) Das Sinnenleben der Pflanzen. Ber Senckenb Natfor Ges, Frankfurt, pp 1–88

Nougarède A (1967) Experimental cytology of the shoot apical cells during vegetative growth and flowering. Int Rev Cytol 21: 203–351

Nuske J, Eschrich W. (1976) Synthesis of P-protein in mature phloem of *Cucurbita maxima*. Planta 132:109–118

O'Brien TP, Carr DJ (1970) A suberized layer in the cell walls of the bundle sheath of grasses. Aust J Biol Sci 23:275–287

Oetken I (1969) Anatomie und Feinstruktur der Colleteren von *Aesculus hippocastanum* L. Diss Math Nat Fak Univ Bonn

Offler CE, Patrick JW (1984) Cellular structures, plasma membrane surface areas and plasmodesmatal frequencies of seed coats of *Phaseolus vulgaris* L. in relation to photosynthate transfer. Austr J Plant Physiol 11:79–99

Offler CE, Nerlich SM, Patrick JW (1989) Pathway of photosynthate transfer in the developing seed of *Vicia faba* L. Transfer in relation to seed anatomy. J exp Bot 40:769–780

Ogura Y (1938) Anatomie der Vegetationsorgane der Pteridophyten. Hdb Pflanzenanatomie II, Abt Bd VII 2B. Borntraeger, Berlin

Okiwa T (1977) Response of *Spirogyra* chloroplast to local illumination. Planta 136:7–11

Oliver FW (1887) On the obliteration of the sieve tubes in Laminarieae. Ann Bot 1:95–117

Oparka KJ (1986) Phloem unloading in the potato tuber, pathways and sites of ATPase. Protoplasma 131:201–210

Oparka KJ, Gates P (1981) Transport of assimilates in the developing caryopsis of rice (*Oryza sativa* L.). The pathways of water and assimilated carbon. Planta 152:388–396

Osborne DJ (1989) Abscission. CRC Critical Reviews in Plant Sciences 8:103–129

Overall RL, Wolfe J, Gunning BES (1982) Intercellular communication in *Azolla* roots. I. Ultrastructure of plasmodesmata. Protoplasma 111:134–150

Parthasaraty MV (1980) Mature phloem of perennial monocotyledons. Ber Deutsch Bot Ges 93:57–70

Parthasarathy MV, Perdue TD, Witztum A, Alvernaz J (1985) Actin network as a normal component of the cytoskeleton in many vascular plant cells. Amer J Bot 72:1318–1323

Pate JS, Gunning BES (1972) Transfer cells. Ann Rev Plant Physiol 23:173–196

Pate JS, Kuo J, Dixon KW, Crisp MD (1989) Anomalous secondary thickening in roots of *Daviesia* (Fabaceae) and its taxonomic significance. Bot J Linn Soc 99:175–193

Payer JB (1857) Traité d'organogénie comparée de la fleur. Texte et Atlas. Victor Masson, Paris

Payne WW (1979) Stomatal patterns in embryophytes: Their evolution, ontogeny and interpretation. Taxon 28:117–132

Pearcy RW (1990) The light environment and growth of C_3 and C_4 tree species in the understory of a Hawaiian forest. Oecologia 58:19–25

Pennazio S, Appiano A, Redolfi P (1979) Changes occurring in *Gomphrena globosa* leaves in advance of the appearance of tomato bushy stunt virus necrotic local lesions. Physiol Plant Pathol 15:177–182

Perbal G, Riviere S (1980) Perception et réaction géotropiques de l'épicotyle d'*Asparagus officinalis*. Physiol plant 48:51–58

Perrin A (1971) Présence de „cellules de transfert" au sein de l'épithème de quelques hydathodes. Z Pflanzenphysiol 65:39–51

Perumalla CJ, Peterson CA, Enstone DE (1990) A survey of angiosperm species to detect hypodermal casparian bands. I. Roots with a uniseriate hypodermis and epidermis. Bot J Linn Soc 103:93–112

Peterson CA (1988) Exodermal Casparian bands: their significance for ion uptake by roots. Physiol plant 72:204–208

Peterson CA, Perumalla CJ (1984) Development of the hypodermal Casparian band in corn and onion roots. J.exp Bot 35:51–57

Pfeiffer H (1926) Das abnorme Dickenwachstum. Hb.Pflanzenanatomie, Bd IX. Borntraeger, Berlin

Philipp M (1923) Über die verkorkten Abschlußgewebe der Monocotylen. Bibliotheca Bot 92:1–25

Philipson WR, Ward JM, Butterfield BG (1971) The Vascular Cambium. Its development and activity. Chapman Hall, London

Pierre RG (1989) Variation, magnitude, timing, and causes of immature fruit loss in Amelanchier alnifolia (Rosaceae). Can J Bot 67:726–731

Pirwitz K (1931) Physiologische und anatomische Untersuchungen an Speichertracheiden und Velamina. Planta 14:19–76

Plomann M, Eschrich W (1990) Assimilate partitioning in the variegated *Coleus* leaf. Botanica Acta 103:430–434

Pollock CJ (1986) Fructans and the metabolism of sucrose in vascular plants. New Phytol 104:1–24

Pontis HG (1989) Fructans and cold stress. J Plant Physiol 134:148–150

Priestley JH (1926) Light and growth. II. On the anatomy of etiolated plants. New Phytol 25:145–170

Priestley JH (1930) Studies in the physiology of cambial activity. II. The concept of sliding growth. New Phytol 29:96–140

Priestley JH, Ewing J (1923) Physiological studies in plant anatomy. VI. Etiolation. New Phytol 22:30–44

Pukacki P, Giertych M, Chalupka W (1980) Light filtering function of bud scales in woody plants. Planta 150:132–133

Pulawska Z (1972) General and peculiar features of vascular organization and development in shoots of *Bougainvillea glabra* Choisy (Nyctaginaceae). Acta Soc Bot Poloniae 41:39–70

Pütz N (1992) Measurement of the pulling force of a single contractile root. Can J Bot 70:1433–1439

Pütz N (1993) Underground plant movement I. The bulb of *Nothoscordum inodorum* (Alliaceae). Bot Acta 106:338–343

Quader H, Fast H (1990) Influence of cytosolic pH changes on the organisation of the endoplasmic reticulum in epidermal cells of onion bulb scales: acidification by loading with weak organic acids. Protoplasma 157:216–224

Raatz W (1892) Die Stabbildungen im secundären Holzkörper der Bäume und die Initialentheorie. Jb wiss Bot 23:567–636

Radoglou KM, Jarvis PG (1990) Effects of CO_2 enrichment on four poplar clones. I. Growth and leaf anatomy. Ann Bot 65:617–626

Rao KS (1988) Cambial activity and developmental changes in ray initials of some tropical trees. Flora 181:425–434

Raschke K (1975) Stomatal action. Ann Rev Plant Physiol 26:309–340

Raven PH, Evert RF, Eichhorn SE (1992) Biology of plants. 5th edn. Worth Publ, New York

Ray PM (1967) Die Pflanze. BLV, München.

Redies H (1962) Über „homobare" und „heterobare" Intercellularsysteme in höheren Pflanzen. Beitr Biol Pfl 37:411–445

Rehm S (1936) Zur Entwicklungsphysiologie der Gefäße und des trachealen Systems. Planta 26:255–294

Renaudin S, Capdepon M (1977) Sur la structure des parois des glandes pédicellées et des glandes en bouclier de *Tozzia alpina* L. Bull Soc Bot France 124:29–43

Rendle AB (1889) On the vesicular vessel of onion. Ann Bot 3:169–177

Resch A (1959) Über Leptombündel und isolierte Siebröhren sowie deren Korrelationen zu den übrigen Leitungsbahnen in der Sproßachse. I. Planta 52:467–489. II. Planta 52:490–515

Reyneke WF, Van der Schijff HP (1974) The anatomy of contractile roots in *Eucomis* l'Hérit. Ann Bot 38:977–982

Ricca V (1916) Solution d'un probleme de physiologie: La propagation de stimulus dans la sensitive. Arch Ital Biol (Pisa) 65:219–232

Riebner F (1925) Über Bau und Funktion der Spaltöffnungsapparate bei den Equisetinae und Lycopodinae. Arch wiss Bot 1.

Robards AW (1976) Plasmodesmata in higher plants. In: Gunning BES, Robards AW (eds) Intercellular communication in plants: studies on plasmodesmata. Springer, Berlin Heidelberg New York, pp 15–57

Roberts EA, Proctor BE (1954) The appearance of starch grains of potatoe tubers of plants grown under constant light and temperature conditions. Science 119:509–510

Robinson DG (1981) Membrane flow in relation to secretion in higher plant cells: New results and concepts. In: Robinson DG, Quader H (eds) Cell Walls 81. Wiss Verlagsges, Stuttgart, pp 47–56

Rodkiewicz B, Bednara J (1976) Cell wall ingrowths and callose distribution in megasporogenesis in some Orchidaceae. Phytomorphology 26:276–281

Roloff A (1987) Morphologie der Kronenentwicklung von *Fagus sylvatica* L. (Rotbuche) unter besonderer Berücksichtigung neuartiger Veränderungen. I. Morphogenetischer Zyklus, Anomalien infolge Prolepsis und Blattfall. Flora 179:355–378

Römheld V, Müller C, Marschner H (1984) Localization and capacity of proton pumps in roots of intact sunflower plants. Plant Physiol 76:603–606

Rosenquist JK, Morrison JC (1988) The development of the cuticle and epicuticular wax of the grape berry. Vitis 27:63–70

Roth I (1977) Fruits of angiosperms. Handb Pflanzenanatomie. Borntraeger, Berlin Stuttgart

Rouschal E (1938) Eine physiologische Studie an *Ceterach officinarum* Willd. Flora NF 32:305–318

Ruetze M, Schmitt U, Liese W (1989) Gelatinöse Fasern in den Blattrippen von *Quercus robur* L. Holzforschung 43:19–23

Ruhland W (1915) Untersuchungen über die Hautdrüsen der Plumbaginaceen. Ein Beitrag zur Biologie der Halophyten. Jb wiss Bot 55:409–498

Rundel PW (1982) Water uptake by organs other than roots. Physiological Plant Ecology II B, Encyclopedia Plant Physiol. Springer, Berlin Heidelberg New York

Russin WA, Evert RF (1984) Studies on the leaf of *Populus deltoides* (Salicaceae): Morphology and anatomy. Amer J Bot 71:1398–1415

Sabnis DD, Hart JW (1978) The isolation and some properties of a lectin (haemagglutinin) from *Cucurbita* phloem exudate. Planta 142:97–101

Sachs RM, Hackett WP (1983) Source-sink relationships and flowering. In: Meudt WJ (ed) Strategies of plant reproduction. Beltsville Symp in agric Res Potowa NJ Allanheld,Osmin, pp 263–272

Sagromsky H (1966) zur Musterbildung bei der Blattpigmentierung von *Miscanthus sinensis* var. *zebrinus* hort. Anderss. Kulturpflanze 14:283–292

Sallé G (1983) Germination and establishment of *Viscum album* L. In: Calder M, Bernhardt P (eds) The biology of mistletoes. Academic Press, Sydney, pp 145–159

Sandkühler R (1986) Funktions-Muster der Blattspuren bei der Maispflanze. Dipl Arbeit Math-Natw Fak Uni Göttingen

Sanio C (1863) Vergleichende Untersuchungen über die Elementarorgane des Holzkörpers. Bot Ztg 21:85–91; 93–98; 101–111

Saranpää P, Höll W (1989) Soluble carbohydrates of *Pinus sylvestris* L. Sapwood and Heartwood. Trees 3:138–143

Satter RL, Galston AW (1971) Phytochrome controlled nyctinasty in *Albizia julibrissin* III. Interactions between an endogenous rhythm and phytochrome in control of potassium flux and leaflet movement. Plant Physiol 48:740–746

Satter RL, Schrempf M, Chaudhri J, Galston AW (1977) Phytochrome and circadian clocks in *Samanea*: rhythmic redistribution of potassium and chloride within the pulvinus during long dark periods. Plant Physiol 59:231–235

Satter RL, Gorton HL, Vogelmann TC (eds) (1990) The Pulvinus: motor organ for leaf movement. Amer Soc Plant Physiol. Rockville, MD

Sattler R (1973) Organogenesis of flowers. A photographic text-atlas. University of Toronto Press

Saunders MJ, Cordonnier MM, Palevitz SA, Pratt LH (1983) Immunofluorescence visualization of phytochrome in *Pisum sativum* L. epicotyls using monoclonal antibodies. Planta 159:545–553

Sauter JJ (1966) Untersuchungen zur Physiologie der Pappelholzstrahlen. I. Jahresperiodischer Verlauf der Stärkespeicherung im Holzstrahlenparenchym. Z Pflanzenphysiol 55:246–258

Sauter JJ (1972) Respiratory and phosphatase activities in contact cells of wood rays and their possible role in sugar secretion. Z Pflanzenphysiol 67:135–145

Sauter JJ, Ambrosius T (1986) Changes in the partitioning of carbohydrates in the wood during budbreak in *Betula pendula* Roth. J Plant Physiol 124:31–43

Sauter JJ, Kloth S (1987) Changes in carbohydrates and ultrastructure in xylem ray cells of *Populus* in response to chilling. Protoplasma 137:45–55

Sauter JJ, Ulrich H (1977) Cytophotometric investigation of DNA and RNA content in nuclei of active Strasburger cells in *Pinus nigra* var. *austriaca* (Hoess) Badour. Planta 137:5–11

Sauter JJ, Iten W, Zimmermann MH (1973) Studies on the release of sugar into the vessels of sugar maple (*Acer saccharum*). Can J Bot 51:1–8

Sauter JJ, Van Cleve B, Apel K (1988) Protein bodies in ray cells of *Populus*×canadensis Moench robusta. Planta 173:31–34

Savidge RA, Farrar JL (1984) Cellular adjustments in the vascular cambium leading to spiral grain formation in conifers. Can J Bot 62:2872–2879

Sax K (1958) Experimental control of tree growth and reproduction. In: Thimann KV (ed) The Physiology of Forest Trees. Ronald Press, New York, pp 601–610

Schaedle M (1975) Tree photosynthesis. Ann Rev Plant Physiol 26:101–115

Schaffalitzky de Muckadell M (1956) Experiments on development in *Fagus silvatica* by means of herbaceous grafting. Physiol plant 9:396–400

Scheibe R (ed) (1983) Workshop on light- dark modulation of plant enzymes. Proc Univ Bayreuth Wallenfels

Schella B (1995) Aufnahme und Transport organischer Substanzen durch die Wurzel krautiger und holziger Pflanzen. Diss Univ Göttingen

Schenk H (1889) Über das Aerenchym, ein dem Kork homologes Gebilde bei Sumpfpflanzen. Pringsh Jb 20:526

Schenk W (1952) Untersuchungen über die Beziehungen zwischen Lichtfeld und Chlorophyllgehalt an Sproßrinden und Blättern von Holzgewächsen. Planta 41:290–310

Scherffel A (1928) Die Hydathoden von *Lathraea squamaria* und deren epiphytisches Bakterium: *Mycobacterium lathraea*. Math Natw Anzeiger der Ungarischen Akad Wiss. 45:365–368

Schildknecht H (1984) Turgorins – new chemical messengers for plant behavior. Endeavour 8:113–117

Schmitz A (1986) Source-Sink Beziehungen im reifen Blatt von *Miscanthus sinensis* var. *zebrinus* Beal. Dipl Arbeit, Inst f Forstbotanik Univ Göttingen

Schmitz K (1990) Algae. In: Behnke HD, Sjolund RD (eds) Sieve elements. Springer, Berlin Heidelberg New York Tokyo, pp 1–18

Schmitz K, Lobban CS (1976) A survey of translocation in Laminariales (Phaeophyceae). Marine Biol 36:207–216

Schmitz K, Srivastava LM (1979) Long distance transport in *Macrocystis integrifolia* I. Translocation of ^{14}C and ^{32}P. Plant Physiol 63:1003–1009

Schnepf E (1986) Cellular polarity. Ann Rev Plant Physiol 37:23–47

Schoch-Bodmer H (1939) Beiträge zur Kenntnis des Streckungswachstums der Gramineen-Filamente. Planta 30:168–204

Schoch-Bodmer H, Huber P (1947) Die Ernährung der Pollenschläuche durch das Leitgewebe (Untersuchungen an *Lythrum salicaria* L.). Naturf Ges Zürich Vrtlj,schrift 92:43–48

Schönherr J, Bukovac MJ (1970) Preferential polar pathways in the cuticles and their relationship to ectodesmata. Planta 92:189–201

Schönherr J, Riederer M (1988) Desorption of chemicals from plant cuticles: Evidence for asymmetry. Arch Env Contam Toxicol 17:13–19

Schönherr J, Riederer M, (1989) Foliar penetration and accumulation of organic chemicals in plant cuticles. Rev Environm Contam and Toxicology, vol 108. Springer, Berlin Heidelberg New York Tokyo

Scholander PF, Bradstreet ED, Hammel HT, Hemmingsen EA (1966) Sap concentrations in halophytes and some other plants. Plant Physiol 41:529–532

Schopfer P (1977) Phytochrome control of enzymes. Ann Rev Plant Physiol 28:223–252

Schröder J (1977) Light-induced increase of messenger RNA for phenylalanine ammonia-lyase in cell suspension cultures of *Petroselinum hortense*. Arch Biochem Biophys 182:488–496

Schröter K, Läuchli A, Sievers A (1975) Microanalytische Identifikation von Bariumsulfat-Kristallen in den Statolithen der Rhizoide von *Chara fragilis* Desv. Planta 122:213–225

Schulze ED (1982) Plant life forms as related to plant carbon, water and nutrient relations. In: Lange OL, Nobel PS, Osmond CB, Ziegler H (eds) Encyclopedia of Plant Physiology. Pysiological Plant Ecology vol 12 B. Water relations and photosynthetic productivity, Springer, Berlin Heidelberg New York, pp 615–676

Schumacher W (1930) Untersuchungen über die Lokalisation der Stoffwanderung in den Leitbündeln höherer Pflanzen. Jb wiss Bot 73:770–823

Schumacher W (1933) Untersuchungen über die Wanderung des Fluoresceins in den Siebröhren. Jb wiss Bot 77:685–732

Schumacher W (1934) Die Absorptionsorgane von *Cuscuta odorata* und der Stoffübertritt aus den Siebröhren der Wirtspflanze. Jb wiss Bot 80:74–91

Schumacher W (1936) Untersuchungen über die Wanderung des Fluoresceins in den Haaren von *Cucurbita pepo*. Jb wiss Bot 82:507–533

Schumann CRG (1889) Anatomische Studien über die Knospenschuppen von Coniferen und dicotylen Holzgewächsen. Bibliotheca Bot 15:1–32

Schwarz F (1878) Über die Entstehung der Löcher und Einbuchtungen an dem Blatte von *Philodendron pertusum* Schott. Sitzber Kais Akad Wiss Wien Math Natw Cl 77 I:367–374

Schwarzschild M (1965) Structure and evolution of the stars. Dover Publ, New York

Schwendener S, (1890) Die Mestomscheiden der Gramineenblätter. Sitzber Preuss Akad Wiss Phys Math Kl 22:405–426

Senger H, Schmidt W (1986) Diversity of photoreceptors. In: Kendrick RE, Kronenberg GHM (eds) Photomorphogenesis in Plants. Martinus Nijhoff, Dordrecht, pp 137–158

Shannon JC, Porter GA, Knievel DP (1986) Phloem unloading and transfer of sugars into developing corn endosperm. In: Cronshaw J, Lucas WJ, Giaquinta RT (eds) Phloem Transport. Alan R Liss, New York, pp 265–277

Shields LM (1951) The inoculation mechanism in leaves of certain xeric grasses. Phytomorphology 1:225–241

Shreve F (1924) Growth record of trees. Carnegie Inst Washingt Publ 350

Siau JF (1984) Transport processes in wood. Springer, Berlin Heidelberg New York Tokyo

Sinnott EW (1960) Plant Morphogenesis. McGraw-Hill New York

Sitte P (1955) Der Feinbau verkorkter Zellwände. Mikroskopie (Wien) 10:178–200

Sjölund RD (1990) Sieve elements in plant tissue cultures: Development, freeze-fracture, and isolation. In: Behnke HD, Sjölund RD (eds) Sieve elements. Springer, Berlin Heidelberg New York Tokyo, pp 179–195

Sjölund RD, Shih CY, Jensen KG (1983) Freeze fracture analysis of phloem structure in plant tissue cultures. III. P-protein, sieve area pores and wounding. J ultrastruct Res 82:198–211

Sjölund RD, Shih CY, Jensen KG (1983) Freeze fracture analysis of phloem structure in plant tissue cultures. III. P-protein, sieve area pores and wounding. J ultrastruct Res 82:198–211

Skoog F, Miller CO (1957) Chemical regulation of organ formation in plant tissue cultured in vitro. Symp Soc exptl Biol 15:118–131

Skvorcov AK, Golyseva MD (1966) Studien über Blattanatomie der Weiden in Beziehung zur Taxonomie der Gattung. Acta bot Acad Sci Hung 12:125–174

Smith BN, Meeuse BJ (1966) Production of volatile amines and skatole at anthesis in some *Arum* lily species. Plant Physiol 41:343–347

Soppa R (1985) Regulation der Frostresistenz beim Efeu (*Hedera helix* L. Araliaceae) Diplomarbeit Forstl Fak Univ Göttingen

Sperlich A (1939) Das trophische Parenchym. Exkretionsgewebe. Hdb Planzenanatomie 4 B

Sperry JS, Tyree MT (1990) Water-stress-induced xylem embolism in three species of conifers. Plant Cell Environm 13:427–436

Sperry JS, Holbrook NM, Zimmermann MH, Tyree MT (1987) Spring filling of vessels in wild grape vine. Plant Physiol 83:414–417

Speth V, Otto V, Schäfer E (1986) Intracellular localization of phytochrome in oat coleoptiles by electron microscopy. Planta 168:299–304

Speth V, Otto V, Schäfer E (1987) Intracellular localisation of phytochrome and ubiquitin in red-light-irradiated oat coleoptiles by electron microscopy. Planta 171:332–338

Stalfelt MG (1956) Die stomatäre Transpiration und die Physiologie der Spaltöffnungen. Handb Pfl Physiol III. Springer, Berlin Göttingen Heidelberg, pp 351–426

Stark DM, Timmerman KP, Barry GF, Preiss J, Kishore GM (1992) Regulation of the amount of starch in plant tissues by ADP glucose pyrophosphorylase. Science 258:287–292

Steinberger-Hurt AL (1922) Über Regulation des osmotischen Wertes in den Schließzellen von Luft- und Wasserspalten. Biol Zbl 42:405–419

Steiner M, Jancke I (1955) Sind die Malpighischen Zellen die Epidermis der Leguminosentesta? Österr Bot Z 102:542–550

Stevenson DW, Popham RA (1973) Ontogeny of the primary thickening meristem in seedlings of *Bougainvillea spectabilis*. Amer J Bot 60:1–9

Steward FC, Mapes MO, Mears K (1958) Growth and organized development of cultured cells II. Organization in cultures grown from freely suspended cells. Amer J Bot 45:705–708

Stewart WW (1981) Lucifer dyes – highly fluorescent dyes for biological tracing. Nature 292:17–21

Stiller V (1989) Grenzbedingungen der Photosynthese beim Gametophyten von *Polytrichum commune*. Diplomarbeit Forstl Fak Univ Göttingen

Stocking CR (1956) Guttation and bleeding. Hdb Pflanz Physiol Bd III. Pflanze und Wasser. Springer, Berlin Göttingen Heidelberg, pp 489–502

Strasburger E (1891) Über den Bau und die Verrichtung der Leitungsbahnen in den Pflanzen. Histolog Beiträge 3. Gustav Fischer, Jena

Strasburger E (1978) Lehrbuch der Botanik, 31. Aufl. Neubearbeitung Denffer D von, Ehrendorfer F, Mägdefrau K, Ziegler H. Gustav Fischer, Stuttgart

Strasburger E (1991) Lehrbuch der Botanik, 33. Aufl. Neubearbeitung Sitte P, Ziegler H, Ehrendorfer F, Bresinsky A. Gustav Fischer, Stuttgart

Struckmeyer BE (1941) Structure of stems in relation to differentiation and abortion of blossom buds. Bot Gaz 103:182–191

Studholme WP, Philipson WR (1966) A comparison of the cambium in two woods with included phloem: *Heimerliodendron brunonianum* (Endl.) Scottsb. and *Avicennia resinifera* Forstf. New Zealand J Bot 4:355–365

Tammes PML (1933) Observations on the bleeding of palm trees. Rec Trav Bot Néerl 30:514–536

Tanner W, Beevers H (1990) Does transpiration have an essential function in long-distance ion transport in plants? Plant Cell Environment 13:745–750

Tepper H, Hollis CA (1967) Mitotic reactivation of the terminal bud and cambium of white ash. Science 156:1635–1636

Terry BR, Robards AW (1987) Hydrodynamic radius alone governs the mobility of molecules through plasmodesmata. Planta 171:145–157

Thaler I, Weber F (1957) Kallosehülle um Kalziumoxalat-Kristalldruse. Phyton 7:8–10

Thaler I, Weber F, Widder F (1959) Anthozyan-Idioblasten der Frucht von *Polygonatum verticillatum*. Österr Bot Zeitschr 106:124–132

Thien LB (1969) Mosquito pollination of *Habenaria obtusata*. Amer J Bot 50:232–237

Thien LB (1970) Mosquito pollination of *Habenaria obtusata*. Amer J Bot 57:1031–1036

Thoday D, Davey AJ (1932) Contractile roots. II. On the mechanism of root contraction in *Oxalis incarnata*. Ann Bot 46:993–1005

Thomas RJ, Schiele EM, Scheirer DC (1988) Translocation in *Polytrichum commune* (Bryophyta). I. Conduction and allocation of photoassimilates. Amer J Bot 75:275–281

Tiedemann R (1989) Graft union development and symplastic phloem contact in the heterograft *Cucumis sativus* on *Cucurbita ficifolia*. J Plant Physiol 134:427–440

Timell TE (1986) Compression wood in gymnosperms. 3 vol Springer, Berlin Heidelberg New York Tokyo

Tippett JT, O'Brien TP (1976) The structure of eucalypt roots. Aust J Bot 24:619–632

Tomlinson PB, Vincent JR (1984) Anatomy of the palm *Raphis excelsa*. X. Differentiation of stem conducting tissue. J Arnold Arboretum 65:191–214

Tomlinson PB, Zimmermann MH (eds) (1978) Tropical trees as living systems. Cambridge Univ Press, Cambridge New York

Torrey JG (1953) The effect of certain metabolic inhibitors on vascular tissue differentiation in isolated pea roots. Amer J Bot 40:525–533

Trecul A (1883) Ordre d'apparition des premiers vaisseaux dans les feuilles de cruciferes. II. Compt rend Acad Sci Paris 97:545–551

Troll W (1959) Allgemeine Botanik, 3.Aufl. Enke, Stuttgart

Tschirch A (1906) Die Harze und die Harzbehälter mit Einschluß der Milchsäfte, 2. Aufl. Borntraeger, Leipzig

Tupy J (1959) Callose formation in pollen tubes and incompatibility. Biol Plant 1:192–198

Turgeon R (1980) The import to export transition: Experiments on *Coleus blumei*. Ber Deutsch Bot Ges 93:91–97

Turgeon R (1989) The sink-source transition in leaves. Ann Rev Pl Physiol Pl Mol Biol 40:119–138

Turgeon R, Webb JA (1975) Physiological and structural ontogeny of the source leaf. In: Aronoff S et al. (eds) Phloem Transport. Plenum Press, New York, pp 297–313

Ursprung A, Blum G (1921) Zur Kenntnis der Saugkraft. IV. Die Absorptionszone der Wurzel. Der Endodermissprung. Ber Deutsch Bot Ges 39:70–79

Usslepp K (1910) Vorkommen und Bedeutung der Stärkescheide in den oberirdischen Pflanzenteilen. Beih Bot Centrbl 26:341–376

Vaadia Y, Waisel Y (1963) Water absorption by the aerial organs of plants. Physiol plant 16:44–51

Van Bel AJE (1989) The challenge of symplastic phloem loading. Bot acta, 102:183–185

Van Bel AJE, Gamalei YV (1991) Multiprogrammed phloem loading. In: Bonnemain JL, Delrot S, Lucas WJ, Dainty J (eds) Recent advances in phloem transport and assimilate compartmentation. Quest Editions, Nantes, France, pp 128–139

Van Die J, Tammes PML (1975) Phloem exudation from monocotyledonous axes. Encyclopedia of Plant Physiol ns, vol I Phloem Transport. Springer, Berlin Heidelberg New York, pp 196–222

Van Fleet DS (1959) Analysis of the histochemical localization of peroxidase related to the differentiation of plant tissues. Can J Bot 37:449–458

Vogel S (1962) Duftdrüsen im Dienst der Bestäubung. Über Bau und Funktion der Osmophoren. Abh Akad Wiss Lit Mainz Mathem-Naturw Kl 10:598–763

Vogelmann TC, Björn LO (1984) Measurement of light gradients and spectral regime in plant tissues with a fibre optic probe. Physiol plant 60:361–368

Vogelmann TC, Haupt W (1985) The blue light gradient in unilaterally irradiated maize coleoptiles. Measurement with a fibre optic probe. Photochem Photobiol 41:569–576

Volkens G (1887) Die Flora der ägyptisch-arabischen Wüste auf Grundlage anatomisch-physiologischer Forschungen dargestellt. Borntraeger, Berlin

Vreede MC (1949) Topography of the laticiferous system in the genus *Ficus*. Jard Bot Buitenzorg Ann 51:125–149

Wagner E, Mohr H (1966) Kinetic studies to interpret high energy phenomena of photomorphogenesis on the basis of phytochrome. Photochem Photobiol 5:397–406

Wallenstein I, Hackett WP (1989a) Inflorescence induction and initiation in *Hedera helix*. Israel J Bot 38:71–83

Wallenstein I, Hackett WP (1989b) Influence of environmental factors on meristem activity and stability in mature-phase *Hedera helix* plants. Israel J Bot 38:85–94

Walter H (1931) Die Hydratur der Pflanze und ihre physiologisch-ökologische Bedeutung. Gustav Fischer, Jena

Walter H (1955) The water economy and the hydrature of plants. Ann Rev Plant Physiol 6:239–252

Walter H (1964) Die Vegetation der Erde in öko-physiologischer Betrachtung, Bd I, (2.Aufl) Gustav Fischer, Stuttgart

Walter H, Steiner M (1937) Die Ökologie der ost-afrikanischen Mangroven. Z Bot 30:65–193

Warmbrodt RD (1980) Characteristics of structure and differentiation in the sieve element of lower vascular plants. Ber Deutsch Bot Ges 93:13–28

Warmbrodt RD, Eschrich W (1985) Studies on the mycorrhizas of *Pinus sylvestris* L. produced in vitro with the basidiomycete *Suillus variegatus* (Sw. ex Fr.) O.Kuntze. I. Ultrastructure of the mycorrhizal rootlets. New Phytol. 100: 215–223

Warmbrodt RD, Buckhout TJ, Hitz WD (1989) Localization of a protein from developing soybean cotyledons, on the plasma membrane of sieve-tube members of spinach leaves. Planta 180: 105–115

Waterkeyn L (1967) Sur l'existence d'un „stade callosique" présenté par la paroi cellulaire aux cours de la cytocinèse. Compt ren Acad Sci 265:1792–1794

Wattendorff J (1980) Cutinisierte und suberinisierte Zellwände, Schutzhüllen der höheren Pflanzen. BIUZ 10:81–90

Weiner H, Blechschmidt-Schneider S, Mohme H, Eschrich W, Heldt HW (1991) Phloem transport of amino acids. Comparison of amino acid contents of maize leaves and of sieve tube exudate. Plant Physiol Biochem 29:19–23

Weisenseel MH, Dorn A, Jaffe LF (1979) Natural H^+ currents traverse growing roots and root hairs of barley (*Hordeum vulgare* L.). Plant Physiol 64:512–518

Went F (1974) Reflections and speculations. Ann Rev Plant Physiol 25:1–26

Werner D (1987) Pflanzliche und mikrobielle Symbiosen. Georg Thieme, Stuttgart New York

Wetmore RH, Rier JP (1963) Experimental induction of vascular tissues in callus of angiosperms. Amer J Bot 50:418–430

Wetter LR, Constabel F (1982) Plant tissue culture methods, 2nd edn. Nation Res Council Canada: Saskatoon, NRCC 19876

Wiesner J (1927/28) Die Rohstoffe des Pflanzenreiches, 4.Aufl 2 Bde. Engelmann, Leipzig

Wilke I, Eschrich W, Fromm J (1995) Regulation of acid invertase in pulvini of *Mimosa pudica* and *Phaseolus vulgaris*. (submitted)

Will H (1884) Zur Anatomie von *Macrocystis luxurians*. Hook.fil et Harv. Bot Z 42:801–808; 825–830

Williams ML, Farrar JF, Pollock CJ (1989) Cell specialization within the parenchymatic bundle sheath of barley. Plant Cell Environm 12:909–918

Wilton OC, Roberts RH (1936/37) Anatomical structure of stems in relation to the production of flowers. Bot Gaz 98:45–64

Winkler H (1935a) Chimären und Burdonen. Die Lösung des Pfropfbastard-Problems. Biologe. 4:279–290

Winkler H (1935b) Transplantation und Pfropfbastarde. Handb der Naturwiss 10:27. Fischer, Jena

Winkler H (1938) Über einen Burdonen von Solanum lycopersicum×*Solanum nigrum*. Planta 37: 680–707

Winter H, Lohaus G, Heldt HW (1992) Phloem transport of amino acids in relation to their cytosolic levels in barley leaves. Plant Physiol 99:996–1004

Winter K (1981) C_4 plants of high biomass in arid regions of Asia – Occurrence of C_4 photosynthesis in Chenopodiaceae and Polygonaceae from the Middle East and USSR. Oecologia 48:100–106

Winter K (1985) Crassulacean acid metabolism. In: Barber J, Baker NR (eds) Photosynthetic mechanisms and environment. Elsevier, pp 321–387

Wloch W, Szendera W (1989) The storeyed and nonstoreyed cambium of *Tilia cordata* Mill. Acta Soc Bot Pol 58:211–228

Wolkinger F (1969) Morphologie und systematische Verbreitung der lebenden Holzfasern bei Sträuchern und Bäumen. I. Zur Morphologie und Zytologie. Holzforschung 23:135–144

Wutz A (1955) Anatomische Untersuchungen über System und periodische Veränderungen der Lenticellen. Botan Studien 4:43–72

Wylie RB (1947) Conduction in dicotyledon leaves. Iowa Acad Sci Proc 53:195–202

Wylie RB (1952) The bundle sheath extension in leaves of dicotyledons. Amer J Bot 39:645–651

Yang RL, Evans ML, Moore R (1990) Microsurgical removal of epidermal and cortical cells: Evidence that the gravitropic signal moves through the outer cell layers in primary roots of maize. Planta 180:530–536

Young JH, Evert RF, Eschrich W (1973) On the volumeflow mechanism of the phloem transport. Planta 113:355–366

Yudkin J, Edelman J, Hough L (eds) (1973) Sugar. Butterworths, London

Zacharias E (1884) Ueber den Inhalt der Siebröhren von *Cucurbita pepo*. Bot Ztg 42:65–73

Zacherl H (1956) Physiologische und ökologische Untersuchungen über die innere Wasserleitung bei Laubmoosen. Z Bot 44:409–436

Zagorska-Marek B (1984) Pseudotransverse divisions and intrusive elongation of fusiform initials in the storeyed cambium of *Tilia*. Can J Bot 62:20–27

Zander R (1984) Handwörterbuch der Pflanzennamen, 13. Aufl., Ulmer, Stuttgart

Ziegenspeck H (1921) Über die Rolle des Casparyschen Streifens der Endodermis und analoge Bildungen. Ber Deutsch Bot Ges 39:302–310

Ziegenspeck H (1955) Die Farbenmikrophotographie, ein Hilfsmittel zum objektiven Nachweis submikroskopischer Strukturelemente. Die Radiomicellierung und Filierung der Schließzellen von *Ophioderma pendulum*. Photographie und Wissenschaft 4:19–22

Ziegler H (1956/57) Über den Gaswechsel verholzter Achsen. Flora 144:229–250

Ziegler H, Lüttge U (1967) Die Salzdrüsen von *Limonium vulgare*. II. Die Lokalisierung des Chlorids. Planta 74:1–17

Ziegler H, Merz W (1961) Der „Hasel"wuchs. Über Beziehungen zwischen unregelmäßigem Dickenwachstum und Markstrahlverteilung. Holz als Roh- und Werkstoff 19:1–8

Ziegler H, Ruck J (1967) Untersuchungen über die Feinstruktur des Phloems. II. Mitt. Die „Trompetenzellen" von *Laminaria*-Arten. Planta 73:62–73

Zimmermann MH (1971) Dicotyledonous wood structure made apparent by sequential sections. Encycl Cinematographica Inst f wiss Film Göttingen

Zimmermann MH (1973) The monocotyledons: their evolution and comparative biology. IV. Transport problems in arborescent monocotyledons. Quart Rev Biol 48:314–321

Zimmermann MH (1983) Xylem structure and the ascent of sap. Springer, Berlin Heidelberg New York Tokyo.

Zimmermann MH, Sperry, JS (1983) Anatomy of the palm *Rhapis excelsa*. IX. Xylem structure of the leaf insertion. J Arnold Arbor 64:599–609

Zimmermann MH, Tomlinson B (1966) Analysis of complex vascular systems in plants: optical shuttle method. Science 152:72–73

Zweypfennig RCVJ (1978) A hypothesis on the function of vestured pits. Int Assoc Wood Anat IAWA Bull 1:13–15

Sachverzeichnis